Deutsche Frauenheilkunde

Dritter Band

Deutsche Frauenheilkunde

Geburtshilfe, Gynäkologie
und Nachbargebiete in Einzeldarstellungen

Begründet von E. **Opitz**, Freiburg i. Br.

Unter Mitwirkung von Fachgenossen

herausgegeben von

Rud. Th. von Jaschke=Gießen

Dritter Band

Physiologie, Pflege und Ernährung
des Neugeborenen

einschließlich der

Ernährungsstörungen der Brustkinder in der Neugeburtszeit

Von

Dr. Rud. Th. von Jaschke

o. ö. Professor der Geburtshilfe und Gynäkologie,
Direktor der Universitäts=Frauenklinik in Gießen

Springer-Verlag Berlin Heidelberg GmbH 1927

Physiologie, Pflege und Ernährung des Neugeborenen

einschließlich der

Ernährungsstörungen der Brustkinder in der Neugeburtszeit

von

Dr. Rud. Th. von Jaschke

o. ö. Professor für Geburtshilfe und Gynäkologie, Direktor der Universitäts-Frauenklinik in Gießen

Zweite, verbesserte und vermehrte Auflage
Mit 115 zum Teil farbigen Abbildungen im Text und 4 Tafeln

Springer-Verlag Berlin Heidelberg GmbH 1927

ISBN 978-3-642-52563-6   ISBN 978-3-642-52617-6 (eBook)
DOI 10.1007/978-3-642-52617-6

Dem Andenken

an

Alfons von Rosthorn

und

Erich Opitz

Vorwort zur zweiten Auflage.

Als im Jahre 1917 die erste Auflage dieses Buches erschien, konnte ich kaum hoffen, für dieses von Geburtshelfern so vielfach vernachlässigte Gebiet einen großen Leserkreis zu finden. Um so größer war die Genugtuung, als ich bereits vor 4 Jahren von dem Verleger zur Bearbeitung einer neuen Auflage aufgefordert wurde. Übergroße Belastung durch andere literarische Verpflichtungen hat es verhindert, diese Aufgabe sofort in Angriff zu nehmen, so daß das Buch seitdem vergriffen war. Verfasser betrachtet diese Entwicklung vor allem als ein erfreuliches Zeichen dafür, daß auch im Kreise namentlich jüngerer Geburtshelfer diesem wichtigen Teilgebiet unserer Aufgaben endlich die gebührende Aufmerksamkeit zuteil wird. Niemand kann bezweifeln, daß gerade in der gegenwärtigen Lage die Erhaltung eines gesunden Volkes zu den vordrängendsten sozialen Aufgaben zählt und den Ärzten ein maßgeblicher Teil bei der Erfüllung dieser zufällt. Dazu handelt es sich um eine Aufgabe, die ohne tätiges Mitwirken der Geburtshelfer nicht gelöst werden kann. Wie das Schicksal des Nasziturus, so ist auch das des Neonatus in weitem Umfang abhängig von Wissen und Können des Geburtshelfers. Angesichts der immer noch hohen Beteiligung der Säuglingssterblichkeit an der Gesamtmortalität unterliegt es keinem Zweifel, daß gerade diese Übergangsperiode zwischen intra- und extrauterinem Leben, die ja ihrerseits mit der größten Mortalität innerhalb des ersten Lebensjahres belastet ist, besonderer Sorgfalt und Überwachung bedarf. Aufgabe des Geburtshelfers wird es immer sein und bleiben, dafür zu sorgen, daß möglichst jedes lebensfähige Kind lebend und unbeschädigt geboren wird; seine Pflicht aber auch, das lebendgeborene Kind über die gefährdete Neugeburtsperiode unbeschädigt hinüberzubringen, wozu sachverständige Pflege und Ernährung Voraussetzung sind. Daß diese, selbst eine genaue Kenntnis der Physiologie dieser Lebensperiode zur Voraussetzung haben, bedarf keiner weiteren Ausführung. Für manchen todbringenden Schaden der Säuglingszeit wird bereits durch Vernachlässigung oder Fehler in der Neugeburtszeit der Grund gelegt. In dieser Hinsicht vorbeugend und bessernd zu wirken, hat Verfasser als Ziel seines Strebens bereits in der ersten Auflage bezeichnet. Damit soll nicht in das Arbeitsgebiet der Pädiatrie übergegriffen, vielmehr nur enger Zusammenarbeit mit dieser der Boden bereitet werden. Daß dieses Streben gerade bei den Kinderärzten so vielfach eine freundliche Aufnahme gefunden hat, hat den Verfasser mit besonderer Freude erfüllt.

Die neue, in allen Kapiteln sorgfältig durchgesehene, vielfach ergänzte und umgearbeitete Auflage widme ich dem Andenken an die beiden Männer, die nicht nur meine Lehrer waren, sondern mehr als alle anderen dem hier behandelten Arbeitsgebiet Interesse geschenkt haben. Alfons von Rosthorns Klinik war lange Zeit fast die einzige Stelle, wo den Neugeborenen dieselbe Sorgfalt der Beobachtung und Behandlung zuteil wurde, wie den Müttern, und später habe ich bei Erich Opitz für alle meine Bestrebungen auf dem Gebiete der Neugeborenenfürsorge warme Förderung und reges Verständnis gefunden. Seinem regen Interesse verdankt die erste Auflage die Aufnahme in den Rahmen der von ihm begründeten „Deutschen Frauenheilkunde". Mit dem unerwarteten Tod von Erich Opitz war auch die „Deutsche Frauenheilkunde" verwaist. Freudig hat Verfasser die Aufgabe übernommen, dieses Unternehmen in seinem Sinne weiter zu führen.

Gießen, Weihnachten 1926.

Rud. Th. von Jaschke.

Inhaltsverzeichnis.

Seite

Vorwort zur zweiten Auflage VII

Erste Abteilung.

Physiologie des Neugeborenen.

A. Allgemeine Charakterisierung des Neugeborenen 1

Begriff des „reifen" Neugeborenen 1
  1. Körperproportionen 1
  2. Körpergewicht des reifen Neugeborenen 3
Chemische Zusammensetzung des Neugeborenen 5
Abgrenzung der Neugeburtszeit gegen die übrige Säuglingsperiode 9

B. Physiologie der einzelnen Organe und Organsysteme 11
  I. Atmungsapparat 11
    Anatomische Vorbemerkungen 11
    Der erste Atemzug 13
    Weiteres Verhalten der Respiration 15
  II. Zirkulationsapparat 18
    1. Die mit dem Einsetzen der Lungenatmung verbundenen Änderungen
       des Blutkreislaufes 18
    2. Die definitiven Verhältnisse des Herzgefäßapparates Neugeborener . . 25
  III. Harnapparat 31
    Anatomische Eigentümlichkeiten des uropoetischen Systems beim Neu-
       geborenen (Nieren, Ureteren, Blase, Urethra) 31
    Harn 32
      Harnentleerung, Harninfarkt, Reaktion 33
      Harnmenge 34
      Spezifisches Gewicht und sonstige physikalische Eigenschaften 36
      Chemische Untersuchung 37
        Die Albuminurie der Neugeborenen 37
        Sonstige organische Bestandteile 44
        Fermente 48
        Sediment 48
        Harngiftigkeit 48
  IV. Verdauungsapparat 49
    1. Mundhöhle und Rachen 49
      Der Saugakt 53
      Das Schlucken 55
        Physiologische Aërophagie 56
      Mundhöhlenflüssigkeit und Speicheldrüsen 56
    2. Speiseröhre 57
    3. Magen 58
      Lage 58
      Form 58
      Kapazität 58

Seite

Bau der Magenwand 59
Motorische Funktion des Magens 59
Sekretorische Leistungen des Magens 60
Magensaft 61
Fermente der Magenschleimhaut 62
Flora des Magens 63
4. Darm mit Anhangsdrüsen 63
   Anatomische Eigentümlichkeiten des Darmes beim Neugeborenen . . . 63
      Leber und Gallenblase 64
      Pankreas 66
   Funktion des Darmes 66
      Fermente in den Darmsekreten 67
   Flora des Darmtraktus und Stuhles 68
      1. Erste Besiedelung des Darmkanals mit Keimen 68
      2. Physiologische Mekoniumflora 70
      3. Physiologische Stuhlflora des Brustkindes 71
      4. Verteilung der Bakterien auf die einzelnen Darmabschnitte . . . 72
      5. Stuhlflora bei Flaschenkindern und bei Zwiemilchernährung . . 72
      6. Physiologische Bedeutung der Darmbakterien 73
   Vorgänge bei der Magen-Darmverdauung 74
   Durchlässigkeit der Magen-Darmwand beim Neugeborenen 78
   Die Darmentleerungen des Neugeborenen 81
      Mekonium 81
         Begriff. Physikalische Eigenschaften 81
         Ausscheidung desselben. Menge 82
         Chemische Zusammensetzung 83
      Fäzes des Neugeborenen 83
         A. Fäzes bei Brustkindern 84
            Allgemeine Kennzeichen des Brustmilchstuhles (Geruch, Konsistenz, Farbe) 84
            Reaktion, Menge 86
            Zahl und Art der Entleerungen 86
            Chemische Zusammensetzung 87
            Mikroskopisches Bild 89
         B. Fäzes unnatürlich ernährter Kinder 89
            Konsistenz, Farbe, Geruch, Reaktion 89
            Chemische Zusammensetzung 90
            Milchbröckel 90

V. Blutbildende Organe und Blut 91
   Knochenmark 91
   Milz 92
   Blut 92
      Blutmenge 92
      Morphologie des Blutes 92
      Chemie des Blutes 97
      Physikalische Eigenschaften 99

VI. Drüsen mit innerer Sekretion 102
   1. Thymus 104
   2. Nebennieren und chromaffines Gewebe 106
   3. Hypophyse 108
   4. Schilddrüse 110
   5. Epithelkörperchen 113
   6. Zirbeldrüse 114
   7. Keimdrüsen 114
   8. Pankreas 114
   Zusammenfassung 115

VII. Genitalapparat 116
   Geschlechtsunterschiede am knöchernen Becken 116
   Genitale der Knaben 116
   Genitalapparat neugeborener Mädchen 116
      Physiologische Genitalflora 119
      Genitalblutung Neugeborener 120

Seite

VIII. Nervensystem und Sinnesorgane 122
    1. Gehirn 122
    2. Rückenmark 124
       Periphere Nerven 124
       Ganglien 124
    3. Reflexe 124
    Psychophysisches Verhalten der Neugeborenen 125
    Sinnesorgane 127
       Gesichtssinn 127
       Gehörsinn 130
       Geschmacksinn 132
       Tast-Temperatursinn 132
       Geruchsinn 133
    Zusammenfassung 134

  IX. Bewegungs- und Stützapparat 134

   X. Haut mit Anhangsgebilden 135
    Farbe. Erythema neonatorum 135
    Funktionelle Eigentümlichkeiten 136
    Haarentwicklung 137
    Geburtsgeschwulst und Kephalhämatom 137
    Brustdrüsen und physiologische Brustdrüsenschwellung beim Neugeborenen 139
    Icterus neonatorum 141
       Dauer und Intensität 141
       Allgemeines Verhalten ikterischer Kinder 142
       Häufigkeit des Ikterus 143
       Anatomische Befunde bei Icterus neonatorum 143
       Genese 143
         1. Mechanische Theorien 144
         2. Hepatogene Theorien 146
         3. Hämatogene Theorien 148
         4. Hämato-hepatogene Theorien 149
         5. Die Theorie von Ylppö 151

  XI. Verhalten der Körpertemperatur 157
    Initialer Temperaturabfall 157
    Thermolabilität des Neugeborenen 159
    Vorübergehende Temperatursteigerungen beim Neugeborenen 160
       1. Durch Überhitzung 161
       2. Das transitorische Fieber der Neugeborenen 161

C. Das Verhalten des Körpergewichts in der Neugeburtsperiode 166
  Allgemeine Charakteristik der Gewichtskurve Neugeborener 166
    Verschiedene Typen von Gewichtskurven 166
  Genauere Analyse der Gewichtskurve 169
    1. Ansteigender Schenkel derselben 169
       Größe der Abnahme und Abhängigkeit derselben von verschiedenen Faktoren 169
       Dauer der Abnahme 175
       Verlauf der Gewichtsabnahme 175
       Ursachen derselben 176
    2. Aufsteigender Schenkel der Gewichtskurve 179
       Wiedereinholung des Geburtsgewichtes 180
       Wovon hängt die Form des aufsteigenden Schenkels ab? 181

D. Stoffwechsel des Neugeborenen 185
  Allgemeines über Stoffwechselversuche beim Neugeborenen 185
  Einnahmen im Stoffwechsel 185
  Ausgaben 186
  Aufstellung der Bilanz 187
  Technische Schwierigkeiten der Stoffwechselversuche beim Neugeborenen . . . 187

Seite

Stickstoffwechsel 188
  N-Ausscheidung im Harn 188
    Substanzen der Harnstoffgruppe 189
    Substanzen der Puringruppe 192
      Harnsäureinfarkt 193
  Stickstoffausscheidung im Kot 197
  Stickstoffbilanz 197
    a) Bei natürlicher Ernährung 198
    b) Bei unnatürlicher Ernährung 203
Wasserstoffwechsel 204
  Einnahmen 204
  Ausgaben 205
  Wasserbilanz 205
  Beziehungen zwischen Nahrungszusammensetzung und Wasserhaushalt . . . 207
Gaswechsel 209
  Der respiratorische Quotient 209
  Ein Respirationsstoffwechselversuch beim Neugeborenen 210
Mineralstoffwechsel 211
  Beziehungen der Salze zum Eiweiß-, Fett- und Kohlehydratumsatz 211

Zweite Abteilung.

Allgemeine Grundlagen der hinsichtlich der Pflege und Ernährung Neugeborener aufzustellenden Forderungen.

I. Die Abhängigkeit der Säuglingssterblichkeit von Pflege und Ernährung 216
  1. Allgemeine Angaben über die die Säuglingssterblichkeit bestimmenden Faktoren 217
  2. Besondere Abhängigkeit der Mortalität von der Art der Ernährung 221
II. Prinzipielle Unterschiede zwischen natürlicher und künstlicher Ernährung . . . 225
III. Die Kontraindikationen des Stillens 230
  a) Vom Standpunkt des Interesses der Mutter 230
  b) Vom Standpunkt des Interesses des Kindes 233
IV. Die Ausbreitung des Stillens und die Stillfähigkeit 237

Dritte Abteilung.

Pflege des Neugeborenen.

I. Die erste Versorgung des Kindes nach der Geburt 240
  1. Provisorische Versorgung des Nabelstrangrestes 240
    Zeitpunkt der Abnabelung 240
    Art der Abnabelung 241
  2. Blennorrhöeprophylaxe 241
    Begründung ihrer Notwendigkeit 242
    Allgemeiner Erfolg der Prophylaxe 245
    Crédés ursprüngliches Verfahren und Kritik desselben 245
    Ersatzverfahren 249
    Zeitpunkt der Prophylaxe 252
    Zusammenfassung 252
  3. Reinigung des Kindes, definitive Nabelversorgung 253
II. Die Kleidung des Neugeborenen 254
III. Die Wohnung des Neugeborenen 255
IV. Haut- und Mundpflege 260
V. Nabelpflege 262
  Begründung derselben 263
  Normaler Verlauf der Nabelheilung 264

Seite

Folgerungen für die Nabelpflege 270
Prinzipielle Forderungen 271
  1. Absolut aseptische Unterbindung und Durchtrennung 271
    a) Wie lang soll der definitiv stehengelassene Rest sein? 272
    b) Wie soll die Durchtrennung bzw. Unterbindung vorgenommen werden? 273
      Omphalotripsie 275
    c) Ist überhaupt eine Unterbindung notwendig? 277
  2. Physiologischen Mumifikationsprozeß nicht störende Weiter-
    behandlung 279
    a) Begünstigung der Austrocknung 280
      Frage des Badens 281
    b) Schutz vor Verunreinigung 285
  3. Möglichste Abkürzung des ganzen Prozesses 286
VI. Spezielle Vorschriften für das Pflegepersonal und die Mutter zur Gewährleistung
    der Asepsis der Neugeborenenpflege 287

Vierte Abteilung.

Ernährung des Neugeborenen.

A. Die natürliche Ernährung 291

Voraussetzungen der natürlichen Ernährung 291
  I. Die weibliche Brust als Nahrungsspender 291
    1. Ursachen der Laktation 292
    2. Brustdrüsensekretion und Saugakt 292
    3. Leistungsfähigkeit der weiblichen Brust 298
      a) Beziehungen zwischen Bau und Funktion der Brust 298
      b) Bedingungen zur Erhaltung oder Steigerung der Leistungsfähigkeit . 302
      c) Allgemeine Hygiene der stillenden Frau 301
      Übergang von Arzneimitteln in die Milch 305
  II. Die Nahrung des Neugeborenen 306
    1. Kolostrum 306
      a) Physikalische Beschaffenheit 307
      b) Chemische Zusammensetzung 309
      c) Energetischer Wert des Kolostrums 312
      d) Biologischer Wert des Kolostrums 313
    2. Übergang des Kolostrums in Milch 314
    3. Reife Frauenmilch 315
      a) Physikalisch-morphologische Eigenschaften 315
      b) Chemische Zusammensetzung 316
      c) Brennwert der Frauenmilch 319
      d) Bakteriologie und Biologie der Frauenmilch 319

Nahrungsbedarf des Neugeborenen bei natürlicher Ernährung . . . 321
  Unvollkommenheit der theoretischen Grundlagen 321
  Nahrungsmengen gut gedeihender Brustkinder 324
  Volumetrische und energetische Betrachtungsweise des Problems 325

Technik der natürlichen Ernährung 331
  1. Beginn der Ernährung 331
  2. Zahl und Ordnung der Mahlzeiten 334
  3. Dauer der Mahlzeiten 341
  4. Spezielle Stilltechnik 342
  5. Kontrolle des Erfolges der natürlichen Ernährung 344

Schwierigkeiten bei natürlicher Ernährung 349
  A. Stillschwierigkeiten seitens der Mutter 350
    1. Hypogalaktie 350
      Laktagoge Verfahren 353
      Melken 354
      Instrumentelle Entleerung der Brust (Milchpumpen) 355
      Sog. Laktagoga 360

Seite

2. Rhagaden (Warzenschrunden) 362
3. Mastitis 366
4. Formfehler der Brustwarzen 368
5. Schwergiebigkeit der Brust 373
6. Hyperästhesie der Brustwarzen 376
B. Stillschwierigkeit seitens des Kindes 376
1. Trinkschwäche 377
2. Trinkfaulheit 378
3. Saugungeschick 378
4. Brustscheu 380
5. Freiwilliges Hungern an der Brust 381
6. Mechanische Saughindernisse 381
B. Ammenernährung 383
Spezielle Indikationen der Ammenernährung 383
Auswahl einer Amme 384
Allgemeines 384
Ammenuntersuchung 385
Technik der Ammenernährung 390
C. Zwiemilchernährung 392
Begriff. Indikationen 392
Spezielle Technik der Zwiemilchernährung 394
D. Die unnatürliche Ernährung Neugeborener 395
Allgemeines 395
Indikationen 397
Die Nahrung selbst (Kuhmilch), morphologische, chemische, physikalische Eigen-
schaften; Veränderungen durch Kochen bei der Verdauung 398
Gewinnung einwandfreier Tiermilch 400
Darstellung verschiedener Formen von Tiermilchnahrung 401
1. Milchverdünnungen mit Kohlehydratanreicherung 402
2. Fettangereicherte Milch 405
3. Eiweißmilchen 407
Bedarf bei unnatürlicher Ernährung 409
Spezielle Technik der unnatürlichen Ernährung 410
Vorbereitung der Nahrung 410
Technik der Nahrungsverabfolgung 412

Fünfte Abteilung.

Das frühgeborene und lebensschwache Kind.

Begriffsbestimmungen 415
Häufigkeit und Ursachen der Frühgeburt und Debilität 416
Klinische Zeichen der Unreife und Lebensschwäche 417
Eigentümlichkeiten der Organfunktionen 419
Thermolabilität; Neigung zu Hypothermie 423
Lebens- und Wachstumspotential 424
Gesamtstoffwechsel reiner und debiler Frühgeburten 426
Nahrungsbedarf frühgeborener Kinder 427
Spezielle Technik der Ernährung Frühgeborener 430
Natürliche Ernährung 430
Künstliche Ernährung 436
Technik der Pflege Frühgeborener und Debiler 438
a) Allgemeines. Asepsis 438

Seite

b) Wärmepflege 438
Einfache Wärmeapparate 439
Couveusen 441
c) Weitere Maßnahmen 445
Prognose und späteres Schicksal Frühgeborener 446

Sechste Abteilung.

Ernährungsstörungen der Brustkinder.

I. **Ernährungsstörungen durch quantitative Veränderung der Nahrung** 450
1. Unterernährung bei Neugeborenen 451
Ätiologie, Symptome 451
Diagnose, Prognose 457
Therapie 458
2. Überfütterung 459
Vorkommen 459
Ätiologie 459
Symptome 461
Diagnose 463
Prognose und Therapie 463
II. **Ernährungsstörungen durch qualitative Veränderungen der Nahrung** 465
1. Ernährungsstörungen durch Milchfehler 465
2. Ernährungsstörungen durch Infektion der Nahrung 471
III. **Ernährungsstörungen auf konstitutioneller Basis** 473
Ätiologie 473
Symptome und Diagnose 474
Hypotrophie, Dystrophie, exsudative Diathese, Neuropathie . . 475
Therapie 475
Literatur 477
Sachregister 518

Physiologie des Neugeborenen.

A. Allgemeine Charakterisierung des Neugeborenen.

Begriff des „reifen" Neugeborenen.

Wenn wir im folgenden die Physiologie des Neugeborenen behandeln, so haben wir zunächst nur das „reife" Neugeborene im Auge. Vorzeitig geborene „unreife" Kinder zeigen so viele Eigentümlichkeiten, daß wir ihnen zum Schluß eine besondere Besprechung widmen müssen.

Was aber ist ein reifes Neugeborenes?

Ganz offenbar ein Kind, welches, am normalen Ende der Schwangerschaft geboren, eben einen solchen Grad der Entwicklung mitbringt, daß es den Anforderungen des extrauterinen Lebens, vor allem einer veränderten Umgebungstemperatur und einer prinzipiell andersartigen Ernährung, gewachsen ist. Es hat darum ein tieferes Interesse, auch im Rahmen dieser Darstellung wichtige Merkmale zur Beurteilung der Reife oder Unreife eines Kindes kennen zu lernen, um in der Ernährung und Pflege desselben keine Fehler zu begehen. Wir beschränken uns aber auf für unseren Zweck Wichtiges, anderes, was nur geburtsmechanisch oder in gerichtlich-medizinischer Hinsicht von Interesse ist, hier übergehend. Zur Vermeidung von Wiederholungen seien hier zunächst nur zwei Punkte besprochen:

1. Die Körperproportionen.

Die Körperlänge des reifen Neugeborenen, gemessen vom Scheitel bis zur Fußsohle bei gestrecktem Knie und Hüftgelenk — am besten mittels eines Meßtisches —, beträgt im Mittel etwa 50 cm. Dabei darf eine gewisse physiologische Schwankungsbreite nicht übersehen werden, die ich aber etwas abweichend von vielen neueren Angaben nicht über 4 cm ausgedehnt wissen möchte; 48 und 52 cm wären meiner Erfahrung nach geeignete Grenzwerte für die Körperlänge in Schädellage geborener Kinder. Die unteren Werte kämen mehr den Mädchen und Kindern Erstgebärender, die oberen mehr den Knaben und Kindern Mehrgebärender zu. Bei aus Quer- oder Beckenendlage extrahierten Kindern muß man je nach den Weichteilverhältnissen der Mutter 1—2 cm von der gemessenen Körperlänge als durch die Zugwirkung entstanden in Abzug bringen. Ebenso ist zu beachten, daß eine starke Kopfgeschwulst, namentlich nach Geburt beim allgemein verengten Becken, in Stirnhaltung oder bei Kindern, welche lange in Mittelscheitelhaltung standen, ein um 1—2 cm zu großes Maß ergeben kann. Solche Möglichkeiten müssen natürlich im Einzelfall in Rechnung gezogen werden.

Es scheint mir jedoch nicht richtig, gleich Camerer nun überhaupt das Maß von 50 cm als zu hoch gegriffen zu bezeichnen — er gibt 48—49 cm als normales Längenmaß an — ebenso wie seine Behauptung, daß die Körperlänge in den ersten 2—3 Lebenswochen eher ab als zunehme, mir nach gelegentlichen Nachprüfungen nicht zuzutreffen scheint und überdies durch Variot widerlegt ist, der für die ersten 14 Tage eine durchschnittliche Längenzunahme von über 2 cm fand. Bei Längenmessungen Neugeborener zum Zweck der Reifebeurteilung darf man auch nie außer acht lassen, daß Rasse wie Menschenschlag eine Rolle spielen und außerdem noch die Größe der beiderseitigen Eltern, ja selbst Voreltern von nicht zu unterschätzendem Einfluß ist.

Wichtiger vielleicht, wenn auch schwieriger durchführbar, wäre eine Kontrolle der von Stratz angegebenen Proportionen: Körperlänge = 4 Kopfhöhen, Arme und Beine gleich lang, jedes = $1^1/_2$ Kopfhöhen. Stratz hält diese Proportion überhaupt für das untrüglichste Reifezeichen; nach anderen, z. B. Weißenberg sind die Arme länger als die Beine. Die Klafterbreite steht im Durchschnitt 2 cm hinter der Körperlänge zurück. Sitz- und Rumpfhöhe sind größer als die Arm- oder Beinlänge, der Kopfumfang etwa 4—5 cm größer als der Brustumfang, die Hüftenbreite 2—3 cm kleiner als die Schulterbreite. Über die absoluten Maße gibt folgende Tabelle von Weißenberg[1] Auskunft:

Körpermaß in mm	Knaben			Mädchen		
	Min.	Max.	Mittel	Min.	Max.	Mittel
Körperlänge	475	540	508	435	530	500
Klafterbreite	450	520	486	420	520	480
Scheitel-Schulter	115	135	124	105	135	121
Sitzhöhe	312	365	338	300	364	333
Schulterbreite	90	122	107	90	120	104
Hüftbreite	70	87	78	68	83	77
Kopfumfang	305	355	327	290	350	326
Brustumfang	255	320	282	250	320	285
Rumpflänge	195	240	214	190	240	212
Armlänge.	195	235	214	185	225	210
Beinlänge	180	222	205	170	218	203
Handlänge	58	70	64	58	75	64
Fußlänge	73	83	78	65	83	78

Die Tabelle zeigt, daß die individuellen Unterschiede relativ groß sind. Zur Beurteilung der Reife scheinen mir die Verhältniszahlen dieser Maße untereinander wie zu anderen Körpermaßen wichtiger. Besonders wertvoll ist die Beziehung zwischen horizontaler Kopfperipherie (34 cm) und Schulterumfang (35 cm). Bei reifen Kindern muß der Schulterumfang etwas größer sein (Frank, Holzbach). Recht konstant innerhalb engerer Grenzen erwies sich nach Untersuchungen von A. Seitz an meiner Klinik die Bestimmung des sog. proportionellen Brustumfanges, berechnet nach der Formel

$$X = \frac{\text{mittlerer Brustumfang}}{\text{Körperlänge}} \times 100,$$ und der proportionellen Thoraxlänge

$$= \frac{\text{Thoraxlänge}}{\text{Rumpflänge}} \times 100.$$ Für erstere wurde die Schwankungsbreite am reifen Neugeborenen mit 65—70, für letztere mit 47—55 ermittelt.

Große Bedeutung sowohl zur Bestimmung der Reife, wie vor allem als Ausgangspunkt zur Kontrolle des weiteren Gedeihens des Kindes besitzt.

---

[1] l. c. S. 847.

2. Das Körpergewicht des reifen Neugeborenen.

Dasselbe beträgt nach der neuesten Angabe (Sarwey) im Mittel 3250 g; Gundobin akzeptiert denselben Wert für ♂; für ♀ ist seine Mittelzahl 3000 g. In den nordischen Ländern ist das Geburtsgewicht durchschnittlich höher, so in Schweden 3527 g (Petersson), in Norwegen 3466 (Benestad). Ohne auf das gerichtlich-medizinische Interesse einzugehen, verdient doch ausdrücklich angemerkt zu werden, daß für den klinischen Zweck der Bestimmung der Reife im Sinne der biologischen Fähigkeit der Anpassung an die extrauterinen Lebensbedingungen diese Angaben nur sehr bedingten Wert haben und auch wesentlich leichtere Kinder sich in diesem Sinne durchaus als reif erweisen können. Wichtig ist nur, daß etwa die Hälfte aller geborenen Kinder 2800—3500 g wiegt, ein weiteres Viertel etwa 3500—4000 g. Von dem restlichen Viertel entfallen etwa 5 % auf Kinder über 4000 g und 20 % auf die Frühgeburten mit Geburtsgewichten unter 2800 g.

Meiner Erfahrung nach ist 2800 g eine durchaus brauchbare Grenze. Kinder unterhalb dieses Gewichtes erweisen sich so vielfach als weniger widerstandsfähig gegen Schädlichkeiten aller Art, daß man sie besser nicht mehr unter die reifen im oben auseinandergesetzten Sinne einreiht. Damit soll natürlich nicht geleugnet werden, daß es noch eine ganze Anzahl Kinder mit Geburtsgewichten zwischen 2500 und 2800 g gibt, die bei der gewöhnlichen Pflege recht gut gedeihen. Eine absolut scharfe Grenze läßt sich nicht aufstellen (cf. auch die Erörterungen über Debilität in dem Kapitel „Das frühgeborene Kind").

Noch geringer ist eigentlich das Bedürfnis, nach oben eine Grenze zu fixieren. Denn die schwereren Kinder sind im allgemeinen auch kräftiger und widerstandsfähiger. Dennoch hat es ein gewisses Interesse, die Riesenkinder[1] hier besonders zu erwähnen. Ganz abgesehen von dem rein geburtshilflichen Interesse nehmen diese Kinder auch in der Neugeburtsperiode vielfach dadurch eine Sonderstellung ein, daß sie in den ersten Tagen, ja häufig bis zum Ende der ersten Woche stärker als normalgewichtige unter den Nachwirkungen des Geburtstraumas stehen und deshalb zunächst besonderer Sorgfalt der Pflege und Ernährung bedürfen (cf. Näheres unter Stillschwierigkeiten).

Von den verschiedensten das Geburtsgewicht beeinflussenden Faktoren seien kurz erwähnt: Alter, Geburtenzahl, Kräfte- und Ernährungszustand der Mutter (Hansen), Beruf der Eltern, überhaupt die soziale Lage derselben (Peller u. a.), die Möglichkeit oder Unmöglichkeit der Schonung in den letzten Monaten der Schwangerschaft (Pinard u. a.), die Rasse (Peller). Ich verweise bezüglich aller näheren Daten über diese Zusammenhänge auf die ausführlichen Zusammenstellungen von Goldfeld und Gutfeld.

Hinsichtlich des Einflusses der Ernährung der Schwangeren auf die Körperlänge und das Gewicht der Kinder haben die Kriegsjahre Gelegenheit zu einem Experiment im großen gegeben. Aus den vielen über „Kriegsneugeborene" erschienenen Arbeiten[2] ergab sich im allgemeinen wohl nur, daß ein deutlicher Einfluß der Unterernährung der Mütter auf die Entwicklung des Fetus und das Geburtsgewicht nicht erkennbar war. Einzelne abweichende Angaben sind entweder auf so geringe Differenzen basiert oder so offensichtlich als Tendenzschriften aufzufassen, daß sie an dem Gesamtergebnis nichts ändern können. Einzig David hat größere Differenzen, nämlich eine durchschnittliche Verminderung des Geburtsgewichtes um 113 g und der Körperlänge um 1,2—1,4 cm gefunden. — Etwas anders steht es vielleicht mit den von Abels beobachteten, von Peller und Bass bestätigten durchschnittlichen Verminderung der Geburtsgewichte bei Erst- und Mehrgebärenden während der Wintermonate Januar bis März, die von diesen Autoren auf einen besonders krassen Mangel der mütterlichen Ernährung an Vitaminen, besonders an Vitamin A, zurückgeführt wird. Allerdings haben wir selbst ebenso wie Schloßmann jun. an der Elberfelder Frauenklinik Derartiges nicht konstatieren können. Doch mögen hier Verschiedenheiten des

---

[1] Als „Riesenkinder" bezeichnet man im allgemeinen Kinder mit einem Geburtsgewicht von mehr als 5000 g. Die größten bisher beobachteten Geburtsgewichte sind 12 000 g bei 76 cm Körperlänge (Bloch, zit. nach Gundobin, l. c. S. 2), 11 500 g (Ortega, zit. nach Reisch) und 10 750 g (Beach).
[2] Siehe Literaturverzeichnis und die Zusammenstellung bei Maron.

Materials eine Rolle spielen; denn die Angaben von Abels stützen sich auf seine Untersuchungen an dem Wiener Großstadtmaterial in einer Periode der Nachkriegszeit (Winter 1922/23), als dort der größte Mangel herrschte. Abels selbst hat die Verminderung der Geburtsgewichte der Kinder von Frauen, denen eine vitaminreichere Nahrung zur Verfügung stand, vermißt. Die Angaben von Abels werden bis zu einem gewissen Grade gestützt durch neuere Tierversuche von Korenchevsky und Carr sowie Zuntz, die bei fett- und kalkarmer Ernährung der Muttertiere eine Verminderung der Zahl der Jungen und des Gesamtgewichtes des Wurfes ohne Veränderung der chemischen Zusammensetzung der Jungen beobachteten. Andererseits ist nicht zu übersehen, daß die Angaben Abels von den verschiedensten Nachuntersuchern nicht bestätigt werden konnten, doch mag das an den besonderen Verhältnissen des Notwinters in Wien liegen.

    Wesentlich anders steht es mit dem Einfluß der Unterernährung der Mütter auf die Entwicklung der Kinder in der Neugeburtszeit. An meiner Klinik z. B. fand Kütting, trotzdem sich keinerlei Einfluß der Kriegs- und Nachkriegsernährung auf die Geburtsgewichte nachweisen ließ, daß die physiologische Gewichtsabnahme

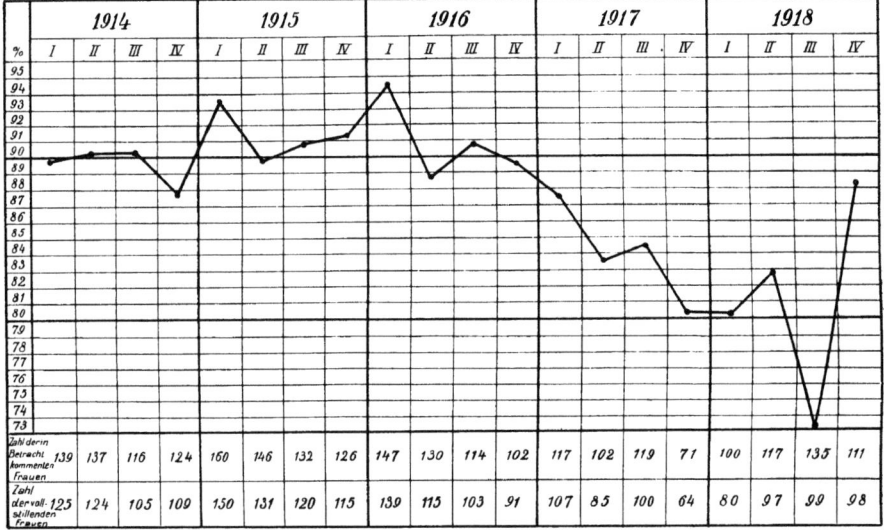

Abb. 1.

der Kinder durchschnittlich größer geworden war und demgemäß auch das Anfangsgewicht durchschnittlich später wieder erreicht wurde. Auch Bickhoff und Brüning haben ähnliche Beobachtungen gemacht. Wir konnten diese Folgeerscheinung der Kriegsunterernährung zum ersten Male 1916 erkennen. 1917 und 1918 war dieselbe sehr ausgesprochen, um mit Beendigung des Krieges sofort wieder besseren Verhältnissen Platz zu machen. Mit Recht, wie ich glaube, führt Kütting diesen stärkeren Gewichtsverlust und die langsamere Zunahme der Kinder in der Neugeburtszeit auf eine schlechtere Stillfähigkeit zurück, wobei freilich zum Teil auch die außerordentlichen Personalschwierigkeiten und die Überlastung der wenigen Ärzte an der Klinik eine Rolle spielen mögen. Letzteres schließen wir vor allem daraus, daß sofort nach der Demobilisierung diese Verhältnisse sich besserten (vgl. obenstehende Kurve). Diese Besserung der Resultate hielt auch weiterhin an (vgl. G. Pribram-Rau). Gleiche Erfahrungen hat Momm an der Freiburger Klinik gemacht, aus dessen gemeinsam mit Krämer angestellten Milchprüfungen sich ergab, daß eine Änderung in der chemischen Zusammensetzung der Milch durchschnittlich nicht erweisbar war, das schlechtere Gedeihen vielmehr nur auf eine verringerte Quantität der Milch zu beziehen war. —

    Neuestens hat La Vacke behauptet, daß zwischen Oberfläche der Plazenta und Gewicht des Kindes ganz bestimmte gesetzmäßige Beziehungen bestünden, derart, daß das Geburtsgewicht = Oberfläche der Plazenta × 12,5 sei. Diese Angaben stützen sich vorläufig auf ein zu kleines Material und sind bisher nicht nachgeprüft. Außerdem scheint mir die Berechnung der Oberfläche der Plazenta mit groben Fehlerquellen behaftet. — Merkwürdig ist auch die Behauptung von Cuzzi, daß Länge und Gewicht der Frucht in einem direkten

Abhängigkeitsverhältnis von der Menstruationsdauer der Mutter stünden. Bezüglich des Gewichtes hat Revelli das im allgemeinen bestätigen können, hinsichtlich der Länge aber nicht.

Die Körperoberfläche — deren exakte Feststellung am Lebenden übrigens noch die größten Schwierigkeiten macht — ist verhältnismäßig um so größer, je geringer das Körpergewicht ist. Wie noch später zu erörtern sein wird, finden wichtige Eigentümlichkeiten der frühgeborenen kleinen Kinder in dieser relativ größeren Körperoberfläche ihre Erklärung. Vergleichende Untersuchungen in dieser Frage liegen meines Wissens nur von Ssytscheff (Gundobin, S. 54) vor, die allerdings mit einer recht primitiven Methode, Umwicklung des Kindes mit Papier, gewonnen wurden. In Ermangelung besserer Untersuchungen seien aber einige Angaben von Ssytscheff hier wiedergegeben[1].

Alter	Gewicht	Größe der Körperoberfläche in qcm	Größe der Körperoberfläche pro kg Körpergewicht in qcm
4 Tage alte Frühgeburt . .	1505 g	1266,4	841,4
Neugeborenes	2097 ,,	1476	704
15 Tage	2980 ,,	2129	711
6 Monate	5138 ,,	2961	576,2
1 Jahr	9095 ,,	4800	527

Chemische Zusammensetzung des Neugeborenen.

Der reife Neugeborene ist Ausgangsmaterial für unsere Betrachtungen — eine gegebene Größe. Es ist zur Vermeidung von Wiederholungen vielleicht zweckmäßig, gleich hier neben den grobphysikalischen Merkmalen die chemische Zusammensetzung des reifen Neugeborenen zu erörtern. Die Schwierigkeiten der Beschaffung und Untersuchung geeigneten Materials sind keine geringen. So erklärt es sich, daß erst in neuerer Zeit ganz vollständige Analysen vom Körper des Neugeborenen durchgeführt wurden (Camerer jun. und Söldner). Dabei ergaben sich unter sechs Kinderleichen nach Abzug von Mekonium, Blaseninhalt, Nabelschnurrest und Vernix ohne Unterschied des Geschlechts folgende Werte.

Tabelle 1.

	Körpergewicht	Wasser	Fixa	Fett	Asche	Eiweiß	Extraktivstoffe
Absolute Werte . . .	2820	2026	795	348	75	330	42
Auf 100 g Leibessubstanz	—	71,8	28,2	12,3	2,7	11,7	1,5
Auf 100 g Trockensubstanz	—	—	—	43,8	9,4	41,5	5,3

Die Elementaranalyse ergab:

Tabelle 2.

	C	H	N	O
Absolute Werte	449,6	67,15	55,8	147,45
Auf 100 g Leibessubstanz . .	15,9	2,38	1,98	5,36
Auf 100 g Trockensubstanz .	56,5	8,4	7,0	18,7

[1] Weitere kritische Auseinandersetzungen, die freilich den Neugeborenen kaum berücksichtigen, bei M. v. Pfaundler, Körpermaßstudien an Kindern. Berlin 1916; ferner bei Benedict und Talbot, Publ. of the Carnegie instit. Nr. 302, schließlich bei Czerny-Keller, Handbuch, 2. Auflage, Bd. 1, S. 867 ff.

Besonders interessant sind diese Zahlen im Vergleich mit der Zusammensetzung des Fetus in verschiedenen Stadien der Schwangerschaft, ausgedrückt
in Prozent der Gesamtmenge.

Tabelle 3 (nach Fehling).

Alter	Wasser	Asche	Fett	Eiweiß
6 Wochen	97,54	0,001	—	—
4. Monat	91,79	0,98	0,57	4,87
1. Hälfte des 5. Monats . . .	90,70	1,4	0,48	5,9
2. Hälfte des 5. Monats . . .	90,7	1,43	0,54	6,0
6. Monat	89,2	1,94	0,72	6,67
7. Monat	82,6	2,44	3,47	11,8
8. Monat	82,9	2,82	2,44	10,4
9. Monat	74,7	3,3	8,7	12,6
Reifes Kind (tot geboren) . .	74,1	2,55	9,1	11,8

Danach ergibt sich vor allem, daß im 2. Monat der Schwangerschaft der
Körper des Embryo noch fast ausschließlich aus Wasser besteht; er enthält
mehr Wasser als Schleim, ja selbst mehr Wasser als Milch. Beim Vergleich der
Tabellen 1 und 3 fällt aber auch sofort auf, daß bis zur Geburt eine fortdauernde
Abnahme des Wassergehaltes (im ganzen um etwa $25\,^0/_0$) erfolgt. Immerhin
besteht der Körper des Neugeborenen noch zu fast Dreiviertel ($70\,^0/_0$
nach Michel, $71,2\,^0/_0$ nach Camerer-Söldner, $74,4\,^0/_0$ nach Fehling) aus
Wasser, während der Körper des Erwachsenen nur $59\,^0/_0$ Wasser enthält
(E. Bischoff). Mit anderen Worten heißt das: Vom ersten Augenblick des
intrauterinen Lebens bis zum Tode macht der Mensch einen fortschreitenden,
wenn auch außerordentlich langsamen Austrocknungsprozeß durch.   Dieser
Austrocknungsprozeß wird nur in den ersten Wochen des extrauterinen Lebens
insofern unterbrochen, als nach Überwindung der physiologischen Gewichtsabnahme zunächst viel H_2O eingelagert wird, so daß dann der Körper sogar
wasserreicher ist als unmittelbar nach der Geburt (Sommerfeld, Steinitz-
Weigert). Der Umschwung, d. h. der Wiederbeginn der fortschreitenden
Wasserverarmung fällt nach Lederer auf die Mitte des 3. Lebensmonats.
Wasser ist das wichtigste Lösungsmittel, hoher Wassergehalt daher ein den
Stoffaustausch begünstigender Faktor. Es erscheint danach wohl berechtigt,
den außerordentlich regen Stoffwechsel und Stoffansatz (= Wachstum) des Fetus wie auch des Neugeborenen damit in Beziehung
zu setzen (v. Pfaundler). Die Gewichtszunahme des Fetus im 4. Schwangerschaftsmonat beträgt täglich mehr als ein Sechstel seiner Körpermasse, beim
Neugeborenen nur noch $1,5\,^0/_0$, beim einjährigen Kinde $0,07\,^0/_0$ des Körpergewichts; das heißt „die Wachstumsenergie des Fetus im 4. Monat ist so groß,
daß er in 5 Tagen sein Gewicht verdoppelt, während der Neugeborene dazu
bereits $4^1/_2-5-6$ Monate braucht, und das Gewicht vom Ende des ersten
Lebensjahres erst nach etwa 6 Jahren verdoppelt ist" (v. Pfaundler). Man
wird gut tun, sich gelegentlich an diese kolossale Leistung des fetalen und Neugeborenenorganismus im Vergleich zu allen späteren Lebensperioden zu erinnern,
gegenüber der Neigung mancher Autoren, die Rückständigkeit des Neugeborenen
in mancher anderer Hinsicht allzusehr zu betonen.

In der Zusammensetzung der Trockensubstanz des Neugeborenen
fällt vor allem der gegenüber dem Erwachsenen relativ größere Fettgehalt auf.
Das tritt um so mehr hervor, als der Embryo fettlos ist; erst im Fetus, also

ungefähr vom 4. Schwangerschaftsmonat ab, treten nachweisbare Mengen von Fett auf. Die Fetteinlagerung erfolgt aber zunächst äußerst langsam; erst vom 7. Monat ab etwas rascher; die stärkste Fettvermehrung fällt auf die letzten 4—6 Schwangerschaftswochen, so daß beim Neugeborenen fast die Hälfte der gesamten Trockensubstanz Fett ist.

Man hat bekanntlich diese Tatsache auch geburtshilflich zu verwerten gesucht — (Prochownik) — um die Geburt zu erleichtern oder überhaupt zu ermöglichen, indem man durch eine besondere Ernährung der schwangeren Frau die Fetteinlagerung beim Kinde möglichst und mit Erfolg zu verhindern trachtete. Freilich sind die Voraussetzungen insofern nicht zutreffend, als derartige fettarme Kinder nicht notwendig auch kleinere Schädelmaße zeigen. Deshalb ist das Verfahren heute von den meisten Geburtshelfern verlassen, zumal seine Durchführung für die Mutter große Härten mit sich bringt.

Das Fett ist es vor allem, welches dem Körper des reifen Neugeborenen seine rundlichen molligen Formen gegenüber dem runzligen mageren Körper des Frühgeborenen verleiht. Da Fett das wichtigste Brennmaterial des Körpers darstellt, leuchtet die große Bedeutung einer solchen Mitgift an Fett ohne weiteres ein. Der Fettreichtum fällt noch mehr in die Augen, wenn man ihn zum Aschegehalt in Beziehung setzt. Danach würde der Neugeborene rund zehnmal so viel Fett enthalten als der Körper des Fetus vom Ende des vierten Graviditätsmonats.

Im Hinblick auf gewisse pathologische Zustände der Neugeburtszeit, besonders das Sklerem debiler Kinder, ist es nicht unwichtig, auch die feinere Zusammensetzung des Körperfettes Neugeborener zu berücksichtigen, die von der des Erwachsenen recht beträchtlich abweicht. Es fand Langer[1]:

	beim Erwachsenen	beim Kinde
Oleinsäure	89,80 %	67,75 %
Palmitinsäure	8,16 %	28,97 %
Stearinsäure	2,04 %	3,28 %

In dem Gemenge von Triglyzeriden, welches das Fett darstellt, sind also die der festen Palmitinsäure $3^1/_2$ mal so stark, die der flüssigen Ölsäure dagegen um 20 % spärlicher vertreten als beim Erwachsenen. Je älter das Kind wird, desto reicher wird sein Gehalt an flüssigen Fettsäuren (Knöpfelmacher, Kurbatoff, Raudnitz u. a.). Dementsprechend steigt die Jodzahl[2] von 43 bis 45 beim Neugeborenen auf 60—70 beim Erwachsenen. Die festen Fettsäuren nehmen dagegen mit zunehmendem Alter ab (Dobatowkin). Die Zusammensetzung des Fettes ist deshalb von Bedeutung, weil infolge der Ölsäurearmut der Erstarrungspunkt ziemlich hoch liegt (um 38°, v. Reuß). Im Gegensatz zum Erwachsenen ist ferner das Fett des Neugeborenen reich an flüchtigen Fettsäuren (3—5 % gegenüber 1,5—2 % beim älteren Säugling), und nähert sich dadurch dem Charakter des Milchfettes (Engel und Bode). Dabei ist allerdings noch zu erwähnen, daß die Zusammensetzung des Körperfettes beim Neugeborenen und Säugling nicht an allen Körperstellen die gleiche ist[3]. Tieferer Einblick in den möglichen Kausalzusammenhang mit bestimmten Stoffwechseleigentümlichkeiten und pathologischen Zuständen beim Neugeborenen fehlt uns aber noch.

Im Gegensatz zu Wasser und Fett ist der Aschegehalt des Körpers des Neugeborenen wesentlich geringer als im späteren Alter. Neben älteren Arbeiten von v. Bezold, Giacosa, de Lange, Michel sind hier besonders die Analysen von Hugouenq, Söldner und neuestens von Birk

---

[1] Zit. nach Gundobin S. 55.
[2] D. h. das Jodbindungsvermögen des betreffenden Fettes, das im wesentlichen von dem Gehalt an ungesättigten Fettsäuren abhängig ist.
[3] Vgl. auch S. 51.

sowie Langstein und Edelstein zu nennen, die mit den älteren Ergebnissen gut übereinstimmen. Ich gebe in der folgenden Tabelle das Ergebnis der viel zitierten Untersuchungen von Hugouenq [1]:

Alter d. Fetus (Monate)	4—4$^1/_2$ Mon.	4$^1/_2$—5 Mon.	5—5$^1/_2$ Mon.	6 Mon.	6$^1/_2$ Mon.	reif (?)	reif
Gewicht d. Fetus (g)	522 g	570 g	800 g	1165 g	1285 g	2720 g	3300 g
Gewicht d. Asche (g)	14,002 g	14,7154 g	18,3572 g	30,7705 g	32,9786 g	96,7555 g	106,1630 g
CO_2	—	1,5	0,96	0,90	0,32	1,89	1,16
Cl	8,99	9,91	8,59	7,75	8,53	4,26	4,54
P_2O_5	37,74	32,33	34,36	34,49	35,39	35,28	36,26
SO_3	1,46	1,27	1,80	1,78	1,46	1,50	1,23
CaO	32,60	38,21	32,50	34,64	34,13	40,48	40,68
MgO	1,74	—	1,58	—	1,17	1,51	—
K_2O	9,12	1,21	8,28	7,21	8,45	6,20	7,56
Na_2O	12,23	13,75	12,62	10,62	10,95	8,12	5,96
Fe_2O_3	0,43	0,33	0,40	0,39	0,38	0,39	0,40
1 kg Körpersubstanz enthält:							
CO_2	—	0,40	0,21	0,24	0,08	0,67	0,37
Cl	2,41	2,65	1,96	2,04	2,18	1,51	1,45
P_2O_5	9,31	8,66	7,86	9,22	9,03	12,52	11,64
SO_3	0,39	0,34	0,42	0,47	0,37	0,53	0,39
CaO	8,74	10,24	7,44	9,15	8,73	14,37	13,06
MgO	0,46	—	0,36	—	0,38	0,54	—
K_2O	2,44	0,32	1,89	1,90	2,16	2,20	2,42
Na_2O	3,28	3,68	2,89	2,80	2,80	2,88	1,81
Fe_2O_3	0,11	0,09	0,08	0,10	0,09	0,14	0,13
Der Gesamtkörper enthält:							
CO_2	—	0,23	0,17	0,28	0,10	1,82	1,23
Cl	1,24	1,51	1,57	2,37	2,80	4,10	4,82
P_2O_5	4,86	4,93	6,29	10,74	11,60	34,05	38,49
SO_3	0,20	0,19	0,33	0,55	0,47	1,44	1,30
CaO	4,56	5,83	5,95	10,66	11,21	39,08	43,18
MgO	0,24	—	0,29	—	0,49	1,47	—
K_2O	1,27	0,18	1,51	2,21	2,77	5,98	8,03
Na_2O	1,71	2,09	2,31	3,26	3,60	7,83	6,33
Fe_2O_3	0,06	0,05	0,06	0,11	0,11	0,38	0,42

Im Gegensatz zu den starken Veränderungen des Wasser- und Fettgehaltes fällt hier auf, daß die relative Zusammensetzung der Asche vom 4. Monat ab bis zur Geburt annähernd konstant bleibt. Nur das zum Knochenaufbau notwendige Kalzium wird vom 6. Monat ab in steigender Menge aufgenommen. Während in den ersten 4 Monaten kaum Spuren von Kalk im fetalen Organismus nachweisbar sind, beträgt der monatliche CaO-Ansatz vom 6. Fetalmonat an 3—5,8—6,2—11,96 g (Schmitz). Umgekehrt ist das zum Aufbau des Knorpels notwendige Na in den ersten Monaten relativ stärker vertreten.

Der hohe Kalkbedarf des Fetus hinterläßt ja bekanntlich auch bei der Mutter seine Spuren und der bei manchen Frauen auftretende Kalkhunger dürfte im wesentlichen nur ein Ausdruck dafür sein, daß der vom Fetus entzogene Kalk ersetzt werden muß. Sicherlich hat auch die Osteomalazie mehr mit dem Fetus zu tun als unter dem Eindruck der neueren Untersuchungen über die endokrinen Drüsen und der Erfolge der Kastration angenommen wird. Denn auch die bloße Unterbrechung der Schwangerschaft ohne Kastration oder der Fruchttod vermögen in nicht zu weit vorgeschrittenen Fällen heilend zu wirken. Der hohe Kalkbedarf des Fetus tritt noch schlagender in Erscheinung, wenn man

---

[1] Compt. rend. de l'acad. des sciences. 21. V. 1900. Zit. A. Czerny-Keller I., S. 99. 1. Aufl.

die absoluten Zahlen heranzieht. So fand Hoffström am Ende des 4. Graviditätsmonats für den Fetus eine tägliche Kalkaufnahme von 0,384 g CaO, am Ende der Gravidität dagegen von 30 g.

Wichtig erscheinen mir noch besonders die Verhältnisse beim Eisen. Ist auch die von Bunge behauptete, von Giacosa und C. de Lange bestätigte Eisenspeicherung beim Neugeborenen durch neuere Untersuchungen, vor allem von Camerer und Söldner wohl endgültig widerlegt [1], so ist auf der anderen Seite doch zu betonen, daß Eisen gerade zu den Stoffen gehört, die der Fetus mit großer Gier in der nötigen Menge des mütterlichen Organismus entzieht, der sich gegebenenfalls nicht anders als durch Fehlgeburt vor Eisenverarmung schützen kann. Fetzer [2] hat dafür sehr wertvolle experimentelle Beweise erbracht. Auch die neuesten sehr ausführlichen Untersuchungen von Philipp Schwartz, Baer und Weiser beweisen die Lebhaftigkeit des Eisenstoffwechsels gerade bei ganz jungen Neugeborenen.

Der Gehalt des Neugeborenenorganismus an stickstoffhaltigen Substanzen ist wesentlich geringer als beim Erwachsenen, was besonders mit der relativen Muskelarmut des Neugeborenen in Zusammenhang gebracht wird (Camerer jun.), die nur etwa $23^0/_0$ des Körpergewichts gegenüber $43^0/_0$ beim Erwachsenen ausmachen (Vierordt). Trotzdem ist im Verlaufe der Fetalzeit die Eiweißvermehrung eine recht beträchtliche, namentlich vom 6. Monat ab. Am Ende der Schwangerschaft ist dreimal so viel Eiweiß vorhanden, als am Beginn des 4. Graviditätsmonats [3]. Allerdings bleibt das Verhältnis der plastischen Substanzen (Asche: Eiweißkörper im weitesten Sinne) ungefähr dasselbe (1 : 5), während das als Brennmaterial dienende Fett zur Zeit der Geburt 9—15mal reichlicher vorhanden ist [4].

Erwähnenswert ist schließlich, daß der Organismus des Neugeborenen im Gegensatz zum älteren Säugling besser imstande scheint, das Verhältnis der einzelnen Komponenten aufrecht zu erhalten, natürlich abgesehen von der Zeit der physiologischen Gewichtsabnahme. Man darf dabei freilich nicht übersehen, daß in der Neugeburtszeit auch die Gelegenheit zu grob fehlerhafter Ernährung eine viel kleinere ist, da selbst bei künstlicher Ernährung die Auswahl der Nahrungsmittel eine relativ geringere ist. Übrigens besitzen wir noch zu wenig Kenntnisse, um schon weitergehende Behauptungen in dieser Richtung aufstellen zu können.

Abgrenzung der Neugeburtszeit gegen die übrige Säuglingsperiode.

Ist schon die Pädiatrie ein junger Ast am Baume der Gesamtmedizin, so ist vollends die intensivere Beschäftigung mit dem Neugeborenen eine Errungenschaft der beiden letzten Jahrzehnte, wenn auch viele Einzelarbeiten weiter zurückliegen.

Was aber ist überhaupt die Neugeburtszeit? Wie grenzt sie sich gegen das Säuglingsalter ab? Die Frage ist bis heute nicht einheitlich beantwortet [1], ja man darf sagen, daß eine zeitlich scharfe Abgrenzung von allgemeiner Gültigkeit überhaupt nicht möglich ist. Wir wenigstens meinen, daß der Zustand des „Neugeborenenseins" sehr verschieden lange dauert. Ganz allgemein wird man als Neugeburtszeit eine Übergangsperiode vom Fetalleben zum Säuglingsleben bezeichnen — eine Zeit, in der allmählich die

---

[1] Eine ausführlichere Darlegung der Streitfrage, die heute nicht mehr interessiert, bei Czerny-Keller, 1. Aufl. I, l. c. S. 96 ff.

[2] Kongr. f. inn. Med. 1909.

[3] Cf. oben Tabelle 3.

[4] Zur Ergänzung der hier gegebenen Daten sei auf die „Biologie des Fetus" von H. A. Dietrich in Halban-Seitz, Biologie und Pathologie des Weibes, Bd. 6, Berlin und Wien 1925, verwiesen.

zunächst noch auf die fetalen Lebensbedingungen eingestellten Organe des Neugeborenen sich den extrauterinen Daseinsbedingungen anpassen, dabei mehr
oder weniger auch noch unter den Nachwirkungen der Geburt selbst stehend.

Man hat den Tag des Nabelabfalles als Grenze setzen wollen (z. B. Güntz),
sicherlich ganz mit Unrecht, weil der Nabelabfall eine höchst gleichgültige
Erscheinung ist und mit den inneren Umwälzungen kaum etwas zu tun hat,
die überdies erst längere Zeit nach dem Nabelabfall zum Abschluß kommen.
Ebenso scheint mir die Begrenzung der Neugeburtszeit auf die Periode der
Gewichtsabnahme, also etwa auf die ersten 3—5 Tage (Faber, Casper-Liman),
oder der kolostralen Ernährung (Birk) zu eng. Auch die Dauer des Ikterus
ist dafür kaum heranzuziehen.

Viel mehr Berechtigung hat es, von einem Neugeborenen so lange zu
sprechen, bis das Anfangsgewicht wieder erreicht ist. Denn bei natürlicher
Ernährung darf man im allgemeinen wohl annehmen, daß damit die Anpassung
an die extrauterinen Lebensbedingungen erfolgt und die Nachwirkungen der
Geburt selbst überwunden sind. Danach würde also die Neugeburtszeit etwa
$1^1/_2$—2 Wochen dauern; doch ist gleich hier anzumerken, daß bis zur Erreichung
des Anfangsgewichtes auch längere Zeit vergehen kann und damit unter Umständen die Neugeburtszeit 1—2 Wochen länger dauert. Die klinische Erfahrung lehrt, daß auch nach Erreichung des Geburtsgewichtes die Kinder noch
gegen die verschiedensten Schäden außerordentlich empfindlich sind, wie schon
daraus hervorgeht, daß der größte Prozentsatz aller Todesfälle des ersten Lebensjahres auf die ersten 4 Wochen entfällt.

So könnte man erwägen, ob es nicht zweckmäßig sei, einfach die ersten
4 Wochen ganz willkürlich als Neugeburtszeit zu bezeichnen [2]. Wer das nicht
will, für den scheint mir die Erreichung des Anfangsgewichtes der best-
begründete, wenn auch zeitlich variable Grenzstein, um Neugeborene und Säuglinge zu unterscheiden.

Ist die zeitliche Abgrenzung immer mehr oder minder willkürlich,
so scheint mir der Begriff der Neugeburtszeit ein festumgrenzter. Man
hätte darunter zu verstehen die Zeit der Erholung von physiologischen
Geburtsschäden, des Untergangs verschiedener Erinnerungen an
die Fetalzeit und der Anpassung an die ganz veränderten Bedingungen des extrauterinen Lebens, also die Zeit, in der die Geburtsgeschwulst zur Aufsaugung gelangt, die Zirkulation sich umändert und die verschiedenen Obliterationsprozesse in den fetalen Kommunikationswegen beginnen,
die völlige Entfaltung der Lungen erreicht wird, vor allem aber eine Periode,
in welcher der Organismus sich allmählich darauf einrichtet,
von der parenteralen zur enteralen Ernährung überzugehen, den
Schwankungen der Außentemperatur sich anzupassen lernt und
Ähnliches mehr. Hat auch die Natur in vieler Hinsicht, vor allem auf dem Gebiete
der Ernährung dafür gesorgt, daß dieser Übergang möglichst schonend erfolgt,
so bleiben doch der Umwälzungen so viele, daß eine gesonderte Betrachtung
derselben notwendig erscheint. Die Funktion sämtlicher Organe und Gewebe
ist Ausdruck solcher Übergangserscheinungen, wie sie später nicht mehr auftreten. Erst neuerdings hat Duzár dafür wieder interessante Belege beigebracht,
die allerdings einer Nachprüfung noch harren. Noch mehr treten solche Eigenheiten vielleicht in den Störungen der Funktion hervor, so daß man mit Recht

---

[1] Ältere unbestimmte Ansichten über die Dauer und den Begriff des Neugeboren-
seins cf. bei Schürmayer, Lehrbuch der gerichtlichen Medizin, S. 104. Erlangen 1854.
[2] Ähnlich hat Hensch die Dauer der Neugeburtszeit auf 4—6 Wochen, Ballantyne
auf 1 Monat angegeben.

von „Neugeborenenkrankheiten" sprechen kann, weil sie entweder im späteren Säuglingsalter überhaupt nicht mehr vorkommen oder in ganz anderer Weise ablaufen. Darauf haben wir indes nicht mehr einzugehen.

B. Physiologie der einzelnen Organe und Organsysteme.

Unter den im Momente der Geburt, während oder unmittelbar nach der Ausstoßung des kindlichen Körpers, einsetzenden Veränderungen, die erst den Fetus instand setzen, unter den plötzlich veränderten Daseinsbedingungen fortzuleben, sind es vor allem das Einsetzen der Lungenatmung und die dadurch hervorgerufene Umänderung der Zirkulation, welche unser Interesse beanspruchen.

I. Atmungsapparat.

Anatomische Vorbemerkungen.

Für manche Eigentümlichkeiten der Respiration des Neugeborenen sind die anatomischen Verhältnisse des Atmungsapparates nicht ohne Belang. Ein paar kurze Bemerkungen darüber sind deshalb wohl am Platze.

Der geringen Entwicklung und Weichheit des Nasengerüstes entsprechen enge Nasenöffnungen wie auch die Nasenhöhle infolge der geringen Entwicklung der Oberkiefer recht klein, die Nasengänge eng sind. Schon geringe Schwellungen der Schleimhaut können deshalb zu schwerster Behinderung oder Aufhebung der Nasenatmung und damit zu Erschwerung des Saugens führen. Nebenbei sei erwähnt, daß auch die Nebenhöhlen der Nase beim Neugeborenen kaum angedeutet sind bzw., wie die Stirnhöhle, noch ganz fehlen.

Am Kehlkopf des Neugeborenen — Untersuchungen darüber verdanken wir vor allem Galatti[1] — hervorzuhebende Eigentümlichkeiten sind neben der größeren Weichheit der Knorpel vor allem die mehr halbkreisförmige Anordnung des Schildknorpels, die nach hinten geneigte Stellung des Ringknorpels, welche schon normalerweise zu einer nach vorn konvexen leichten Knickung des Laryngotrachealrohres Veranlassung gibt, die enge Stimmritze und zuletzt die starke Annäherung des Zungenbeins und Zungengrundes an den Kehlkopf (Abb. 2). Ersteres steht fast in Berührung mit dem Schildknorpel, letzterer — an sich relativ stärker ausgebildet als beim Erwachsenen — lagert dicht auf der Epiglottis, die Spitze derselben nach hinten noch überragend. Trachea (3—4,5 cm lang — Ballantyne, Mettenheimer, größte Weite 1,65 — Gedgowt) und Bronchien zeichnen sich durch relative Enge und Weichheit aus. Die Bifurcatio tracheae liegt vor dem 3.—4. Brustwirbel (Aeby, Mehnert), beim Erwachsenen vor dem 5. Brustwirbel. Mikroskopisch ist die Schleimhaut von Kehlkopf und Trachea durch ihre Zartheit und Blutfülle ausgezeichnet. Schleimhaut und elastische Fasern sind noch spärlich entwickelt.

Lungen. Auffallend ist vor allem gegenüber dem relativ großen und kräftigen Herzen

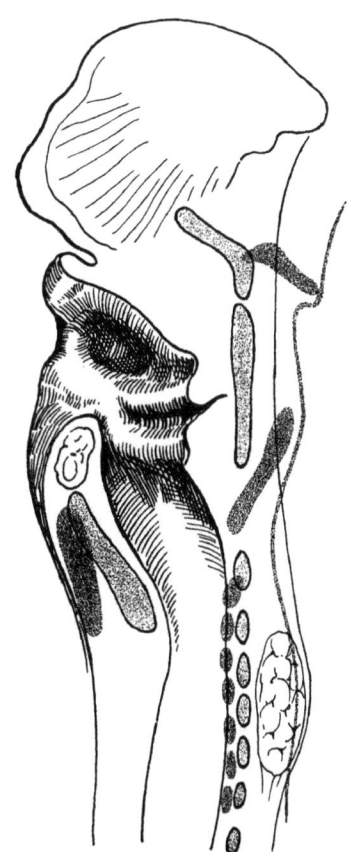

Abb. 2.
Sagittalschnitt durch Kehlkopf und Trachea vom Neugeborenen. Die nicht schwarz umränderten Partien zeigen die Stellung von Zungenbein und Kehlkopfknorpeln beim Erwachsenen im gleichen Größenverhältnis.

---

[1] Wien. klin. Wochenschr. 1890.

des Neugeborenen die Kleinheit der Lungen, welche, abgesehen von ihrer bisherigen Funktionslosigkeit, durch die Einengung des Thoraxraumes durch Herz und Thymus bedingt ist. Ihr Gewicht beträgt nur 54—60—65 g (Vierordt, Junker, Gedgowt, Sappey), nach Eintritt der Atmung durchschnittlich 94 g (Mettenheimer), gegenüber 140 g beim einjährigen Säugling. Das Volumen der rechten Lunge ist um 21,8 $^0/_0$ größer als das der linken (Aeby, Letourneau).

Die Alveolen sind äußerst klein, zeigen zunächst ein unregelmäßig kubisches Epithel (Addison und How), welches erst nach allmählicher Entfaltung der Lungenbläschen im Laufe der nächsten 3—5 Tage sich abplattet. Ebenso ist das elastische Fasernetz der Lungen zur Zeit der Geburt noch äußerst spärlich entwickelt (Orth u. a.). Vor völliger Entfaltung der Lungen erscheint ihr Bindegewebe relativ dicht und reichlich (Geltowski), die Blutgefäße treten deutlicher hervor.

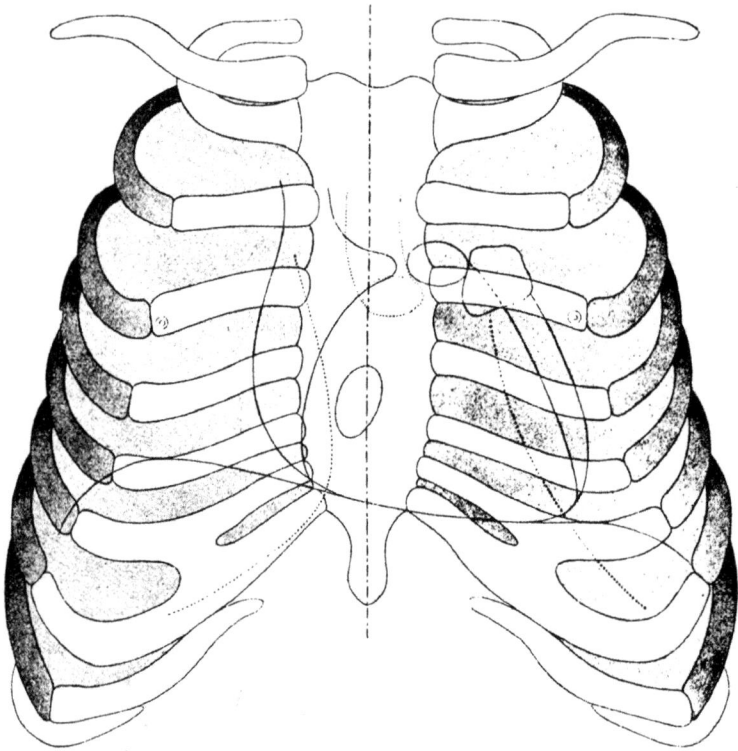

Abb. 3.
Thorax eines neugeborenen Kindes mit Projektionsfigur des Herzens, Lungen- und Zwerchfellkonturen. (Nach Henke-Mettenheimer.)

Über den Verlauf der Lungenränder orientiert die folgende Tabelle nach Mettenheimer (S. 322):

rechte Lunge		linke Lunge	Mittl. Verlauf für beide Lungen
10. Rippe unterer Rand	an der Wirbelsäule	10. Rippe unterer Rand	10. Rippe
9. ,, ,, ,,	Skapularlinie	9. ,, ,, ,,	9. ,,
7. ,, oberer ,,	Axillarlinie	7. ,, ,, ,,	7. ,,
6. ,, ,, ,,	Mammillarlinie	5. Interkostalraum	6. ,, oben

Die linke Lunge steht also tiefer, was auch Sahli und Birch-Hirschfeld angeben. Nach Eintritt der Atmung runden sich die vorher scharfen Lungenränder und dringen weiter in die Pleurasäcke vor.

Die Pleuragrenzen stehen tiefer als die Lungengrenzen, und zwar rechts wie links (Mettenheimer, S. 319):

1. Neben der Wirbelsäule an der 12. Rippe (oberer Rand),
2. in der Skapularlinie   ,,   ,, 11.   ,,
3. ,, ,, Axillarlinie   ,,   ,, 8.   ,, (unterer Rand),
4. ,, ,, Mammillarlinie ,,   ,, 6.   ,, (Interkostalraum).

Vor Einsetzen der Atmung sind die sogenannten Komplementärräume der Pleura von den Lungen noch kaum erfüllt, so daß die parietalen Blätter des Brustfells verhältnismäßig breit aufeinander zu liegen kommen. Das gilt besonders für den Sinus mediastinocostalis. Der Sinus phrenicocostalis ist rechts etwas höher als links.

Der Thorax (Henke, Eckerlein, Mayr, Hüter u. a.) ist schmal und kurz, gegenüber dem vorn und hinten abgeplatteten Thorax des Erwachsenen mehr faßförmig (Abb. 3), so daß der Tiefendurchmesser nicht viel kleiner ist als der Breitedurchmesser [1] (Eckerlein, Ballantyne). Zum Teil folgt das aus der bis zum Promotorium einheitlich C-förmigen nach vorn konkaven Krümmung der Wirbelsäule (Cunningham u. a.), zum Teil aus dem flachen Verlauf der Rippen. Diesem entsprechend fällt ferner die obere Thoraxapertur nicht so nach vorn ab wie beim Erwachsenen, das Brustbein steht im Verhältnis zur Wirbelsäule um 1—1$\frac{1}{2}$ Wirbelkörper höher (Symington, Rüdinger), die untere Thoraxapertur ist breiter, der epigastrische Winkel stumpfer. Ein Rippen,,bogen" ist nicht vorhanden. Die untere Thoraxgrenze verläuft vielmehr als kaum gekrümmte Linie, deren tiefster Punkt meist in der Axillarlinie liegt (Zeltner). Sonst ist noch bemerkenswert die Weichheit der Rippen und die geringe Entwicklung der Atmungsmuskulatur. Das Zwerchfell ist weniger gewölbt als beim Erwachsenen[2]; seine Kuppe steht aber höher (Mettenheimer, Rüdinger, Symington), was zum Teil auf die Atelektase der Lungen, zum Teil auf die starke Entwicklung der Leber bezogen wird. Der Brustumfang des Neugeborenen beträgt unterhalb der Brustwarzen 30—33 cm (Eckerlein, Körber u. a.) und ist nach Fasbender bei ♂ ein paar Millimeter kleiner als bei ♀, während Gundobin gerade das umgekehrte Verhalten angibt (S. 141). Der Brustumfang ist stets kleiner als der Kopfumfang (Frebelius, Snitkin, Weißenberg u. a.).

Ehe auf die Physiologie der Atmung näher eingegangen werden kann, ist es notwendig, die Bedingungen zu erörtern, welche überhaupt die Atmung in Gang bringen.

Der erste Atemzug.

Während des fetalen Lebens erfolgt bekanntlich der Gasaustausch durch die Plazenta. Die Lungen sind luftleer und im Zustand völliger Ruhe; denn auch die von Ahlfeld zuerst näher beschriebenen, viel umstrittenen, durch die neueren Untersuchungen von Reifferscheid und H. Jaeger endgültig sichergestellten intrauterinen Atembewegungen stellen nur oberflächliche Kontraktionen der Atmungsmuksulatur dar, die den Zustand der luftleeren Lungen nicht verändern. So wird bei günstigen Weichteilverhältnissen und sonstigem normalen Verlauf der Austreibungsperiode das Kind in einem Zustand geboren, den man als Apnoe bezeichnet; das Kind liegt ohne zu atmen da, zeigt dabei regelmäßige Herztätigkeit. Dieser Zustand ist von außerordentlich verschiedener Dauer. Manchmal schon während des Durchschneidens des Kopfes durch Einsetzen der Lungenatmung unterbrochen, dauert er in anderen Fällen (Schulbeispiel: klassischer Kaiserschnitt) oft mehrere Minuten, ohne daß das Kind in die geringste Lebensgefahr gerät. Diese Apnoe des eben Geborenen ist zunächst nichts anderes als der Ausdruck für die Fortdauer des plazentaren Gaswechsels. Deshalb auch schwankt ihre Dauer so außerordentlich; denn in individuell sehr variierender Weise und Schnelligkeit erfolgt mit der Entleerung des Uterus Kontraktion und Retraktion der Muskelfasern im Corpus uteri. Noch variabler ist das Verhalten der Muskelfasern an der Haftzone der Plazenta. Erst wenn hier die Umlagerung und Zusammenziehung der Muskelfasern zu einer Verminderung der Blutzufuhr und solchen Verkleinerung der Haftfläche

---

[1] Die Angabe von Rauchfuß, daß beide Durchmesser ungefähr gleich lang (8 cm) sind, ist irrtümlich.
[2] Weitere Angaben und ältere Literatur bis 1893 bei Mettenheimer, l. c.

führt, welche Teile der Plazenta zur Abhebung zwingt und dadurch die Gas austauschende Oberfläche verkleinert, treten die Bedingungen ein, welche am Kinde den ersten Atemzug auslösen. Dasselbe kann man natürlich künstlich bewirken, indem man durch Abklemmen der Nabelschnur die Sauerstoffzufuhr und Kohlensäureabfuhr unterbricht.

Auch das läßt sich besonders schön beim klassischen Kaiserschnitt beobachten. Wenn man den Uterus eröffnet und das Kind extrahiert, dann kann man unter günstigen Umständen, das heißt in diesem Falle, wenn der Uterus sich nicht gleich stark kontrahiert, bis zu 5 Minuten diesen Zustand der Apnoe erhalten, andererseits ihn in kürzester Zeit unterbrechen, wenn man die Nabelschnur abklemmt oder die Plazenta künstlich löst. Ebenso kann man durch Abklemmen der Nabelschnur bei noch in situ befindlichem Kinde die Atmung auslösen. Damit soll nicht geleugnet werden, daß auch bei unterbundener Nabelschnur, namentlich bei Kaiserschnittskindern, die sich bis dahin eines ganz ungestörten Gaswechsels erfreuten, der Zustand der Apnoe noch kurze Zeit fortbestehen kann, weil die Erregbarkeit des fetalen Atmungszentrums an sich eine geringe ist (Pflüger, L. Hermann, Cohnstein und Zuntz). In dieselbe Kategorie gehört die Auslösung vorzeitiger Atembewegungen im letzten Teil der Austreibungsperiode, wenn durch straffe Weichteilschnürung, durch ungünstige, zur Kompression führende Lage der Nabelschnur, durch vorzeitige Lösung der Plazenta oder durch besonders heftige Wehentätigkeit der Gasaustausch gestört wird. Eine genaue Erörterung dieser Verhältnisse gehört nicht hierher.

Merkwürdigerweise haben diese einfachen Beobachtungen nicht genügt, alle Geburtshelfer zu überzeugen, daß nichts anderes als die Störung des plazentaren Gaswechsels, also eine Reizung des Atemzentrums durch Sauerstoffverarmung oder Kohlensäureüberladung des Blutes den ersten Atemzug auslöst (Schwartz 1858). Die Frage, ob der Sauerstoffmangel oder der Kohlensäureüberschuß von größerer Bedeutung für die Reizung des Atemzentrums ist, dürfte wohl zugunsten letzterer Annahme zu entscheiden sein. Einmal sprechen die allgemeinen experimentellen Erfahrungen der Physiologie in diesem Sinne (cf. Engstroem, Baglioni[1]); weiter erfolgt — namentlich bei langsamem Austritt des Rumpfes nach der Geburt des Kopfes — häufig eine venöse Blutstauung zum Kopf, weil der noch in dem Weichteilschlauch der Mutter steckende Kindeskörper unter starkem Druck steht. Schließlich ist durch Zweifel, Cohnstein und Zuntz u. a. erwiesen, daß das Blut der Nabelarterien mehr Kohlensäure und weniger Sauerstoff enthält, als das der Nabelvene, wobei die Kohlensäuredifferenz stärker ist als die Sauerstoffdifferenz. Demnach muß eine Unterbrechung der Sauerstoffzufuhr erst recht zu einem Überwiegen der Kohlensäurespannung führen. Sowie aber die Kohlensäurespannung des Blutes die Reizschwelle für das Atemzentrum überschritten hat, setzt der erste Atemzug ein.

Gegenüber diesen Beweisen für die hier wiedergegebenen, im wesentlichen schon von Schwartz, F. A. Kehrer, Runge entwickelten Lehren, dürfen andere Ansichten als widerlegt angesehen werden.

Das gilt z. B. von der Behauptung von Preyer, v. Preuschen, daß die Störung des Gaswechsels keine Bedeutung habe und allein die Erregung der sensiblen Hautnerven durch Abkühlung (Verdunstungskälte des Fruchtwassers), durch mechanische Insulte verschiedenster Art die Ursache für den ersten Atemzug darstelle. Ahlfeld hat demgegenüber gezeigt, daß auch bei Wegfall jeder Abkühlung (Geburt im warmen Bade) der erste Atemzug eben durch Störung des plazentaren Gaswechsels eintritt. Übrigens spricht gegen die überragende Bedeutung der Hautreize schon die einfache Tatsache, daß wir bei Wendungen usw. eine ganze Reihe von recht kräftigen Hautreizen setzen, ohne daß dadurch vorzeitige Atembewegungen ausgelöst werden. Wo solche eintreten, ist dafür stets eine Insultierung der Nabelschnur verantwortlich zu machen.

Auch die Einwände von Heinricius gegen die Theorie des gestörten Gasaustausches als Ursache des ersten Atemzuges haben sich nicht als stichhaltig erwiesen[2].

Die Erregung der sensiblen Hautnerven, Temperaturnerven wirkt lediglich unterstützend im Sinne eines allgemein erregend wirkenden Mittels. Nur in diesem Sinne benutzen

---

[1] Ergebn. d. Physiol. Jg. 11, S. 595. 1911.
[2] Näheres zur Widerlegung derselben cf. bei Seitz, S. 242.

wir taktile und Temperaturreize (besonders in Form rasch wechselnder kalter und warmer Übergießung) als ein Mittel, asphyktisch geborene Kinder wieder zu beleben, wenn nach Freimachung der Luftwege aus irgendeinem Grunde das Atemzentrum als vorübergehend gelähmt sich erweist.

Einer interessanten Hypothese von Lahs möchten wir aber noch kurz Erwähnung tun. Lahs stellt sich vor, daß durch die Kontraktion des entleerten Uterus unmittelbar nach der Geburt so reichlich Blut in das kindliche Herz gelangt, daß auch die Lungenblutbahnen gefüllt werden und dadurch die Atmung ausgelöst würde. Diese Vorstellung ist aber einmal durch Experimente von Preyer direkt widerlegt, der zeigte, daß die Injektion der Lungengefäße keine Erregung des Atemzentrums bewirkt, weiterhin auch durch die Erfahrung, daß die plötzliche Abklemmung der Nabelschnur vor völliger Ausstoßung des Kindes, also noch ehe eine Auspressung von Blut wirken könnte, alsbald Inspiration auslöst.

Die Ansicht von Olshausen, daß der in dem Geburtswege zusammengepreßte Thorax nach Verlassen des Vulvarringes seiner Elastizität folgend auseinanderschnelle und Luft einsauge, beruht auf einer physikalisch nicht haltbaren Vorstellung. Denn die luftleeren Lungen sind als inkompressibel zu betrachten, können daher auch nicht gewissermaßen in eine Gleichgewichtslage zurückschnellen. Überdies haben Zuntz und Straßmann die Ohlshausensche Ansicht experimentell widerlegt.

Sobald also durch Sauerstoffmangel und Kohlensäureüberschuß im Blute das Atemzentrum gereizt wird, erfolgt die erste tiefe Inspiration, ganz gewöhnlich bei der Exspiration gefolgt von dem ersten Schrei. Als typisch gewissermaßen kann es man ansehen, wenn nun 4—6—10mal rasch hintereinander tiefe Atemzüge folgen, die meist von lebhaftem Schreien begleitet sind. Dann pflegt im allgemeinen die Atmung bald ruhiger zu werden, zeigt aber immer noch bedeutende Unregelmäßigkeit derart, daß tiefe schnappende Inspirationen gefolgt sind von einer Reihe ganz oberflächlicher Atemzüge und selbst von längerer Atmungslosigkeit, bis der neuerlich eintretende Kohlensäureüberschuß im Blute wieder Atembewegungen auslöst. Allmählich setzt dann die normale Atmung der Neugeborenenzeit ein (vgl. weiter unten).

Von diesem streng physiologischen Typus der Ingangsetzung des Atemapparates kommen aber vielfache Abweichungen vor, auf die wenigstens kurz hingewiesen sei. Oft — namentlich bei engen Weichteilen Erstgebärender und dadurch verzögertem Durchschneiden — bemerkt man schon unmittelbar nach der Geburt des Kopfes, ja selbst bevor die Nase und der Mund völlig über den Damm schneiden, oberflächliche oder tiefere Atembewegungen, begleitet von einem schlürfenden Geräusch, vereinzelt auch von einem leisen, wie abgebrochen klingenden Schreien. Ebenso beobachtet man nicht selten mit den ersten Atemzügen Nies- und Hustenbewegungen, die zur Entleerung von während des letzten Stadiums der Austreibungsperiode aspiriertem Schleim und Fruchtwasser führen. Man darf auch hier nicht vergessen, daß es eine ganze Reihe von Übergängen von der richtigen Apnoe (der Atmungslosigkeit bei ungestörtem Gaswechsel) zur Asphyxie (der Atmungslosigkeit bei mehr oder minder schwer gestörtem Gasaustausch) gibt, ohne daß man deshalb gleich von pathologischen Verhältnissen zu reden braucht.

Mit dem ersten Atemzug setzen auch einschneidende Veränderungen der Zirkulation ein, auf die wir im nächsten Kapitel im Zusammenhang eingehen.

Weiteres Verhalten der Respiration.

Wie unmittelbar nach der Geburt, so fällt auch weiterhin, besonders am ersten Lebenstage die starke Irregularität und Inäqualität der Atmung des Neugeborenen auf (Eckerlein, Scherer u. a.). Auch jetzt folgen auf einen oder einzelne tiefe Atemzüge eine ganze Reihe oberflächlicher Respirationen, die gewöhnlich immer seichter werden, ja gelegentlich ein paar Sekunden ganz auszusetzen scheinen, um dann wieder von einer tiefen Inspiration gefolgt zu sein. Beim Schreiben von Atmungskurven bemerkt man, daß nicht nur die einzelnen Atemzüge von ungleicher Intensität sind, sondern ebenso ihre Dauer und Aufeinanderfolge große Unregelmäßigkeiten zeigt. Im ganzen fällt die Oberflächlichkeit der Atmung auf, die nur von einzelnen tiefen Inspirationen unterbrochen wird. Bei ruhigem Schlaf sind diese Eigentümlichkeiten weniger ausgeprägt, beim Schreien wird die Unregelmäßigkeit stärker und vor allem schwankt dann außerordentlich die Tiefe der einzelnen Atemstöße, die oft von auffallend langen Pausen unterbrochen sind. Beim Abbrechen des Schreiens erfolgen gewöhnlich einzelne besonders tiefe Inspirationen, bei denen

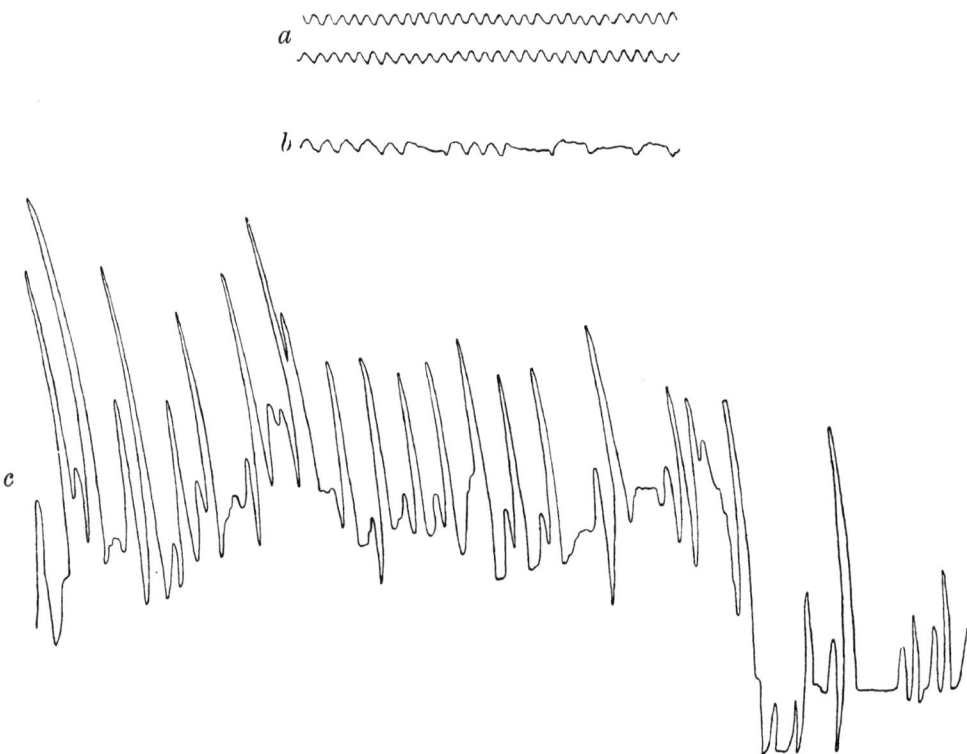

Abb. 4.
a Atmungskurve vom Neugeborenen im Schlafe; b im wachen Zustande (nach Scherer);
c Schreikurve (nach Ahlfeld).

die unteren Interkostalräume manchmal eine deutliche Einziehung erkennen lassen. Dieselbe hat aber keinerlei pathologische Bedeutung, sondern erklärt sich einfach aus der Nachgiebigkeit der weichen elastischen Brustwand.

Im weiteren Verlauf der Neugeburtszeit kann man, je nach dem Verhalten des Kindes etwa drei Typen der Atmung unterscheiden (Canestrini):

1. Bei ruhiger Atmung des schlafenden oder im wachen Zustande ruhig daliegenden Kindes zeigt die Atmungskurve (Abb. 4a) (abdominale Respiration) ziemlich gleichmäßige Wellen, mit etwas rascherem Anstieg als Abfall, wobei im ganzen jedoch sowohl Anstieg als Abfall langsam erfolgt. Sowie die Atmung etwas lebhafter wird, zeigt der exspiratorische Schenkel regelmäßig eine katakrote Senkung, der inspiratorische Schenkel häufig eine leichte anakrote Erhebung (vgl. Abb. 4b).

2. Beim Schreien oder sonstigen Unlustaffekten wird die Atmung wesentlich schneller (60—70); die einzelnen Wellen werden sehr ungleich (Abb. 4c), dabei aber im ganzen höher als bei ruhiger Atmung und lassen Anakrotie des inspiratorischen wie Katakrotie des exspiratorischen Schenkels sehr deutlich erkennen (vgl. Abb. 4c).

3. Nach längerem heftigen Schreien beobachtete Canestrini eine dritte Form der Atmung, die er als Ausdruck stärksten Unlustaffektes auffaßt: steilster Anstieg mit wesentlich stärkerer anakroter Welle, dann kurz nach der Akme eine zweite ganz steile, spornartige, spitze Zacke und ganz jähen Abfall. Dieser Sporn kommt durch eine neuerliche starke, kurzdauernde Inspiration unter Anspannung der Bauchmuskulatur zustande, ohne daß inzwischen eine Exspiration eingetreten ist.

Der ganze Typus der Atmung ist am besten als diaphragmal (v. Reuß) zu bezeichnen, das heißt, es handelt sich um eine überwiegend abdominale (männliche) Atmung, die jedoch bei tiefen Atemzügen unter deutlichster und ausgiebigster Mitbewegung des Thorax erfolgt (Verfasser). Daher sprechen wohl Eckerlein und Scherer von einer Kombination von thorakalem und abdominalem Atemtypus. Keinesfalls aber kann man von rein thorakaler Atmung sprechen, wie F. A. Kehrer will. Ein Einfluß des Geschlechts ist nicht zu konstatieren und wird erst vom 10. Lebensjahre ab nachweisbar (Feer).

Die Atemfrequenz ist eine wesentlich höhere als beim Erwachsenen. Die Angaben der einzelnen Autoren schwanken aber sehr. So fanden die Zahl der Atemzüge in der Minute:

Allix . . . . 37 (im Schlaf,) 47 (im Wachen),
Bennebaum . . . . 46 (Mittelzahl aus Schlaf und Wachen),
Canestrini . . . . 40—50 beim ruhigen Neugeborenen,
Dohrn . . . . . . 50 (Mittelzahl aus Wachen und Schlafen innerhalb der ersten 10 Tage),
                 47 (beim Schreien),
Feer . . . . 40—50,
Gundobin . . . . . 40—44 bei schlafenden Kindern,
Henoch . . . . . . 32—40,
Hishikawa . . . . 61—78,
de Lee . . . . . . 35—60,
Scherer 35,
v. Recklinghausen 62,
Rennebaum . . . . 40—44,
Vierordt. 35,
Verfasser . . . . . 40—45 (bei schlafenden oder in wachem Zustand ruhig daliegenden Kindern).

Beim Schreien ist die Atemfrequenz herabgesetzt, im Durchschnitt um 10—30 Atemzüge. Die höchste Atemfrequenz fand Hishikawa unmittelbar nach der Geburt (78) sowie nach dem Baden (70); bis zum 3. Tage geht sie dann bis auf 61 herunter, was nach diesem Autor ungefähr dem Durchschnitt während der ersten Lebenswochen entspricht. Die gegenüber dem Erwachsenen höhere Atemfrequenz erklärt Gregor rein mechanisch damit, daß beim Liegen die Schwere der Baucheingeweide einer Vertiefung der Atmung hinderlich sei und deshalb durch Steigerung der Frequenz bei geringerer Tiefe der einzelnen Atemzüge für genügenden Luftwechsel gesorgt werden müsse. Sicherlich aber trifft das nur zu einem Teil zu, denn die Tiefe der Atmung nimmt vom ersten Tage an kontinuierlich zu, womit auch der Gaswechsel rasch ansteigt.

Die Angaben über die Atemgröße (Respirationslust) schwanken allerdings sehr. v. Recklinghausen gibt 19,5 ccm, Eckerlein 35 ccm, Dohrn sogar 45 ccm an. Die erste Angabe, die durch sehr sorgfältige spirometrische Untersuchungen bei vollkommen ruhiger Atmung gewonnen ist, dürfte am besten dem durchschnittlichen Werte entsprechen, während die beiden anderen nur als obere Grenzwerte in Betracht kommen. Am stärksten ist die Zunahme

der Atemgröße vom ersten zum zweiten Tage, dann erfolgt dieselbe langsamer
aber kontinuierlich Tag für Tag, wie alle Autoren übereinstimmend angeben,
mit Ausnahme von Eckerlein und Büchner, die am dritten Tage eine vorübergehende Abnahme der Atemgröße festgestellt haben.

Die hohe Atemfrequenz bedingt trotz geringer Atmungsgröße eine große
Lebhaftigkeit des Luftwechsels, der nach Eckerlein achtmal, nach v. Recklinghausen fünfmal so groß ist als beim Erwachsenen. Nach des letzteren
Untersuchungen würde pro Minute und Kilogramm Körpergewicht der Neugeborene durchschnittlich 465 ccm, der Erwachsene nur 100 ccm Luft verbrauchen.
Wie aber v. Recklinghausen weiter nachgewiesen hat, darf aus diesem hohen
Luftwechsel nicht auf gleiche Intensität der Sauerstoffaufnahme geschlossen
werden, die pro Minute und Kilogramm Körpergewicht nur 0,021 g (gegenüber
0,008 beim Erwachsenen) beträgt. Immerhin ist auch der Sauerstoffverbrauch
beim Neugeborenen noch nahezu dreimal so groß als beim Erwachsenen, trotzdem die Gasabsorption in der Lunge des Neugeborenen im Verhältnis zum
eingedrungenen Sauerstoff nur etwa der Hälfte des Wertes entspricht, der in
der Lunge eines Erwachsenen bei gleicher Luftzufuhr zur Absorption käme.
Daran ist nicht eine mangelhafte Fähigkeit der Blutkörperchen, sondern vielmehr die noch unvollkommene Entfaltung und Funktion der Lungenbläschen
selbst schuld (vgl. oben S. 12). Neuere röntgenologische Untersuchungen
haben übrigens gelehrt, daß die Entfaltung der Lungen in sehr verschiedenem
Tempo erfolgt. So fand Wasson bei manchen Kindern bereits 5 Minuten post
partum beide Lungen lufthaltig, während bei anderen Kindern, namentlich
nach verzögerter Geburt, darüber bis zu 2 Wochen vergingen. Die Entfaltung
der Lungen erfolgt ganz allgemein von unten nach oben (E. Vogt).

Nach wichtigen Experimenten von L. Hermann wird man wohl annehmen müssen, daß für die geringere Gasabsorption das im Verhältnis zum
Thoraxraum sehr große Volumen der Lungen verantwortlich zu machen ist. Es
herrscht daher auch kein negativer Druck in den Pleurahöhlen, die Lungen sinken
bei Eröffnung derselben nicht zusammen. Erst später, wenn der Thoraxraum im
Verhältnis zu den Lungen stärker wächst, dehnen sich die Alveolen so sehr aus,
daß auch bei tiefster Exspiration noch eine elastische Spannung der mit Residual-
luft gefüllten Lunge besteht, der Druck in der Pleurahöhle negativ wird und bei
Eröffnung derselben ein Zusammensinken der Lungen erfolgt. Auch die Tätigkeit der Atmungsmuskulatur selbst ist beim Neugeborenen in den ersten Tagen
offenbar noch eine unvollkommene (Dohrn u. a.). Je mehr dieselbe in Gang
kommt, das Sauerstoffbedürfnis zunimmt, desto größer wird auch die Luft-
aufnahme derart, daß z. B. am 10. Tage der Unterschied pro Atemzug bereits
etwa 12 ccm beträgt (v. Recklinghausen). Über die Bedeutung dieser Eigentümlichkeiten für den respiratorischen Stoffwechsel vgl. Kapitel Stoffwechsel.

II. Zirkulationsapparat.

1. Die mit dem Einsetzen der Lungenatmung verbundenen Änderungen des Blutkreislaufs.

Unmittelbar veranlaßt durch den ersten Atemzug erfolgen einschneidende
Umänderungen der Zirkulation. Besser als durch viele Worte sind dieselben
durch Vergleich der beigegebenen Schemata Abb. 5 u. 6 anschaulich zu machen,
von denen das erstere die Zirkulation vor der Geburt, das zweite alsbald nach
derselben darstellt. Man erkennt ohne weiteres als das Wesentliche dieser
Veränderung den Wegfall der Zirkulation in den Nabelgefäßen, im Ductus

arteriosus Botalli, Ductus venosus Arantii und zwischen den beiden Vorhöfen. Als weitere Folge stellt sich heraus eine scharfe Trennung von O-reichem

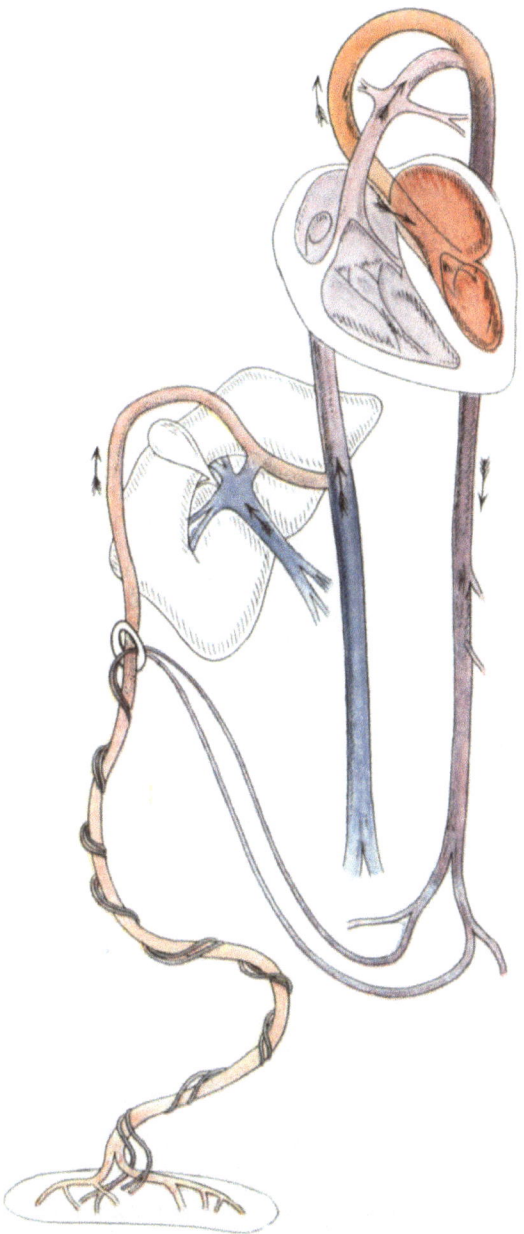

Abb. 5.
Schema des fetalen Kreislaufs.

Blut im großen Kreislauf, CO_2-reichem Blut im kleinen Kreislauf, der gleichzeitig gegenüber dem fetalen Zustand eine mächtige Entfaltung erfährt.

Das auslösende Moment für alle diese Veränderungen ist der erste Atemzug.
Sowie durch die erste Luftfüllung die Lungenbläschen sich entfalten, ändern

sich die Druckverhältnisse im Thorax gewaltig. Die unmittelbare Folge davon
ist eine Ansaugung von Blut aus dem rechten Herzen und die Erweiterung
des bis dahin winzigen Strombettes der Lungenbahnen zu einem breiten Strom-
system. Nach einfachen hydraulischen Gesetzen ergibt sich als weitere Folge

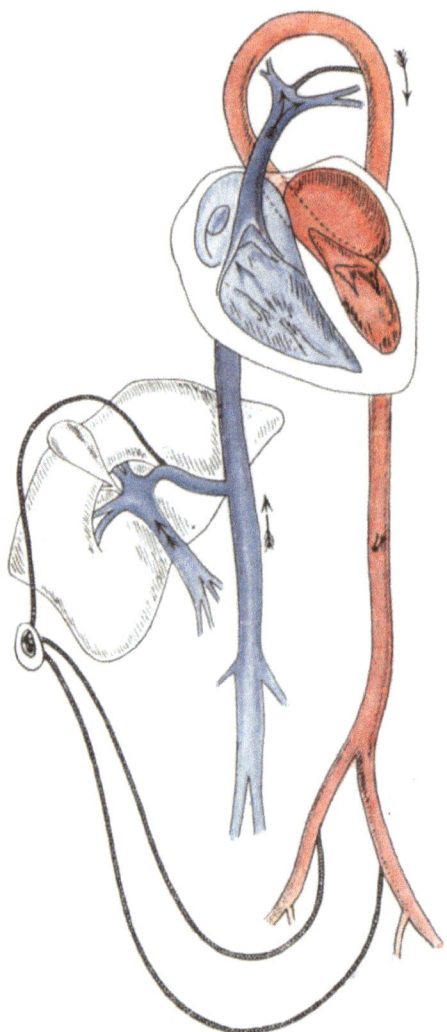

Abb. 6.
Schematische Darstellung des Kreislaufs beim Neugeborenen nach Einsetzen der Lungen-
atmung.
Die ausgeschalteten und allmählich obliterierenden fetalen Bahnen sind schwarz angedeutet.

dieser Erweiterung des Strombettes eine Drucksenkung in der Arteria pulmonalis;
die durch die Lungen strömende Blutmenge ist mit einem Schlage vervielfacht.
Der im linken Vorhof, dem außerdem durch die Lungenvenen reichlich Blut
zuströmt, herrschende Druck übertrifft nun bald den im rechten Herzen. Dadurch wird weiter der freie Rand der Vavula foraminis ovalis gegen das Septum
atriorum angedrückt und auf diese Weise die Kommunikation zwischen den
beiden Vorhöfen aufgehoben (vgl. auch Abb. 10).

Mit diesen Veränderungen ist schon eine wichtige Vorbedingung zur vollen Umstellung der Zirkulation gegeben; denn von dem im rechten Vorhof zu einem bestimmten Zeitpunkt vorhandenen Blute gelangt nun nichts mehr in die linke Vorkammer, sondern die Blutmenge geht unvermindert in die rechte Kammer und von hier in die Arteria pulmonalis.

Hier ist nun allerdings eine zweite Kommunikation zum großen Kreislauf im Ductus arteriosus Botalli vorhanden, die bisher sogar den größeren Teil der Blutmenge nach der Aorta abgelenkt hat. Infolge der Entfaltung der Lungenbahnen aber werden mit einem Schlage die Widerstände in den Lungengefäßen geringer als im Aortensystem, dessen Druck natürlich seine Rückwirkung im Ductus arteriosus geltend macht; die natürliche Folge davon ist, daß die Blutsäule hauptsächlich in der Richtung geringeren Widerstandes, also durch die Pulmonalgefäße weiter geht. Dazu kommt, daß infolge der Lungenentfaltung eine Verlagerung des Herzens eintritt, in deren weiterer Folge der Ductus arteriosus eine Drehknickung erfährt, welche eine Blutströmung in ihm alsbald unmöglich macht. Der Blutstrom wird auf diese Weise von dem Ductus arteriosus abgelenkt, der sich überdies entsprechend kontrahiert (und schließlich verödet).

Über die Einzelheiten dieses Vorganges herrschen noch heute sehr verschiedene Meinungen. Größter Anerkennung erfreute sich in neuerer Zeit die von Straßmann gegebene Erklärung. Danach würde auch von seiten der Aorta das Eindringen von Blut in den Duktus durch einen ventilartig wirkenden Verschluß verhindert. Wäre dieser Verschluß nicht vorhanden, dann würde — so folgert Straßmann — geradezu die Gefahr einer Umkehrung des Blutstromes bestehen, da ja der Druck in der Aorta größer wird als im Pulmonalsystem. Es handle sich bei diesem Verschlußapparat freilich nicht um eine eigentliche Klappe als vielmehr um eine Folge der eigenartigen Einpflanzung des Ductus arteriosus in die Aorta, die in einem spitzen Winkel von etwa 33° (Röder) erfolgt. Straßmann konnte vom 5. Monat an eine fortschreitende Entwicklung derart nachweisen, daß infolge dieser spitzen Einmündung der Duktus seine vordere mit der Aortenwand eine Duplikatur bildende Wand klappenartig vorschiebt. Diese Duplikatur überdacht die Mündung des Duktus an der dafür günstigsten Stelle des Übergangs des Arcus aortae in die Aorta descendens. Sowie nun im linken Herzen der Druck höher wird als im rechten, werde die Aortamündung des bereits geringer gefüllten Ductus arteriosus mechanisch zugedrückt.

Die Erklärung läßt freilich gewissen Zweifeln über die Sicherheit dieses Verschlußmechanismus Raum, die auch durch die etwas groben Gips- und Gelatineinjektionsversuche von Straßmann nicht behoben scheinen. Ein weiteres Eingehen auf Einzelheiten erübrigt sich aber, da mir durch Kirsteins besser angelegte Wasserinjektionsversuche die Insuffizienz dieses Klappenmechanismus erwiesen scheint (cf. übrigens bei Kirstein noch eine ganze Reihe triftiger Einwände gegen Straßmann). Tatsächlich wird man der Duktusfalte nicht mehr als höchstens eine die Ausschaltung des Botallischen Ganges unterstützende Wirkung zuerkennen dürfen.

Viel geringerer Anerkennung, mindestens unter den Geburtshelfern, erfreut sich eine von Haberda im Anschluß an Thoma ausgebaute Lehre vom Duktusverschluß. Thoma hatte absolut einwandfrei nachgewiesen, daß ganz allgemein bei abnehmender Stromgeschwindigkeit eine Lumenveränderung in den Arterien eintritt, die so weit geht bis das ursprüngliche Gleichgewicht zwischen Lumen und Stromgeschwindigkeit wieder hergestellt ist. Auf den Duktus übertragen würde daraus folgen, daß in dem Maße, als der Druck in der Pulmonalis sinkt, der Duktus sich kontrahiert, und in dem Augenblick, in welchem der Druckunterschied zwischen Pulmonalis und Aorta aufgehoben ist, eine maximale bis zum Verschluß gehende Verengung der mit Muskelfasern reich ausgestatteten Duktuswand eintreten müsse. Daß — nachdem der Aortendruck das Übergewicht erlangt hat — nicht eine Umkehrung des Blutstromes unter Wiedereröffnung des Duktus eintritt, dafür hat freilich Thoma keine genügende Erklärung geliefert. Denn die gleichzeitig mit der starken Kontraktion einsetzende kompensatorische Endarteriitis kann natürlich erst nach einiger Zeit in diesem Sinne wirksam werden. Darin liegt zweifellos eine Schwäche der Thomaschen Lehre in ihrer Anwendung auf den Duktusverschluß vor.

Hier setzt Kirsteins Arbeit ein, deren klare Beweisführung besonders hervorgehoben sei. Meines Erachtens hat Kirstein unbedingt recht, wenn er darauf hinweist, daß weder die Duktusfalte noch die kompensatorische Endarteriitis im Anschluß an eine momentane Kontraktion des Duktus zur Erklärung des sicheren Verschlusses ausreiche, sondern noch anderen Faktoren eine gleiche oder unterstützende Wirkung zukommt. Die erste Still-

legung der Blutsäule im Duktus muß natürlich in dem Momente erfolgen, in dem der Druck-
unterschied zwischen Pulmonalis und Aorta ausgeglichen ist. Das bedarf keiner weiteren
Erörterung. In demselben Moment setzt auch die Kontraktion des Duktus im Sinne von
Thoma ein, die um so vollkommener ist, als buckelartige Vorwölbungen der Intima diesen
Verschluß des Lumens erleichtern. Diese schon Walkhoff bekannten Buckel bestehen
aus einem dichten Maschenwerk feinster elastischer Fasern mit eingestreuten muskulären
Elementen. Es handelt sich dabei offenbar um eine Einrichtung wie sie in ähnlicher Weise
auch beim Verschluß der Gefäße der Plazentarstelle und der Nabelarterien in Tätigkeit
tritt (cf. dort).

Eine eigentümliche, schon Thoma aufgefallene Verwerfung der Muskelkerne wie
die ungleichmäßige Anordnung dieser polsterartigen Bildungen im Verlaufe des Duktus
vom Pulmonal- bis zum Aortenostium, die Kirstein zuerst genauer verfolgt hat, — man
könnte grobschematisch sagen, dieselben seien in einer langgestreckten Spirale angeordnet
— sind weiter Momente, welche die Verschlußwirkung dieser Kissen vervollkommnen.
Die klappenartige Wirkung der Duktusfalte kann höchstens als ein unterstützendes Moment
mehr in Frage kommen, ist aber für sich allein als insuffizient zu betrachten. Ebenso spielt
die Endarteriitis obliterans im Sinne von Thoma erst sekundär für die dauernde Festi-
gung des Verschlusses eine Rolle. Viel wichtiger für den primären Verschluß ist aber weiter
die nach Entfaltung der Lungen eintretende Veränderung der Herzlage gegen die großen
Gefäße, die neuestens E. Vogt auch röntgenologisch nachweisen konnte. Dieselbe wurde
schon von Walkhoff in ihrer Bedeutung erkannt,

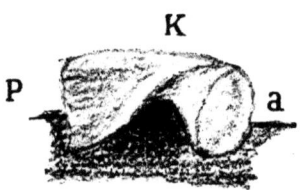

Abb. 7.
Paraffinausguß des Ductus arte-
riosus (nach Linzenmeier).
P = Pulmonalostium,
K = Stelle des Drehknicks,
a = Aortenostium des Duktus.

mehr minder ähnlich von Forbes, Schantz, Spiegelberg gewertet, dann heftig befehdet (besonders von
Scharfe), bis Kirstein sie wieder in ihr Recht einzusetzen suchte. Ich gehe auf Kirsteins Ausführungen
in diesem Punkte nicht näher ein, da dieselben neuestens
durch eine absolut beweisende Darstellung von Linzenmeier überholt sind. Diesem Autor gelang es zum
ersten Male, nicht allein die starke Herzverlagerung
einwandfrei nachzuweisen, sondern auch die Wirkung
der Herzverlagerung auf den Duktus überzeugend zur
Anschauung zu bringen; es kommt zu einer Drehknickung des Duktusrohres etwa in der Mitte
seines Verlaufes (Abb. 7). Die allein dadurch hervorgerufene Einengung des Lumens wird durch die
oben erwähnte Wirkung der spiralig angeordneten
elastischen muskulären Wülste zu einem wohl absoluten
Stromhindernis [1].

Damit ist der Ductus arteriosus zunächst sofort aus dem Kreislauf ausgeschaltet. Sein definitiver Verschluß durch Obliteration erfolgt erst später (vgl.
weiter unten). Die bisher geschilderten Vorgänge haben aber noch weitere
Veränderungen der Zirkulation zur Folge: die Erweiterung des Thoraxraumes
wie die Ablenkung eines großen Teiles des Blutstromes bewirken zunächst auch
in der Aorta descendens ein geringes Sinken des Blutdruckes; dadurch wird
weiter die Blutwelle in den peripheren Verzweigungen derselben, so auch in
den Nabelarterien kleiner. Letztere kontrahieren sich überdies unter dem
Einfluß der Abkühlung wie taktiler Reize so stark, daß unter Zuhilfenahme
buckliger Vorwölbungen der gequollenen Intima das Lumen der Gefäße völlig
verschwindet und beim Durchschneiden des Nabelstranges kein Blut mehr
aus ihm ausfließt.

Die Blutdrucksenkung ist übrigens nicht so wesentlich für den Verschluß der Nabelarterien wie B. S. Schultze [2] irrtümlich annahm. Sie gibt höchstens mit einen Reiz für
die Vasomotoren ab und wirkt so kontraktionserregend. Um im Sinne der Blutstillung
in Betracht zu kommen, dazu ist die Blutdruckerniedrigung vor allem viel zu geringfügig

---

[1] Es kam uns hier nur darauf an, die wesentlichsten Punkte der verschiedenen Erklärungen hervorzuheben. Bezüglich aller Einzelheiten der Beweisführung und Versuchs-
anordnung sei besonders auf die schon erwähnten Arbeiten von Kirstein und Linzenmeier hingewiesen. Auf einige ganz irrige Anschauungen von King, Chevers, Forbes
u. a. braucht nicht weiter eingegangen zu werden. Wer sich aus historischen Gründen dafür
interessiert, lese bei Seitz, l. c. S. 244 nach.
[2] Der Scheintod Neugeborener. Jena 1871.

und vorübergehend; denn sehr bald stellt sich durch automatische Vasomotorenregulierung der normale Druck wieder her, wie Cohnstein und Zuntz [1] in einwandfreien Experimenten an Schafen nachgewiesen haben. Die kräftige bis zum völligen Verschluß führende Kontraktion wird vielmehr aus dem anatomischen Bau der Nabelgefäße verständlich (cf. Kapitel Nabelpflege).

Der hauptsächlichste, diese Kontraktion auslösende Reiz ist neben der vorübergehenden Blutdrucksenkung, neben mechanischer Reizung durch Anfassen der Nabelschnur oder einfache Berührung derselben mit ihrer Unterlage vor allem der Kältereiz beim Übertritt aus dem Genitalschlauch in die Außenwelt. Im warmen Bade, wo dieser Reiz fortfällt, dauert die Pulsation der Nabelschnur beliebig lange fort, sofern die Plazentarhaftung noch ungestört ist (Ahlfeld, L. Seitz, Bondi).

Nur in der Nabelvene zirkuliert noch Blut von der Plazenta zum Kindeskörper. Hier sind die Bedingungen für die Blutströmung sogar günstiger geworden; einmal steigt die vis a tergo durch Zusammenziehung des Uterus, andererseits wird durch die Eröffnung der Lungenbläschen bei jeder Inspiration eine aspirierende Wirkung auf die venösen Bahnen erreicht. Man kann sich von der Richtigkeit beider Momente leicht überzeugen: vor der Lösung der Plazenta läßt sich durch Druck auf den Uterus die Füllung der Nabelvene leicht steigern (Straßmannsches Phänomen); unterbindet man dagegen die Nabelschnur, dann wird die zunächst strotzend gefüllte Nabelvene durch die Aspiration des Blutes vom kindlichen Thorax her alsbald leer gesaugt und fällt zusammen.

Damit hört gleichzeitig die Blutzufuhr zum Ductus venosus Arantii auf, der in der linken hinteren Längsfurche der Leber in fibrilläres Bindegewebe eingebettet ist; auch seine Wand kontrahiert sich bis zum Aneinanderliegen der Wände, wenn er auch meist für feine Sonden noch einige Zeit durchgängig bleibt.

Die zum definitiven Verschluß des Foramen ovale wie zur Obliteration der Nabelgefäße, des Ductus arteriosus und venosus führenden Vorgänge nehmen jedoch noch längere Zeit in Anspruch. Das Wesentliche ist bei allen eine Wucherung des subendothelialen Bindegewebes. Wie so vieles andere wird aber auch der Verschluß dieser Wege bereits gegen Ende des Fetallebens vorbereitet. Dahin gehört z. B. das starke Wachstum der Lungen und der Lungenblutbahnen; auf diese Weise werden schon in der letzten Zeit der Gravidität die durch den Ductus arteriosus zirkulierenden Blutmengen kleiner; er bleibt deshalb in seiner Entwicklung stehen und wächst nicht mehr in gleichem Verhältnis wie Aorta und Herz. Dazu kommt die ebenfalls schon in den letzten Wochen des Fetallebens einsetzende Bildung der subendothelialen elastisch-muskulären Wucherungen (Langer, Kirstein) und post partum die in unmittelbarem Anschluß an die Stillegung der Blutsäule im Duktus einsetzende Endarteriitis obliterans (Thoma), die zur definitiven Verödung des Ganges führt. Augenscheinlich beginnt dieselbe etwa in der Gegend des Drehungsknickes, also nahe der Mitte des Duktus und schreitet von hier nach dem pulmonalen und Aortenostium des Duktus fort. Daß darüber einige Zeit vergeht, kann nicht wunder nehmen. Tatsächlich fand ja Haberda, daß man bis gegen den 6.—7. Tag den Duktus mit einer gewöhnlichen Sonde passieren kann und bis zur 6. Woche noch Borstensonden einführbar sind. Vereinzelt dauert es sogar noch länger (Elsässer), jedoch selten über den 3.—4. Monat hinaus (Alvarengo da Costa), bis die Verödung vollendet ist. Auch der Ductus venosus Arantii (Haberda, Seitz u. a.) bleibt in dem Maße im Wachstum zurück, als Wachstum und Funktion der Leber mehr Blut der Nabelvene in Anspruch nehmen. Der definitive Verschluß erfolgt auch hier durch Endothel- und Bindegewebswucherung, die an der Nabelvene zu beginnen und gegen die Vena cava fortzuschreiten scheint.

---

[1] Arch. f. Physiol. Bd. **34**, S. 215 ff.

Die zur völligen Verödung erforderliche Zeit ist verschieden. Während ältere Angaben (Billard, Hyrtl, Bernt) dafür nur 3—5 Tage, Spiegelberg 3 Wochen ansetzen, zeigen neuere Untersuchungen (Haberda, Caspar, Schauenstein, Nikitin), daß der Verschluß frühestens nach 6—8 Wochen, regelmäßig jedenfalls vor dem 6. Monat, vollendet ist.

Ebenso erfolgt die feste Verwachsung des Foramen ovale zu verschiedenen Zeitpunkten, gewöhnlich erst im 2.—3. Monat oder noch später (Alexejeff, Elsässer, Hinze u. a., nach Finkelstein sogar erst im 8.—10. Monat.

Die zum definitiven Verschluß der Nabelgefäße führenden Veränderungen sollen erst bei der Besprechung der Nabelwundheilung abgehandelt werden.

Es bleiben uns hier nur noch einige Bemerkungen über die „postnasale Transfusion" zu machen.

Solange die Nabelschnurpulsation noch andauert und die Plazenta nicht völlig gelöst ist, wird auch Blut aus derselben dem Kinde zugeführt. Die mit Einsetzen der Atmung etablierte Aspiration von seiten des Thorax, der im Uterus auf der Plazenta lastende Druck, der besonders bei einer Uteruskontraktion — gemessen in der Nabelvene — auf 85—100 mm Hg steigt (Schükking, Hensen) und damit den Druck im rechten Vorhof des kindlichen Herzens übertrifft, sind Momente, welche dieses Überströmen von Blut unterstützen. Nach Unterbindung der Nabelschnur hört natürlich diese Blutzufuhr auf. Es ist danach jedenfalls anzunehmen, daß Kinder, die erst nach Aufhören der Nabelschnurpulsation abgenabelt werden, mehr Blut mitbekommen als sofort nach der Geburt abgenabelte. Durch Bestimmung des Blutgehaltes der Plazenta bei sofortiger und später Abnabelung (Bondi, Zweifel, Haumeder) sowie durch direkte Wägung des Neugeborenen (Schücking, Hofmeier, Ribemont, Köstlin) ist diese Tatsache sichergestellt und die Menge des transfundierenden Blutes auf 60—100 ccm ermittelt worden. Will man dem Kinde diese Blutmenge nicht entziehen, dann darf man erst nach Erlöschen der Nabelschnurpulsation den Strang unterbinden.

Es fragt sich aber: Hat dieses sogenannte „Reserveblut" für das Kind große Bedeutung oder nicht? Die Frage ist außerordentlich verschieden beantwortet worden. Ich glaube, die meisten Geburtshelfer stehen heute mit Ahlfeld auf dem Standpunkte, daß die Zufuhr dieses Reserveblutes weder Schaden noch besonderen Nutzen bringt; mit anderen Worten, der Termin der Abnabelung darf nicht bestimmend durch eine derartige Rücksicht beeinflußt werden. Man würde demzufolge im allgemeinen ruhig war en, bis die Pulsation aufhört, da ja jedenfalls eine bestimmte Menge Flüssigkeit, Eiweißstoffe und Blutkörperchen auf diese Weise dem Kinde zugeführt werden, andererseits bei Vorliegen irgendwelcher Gründe für sofortige Abnabelung (Asphyxie und ähnliches) sich durch die Rücksicht auf die Entziehung des Reserveblutes nicht abhalten zu lassen brauchen.

Als hinfällig dürfen schon nach allgemein klinischen Erfahrungen die Ansichten gelten, welche die Zufuhr dieses Reserveblutes sogar für schädlich halten. Denn selbst die von Illing gefürchtete Gehirnhyperämie beruht, wo sie überhaupt schädliche Grade erreicht, auf ganz anderen, schon vorher wirksamen und durch den Zeitpunkt der Nabelschnurunterbindung kaum zu beeinflußenden Faktoren[1]; vollends die nicht ausnahmslos geltende Tatsache, daß spät Abgenabelte leichter oder stärkeren Ikterus bekommen (Violet, Porak), dürfte kaum als ernstlicher Nachteil für die Kinder zu buchen sein.

---

[1] Man vgl. dazu die Arbeiten von Ph. Schwartz: Zeitschr. f. Kinderheilk. Bd. 29 und 31. 1921 und A. Stern: Arch. f. Gynäkol. Bd. 124. 1925.

Auf der anderen Seite spricht doch Einiges dafür, daß die Zufuhr des Reserveblutes vielleicht manchen Nutzen bringt. Ganz abgesehen davon, daß die zugeführte Flüssigkeit für die Ingangsetzung einer früheren und reichlicheren Diurese Bedeutung hat (Reusing, Hofmeier, Schiff), scheint mir an sich die Flüssigkeitszufuhr etwas Erwünschtes, da erwiesenermaßen die physiologische Abnahme mit reichlichem Wasserverlust einhergeht. Ich persönlich habe durchaus den Eindruck, daß spät Abgenabelte ceteris paribus etwas bessere Gewichtskurven zeigen. Nicht in dem Sinne, als ob bei ihnen die Abnahme geringer sein müßte — dafür sind zu viel andere Faktoren in Rechnung zu setzen —, sondern in dem Sinne, als ob der Gewichtsverlust rascher ausgeglichen würde. Ich betone aber ausdrücklich, daß es sich hierbei um einen allgemeinen Eindruck handelt, den ich immer mehr gewinne; exakt beweisen kann ich diese Meinung nicht. Jedenfalls ist sicher, daß die Flüssigkeit schon in den ersten Tagen wieder ausgeschieden wird, während das Plus an Blutkörperchen erst allmählich wieder zerfällt.

2. Die definitiven Verhältnisse des Herzgefäßapparates Neugeborener.

Die eigentümliche Einfügung der fetalen Kommunikationswege und Ostien in die für dauernde Funktion eingerichteten Blutbahnen bewirkt, wie wir

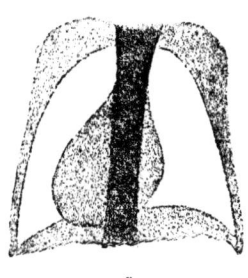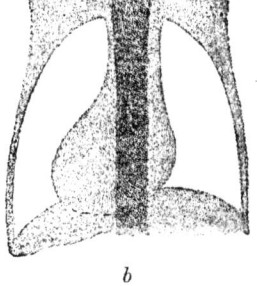

a   *b*

Abb. 8.

Radiographische Darstellung der Thoraxorgane von jungen Säuglingen (nach Hochsinger). Addorsale Aufnahmen, halbschematisch wiedergegeben. Rippen- und Lungenschatten sind ausgelassen, der Wirbelsäulenschatten einheitlich gezeichnet, etwa $^1/_c$ nat. Größe. Bei a verschwimmt der Halsteil des Mittelschattens vollkommen mit dem Wirbelsäulenschatten; bei b ragt er infolge größerer Thymus über den letzteren hinaus.

gesehen haben, daß sofort mit Abbruch des plazentaren und Eröffnung des Lungenkreislaufes alle die Veränderungen Platz greifen, die die extrauterine von der fetalen Zirkulation unterscheiden. Trotzdem zeigt der Zirkulationsapparat des Neugeborenen wie jungen Säuglings sowohl in anatomischer wie in funktioneller Hinsicht noch längere Zeit bestimmte Eigentümlichkeiten, die wir besprechen müssen.

Was zunächst die Lage des Herzens betrifft, so zeigt schon die Abbildung (cf. oben Abb. 3), daß dasselbe mehr quergestellt ist — eine Folge des relativen Hochstandes des Zwerchfells und der flacheren Wölbung der Zwerchfellkuppel — und deshalb auch mit dem größten Teil des rechten und linken Ventrikels (E. Vogt) der Thoraxwand breit anliegt. Das fällt auch am Röntgenbild sehr schön in die Augen (Abb. 8). Dazu ist nur zu bemerken, daß der obere Teil des Mittelschattens der Thymus angehört[1] (Hochsinger), welche die großen Gefäße bereits bei ihrem Austritt aus dem Herzbeutel umscheidet. Aber auch durch die gewöhnliche Palpation, bzw. Perkussion lassen sich wichtige Eigentümlichkeiten der Lage des Herzens des Neugeborenen feststellen. Der Spitzenstoß findet sich

---

[1] Das wird von Benjamin und Goett neuestens bestritten.

ziemlich regelmäßig im 4. Interkostalraum, 1—2 cm außerhalb der Mammillarlinie. An der Bildung der Herzspitze ist beim Neugeborenen auch die rechte Kammer stark beteiligt (Abb. 9); vereinzelt übernimmt sie dieselbe sogar ganz (Mettenheimer). Auch die Herzdämpfung ist relativ breiter als beim Erwachsenen. Nach Hochsinger ist die absolute Herzdämpfung etwa 2 cm breit und reicht vom linken Sternalrande bis über die Parasternallinie nahe an die Mammillarlinie, nach oben bis zur 3. Rippe. Die relative Herzdämpfung ist 6—8 cm breit und reicht von der rechten Parasternallinie bis 2 cm über die linke Mammillarlinie hinüber, nach oben bis zur 2. Rippe. Übrigens ist die Bestimmung der Herzgrenzen mittels Perkussion, auch mittels der Goldscheiderschen Schwellenwertperkussion oder der Ebsteinschen Tastperkussion, oftmals sehr unsicher und besonders bei großer Thymus ganz unmöglich.

Die Masse des Herzens ist zur Zeit der Geburt relativ am größten und beträgt 6,3 g pro Kilogramm Körpergewicht, gegenüber 4,84 g auf 1000 beim Erwachsenen (W. Müller); auf das ganze Körpergewicht bezogen 0,89% gegenüber 0,52% beim Erwachsenen (Vierordt). Demnach beträgt das Gesamtherzmuskelgewicht beim Neugeborenen im Durchschnitt[1] 18,5—22,5 g (nach K. von Vierordt, Kölliker im Mittel 24 g); die Mädchen haben entsprechend ihrem geringeren Geburtsgewicht auch eine etwas geringere Herzmasse. Das deutet schon darauf hin, daß offenbar in der Neugeburtszeit, in der diese Proportion (Herzmasse : Körpermasse) sich nicht ändert, die an das Herz gestellten Anforderungen besonders groß sind, größer als sonst zu irgend einer Zeit des extrauterinen Lebens. Erst im zweiten Monat nimmt die Herzmasse relativ ab (W. Müller, Lomer).

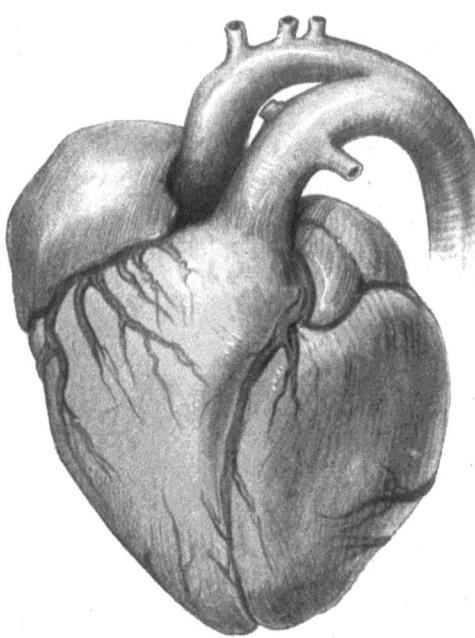

Abb. 9.
Herz eines reifen Neugeborenen von links vorne gesehen. (Natürl. Größe.)

Weiter besteht ein fundamentaler Unterschied gegenüber den späteren Verhältnissen darin, daß beide Ventrikel ungefähr dieselbe Masse aufweisen. Das Gewicht des linken Ventrikels verhält sich zu dem des rechten wie 1,3 : 1 (Engel) gegenüber 2,61 : 1 beim Erwachsenen. Nebenstehende Abb. 10 zeigt sehr schön, daß Unterschiede in der Wanddicke fast nicht bestehen. Nach Bednar ist die linke Wand 0,44—0,68, die rechte 0,34—0,44 cm dick. Diese Eigentümlichkeiten deuten wieder darauf hin, daß offenbar die Herzarbeit für beide Hälften zunächst annähernd gleich groß ist. Im extrauterinen Leben tritt ja nun bald eine Veränderung ein. Der durch Ausschaltung an der Mitarbeit im großen Kreislaufe entlastete rechte Ventrikel, dem nun nur mehr die Arbeit im Lungenkreislauf zufällt, bleibt in den nächsten Wochen in seiner Massenentwicklung zurück (ob auch absolut eine Massenabnahme statthat,

---

[1] Thoma gibt als Mittel von 226 Beobachtungen 20,6 g, Bednař 18—20,5 g, Beneke 20—25 g an; letzterer betont aber, daß starke individuelle Schwankungen vorkommen. Auffallend niedrige Werte gibt Falk (zit. nach Gundobin) an: ♂ 11,69, ♀ 9,85 g.

wie Seitz behauptet [1], ist mir zweifelhaft), während der linke Ventrikel allmählich relativ wie absolut den rechten an Masse überholt. Ihm fällt ja die
Arbeit für den großen Kreislauf jetzt allein zu, nachdem zufolge des Einsetzens
oder der Erhöhung der Tätigkeit aller möglichen Organsysteme (besonders
Muskel, Darm, Darmdrüsen, Nieren, Nervensystem) die Anforderungen gegenüber dem intrauterinen Leben recht groß sind und dauernd zunehmen. Man
darf aber diese Massenzunahme des linken Ventrikels nicht als eine Hypertrophie bezeichnen (W. Müller, Lomer), im Gegenteil wird das Verhältnis
Herzmasse: Körpermasse zuungunsten der bei der Geburt bestehenden Relation
verschoben und das Verhältnis Herzmuskelmasse: Körpermuskulaturmasse
nähert sich immer mehr den späteren dauernden Verhältnissen. Gleich der
Masse ist auch das Volumen des
Herzens zur Zeit der Geburt relativ
am größten (20—25 ccm). Das Volumen
des rechten Herzens ist nahezu doppelt
so groß als das des linken (Hiffels-
heim und Robin). Der Quotient
$\dfrac{\text{Herzvolumen}}{\text{Körpergewicht}}$ beträgt 0,0069 gegenüber 0,0045 in der zweiten Hälfte
des ersten Lebensjahres und nach
der Pubertät, trotzdem in dieser Zeit
das Herzvolumen absolut beträchtlich
größer ist (40—45 bzw. 260—310 ccm;
Monti). Die Ostien des Herzens sind
zur Zeit der Geburt relativ am größten,
die des rechten Herzens weiter als die
des linken (Bizot u. a.). Bezüglich
der Gefäße vgl. weiter unten.

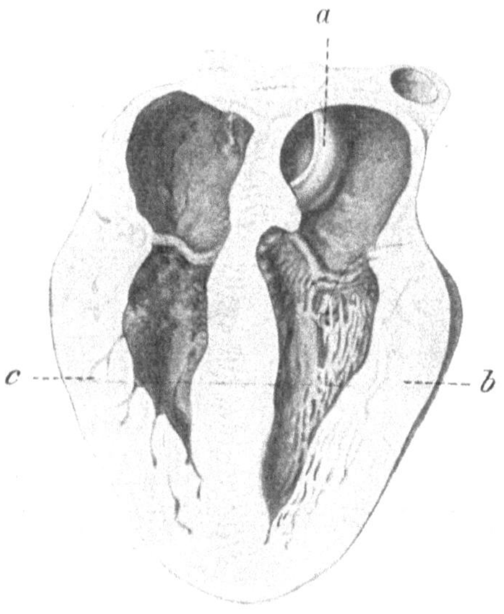

Perikardiales Fett ist beim Neugeborenen nicht vorhanden (W. Müller
u. a.). Eine reichlichere Entwicklung desselben findet überhaupt erst nach der
Pubertät statt. Das Perikard selbst um-
schließt das Herz enger und reicht an den
großen Gefäßen weiter hinauf, etwa bis an
die Abgangsstelle der A. anonyma. Vorn
ist das Perikard mit der Brustwand durch
lockeres Bindegewebe verlötet; nur von
oben her schiebt sich in wechselnder Aus-

Abb. 10.
Schnitt durch das Herz eines sub partu verstorbenen Fetus. (Natürl. Größe.) a Klappe
des Foramen ovale, b Wand des linken, c des
rechten Ventrikels. Beide sind gleich dick.
(Nach L. Seitz in v. Winkels Handb. d.
[Geburtsh. II [1]).

dehnung die Thymus zwischen Brustwand und Herzbeutel ein. Die Verbindung des Herz-
beutels mit dem Zwerchfell ist viel lockerer als beim Erwachsenen (Mettenheimer [2]).
Mikroskopisch sind am Herzmuskel Neugeborener die Feinheit der Muskelbündel
und ihre engere Aneinanderlagerung hervorzuheben. Die einzelnen Muskelzellen sind viel
dünner und kürzer als beim Erwachsenen (Falk).

Unter solchen Umständen ist es weiter nicht verwunderlich, daß auch
bezüglich der Funktion das Herz des Neugeborenen bestimmte Eigenheiten
erkennen läßt, deren Deutung im einzelnen freilich noch unsicher ist oder aus-
steht. Die hervorstechendste Grundtatsache, die gerade der Geburtshelfer
oftmals zu erproben Gelegenheit hat, ist die große Vitalität des Herzens
in der Neugeburtszeit, die ganz unabhängig von dem intra- und extrakardialen Nervensystem zu bestehen scheint. Beweise dafür sind die Versuche

---

[1] l. c. S. 251.

[2] Auf diese genaue Arbeit sei auch bezüglich älterer Literatur und weiterer Einzelheiten ausdrücklich verwiesen.

von Kuliabko [1], dem es gelang, die Herzen von jungen Säuglingen durch Durchspülen mit warmer Ringer-Locke-Lösung noch 9—30 Stunden nach dem Tode wieder zu beleben und bis zu 20 Stunden am Schlagen zu erhalten. Über spezielle Eigentümlichkeiten des intra- und extrakardialen Nervensystems des Neugeborenen ist nichts Sicheres bekannt. Nach Tierversuchen von v. Langendorff, Heinricius, Meyer u. a. wird angenommen, daß vor allem die die Herztätigkeit hemmenden Zentren noch sehr schlecht entwickelt sind.

Bei der Auskultation fällt auf, daß der erste Herzton an der Spitze wie an der Basis im Vergleich zum zweiten markanter und lauter ist (trochäischer Rhythmus = Phänomen von Hochsinger) im Gegensatz zu dem jambischen Rhythmus an der Basis beim älteren Kind und beim Erwachsenen. Gleichzeitig fällt auf, daß eine beträchtliche, von der Respiration ziemlich unabhängige Arhythmie besteht. Noch deutlicher treten manche Eigenheiten am Elektrokardiogramm (Abb. 11 und 12) hervor. Übereinstimmende Angaben von Heubner, Funaro, Nicolai, Hecht zeigen, daß die Ip-Zacke besonders groß ist; sie ist beim Neugeborenen etwa dreimal so groß, als die I-Zacke, während sie nach der Neugeburtszeit allmählich abnimmt, beim älteren Säugling sie kaum noch um die Hälfte übertrifft und im späteren Kindesalter nur noch

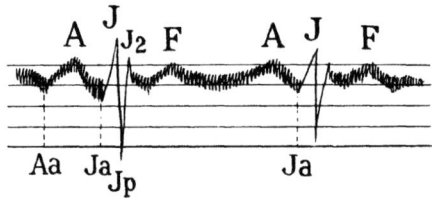

Abb. 11.
Elektrokardiogramm eines Neugeborenen; Federzeichnung (Ausschnitt) nach einem Elektrokardiogramm. von Hecht.

etwa die halbe Höhe der I-Zacke erreicht (Hecht [2]). Man hat diese Eigentümlichkeit mit dem Zwerchfellhochstand und der Verschiebung der Herzspitze nach links in Zusammenhang gebracht. Wahrscheinlich spielen aber noch Eigentümlichkeiten im Erregungsablauf im Herzen selbst eine Rolle dabei, da Hecht dieses Verhalten der Ip-Zacke auch bei der II. Ableitung fand (Näheres bei Hecht, ferner Kraus-Nicolai, Das Elektrokardiogramm, Leipzig 1910). Ebenso fand Hecht bei Neugeborenen die Atriumzacke relativ fünfmal größer als bei älteren Kindern. Auch atypische Zackenformen wurden bei Neugeborenen nicht selten gefunden. Dagegen ist das Intervall zwischen Vorhof- und Ventrikelsystole, die sogenannte Überleitungszeit, beim Neugeborenen am kleinsten (0,010″ nach Hecht) und nimmt dann bis zur Pubertät ganz allmählich zu. Die Systolendauer betrug im Mittel bei Neugeborenen 54,5% der Pulsperiode gegenüber 62,2% bei älteren Säuglingen und 61,3% bei Frühgeburten.

Die Herzschlagfrequenz (Pulsfrequenz) schwankt beim Neugeborenen in noch weiteren Grenzen als beim älteren Säugling, so daß eine Verwertung derselben zu diagnostischen Zwecken überhaupt kaum in Frage kommt. Von einer Regelmäßigkeit kann man nicht einmal bei ruhig schlafenden Kindern sprechen, obwohl sie da noch am ehesten vorhanden ist, um allerdings durch jeden tiefen Atemzug oder geringste Bewegung sofort unterbrochen zu werden.

[1] Pflügers Arch. 1902 und 1903.
[2] l. c. S. 341.

Ein Zurückbleiben hinter der fetalen Schlagfrequenz, das von Seitz, Pokrowski u. a. für den Neugeborenen als „regelmäßig" angegeben wird, vermag ich nur für ganz ruhigen Schlaf zu bestätigen, sonst schwanken die Zahlen der Herzschläge so beträchtlich, daß zwar die Minimalwerte hinter der durchschnittlichen fetalen Pulszahl zurückbleiben, während die Maximalwerte sie wesentlich übertreffen. Nur das arithmetische Mittel bleibt etwas hinter der Schlagfrequenz des Fetus zurück. Einige Angaben der Literatur mögen das illustrieren.

Bouchut: 2.—27. Lebenstag . . . . . 96—164
Filatow: . . . . 120—140
Hecht: 1. Lebenstag . . . . 90—200, Durchschnitt 120,6
Pokrowski: in den ersten Tagen . . . 98—140
Seitz: 3.—8. Tag im Schlaf . . . . . 120—135.

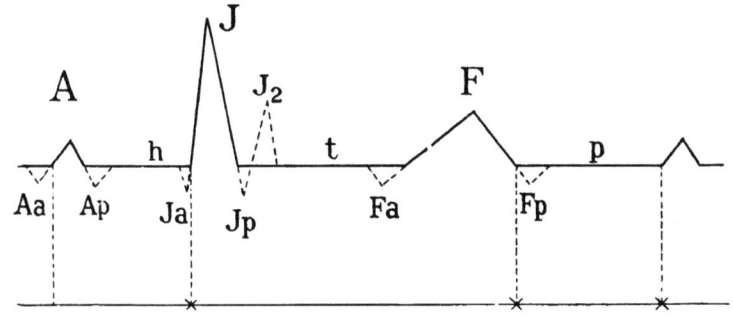

Abb. 12.
Schema des Elektrokardiogramms des Erwachsenen nach Nicolai.

A = Atriumzacke (P nach Einthoven);
J = Initialzacke (R nach Einthoven);
F = Finalschwankung (T nach Einthoven);
Ja (= Q Einthovens) = die der Initialzacke vorangehende negative Zacke;
Fa = die der Finalschwankung vorangehende negative Zacke;
Ap = die der A-Zacke folgende negative Zacke;

Jp = die der Initialzacke folgende negative Zacke (S nach Einthoven);
Fp = die der Finalschwankung folgende negative Zacke;
p = Herzpause;
h = Zeit, in der die Erregung im Hisschen Bündel abläuft;
t = Zeit, in der die Erregung im Triebwerk abläuft.

Abgesehen davon kann man in der ersten Woche mit Tagesschwankungen von 60—80 und mehr, später von 20—60 Schlägen rechnen, wenn man den Zustand durchschnittlicher Ruhe als Ausgangspunkt der Untersuchungen wählt; berücksichtigt man aber lebhafte Bewegungen, Schreien usw., dann sind die Schwankungen noch größer, bis zu 100 und mehr Schlägen. Neugeborene Mädchen sollen 2—3 Herzschläge in der Minute mehr haben als Knaben (Hennig, Ziegenspeck). Besonders auffällig sind die Veränderungen der Schlagzahlen am ersten Lebenstage. Bekanntlich erfolgt in der Austreibungsperiode eine bis zum Durchschneiden des Kindes immer mehr zunehmende Verlangsamung des fetalen Herzschlages; unmittelbar nach dem Durchschneiden steigt zwar die Frequenz, bleibt aber noch hinter der durchschnittlichen fetalen Pulszahl zurück, bis der erste Atemzug erfolgt. Besonders schön kann man das bei Kaiserschnittkindern im Zustand der Apnoe beobachten, die fast regelmäßig eine Pulsfrequenz unter 100 haben. Sowie aber der erste Schrei erfolgt, geht die Pulsfrequenz plötzlich in die Höhe (150—190, Ziegenspeck) und übersteigt selbst 200 bei lebhaft sich bewegenden und schreienden Kindern. Sobald die Kinder sich beruhigen, sinkt die Pulszahl wieder auf 120—140, nach

$^1/_4 - ^1/_2$ Stunde sogar bis unter 100 (Breslau, Haake, Ziegenspeck), um aber nach einigen Stunden bereits wieder höhere Werte (um 150) zu erreichen.

Neuestens haben John und Schick auch den sog. Sitzhöhenpuls (von Pirquet), d. h. die Pulszahl in so viel Sekunden als die Sitzhöhe Zentimeter mißt, festgestellt und gefunden, daß derselbe bei der Geburt 74 beträgt, dann für einige Tage auf 65 abfällt, danach alsbald wieder die frühere Höhe erreicht und nun kontinuierlich bis zum 6. Lebensjahre bis auf 100 ansteigt. Die niedrige Sitzhöhenpulszahl Neugeborener wird als Ausdruck des relativ großen Herzens und eines entsprechend hohen Schlagvolumens gedeutet.

Wie schon oben angemerkt, beeinflussen selbst geringe Bewegungen wie tiefere Atemzüge, besonders aber Strampeln und Schreien, Abkühlung und Erwärmung, Bad, Saugen die Frequenz. Die normale respiratorische Arhythmie ist dagegen beim Neugeborenen gering (Hecht u. a.). Als Ursache dieser hohen Labilität wird allgemein mit Gundobin eine geringe Tätigkeit des Vaguszentrums angenommen. Je mehr der Vagustonus sich ausbildet, desto geringer werden die Schwankungen. Daneben dürfte die hohe Pulslabilität meines Erachtens als Zeichen eines weitgehenden Anpassungsvermögens an die schwankenden Ansprüche des extrauterinen Lebens anzusehen sein, derart, daß jeweilig das Minimum an Herzarbeit geleistet wird, wie andererseits die Unversehrtheit des kindlichen Herzmuskels ermöglicht, steigenden Ansprüchen sofort durch sprunghafte Erhöhung der Schlagfrequenz ohne wesentliche Änderung des Schlagvolumens gerecht zu werden.

Wie das Herz, so zeigen auch die Blutgefäße des Neugeborenen manche bemerkenswerte Eigentümlichkeiten.

Die großen Arterien sind im Verhältnis zum Erwachsenen weiter, wohl ein Ausdruck des großen Blutbedürfnisses der lebhaft wachsenden Organe. Auch im Röntgenbild tritt das hervor (E. Vogt.) Das Herzvolumen ist beim Neugeborenen im Verhältnis zum Volumen bestimmter Abschnitte der großen Arterien klein (Beneke). Das Verhältnis Herzvolumen : Aortaumfang = 25 : 20, in der Pubertät 140 : 50, mit anderen Worten, das Herzvolumen hat außerordentlich viel stärker zugenommen als der Aortenumfang. Besonders auffallend ist die Weite der Arterien der oberen Körperhälfte, was mit der stärkeren Gehirnentwicklung in Zusammenhang gebracht wird. Dabei ist aber die Aorta enger als die Pulmonalis (Bizot, Tuczek, Nikiforoff u. a.).

Das Wachstum der Arterien ist durch progressive Zunahme der Anzahl und Dicke der elastischen Fasern, der Zahl der Kerne und des Bindegewebes charakterisiert, während das Wachstum der Muskelelemente zunächst noch geringfügig ist. Die elastischen Fasern in der Media sind beim Neugeborenen noch sehr zart und entwickeln sich erst im Lauf der ersten $1^1/_2$ Jahre zu zusammenhängenden Lagen. In der Adventitia werden elastische Fasern gegen Ende des ersten Lebensmonates nachweisbar (Thoma, Grünstein, Dobrowoliski). Wegen der abweichenden Verhältnisse in den Nabelarterien cf. Kapitel Nabelpflege.

Das Sphygmogramm Neugeborener zeigt folgende Eigentümlichkeiten (Vierordt, Ballantyne, Keating-Echwards, Troitzky u. a.): 1. geringe Höhe der Welle, 2. Fehlen der Rückstoßelevation im absteigenden Schenkel (Folge der geringen Elastizität), 3. Inäqualität (Eminet[1]).

Die Venen des Neugeborenen sind im Verhältnis zu den Arterien eng (Alix); ihre Weite ist ungefähr gleich derjenigen der Arterien, während beim Erwachsenen die Venen gewöhnlich doppelt so weit sind als die zugehörigen Arterien. Die Venenwände dagegen sind im Verhältnis dicker als im späteren Alter.

Im ganzen betrachtet hat man ein Recht, nicht allein von einer relativ sehr reichen Ausbildung der Blutbahn und ihrer Verzweigungen zu sprechen,

---

[1] Arch. f. Kinderheilk. Bd. 46.

sondern es ist auch das Lumen der Arterien im Verhältnis zur Körpergröße ungewöhnlich weit, ja in den Lungen, Nieren, Haut und Darm sind die Kapillaren sogar absolut weiter als beim Erwachsenen (Seitz), was in Hinsicht auf die Funktion gerade dieser Organe wie das rasche Wachstum des ganzen Organismus jedenfalls von großer Bedeutung ist. Die Weite der Blutbahnen an ihrem Anfang, die reichen Verzweigungen derselben und vor allem die Weite des Kapillarsystems deuten darauf hin, daß auch die Widerstände geringer sein müssen als beim Erwachsenen oder beim älteren Kinde. Da wir den Widerstand nicht direkt messen können, müssen wir uns auf Schätzungen nach Bestimmungen des (mittleren) Blutdruckes in den Arterien stützen. Die darüber vorliegenden Angaben stimmen nicht überein. Die Angaben von L. Seitz (75 bis 100 mm Hg) und Neu (durchschnittlich 90 mm mit Gärtners Tonometer) dürften die obere Grenze des Normalen bezeichnen, während der von Vierordt angegebene Wert (111 mm Hg) zweifellos zu hoch gegriffen ist. Neuere Untersuchungen von Trumpp geben 80 mm Hg (für Frühgeborene 60—70 mm) an und die ausgedehnten Untersuchungen von Ssladkoff zeigen, daß dieser Wert erst am Ende der ersten Lebenswoche erreicht wird, am ersten Lebenstag aber durchschnittlich um 16—20 mm Hg niedriger ist. Die Blutdruckzahlen sind um so niedriger, je weniger das Kind entwickelt ist. Auch nach Untersuchungen von Kolossova[1], Oppenheimer-Bauchwitz[2] und Eckart[3] ist 80 mm Hg als Durchschnittswert des Blutdruckes beim Neugeborenen anzusehen.

An meiner Klinik von A. Seitz und Becker angestellte Untersuchungen zu dieser Frage ergaben für den ersten Lebenstag einen durchschnittlichen Blutdruck von 43 mm Hg, der dann bis zum 3. Tage verhältnismäßig rasch auf 55 mm Hg anstieg, weiterhin langsam auf 60 und bis zum Ende der zweiten Woche auf 70 mm Hg sich erhebt, aber erst am Ende der 4. Woche die von Trumpp angegebenen Werte erreicht. Bei Frühgeborenen war der Blutdruck regelmäßig etwas niedriger. Man kann also Blutdruckschwankungen von 45—75 mm Hg als normale Grenzwerte für die Neugeburtszeit auffassen. Deutliche Geschlechtsunterschiede sind nicht festzustellen[4]. — Beinahe ganz gleiche Blutdruckzahlen (43—78 mm Hg) bei völliger Übereinstimmung hinsichtlich der Schwankungen haben Reiss und Chaloupka angegeben. Kinder, die einem stärkeren Geburtstrauma, insbesondere stärkeren Weichteilschnürungen ausgesetzt waren, wiesen gegenüber dem Durchschnitt etwas höhere Werte auf. Auch die neuesten Arbeiten von Rucker und Connell sowie von Fabris geben einen gegenüber den älteren Autoren wesentlich niedrigeren Wert (50—55 mm Hg im Durchschnitt) an, so daß man wohl behaupten darf, daß die älteren Autoren durchschnittlich viel zu hohe Werte bekommen haben, was mit der primitiveren Meßtechnik zusammenhängen dürfte.

III. Harnapparat.

Anatomische Eigentümlichkeiten des uropoëtischen Systems beim Neugeborenen (Nieren, Ureteren, Blase, Urethra).

Die Nieren des Neugeborenen sind im Verhältnis zum Körpergewicht doppelt so schwer als beim Erwachsenen (v. Sömmering-Huschke) bei einem absoluten Gewicht von zusammen 23 g (Letourneau, Vierordt)[5]. Die fetale Lappung derselben ist beim

---

[1] Mit Gärtners Tonometer.
[2] Mit einem für Kinder modifizierten Apparat nach Riva-Rocci.
[3] Mit Baschs Apparat.
[4] Über die Technik der Messung vgl. die Originalarbeit.
[5] Die neuesten Angaben über die Organgewichte von Schilddrüse, Thymus, Leber, Milz, Pankreas, Nebennieren und Nieren, wie sie von Keene und Hewer auf Grund systematischer Untersuchungen festgelegt wurden, konnte ich leider nicht im Original einsehen.

Neugeborenen stets noch deutlich. Der Hilus liegt in Höhe des 2. Lendenwirbels (beim Erwachsenen in Höhe des 1.); von Variationen der Lage abgesehen reichen die Nieren vom 1.—4. Lendenwirbel (Sandifort, Mettenheimer). Die rechte Niere ist durch die Leber herabgedrückt und steht $^1/_2$—1 cm tiefer. Vielfach wird angegeben, daß die Niere der Neugeborenen einer Fettkapsel entbehre; nur Danz und Mettenheimer fanden wenigstens einzelne Fettanhäufungen in der Umgebung der Niere, was Verfasser bestätigen kann. Im mikroskopischen Bilde der Niere wird von Gundobin nur eine geringe Entwicklung der gewundenen Harnkanälchen hervorgehoben.

Die Ureteren zeigen beim Neugeborenen einen vielfach geschlängelten Verlauf, vereinzelt sogar Knickungen und Dilatationen, die Posner für normale Residuen der fetalen Entwicklung hält. Ihre Länge ist gleich der halben Rumpflänge (Tschitschurin), das Lumen relativ weit. Die verhältnismäßig dicke Wand ist arm an elastischen Fasern, die Muskulatur nur wenig entwickelt.

Die Blase liegt größtenteils außerhalb des kleinen Beckens, der Scheitel erreicht ungefähr die Mitte zwischen Nabel und Symphyse; nur das Orificium urethrae internum und etwa der 4. Teil der leeren Blase liegen bereits im kleinen Becken hinter der Schoßfuge (Sandifort, Ballantyne, Disse, Mettenheimer). Das maximale Fassungsvermögen der Blase wird auf 50—60 (Freudenstein, Kalaschnikoff), von E. Vogt auf 40—50 ccm angegeben. Die mikroskopische Untersuchung der Blase ergibt eine im Vergleich zur dicken Schleimhaut schlecht entwickelte Muskulatur, die besonders auch in der schlechten Sphinkterbildung (Disse) zum Ausdruck kommt, außerdem eine gewisse Spärlichkeit des elastischen Gewebes (Aschoff, Kölliker, Gundobin).

Die Urethra ist bei ♂ 5—6 cm (Jarjavay, Symington, Sappey), vereinzelt sogar 7 cm lang (Rüdinger), bei ♀ nach Mettenheimer nur 2—3,3 cm, nach Ballantyne dagegen bis 4 cm lang. Ihre Krümmung soll geringer sein als beim Erwachsenen. Mikroskopisch wird die geringe Faltenentwicklung, Zartheit der Schleimhaut, Kleinheit der Schleimdrüsen, die geringere Entwicklung der Papillen und des elastischen Gewebes hervorgehoben (Gundobin), was für die Pathologie von größerer Bedeutung ist als für die Physiologie.

Harn.

Vor 20 Jahren noch waren unsere Kenntnisse über den Harn des Neugeborenen äußerst dürftig, wenn auch über vereinzelte Fragen schon damals eine reichliche Literatur vorlag. Heute wissen wir jedenfalls, daß der Harn des Neugeborenen in vielfacher Hinsicht sich von dem des älteren Säuglings und Erwachsenen unterscheidet.

Zur Gewinnung des Gesamtharns beim Neugeborenen muß man sich irgendeines Harnfängers bedienen, z. B. des bewährten Harnfängers von Raudnitz [1]. Bei Mädchen ist auch der einfache Apparat von Lurie gut verwendbar. Zur Gewinnung von Blasenharn ist natürlich der Katheterismus notwendig, den man am besten mit einem weichen Ureterkatheter vornehmen kann.

Die Harnentleerung erfolgt unwillkürlich, und zwar bei gleichbleibender Flüssigkeitszufuhr am seltensten während des Schlafes, ganz gewöhnlich unmittelbar nach dem Erwachen. Der erstgelassene Harn ist eine klare, farblose, selten blaßgelbe Flüssigkeit von gewöhnlich niedriger Konzentration. Bereits im Laufe des ersten Tages wird er jedoch intensiv gelb, ja sogar bräunlich — die charakteristische Färbung in der Zeit der physiologischen Gewichtsabnahme (v. Reuß). Läßt man den Harn stehen, so zeigt er bald eine dichte gelbliche Trübung, die beim Erwärmen verschwindet; gewöhnlich wird innerhalb der Zeit der physiologischen Abnahme der Harn schon trüb entleert. Bei längerem Stehen in einem Spitzgläschen fallen die trübenden Massen zum Teil aus und sammeln sich als rötliches oder bräunlich-gelbes Sediment am Boden und an den Wänden des Gefäßes. Häufiger noch findet man dieses Sediment in Form von rötlichen Streifen oder Klecksen in den Windeln (Harninfarkt). Trübung wie Niederschläge sind auf Leukozyten, Epithelien der Harnwege, nicht selten auch hyaline und körnige Zylinder, hauptsächlich aber auf Urate zurückzuführen, die mikroskopisch teils als amorphes Pulver, teils als kristallinische

---

[1] Abbildung desselben bei Freund, K. H. K. 48, genauere Beschreibung bei Czerny-Keller, 1. Aufl. I, S. 109.

Niederschläge sich darstellen. Es sei gleich hier erwähnt, daß dieser Harn-infarkt als etwas durchaus Physiologisches anzusehen ist. Übrigens beobachtet man den Infarkt in den Windeln um so seltener, je reichlicher die Kinder gleich von Anfang an ernährt werden (Verf.). Vom 4.—5. Tage ab, also mit Ingangkommen reichlicherer Milchsekretion, schwindet die Uratausscheidung und Trübung im Harn; gleichzeitig wird die Farbe eine immer hellere, so daß in der zweiten, spätestens dritten Woche der Harn die für das Brustkind charakte-ristische Farblosigkeit annimmt.

Die Reaktion des Harns ist in den ersten Tagen intensiv sauer, nach Aufhören der Uratausscheidung nur noch schwach sauer.

Ein charakteristischer Geruch kommt dem Harn des Neugeborenen nicht zu.

Die erste Harnentleerung erfolgt gewöhnlich unmittelbar nach der Geburt, nicht selten noch während derselben, seltener einige Stunden post partum.

Die Zahl der Entleerungen ist in den beiden ersten Lebenstagen gewöhn-lich gering: 1—2, seltener 3—4 in 24 Stunden; ja nicht selten ($^1/_3$ aller Fälle — Kotscharowski, Verfasser) folgt auf die erste Harnentleerung eine Anurie von 24—30 Stunden, die jedenfalls keine Krankheitserscheinungen im Gefolge hat und deshalb wohl als physiologische Variation aufgefaßt werden darf. Nach meinen Erfahrungen findet man diese Anurie um so seltener, je früher man die Kinder anlegt und je früher sie Nahrung bekommen. Dem-gemäß fehlt sie bei gleich an die Ammenbrust gelegten Kindern sozusagen regel-mäßig und wird am häufigsten bei Erstgebärenden mit langsam in Gang kom-mender Milchsekretion und bei Kindern, die erst 24 Stunden nach der Geburt zum ersten Male angelegt werden, beobachtet. Vereinzelt freilich sieht man trotz in Gang kommender Ernährung oder Flüssigkeitszufuhr diese Anurie, ja sie kann sogar noch am zweiten Lebenstage anhalten. Krankheitserschei-nungen habe ich aber auch dabei nicht beobachtet. Ob die nach Schiff in $4^0/_0$ aller Fälle zu beobachtende Erscheinung, daß die Kinder am vierten Lebens-tage noch nicht uriniert haben, noch als physiologisch zu bezeichnen, wage ich zu bezweifeln. Ich kenne derartige Fälle bei normalen Kindern jedenfalls nicht. Es mag allerdings sein, daß mir der eine oder andere Fall deshalb entgangen ist, weil ich in den seltenen Fällen, wo am dritten Tage noch keine Harnent-leerung erfolgt war, katheterisiert habe und dabei immer Harn in der Blase fand. Die pathologischen Fälle, wo ein Verschluß der Harnwege besteht, scheiden natürlich aus.

Über die Ursache dieser gelegentlichen Harnverhaltung kann man nur Vermutungen aufstellen. v. Bokay nimmt an, daß ein besonders konzen-trierter Harn oder der Rest abgehender Konkremente eines Harninfarktes hierfür verantwortlich zu machen sei. Nach Ferroni ist bis zum Geburtstage die Nierenfunktion unvollständig; Mayerhofer scheint mir geneigt, manche Fälle auf einen Krampf des Sphincter vesicae zurückzuführen und als Ausdruck einer spasmophilen Diathese zu deuten; Verfasser möchte nach einigen Beobachtungen an Frühgeborenen annehmen, daß manchmal der zur Entleerung notwendige Reflex noch nicht genügend ausgebildet ist; vereinzelt mögen auch Verkle-bungen der abführenden Harnwege durch Ödem, abgestoßene Epithelien oder Konkremente eines Harnsäureinfarktes anzuschuldigen sein.

In Parenthese sei erwähnt, daß v. Bokay, Jakobi, Zuckerkandl geneigt sind, in Fällen, in denen die Harnverhaltung nicht nur auf mangelhafter Entleerung der Blase, sondern auf mangelhafter Absonderung infolge spärlicher Flüssigkeitszufuhr beruht, die-selbe mit der späteren Entstehung von Harngrieß und Harnsteinen in Zusammenhang zu bringen.

Jedenfalls dürfen wir daran festhalten, daß die Flüssigkeitszufuhr auf die Zahl der Harnentleerungen großen Einfluß hat. Denn sowie die Ernährung an der Brust ordentlich in Gang kommt, gewöhnlich also vom vierten oder fünften Tag ab, steigt die Zahl der täglichen Harnentleerungen rasch auf 6—8 und bereits in der zweiten Woche auf 10—15. Übrigens machen sich auch da noch gewisse Unterschiede je nach der Zahl der Mahlzeiten bemerkbar. Bei 5maligem Anlegen ist die Zahl der Harnentleerungen geringer, als wenn 6 oder 7 Mahlzeiten in 3stündigen Pausen gereicht werden, in welchem Fall die Zahl der Harnentleerungen oft auf 20 und mehr steigt. Doch scheinen mir auch hier individuelle Verschiedenheiten eine Rolle zu spielen, genau so wie beim Erwachsenen die Zahl der täglichen Miktionen bei gleicher und gleich verteilter Flüssigkeitszufuhr individuell doch stark schwankt. Im Schlafe ist die Zahl der Harnentleerungen geringer als im Wachen. Nimmt man die Kinder etwa in zweistündlichen Pausen auf, so findet man sie vielfach noch trocken, beobachtet jedoch sofort beim Erwachen Harnentleerung, die oft innerhalb einer Viertelstunde bereits sich wiederholt. Kaum trocken gelegt, sind sie schon wieder naß. Oftmals erfolgen neue Entleerungen während des Trinkens, während nach dem Einschlafen gemeinhin wieder größere Pausen eintreten. Von einer annähernden Regelmäßigkeit ist aber niemals die Rede.

Die Harnmenge schwankt beim Neugeborenen in weiten Grenzen. Sicher wissen wir vor allem, daß natürlich die Größe der Flüssigkeitszufuhr von maßgebendem Einfluß ist, weiter, daß der Neugeborene im Verhältnis zu seinem Körpergewicht sehr viel mehr Wasser (auch in Form von Harn) ausscheidet als der Erwachsene; nach Camerer würde diese Wasserausscheidung durch die Nieren etwa $3^{1}/_{2}$mal so groß sein als beim Erwachsenen. Das dürfte einmal damit zusammenhängen, daß der Körper des Neugeborenen an sich viel wasserreicher ist, ferner aber mit der ausschließlichen Aufnahme flüssiger Nahrung. Der Hauptteil der gesamten Wasserausscheidung fällt jedenfalls den Nieren zu (Niemann u. a.).

Am ersten und zweiten Tag, vielfach auch noch am dritten ist die Harnmenge eine auffallend geringe. Wir haben oben schon erwähnt, daß ein Drittel aller Kinder am ersten Tage überhaupt keinen Harn ausscheidet, freilich auch hinzugefügt, daß meist nicht wirkliche Anurie oder Oligurie, sondern nur eine Harnverhaltung vorliegt, sowie daß diese mangelhafte Harnbildung bei Kindern, welche bereits am ersten Tage Nahrung oder Flüssigkeit in anderer Form erhalten, nur ganz ausnahmsweise beobachtet wird. Streng genommen sind deshalb Angaben über die Harnmenge nur vergleichbar, wenn angegeben wird, wieviel Flüssigkeit zugeführt worden ist. Immerhin gestatten die Bemerkungen verschiedener Autoren über die Art der Ernährung, wenigstens annähernd die Werte in Vergleich zu setzen.

Ich gebe zunächst in folgender Tabelle die von verschiedenen Autoren gefundenen Durchschnittswerte.

Die Angaben der Tabelle zeigen zunächst übereinstimmend die absolute Zunahme der Harnmenge bis zum Ende der ersten Lebenswoche, entsprechend der wachsenden Nahrungs- (= Flüssigkeits-) Zufuhr. Diese Abhängigkeit zeigen auch die höheren Werte für die Harnmenge bei künstlich ernährten oder solchen, denen außer der Mutter- noch eine reichlich fließende Ammenbrust zur Verfügung stand, was besonders für die Höhe der ausgeschiedenen Harnmenge an den beiden ersten Lebenstagen auffallend in die Erscheinung tritt. Für den großen Durchschnitt dürfte die Angabe von W. Camerer, daß vom dritten Tage ab auf je 100 g getrunkene Milch etwa 60—70 ccm Harn kommen, durchaus das Richtige treffen. Etwas niedriger gibt Cramer die Harnmenge an: 54 bis 60 g auf 100 g getrunkener Milch. Reusing fand für die ersten vier Lebenstage

bei Brustkindern 22—28, bei künstlich Ernährten 37—74 ccm, vom 5.—8. Tage
44—62 bzw. 66—79 ccm; diese großen Differenzen erklären sich daraus, daß
dieselben auf Minima und Maxima der Harnausscheidung berechnet sind. Reusing wie Kotscharowski fanden nämlich, daß auch bei ganz gleicher Nahrungszufuhr doch bei den einzelnen Kindern ziemlich starke Schwankungen
der täglich ausgeschiedenen Harnmenge sich zeigen.

Autoren	Am ... Tage							
	1.	2.	3.	4.	5.	6.	7.	8.
Martin und Ruge	12	10,7	26	37	31	37	62	66
Hofmeier	10	27	22	36	48	54	67	57
Cruse (Amme)	—	130	208	210	226	310	310	310
Camerer	48	53	172	226	181	204	—	—
Schiff (eigene Mutter)	17,1	43,2	49,7	116,1	168	213,7	232,5	266,8
Reusing a) Brustkinder	18,9	38,6	84	64,9	121,5	147,7	175,5	217,2
b) Künstlich Ernährte	28,8	59,7	111,4	153,8	198,9	237,7	278,7	371,0
Arnstamm (Seitz) Brustkinder	8,1	25,2	37,4	62	90,5	108,6	—	—
Kotscharowski a) Brustkinder	9,6	27,4	68,7	127,7	171,6	215,3	—	—
b) auch Amme	63,5	65,8	96,5	193,0	224,0	283,5	—	—
Gein	16,8	29,7	49,0	93,8	131	205,8	—	—
Durchschnitt aller Autoren	**18,9**	**46,4**	**82,3**	**121,7**	**144,6**	**183,3**	**187,6**	**214,6**
Pro kg Körpergewicht (Reusing)	5,9 ccm	12,6	21,6	27,8	39,3	46,8	57,0	67,4

Das allgemeine Gesetz, daß die Steigerung der Harnmenge in erster Linie
von der Flüssigkeitszufuhr abhängt, wird dadurch nicht berührt. Wovon im
einzelnen die starke Differenz zwischen Maximal- und Minimalwert bei gleicher
Flüssigkeitszufuhr abhängt, ist nicht restlos geklärt. Die Meinungen und Angaben der Autoren gehen darüber sehr auseinander. Zu berücksichtigen ist
aber jedenfalls, daß in der Zeit der physiologischen Gewichtsabnahme neben
zugeführtem auch endogenes Wasser aus den Geweben ausgeschieden wird.
Camerers oben genannte Zahl, daß 60—70 ccm Harn auf 100 g getrunkene
Milch kommen, ist ein Gesamtdurchschnittswert. Auf die einzelnen Tage
berechnet stellen sich die Werte etwas anders. Es würden danach von der
aufgenommenen Nahrung durch die Nieren ausgeschieden (nach Reusing):

Tag	Harnwasser in % der aufgenommenen Flüssigkeitsmenge	
	Brustkinder	künstlich Ernährte
1	21,8	37,0
2	22,2	47,0
3	23,0	58,8
4	27,6	74,0
5	43,9	78,1
6	50,0	66,6
7	57,6	79,1
8	62,5	77,0

Das heißt, in den ersten Tagen wird ein relativ größerer Teil des Wassers
durch Haut und Lungen ausgeschieden. Erst allmählich stellen sich im Laufe
der ersten Lebenswoche die definitiven Verhältnisse her, die dadurch charakterisiert sind, daß die pro Kilogramm ausgeschiedene Harnmenge viel größer ist

als beim Erwachsenen. Es werden nach Cruse beim Neugeborenen am 10. Tage
90 ccm pro Kilogramm Körpergewicht ausgeschieden, gegenüber 25 ccm beim
Erwachsenen. L. Seitz weist in diesem Zusammenhang darauf hin, daß beim
Neugeborenen ja auch das Nierengewicht im Verhältnis zum Körpergewicht
etwa doppelt so groß ist als beim Erwachsenen. Man darf freilich auf alle diese
Angaben nicht zu viel Wert legen, denn im einzelnen Falle finden sich oft ganz
regellose Schwankungen, die in den hier angegebenen Durchschnittswerten
nicht zum Vorschein kommen können. Interessant ist aber, daß bei künstlich
ernährten Kindern die Harnausscheidung nicht nur absolut, sondern auch
prozentual beträchtlich größer ist, wie aus obiger Tabelle von Reusing hervorgeht.

Das spezifische Gewicht des Neugeborenenharns ist am größten nach
der Geburt und fällt dann allmählich ab, um vom Ende des ersten Monats ab
wieder allmählich anzusteigen. In der Zeit vom 2.—4. Lebenstage beträgt das
spezifische Gewicht 1008—1013 (Camerer, v. Reuß), fällt bis zum Ende der
ersten Lebenswoche auf 1006—1012 und erreicht am Ende der zweiten Woche
bereits die niedrigsten Werte (1003—1004), welche monatelang eingehalten
werden, wenn auch eine geringe Tendenz zu höherer Konzentration bei fortlaufenden Untersuchungen deutlich erkennbar ist (Gundobin).

Innerhalb der genannten Grenzen ist die Harnkonzentration, das spezifische Gewicht, natürlich abhängig von der Art und Größe der Nahrungszufuhr.
Das bringen ja die oben genannten Werte deutlich zum Ausdruck. Damit
hängt es auch zusammen, daß bei sehr schweren Kindern Erstlaktierender,
namentlich auffällig bei gleichzeitiger Hypogalaktie der Mutter das spezifische
Gewicht länger auf dem hohen Anfangswert verharrt (Verfasser). Ebenso
zeigen Kinder mit stärkerer Uratausscheidung ceteris paribus ein höheres spezifisches Gewicht des Harns. Nur en passant sei gleich gesagt, daß bei Ernährungsstörungen, die mit starken Diarrhöen einhergehen, das spezifische Gewicht
vorübergehend wieder höhere Werte zeigt oder infolge eines Übergangskatarrhes
sich länger auf der anfänglichen Höhe hält (Verfasser).

Das spezifische Gewicht des Harns läßt also gewisse approximative Schlüsse auf
die Menge der retinierten Stoffe nur dann zu, wenn nicht gleichzeitig an anderer Stelle
eine stärkere Wasserausscheidung stattfindet. Feinere Methoden für die physikalische
Untersuchung des Neugeborenenharns sind nur spärlich in Anwendung gekommen.
Hier ist noch eine Lücke auszufüllen. Inzwischen mögen einige Angaben, die ich Mayer-
hofers Zusammenstellung über den Harn des Säuglings entnehme, als Hinweis dienen,
worum es sich handelt.

Das spezifische Gewicht erlaubt eine summarische Schätzung aller festen Harnbestand-
teile bis zu einer Fehlergrenze von etwa $3^0/_0$. Multipliziert man die beiden letzten Ziffern
der spezifischen Gewichtszahl mit 2,237 (Haesersscher Koeffizient), so erhält man in
Gramm die in 1000 ccm Harn enthaltenen festen Bestandteile.

Zwecks genauerer Feststellung des Grades der Nahrungsretention und damit der
Intensität des Stoffwechsels würde die Messung des elektrischen Leitungswiderstandes
(Methode von Kohlrausch) in Frage kommen. Nach Turner würde der Leitungswiderstand um so höher sein, je geringer der Gehalt des Harn an ionisiertem Material ist, je
gesunder das betreffende Individuum ist.

Auch die Prüfung des Brechungsindex und Viskositätsbestimmungen gestatten Schlüsse
auf die molekulare Konzentration des Harns. Nach Mayerhofer ist der Harn von Kindern
weniger viskös als der Erwachsener.

Die Gefrierpunktserniedrigung ist im Harn des Säuglings ebenfalls geringer
als in dem des Erwachsenen (Sommerfeld und Roeder), dabei sehr abhängig vor den
Art der Ernährung. Die Gefrierpunktserniedrigung war am geringsten bei Brustkindern
($\triangle$ —0,19; [—0,26 nach Ferroni]) gegenüber —0,349 bei Ernährung mit verdünnter
Kuhmilch und 0,746 bei Vollmilchzufuhr [1]. Bei Brustkindern sind außerdem die Schwankungen der einzelnen Werte viel geringer als bei künstlich Ernährten. Trotz der absolut
geringen Gefrierpunktserniedrigung im Säuglingsharn ist dieselbe in Hinsicht auf die pro
Kilogramm Körpergewicht eingeführte Flüssigkeitsmenge doch sehr groß. Mayerhofer

---

[1] Ältere Angaben von Pierra und de la Lande weichen stark davon ab.

zieht daraus den Schluß, daß die funktionelle Leistung der Säuglingsniere eine andere zu sein scheint als die des Erwachsenen; „die außerordentlich große Wassersekretion scheint den größten Teil der Nierenarbeit des Säuglings auszumachen".

Klinische Bedeutung haben übrigens die Untersuchungen auch für ältere Säuglinge noch nicht erlangt. Wichtiger sind die Ergebnisse der chemischen Untersuchung des Neugeborenenharns, namentlich soweit sie mit einfachen Methoden auszuführen ist.

Vor allem ist hier zu erwähnen die Eiweißausscheidung. Diese **Albuminurie der Neugeborenen** ist seit langem bekannt[1]. Charcelay (1841) dürfte als ihr Entdecker anzusprechen sein. Schloßberger (1842) und Prout (1843) bestätigten seine Angaben, ebenso gibt Virchow an, daß der in der Blase Neugeborener (postmortal) vorgefundene Harn „nicht selten eiweißhaltig" sei. Mit Recht wurde allerdings von Geburtshelfern wie Dohrn, Hofmeier die Frage aufgeworfen, ob es sich dabei nicht um eine postmortale Erscheinung handle. Tatsächlich konnten Martin und Ruge nachweisen, daß ursprünglich eiweißfreier Harn nach längerem (18stündigem) Aufenthalt in der Blase die Eiweißreaktion gibt.

Damit war jedenfalls die Unzulänglichkeit der an der Leiche gewonnenen Resultate erwiesen und es setzte nun eine vielfache Nachprüfung am lebenden Kinde ein. Dohrn (1867) fand bei sofort nach der Geburt entnommenem Katheterurin in $62^0/_0$ kein Eiweiß, in $23^0/_0$ Spuren, in $9^0/_0$ geringen, in $6^0/_0$ reichlichen Albumengehalt. Die zahlreichen Untersuchungen anderer Autoren, die ungefähr um dieselbe Zeit vorgenommen wurden, lieferten jedoch nur insofern ein übereinstimmendes Ergebnis, als jedenfalls in früher unerwarteter Häufigkeit Albuminurie gefunden wurde. Über die Dauer und Stärke sowie prozentuale Häufigkeit dieser Eiweißausscheidung gingen aber die Ansichten bald ebenso auseinander wie über die ihr zukommende Bedeutung. So konnten Martin und Ruge bei fortlaufender Untersuchung des Harns von 17 Neugeborenen vom 1.—10. Tage in allen Fällen wenigstens ein positives Resultat verzeichnen und allgemein feststellen, daß vom 6. Tage ab der Eiweißgehalt abnahm und vom 8. Tage ab vollständig verschwand. Im einzelnen schwankten Stärke und Häufigkeit der positiven Reaktion bei den verschiedenen Kindern jedoch stark. Die meisten anderen Autoren wie Pollak, Cruse, Faye, Hofmeier fanden Albuminurie nur bei einem bestimmten Prozentsatz von Neugeborenen, während nach Mensis Beobachtungen der Harn fast stets Eiweiß enthielt $(0,1—0,3^0/_{00})$, das aber in der Zeit vom 5.—10. Tage vollständig verschwand. Ebenso fand der Schwede Flensburg in außerordentlich sorgfältigen Untersuchungen an 150 Kindern vom 1.—40. Lebenstag, daß der Harn in den ersten 4 Tagen regelmäßig Eiweiß und zwar Nukleoalbumin enthielt, während andere Eiweißkörper seiner Ansicht nach selten vorkommen. Nach dem 4. Tage fand sich immer seltener Eiweiß im Harn; immerhin wurde es auch noch in der zweiten Lebenswoche relativ häufig und vereinzelt sogar bis in den zweiten Lebensmonat hinein nachgewiesen, wie übrigens neuerdings (1912) auch v. Reuß bestätigte. Gleicherweise fand Langstein fast regelmäßig im Harn der Neugeborenen durch Essigsäure fällbare Eiweißkörper (Nukleoalbumin bzw. Muzin der Autoren), daneben aber noch einen Eiweißkörper, den man auf Grund der Fällungsgrenzen (Mayerhofer) als Globulin bzw. Albumin bezeichnet. Die Menge des ausgeschiedenen Eiweißes war zu quantitativen Bestimmungen nach Langstein zu gering, nach v. Reuß betrug sie im Maximum, das nur selten erreicht wurde, $0,25^0/_{00}$. Hellers Untersuchungen (1913) an 31 gesunden

---

[1] Ausführlichere Besprechung der älteren Literatur bei Czerny-Keller, 1. Aufl., I, S. 236 ff.

Neugeborenen ergaben im ganzen eine Bestätigung der Angaben der letzt-
genannten Autoren, doch konnte er in keinem einzigen Falle nach dem 8. Tage
Eiweiß nachweisen. Interessant und wichtig erscheint mir die Angabe von
Heller, daß der unmittelbar nach der Geburt entnommene Harn stets frei von
Eiweiß war, während v. Reuß sagt, daß die allerersten Harnportionen „mit-
unter ganz oder nahezu eiweißfrei zu sein scheinen".

Im ganzen herrscht also unter den neueren Autoren erfreuliche Über-
einstimmung; nur die Franzosen halten im Anschluß an Parrot und Robin
Eiweißausscheidung beim gesunden Neugeborenen für ein äußerst seltenes
Ereignis, oder gleich Arnozan und Audebert[1] für eine von der albuminu-
rischen oder eklamptischen Mutter überkommene Schädigung der Niere, die den
Boden für spätere schwere Nephritiden vorbereiten soll (Marré).

Soviel zur vorläufigen Orientierung.

Für uns war gerade die letztgenannte, abweichende Ansicht der Franzosen
im Zusammenhang mit einer anderen nicht hierhergehörenden Fragestellung
Veranlassung, der Frage an eigenem Material nachzugehen, eine Aufgabe, der

Ta-

Tag	A. Martin u. C. Ruge			Cruse			Hofmeier		
	Zahl der Fälle	Albumen positiv	%	Zahl der Fälle	Albumen positiv	%	Zahl der Fälle	Albumen positiv	%
1	17	5	29	—	—	—	15	14	93
2	17	7	41	9	5	55	9	8	89
3	17	6	35	10	6	60	12	9	75
4	17	3	17	10	4	40	11	9	82
5	17	4	23	10	5	50	6	3	50
6	17	2	11	10	4	40	8	4	50
7	17	1	6	10	2	20	6	2	33
8	17	1	6	10	1	10	—	—	—
9	17	1	6	10	1	10	—	—	—
10	17	1	6	10	0	0	—	—	—
12—14	17	1	6	—	—	—	—	—	—
Summe	119	28	23	89	28	31	67	49	73

sich Ewald mit großer Gewissenhaftigkeit unterzogen hat. Ich stütze mich
im folgenden im wesentlichen auf das Ergebnis dieser Untersuchungen, die
mir auch zur Klärung der Genese nicht ohne Belang erscheinen. Die Untersuchungen wurden an 61 gesunden, an der Mutterbrust ernährten, gut
gedeihenden Knaben ausgeführt und erstreckten sich vom 1.—10. Lebenstage. Zur Prüfung auf Eiweißgehalt wurde die von Langstein angegebene
Essigsäureferrocyankaliumprobe, vereinzelt außerdem die Kochprobe oder
die Hellersche Probe angewandt. Dabei kommt die gesamte Eiweißmenge
durch Essigsäure zur Ausfüllung, erkennbar als Trübung, je nach dem Grade
der ausgefällten Menge von leichter Opaleszenz bis zu deutlich milchiger Verfärbung. Die auf Essigsäurezusatz ausfallenden Körper sind weder Muzin
noch Nukleoalbumin (v. Reuß). Die Essigsäurefällung dürfte vielmehr auf
der Anwesenheit von Eiweiß fällenden Substanzen, wie Chondroitinschwefelsäure, Nukleinsäure, Gallensäuren beruhen (Mörner), die neben geringen Eiweißmengen reichlich, ja häufig im Überschuß vorhanden sind (v. Reuß).

Das wesentliche Ergebnis unserer Untersuchung war, daß bereits am ersten
Tage in 87 % aller Fälle Albuminurie nachweisbar war, am dritten Tage in allen

---

[1] Zit. nach Czerny-Keller, 1. Aufl., I, S. 156.

Fällen, und von da ab (namentlich nach dem vierten Tage) die prozentuale Häufigkeit derselben rasch absinkt. Immerhin ist am Anfang der zweiten Woche noch in der Hälfte aller Fälle Albuminurie nachweisbar. Über die Verhältnisse in späteren Lebenswochen fehlen uns größere eigene Erfahrungen, doch können wir die Angaben von Pollak, Flensburg und v. Reuß bestätigen, daß auch noch im zweiten Lebensmonat Albuminurie jedenfalls öfters nachweisbar ist. In der folgenden, Ewalds Arbeit entnommenen Tabelle sind die Erfahrungen unserer Klinik in Vergleich gestellt mit den Angaben anderer Autoren.

Wir dürfen also zunächst feststellen, daß die Albuminurie des Neugeborenen eine so gut wie regelmäßig zu findende Erscheinung ist und, da sie den Gesundheitszustand der Kinder wie ihr Gedeihen in keiner Weise beinflußt, wohl als physiologisch gedeutet werden darf.

Es liegt natürlich für den Geburtshelfer sehr nahe, unter solchen Umständen die Erscheinung als eine Folge des Geburtsvorganges, etwa als physiologisches Geburtstrauma, ähnlich der Kopfgeschwulst aufzufassen. Dem steht

belle 4.

Flensburg			Heller					Ewald		
Zahl der Fälle	Albumen positiv	%	Zahl der Fälle	Albumen positiv	%	Essigsäurekörper positiv	%	Zahl der Fälle	Albumen positiv	%
56	27	48	31	22	73,3	23	76,6	47	38	87
25	10	40	31	25	80,6	26	83,8	52	51	98
24	3	12	31	23	74,1	28	90,3	58	58	100
22	3	13	31	19	61,2	24	77,4	57	52	91
23	4	17	31	9	29,1	18	58,0	55	39	71
14	1	7	31	6	19,4	11	35,5	57	38	67
20	1	5	31	1	3,3	4	13,0	55	37	67
20	1	5	31	0	0	2	6,4	52	29	56
20	1	5	31	0	0	0	0	46	22	48
20	1	5	31	0	0	0	0	30	14	47
20	1	5	31	0	0	0	0	—	—	—
184	49	26	—	—	—	—	—	509	378	76

zunächst nur die eine Schwierigkeit entgegen, daß auch in der Niere Totgeborener, ja selbst von Feten Spuren von Albumen nachweisbar sind. Nach Ribbert findet sogar regelmäßig in den fetalen Nieren eine Transsudation von Eiweiß durch die Glomeruli statt, welche dieser Autor auf die noch nicht vollendete Entwicklung der Glomeruli bezieht, in deren Kapseln er das Eiweiß nachweisen konnte, während die Harnkanälchenepithelien keinerlei Zeichen von Alteration aufwiesen. Auffallend bleibt aber demgegenüber, daß Heller den Harn unmittelbar post partum fast stets eiweißfrei fand, sowie daß die in der Niere kurz nach der Geburt verstorbener Kinder nachweisbaren Eiweißgerinnsel ganz wesentlich stärker sind, als die durch Alkohol oder Kochen nachweisbaren Gerinnsel in den Kapseln der Glomeruli fetaler Nieren, und sich auch auf die geraden Harnkanälchen erstrecken. Ribbert selbst hat deshalb schon darauf hingewiesen, daß die Albuminurie der Neugeborenen nicht einfach als die Fortsetzung eines embryonalen Vorganges, der Durchlässigkeit unausgebildeter Glomerulusgefäße für Serumeiweiß, aufzufassen sei, sondern wohl noch Stoffwechselvorgänge der ersten Lebenstage dabei eine Rolle spielen, ähnlich wie schon Virchow an erhöhten Stoffwechsel gedacht hat, dem das noch wenig ausgebildete Organ nicht so ohne weiteres gewachsen sei.

Wir haben also, glaube ich, ein Recht, die Albuminurie des Neugeborenen als eine Erscheinung für sich zu betrachten und in keine weiteren Beziehungen zu fetalen Vorgängen zu bringen. Auch der von einigen Autoren, z. B. Martin und Ruge, gegebene Hinweis, daß die Albuminurie Neugeborener von einer gleichzeitigen Schädigung der Nieren der Mutter abhängig sei, ist nicht in Betracht zu ziehen. Spricht schon das von allen Autoren und von uns festgestellte regelmäßige Vorkommen der Albuminurie gegen einen derartigen Zusammenhang, so haben wir auch direkte Gegenbeweise in Hellers Untersuchungen, der nur Kinder gesunder Mütter untersuchte, wie in der ausdrücklichen Angabe von Flensburg, daß ein bestimmter Unterschied im Harn der Kinder gesunder und nierenkranker Mütter nicht nachzuweisen sei. Wir können das bestätigen. Wenn vereinzelt in den Nieren der Kinder eklamptischer Mütter ähnliche Veränderungen gefunden wurden wie in Eklampsieren, vor allem Thrombosen und Blutungen (Raubitschek), so beweist das natürlich nichts für den allgemeinen Zusammenhang. Auch bei unseren Fällen ergab sich, daß die prozentuale Häufigkeit und Stärke der Albuminurie der Neugeborenen ganz unabhängig davon ist, ob die Mütter Albumen hatten oder nicht, wie aus nachstehender Tabelle hervorgeht.

Tabelle 5.

Tag	Kinder der Mütter mit Albuminurie			Kinder der Mütter ohne Albuminurie		
	Zahl der Fälle	Albumen positiv	%	Zahl der Fälle	Albumen positiv	%
1	8	7	87	27	23	85
2	11	11	100	37	36	97
3	11	11	100	42	42	100
4	13	10	77	41	38	95
5	12	9	75	40	28	70
6	12	7	58	41	27	65
7	12	7	58	39	25	63
8	11	6	55	40	20	50
9	11	5	45	27	13	35
10	9	3	33	32	8	25
11	5	1	20	27	8	30
12	5	1	20	12	3	25
Summe	120	78	65	403	271	66

Um aber nun festzustellen, ob tatsächlich das Geburtstrauma für die Albuminurie verantwortlich zu machen sei, ging Ewald in der Weise vor, daß er Geburtsdauer oder bestimmte sonstige das Geburtstrauma erhöhende Komplikationen (z. B. enges Becken, Extraktion am Steiß usw.) in Beziehung setzte mit der gefundenen Intensität und Dauer der Albuminurie. Tatsächlich ließ sich feststellen, daß eine solche Beziehung bestand (Tab. 6). Nicht nur war bei längerer Geburtsdauer die Albuminurie der Kinder etwas häufiger, sondern vor allem — was wichtiger ist — intensiver und länger andauernd, ja wir möchten nach einigen Fällen sogar annehmen, daß gerade die Kinder, die ein starkes Geburtstrauma erlitten haben, es sind, bei denen die Albuminurie mehrere Wochen und selbst Monate anhält. Untersuchungen von Flensburg, der in erster Linie nur die Frequenz der Albuminurie im Zusammenhang mit der Geburtsdauer berücksichtigte, können in unserem Sinne wie auch gegenteilig verwertet werden, doch liegt das in erster Linie an der geringen Zahl seiner Fälle und daran, daß er die Intensität der Eiweißausscheidung nicht genügend berücksichtigt hat. Hellers Ergebnisse würden gerade das Gegenteil beweisen, nämlich daß bei Abkürzung der Geburtsdauer die Albuminurie etwas häufiger sei. Ich verzichte aber auf die zahlenmäßige Wiedergabe, denn auch bei uns sind die Unterschiede hinsichtlich der Frequenz gering, in Hinsicht auf Intensität und Dauer der Eiweißausscheidung dagegen sehr deutlich. Wir werden unten aber noch zeigen, daß es gerade darauf ankommt zur Entscheidung der Frage, ob das Geburtstrauma in ursächlichem Zusammenhang mit der Albuminurie steht.

Tabelle 6 (eigene Befunde).

Tag	Entbindungsdauer 12 Stunden und darüber			Entbindungsdauer weniger als 12 Stunden		
	Zahl der Fälle	Albumen positiv	%	Zahl der Fälle	Albumen positiv	%
Innerhalb 12 Stunden post partum	5	4	80	7	6	85
1	22	20	91	17	16	83
2	31	31	100	20	20	100
3	34	34	100	23	23	100
4	34	30	96	26	23	86
5	32	25	78	23	15	65
6	32	22	69	25	16	64
7	32	22	69	23	12	52
8	30	18	60	23	10	43
9	28	12	43	20	9	45
10	17	6	35	17	6	35
Summe	297	224	76	224	156	69

Merkwürdig ist ja, daß ältere Geburtshelfer (Martin, Ruge, Hofmeier) diesen Zusammenhang geradezu leugnen oder sogar einen gegenteiligen Zusammenhang behaupten. Der Haupteinwand Hofmeiers aber, daß die Geburt als relativ kurz dauernder Vorgang unmöglich auf einen mehrere Tage dauernden Prozeß wie die Albuminurie einen bestimmenden Einfluß haben könne, ist sicher nicht stichhaltig, wie schon v. Reuß betonte. Ja ich glaube, daß Hofmeier selbst heute diesen Einwand nicht mehr erheben würde. Wissen wir doch aus vielen modernen Experimenten und klinischen Untersuchungen, daß selbst kurzdauernde mechanische Einflüsse sehr wohl eine Albuminurie hervorzurufen imstande sind, deren Dauer und Intensität mit der Stärke und Dauer des mechanischen Insultes steigt, wenn auch natürlich bestimmte anatomische oder funktionelle Dispositionen der gerade betroffenen Nieren ihren Einfluß geltend machen. Ich erinnere in diesem Zusammenhange nur an die Eiweißausscheidung nach kräftiger Palpation der ptotischen Niere, an die Versuche Schreibers (Auftreten einer mehrere Stunden anhaltenden Albuminurie nach Zusammenpressen des Brustkorbes), schließlich an die bekannten Jehleschen Versuche über die orthostatische Albuminurie.

Das Auftreten von Eiweißausscheidung im Gefolge eines selbst kurz dauernden und geringfügigen mechanischen Insultes ist jedenfalls eine Tatsache. Es fragt sich bloß, ob die Geburt mit einem derartigen Trauma in Analogie zu stellen ist oder nicht. Ich glaube, auch diese Frage ist im Lichte moderner geburtshilflicher Experimente und Erfahrungen unbedingt zu bejahen. Ich erinnere nur an die berühmte Darstellung Sellheims über die Beziehungen zwischen Geburtsobjekt und Geburtskanal, in Sonderheit an die zur Formierung der Fruchtwalze führende zirkuläre Schnürung des Kindes durch die Weichteile des Geburtsschlauches.

Die Austreibung und Umwandlung des zunächst in Form eines Ovoides verpackten Kindes in die zylindrische Fruchtwalze ist an sich schon mit einer starken Pressung und Knetung verbunden, wovon man sich bei Schnürungsversuchen an frischen Kindesleichen leicht überzeugen kann. Die Nierengegend ist dabei sicher eine der am meisten betroffenen Partien, da von vorn der Druck der angezogenen Beine, vom Rücken her die direkte Schnürung

seitens der Wandung des Geburtskanals zur Wirkung kommt. Es bedarf nur
eines kurzen Hinweises, daß dieses Trauma ceteris paribus um so stärker ausfallen muß, a) je länger die Geburt dauert; b) je größer das Kind ist; c) je
stärker die Widerstände von seiten des Geburtskanals sind, ganz abgesehen
von dem besonderen Trauma durch den überwiegenden Weichteilwiderstand,
wenn der Steißpol des Kindes vorangeht und ihm die ganze Auswalzung des
gebogenen Abschnittes des Geburtskanals zufällt.

Die praktische Erfahrung bestätigt diese theoretische Forderung.

a) Daß die längere Geburtsdauer, ganz abgesehen von einer geringen
Frequenzsteigerung, vor allem Intensität und Dauer der Albuminurie beeinflußt,
haben wir oben schon nach unserer Erfahrung festgestellt.

b) Ebenso läßt sich zeigen, daß kräftigere Kinder stärker getroffen werden.
Zwar sind bei der allgemeinen Häufigkeit der Albuminurie wesentliche Unterschiede in der Frequenz in toto nicht zu konstatieren, wohl aber zeigen die
kräftigeren Kinder viel rascher und viel stärker die Eiweißausscheidung, wie
aus der nachstehenden Tabelle hervorgeht.

Tabelle 7 (eigene Befunde).

Tag	Anfangsgewicht von 3350 g u. darüber			Anfangsgewicht unter 3350 g		
	Zahl der Fälle	Albumen positiv	%	Zahl der Fälle	Albumen positiv	%
1	15	14	93	23	19	83
2	19	19	100	30	29	97
3	22	22	100	32	32	100
4	23	22	96	31	28	90
5	23	16	70	30	23	76
6	25	17	68	30	22	73
7	23	14	61	30	21	70
8	24	12	50	29	17	58
9	12	8	35	26	12	46
10	19	6	32	21	8	38
Summe	216	150	69	282	211	75

Die eigenartige Erscheinung, daß bei den kräftigeren Kindern die Albuminurie rascher abnimmt, wurde von Ewald wohl mit Recht dahin gedeutet,
daß die kräftigeren Kinder gewöhnlich „diese Schädigung kraft ihrer guten
Entwicklung rasch und schnell zu überwinden vermögen, schneller als die
schlechter entwickelten Kinder". In der Tabelle kommt natürlich nur das
allgemeine Gesetz zum Vorschein, die Abstufung nach den einzelnen Fällen
ist in Wirklichkeit noch viel deutlicher. Flensburg und Heller freilich leugnen
einen Einfluß des Geburtsgewichtes auf die Eiweißausscheidung, und Gundobin
will geradezu schlechte Entwicklung des Kindes bei der Geburt als ein zu
Albuminurie disponierendes Moment ansehen, wobei er sich freilich nur auf
Untersuchungen von Ssesenewski an 5 Frühgeborenen mit einem Gewicht
von 1200—2000 g stützt. Diese Angaben scheinen mir aber schon deshalb
nicht ganz einwandfrei, weil wir nicht wissen, wieweit beim Frühgeborenen
die geringere Entwicklung der Niere etwa an sich mit einer größeren Empfindlichkeit derselben einhergeht. Im übrigen haben ja gerade in neuester Zeit
die Untersuchungen von Ylppö und Ph. Schwartz gelehrt, daß die Organe
Frühgeborener ganz besonders empfindlich und verletzlich sind.

c) Will man die Größe der Weichteilwiderstände als ein Maß für die
stattfindende Schnürung des Kindes heranziehen, ohne sich in Einzelheiten

zu verlieren, dann kann man am einfachsten die Kinder Erstgebärender im Gegensatz zu denen Mehrgebärender betrachten. Denn natürlich sind bei ersteren die Widerstände viel größer und schwerer zu überwinden, um so größer, je älter die betreffende Erstgebärende ist. Stimmt unsere Annahme, dann müßten also die Kinder Erstgebärender unter sonst gleichen Verhältnissen wieder häufiger oder stärkere Albuminurie zeigen. Das trifft tatsächlich zu. Bei Kindern Erstgebärender fanden wir die Eiweißmenge fast stets sehr hoch, bei Kindern Mehrgebärender meist nur Spuren von Albumen. Flensburg fand diesen Unterschied zwischen den Kindern Erst- und Mehrgebärender auch hinsichtlich der Frequenz der Albuminurie deutlich ausgesprochen. Kinder Erstgebärender zeigten in den ersten 6 Tagen in 33%, solche Mehrgebärender nur in 25% mit der Hellerschen Probe nachweisbares Eiweiß. Faye hat allerdings geradezu gegenteilige Feststellungen gemacht, und Heller einen Unterschied bezüglich der Häufigkeit nicht konstatieren können. Wir möchten aber, wie schon angedeutet, auf die Häufigkeit viel weniger Gewicht legen als auf die Intensität der Eiweißreaktion.

Aus alledem geht unseres Erachtens eindeutig hervor, daß **die Albuminurie der Neugeborenen** erstens **eine physiologische Erscheinung ist**, und **zweitens als direkte Folge des Geburtstraumas aufgefaßt werden muß**. Ihre Entstehung ist mit der Entwicklung der Geburtsgeschwulst in eine Linie zu stellen. Höhere, länger dauernde Grade von Albuminurie würden ein Analogon in dem Kephalhämatom finden.

Natürlich möchten wir damit nicht leugnen, daß auch der Zustand der Niere selbst in einzelnen Fällen von Bedeutung sein kann. Mehrere Ursachen können dann interferieren und so die Klarheit des Zusammenhanges trüben.

Hierher gehört auch die Frage über die Möglichkeit eines Zusammenhanges zwischen Harninfarkt und Albuminurie. Hofmeier ist soweit gegangen, den Harnsäureniederschlag in den Nieren auf dem Umweg über dadurch bedingte Gefäßstörungen als Ursache der Albuminurie zu erklären, hauptsächlich auf Grund der Beobachtung, daß die Ausscheidung von harnsauren Salzen und von Eiweiß zeitlich, wie zum Teil auch ihrer Intensität nach, zusammenfallen. Auch Flensburg konstatiert zwar, daß die ausgesprochensten Fälle von Albuminurie am zahlreichsten während des Höhestadiums der Infarktperiode vorkommen und mit Abnahme der Ausscheidung harnsaurer Salze immer seltener werden; er betont aber andererseits — mit Recht, wie ich meine —, daß auch starke Albuminurie in infarktfreien Harnen sich findet, und umgekehrt nur in ein Drittel der Infarktharne deutlich mit der Hellerschen Probe nachweisbare Eiweißmengen ausgeschieden werden. Jedenfalls ist Flensburg durchaus nicht geneigt, den von Hofmeier angenommenen Kausalzusammenhang bedingungslos anzuerkennen, vor allem deshalb, weil Eiweiß fast konstant noch in der zweiten Woche sich findet, der Infarkt dagegen selbst in den Nieren [1] in der zweiten Woche nur noch in 39% der Fälle nachgewiesen werden kann. Ähnlich haben auch Gundobin, Ssesenewski, Kotscharowski den von Hofmeier angenommenen Parallelismus zwischen Ausscheidung harnsaurer Salze und Eiweiß nur vereinzelt feststellen können.

Eine Einigkeit besteht also durchaus nicht, so daß es uns erwünscht schien, auch hier durch eigene Untersuchungen Klarheit zu gewinnen. Dabei ergab sich (vgl. die nachstehende Tabelle), daß der Harnsäureinfarkt vom 1.—4. Tage fast stets von Eiweißausscheidung begleitet, vom 5—10. Tage dagegen der infarkthaltige Harn sehr häufig eiweißfrei ist.

---

[1] Im Harn hört die Uratausscheidung schon viel früher auf.

Tabelle 9 (eigene Befunde).

(In Klammer die Zahlen von Flensburg.)

Tag	Infarkthaltiger Harn		
	Zahl der Fälle	Albumen positiv	%
1	20 (18)	19 (9)	95 (50)
2	44 (17)	44 (9)	100 (53)
3	50 (11)	50 (1)	100 (9)
4	47 (6)	43 (2)	92 (33)
5	44 (1)	30 (0)	68 (0)
6	42 (1)	29 (0)	69 (0)
7	27	20	74
8	25	15	60
9	15	8	53
10	9	5	54
Summe	323	263	81

Ebenso hatten wir eiweißausscheidende Fälle, in deren Urin nie harnsaure Salze sich fanden. Umgekehrt fanden sich in einem Falle im Sediment vom 20. Tage post partum Harnsäurekristalle und Harnsäurezylinder, während die Eiweißreaktion schon seit dem 14. Tage negativ war. Eiweißausscheidung wurde oft noch eine Woche und länger nach Verschwinden des Harninfarktes beobachtet.

Es dürfte also keinesfalls berechtigt sein, den Harnsäureinfarkt als Ursache der Albuminurie anzusprechen; eher wäre ein umgekehrter Zusammenhang möglich. Damit wollen wir allerdings nicht leugnen, daß der Harnsäureinfarkt seinerseits imstande sein kann, die Alteration der Niere zu verstärken und damit die Eiweißausscheidung zu verlängern oder zu vermehren. Warum das in einem Falle eintritt, in einem anderen nicht nachweisbar wird, entzieht sich unserer Kenntnis. Am ehesten scheint mir auch hier die Stärke des Geburtstraumas eine Rolle zu spielen, ebenso wie postpartale Stoffwechselvariationen beim Neugeborenen Einfluß haben mögen oder können. Da wir aber darüber nichts Näheres wissen, hat es keinen Sinn, uferlose Spekulationen über die Art eines derartigen Zusammenhanges anzustellen. Wenn z. B. Martin und Ruge sagen, „daß die so plötzlich über den kindlichen Organismus hereinbrechende Entwicklung seiner Funktionen nicht immer ohne bedenkliche Steigerungen des ganzen Stoffwechsels, nicht ohne Stauungen im uropoetischen System vor sich zu gehen pflegen", und weiter: „wir müssen deshalb den Albumengehalt des Harns als die chemisch nachweisbare Äußerung dieser jähen Entwicklung und Ausgleichung der Lebensfunktionen auffassen" — so scheint mir das doch nur eine Umschreibung der Tatsache, daß wir über einen derartigen Zusammenhang nichts wissen. Überdies kann mindestens bei natürlicher, kolostraler Ernährung von einem jähen Übergang vom intrauterinen zum extrauterinen Stoffwechsel keine Rede sein.

Unserer Meinung nach genügt die oben gegebene Deutung der Albuminurie als Folge des Geburtstraumas vollständig allen Ansprüchen, und selbst die zahlreichen individuellen Variationen würden sich ungezwungen daraus erklären, daß das Geburtstrauma nach Dauer und Intensität sehr verschieden ausfällt. Allerdings haben wir dabei nur natürlich ernährte Kinder im Auge; bei künstlicher Ernährung mögen noch andere Momente in Frage kommen.

Von sonstigen organischen Bestandteilen des Säuglingsharns sei zunächst der Zucker erwähnt. Der Harn spontan geborener gesunder Kinder

ist regelmäßig zuckerfrei (Parrot und Robin, Cruse, Koplik u. a.). Nur
bei frühgeborenen Kindern wurde häufig die Ausscheidung von Milchzucker
beobachtet (Nothmann), und zwar selbst bei einer kalorisch eben ausreichenden
Zufuhr von Muttermilch. Das dürfte wohl damit zusammenhängen, daß beim
Frühgeborenen das Laktaseferment noch minderwertig ist bzw. überhaupt
fehlt (vgl. Näheres unter Verdauungsfermente S. 67). In diesem Sinne spräche
auch die Erfahrung, daß die Milchzucker-Wassermischungen bei Frühgeborenen
weniger gute Resultate ergeben (Langstein).

Im Harn reifer Neugeborener wurde bisher Zucker nur dann gefunden,
wenn sie per forcipem zur Welt gekommen waren (Hoeniger). Diese Zuckerausscheidung hielt 3—4 Tage an und klang dann allmählich ab. Hoeniger
schuldigt das durch die Zangenextraktion bedingte Kopftrauma als Ursache
der Glykosurie an, wobei hauptsächlich der Plötzlichkeit derselben die größte
Bedeutung zukäme, da auch nach schwierigen und lang dauernden Spontangeburten diese Zuckerausscheidung vermißt wurde. Umfassende Untersuchungen
über den Gegenstand fehlen, doch hat inzwischen P. Lindig bereits nachgewiesen, daß die von Hoeniger beobachtete Zuckerausscheidung jedenfalls
nur bei einem ganz kleinen Bruchteil von per forcipem geborenen Kindern
vorkommt.

Wie es mit dem Übertritt anderer Zuckerarten in den Harn Neugeborener steht,
darüber fehlen noch zusammenhängende Untersuchungen. Vermutungsweise darf man wohl
äußern, daß wahrscheinlich beim Neugeborenen die Toleranz gegen die verschiedensten
Kohlehydrate im allgemeinen gering sein dürfte, wie ja auch bei Ernährungsstörungen
älterer Brustkinder in Erscheinung tritt (s. auch Flood).

Es sei hier nur die bei ernährungsgestörten Brustkindern häufige Laktosurie (Groß,
Czerny, Moser, Langstein, Steinitz) erwähnt, die Galaktosurie bei schweren Magen-
darmstörungen (Langstein, Steinitz), die Mellituria (Rietschel) bei ekzematösen und
lymphatischen Säuglingen, sowie bei Inanition, endlich die von v. Reuß beschriebene
Sacharosurie bei Verabreichung von 5% Rohrzucker an ernährungskranke Säuglinge. Man
kann ganz allgemein sagen, daß bei Ernährungsstörungen der verschiedensten Art gewöhnlich zu allererst eine stark herabgesetzte Toleranz gegen Kohlehydrate hervortritt.
Für den Neugeborenen fehlen ausreichende Untersuchungen, die hier erwähnten Daten
sollen nur dazu dienen, die Richtung anzuzeigen, in der solche Nachforschungen anzustellen
wären. Eine physiologische Laktosurie, wie sie Rosenbaum behauptet hatte, gibt es beim
Neugeborenen jedenfalls nicht, wie wir H. Langer bestätigen können.

Größere praktische Bedeutung kommt vielleicht der Azetonkörperausscheidung
zu, von der besonders das Azeton Bedeutung hat. Kinder scheinen überhaupt zur Azetonurie
leicht geneigt, die besonders bei jeder Schädigung des Kohlehydratstoffwechsels eintritt.
Ebenso findet man auch bei knapp oder unterernährten Neugeborenen im Harn geringe
Azetonmengen (v. Reuß). Dieselben machen sich schon durch den charakteristischen
Geruch der Atemluft bemerkbar, mittelst welcher die größeren Mengen Azeton den Körper
verlassen, während durch den Harn nur ein kleiner Teil ausgeschieden wird. Mehr als
symptomatische Bedeutung kommt dieser geringgradige Azetonurie nicht zu. Stärkere
Ausscheidung von Azetonkörpern, namentlich von Azetessigsäure oder β-Oxybuttersäure
wurde beim Neugeborenen nur selten gefunden (Mayerhofer, v. Reuß). In neueren
Untersuchungen von Schick und Wagner konnte gezeigt werden, daß die Menge der
Azetonkörper im Harn, etwa zusammenfallend mit dem Tiefpunkt der Gewichtskurve,
am 3.—4. Tage ihren Höhepunkt erreicht. Die Autoren folgern daraus, daß man keinen
Neugeborenen nach der Geburt hungern lassen sollte.

Gallenfarbstoffe. Schon älteren Autoren war bekannt, daß beim
Icterus neonatorum in den Nieren ein Farbstoff enthalten ist; auch im Harn
wurde später Bilirubin nachgewiesen, zunächst in präzipitierter Form (masses
jaunes) von Parrot und Robin (1879), später von Cruse auch als gelöster
Farbstoff, besonders beim starken Ikterus. Nach Cruse tritt der gelöste Gallenfarbstoff später im Harn auf als der körnige und verschwindet auch früher.
Diese Angaben sind von Halberstam (1885) und Unger (1912) bestätigt
worden. Man braucht allerdings zum Nachweis des Gallenfarbstoffes eine
größere Harnmenge, da die im Harn sich findende Menge Gallenfarbstoff (im

Gegensatz zum Blutserum) immer gering ist (Cathala und Daunay). Man extrahiert mit Chloroform und bringt von diesem Extrakt ca. 10 Tropfen auf eine Porzellanplatte, um damit die Gmelinsche Probe anzustellen. Die Reduktionsprodukte des Bilirubins (Urobilin und Urobilinogen) sind entsprechend der Seltenheit von Reduktionsprozessen im Darmkanal des Neugeborenen auch im Harn nur selten gefunden worden. Nur v. Reuß berichtet, daß er schon einige Male Gelegenheit hatte, „gegen Ende der ersten Lebenswoche gleichzeitig mit dem Auftreten reduzierter Farbstoffe im Stuhl eine deutliche Urobilinurie zu beobachten".

Von **selteneren Farbstoffen** sei vor allem das Alkapton (Dioxyphenylessigsäure oder Homogentisinsäure) erwähnt. Alkaptonhaltiger Harn schwärzt sich an der Luft beim Stehen. Die durchnäßten Windeln bekommen schwarze Flecken (Mörner). Da das Alkapton nichts anderes ist als eine Abbaustufe aus Aminosäuren des Eiweißmoleküls, ist die Alkaptonurie Ausdruck einer Stoffwechselanomalie, die übrigens angeboren zu sein pflegt (Garrod, Erich Meyer). Größere praktische Bedeutung kommt ihr, soviel ich weiß, beim Neugeborenen nicht zu.

Auch ausgelaugter Blutfarbstoff verleiht dem Harn Neugeborener manchmal eine ganz tintenschwarze Färbung (A. Epstein 1876). Die Diazoreaktion ist im Harn gesunder Neugeborener stets negativ (Umikoff u. a.).

Sehr merkwürdig ist das Vorkommen von Indikan (Indoxylschwefelsäure) im Harn Neugeborener. Bereits 1877 hatte Cruse mitgeteilt, daß er gelegentlich im Harn des zweiten Lebenstages deutliche Indikanreaktion, eine schwächere einige Male auch im Harn späterer Lebenstage erhalten habe. Neuerlich wurde die Aufmerksamkeit auf diese Frage hingelenkt durch eine Mitteilung von Momidlowski (1893), der unter 7 Fällen bereits einige Stunden post partum einmal eine starke, einmal eine schwache Indikanreaktion erhielt, ebenso auch bei gesunden Brustkindern zwischen dem 10. und 12. Lebenstage mehrmals eine intensive, in den nächsten Tagen wieder ganz oder nahezu verschwindende Indikanreaktion fand. Leo (1916) dagegen konnte in den ersten 8 Lebenstagen bei natürlich ernährten Kindern niemals Indikan nachweisen, während er in späteren Lebenswochen und -Monaten auch bei gesunden Brustkindern Harnindikan nicht ganz selten fand. Passini wieder (1911) fand auch am ersten und zweiten Lebenstage Indikan im Harn mancher Neugeborener, die bis dahin nur etwas ungezuckerten Tee als Nahrung erhalten hatten.

Diese in Einzelheiten zwar stark sich widersprechenden Angaben waren deshalb von einiger Wichtigkeit, weil im Harn älterer gesunder Brustkinder nach übereinstimmenden Angaben von Hochsinger, Concetti, Senator, Soldin, Steffen und Zamfiresco Indikan ganz gewöhnlich fehlt, dagegen bei Überfütterung oder sonstigen geringen Verdauungsstörungen häufig (wenn auch nicht regelmäßig — Momidlowski) auftritt. So konnte man eventuell hoffen, bei systematischer Nachforschung vielleicht manchen Aufschluß für die Wertung leichter Verdauungsstörungen beim Neugeborenen zu gewinnen. Eine solche systematische Untersuchung stand aber bis vor kurzem aus. Erst v. Reuß hat sich dieser Mühe an dem Material der Schautaschen Klinik unterzogen. Er fand nun „auffallenderweise", wie er selbst sagt, im Harn Neugeborener in den ersten 8 Tagen „recht häufig" Harnindikan, und zwar manchmal in beträchtlicher Menge. Noch auffallender und verwirrender als diese Tatsache sind aber die Begleitumstände. „Man findet es bei sehr gutem Gedeihen und bei mangelhafter Gewichtszunahme, bei reichlicher und knapper Nahrungsaufnahme, bei häufigen Stuhlentleerungen und bei Neigung zu Obstipation. Die Indikanurie fehlt in der Regel am 1. Tage, ist am 2. Tage selten, und findet sich am häufigsten und intensivsten am 3. und 4. Tage", aber auch später nicht allzu selten. Damit klären sich die in den Angaben der oben genannten Autoren hervortretenden Differenzen auf. Die Indikanurie der

Neugeborenen ist jedenfalls eine häufige und wegen der Regellosigkeit ihres Auftretens klinisch nicht zu verwertende Erscheinung. Darüber hinaus hat die Frage noch ein wissenschaftliches Interesse. Darf man die Indikanurie als ein Zeichen von Darmfäulnis auffassen, während man doch bisher allgemein annahm, daß im Darm gesunder Neugeborener Fäulnis- wie Reduktionsprozesse außerordentlich selten seien? Wir haben schon oben gesehen, daß — wenn auch nur ausnahmsweise — gelegentlich reduzierter Gallenfarbstoff im Stuhl und Harn auftritt. Vielleicht ist doch das Vorkommen von Fäulnisprozessen im Darm selbst gesunder Neugeborener bei natürlicher Ernährung nicht so ohne weiteres abzulehnen. Denn Passini hat nachgewiesen, daß das Mekonium fäulniserregende Bakterien enthält. Auch die Tatsache, daß Dementjeff bei Verabreichung von Eiweißwasser an Neugeborene unter 7 Fällen 3 mal Indikanurie auftreten sah, würde in diesem Sinne sprechen und schließlich die bereits oben erwähnte Indikanurie bei hungernden Neugeborenen, also in Fällen, in denen die Mekoniumausscheidung leicht verzögert wird. Mit anderen Worten: Indikan würde am häufigsten und intensivsten zu erwarten sein, wenn das Mekonium länger im Darm verweilt (was bei spät an die Brust gelegten Kindern häufiger der Fall ist als bei bald angelegten), wenn also den Fäulnisbakterien des Mekonium Gelegenheit zur Wirkung gegeben ist. Wie das Kind später sich verhält, ist dann ziemlich gleichgültig. Bei Nachuntersuchungen fanden wir (Stephan) Indikan ganz außergewöhnlich selten, was ich mir damit erkläre, daß bei unserem Regime — Anlegen der Kinder wenige Stunden post partum und reichliche Ernährung von Anfang an durch intensiven Gebrauch der Milchpumpe — der Mekoniumabgang gewöhnlich sehr rasch erfolgt, so daß zur Entwicklung von Fäulnisprozessen gar keine Zeit bleibt. Daß die rein kolostrale Ernährung auf die Entleerung des Mekoniums fördernd wirkt, ist ja bekannt, ebenso daß bei reichlicher Ernährung der Übergang von der Mekonium- zur Milchflora im Darm früher erfolgt, womit wahrscheinlich den Fäulnisprozessen der Weg abgeschnitten wird. Ich möchte also durchaus glauben, daß die Indikanurie als ein Beweis dafür angesehen werden darf, daß eben Fäulnisprozesse im Darm auch gesunder Neugeborener in der ersten Zeit häufiger vorkommen, als bisher angenommen wurde. Freilich darf man nicht etwa die Intensität der Indikanreaktion als Maß der Darmfäulnis auffassen. Dazu ist die Reaktion zu unzuverlässig (Mayerhofer u. a.), da mittelst derselben nur die Indoxylschwefelsäure und Indoxylglukuronsäure bestimmt werden, dagegen die übrigen Ätherschwefelsäuren (Phenyl-, Skatoxyl- und Kresylschwefelsäure) sowie die entsprechenden gepaarten Glykuronsäuren unberücksichtigt bleiben. Das braucht uns aber für diese spezielle Fragestellung nicht zu stören, zumal die Verhältnisse bei älteren Brustkindern nicht mit den ersten Lebenstagen (Mekoniumzeit) in Vergleich zu setzen sind. Übrigens haben wir noch andere Beweise, daß beim Neugeborenen gelegentlich schon vor der ersten Nahrungsaufnahme Darmfäulnis vorkommt. Mayerhofer fand nämlich vermittelst der Goldschmidtschen Reaktion zuweilen in den Harnen Neugeborener, manchmal sogar schon am ersten Lebenstage und vor jeder Nahrungsaufnahme, eine sehr starke Glykuronsäurereaktion, welche deshalb so wichtig ist, weil sie bereits das allererste Stadium der Darmfäulnis anzeigt. Wenigstens hat bisher noch niemand bezweifelt, daß Glukuronsäureausscheidung allein mit Darmfäulnis in Zusammenhang zu bringen sei.

Ich glaube, wir haben danach keinen triftigen Grund, die Indikanurie nicht als Zeichen von Darmfäulnis, sondern etwa als Ausdruck eines Gewebszerfalls aufzufassen, was noch die weitere, bisher ungenügend gestützte Annahme notwendig machte, daß das Harnindikan auch eine parenterale Genese haben könne.

Eher scheint mir eine parenterale Genese erwiesen für die im Harn vorkommenden Phenole (Phenol, Parakresol, Brenzkatechin), die hauptsächlich als Ätherschwefelsäuren ausgeschieden werden (Buliginsky, Hoppe-Seyler), wenngleich der Hauptteil derselben auch hier auf Eiweißfäulnis im Darm zu beziehen sein dürfte. Im Harn des Neugeborenen fand man keine oder nur wenig Phenole (Senator u. a.); doch liegen systematische neuere Untersuchungen darüber nicht vor. Für den älteren Säugling ist aber das regelmäßige Vorkommen derselben im Harn durch die quantitativen Untersuchungen von L. F. Meyer erwiesen (4,19 mg beim Brustkind, 13,28 mg beim unnatürlich ernährten Säugling als Mittelwert in der 24stündigen Harnmenge). Ähnliche Werte fand auch Soldin.

Ebensowenig besitzen wir heute schon Kenntnis über den Gehalt des Neugeborenen an flüchtigen Fettsäuren. Beim älteren Brustkind ist der Gehalt an solchen jedenfalls gering (Soldin), beim künstlich genährten etwa sechsmal so groß. Der Harn von Brustkindern ist also als säurearm, der von unnatürlich Ernährten als säurereich zu charakterisieren. Ich erwähne diese Tatsache hier, weil nach Czerny die flüchtigen Säuren die Erreger der akuten Verdauungsstörungen sind und danach eine Untersuchung dieser Verhältnisse am Neugeborenen wohl von Interesse wäre.

Bezüglich der sehr wichtigen Verhältnisse in bezug auf Aminosäuren, Harnstoff, Harnsäuren, Kreatinin usw. sei auf das Kapitel Stoffwechsel verwiesen. Ebenso werden dort die anorganischen Bestandteile, wie Ammoniak, Nitrate und die verschiedenen Aschebestandteile noch eine ausführlichere Besprechung erfahren, da ihre Ausscheidung zu verfolgen nur unter gleichzeitiger Berücksichtigung der Einfuhr Wert hat. Die Ausscheidung von Fermenten im Harn ist unabhängig von der starken oder schwachen Produktion derselben, dem Fermentgehalt des Blutes und dem Zustande der Nieren wie auch des Magendarmkanales. In neuerer Zeit sind darüber manche wertvolle Arbeiten erschienen, doch berücksichtigen dieselben nur zum Teil den Harn des Neugeborenen. So fand Pechstein, daß die Kinder vom Tage der Geburt an Pepsin und Lab im Harn ausscheiden. Der Fermentgehalt ist allerdings in den ersten Tagen gering, später bei künstlich ernährten Kindern höher als bei Brustkindern. Auch Trypsin scheint bereits im Harn Neugeborener vorzukommen (Benfey). Über kohlehydratspaltende Fermente findet sich bei Steinitz die Angabe, daß er, wenn auch nicht konstant, schon im Harn „ganzer junger Kinder" Maltase und Diastase gefunden habe, welch letztere nach Ernst Mayers neueren Untersuchungen auch beim Neugeborenen nur selten fehlt. Hinsichtlich der fettspaltenden Fermente habe ich keine speziell den Neugeborenen berücksichtigende Angaben finden können.

Für die weitere Forschung käme noch manches in Betracht, das hier unerwähnt bleiben muß, da die einschlägigen Untersuchungen alle ältere Säuglinge betrafen, deren Verhältnisse nicht ohne weiteres auf den Neugeborenen zu übertragen sind. Ich verweise vor allem auf die verdienstvollen Untersuchungen von E. Mayerhofer, die er vor kurzem zusammenfassend dargestellt hat.

Das Sediment des Neugeborenenharns enthält fast immer, namentlich in den ersten Lebenstagen, Epithelien der unteren Harnwege, vielleicht auch der Niere, Leukozyten in geringer Menge, sowie auch vereinzelte Erythrozyten und Blutschatten. Während der Infarktperiode kommen dazu die reicheren Niederschläge von Harnsäurekristallen, amorphen Uraten, Kalziumoxalat usw., während bei starkem Ikterus goldgelbe Körner und Schollen von Gallenfarbstoff auftreten (v. Reuß). Seltener sind hyaline oder Harnsäurezylinder. Eine pathologische Bedeutung haben alle diese Zylinder nicht, sondern sind mit der Albuminurie in eine Linie zu stellen.

Schließlich sei noch kurz erwähnt, daß die Harngiftigkeit beim Neugeborenen erheblich größer ist als beim älteren Säugling und Erwachsenen (Kotscharowski, Gein, Ferroni); besonders der Harn des 2.—4. Lebenstages soll stärker toxisch wirken [1]. Woher die fraglichen Giftstoffe kommen, ist unbekannt. Doch ist an ihrer Herkunft aus fetalen Restbeständen wohl kaum zu zweifeln. Man muß natürlich bei diesen Versuchen von der hämolytischen Wirkung, die der geringeren molekularen Konzentration im Vergleich zum Blut des Versuchstieres entspricht, absehen (Ferroni). Der erstgelassene Harn Neugeborener löst rote Blutkörperchen fast sofort auf (Sabrazés und Fouquet).

Anhangsweise möchten wir noch auf einen leicht feststellbaren Unterschied zwischen dem Harn von Brustkindern und von künstlich Ernährten hinweisen: man setzt zu 5 ccm Harn, ohne ihn anzusäuern 15—20 Tropfen $2^0/_0$iger $AgNO_3$-Lösung und läßt ihn 10 Minuten ruhig stehen; tritt eine Schwarzfärbung des Niederschlags ein, so handelt es sich sicher um den Harn eines Brustkindes, bleibt der Niederschlag weiß oder nur schwach gefärbt, so stammt der Harn sicher nicht von einem Brustkinde (Engel-Turnausche Reaktion).

IV. Verdauungsapparat.

Von einer vollständigen Kenntnis der Anatomie und Physiologie des Verdauungsapparates beim Neugeborenen sind wir noch weit entfernt. Jede Darstellung derselben muß deshalb lückenhaft bleiben. Immerhin sind in den letzten 30 Jahren wenigstens bestimmte Grundprobleme der Physiologie des Verdauungsapparates geklärt oder einer Klärung nähergeführt worden. Freilich beziehen sich die meisten Untersuchungen nicht auf den Neugeborenen, und eine Übertragung der an Säuglingen gewonnenen Ergebnisse auf den ersteren ist nicht ohne weiteres angängig. Unsere Aufgabe wird es sein, die bisher vorliegenden Erkenntnisse, die zum Teil weit zerstreut sind, zu sammeln und zu ordnen.

1. Mundhöhle und Rachen.

Weitaus das hervorstechendste Unterscheidungsmerkmal der Mundhöhle des Neugeborenen (und jungen Säuglings) gegenüber dem älteren Kinde ist das Fehlen der Zähne und die damit in unmittelbarem Zusammenhange stehende geringe Entwicklung der Alveolarfortsätze beider Kiefer. Schon ein Blick auf das Skelett (vgl. Abb. 13) zeigt, daß dadurch der für die Bildung einer Mundhöhle zur Verfügung stehende Raum sehr eingeengt ist. Kommt noch die Weichteilbekleidung hinzu, so fällt auf, daß die Gaumenwölbung gleich wie die Rachenwölbung kaum angedeutet ist, während von unten her der Raum durch die vergleichsweise sehr kräftig entwickelte Zunge so vollständig

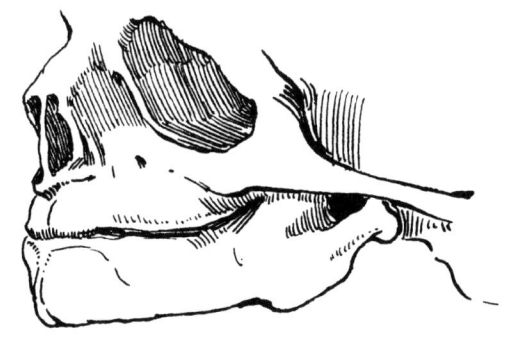

Abb. 13.
Kieferskelett des Neugeborenen.

beansprucht wird, daß im Ruhezustand eine freie Mundhöhle überhaupt nicht vorhanden ist. An der Zunge ist besonders die Wurzel kräftig entwickelt, der frei bewegliche Zungenteil sehr kurz, zumal der Ansatzpunkt des Frenulum linguae nahe der Zungenspitze liegt. Diese Eigentümlichkeiten erleichtern den Saugakt, indem sie leichte Herstellung eines Saugraumes ermöglichen (vgl. S. 54); ja auch alle übrigen im Bereich der Mundhöhle liegenden

[1] Über ältere Arbeiten zu dieser Frage (Favelier, Charrin, Banal, Macrycostas u. a.) vgl. man Czerny-Keller, 1. Aufl., I, S. 200.

Gebilde scheinen geradezu auf diese spezielle Funktion hin differenziert. Daher
ist z. B. die vergleichsweise schon in den ersten Lebenstagen große Kraft der
Mm. masseteres zu rechnen, von der man sich am besten überzeugt, wenn man
dem widerstrebenden Kinde gewaltsam die Kiefer auseinander bringen will.

In eben diesem Sinne zu deuten ist das viel umstrittene, 1801 von Bichat
entdeckte „Fettpolster der Wange" des Neugeborenen, Corpusculum
adiposum nach v. Ranke. Es handelt sich dabei um einen etwa kirsch-
großen, bald mehr flachen, bald mehr kugeligen, übrigens auch in seiner Größe
schwankenden Fettkörper, der an der Grenze zwischen M. buccinator und

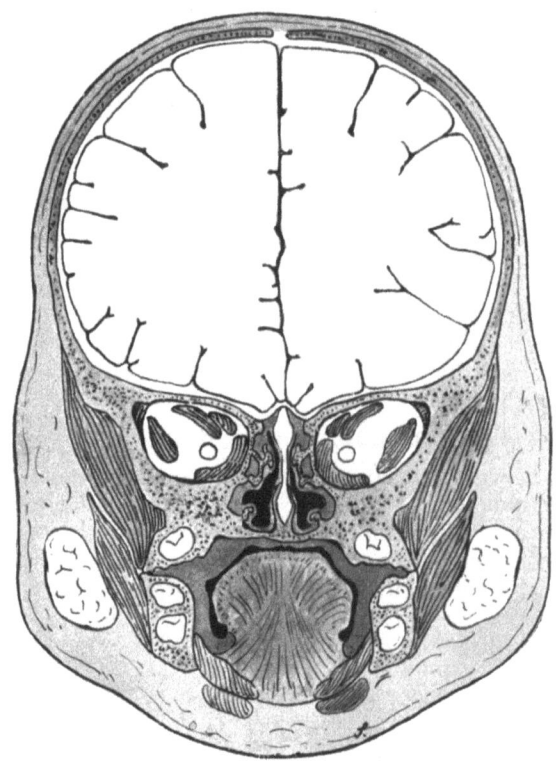

Abb. 14.
Frontalschnitt durch den Schädel eines Neugeborenen (leicht schematisiert) zur Darstellung
des Wangenfettpolsters.

masseter auf ersterem unter der Fascia masseterica und parotidea liegt (Abb. 14)
und wohl zur Versteifung der Wange im Bereich dieser relativ weniger
widerstandsfähigen Stelle dient. Ohne solche Versteifung bestünde hier die
Gefahr, daß beim Saugen die Wangen gegen die Wundhöhle sich einbuchteten,
womit die Herstellung eines „Saugraumes" beeinträchtigt würde. Trotzdem
von Auerbach (1888) und neuerlich von Forster (1904) eine Bedeutung
dieses Fettpolsters für den Saugakt geleugnet wurde, dürfte diese bereits 1853
von Genève ausgesprochene Vermutung doch richtig sein. Eine krankhafte
Bedeutung des Fettkörperchens darf abgelehnt werden. Jedenfalls ist es auffallend, daß dieser Fettkörper im weiteren Verlauf der Kindheit, jenseits der
Säuglingsperiode, nicht weiter wächst, und daß er merkwürdigerweise auch bei
schweren Inanitionszuständen, die bereits mit allgemeinem Fettschwund einher-

gehen, noch unverändert erhalten bleibt. Darauf hat schon Ranke mit Recht hingewiesen. Es wäre doch sehr auffallend, wenn ein physiologisch ganz gleichgültiges Fettdepot gerade hier in der Wange nicht angegriffen wurde. Diese höhere Widerstandsfähigkeit kommt auch in der chemischen Zusammensetzung zum Ausdruck, da nach Lehndorff der Wangenfettpropf sich von dem subkutanen Fett durch geringeren Gehalt an Ölsäure und Reichtum an schwer schmelzbaren und darum schwerer angreifbaren Fettsäuren (Palmitin- und Stearinsäure) unterscheidet. Verfasser hat sich selbst von der schwereren Schmelzbarkeit des Wangenfettpolsters überzeugen können.

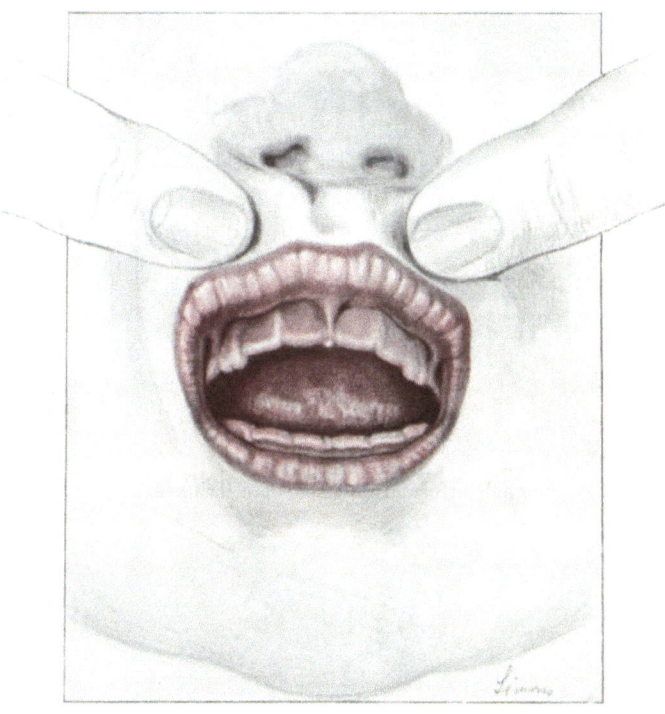

Abb. 15.
Deutlich ausgebildete Robin-Magitotsche Falte, unmittelbar nach dem Trinken
gezeichnet.

Es gibt aber noch andere anatomische Eigentümlichkeiten, die offenbar eine Erleichterung des Saugaktes bewirken.

Daher gehört die starke Ausbildung des M. orbicularis oris; ferner die Membrana gingivalis (Robin-Magitotsche Falte)[1], eine kammartig vorspringende Schleimhautdulpikatur auf dem freien Kieferrand, die besonders in der Gegend der Eckzahnkeime, wo sie aufhört, am deutlichsten vorspringt (Abb. 15). Sie ist etwa 1 mm hoch und erektil, wobei sie bis zu 2 mm und mehr sich erhebt, daher am deutlichsten während des Saugens, wenn man das Kind plötzlich von der Brust nimmt, zu sehen. Sie dient offenbar zur Abdichtung des Kiefers beim Saugen, wie auch aus ihrer späteren Rückbildung hervorgeht. Eine ähnliche Bedeutung schreibt v. Pfaundler der sogenannten Lippenpolsterformation (Luschka) zu, einem gegen das vordere Lippenrot deutlich

---

[1] Robin et Magitot, Gaz. méd. de Paris 1860, S. 251.

4*

abgesetzten Längswulst, der durch radiäre Furchen in symmetrische, lateralwärts schmäler werdende, flache Polster abgeteilt wird (Abb. 16). Über diesen Polstern sieht die Schleimhaut blasser, oft grauweißlich getrübt, wie mazeriert

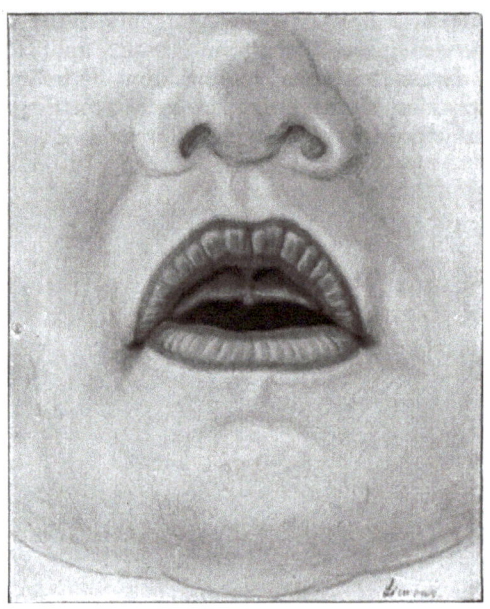

Abb. 16.
Saugpolsterformation nach dem Trinken.

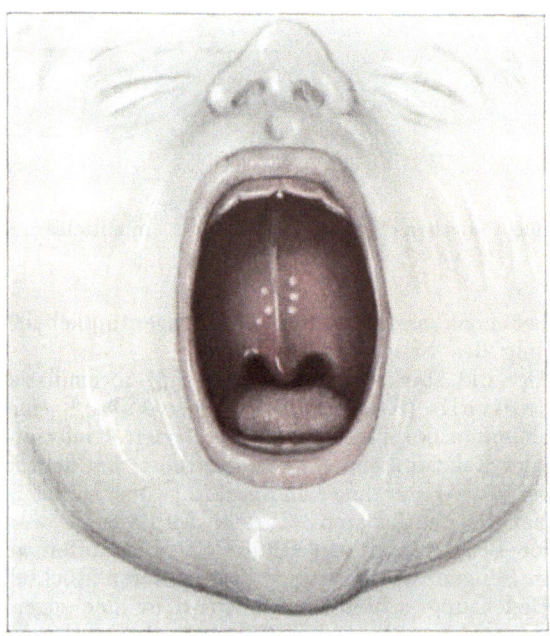

Abb. 17.
Bohnsche Knötchen.

aus. Nach v. Pfaundler ist dieses Gebilde in der pädiatrischen Literatur fast unbekannt. Verfasser kann die Beschreibung v. Pfaundlers vollständig bestätigen und hinzufügen, daß auch diese Polster nach der Sauganstrengung am deutlichsten zu sehen sind, in ihrer Ausbildung jedoch individuell stark schwanken. Die genannte Längsleiste möchte Verfasser übrigens nicht als eine besondere Formation auffassen, sondern nur als Zeichen eines unvollständigen Abschlusses der Lippenentwicklung, das deshalb auch bei Frühgeborenen gewöhnlich viel deutlicher zu sehen ist.

Ohne Beziehung zum Saugakt sind zu erwähnen die nach ihrem Entdecker genannten Bohnschen Knötchen, flache, hirsekorn- bis stecknadelkopfgroße Knötchen, von weißlicher oder mehr gelblicher Farbe, die gewöhnlich in der Mehrzahl an der Raphe palati und zu beiden Seiten derselben sich finden und nur wenig über das Niveau der Schleimhaut vorspringen (Abb. 17). Es handelt sich um kleine, mit Pflasterepithel gefüllte Retentionszysten der Schleimdrüsen, die fast bei allen Kindern gefunden werden und demgemäß keine pathologische Bedeutung beanspruchen können.

Der Saugakt

ist offenbar eines der phylogenetisch ältesten reflektorischen Phänomene, das auch bei anenkephalen Mißbildungen (wie enthirnten Tieren) leicht ausgelöst werden kann, wenn man etwa einen Finger an die Lippen des Kindes bringt. Übrigens ist der Saugreflex auch durch Berührung der Zunge oder Mundhöhlenschleimhaut auslösbar[1]. Dieser normale Ablauf ist abhängig von einem übergeordneten Saugzentrum, welches bilateral in der Medulla oblongata in der Nähe des Atemzentrums an der Innenseite des Corpus restiforme und des Bindearms sich findet (Basch). Die afferenten Bahnen gehen in den sensiblen Fasern des Nervus trigeminus, die motorischen zentrifugalen Bahnen sind in den die Kaumuskeln, Lippen-, Zungen- und Zungenbeinmuskeln[2] versorgenden Fasern des Nervus trigeminus, facialis und hypoglossus

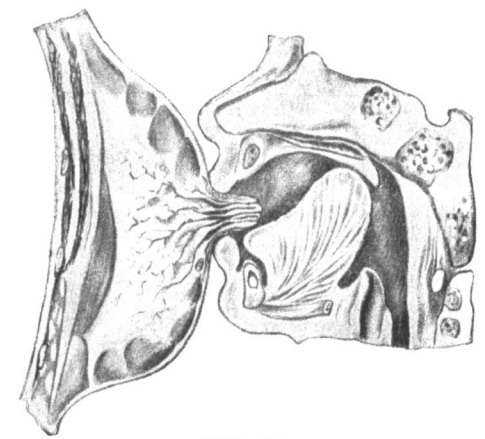

Abb. 18.
Saugakt (I. Aspiration).

zu suchen. Alle genannten Muskeln geraten beim Saugakt in Tätigkeit. Der ganze Saugmechanismus steht in inniger Beziehung zum Aufbau und zur Entleerungsmöglichkeit des Milchapparates der Mutter; davon wird später noch die Rede sein. Hier sei zunächst nur die Bewegung des Kindes beim Saugakt geschildert, um deren Erforschung sich Auerbach, Basch, Cramer, Escherich, v. Pfaundler, Vierordt u. a., neustens Barth verdient gemacht haben. Der Saugakt spielt sich in folgender Weise ab:

Zunächst umfassen die Lippen des Kindes die Brustwarze und einen Teil des Warzenhofes, wobei die oben genannten Abdichtungseinrichtungen bis

---

[1] Cf. weitere Angaben in dem Kapitel Sinnesorgane.
[2] Die in Betracht kommenden Muskeln sind: Mm. orbicularis oris, mylohyoideus, myo-, genioglossus, geniohyoideus, sternohyoideus, thyreohyoideus, omohyoideus — also der ganze Muskelapparat, der vom Brustbein und Schlüsselbein wie Zungenbein sich zur Zunge erstreckt.

zur Herstellung eines luftdichten Verschlusses in Tätigkeit treten. Rein äußerlich beobachtet man dann ein rhythmisches Einziehen der Warze in den Mund des Kindes, eine Abwärtsbewegung und Wiederaufsteigen des Unterkiefers (Zusammendrücken der Kiefer), wobei die Muskeln des Mundbodens sich anspannen, die Wange sich etwas abflacht und der Kehlkopf tiefer tritt, um bei jeder Schluckbewegung sich zu heben (Abb. 20).

Die wesentlichen inneren Veränderungen, welche diesen äußerlich leicht wahrnehmbaren Bewegungen entsprechen, sind folgende:

Sobald Lippen, Kiefer und Zunge des Kindes die Brustwarze luftdicht umfaßt haben, wobei die oben bereits genannten Hilfseinrichtungen in Tätigkeit treten, wird in der auf diese Weise verschlossenen Mundhöhle eine Luftverdünnung erzeugt[1]. Dazu muß natürlich der nach hinten durch das Gaumensegel und den fleischigen Zungenrücken abgeschlossene Raum der Mundhöhle vergrößert werden. Das geschieht einmal durch Senken des Unterkiefers (Auerbach, Vierordt u. a.), weiter aber dadurch, daß die Zunge sich schlüsselförmig oder mehr rinnenförmig einwölbt, wodurch der bis dahin dem harten Gaumen anliegende Zungenrücken von diesem abgehoben wird. Mit anderen Worten, es entsteht überhaupt jetzt erst eine eigentliche Mundhöhle. Die Zungenspitze bleibt annähernd an ihrem Platze (Basch) oder macht höchstens, rinnenförmig gelegt, eine kleine Vorwärtsbewegung (v. Pfaundler), wodurch die Warze von unten noch fester umfaßt wird (Abb. 18, Basch). Der Zweck der Luftverdünnung ist damit erreicht. Dieser erste Akt der Saugbewegung dient also der Aspiration der Milch.

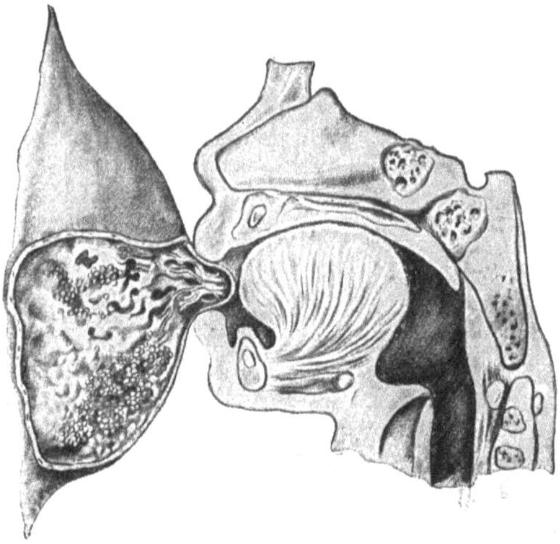

Im zweiten Akt werden nun durch Kompression der Kiefer die gefüllten äußeren Milchgänge entleert. Die Kiefer des Kindes klappen zusammen, die Zunge wölbt sich wieder etwas nach oben, das Gaumensegel hebt sich —

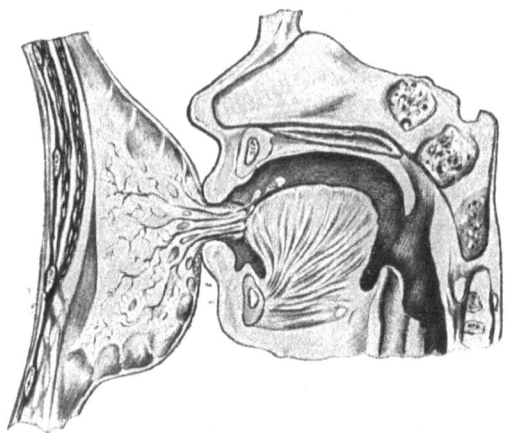

Abb. 19.
Saugakt (II. Kompression).

Abb. 20.
Schluckakt.

---

[1] Dadurch, daß im Ruhezustande bei geschlossenen Kiefern eine Mundhöhle gar nicht existiert, wird die Herstellung eines Vakuums trotz der relativ geringen Volumänderung erleichtert (cf. oben S. 49).

der Druck in der Mundhöhle steigt und durch den Kieferschluß aus den äußeren Milchgängen ausgepreßte Milch fließt in die Mundhöhle (Abb. 19). Damit ist der Saugakt vollendet.

Die dabei geleistete Arbeit ist eine ganz beträchtliche. Sie schützt einmal infolge der dadurch erzeugten Ermüdung das Kind vor Überfütterung selbst an einer reichlich spendenden Brust, sie schützt aber allein als natürlich gegebene Form der Ernährung auch den Magen vor Schädigungen, weil bei dieser kräftigen Saugarbeit schon reflektorisch die Sekretion von Magensaft angeregt wird (Pfaundler) und deshalb schon während des Trinkens ein Teil der Milch wieder den Magen verläßt (Feer u. a.). Bei Flaschenkindern führt die Leichtigkeit des Milchzuflusses — namentlich wenn der Sauger weite Öffnungen hat — leicht zur Überfütterung und zur Schädigung der Magenfunktion, weil diese reflektorische Anregung der Magensekretion ganz oder zum Teil fehlt.

Verschiedene Autoren (neben den bereits genannten Herz, Cramer, Litinski, Barth) haben übrigens die Saugarbeit gemessen; ich führe wegen der Exaktheit der Untersuchungsmethodik die Angaben von v. Pfaundler an. Danach betragen die Druckschwankungen während der einzelnen Saugzüge 4—16 cm H_2O — je nach Alter, Kräftezustand und augenblicklichem Hunger des Kindes; der durch Summation der Wirkung mehrerer Saugzüge erreichte Maximalsaugdruck beträgt 10—30 cm H_2O, bei sehr kräftigen Neugeborenen auch mehr, bei älteren Säuglingen sogar 70—80 cm, welche Werte Cramer schon für den Neugeborenen angegeben hat. Noch höhere Werte fand neuestens Barth.

Diese Druckhöhe wird natürlich nicht während der ganzen Mahlzeit festgehalten, sondern gilt hauptsächlich für die ersten 5 Minuten; dann läßt sie nach oder zeigt wenigstens vorübergehende Schwankungen. In dieser Hinsicht sind Alter, Ermüdbarkeit und Hunger des Kindes zu berücksichtigen. Besonders wichtig scheint nach neueren Untersuchungen von Barth die Individualität der einzelnen Brüste zu sein. Danach würde für einen erfolgreichen Ablauf des Saugaktes in erster Linie notwendig sein, daß das Kind einen ausreichend hohen sog. ,,Prädilektionsdruck'' erreicht, d. h. die für die Entleerung der betreffenden Brust notwendige Druckhöhe, und innerhalb bestimmter Grenzen festzuhalten vermag. An einer und derselben Brust, bei ein und demselben Kinde ist die bei der Saugarbeit erreichte Druckhöhe von einer auffallenden Konstanz. Die genannten Werte gelten nur für die Ernährung an der Brust, beim Trinken aus der Flasche werden die hohen Werte gewöhnlich überhaupt nicht erreicht.

Wie schon oben angedeutet, findet der Milchübertritt aus der Brust in die kindliche Mundhöhle hauptsächlich während der zweiten Phase des Saugaktes durch die Kompression der Milchsinus statt. Das Kind ,,saugt'' gewissermaßen nur in die äußeren Milchgänge und ,,drückt'' sie dann aus. Das schließt natürlich nicht aus, daß namentlich im Beginn der Mahlzeit bei strotzend gefüllter, wie überhaupt bei sehr leicht gebender Brust auch schon während der ersten Phase etwas Milch in den Mund kommt. Jedenfalls aber würde meiner Erfahrung nach ein bloßer Saugakt zu völliger Entleerung der Brust niemals genügen, wie ich gegenüber Barth betonen möchte. Wir werden darüber noch später (S. 296) einiges zu sprechen haben.

Das Schlucken.

Sobald ein gewisses Quantum Milch in der Mundhöhle sich angesammelt hat, erfolgt das Schlucken. Die Epiglottis verschließt den Eingang in den Larynx, das Gaumensegel hebt sich und schließt die Mundhöhle gegen den Nasen-Rachenraum ab, der Kehlkopf steigt in die Höhe (Abb. 20).

Bezüglich des Schluckens sind einige Unterschiede zu beachten. Während in den ersten Minuten nach dem Anlegen fast jeder Saugbewegung eine Schluckbewegung folgt, offenbar weil die Milchentleerung eine sehr viel reichere ist, beobachtet man nach 2—3 Minuten, daß die Schluckbewegungen seltener werden, und erst nach 3—4, gelegentlich viel mehr Saugbewegungen der Schluckakt erfolgt. Auch hier sind bedeutende individuelle Unterschiede zu beobachten, die einmal von der Saugkraft des Kindes, von seiner Appetenz, weiter aber auch von der Ergiebigkeit der Brust abhängen. Legt man etwa ein Neugeborenes der ersten Tage, das bei der eigenen Mutter nur 20—30 g Kolostrum in 15 Minuten bekommt und in der angegebenen Weise selten Schluckbewegungen ausführt, plötzlich oder bei einer folgenden Mahlzeit an eine reichlich sezernierende und leichtgiebige Ammenbrust, dann beobachtet man sofort, daß nun die Schluckbewegungen fast jedem Saugakt folgen. Ebenso pflegen Flaschenkinder im Durchschnitt häufiger zu schlucken, besonders wenn die Öffnung des Saugers eine relativ große ist.

Es ist übrigens wichtig, zu wissen, daß der Neugeborene mit der Milch regelmäßig auch eine gewisse Menge Luft schluckt (physiologische Aërophagie der Neugeborenen). Wie es scheint, ist in erster Linie die flüssige Beschaffenheit der Nahrung im Zusammenhang mit der beim Trinken eingenommenen Rückenlage (Usener) für dieses Luftschlucken verantwortlich zu machen. Denn infolge dieser beiden Umstände gelangen manchmal schon vorzeitig einige Tröpfchen Milch an die den Schluckreflex auslösenden Stellen hinter dem Gaumen. Der ausgelöste Schluckreflex kann aber im wesentlichen nur Luft in den Magen befördern, mit der die Milchtröpfchen mitgerissen werden. v. Pfaundler spricht deshalb von einer Reflextäuschung. Je gieriger die Kinder trinken, namentlich wenn die Brust schon leer ist, desto mehr Luft wird verschluckt. Ganz besonders gilt das natürlich für Flaschenkinder, die mit den letzten Portionen Milch oder gar durch weiteres Saugen an der leeren Flasche recht viel Luft verschlucken. Man kann sich von der Tatsache des Luftschluckens leicht überzeugen: richtet man nach dem Trinken die Kinder auf, so folgt ganz gewöhnlich ein einmaliges oder wiederholtes Aufstoßen durch das Entweichen der Luft aus dem Magen. Übrigens ist durch Flesch und Péteri die Entstehung und allmähliche Vergrößerung einer Luftblase im Magen während des Trinkens direkt vor dem Röntgenschirm nachgewiesen worden. Bei reichlich trinkenden Kindern tut man gut, durch vorsichtiges Aufrichten nach dem Trinken die Entfernung der geschluckten Luft zu erleichtern, da anderenfalls durch spontanen Lagewechsel der Kinder oder bei brüskem Aufnehmen, die aus dem Magen entweichende Luft leicht ihrerseits Nahrung mitreißt.

Auf die pathologische Aërophagie haben wir hier nicht einzugehen.

Der Saug- und Schluckakt ist jedenfalls die wichtigste Funktion im Bereich des Munddarms des Neugeborenen. Jede Störung im normalen Ablauf dieser Reflexe bedeutet mindestens eine Erschwerung der Lebenshaltung, oft eine ernste Lebensgefahr für den Neugeborenen. Wir werden solche Störungen noch später besprechen.

Mundhöhlenflüssigkeit und Speicheldrüsen.

Gegenüber dieser mechanischen Aufgabe der Mundhöhle, als Aufnahmeorgan und Durchgangskanal für die Nahrung zu dienen, spielen bei der flüssigen Beschaffenheit der Nahrung, die außerdem rasch passiert, die Sekrete, welche in die Mundhöhle entleert werden, eine untergeordnete Rolle. Vielleicht die wichtigste Aufgabe der Mundhöhlenflüssigkeit ist wieder eine mechanische, nämlich die schonende Reinigung der zarten, leicht verwundbaren Mundhöhlenschleimhaut von anhaftenden Milchresten. Die aus den verschiedenen Sekreten der Speicheldrüsen gemischte Mundhöhlenflüssigkeit reagiert neutral, wenn sie vor der ersten Nahrungsaufnahme untersucht wird, seltener schwach alkalisch, wie Bley[1] als Regel angibt. Auch Pollak[2] und Korowin[3] geben die normale Reaktion als neutral oder schwach alkalisch an. Saure Reaktion, wie sie Ritter von Rittershain, Jakobi, Contaret fanden, beruht nach diesen Autoren auf mangelhafter Reinigung der Mundhöhle und Retention sauer zersetzter Milchreste. v. Pfaundler dagegen meint, daß eine solche Säuerung auf Aufsteigen geringer Mageninhaltsmassen beruhe, da Milchsäure in der Mundhöhlenflüssigkeit nicht nachgewiesen werden konnte (Oshima). Stärkere Abweichungen, besonders also stark saure Reaktion, wie sie Jacobi, Vogel beim älteren Säugling angeben, sind jedenfalls nicht als normal anzusehen. Die neuesten Untersucher (Davidsohn und Hymanson) fanden die Reaktion des Speichels auffallend konstant zwischen $P_H = 7,8$ und $7,0$ ohne sichtliche Beziehung zu Nahrungsaufnahme und Alter des Säuglings.

Die Speicheldrüsen des Neugeborenen sind reich an Blutgefäßen und zartem Bindegewebe, die Drüsenbläschen sehr klein, ihre Zellelemente noch nicht völlig differenziert, was Gundobin als Zeichen ungenügender Entwicklung der Speicheldrüsen auffaßt.

Soweit aber bekannt, scheinen beim Neugeborenen alle drei Mundspeicheldrüsen bereits zu sezernieren, was ältere Autoren (Joerg, Burdach, Bohn) bestritten. Jedenfalls kann man bereits in der zweiten Lebenswoche häufig eine recht lebhafte Speichelabsonderung durch bloße Beobachtung feststellen. Das Auslösen von Saugbewegungen genügt, um auch die Speichelsekretion in Gang zu setzen. Cohnheim und Soetbeer nehmen mit vollem Recht an, daß die Speichelabsonderung ein angeborener Reflex ist. Die rasche Reinigung der Mundhöhle von anhaftenden Milchresten (in $^1/_2 - 1^1/_2$ Stunden) zeigt aber wohl an, daß auch außerhalb der Mahlzeiten Speichel abgesondert wird.

Daß Sekret in den Speicheldrüsen gebildet wird, bewiesen schon die histologischen Untersuchungen von Mensi; aber auch seine Absonderung ist einwandfrei erwiesen durch die Beobachtung diastatischer Wirkung der Mundhöhlenflüssigkeit (Politzer, Schiffer, Korowin, Schloßmann, Wolf u. a.). Die Diastase (Ptyalin) ist der hauptsächlich wirksame Bestandteil und entgegen einer früheren Angabe von Zweifel sowohl in der Parotis wie in der Submaxillaris nachgewiesen (Ibrahim). Eiweißspaltende Fermente fehlen, ebenso Maltase (Allaria) und Rhodankalium (v. Ritter, Pribram, Keller, A. Meyer). Die Mundhöhle ist gleichzeitig die wichtigste Eintrittspforte für die Darmbakterien, worauf besonders Escherich aufmerksam gemacht hat.

2. Speiseröhre.

Die Speiseröhre des Neugeborenen ist im Verhältnis zur gesamten Rumpflänge etwa doppelt so lang als beim Erwachsenen. Ihre Länge beträgt 11—16 cm (v. Pfaundler), wovon etwa $1^1/_2$ cm unterhalb des Zwerchfells liegen (Fleischmann[4]); nach Joessel, Mettenheimer beträgt die Gesamtlänge nur 10 cm. Sie kreuzt in Höhe des 9. Brustwirbels die Aorta, oberhalb der Einmündung in den Magen (11.—12. Brustwirbel — Mettenheimer) zeigt sie eine deutliche trichterförmige Erweiterung, die bereits kurz unterhalb der Mitte der ganzen Speiseröhrenlänge beginnt. Mettenheimer hebt demgegenüber eine ringförmige Einschnürung vor der Einmündung in die Kardia hervor. Ihr Durchmesser beträgt bei reifen kräftigen Neugeborenen 7—9 mm, bei Frühgeborenen gelegentlich noch

---

[1] Zit. nach Czerny - Keller, 2. Aufl., Bd. I, S. 551f.
[2] Wien. med. Wochenschr. 1868.
[3] Jahrb. f. K. VIII, 1875.
[4] Fleischmann, Klinik der Pädiatrik, Wien 1875.

weniger (wichtig bei Sondenernährung!). Die Entfernung vom vorderen Rande des Oberkiefers bis zur Kardia beträgt beim reifen Neugeborenen durchschnittlich 17 cm (Epstein, Joessel, Mettenheimer, Mouton). Mikroskopisch ist das fast völlige Fehlen der Schleimdrüsen des Ösophagus (Schkarin) hervorzuheben.

3. Magen.

Der Magen des Neugeborenen wie jungen Säuglings ist charakterisiert durch seine von der des Erwachsenen abweichende Form und Lage, seine geringe Kapazität und sekretorische Fähigkeit.

Lage. Die Kardia findet sich in Höhe der linken Seite des 10. Brustwirbels (Fleischmann), zuweilen auch tiefer (Cunningham u. a.). Der Pylorus liegt $2^1/_2$—3 cm tiefer in Höhe des ersten Lendenwirbels, annähernd in der Mittellinie, bedeckt vom unteren Leberrand. Er bildet bei leerem Magen den tiefsten Punkt desselben, bei Magenfüllung hebt er sich aber etwas und rückt gleichzeitig nach rechts. Der Fundus ist zwar beim Neugeborenen schon deutlich angelegt, tritt aber wegen seiner Flachheit in der ersten Zeit kaum als Blindsack in Erscheinung. Die Achse des Magens steht fast vertikal, nach den Mahlzeiten mehr schräg (Zuccarelli, Borie, Simmons, Tobler-Bogen, Alliot) oder fast horizontal (Levin und Burret, Trumpp, Major), wobei dann der mittlere Teil der großen Kurvatur den tiefsten Punkt bildet [1]. Weitere davon abweichende Angaben, die sich auf die Röntgenbilder älterer Säuglinge beziehen, können hier außer Betracht bleiben, sind zudem so völlig widersprechend, daß sie für uns unverwertbar sind.

Der Form nach kann man den Magen des Neugeborenen vielleicht am besten mit einem Pfeifenkopf, im gefüllten Zustande mit einem Dudelsack oder einer Retorte vergleichen. Wie R. Major in einer schönen Arbeit richtig hervorhebt, ist die Form des Magens wesentlich von der Lage abhängig, in der die Aufnahme erfolgt. Die starke Abflachung des Fundus, der größere Krümmungsradius der beiden Kurvaturen (von einer kleinen Kurvatur ist überhaupt noch kaum zu reden), zusammen mit der steilen Stellung der Achse unterscheiden ihn vom Magen des Erwachsenen. Charakteristisch für das Röntgenbild ist die Luftblase, die sofort mit Beginn der Nahrungsaufnahme erscheint und zunächst mehr Raum einnimmt als die aufgenommene Nahrung selbst [2]. Schon der Magen des Neugeborenen zeigt aber deutlich die Teilung in Fornix, Corpus und Pars pylorica, und eine wohl ausgebildete, von der Kardia bis in die proximalen Abschnitte des Corpus zu verfolgende Magenstraße (E. Vogt).

Über die Kapazität des Magens verdanken wir vor allem v. Pfaundler eingehende und soweit möglich exakte Untersuchungen [3], die unter Berücksichtigung des Füllungsdruckes und der verschiedenen Dehnbarkeit der Magenwand vorgenommen wurden. Danach ergaben sich bei 8 Kindern folgende Werte:

Alter	Leichenmagen-Kapazität bei einem Druck von H$_2$O		Bemerkungen
	0 ccm	30 ccm	
1 Tag	1,5 ccm 1,8 ,, 20,0 ,,	23 ccm 8 ,, 32 ,,	untermaßiges Kind.
1 Woche	8,0 ,, 9,0 ,, 60 ,,	76 ,, 60 ,, 125 ,,	untermaßiges Kind.
2 Wochen . . .	40 ,, 60 ,,	157 ,, 135 ,,	

[1] Auch Flesch und Péteri behaupten, daß die Achse des Magens meist vertikal steht, während in ihren Abbildungen dieselbe überwiegend schräg oder häufig sogar fast horizontal verläuft.

[2] Vgl. das oben über Aërophagie Gesagte.

[3] Über die Schwierigkeiten und die trotz aller Mühe recht großen Fehlerquellen solcher Untersuchungen vgl. die Originalarbeit von Pfaundler.

Alliot gibt als Durchschnitt für reife Neugeborene 35 ccm, E. Vogt 30 ccm an.

Die Vitalkapazität ist im allgemeinen vielleicht etwas geringer, weil der aktive Muskeltonus und die Bauchdeckenspannung einer starken Füllung entgegenwirken. Es handelt sich also immer nur um Annäherungswerte, zumal auch recht beträchtliche individuelle Unterschiede zu konstatieren sind. Andererseits darf man gerade aus den neueren Röntgenuntersuchungen [1] schließen, daß die Entfaltbarkeit des Magens beim Neugeborenen (und Säugling) eine außerordentlich große, freilich auch individuell sehr wechselnde ist. Im ganzen zeigt die Untersuchung aber eine ziemlich rasche Zunahme der Magenkapazität, welche im ersten Lebensmonat relativ am größten ausfällt, wohl entsprechend der raschen Steigerung der Nahrungsmenge. Übrigens geben die Zahlen nicht etwa Aufschluß über die zulässige Größe der Einzelmahlzeiten, weil bekanntlich schon während des Trinkens ein beträchtlicher Teil der aufgenommenen Nahrung in den Darm übertritt, was jetzt auch röntgenologisch erwiesen ist; das gilt hauptsächlich bei der natürlichen Ernährung, während bei künstlicher der Übertritt langsamer erfolgt.

Auch der feinere Bau der Magenwand des Neugeborenen zeigt manche Eigentümlichkeiten (Toldt, Marfan, Reyher, Baginski, Bloch, Fischl u. a.). Längs- und Querfalten der Schleimhaut sind deutlich zu sehen, aber noch schwach entwickelt (Gundobin). Im ganzen ist die zarte, blutreiche Schleimhaut besser entwickelt als die Muskelwand. Die Drüsen der Schleimhaut sind an Zahl geringer, kürzer als beim älteren Kinde, im Grunde vielfach zweigeteilt. Manchmal ist ein gemeinsamer Ausführungsgang für mehrere Drüsen vorhanden (Gundobin). Das Oberflächenepithel der Schleimhaut läßt reichlich Ersatzzellen erkennen, wogegen Becherzellen fast ganz fehlen (Fischl), Schleimdrüsen sind im kardialen Teil kaum, in der Umgebung des Pylorus reichlich vorhanden. In den Fundusdrüsen sind nach Gundobin und Bloch sowohl die Haupt- als Belegzellen zu unterscheiden, was Fischl (wohl nicht mit Recht) bestreitet. Im ganzen betrachtet ist aber die Entwicklung und Differenzierung der verschiedenen sekretorischen Elemente noch eine geringe und individuell schwankende (Marfan). Die Submukosa ist mäßig breit, sehr zellenreich, reichlich von Blut- und Lymphgefäßen durchzogen. Von den beiden Muskelschichten ist die longitudinale sehr schlecht entwickelt und fehlt namentlich an der großen Kurvatur fast vollständig.

Die funktionelle Entwicklung des Magens ist demnach offenbar keine sehr hohe (Fischl). Immerhin darf man sich nicht verleiten lassen, deshalb etwa eine Art Rückständigkeit des Magens anzunehmen und Störungen im Gedeihen des Kindes, die richtiger auf Ernährungsfehler oder gar Infektion zu beziehen sind, einfach aus mangelhafter Funktion zu erklären, wozu auf manchen Seiten Neigung besteht. Es scheint uns überhaupt recht mißlich, so leichthin von einer „Rückständigkeit" zu sprechen. Denn es ist nicht zu übersehen, daß die dem Neugeborenen physiologischerweise gebotene Muttermilch an die Verdauungswerkzeuge und speziell auch an den Magen sehr geringe Anforderungen stellt. Unter Berücksichtigung dieser Tatsache stellt sich sowohl die motorische, wie auch die sekretorische Funktion des Magens als eine gute dar [2].

Die motorische Funktion bestimmt sich am besten unter Berücksichtigung der zur völligen Entleerung notwendigen Zeit. Da ergibt sich zunächst schon die überraschende Tatsache, daß bereits während des Trinkens

---

[1] Ich verweise besonders auf folgende Arbeiten: Pisek und Le Wald, Arch. of ped. Vol. 29, 1912; Amer. journ. of dis. of children. Vol. 6, 1913; Pediatrics. Vol. 25, 1913. — E. Rach, Zeitschr. f. Kinderheilk. Bd. 9, 1913. — Sever, New York med. journ. Vol. 98, 1913. — Theile, Zeitschr. f. Kinderheilk. Bd. 15, 1917. — Vogt, Arch. f. Gyn. Bd. 107. — De Buys und Henriques, Amer. journ. of dis. of childr. Vol. 15, 1918. — R. Heß, Zeitschr. f. Kinderheilk. Bd. 19, 1919.

[2] Eine sehr gute übersichtliche Darstellung der Verhältnisse beim älteren Säugling und Kinde mit reichlicher, bis 1908 reichender Literatur, gibt Alb. Uffenheimer in den Ergebn. d. inn. Med. und Kinderheilk. II, 1908, die man zum Vergleich heranziehen möge. Wir schildern hier nur, was für den Neugeborenen einigermaßen sicher bekannt ist.

ein erheblicher Teil der aufgenommenen Nahrung in den Darm übertritt. Eine
ungefähre Schätzung dieser Menge ist möglich, wenn man die Werte für die
Magenkapazität (vgl. oben) in Beziehung setzt zur aufgenommenen Nahrung;
daraus allein läßt sich schon obige Tatsache folgern; bereits am Ende der ersten
Lebenswoche überschreitet die bei einer Mahlzeit eingenommene Menge oft
ganz beträchtlich die Magenkapazität. Man wird die in Wirklichkeit in den
Darm abgegebene Menge vielleicht noch höher veranschlagen dürfen, als eine
einfache Differenzschätzung ergibt, weil ja während des Trinkens der Mageninhalt durch Luft und die abgeschiedenen Sekrete erheblich vermehrt wird und eine
nennenswerte Resorption von Wasser aus dem Magen nicht erfolgt (v. Pfaundler)
Bei künstlicher Ernährung ist die Abgabe von Nahrung an den Darm eine viel
langsamere. Man kann sich leicht davon überzeugen, daß bei letzterer der
Magen nach Zufuhr eines gewissen Quantums Milch gewissermaßen überläuft,
was selbst an der reichlich spendenden Ammenbrust — ceteris paribus — seltener
und später eintritt. Vor allem aber ist aus Ausheberungsversuchen[1] und aus
den Röntgenuntersuchungen[2] sicher bekannt, daß die bis zur völligen Entleerung des Magens erforderliche Zeit wesentlich größer ist als bei natürlicher
Ernährung. Bei Brustkindern ist der Magen nach $1^1/_2-2$ Stunden, bei sehr
großen Mahlzeiten spätestens nach $2^1/_2-3$ Stunden leer, während bei künstlicher Ernährung unter sonst gleichen Verhältnissen 3—4 Stunden dazu erforderlich sind. Interessant ist, daß bei Ernährung mit Halbmilch, Buttermilch oder
Eiweißmilch die Entleerungszeit des Magens im Vergleich zu der bei Brustnahrung nicht verlängert war (W. Krüger)[3]. Die daraus für die Ernährung
abzuleitenden Regeln liegen auf der Hand. Wer freilich dem Magen niemals
Zeit zur Ruhe läßt und nach $2-2^1/_2$ Stunden die Kinder schon wieder anlegt,
darf sich nicht wundern, wenn auch bei Brustkindern schließlich die motorische Funktion Schaden leidet und selbst bei späterer Verlängerung der
Nahrungspausen die Verweildauer der Ingesta im Magen über $2^1/_2$ Stunden
beträgt. Allerdings kann auch einmal eine andere Ursache für das längere
Verweilen in Betracht kommen, wie z. B. höherer Fettgehalt der Mutter- oder
Ammenmilch (v. Pfaundler). Bei älteren Säuglingen scheinen solche Ausnahmen von der Regel sogar häufiger vorzukommen, doch gehe ich im Rahmen
unserer Aufgabe auf solche Abweichungen nicht ein. Bei künstlicher Ernährung
ist die Verweildauer um so größer, je konzentrierter, fettreicher und zucker-
ärmer (überhaupt kohlehydratärmer) das Nahrungsgemenge ist. Auch daraus
sind unmittelbar ·wichtige Schlüsse für die Technik der künstlichen Ernährung
zu ziehen (vgl. später Milchverdünnung, Vermeidung von zu fetter Milch,
Zuckerzusatz).

Auch die sekretorische Funktion des Magens ist schon beim Neugeborenen in ausreichender Weise entwickelt. Oft schon vor der ersten Mahlzeit (bei Totgeborenen wohl infolge des Schluckens von Fruchtwasser), jedenfalls aber nach derselben reagiert die Magenschleimhaut sauer im Gegensatz
zum Embryo, dessen Schleimhaut alkalisch reagiert (Toldt), im nüchternen
Zustand allerdings wieder neutral (Wohlmann). Sicher spielen für die Auslösung der Magensaftsekretion neben den chemischen Einflüssen der verschluckten
Nahrung auch reflektorische Momente eine Rolle. Genau wie Cohnheim und
Soetbeer bei jungen Hunden Magensaftsekretion durch Saugen an nicht
sezernierenden Milchdrüsen erzielen konnten, genau so gelang später dieser

---

[1] Die Einführung der Magenausheberung beim Neugeborenen und Säugling verdanken
wir Epstein, Prag. med. Wochenschr. 45, S. 450.
[2] Cf. Literaturangaben S. 58 f.
[3] Monatsschr. f. Kinderheilk. Bd. 21, 1921.

Nachweis auch für den menschlichen Neugeborenen (Nothmann)[1]. Eine rein psychische Magensaftsekretion wie sie z. B. beim älteren Säugling durch den Anblick der Milchflasche ausgelöst wird, gibt es allerdings beim Neugeborenen noch nicht (Rood Taylor)[2].

Der reine Magensaft ist fast wasserklar, farblos, glasig (Wohlmann, Ibrahim). Die saure Reaktion des Magensaftes einige Zeit nach der Mahlzeit rührt in erster Linie von der Salzsäure her, die ihrerseits aus den Chloriden des Blutes stammt, wie daraus hervorgeht, daß nach der Nahrungsaufnahme der Chlorspiegel des Blutes rasch absinkt (Scheer)[3]. Zunächst wird natürlich die abgeschiedene Salzsäure von den Eiweißkörpern und Salzen der Milch gebunden, nach Sättigung derselben erscheint freie Salzsäure, deren Wert bis $1\,^0/_{00}$ und mehr betragen kann. Ältere Autoren geben zum Teil viel höhere Werte an, so z. B. Wohlmann $0,8-1,8\,^0/_{00}$, van Puteren sogar $1-2,1\,^0/_{00}$. Der erste Nachweis freier Salzsäure gelingt oft schon vor Ablauf einer Stunde, gewöhnlich aber erst nach $1^1/_2-2$ Stunden; in mehr als der Hälfte der Fälle soll aber nach neueren Untersuchungen (von Hamburger und Sperk) freie Salzsäure überhaupt nicht auftreten. Sicher ist jedenfalls, daß die Azidität bei Brustmilchnahrung niedriger bleibt als bei Kuhmilchzufuhr und dadurch bereits unmittelbar nach der Nahrungsmittelaufnahme eine durch die Milchlipase selbst hervorgerufene Fettspaltung im Magen ermöglicht wird, während späterhin die Milchlipase durch die Magenlipase in ihrer Wirkung abgelöst wird (Freudenberg). Bei Kindern, die noch keine Nahrung erhalten hatten, ist jedoch von v. Heß im ausgeheberten Magensaft stets freie Salzsäure gefunden worden.

Beim künstlich ernährten Kinde dauert es länger, bis überhaupt freie Salzsäure auftritt ($2-2^1/_2$ Stunden), bzw. sind die Fälle, in denen sie überhaupt vermißt wird, viel häufiger, weil die Kuhmilch ein wesentlich größeres Salzsäurebindungsvermögen hat. Es ist sicher nicht der geringste Vorteil der natürlichen Ernährung, daß die reichlichere Anwesenheit freier Salzsäure auch eine starke antibakterielle Wirkung ausübt. Langermann[4] konnte geradezu zeigen, daß der Bakterienreichtum des Mageninhaltes ganz unabhängig vom Bakteriengehalt der Nahrung ist und wesentlich von der Bildung freier Salzsäure abhängt. Weiter hat Scheer[5] nachgewiesen, daß die Azidität des Mageninhaltes ausreichend ist, Kolibakterien abzutöten. Das erscheint deshalb wichtig, weil die Bakterien der Koligruppe bei gewissen akuten Ernährungsstörungen eine große Rolle spielen. Bei künstlicher Ernährung fällt die Lipolyse im Magen zunächst ganz aus und auch späterhin ist sie stark verzögert (Freudenberg).

Steht somit die Salzsäureproduktion des Magens des Neugeborenen fest, so sind wir von einem tieferen Einblick in die quantitativen Verhältnisse der Salzsäureproduktion beim Neugeborenen noch weit entfernt. Neben der Salzsäure ist im Magen des Neugeborenen auch Milchsäure nachweisbar (Camerer jun.), doch fehlen über ihre Entstehung und Wirkung genauere Kenntnisse, während ältere Untersuchungen ihr eine wichtige Rolle bei der Aktivierung des Pepsins zuerkennen wollen (Wolffhügel, Heubner, Krüger). Zotow erklärt ihr Vorkommen als sicheren Beweis einer krankhaften Störung. Beide Auffassungen dürften über das Ziel hinausschießen und besonders die erste ist wohl nicht genügend gestützt (v. Pfaundler). Neben der Milch- und Salzsäure können durch die Wirkung der eingeführten Nahrung noch verschiedene flüchtige

---

[1] Arch. f. Kinderheilk. Bd. 51, 1909, S. 123.
[2] Americ. journ. of dis. of childr. Vol. 14, 1917, p. 258.
[3] Jahrb. f. Kinderheilk. Bd. 94, 1921, S. 295.
[4] Jahrb. f. Kinderheilk. Bd. 35, S. 88.
[5] Jahrb. f. Kinderheilk. Bd. 92, 1920. — Arch. f. Kinderheilk. Bd. 69, 1921.

Fettsäuren im Mageninhalt entstehen, bei natürlicher Ernährung allerdings
nur in verschwindend geringer Menge.

Die Angaben über die Gesamtazidität lassen als allgemeingültig nur
erkennen, daß dieselbe im allgemeinen geringer ist als beim älteren Kinde und
beim Erwachsenen (v. Pfaundler u. a.).

Es existiert über diese Frage eine reiche Literatur. Die älteren Arbeiten finden sich
bei Czerny-Keller (Bd. I, S. 589ff., 2. Aufl.) gewürdigt; von neueren seien erwähnt:
Hamburger und Sperk, die resümieren: Die Gesamtazidität des Magens setzt sich
zusammen

1. aus den in der frischen Muttermilch vorhandenen, auf Phenolphthalein sauer reagierenden Anteilen;

2. aus Phosphorsäure und sauren Phosphaten, die durch Einwirkung der HCl auf
die Phosphate der Milch entstehen;

3. aus allen übrigen Säuren, die durch die sezernierte HCl aus ihren Salzen verdrängt werden;

4. aus eventuell durch Gärung entstandenen Säuren (Milchsäure);

5. aus Fettsäuren, durch Fettspaltung entstanden [1];

6. aus salzsauren Eiweißkörpern, Albumosen und Peptonen (die beiden letzteren
durch hydrolytische Spaltung der Azidalbumine entstanden — Verf.) und

7. aus eventuell vorhandener freier HCl.

Die unter 4 und 5 genannten Anteile fehlen bei gesunden Brustkindern, die unter
2, 3 und 6 sind durch die HCl-Sekretion bedingt.

In den neuesten Arbeiten wird allgemein (nach einem aus der physikalischen Chemie
übernommenen Brauch) die Azidität als H-Ionenkonzentration des gemischten Mageninhaltes angegeben.

Niedrige Werte, um $[H^{\cdot}] = 2 \times 10^{-6}$, fanden übereinstimmend Allaria, Davidsohn, Salge. Demgegenüber fand Schackwitz bei 10 Neugeborenen bei starken Schwan-
kungen z. T. viel höhere Werte, von $[H^{\cdot}] = 2,8 \times 10^{-7}$ bis $4,7 \times 10^{-3}$. Der Wasserstoff-
ionenexponent betrug danach 1—2^h nach der Nahrungsaufnahme bei Brustkindern pH =
2,46—6,55; bei künstlich Ernährten fand sich pH = 1,82—6,72.

Die ausführlichsten und neuesten Untersuchungen stammen von R. Heß. Dieser
Autor fand bei 40 Neugeborenen (Brustkindern) Aziditätswerte von $[H^{\cdot}] = 2,6 \times 10^{-6}$
bis $0,3—1,0 \times 10^{-5}$ bis $1,3—7,2 \times 10^{-4}$ bis $1,2—3,5 \times 10^{-3}$. Man sieht, daß die An-
gaben sich außerordentlich widersprechen, demzufolge natürlich auch die daraus gezogenen
Schlüsse (cf. noch weiter unten). Wahrscheinlich rühren diese Widersprüche davon her,
daß Schackwitz nur kleine Proben des Mageninhaltes verwandt hat; denn die neuesten
Untersucher (Theiler, Scheer, Hainiß) fanden mit Davidsohn übereinstimmende
Werte.

Von Fermenten finden sich im Magen des Neugeborenen sowohl Lab
wie Pepsin [2].

Labferment ist vom ersten Lebenstage an, noch vor jeder Nahrungszufuhr nachweisbar (Leo, van Puteren, Szydlowski, Moro u. a.), was
allerdings von Raudnitz bestritten wird. Neuerdings behaupten de Toni
und Montavini, sogar schon im Magen von Feten des 4. Monats Labferment
gefunden zu haben.

Pepsin ist nicht allein beim Neugeborenen von Anfang an vorhanden,
sondern sogar schon bei Feten vom 4.—6. Monat an nachgewiesen (Zweifel,
Hammarsten, Langendorff, Grützner, Huppert u. a.). Seine Menge
steigt von der Geburt bis etwa zum dritten Monat (Rosenstern).

Außerdem fanden Sedgwick bei Neugeborenen der 2. Woche, Ibrahim
bei Feten vom 6. Monat ab wie bei Neugeborenen der ersten Lebenswoche eine
kräftig wirkende Lipase, welche offenbar für die Verdauung des fein emulgierten
Milchfettes eine wichtige Rolle spielt. Es handelt sich dabei wohl um ein von
der Magenschleimhaut selbst geliefertes Sekret, da sowohl Ibrahim wie Kopec

---

[1] Ihnen räumt neuestens Behrend geradezu einen beherrschenden Einfluß auf die
aktuelle Azidität des Mageninhaltes ein.

[2] Über die alte Streitfrage, ob Lab und Pepsin etwa identisch sind, vgl. die kritische
Darstellung der gesamten neuen Literatur bei Bang, Ergeb. d. inn. Med. u. Kinderheilk.
Bd. 9, 1912, S. 435.

die Lipase aus der Magenschleimhaut von Feten darstellen konnten, wie auch der Glyzerinextrakt der Magenschleimhaut (allerdings nicht mehr Neugeborener) beträchtliche Fettspaltungsvermögen besitzt (Finizio).

Trotzdem wir also bereits eine ganze Reihe wirksamer Fermente sowohl für den Eiweiß- wie für den Fettabbau im Magen des Neugeborenen kennen, wissen wir über die feineren Vorgänge der Magenverdauung recht wenig, zum mindesten wenig allseitig Gesichertes (vgl. weiter unten S. 74 f).

Über die Flora des Magens vgl. S. 73.

4. Darm mit Anhangsdrüsen.

Exakte anatomische Angaben über den Darm des Neugeborenen fehlen; alle vorhandenen Daten beziehen sich auf etwas ältere Säuglinge und sind nur mit Vorsicht zu verwerten, da vielfach wichtige Vorsichtsmaßregeln, wie Berücksichtigung des Füllungszustandes, eventueller Dehnung oder Kontraktion usw. unberücksichtigt gelassen wurden. Nur so kann man sich die außerordentlich widersprechenden Maßangaben erklären. Die Gesamtlänge des Darmes wird auf 2—4 m angegeben oder auf 6 (Marfan) bis 8 (Schwan) Körperlängen [1]. Nach den neuesten Messungen von Robbin [2] ist die Länge des Dünndarms = 5—9 Körperlängen, die des Dickdarms 0,8—1,3 mal so groß als die Körperlänge. Sicher ist also wohl nur, daß der Darm des Neugeborenen relativ länger ist als der des Erwachsenen (570:100 gegenüber 450:100 beim Erwachsenen [Beneke]), was nicht weiter Wunder nimmt, wenn man die relativ geringe Länge der Extremitäten in Rechnung zieht. Auffallend ist beim Neugeborenen die größere Länge des Dünndarms im Verhältnis zum Dickdarm (6:1 [Huschke] gegenüber 4:1 beim Erwachsenen), die große Länge der Flexur, die fast die Hälfte des gesamten Dickdarms ausmacht (Bednar, Curschmann, Meckel, Neter, Severi [3]). Ferner ist die Flexur des Neugeborenen beweglicher als die des Erwachsenen, weil die Haftwinkel des Mesosigma weiter auseinanderstehen. Meiner Erfahrung nach ist die Angabe von Marfan, daß beim Neugeborenen das Cökum noch nicht in die Fossa iliaca herabgestiegen sei, nur bedingt richtig. Man findet jedenfalls auch genug Fälle, in denen das Cökum bereits die Fossa iliaca erreicht hat, ja selbst gegen das kleine Becken sich hindrängt, ebenso wie die Länge des freien Cökums individuell außerordentlich variiert. Ich habe nach vielen Obduktionen und Präparationen von Neugeborenen den Eindruck, daß die individuellen Variationen in dieser Hinsicht beim Neugeborenen genau so groß sind als beim Erwachsenen. Auffallend ist die geringe Länge des Netzes, welches beim Neugeborenen niemals bis zum Nabel herabreicht (Jössel, Mettenheimer).

Die Länge und Höhe der Dünndarmfalten ist beim Neugeborenen noch gering (Gundobin), im einzelnen natürlich vom Kontraktionszustand des Darmes abhängig. Die Zotten sind kleiner an Umfang, aber größer an Zahl als im späteren Alter; ihre Höhe übertrifft bereits bei Feten im 9. Monat die Dicke der Darmwand (Stickel). Besonders stark ist die Valvula Bauhini ausgebildet (Gundobin, Debele), die bei starker Füllung oder Blähung des Kolons vermittels ihrer freien, weit vorstehenden Bänder den Dickdarm gegen den Dünndarm vollständig abzuschließen imstande ist.

Im ganzen betrachtet ist die Schleimhaut absolut wie relativ stärker als die Muskelschicht, dabei von zarter Struktur, reich an Blutgefäßen (Gundobin). Das Oberflächenepithel des Darmes ist bereits wohl ausgebildet. Die Lieberkühnschen Drüsen reichen in tiefere Darmabschnitte hinein als beim Erwachsenen (Bloch) und zeigen häufig ein in zwei Teile gespaltenes Ende. Auf ihrem Grunde findet man die zuerst von Paneth entdeckten Drüsenzellen, denen eine sekretorische Funktion zugeschrieben wird (Nicolas, Zimmermann, Wassilieff). Als wichtigste Besonderheit des Drüsenepithels wird von Marfan, Gundobin die schwache Entwicklung der Brunnerschen Drüsen hervorgehoben, die bei Neugeborenen mehr tubulösen als azinösen Charakter aufweisen. Nach Fischl sind in den ersten Lebenswochen die beiden Drüsenzellenspezies nicht deutlich differenziert, die Krypten kurz. Das submuköse Gewebe ist zart, blutreich und enthält noch kaum elastisches Gewebe. Der lymphatische Apparat des Darmes (Solitärfollikel, Payersche Plaques einschließlich Lymphgefäße) soll stärker ausgebildet sein als beim Erwachsenen (Gundobin), nach anderen Angaben dagegen davon nicht abweichen.

Die Darmmuskulatur ist beim Neugeborenen noch wenig entwickelt (Gundobin, Stickel u. a.). Vor allem fällt auch hier der Mangel an Elastingewebe auf. Erst am Ende des 2. Monats bildet sich ein dünnes, die Serosa umgrenzendes Band in Gestalt einzelner die Muskelbündel durchziehender elastischer Fäden, wozu sich im 3.—5. Monat

---

[1] Beim Erwachsenen nur 5—5$\frac{1}{2}$ Körperlängen.
[2] Americ. journ. of dis. of childr. Vol. 19, 1920, S. 370.
[3] Sämtlich zit. nach Neugebauer, Ergebn. d. Chirurg. Bd. VII, 1913.

eine schmale, submuköse Zone von elastischem Faserwerk gesellt (Fischl). Lediglich um die größeren Gefäße findet sich schon bei der Geburt Elastingewebe angeordnet.

Der Blutgefäßreichtum des Neugeborenendarms wird allgemein hervorgehoben, ebenso wie die zum größten Teil noch fehlende Markscheidenumhüllung seiner Nervenfasern.

Alles in allem darf man dann wohl in mancher Hinsicht den Darm des Neugeborenen als rückständig im Vergleich zum Erwachsenen bezeichnen. Aber das besagt natürlich nichts, denn im Verhältnis zum Erwachsenen ist der ganze Neugeborene rückständig. Jedenfalls ist es durchaus richtig, wenn v. Pfaundler neuestens seine Stimme dagegen erhebt, aus den überdies sehr lückenhaften Kenntnissen über den Bau des Darmes unmittelbare Schlüsse auf seine Leistungen und Leistungsfähigkeit zu ziehen. Zweifellos kranken alle derartigen Schlüsse, ganz abgesehen von ihrer Voreiligkeit, daran, daß man den Neugeborenen in Vergleich stellt mit späteren Entwicklungsstadien. Das ist offenbar ganz falsch. Denn der Darm des Neugeborenen ist von der Natur ausgestattet für die Erfordernisse der Neugeborenenzeit und, wie die tausendfältigste Erfahrung lehrt, für die natürlichen Anforderungen bei physiologischer Ernährung sehr gut ausgestattet. Erweist er sich gegen Schäden ex alimentatione und ex infectione empfindlicher als der Darm des Erwachsenen, so darf doch nie vergessen werden, daß unter den physiologischen Bedingungen der Ernährung des einzelnen Kindes an der Brust der eigenen Mutter derartige Schäden gar nicht in Betracht kommen. Mit demselben Rechte könnte man den Darm des Erwachsenen als rückständig bezeichnen, weil er nicht darauf eingerichtet ist, Tiere mit Haut und Knochen zu verzehren und zu verdauen. Logischerweise dürfte man aus der Empfindlichkeit des Neugeborenendarmes gegen aphysiologische Ernährung doch nur den einen Schluß ziehen, daß eben alles getan werden müsse, die physiologischen, von der Natur gebotenen Bedingungen aufrecht zu erhalten, und nicht durch künstliche Eingriffe, vor allem artfremde und vielleicht gar noch infizierte Nahrung, zu stören.

Leber und Pankreas.

Um die Darstellung der Darmfunktion nicht zu sehr zu zerreißen, ist es vielleicht zweckmäßig, hier auch einige Bemerkungen über die Anhangsdrüsen des Darmes, Leber und Pankreas zu machen.

Die Leber des Neugeborenen wiegt im Mittel 91,5 g (Letourneau), nach anderer Angabe 120—130 g (Gundobin, Wallich), ja sogar 130—180 g (Arnold, Aeby, Beneke, Kowalski), relativ also etwa $^1/_{15}$—$^1/_{28}$ des Körpergewichts (Harley) gegenüber $^1/_{40}$ beim Erwachsenen. Es versteht sich bei dieser Relation von selbst, daß Knaben ein etwas höheres Lebergewicht haben als Mädchen. Nur Vierordt wie Oppenheim-Junker geben im Gegenteil an, daß bei Knaben das Lebergewicht hinter dem bei Mädchen zurückbleibe. Innerhalb der ersten 8 Tage erleidet die Leber stets eine gewisse Einbuße an Gewicht.

Schon die oberflächlichste Besichtigung der eröffneten Leiche eines Neugeborenen zeigt die überragende Entwicklung der Leber (Abb. 21). Es erscheint nicht unwichtig, die Lagebeziehung der Leber und ihrer einzelnen Lappen etwas näher zu erörtern, zumal neuestens eine ganze Theorie des Ikterus neonatorum darauf aufgebaut worden ist.

Die Leber füllt nicht allein die rechte Bauchhälfte in größerer oder geringerer Ausdehnung aus, sondern erstreckt sich auch mit dem stark entwickelten linken Lappen weit nach links über die Magengegend hinaus, bis an die Milz. Der untere Leberrand steht etwa 1—2 cm oberhalb des Nabels (Mettenheimer), vereinzelt sogar noch tiefer (Sandifort). Der Übergang der verschiedenen Leberflächen ineinander ist ein mehr allmählicher, nicht durch scharfe Ränder vermittelt. Am deutlichsten ist die vordere von der unteren Fläche gesondert.

Bemerkenswerte Einzelheiten sind an der Oberfläche die ovale Impressio cardiaca, die beim Neugeborenen sehr deutlich ist und die feste Verbindung mit dem Zwerchfell, betreffen aber vor allem die untere Fläche. C. Hasse

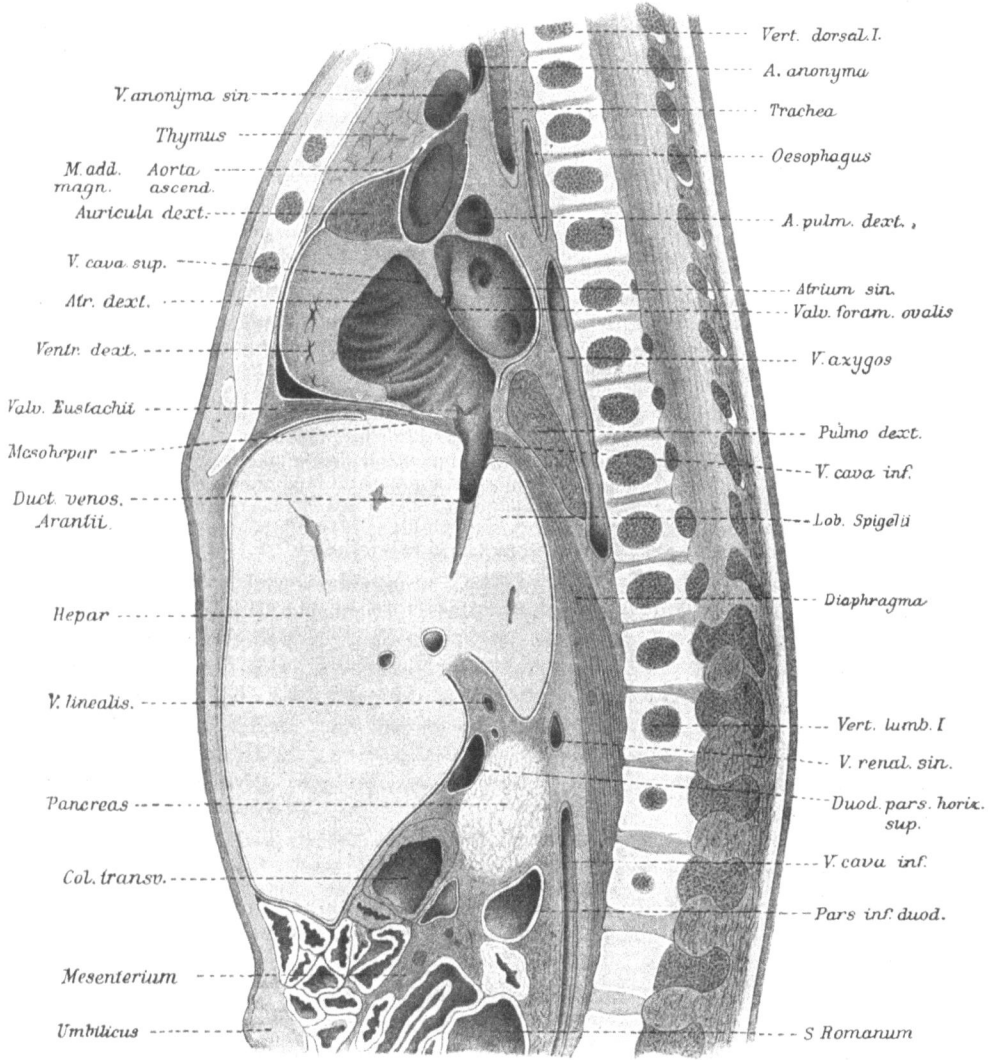

Abb. 21.

Etwas rechts von der Mittellinie durchgehender Sagittalschnitt vom Neugeborenen (nach Mettenheimer). Die Abbildung zeigt sehr schön folgende wichtige Einzelheiten: 1. Die C-förmige Krümmung der Wirbelsäule, die oben bereits wesentlich geringer ist als beim Fetus; das 2. Foramen ovale cordis; 3. die bis zum 3. Interkostalraum herabreichende, die grossen Gefässe teilweise einhüllende Thymus; 4. die Lagebeziehungen zwischen Duodenum, Leber und Pankreas; 5. die Einmündung des Ductus Arantii in die untere Hohlvene; 6. die Lagebeziehungen des Lobus Spigelii.

hat dieselbe besonders gewürdigt. Der Lobus Spigelii befindet sich etwa zur Hälfte an der Unterfläche der Leber und springt so weit vor, daß der Hilus neigezogen ist und stark nach hinten gebogen erscheint (vgl. Abb. 21). Auch der

Lobus quadrangularis ist eigenartig ausgebildet. Er reicht vorn mit einem hackenartig nach hinten gerichteten Vorsprung bis an die Leberpforte heran und wölbt sich dann über den Grund des Hilus hinüber. Dicht dahinter drängt sich das von vorne oben nach hinten unten gestellte Duodenum an die Leber heran, so daß die in der Leberpforte liegenden Gefäße und Ausführungsgänge der Leber zwischen diesen beiden Leberlappen und dem Anfangsteil des Duodenums viel stärker zusammengedrängt werden als beim älteren Säugling [1], was besonders bei eventueller, nach der Geburt nicht seltener Stauung der Leber stark in Erscheinung tritt.

Die Gallenblase ist beim Neugeborenen mehr zylindrisch geformt und zeigt eine mittlere Länge von 3 cm (Mettenheimer) und eine Kapazität von durchschnittlich 3,2 cm (Geptner).

Bezüglich des feineren Baues der Leber ist zu erwähnen die noch ganz fehlende Läppchenbildung, die überhaupt unregelmäßige Anordnung der Leberzellen, welche mit ihren runden Protoplasmaleibern und vielfach doppelten Kernen alle Merkmale junger Zellen aufweisen (Toldt, Zuckerkandl, Terrien). Besonders auffallend ist der außerordentliche Gefäßreichtum der Leber mit einem ausgedehnten vielmaschigen Kapillarnetz, das jedoch entsprechend der fehlenden Läppchenbildung unregelmäßig angeordnet ist. Doch glaubt E. Vogt wenigstens die Andeutung einer Läppchenbildung aus der Gefäßanordnung entnehmen zu können. Im ganzen überwiegt das eigentliche Parenchym (v. Pfaundler). Die Gallenfarbstoffbildung (durch Umbildung des Kernchromatins) ist bereits bei 6 Monate alten Feten beobachtet. Dabei gehen zunächst die Nukleolen des Kerns eine Veränderung ein, dann entsteht aus den Chromiolen und der Kernmembran das Pigment, das zunächst an Stelle des Kernes in der Zelle liegen bleibt und erst allmählich sich zerstreut. Das Zytoplasma nimmt an der Pigmentbildung nicht teil (Florentin). Embryonale Blutbildungsherde mit unreifen Blutzellen (Toldt, Herlitzka u. a.) deuten noch auf die bisherige Funktion der Leber als Blutbildungsstätte hin. Auch der hohe Eisengehalt der Leber Neugeborener gehört hierher (Philippson).

Im extrauterinen Leben hat die Leber — abgesehen von der Gallebildung — besondere Bedeutung für den Kohlehydratstoffwechsel. Ihre Fähigkeit, Glykogen zu bilden und zu speichern, ist schon beim Neugeborenen entwickelt. Im übrigen ist über die Leberfunktion beim Neugeborenen kaum etwas bekannt als die allgemein anerkannte Tatsache, daß sie auch bei den Vorgängen des Eiweißabbaues und des Purinstoffwechsels sicher von Bedeutung ist. Einzelheiten aber sind unbekannt oder so völlig umstritten, daß wir darauf um so weniger eingehen wollen, als speziell beim Neugeborenen neuere Untersuchungen gänzlich fehlen [2].

Das **Pankreas** des Neugeborenen wiegt etwa $1/_{1000}$ des Körpergewichts, im Durchschnitt $2^1/_2$—$3^1/_2$ g. (Andere Angaben: Politzer 1,87—3,75 g, Moro 1,8—3,1 g, Aßmann, Hartge 2,54 g, Gundobin 2,63 g). Gleichwie in der Leber überwiegen auch hier Blut und Bindegewebe über das Parenchym (Stiftar, Gundobin). Die Langerhansschen Inseln liegen dichter als im späteren Lebensalter, nachdem sie erstmals im 4. Fetalmonat nachweisbar wurden.

Funktion des Darmes.

Die objektive Beobachtung der Darmfunktionen des Neugeborenen — soweit unsere lückenhaften Kenntnisse überhaupt dazu ausreichen — ist eine Bestätigung der schon oben ausgedrückten Meinung: für die unter streng physiologischen Ernährungsbedingungen geforderte Arbeitsleistung ist der Darm mit allem Notwendigen ausgestattet. Die Zerlegung der Nahrung, die Resorption der brauchbaren Bestandteile derselben, die Ausscheidung der Schlacken erfolgt reibungslos, dazu noch unter starkem Anwuchs. Dabei werden von der Trockensubstanz etwa 95%, vom Fett 95—98%, vom Zucker 100% resorbiert. Wer möchte da wagen, die oben genannten Abweichungen im Bau des Magendarmkanals des Neugeborenen

---

[1] Weitere Einzelheiten bei Mettenheimer, S. 337f.

[2] Über die für den Säugling jenseits der Neugeburtszeit heute bekannten Tatsachen vgl. Czerny-Keller Handbuch, 2. Aufl., Bd. I, S. 594ff.

gegenüber dem Erwachsenen als Rückständigkeit zu bezeichnen! Es sind eben
nur Abweichungen. Ebenso ergibt die Prüfung der Schleimhautextrakte, daß
alle für die Verarbeitung der gebotenen Nahrung wichtigen Sekrete (Fermente)
schon vom Neugeborenen gebildet werden, einschließlich der von Leber und
Pankreas gelieferten Säfte.

So finden sich alle für den Eiweiß-, Kohlehydrat- und Fettabbau notwendigen Fermente.

a) Das Eiweiß spaltende, vom Pankreas gelieferte Trypsin(ogen) wird
schon im 4.—5. Fetalmonat nachweisbar (Zweifel, Hammarsten, Albertoni,
Hartge), spätestens im 6. Fetalmonat (Ibrahim) und ist auch im Pankreas-
extrakt wie im Duodenalinhalt (Heß) Neugeborener regelmäßig zu finden.
Allerdings ist zum Nachweis notwendig, daß das unwirksame Trypsinogen erst
in Trypsin übergeführt wird. Abweichende Angaben dürften aus solchem
Mangel der Methodik zu erklären sein. Diese Aktivierung geschieht durch ein
von der Darmschleimhaut, namentlich im unteren Drittel des Dünndarmes
ausgeschiedenes Ferment, die Enterokinase, welche Ibrahim ebenfalls schon
vom 6. Fetalmonat an regelmäßig nachweisen konnte. Auch das Sekretin,
ein die Pankreassekretion auslösendes Hormon, findet sich im Darmschleim-
hautextrakt reifer Neugeborener regelmäßig, wird aber bei frühgeborenen Kindern
öfters vermißt (Wentworth, Ibrahim, W. Groß), während es nach Hallion
und Laqueux auch beim Fetus, nach den neueren Untersuchungen von Parat
schon im 4.—5. Monat, nachweisbar ist.

Noch ein zweites proteolytisches Ferment findet sich regelmäßig beim
Neugeborenen, wie übrigens schon vom 5. Fetalmonat ab: das Albumosen
und Peptone weiter spaltende, von unzerlegten Eiweißkörpern sonst nur das
Kasein angreifende Erepsin (Cohnheim, Jaeggy, Langstein und Soldin).

b) Von Kohlehydrate spaltenden Fermenten finden sich im Darminhalt
bzw. in der Darmschleimhaut:

1. Laktase, das Milchzucker spaltende Ferment, das bei reifen Neugeborenen regelmäßig nachweisbar ist (Pautz, Vogel, Weinland), bei Frühgeborenen und Feten fast immer vermißt wurde (Ibrahim, Orban), wenn es
auch vereinzelt in den Stühlen Frühgeborener zu finden war (Nothmann).
Diese Tatsache ist um so auffallender, als Saccharase und Maltase viel früher,
schon im Fetalleben auftreten, trotzdem beide zunächst für den Neugeborenen
entbehrlich scheinen, während die Laktase zur Milchzuckerspaltung von Anfang
an erforderlich ist. Es scheint aber, daß die Laktasebildung unter dem Einfluß
der milchzuckerhaltigen Nahrung rasch in Gang kommt. Allerdings würde das
in der Hauptsache nur für reife Neugeborene gelten; denn bei Frühgeborenen
ist tatsächlich oftmals — nicht immer — die Milchzuckerausnützung eine
mangelhafte, so daß ein Teil des aufgenommenen Milchzuckers im Harn erscheint
(Nothmann). Im Pankreas fehlt Laktase (Ibrahim und Kaumheimer).

2. Maltase tritt schon bei Feten von 4—500 g auf (Pautz und Vogel,
Langstein) und findet sich bei frühgeborenen wie reifen Kindern in allen
Abschnitten des Dünndarmes und im Darminhalt (Ibrahim), häufig auch in
der Dickdarmschleimhaut, dorthin wohl nur durch das Mekonium gebracht
(v. Pfaundler). Auch im Pankreas ist Maltase nicht konstant nachweisbar
(Pautz und Vogel).

3. Saccharase (Invertin), das Rohrzucker spaltende Ferment, tritt
unter allen zuckerspaltenden Fermenten am frühesten auf. Es findet sich
schon bei Feten von 150—200 g (Cohnheim, Ibrahim), wie natürlich im
Dünndarm Neugeborener (Miura), trotzdem es zunächst gar nicht gebraucht
wird. Diese überraschende zeitliche Umkehr im Auftreten der notwendigen
kohlehydratspaltenden Fermente darf natürlich nicht ohne weiteres in diätetische

Lehren umgesetzt werden (v. Pfaundler), doch wird man für die Praxis immerhin den einen Schluß ziehen dürfen, daß die Verabreichung von Rohrzucker
an Neugeborene in bestimmten vereinzelten Fällen jedenfalls kein Verbrechen
gegen den Geist der Wissenschaft ist.

4. Auch Stärke spaltendes Ferment, die Amylase, wurde in der Darmschleimhaut gefunden (Ibrahim), doch ist es fraglich, ob es wirklich in der
Darmschleimhaut gebildet wird. Regelmäßig wurde es im Pankreas Neugeborener (Moro, Hartge), ja auch bei Feten vom 4. Schwangerschaftsmonat
an (Ibrahim) gefunden, während ältere Untersucher, z. B. Zweifel, es im
Leichenpankreas vermißt hatten.

c) Die Fett spaltende Lipase (Steapsin), die schon Zweifel im Pankreas
Neugeborener, Ibrahim und Hartge auch bei Feten vom 3.—4. Schwangerschaftsmonat nachgewiesen hatten, fehlt in der Darmschleimhaut. Das Optimum
der Lipasewirkung im Duodenalsaft fand Davidsohn bei einer [H'] von
3×10^{-9}, also bei leicht alkalischer Reaktion.

Zu ihrer Aktivierung dient die Galle. Letztere, das äußere Sekret der
Leber, löst auch Fettsäuren. Die Gallesekretion soll nach Zweifel schon im
3. Fetalmonat beginnen, was von anderer Seite bezweifelt wird[1]. Jedenfalls
wird man annehmen dürfen, daß Galle an den Darm abgegeben wird, sobald
aus der Vernix caseosa stammende, verschluckte Fette den Zwölffingerdarm
passieren (v. Pfaundler) und so den adäquaten Reiz für die Abscheidung
der Galle in den Darm abgeben. Über die Menge der in 24 Stunden vom Neugeborenen gebildeten Galle ist nichts Sicheres bekannt. In der Gallenblase
am ersten Tag verstorbener Kinder fand Jakubowitsch 0,13—0,33 g. Das
spezifische Gewicht der Galle Neugeborener schwankt von 1014—1039, ihr
Wassergehalt beträgt 86—88,6 %. Die Menge der Gallensäuren ist geringer,
unter ihnen überwiegt Taurocholsäure.

Flora des Darmtraktus und Stuhles.

Bei Besprechung der Darmflora ist es vielleicht zweckmäßig, überhaupt die physiologische Flora des gesamten Darmtraktus einschließlich der Stuhl-(Mekonium)Flora kurz
zu erörtern. Die ausgedehnten Arbeiten auf diesem Gebiete sind verhältnismäßig jungen
Datums, trotzdem aber bereits so zahlreich, daß der einzelne sie kaum noch übersehen
kann. Sie nahmen ihren Ausgang von der unübertrefflich sorgfältigen und groß angelegten
Arbeit Escherichs (1886) über die normale Darmflora Neugeborener und Säuglinge[2],
an die sich in den folgenden Jahren eine ganze Reihe Arbeiten von Escherichs Schülern
angeschlossen haben, unter denen besonders F. Moro, v. Pfaundler und Jehle genannt
seien. Von ausländischen Arbeiten ist besonders die Monographie von Tissier (1900)
zu nennen, die eine Zusammenfassung und wesentliche Erweiterung der bisherigen Kenntnisse durch Heranziehung der anaeroben Züchtungsverfahren brachte. Eine wichtige
Ergänzung dieser Arbeiten bildet die neue Monographie von Sittler (1909). Auf die
genannten Autoren stützt sich die folgende Darstellung. Bezüglich anderer weiterer
Ergänzungen über Spezialfragen, Züchtungsverfahren und die unübersehbare Literatur
muß auf diese Monographien verwiesen werden.

Solange die Frucht im Uterus sich befindet, mindestens bis zum Blasensprung, ist sie von Keimen unberührt. Aber schon während der Austreibungsperiode — bei vor- oder frühzeitigem Blasensprung gelegentlich sogar schon vor
völliger Erweiterung des Muttermundes — kommt sie durch Vermittlung des
Fruchtwassers mit Keimen in Berührung, zunächst mit den Scheidenkeimen
der Mutter, weiterhin mit allen möglichen an den Händen des Pflegepersonals,
der Wäsche usw. haftenden Bakterien, welche zum guten Teil die in der Luft
des betreffenden Raumes vorhandenen Keime mit enthalten. Die Reinigung

---

[1] Cf. S. 66.

[2] Vor Escherich hatte allerdings bereits Breslau (Zeitschr. f. Geburtsk. 1866)
angegeben, daß mit verschluckter Luft und Speichel eine Infektion des Darmtraktus
Neugeborener erfolge.

und das Bad nach der Geburt schaffen freilich den größten Teil dieser Bakterien wieder weg. Die zuerst im Mekonium auftretenden Bakterien sind nach Esche-rich geradezu ein Spiegelbild der in der Luft des Kinderzimmers vorhandenen Mikroorganismen, während Schild[1] daneben auch das Badewasser, aus-nahmsweise die Wäsche oder die Vagina der Mutter als die Quelle dieser Bak-terien erklärt. Dazu gesellen sich nach der Geburt noch Keime von der mütter-lichen Brust und Milch, unter Umständen aber alle möglichen anderen Bak-terien, die aus dem Lochialsekret der Mutter durch deren Hände oder durch die Pflegerinnen, in Kliniken auch von anderen Kindern aus deren Stuhl usw. übertragen werden können. Kurz — wenn während der Geburt die mit dem Kinde in Berührung kommenden Bakterien in vielen Fällen auf das Integument beschränkt bleiben und nur in einem bestimmten Prozentsatz auch das Anfangs-stück des Darmkanals (Lippen und Mundhöhle) bereits von Keimen besiedelt wird[2] — nach der Geburt wachsen die Möglichkeiten zur Infektion des ge-samten Magen-Darmtraktus ins Ungemessene. Aufgabe einer rationellen Neu-geborenenpflege ist es, diese Möglichkeiten zu beschränken auf Keime, welche — wie die Erfahrung lehrt — harmlos sind, andere dagegen mit allen Mitteln fern zu halten. Diese physiologischen Keime kennen zu lernen, ist im folgen-den unsere Aufgabe.

Entsprechend dem hier in groben Zügen geschilderten Vorgang erweist sich unmittelbar nach der Geburt entnommener oder etwa spontan entleerter und steril aufgefangener Darminhalt (Mekonium) als meist keimfrei. An meiner Klinik fanden sich allerdings in 2 von 19 Fällen sofort nach dem Partus Keime im Rektum, die während der folgenden Tage die Mastdarmflora beherrschten und ebenso aus der Vagina der Mutter gezüchtet werden konnten — ein Beweis dafür, daß die mütterliche Scheidenflora für die Rektumflora des Kindes minde-stens von Bedeutung sein kann (R. Salomon).

Die Mundhöhle ist nach der Geburt sehr häufig bereits keimhaltig, ihre Flora aber naturgemäß in hohem Grade von Zufälligkeiten der Geburt und der ersten Manipulationen mit dem Kinde abhängig. Gerade wegen dieser Bunt-scheckigkeit bietet sie auch weniger Interesse[3].

Wenige Stunden später (Escherich gibt 3—7 Stunden, Moro 4—10 Stunden, Tissier 10—12 Stunden, R. Salomon 5—12 Stunden an) entnommene Portionen von Mekonium zeigen ein anderes Bild. Schon im Ausstrich finden sich Bakterien verschiedenster Art, wenn auch in relativ geringer Zahl, die im ganzen jedoch so konstante Bilder geben, daß man mit Recht von einer physiologischen Mekonflora sprechen kann. Durchschnittlich fand R. Sa-lomon nach 12 Stunden in 57%, nach 24 Stunden in 89% der Fälle und am 2. Tage bei allen Kindern das Rektum von Keimen besiedelt.

Die zuerst auftretenden Keime sind nach den neuesten Untersuchungen Sittlers kleine ovale Kokken (Micrococcus ovalis Escherich und Strepto-coccus acidi lactici nach Lehmann-Neumann), und bald auch schon ver-einzelte Exemplare von Bacterium coli commune. Das ist etwa die normale Flora des ersten Tages. Am zweiten Tage findet man neben einer Zunahme

---

[1] Nach Kneises Untersuchungen ist das allerdings bei 97,5% aller Kinder der Fall. Die unmittelbar nach der Geburt nachweisbaren Keime sind mit der Scheidenflora der Mutter identisch (43,9% Staphylokokken, 14,6% Streptokokken). Auch Scheib mißt den Scheidenkeimen der Mutter für die Erstinfektion des kindlichen Darmtraktus die größte Bedeutung bei.

[2] Zeitschr. f. Hyg. u. Infektionskrankh. XIX, S. 113, 1895.

[3] Zusammenstellung der Literatur bei Brailovsky-Lounkevitsch, Annales de inst. Pasteur. Bd. 29, 1915, p. 379. — Vgl. ferner Bloomfield, Bull. of the John Hopkins hospital. Vol. 33, 1922, p. 61.

der genannten Keime das Auftreten einer neuen, anaeroben Art, des Gasphlegmonebazillus [1] (Bacillus emphysematosus, E. Fränkel), der im Laufe des
zweiten Tages die anderen Bakterien ganz überwuchert. Am Ende des
zweiten oder Anfang des dritten Tages hat er den Höhepunkt seiner
Entwicklung erreicht (Sittler), um dann im Laufe des dritten Tages zu verschwinden. Dadurch sowie namentlich durch seine während dieser Periode
des Verschwindens hervortretende Polymorphie wird der Bacillus perfringens zum Hauptcharakteristikum der Mekonflora. In dieser
Zeit [2] nimmt er nämlich ganz eigentümliche Gestalt an und bildet teils dünne,
lange Fäden mit endständigen Sporen, die ähnlich Spermatozoen oder Trommel-
schlägern aussehen (Köpfchenbakterien nach Escherich), teils plumpe, schlecht,
manchmal kaum noch nach Gram färbbare Stäbchen mit endständigen oder
auch mittelständigen Sporen. In anderen Formen werden die Sporen vermißt;
die schlechte, ungleichmäßige Färbbarkeit ergibt dann das Bild fragmentierter
Stäbchen. Alle die verschiedenen Bilder sind nur Absterbeformen des Bacillus
perfringens Abb. 22 auf Tafel I). Die Sporenbildung soll nach Passini nur
dann zustande kommen, wenn bereits Bacterium coli, das übrigens Salomon
häufig schon am zweiten Tage fand, angesiedelt ist.

Alle diese Bakterien dürften in erster Linie durch orale Infektion in den
Darmkanal hineingelangen, für welche Anschauung sich besonders Tissier
und Sittler eingesetzt haben, während Escherich mehr zu der Annahme
neigte, daß die anale Infektion primär eine größere Rolle spiele. Jedenfalls sind es
dieselben Keime, die man schon unmittelbar nach der Geburt in der Mundhöhle des Neugeborenen findet. Zudem dürfte in der allerersten Zeit der Mekoniumpfropf der analen Einwanderung und Ansiedelung anderer Bakterien
hinderlich sein (Moro). Die ganze Streitfrage hat heute an Interesse verloren,
denn es steht nach Beobachtungen an Fällen von Atresia ani (Escherich,
Tissier, Schlichter, Pincherle) fest, daß auch bei rein oraler Besiedelungs-
möglichkeit die Mekonflora im wesentlichen dieselbe ist. Unter natürlichen
Verhältnissen scheinen aber manche Bakterien die anale, andere die orale
Eintrittspforte zu bevorzugen; jedenfalls fand Salomon an meiner Klinik,
Schweitzer an der Leipziger Frauenklinik in 46% der Fälle die Mundhöhle
bereits unmittelbar nach der Geburt von Keimen besiedelt.

Um den dritten bis vierten Tag herum ändert sich unter dem
Einfluß der zunehmenden Milch- bzw. Kolostrumernährung nicht allein das
Bild der Darmentleerungen, sondern auch die Flora derselben — wieder unter
normalen Verhältnissen in so charakteristischer Weise, daß man von einer
physiologischen Stuhlflora [3] des Brust- wie des gesunden Flaschenkindes
sprechen kann (Moro).

In kürzester Zeit werden die bisher das Bild beherrschenden Bakterien
so völlig verdrängt, daß in einem Ausstrich (Färbung nach Weigert-

---

[1] Derselbe gehört zur Gruppe des von Graßberger und Schattenfroh beschriebenen
Granulobacter. sacharo-butyr. immobilis und entspricht den Bac. perfringens der Franzosen.

[2] Nach Salomons Untersuchungen gilt das schon für den zweiten Tag. Diese
Differenz erklärt sich vielleicht daraus, daß wir die Kinder schon am ersten Tag mehrmals anlegen.

[3] Neueste Literatur: Bessau, in Tobler-Bessau, Allgemeine pathol. Physiologie
der Ernährung und des Stoffwechsels im Handbuch von Brüning-Schwalbe, Wiesbaden
1914. — Portner, Morris und Meyer, Americ. journ. of dis. of childr. Vol. 18, 1919. —
Blühdorn, Monatsschr. f. Kinderheilk. Bd. 22, 1921. — Freudenberg und Heller,
Jahrb. f. Kinderheilk. Bd. 94, 1921. — Davison und Rosenthal, Americ. Journ. of
dis. of childr. Vol. 22, 1921. — Brown und Bosworth, Americ. Journ. of dis. of childr.
Vol. 23, 1922. —

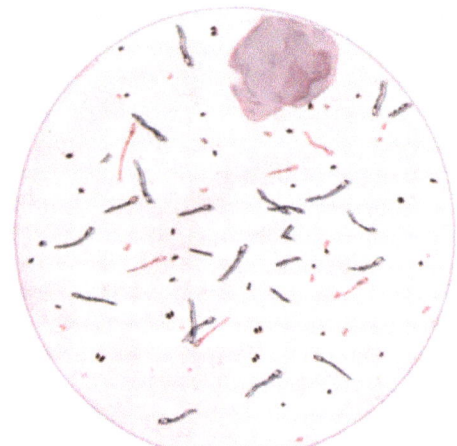

Abb. 22.

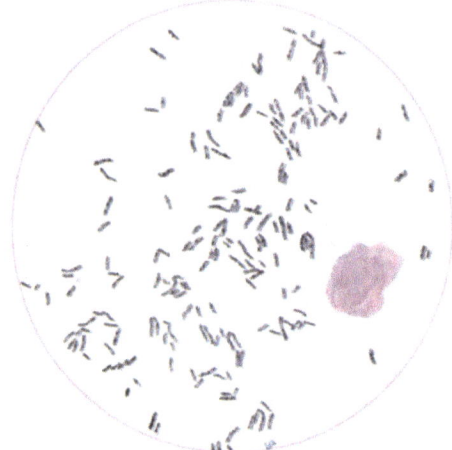

Abb. 23.

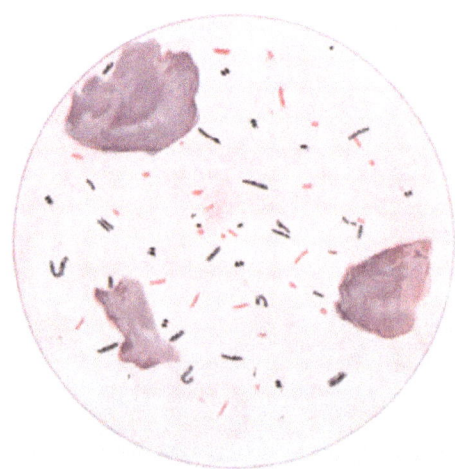

Abb. 24.

Escherich)[1] andere Bakterien überhaupt zu fehlen scheinen. Das tritt gewöhnlich am 5.—6. Tag deutlich hervor (Abb. 23 auf Tafel I). Vorher, namentlich dann, wenn leichte sog. Übergangskatarrhe bestehen, beobachtet man oft ein vorübergehendes Überwiegen der Enterokokken, wie ich gleich v. Reuß bestätigen möchte. Es handelt sich um schlanke, oftmals an den Enden zugespitzte Stäbchen, vielfach zu Diplobazillen gruppiert und vereinzelt mit deutlichen Endverzweigungen versehen. Diese Endverzweigungen treten besonders bei der Kultur der strikt anaeroben Bazillen auf Glyzerinagar hervor, wobei geradezu hirschgeweihartige Verzweigungen auftreten. Es handelt sich um den Bacillus bifidus communis (Tissier), einen nahen Verwandten des Döderleinschen Vaginalbazillus, der nach R. Salomons Untersuchungen das Bacterium coli commune leicht überwuchert. „Solange das Kind an der Brust trinkt und darmgesund ist, ändert sich an diesem einheitlichen Bild so gut wie nichts" (Moro); der Bifidus ist und bleibt sozusagen Alleinherrscher. Es bleibt ein unvergängliches Verdienst von Tissier, durch Einbürgerung des anaeroben Züchtungsverfahrens ältere, nur mit aeroben Methoden gewonnene abweichende Ergebnisse richtig gestellt zu haben. Moro konnte dann nachweisen, daß dieses Vorherrschen der Bifidusflora an die Ernährung mit Frauenmilch gebunden ist. Sowie das Kind andere Nahrung erhält, ändert sich das Bild, ebenso wie bei Wiederherstellung der natürlichen Ernährung innerhalb von 2—3 Tagen die Bifidusflora zurückkehrt. Das Experiment gelingt sogar beim Erwachsenen bei Ernährung mit Frauenmilch (Moro, Schloßmann) — ein weiterer Beweis für die innigen Beziehungen zwischen Bacillus bifidus und Frauenmilch. Die Frauenmilch ist ein geradezu vorzüglicher Nährboden für den Bacillus bifidus, und eine anaerobische Frauenmilchkultur ein dem Glyzerin-Zuckeragar fast gleichwertiges Züchtungs- und Anreicherungsverfahren. Die spezifisch wachstumbegünstigenden Eigenschaften dürften an der Molke hängen (Moro), die ja überhaupt für die Artspezifität der humanen Milch besondere Bedeutung zu haben scheint (vgl. später: Versuche von L. F. Meyer). Man kann geradezu aus dem Überwiegen des Bifidus im Stuhlausstrich auf die Art der Ernährung schließen.

Nur bei genauestem Nachsehen und auch dann nicht immer entdeckt man im Ausstrichpräparat von normalem Frauenmilchstuhl noch andere, zum Teil gramnegative Kokken. Beim Kulturverfahren sind freilich neben dem überwiegenden Bifidus noch viele andere Bakterien nachweisbar — Moro hat 19 verschiedene Arten isoliert. Die wichtigsten derselben sind nach Untersuchungen von Moro, Tissier, Passini, Sittler als regelmäßig zu findende

---

[1] Die einfache Methode eignet sich vorzüglich zur Gewinnung von Übersichtsbildern. Moro (Pfaundler- Schloßmann, Handb. d. Kinderheilk. 2. Aufl. Bd. III, S. 305) gibt folgende, auch uns bewährte Anweisung:
  I. Erforderliche Reagenzien:
    1. Anilingentianaviolett = frischbereitete Lösung von wässeriger Gentianaviolettlösung $(2,5^0/_0)$ und Alkohol-Anilinöl (11:3) im Verhältnis 8,5:1,5.
    2. Wässerige Jodjodkalilösung (1:2:60).
    3. Anilinöl-Xylol āā.
    4. Xylol.
    5. Wässerige Lösung von Fuchsin und Safranin.
  II. Technik:
    Das am Objektträger fixierte Ausstrichpräparat wird mit 1. übergossen, die Farbe nach etwa 10^{II} abgeträufelt und das Glas zwischen Filtrierpapier getrocknet. Danach Aufträufeln von 2; ebenfalls Abtrocknen zwischen Filtrierpapier. Hierauf Entfärbung mit 3. durch Übergießen bis zum Schwund der überschüssigen Farbstoffwolken. Unmittelbar darauf Übergießen mit 4. Nach dem Trocknen über der Flamme Kontrastfärbung (für Gram — Bakterien) mit 5. Abspülen mit Wasser, Trocknen, Betrachten in Ölimmersion.

das Bacterium coli commune, der Bacillus lactis aerogenes (Escherich), der Streptococcus Hirsch-Libmann, der Bacillus acidophilus Moro, ein fakultativer Anaerobier, nach Jötten identisch mit dem Bacillus vaginalis Döderlein, sowie ein unbeweglicher Buttersäurebazillus (Passini, Moro) [= Bacillus perfringens der Franzosen]. Weniger konstante Befunde sind nach Moro der bewegliche Buttersäurebazillus (Amylobacterium Gruber), der Bacillus putrificus coli Bienstock. Auch Staphylokokken, Aktinomyces, Sarcinearten und Hefepilze lassen sich gewöhnlich nachweisen.

Besonders interessant ist nun, daß die genannten im Stuhl nachweisbaren Bakterien nicht regellos über den ganzen Darm verteilt sind, sondern eine gewisse Gesetzmäßigkeit ihrer Verteilung erkennbar ist (Moro). Das auffallendste dabei ist sicher, daß der Dünndarm bis auf die untersten Abschnitte des Ileum nahezu keimfrei ist, und vom Cökum angefangen eine rasche Zunahme der Bakterienzahl nachweisbar wird; und zwar bewohnt das Bacterium lactis aerogenes die oberen Dünndarmabschnitte, Bakterien der Koligruppe die unteren Dünndarmabschnitte. Erst im Cökum beginnt die Zone des Bifidus, der in den unteren Dickdarmabschnitten bald alle anderen Bakterien verdrängt, so daß die Flora am Übergang der Flexur ins Rektum bereits ganz der oben beschriebenen Stuhlflora gleicht. Am buntesten ist das Bild im Cökum, wo Dünn- und Dickdarmflora sich mischen, vor allem Buttersäurebazillen und andere sporenbildende Anaerobier auftreten (Moro).

Stuhl- und Darmflora sind demnach nicht ganz identisch. Von der enormen Menge der mit dem Stuhl ausgeschiedenen Bakterien erhält man einen Begriff wenn man bedenkt, daß im Brustmilchstuhl ca. 20—30 $^0/_0$ des Gesamtstickstoffes auf Bakterienstickstoff entfallen (vgl. später). Übrigens sind die im Ausstrich nachweisbaren Bakterien meistens abgestorbene (Eberle, Moro u. a.), höchstens 5—10 $^0/_0$ derselben sind noch am Leben und kulturfähig.

Über das Vorkommen des d'Herelleschen Bakteriophagen im Stuhl Neugeborener liegen bisher nur die Untersuchungen von Serrányi und Kramár vor. Sie fanden ihn nur in 16 $^0/_0$, und zwar frühestens am 4. Tage, während er bei Säuglingen in 46 $^0/_0$ der Fälle nachweisbar sein soll.

Bei Flaschenkindern ist, wie schon angedeutet, das bakterioskopische Stuhlbild ein ganz anderes, ausgezeichnet vor allem durch einen größeren Artenreichtum, wobei nach Moro besonders gramnegative Bakterien der Koligruppe auffallen, die den Bifidus etwas in den Hintergrund drängen (Abb. 24, Tafel I). Das Ausstrichpräparat unterscheidet sich dadurch sofort von dem des Brustkindstuhles. In der Kultur sind natürlich die Unterschiede weniger deutlich.

Bei Zwiemilchernährung nimmt auch das Stuhlbild eine Mittelstellung ein.

Interessant ist, daß auch bei künstlicher Ernährung die Flora je nach der Zusammensetzung der Nahrung sich sehr ändert [1]. So gelingt es z. B. durch reichlichen Milchzuckerzusatz zur Kuhmilch eine der physiologischen Stuhlflora des Brustkindes sehr ähnliche Zusammensetzung der Bakterien zu erzielen (Sittler). Ähnlich wirkt Maltase im Sinne einer Begünstigung der Bifidusflora, während Rohrzucker die Entwicklung der Buttersäuerbazillen fördert (Sittler). Im allgemeinen begünstigen kohlehydratreiche Nährgemenge eine Hintanhaltung der Darmfäulnis (Escherich), bei eiweißreicher Ernährung tritt eine Vermehrung der proteolytisch wirkenden Bakterien ein — kurz die Art der Nahrung bestimmt zu einem guten Teil die Zusammensetzung der Darm- und Stuhlflora infolge der elektiven, die Wucherung bestimmter Bakterien begünstigenden, anderer hemmenden Zusammensetzung. Man hat derartige Erfahrungen im letzten Jahrzehnt für die Ernährungstherapie, namentlich darmkranker Kinder fruchtbar gemacht. Zu weit aber gehen meines Erachtens Czerny-Keller, wenn sie an der Forderung 24stündigen Hungerns, bzw. der Zufuhr indifferenten, sacharingesüßten abgekochten Wassers streng

---

[1] Neue Literatur bei Bessau in Tobler-Bessau, l. c.

festhalten, mit der Begründung, daß durch die frühzeitig einsetzende Ernährung die Entwicklung der normalen Darmflora gestört werde.

Wie alle diese Auseinandersetzungen zeigen, besteht auch zwischen den normalen Darmbakterien ein gewisser Antagonismus. Ein wesentlicher Teil der günstigen, ja oft direkt heilenden Wirkung der Frauenmilch bei den verschiedensten, namentlich mit starker Fäulnis einhergehenden Darmerkrankungen, beruht auf nichts anderem als auf der Wiederherstellung der normalen, fäulniswidrigen Frauenmilchstuhlflora. Das Überwiegen der Gärungserreger in dieser (Bifidus, Streptococcus Hirsch-Libmann, anaerobe Buttersäuregruppe) über die Fäulniserreger (Bacillus putrificus coli, perfringens u. a.) ist es, welches die Fäulnis hintan hält. Denn Gärung und Fäulnis sind antagonistische Prozesse. Die Begünstigung der Gärungserreger durch die Frauenmilchzufuhr wirkt deshalb im Sinne einer durch natürliche (physiologische) Mittel erreichte Desinfektion des Darmes. — Diese dürfte um so wichtiger sein bei Kindern, welche an sich schon zu Fäulnisprozessen neigen. v. Reuß hat derartige Neugeborene gar nicht selten beobachtet[1].

Einige Bemerkungen möchten wir noch über die Bakterienflora im Magen hier anfügen, worüber neben den älteren Untersuchungen von Escherich, van Puteren, Tissier u. a., aus neuerer Zeit die von Bessau-Bossert[2] und die von Scheer[3] vorliegen. Im allgemeinen zeichnet sich der Mageninhalt des gesunden Neugeborenen durch große Keimarmut aus, gleichgültig, ob derselbe künstlich oder natürlich ernährt wird. Diese Keimarmut wird fast allgemein auf die desinfizierende Wirkung der Salzsäure zurückgeführt, wobei nach Scheer[4] nicht nur der Gehalt an freier Salzsäure, sondern auch an gebundener und daneben noch an anderen freien Säuren von Bedeutung ist. Die einzelnen Bakteriengruppen verhalten sich in dieser Hinsicht sehr verschieden. Enterokokken, die man im Magen regelmäßig findet, sind ziemlich unempfindlich gegen Säure, während Kolibakterien bereits bei jeder Überschreitung einer Ionenkonzentration von $P_H = 4,7$ zugrunde gehen. Sie werden deshalb im Magen des gesunden Neugeborenen fast regelmäßig vermißt. Daneben findet man ganz gewöhnlich Hefe, Sarzine, vereinzelt Staphylokokken und gramnegative Bazillen. Sicherlich haben Bessau und Bossert recht, wenn sie neben dem Azititätsgrad auch die regelmäßige und vollständige Entleerung des Mageninhaltes für die Spärlichkeit der Magenflora verantwortlich machen.

Man hat viel über die Frage gestritten, ob denn die Darmbakterien zum Leben, bzw. zum Gedeihen des Neugeborenen (wie überhaupt des Menschen und der Tiere) nötig seien. Die Frage schien auch durch die bekannten Experimente von Nuttal und Thierfelder am Meerschweinchen längst in dem Sinne entscheiden, daß — mindestens zunächst — steril gehaltene und ernährte Tiere nicht schlechter gediehen als mit den üblichen Bakterien beladene, was neuestens E. Küster durch Versuche an Ziegen wieder bestätigen konnte. Es war aber keine Rede davon, daß die steril Ernährten etwa besser gediehen wären. Zudem sind bei längerer Beobachtungsdauer die mit den verschiedensten Tieren (Hühnchen, Froschlarven, Kröten usw.) vorgenommenen Experimente von Schottelius, O. Metschnikoff und F. Moro gerade in entgegengesetztem Sinne ausgefallen. Die steril Ernährten gingen ein oder blieben unterentwickelt. Mir scheint, daß Moro den Nagel auf den Kopf getroffen hat, wenn er den Darmbakterien vor allem eine Art Schutzfunktion gegen die Ansiedlung anderer, pathogener Keime zuspricht, so daß also ihre

[1] Vgl. oben S. 47 das über Indikanurie Erwähnte.
[2] Jahrb. f. Kinderheilk. Bd. 89, 1919.
[3] Jahrb. f. Kinderheilk. Bd. 92, 1920.
[4] Arch. f. Hygiene Bd. 88, 1919 und Zeitschr. f. Immunitätsforschung Bd. 33, 1921.

Anwesenheit zweifellos von großem Vorteil für den Wirt ist. Ob sie
daneben noch an dem Aufschließen und Abbau der Nahrungsbestandteile einen
größeren Anteil haben, ist zweifelhaft. Groß scheint ihre Bedeutung in dieser
Hinsicht nicht zu sein, obwohl ihre Fähigkeit dazu in Versuchen in vitro sicher
festgestellt ist. Mag man auch noch so skeptisch sein in der Übertragung derartiger Reagenzglasversuche auf das Leben, so wird man eine gewisse Bedeutung
derselben doch nicht ableugnen dürfen. Der fäulniswidrigen Wirkung der
Gärungserreger haben wir schon gedacht. Ebenso scheinen manche durch
die Tätigkeit der Bakterien entstehende sauren Stoffe und die Gase fördernd
für die Peristaltik zu sein. Der Zukunft bleibt es vorbehalten, weitere Aufschlüsse in dieser Richtung zu gewinnen.

Vorgänge bei der Magendarmverdauung.

Überblicken wir noch einmal Bau und Leistungen des gesamten
Magen-Darmkanals des Neugeborenen, so wird man entgegen manchen
Äußerungen der Literatur nicht umhin können anzuerkennen, daß beide den
Bedürfnissen des Neugeborenen in recht vollkommener Weise
gerecht werden. Von einer Rückständigkeit kann man im Hinblick auf
physiologische Lebensbedingungen nicht sprechen.

Wenn auch bereits aus dem Vorhergehenden das Wichtigste über die
Wirkung der Verdauungsfermente abzulesen ist, scheint es doch wohl nicht
überflüssig, die Veränderungen der Nahrung bei ihrem Durchgange durch
den Magen-Darmkanal ganz kurz zusammenfassend darzustellen, und dabei
manche Ergänzungen anzufügen.

Es wäre verkehrt anzunehmen, daß bei der eigenartigen Nahrung des Neugeborenen die Mundhöhlenverdauung ohne Belang sei. Das allgemeine
Gesetz, daß um so mehr Speichel auf die Nahrung ergossen wird, je trockener
dieselbe ist, erleidet bei der Milch eine Ausnahme. Auf Milch wird mehr
Speichel ergossen als z. B. auf Fleisch (Sellheim) und zwar besonders Schleim-
speichel. Welche Bedeutung dieses eigentümliche Verhalten hat, ist noch
nicht aufgeklärt; die Annahme, daß die mit dem schleimigen Speichel vermengte Milch ein lockeres Koagulum bilde und dadurch der verdauenden Wirkung
der Magensekrete leichter zugänglich werde (Billard, Dieulate, Borissow),
bedarf noch eines stringenten Beweises. Vorläufig ist nur sichergestellt, daß
tatsächlich die mit dem Speichel vermengte Milch bei der Gerinnung anders
sedimentiert (Tobler) als die speichelfreie, der Wirkung des Magensaftes
ausgesetzte Milch. Auf der anderen Seite ist ja durch Pawlows und seiner
Schüler Untersuchungen bekannt, daß ganz indifferente Stoffe wie Wasser,
dünne Kochsalzlösung und ähnliches keine Speichelsekretion hervorrufen.
Beim älteren Neugeborenen und Säugling dürften bereits auch psychische
Momente die Speichelsekretion auslösen oder begünstigen; jedenfalls aber
wird sie durch den Saugakt ausgelöst (Cohnheim, Soetbeer). Man darf
also trotz vieler Lücken unserer Erkenntnisse schon heute überzeugt sein, daß
bereits beim Neugeborenen die Bedeutung der Mundhöhlenverdauung nicht
unterschätzt werden darf. Wenn auch bei der Natur der Nahrung ihre direkte
Wirkung eine geringe sein mag, so dürfte dieselbe für den Ablauf einer
geregelten und ökonomischen Magenverdauung um so wichtiger sein. Die Vorteile der natürlichen Ernährung, bei der erst nach mehreren Saugbewegungen
eine Schluckbewegung erfolgt, die Milch also minutenlang in der Mundhöhle
verweilt, leuchten ohne weiteres ein. Umfangreiche chemische Veränderungen
der Nahrung scheinen beim Neugeborenen in der Mundhöhle nicht zustande
zu kommen.

Um eine Aufklärung des weiteren Schicksals der im Magen verweilenden Milch hat sich namentlich Tobler Verdienste erworben. Entgegen älteren irrigen Auffassungen konnte gezeigt werden, daß die Milch keinesfalls gleichmäßig im Magen durchgerührt wird; vielmehr erfolgt die Magenverdauung unter eigenartiger Schichtung der Nahrung. Anscheinend kommt es bereits wenige Minuten nach Eintritt der Milch im Magen zur Labgerinnung, in etwa 10 Minuten ist der Höhepunkt derselben erreicht. An den Labungsprozeß schließt sich eine Sedimentierung an, welche gelabte und ungelabte Teile der Milch voneinander scheidet. Wahrscheinlich ist diese Scheidung der festen und flüssigen Bestandteile wesentlich durch die Peristaltik des Corpus ventriculi bewirkt (Prym). Noch innerhalb der ersten halben Stunde wird bereits die milchzuckerhaltige Molke, die außer dem löslichen Teil des Milcheiweißes, dem Molkenalbumin, auch noch eines größeren Teil der Salze enthält, an den Darm abgegeben, in der nächsten Stunde werden die zurückgebliebenen gelabten Rückstände weiter verarbeitet und weggeschwemmt, so daß nach etwa 1½ Stunden der Magen leer ist. Der Übertritt der einzelnen bereits angedauten Milchportionen ins Duodenum wird wahrscheinlich bereits in der Neugeburtszeit vom Duodenum aus durch reflektorischen Pylorusschluß reguliert (Tobler). Dadurch erst wird ein intensiver Labungsprozeß wie Abbau des Milcheiweißes im Magen gewährleistet. Auf die Abgabe der Molke folgt wahrscheinlich die des Kaseins, zuletzt erst wird das Milchfett in den Darm abgegeben. Die motorische Tätigkeit des Magens scheint hinsichtlich ihrer Form dabei der des Erwachsenen außerordentlich ähnlich zu sein (Prym) [1].

Bereits beim Neugeborenen dürfte eine Antrum pylori funktionell von dem Korpus zu trennen sein.

Nach Abgabe der flüssigen Molke bleibt im Magen nur das Gerinnsel zurück, welches alsbald dem peptischen Verdauungsprozeß unterliegt. Derselbe betrifft aber nicht gleichmäßig das ganze Gerinnsel (Ergebnis von Gefrierschnittsuntersuchungen), sondern immer nur die jeweils peripheren Schichten des Gerinnsels, dessen zentraler Kern zuletzt angegriffen wird. Da somit vor völliger Entleerung des Magens neu eingebrachte Milch um diesen zentralen Kern sich herumlegt und vor ihm der peptischen Verdauung anheimfällt, ist die Schädlichkeit einer Nahrungszufuhr vor völliger Magenentleerung leicht einzusehen, zumal in dem älteren Gerinnungskern unterdessen ausgedehnte bakterielle Zersetzungen vor sich gehen können (Krayer). Die Meinung von Tobler ist übrigens nicht unbestritten. Czerny, Allaria, Davidsohn, Heß behaupten demgegenüber, daß solche Gerinnsel im Magen nur bei Verfütterung roher unverdünnter Kuhmilch auftreten, bei natürlicher Ernährung aber im Magen stets ein flüssiger Inhalt angenommen werden muß [2].

Der Milchzucker geht, wie schon gesagt, größtenteils mit der Molke in den Darm über, zum Teil aber wird er schon im Magen resorbiert (Hamburger und Sperk).

Auch das Milchfett unterliegt im Magen bereits einer gewissen Spaltung durch die Anwesenheit der von Volhard entdeckten Lipase. Dabei handelt es sich größtenteils um die Entstehung unlöslicher, nicht flüchtiger Fettsäuren. Diese Fettspaltung wird bei Brustmilchnahrung zunächst durch die eigene Milchlipase eingeleitet, deren Tätigkeit später durch Magenlipase abgelöst wird. Bei künstlicher Ernährung dagegen fällt die erste Phase der Lipolyse ganz weg, die zweite wird durch die langsamere Erreichung des Säureoptimums verzögert (Freudenberg).

---

[1] Näheres cf. Lehrbücher der Physiologie.
[2] Näheres über diese Streitfrage bei Czerny-Keller, Handbuch, 2. Aufl., Bd. 1, S. 571 f.

Am kompliziertesten gestaltet sich die Magenverdauung der Eiweiß-körper. Zunächst kommt es anscheinend unter dem Einfluß der Salzsäure zu einer Aufquellung der Eiweißkörper (Zuntz), die damit der Wirkung des Pepsins zugänglich werden. Nach den Untersuchungen von Bessau und seinen Schülern [1] ist dabei das Eiweiß der auslösende Reiz für die Magensaftsekretion, während Fette und Kohlehydrate der Milch in dieser Hinsicht ohne Einfluß sind. Der Salzsäure scheint dabei eine besondere Rolle im Labungsprozeß zu-zukommen. Entgegen den oben erwähnten Toblerschen Feststellungen, die nur für die Ernährung mit Kuhmilch gelten, kommt es bei Brustkindern wegen des Alkalireichtums der Frauenmilch erst dann zur Labgerinnung, wenn ihre Alkaleszenz durch die Salzsäure herabgesetzt ist.

Den von Allaria (1907), Davidsohn, Salge (1912) und zum Teil auch von R. Heß (1914) geltend gemachten Einwänden, daß die Säuerung des Magen-inhaltes für eine wirksame Pepsinverdauung gar nicht ausreiche, demnach nur Labwirkung vorliege, ist durch Schackwitz auf Grund von sehr ein-gehenden Untersuchungen an natürlich ernährten Neugeborenen widersprochen worden, aber wohl nicht mit Recht (vgl. auch S. 62).

Die von den erstgenannten Autoren gefundenen [H˙]-Werte würden allerdings für eine Pepsinwirkung nicht ausreichen. Davidsohn machte geltend, daß daraus zwar nicht auf mangelhafte Funktion des Säuglingsmagens geschlossen werden dürfe, sondern daß wahrscheinlich die Milchnahrung — nach denselben Erfahrungen beim Erwachsenen (Bachmann, Strauß) und im Tierexperimente (Cloetta, Pawlow) — als solche für die geringere Azidität Veranlassung sei. Dieselbe erleichtere die Lipasewirkung (Fett-spaltung), die im Säuglingsmagen bis zu 25% beträgt (Sedgwick, Heinsheimer), während das Milcheiweiß auch der tryptischen Verdauung leicht zugänglich sei. Auf weitergehende Schlüsse Davidsohns über Identität von Pepsin und Lab ist hier nicht einzugehen.

Die von Schackwitz mehrfach gefundenen [H˙]-Werte von 10^{-4} bis 10^{-2} würden dagegen für eine Pepsinverdauung durchaus ausreichen; ebenso mehrfach von R. Heß gefundene Werte.   Später (1915) hat noch R. Kronenberg betont, daß die Milch zur peptischen Verdauung geringerer Aziditätswerte bedarf als koaguliertes Eiweiß und dieses geringere Säurebedürfnis im Säuglingsmagen durchaus befriedigt werden könne.

Tobler hat auch gegen die Methodik von Davidsohn- Salge Einwände erhoben, auf die wir nicht eingehen wollen und gleich Langstein, Hamburger- Sperk nach-gewiesen, daß nach $1\frac{1}{2}$—2 Stunden im Magen die gelösten N-Substanzen so ansteigen, daß schon daraus eine Pepsinwirkung erwiesen sei.

Ältere Literatur (bis 1908) ist besprochen bei A. Uffenheimer, l. c., neuere bei Freudenberg, l. c. und in Czerny- Kellers Handbuch, 2. Aufl., Bd. I, worauf hier ver-wiesen sei, da ein weiteres Eingehen auf diese immer noch umstrittenen Fragen für den Geburtshelfer zu wenig Interesse hat.

Übrigens scheint nach den wertvollen Untersuchungen von Tobler ein engerer Zusammenhang zwischen Labgerinnung und Pepsinwirkung zu bestehen, insofern als durch die Labung die Milch gewissermaßen so lang im Magen festgehalten wird, bis alle Teile der Nahrung der Pepsinwirkung ausgesetzt werden können. Für die Labwirkung wird selbst von Davidsohn die Azidität als annähernd dem Optimum ($[\text{H}˙] = 1 \times 10^{-5}$)) entsprechend angegeben. Zudem muß man stets daran festhalten, daß künstlich ernährte den natürlich ernährten Kindern nicht ohne weiteres gleich gesetzt werden dürfen, weil die Arteigenheit oder Artfremdheit des Nahrungseiweißes jedenfalls nicht ohne Bedeutung für die Fermentwirkung ist. In dieser Hinsicht haben uns ja die Forschungen von Hamburger und Abderhalden ganz umdenken gelehrt. Außerdem spielt aber bei künstlicher Ernährung auch die Zubereitung der Nahrung eine große Rolle. So z. B. wird durch den Wasserzusatz bei Milch-verdünnungen, ebenso durch die Erhitzung der Milch der Labungsprozeß ver-langsamt, umgekehrt durch Mehlzusatz, ganz besonders aber durch Soxhlets Nährzucker beschleunigt (Noeggerath, Filippi).

---

[1] Jahrb. f. Kinderheilk. Bd. 15, 1921 und Bd. 97, 1922.

Das Labferment bringt das Kasein zur Gerinnung. Dabei entstehen zwei Produkte: Parakasein, der eigentliche Käse, und in geringerer Menge das albumosenartige, leicht lösliche Molkeneiweiß (Hammarsten). Auf einzelne die Labgerinnung beeinflussende Faktoren sei hier nicht näher eingegangen. Nur so viel mag erwähnt sein, daß Kuhmilch früher und stärker gerinnt als Frauenmilch, die alkalischer ist. Ob die rasche Labgerinnung nur den Vorteil hat, die Abgabe der flüssigen Molke zu beschleunigen, und damit die der Magensaftverdauung unterliegende Masse zu verkleinern (wie Tobler meint) oder ob daneben noch eine tiefere biologische Bedeutung derselben in Betracht kommt, etwa der Schutz des Organismus vor dem Eindringen unveränderten Kaseins (Neumeister, Albrecht, Uffenheimer), ist nicht näher bekannt. Auf noch andere Möglichkeiten hat neuestens Freudenberg hingewiesen. Die Eiweißkörper werden aber im Magen weiter abgebaut. Albumosen und Peptone sind sicher nachgewiesen (Langstein u. a.), wobei freilich noch unentschieden bleibt, wie viel Anteil daran die Labgerinnung und wie viel die Pepsinwirkung hat; ist doch in neuerer Zeit sogar behauptet worden, daß Lab- und Pepsinferment identisch seien (Pawlow, Jacoby u. a.). Aminosäuren wurden jedenfalls im Magen des Säuglings und Neugeborenen noch nicht gefunden. Man nimmt aber an, daß bereits der Abbau bis zu den Peptonen genügt, um das Eiweiß seines Artcharakters zu entkleiden; ob ganz mit Recht, scheint dem Verfasser zweifelhaft.

So kann man sich heute den Ablauf der Magenverdauung beim Neugeborenen vorstellen, wobei allerdings die Einschränkung zu machen ist, daß das Bild weder erschöpfend noch wahrscheinlich in allen Einzelheiten richtig ist.

Es bleibt aber noch kurz die Frage zu erörtern: was wird im Magen resorbiert? Die aus einigen Versuchen von Tobler an Hunden mit hoher Duodenalfistel erschlossene Resorption von Milchstickstoff im Magen ist mindestens noch zahlreichen Einwänden zugänglich; aus wertvollen Versuchen von Allaria scheint mir vielmehr hervorzugehen, daß eine nennenswerte Resorption im Magen überhaupt nicht stattfindet. Es scheint, als wenn lediglich durch eine Wasserabscheidung in dem Magengerinnsel Konzentrationsänderungen der im Magen befindlichen Lösungen vor ihrem Übertritt in den Darm statthätten.

Im Darm selbst unterliegt nun der Chymus weiter der Wirkung der Sekrete von Darmschleimhaut, Pankreas und Galle (vgl. oben S. 66ff.). Bei künstlicher Ernährung sind dabei zur Neutralisation des sauren Magensaftes größere Sekretmengen nötig als beim Brustkind. Die Albumosen und Peptone, die aus dem Magen in den Darm übertreten, werden unter dem Einfluß des Trypsins bis zu Aminosäuren gespalten. Wie weit in jedem einzelnen Falle die Spaltung geht, ist noch nicht ausgemacht. Jedenfalls ist bekannt, daß das Erepsin (Cohnheim), welches Peptone bis zum Ammoniak, Leuzin, Tyrosin, Lysin usw. abbaut, bereits beim Neugeborenen im Dünndarm vorkommt (Langstein, Soldin u. a.).

Der Milchzucker wird unter dem Einfluß der Laktase in Galaktose und Dextrose zerlegt, also der Doppelzucker in einfachen Zucker umgewandelt, und als solcher resorbiert.

Das teilweise bereits auch gespaltene Milchfett unterliegt im Darm unter Einwirkung des Steapsins, welches seinerseits durch die Galle aktiviert wird, einer weiter gehenden Spaltung in Glyzerin und Fettsäure; das an Ölsäure reichere Fett der Frauenmilch scheint dabei günstiger zu sein, da Ölsäure am raschesten resorbiert werden soll; ob dabei auch ungespaltenes emulgiertes Milchfett resorbiert wird, ist unaufgeklärt. Das Fett gelangt in die Lymphbahnen, zum

Teil wohl auch in die Blutkapillaren (Zawilski und Frank), während Eiweiß und Kohlehydrate nur durch die Gefäße zur Resorption kommen.

Über synthetische Prozesse in der Darmschleimhaut des Neugeborenen ist nichts bekannt.

Die Bedeutung der einzelnen Gruppen von Nahrungsstoffen in der Frauenmilch erschöpft sich nicht etwa in ihrer kalorischen Wertigkeit, sondern jeder Gruppe von Nahrungsstoffen scheinen noch besondere Aufgaben im Stoffwechselhaushalt des Neugeborenen- und Säuglingsorganismus zuzukommen. So hat das Eiweiß nicht nur zum Ersatz abgenutzter Eiweiß-substanz, zum Aufbau und vor allem zum Wachstum zu dienen, sondern es scheint auch große Bedeutung in der Hinsicht zu haben, daß durch die Eiweiß-fäulnis einer zu starken Gärung im Magen-Darmkanal entgegengewirkt wird. Der Repräsentant der Kohlehydrate, der Milchzucker, wird nach seiner Spaltung und Resorption ins Blut zum Teil sofort verbrannt, zum Teil aber auch in Form von Glykogen aufgespeichert. Der Hauptkalorienträger ist anscheinend das Fett. Doch erschöpft sich auch seine Bedeutung in dieser Wirkung nicht, sondern es scheint gerade auch an das Fett bzw. die Lipoide der Frauenmilch die Zufuhr wichtiger Vitamine gebunden zu sein.

Durchlässigkeit des Magendarmkanals beim Neugeborenen.

Keinesfalls darf die Darmwand des Neugeborenen als eine tote, höchstens Filtereigenschaften entwickelnde Membran aufgefaßt werden. Sie ist vielmehr in ihrer Art ein genau so hoch entwickeltes Organ wie beim älteren Kinde oder Erwachsenen. Die qualitativen wie quantitativen Unterschiede sind mehr im Sinne von Eigenart als von Unvollkommenheit des Neugeborenen zu werten.

Ausgegangen sind alle derartigen Versuche über die Durchlässigkeit der Darmwand von der Frage, ob auf enteralem Wege mit der Nahrung zugeführte Antigene bzw. Schutzstoffe ins Blut des Neugeborenen gelangen können, was bekanntlich beim Erwachsenen nicht oder nur in Spuren möglich ist. Die berühmten Versuche Ehrlichs haben zunächst den Beweis erbracht, daß mindestens beim Tier tatsächlich die Übertragung arteigener Antitoxine durch Ammenmilch möglich sei, diese Körper also unzerlegt die Darmwand passieren; schließlich gelang auch bei menschlichen Neugeborenen der Nach-weis, daß sogar artfremde Antitoxine, wenn sie nur in arteigener Milch bzw. Kolostrum suspendiert sind, auf diese Weise übertragen werden können (Salge, Bertarelli). Ja gewisse Eiweißkörper, wie manche Antitoxine, Hämolysine Agglutinine scheinen auch ohne solche Bindung an artgleiches Eiweiß unzerlegt die Darmwand passieren zu können (v. Behring, Römer, Ganghofner und Langer, Uffenheimer u. a.); allerdings nicht bei allen neugeborenen Tieren. Am menschlichen Neugeborenen sind begreiflicherweise solche Versuche in größerem Ausmaß nicht möglich. Anscheinend erfolgt übrigens ein derartiger Übergang nur für einen Teil der eingeführten Mengen, unterhalb einer gewissen Grenze scheint der Übergang nicht stattzufinden (Lust, Hayashi). Ebenso dürfte derselbe nur für einen Teil der Neugeborenenperiode gelten, beim menschlichen Neugeborenen vielleicht nur während der Kolostralperiode (Ganghofner und Langer).

Im einzelnen ist etwa folgendes festgestellt:

1. Toxine. Die Beobachtungen stützen sich fast ausschließlich auf Tier-experimente, die auf den menschlichen Neugeborenen nur schwer zu über-tragen sind. So fand z. B. Uffenheimer, daß der Darm neugeborener Meer-schweinchen für Tetanusgift durchgängig ist (von Ransow, Carrière bestritten). Die Beobachtung steht aber vorläufig vereinzelt da. Die meisten Beobachter

fanden ganz allgemein, daß die verschiedenen Toxine bei enteraler Zufuhr auch bei neugeborenen Tieren keine Erkrankung erzeugen, und zwar nach fast allgemeiner Annahme wohl deshalb, weil sie durch die Verdauungsfermente zerstört und damit ungiftig werden. Speziell wird dem proteolytischen Ferment des Pankreas und der Galle, weniger der Pepsin-Salzsäure diese Rolle zugeschrieben. Freilich sind noch andere Möglichkeiten hervorgehoben worden (Charrin, Römer), auf die wir der Kürze halber nicht eingehen wollen. Wenn nun auch beim Neugeborenen die Verhältnisse anders liegen mögen, so ist doch bis jetzt noch kein Fall bekannt, in dem etwa durch die Milch ausgeschiedene Toxine kranker Mütter zu Erkrankung des Neugeborenen Veranlassung gegeben hätten. Zudem ist der Übergang von echten Toxinen in die Milch, abgesehen von den Toxinen höherer Pflanzen (Abrin, Rizin) noch nicht erwiesen. Anders steht die Frage hinsichtlich des

2. Überganges von Antitoxinen in die Milch und in den kindlichen Organismus. Maßgebend sind dafür die schon oben erwähnten Versuche Ehrlichs „Über Immunität durch Vererbung und Säugung" 1892. Danach kommt sowohl durch die Plazenta eine direkte Übertragung der Antikörper aus dem Blute sowohl aktiv wie passiv immunisierter Mütter vor, wie andererseits die Ammenaustauschversuche erwiesen haben, daß auch durch die Milch diese Antitoxinübertragung statthaben könne. Der Antitoxingehalt der Milch ging im allgemeinen parallel dem Antitoxingehalt des Blutes. **Außerdem aber hängt die Höhe der durch Säugung erzeugenden Immunität sehr ab von dem Zeitpunkt der Laktationsperiode** „und dem dadurch gegebenen Unterschied im Gehalt an genuinem (antitoxischem) Milcheiweiß". Das Rätselhafte an dieser Art der Immunisierung ist, daß dieselbe offensichtlich eine enterale war, also die Aufnahme unveränderten Antitoxins durch den Darm voraussetzte, **was weiter voraussetzte, daß das Nahrungseiweiß, an welches das Antitoxin gebunden war, nicht zerstört werden dürfte.** Denn der völlige Abbau des genuinen Eiweißmoleküls wäre ohne Antitoxinverlust nicht möglich. Schon Ehrlich vermutete deshalb, daß „der Schlüssel des Rätsels in der Eigenart der Milch" liegen müsse. P. H. Römer hat dann 1901 auf Grund von Beobachtungen an dem Fohlen einer diphtherieimmunisierten Stute gefolgert, daß offenbar nur der Magen-Darmkanal Neugeborener Antitoxine und damit auch genuines Eiweiß unverändert resorbiere, daß aber jenseits der Neugeburtszeit diese Möglichkeit rasch geringer werde und bald ganz verschwinde. Auch Ganghofner und Langer kamen bei ihren Versuchen mit Hühnereiweiß und Rinderserum zu dem Ergebnis, daß im Magen-Darmkanal Neugeborener (Hündchen, Kätzchen, Kaninchen, Zicklein und menschlicher Neugeborener) per os zugeführtes artfremdes Eiweiß zum Teil unverändert resorbiert wird — **allerdings nur im Laufe der ersten Lebenswoche.** Interessant ist in diesem Zusammenhang auch ein Experiment von Salge. Dieser Forscher konnte bei Verfütterung von diphtherie-antitoxinhaltigem Serum an menschliche Neugeborene keinen Übergang von Antitoxin feststellen, wohl aber, wenn das antitoxische Serum der stillenden Mutter oder Amme injiziert, dem Kinde also in der Milch zugeführt wurde; und zwar fand Salge diese Antitoxinresorption noch bei einem Säugling der 4. Lebenswoche deutlich ausgesprochen. Salge selbst brachte schon Experimente bei, welche zu beweisen schienen, daß diese Antitoxinübertragung wesentlich nur statthabe, wenn dasselbe an artgleiches Eiweiß gebunden ist, während aus Versuchen von Römer und Much sich ergab, daß die Antitoxinübertragung auch durch heterologes Eiweiß, freilich in viel geringerem Maße, gelinge (Übertragung von Antitoxin durch Pferdeserumeiweiß auf Kälber. Beim menschlichen Neugeborenen steht ein solcher Beweis noch aus, was mir besonders wichtig erscheint).

Aus Römers Versuchen ergab sich weiter, daß ein beträchtlicher Übergang von Antitoxin nur dann statthatte, wenn die Tiere „vom Moment der Geburt ab die antitoxische Muttermilch erhielten, daß er aber sehr gering war bzw. ganz ausblieb, wenn die neugeborenen Tiere erst vom 5. bzw. 13. Tage an die antitoxische Muttermilch erhielten", und zwar trotz großen Antitoxingehaltes der Milch. Römer zog daraus freilich nur Schlüsse auf ein besonderes Verhalten des Darmkanals neugeborener Tiere in den ersten Tagen nach der Geburt. Den von Ehrlich angeregten Gedanken, die Lösung des Rätsels in der Eigenart der Milch zu suchen, glaubte Römer damit aufgeben zu sollen; dem Verfasser will aber scheinen, als hätte schon Römers Versuch es nahe gelegt, gerade in der „Eigenart der Milch", nämlich in der kolostralen Beschaffenheit derselben in den ersten Tagen die Lösung des Rätsels zu sehen [1]).

Bezüglich der übrigen Antikörper ist ebenfalls bekannt, daß sie aus dem Blute der Mutter in die Milch in wechselnder Weise übergehen. Hinsichtlich ihrer Übertragung durch Milch auf den Säugling liegen aber fast ebenso viel negative wie positive Angaben vor, aus denen immerhin soviel hervorgeht, daß eine Agglutininübertragung durch Säugung vorkommt, und zwar augenscheinlich besonders dann, wenn es sich um artgleiches Agglutinin handelt. Ebenso scheint erwiesen, daß bakterizide Stoffe unter natürlichen Bedingungen mit der Milch auf den Säugling übertragen werden können (Moro u. a.). Ähnliches gilt für die Hämolysine (Moro, Pfaundler) wie für die Opsonine (Turton und Appleton, v. Eisler und Sohma).

Man darf natürlich keine zu weit gehenden Schlüsse aus diesen Experimenten ziehen. Denn jede Zufuhr artfremden Eiweißes stellt sicherlich für den Neugeborenen und ganz besonders während der Kolostralperiode einen aphysiologischen oder widernatürlichen Reiz dar (Hamburger), so daß der Ausfall der genannten Experimente vielleicht nur beweist, daß eine bereits durch diese widernatürlichen Reize geschädigte Darmwand artfremdes Eiweiß unzerlegt passieren läßt. Schlüsse auf eine Rückständigkeit des Darmes des Neugeborenen sind hinfällig, denn Zufuhr artfremden Eiweißes entspricht eben nicht mehr den physiologischen Lebensbedingungen des Neugeborenen.

Ich möchte dabei besonderes Gewicht legen auf die schon von mehreren Seiten angedeutete Sonderstellung der Kolostralperiode; denn wir haben tatsächlich eine ganze Reihe von Anhaltspunkten dafür, daß Kolostrumeiweiß dem Serumeiweiß noch näher steht als selbst das artgleiche Frauenmilcheiweiß (Römer, Bauereisen) und jedenfalls dem Organismus viel weniger Arbeit zumutet. Es scheint, als ob Kolostrumeiweiß, natürlich mit Ausschluß des Kaseins, nicht einmal als blutfremd bezeichnet werden dürfte (Jaschke-Lindig). Offenbar stellt das kolostrale Eiweiß das wichtigste Vehikel für die Zufuhr bestimmter Antigene usw. dar.

Hier mag auch noch die Frage der Bakteriendurchlässigkeit des Darms Neugeborener gestreift werden. v. Behring hat bekanntlich für die Tuberkulose und den Milzbrand eine solche erwiesen und zum Teil weitgehende Schlüsse daraus gezogen. Aber einmal wissen wir heute ganz sicher, daß die verschiedenen Versuchstiere sich ganz verschieden verhalten, eine Übertragung auf den menschlichen Neugeborenen somit ohne weiteres gar nicht möglich ist; weiter sind die Experimente und Versuchsbedingungen vielfach ganz anders als im wirklichen Leben; schließlich ist zu erwägen, daß für den Darm des Erwachsenen bezüglich der Bakteriendurchlässigkeit wahrscheinlich nicht wesentlich andere Bedingungen bestehen, nur daß derselbe hinter der Darmwand noch über manche Abwehrvorrichtung verfügt, die dem Neugeborenen fehlt (Uffenheimer), ganz abgesehen von der nicht zu vernachlässigenden Virulenz der Bakterien. Es würde zu weit führen, hier alle diese Fragen ausführlich erörtern zu wollen. Dazu ist ihre praktische Verwertbarkeit heute noch viel zu gering.

---

[1] Vgl. weiter unten.

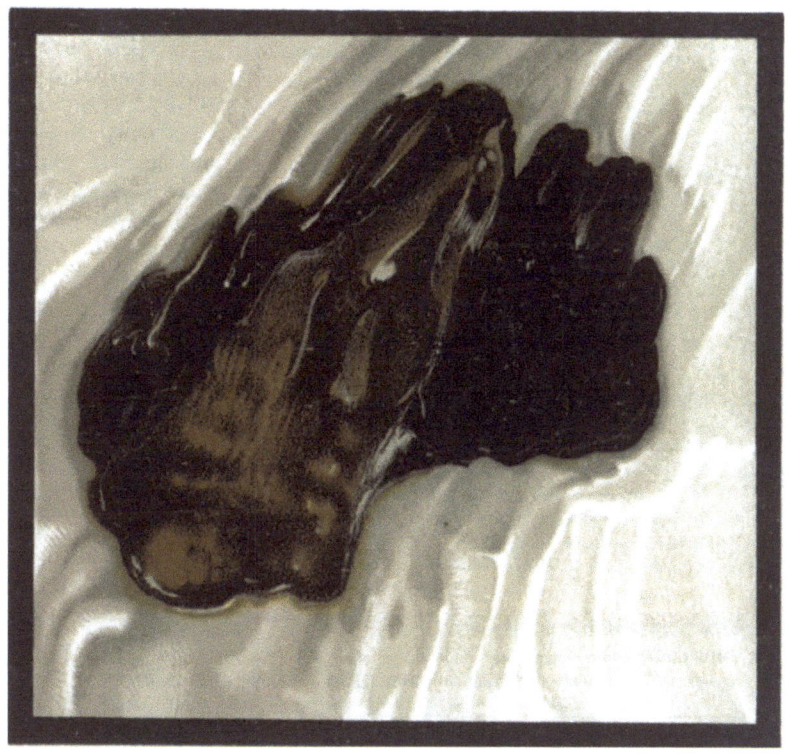

Abb. 25. Mekonium eines gesunden Brustkindes.

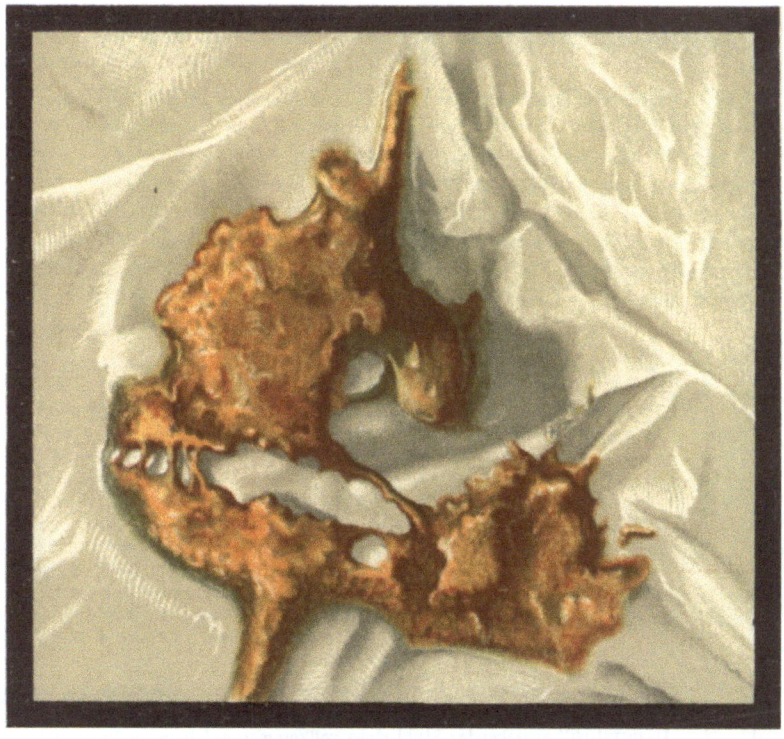

Abb. 26. Stuhl eines gesunden Brustkindes der 2. Lebenswoche.

Abb. 27. Gelbgrüner, inhomogener Stuhl mit zahlreichen Milchbröckeln und einzelnen Schleimfäden von einem ganz gesunden, sehr gut gedeihenden Brustkind.

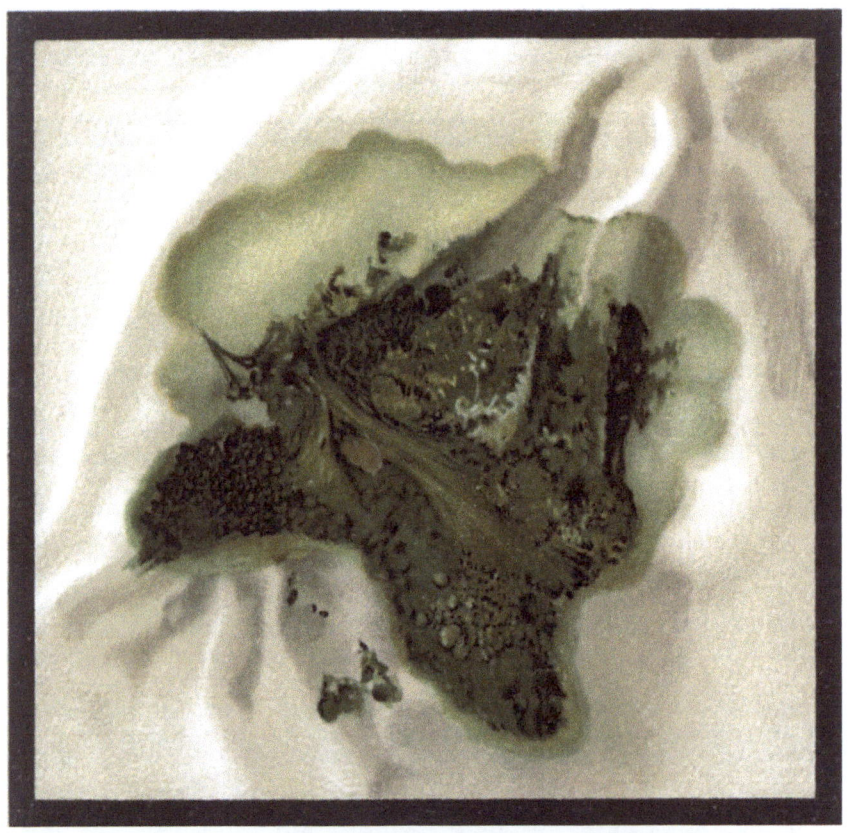

Abb. 28. „Dyspeptisch" aussehender Stuhl eines vollkommen gedeihenden Brustkindes mit sog. Übergangskatarrh.

Die Darmentleerungen des Neugeborenen.

Mekonium.

Die ersten Darmentleerungen des Neugeborenen unterscheiden sich schon bei der groben Besichtigung so auffallend von dem, was man später als Stuhl zu sehen bekommt, daß schon seit alters ein besonderer Name dafür sich eingebürgert hat. Die klebrige zähe Beschaffenheit derselben im Verein mit der grünschwarzen Farbe kommt in dem gebräuchlichsten Namen „Kindspech (Mekonium)" treffend zum Ausdruck.

Entgegen älteren Auffassungen [1], die nur den Dickdarminhalt als Mekonium bezeichnet wissen wollten, darf man heute wohl auf allgemeine Zustimmung rechnen, wenn man darunter den gesamten, zur Zeit der Geburt vorhandenen Darminhalt versteht, welcher im Verlaufe der nächsten Lebenstage ausgeschieden wird (vgl. Abb. 25 auf Tafel II). Dieser Darminhalt ist ein aus dem Fetalleben mitgebrachter Rest, der sich etwa vom 4. Fetalmonat an gebildet und angehäuft hat und — sofern nicht aus besonderer Ursache (Beckenendlage, Asphyxie) schon unter der Geburt eine teilweise Entleerung erfolgt — vollständig in das extrauterine Leben mitgebracht wird. Derselbe zeigt durchaus nicht in allen Darmabschnitten die gleiche Beschaffenheit und Farbe. Dementsprechend sind die zuerst ausgeschiedenen, aus dem Enddarm stammenden Mekoniumpartien recht verschieden von den zuletzt entleerten, welche zur Zeit der Geburt wesentlich im Duodenum sich befanden, wozu noch kommt, daß diesen Massen sich bereits Schlacken der aufgenommenen Nahrung in größerer oder geringerer Menge beimischen, die von Mekonium überhaupt nicht scharf zu trennen sind [2]. Die erste Portion wird zum Teil während oder kurz nach der Geburt, am häufigsten einige Stunden später ausgeschieden. Sie zeigt am deutlichsten die zähe, klebrige homogene Beschaffenheit, ist ganz dunkel schwarzgrün (Abb. 25 auf Tafel II) und läßt zuweilen an ihrem unteren Ende einen spitzkugelförmigen, grauweißen, gewöhnlich nicht mehr als 2—3 mm dicken, glasigen Propf erkennen, der aus eingedicktem Schleim, Epitheltrümmern und großen epitheloiden Zellen, die zum Teil kernlos sind, besteht. Dieses eigentümliche Gebilde war schon Soranus und Aristoteles bekannt, ist aber erst 1900 von Cramer wieder entdeckt und als „Mekoniumpfropf" beschrieben worden. Cramer hält ihn für ein regelmäßig zu findendes Gebilde. Czerny-Keller bestätigen, daß man ihn fast immer nachweisen kann; andere dagegen fanden ihn nur selten, so z. B. Weil einmal unter 500 Fällen. Die Differenz in den Angaben ist wohl dadurch zu erklären, daß man den Mekoniumpfropf nur dann zu sehen bekommt, wenn man die erste Darmentleerung beobachtet. Das gelingt naturgemäß nur, wenn man besonders darauf achtet, wobei noch die Fälle, welche bereits intra partum Mekonium entleert haben, auszuscheiden sind. Sobald das Mekonium in die Windel entleert ist, verschmiert sich der ganze Schleimpfropf mit dem übrigen Mekonium und ist deshalb nicht mehr nachweisbar. Cramer deutet seine Entstehung wohl richtig dahin, daß es sich um Darmsekret der alleruntersten, noch kein Mekonium enthaltenden Darmabschnitte handle, welches vor der austretenden Mekoniumsäule hergeschoben wird. Eine besondere praktische Bedeutung — von gerichtlich-medizinischem Interesse abgesehen — kommt diesem Gebilde im allgemeinen nicht zu: nur in seltenen Fällen kann ein zäher, massiger Schleimpfropf die Entleerung des Mekonium verhindern und Darmverschluß vortäuschen. Solche Fälle sind vereinzelt

---

[1] Bezüglich der älteren Literatur sei auf Czerny-Keller und Seitz verwiesen.
[2] M. E. nach gelingt eine solche Trennung nur ganz ausnahmsweise bei Kindern, die in den ersten 24 Stunden keine und später sehr wenig Nahrung bekommen haben.

beschrieben, z. B. von Soldin, und auch Verfasser verfügt über zwei derartige
Beobachtungen.

Die am zweiten Tage folgenden Entleerungen von Mekonium zeigen ein
etwas anderes Aussehen. Die Farbe verliert das tief Dunkle und nimmt ein
mehr fahles Olivgrün an, bald folgen den grünen Massen braune oder braun-
gelbe, zuweilen gelblich-weiße, jedoch ebenfalls ganz geruchlose Massen. Nach
Huber, welcher die ersten dunkleren Mekoniumportionen als Meconium
hepaticum, die späteren braunen als Meconium amnioticum bezeichnet,
sollen dieselben sich scharf trennen lassen. Huber hält beide für prinzipiell
verschieden; nur das Meconium hepaticum enthalte reichlich jene gelblich-
grünen Schollen, die als „Mekonkörper" bezeichnet werden und nichts anderes
seien als mit Gallenfarbstoff imbibierte, zertrümmerte und aufgequollene Darmepithelien. In dem Meconium amnioticum dagegen sollen die Mekonkörper
ganz zurücktreten hinter Bestandteilen verschluckten Furchtwassers (Lanugo,
Epidermisschuppen, Cholesterinkristallen) und gut erhaltenen Darmepithelien.
Demgegenüber haben schon F. C. Th. Schmidt, Berster u. a. betont, daß
eine scharfe Abtrennung der beiden Arten von Mekonium meist gar nicht möglich ist; Verfasser schließt sich dieser Meinung durchaus an. Schmidt hat
weiter sehr plausibel gemacht, daß das erstentleerte, schwarzgrüne Mekonium
nichts anderes ist, als das zum Teil durch chemische Umsetzungen veränderte,
zum Teil durch Wasserresorption dunkler gewordene Endprodukt des dünneren
wasserreicheren Meconium amnioticum Hubers. Wird im Darm Wasser
resorbiert, so betrifft diese Wasserentziehung zunächst die wasserreichsten
Teile wie Fruchtwasser und Galle, erst später Zellen, welche sich gleichzeitig
mit der konzentrierten dunkleren Galle imbibieren, schließlich aber schrumpfen
und zum Teil ganz zertrümmert werden. Die Mekonkörper wären also im
Gegensatz zu Huber nicht aufgequollene, sondern geschrumpfte Zelltrümmer,
die teils von den verschluckten Epithelzellen der Haut, teils vom Darmepithel
abstammen. Dieser Vorgang der Wasserentziehung und Eindickung erklärt
gleichzeitig ihr massenhaftes Auftreten im schwarzgrünen Mekonium der unteren
Darmabschnitte, während in dem wasserreicheren Mekonium der oberen Darm-
partien die Mekonkörper naturgemäß noch spärlicher vorhanden sind, dagegen
Darmepithelien, mit dem Fruchtwasser verschluckten Plattenepithelien der
äußeren Haut, wohl auch der Mundschleimhaut (Tissier) überwiegen. Daneben finden sich Lanugohaare, Fetttröpfchen (aus Vernix caseosa), Bilirubin-,
Cholesterin-, Stearinsäure-Kristalle (Zweifel, Fr. Müller und die oben genannten Autoren).

Je mehr und je früher Nahrung vom Neugeborenen aufgenommen wurde,
desto eher mengen sich am 2.—3. Tage auch schon Stuhlmassen dem heller
gefärbten Mekonium der oberen Darmabschnitte bei, so daß eine Unterscheidung
zwischen Stuhl und Mekonium schwierig oder unmöglich wird, zumal das
Mekonium dieser Tage reicher und weniger klebrig ist. Man kann höchstens nach
dem Geruch entscheiden, ob schon Stuhl beigemengt ist und spricht in dieser
Zeit am besten von „Übergangsstuhl". Derselbe zeigt bereits etwas säuer-
lichen, an Wildbretsauce (v. Reuß) erinnernden Geruch, ist gewöhnlich schmutzig-
braun oder grün, bald weicher, bald konsistenter, meist von etwas Schleim
und kleinen gelblichen Flocken durchsetzt. Wie schwierig die Abgrenzung
des Mekoniums vom ersten Stuhl ist, geht schon aus den schwankenden Angaben über die Menge des Mekoniums hervor, die übrigens recht beträchtlich
schwanken kann. Camerer gibt dieselbe im Mittel auf 70—90 g, Depaul
auf 72 g an, und diese Werte sind heute wohl allgemein akzeptiert[1].

---

[1] Nur Hirsch hat doppelt bis dreimal so hohe Werte gefunden, beweist aber damit
nur, daß er Stuhl und Mekonium nicht richtig trennen konnte.

Stärker noch als die Menge schwankt die Dauer der Ausscheidung des Mekoniums, wobei überdies zu berücksichtigen ist, ob nur das schwarzgrüne oder auch das Übergangsmekonium mitgerechnet wird. So erklären sich wohl manche Differenzen. Es genügt aber m. E. festzustellen, daß in der überwiegenden Zahl aller Fälle am Ende des 2. oder in der ersten Hälfte des 3. Tages die Ausscheidung von Mekonium beendet ist, ceteris paribus um so früher, je früher und reichlicher die Ernährung eingesetzt hat. Manchmal genügen wenige Entleerungen zur vollständigen Entfernung des Mekoniums, in anderen Fällen werden in den ersten Tagen 2—3mal täglich kleinere Portionen entleert.

Am widersprechendsten von allen Angaben über Mekonium sind die Daten über seine chemische Zusammensetzung, um deren Erforschung sich vor allem Zweifel, Fr. Müller besonderes Verdienst erworben haben. Mekonium enthält 72—78% Wasser, 28—20% feste Stoffe (Hammarsten). Unter den festen Stoffen sind vor allem die Gallenfarbstoffe (sowohl Bilirubin als Biliverdin) und Gallensäuren (Taurochol-Glykocholsäure, Cholesterin) zu nennen. In dem Ätherextrakt (= 15,5% des trockenen Stuhles — Voit) finden sich außer Farbstoffen und einigen unbekannten Körpern auch Fette und Fettsäuren, die sich in bezug auf Schmelzpunkt und Jodzahl ähnlich verhalten wie die Fettsäuren im Fettgewebe Neugeborener (Knöpfelmacher). Außerdem findet sich Cholesterin. Alle Produkte von Fäulnis- und Reduktionsprozessen, wie Hydrobilirubin, Koprosterin, Phenol, Indol, Leucin, Tyrosin fehlen gewöhnlich. Die Asche des Mekoniums (= 4,5% der Trockensubstanz) hat nach Fr. Müller folgende Zusammensetzung [1]:

unlöslich in HCl	0,67%
Fe_2O_3	0,87%
CaO	8,0 %
MgO	4,32%
P_2O_5	10,66%
SO_3	47,05%
Alkalien	24,42%
Cl	—

Der Autor weist besonders auf die große Menge löslicher Salze hin, die auf geringe Resorption im Darmkanal des Fetus deuten.

Über die im Mekonium gefundenen Fermente verdanken wir neuestens Ibrahim und Schomberger wertvolle Aufschlüsse. Das Wesentliche derselben ist, daß eigentlich alle Fermente, die sich aus den Verdauungsorganen extrahieren lassen, nachweisbar sind; nur die Oxydasen fehlen. Die neuestens von R. Schmidt nachgewiesenen Fermente Lezithinase, Monobutyrase, Esterase sind wahrscheinlich mit dem fettspaltenden Ferment identisch oder stehen ihm doch sehr nahe. Das von ihm gefundene peptolytische Ferment soll aber mit dem Trypsin nicht identisch sein.

Fäzes des Neugeborenen.

Wenn auch in der Neugeburtszeit die praktisch-klinische Bedeutung der regelmäßigen Kontrolle der Stuhlentleerungen mindestens beim Brustkinde — im Gegensatz zu früheren Anschauungen — nicht überschätzt werden darf, so können andererseits bestimmte Eigentümlichkeiten des Brustkinderstuhles auch heute noch große Beachtung verlangen. Beim Übergang zu künstlicher Ernährung, bei jedem Wechsel der Nahrungszusammensetzung ist dagegen

---

[1] Bezüglich älterer, z. T. stark abweichender Analysen (Zweifel u. a.) sei auf die Darstellung bei Czerny-Keller, l. c. Bd. I verwiesen.

eine sorgfältige Koproskopie eines der wichtigsten Mittel, Störungen bald zu erkennen, ganz abgesehen von dem wissenschaftlichen Interesse, welches den Fäzes bei allen Stoffwechseluntersuchungen zukommt. Wir folgen zunächst praktischen Bedürfnissen, indem wir die Stuhlentleerungen der Brustkinder und der Flaschenkinder getrennt betrachten.

A. Fäzes bei Brustkindern.

Schon oben wurde erwähnt, daß eine scharfe Abgrenzung zwischen Mekonium und Stuhl meist nicht gelingt; aber auch die zeitliche Begrenzung des Begriffs „Übergangstuhl" ist durchaus keine einfach zu lösende Aufgabe. Verfasser stimmt v. Reuß darin bei, daß das sicherste Kennzeichen des ersten Brustmilchstuhles vielleicht der charakteristisch säuerlich-aromatische Geruch ist, der auf den Gehalt an Fettsäuren und Milchsäure [1] zurückgeführt wird (Selter). Dieser erste Milchstuhl erscheint gewöhnlich am 3. Tage. Bei sehr spärlicher Ernährung bleibt nicht allein die Mekonium-ausscheidung verzögert, sondern die Entleerungen zeigen auch leicht einen faden, etwas fauligen Geruch, offenbar herrührend von nach der Infektion des Mekonium eintretenden Zersetzungen. Selter beobachtete denselben auch später bei unterernährten Brustkindern. Der aromatisch-säuerliche Geruch bleibt aber auch weiterhin dem normalen Brustkinderstuhl erhalten. Derselbe hat jedenfalls niemals einen unangenehmen Geruch. Als sonstige Charakteristika des normalen Brustmilchstuhles finden sich überall angegeben: goldgelbe Farbe und salbenartige (homogene) Beschaffenheit. Es ist merkwürdig wie derartige, offensichtlich ganz irrtümliche Angaben durch Jahrzehnte sich hinschleppen und noch heute von Vielen geglaubt und gelehrt werden, während doch die flüchtigste Beobachtung gesunder, prachtvoll gedeihender Neugeborener erkennen läßt, daß mindestens in den ersten beiden Lebenswochen gesunde Brustkinder nur ganz ausnahmsweise dieser Forderung genügen. Verfasser muß jedenfalls neuerlich mit Nachdruck betonen, daß er solche Stühle unter vielen Tausend gesunden, an der Brust genährten, vorzüglich gedeihenden Neugeborenen äußerst selten zu sehen bekommt, viel häufiger bei künstlich ernährten Kindern. Zu dieser Erfahrung paßt gut die neueste Feststellung von Freudenberg und Heller [2], daß diese homogenen Stühle geradezu ein abnormes bakterioskopisches Bild zeigen und eine geringe Azidität (P_H zwischen 5,8 und 7,0) aufweisen. Es ist mir interessant, daß auch v. Reuß, der jahrelang ebenso viele Neugeborene regelmäßig kontrollierte, angibt: „salbige, homogene Stühle gehören zu den Ausnahmen; sie finden sich häufig bei etwas zu reichlich ernährten Kindern und gar nicht selten abwechselnd mit dünnen wässerigen Entleerungen" (S. 87). Übrigens hatte schon 1881 Uffelmann angegeben, daß man sehr häufig auch beim gesunden Brustkinde Gerinnsel, Flocken und Klümpchen, oft auch Schleim in der angeblich homogenen Fäzesmasse finde, was mit der gebräuchlichen Beschreibung des typischen normalen Brustmilchstuhles nicht übereinstimmt. Ebenso bekannte der erfahrene Epstein, oft Mühe zu haben, den klassischen Brustmilchstuhl für klinische Demonstrationen aufzutreiben, während v. Pfaundler angibt, „mindestens ebenso häufig bei gesunden Kindern der ersten Lebenstage zerfahrene, von sinnfälligen Schleimmassen durchzogene und weichere Stühle beobachtet zu haben". Danach wäre es wohl an der Zeit, wenn endlich einmal aus den Lehrbüchern und Vorlesungen die falschen Angaben verschwänden. In Wirklichkeit ist der Stuhl gesunder, an der

---

[1] Daneben kommen noch Oxyfettsäuren, vielleicht auch Ameisensäure, Essigsäure in Betracht.

[2] Jahrb. f. Kinderheilk. Bd. 95, S. 314. 1921.

Brust ernährter Neugeborener zwar zum großen Teil gebunden,
aber fast niemals von gleichmäßiger Konsistenz (vgl. die Abb. 26—28
auf Tafel II/III). Neben den breiig gebundenen Partien finden sich fast
stets mehr minder zerfahrene Klümpchen, sog. Milchbröckel, und fädige
oder klümpchenförmige Schleimmassen, so daß die Stühle oft geradezu
„dyspeptisch“ aussehen[1]. Das beobachtet man um so häufiger, je jünger die
Kinder sind und je geringer die Nahrungsmenge ist; je reichlicher die Nahrungsaufnahme wird, desto gebundener werden die Stühle, desto mehr treten die
Schleimmassen zurück. Man muß übrigens, um ein wahres Bild der Konsistenz
der Fäzes zu bekommen, möglichst frisch entleerten Stuhl berücksichtigen;
denn bei längerem Verweilen in der hydrophilen Windel wird auch dünn entleerter Stuhl konsistenter. So ist die Salbenkonsistenz zum Teil Kunstprodukt
(v. Pfaundler), außer wenn es sich um sehr reichlich oder gar überernährte
Kinder handelt, die am ehesten dicken, salbenartigen Stuhl entleeren (P. Selter,
v. Reuß, Verfasser u. a.). Gregor, der im übrigen dieselben zerfahrenen
Stühle bei gesunden Brustkindern fand, versuchte die Ursache dieser Abweichung festzustellen. Nach Ausschluß von Fäulnisprozessen (Sublimatprobe von
Ad. Schmidt), nach vergeblichem Bemühen, gesetzmäßige Verschiedenheiten
in dem bakteriologischen Verhalten der beiden Stuhlarten festzustellen, kam
er zu dem Ergebnis, daß der — namentlich im Verhältnis zu den üblichen Kuhmilchverdünnungen — sehr wesentlich höhere Fettgehalt der Frauenmilch für
die weichere Konsistenz so vieler Bruststühle verantwortlich zu machen sei.
Das dürfte um so eher richtig sein, als wir auch aus anderen Erfahrungen wissen,
daß bei fettreicher Nahrung infolge rascherer Darmpassage weichere Stühle
entleert werden. Bei ausnahmsweise fettreicher Frauenmilch beobachtet man
sogar oft eine Vermehrung der Stühle auf 6—8, die in kleinen Portionen ab-
gesetzt werden und schon makroskopisch sichtbare kleine Fettlachen erkennen
lassen.

Ähnlich wie mit der salbenartigen Konsistenz steht es mit der goldgelben
Farbe des normalen Brustmilchstuhles. Einmal zeigt schon der frisch entleerte Stuhl gewöhnlich kein reines Goldgelb, sondern die verschiedensten
Nuancen von sattem bis ganz hellem Gelb, dazwischen die weißlichen Milchkörner
und hier und da schon gelbgrüne Partien (vgl. die Abb. 26—27 auf Tafel II/III).
Besichtigt man aber den schon eine Zeit in der Windel liegenden Stuhl, dann ist
von einheitlicher Farbe erst recht keine Rede, sondern dieselbe schwankt in
allen Tönen von Gelb bis Grün; besonders in dünner Schicht auf der Windel
verschmierte Stühle sind überwiegend grün, während dickere Massen noch
mehr gelb aussehen. Das hängt zum Teil mit einem an der Luft eintretenden
Farbwechsel von Gelb in Grün zusammen, dessen Wesen Hecht zuerst näher
erklärt hat[2]. In den gelben Stühlen findet sich das Bilirubin, in den grünen ist
es durch Oxydation in Biliverdin umgewandelt. Im Darm selbst wird diese
Oxydation meist durch die Darmreduktasen verhindert (Dorlencourt und
T. Fraenkel). Im übrigen ist die Grünfärbung unter physiologischen Verhältnissen auf die saure Reaktion und geringe Phosphatausscheidung zurückzuführen.

---

[1] Da mit reichlicher einsetzender Ernährung gegen Ende der 1. Woche die Stühle
konsistenter werden, mag wohl Rosenstern Recht haben, wenn er meint, daß vielfach
die überreichliche Produktion von Darmsaft, welcher von der relativ spärlichen Nahrung
noch nicht vollständig gebunden werde, den Stühlen das „dyspeptische“ Aussehen verleiht.
[2] Die Grünfärbung kommt durch Wirkung eines O-abspaltenden Fermentes zustande, während die Gelbfärbung auf einer Reduktionswirkung beruht, durch welche die
Oxydation des Gallenfarbstoffs verhindert wird. Urobilin ist normaliter im Stuhl Neugeborener dagegen nicht vorhanden (Goldschmidt - Schulhoff und Adler, Mar-
heineke).

Die Reaktion des Brustmilchstuhles ist stets sauer. Zur Neutralisation von 100 g Brustmilchstuhl sind 25 ccm Normalnatronlauge erforderlich (Blauberg). Der Wert ist sicher zu hoch gegriffen. Lewin gibt $^1/_4$ bis $^1/_6$ der Werte Blaubergs an, Hellström [1], ebenso Langstein [2] fanden die Azidität um $^9/_{10}$ niedriger, und die neuesten Angaben von Bosworth geben gegenüber Blauberg 1,2—5,6 ccm Normalnatronlauge als zur Neutralisation von 400 g frischen Stuhles notwendig an [3]. P_H wurde von Ylppö zwischen 4,6 und 5,2, von Eitel zwischen 4,0 und 6,0, von Heller zwischen 5,0 und 5,5 angegeben. Aus Destillationsversuchen von Blauberg geht hervor, daß die Azidität zum allergrößten Teil nicht durch flüchtige Fettsäuren bedingt ist. Nach Schloßmann [4] ist wesentlich der höhere Fettgehalt der Frauenmilch (gegenüber Kuhmilchverdünnungen) für diese saure Reaktion des Brustmilchstuhles von Bedeutung. Gibt man zentrifugierte, also entrahmte Frauenmilch, dann reagieren die Stühle sofort alkalisch. Alkalische Stühle beim Brustkinde deuten also auf ungenügende Fettzufuhr (Schloßmann, Joh. Müller), wobei zunächst unentschieden bleibt, ob zu geringe Nahrungszufuhr oder bloß Hypolipogalaktie daran Schuld trägt. Letztere kann bei sehr milchreichen Ammenbrüsten vorgetäuscht werden, wenn das Kind nur die erste wässerige Milch abtrinkt, die letzten fettreichen Portionen aber nicht mehr aufnimmt.

Die Menge der täglichen entleerten Fäzes schwankt beim Neugeborenen weniger als beim Erwachsenen. Das Gesamttagesgewicht bei Kindern der ersten und zweiten Lebenswoche beträgt etwa 6—14 g = 1,4—2,57 $^0/_0$ der aufgenommenen Nahrung (Michel); ähnliche Angaben, ein Tagesgewicht von 9—15 g oder 1—3 $^0/_0$ der aufgenommenen Nahrung machen auch Walliczek, Camerer. Aus vergleichenden Wägungen Camerers sowie Angaben von Michel-Perret geht ferner hervor, daß in der Neugeborenenzeit die Menge der auf 100 g getrunkener Milch ausgeschiedenen Fäzes etwas größer ist als später.

Die Zahl der vom gesunden, an der Brust ernährten Neugeborenen innerhalb 24 Stunden entleerten Stühle beträgt in der größten Mehrzahl der Fälle 2—3. Die Regel hat aber ihre Ausnahmen, ohne daß pathologische Vorgänge im Spiele zu sein brauchen. So beobachtet man in der ersten Woche, besonders am 3.—5. Tage nicht selten eine Vermehrung der Stühle auf 4—5, gelegentlich auch noch mehr, ohne daß sonst eine Störung im Gedeihen nachweisbar ist oder später eintritt. Da diese häufiger entleerten Stühle oft besonders reichlich Milchbröckel, Schleim, Fettlachen enthalten, gehackt oder sogar dünn sind, scheint es mir nicht unzweckmäßig, von einem „Übergangskatarrh" zu reden, womit nichts anderes gesagt sein will, als daß bei manchen Kindern die Ansiedelung der definitiven Darmflora, der Übergang von der Kolostral- zur Milchnahrung offenbar leicht Reizerscheinungen hervorruft, die sich in verstärkter Darmsaftproduktion, erhöhter Peristaltik und damit rascherer Darmpassage der Nahrung bei schlechterer Ausnutzung derselben äußern. Soweit diese Erscheinung ohne Temperatursteigerung, ohne Störung der Gewichtskurve, der Appetenz, des sonstigen Verhaltens des Kindes abläuft, wird man ihr wohl keine pathologische Bedeutung zuerkennen brauchen und sie in eine Linie stellen können etwa mit der demarkierenden Entzündung am Nabel oder

---

[1] Arch. f. Gyn. 1901.
[2] Zentralbl. f. K. 56, S. 330.
[3] Bosworth-Wilder, Lauchard, Brown, Mc. Cann: Americ. journ. of dis. of childr. Vol. 23. 1922.
[4] Zentralbl. f. K. 1906, IX, Nr. 7.

einer geringfügigen Desquamation in der Schleimhaut der Wöchnerinnenblase und ähnlichen Erscheinungen; dies um so mehr, als es sich um eine nach ein bis zwei Tagen wieder verschwindende Erscheinung handelt. Übrigens hat R. Salomon den Nachweis geführt, daß dieser „Übergangskatarrh" auf bakteriologischen Grundlagen beruht; denn in den während des Überganges von der Mekon- zur Milchstuhlflora aus den Rektumkeimen angelegten Nährböden fanden sich reichlich Schleimmassen, die mit den Schleimmassen der Stühle durchaus identisch waren. Davon zu unterscheiden sind Fälle, in denen 6—8—10 mal am Tage gut gebundene, winzige Stuhlklümpchen von sonst gesunden Kindern entleert werden. Man findet diese Erscheinung besonders bei Frühgeborenen oder sonst schwächlichen Kindern, und sie ist nicht auf die erste Woche beschränkt. Vielleicht trägt nur eine gewisse Schwäche der Sphinktermuskulatur Schuld an dieser „fraktionierten Stuhlentleerung", wie man diese Erscheinung nennen könnte, da die Gesamttagesmenge des Stuhles das normale Maß durchaus nicht übersteigt. Eine Steigerung der Zahl gut aussehender Entleerungen auf 4—5 bei gleichzeitiger Zunahme der Gesamttagesmenge findet man bei sehr reichlich trinkenden Kindern. Sofern dieselbe nur einige Tage anhält, braucht man bei Brustkindern jedenfalls sich keine Sorge zu machen; bei längerer Fortdauer der Erscheinungen wird man aber gut tun, einer Überfütterung auch an der Brust lieber vorzubeugen. Umgekehrt geht relativ knappe Nahrungszufuhr mit einer Verringerung der Zahl der Stühle auf 1—2 einher. Bei ausgesprochener Unterernährung tritt wohl auch Hungerstuhl oder im Gegenteil eine Vermehrung der Stuhlentleerungen (Pseudodyspepsie) auf[1].

Der Wassergehalt der Brustmilchstühle beim Neugeborenen schwankt je nach ihrer Konsistenz von 73—84% (v. Koczikowski, Michel, Blauberg, Camerer, Uffelmann, Wegscheider, Gundobin).

Von der Trockensubstanz entfallen etwa 9—13% auf die Asche (Selter, Blauberg u. a.), davon reichlich ein Sechstel, nach Blauberg sogar ein Drittel auf Kalk, der meist organisch an Fettsäuren (Milchsäure) gebunden ist (Uffelmann 1881). Der Gehalt an Alkalichloriden ist sehr schwankend. Weitere quantitative Analysen der Kotasche sind bei Gelegenheit von Stoffwechselversuchen durchgeführt worden (vgl. dort.)

Unter den organischen Bestandteilen der Fäzes haben besonderes Interesse die Stickstoffsubstanzen, die teils in löslicher Form, teil ungelöst vorhanden sind. Der Gesamtstickstoff derselben macht etwa 4,5—5,4% der Trockensubstanz aus (Camerer, Lewin u. a.); in dyspeptischen, fetthaltigen Stühlen sinkt der Gesamtstickstoff auf 3%, bei künstlicher Ernährung ist er höher, etwa 6,4%.

Entgegen älteren Anschauungen wissen wir heute sicher, daß die unter den N-Substanzen stets vorhandenen Eiweißkörper nur zum kleinsten Teil aus Nahrungsresten herrühren; denn sie finden sich ebenso bei Hungernden (Hoppe-Seyler, Fr. Müller) und bei N-freier Ernährung. Ihre Hauptmasse stammt vielmehr aus den Darmsekreten und Bakterien; diese bereits 1901 von Czerny-Keller ausgesprochene Meinung ist durch neuere Untersuchungen voll bestätigt worden. Dem Nahrungseiweiß kommt nur indirekt eine Wirkung zu, insofern es die Darmsaftsekretion verstärkt. Vom Nahrungseiweiß wollte man namentlich früher (Biedert, Monti, v. Widerhofer) in den sog. Milchbröckeln Kasein erkennen, und noch 1904 haben Albu und Calvo den P-haltigen, durch Essigsäure fällbaren Eiweißkörper der Fäzes als Kasein angesprochen, während

---

[1] Vgl. auch das Kapitel „Unterernährung".

Adler 1906 angab, daß derselbe Nukleoproteid der Darmsekrete oder der Galle sei [1].

Albumosen wurden von Blauberg und bisweilen in Spuren von Wegscheider, Peptone von Blauberg, Uffelmann gefunden. Von Aminosäuren wurden Leuzin und Tyrosin gelegentlich, z. B. durch M. Adler, Uffelmann gefunden, von anderen (Osterlen, Blauberg, Wegscheider u. a.) regelmäßig vermißt. Wahrscheinlich spielen bei diesen Differenzen Fehler der Methodik mit, da die Stühle bei längerem Stehen Fäulnisprozesse zeigen, welche sonst bei Brustkindern fehlen. Demgemäß konnten auch Indol, Skatol und Phenol in frischen Brustkinderstühlen niemals gefunden werden (Senator, Winternitz, Blauberg), wohl aber nach längerem Stehen. Ganz allgemein wird man sagen dürfen, daß die in den Fäzes erscheinenden Stoffwechselprodukte sowohl aus bakteriellen wie fermentativen Abbauprozessen herrühren. Manche Darmbakterien spalten natives Eiweiß und Peptone, während andere erst die durch fermentative Prozesse entstandenen Abbauprodukte anzugreifen imstande sind. So entstehen bei der bakteriellen Zersetzung der Aminosäuren neben Fettsäuren Oxy-, Ketonsäuren, Amine, Indol (aus Tryptophan), Phenol (aus Tyrosin), Phenylessigsäure (aus Phenylamin). Wie man sieht, sind die Angaben außerordentlich widerspruchsvoll, ja es wird selbst der Begriff Fäulnis für diese Produkte bakterieller Zersetzung der Aminosäuren abgelehnt (Abderhalden).

Die Bedeutung der Bakterien für die Stickstoffausscheidung durch den Darm wird klar, wenn man ihre Menge sich vor Augen hält. Sie machen bei Brustkindern $2-28,4\,^0/_0$ vom Trockenkot aus, der Bakterienstickstoff beträgt $6,5-29,4\,^0/_0$ vom Gesamtstickstoff des Stuhles (Leschziner)[2]. Andere Autoren[3] haben zum Teil noch viel höhere Werte angegeben, wobei natürlich die methodischen Schwierigkeiten nicht zu unterschätzen sind.

Von Fermenten sind Diastase, Laktase, Invertin, Trypsin, Erepsin nachgewiesen worden[4].

Von Kohlehydraten fand man bei beschleunigter Peristaltik Milchzucker (Harthje und Blauberg), welcher sonst bei Brustkindern fehlt (Escherich, Langstein); andere Kohlehydrate kommen ja bei natürlicher Ernährung nicht in Frage. Mit der Kohlehydrataufnahme steht aber im Zusammenhang das Auftreten von Gärungsprozessen. Hecht fand denn auch bei ganz gesunden Brustkindern Gärungssäuren, besonders Essigsäure, gelegentlich Ameisensäure, Propion-, Butter- und Valeriansäure. Milchsäure tritt an Menge hinter den flüchtigen Fettsäuren zurück.

Fett ist ein normaler Bestandteil jedes Stuhles und findet sich etwa zu $30\,^0/_0$ (auf die Gesamtstuhllipoide bezogen) als Neutralfett, zum anderen Teil als freie Fettsäuren (etwa $10\,^0/_0$), Erdalkaliseifen ($20\,^0/_0$) und wasserlösliche Alkaliseifen (etwa $40\,^0/_0$). Der größte Teil des Fettes stammt aus dem Milchfett der Nahrung. Die im Stuhl oft sichtbaren Fettropfen oder Fettlachen sind wesentlich Neutralfett. Man achte darauf, nicht etwa bei der Reinigung der Aftergegend mit Öl oder von einem eingeölten Thermometer ins Rektum bzw. an den After gebrachte und dann im Stuhl natürlich wieder erscheinende Fettropfen mit auf dieses aus der Nahrung stammende Fett zu beziehen. Die Fettropfen zeigen aber zuweilen bei der mikroskopischen Untersuchung auch Fettsäurekristalle (Uffelmann), die als Ausdruck einer bereits eingeleiteten

---

[1] Cf. näheres unter Milchbröckel S. 90f. Da dieselben hauptsächlich bei Flaschenkindern sich finden, besprechen wir diese Frage besser dort im Zusammenhang.
[2] Zit. nach Hecht, S. 37.
[3] Cf. bei Hecht, S. 37.
[4] Literatur bei Hecht, S. 148—157.

Fettspaltung gelten. Die Fettsäuren, die übrigens nicht nur aus dem fermentativen und bakteriellen Fettabbau, sondern auch aus dem bakteriellen Abbau von Kohlehydraten und Eiweiß stammen, sind wasserunlöslich, dagegen leicht löslich in Alkohol und mit Osmiumsäure oder Sudan III in der charakteristischen Weise zu färben. Die Seifen erscheinen teils amorph, teils in Kristallen im Stuhl, meist mit Gallenfarbstoff imbibiert. Sie bilden oft büschelförmige Kristalle oder ganze Kristalldrusen. Auf die Methoden zum quantitativen und qualitativen Nachweis der einzelnen Fettkomponenten einzugehen, liegt hier keine Veranlassung vor. Ich verweise in dieser Hinsicht auf Hecht S. 115. Sie sind beim an der Brust ernährten Neugeborenen entbehrlich. Bemerkt sei nur, daß die Angaben über den Gesamtfettgehalt einschließlich Seifen beim jungen Brustkind stark schwanken. Wegscheider, Uffelmann geben dafür 10—20 $^0/_0$ vom Trockengehalt des Kotes an, bei dyspeptischen Stühlen bis zu 30 $^0/_0$. Man vergleiche auch die oben genannten Untersuchungen von Gregor, Selter. Auch beim Ikterus soll der Fettgehalt der Stühle höher sein (K. Walliczek). Die Fettausnutzung der Nahrung wird im allgemeinen als eine sehr gute bezeichnet (Chacuet, Hecht u. a.). Im Brustmilchstuhl finden sich ferner regelmäßig Cholesterin (0,08 $^0/_0$ der Trockensubstanz) und Lezithin (in Spuren); letzteres wird von Wegscheider und Blauberg geleugnet.

Die mikroskopische Untersuchung der Fäzes ergibt außer den bereits genannten Fettsäuren, den Seifenkristallen, Bilirubin-, Cholesterin-Kristalle, Kristalle von phosphorsaurem, kohlensaurem und milchsaurem Kalk. Fettropfen, Massen von (größtenteils) abgestorbenen Bakterien, Trümmer von Epithelien, erhaltene und zerfallene Leukozyten und nicht näher bestimmbaren Detritus.

B. Fäzes unnatürlich ernährter Kinder.

Viel häufiger als bei gesunden Brustkindern fand Verfasser bei unnatürlich, mit einfachen Milch-Zucker-Wasserverdünnungen ernährten Kindern die homogenen Stühle von salbenartiger Konsistenz, die allerdings etwas heller gelb sind als dem klassischen Goldgelb entspricht. Die helle Farbe beruht auf der Reduktion des Gallenfarbstoffes. Demgemäß riechen die Stühle auch nicht säuerlich aromatisch, sondern mehr fade und bei längerem Stehen bald faulig. Übrigens gibt es auch hier Ausnahmen, und man findet ohne Störung des Gedeihens zerfahrene, gehackte, namentlich auch reichlich Milchbröckel enthaltende Stühle. Die Reaktion ist schwach sauer (etwa halb so sauer als Brustmilchstuhl — Blauberg), neutral, ja selbst schwach alkalisch. P_H durchschnittlich 7,0—8,2 (Eitel). Nach Schloßmann [1] hängt die Reaktion vor allem von dem gegenseitigen Verhältnis von Fett und Eiweiß in der Nahrung ab. Je mehr Fett, desto saurer ist der Stuhl. Sind Fett und Eiweiß in gleichem Verhältnis vorhanden, dann ist die Reaktion alkalisch; bei Ernährung mit Fettmilch ist die Reaktion sauer, umgekehrt bei Buttermilchernährung alkalisch.

Im ganzen ist der Stuhl bei künstlicher Ernährung voluminöser, macht 3,3—4,3 $^0/_0$ der aufgenommenen Nahrung aus (v. Pfaundler). Andere Autoren geben viel höhere Werte an. Der Trockengehalt ist größer als bei Brustnahrung, der Wassergehalt demgemäß geringer. Die Steigerung des Trockengehaltes kommt hauptsächlich auf Asche (15 $^0/_0$ der Trockensubstanz); gesteigert ist ferner vor allem der Kalk- und Phosphorsäuregehalt. Als Charakteristikum der Kuhmilchstühle gilt ihr Gehalt an Nuklein und Hydrobilirubin, welch letzteres die hellere Farbe bedingt.

Im übrigen hängt das Aussehen, wie die chemische Zusammensetzung der Stühle sehr von der Art der gereichten Nahrung ab.

---

[1] Zentralbl. f. Kinderheilk. 1906. Nr. 7.

Bei Mehlzusatz werden die Stühle mehr breiig, schmierig, braungelb, von schmutzigem Ton, dabei homogen, und enthalten schon normaliter geringe Beimengungen glasigen Schleimes (Hecht). Zuckerzusatz vermindert die Konsistenz. Bei der geringen Bedeutung, welche die künstliche Ernährung in der Neugeburtsperiode besitzt, wollen wir uns hinsichtlich der chemischen Zusammensetzung des Flaschenkinderstuhles möglichst kurz fassen und nur einige Unterschiede gegenüber dem Brustmilchstuhl noch hervorheben.

Der Gesamtstickstoff nimmt bei künstlicher Ernährung etwa $1-2\%$ mehr (Lewin) vom gesamten Trockenkot in Anspruch ($6,4\%$ nach Tschernoff)[1]. Von den meist interessierenden N-haltigen Substanzen, den Eiweißkörpern, stammt auch bei künstlicher Ernährung nur der geringste Teil aus der Nahrung. Unter diesen letzteren meinte man die in breiigen oder gehackten Kuhmilchstühlen häufig zu findenden, sog. „Milchbröckel" als Kasein ansprechen zu dürfen. Sie gingen deshalb lange — ja unter den Geburtshelfern vielfach noch heute — unter dem Namen „Kaseinbröckel". Demgegenüber hatten schon 1880 Uffelmann, später Escherich und Fr. Müller betont, daß dieselben kein Kasein seien, sondern teils aus Kalkseifenkristallen, teils aus einem Konglomerat von Kalkseifen, Darmepithelien, Bakterien, Fetttröpfchen bestehen. Spätere Versuche von Biedert und C. Leiner (1899), wenn schon nicht die Kasein-, so doch die Eiweißnatur dieser Bröckel zu retten, blieben ohne Erfolg; demgemäß auch das Bestreben, die Schwerverdaulichkeit des Kuhmilcheiweißes damit auf eine leicht sichtbare Weise zu demonstrieren. Man verharrte im wesentlichen dabei, dieselben insgesamt als Kalkseifen anzusprechen, gleichgültig, ob es sich um größere oder kleinere Bröckel handelte. Erst 1906 wurde durch Selter und 1907 durch Wernstedt die Frage wieder in Fluß gebracht, wobei die Autoren vor allem demonstrierten, daß die Milchbröckel nicht einheitliche Gebilde darstellen. Sie fanden indes zunächst wenig Anklang. Eine Klärung der Milchbröckelfrage brachten erst die Arbeiten von F. B. Talbot bzw. die im Anschluß daran auch in der deutschen Literatur wieder aufgenommene Diskussion, welche seine Angaben im wesentlichen bestätigte. Danach dürfte heute folgendes allgemein anerkannt sein:

Es gibt in der Hauptsache zwei schon makroskopisch leicht zu unterscheidende Arten von Milchbröckeln — große und kleine.

Die großen Bröckel sind flache, bald mehr rundliche, bald mehr ovale, weiße bis dunkelgelbe Gebilde, die in ihrer Form und Oberflächenbeschaffenheit etwa an ein Spiegelei mit zerronnenem Dotter erinnern. Sie bestehen aus einer zähen, elastischen Grundsubstanz, sind im allgemeinen $1-2$ Pfg.-groß, gelegentlich aber bei unregelmäßiger Form auch doppelt so groß, und $^1/_4-1^1/_2$ g schwer. Sie sinken in Wasser unter, sind in 5%iger Sodalösung leicht löslich, durch Essigsäure als schwerer flockiger Niederschlag ausfällbar. Mikroskopisch stellen sie sich als Netzwerk mit eingeschlossenen Fetttröpfchen dar, in welchen außerdem noch spärlich Bakterien und manchmal Kalkseifen und Fettsäurekristalle sich finden. Chemisch entfallen $7,5-12\%$ vom Trockengehalt auf N, der Gesamtfettgehalt schwankt stark je nach der Nahrung ($7,6-46,8\%$ vom Trockengehalt), besonders stark ist die Schwankung im Neutralfettgehalt ($2,2$ bis $36,4\%$). Die Grundsubstanz dieser Bröckel hält Talbot für Eiweiß, wahrscheinlich Kasein oder Parakasein. So viel ich sehe, stimmen andere Autoren dieser Auffassung heute im allgemeinen zu. Klinisch wichtig ist vor allem die Feststellung, die Verfasser bestätigen kann, daß man bei natürlich ernährten

---

[1] Cf. auch Orgler (S. 472f.). Danach sind die N-Werte des Kotes beim Übergang von natürlicher zu künstlicher Ernährung zwar bei letzterer durchweg etwas höher, doch kommen auch bei natürlicher Ernährung Schwankungen vor, welche diesen Differenzbetrag erreichen.

Kindern diese großen, zähen Milchbröckel (tough curds nach Talbot[1]) niemals findet. Ihre Entstehung scheint von der Zufuhr von Tierkasein abhängig zu sein. Sie reagieren auch mit spezifischem Präzipitin für Kuhkasein (Talbot). Ganz regelmäßig konnten Ibrahim, Brennemann, Poulsen solche Kaseingerinnsel bei Rohmilchfütterung erzielen.

Die kleinen, auch bei Brustkindern in den gehackten oder breiigen Stühlen sehr häufig zu findenden Milchbröckel (small curds) stellen stecknadelkopf- bis hanfkorngroße, selten die Größe einer Linse erreichende Flocken dar, die rein weiß sind, wenn sie auch oftmals durch einen Überzug gallig gefärbten Schleimes einen gelben Farbton erhalten. Ihre Oberfläche ist glatt, glänzend; auf Wasser schwimmen sie, lassen sich zwischen zwei Objektträgern leicht zerdrücken und stellen sich mikroskopisch der Hauptsache nach als Seifenkristallklümpchen dar. Daneben findet man Schleim, reichlich Bakterien, auch Fettsäurenadeln und gelegentlich Fetttröpfchen. In sauren Stühlen überwiegen die Fettsäuren, in alkalischen die Seifen. Ihr N-Gehalt ist äußerst gering.

Diese Angaben genügen für praktisch klinische Zwecke in der Neugeburtszeit. Auf die im Anschluß an Talbots Publikationen neu aufgenommene Polemik einzugehen, dürfte für die Zwecke der Geburtshelfer unnötig sein.

Bezüglich der löslichen Eiweißkörper ist nichts wesentlich anderes als beim Brustmilchstuhl zu bemerken. Der Gehalt an Abbauprodukten der Eiweißkörper hängt sehr wesentlich von dem Grad der Fäulnis ab, die ihrerseits wieder stark von der Art der Ernährung bestimmt wird (Fäulnishemmung durch die Gärung erregenden Kohlehydrate).

Die Fermente sind die gleichen wie im Brustmilchstuhl. Die Bakterienmenge schwankt stark, ist im allgemeinen höher als bei natürlicher Ernährung, im übrigen von der Art der Nahrung stark abhängig.

Von Kohlehydraten wurde Milchzucker nur von Blauberg regelmäßig gefunden; alle anderen Autoren bestreiten das. Wahrscheinlich ist der Zucker durch Resorption oder durch Vergärung aus dem Stuhl verschwunden (Hecht). Stärke und Zellulosereste kommen in der Neugeburtsperiode im Stuhl kaum jemals in Frage, da sie in dieser Zeit auch bei künstlicher Ernährung nicht verabreicht werden. Bezüglich der Fette und ihrer Derivate sei auf das oben bei den Milchbröckeln Angeführte verwiesen. Eine genauere Darstellung dieser wichtigen Fragen gehört in die Pathologie.

V. Blutbildende Organe und Blut.

Auf die Entstehung des menschlichen Angioblasts und die Zytomorphose der einzelnen Blutbestandteile haben wir hier nicht einzugehen[2]. Auch von den blutbildenden Organen berücksichtigen wir nur das Knochenmark und die Milz, da die Leber und sonstigen embryonalen Blutbildungsstätten beim Neugeborenen diese Funktion nicht mehr inne haben. Jedenfalls erlischt in der Leber sehr bald nach der Geburt die Bildung der Erythrozyten. Im extrauterinen Leben bleibt als Hauptblutbildungsstätte zu nennen das

Knochenmark.

Das Knochenmark kann man bekanntlich als gefäßhaltiges Mesenchymgewebe bezeichnen. Beim Neugeborenen zeichnet es sich durch seinen auffallenden Reichtum an Blutelementen bei einer ganz netzartigen Struktur aus. Es ist fast ausschließlich sogenanntes

---

[1] J. Bauer schlägt den Namen „Wachsbröckel" vor.
[2] Alles darüber Bekannte bei Keibel-Mall, Entwicklungsgeschichte des Menschen. Bd. II, S. 483ff.

rotes Mark. Die Fettbildung beginnt zwar schon in der zweiten Hälfte des Fetallebens, nimmt aber erst nach der Geburt größeren Umfang an. Eine Umbildung in fettreiches „gelbes Knochenmark" wird fast nirgends vor dem 5. Lebensjahre erreicht (Gundobin).

Unter den Blutelementen des Marks überwiegen die roten Blutkörperchen, von denen sehr viele noch kernhaltig sind. Während späterhin nur kernlose Erythrozyten in die freie Blutbahn übertreten, werden in der eigentlichen Neugeburtszeit, besonders in den ersten Lebenstagen, auch noch kernhaltige Erythrozyten ausgeschwemmt (vgl. weiter unten). Unter den übrigen Formen von Blutzellen überwiegen die Lymphozyten, ebenfalls jüngere Elemente, daneben finden sich natürlich auch alle anderen Formen granulierter Leukozyten. Auch Myelozyten sind reichlich vorhanden und werden in geringer Zahl in die freie Blutbahn abgegeben (Sarmaschoff). Mathilde Lateiner-Mayerhofer fand in zahlreichen Schnittpräparaten normaler Säuglinge Übergangsformen von ungranulierten Zellen zu neutrophilen Myelozyten, deren Entstehung aus granulationslosen Zellen für das normale postfetale Knochenmark damit zum ersten Male erwiesen wurde. Das Knochenmark Frischgeborener zeichnet sich durch einen auffallenden Reichtum an polymorphkernigen Neutrophilen aus, ferner durch Überwiegen der ungranulierten Zellen über die granulierten Neutrophilen.

Die Zahl der Blutelemente und blutbildenden Zellen nimmt im Knochenmark während der ganzen Fetalzeit langsam, aber kontinuierlich zu; unmittelbar nach der Geburt erfährt sie im Laufe von wenigen Tagen eine große Steigerung (Ch. S. Minot). In Einzelheiten über die Verteilung der Blutelemente ist allerdings noch vieles aufzuklären.

Nächst dem Knochenmark gilt beim Neugeborenen noch als Blutbildungsstätte die

Milz.

Die Milz, die ausschließlich mesodermaler Herkunft (W. Müller, Toldt) ist, hat beim Neugeborenen ein Gewicht von durchschnittlich 8—10 g (Letourneau, Macé, Sassuchin), bei einer Größe von etwa 4,3 : 2,1 : 0,6 (Sassuchin) und ist damit im Verhältnis größer als beim Erwachsenen. Ihr unterer Rand folgt dem Laufe der 12. Rippe. Im ganzen erstreckt sie sich von der 9.—11. Rippe. Ihre Lage unterliegt übrigens ebenso wie ihre Größe manchen Schwankungen (Trelard, Sahli u. a.).

Die Kapsel der Milz wie die bindegewebigen Trabekel sind beim Neugeborenen noch sehr zart, die Malpighischen Körperchen sind bereits vorhanden, aber in Verteilung und Form noch unregelmäßig, die Pulpa ist sehr zellreich.

Während im fetalen Leben die Milz auch als Bildungsstätte von Erythrozyten eine Rolle spielt (Kölliker, Luzat. Lifschitz), kommt ihr im extrauterinen Leben nur noch Bedeutung für die Bildung der weißen Blutkörperchen zu. Die bei Föten reichlich nachweisbaren roten Blutkörperchen verschwinden bereits in den ersten Tagen nach der Geburt völlig aus der Milz.

Blut.

Das Blut des Neugeborenen unterscheidet sich von dem des älteren Säuglings und Erwachsenen sowohl in morphologischer, wie chemisch physikalischer Hinsicht.

Die Blutmenge ist verschieden je nach dem Termin der Abnabelung. Wo sofort abgenabelt wird, ist sie geringer als bei erst nach erloschener Nabelschnurpulsation vorgenommener Unterbindung. Im ersteren Fall beträgt sie $^1/_{14}$—$^1/_{16}$, in letzterem $^1/_{10}$—$^1/_{11}$ des Körpergewichts, schwankt sonach etwa von 180—300—400 g je nach dem Geburtsgewicht, wobei etwa eine Differenz von 60—100 g zu ungunsten der sofort abgenabelten Kinder in Betracht zu ziehen ist.

Am auffälligsten zeigen sich die Eigentümlichkeiten des Neugeborenenblutes an den **morphologischen** Elementen.

Die Zahl der Erythrozyten ist wesentlich höher als beim Erwachsenen, 5 und 8 Millionen pro cmm dürften die Grenzwerte darstellen, bei einem Durchschnittswert von etwa 6 Millionen. Von neueren Autoren geben an:

Biffi-Galli 7 000 000
Bidone 6 000 000
Fehrsen . . . . über 6 000 000
Gardini 6 000 000
Gundobin 6 700 000
Heimann 6 500 000
Perlin 6 100 000
Scipiades 6 980 000
Wojno-Oranski 8 300 000
Eigene Untersuchungen 6 800 000

In den allerersten Stunden nach der Geburt aus der Haut entnommene Blutproben zeigen eine starke Steigerung der roten Blutkörperchen (Bang), was auf Stauung in den Hautkapillaren und mangelhafte Regulation der Wasserabgabe zurückgeführt wird. Wichtig ist hiezu die Feststellung von Börner und Bürker, dass bei sofort abgenabelten Kindern die Erythrozytenwerte am 1. Tag um etwa 1 Million geringer sind als bei spät abgenabelten. Die am 1. Tage nach der Geburt ermittelten Werte sind niedriger als die am 2.—3. Tage erhaltenen, was allgemein auf eine zuerst von Rott exakt nachgewiesene Zunahme der Blutkonzentration infolge Verminderung des Plasmas durch Wasserverlust des Organismus zurückgeführt wird. Je größer die anfängliche Blutmenge, desto auffälliger tritt diese Zunahme der Erythrozyten pro Kubikmillimeter in Erscheinung. Denn auch bei spät abgenabelten Kindern wird zuerst das überschüssige Blutserum ausgeschieden, so daß bei ihnen die Steigerung länger (bis zum 4. Tage) anhält als bei sofort abgenabelten (Schiff). Knaben zeigen eine etwas größere Erythrozytenzahl (Viereck), entsprechend der größeren Blutmenge.

Nachdem am 2.—3. Tage, bei spät abgenabelten und ikterischen Kindern oft auch erst am 4.—5. Tage, das Maximum erreicht ist, tritt allmählich wieder eine Abnahme um rund $^1/_2$—1 Million und mehr ein. Der von Takasu für Neugeborene angegebene Mittelwert von 4 679 000 dürfte aber etwas tief gegriffen sein. In eigenen Untersuchungen fanden wir so niedrige Werte niemals vor der 4. Woche. Übrigens sind auch die täglichen, innerhalb 24 Stunden vorkommenden Schwankungen der Erythrozytenzahl beim Neugeborenen viel stärker als beim älteren Säugling und Erwachsenen.

Die Abnahme ist auf ein Zugrundegehen von roten Blutkörperchen zu beziehen, das bei ikterischen Kindern stärker ausfällt (Heimann, Jaschke-Schmitz). Höchstwahrscheinlich handelt es sich dabei um ein Angreifen des Blut(körperchen)eiweißes infolge ungenügender Nahrungszufuhr in den ersten Tagen, während die Neubildung damit nicht gleichen Schritt hält (Hofmeier). Auch bei spät abgenabelten Kindern ist die Zahl der untergehenden roten Blutkörperchen höher, so daß in dieser Hinsicht irgendwelche Vorzüge der Zufuhr des sog. Reserveblutes nicht erkennbar sind. Das Endresultat ist aber bei allen Kindern das gleiche.

Die roten Blutkörperchen weisen aber auch sonst beim Neugeborenen noch manche Besonderheiten auf. Daher gehört z. B. ihre wechselnde Größe,

die von 3,25—10,25 μ schwankt, während beim Erwachsenen die Größen-
schwankungen ganz unbedeutend sind (7,2—7,8 μ — H a y e m). Es sind zwar von
H o c k und S c h l e s i n g e r diese starken Größeschwankungen geleugnet worden,
doch steht ihre Meinung ganz vereinzelt da und ist sicher unrichtig. Ferner
findet man beim Neugeborenen ganz regelmäßig kernhaltige Erythrozyten
(H o f m e i e r, L. S e i t z, W o j n o-O r a n s k i und viele andere). Am zahlreichsten
sind dieselben bei Frühgeborenen (d e V i c a r i i s), finden sich aber auch beim
reifen Neugeborenen noch längere Zeit. S c i p i a d e s gibt 5 Tage, A i t k e n 9 Tage
als Endtermin an; K a r n i t z k i fand sie vereinzelt noch bei 7 Monate alten
gesunden Säuglingen. F i s c h l ist der einzige Autor, der das Vorkommen von
kernhaltigen Erythrozyten selbst beim unreifen Neugeborenen leugnet. K ö n i g
fand bei 5 % der Kinder in einzelnen kernhaltigen Erythrozyten eine basophile
Körnelung. Die kernhaltigen roten Blutkörperchen sollten nach ursprünglicher
Ansicht alle aus dem Fetalleben stammen und bald zugrunde gehen oder in
reife Formen sich umwandeln. Bereits H o f m e i e r hat aber darauf hingewiesen,
daß sie auch noch in den ersten Tagen post partum neu gebildet werden. Nach
neueren Beobachtungen ist es durchaus wahrscheinlich, daß d i e A n w e s e n h e i t
k e r n h a l t i g e r F o r m e n n i c h t s a n d e r e s i s t a l s d e r A u s d r u c k l e b -
h a f t e r T ä t i g k e i t d e r b l u t b i l d e n d e n O r g a n e. Eine pathologische
Bedeutung kommt ihnen beim Neugeborenen nicht zu. Die kleinen Formen
(Mikrozyten) sind beim Neugeborenen ebenfalls viel zahlreicher als beim
älteren Säugling (H o c k).

Nicht selten findet man farblose Erythrozyten, sog. B l u t s c h a t t e n, weil
das Hämoglobin an den Blutkörperchen des Neugebornen sehr wenig fest
haftet (S i l b e r m a n n und S c h e r e n z i ß). Von F i s c h l wurden die Blutschatten
allerdings als Artefakte erklärt. Ob auch die Poikilozyten, die man sehr häufig
im Blutausstrich sehen kann, noch normale Formvarianten darstellen (H a y e m,
S i l b e r m a n n u. a.), ist fraglich; wahrscheinlich handelt es sich wohl um
Läsionen bei der Anfertigung gefärbter Präparate, bzw. um zugrunde gehende
Formen, denen bei der lebhaften Neubildung im Blute Neugeborener eine größere
Bedeutung nicht zukommt. In dieselbe Kategorie gehört meines Erachtens das
Vorkommen von p o l y c h r o m a t o p h i l e n (fein granulierten) Erythrozyten, die
besonders kurz nach der Geburt (C a t h a l a, D a u n a y) ziemlich zahlreich zu finden
sind, dann aber rasch an Zahl abnehmen und in der 2. Woche gewöhnlich nicht
mehr nachgewiesen werden können. Nur bei ikterischen Kindern sollen sie
nicht allein reichlicher, sondern auch länger vorkommen (S a b r a z è s und
L e u r e t).

Bekannt ist, daß die Erythrozyten Neugeborener sehr leicht durch
Reagenzien und Farbstoff verunstaltet werden; ferner, daß sie leicht aufquellen
und dann Kugelform annehmen. Auch eine verminderte Tendenz zur Geld-
rollenbildung wird den Erythrozyten des Neugeborenen (H o f m e i e r) oder
wenigstens den Jugendformen (S e i t z) zugeschrieben, was andere Autoren
(K n ö p f e l m a c h e r, F i s c h l, H e y m a n n) bestreiten.

Interessant ist schließlich noch ein biologischer Unterschied zwischen
mütterlichen und kindlichen Erythrozyten. Letztere werden vom mütterlichen Blutserum agglutiniert, erstere nicht (L a n g e r, L. S e i t z), während fetales
Serum mütterliche Erythrozyten auflöst (D o f e l d t). Neuere Untersuchungen
von Mc Q u a r r i e haben allerdings gelehrt, daß diese Angaben nur zutreffen
für die Fälle, in denen Mutter und Kind verschiedenen Isoagglutinations-Blut-
gruppen angehören. Die Agglutination der Erythrozyten der eigenen Kinder
wurde nur bei 23,3 % der Fälle beobachtet, in 2,7 % wurden umgekehrt die
mütterlichen Erythrozyten durch das kindliche Serum agglutiniert, in 46 %
waren keine Anzeichen für eine Isoagglutination vorhanden. d e B i a s i fand

Mutter und Kind in 54 %, Zettermann und Wildner sogar in 81 % zur selben Blutgruppe gehörig.

Relativ noch stärker ist die Vermehrung der **Leukozyten** im Blute des Neugeborenen, so daß man mit Recht von einer „Leukozytose der Neugeborenen" sprechen kann.

In den ersten 24 Stunden nach der Geburt findet sogar noch ein stärkerer Anstieg statt, vom 2. oder 3. Tage an erfolgt ein ziemlich starker Abfall fast bis zu den für den Erwachsenen normalen Werten, dem sich gegen Ende der 1. Woche häufig ein zweiter Anstieg anschließt, der aber die normalen Werte des Erwachsenen nur mehr um einige Tausend überschreitet. Gegen Ende der 2. Woche oder noch früher werden die Normalwerte des späteren Säuglingsalters erreicht.

Im Nabelschnurblut, bzw. bald nach der Geburt beträgt die Leukozytenzahl 17—20 000 (Birnbaum, Gundobin, Hayem, Perlin, Wojno-Oranski), steigt dann innerhalb der ersten 24 Stunden auf 20—23 000 (Otto, Gundobin), nach manchen Autoren sogar auf 25—36 000 (Schiff, Wojno-Oranski u. a.). Auffallend niedrige Werte, bzw. starke Schwankungen finden sich in den Angaben von Fehrsen (7 600—23 000 am 1. Tage) und Takasu. Als ein Durchschnittsbild der in der Neugeburtszeit stattfindenden Schwankungen wird man folgende Angaben von Gundobin (S. 201) betrachten dürfen:

Zeit der Entnahme	Zahl der Leukozyten
Blut aus der Nabelschnur	18 000
sofort nach der Geburt	18 000
6 Stunden post partum	22 000
24 ,, ,, ,, ...	23 000
48 ,, ,, ,, ...	19 000
5 Tage ,, ,, ...	8 500
7 ,, ,, ,, ...	11 000

Der in den ersten 3 Tagen jedenfalls zu konstatierende Anstieg der Leukozytenzahl im Kubikmillimeter ist zum Teil ebenso wie bei den Erythrozyten auf eine Eindickung des Blutes durch Wasserverlust zurückzuführen; andererseits mag wohl auch die nach anfänglichem Hunger einsetzende und relativ rasch ansteigende Nahrungszufuhr dafür verantwortlich sein, was Schiff meint. Jedenfalls aber dürfte man nur der Nahrungszufuhr im ganzen einen derartigen Einfluß zuerkennen, ohne den auf Wasserverlust zu setzenden Anteil scheinbarer Leukozytenvermehrung scharf davon trennen zu können. Denn eine richtige Verdauungsleukozytose, wie sie Schiff beschrieb, ist beim Neugeborenen, wenn überhaupt vorhanden, jedenfalls nicht sehr ausgeprägt. Gundobin fand erst 5 Stunden nach der Nahrungsaufnahme eine deutliche Vermehrung der Leukozyten, hauptsächlich der neutrophilen, gleichgültig ob es sich um natürlich oder unnatürlich ernährte Kinder handelte. Gregor und Moro dagegen konnten bei Brustkindern eine Verdauungsleukozytose überhaupt nicht nachweisen, sondern fanden im Gegenteil eine Leukopenie, wogegen dieselben Kinder bei erstmaliger Zufuhr von Kuhmilch mit deutlicher Hyperleukozytose reagierten (Moro). Neuestens hat Auricchio[1] unmittelbar nach der Nahrungsaufnahme bei Neugeborenen deutliche Leukopenie gefunden, der allerdings später eine Leukozytose folgte. Seine

---

[1] Pediatria Vol. 28, p. 1093. 1920 und Vol. 29, p. 977. 1921.

Angaben sind von Dorlencourt und Banu[1] bestätigt worden. Sie erfahren eine Ergänzung durch die Untersuchungen von Adelsberger[2], sowie von Schiff und Stransky[3]. Ersterer fand bei Brustkindern eine sofort nach der Nahrungsaufnahme auftretende, nach 1—2 Stunden ihren Tiefpunkt erreichende Leukopenie, die nach 3 Stunden ausgeglichen ist, während nach Kuhmilchzufuhr die Leukopenie nicht ganz konstant und so passager ist, daß sie leicht übersehen werden kann, zumal dann eine Leukozytose folgt. Damit sind die Angaben Moros neuerlich bestätigt. Schiff und Stransky dagegen fanden die Leukopenie unabhängig von der Art der Nahrung, glauben aber, daß sie durch eine

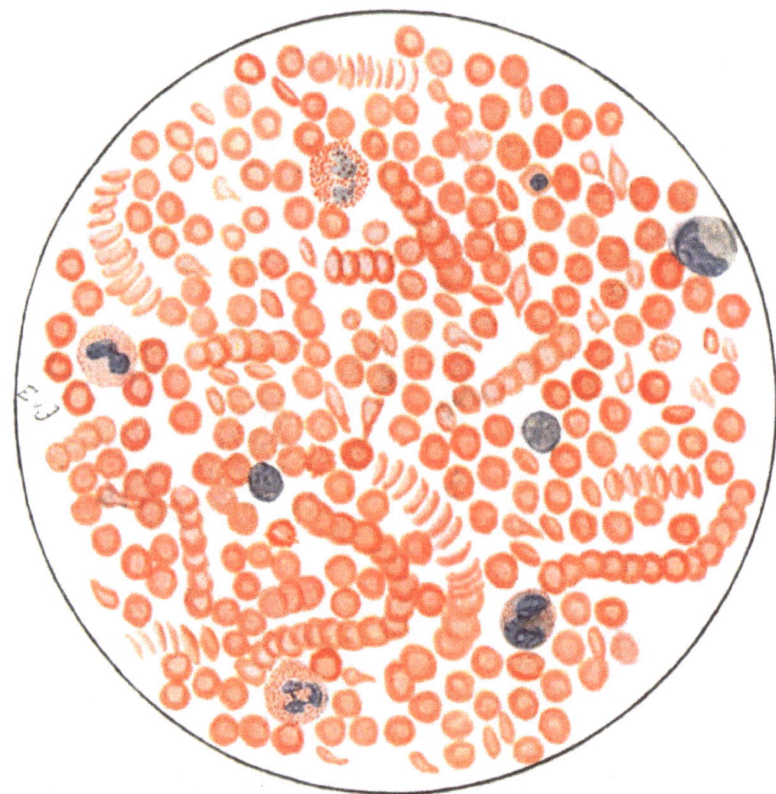

Abb. 29.
Blutbild eines Neugeborenen vom 6. Lebenstage.

abnorme Verteilung der Leukozyten-Ansammlung in den Abdominalorganen, Verminderung im peripheren Blut — gewissermaßen nur vorgetäuscht sei.

Die anfängliche Höhe der Leukozytenzahl kommt in erster Linie auf Konto der Polynukleären, später sinkt deren Zahl und es findet eine Verschiebung zugunsten der Lymphozyten statt, die durch das Schreien regelmäßig eine vorübergehende Vermehrung (bis zu 8000) erfahren (Heß und Seyderhelm). Der Umschlag erfolgt etwa gegen Ende der ersten Woche. Die folgende Tabelle von Carstanjen zeigt das deutlich.

---

[1] Cpt. rend. des séances de la soc. de biol., Tome 84, p. 453. 1921.
[2] Zeitschr. f. Kinderheilk. Bd. 29, S. 56. 1921.
[3] Jahrb f. Kinderheilk. Bd. 95, S. 286. 1921.

Alter	Polynukleäre Leukozyten	Lymphozyten	Übergangs-formen	Große mononukleäre Leukozyten	Eosinophile Zellen
1. Tag	73,45 %	16,05 %	8,43 %	0,17 %	1,9 %
3. ,,	66,18 ,,	18,84 ,,	11,11 ,,	0,14 ,,	3,73 ,,
6. ,,	41,81 ,,	35,11 ,,	17,52 ,,	0,75 ,,	4,81 ,,
9. ,,	36,12 ,,	41,86 ,,	18,66 ,,	0,66 ,,	2,7 ,,
12. ,,	36,69 ,,	45,6 ,,	16,02 ,,	0,15 ,,	1,54 ,,

Der am 12. Tage erreichte Zustand einer relativen Lymphozytose entspricht etwa dem Verhältnis, welches in den ersten Lebensmonaten erhalten bleibt. Sonst fällt in den Angaben der Tabelle noch die relativ große Zahl von Übergangsformen auf, welche innerhalb der ersten Woche noch steigt. Daß man berechtigt wäre, die anfängliche Polynukleose als Schwächezustand der blutbildenden Organe des Neugeborenen aufzufassen, in dem späteren Überwiegen der Lymphozyten ein Erstarken derselben zu sehen (Gundobin), scheint mir nicht richtig. Eher dürfte doch die große Zahl der Übergangsformen auf einen relativ großen Zellverbrauch und damit Hand in Hand gehende lebhafte Neubildung schließen lassen, womit auch die Ergebnisse des Harnsäurestoffwechsels (vgl. dort) gut in Einklang stehen würden.

Die Zahl der Eosinophilen — ähnlich wie von Carstanjen werden die Werte auch von Gundobin, Heimann, Putzig, Warfield u. a. angeben — übersteigt nicht auffällig die für das spätere Lebensalter charakteristischen Werte, wenn sie gleichwohl mehr an der oberen Grenze des Normalen sich hält. Auch das dürfte nichts anderes als ein Ausdruck lebhafter Bildungsvorgänge sein. Damit stimmt gut überein, daß bei Icterus neonatorum die Zahl der Eosinophilen etwa doppelt so groß ist (7—8 %, Heimann, Schmitz); auch Kinder, welche später Erscheinungen exsudativer Diathese zeigen, sollen oft schon in der 2. Woche höhere Werte von Eosinophilen aufweisen (Putzig).

Myelozyten und Mastzellen sind nur in wenigen Blutpräparaten zu finden (Warfield).

Von Arneth wurde ferner als konstante Erscheinung des Blutes Neugeborener eine Verschiebung des Blutbildes nach links, d. h. im Sinne eines Vorherrschens der jüngeren Formen unter den Polynukleären, besonders deutlich um den 5. Tag, konstatiert. Andere Autoren (z. B. Heimann) konnten das nicht bestätigen. Die Differenz in den Angaben findet ihre Erklärung durch neuere Untersuchungen von Frl. Prag, wonach die Linksverschiebung nur in 10 % ausgetragener Neugeborener und auch da nur bis zum 9. Lebenstage zu finden sei, im übrigen aber häufig bei schlechtgedeihenden Brustkindern vorkomme. Ähnliche Beobachtungen machte Ockel.

Über die Blutplättchen liegen erst in neuester Zeit einige Angaben vor, die allerdings nicht übereinstimmen. So fand Rebaudi bald nach der Geburt sehr wechselnde Zahlen (100 000—412 000), in der zweiten Woche etwa eine Einstellung auf den Mittelwert von 350—400 000 (beim Erwachsenen 300 000), während Morse die Zahl der Blutplättchen nur mit 95 000 angibt. Beim Ikterus sollen dieselben beträchtlich, bis auf 1 000 000, vermehrt sein. Emanuele fand bei starken individuellen Schwankungen am ersten Lebenstage durchschnittlich 440 000, nach 4—5 Tagen nur noch durchschnittlich 300 000 Blutplättchen, während die Zahl bei Frühgeburten wesentlich höher ist (durchschnittlich 560 000).

Auch in chemischer Hinsicht zeigt das Blut des Neugeborenen seine bestimmten Eigentümlichkeiten.

Der Hämoglobingehalt ist nach übereinstimmenden Angaben aller Autoren in den ersten Tagen ein recht hoher, sinkt dann allmählich und erreicht nach etwa 3 Wochen die für den Säugling als normal anzusehende Höhe von 70—80 %. Die anfängliche Höhe ist 100—140 %, fällt bis Ende der ersten Woche auf 90—120 %, um dann etwas langsamer abzusinken. Auffallend ist

beim Vergleich verschiedener Untersuchungsreihen verschiedener wie derselben
Autoren die 30 $^0/_0$ und mehr betragende Schwankung in den für jeden Tag gefundenen absoluten Werten. So fand z. B. Schiff bei Budapester Kindern
um 40 $^0/_0$ höhere Werte als in Prag. Takasu gibt für japanische Kinder Werte
um 140 $^0/_0$ an, wir selbst fanden Werte von 92—113 $^0/_0$, überwiegend über 100 $^0/_0$
nach Sahli, so daß man wohl annehmen darf, daß soziale wie örtliche
(klimatische) und Rassenunterschiede eine gewisse Rolle spielen. Die neuesten
Untersuchungen von Börner am hiesigen physiologischen Institut ergaben
in den ersten 8 Tagen Hämoglobinwerte von 17,34—23,71 g pro 100 ccm Blut
gegenüber 16,03 beim Erwachsenen (Bürker). Besonders hervorheben möchten
wir, daß selbst die Kinder anämischer Mutter hohen Hämoglobingehalt zeigen.
Der fetale Organismus entzieht dem mütterlichen Körper sehr energisch das
notwendige Eisen. Wo der mütterliche Organismus im Interesse seiner Selbst-
erhaltung die für den Fetus notwendige Eisenmenge nicht mehr zu liefern
vermag, sterben die Früchte einfach ab (Näheres über diesen Zusammenhang
in den wertvollen Untersuchungen von Fetzer). Der hohe Hämoglobingehalt
wird nicht nur durch die größere Zahl der Erythroztyen erklärt, sondern soll
überdies mit einem größeren Farbstoffgehalt jedes einzelnen Blutkörperchens
zusammenhängen (Engelsen[1]). Der Gesamteisengehalt des Blutes ist größer als
bei der Mutter (Karnitzki 0,0512 $^0/_0$; van Vyve 0,045 $^0/_0$, Gallo 0,034-0,055 $^0/_0$).

Völlig unklar ist, was es mit der von Haselhorst und Papendieck im Nabelschnurblut von 84 $^0/_0$ aller untersuchten Kinder gefundenen und noch bis zur 2. Lebenswoche
nachweisbaren Hämatinämie auf sich hat.

Ebenso ist der Gesamtsalzgehalt des Blutes wesentlich größer
als beim Erwachsenen (Gundobin, Scherenziß, Karnitzki); besonders
die Chloride sind reichlicher vorhanden. Na ist reichlicher, K spärlicher vorhanden, die Summe der nicht an Chlor gebundenen Basen (Na + K) aber kleiner
als beim Erwachsenen. Der Kalkgehalt (ausgedrückt in oxalatfällbarem Kalk)
ist beim Neugeborenen geringer als beim älteren Kinde (Marie Katzenellenbogen) und zwar unabhängig von der natürlichen oder künstlichen Ernährung
(im Gegensatz zu einer Angabe von Neurath).

Die Alkaleszenz des Blutes Neugeborener ist unmittelbar post partum
gleich dem der Mutter (0,4 g NaOH), d. h. niedriger als beim Erwachsenen
(Berend, Ubbels), da auch die mütterliche Blutalkaleszenz in der Schwangerschaft herabgesetzt ist. In den nächsten Tagen erfolgt noch eine weitere Abnahme bis = 0,36—0,34 g NaOH, gegen Ende der ersten Woche wieder ein
langsamer Anstieg (0,36—0,44 g NaOH). Besonders niedrig ist die Blutalkaleszenz bei Frühgeborenen (v. Pfaundler), bei denen sie auch länger niedrig
bleibt; damit ist vielleicht ein Faktor gegeben, welcher die geringe Widerstandsfähigkeit Neugeborener und besonders der Frühgeborenen (v. Pfaundler)
gegen Infektionen erklärt, da nachgewiesen ist, daß mit Steigerung des OH-Ionen-
gehaltes (= Erhöhung der Alkaleszenz) die Resistenz gegen bakterielle Noxen
zunimmt. Immerhin bewegen wir uns hier noch in sehr dunklen Bahnen, da
verschiedene serologische Untersuchungsergebnisse damit nicht recht in Übereinstimmung zu bringen sind. So wissen wir zwar aus den bekannten Untersuchungen von Halban und Landsteiner, Schenk, daß die hämolytischen,
bakteriziden, agglutinierenden, antitoxischen und antifermentativen Fähigkeiten
des Neugeborenen geringer sind als die der Mutter, wie überhaupt des Erwachsenen. Auf der anderen Seite aber stimmt damit die fast absolute Immunität
gegen gewisse Infektionskrankheiten, wie Skarlatina, Morbillen, Diphtherie,
Typhus schlecht überein. Bezüglich der Diphtherie ist dieses Verhalten bereits

---

[1]) Zit. nach Gundobin, S. 205.

einigermaßen geklärt: Fischl und Wunschheim fanden zwar keine bakterizide Wirkung des Neugeborenenserums gegen Diphtheriebazillen, konnten aber kräftige antitoxische Eigenschaften desselben im Meerschweinchenversuch nachweisen. Damit stimmen die in den letzten Jahren gesammelten reichen Erfahrungen über die sogen. Nasendiphtherie Neugeborener gut überein (vgl. Kritzler). Wann und wie die Bildung der einzelnen Schutzstoffe im Blute vor sich geht, ist noch unbekannt.

Wir wissen, daß anscheinend dem Kolostrum bzw. der Muttermilch bei der Übertragung mancher Antikörper eine große Rolle zukommt, sei es, daß direkt durch sie Schutzstoffe übertragen werden und unverändert zur Resorption gelangen, sei es, daß mit der Resorption der kolostralen Eiweißkörper oder irgend einem anderen Vorgang die Bildung dieser Stoffe angeregt wird. Besondere Erwähnung verdient hier die von Langer erhobene Erfahrung, daß in den allerersten Lebenstagen Isoagglutinine fehlen oder nur ausnahmsweise vorkommen (Schenk), in den ersten Wochen jedoch erworben werden, eine Tatsache, die durch das reichliche Vorkommen von Isoagglutininen in der Milch und besonders im Kolostrum eine eigenartige Beleuchtung erfährt.

Der Fermentgehalt des Blutes Neugeborener scheint äußerst geringfügig zu sein (Bial, Nobécourt); einzelne abweichende Angaben machen Lust und Samelson.

Die Gerinnbarkeit soll in den ersten Tagen größer sein als später (Schiff). Carpenter-Gittings fanden die durchschnittliche Gerinnungszeit beim Neugeborenen mit dem Apparat von Biffi (9,4 Minuten, ♂ 8,5 Minuten, ♀ 9,7 Minuten). Demgegenüber haben neuestens Sherman und Lohnes geradezu eine besondere Neigung zu Blutungen konstatiert, die sie zum Teil auf einen Mangel im Gerinnungsprozeß, zum Teil freilich auch auf einen pathologischen Zustand der Blutgefäße selbst zurückführen. In der zweiten Lebenswoche wurde von Flusser mit der Wrightschen Methode eine durchschnittliche Gerinnungszeit von $8\frac{1}{4}$ Minuten bei $19-20^{0}$ Außentemperatur festgestellt. Bei ikterischen Kindern betrug dieselbe 11 Minuten 40 Sekunden. Im ganzen sind die Angaben immer noch sehr widerspruchsvoll, denn gegenteilig berichten wieder Duzár und Ruszniák über einen erhöhten Fibrinogengehalt des Blutes bei ikterischen Neugeborenen, während den nichtikterischen Kindern des ersten Lebensmonats ein geringer Fibrinogengehalt im Blut zukomme.

Bezüglich der Gesamtzusammensetzung seien folgende Daten erwähnt. Der Trockenrückstand beträgt in den ersten zwei Wochen $21,37-27,65^{0}/_{0}$ (Schiff); die höheren Werte finden sich bei schwereren Kindern und nach später Abnabelung sowie bei Ikterus. Der Aschegehalt beträgt nach Schiff $0,79-1,34^{0}/_{0}$, der Eiweißgehalt $17,52-27,44^{0}/_{0}$, wobei die höchsten Werte auf den ersten Lebenstag fallen und von da ab allmählich abnehmen. Im einzelnen ergaben sich noch manche Unterschiede. Der Trockenrückstand sinkt am 2. Tage stark, dann ganz allmählich ab; der Aschegehalt zeigt nach anfänglichem Abfall am 3.—7. Tage wieder einen leichten Anstieg, danach neuerlich Abnahme. Besonders merkwürdig ist das Verhalten der Eiweißwerte, welche je nach dem Termin der Abnabelung ganz verschieden ausfallen. Bei spät Abgenabelten erfolgt zunächst eine Zunahme, vom 3.—4. Tage an allmählich Abnahme, während bei sofort abgenabelten Kindern vom 1.—10. Tage die Eiweißwerte konstant abnehmen, was man wohl mit der postnatalen Transfusion in Beziehung bringen darf. Etwas abweichend davon ergab die neueste Untersuchung von Hagner, daß bei arteigener Nahrung keine erheblichen Schwankungen des Eiweißgehaltes und der Leitfähigkeit des Blutes sich finden, während bei heterologer Nahrung starke Schwankungen vorkommen, welche in dem Unvermögen, den osmotischen Druck konstant zu erhalten, ihren Grund haben. Auch im Blutserum sinkt der Eiweißgehalt während der Periode der physiologischen Gewichtsabnahme von $6-7^{0}/_{0}$ auf $4-5^{0}/_{0}$ (Bauereisen), um mit dem Gewichtsanstieg wieder zuzunehmen. Es besteht jedoch weder hinsichtlich des Trockenrückstandes noch des Eiweißes oder des Aschegehaltes ein vollständiger Parallelismus mit dem Abfall der Gewichtskurve in den ersten Lebenstagen (v. Reuß). Der Blutzuckergehalt beträgt in der Neugeburtszeit im Durchschnitt 0,085 mg gegenüber 0,095 mg im späteren Säuglingsalter und 0,102 mg in den folgenden Lebensjahren (Götzky). Die Werte steigen vom ersten Lebenstage bis zum Ende der ersten Lebenswoche ziemlich rasch an, um dann allmählich wieder abzufallen. So fand Götzky mit der Mikromethode von Bang folgende Mittelwerte:

$$
\begin{array}{rl}
\text{für den 1. Tag} \dots\dots & 0{,}072 \text{ mg} \\
2. \,,, \;\dots\dots & 0{,}083 \;,, \\
3. \,,, \;\dots\dots & 0{,}078 \;,, \\
4. \,,, \;\dots\dots & 0{,}085 \;,, \\
5. \,,, \;\dots\dots & 0{,}099 \;,, \\
6. \,,, \;\dots\dots & 0{,}102 \;,, \\
7. \,,, \;\dots\dots & 0{,}088 \;,, \\
8. \,,, \;\dots\dots & 0{,}082 \;,, \\
9. \,,, \;\dots\dots & 0{,}077 \;,, \\
10. \,,, \;\dots\dots & 0{,}086 \;,, \\
11. \,,, \;\dots\dots & 0{,}076 \;,, \\
12. \,,, \;\dots\dots & 0{,}077 \;,,
\end{array}
$$

Diese Werte bleiben etwas hinter den von Cobliner mit der Methode von Bertrand gefundenen zurück. Die Frühgeburten haben in der Regel etwas niedrigere Blutzuckerwerte. Die Tagesschwankungen hängen hauptsächlich von der Nahrungsaufnahme ab. So fanden sich z. B. beim nüchternen Kinde 0,06 mg, $1\frac{1}{2}$ Stunden nach der Nahrungsaufnahme 0,092 mg, nach 2 Stunden 0,090 mg, nach 3 Stunden 0,079 mg. Ähnliche Angaben macht Mogwitz. Hervorzuheben ist auch der Reichtum des Blutes an Glykogen (Cavazzani). Cholesterin wie Fett sind im Blute des Neugeborenen in viel geringerer Menge vorhanden als im Blute schwangerer oder nicht schwangerer Frauen[1] (Hermann und Neumann), wie überhaupt des Erwachsenen. Indes findet sich bei den nichtikterischen Kindern in den nächsten Tagen eine konstante Zunahme des Cholesterins, während sie bei den ikterischen ausbleibt, gelegentlich sogar der Cholesteringehalt vermindert wird (R. Hornung[2]). Größere Bedeutung erlangen diese Angaben erst, wenn man das Verhalten des gesamten Lipoidkomplexes im Blut Neugeborener berücksichtigt, wie das neuestens in sehr schönen Untersuchungen von K. Hellmuth geschehen ist. Dieser Forscher konnte zeigen, daß bei den im kindlichen Blutserum vorhandenen subnormalen Lipoidwerten sämtliche Bestandteile des intermediären Lipoidkomplexes erniedrigt sind, wenn auch beim Cholesterin die Verminderung am auffallendsten ist; daß aber, wie neuere amerikanische Angaben behaupten, die Cholesterinester im kindlichen Blut häufig ganz fehlen sollen, trifft nach Hellmuths Untersuchungen nicht zu. Diese Feststellung erscheint deshalb wichtig, weil man aus dem angeblichen Fehlen von Cholesterinestern bereits weitgehende Schlüsse auf eine Durchlässigkeit der Plazenta für Cholesterin und eine Undurchlässigkeit für Cholesterinester gezogen hatte. Interessant ist übrigens auch, daß die Maximalwerte für den Lipoidkomplex und seine Komponenten beim Kinde

---

[1] Interessant ist, daß das zuerst von Siegfried in den Muskeln entdeckte Nukleon sich im fetalen Blute findet und zwar etwa doppelt so reichlich als im Plazentargewebe (von $0{,}2106^0/_0 : 0{,}1186^0/_0$ — Sfameni).

[2] Nur nebenbei sei bemerkt, daß diese Hypocholesterinämie des Neugeborenen im Gegensatz zum hohen Bilirubingehalt des Serums für die hepatogene Theorie des Ikterus spricht; cf. weiter unten, S. 151ff.

im Vollblut, bei der Mutter dagegen fast regelmäßig im Plasma oder Serum zu finden sind. Wahrscheinlich erklären sich daraus manche der bisherigen Unstimmigkeiten bei den serologischen Luesuntersuchungen an Schwangeren bzw. Gebärenden und bei Neugeborenen.

Auch **die physikalischen Eigenschaften** des Blutes zeigen beim Neugeborenen manche Eigenheiten.

Das spezifische Gewicht unterliegt in den ersten 10 Tagen starken Schwankungen (1,080—1,060 nach Schiffs systematischen Untersuchungen), wobei die höchsten Werte auf den Anfang fallen und durchschnittlich pro Tag eine Abnahme von 0,001 erfolgt. Die Tageswerte sind nach demselben Autor etwas höher als die Nachtwerte. Beim Erwachsenen wie bei älteren Kindern ist das spezifische Gewicht recht konstant. Bei ikterischen Neugeborenen fanden Schiff, Heimann, Schmitz das spezifische Gewicht etwas niedriger als bei nichtikterischen. Was im einzelnen diese Schwankungen bedingt, ist nicht bekannt, da eine Abhängigkeit von der Zahl der korpuskulären Elemente, von der Größe der Nahrungszufuhr, dem Hämoglobingehalt usw. nicht gefunden werden konnte.

Die Gefrierpunktserniedrigung des Blutes beträgt nach Krönig und Füth —0,520. Ähnliche Angaben macht Mathes, während Veit behauptet, daß das kindliche Blut eine bedeutende Gefrierpunktserniedrigung zeige. Die Viskosität ist eine hohe, im Durchschnitt $6,7^0/_0$ (Amerling), jedenfalls aber über 6 (Trumpp), d. h. etwa ein Drittel größer als im mütterlichen Blut. Trumpp nimmt an, daß diese hohen Werte auf dem hohen Kohlensäuregehalt und dem dadurch bedingten Übertritt von viskösen Substanzen aus den roten Blutkörperchen ins Plasma beruhen. Tatsächlich ist das Blut Neugeborener ziemlich dunkelrot und besitzt einen CO_2-Gehalt von 37,1 bei sofort, 40,9 bei spät abgenabelten, bis 55,5 Volumprozent bei asphyktischen Kindern (Rielaender). Damit stimmt gut überein, daß Trumpp bei zyanotischen Neugeborenen einen Viskositätswert von $12^0/_0$ fand. Die hohe Viskosität des Blutes dürfte mit dem starken Wasserverlust und dem daraus folgenden Zellreichtum zusammenhängen. Daher steigt dieselbe auch während der Zeit der physiologischen Gewichtsabnahme sehr stark an, um danach ziemlich rasch abzusinken (Rusz) (vgl. Abb. 30). Daß spät abgenabelte Kinder höhere Werte zeigen, liegt daran, daß bei Aufnahme von 80—100 g Reserveblut die geschilderten Veränderungen natürlich stärker in Erscheinung treten müssen, als bei den an Blutflüssigkeit ärmeren frühabgenabelten Kindern. Mit der hohen Viskosität des Blutes wird die starke Verzögerung der Senkungsgeschwindigkeit der roten Blutkörperchen beim Neugeborenen in Zusammenhang gebracht (Duzár), die ihrerseits auf einer großen Kolloidstabilität der Erythrozyten beruhen würde. Auch György betont das.

Die hohe Plasmastabilität beruht wahrscheinlich auf dem geringen Fibrinogengehalt des Neugeborenenblutes, während das Serum eine hochgradige Labilität aufweist (Duzár).

Die Wasserverarmung des Blutes während der Periode der physiologischen Gewichtsabnahme ist besonders exakt zu erweisen durch die Bestimmung des Lichtbrechungsvermögens. Derartige refraktometrische Untersuchungen von Rott und Rusz haben ergeben, daß die Refraktionskurve ungefähr ein Spiegelbild der Gewichtkurve darstellt. Der Gipfel der Refraktionskurve und Fußpunkt der Gewichtskurve fallen auf denselben Tag. Dann fällt erstere, während letztere ansteigt. Sobald das Anfangsgewicht erreicht ist, kehrt auch der Refraktionswert zu seinem Anfangspunkt zurück (Rott), später dagegen steigt auch die Refraktionskurve wieder an, wenn auch verhältnismäßig viel langsamer als die Gewichtskurve. Das geht aus der untenstehenden Abbildung, die ich der Arbeit von Rusz entnehme, sehr deutlich hervor.

Alles in allem genommen, zeigen also die charakteristischen Besonderheiten des Neugeborenenblutes, wie namentlich die im Verlauf der ersten und zweiten Woche auftretenden Veränderungen zweierlei: Einmal drückt sich auch darin die Neugeburtsperiode als eine Übergangsperiode aus, zum Teil einfach in Form langsamer Überleitung in die Säuglingszeit, zum Teil aber auch unter dem Bilde von Untergang und Neubildung, die wechselvoll ineinandergreifend die Lebhaftigkeit der stattfindenden Umwälzungen anzeigen. Daß die meisten dieser Veränderungen besonders ausgeprägt in der Zeit der physiologischen Gewichtsabnahme hervortreten, kann nicht wundernehmen, ist doch gerade diese Zeit die wichtigste Zwischenstufe zwischen intra- und extrauterinen Daseinsbedingungen. Aus diesen Eigentümlichkeiten gleich Gundobin[1] zu folgern, daß „der Organismus des Neugeborenen . . . sich in einem pathologischen Zustand" befindet, scheint dem Verfasser nicht gerechtfertigt. Das gilt auch gegenüber der Behauptung Ylppös[2] von einer „azidotischen Konstitution" des Neugeborenen, aus der er eine gewisse Minderwertigkeit folgern wollte. Ylppö kam zu diesen Schlußfolgerungen auf Grund der Beobachtung, daß das Blut des Neugeborenen nach der Sättigung mit CO_2-armer Luft bedeutend saurer reagiert als das des älteren Kindes. Indes hat Hasselbach[3] in kritischer Nachprüfung seiner Untersuchungen zeigen können, daß Ylppö einer Täuschung unterlegen ist und letzten Endes nur die bekannte Tatsache neu bewiesen hat, daß das Blut des Neugeborenen hämoglobinreich ist. Das Oxyhämoglobin ist ein Ampholyt, der bei alkalischer Reaktion, d. h. bei niedriger CO_2-Spannung eine so starke Säure ist, daß seine Konzentration für die Azidität des Blutes ausschlaggebend ist.

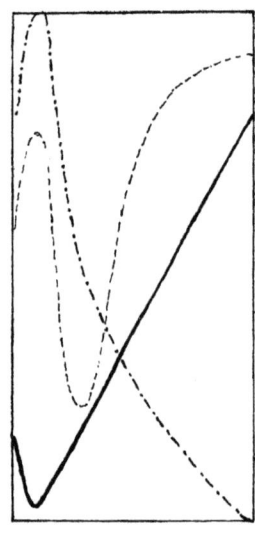

Abb. 30.
——— Gewichtskurve
------ Refraktionskurve
–·—·– Viskositätskurve

VI. Drüsen mit innerer Sekretion.

Unsere Kenntnisse über die endokrinen Drüsen des Neugeborenen haben gegenüber der Zeit, in der die erste Auflage dieses Buches erschien, manche Erweiterung erfahren. Trotzdem besitzen wir über Einzelheiten der Funktion der verschiedenen endokrinen Organe und vor allem über ihr Zusammenwirken in der Neugeburtszeit und während des intrauterinen Daseins auch heute noch wenig vollkommen gesicherte Kenntnisse. Das liegt zum großen Teil an der Schwierigkeit, welche das Neugeborene und noch mehr das ungeborene Individuum für entsprechende Beobachtungen bietet. Vor allem fehlen uns für die Neugeburtszeit alle die wertvollen Aufschlüsse, welche beim Erwachsenen die Pathologie und pathologische Physiologie endokriner Störungen gebracht hat, und zwar deshalb, weil die entsprechenden Krankheitserscheinungen beim Neugeborenen nur ganz ausnahmsweise in prägnanter Form auftreten. Eine

---

[1] L. c. S. 208.
[2] Zeitschr. f. Kinderheilk. Bd. 14, 1916.
[3] Biochem. Zeitschr. Bd. 80, S. 251. 1917.

weitere Schwierigkeit ergibt sich daraus, daß bei jedem Versuch, über die endokrinen Funktionen beim Neugeborenen etwas zu erfahren, unbedingt auch die Einflüsse mitberücksichtigt werden müssen, die vom mütterlichen Organismus auf das gesamte endokrine System des Neugeborenen einwirken oder mindestens einwirken können. Wir verweisen hinsichtlich der verschiedenen Möglichkeiten derartiger Einflüsse auf die Zusammenstellung von B. Wolff, aus der hervorgeht, daß nach keiner Richtung hin ein wirklich zwingendes Beweismaterial vorliegt. Darum wollen wir auch auf Einzelheiten nicht näher eingehen; doch darf so viel gesagt werden, daß eine gründliche Beschäftigung mit diesen Fragen nicht nur in theoretischer, sondern auch in praktischer Hinsicht notwendig ist. Schon heute besteht kein Zweifel, daß die innersekretorischen Drüsen auf die Entwicklung und Gestaltung der Körperform Einfluß haben (Asher) und auch die gesamte Konstitution wesentlich von endokrinen Einflüssen bestimmt wird. Manches spricht dafür, daß auch die angeborene Lebensschwäche im wesentlichen eine pluriglanduläre Insuffizienz ist, wobei freilich noch die Möglichkeit offen bleibt, daß der ursprüngliche Schaden in dem Wegfall eines protektiven Einflusses seitens des mütterlichen Organismus liegt (Thomas). Ein Übergang von Inkreten von der Mutter auf den Fetus ist durchaus unsicher (Grosser, v. Dettingen u. a.), während der umgekehrte Vorgang als sehr wahrscheinlich anzusehen ist (Sellheim).

Die Methoden, deren wir uns zum Studium der inneren Sekretion bedienen können, sind beim Fetus und Neugeborenen lange nicht in gleichem Umfang anwendbar als beim Erwachsenen. Freilich scheinen uns bisher lange nicht alle Möglichkeiten genügend ausgenutzt worden zu sein. Das gilt vor allem immer noch von der anatomischen Untersuchung, die manchen Aufschluß zu geben imstande ist, wenn sie sich auf vergleichende Studien während der ganzen Fetal- und Neugeburtszeit erstreckt und vor allem, wenn nicht nur ein einziges Organ, sondern das gesamte endokrine System dabei berücksichtigt wird. Ein weiterer gangbarer und rechts aussichtsreicher Weg ist vielleicht in der Serologie gegeben; namentlich die Abderhaldensche Reaktion verspricht in ihrem weiteren Ausbau durch Sellheim und seine Schüler (Lütge-v. Mertz) manche neue Aufschlüsse. Die wichtigste Grundlage für neue Erkenntnis wird natürlich auch weiterhin die tierexperimentelle Forschung geben, wenn bei der Übertragung ihrer Ergebnisse auf den Menschen die nötige Vorsicht und Kritik geübt wird. Die wertvollsten Aufschlüsse wird diese Methode dann ergeben, wenn nicht eine einzelne Drüse zum Objekt der Betrachtung gemacht wird, sondern jedesmal das ganze innersekretorische System berücksichtigt wird. Wenn auch a priori erwartet werden darf, daß zunächst diejenige Drüse bei der Nachkommenschaft verändert ist, bei der am Muttertiere irgend ein Eingriff vorgenommen wurde, so liegt es andererseits doch durchaus im Bereich der Möglichkeit, daß die Gesamtheit des endokrinen Systems oder wenigstens mehrere Glieder desselben in Mitleidenschaft bezogen werden. Die vielfach widersprechenden Resultate, welche die tierexperimentellen Forschungen bisher ergeben haben, mögen sich durch die Nichtberücksichtigung dieses Grundsatzes erklären. Jedenfalls dürfte nach den wertvollen Experimenten von A. Seitz und Leidenius feststehen, daß bei der Nachkommenschaft nicht immer das gleiche Organ, sondern gelegentlich auch eine ganz andere endokrine Drüse beeinflußt wird.

Recht interessante Aufschlüsse haben auch die von Gudernatsch, Adler und Romeis eingeführten Fütterungsversuche an Amphibienlarven ergeben. Schließlich steht heute so viel fest, daß die Art der Ernährung nicht nur des Muttertieres, sondern auch des Neugeborenen und speziell der Vitamingehalt der Nahrung auf die Entwicklung des endokrinen Systems von Einfluß ist (Hintzelmann, Mac Carrison u. a.[1]).

1. Thymus.

Die Thymus nimmt im Vordermittelfellraum die ganze vordere und obere Brustapertur ein (Untersuchungen von Kaplan, Olivier, Holtz, Hart, Klose, E. Vogt). Die obere Fläche des thorakalen Anteils der Drüse findet sich hinter dem Manubrium und Corpus sterni bis in Höhe des 3., zuweilen sogar 5. Interkostalraums und ragt mehr minder weit über die Sternalränder hinaus. Die hintere Fläche ruht auf dem linken Herzohr, begleitet oben das Perikard, dann die Aorta ascendens und den Aortenbogen und greift schließlich auf die Lungenvenen über. Die Kapsel der Drüse ist mit dem Brustbein lose, dagegen fest mit der Scheide der großen Gefäße und dem Herzbeutel verwachsen, welch letzterem der untere Drüsenpol fest aufliegt (vgl. Abb. 21, S. 65). In der Höhe der Articulatio sternoclavicularis findet sich die Grenze zwischen zervikalem und thorakalem Anteil. Ersterer liegt, 1 cm lang, auf der Vorderwand der Luftröhre und reicht manchmal bis an den unteren Rand der Glandula thyreoidea.

Relativ häufig finden sich in bezug auf Zahl und Größe wechselnde Häufchen von Thymusgewebe, welche als abgetrennte Stücke der Hauptthymus angesehen werden müssen, die bei der Wendung des Organs gegen das Mediastinum höher oben liegen geblieben sind (Biedl).

Das Thymusgewicht nimmt bis zum zweiten Lebensjahre noch zu (Friedleben), nach Sury sogar bis zur Pubertät, während nach Collin und Lucien, Gundobin das Maximalgewicht zur Zeit der Geburt erreicht wäre. Hammar, dem wir die wertvollsten und gründlichsten Untersuchungen verdanken, stellte beim Neugeborenen als Gewicht in Gramm fest für

Thymuskörper	Parenchym	Rinde	Mark
13,26	12,33	9,69	2,63

und fand bis zum 15. Jahre eine Zunahme, dann erst Abnahme. Friedleben gibt 13,7 g, Kasarinoff-Schkarin durchschnittlich 11,7 g als Thymusgewicht an. Das relative Thymusgewicht ist jedenfalls zur Zeit der Geburt am größten (4,2 $^0/_{00}$ gegenüber 2,2 $^0/_{00}$ beim 1—5jährigen Kinde). Diese Angaben Hammars sind im wesentlichen von Sury, Hohlfeld, Klose, Schukowski bestätigt worden.

Die Involution besteht (Hammar) in einer Abnahme der Rindenfollikel, die teilweise durch breite Bindegewebszüge voneinander getrennt werden. Auch die Marksubstanz wird schmäler. Beim Neugeborenen ist die Thymus charakterisiert durch spärliches interstitielles Gewebe und großen Reichtum an Parenchym, in welchem die Rinde überwiegt. Die erste Erscheinung der Involution ist die Zunahme des interstitiellen Bindegewebes (Hammar, Tamemori).

Mikroskopisches Bild: Schon bei Lupenvergrößerung erkennt man die Zusammensetzung des graurötlichen Organs aus Lappen und Läppchen. Jeder der beiden Thymuslappen bildet eine einheitliche Masse. Die einzelnen Läppchen hängen untereinander kontinuierlich zusammen (Hammar). Die periphere Rindenzone erscheint derber und undurchsichtiger als die blutgefäßreichere, zarte Marksubstanz (Toldt).

---

[1] Über weitere Einzelheiten vgl. die Zusammenstellung von A. Seitz, ferner E. Thomas, Innere Sekretion in der ersten Lebenszeit. Jena 1926.

Das den Grundstock der Läppchen bildende Thymusretikulum ist in der Hauptsache ein Epithelgewebe (Hammar), der bindegewebige Anteil ist spärlicher. In den Maschen des Thymusretikulum sind die das eigentliche Parenchym darstellenden „kleinen" Thymuszellen oder Thymuslymphozyten in der Rinde, im Mark die eigentümlichen Hassalschen Körperchen eingelagert. Die kleinen Thymuszellen sind nach neueren Untersuchungen von Hammar, Mietens, Danschakoff, Maximow, Lubarsch, Marchand, Schaffer echte Lymphozyten; auch esosinophile Zellen kommen in der Thymus vor (Schaffer u. a.); das Maximum des Gehaltes an eosinophilen Zellen fand Schridde vom 7. Fetalmonat bis über die Neugeborenenzeit hinaus. Die Eosinophilen sind bei Feten und Kindern fast ausschließlich gelapptkernige Zellen (Schridde). Auch kernhaltige Erythrozyten sind ein typisches Vorkommnis (Schaffer).

Über die Funktion der Thymus bei Neugeborenen (und Feten) ist in neuerer Zeit immerhin Einiges bekannt geworden. So fanden A. Seitz und Leidenius bei den Jungen von Tieren, bei denen die Nebennieren entfernt waren, öfters die Thymus und das lymphatische System vergrößert, woraus man jedenfalls einen funktionellen Zusammenhang zwischen mütterlicher Nebenniere und kindlicher Thymus folgern kann. Weitergehende Schlüsse seien absichtlich vermieden.

Ganz allgemein wird ferner nach den Untersuchungen von Biedl, Schröder, Hammar u. a. heute angenommen, daß die Hassalschen Körperchen, die Eosionphilen und die Lipoide als Ausdruck einer Thymusfunktion beim Fetus und beim Neugeborenen zu betrachten seien. Erstere sind von 51 mm ab bereits regelmäßig nachweisbar. Die Hassalschen Körper sind geschichtete sphärische Körperchen aus Gruppen epithelialer Zellen mit mehreren konzentrisch gelagerten verhornten Hüllen. Sie stammen wohl von Retikulumzellen ab (Hammar), eine Ansicht, der sich alle Autoren angeschlossen haben (Näheres bei Biedl, Bd. 1, S. 333f.).

In der zweiten Hälfte der Fetalzeit ist ihre Ausbildung starken individuellen Schwankungen unterworfen. Bei Neugeborenen, die mindestens 24 Stunden oder länger gelebt haben, sind die Hassalschen Körper reichlicher vorhanden und zeigen besondere Strukturverhältnisse, insbesondere auch die Zeichen einer Hyperplasie und Neubildung (A. Seitz). Konstant läßt sich ferner ganz regelmäßig vom 9. Fetalmonat ab ein starker Absturz des relativen Thymusgewichts nachweisen.

Über Einzelheiten der Funktion der Thymus beim Neugeborenen ist wenig Sicheres bekannt. Injektionen von Thymusextrakt bewirkten bei 4 Monate alten Säuglingen Blutdruckerhöhung und Pulsbeschleunigung, während bei Feten eine Wirkung von Thymusextrakten nicht nachweisbar war (Svehla). Allgemein wird man ferner der Thymus für das Wachstum und die Formbildung höchsten Einfluß zugestehen müssen. Thymektomie hat in den ersten Lebensmonaten bei Tieren rachitisartige Erscheinungen im Gefolge, bei partieller Thymektomie soll dagegen das Wachstum überstürzt sein (Lindeberg). Damit stünde allerdings eine Beobachtung von Bircher nicht im Einklang, der nach partieller Thymektomie wegen durch eine hyperplastische Thymus bedingter Trachealstenose beim Kinde ein erhebliches Zurückbleiben im Längenwachstum und eine Verzögerung im Auftreten der Knochenkerne beobachtete. Auch Fütterungsversuche an Säugetieren ergaben widersprechende Resultate. Das liegt wahrscheinlich wesentlich an der Art der verwendeten Präparate, denn Romeis konnte die Thymus in einzelne Komponenten zerlegen und zeigen, daß die Thymuslipoide nur Verlangsamung der Entwicklung bewirken, während umgekehrt eine entfettete Thymustrockensubstanz wachstumsfördernd wirkt. Am interessantesten scheint uns die Feststellung neuerer

Forscher, daß Thymus- und Schilddrüsenfütterung entgegengesetzte Wirkungen hervorrufen. Auch zum Genitale scheinen wichtige Beziehungen zu bestehen (Leupold). So ist jedenfalls die Entwicklung der männlichen Keimdrüse im Kindesalter in hohem Grade von der Unversehrtheit der Thymus abhängig. Allerdings spielt dabei auch noch die Nebennierenfunktion eine Rolle. Im übrigen lassen Exstirpationsversuche von Hoskin noch antagonistische Beziehungen zum Nebennierenmark und synergische zur Epiphyse erschließen; indessen bedürfen diese Angaben noch weiterer Nachprüfung[1].

Die früher vielfach behauptete Tätigkeit der Thymus als blutbildendes Organ wird heute fast allgemein abgelehnt; nur Löw gesteht zu, daß ein Teil der einkernigen eosinophilen Zellen in der Thymus als Parenchymzellen besteht.

2. Nebennieren und chromaffines Gewebe.

Einigermaßen charakteristisch für den Neugeborenen ist die weitere und häufigere Verbreitung der zum Adrenalsystem gehörigen, dem Nebennierenmark homologen freien Anteile chromaffinen Gewebes. Sie finden sich als kleinere und größere Gruppen chrombrauner Zellen in den Ganglien des Grenzstranges und der sympathischen Geflechte, ferner als eigene Körperchen formiert in der Umgebung des unteren Nierenpols und an den Abgangsstellen der Baucharterien. Erstere werden nach A. Cohn als Paraganglien[2] bezeichnet, letztere sind nichts anderes als die von Zuckerkandl zuerst als „Nebenorgane des Sympathikus" beschriebenen Gebilde. Unregelmäßiger und verstreuter findet man chromaffines Gewebe im Bereich des Urogenitalsystems (z. B. in Paradidymis und Paroophoron Neugeborener — Aschoff), wie am Herzen an den sympathischen Geflechten desselben (Wiesel).

Auch freie Anteile des Interrenalsystems scheinen beim Neugeborenen weiter verstreut zu sein (Biedl).

Danach ist es nicht verwunderlich, daß auch echte akzessorische Nebennieren (Mark und Rinde enthaltend) beim Neugeborenen häufiger als im späteren Alter gefunden wurden (Aschoff, J. Wiesel).

Die Nebenniere selbst ist beim Neugeborenen mit einem Längendurchmesser von 21, einem Breitendurchmesser von 9 mm (Husnot) sehr groß. Ihr Gewicht verhält sich zu dem der Niere wie 1:3 gegenüber 1:28 beim Erwachsenen, wobei noch zu berücksichtigen ist, daß schon die Nieren beim Neugeborenen im Verhältnis zum Körpergewicht doppelt so groß sind als beim Erwachsenen. Bereits im ersten Lebensjahre sinkt ihr Gewicht ziemlich bedeutend (Scheel). Das durchschnittliche Gewicht der Nebenniere beim Neugeborenen beträgt für Knaben 4,7, für Mädchen 5,0 g (Scheel), im Verhältnis zum Körpergewicht 1:750 (Lucien und Parisot). A. Seitz fand bei seinen Wägungen beim Neugeborenen ein relatives Gewicht der Nebenniere von durchschnittlich 0,22 g pro 100 g Körpergewicht, gegenüber einem gut doppelt so hohen relativen Gewicht von 0,465 g beim Fetus vom 5. Gravititätsmonat. Das relative Gewicht der Nebenniere nimmt also mit fortschreitender Entwicklung des Fetus immer mehr ab. Im Laufe des ersten Lebensmonats geht das Gewicht der Nebenniere noch etwas zurück (Wiederöe).

Hinsichtlich des grob anatomischen Baues bestehen keine bemerkenswerten Unterschiede. Die feinere Untersuchung läßt aber recht wichtige und interessante Eigentümlichkeiten erkennen, auf die zunächst Thomas (1911) aufmerksam gemacht hat. Danach sind die Nebennieren des Neugeborenen noch

---

[1] Weitere Angaben vgl. bei E. Thomas, l. c.
[2] Auch die Karotisdrüse ist ein solches Paraganglion.

nicht ganz vollständig entwickelt und bestehen zum größten Teil aus
Rinde. Schon makroskopisch „lassen sich zwei Zonen unterscheiden, eine helle
periphere und eine breite dunkle, blutgefüllte, feuchtglänzende innere. Bei
der mikroskopischen Untersuchung erweist sich die äußere Schicht ausschließlich, die innere fast ausschließlich als Rinde“ (Abb. 31). Marksubstanz ist
„nur in Form von kleinen, um die Venen angeordneten Komplexen anzutreffen . . .
(Abb. 32). Im Laufe des ersten Lebensjahres gehen die zentral gelegenen
Rindenpartien zugrunde, indem eine starke Blutzufuhr zu den Kapillaren stattfindet und die parenchymatösen Elemente sich zurückbilden. An ihrer Stelle

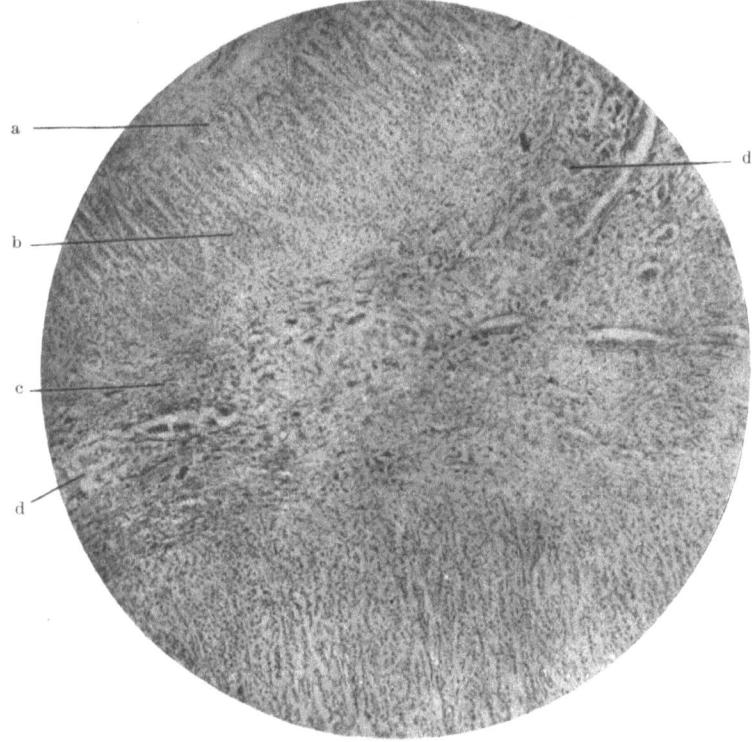

Abb. 31.
Nebenniere eines Neugeborenen, plötzlicher Tod am 4. Lebenstage. Leitz Oc. 3, Obj. 4.
a = Glomerulosa. b = Fasciculata. c = Umlagerungszone mit eisenhaltigem Pigment. d = Markzellhaufen.

findet sich dann eine Mark und Rinde trennende Bindegewebszone „die
allmählich von der in dieser Zeit mächtig proliferierenden Marksubstanz
substituiert wird“. Erst am Ende des ersten bis zweiten Jahres ist dieser
Prozeß abgeschlossen.

Thomas’ Befunde sind von Elliot und Armour, sowie von Kern und
A. Seitz bestätigt und erweitert worden. Kern stellte vier Perioden für diese
Veränderungen auf. „Die erste innerhalb des ersten Lebensmonates auftretende
besteht in der starken Kapillarhyperämie der innersten Rindenschichten nebst
den ersten Merkmalen der Degeneration der Zellen in dieser Zone“. (Über die
weiteren Veränderungen Näheres bei Kern und Biedl, Bd. 1, S. 449ff.)

Man darf wohl ohne weiteres annehmen, daß diese eingreifenden Umwand-
lungen für die Funktion der Nebennieren und ihre Stellung im System der

übrigen endokrinen Drüsen beim Neugeborenen nicht gleichgültig sind. Ja selbst beim Fetus wird man allein wegen der Größe des Organs eine Funktion annehmen dürfen. Nach Keene und Hewer ist Adrenalin schon in der 16. Embryonalwoche nachweisbar; auch die Chromreaktion tritt nach übereinstimmenden Angaben verschiedenster Forscher bereits im 4. Fetalmonat auf[1], während A. Seitz dieselbe allerdings auch im 5. Monat noch nicht regelmäßig fand. Es besteht aber zwischen Chromierbarkeit der Zellen und Adrenalingehalt kein Parallelismus. Nach der Geburt sinkt der Adrenalingehalt der Nebenniere zunächst ab, um später wieder anzusteigen (Luksch). Von Einzelheiten ist bekannt, daß der Adrenalingehalt der Nebenniere beim Neugeborenen etwa 1 mg (gegenüber 4 mg beim Erwachsenen) beträgt und von der Geburt bis zum 9. Lebensjahr allmählich zunimmt (Goldzieher, ähnlich Schmorl und Frl. Ingier). Damit stimmt gut überein, daß Samelson

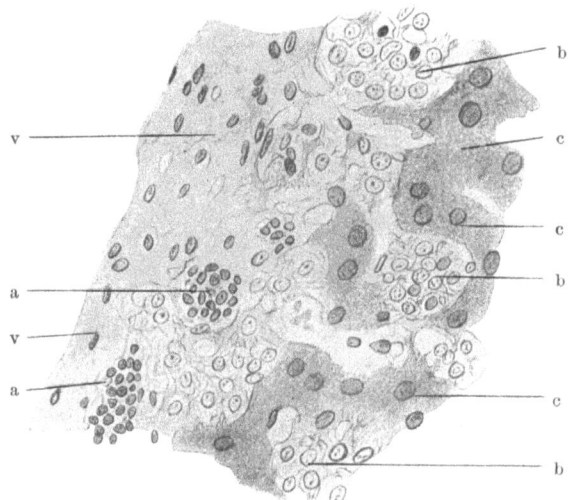

Abb. 32.
Nebenniere aus dem 5. Fetalmonat. Leitz Oc. 3, Obj. 6.
v = Venenwand. a = Sympathogonien. b = Phäochromoblasten und junge Markzellen. c = Rindenzellbalken.

die vasokonstriktorische Wirkung des Säuglingsblutes (mit der Trendelenburgschen Methode geprüft) gegenüber dem Erwachsenen bedeutend herabgesetzt fand.

Von Lipoiden ist vor allem das Cholesterin etwas näher untersucht worden, das während des Fetallebens eine ständige Zunahme erfährt (Allamanni). Abgesehen von der Adrenalinproduktion wird der Nebenniere ein besonderer Einfluß auf den Wärmehaushalt zugeschrieben; doch sind die darüber vorhandenen Beobachtungen noch durchaus widersprechend und wahrscheinlich, daß ein Einfluß der Nebennieren auf die Wärmeregulation nur in Abhängigkeit von der Schilddrüse existiert.

3. Die Hypophyse.

Das Gewicht derselben wird von Parski mit 0,05—0,1 g (von Schönemann mit 0,13 g) angegeben. Wir selbst haben keine eindeutigen Ergebnisse

---

[1] Vgl. darüber die Zusammenstellung bei Hammar.

erhalten, da schon die geringsten Schwankungen bei der Herausnahme des Organs zu sehr differenten Resultaten führten.

Makroskopisch sind besondere Eigentümlichkeiten nicht hervorzuheben.

Über das mikroskopische Bild sind wir durch die verdienstvollen Untersuchungen von Erdheim, Stämmler, Hammar, A. Seitz u. a. gut unterrichtet. Im Vorderlappen der Hypophyse von Feten und Neugeborenen findet man nur kleine blasse Hauptzellen mit sehr chromatinreichen Kernen und Kernteilungsfiguren. Die chromophilen Zellen, der zweite zellige Bestandteil des Vorderlappens der Hypophyse, treten entgegen früheren Angaben bereits im fetalen Leben auf und wurde von Hammar regelmäßig bei Embryonen von 27 mm Länge an gefunden. Bei Embryonen von 33,4 mm Länge an fand Hammar stets die eosinophilen Granulationen, während dieselben von Stämmler erst bei einer Länge von 19 cm, von Erdheim sogar erst von 29 cm Länge und auch da nur vereinzelt gefunden wurden. Unsere eigenen Erfahrungen (vgl. A. Seitz) stimmen mit den Angaben von Erdheim überein. Basophile Zellen wurden übereinstimmend mit allen Autoren, auch von uns, sowohl während der ganzen Fetalzeit wie auch beim Neugeborenen vermißt.

Als morphologische Zeichen der Tätigkeit gelten übrigens nicht nur die chromophilen Granulationen schlechthin, sondern es kommen dazu noch besondere Veränderungen ihrer Dichte und Anordnung (Kraus u. a.), ferner die Lipoide, die aber erst beim Neugeborenen in Form feinster Körnchen nachweisbar werden, um von da an kontinuierlich bis zum Greisenalter zu wachsen. Recht unklar ist noch, wieweit das Kolloid und eine schwach färbbare feinkörnige Substanz, die sich in follikelartigen Räumen findet (Kraus), etwas mit der Funktion zu tun haben.

In der hinteren Grenzschicht des Vorderlappens findet man bei Neugeborenen wie bei Kindern bis zum 10. Lebensjahre einen länglichen Spalt, den Rest der embryonalen Hypophysenhöhle, ausgekleidet mit zylindrischem Flimmerepithel.

An der Pars intermedia ist nichts Besonderes hervorzuheben, abgesehen von zunehmender Ausbildung der epithelialen Elemente in der Umgebung der Hypophysenspalte (Fraser).

Im hinteren Lappen, der Neurohypophyse, ist nur erwähnenswert, daß beim Neugeborenen und Säugling bis zum 10. Monat kein Pigment sich findet (M. Vogel).

Im ganzen ergibt sich aus dem morphologischen Studium der Hypophyse von Feten und Neugeborenen, daß etwa vom 7. Monat ab die embryonale Hypophyse immer mehr dem Bau des reifen Organs sich nähert und verschiedene morphologische Zeichen einer von da ab rasch sich steigernden Funktion erkennen läßt[1]. Das gilt nicht nur von der Differenzierung der zunächst ziemlich indifferent erscheinenden Hauptzellen, nicht nur von dem Auftreten und Größerwerden eosinophiler Granulationen, sondern auch von der für das spätere Leben charakteristischen Lagerung derselben unter Bevorzugung der peripheren Abschnitte. Jedenfalls darf mit großer Sicherheit behauptet werden, daß die Hypophyse beim Neugeborenen bereits eine vollausgebildete Tätigkeit analog der im späteren Leben aufweist. Tierexperimentelle Erfahrungen unterstützen diese Behauptung in jeder Hinsicht. Bei Durchströmungsversuchen an Säugetieren (Schlimpert) wurde wirksame Substanz und zwar ausschließlich im Hinterlappen gefunden. Ebenso war bei menschlichen Feten vom 6. Graviditätsmonat der Vorderlappen noch unwirksam, während im

---

[1] Die Einwände von Thomas (l. c.) scheinen uns nicht ganz stichhaltig.

Hinterlappen aktive Substanzen nachweisbar waren. Von diesem Zeitpunkt an scheint ihre Menge rasch anzusteigen (vgl. Mac Cord, Mauriß und Levis); ferner geht aus Exstirpationsversuchen namentlich von Houssay und Hug an jungen Hunden hervor, daß die Hypophyse auf das Wachstum des Fetus und Neugeborenen einen protektiven Einfluß hat, der aber von den Elementen des Vorderlappens abhängig ist.

Eine interessante Ergänzung dazu findet sich in den Fütterungsversuchen an Amphibienlarven, die übereinstimmend Beschleunigung des Wachstums bis zur Bildung von Riesentieren ergaben, wobei besonders die Versuche von Uhlen-huth, der ausschließlich Vorderlappen zur Fütterung verwandte, und von Spaul, der dieselben Ergebnisse durch Injektion von Vorderlappenextrakt bei Kaulquappen erzielte, erwähnt seien.

Zwischen Hypophyse und Schilddrüse besteht auch beim Neu-geborenen schon eine gewisse Beziehung, insofern als Hypothyreoidismus zur Hypertrophie der Hypophyse führt (Stämmler). Auch A. Seitz und Leidenius fanden bei einzelnen Fällen, dann aber regelmäßig bei einem ganzen Wurf, eine deutliche Vergrößerung der Hypophyse bei solchen Kaninchen, deren Eltern in der Gravidität die Schilddrüse entfernt worden war. Im ganzen sieht man, daß die letzten Jahre doch manche Fortschritte in der Erkenntnis gebracht haben, die jedoch noch mancher weiteren Aufklärung bedürfen.

4. Die Schilddrüse,

die bekanntlich zu den allererst angelegten Organen des Embryo gehört, liegt beim Neugeborenen an der Vorderfläche der oberen Trachealringe. Der Isthmus kann bis zum 2. oder 3., jeder Seitenlappen bis in die Höhe des 5. oder 6. Trachealringes herabreichen (Parski).

Das Gewicht der Schilddrüse beträgt beim Neugeborenen nach Parski 1,3—2,8 g, nach Kölliker bis 6,5 g, unterliegt aber ganz allgemein beträchtlichen Schwankungen in den Grenzen von 1—10 g (Zielinska, Hesselberg, Isen-schmidt, Thomas), für die anscheinend die Herkunft der Schilddrüse aus einer Gebirg- oder Tieflandgegend in erster Linie maßgebend ist. Der wechselnde Blutgehalt scheint von viel geringerem Einfluß zu sein. An meiner Klinik fand A. Seitz am Ende der Gravidität das Gewicht der Schilddrüse ebenfalls sehr schwankend zwischen 3,5—20 g. Geringer, wenn auch immer noch in beträchtlichen Breiten schwankend, ist das relative Gewicht der Schilddrüse beim Neugeborenen, das A. Seitz mit 0,09—0,27 g, durchschnittlich also mit 0,17 g auf 100 g Körpersubstanz bestimmte. Bei Berücksichtigung der Fetalperiode ergibt sich vom 5. Monat ab ein konstantes Ansteigen des absoluten wie relativen Schilddrüsengewichtes mit einer merkwürdigen Ausnahme im 9. Monat. Nach der Geburt findet eine Massenabnahme statt (Thomas).

Schon die fetale Schilddrüse zeigt alle wesentlichen Charakteristika des Baues des erwachsenen Organs. Sie besteht im wesentlichen aus Schläuchen von Zylinderepithel und einem feinen bindegewebigen Stroma. Während das anatomische Bild bis zum Ende des 7. Monats ein gleichmäßiges Fortschreiten der Entwicklung unter Ausbildung typischer schlauchförmiger Follikel, immer deutlichere Differenzierung des Epithels in Haupt- und Kolloidzellen, Kolloid-produktion, deutliche Lappenbildung des Organs aufweist, tritt im 8. und 9. Monat unter stärkerer Ausbildung des Bindegewebes eine Erscheinung auf, die man allgemein als „Desquamation" bezeichnet hat, d. h. es treten teils in den Räumen zwischen den einzelnen Bindegewebszügen Haufen regellos ge-lagerter Epithelzellen (Abb. 33 u. 34) auf, teils findet sich innerhalb guterhaltener Schläuche unter Quellung des blassen Protoplasmas und mehr bläschenförmiger

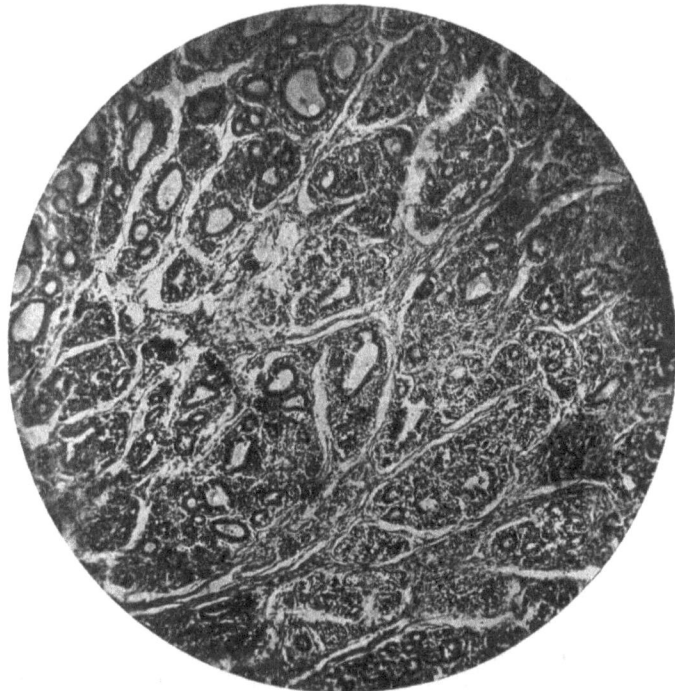

Abb. 33.
Schilddrüse aus dem 7. Fetalmonat. Leitz Oc. 3, Obj 3.
Follikel von sehr verschiedener Weite, zum Teil mit zart gefärbtem Kolloid erfüllt.

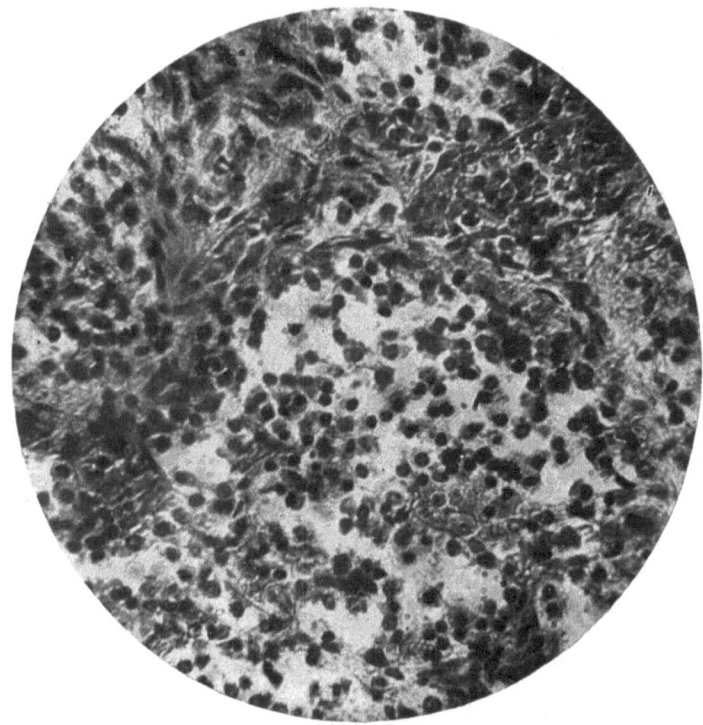

Abb. 34.
Schilddrüse aus dem 7. Fetalmonat. Leitz Oc. 3, Obj. 6. Starke Zelldesquamation.

Gestaltung der Kerne eine Abstoßung von Zellen in das Lumen unter gleichzeitigem Verschwinden des flüssigen Kolloidgehaltes; an manchen Stellen wird
sogar die Trennung zwischen bindegewebigem und epithelialem Anteil des
Organs durch diese Erscheinung undeutlich. Dazu gesellt sich manchmal noch
ödematöse Durchtränkung des Bindegewebes. Allerdings fand A. Seitz[1] in
der Intensität der Ausbildung der geschilderten Erscheinungen große individuelle
Verschiedenheiten. Über die Ursache der Desquamation herrschen die verschiedensten Ansichten, doch dürfte so viel sichergestellt sein, daß es sich um
einen intravitalen Vorgang und nicht etwa um eine postmortale Erscheinung
handelt, deren Bedeutung wahrscheinlich ein gewisser Umbau des Organs
ist (Stämmler, A. Seitz), ohne daß man berechtigt wäre, von einer Hypofunktion des Organs während dieser Zeit (Elkes, Merot, Tydmann und
viele andere) zu sprechen. Mehr Wahrscheinlichkeit dürfte die Ansicht von
A. Seitz haben, daß es sich um qualitative Änderungen der Schilddrüsenfunk-
tion handelt.

Im 10. Monat finden sich Anzeichen, die man als Zeichen einer Regeneration des Parenchyms auffassen kann: Lappen und Läppchen des Parenchyms
erscheinen zum Teil durch gedrängte Zellen ausgefüllt und an Stelle der Schläuche
solide Zellmassen bildend, deren einzelne Individuen gut ausgebildetes, kräftig
gefärbtes Protoplasma und Kerne von deutlicher Chromatinstruktur aufweisen.
Erschwert wird die Beurteilung dadurch, daß Desquamation und regenerative
Erscheinungen im Einzelfall in verschiedenstem Zeitpunkt und Tempo aufeinanderfolgen, so zwar, daß auch die Schilddrüse des Neugeborenen
noch sehr verschiedene Bilder aufweisen kann, indem bald Des-
quamations-, bald Regenerationserscheinungen vorherrschen. Vollständig scheint
die Regeneration erst im extrauterinen Leben zu erfolgen (Isenschmidt), ja
es vergeht das ganze erste Lebensjahr, ehe die Schilddrüse vollständig das
sonst bei Kindern übliche Bild erreicht (M. Frank).

Das wichtigste Ergebnis der ganzen neueren anatomischen Untersuchungen
dürfte nach den ausgedehnten Nachprüfungen von A. Seitz an unserem Material
das sein, daß die Schilddrüse bereits im 5., 6. und 7. Fetalmonat alle
morphologischen Zeichen einer Funktion (Livini, Hammar), analog
denen des extrauterinen Lebens zeigt, nämlich gut ausgebildetes und dif-
ferenziertes, mit den histologischen Eigentümlichkeiten der Funktion aus-
gestattetes Epithel und Kolloidablagerung in den meisten Follikeln. Das Kolloid
der fetalen Schilddrüse ist durch sein zartes Aussehen und färberisches Verhalten
als junges gekennzeichnet. Vom 8. Fetalmonat bis zum normalen Schwanger-
schaftsende fehlt im allgemeinen das Kolloid, wenigstens in morphologisch
nachweisbaren Mengen, und man hat daraus den Schluß gezogen, daß gegenüber der lebhaften Funktion der früheren Monate die Schilddrüse jetzt in einem
Zustand der Hypofunktion sich befände (vgl. oben). Sobald an Stelle der Desquamation regenerative Veränderungen sich einstellen, tritt früher oder später
auch die Kolloidproduktion wieder in Erscheinung.

Als weiteres Produkt der Schilddrüsentätigkeit gilt seit Erdheims
Versuchen auch die Ablagerung von Lipoidkörnchen, die bei Feten ganz
fehlt und auch in der Neugeburtszeit nur in etwa der Hälfte der Fälle, nach
A. Seitz sogar nur ganz vereinzelt in Form von feinsten, mit Sudan III rot
zu färbenden Körnchen nachweisbar wird, während sie konstant erst nach
dem ersten Lebensmonat zu finden ist.

Merkwürdig bleibt jedenfalls die Unterbrechung der fortschreitenden Entwicklung vom 8. Fetalmonat ab durch das Auftreten der Desquamation, die mir

---

[1] Einzelheiten bei A. Seitz.

Stämmler und A. Seitz ganz richtig als einen Umbau des Organs zu deuten scheinen, mit dem Endresultat, daß unter Zunahme des Bindegewebes und gewissen territorialen Verschiebungen zwischen Parenchym und Bindegewebe-Gefäßapparat das Organ sich immer mehr der Struktur des erwachsenen Organs nähert. Jedenfalls geht dieser Umbau nicht ohne Änderung der Funktion einher, die aber, wie namentlich A. Seitz betont, durchaus nicht quantitativer Natur im Sinne einer Hypofunktion zu sein braucht, sondern rein qualitativ sein könne. A. Seitz sagt mit Recht, daß der Mangel an färberisch darstellbarem Kolloid in dem im Umbau begriffenen Organ nicht ohne weiteres als Zeichen der Hypofunktion gedeutet werden dürfe, weil gerade die Kolloidproduktion mehr einen Rest der früheren „exokrinen" Tätigkeit (Kohn) der Drüse darstelle und die spezifisch endokrine Tätigkeit jedenfalls wichtige andere Stoffe liefert.

Freilich ist darüber noch recht wenig bekannt und die Entscheidung dieser Frage noch nicht auf morphologischem, sondern nur auf tierexperimentellem Wege und durch vergleichende Schlüsse aus der Pathologie des Neugeborenen und Säuglings möglich. Die Angaben darüber, wie besonders auch über den Jodgehalt fetaler Schilddrüsen, sind noch so widersprechend, daß wir darauf nicht weiter eingehen möchten. Erwähnenswert erscheint uns dagegen die Tatsache, daß die Beschaffenheit der mütterlichen Schilddrüse auf die Entwicklung und Funktion der Schilddrüse des Fetus von Einfluß ist, wie vor allem auf Grund von Exstirpationsversuchen an trächtigen Tieren festgestellt werden konnte. Ausdruck für diesen mütterlichen Einfluß dürfte gerade das verschiedene Gewicht der Drüse bei Feten und Neugeborenen sein. Im übrigen ergaben die neuesten Exstirpationsversuche von A. Seitz und Leidenius bei der Nachkommenschaft thyreoidektomierter Kaninchen in Übereinstimmung mit früheren Versuchen von Hoskins und entgegen anders lautenden Angaben von Tanberg keine Veränderungen der Schilddrüse, wohl aber in manchen Fällen eine Vergrößerung der Hypophyse. Die Tragzeit war nicht verändert, doch blieben die Jungen gegenüber Kontrolltieren im Gewicht zurück (ebenso Ukita).

Allem Anschein nach kommt der Schilddrüse ein wesentlicher Einfluß auf die Wärmeregulation zu (L. Adler, Pfeiffer, Schenk), wie auch eine wichtige klinische Beobachtung von Cori beweist, der bei einem 4 jährigen Kinde mit angeborenem Myxödem eine auffallende Thermolabilität mit Neigung zur Hypothermie fand. Manches spricht durchaus dafür, daß auch bei Frühgeborenen und Lebensschwachen mit beobachteter Thermolabilität sowie mit Neigung zu Untertemperaturen der geringeren Ausbildung der Schilddrüse eine wesentliche Bedeutung zukommt. Immerhin fehlen für den menschlichen Neugeborenen für diese Behauptung noch zwingende Beweise, so daß man sich noch vorsichtig ausdrücken muß, zumal Isenschmidt, Grafe und v. Redwitz bei ihren Tierexperimenten hinsichtlich der wärmeregulatorischen Bedeutung der Schilddrüse zu negativen Ergebnissen kamen.

Alles in allem darf — wie vor allem die Ausfallserscheinungen bei angeborenem Schilddrüsenmangel beweisen — als sichergestellt angesehen werden, daß die Schilddrüse beim Neugeborenen bereits funktioniert[1]; dagegen ist noch zweifelhaft, ob diese Funktion der des vollausgebildeten erwachsenen Organs völlig gleichzusetzen ist.

5. Epithelkörperchen.

Die Charakteristika der Epithelkörperchen des Neugeborenen sind mit wenigen Worten abzutun. Ihre Größe variiert sehr; makroskopisch sind sie oft

---

[1] Thomas (l. c.) ist allerdings auch darin äußerst skeptisch.

von der Schilddrüse und ganz gewöhnlich von der Thymus nicht zu trennen
(Grosser und Betke). Sie bestehen ausschließlich aus Hauptzellen, d. h.
großen polygonalen Zellen mit schlecht färbbarem Protoplasma. Die oxyphilen
Zellen mit stark färbbarem und zart granuliertem Protoplasma fehlen noch;
ebenso noch ganz regelmäßig das Kolloid und damit natürlich auch die kolloid-
führenden Follikel (Biedl). Über Besonderheiten der Funktion ist nichts
Näheres bekannt. Doch sei wenigstens auf die große Bedeutung, welche Veränderungen der Epithelkörperchen in der Genese der Spasmophilie beigemessen
wird, kurz hingewiesen.

Hinsichtlich der

6. Zirbeldrüse

ist nur zu erwähnen, daß an der Basis und im Inneren derselben beim Neugeborenen kleine, anscheinend durch Gefäßverödung entstandene Zysten vorkommen. Das Wachstum der Zirbeldrüse ist zur Zeit der Geburt jedenfalls
nicht abgeschlossen.

Über die

7. Keimdrüsen

siehe Kapitel Genitalapparat.

8. Pankreas.

Das Pankreas soll an dieser Stelle nur so weit berücksichtigt werden, als
es zu den endokrinen Drüsen zählt, also nur hinsichtlich der Langerhansschen
Inseln, die ja allein als Träger innersekretorischer Funktion in Betracht kommen.
Darüber läßt sich so viel sagen, daß jedenfalls schon in der Fetalzeit eine
endokrine Tätigkeit nachweisbar ist. Zweierlei ist in dieser Richtung
bekannt: Tierexperimentelle Erfahrung zeigt, daß nach Exstirpation des Pankreas
beim graviden Muttertier Störungen des Zuckerstoffwechsels im Gegensatz
zum nichtgraviden Tier ausbleiben, was nur dadurch erklärbar ist, daß das
fetale Pankreas die Funktion des mütterlichen mitzuübernehmen imstande
ist (Karlson, Drennan, Aron). Weitere Untersuchungen haben noch näheren
Einblick gewährt. Der geschilderte Effekt tritt nämlich erst dann ein, wenn
die Langerhansschen Inseln beim Fetus vollständig entwickelt sind, während
vor dieser Zeit die Pankreasexstirpation beim Muttertier doch Hyperglykämie
auslöst. Als zweiter Beweis für die innersekretorische Tätigkeit kann der Befund von Insulin angesehen werden, das beim menschlichen Fetus bereits
vom 5. Monat ab nachgewiesen wurde (Paroli).

Die ersten Langerhansschen Inseln sind bei Feten von 80 mm Länge
nachgewiesen (Nakamura), von Hammar angeblich schon bei Embryonen
von 39—50 mm Länge. Sie entstehen durch Aussprossung aus den Tubuli,
ein Entstehungsmodus, der in gleicher Weise nicht nur im intrauterinen Leben
sich fortsetzt, sondern nach übereinstimmenden Angaben von Herburg, Lom-
broso, Küster, Weichselbaum und Kyrle, Nakamura, A. Seitz auch
noch während des ganzen ersten Lebensmonats zu beobachten ist. Die Zahl
der Inseln im Pankreas des Neugeborenen schwankt zwischen 244 und 699
(Nakamura); entsprechend der fortschreitenden Entwicklung der Inseln
scheint auch die innersekretorische Tätigkeit des Pankreas während der Fetalzeit von Monat zu Monat zuzunehmen (A. Seitz). Neuestens hat Hellmuth
gezeigt, daß beim Fetus und Neugeborenen für die Regulierung des Blutzucker-
spiegels die gleichen Gesetze wie für die Mutter gelten, wenn auch der Blutzuckergehalt des Neugeborenen ein geringerer ist als der der Gebärenden. Nach all

diesen Ergebnissen ist an der Bedeutung des Pankreas für die Regulierung des Zuckerstoffwechsels sowohl beim Fetus wie beim Neugeborenen kein Zweifel möglich.

Zusammenfassung.

Versucht man an Hand der in vorstehenden Kapiteln mitgeteilten
Forschungsergebnisse ein Gesamtbild von den Leistungen des endokrinen
Systems beim Fetus und Neugeborenen zu gewinnen, so ist zunächst festzustellen,
daß die als Träger der spezifischen Leistung anzusprechenden Gewebselemente
schon in relativ sehr früher Embryonalzeit sich entwickeln. Nach einer Tabelle
von Hammar, dessen Angaben von anderen Seiten bestätigt wurden, gestalten
sich die zeitlichen Verhältnisse der morphologischen Ausbildung und des Er-
scheinens der Zeichen einer Tätigkeit für die einzelnen Organe folgendermaßen:

	Zeitpunkt des Erschei- nens der spezifischen sezernierenden Zellen	Zeitpunkt des Erschei- nens der anatomischen Funktionszeichen
Hypophyse, Vorderlappen . . .	22—27 mm	51 mm
Schilddrüse	27—28 ,,	27—28 ,,
Epithelkörperchen	10—11 ,, ?	10—11 ,, ?
Thymus	41—45 ,,	51—53 ,,
Nebennieren, Rinde	15—16 ,,	17—18 ,, ?
,, Mark	22—23 ,,	90 ,, ?
Pankreas	39—51 ,,	53—58 ,,
Hoden (interstitielle Zellen) . . .	27—28 ,,	27—35 ,,
Ovarium (interstitielle Zellen) . .	Ende des embryonalen Daseins	

Damit ist nicht gesagt, daß zu diesen Zeiten bereits eine vollwertige Funktion der Organe einsetzt. Die Tabelle verdeutlicht, daß wenigstens nach morphologischen Anzeichen die einzelnen Drüsen zu verschiedenen Zeiten zur Aufnahme
ihrer Leistung befähigt sind. Ob sie damit schon eine Bedeutung für den Haushalt des wachsenden Organismus erlangen, läßt sich nicht ohne weiteres feststellen. Hammar hat Beziehungen zwischen dem Zeitpunkt der geweblichen
Ausbildung der Träger der innersekretorischen Funktion und dem Fortschritt
der Entwicklung des Gesamtorganismus besonders der Knochenentwicklung,
Blutbildung und der Entwicklung der parenchymatösen Organe an seinem großen
Material festgelegt. Danach erscheint eine neue Etappe der Entwicklung und
des Wachstums nicht von dem Verhalten eines bestimmten endokrinen Organes
abhängig, sondern von dem Fortschreiten seiner Entwicklung und von dem Ineinandergreifen der verschiedenen Entwicklungsphasen des endokrinen Systems
einerseits, des Körpergewebes andererseits.

Die morphologische Ausbildung schreitet bis in die zweite Hälfte der Fetalperiode ziemlich gleichmäßig fort. Im 7.—8. Fetalmonat findet man bei einigen
der Organe ein schärferes Hervortreten der Zeichen ihrer Tätigkeit, bei anderen
einen auffallenden Umbauprozeß (vgl. die einzelnen Kapitel). Hypophyse und
Pankreas zeigen in dieser Zeit unverkennbar die Merkmale erhöhter Tätigkeit.
In der Schilddrüse legt der Umbauprozeß die Vermutung nahe, daß ihre Funktion
in den letzten Monaten des intrauterinen Daseins zeitweise herabgesetzt oder
mindestens in qualitativer Beziehung verändert ist. In der Nebenniere, in der
Thymus sind ähnliche Umlagerungsprozesse vom 7.—8. Fetalmonat an nachweisbar. An einer Funktion aller dieser Organe ist zur Zeit der Geburt u. E. kaum
zu zweifeln. Fraglich ist nur, ob und wie weit die Marksubstanz der Nieren zur
Zeit der Geburt schon funktioniert, denn der Nachweis des spezifischen Sekrets

ist nicht regelmäßig möglich. Dagegen ist für die Nebennierenrinde eine Funktion wohl sicher anzunehmen.

Wir sind heute so sehr daran gewöhnt, die Tätigkeit der innersekretorischen Drüsen von der chemischen und physikalisch-chemischen Seite anzusehen, daß es nicht überflüssig erscheint, auch hinsichtlich des Beginns ihrer Tätigkeit auf die Verknüpfung mit dem Nervensystem hinzuweisen. Wie weit nervöse Einflüsse bereits in der Fetalzeit und beim Neugeborenen für die endokrine Funktion eine Rolle spielen, ist aber angesichts der vielfach noch geringen Vollendung im Bau des Nervensystems durchaus eine offene Frage.

VII. Genitalapparat.

Geschlechtsunterschiede am knöchernen Becken.

Die Entwicklung des Beckens wie die grobe Anatomie desselben beim Neugeborenen wird in der deutschen Frauenheilkunde planmäßig an anderer Stelle besprochen werden. Hier seien lediglich zur allgemeinen Charakterisierung der Neugeburtszeit dienende Eigentümlichkeiten hervorgehoben.

Im allgemeinen ist beim Neugeborenen die Entwicklung des Beckens im Verhältnis zu anderen Körperteilen noch wenig vorgeschritten; damit hängt zum Teil die starke Vorwölbung des Abdomens zusammen, welche namentlich bei Frühgeborenen auffällt. Am weitesten in der Entwicklung zurück ist das kleine Becken (Bichet). Die Kreuzbeinflügel sind schwach entwickelt, eine Kreuzbeinkrümmung erst angedeutet, das Promontorium kaum markiert (Turquet u. a.). Die Darmbeinflügel sind weniger geneigt, die Darmbeinkämme noch kaum ausgeschweift, die Darmbeinschaufeln flach und steil abfallend. Die horizontalen Schambeinäste sind kurz. der Schambogen demgemäß spitz. Der Beckenraum ist im ganzen deutlich trichterförmig (vgl. auch Abb. 35 und 36).

Andeutungen von Geschlechtsunterschieden werden zwar von manchen Autoren geleugnet, sind aber besonders in der Form des Beckeneingangs und der Stellung der Darmbeine, sowie in verschiedener Größe der Beckendurchmesser bereits beim Fetus vom 5. Monat ab nachweisbar (Litzmann, Fehling). Im ganzen ist das Becken neugeborener Mädchen etwas niedriger und breiter als das der Knaben.

Genitale der Knaben.

Das Genitale der Knaben zeigt abgesehen von der Größe und der fehlenden Tätigkeit der Hoden nur unwesentliche Unterschiede vom Erwachsenen. Charakteristisch ist vor allem, daß die innere Fläche des Präputium und die äußere Fläche des Glans penis stets durch Zellen miteinander verklebt sind (Bokai, Gundobin), die erst später durch Erektionen gelöst werden sollen (Jacobi), wahrscheinlich wohl durch spontane Desquamation der die Verklebung bewirkenden Zellen. Man spricht vielfach von einer physiologischen Phimose, besser wohl von einer Symphisis (Kalaschnikoff). Die Lösung erfolgt zu sehr verschiedenem Termin, ist aber spätestens mit 10 Jahren vollendet.

Genitalapparat neugeborener Mädchen.

Auffallender und besser bekannt sind die Unterschiede am Genitalapparat neugeborener Mädchen.

Vulva. Die großen Labien bilden ziemlich feste, flache Wülste, welche sich eng berühren und von glatter, zarter Haut bedeckt sind. Nur oben weichen sie auseinander und lassen kleine Labien und Klitoris sichtbar werden (Abb. 37). Bei Frühgeborenen überragen die Nymphen gewöhnlich in toto die großen Labien. Die Papillen der Haut sind kleiner und spärlicher, das Korium zarter, zell- und blutgefäßreicher. Talgdrüsen sind vorhanden, ebenso in spärlicher Zahl Haarbälge. Die kleinen Labien sind dünne, zarte Falten, deren Bedeckung viel mehr Schleimhaut- als Übergangscharakter hat. Talgdrüsen sind auch hier vorhanden. Der Hymen zeigt alle dieselben individuellen Unterschiede wie im späteren Leben.

Die Vagina ist eng und verläuft steiler als später. Ihre Länge beträgt durchschnittlich um 3 cm ((Grjasnoff). Die Querfalten der Schleimhaut sind stark ausgebildet. Das vordere Scheidengewölbe ist im Gegensatz zu den späteren Verhältnissen etwas höher als das hintere (Mettenheimer). Das Lumen der Scheide ist mit abgestoßenen Epithelien vollständig erfüllt. Im mikroskopischen Bild ist vor allem das mehr oder minder reichliche Vorkommen von Einzeldrüsen neben anderen Drüsenschläuchen auf der ganzen Strecke

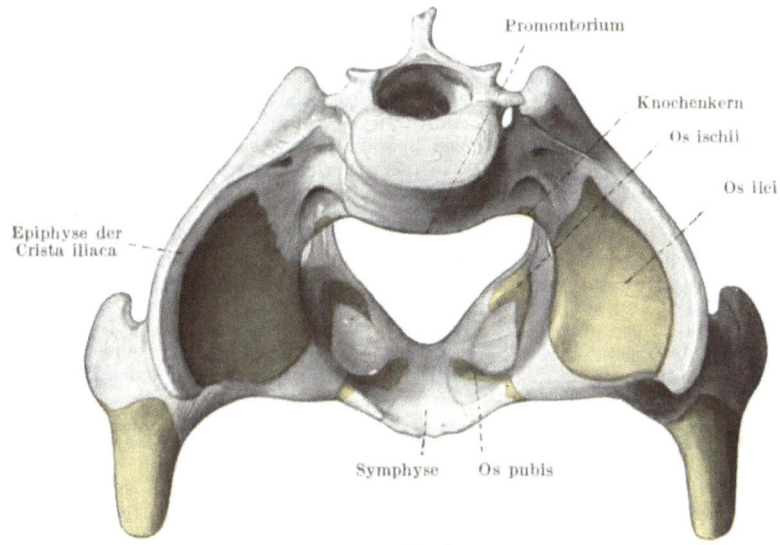

Abb. 35.
Becken eines neugeborenen Mädchens (Ansicht von vorne). Nach J. Tandler. Nat. Größe.

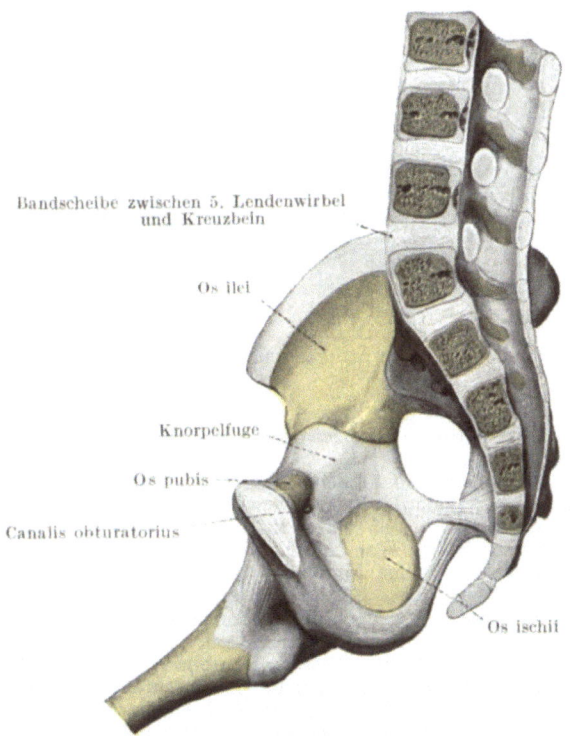

Abb. 36.
Becken eines neugeborenen Mädchens. (Nach Tandler.) Oberschenkel und Hüftgelenk
sind der Normalstellung entsprechend eingestellt. (Nat. Größe.)

zwischen Fornix und innerem Blatte des Hymen hervorzuheben (Rob. Meyers systematische Untersuchungen).

Den Uterus findet man überwiegend in Anteversion mit sehr geringer Flexion. Nur wenige Autoren, wie z. B. Follin, Ruge, Küstner geben an, häufiger Retroflexion und Retroversion gefunden zu haben. Es handelt sich dabei um seltene Ausnahmen. Außerdem besteht eine mäßige Dextroversion (Bayer) und vielfach eine leichte Linksdrehung, weil das Rektum beim Neugeborenen gewöhnlich etwas rechts von der Mittellinie liegt (Mettenheimer). Der Uterus reicht in das große Becken hinein. Der Fundus ist bald nach der Geburt deutlich konvex, flacht sich aber infolge der in der Neugeburtszeit einsetzenden Involution stark ab und wird dann gelegentlich sogar inkudiform. Aus demselben Grunde findet man das Corpus uteri beim Neugeborenen zunächst dicker, birnenförmig, während nach der erwähnten Involution der Uteruskörper ganz platt ist. Die Gesamtlänge des Uterus unterliegt einigen Schwankungen. Am häufigsten findet man sie zwischen 3 und 3$^1/_2$ cm, selten über 4 cm (Bayer, Mettenheimer, Halban); das gefundene Maß hängt zum guten Teil davon ab, ob der Uterus schon seine Involution in der Neugeburtszeit durchgemacht hat oder nicht. Von der Gesamtlänge entfallen reichlich zwei Drittel auf die Zervix. Die Schleimhaut des Korpus zeigt noch kaum eine

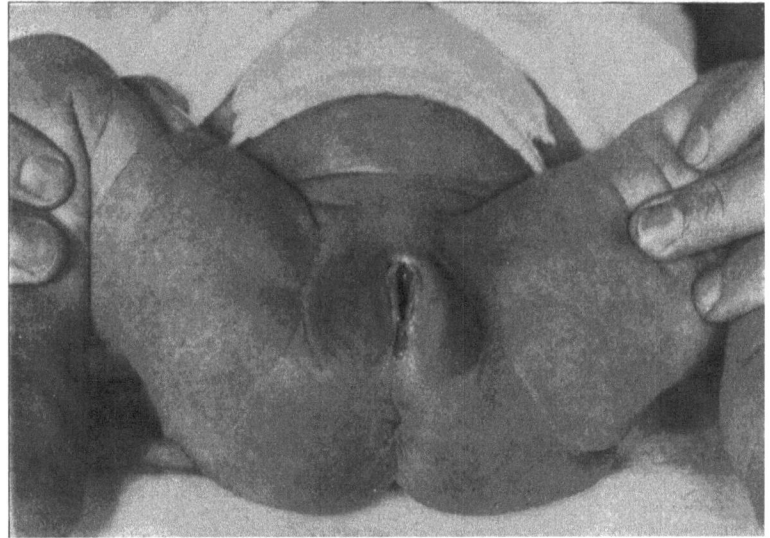

Abb. 37.
Vulva eines reifen neugeborenen Mädchens.

Andeutung von Drüsen, die jedenfalls ganz kurze, einfache Säcke oder Schläuche darstellen. Die Falten des Arbor vitae springen dagegen sehr deutlich vor und reichen über das Os internum meist noch hinaus.

Die Tuben zeigen die bekannten fötalen Windungen.

An den Ovarien ist vor allem hervorzuheben ihre variable Lage; im allgemeinen fällt der Hochstand derselben auf. Sie sind verhältnismäßig sehr groß (etwa 2—2$^1/_2$ cm lang, 0,3 cm dick und 0,2 g schwer), von mehr walzenförmiger Gestalt und zeigen an der Oberfläche nicht selten deutliche Furchen. Konstant findet man im Ovarium Neugeborener wachsende Follikel (Abb. 38), welche sogar eine gewisse Größe erreichen können, ohne atretisch zu werden, ja nach den Untersuchungen von Matsuno findet man sogar häufig bei ausgetragenen Neugeborenen reife Follikel. Mit van Gieson-Färbung kann man eine bindegewebige Membrana propria zwischen Granulosa und Theca interna mit Sicherheit nachweisen (Delestre). Im Verlaufe der Atresie verschwindet die Granulosa nicht vollständig, ihre basalen Anteile erfahren eine Umwandlung in Bindegewebe, das nach denselben Autoren später das Lumen vieler Follikel ausfüllt. Die sog. interstitielle Drüse, deren inkretorische Bedeutung beim Menschen übrigens noch nicht zweifelsfrei erwiesen ist[1], soll beim Neugeborenen besonders gut ausgebildet sein (Geller,

---

[1] Vgl. L. Fraenkel in Handb. d. norm. u. pathol. Physiol., herausgegeben von Bethe, v. Bergmann, Embden, Ellinger, Bd. XIV, 1, S. 439. Berlin 1926.

Matsuno). Eine Albuginea fehlt am Ovarium Neugeborener. Einigermaßen charakteristisch sind noch die dicht unter dem Keimepithel liegenden Schlauch- und Eiballenfollikel. Erst unter ihnen stößt man auf die dicht gelagerten Primordialfollikel, deren Zahl beim Neugeborenen auf 3600 geschätzt wird (Henle, Waldeyer). Postembryonal findet ja eine Neubildung von Eiern nicht mehr statt.

In der Physiologie des Neugeborenen kommt ja dem Genitalapparat im allgemeinen keine besondere Bedeutung zu. Immerhin müssen wir einige Erscheinungen besprechen, welche nur in der Neugeburtszeit zu beobachten sind.

Gleichwie in der Mundhöhle und im Darmkanal siedeln sich schon im Laufe des ersten Lebenstages an der Vulva und in der Scheide neugeborener Mädchen Keime an, die nach einigen Schwankungen der Zusammensetzung die physiologische Genitalflora darstellen.

Wahrscheinlich ist vor allem das erste Bad Ursache dieser raschen Ansiedelung der Keime; wenigstens konnten Vahle, Neujeau feststellen, daß bei

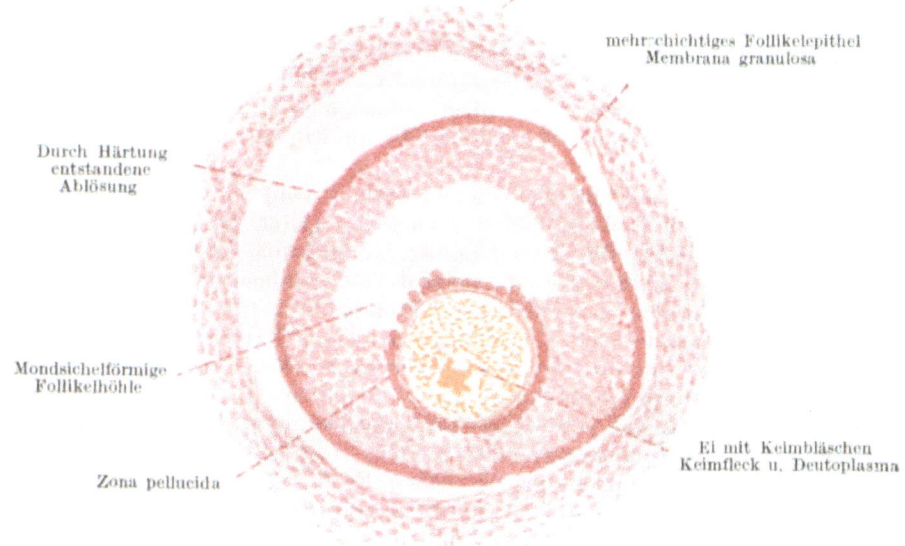

Abb. 38.
Graafsches Bläschen aus dem Eierstocke eines Neugeborenen.
Zeiss Oc. 2, Obj. E. Alauncarmin.

Weglassen des ersten Bades an der Vulva 7—8, an der Scheide 10—12 Stunden vergehen, ehe Keime nachweisbar werden, während bei gebadeten Kindern schon unmittelbar nachher entnommenes Sekret als keimhaltig sich erweist. Bei in Beckenendlage geborenen Mädchens ist die Scheide oftmals schon unmittelbar post partum keimhaltig (Knapp). An der Vulva finden sich Bakterien, wie sie auch in der Mundhöhle und im Darm auftreten, Bacterium coli, Staphylo- und Streptokokken, die in den folgenden Tagen noch eine stärkere Vermehrung erfahren, und bald nahezu alle im Stuhl der Kinder sich findenden Bakterien[1]. Der Modus der Übertragung ist ja so klar, daß darauf nicht eingegangen zu werden braucht.

Interessanter ist das Verhalten der Scheide. Wenige Stunden nach Auftreten der Vulvakeime erweist sich auch die Scheide als keimhaltig, und

---

[1] Einzelheiten bei R. Salomon, l. c.

zwar treten hier zunächst dieselben Keime auf, die in der Vulva beobachtet werden, wobei bald der eine, bald der andere Keim vorherrscht (Vahle). Binnen kurzem aber gesellt sich dazu ein neuer Keim, der Döderleinsche Scheiden-bazillus, der nun bald eine ähnliche Rolle spielt, wie der Bifidus in der Darm- bzw. Stuhlflora. Die Döderleinschen Stäbchen überwuchern bald alle anderen Keime und beherrschen das Bild. Staphylo-, Streptokokken sowie das Bacterium coli verschwinden überhaupt oder treten sehr stark zurück. Dieser Florawechsel beginnt etwa am 3. Tage und ist gegen Ende der ersten Woche meist vollendet (Knapp). Es zeigt also schon beim Neugeborenen die Scheide die Fähigkeit zur Selbstreinigung (Menge, Krönig, Neujeau) — eine Eigenschaft, über die bekanntlich viel diskutiert worden ist, die mir aber vor allem durch solche Beobachtungen an Neugeborenen einwandfrei erwiesen scheint. Die Reaktion des Scheidensekretes ist unmittelbar nach der Geburt gelegentlich amphoter, im übrigen stets sauer. Die saure Reaktion beruht auch beim Neugeborenen auf der Anwesenheit von Milchsäure; doch findet man daneben in geringer Menge, aber anscheinend regelmäßig, noch andere Säuren, z. B. anorganische Phosphorsäure (Rossenbeck).

Nur in seltenen Fällen von lang dauernder Geburt, bei vor- oder früh-zeitigem Blasensprung wie in dem oben schon genannten Fall der Geburt in Beckenendlage findet man die Scheide bereits unmittelbar nach der Ausstoßung des Kindes keimhaltig.

Beobachtet man systematisch die Genitalien neugeborener Mädchen eine Reihe von Tagen hindurch, so findet man fast regelmäßig mehr oder minder deutliche Schwellung. Die großen Labien treten infolge derselben deutlicher als Wülste hervor als in späteren Lebenswochen, fühlen sich sukkulenter an und sind oftmals durch kleisterartiges Sekret leicht verklebt. Entfaltet man sie, so bemerkt man dieselbe Schwellung an kleinen Labien und Klitoris. Ja manchmal ist die Schwellung an diesen Teilen sogar stärker, so daß sie zwischen den großen Schamlippen sich vordrängen. Auch hier findet man die äußere Fläche mit kleisterartigem Sekret bedeckt, zwischen ihnen glasiges, schleimiges, nach einigen Tagen dünner werdendes Sekret. Aus der Hymenalöffnung ragt oft ein kleiner Schleimpfropf hervor. Diese Erscheinungen berechtigen wohl von einer Vulvovaginitis desquamativa neonatorum zu sprechen, wenn man sich dabei nur vor Augen hält, daß es sich dabei um einen durchaus physiologischen Vorgang handelt, der nur eine Teilerscheinung der auch an den verschiedensten anderen Stellen der Körperoberfläche zu beobachtenden Desquamation darstellt (Epstein). Möglicherweise sind auch noch hormonale Wirkungen dabei im Spiele. Vahle faßt die Absonderung als Ausstoßung des in der Fötalzeit angestauten Zervixschleimes auf, während Knapp darin eine Folge der Ansiedelung der Scheidenkeime erblickt.

Ist diese Schwellung und Absonderung aus der Vulva aller Mädchen mehr oder minder deutlich zu beobachten, so gehört eine andere Erscheinung, die sog. Vaginalblutung, richtiger Uterusblutung zu den seltenen, im Bereich des Physiologischen gelegenen Erscheinungen. Zacharias, der be-sonders sorgfältig auf die Erscheinungen achtete, fand sie in 2,5% der Fälle. Andere Autoren, wie z. B. Schukowski, beobachteten sie dagegen viel seltener. Meiner Erfahrung nach dürfte die Zahl von Zacharias etwas hoch gegriffen sein und sich aus der relativ geringen Zahl der Gesamtfälle erklären. Wie dem auch sei, es handelt sich dabei um ein gewöhnlich am 6.—7., gelegentlich schon am 4.—5. Tage, sehr selten noch früher auftretende blutig-schleimige Sekretion von verschiedener Stärke und Dauer. Manchmal beobachtet man lediglich einige Flecken blutig tingierten Schleimes in den Windeln, in anderen Fällen findet man neben diesen Flecken auch streifige, mit Schleim vermengte

Gerinnsel, die nicht allein an der Windel haften, sondern auch die Schamspalte mehr minder völlig bedecken. Zieht man die Labien auseinander und wischt das Blut sanft ab, dann kann man feststellen, daß es aus der Scheide kommt und nicht von irgendwelchen Verletzungen der Vulvaschleimhaut herrührt. Einen richtigen Abgang flüssigen Blutes beobachtet man in diesen physiologischen Fällen nicht. Ein solcher gehört vielmehr ins Reich des Pathologischen und ist Ausdruck einer hämorrhagischen Diathese oder Sepsis, wie in den Fällen von Ritter und Doléris. Die physiologische Blutung erreicht niemals bedenkliche Grade, stört das Wohlbefinden und Gedeihen der Kinder in keinerlei Weise und verschwindet nach 1—2 Tagen. Sehr selten dauert sie über 3—4 Tage, wie in den Fällen von Busey, Pollak, Bates. Gelegentlich in dieser Zeit beobachtete Dyspepsien beruhen meines Erachtens auf einem zufälligen Zusammentreffen.

Diese physiologische Blutabsonderung unterscheidet sich von der bei Sepsis und bei hämorrhagischen Diathesen auftretenden Blutung abgesehen von ihrer geringeren Stärke vor allem auch dadurch, daß sie ganz isoliert vorkommt. Ebensowenig kann sie im Sinne einer Menstruatio praecox gedeutet werden. Denn einmal fehlen alle sonstigen Zeichen vorzeitiger Geschlechtsreife, vor allem aber kehrt diese physiologische Blutung nicht wieder. Ebenso hängen alle sonstigen Erklärungen, wie z. B. durch Stauung nach Asphyxie (Ferraresi), als Folge einer Endometritis (Eröß) und ähnlichem vollständig in der Luft. Es handelt sich vielmehr um ein Analogon der Menstruationsblutung des erwachsenen Weibes, ausgelöst allerdings nicht von den noch ruhenden Ovarien, sondern von irgendwelchen plazentogen auf das Kind übertragenen Hormonen, welche in gleicher Weise wie die Ovarien der geschlechtsreifen Frau zur Schwellung und Hyperämie der Uterusschleimhaut und gelegentlich sogar zur Blutung aus derselben führen. Diese von Halban entwickelte Ansicht erhielt eine bedeutende Stütze durch seinen Befund an den Uteri auch solcher neugeborener Mädchen, die nicht geblutet hatten. Es fanden sich im allgemeinen Kongestion, subepitheliale Hämorrhagien — kurz ein Zustand, wie er der prämenstruellen Kongestion des späteren Lebens entspricht. Im Uterus von blutenden Neugeborenen wurde außerdem beobachtet, daß die subepithelialen Blutherde gelegentlich das Epithel sprengen und kleine Blutaustritte ins Uteruskavum hervorrufen (Zappert), wogegen niemals entzündliche Erscheinungen oder sonstige Krankheitsprozesse gefunden wurden. Die Ovarien ließen in keinem einzigen Falle Zeichen irgendwelcher Funktion erkennen. Im Laufe der nächsten drei Lebenswochen bilden sich diese Erscheinungen zurück und der Uterus wird überdies im ganzen kleiner. Die meisten Autoren haben sich dieser Ansicht von Halban angeschlossen, z. B. Juda, Zappert, Lequeux-Marioton, Gogitidze, Zacharias.

Eine wichtige Stütze der Halbanschen Auffassung scheinen mir die seltenen Fälle zu sein, in denen auch bei Knaben Blutabgänge in Form von feinen, mit dem Harn abgehenden Gerinnseln sich zeigen. Freilich könnte man hier auch an die Blase als Quelle der Blutung denken und vereinzelt mögen auch wirklich Verletzungen durch die Konkremente eines Harninfarktes Blutungen veranlassen. Andererseits ist aber aus Untersuchungen von Schlachta, Rénouf bekannt, daß in der Prostata neugeborener Knaben ganz analoge Veränderungen wie im Uterus der Mädchen sich finden: Hyperämie, Blutung und Sekretion. In demselben Sinne einer Schwangerschaftsreaktion (Halban) spricht, daß man auch am Penis und am Skrotum öfters ein leichtes Ödem mit Anschwellung der Hoden (10,7 % der ♂, Lequeux-Marioton) während der ersten Tage beobachten kann, das nicht als Folge eines Geburtstraumas aufgefaßt werden darf, da es sich auch ganz unabhängig von einem solchen auch bei Kaiserschnittskindern findet.

VIII. Nervensystem und Sinnesorgane.

1. Gehirn.

„Das Gehirn des Neugeborenen ist in gewisser Beziehung ein unbeschriebenes Blatt". Diesen Satz Kraepelins wollen wir zum Ausgangspunkt der folgenden Erörterung nehmen, die dank einer kleinen, aber inhaltsreichen Monographie von Canestrini (1913) heute auf viel sicherem Boden sich bewegen kann als bisher, wo überwiegend einfache Beobachtungen von Ausdruckbewegungen und psychologische Spekulationen zum Studium der einschlägigen Frage dienen mußten. Ärzte, Dichter und Philosophen haben namentlich über die Psychologie des Kindes von der Geburt angefangen mehr oder minder gut beobachtete, in der Deutung sehr verschieden gewertete Einzelheiten mitgeteilt, die wir jedoch hier ganz vernachlässigen können[1].

Das mimische Spiel beim Neugeborenen, auf das man sich hauptsächlich gestützt hat, ist im ganzen grobzügig wie bei manchen Erkrankungen der Großhirnhemisphären. Man hat — ich will hier nicht im Detail darauf eingehen — guten Grund zu der Annahme, daß dieses Mienenspiel wesentlich nur von den großen Basalganglien abhängig ist, während die feinere Regulation (überwiegend Hemmung) des großen Mienenspiels, welche von der Großhirnrinde ausgeht, beim Neugeborenen zum großen Teil wegfällt. Probst hat daher mit einem gewissen Recht den Neugeborenen als großhirnloses Wesen bezeichnet. Genauer ausgedrückt darf man wohl nur von einer primitiven Beschaffenheit der Rindenbestandteile sprechen, der zufolge vor allem höhere psychische Leistungen unmöglich sind. Dagegen ist an der Möglichkeit einer zerebralen Ingangsetzung der Körpermuskulatur nach den Beobachtungen von kortikalen Krämpfen bei intrakraniellen Hämatomen gar nicht zu zweifeln. Daran wird auch nichts geändert durch die von Soltmann erhobene Tatsache, daß bei manchen neugeborenen Tieren durch Reizung der Hirnrinde Bewegungen sich gar nicht oder nur sehr unvollkommen auslösen lassen. Am richtigsten hat vielleicht Gundobin den Zustand des Gehirns als den einer ungenügenden Entwicklung der Hemmungszentren definiert, wie die oben bereits erwähnte Grobzügigkeit der Mimik, das Fahrige der Bewegungen des Neugeborenen und die Steigerung vieler peripherer Reflexe erweisen[2].

Die grob anatomische Untersuchung des Gehirns des Neugeborenen ergibt zunächst eine geringere Entwicklung der vorhandenen Hirnwindungen bzw. Furchen. Die Oberfläche erscheint deshalb im Verhältnis zum Erwachsenen glatter, zumal die sekundären und tertiären Furchen zum größten Teil fehlen. So nennt es Preyer[2] mit Recht „ein unvollendetes Modell eines Menschenhirns in verkleinertem Maßstabe, an dem noch viel gemeißelt, ziseliert und gefeilt werden muß". Nähere Untersuchung bestätigt diesen Eindruck. Es erscheinen bis zur 5. Lebenswoche der Sulcus frontalis, Sulcus orbitalis, Sulcus transversus u. a. öfters aus mehreren Teilen zusammengesetzt; andere Furchen dagegen wie der Sulcus temporalis I und III sind im Gegenteil zusammenhängender als im späteren Alter, weil die sekundären und tertiären Furchen noch fehlen. Diese Seitenzweige wie Anastomosen zwischen den einzelnen Furchen sind noch ganz schwach und unregelmäßig angedeutet, die kleinen Furchen und Windungen besonders im ersten Lebensmonat in viel geringerer Zahl vorhanden als später (Gundobin)[3]. Demgegenüber zeigen die onto- wie phylogenetisch älteren Teile des Gehirns, Medulla oblongata, Pons, Kleinhirn usw. eine wesentlich weiter vorgeschrittene, von dem späteren Zustand nicht auffallend abweichende Entwicklung.

[1] Literatur bei Canestrini, l. c.

[2] Die Beugehaltung der Extremitäten, die man an den meisten Neugeborenen beobachten kann, wenn sie frei liegen, als Flexionskontrakturen infolge mangelhafter zerebraler Hemmung zu erklären, wie auch v. Reuß geneigt scheint, ist wohl nicht richtig. Hier handelt es sich einfach um eine Fortdauer der fetalen intrauterinen Haltung, für die höchstens der Zustand der Gelenkbänder verantwortlich zu machen ist.

[3] L. c. S. 470.

Bei der bloßen Betrachtung und Betastung des Gehirns fällt schon sein höherer Quellungszustand auf. Wie in allen Organen, so ist auch im Gehirn des Neugeborenen der Wassergehalt ein größerer als je in einer späteren Zeit des Lebens, wozu wir die geburtshilflich wichtige Erfahrung anmerken wollen, daß nur der hohe Wassergehalt des Gehirns im Verein mit der Unfertigkeit desselben und der geringeren Ausbildung vor allem der empfindlichsten Elemente in der grauen Hirnrinde es ermöglicht, daß im allgemeinen und selbst bei nicht zu hochgradigem Mißverhältnis zwischen Kopf und Becken die Verformung des Schädels, das Abströmen von Flüssigkeit durch Gefäße und Ventrikel in den Rückenmarkskanal ohne Schädigung des nervösen Zentralorgans vor sich geht. Daß eine solche trotzdem häufig genug erfolgt, ist durch die Untersuchungen von Ph. Schwartz,[1] sinnfällig erwiesen worden. Dieser primär schon vorhandene hohe Wassergehalt ist auch Ursache, daß die Hirnrinde Neugeborener viel weniger aufquillt (Bauer und Ames)[2]; sie ist gewissermaßen mit Wasser gesättigt.

Auffallend und auf die spätere hohe Entwicklung hinweisend ist aber bei diesem außerordentlich unfertigen Zustand das ungewöhnlich hohe Gewicht des Gehirns, welches sich zum Gesamtkörpergewicht wie 1:7,5—8,5 (Ziehen), nach Mies sogar wie 1:5 verhält, während beim Erwachsenen das Verhältnis 1:32 beträgt (Thürmann). Das Gehirn der Mädchen ist schon bei der Geburt etwa um 20 g leichter als das der Knaben, was freilich im wesentlichen auf das geringere Geburtsgewicht der Mädchen zu beziehen sein dürfte. Das absolute Hirngewicht gibt Pfister für ♂ mit 370 g, für ♀ mit 350 g an. Die Werte von Mies (♂ 340 g, ♀ 330 g) hält Pfister für zu niedrig, die von Handmann (♂ 400 g, ♀ 380 g) für zu hoch. Übrigens finden sich schon beim Neugeborenen ziemlich beträchtliche individuelle Differenzen im Hirngewicht, die 50—70 g betragen können (Pfister).

Das Großhirn allein wiegt bei ♂ 310—345 g, bei ♀ 305—320 g. Die Dimensionen sind nach Pfister folgende:

Stirnokzipital-Länge etwa	9 cm
Breite	7 ,,
Höhe	5 ,,

Die Relation Hirngewicht: Rückenmarksgewicht beträgt 110:1, beim Erwachsenen 50:1.

Die feinere Untersuchung des Gehirns des Neugeborenen (Probst, Megrin, Arborio, Besser und Arndt, Edinger u. a.) ergibt einen großen Reichtum an Neuroglia, da und dort aussprossende Achsenzylinder und eine große Menge von rosenkranzartig oder kettenförmig verbundenen Elementen, die bis zum Ende des ersten Jahres fast völlig verschwinden, d. h. bis dahin fast alle in fertige Ganglienzellen umgewandelt sind. Übrigens unterscheiden sich auch die bereits deutlich erkennbaren Ganglienzellen stark von denen des Erwachsenen, vor allem durch die Polymorphie (Arborio). Über die Differenzierung der einzelnen Schichten der Großhirnrinde gehen die Ansichten vielfach auseinander. Fuchs z. B. leugnet jede Differenzierung, wogegen Vignal behauptet, daß die einzelnen Schichten zur Zeit der Geburt wenigstens schon erkennbar seien. Im einzelnen fand Betz, daß die Pyramidenzellenschicht nur spärlich vorhanden ist und erst in der 6. Lebenswoche deutlicher wird. Neuere Untersuchungen von Maschtakoff-Gundobin zeigten, daß zwar beim Neugeborenen alle Schichten der Hirnrinde erkennbar sind, eine gewisse Differenzierung also vorhanden ist, die jede Schicht charakterisierenden Zellen aber noch recht spärlich vertreten sind und die polymorphen Zellformen überwiegen. Bereits in den ersten Lebenswochen geht jedoch Wachstum und Vermehrung der Zellen und damit eine deutlichere Differenzierung der einzelnen Schichten rasch vor sich.

Die Markentwicklung im Großhirn ist noch recht rückständig, im Hirnstamm und Kleinhirn dagegen viel weiter vorgeschritten. Dieser Markmangel bedingt auch die eigentümlich graue Farbe der frischen Schnittfläche des Gehirns des Neugeborenen. Die Rinde der Zentralwindungen und das benachbarte subkortikale Gebiet enthält nach Remark, Parrot, Exner u. a. zur Zeit der Geburt noch keine weißen Fasern, während nach Flechsig, Bechterew u. a. subkortikal bereits beim 9monatlichen Fetus Markfasern auftreten. Jedenfalls aber fehlen verbindende Längsfasern (Flechsig), während tiefe Tangentialfasern schon vorhanden sind (Righetti). Vor allem wissen wir heute sicher, daß die Entwicklung der Myelinfasern in den verschiedenen Abschnitten und Hirnschichten sich nicht gleichzeitig vollzieht, jedoch in den ersten Lebensmonaten sehr lebhaft einsetzt[3]. Die Rindenzentren dürften zur Zeit der Geburt noch am meisten in der Entwicklung zurück sein.

---

[1] Ph. Schwartz, Zeitschr. f. Kinderheilk. Bd. 29, 1921, ferner Zeitschr. f. d. ges. Neurologie u. Psychiatrie, Bd. 94, 1924 u. Bd. 100, 1926.

[2] Zit. von Canestrini S. 4.

[3] Übrigens ist gerade die Frage der Markentwicklung bis heute lebhaft umstritten. Vgl. dazu die Arbeiten von Ph. Schwartz, l. c., ferner Wohlwil, Klin. Wochenschr. 1926, Nr. 18/19; daselbst weitere Literatur.

Diese verschiedene Entwicklung verschiedener Hirnteile lassen auch die Gehirn-nerven erkennen. Am weitesten in der Entwicklung voraus sind die bald nach der Geburt beanspruchten oder schon während der Fetalzeit reflektorisch in Tätigkeit tretenden. So treten im Nervus hypoglossus bereits im 4. Fetalmonat markhaltige Fasern auf, während die Markentwicklung bei den übrigen Hirnnerven erst im 5. Monat beginnt (Probst). Insgesamt sind wieder die motorischen Nerven den sensiblen in der Entwicklung überlegen. Erstere erweisen sich bei der Geburt alle als markhaltig, während von den sensiblen Nerven nur der Nervus acusticus schon Markfasern führt (Westphal); am meisten zurück soll die Markentwicklung im distalen Teil des Optikus sein (Probst), ja es scheint nach den interessanten Experimenten von Held, als ob die Markentwicklung im Optikus erst durch die Lichtreize post partum in lebhafteren Fluß käme.

2. Rückenmark.

Viel weiter ist zur Zeit der Geburt die Entwicklung des Rückenmarks gediehen, mit ein interessanter Beweis dafür, daß das Rückenmark phylogenetisch der ältere Teil des Nervensystems ist, während das Gehirn um diese Zeit sich erst in einem „Keimzustand" (Canestrini) befindet. Das Rückenmark reicht beim Neugeborenen im Wirbelkanal tiefer herab als beim Erwachsenen. Steht bei letzterem der Conus terminalis an der Grenze zwischen 1. und 2. Lendenwirbel, so findet man ihn beim Neugeborenen immer noch in Höhe des 3. oder wenigstens des unteren Randes des 2. Lendenwirbels (Henle, Ober-steiner u. a.). Daher verlaufen auch die unteren Rückenmarksnerven nicht in so spitzem Winkel zu ihren Foramina intervertebralia wie beim Erwachsenen. Insgesamt ist das Rücken-mark des Neugeborenen etwa 14 cm (Pfister) bis 19 cm (Woljpin) lang.

Weiße Substanz. Mit Ausnahme der Pyramidenstränge sind bei der Geburt im Rückenmark alle Bahnen markhaltig, wenn auch die Markscheiden sicher nicht ihre volle Entwicklung erreicht haben. Auch hierbei fällt die Unterentwicklung der Pyramidenbahn am meisten in die Augen, wenngleich anscheinend individuelle Unterschiede existieren und die Markentwicklung in den einzelnen Segmenten nicht ganz gleichmäßig ist. Ver-fasser hat anläßlich von Versuchen über die Markscheidenfärbung (1904) ganz nebenbei recht beträchtliche Unterschiede in der Markscheidenentwicklung der einzelnen Segmente nachweisen können und findet diese Beobachtung durch die systematischen Untersuchungen von Probst und Flechsig u. a. bestätigt. Neuerdings hat M. Thie mich daraus den Schluß gezogen, daß die motorische Innervation beim Neugeborenen auch von höheren Abschnitten bewirkt wird.

Graue Substanz. Die Nervenzellen der Vorderhörner sind zur Zeit der Geburt schon völlig ausgebildet, sowohl was Größe, Gestalt, Lage des Kerns wie Bildung und Lagerung der Nißlschen Körperchen betrifft (Ssljotoff). Die Zellen der Hinterhörner unterscheiden sich von denen der Vorderhörner durch ihre kleineren Dimensionen und ihre Polymorphie.

Periphere Nerven. Am größten scheinen die individuellen Verschiedenheiten der Markscheidenentwicklung bei den peripheren Nerven zu sein (Westphal). Die Mark-scheiden sind jedenfalls dünner, zarter, färben sich schwächer und weisen stellenweise noch Unterbrechungen auf; die Lantermannschen Einschnürungen fehlen. Häufig sind die Achsenzylinder noch ganz frei. Das Endo- und Perineurium ist stark entwickelt und kernreich. In den ersten Lebenswochen geht aber die Markscheidenentwicklung schnell vor sich. Mit diesen anatomischen Eigentümlichkeiten hängt wohl auch die Tatsache zusammen, daß zur elektrischen Erregung der Nerven (und Muskeln) beim Neugeborenen größere Stromstärken notwendig sind als beim älteren Kinde und beim Erwachsenen (Flechsig) 1886). Das gilt sowohl für galvanischen wie faradischen Strom, für direkte und indirekte Reizung. Danach vertragen Neugeborene Stromstärken, die für den Er-wachsenen schon unerträglich sind, wobei freilich auch mangelhafte Schmerzempfindung eine Rolle spielen kann. Übrigens kommen auch hier beträchtliche individuelle Unter-schiede vor. Nicht zu vergessen ist dabei, daß infolge der feinen Lanugobehaarung der Hautwiderstand beträchtlich erhöht ist (Westphal, Woizechowski, und Marbutt).

Ganglien. Die Rückenmarksganglien sind relativ bedeutend größer als beim Er-wachsenen. In den Sympathikusganglien liegen die Nervenzellen dichter, sind kleiner und besitzen öfters 2—3 Kerne, welche sich im Zustande der Teilung befinden (Gundobin), Pigment ist ihnen vorhanden (Vas).

3. Reflexe.

Ehe wir in die Besprechung des psycho-physischen Verhaltens der Säug-linge eintreten, mögen kurz einige Bemerkungen über die Reflexe hier Platz finden. Die Reflexerregbarkeit im allgemeinen muß trotz vielfacher widersprechender Angaben bei allen Neugeborenen als eine durchschnittlich gleiche angesehen werden. Widersprüche in den Angaben vieler Autoren dürften sich vielfach dadurch erklären, daß nicht genügend auf den Zustand des Kindes (Wachen, Schlaf, Unruhe usw.) geachtet wurde, wodurch die Reflexerregbarkeit geändert wird (Canestrini). Übrigens hat M. Minkowski in sehr wertvollen Untersuchungen bereits bei Embryonen im Alter von 2—5 Monaten Reflexerregbarkeit festgestellt. Wir selbst haben erst vor kurzem bei einem bereits dekapitierten Embryo vom Beginn des 4. Embryonalmonats Reflexerregbarkeit an den Extremitäten wie auch an den Bauchdecken feststellen können.

Über die wichtigeren Reflexe ist folgendes bekannt:

Der Patellarreflex ist oft auf beiden Seiten verschieden stark (Furmann, Neweschin, Farago, Eulenburg, Haase), jedoch stets schon in den ersten Lebenstagen auslösbar — außer bei ganz somnolenten Kindern (Verfasser). Leicht tritt aber Erschöpfung ein.

Nach Fürmann ist auch der Achillessehnenreflex in mehr als der Hälfte der Fälle positiv, während Bychowski ihn unter 64 Kindern nur viermal auslösen konnte.

Der Fußsohlenreflex (Babinskis Phänomen) ist beim Neugeborenen gewöhnlich stark positiv, d. h. es tritt Extension statt Flexion auf.

Sehr widersprechend sind die Angaben über den Kremasterreflex. Cattaneo fand ihn in den ersten 3 Monaten nie, Furmann in den ersten 6 Wochen in der Mehrzahl der Fälle, Farago in 81 $^0/_0$. Der Analreflex ist positiv. Farago konnte auch den Bauchdeckenreflex unter 117 Fällen regelmäßig nachweisen, während Furmann und Bychowski ihn nur selten fanden. Der neueste Untersucher, de Angelis, fand bereits in der ersten Lebenswoche sämtliche Haut- und Sehnenreflexe auslösbar.

Der Rachen- und Nasenreflex sind bei reifen Kindern meist auslösbar (v. Reuß). Von Gesichtsreflexen findet sich öfters das Fazialisphänomen (Moro), ferner der Escherichsche Mundreflex oder Thiemichsche Lippenreflex (Zuckung des Orbicularis oris beim Beklopfen der Oberlippe oder des Mundwinkels), endlich ganz regelmäßig der Oppenheimsche Preß- reflex — alles Erscheinungen, welche von Moro wohl mit Recht einfach als Ausdruck einer erhöhten Reflexerregbarkeit in den ersten Lebenswochen gedeutet werden. Wenn dieselbe in den ersten Tagen gewöhnlich nicht hervortritt oder individuell ungleichmäßig erscheint, so dürfte das wohl auf ungleichmäßiger Ausbildung der Markscheiden beruhen. Daraus weitgehende Schlüsse im Sinne einer spasmophilen Disposition ziehen zu wollen, ist nach unseren Prüfungen nicht angängig.

Psychophysisches Verhalten der Neugeborenen.

Die mangelnde hemmende Tätigkeit des Großhirns erleichtert insofern das Studium der Reaktion des Neugeborenen auf die verschiedensten Sinnesreize, als in mancher Hinsicht gröbere Ausschläge zu erwarten sind und vor allem nur unwillkürliche oder höchstens instinktmäßige Bewegungshandlungen in Frage kommen. Man kann im Anschluß an Preyer die Bewegungen des Neugeborenen unterscheiden als impulsive Bewegungen, Reflexbewegungen und Instinktbewegungen, während die höchste Ordnung, die vorgestellten Bewegungen, beim Neugeborenen wegfällt.

Die impulsiven Bewegungen stellen die geistig am tiefsten stehende Gruppe dar und werden durch irgendwelche Reize in den motorischen Zentren niedrigster Ordnung ausgelöst.

Zu den etwas höher stehenden Reflexbewegungen ist außerdem mindestens eine sensorische, zum Zentralnervensystem führende Bahn erforderlich,
welche dort direkt oder durch Zwischenschaltung einer Vermittlungsbahn auf
die motorische Seite des sog. Reflexbogens übergeleitet wird. Die praktisch
wichtigeren peripheren Reflexe beim Neugeborenen haben wir schon erwähnt.

Noch etwas höher stehen die Instinktbewegungen, zu deren Zustandekommen noch ein zweites, höheres sensorisches Zentrum erforderlich ist. Sie
werden mit Recht als ererbt, durch „das Gedächtnis der organischen Materie"
(Hering) überkommen, gedeutet. Einzelne Beispiele für solche Instinktbewegungen aufzuführen, ist wohl überflüssig. Jedenfalls sind sie alle durch
ein koordiniertes Auftreten von Bewegungsvorgängen charakterisiert, die auf
ein bestimmtes Ziel hinauslaufen und in ihrer Fortentwicklung gewissermaßen
zu den bewußten Bewegungen überleiten.

An dem Zustandekommen aller dieser Gruppen von Bewegungen ist die
Großhirnrinde unbeteiligt, so daß man mit Recht den Neugeborenen als subkortikales Wesen bezeichnen kann. Es zeigen aber diese Auseinandersetzungen
zugleich, daß es falsch ist, dem Neugeborenen nur Reflexbewegungen zuzusprechen, oder ihn nur als Automaten zu bezeichnen (Compayré). Über das
Affektleben des Neugeborenen ist wenig bekannt, bzw. in der Deutung so willkürlich und unsicher, daß wir auf ein Zusammentragen hierher gehöriger Angaben lieber verzichten wollen. Immerhin dürfte es richtig sein, daß die Un-
lustaffekte gegenüber den Lustaffekten hervortreten (Canestrini)
oder vielleicht noch besser ausgedrückt, daß dieselben sich deutlicher äußern
und daher besser dem Studium und der Beobachtung zugänglich sind. Ich möchte
in dieser Hinsicht nur zweierlei hervorheben; Furcht oder ähnliche Affekte
sind beim Neugeborenen unbekannt (Canestrini). Das Schreien der Kinder
kann wohl bald als Äußerung eines Unlustaffektes, so ziemlich als die einzigste
Äußerung desselben aufgefaßt werden. Richtiges Weinen kommt beim Neugeborenen nicht vor und wird erst nach der 3. Lebenswoche beobachtet. Das
Lächeln tritt noch später, etwa zwischen der 7. und 10. Woche auf (Sigismund, Darwin).

Der erste Schrei dürfte aber mit einem Unlustaffekt nicht viel zu tun
haben, sondern als eine reine Reflexbewegung aufzufassen sein (Preyer), als
Begleiterscheinung der ersten auf die Inspiration folgenden forcierten Exspiration, die vermöge ihrer Kraft Schleim u. dgl. aus den Luftwegen und Rachen
mitreißt. Nicht selten ist übrigens der Schrei durch Niesen ersetzt. Jedenfalls
ist Schreien oder Wimmern auch beim Anenzephalus beobachtet und ich selbst
habe es bei einem in Gesichtslage geborenen Anenzephalus beim Durchschneiden
des Kopfes gehört. Nach diesen Beobachtungen dürften andere Erklärungen,
wie z. B. die Kantsche, der erste Schrei sei die „Klage des Geschöpfes, das
in die Welt geschleudert wurde, um hier zu leiden"[1], nicht stichhaltig sein und
nur noch historisches Interesse haben.

Ein paar Bemerkungen über Schlaf und Wachsein beim Neugeborenen mögen noch hier angefügt sein. Ich folge dabei den Angaben von
Canestrini.

Allgemein bekannt ist ja, daß die Anstrengung des Säugens auch dann,
wenn die Stillung des Hungers nicht oder nicht vollständig erreicht wird, viele
Kinder in Schlaf bringt. Ähnlich wirken auch andere Anstrengungen, z. B.
langes heftiges Schreien; auf der anderen Seite wird durch Wegfall äußerer
Reize, wie durch schnelle Wiederholung fast aller Sinnesreize leicht Schlaf-
neigung erzeugt. Das große, rund 20 Stunden betragende Schlafbedürfnis des

---

[1] Zit. nach Canestrini S. 11.

Neugeborenen wird von Canestrini erklärt durch „die geringere Sauerstoffzufuhr, die durch die kleinen und mit geringerer Energie arbeitenden Lungen dem Gehirn zugeführt wird, da ein großer Teil des Sauerstoffes zum Stoffwechsel verbraucht wird und aus ökonomischen Rücksichten nicht viel Sauerstoff zum Gehirn abgegeben werden kann. Das Gehirn verbraucht im Wachsein mehr Sauerstoff als im Schlaf". Im festen Schlafe fehlen viele Reflexe, z. B. Bauch-, Cremaster- und Patellarreflex (Rosenbach). Die Schlaftiefe — gemessen nach der Stärke des zu erkennbarer Empfindung führenden Induktionsstromes — ist beim Neugeborenen am größten, im Durchschnitt nach Czernys Beobachtungen 400 MA, während später bereits 250—300 MA genügen.

Sinnesorgane.

Viele Widersprüche wie falsche Vorstellungen über die Funktion der Sinnesorgane, die man in der Literatur findet, sind auf Fehler der Beobachtung zurückzuführen, die der subjektiven Schätzung und Spekulation zu viel Raum ließ. Es ist darum zweifellos als ein Fortschritt anzusehen, wenn Canestrini nach einem objektiven Ausdruck für die Reaktion des Neugeborenen auf die verschiedensten Sinnesreize suchte. Er wählte dazu die Veränderungen des Hirnpulses, aufgenommen an der großen Fontanelle, wogegen ernste Bedenken sicher nicht zu erheben sind, wenn es mir auch fraglich scheint, ob die hier abzulesenden Veränderungen wirklich die ganze Reaktion des Neugeborenen auf die verschiedensten Reize erschöpfen, zumal die auf den Reiz hin ausgeführten Bewegungen des Kindes das Resultat etwas verändern (Peiper). Trotzdem wird man den hohen objektiven Wert solcher Untersuchungen nicht unterschätzen dürfen, zumal Canestrini auf die Gleichheit der Untersuchungsbedingungen bei den verschiedenen Kindern im Alter von 1—11 Tagen und auf die Ausschaltung sonstiger Fehlerquellen große Mühe verwandt hat[1]. Wir stützen uns daher in den folgenden Ausführungen, soweit sie die Funktion betreffen, vorwiegend auf die Befunde von Canestrini.

Gesichtssinn.

Anatomische Vorbemerkungen. Infolge der noch geringen Ausbildung des Gesichtsschädels fällt die Bildung der Orbita beim Neugeborenen hauptsächlich dem Stirnbein zu, während die rasche Vergrößerung derselben in den ersten zwei Lebensjahren nur auf Konto von Oberkiefer und Jochbein zu setzen ist[2]. Aus demselben Grund stehen die beiden Augenhöhlen näher aneinander als später (Schneller)[3].

Die Lidspalte ist etwa halb so groß als beim Erwachsenen (15 gegen 30 mm — Reuß[4]), nach Fuchs[5] und Greef ist das Verhältnis allerdings nur 18,5 gegen 27,9, d. h. die Lidspalte ist relativ viel größer als beim Erwachsenen.

Das Auge gehört jedenfalls zu den im Säuglingsalter am schnellsten wachsenden Organen, das bis zum Ende des ersten Lebensjahres bereits sein Gewicht verdoppelt (Baratz). Der Bulbus des Neugeborenen ist sehr groß bei relativer Kürze des sagittalen Durchmessers (angeborene physiologische Hypermetropie), der im Gegensatz zum Erwachsenen hinter dem Querdurchmesser etwas zurückbleibt (Merkel und Orr, Weiß u. a.).

Von sonstigen wichtigeren Eigentümlichkeiten des Auges des Neugeborenen wären zu nennen:

1. Eine stärkere Krümmung der Sklera im hinteren äußeren Quadranten (Protuberantia sclerae foetalis).

2. Größere Dicke der Hornhaut bei relativer Größe derselben. Der Querdurchmesser bleibt nur 2 mm hinter dem des Erwachsenen zurück (Königstein, Greef, Reuß), weshalb auch im allgemeinen die Augen der Kinder als groß imponieren, ein Eindruck, der

[1] Über alle Einzelheiten der Methodik vgl. Canestrinis Monographie.
[2] Genaueres bei Königstein, Beitr. z. Augenheilk. 1896.
[3] Graefes Arch. 1899.
[4] Graefes Arch. 1881.
[5] Lehrb. d. Augenheilk.

durch die relative Weite der Lidspalte noch verstärkt wird. Der Krümmungsradius der Kornea ist ein wenig kleiner als beim Erwachsenen (Dieckmann).

3. Die vordere Kammer ist sehr seicht.

4. Die Iris ist vor allem durch Pigmentarmut ausgezeichnet, daher die blauen Augen der Kinder, die selbst bei Negern beobachtet wurden (Ely).

5. Die Linse ist stärker gekrümmt und nähert sich der Kugelform. Vorder- und Hinterfläche sind nahezu gleich gekrümmt. Die stärkere Krümmung der Vorderfläche trägt mit dazu bei, die vordere Kammer so seicht zu machen. Demgemäß ist auch die Achse der Linse (5 mm) größer als beim Erwachsenen.

6. Die Chorioidea ist ebenso dick als beim Erwachsenen.

7. Die Retina ist dünner und ihre Stäbchenschicht reicht nicht bis zur Ora serrata, welch letztere beim Neugeborenen sehr deutlich zu erkennen ist.

8. Die Fovea centralis liegt lateralwärts vom hinteren Augenpol, was dadurch zustande kommt, daß ihre Entfernung von der Papilla nervi optici gerade so groß ist als beim Erwachsenen (Merkel und Orr, Rählmann und Witkowski[1]. Daraus erklärt sich die Unmöglichkeit binokularen Sehens beim Neugeborenen.

9. Die viel umstrittene Frage der Tränendrüsen ist nach Axenfelds Untersuchungen heute dahin beantwortet, daß dieselben wohl gebildet und funktionsfähig sind. Das in den ersten Wochen beobachtete Fehlen der Tränensekretion beruht auf dem Mangel der zentralen Impulse.

10. Interessant sind ferner einige Ergebnisse ophthalmoskopischer Untersuchungen von v. Sicherer und Lequeux. Ersterer fand in 21% , letzterer in 10% Netzhautblutungen, teils peripher, teils um den Sehnerven, seltener an der Makula; und zwar finden sich diese Blutungen bei spontan geborenen, ganz normalen Kindern. Bei I. Schädellage war vorwiegend das rechte, bei II. Schädellage vorwiegend das linke Auge betroffen. Nach einigen Tagen waren die Blutungen ausnahmslos verschwunden, so daß man dieselben wohl mit Recht als Teilerscheinungen der normalen Geburtsgeschwulst ansehen darf. Bekannt ist ja die relative Häufigkeit von Konjunktivablutungen. Lequex fand noch häufiger Hornhautblutungen, die er auf Faltung der Membrana Descemeti zurückzuführen geneigt ist und erwähnt weiter als häufiges Vorkommnis Abduzenslähmungen.

Physiologie. Von Reflexen ist am wichtigsten der Lichtreflex. Die Pupille des Neugeborenen soll nach Bartels auch im Schlafe eng bleiben (bis 1,5 mm) und sich zum Unterschied vom Erwachsenen beim Erwachen nur langsam erweitern, während Gudden die Pupille im Schlaf weniger verengt fand als beim Erwachsenen (2,2—2,5 mm). Gudden bringt das mit der unvollendeten Markscheidenentwicklung im Nervus oculomorotius und opticus in Verbindung. Erst im 3.—4. Monat soll die Pupillenverengerung im Schlaf deutlich werden.

Der Lichtreflex der Pupille ist schon am ersten Tage nachweisbar, doch erfolgt die Reaktion ziemlich träge und zeigt eine geringe Amplitude (Pfister). Immerhin kann danach auf eine zweifellose Lichtempfindlichkeit der Netzhaut und Fortleitung des Reizes geschlossen werden. Doch scheint diese Lichtempfindlichkeit noch nicht sehr groß zu sein, denn nach 2—3 Sekunden tritt häufig schon wieder eine Erweiterung der Pupille ein (Furmann), was auf eine Energieerschöpfung der perzipierenden oder leitenden Bahnen hindeutet und wofür die mangelhafte Markscheidenentwicklung (Bernheimer u. a.) als anatomisches Substrat angesehen werden kann. Diese nachträgliche Erweiterung soll besonders bei Frühgeborenen häufig sein. Bei einem Anenkephalus fand Preyer keinerlei Pupillenreaktion, auch nicht auf grellstes Sonnenlicht.

Ebenso rufen starke Lichtreize schon nach der Geburt ein Schließen der Lider hervor (Darwin, Preyer), ja auch im Schlaf wird der grellen Lichtreiz der Lidschluß sofort fester (Canestrini). Der Lidschluß als Symptom des Erschreckens (Psychoreflex), etwa bei plötzlicher Annäherung eines Gegenstandes gegen das Gesicht des Kindes, fehlt dagegen.

Die Konvergenzreaktion der Pupillen fehlt bei Neugeborenen, weil sie nicht fixieren. Wenn auch Neugeborene zuweilen beim Wachsein ihr

---

[1] Arch. f. Physiol. 1877.

Gesicht nach einer auftauchenden Lichtquelle hinwenden, so ist das nicht als Fixationsbewegung oder Bewußtseinsakt, sondern als Ausdruck eines angeborenen (?) Gemeingefühls zu deuten (Preyer). Gutmann behauptet dagegen, vereinzelt schon in den ersten Tagen die Fähigkeit, ein helles Objekt zu fixieren, beobachtet zu haben.

Der Kornealreflex ist vorhanden, scheint aber weniger leicht auslösbar, da z. B. die Benetzung der Kornea mit warmem Wasser ohne Lidschluß vertragen wird. Weniger konstant ist nach Gundobin der Konjunktivalreflex, während Farago ihn stets fand.

Wenn also die allgemeine Lichtempfindung, die Unterscheidung von Hell und Dunkel beim Neugeborenen zweifellos vorhanden ist, so fehlt ganz bestimmt das Fixationsvermögen, wonach bewußte Sehakte ausgeschlossen werden können. Das geht am schlagendsten daraus hervor, daß die koordinierten Augenbewegungen beim Neugeborenen fehlen und erst ganz allmählich erlernt werden (Preyer, Kußmaul, Raehlmann und Witkowski). Die Augen des Kindes bewegen sich sowohl im Halbschlaf wie im Wachen ganz unabhängig voneinander, wobei jede Form des Strabismus divergens und convergens, manchmal mit gleichzeitiger Höhenabweichung beobachtet wird. Ja selbst die Festigkeit des Lidschlusses auf beiden Augen ist oft verschieden. Einwandfreie Fixationsfähigkeit wird nicht vor dem 4. Lebensmonat beobachtet, wenn auch die Schielbewegungen bereits in der 4. Woche viel seltener werden. Es ist sicher zu weit gegangen, wenn Berberich und Wiechers dieses Schielen durch Geburtsblutungen erklären wollen. Dagegen mögen die Autoren für den nach langdauernden, unter Überwindung erheblicher Weichteilschwierigkeiten erfolgten Geburten zu beobachtenden Nystagmus mit ihrer Annahme wohl im Rechte sein. Übrigens beobachtet man eine ganze Reihe von Neugeborenen, bei denen unkoordinierte Bewegungen der Augen sehr selten vorkommen und wenig ausgeprägt sind. Das scheint besonders bei Kindern der Fall zu sein, die möglichst viel in Ruhe gelassen werden, während andere, deren Eltern fortwährend mit ihnen spielen, ihre Aufmerksamkeit zu erregen suchen, viel stärkere Bewegungen der Augen zeigen, wobei auch die Inkoordination mehr hervortritt.

Eine Farbenempfindung kommt nach übereinstimmenden Angaben aller Autoren beim Neugeborenen nicht in Frage.

Viel gestritten wurde über die Frage, ob die Lichtempfindung für Neugeborene angenehm oder unangenehm sei. Während Preyer den Kindern eine ausgesprochene Photophobie zuerkennt, Espinas betont, daß die Neugeborenen in der Dämmerung die Augen öffnen, behaupten Tiedemann, Compayré u. a., daß die Lichtempfindung für den Neugeborenen angenehm sei. Letzterer führt besonders an, daß man schreiende Säuglinge beruhigen könne, wenn man sie aus dem verdunkelten Zimmer aufnehme und in einen hellen Raum bringe, dabei freilich vergessend, daß höchstwahrscheinlich mehr das Aufnehmen die Ursache der Beruhigung ist. Zur Entscheidung der Frage scheint mir Canestrinis objektive Methode sehr wertvoll. Danach kann man behaupten, daß offenbar ein mildes diffuses Licht oder Halbdunkel den Neugeborenen angemessen ist; jedes Plus an Lichtzufuhr führt zu deutlichen Veränderungen des Hirnpulses und der Atmung, starke und plötzliche Lichtreize sind von allen Zeichen einer Unlustkurve gefolgt — Unlust natürlich im Sinne der Fähigkeiten des Neugeborenen aufgefaßt. Das stimmt mit meinen klinischen Beobachtungen überein, die zeigen, daß den Kindern das diffuse Tageslicht eines nicht zu hellen Zimmers jedenfalls nicht unangenehm ist, und sie besonders gerne bei milder Beleuchtung die Augen öffnen. Im übrigen hat Gutmann, der darüber genaue Untersuchungen anstellte, die Beobachtung gemacht, daß schon unter den Neugeborenen lichtscheue, lichtindifferente und lichtfrohe Kinder zu unterscheiden seien, wobei aber die Hälfte der Kinder zur ersten Gruppe gehört. Dadurch werden manche Widersprüche in den älteren Angaben aufgeklärt.

Gehörsinn.

Der äußere Gehörgang ist überwiegend knorpelig, der knöcherne Anteil desselben nur durch den Annulus tympanicus repräsentiert. Cerumendrüsen sind reichlich ausgebildet. Ein Lumen des Gehörganges fehlt; die Wände desselben liegen dicht aufeinander, die äußere Gehöröffnung ist durch einen Pfropf von Epithelmassen verschlossen. Die Länge des Gehörganges beträgt 15—20 mm.

Das Trommelfell liegt beim Neugeborenen fast horizontal (Tröltsch, Gruber u. a.) was andere Autoren allerdings leugnen. Der Deklinationswinkel beträgt 32° (Siebemann) gegenüber 50° beim Erwachsenen. Die beiden Schichten des Trommelfells (Stratum cutaneum und mucosum) sind beim Neugeborenen relativ dicker als beim Erwachsenen, die mittlere Schicht weist keine Differenzen auf. Die absolute Größe des Trommelfells ist der beim Erwachsenen fast gleich (Koutrak, Tröltsch[1]).

Der Warzenfortsatz ist klein, unvollkommen entwickelt, ohne pneumatische Zellen. Die Pars petrosa des Gehörapparates ist dagegen relativ groß. Die in ihr befindlichen Gehörknöchelchen und das Labyrinth reichen in ihren Dimensionen fast an die Größe dieser Teile beim Erwachsenen heran (Jürgens, Siebemann und Sato). Die Neigungsebene der halbkreisförmigen Kanäle ist rechts und links die gleiche. Als Eigentümlichkeit des Neugeborenen wäre noch zu erwähnen, daß der Ductus sacculo-cochlearis ein offenes Lumen besitzt (Kraut[2]). In der Paukenhöhle findet sich während des Fetallebens, bei einzelnen Kindern aber auch noch im ersten Lebensmonat schleimiges, embryonales Bindegewebe; bei Eindringen von Fruchtwasser infolge vorzeitiger Atembewegungen werden außerdem noch Plattenepithelien, Mekonkörper, Lanugo, Vernix und Leukozyten gefunden (Aschoff). Die Bekleidung der Paukenhöhle wird durch zylindrisches Flimmerepithel, das stellenweise in kubisches und Plattenepithel übergeht, gebildet (Gundobin); Blutreichtum und zarte Struktur zeichnen sie weiter aus. Die Tuba Eustachii hat eine Länge von 19 mm (Eitelberg) und verläuft mehr horizontal als später[3].

Die Reaktion auf Gehörseindrücke durch bloße Beobachtung mit freiem Auge festzustellen ist noch schwerer als die auf Gesichtseindrücke, daher auch verständlich, daß die Angaben der Literatur stark auseinander gehen. Auf der einen Seite finden sich Autoren, welche schon dem Fetus die Fähigkeit zusprechen, Schallempfindungen durch Kopfleitung aufzunehmen (Cabaniot, Peiper), auf der anderen Seite wird nicht nur fast ausnahmslos angegeben, daß alle Kinder unmittelbar nach der Geburt taub sind, sondern zum Teil sogar angenommen, daß 4 Tage (Preyer), 6 Tage (Miß Shina), wenige Tage (Alexander), 3—8 Wochen (Sigismund), ja selbst 3—4 Monate (J. Böke) vergehen, ehe die Kinder hören. Bis dahin wird wohl etwa (z. B. von Compayré) ein Zwischenzustand angenommen, in dem die Kinder intensive Schalleindrücke zwar aufnehmen sollen, ohne jedoch Schallqualitäten zu unterscheiden. Demgegenüber finden sich aber beweisende Stimmgabelversuche von Poli (1893), der bereits innerhalb der ersten 5 Stunden post partum eine deutliche Reaktion in Form von Augenschließen bei Luftzuleitung des Schalles konstatieren konnte, wobei anscheinend höhere Töne leichter aufgenommen werden als tiefere. Ähnliche Ergebnisse sind von Genzmer bei Glockenversuchen, ferner von Kutvirt und Moldenhauer für die ersten 6—12 Lebensstunden mitgeteilt. Dabei konnte letzterer die bemerkenswerte Feststellung machen, daß bei häufig aufeinander folgenden Schallreizen bald eine Abstumpfung oder völlige Reaktionslosigkeit eintritt. Neuestens beweisen die Versuche von Canestrini an 70 Säuglingen von 6—14 Tagen, daß kein einziger darunter war, der gar keine Reaktion auf Schalleindrücke (Harmonika, Händeklatschen,

---

[1] Zit. nach Gundobin.

[2] Zeitschr. f. Ohrenheilk. Bd. 60, H. 152.

[3] Eine vorzügliche und eingehendere Darstellung der Anatomie und Physiologie des Gehörganges beim Neugeborenen bringt G. Alexander, Die Ohrenkrankheiten im Kindesalter. Leipzig 1912.

Glockengeläute, Stimmgabel, Pfeifen) gezeigt hätte. Allerdings sind die Ergebnisse weniger leicht zu deuten als die bei Gesichtseindrücken. Es scheinen
danach große individuelle Unterschiede vorzukommen, sowie die Aufnahme-
fähigkeit bei wiederholten Reizen sich rasch abzustumpfen. Ferner scheinen
stärkere Schallreize auf ruhige Kinder im Sinne eines Unlustgefühls einzu-
wirken, während umgekehrt mindestens harmonische Schallreize schreiende
Neugeborene schon in den ersten Tagen zu beruhigen imstande sind, wenn sie
laut genug sind (Verfasser). Sehr heftige Schalleindrücke rufen eine momentane
Reaktion etwa im Sinne des Erschreckens hervor.

Was schließlich die Frage der Taubheit anbelangt, so besteht dieselbe
zweifellos nur unmittelbar nach der Geburt, nimmt aber schon in den ersten
Stunden ab. Das erklärt sich daraus, daß zunächst die Luft in der Paukenhöhle
fehlt und erst nach einer einige Stunden bestehenden Atmung eine teilweise
Luftfüllung derselben erreicht wird (Lesser).

Ausführliche Untersuchungen liegen über das Labyrinth vor, die jedenfalls beweisen, daß dasselbe bei allen Neugeborenen schon erregbar ist, und
zwar sowohl durch kalorische wie rotatorische Reize. So fand Thornval[1]
bei allen untersuchten 74 Neugeborenen auf kalorische Reize deutlichen Nystagmus. Negativer Ausfall des Versuches wird von Berberich und Wiechers
geradezu als Symptom einer Geburtsschädigung aufgefaßt. Auf Drehreize
konnte Alexander in 75% der Neugeborenen, Bartels sogar regelmäßig
Nystagmus hervorrufen, während Schur — allerdings bei Drehung der Kinder
in aufrechter Haltung — ihn nur in 75% fand.

Vielleicht gehört auch der von Moro beschriebene „Umklammerungs-
reflex" — ruckartiges Auseinanderfahren der Arme, die dann wieder im Bogen
aufeinander zu bewegt werden — hierher. „Nimmt man das Kind auf den Arm,
stützt den Kopf mit der flachen Hand, so erhält man stets den Reflex, wenn man
jetzt mit dieser Hand gegen einen harten Gegenstand z. B. den Tisch stößt"
(Peiper). Der Reflex ist nach Beobachtungen von Peiper wohl wesentlich
eine Schreckreaktion, die er aber bei allen gesunden Neugeborenen und selbst
Frühgeborenen fand. Nach den Untersuchungen von Magnus dürfte der
Reflex von den Bogengängen ausgelöst werden.

Weniger geklärt sind die ebenfalls den Labyrinthreflexen zuzuzählenden „tonischen
Lagereflexe", ausgelöst dadurch, daß eine Lageänderung des Kopfes im Raum Sacculus
oder Utriculus reizt. Doch sind diese Reflexe nur bei einem kleinen Teil Neugeborener
auszulösen und durchaus fraglich, ob sie normale Erscheinungen oder Folgen des Geburtstraumas sind.

Ganz allgemein scheint mir die Beurteilung derartiger Angaben dadurch
erschwert, daß bei den bisherigen Untersuchungen die Einzelheiten des Geburtsvorganges nicht berücksichtigt werden. Wie aber O. Voß in wertvollen Untersuchungen gezeigt hat, ist gerade das Gehörorgan durch das Geburtstrauma
häufig geschädigt, so daß durchaus zweifelhaft ist, was von den bisher vorliegenden Angaben wirklich noch den normalen Verhältnissen entspricht. Neben
Hyperämie des gesamten Gehörorgans als Teilerscheinung der auf den Schädel
ausgeübten Minderdruckwirkung unter der Geburt fand Voß auch kleine Blutaustritte an verschiedensten Stellen des inneren Ohres und in den Mittelohren
Zeichen einer Entzündung bei Totgeborenen oder unter der Geburt abgestorbenen
Kindern. Es kann leicht sein, daß je nach der geringeren oder deutlicheren
Ausbildung derartiger Veränderungen auch die Reaktion bei Labyrinthreizung
verschieden ausfällt. Die Lagereflexe jedenfalls hält Voß für durchaus pathologisch und sogar für den Ausdruck einer schwereren Läsion.

---

[1] Acta oto-laryng. II, 451. 1920/21.

Geschmackssinn.

Der Geschmackssinn ist unter allen Sinnen zur Zeit der Geburt am weitesten entwickelt. Das lehren übereinstimmend die Beobachtungen älterer wie neuerer Autoren (Kußmaul, Genzmer, Preyer, Lichtenstein, Canestrini). Gleichzeitig wissen wir aus den wertvollen Untersuchungen Küstners an einem Anenkephalus, daß zum Zustandekommen des Geschmacksreflexes das Großhirn nicht erforderlich ist.

Die grundlegenden Untersuchungen von Kußmaul an 20 Neugeborenen mittelst Chinin, Kochsalz, Weinsäure, Rohrzucker sind von Nachuntersuchern immer bestätigt worden. Ebenso fand neuestens Canestrini bei 95 Versuchen mit 2—5%iger Rohrzucker-, Essiglösung, 2%iger Kochsalz-, Chininlösung sowie mit Kuh- und Muttermilch immer eine positive Reaktion. Augenscheinlich empfanden die Neugeborenen die süßen Stoffe als angenehm (lebhafte Saugbewegungen, Beruhigung des schreienden Kindes), während bei Salzlösung Aufhören der Saugbewegungen und Beunruhigung, bei bitteren und sauren Stoffen Schreien, Grimassieren und Würgen, sowie unkoordinierte Abwehrbewegungen mit dem Kopf und den Extremitäten eintraten.

Diese Experimente zeigen also nicht allein das Vorhandensein einer Geschmacksempfindung, sondern auch eine Unterscheidung verschiedener Geschmacksqualitäten in angenehm, weniger angenehm und direkt unangenehm. Nur bei den Versuchen mit Kuhmilch und Muttermilch ließ sich ein Unterschied nicht konstatieren, während ältere Säuglinge z. B. sehr deutlich zwischen beiden zu unterscheiden wissen und auch gesüßte Kuhmilch oft energisch refüsieren.

Tastsinn und Temperatursinn.

Der Tastsinn beim Neugeborenen ist weit weniger entwickelt als der Geschmacksinn. Am besten scheint er noch an Lippen und Zunge ausgebildet zu sein, also an den für den Saugreflex wichtigen Partien. Es ist ja bekannt, daß bereits in utero in Gesichtslage befindliche Kinder am Finger saugen. Immerhin scheinen auch große individuelle Unterschiede zu bestehen, namentlich wenn etwa durch das Geburtstrauma (z. B. bei vorliegendem Gesicht, beim engen Becken) eine Schädigung der Gewebe und Nervenendigungen eingetreten ist. Interessant ist das differente Verhalten hungriger und satter Kinder: während erstere bei Berührung des Mundwinkels den Kopf nach der gekitzelten Seite drehen, wenden satte Kinder ihn nach der entgegengesetzten Seite (Haegström).

Der reife Neugeborene zeigt jedenfalls einen besser entwickelten Tastsinn als der Frühgeborene. So fand Genzmer, daß bei Frühgeborenen Nadelstiche in Nase, Lippen, Hände, selbst wenn Blutstropfen herauskamen, keine Reaktion oder nur vereinzelt ein geringfügiges Zucken hervorriefen. Da man aber andererseits bei Frühgeborenen bei Berührung mit breiten Gegenständen, beim Streichen der Fußsohle oder Ergreifen der Hände bereits in utero Bewegungen auslösen kann, möchte Verfasser Genzmers Versuche eher dahin deuten, daß die Tastkörperchen noch nicht gleichmäßig ausgebildet und nicht so dicht in der Haut angeordnet sind als beim reifen Neugeborenen. Neben Lippen und Zunge sind gewöhnlich die Nasenschleimhaut, Handflächen und Fußsohlen diejenigen Partien des Körpers, welche augenscheinlich die bereits am weitesten fortgeschrittene Tastempfindlichkeit zeigen (Kußmaul, Genzmer, Preyer, Olshausen). Man kann ja täglich beobachten, wie der taktile Reiz, den die Berührung der Lippen durch die Brustwarze darstellt, die komplizierte Saugbewegung auslöst, ebenso wie eine bestimmte Füllung des Mundes notwendig ist, um den Schluckreflex auszulösen. Kitzeln der Nasenschleimhaut ruft Niesen, Abwehrbewegung des Kopfes hervor. Stärkere Reize, wie Ammoniakdampf, bewirken auch meist Tränenfluß. Die Empfindlichkeit der Fußsohle selbst bei stark asphyktischen Kindern ist besonders von Olshausen hervorgehoben worden. An anderen Stellen, wie z. B. Unterschenkel, ist die Tastempfindlichkeit geringer, noch geringer an Schultern, Oberschenkel, Brust, Bauch, Rücken.

Viel weniger entwickelt ist dagegen der Schmerzsinn. Es wurde ganz übereinstimmend (Genzmer, Ottolenghi u. a.) eine höher liegende Reizschwelle als für allgemeine Tasteindrücke, gleichzeitig eine dem Erwachsenen gegenüber stark verlängerte Reflexzeit (Preyer) gefunden. Ja Canestrini hat in 20 % der untersuchten Kinder auf Nadelstiche überhaupt keine Reaktion feststellen können; andere Kinder empfinden freilich Nadelstiche, z. B. bei der Blutentnahme aus der Fußsohle sehr deutlich als Schmerz (Verfasser). Auch Peiper fand die Schmerzempfindlichkeit der Neugeborenen gut entwickelt. Besonders auffällig ist die schon oben erwähnte geringe Schmerzempfindlichkeit Neugeborener gegen den elektrischen Strom (Soltmann u. a.), was mit dem erhöhten Leitungswiderstand der Haut und mangelhafter Leitfähigkeit der Nervenbahnen zusammenhängen dürfte.

Die Untersuchungen der verschiedensten Autoren zeigen weiter, daß der Tastsinn vom Momente der Geburt an eine rasch fortschreitende Entwicklung nimmt und in einigen Tagen deutlich Steigerung der Reaktion bzw. eine Herabsetzung der Reizschwelle festgestellt werden kann. Nebenbei sei noch erwähnt, daß von den inneren Organen Schmerzen ausgelöst werden können, wie durch die Kolikschmerzen und ähnliches erwiesen ist.

Der Temperatursinn ist beim Neugeborenen bereits ziemlich gut entwickelt. Die beim Übertritt in die Außenwelt eintretende Abkühlung scheint jedenfalls Unlustgefühle auszulösen, die ja zum Teil sogar für die Auslösung des ersten Atemzuges und Schreies verantwortlich gemacht wurden. Ebenso benutzen wir ja bei asphyktischen Kindern die Reaktion auf Eintauchen in kaltes Wasser zur Wiederbelebung. Sind das immerhin sehr grobe Unterschiede, so scheint die Unterscheidung von Warm und Kalt bereits ziemlich weit entwickelt zu sein; eine Abkühlung des Bades auf 31° C wird von den Neugeborenen mit Schreien, also mit Zeichen der Unlust beantwortet, wahrscheinlich weil diese Temperatur bereits unter die Hauttemperatur heruntergeht. Umgekehrt ist bekannt, daß fast alle Kinder gerne baden, also die Wärme des Bades von 36° offenbar bereits als Neugeborene angenehm empfinden. Ebenso kann man bei künstlicher Ernährung beobachten, daß Lippen und Zunge für Temperaturunterschiede sehr empfindlich sind. Eine zu kalte wie zu warme Milch wird so lange refüsiert, bis sie auf eine Temperatur gebracht ist, die innerhalb der dem Kinde angenehmen Grenze liegt. Auch hier scheinen freilich bereits in der Neugeburtszeit individuelle Unterschiede eine gewisse Rolle zu spielen.

Geruchsinn.

Gleich dem Geschmacksinn wird auch der Geruchsinn beim Neugeborenen allgemein als hoch entwickelt bezeichnet, wenngleich der menschliche Neugeborene darin weit hinter den Neugeborenen von makrosmatischen Tieren, etwa jungen Katzen, Hunden u. dgl. zurückbleibt.

Die relativ frühe Entwicklung des Geruchsinnes findet eine gute Erklärung in den Angaben von Flechsig über die myelogenetische Entwicklung, wonach an der Riechsphäre des Gehirns am frühesten die Markentwicklung einsetzt. Dabei darf man freilich nicht außer acht lassen, daß hier auch phylogenetische Momente im Spiel sein können und der frühe Termin der Markentwicklung in der Riechsphäre an sich nicht notwendig beweisen würde, daß dieselbe zur Zeit der Geburt unbedingt höher zu bewerten sei.

Tatsächlich läßt sich nur feststellen, daß die Neugeborenen bereits in den ersten Tagen Geruchsempfindung haben, da sie jedenfalls sich weigern, an die mit übelriechenden Stoffen benetzte Brustwarze oder Saugflasche heranzugehen (Preyer, Kußmaul, Krone , Somme u. a.). Dabei scheinen nach Canestrinis neuen Untersuchungen besonders diejenigen Stoffe Reaktionen auszulösen, welche die Trigeminuskomponente des Geruchsinnes reizen, wie Äthylchlorid, Benzin, Senföl. Achtet man gleichzeitig auf die Stärke der Reaktion im Verhältnis zum verwendeten stärkeren oder schwächeren Riechmittel, dann ergibt sich im Gegensatz zu älteren Annahmen, daß der Geruchsinn des Neugeborenen relativ stumpf ist (Canestrini).

Zusammenfassung.

Fassen wir die ganzen Erörterungen über das Sinnesleben und sonstige Funktionsäußerungen des Zentralnervensystems beim Neugeborenen zusammen, so wird man feststellen müssen, daß mit Ausnahme des Geschmacksinnes alle anderen Sinne zur Zeit der Geburt auf einer relativ niedrigen Stufe der Entwicklung sich befinden. Auch die übrigen Funktionen des Zentralnervensystems zeigen einen relativen Tiefstand, da mindestens in den ersten Tagen Instinktbewegungen die höchste Tätigkeit darstellen. Man hat also mit einem gewissen Recht den Neugeborenen als subkortikales, hirnloses Wesen bezeichnet, darin noch bestärkt durch einige Beobachtungen an Anenkephalen. Indessen darf man in dieser Hinsicht auch nicht zu weit gehen. Wenn auch „das menschliche Gehirn bei der Geburt viel weiter von dem Gipfel seiner Entwicklung entfernt ist, als das der Tiere" (Hering), so darf andererseits nicht vergessen werden, daß es auch viel länger und stärker wächst als das der Tiere. So möchte ich betonen, daß wenn auch die meisten Instinktbewegungen an sich ohne Großhirn möglich sind, doch gerade bei manchen derselben sehr bald etwas wie Bewußtsein sich geltend macht. Wie anders wollte man sich erklären, daß die Kinder bereits im Laufe der ersten Woche anfangen, recht deutlich stilles Behagen, Lust, Unlust, ja sogar Zorn zum Ausdruck zu bringen, daß man unter den Neugeborenen so gut wie später stille und unruhige, zufriedene und unzufriedene, brave und schlimme Kinder unterscheiden kann! Wer jahraus, jahrein viel mit Neugeborenen zu tun hat, wird erstaunt sein über die Mannigfaltigkeit des Mienenspiels und sonstiger Affektäußerungen bei vielen Kindern, die über das bloße grobschlächtige Grimassieren doch vielfach weit sich erheben. So wird man die These von dem subkortikalen Wesen des Neugeborenen jedenfalls nicht so ohne weiteres auf die weiteren Lebenstage übertragen dürfen.

IX. Bewegungs- und Stützapparat.

Die Darstellung dieses Kapitels kann eine um so kürzere sein, als beim Neugeborenen die Funktion sowohl des Muskelapparates wie des Skeletts eine ganz untergeordnete Rolle spielt, und namentlich in Hinsicht auf die Pflege keine weiter ausholende Erörterung verlangt. Doch sei wenigstens so viel angemerkt, daß für die Entwicklung der Knochen wie nicht minder der Muskulatur eine ordentliche Bewegungsfreiheit des Neugeborenen notwendig ist und schon deshalb das feste Einwickeln der Kinder, wie es früher üblich war, zu verwerfen ist.

Knochen. Die Röhrenknochen des Neugeborenen zeigen eine fibrilläre netzartige Struktur, durch die sie sich von denen des Erwachsenen unterscheiden. Sie sind ferner wie alle Gewebe des Neugeborenen reich an Blutgefäßen, ebenso an Knochenmarkselementen (vgl. Näheres Kapitel Blut). Das Periost ist verhältnismäßig dick (0,3 mm) und besitzt eine innere, sehr zellreiche Schicht.

Die Wachstumstendenz ist lebhaft, wobei die Appositionsprozesse von seiten des Periosts überwiegen, während die Prozesse der Resorption, die vom Zentralkanal ausgehen, zunächst zurückbleiben (Untersuchungen von Gegenbauer, Ebner, Aeby, Grekoff, Garmascheff).

Das Wachstum der platten Knochen erfolgt sowohl durch Apposition wie interstitielles Wachstum, wobei erstere wieder überwiegt. Eine Spongiosa wird etwa im Alter von 14 Tagen zuerst nachweisbar; bis dahin ist die Struktur nicht lamellös, sondern fibrillär, netzartig (Friedleben, Jantschewski[1]).

Die Gelenkflächen (Untersuchungen von Hüter) sind beim Neugeborenen noch weniger scharf modelliert, daher ist auch ihr Kontakt ein loserer, der Spielraum der Gelenke größer als zu irgend einer späteren Zeit des Lebens, Unterstützt wird diese höhere Beweglichkeit noch durch die große Elastizität der Bänder, die z. B. auch der Wirbelsäule eine ungewöhnlich große Beweglichkeit gestatten, die allerdings bereits in der Neugeburtszeit erheblich abnimmt (Verbiegungsversuche von Sellheim). Im übrigen ist die Wirbelsäule im ganzen wenig gekrümmt, die Wirbelkörper sind in ihrer Form fast gleichartig.

Muskelapparat. Die Muskeln Neugeborener erweisen sich bei der mikroskopischen Untersuchung noch nicht als völlig entwickelt. Die einzelnen Muskelfasern zeigen nur ein Fünftel der Größe wie beim Erwachsenen (Köllicker) mit rundlichem bis viereckigem Querschnitt. Im Durchschnitt sind die einzelnen Muskelfasern beim Neugeborenen nicht mehr als 5—10 μ (Westphal), gegenüber einer Durchschnittsbreite von 28 μ beim einjährigen Kinde, 36 μ beim Erwachsenen. Charakteristisch ist ferner der Reichtum an Kernen, die außerdem besonders groß und dichter gelagert erscheinen. Das intermediäre Zellgewebe hat zart faserigen Charakter und ist durch seinen Zellreichtum ausgezeichnet (Gundobin S. 58).

Chemisch ist der größere Wassergehalt des Muskelgewebes (Schloßberger, Jakubowitsch, Baimakoff) zu erwähnen. Interessant ist, daß unter dem Muskeleiweiß Globulin fast in derselben Menge vorhanden ist wie später, während das Myostromin, an welches die aktive Kontraktilität der Muskeln gebunden scheint, von der Geburt an kontinuierlich zunimmt. Auch der Asche- und Eiweißgehalt bleibt wesentlich zurück.

Die Muskelaktion ergibt Myogramme, welche denen des ermüdeten Muskels ähnlich sind: langsamer geringer Anstieg, ein Plateau und sehr allmählicher Abfall im Verlauf von einigen Sekunden (Soltmann, A. Westphal).

Ganz allgemein wird angegeben, daß die elektrische Erregbarkeit der Muskeln beim Neugeborenen stark herabgesetzt ist (vgl. auch Kapitel Nervensystem).

X. Haut mit Anhangsgebilden.

Farbe. Erythema neonatorum.

Die Farbe der Haut des eben geborenen Kindes schwankt in allen Nuancen von Weiß—Grau—Blau und geht nach einigen Sekunden mit Einsetzen der Atmung in ein Blaurot, schließlich in Rot über, wonach sie etwa wie die mit kalter Brause übergossene und darauf tüchtig frottierte Haut eines Erwachsenen aussieht. Dieser Farbwechsel schwankt je nach Art und Raschheit der Austrittsbewegungen, vor allem aber auch je nach der Menge der die Eigenfarbe der Haut verdeckenden Vernix caseosa. Während oft kaum etwas von derselben zu bemerken ist und ihr Vorhandensein nur an der Schlüpfrigkeit des Kindes erkennbar wird, ist in anderen, extremen Fällen fast der ganze Körper mit dieser fettigen, grauweißen, zähen Schmiere überzogen, die an manchen Stellen, mit Vorliebe an Gesicht, Ohren, Achselhöhle, Genito-Cruralfurchen

---

[1] Weitere Einzelheiten und Literatur bei Gundobin, ferner bei Nishizuka l. c.

wie im Bereich der Michaelisschen Raute besonders dick aufgetragen scheint.
Erst nachdem die Käseschmiere[1] entfernt ist, tritt in solchen Fällen die oben
beschriebene lebhaft rote Farbe der Haut hervor. Man kann übrigens schon
beim Neugeborenen brünettere und hellere Hautfarben unterscheiden, wenn
auch die Unterschiede nur selten ausgesprochen sind. An Händen und Füßen
behält die Haut sowohl nach dem Bade wie überhaupt in der ersten Lebenswoche infolge der Abkühlung leicht einen zyanotischen Ton.

Das Rot der Haut pflegt bei Frühgeborenen noch lebhafter („Krebsrot")
zu sein und länger anzuhalten. Jedenfalls ist dieses sog. Erythema neonatorum eine durchaus physiologische Erscheinung, die nach 24—26 Stunden
gewöhnlich ihren Höhepunkt erreicht und dann allmählich wieder zurückgeht.
Nur bei Frühgeborenen besteht die Röte oft bis Ende der ersten Woche. Gleichzeitig mit dem Abblassen des Erythems setzt eine feinkleiige Abschilferung
der Haut ein. Lorenzen hat diese Abschuppung auf eine oberflächliche
Mazeration der Epidermis durch das Fruchtwasser zurückführen wollen, meines
Erachtens mit Unrecht. Es genügt wohl vollständig, die Abschuppung als
Reaktion auf die veränderte Umgebung, im wesentlichen auf die mechanische
Reibung durch die Wäsche zurückzuführen. Die Untersuchungen von Becker
liefern ja genug Anhaltspunkte dafür, wie groß die individuellen Unterschiede
in der Empfindlichkeit wie im feineren Aufbau der Haut sind. In seltenen Fällen
fehlt das Erythem völlig; es handelt sich dabei um Kinder mit trockener, derber
Haut — leichtesten Graden einer Ichthyosis —, die von den Eltern, meist
von der Mutter vererbt zu sein scheint. Bei solchen Kindern pflegt auch die
Abschilferung gröber zu sein. Die ganze Erscheinung des Erythems ist dem
Kälteerythem des Erwachsenen wohl durchaus analog und als Reaktion auf
die im Verhältnis zur Temperatur der Uterushöhle starke Abkühlung aufzufassen,
wobei die längere Dauer der Erscheinung durch den noch mangelhaften Wärmeregulationsmechanismus hinlänglich erklärt ist.

Funktionelle Eigentümlichkeiten.

Gleich dem Erythem kann auch ein geringerer Grad von Milien in Form
von kleinen gelben Pünktchen an der Nasenspitze, an den Nasenflügeln, in der
Wangengegend, unter den Augen als physiologische Erscheinung aufgefaßt
werden. Dieselben sollen beim reifen Kinde nicht über die Nasolabialfalten
hinausgehen (Küstner). Es handelt sich dabei um eine Sekretstauung in den
Talgdrüsen, welche normaliter in den letzten Monaten der Gravidität eine
gewisse Hypersekretion zeigen. Fett, Cholesterin und feinste Epithelschüppchen
bilden den Inhalt dieser verstopften Talgdrüsen.

Ganz allgemein läßt sich der Haut des Neugeborenen eine
große Zartheit und samtartige Weichheit[2] nachrühmen, welche
freilich den Nachteil hat, daß die Haut für alle möglichen Erkrankungen disponiert ist — ganz besonders natürlich an Stellen, welche einer Verunreinigung
durch Keime und dem mazerierenden Einfluß durch Feuchtigkeit ausgesetzt

---

[1] Es handelt sich um chemisch reines Fett (Wislicenus), das trocken 47—75$^0/_0$
ätherlösliche Substanz enthält (v. Zumbusch).
[2] Die große Zartheit der kindlichen Haut tritt noch schärfer im histologischen Bau
hervor. Schon das Erythem wie der leichte Farbwechsel erklären sich zum Teil aus dem
verhältnismäßig dünnen Epithel, dessen Zellen lose aneinanderhängen und so das sehr
reich entwickelte Gefäßnetz der Pars papillaris durchschimmern lassen. Besonders die
Hornschicht ist außerordentlich dünn (Kowleff). Die Papillen sind nur an der Fußsohle
gut, im übrigen schwach entwickelt; das gilt auch vom elastischen Gewebe. Im gut ausgebildeten Unterhautzellgewebe ist neben dem Gefäßreichtum hervorzuheben, daß
die Fettzellen kleiner und vielfach kernhaltig sind. Die Paccinischen Körperchen sind
deutlich ausgebildet, ebenso die Arrectores pilorum.

sind, wie die Crena ani, Genito-Kruralfalten und ihre Umgebung an Gesäß
und Oberschenkel. Nur sorgfältige Pflege[1] kann hier das Entstehen von hart-
näckigen Ekzemen, welche bei Vernachlässigung leicht zu allgemeinen Hautmykosen führen, verhüten.

Unter den Anhangsgebilden der Haut haben wir bereits der Talgdrüsen
und ihrer relativ starken Entwicklung beim Neugeborenen gedacht. Die
Schweißdrüsen sind im Verhältnis dazu noch viel spärlicher vorhanden
und im ganzen schwächer entwickelt; sie bilden überwiegend kleine, sichel-
förmig gekrümmte Schläuche, in denen oft ein Lumen nicht nachweisbar ist.

Haarentwicklung.

Die Haarentwicklung ist individuell sehr verschieden, ebenso wie die
Haarfarbe, die zunächst meist dunkel zu sein pflegt. Während bei Frühgeborenen
am ganzen Körper noch feinste Wollhärchen (Lanugo) sich finden, sind dieselben bei reifen Neugeborenen überwiegend bereits unsichtbar; nur an Schultern
und Rücken sind sie relativ häufig noch stärker ausgebildet, und zwar oft bei
durchaus kräftigen Kindern. Es ist sicher ganz falsch, deshalb einem Kinde
den Zustand der Reife absprechen zu wollen. Am stärksten sind die Haare
am Kopf des Neugeborenen entwickelt, wenngleich auch hier starke individuelle
Verschiedenheiten auffallen. Manche Kinder kommen fast kahlköpfig, andere
mit einem dichten Haarschopf zur Welt. Im Durchschnitt findet man eine
lockere Behaarung von einigen Zentimetern Länge. Interessant ist, daß die
Haare unmittelbar nach dem Durchschneiden durch die Schamspalte häufig
eine Art „Frisur", entgegengesetzt der Drehbewegung des Kopfes erkennen
lassen (Sellheim). Augenbrauen und Wimperhaare sind gewöhnlich noch wenig
ausgebildet und wegen hellerer Farbe und Kürze schlecht sichtbar.

Die Nägel erreichen beim reifen Neugeborenen an den Zehen das freie
Ende derselben, an den Fingern überragen sie es meist sogar etwas.

Geburtsgeschwulst und Kephalhämatosen.

Unter den physiologischen Reaktionen der Haut und des Unterhaut-
bindegewebes ist auch die Geburtsgeschwulst zu nennen, welche entsprechend
der Häufigkeit der Schädellage meist als Kopfgeschwulst (Caput succedaneum)
in Erscheinung tritt (Abb. 39). Sonst ist eine mehr minder deutlich abgegrenzte
Geburtsgeschwulst nur bei vollkommenen Beckenendlagen vorhanden, während
bei allen anderen Lagen, vollkommenen und unvollkommenen Fuß-, Schulter-
lagen, Knielagen von einer scharfen Begrenzung der Geburtsgeschwulst keine
Rede ist, dieselbe vielmehr als diffuse Schwellung und blaurote Verfärbung des
vorliegenden Teiles und seiner engeren oder weiteren Umgebung sich darstellt.
Ihre Ausdehnung ist abhängig von dem Zeitpunkte des Blasensprunges, der
Dauer der zirkulären Schnürung, der Größe des unterhalb des Schnürrings
unter Schröpfkopfwirkung stehenden kindlichen Teiles und der größeren oder
geringeren Verschieblichkeit der Haut in diesem Bezirk. Je weniger verschieblich die Haut ist, um so leichter kommt eine Abgrenzung der Geburtsgeschwulst
zustande. Am auffallendsten ist trotz wenig scharfer Abgrenzung der Geburtsgeschwulst bei in Gesichtshaltung geborenen Kindern, wo sie zu einer oft hoch-
gradigen Entstellung des Kindes führen kann, das mit wulstigen Lippen, ge-
schwollenen Backen und infolge des Lidödems verschlossenen Augen zur Welt
kommt. Bei Fortsetzung des Ödems auf den Mundboden kommt es in den

---

[1] Vgl. das Kapitel Hautpflege.

ersten Tagen oft zu erheblichen Saugschwierigkeiten. Auch die Suggilationen der
Haut pflegen bei dieser Gesichtsgeschwulst am auffallendsten zu sein[1] (Abb. 40).

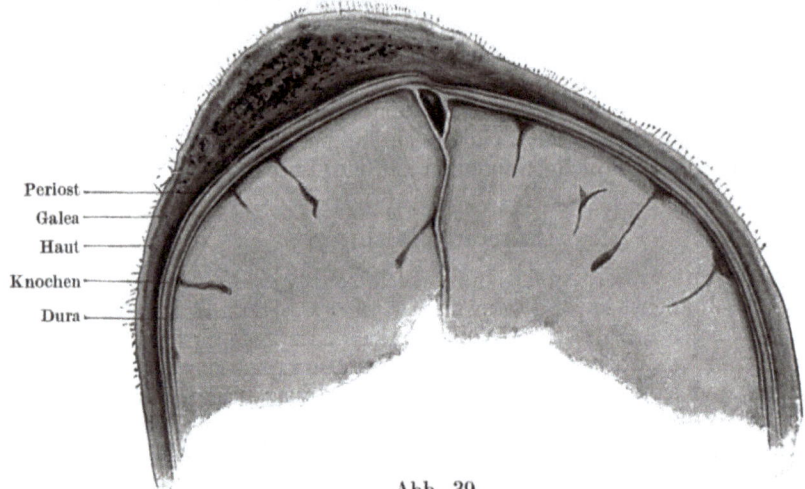

Abb. 39.
Gefrierdurchschnitt durch eine Kopfgeschwulst auf dem rechten Scheitelbein. (Nach Bumm.)

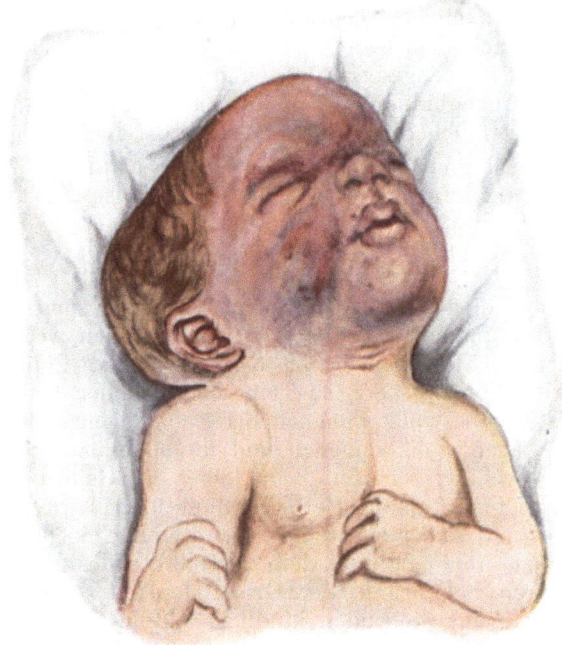

Abb. 40.
Geburtsgeschwulst bei einem in Gesichtslage geborenen Kind, alsbald nach der Geburt
gezeichnet.

[1] Ein näheres Eingehen auf die Genese der Geburtsgeschwulst und sonstige Einzel-
heiten erübrigt sich hier. Näheres in Bd. 1 der deutschen Frauenheilk. (Sellheim, Die
Geburt des Menschen); ebenso bei Jaschke, Physiologie der Geburt in Fraenkel-Jaschke,
Normale und pathologische Sexualphysiologie des Weibes. Leipzig 1914. Dort auch
Abbildungen.

Die Geburtsgeschwulst beruht auf einer serösen oder blutig serösen Durchtränkung der Haut selbst wie des subkutanen Gewebes bis zum Periost bzw. den Muskelfaszien, wobei oft die Hauptmasse des Transsudates aus Lymph- und Burträumen sich in den tieferen Gewebsschichten findet. Daneben beobachtet man punktförmige Blutaustritte in der Haut, an der Galea, am Periost, bisweilen sogar unterhalb desselben. Doch sind das Fälle, die kaum noch als ganz physiologisch angesehen werden dürfen und bereits zum Kephalhämatom überleiten. Freilich könnte man auch dieses mit einem gewissen Recht noch in die Beschreibung physiologischer Veränderungen einbeziehen. Der Sitz der Geburtsgeschwulst unter der leicht verschieblichen Haut erklärt es auch, daß dieselbe innerhalb weniger Stunden an deutlicher Abgrenzung verliert. Sie verteilt sich entsprechend der Schwere über die abhängigen Partien des Kopfes oder sonstigen Kindesteiles, dabei über die Nähte des Kopfes wegziehend (im Gegensatz zum Kephalhämatom) und fällt dann im Laufe der nächsten Tage einer allmählichen Resorption anheim. Nur an kleinsten Hämorrhagien der Haut ist der ursprüngliche Sitz der Geburtsgeschwulst noch länger kenntlich, bis sie nach etwa einer Woche auch diese Zeichen vollständig verschwunden sind.

Es handelt sich also um eine durchaus physiologische und harmlose Begleiterscheinung der Geburt, die keinerlei besonderer Behandlung bedarf. Fälle, in denen etwa wie bei hämorrhagischen Diathesen noch post partum eine Vergrößerung der Geburtsgeschwulst durch Nachblutung entsteht oder bei denen es infolge besonderer Größe und Spannung innerhalb der Geburtsgeschwulst nachträglich zu Nekrose und Gangrän kommt, die bis auf den Knochen reichen kann (Ehrendorfer), gehören zu den außergewöhnlich seltenen, natürlich pathologischen Ereignissen.

Brustdrüsen und physiologische Brustdrüsenschwellung beim Neugeborenen.

Unter den Anhangsgebilden der Haut bedürfen noch einer besonderen Besprechung die Brustdrüsen des Neugeborenen, die physiologischerweise in den ersten Lebenstagen charakteristische Veränderungen zeigen, die man kennen muß, um vor irrtümlicher Diagnose einer Erkrankung gesichert zu sein. Die ganze Drüse besteht beim Neugeborenen etwa aus 12—15 kleinen, radiär angeordneten Drüsenläppchen oder besser Drüsenbläschen, denen ebenso viel Ausführungsgänge entsprechen Die ganze Mamma des Neugeborenen hat etwa einen Durchmesser von 4—9 mm (v. Pfaundler). Das Gebiet der Papilla überragt noch nicht die umgebende Haut, wenn es auch durch die sog. Papillarfurche deutlich gegen die Umgebung abgegrenzt ist.

Beobachtet man Neugeborene auf das Verhalten der Brüste, so findet man nahezu regelmäßig (95%), daß die bei der Geburt kaum erbsengroßen Brustdrüsen innerhalb der Zeit der physiologischen Gewichtsabnahme sich auf das Mehrfache vergrößern. Allerdings finden sich stärkere Grade der Schwellung nur in etwa $1/3$ der Fälle. Diese Anschwellung erfolgt ganz unabhängig vom Geschlecht, sowohl bei Knaben, wie bei Mädchen[1]. Am 5.—7. Tage, häufiger 8.—12. Tage ist das Maximum der Schwellung erreicht, wobei die Drüse bis zu Haselnußgröße und darüber anschwillt und die ganze Gegend wie die knospende Brust eines in der ersten Pubertät befindlichen Mädchens aussieht (Abb. 41). Im Verlaufe der 2., seltener erst der 3. Woche erfolgt dann allmählich wieder die Rückbildung zu normaler Größe, wobei das Zentrum der Brustwarze deutlich eingezogen erscheint[2].

---

[1] Immerhin ist die Schwellung bei ♀ oft stärker, nach Lequeux und Mariot auch häufiger als bei ♂; doch ist dieser Unterschied nur ein scheinbarer, weil bei ♀ der Querschnitt der Drüse mehr birnförmig, bei ♂ mehr dreieckig ist (Czerny).

[2] Nur in 5% der Fälle tritt niemals eine sicht- oder tastbare Schwellung auf, jedoch wurde auch in solchen Fällen bei Autopsien eine Schwellung des Drüsengewebes nachgewiesen (Knöpfelmacher).

Drückt man auf die geschwellten Brüstchen, so entleert sich — niemals spontan — in weißen Tropfen ein als Hexenmilch bezeichnetes, anfänglich mehr dünnes und kaum gefärbtes, später milchig getrübtes, oft etwas gelbliches Sekret. Auf dem Höhepunkt der Schwellung bekommt man manchmal einen ganzen Strahl von Sekret, das auch nach Zurückgehen der Schwellung noch eine Zeitlang auszupressen ist; so kann man fast regelmäßig noch am Ende des ersten Monats, häufig sogar im 2. Monat, selten später, etwas Sekret nachweisen. Basch fand es in einem Falle noch im 5. Monat. Untersucht man einen derartigen Sekrettropfen unter dem Mikroskop, so findet man Milchkügelchen, Leukozyten, Kolostrumkörperchen. Auch chemisch ist die

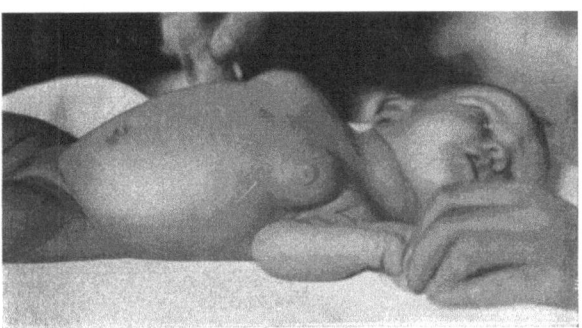

Abb. 41.
Brustdrüsenschwellung beim Neugeborenen. (Nach Ibrahim.)

Zusammensetzung der des Kolostrums, besonders des Schwangerschaftskolostrums, sehr ähnlich. Die Analyse ergab:

	nach Genser	nach Tschassownikoff[1]
Kasein	5,57 g	13,45 g
Albumin	4,90 ,,	
Milchzucker	9,56 ,,	7,78 ,,
Fett	14,56 ,,	15,32 ,,
Salze	8,26 ,,	6,13 ,,
Feste Bestandteile . .	4,29 ,,	4,31 ,,
Wasser	95,70 ,,	95,69 ,,

bei einem spezifischen Gewicht von 1018—1019.

Die Regelmäßigkeit, mit der die Erscheinung der Brustdrüsenschwellung bei allen reifen Kindern auftritt — nur bei schwächlichen Frühgeborenen ist sie geringer und fehlt auch häufig die Sekretion —, gestattet schon den Schluß, daß es sich um eine durchaus physiologische Erscheinung handelt. Trotzdem bleibt natürlich das Vorhandensein sekretionsfähigen Parenchyms beim Neugeborenen eine um so auffallendere Erscheinung, als bekanntlich von da ab ein dauernder Ruhezustand der Brustdrüsen sich einstellt, der nur durch eintretende Schwangerschaft — ganz selten durch andere Prozesse, z. B. Tuberkulose (Lindig) — gestört wird.

Die Deutung macht denn auch große Schwierigkeiten. Die alten Annahmen von Kölliker, daß es sich um eine Fettmetamorphose der zentralen Partien der beim Fetus soliden Drüsenanlagen handle oder von Epstein, welcher in der Absonderung der Hexenmilch nur eine Desquamation von Drüsenepithel

---

[1] Zit. nach Gundobin, l. c. S. 443.

sehen wollte, sind durch die mikroskopische und chemische Untersuchung dieser eigenartigen Milch hinfällig geworden. Denn dieselben zeigen, daß es sich um einen echten Sekretionsprozeß des hyperplasierenden Drüsengewebes handelt, der nur darum zum Stillstand kommt, weil die Drüse nicht entleert wird und wohl auch die zur Sekretion führenden Reizstoffe weiterhin ausbleiben. Es liegt nahe, unter solchen Umständen mit Halban, Knöpfelmacher u. a. anzunehmen, daß dieselben Ursachen der Sekretion der mütterlichen wie der kindlichen Brustdrüsen zugrunde liegen. Die Brustdrüsensekretion der Neugeborenen würde also in die Gruppe der hormonal ausgelösten Schwangerschaftsreaktionen im Sinne von J. Halban gehören.

Als Stütze dieser These kann auch die Angabe von Basch dienen, daß zwischen Stärke der Brustdrüsenreaktion des Neugeborenen und mütterlicher Milchsekretion ein Parallelismus bestehe, wenigstens soweit, daß die Mütter von Kindern mit stärkerer Brustdrüsenreaktion auch ergiebigere Brüste hätten. Ich kann freilich nach eigener Beobachtung diese Angabe nicht bestätigen. Mindestens erleidet die Regel recht oft Ausnahmen. Man braucht aber in diesem Falle auf die klinische Beobachtung nicht so viel Gewicht zu legen. da genug Gründe vorhanden sind, um einzusehen, daß die fraglichen Reizstoffe beim Neugeborenen bald zu wirken aufhören, da der adäquate physiologische Reiz fehlt, und umgekehrt lehrt die ganze Sekretionsphysiologie der weiblichen Brust, daß nicht allein die ursprünglichen Reizstoffe, sondern noch mehr der Wegfall von Hemmungen und in bedeutendem Umfang die Stärke der Beanspruchung die Ergiebigkeit der Brust bestimmt. Ich glaube also, daß Baschs Angabe der wirklichen Mannigfaltigkeit der Erscheinungen zu wenig Rechnung trägt, ohne ihr deshalb den prinzipiellen Wert absprechen zu wollen.

Dunkel ist jedenfalls noch die Herkunft der zur Brustsekretion führenden Reizstoffe. Sichergestellt scheint nur, daß es sich um Hormone handelt. Über ihre Bildungsstätte dagegen ist man sich noch nicht einig. Ich verweise in dieser Hinsicht auf das Kapitel Physiologie der Laktation. Jedenfalls besteht keine Schwierigkeit, einen Übergang derartiger Reizstoffe von der Mutter auf den Fetus anzunehmen.

Ganz abseits von diesen Gedankengängen hat in neuerer Zeit G. Gruber die Erscheinung der Brustdrüsenschwellung mit einer physiologischen Blutzellenbildung in der Mamma Neugeborener in Zusammenhang gebracht. Ich bin zu wenig Fachmann, um die Beweiskraft seiner auch nur bei einer Demonstration in der Mittelrheinischen Gesellschaft für Geburtshilfe und Gynäkologie gesehenen Bilder beurteilen zu können. Eine Nachprüfung haben diese Untersuchungen bisher nicht gefunden.

Einer besonderen Behandlung bedarf die Brustdrüsenschwellung der Neugeborenen nicht. Das Abdrücken der Hexenmilch — eine im Volke und bei ländlichen alten Hebammen immer noch verbreitete Sitte, merkwürdigerweise auch von Budin, Pierra therapeutisch empfohlen — ist unter allen Umständen zu verwerfen. Einmal wird damit die Sekretion nur weiter unterhalten bzw. sogar verstärkt, überdies aber besteht die Gefahr, daß Entzündungserreger in die Drüsengänge verschleppt werden und eine eiterige Mastitis erzeugen. In den seltenen Fällen, in denen die Schwellung so stark ist, daß sie den Kindern heftiges Unbehagen verursacht, genügt ein leichter Kompressionsverband mit essigsaurer Tonerde oder mit Borlanolin.

Ikterus neonatorum.

Die auffallendste physiologische Veränderung der Haut in der Nachgeburtszeit ist der Ikterus neonatorum. In sehr vielen Fällen tritt am Ende des ersten oder im Verlauf des 2.—3. Lebenstages, seltener erst am 4.—5. Tage oder noch später eine mehr minder starke Gelbfärbung der Haut (und Schleimhäute) auf, die im Gesicht beginnend sich rasch über den Stamm und die Extremitäten verbreitet. Die Intensität der Färbung schwankt in allen Nuancen von Zitronengelb—Gelbgrün—Orange—Bronze. Im Beginn ist dieselbe häufig verdeckt durch das Rot der hyperämischen Haut, so daß geringe Grade von

Gelbfärbung leicht übersehen werden können. Erst wenn man die Haut drückt (anämisiert), tritt die Gelbfärbung deutlich hervor. Fast regelmäßig ist zuerst und am längsten das Gesicht betroffen, doch trifft man auch Fälle, in denen die Gelbfärbung zuerst an Brust oder Rücken erkennbar wird. Auch solche Fälle werden sicherlich oft übersehen. Gleich der äußeren Haut sind auch die Schleimhäute von der Gelbfärbung betroffen, was man an de norma blasseren Stellen wie dem knorpeligen Gaumen oder der die Kieferränder bedeckenden Schleimhaut leicht nachweisen kann. Ebenso fehlt bei nur einigermaßen deutlichem Ikterus niemals die Gelbfärbung der Conjunctiva sclerae.

Gleichgültig wann der Ikterus beginnt, erreicht er durchschnittlich nach 2—3 Tagen seinen Höhepunkt, um dann langsam abzublassen und zwischen 7. und 10. Tage zu verschwinden. Nicht selten ist ein schwacher Ikterus überhaupt bloß 2—3 Tage kenntlich; dagegen gehört eine Fortdauer der Gelbfärbung in die 3. oder gar 4. Woche zu den selteneren Vorkommnissen. Bei noch längerer Dauer hat man Grund zu dem Verdacht, daß nicht mehr die gewöhnliche benigne Form des Icterus neonatorum vorliegt. Schwankend wie die Dauer ist auch die Intensität des Ikterus. Oft bleibt er überhaupt auf Spuren der Gelbfärbung beschränkt, in anderen Fällen mutet das Kind geradezu fremdrassig an. Das Gelb in der hyperämischen, mehr oder minder noch rötlich schimmernden Haut gibt solchen Kindern ein charakteristisches Aussehen. Im allgemeinen sieht die Haut beim Ikterus recht frisch aus, nur bei schwächlichen Frühgeborenen macht sie einen schlafferen Eindruck und zeigt dann mehr graugelbe Töne.

Eine für die Deutung des Ikterus neonatorum sehr wichtige Tatsache ist das Fehlen acholischer Stühle und eines verfärbten Harnes. Niemals weist der Stuhl ikterischer Kinder ceteris paribus eine andere Beschaffenheit auf als der nichtikterischer Kinder. Der blasse Harn zeigt keine positive Gmelinsche Reaktion und nur bei Verwendung viel empfindlicherer Reaktionen gelingt es, in einem Teil der Fälle Gallenfarbstoff nachzuweisen. Solches berichtet Epstein bei Verwendung der Huppertschen Probe, Cruse gelang es, im Chloroformauszug des Harnes Bilirubin nachzuweisen, wobei allerdings vielfach fraglich erscheint, ob nicht noch andere Erkrankungen, besonders Sepsis oder Darmstörungen, vorhanden waren. Wohl aber gelang es Halberstam, im Harn ikterischer Neugeborener Gallensäure (Glykocholsäure) nachzuweisen und ebenso findet sich regelmäßig ungelöstes Bilirubin in Form der bereits in dem Kapitel Harn erwähnten „masses jaunes", die teils frei, teils in Epithelien eingebettet oder an ihnen haftend nachgewiesen werden konnten. Diese schlechte Lösungsfähigkeit normalen Neugeborenenharns wird aus einem Mangel oder jedenfalls unzureichendem Gehalt an alkalischem, einfach saurem Phosphat, welches die Lösung des Bilirubins bewirken könnte, erklärt. Jedenfalls ist dieses mangelhafte Lösungsvermögen auffallend, zumal Tränen- und Nasensekret Gallenfarbstoff lösen und oft ganz gelb aussehen.

Leber und Milz lassen keine Vergrößerung erkennen. Der Puls — eine an sich sehr schwankende Größe beim Neugeborenen — ist ebenfalls nicht verändert. Nur bei starkem Ikterus findet sich eine geringfügige Herabsetzung des Blutdruckes (Mensi). Auf die Veränderung des Blutes wird noch bei der Besprechung der Pathogenese eingegangen werden. Sonstige charakteristische Eigentümlichkeiten im Verhalten ikterischer Neugeborener gibt es kaum. Nur fällt bei manchen Kindern mit ausgeprägtem Ikterus eine starke Schlafsucht auf, die aber vielfach ebensowohl Folge des Geburtstraumas wie des Ikterus sein kann. Bei stärkerem Ikterus zeigt auch die Gewichtskurve häufig ein abweichendes Verhalten. Auch darauf kommen wir noch an anderer Stelle zurück.

Die Angaben über die **Häufigkeit** des Ikterus neonatorum schwanken ganz außerordentlich (15—84—100%). Der Durchschnitt neuerer Statistiken ergibt etwa 56%, bei den neuesten Autoren **Schmitz, Heynemann, Ylppö** 80%. Wir selbst fanden ihn in Gießen bei 80, in Düsseldorf in nur etwa 38%. Unsere eigenen Erfahrungen lassen uns aber annehmen, daß vielleicht weniger lokale Unterschiede als die Genauigkeit der Beobachtung an den großen Unterschieden der Statistiken schuld tragen. Unsere Düsseldorfer Beobachtungen stützen sich auf Eintragungen der Schwestern in die Kurve, in Gießen haben wir, um einmal ganz einwandfrei die Häufigkeit des Ikterus festzustellen, selbst alle Neugeborenen fortlaufend daraufhin kontrolliert und auch die leichtesten Grade von Ikterus notiert, die ohne spezielle Suche wohl der Beobachtung entgangen wären. Selbstverständlich soll damit nicht geleugnet werden, daß auch Unterschiede in der Pflege der Neugeborenen gewisse Differenzen hervorrufen können. Zählt man auch Fälle mit, bei denen ganz vorübergehend eine Spur von Gelbfärbung sich bemerkbar macht, wobei schon dem subjektiven Ermessen des Beobachters weiter Spielraum bleibt, dann erhält man noch höhere Prozentzahlen. Alles in allem möchte ich demnach auf die prozentualen Angaben überhaupt nicht zu viel Gewicht legen, sondern nur ganz allgemein betonen, daß es sich beim Ikterus neonatorum jedenfalls um eine in mehr als $^3/_4$ aller Fälle nachweisbare Reaktion handelt, die schon zufolge ihrer Häufigkeit wahrscheinlich als physiologisch angesprochen werden kann.

Ganz allgemein wird angegeben, was ich nach meinen Erfahrungen ebenfalls behaupten muß, daß bei Frühgeborenen der Ikterus nicht allein fast ausnahmslos, sondern vor allem auch stärker auftritt und länger dauert. Das geht z. B. aus einer Zusammenstellung von **Cruse** deutlich hervor.

Gewicht der Kinder	Ikterus in %
1980—2750	91,9
2750—3000	88,5
3000—3250	87,8
3250—3500	84,1
3500—4640	72,6

Ferner wird angegeben, daß spät abgenabelte Kinder häufiger, Kinder von Erstgebärenden stärkeren Ikterus bekommen als solche Mehrgebärender (**Kehrer**). Endlich fand **Opitz** bei Knaben den Ikterus in 10% häufiger als bei Mädchen.

Ehe wir die Genese des Ikterus neonatorum besprechen, ist es vielleicht zweckmäßig, nach einer **anatomischen Grundlage** desselben Ausschau zu halten. Leider sind die verwertbaren Befunde äußerst spärlich, da die Kinder am Ikterus nicht sterben und bei aus anderen Gründen verstorbenen Kindern erhobene Befunde nur mit größter Vorsicht verwertet werden können. Die inneren Organe wie besonders Exsudate und Transsudate ikterischer Kinder zeigen mehr oder weniger deutlich eine gelbe Färbung, die allerdings nicht immer gleichmäßig ist und besonders an der Leber oft fleckweise angeordnet erscheint. Die serösen Häute und die Gefäßintima weisen gewöhnlich die stärkste Gelbfärbung auf; Milz und Nieren lassen sie oft ganz vermissen. In den Spitzen der Nierenpapillen fand **Meckel** Bilirubinkristalle in Form von büschelförmigen Nadeln oder rhombischen Täfelchen, die **Orth** auch im Blut, Fettgewebe, Gehirn und anderen Organen regelmäßig nachweisen konnte.

Genese. Wie man sieht, kann selbst die kühnste Phantasie aus diesen Befunden kaum irgend einen bedeutsamen Anhaltspunkt für die Entstehungsgeschichte des Ikterus gewinnen. Damit wird auch verständlich, daß der Ikterus seit langem ein beliebtes Thema für mehr oder minder luftige Hypothesen darstellt, daneben freilich auch sehr viel ernste Arbeit absorbiert hat. Um überhaupt die verschiedenen Theorien überblicken zu können, ist es zweckmäßig, je nach dem hauptsächlich betonten ätiologischen Faktor vielleicht vier Richtungen zu unterscheiden: 1. eine mechanische, 2. eine hepatogene, 3. eine hämatogene und 4. eine hämato-hepatogene Theorie des Ikterus neonatorum.

1. Die mechanischen Theorien des Ikterus sind die ältesten und heute im allgemeinen aufgegeben, wenn auch einzelne Bestandteile derselben noch als Hilfshypothesen in Betracht gezogen werden.

Eine der ältesten, zugleich geistreichsten mechanischen Erklärungen ist die von Quincke (1883). Quincke nimmt an, daß aus der im Überschuß in den Darm abgeschiedenen Galle Gallenfarbstoff resorbiert werde und dabei infolge anatomischer Besonderheiten des Neugeborenenorganismus unter Umgehung der Leber in den großen Kreislauf gelange. Während beim Erwachsenen bei solcher Rückresorption der Gallenfarbstoff durch die Pfortader in die Leber, aus dieser wieder in die Galle gelangen muß, sei beim Neugeborenen Gelegenheit vorhanden, daß durch den offenen Ductus venosus Arantii mindestens ein Teil des Gallenfarbstoffes in die Vena cava und damit direkt in die freie Blutbahn des großen Kreislaufes gelange. Daß der auf diese Weise entstehende Ikterus nicht schon beim Fetus eintrete, beruhe darauf, daß erst nach der Geburt reichlicher Gallenfarbstoff gebildet wird und eine stärkere Resorption desselben aus dem Darm stattfinde. Das Maßgebende für die Entstehung des Ikterus wäre danach, daß der Gallenfarbstoffgehalt des Blutes eine bestimmte Höhe überschreiten muß, ehe es zum Ikterus kommt. Wir werden noch sehen, daß hier die Quinckesche Anschauung sich mit der allermodernsten und bestgestützten Auffassung berührt.

Man kann nicht leugnen, daß die Quinckesche Theorie bestechend einfach ist und zwanglos das außerordentlich häufige Auftreten des Ikterus neonatorum erklärt. Tatsächlich findet man bald nach der Geburt noch in 96%, in den ersten Lebenstagen noch in 88% den Ductus venosus offen (Elsässer), wenngleich die Lichtung ziemlich eng ist (1—2 mm, E. Richter); die Erscheinungen der Obliteration beginnen erst später und zwar von der Pfortader aus. Die Möglichkeit, daß bei hohem Farbstoffgehalte des Pfortaderblutes in den allerersten Tagen noch zur Erzeugung des Ikterus genügende Mengen in den großen Kreislauf gelangen könnten, dürfte auch nach den neuesten Erfahrungen nicht absolut zu leugnen sein. Das ist wohl auch der Grund, warum die Theorie noch heute recht angesehene Anhänger namentlich unter den Pädiatern und Internisten hat (Heubner, Finkelstein, Salge, A. Schmidt, Lüthje). Auf der anderen Seite sind freilich wichtige Einwände nicht zu unterdrücken. So hat schon Knöpfelmacher darauf hingewiesen, daß der Gallenfarbstoff nur in alkalischen Flüssigkeiten sich löst, Mekonium aber sauer reagiert. Weitaus der wichtigste Einwand ist aber die Feststellung von Ylppö, daß unreduzierter Gallenfarbstoff überhaupt nicht aus dem Darm resorbiert wird. Er fand z. B. im fetalen Blut niemals Biliverdin, während der Gallenfarbstoff des Mekoniums zur Hälfte Biliverdin ist. Ich muß freilich gestehen, daß beide Einwände nicht nach jeder Richtung zwingend sind. Ebenso ist der Einwand, daß die Quinckesche Theorie die Leber ganz ausschalte und damit dem wichtigsten Ergebnis der ganzen experimentellen Leberforschung widerspreche, nicht ganz stichhaltig. Freilich haben Quincke und seine Anhänger bewußt den Nachdruck auf die Rückresportion von Gallenfarbstoff aus dem Darm und teilweisen Übertritt desselben in die freie Blutbahn unter Umgehung der Leber gelegt. Im Zusammenhalt mit neuesten Erfahrungen spitzt sich die ganze Frage eigentlich auf quantitative Verhältnisse zu. Wenn so reichlich Gallenfarbstoff resorbiert werden kann, daß eine zur Entstehung des Ikterus ausreichende Teilmenge davon in die Blutbahn gelangt, dann ist die notwendige Vorbedingung für beides eine starke Gallenfarbstoffabsonderung, also eine sehr lebhafte Leberfunktion. Ob wirklich eine genügende Blutströmung im Ductus Arantii post partum noch statthat, kann weder bewiesen noch absolut geleugnet werden. Auch die von Heynemann neustens hervorgehobene

Tatsache, daß die Obliteration von der Pfortader aus beginne, beweist nichts dagegen, da man sich gut vorstellen kann, daß post partum die Verhältnisse noch wesentlich anders sind.

Eine neuere mechanische Theorie des Icterus neonatorum hat C. Hasse (1909) aufgestellt. Seiner Meinung nach kommt es beim Neugeborenen durch die Zwerchfellbewegungen inspiratorisch zu einer Abflußbehinderung in den Gallengängen und einer Stauung in den Gefäßen der Leberpforte. Der Ikterus sei dann nichts anderes als Folge des behinderten Galleabflusses, also ein Stauungsikterus. Es liegt auf der Hand, daß eine solche Erklärung besondere anatomische Verhältnisse beim Neugeborenen voraussetzt, die überdies nur in der allerersten Zeit vorhanden sein dürfen. Tatsächlich glaubt Hasse die notwendige anatomische Voraussetzung in den von uns bereits geschilderten Eigentümlichkeiten der Leber des Neonatus gefunden zu haben (vgl. Näheres in dem Kapitel Leber). Eine gewisse Einengung derLeberpforte ist nicht zu leugnen. Nun deduziert Hasse weiter: infolge der eigentümlichen, nur für den Neugeborenen charakteristischen topographischen Verhältnisse an der Leber ist der für die Gebilde des Leberhilus zwischen Duodenum und den genannten beiden Leberlappen zur Verfügung stehende Raum schon an sich stark eingeengt; dazu gesellt sich noch ein den Gallenabfluß hemmender Druck, welchen die stark gefüllte Pfortader auf den benachbarten Ductus choledochus ausübt. Die starke Füllung der Vena portarum folgt bis zur Geburt aus ihrer kräftigen Speisung durch die Nabelvene, die auch einen besonders hohen Blutgehalt der Leber (Leberschwellung) hervorruft; post partum besteht dieser Druck noch eine Zeit lang fort. Denn zunächst wird bei jedem inspiratorisch hervorgerufenen Herabsinken des Zwerchfells die Leber gegen die vordere Bauchwand und tiefer gegen die Därme gepreßt, wodurch jedesmal die Leberpforte noch mehr eingeengt wird; gleichzeitig steigt infolge der Abflußbehinderung der Blutdruck in der Vena portae und damit der von ihr auf den Ductus choledochus ausgeübte Druck. Freilich werden diese Verhältnisse von Stunde zu Stunde, von Tag zu Tag geändert, denn die mit der Atmung parallel gehende Änderung der Zirkulation führt allmählich zu einer Verringerung des Blutgehaltes in der Leber, zu einer Abschwellung derselben. Außerdem wird mit Einsetzen der Nahrungsaufnahme und Füllung des Magens der Lobus quadrangularis mehr nach vorn und abwärts, der Lobus Spigeli nach hinten und oben getrieben, woraus sich eine Erweiterung der Leberpforte und bei Nachlaß der Leberschwellung auch eine Verminderung des Pfortaderdruckes ergibt. Damit fallen die den Gallenabfluß hemmenden Momente nach und nach fort. Der wichtigste Einwand gegen diese geistreich ersonnene Theorie von Hasse, der sie aber auch zu Fall bringt, ist zweifellos der, daß von einer Gallenstauung in der Leber nichts nachweisbar ist und ebenso die Acholie des Stuhles fehlt, die bei jedem mechanischen Stauungsikterus vorhanden sein müßte.

Diese Einwände gelten auch für alle anderen Theorien, welche eine Gallenstauung als Ursache des Icterus neonatorum annehmen. So hat Peter Frank einen Verschluß des Ductus choledochus durch Mekonium, Virchow durch eine katarrhalische Schwellung, Cruse durch abgestoßene Epithelien angenommen und noch in neuerer Zeit Opitz einen ähnlichen Gedanken vertreten, indem er an einen partiellen, den Gallenabfluß teilweise hemmenden leichten Katarrh der Choledochus- und Duodenalschleimhaut dachte, der durch reichliche Nahrungsaufnahme begünstigt werden solle, namentlich bei besonders dazu disponierten Kindern, als welche vor allem die Knaben zu gelten hätten. Opitz' Auffassung ist natürlich denselben Einwänden ausgesetzt wie alle Stauungshypothesen. Ich brauche aber darauf um so weniger einzugehen, als Opitz selbst unter dem Eindruck neuerer Erfahrungen seine Ansicht nicht mehr aufrecht erhält. Die genannten Einwände gelten auch für die Auffassung von Quisling und Unger. Ganz abgesehen von dem Fehlen der Gallenstauung in der Leber, konnten auch periphere Abflußhindernisse bisher nur ganz vereinzelt (Skormin, Raudnitz) nachgewiesen werden. Birch-Hirschfeld behauptete, ein Ödem der Glissonschen Kapsel bzw. des periportalen Bindegewebes beim

Neugeborenen nachgewiesen zu haben, und erklärte damit die vermeintliche Gallenabfluß-
behinderung. Seine Angaben konnten aber von Nachuntersuchern (z. B. Cohnheim)
nicht bestätigt werden.

Ebenso unhaltbar sind die Vermutungen einer Kompression der Gallenwege durch
die erweiterten Blutkapillaren der hyperämischen Leber (Miura, Silbermann, Weber,
Wermel), da sowohl Abramow wie Knöpfelmacher nicht komprimierte, sondern im
Gegenteil erweiterte Gallenkapillaren fanden, so daß ein Hindernis mindestens viel weiter
peripher angenommen werden müßte. Übrigens konnten auch die Zeichen eines Stauungsikterus, nämlich Zerreißungen der Gallenkapillaren, niemals nachgewiesen werden. Diese
Angaben von Abramow und Knöpfelmacher sind um so höher zu bewerten, als die
Autoren sich der exakten Methode von Eppinger zur Darstellung der Gallenkapillaren
bedienten.

Durch solche Untersuchungen sind auch einige andere Hypothesen wie z. B. die Annahme einer Hepatitis (Bouchut), eines Katarrhes der feinen Gallengänge (Epstein)
u. ähnl. widerlegt.

2. Hepatogene Theorien. Alle hierher gehörigen Erklärungen haben von
vornherein die größte Wahrscheinlichkeit für sich, da wir aus den berühmten
Untersuchungen von Naunyn und Minkowski wissen, daß ohne Leber ein
Ikterus nicht entstehen kann. „Man kennt wohl eine anhepatogene Bildung
von Gallenpigment aus Blutfarbstoff, aber nur einen hepatogenen Ikterus"
(Stadelmann). Mag also auch reichlich Material zur Gallenfarbstoffbildung
infolge Zugrundegehens von roten Blutkörperchen vorhanden sein, so wird
doch der Ikterus erst dadurch möglich, daß in der Leber Galle resorbiert wird,
vielleicht besonders farbstoffreiche Galle, wenn aus irgendeinem Grunde das
Blut sehr reich an Gallenfarbstoff ist. Man kann sich vorstellen, daß die verschiedensten außerhalb der Leber gelegenen Faktoren ikterusbegünstigend
wirken, zur Entstehung des Ikterus selbst aber ist irgendeine Beteiligung der
Leber unbedingt notwendig. Das wird man heute wohl als sicher behaupten
dürfen. Im einzelnen hat man sich die Rolle der Leber allerdings sehr verschieden vorgestellt.

Eine der ältesten hierher gehörigen Theorien, die man wohl auch als mechanisch
bezeichnen könnte, stammt von F. A. Kehrer und Cohnheim. Die beiden Autoren
nehmen an, daß für die nach der Geburt einsetzende lebhafte Leberfunktion, die mit reichlicher Gallenabsonderung einhergeht, das Endstück des Ductus choledochus relativ zu eng
sei. Die reichlich gebildete Galle könne nicht in demselben Maße abfließen, es komme
daher weiterhin zu einer Stauung derselben in den Abflußwegen, die nach Munsi sogar
bis in die Gallenkapillaren reichen soll. Wir haben schon bei den mechanischen Theorien
erwähnt, daß diese Vorstellungen unhaltbar sind.

Die älteste rein hepatogene Theorie, welche nicht mechanisch, sondern
vom Standpunkt der Leberfunktion aus den Ikterus neonatorum zu erklären
sucht, ist die von E. Pick (1894). Dieser Autor nimmt an, daß Toxine der in
den ersten Tagen sich ansiedelnden Darmflora die Leberzellen schädigen, zumal
gleichzeitig durch die Nahrungsaufnahme die Anforderungen an die sekretorische
Funktion der Leber, die während des intrauterinen Lebens nur beschränkt
waren, außerordentlich gesteigert werden. Die Folge dieser Leberzellenschädigung
sei eine Sekretionsanomalie, die darin besteht, daß Galle nicht allein die an
Gallenkapillaren, sondern auch an die Lymphspalten abgegeben wird (= Paracholie). Beweise für diese Auffassung hat Pick nicht beigebracht.

Viel besser fundiert sind die Angaben von Abramow und Knöpfelmacher, die viel Gemeinsames haben.

Abramow vermißte bei histologischen Untersuchungen der Leber Neugeborener Zeichen von Stauung und kam daher zu dem Schlusse, daß eine
funktionelle Schwäche der Leberzellen als Ursache des Ikterus angeschuldigt
werden müsse. Da die Blutkapillaren der Leber stark gefüllt sind, ist Material
zur Gallenbildung reichlich vorhanden. Die Leberzellen vermögen nun nach
Abramow zwar reichlich Galle zu bilden, sind aber nicht imstande, einen
genügenden Exkretionsdruck aufrecht zu erhalten. Die Ursache der Herab-

setzung der Exkretionsenergie erblickt Abramow „in der Ungewohntheit der Leberzellen des Neugeborenen zur Arbeit". Die Folge der fortgesetzten Sekretion bei zu geringem Exkretionsdruck sei der Übertritt der Galle ins Blut (asthenische Polycholie).

Knöpfelmachers Erklärung ist im Prinzip sehr ähnlich, scheint mir aber gleichzeitig eine bessere Erklärung über die Ursache des zu geringen Exkretionsdruckes zu geben. Knöpfelmacher fand nämlich bei totgeborenen Kindern die Viskosität der (fetalen) Galle erhöht; andererseits setzt mit dem Momente der Geburt — das ist exakt nachgewiesen — eine Vermehrung der Gallensekretion ein. Führt nun dieselbe auch zu einer Verminderung der Viskosität der Galle, so wird trotzdem die zur Austreibung nötige Arbeit dadurch noch mehr erhöht, weil in den Gallenwegen noch die zähe fetale Galle sich befindet. Knöpfelmacher stellt sich vor, daß die neugebildete Galle überhaupt in die mit der zähen fetalen Galle erfüllten Kapillaren nicht recht abzufließen vermag und daher aus den Leberzellen in die Blutbahn übertritt. Die Leberzellen vermögen wohl die nötige Gallenmenge zu liefern, der Sekretionsdruck reicht aber nicht aus, die mit der zähen fetalen Galle bereits erfüllten Kapillaren völlig auszupressen. Es würde sich wohl um dasselbe handeln, was Minkowski als Ikterus per diapedesin, Liebermeister als akathekischen Ikterus bezeichnet hat.

Man sieht, die Unterschiede der beiden Auffassungen sind nicht groß. Ganz ähnlich hat auch Heß argumentiert. Da es ihm mit seinem Duodenalkatheter innerhalb der ersten 12 Stunden nicht gelang, Galle nachzuweisen, andererseits die Gallenproduktion nach der Geburt über jeden Zweifel erhaben ist, nimmt auch er ein Mißverhältnis zwischen Gallensekretion und Gallenexkretion als Ursache des Ikterus neonatorum an.

Pacchioni glaubt im Gegensatz zu Knöpfelmachers Feststellung, daß die in den ersten Lebenstagen gebildete Galle infolge des allgemeinen Wasserverlustes stark eingedickt werde, deshalb schlechter abfließe und daher teilweise ins Blut übertrete. In letzter Linie würde man auch nach diesem Autor einen ungenügenden Exkretionsdruck, also eine gewisse partielle Insuffizienz der Leberfunktion für den Ikterus verantwortlich machen können.

Etwas abseits von den bisher genannten hepatogenen Theorien steht die Auffassung von Czerny-Keller und von Unger. Diese Autoren nehmen zwar auch eine ungenügende Leberfunktion als Ursache des Ikterus an, aber sie erblicken die Ursache derselben in einer Schädigung der Leberzellen durch vom Darm ausgehende Infektion. Czerny geht sogar so weit, den physiologischen Ikterus nur als leichteste Form des septischen Ikterus aufzufassen. Alle drei Autoren stützen ihre Meinung darauf, daß der Ikterus in Frauenkliniken zeitweise fehle und dann wieder gehäuft auftrete, ja Unger behauptet direkt, eine Abnahme der Ikterusfälle nach sorgfältiger Desinfektion der Wöchnerinnenzimmer beobachtet zu haben. Verfasser kann weder die eine noch die andere Angabe bestätigen, was um so auffälliger ist, als das Material Ungers das der zweiten Universitäts-Frauenklinik in Wien ist, an der auch Verfasser während zweier Jahre einschlägige Beobachtungen sammelte. Es ist gewiß zuzugeben, daß durch leichte Darmkatarrhe ein Ikterus verstärkt und in seiner Dauer verlängert werden kann; für das primäre Auftreten ist ein derartiger Zusammenhang jedoch sicher abzulehnen. Es ist mir auch sehr auffällig, daß Unger nur in 20% der Fälle Ikterus beobachtet hat, und unverständlich, warum bei den restlichen 80% der Kinder die angenommene Schädigung durch die schädlichen Keime des Wöchnerinnenzimmers ausbleiben sollte. Zudem würde eine vom Darm ausgehende Infektion doch wohl zu spät kommen, da der Ikterus überwiegend schon am zweiten Lebenstag nachweisbar wird. Wollte man

aber daran denken, daß etwa in der Austreibungsperiode aus dem Geburts-
schlauch aufgenommene Keime die Darminfektion herbeiführen, dann wäre,
wie schon v. Reuß betont hat, nicht einzusehen, welchen Einfluß die Hygiene
des Wochenbettzimmers darauf haben sollte.

    3. **Hämatogene Theorien** des Ikterus neonatorum gelten im allgemeinen
heute als widerlegt, obwohl gerade sie im letzten Jahrzehnt größerer Anhänger-
schaft sich erfreuten. Gewiß ist die Bedeutung des Blutfarbstoffes in der Ikterusgenese eine große. Insofern können natürlich auch die strengst hepatogenen
Theorien eines hämatogenen Momentes in ihrer Erklärung nicht entbehren.
Es darf aber ein scharfer prinzipieller Unterschied nicht übersehen werden.
Nach der streng hämatogenen Auffassung würde nämlich der Ikterus infolge
einer Umwandlung des Blutfarbstoffes in Gallenfarbstoff im Blute oder irgendwelchen anderen Geweben, jedenfalls aber außerhalb und unabhängig
von der Leber zustande kommen. Das ist der springende Punkt, gleichzeitig
aber auch der Angriffspunkt, von dem aus jede hämatogene Theorie zu Fall
gebracht werden kann. Denn die schon erwähnten berühmten Versuche von
Minkowski und Naunyn[1], neuestens die von Mc Nee [2] an entleberten Gänsen,
die mit Blutgiften z. B. Arsenwasserstoff vergiftet waren, haben den unwider-
leglichen Beweis erbracht, daß „ohne Leber kein Ikterus" möglich ist.

    Am strengsten hämatogen ist diejenige Theorie, welche annimmt, daß
infolge von Hämolyse der Farbstoff der roten Blutkörperchen frei und innerhalb
der Blutbahn in Gallenfarbstoff verwandelt werde (Chauffard, Neumann
Delûca u. a.). Blutkörperchenzerfall (Zytohämolyse) und infolgedessen reichliche Gallenfarbstoffbildung wäre für die Entstehung des Ikterus verantwortlich
zu machen. Interessant ist, daß man gerade neuestens wieder von pädiatrischer
Seite diesen Zusammenhängen mehr zuneigt, wobei von B. Schick und später
von Färber und Schiff im Zerfall mütterlichen Blutes in den intervillösen
Räumen bzw. plazentaren Hämatomen die Ursache vermehrter Gallenfarbstoffbildung gesehen wird und in Anlehnung von Eppingers Gedankengänge die
Durchlässigkeit der Blutkapillaren für Gallenfarbstoff letzten Endes dafür
verantwortlich gemacht wird, ob es wirklich zum Ikterus kommt oder nicht.
Noch weiter ist Leuret gegangen, der glaubt, daß ganz allgemein wie bei der
paroxysmalen Hämoglobinurie als Folge der Abkühlung nach der Geburt eine
Hämoglobinämie entstehe. Aus dem freiwerdenden Hämoglobin solle in den Geweben ein gelber Farbstoff (Plasmochrom) entstehen, der die Gelbfärbung
der Haut bedinge. Die Hämoglobinämie konnte aber außer von Leuret bisher
von niemandem gefunden werden. Andererseits ist aus den verschiedensten
Untersuchungen einwandfrei erwiesen, daß der die Gelbfärbung bedingende
Farbstoff Gallenfarbstoff ist. Damit sind beide Voraussetzungen, auf denen
Leurets Hypothese beruht, hinfällig. Außer von Leuret wird heute wohl
nur noch von Moussons eine streng hämatogene Genese des Ikterus neonatorum
vertreten.

    Beide Autoren, wie übrigens auch zahlreiche andere ältere Vertreter hämatogener
Theorien stützen sich darauf, daß die Resistenz der roten Blutkörperchen beim Neugeborenen und ganz besonders bei ikterischen Kindern sich als herabgesetzt erwiese (Leuret,
Cathala, Christoff, Bar, Bué und Vorron, Daunay u. a.); dabei wird besonders
die große Fragilität der jungen „verfrüht" in die Blutbahn gelangenden Erythrozyten,
der sog. hématies granuleuses verantwortlich gemacht (Leuret und Sabrazés), die außerdem bei ikterischen Kindern besonders reichlich vorkommen sollen, wie noch neuestens
Maliwa behauptet. Diese Angaben haben indessen einer Nachprüfung nicht recht stand-
gehalten. Entweder wurde überhaupt keine Resistenzverminderung der roten Blutkörperchen
bei ikterischen Kindern gefunden (Knöpfelmacher, Mensi, Gorter-Hannema u. a.)
oder es ließ sich sogar feststellen, daß innerhalb der Zeit der physiologischen Gewichtsabnahme die Resistenz der Erythrozyten steigt (Slingenberg, Unger und Graff).

―――――――
    [1] Arch. f. exper. Physiol. u. Pharm. **21**, S. 1.
    [2] Med. Klinik 1913, **28**, S. 1125.

So scheinen auch die letzten Stützen der rein hämatogenen Ikterustheorien gefallen, und es verlohnt sich nicht, die geringfügigen Unterschiede der von den verschiedenen Autoren entwickelten Ansichten im einzelnen zu erörtern.

4. Hämato-hepatogene Theorien. Von den verschiedensten Seiten ist versucht worden, wenigstens bestimmte Bestandteile einer hämatogenen Theorie zu retten, ohne in den Fehler zu verfallen, die sicher gestellte Bedeutung der Leber für die Entstehung jedes Ikterus zu leugnen. Bald wurde dabei mehr das hämatogene, bald mehr das hepatogene Moment in den Vordergrund gestellt. Gemeinsam ist allen einschlägigen Versuchen, daß sie erhöhte Gallenfarbstoffbildung (und Abgabe von Gallenfarbstoff ins Blut) seitens der Leber durch eine erhöhte Zufuhr von Gallenfarbstoff bildendem Material durch den gesteigerten Zerfall roter Blutkörperchen erklären wollen. So nehmen z. B. Violet und Hofmeier den in den ersten Tagen post partum nachzuweisenden Untergang roter Blutkörperchen als Ursache des Ikterus neonatorum an, in ihrer Meinung noch dadurch bestärkt, daß nach ihrer Erfahrung spät abgenabelte Kinder, welche wegen der Reserveblutzufuhr auch einen stärkeren Untergang roter Blutkörperchen zeigen, stärkeren Ikterus bekommen. Violet sieht den erhöhten Untergang roter Blutkörperchen bei spät abgenabelten Kindern gewissermaßen als eine Ausgleichsvorrichtung an, dazu dienend, einer schädlichen Überfüllung des Gefäßsystems sich zu entledigen, während Hofmeier in ungenügender Nahrungszufuhr während der ersten Lebenstage das primum movens erblickt. Der im Hungerzustande befindliche Organismus des Neugeborenen sei auf eigenes Köpereiweiß angewiesen. Daß aber bei ungedecktem Eiweißbedarf in erster Linie Zirkulationseiweiß angegriffen wird, ist ja schon aus Untersuchungen von Voit bekannt.

Die Hofmeiersche Theorie war über neuere Arbeiten in Vergessenheit geraten[1], als ihr 1911 ein neuer Verteidiger in Heimann erstand, dessen Angaben durch eine Nachprüfung von W. Schmitz an unserer Klinik (1913) in allen wesentlichen Punkten bestätigt werden konnten. Heimann wie Schmitz fanden — um nur das Wichtigste hervorzuheben —, daß die Werte für Hb-Gehalt, spezifisches Gewicht und Zahl der roten Blutkörperchen, die schon normaliter im Verlaufe der ersten Lebenswoche allmählich niedriger werden, bei ikterischen Kindern stärker sinken und zwar um so stärker, je stärker der Ikterus ist. Unter Vernachlässigung der nicht eindeutigan Ergebnisse bei den Leukozyten gibt die umstehende Tabelle ein deutliches Bild der genannten Veränderungen.

Je stärker also der Ikterus, desto geringer ist auch der absolute Wert für Hb, spezifisches Gewicht und Erythrozytenzahl. Von einiger Wichtigkeit erscheint ferner noch die von Heimann und Schmitz gefundene Tatsache, daß ikterische Kinder am Ende der ersten Lebenswoche gewöhnlich im Gewicht hinter nicht ikterischen Kindern von gleichem Geburtsgewicht zurückgeblieben sind, trotzdem sie durchschnittlich sogar etwas höhere Nahrungsmengen aufnehmen. Verfasser hat schon in einer früheren Arbeit darauf hingewiesen, daß die Gewichtskurven ikterischer Kinder sich in ganz charakteristischer Weise von denen nichtikterischer unterschieden. Die Gewichtskurve steigt bei den ikterischen viel langsamer an und macht bei Zufuhr durchschnittlicher Nahrungsmengen oft geradezu denselben Eindruck wie die Gewichtskurve unterernährter Kinder. Dieser Eindruck wird noch dadurch verstärkt, daß durch gesteigerte Nahrungszufuhr auch die Gewichtskurven ikterischer Kinder vollständig normales Aussehen bekommen. Es scheint also ganz zweifellos, daß ikterische

---

[1] Von früheren Nachuntersuchern hat Silbermann 1887 die Hofmeierschen Angaben bestätigt.

Tabelle I.

		Hämo-globin-gehalt	Spezi-fisches Ge-wicht	Zahl der roten Blut-körper-chen	Zahl der weißen Blut-körper-chen	Polynu-kleäre Leuko-zyten %	Lympho-zyten %		Über-gangs-for-men %	Eosino-phile %
							große	kleine		
Normale		107	1067	6,8 Mill.	10,000	43	9	40	4	4
Schwach-Ikterische		103	1064	6,5	9,500	43	10	39	4	4
Mittelstark-Ikterische		97	1062	6,4	9,000	42	9	41	4	4
Stark-Ikterische		92	1057	6,0	8,600	45	10	38	3	4
3. Tag	*1	110	1070	7,5	11,100	43	8	42	3	4
	2	104	1066	6,7	10,400	45	9	37	5	4
	3	102	1066	7,0	8,500	44	8	40	4	4
	4	97	1062	7,0	8,000	48	9	37	3	3
4. Tag	1	107	1068	7,0	10,400	44	9	39	4	4
	2	107	1069	6,9	8,500	43	9	37	5	4
	3	98	1063	6,9	9,200	43	10	38	4	5
	4	94	1058	6,4	8,700	46	9	39	2	4
5. Tag	1	106	1067	6,6	9,500	43	10	39	3	4
	2	103	1064	6,4	9,400	41	10	40	4	5
	3	95	1061	6,2	9,000	42	9	42	4	3
	4	90	1054	5,6	8,400	42	99	40	4	5
6. Tag	1	105	1065	6,2	8,900	42	10	39	4	5
	2	99	1058	5,8	9,750	44	8	39	4	5
	3	93	1058	5,5	9,500	39	9	44	4	4
	4	86	1053	5,3	9,000	45	11	39	2	3

Tabelle II (nach Heimann).

		Hämo-globin-gehalt	Spezi-fisches Ge-wicht	Zahl der roten Blut-körper-chen	Zahl der weißen Blut-körper-chen	Polynu-kleäre Leuko-zyten %	Lympho-zyten %		Über-gangs-for-men %	Eosino-phile %
							große	kleine		
Normale		112	1066	6,7 Mill.	11,000	44	10	36	2	8
Schwach-Ikterische		102	1062	6,2	10,400	49	10	34	3	4
Mittelschwer-Ikterische		101	1061	6,1	9,200	42	11	38	4	5
Schwer-Ikterische		93	1058	5,5	9,300	49	12	34	2	3
3. Tag	Norm.	113	1065	6,9	11,900	50	5	36	2	7
	Ikter.	103	1061	6,1	11,100	49	12	30	4	5
4. Tag	Norm.	112	1064	6,8	11,400	48	12	32	2	6
	Ikter.	104	1062	6,3	8,300	49	8	63	3	4
5. Tag	Norm.	—	—	—	—	—	—	—	—	—
	Ikter.	102	1061	6,1	9,600	49	12	30	4	5
6. Tag	Norm.	112	1060	6,1	11,000	46	22	25	5	2
	Ikter.	93	1060	5,8	10,300	51	10	34	3	2

* Zahlen 1, 2, 3 und 4 bedeuten: Normale, Schwach-Ikterische, Mittelstark-Ikterische und Stark-Ikterische.

Kinder ein höheres Nahrungsbedürfnis haben und zwar durchschnittlich um so höher, je stärker der Ikterus ist.

Aus allen diesen Ergebnissen der Blutuntersuchungen wie der klinischen Beobachtung wurde der Schluß gezogen, daß der Ikterus neonatorum als hämato-hepatogen zu deuten sei. Die geschilderten Blutveränderungen wurden als Ausdruck des Verbrauchs von Zirkulationseiweiß während der Periode der physiologischen Gewichtsabnahme im Hofmeier-Voitschen Sinne aufgefaßt; die Entstehung des Ikterus selbst freilich sollte einer Insuffizienz der Leber zur Last fallen, welche aus dem reichlich angebotenen Material zwar wohl noch Gallenfarbstoff zu bilden, denselben aber nicht restlos auf normalem Wege abzugeben vermöge, so daß ein Teil des gebildeten Gallenfarbstoffes wieder in die Blutbahn gelange und zum Ikterus führe. Über die Art der Insuffizienz der Lebertätigkeit haben die beiden Autoren sich nicht näher geäußert. Jedenfalls vermeidet Heimann den Grundfehler der streng hämatogenen Theorien, indem er die Bedeutung der Leberinsuffizienz anerkennt, wenn auch das primum movens in den Blutveränderungen gesucht wird. Eine Synthese der Heimann-schen Theorie etwa mit den Abramow-Knöpfelmacherschen Feststellungen würde eine durchaus befriedigende Erklärung der Ikterusgenese ermöglichen. Es sind indessen nicht zu unterschätzende Einwände gegen die Deutung der Heimannschen und Schmitzschen Blutuntersuchungen gemacht worden (v. Reuß, Heynemann), die darin gipfeln, daß die mitgeteilten Zahlenunter-schiede einen absolut bindenden Schluß auf einen zur Erklärung der stärkeren Gallenfarbstoffbildung genügenden Untergang von Erythrozyten nicht zulassen, da sie mit mancherlei Fehlerquellen behaftet seien. Es ist heute nicht mög-lich, diese Einwände schlagend zu entkräften, da die methodischen Grundlagen dafür nicht ausreichen. Denn alle auf Blutkörperchenzählung, Bestimmung des spezifischen Gewichtes, des Hämoglobingehaltes basierten Schlüsse sind insofern unsicher, als die gleichzeitigen Schwankungen der Gesamtmenge der Blutflüssigkeit eine Vergleichbarkeit der Werte erschweren. Es war deshalb ein sehr glücklicher Gedanke von Ylppö, an Stelle der indirekten Schlüsse auf die Gallenfarbstoffbildung den direkten Weg der Gallenfarbstoffbestimmung im Organismus des ikterischen und nichtikterischen Neugeborenen einzuschlagen.

5. Die Theorie von Ylppö. Gallenfarbstoffbestimmungen im Stuhl und Harn mußten Aufschluß darüber geben, ob tatsächlich eine erhöhte Gallen-farbstoffsekretion beim ikterischen Neugeborenen als Ausdruck abnorm er-höhten Unterganges von Erythrozyten stattfindet oder nicht, während systema-tische Gallenfarbstoffbestimmungen im Blute [1] ikterischer und nichtikterischer Neugeborener von der Geburt bis zum Verschwinden des Ikterus weiteren Aufschluß über die Ätiologie versprachen. Dazu mußten freilich erst bedeutende methodische Schwierigkeiten überwunden werden [2]. Es gelang Ylppö aber schließlich, nicht allein eine befriedigende Methode zur Extraktion des Gallen-farbstoffes, sondern auch eine spektrophotometrische Meßmethode zu finden, die gestattet, Bilirubin und Biliverdin zu bestimmen.

Die quantitative Gallenfarbstoffbestimmung im Mekonium ergab zu-nächst, daß die in der ganzen Fetalperiode gebildeten Gallenfarbstoffmengen auffallend gering sind (= etwa 33 mg), während in den ersten 13 Lebenstagen von reifen Neugeborenen etwa die vierfache Menge (120—160 mg) im Harn und Stuhl ausgeschieden wird. Weiter ließ sich allgemein feststellen, daß die in dem Stuhl und Harn ausgeschiedene Gallenfarbstoffmenge allmählich und

---

[1] Solche sind erst durch die neue Methode von Ylppö und auch die kurz darauf publi-zierte Methode von Hymans v. d. Bergh und Snapper möglich geworden. Erstere gestattet Bilirubin und Biliverdin zu bestimmen, letztere nur die Bilirubinbestimmung.

[2] Darüber Näheres bei Ylppö, l. c.

ziemlich gleichmäßig ansteigt. Die Hauptausscheidung erfolgt mit dem Stuhl, die im Harn ausgeschiedenen Mengen sind geringfügig, bei nichtikterischen etwa $0,1\%$ der Gesamtausscheidung, etwas höher bei ikterischen ($0,5$—$0,9\%$ der Gesamtausscheidung). Aus der Tatsache, daß zwischen Intensität des Ikterus und ausgeschiedener Gesamt-Gallenfarbstoffmenge kein Parallelismus sich feststellen ließ, folgert Ylppö, daß alle hämato-hepatogenen Theorien, welche den Ikterus neonatorum auf einen abnorm großen Zerfall von roten Blutkörperchen zurückführen wollen, den Boden verloren haben. Denn anderenfalls müßte sich beim ikterischen Neugeborenen eine wesentlich gesteigerte Gallenfarbstoffausscheidung auch im Harn und Stuhl nachweisen lassen. So bleibt schon per exclusionem nur eine hepatogene Ikterus-erklärung übrig. Sie zu beweisen diente Ylppö die Gallenfarbstoffbestimmung im Blut, deren Ergebnis von fundamentaler Wichtigkeit ist. Ylppö fand nämlich: 1. ganz allgemein, daß das fetale Blut einen höheren Gallen-farbstoffgehalt aufweist als das der Mutter wie überhaupt des gesunden Erwachsenen, sowie daß im Momente der Geburt der Gallenfarbstoffgehalt des Blutes noch deutlich vermehrt wird, ganz unabhängig von der Art und Dauer der Geburt. 2. Kinder, welche im Nabelschnurblut einen be-sonders hohen Gallenfarbstoffgehalt hatten, wurden sämtlich ikterisch. 3. Nach der Geburt steigt bei allen Kindern der Gallen-farbstoffgehalt des Blutes in verschieden raschem Tempo. Dieser Anstieg dauert 3—10 Tage. Kinder, bei welchen der Gallenfarbstoffgehalt des Blutes eine bestimmte Grenze (um $125,0 . 10^{-5}$ g pro 100 ccm Blut) überschreitet, werden ikterisch, um so stärker, je höher der Gallenfarbstoffgehalt des Blutes steigt und um so früher, je eher diese Grenze für Hautikterus erreicht wird. Weiter ergab sich, daß Frühgeburten besonders hohen Gallenfarbstoffgehalt des Blutes zeigen und auch der Anstieg desselben länger (6—10 Tage) dauert. Die beigefügten Abbildungen von Ylppö illustrieren sehr klar die genannten Zusammenhänge (Abb. 42 u. 43), die allerdings von neueren Nachunter-suchern wie Hellmuth, Färber und Schiff, Meyer und Adler nicht bestätigt werden konnten.

Ganz unabhängig von Ylppö durch Ada Hirsch unternommene Bestimmungen des Bilirubingehaltes im Nabelschnurblut und im Blute Neugeborener[1] haben diese Unter-suchungsergebnisse von Ylppö in allen wesentlichen Punkten bestätigt. Ada Hirsch spricht von einer „physiologischen Ikterusbereitschaft" des Neugeborenen, damit aus-drückend, daß der hohe Gallenfarbstoffgehalt des Nabelschnurblutes gewissermaßen auf eine Disposition des Neugeborenen zum Ikterus hindeute. Ob derselbe entsteht oder nicht entsteht, hängt von der Höhe des Bilirubinspiegels ab. Bei 100 Neugeborenen zeigten innerhalb der ersten 24 Stunden 4% eine sichere, 38% eine fragliche Bilirubin-reaktion, nach 24 Stunden schon 75% sicher, 14% fraglich. Die Reaktion verschwindet mit dem Abklingen des Ikterus, aber auch bei Kindern, die niemals Ikterus haben, ist der Bilirubingehalt des Nabelschnurserums größer als bei älteren Kindern und Erwachsenen. Die Verdünnung des Bilirubins schwankt von 1:30 000 bis 1:160 000.

Jedenfalls zeigen die Untersuchungen von Ylppö wie Hirsch überein-stimmend, welche Vorbedingungen zur Ikterusentstehung erfüllt sein müssen. Zu beantworten bleibt immer noch die Frage (Ylppö): „Worauf beruht das Vorhandensein des Gallenfarbstoffs im Blute überhaupt und worauf dessen spezielle Vermehrung im fetalen Blut? Das ist, wie Ylppö hervorhebt, tatsächlich der Kernpunkt des ganzen Problems, denn erst nach Beantwortung dieser Frage wird sich die spezielle Rolle der Leber bei der Entstehung des Ikterus klar beurteilen lassen. Die Antwort entscheidet aber endgültig über die Berechtigung oder Nichtberechtigung

---

[1] Die Untersuchungen von A. Hirsch wurden mit einer anderen Methode, nämlich der kolorimetrischen Methode von Hymans van den Bergh und Snapper unternommen.

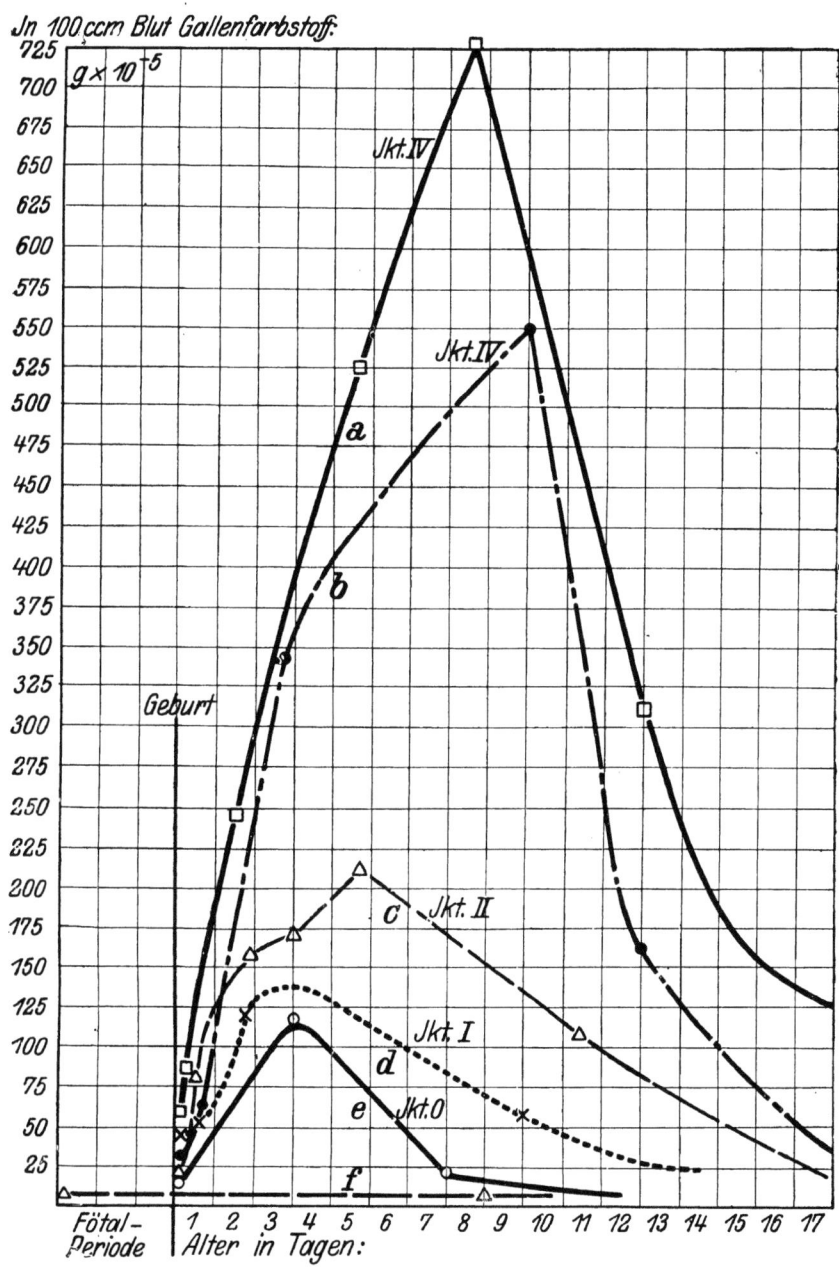

Abb. 42.
Gallenfarbstoffgehalt des Blutes bei verschieden schweren und verschieden stark ikterischen
Neugeborenen. (Nach Ylppö.)

a Kind von 2640 g Geburtsgewicht. Ikterus IV. Dauer 30 Tage;
b Kind von 2830 g Geburtsgewicht. Ikterus IV. Dauer 14 Tage;
c Kind von 3250 g Geburtsgewicht. Ikterus II. Dauer 12 Tage;
d Kind von 3620 g Geburtsgewicht. Ikterus I. Dauer 2 Tage;
e Kind von 3100 g Geburtsgewicht. Ikterus —.
f Mutter der 4 Kinder a—d.

hämatogener Bestandteile jeder Ikterustheorie, so daß es nicht unwichtig
erscheint, die Gedankengänge Ylppös etwas ausführlicher wiederzugeben.

Da einwandfrei erwiesen ist (Kehrer, Ylppö), daß die menschliche Plazenta
für Gallenfarbstoff undurchgängig ist und daraus auch der fetale Ursprung
des Gallenfarbstoffes folgt, so bleiben nur drei Wege, auf denen der Gallenfarbstoff ins Blut kommen kann: 1. Er wird in der Blutbahn selbst gebildet
(was ein hämatogenes Moment in die Ikterusentstehung hineintragen würde);
2. er wird, wie Quincke annahm, aus dem Darm resorbiert und gelangt unter
Umgehung der Leber durch den offenen Ductus Arantii teilweise ins Blut;
3. die fetale Leber läßt von dem gebildeten Gallenfarbstoff einen Teil ins Blut

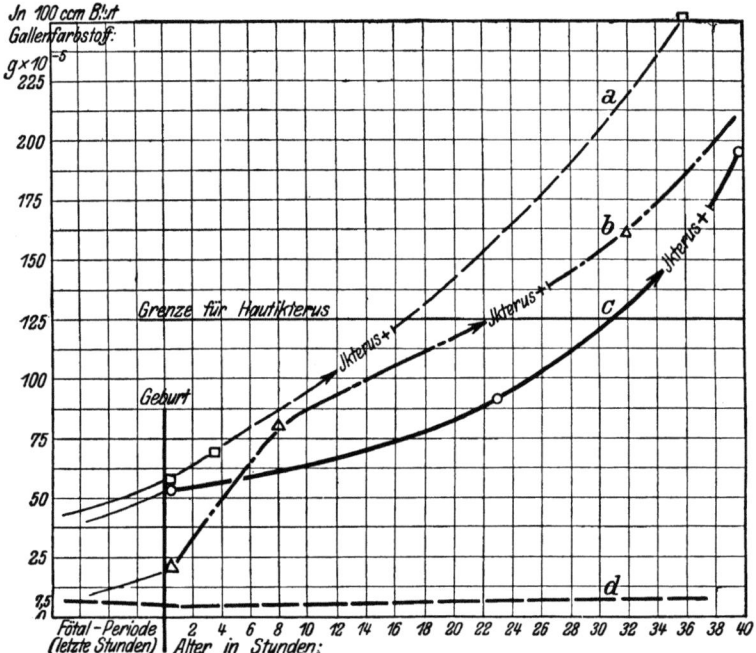

Abb. 43.
Gallenfarbstoffgehalt des Neugeborenenblutes in den ersten 40 Stunden und das Auftreten
des Hautikterus. (Nach Ylppö.)

a Kind mit starkem Ikterus IV. *b* und *c* Kinder mit schwächerem Ikterus II. *d* Mutter von Kind *a*.

übergehen, was schon — allerdings auf Grund irrtümlicher Voraussetzungen —
Gilbert, Lereboullet und Herscher behauptet hatten.

Die erste Möglichkeit wird als unbewiesen ad acta gelegt; denn tatsächlich
ist ja wohl die anhepatogene Gallenfarbstoffbildung in Blutergüssen, nicht
aber oder wenigstens nicht einwandfrei in der freien Blutbahn beobachtet
worden.

Die Quinckesche Hypothese lehnt Ylppö ab, weil er im Nabelschnurblut
niemals Biliverdin gefunden hat, das bei Resorption aus dem an diesem Farbstoff reichen Mekonium neben dem Bilirubin nachweisbar sein müßte.

So bleibt also nur die dritte Möglichkeit übrig; eine vermehrte Durchlässigkeit der fetalen Leber für Gallenfarbstoff. Die Leber gibt immer
einen Teil des gebildeten Gallenfarbstoffes ins Blut ab, der aber vermöge der
hohen Affinität der Leber für Gallenfarbstoff sofort wieder an die Leber herangezogen wird. Es besteht also beim Fetus ein geschlossener Kreislauf für Gallen-

farbstoff (vgl. nebenstehendes Schema nach Ylppö) (Abb. 44). Schon in der letzten Zeit des Fetallebens, noch stärker vom Momente der Geburt ab beginnt aber eine lebhaftere Gallen(farbstoff)sekretion; die absoluten, in der Zeiteinheit gebildeten Gallenfarbstoffmengen steigen an. „Geht nun von diesem Gallen-

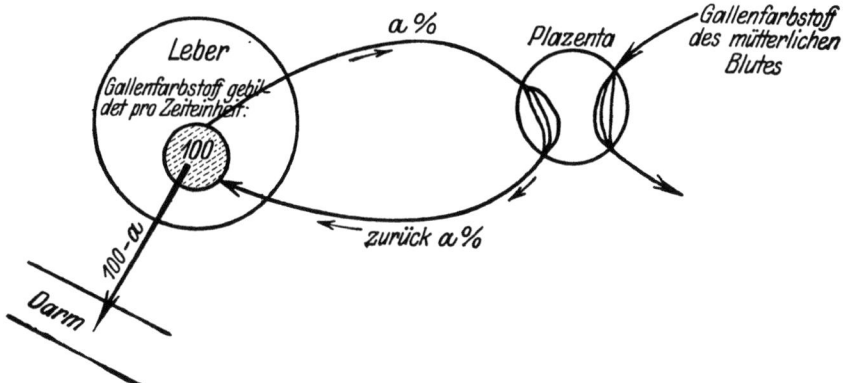

Abb. 44.
Schema: Kreislauf des Gallenfarbstoffes beim Fetus. (Nach Ylppö.)

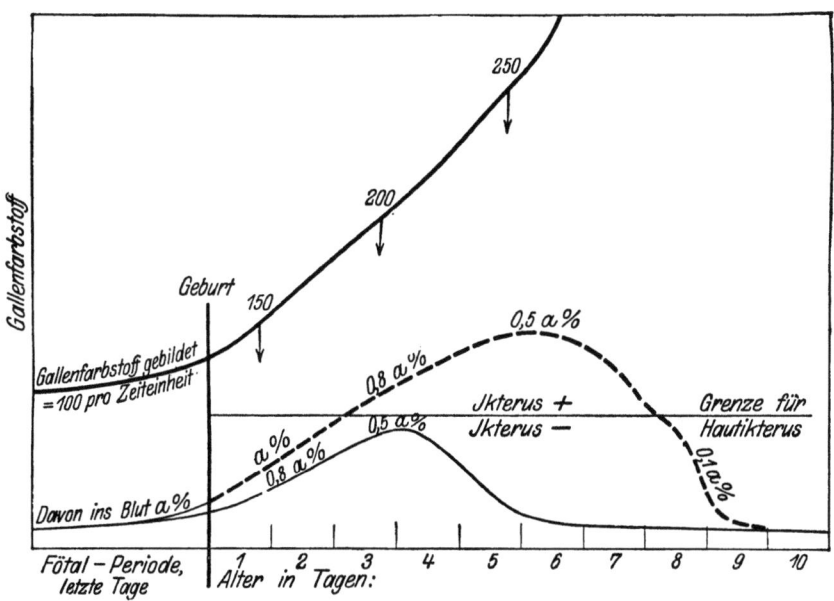

Abb. 45.
Die Entstehung des Ikterus neonatorum, schematisch. (Nach Ylppö.)

farbstoff fortwährend etwa derselbe oder auch ein kleinerer Prozent-satz pro Zeiteinheit ins Blut über, so folgt daraus, daß auch die Mengen von Gallenfarbstoff im Blute steigen müssen (Abb. 45). Die Leber ist natürlich bestrebt, den Gallenfarbstoff möglichst vom Blute zurückzuhalten und den Prozentsatz ständig zu erniedrigen. . . . Aber ehe die Leber es so weit gebracht hat" (scil. daß sie prozentual nicht mehr Gallenfarbstoff ins Blut übergehen läßt als die Leber des erwachsenen Menschen), „hat der Gallenfarbstoffgehalt

des Blutes bei den meisten Kindern die Grenze für den Hautikterus überschritten und der Ikterus neonatorum ist entstanden" (S. 83 Ylppö).

Der Ikterus wäre also rein hepatogenen Ursprungs, in letzter
Linie ausgelöst dadurch, daß die Leber in den ersten Tagen post
partum noch nicht imstande ist, von dem vermehrt gebildeten
Gallenfarbstoff auch einen entsprechend größeren Prozentsatz aus
dem Blute fern zu halten. Hier berührt sich die Ylppösche Theorie nahe
mit den Auffassungen von Knöpfelmacher und Abramow. Man könnte
gewissermaßen von einer physiologischen Insuffizienz der Leber in den
ersten Lebenstagen sprechen. Auch die neuesten Funktionsprüfungen der
Leber des Neugeborenen mittelst Lävulosefütterung (Heynemann) oder mit
Hilfe der Widalschen Reaktion[1] (Linzenmeier und Lilienthal) sprechen
durchaus in diesem Sinne. Allerdings stellen die letzteren Autoren selbst fest,
daß auch mit dieser Methode eine Leberinsuffizienz nicht bei allen Kindern
erweisbar sei, sondern nur bei jenen, die später ikterisch werden oder zur Zeit
der Untersuchung schon ikterisch sind. Andere Autoren (Simon und Welleda,
Hainiß und Heller, Joseph und Gußlar, Marondis) haben die Angaben
von Linzenmeier und Lilienthal nicht bestätigen können. Jedenfalls fanden
alle diese Autoren ganz inkonstantes Verhalten, ja die Untersuchungen von
Simon und Welleda lassen die Brauchbarkeit der Widalschen Reaktion
recht zweifelhaft erscheinen, da sie die sog. hämoklasische Krise auch nach
Teezufuhr beobachten konnten.

So scheint trotz kleinerer Unstimmigkeiten die Beweiskette
geschlossen und die Ikterusfrage einer vorläufigen Lösung zugeführt. Freilich bleiben auch jetzt noch manche Einzelheiten verschieden
gerichteten Gedankengängen offen. So die Frage nach der erhöhten Gallen-
farbstoffproduktion in den letzten Wochen des Fetallebens und besonders
des raschen Ansteigens derselben von der Geburt ab. Es genügt vielleicht
nicht, ganz einfach auf den normalen Entwicklungsgang und die Steigerung
fast aller Funktionen in dieser Zeit, auf den vermehrten Anreiz zur Gallensekretion durch reichlicher verschluckte Vernix caseosa, auf das Einsetzen
der enteralen Nahrungszufuhr zu verweisen. Die Leberhyperämie, die durch
den Geburtsvorgang hervorgerufenen Zirkulationsstörungen, ihr möglicher
Einfluß auf die blutbildenden Gewebe, vor allem auch auf die Milz, sind
Faktoren, die in ihrer Bedeutung vielleicht doch mehr Beachtung verdienen,
als ihnen von Ylppö zuteil wird. Ebenso will es uns scheinen, als wäre trotz
der geradezu klassischen Arbeit von Ylppö die Möglichkeit hämatogenen Einflusses nicht absolut abzulehnen. Freilich wird man nicht mehr sagen dürfen,
ein erhöhter Blutzelluntergang sei für den Ikterus verantwortlich zu machen,
aber an sich wird man dem lebhaften Blutumsatz in der letzten Zeit des Fetallebens wie in der Neugeburtsperiode einen Einfluß auf die Lebhaftigkeit der
Gallenfarbstoffbildung bzw. der Leberfunktion nicht absprechen können, wie
gerade die neuesten Untersuchungen von Hellmuth, Lepehne u. a. besonders
nahelegen. Vielleicht ist es doch das hohe Bilirubinangebot seitens des Blutes,
dem sich die Leber der meisten Neugeborenen nicht völlig gewachsen zeigt. So
ist doch die Arbeit früherer Autoren nicht vergeblich geleistet, und es läßt sich
aus mancher älteren Arbeit noch ein brauchbarer Baustein dem glänzenden

---

[1] Auch hämoklasische Krise genannt. Diese Reaktion ist zwar auch noch umstritten,
da sie nur eine Teilfunktion der Leber, nämlich die Reaktion auf per os zugeführte Eiweiß,
und zwar wesentlich wohl nur an dem Verhalten der Leukocyten gemessen, untersucht.
Bei gestörter Leberfunktion soll ein Leukozytensturz eintreten, bei intakter Leberfunktion
eine Leukozytose.

Gebäude von Ylppö einfügen. Ylppös Verdienst bleibt ungeschmälert, wenn wir auf Grund der zahlreichen neueren Forschungen auch hämotogenen Momenten wieder einen gewissen Einfluß zuerkennen müssen.

XI. Verhalten der Körpertemperatur.

Das Verhalten der Körpertemperatur zeigt beim Neugeborenen, ebenso wie andere Funktionen mannigfache Eigentümlichkeiten, deren Kenntnis nicht allein wissenschaftlich interessant, sondern zum Teil auch von höchster praktisch-klinischer Bedeutung ist. Kann man im allgemeinen beim gut gepflegten reifen Neugeborenen nach Ablauf der ersten Tage nur geringe Temperaturschwankungen beobachten, so trifft man andererseits auch beim gesunden Neugeborenen jähe Schwankungen.

Gleichwie der Fetus infolge eigener Wärmeproduktion eine die Körpertemperatur der Mutter übersteigende Temperatur aufweist (Untersuchungen von Bärensprung, G. Veit, Schröder, Fehling u. a.), so ist unmittelbar nach der Geburt die Körpertemperatur des Neugeborenen eine höhere als die Temperatur der Mutter und schwankt zwischen 37,7° und 38,2°, wobei die höheren Temperaturen gewöhnlich, aber nicht ausnahmslos kräftigen Kindern zukommen. Diese Tatsache ist nichts anderes als eine Bestätigung der oben erwähnten Angaben von der hohen Eigenwärme des Fetus.

Initialer Temperaturabfall.

Bereits $^1/_2$—1 Stunde später ist aber ein starker Abfall der Temperatur zu konstatieren, die nach etwa 4—6 Stunden post partum ein Minimum erreicht, das $1^1/_2$—$2^1/_2$° unter dem gleich nach der Geburt abgelesenen Niveau liegt. Natürlich ist die Außentemperatur, der Grad der Umhüllung des Kindes, die Raschheit, mit der es nach der Geburt versorgt wird, für die Stärke des Temperaturabfalles von hoher Bedeutung; davon abgesehen zeigen schwächere, somnolente, asphyktisch geborene und mühsam wiederbelebte wie frühgeborene Kinder einen stärkeren Wärmeverlust als kräftige, sich bald bewegende. Mädchen sollen ceteris paribus einen etwas stärkeren Temperaturabfall zeigen als Knaben (Sommer, Lachs). Jedenfalls zeigt die Temperatur am ersten Tage ganz allgemein einen starken Abfall auf ein Niveau, welches in den folgenden Tagen gewöhnlich nicht wieder beobachtet wird. Nach dem oben Gesagten liegt dieses Temperaturminimum meist unter 36°. Von den Steinen, der in fortlaufenden Untersuchungen die täglichen Temperaturminima bestimmt hat, fand dieselben während der ersten 8 Lebenstage fast regelmäßig um 34°. Einen Temperaturabfall bis 33,7°, wie ihn L. Seitz für frühgeborene sowie asphyktische Kinder als häufig angibt, habe ich bei nicht debilen Kindern nicht beobachtet.

Um das Temperaturminimum festzustellen, ist es allerdings nötig, die Kinder 4—6 Stunden nach der Geburt wiederholt zu messen. Mißt man einfach in der üblichen Weise am Morgen und Nachmittag, so findet man dieses Minimum häufig deshalb nicht, weil die Kinder über dasselbe schon längst hinaus sind oder es noch nicht erreicht haben. Denn die Temperatur beginnt allmählich wieder anzusteigen und erreicht bei reifen Kindern etwa 9—17 Stunden nach der Geburt 37°, nach 24 Stunden die normale Temperatur von 36,5°—36,7° (Lachs und Feis). Übrigens machen sich hier bereits individuelle Unterschiede geltend, indem auch bei kräftigen Kindern das Durchschnittsniveau bald näher an 36°, bald mehr um 37° liegt. Ich setze hier zwei prägnante Kurven als Beispiel her, aus denen gleichzeitig ersichtlich ist, daß der anfängliche starke Temperaturabfall vom ersten Tage für beide als charakteristisch angesehen werden kann (Abb. 46 und 47).

Die Ursache des starken Temperaturabfalles unmittelbar nach der Geburt ist in erster Linie der starke Wärmeverlust, den das Kind beim Übergang in eine bis dahin niemals gewohnte Umgebung von wesentlich niedrigerer Temperatur erfährt. Dabei spielt die jeweilige Größe der Körperoberfläche (umgekehrt proportional der Größe und Entwicklung des Kindes), die stärkere oder geringere Benetzung mit Fruchtwasser, abhängig von dessen

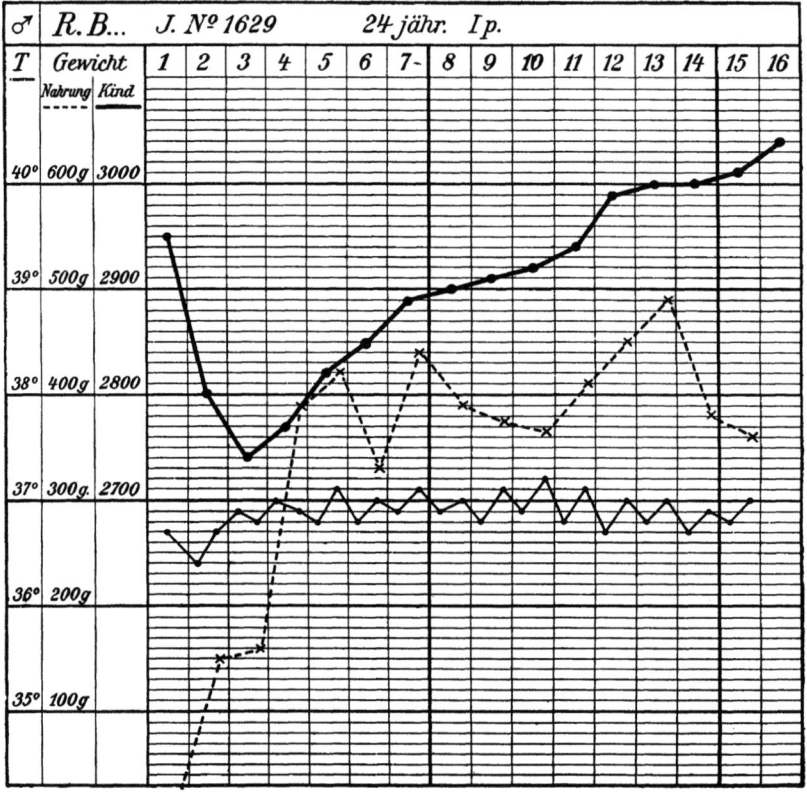

Abb. 46.
Beispiel eines vorzüglich gedeihenden Neugeborenen, dessen Temperatur sich dauernd nahe an 37° hält.

Menge und wie von der Stärke des Überzuges mit Vernix caseosa, die danach schwankende Größe der Verdunstungskälte, die Art der Behandlung bis zum Bad, die Temperatur dieses letzteren usw. eine bedeutende Rolle. Die Wärmeabgabe ist vor allem auch deshalb so groß, weil, wie L. Seitz besonders betont hat, „der vasomotorisch-physikalische Wärmeregulierungsapparat des Neugeborenen nicht so prompt funktioniert wie beim Erwachsenen"; trotz der stark verminderten Außentemperatur zeigen die Kinder eine lebhafte Röte bis Blauröte, also jedenfalls hyperämische Haut, noch stundenlang, während doch bei prompter vasomotorischer Reaktion im Gegenteil sofort Blässe, Vasokonstriktion, als Reaktion gegen übermäßige Wärmeabgabe an die kältere Umgebung eintreten müßte. Diese mangelhafte Wärme-

regulation konnte auch Babak bei der Beobachtung im Regnault-Reiset-
schen Apparat als die wichtigste Ursache des starken Temperaturabfalles feststellen. Erst in zweiter Linie kommt auch eine ungenügende
Wärmeproduktion, also mangelhafte chemische Wärmeregulierung (Eröß)
in Betracht, was bei dem Fehlen entsprechender Nahrungsaufnahme und dem
noch geringen Respirationsstoffwechsel nicht verwunderlich ist. Die Neugeburtszeit läßt auch darin alle Merkmale einer Übergangszeit, einer allmählichen
Anpassung an das extrauterine Milieu erkennen, wobei ich übrigens anmerken

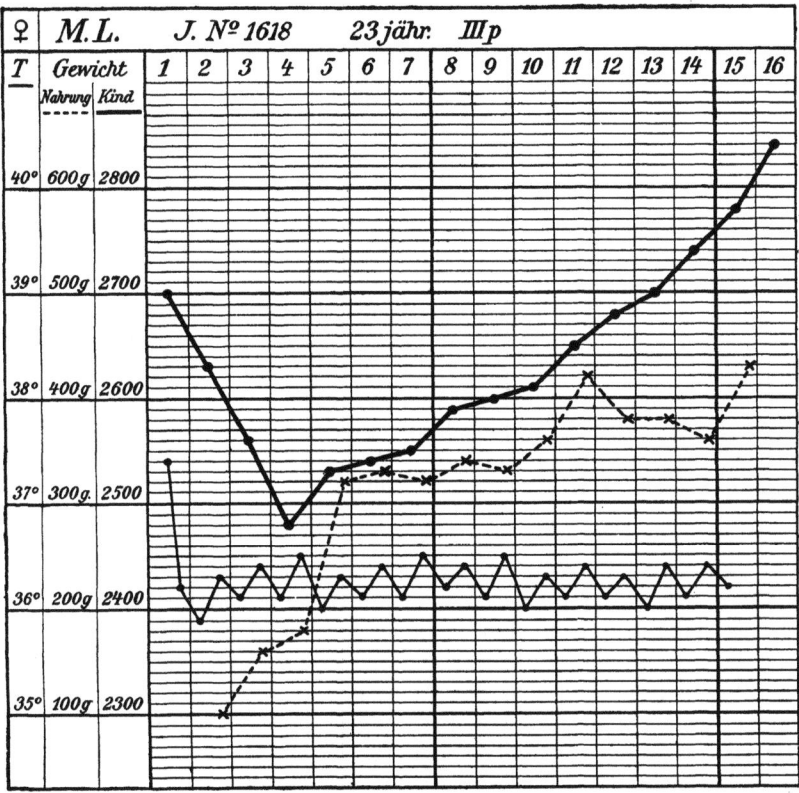

Abb. 47.
Beispiel eines gut gedeihenden, etwas vorzeitig geborenen Kindes, dessen Temperatur sich
dauernd näher an 36⁰ hält.

will, daß das normale Durchschnittsniveau der Temperatur um so
schneller erreicht wird, je früher eine geregelte und reichliche Nahrungszufuhr einsetzt.

Thermolabilität des Neugeborenen.

Damit soll natürlich nicht gesagt sein, daß etwa vom 2.—4. Tage ab die
Wärmeregulation eine vollkommene wäre; vielmehr bleibt auch in den folgenden
Tagen bis etwa in die 3. Lebenswoche hinein eine ausgesprochene Thermolabilität für den Neugeborenen charakteristisch. Dieselbe äußert sich
einmal in der starken Reaktion auf alle möglichen pyrogenen Einflüsse,

besonders aber in der starken Wärmeabgabe bei Abkühlung der Umgebung [1]
(Schelble, Mendelsohn). Auf einer gut geleiteten Neugeborenenabteilung
bleibt bei vergleichender Zusammenstellung der täglichen Temperaturmaxima
und -minima diese Thermolabilität freilich verborgen, weil eben die sorgfältig
regulierte Außentemperatur, die entsprechend gehaltene Bekleidung, die Sorge
für vermehrte Wärmezufuhr bei Frühgeborenen usw. sie nicht in Erscheinung
treten lassen. Nur in diesem Sinne könnte man auch beim Neugeborenen schon
von einer Monothermie sprechen.

Nach Eröß soll die Körpertemperatur noch einmal am 3.—5. Tage regelmäßig einen starken Abfall zeigen. Ich fand das nur gelegentlich bei sehr spärlicher Nahrungszufuhr und Feis, der sich schon früher in demselben Sinne
geäußert hatte, gibt an, daß bei Kindern, die von Anfang an reichlich Nahrung
erhalten, das durchschnittliche Temperaturniveau vom 2.—7. Tage in langsamem Anstieg um einige Zehntelgrade sich hebt.

Umgekehrt wird von Rösing für die Zeit des Nabelabfalls eine Temperaturerhöhung von $\frac{1}{2}$—1[0] angegeben, die aber meiner Erfahrung nach bei reaktions-
loser Beschaffenheit der Nabelwunde fehlt, wie ich Lachs bestätigen kann.
Umgekehrt muß man sich vor dem Fehler hüten, die geringste Temperatursteigerung gleich als Ausdruck einer Nabelsepsis zu deuten, wozu an manchen
Stellen Neigung besteht.

Jedenfalls zeigt vom 2. Tage ab die Rektaltemperatur sorgfältig gepflegter
Neugeborener keine größeren Schwankungen als um $\frac{1}{2}$ bis höchstens 1[0], durchschnittlich nicht mehr als 0,3[0]. Ein bestimmter Typus der Tagesschwankung
ist nicht nachweisbar; verschiedene Kinder, wie häufig auch ein und dasselbe
Kind zeigen bald morgens, bald nachmittags die höhere Temperatur, die bald
mehr an 36[0], bald mehr an 37[0] liegt. Wenn die Angaben der Literatur in
diesen Punkten sehr schwanken[2], so dürfte das in erster Linie auf die
Technik der Messung wie auf Schwankungen der Außentemperatur zurückzuführen sein.

Es ist klar, daß sich daraus wichtige Folgerungen für die Pflege der Kinder
ergeben. Man wird in erster Linie unmittelbar post partum jeden unnötigen
Wärmeverlust vermeiden, die Kinder in vorgewärmte Wäsche einschlagen und
mit einer dickeren Hülle umgeben, bis sie weiter versorgt werden können;
weiterhin für entsprechende Bekleidung sorgen und namentlich in den ersten
Stunden eventuell durch Wärmekrüge einem zu starken Temperaturabfall vorbeugen.

Vorübergehende Temperatursteigerungen beim Neugeborenen.

Wir würden dieses Kapitel unvollständig behandelt haben, wenn wir
nicht auch der großen Neigung der Neugeborenen zu Temperatursteigerungen,
die nach ihrer Höhe unbedingt als Fieber anzusprechen sind, Erwähnung getan
hätten. Die Frage hat in den letzten Jahren in der deutschen Literatur mehrfach eine Bearbeitung erfahren, ohne daß eine vollständige Einigkeit der
Meinungen erzielt worden wäre. Wir sehen dabei natürlich ab von allen fieber-
haften Temperaturen, die auf Erkrankungen zurückzuführen sind; deren

---

[1] So wird durch das tägliche Bad in der üblichen Temperatur von 35[0] C die Temperatur von $^3/_4$—1[0] herabgesetzt; durch ein 8—10 Min. dauerndes Bad von 28—30[0] C kann
man noch stärkere Abkühlungen, bis zu 2[0] (bei fieberhaft erhöhter Temperatur um noch
mehr), erzielen. Das ist auch für die Therapie wichtig.

[2] So fanden Eröß, Feis, Rösing das tägliche Temperaturmaximum am Morgen,
was sie mit der längeren Ruhe und geringeren Gelegenheit zur Abkühlung in Zusammenhang bringen. Bärensprung, Wolff, Sommer geben das Maximum für den Abend
an, Lachs für den Mittag.

Erörterung gehört nicht zu unserer Aufgabe. Ebenso selbstverständlich ist die Forderung, daß ein Fieber des Neugeborenen nur dann als harmlos angesprochen werden darf, wenn jede Infektion, besonders Nabelerkrankung, Otitis media, Mastitis, Rhinitis, Lues, Darmerkrankung usw. mit erreichbarer Sicherheit ausgeschlossen werden kann. Unter dieser Voraussetzung bleiben uns hier zwei Formen des Fiebers zu besprechen: 1. die Temperatursteigerung durch vorübergehende Überhitzung, 2. das transitorische Fieber ohne Überhitzung.

1. Die Sorge, das Neugeborene, insbesondere das schwache Frühgeborene vor Abkühlung zu bewahren, kann auch zu weit getrieben werden. Man erlebt namentlich in der Außenpraxis nicht selten, daß die Kinder neben der gewöhnlichen Bekleidung mit Hemd, Jäckchen, Windel, Flanelltuch, unter dem überdies vielfach eine Gummieinlage sich befindet, noch in ein wattegefüttertes Steckkissen gepackt werden, darüber noch eine Wolldecke, ein Federbett und womöglich noch eine Wärmflasche bekommen und überdies in einem Zimmer gehalten werden, dessen Temperatur nur als Bruthitze bezeichnet werden kann. Unter solchen Umständen darf es nicht wunder nehmen, wenn der Wärmeregulationsmechanismus des Neugeborenen sich gegen die dauernde Umgebung mit dieser überwärmten Luftschicht als insuffizient erweist und eine Erhöhung der Körpertemperatur auf 38° und mehr eintritt. Ein Blick auf die Art der Einpackung des Kindes, auf das Zimmerthermometer, auf das gerötete, feuchte Kind wird die Quelle der Temperaturerhöhung klarstellen und zu entsprechender

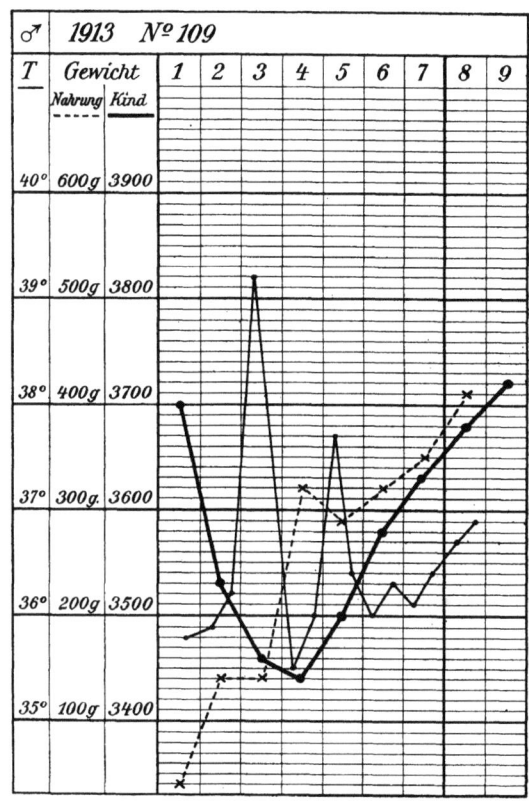

Abb. 48.
Transitorisches Fieber bei vollkommen gedeihendem Neugeborenen.

Abhilfe auffordern. Die Prognose ist gut, wenn der Fehler zeitig erkannt wird. Die Therapie deckt sich mit der Herstellung normaler Verhältnisse in Wohnung und Kleidung des Kindes.

2. Als transitorisches Fieber (v. Reuß) bezeichnen wir gelegentlich zu beobachtende, rasch vorübergehende fieberhafte Temperaturen bei Neugeborenen, bei denen keinerlei Erkrankung nachweisbar und auch Überhitzung auszuschließen ist (Abb. 48). Es handelt sich um ein „Fieber ohne Befund" (v. Reuß). Gleichzeitig mit diesem Autor hat Heller die Aufmerksamkeit der deutschen Autoren auf diese merkwürdigen Temperatursteigerungen gelenkt. Heller wie nach ihm August Mayer sind aber geneigt, ungenügende Ernährung bei der Entstehung dieser Temperatursteigerung eine gewisse ursächliche

Bedeutung zuzusprechen[1]. Diese Autoren sprechen daher, freilich mit gewissen
Vorbehalten, von einem Hungerfieber, während Esch auf Grund einiger
Beobachtungen geneigt war, eher von einem Durstfieber zu reden. Dieser
Ansicht von Esch haben sich Schick, Pöck und Reiche angeschlossen.
Pétéri behauptet, in allen Fällen durch Zufuhr von physiologischer NaCl-Lösung
ein Absinken der Temperatur erreicht zu haben. Verfasser hat auf Grund
seiner Beobachtungen beide Deutungen bestritten und sich mehr v. Reuß
angeschlossen. Gelegentlich einer Diskussion des Themas in der mittelrheinischen
Gesellschaft für Geburtshilfe und Gynäkologie in Frankfurt ergab sich, daß
offenbar alle Beteiligten dieselbe Erscheinung im Auge hatten, nämlich
Temperatursteigerungen, wie sie schon 1895 von E. Holt und nach ihm von
Mac Lane und Crandall beschrieben und unter Betonung ihrer Harmlosig-
keit als „Inanition fever" bezeichnet wurden. Wahrscheinlich haben auch
schon ältere Autoren (Eröß, Lachs, Fehling, Sommer) und in neuerer
Zeit Pokrowski und Zmudzinski solche Fälle beobachtet, wenn sie von
unerklärlichen, kurz dauernden Temperatursteigerungen sprechen. Auffallende
Beziehungen zur Größe der Nahrungsaufnahme bzw. physiologischen Gewichtsabnahme hat als erster Heller aufgedeckt.

Gewichtsverlust in den ersten Tagen in Gramm	unter 200	200—300	300—500	500—720	Im ganzen
Neugeborene	17	74	91	9	191
Fiebernde Neugeborene	0 $= 0\%$	4 $= 5,4\%$	24 $= 26,3\%$	9 $= 55,5\%$	33 $= 17\%$

Danach war allerdings eine Beziehung zwischen Fieberfrequenz und Größe
der Gewichtsabnahme so auffällig, daß es schwer fällt, da keinen kausalen
Zusammenhang anzunehmen, zumal die allgemeine Durchschnittsfrequenz des
Fiebers bei Heller (17%) auffallend hoch ist. Verfasser dagegen hatte bis
dahin derartige Temperatursteigerungen nur in $0,5\%$, Aug. Mayer in 5%
seiner Fälle beobachtet. Heller selbst wies übrigens schon darauf hin, daß
offenbar dem bei der physiologischen Gewichtsabnahme erfolgenden Wasserverlust, also einer Konzentrationsänderung, und überdies wohl der mangelhaften Wärmeregulierung beim Neugeborenen Bedeutung zukommen könnte.
Demgegenüber war v. Reuß, der das Fieber durchaus nicht nur während der
physiologischen Abnahme oder zusammenfallend mit dem Tiefpunkt der Gewichtskurve beobachtete, mehr geneigt, den Übergang von der Mekon- zur Milchflora, einer Reizwirkung bakterieller Zersetzungsprodukte oder besonderen
Abbaustoffen der Nahrung größere Bedeutung beizumessen, zumal die meisten
dieser Kinder bei im ganzen recht geringen Nahrungsmengen veränderte (hyper-
peptische) Stühle zeigten.

Verfasser hat auf Grund der oben genannten Meinungsdifferenz die ganze
Frage einer neuerlichen ausgedehnten Nachprüfung unterzogen, die zu dem
Ergebnis führte, daß zwar ein gewisser Zusammenhang mit der Größe der
Nahrungszufuhr, bzw. der physiologischen Abnahme bestehe, in der Hauptsache

---

[1] Aug. Mayer scheint übrigens seine ursprüngliche Ansicht ziemlich fallen gelassen
zu haben und mehr geneigt, das sog. Hungerfieber als „alimentäres Fieber" aufzufassen,
abhängig von der Qualität der Nahrung, dabei auch des Unterschiedes zwischen
Kolostrum und Milch gedenkend. — Ebenso hat Langstein, an dessen Klinik Heller
seine Beobachtungen machte, sich inzwischen überzeugt, daß jedenfalls der Hunger ätiologisch keine Rolle spielt.

aber wohl andere Einflüsse in Frage kommen, die wir noch nicht recht
fassen können. Vermutungsweise kann man annehmen, daß Vorgänge bei der
Ansiedelung der Darmflora, besonders beim Übergang zur definitiven Brust-
stuhlflora und beim Übergang von der kolostralen zur Milchnahrung zur Resorption pyrogener Substanzen Veranlassung geben. Mehr läßt sich kaum sagen.
Das Wichtigste aber scheinen anlagemäßige Besonderheiten zu sein, wie aus
den schönen Untersuchungen von H. Vollmer sich ergibt, der nachweisen
konnte, daß starke Gewichtsabnahme nur bei solchen Kindern zu transitorischem
Fieber führt, bei denen der Salzgehalt des Blutes trotz der Gewichtsabnahme

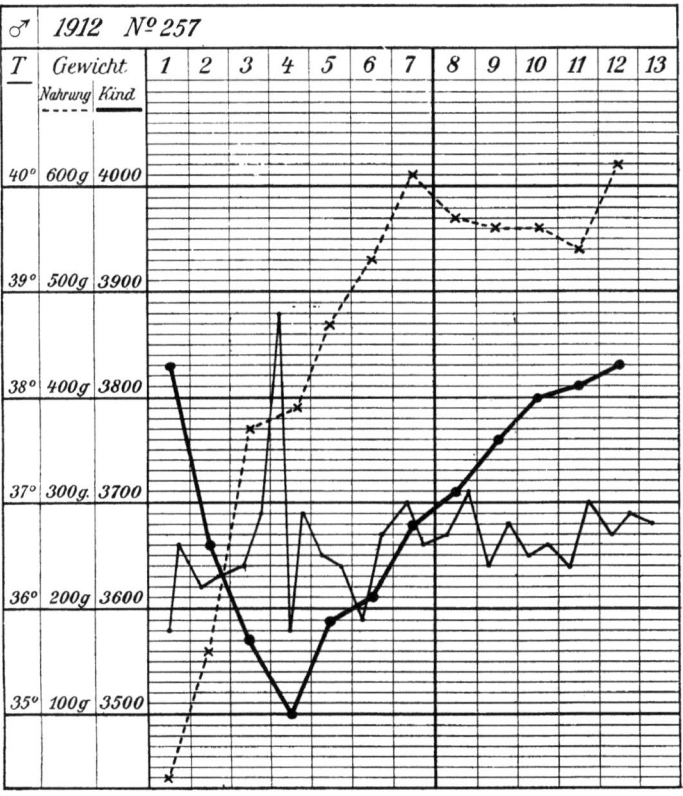

Abb. 49.
Transitorisches Fieber. Tiefpunkt der Gewichtskurve und Fieber fallen zusammen. Reichliche Nahrungsmengen, tadelloses Gedeihen.

unverändert bleibt, während bei der Mehrzahl der Kinder Gewichtsabnahme
und Salzverarmung des Blutes ungefähr parallel gehen. In diesen Fällen bleibt
auch eine Temperatursteigerung aus.

Im Gegensatz zur großen Frequenz des transitorischen Fiebers bei Hellers
191 Fällen fand Verfasser unter 1000 es nur in 3,1%, wobei Temperaturen
über 38° nur in 1,7%, über 39° sogar nur in 0,2% der Fälle erreicht wurden.
Bemerkenswerterweise betrafen aber 64,5% dieser Fieberfälle Kinder mit
idealen Gewichtskurven nach dem Typus Budin. Gerade unter diesen befanden sich die zwei Fälle mit Temperaturen über 39°, so daß jedenfalls für
die Mehrzahl der Fälle ein Zusammenhang mit einem Hunger- oder
Durstzustand abzulehnen war, zumal auch die Gewichtsabnahme unter

allen 1000 Fällen nur fünfmal 250 g, zweimal 300 g überschritt. Das Fehlen eines solchen Zusammenhanges ergab sich noch deutlicher daraus, daß unter 46 Kindern mit ausgesprochener Unterernährung das „Hungerfieber" gänzlich vermißt wurde (Abb. 50). Unter allen Fieberfällen fiel die Temperatursteigerung nur neunmal mit dem Tiefpunkt der Gewichtskurve, worauf besonders August Mayer hingewiesen hatte, und nur einmal mit dem absteigenden Schenkel der Gewichtskurve zusammen (Abb. 51).

Dagegen ergab sich der bedeutende Einfluß des Ernährungsregimes aus folgendem interessanten Experiment, welches gleichzeitig den Grund der so differenten Erfahrungen über die Häufigkeit des transitorischen Fiebers auf

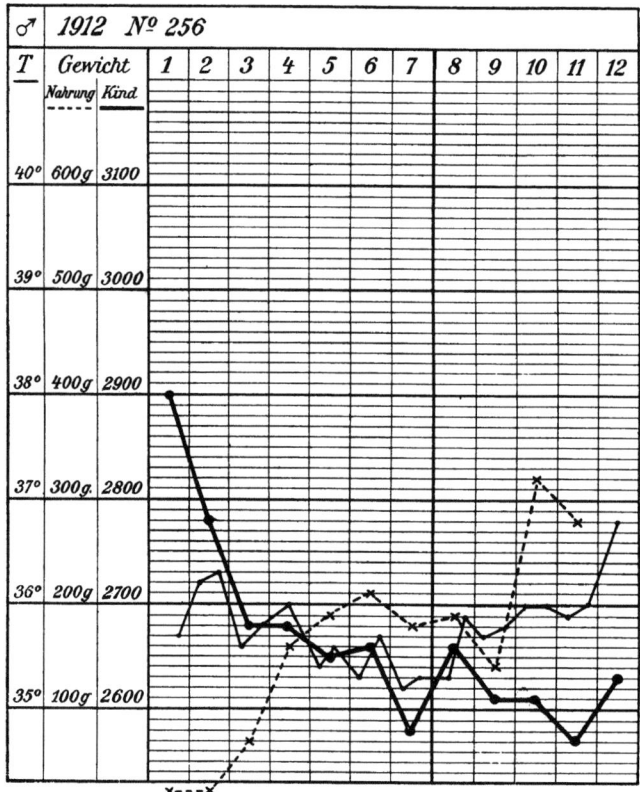

Abb. 50.
Fehlen des transitorischen Fiebers trotz ausgesprochenster Unterernährung.

deckte. Während Verfasser die Kinder regelmäßig schon am 1. Tage anlegt, und jenen, welche gar keine Nahrung an der Brust bekommen, das von der Mutter durch die Pumpe entleerbare Kolostrum verfüttert, ging bei 56 Kindern, die nach Hellers Regime ernährt wurden, die Frequenz des transitorischen Fiebers auf 18% in die Höhe, also fast genau der Angabe Hellers entsprechend. Daraus war schlechterdings nur der eine Schluß zu ziehen, daß einmal der Wegfall der reichlicheren Kolostrumzufuhr und zweitens die durchschnittlich größere Gewichtsabnahme eine Rolle spielen müssen. Im Hunger oder Durst erhöht sich offenbar die Disposition zu derartigen Temperatursteigerungen, vielleicht in der Weise, daß dadurch die Fähigkeit des kindlichen Organimsus, speziell des Serums zur Unschädlichmachung der eingedrungenen pyrogenen Substanzen

herabgesetzt wird. Harzer, Apt u. a. haben sich der Auffassung des Verfassers
angeschlossen. Mehr scheint mir auch aus den neuen Untersuchungen von
Steward[1] und Faber[2] nicht herauszulesen. Interessant wäre es freilich,
über die Natur dieser pyrogenen Substanzen etwas Näheres zu erfahren. Finkelstein hat auf Zucker und Salze hingewiesen, P. Lindig in geistvoller Weise
die Auffassung verfochten, daß das Fieber durch die Aufspaltung von die Darmwand passierendem Kasein im Blute hervorgerufen würde, wonach die Tatsache,
daß das Fieber nur bei einem geringen Prozentsatz von Neugeborenen auftritt

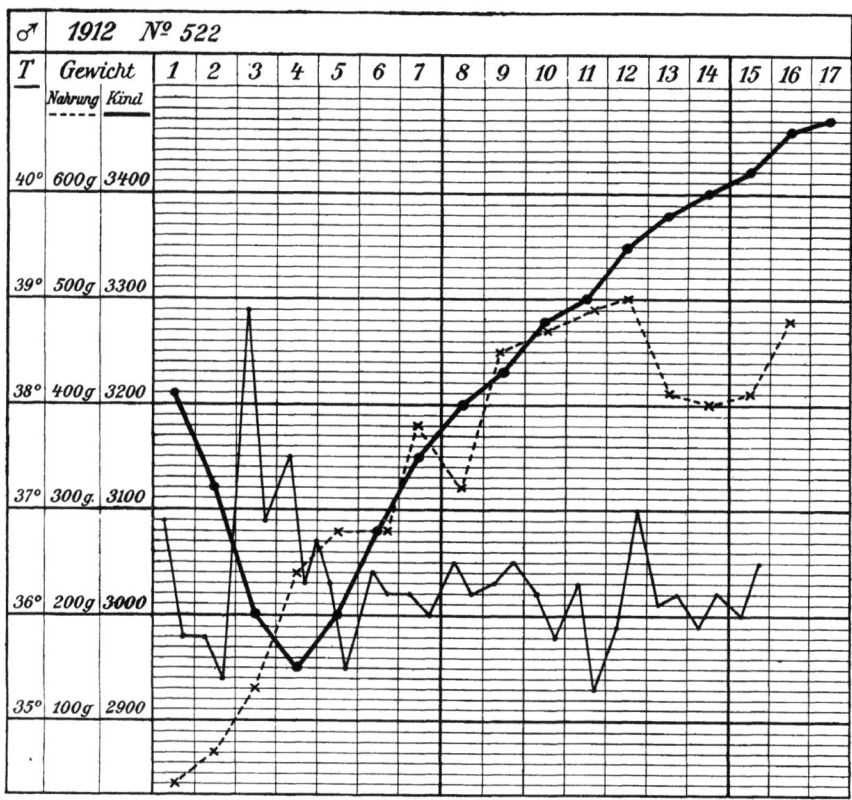

Abb. 51.
Transitorisches Fieber bei ideal gedeihendem Brustkind.

dadurch zu erklären wäre, daß ungespaltenes Kasein normalerweise die Darmwand sicher nicht passiert. Es würden also auch nach dieser Auffassung anlagemäßige Besonderheiten die Hauptrolle spielen.

Diese Beobachtungen haben die Frage zwar nicht restlos aufgeklärt, immerhin dürfte ein Fortschritt darin liegen, daß die Zahl der Möglichkeiten eingeschränkt ist und manche andere Auffassung als irrtümlich erkannt ist. Viel
mehr als der wissenschaftliche Streit interessiert die ganze Frage ja wegen
ihrer hohen praktischen Bedeutung. Man muß die Erscheinung kennen, um
vor irrigen Diagnosen und mindestens überflüssigen Heilverfahren bewahrt
zu bleiben.

[1] Journ. of med. assoc. Vol. 78, p. 1865. 1922.
[2] Americ. journ. of dis. of childr. Vol. 24, p. 56. 1922.

C. Das Verhalten des Körpergewichts in der Neugeburtsperiode.

Allgemeine Charakteristik der Gewichtskurve Neugeborener.

Weitaus der wichtigste, vor allem der sinnfälligste und im täglichen klinischen Betriebe am besten brauchbare Indikator für ein normales Ineinandergreifen der in den vorstehenden Abschnitten geschilderten Vorgänge, besonders eines physiologischen Ablaufes der Stoffwechselvorgänge beim Neugeborenen ist die Gewichtskurve. Wir werden in späteren Abschnitten noch vielfach auf die besonderen Verhältnisse, welche das Verhalten des Körpergewichtes modifizieren, eingehen. Es erscheint aber zweckmäßig, bereits hier das typische Verhalten zu berücksichtigen, um eine Vergleichsgröße zu gewinnen.

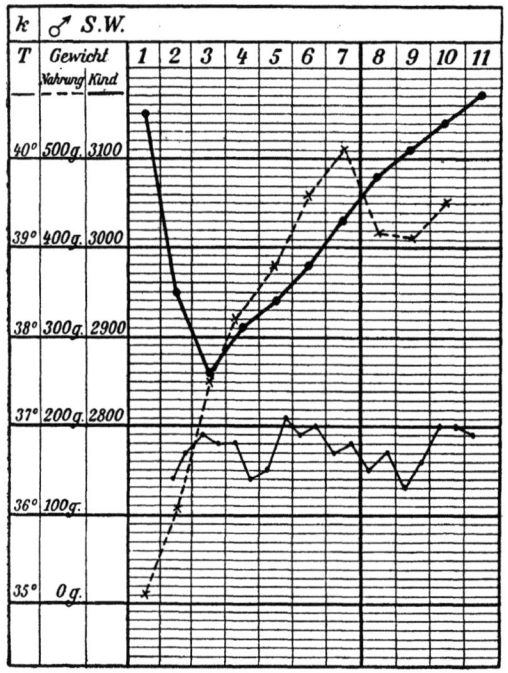

Abb. 52.
Gewichtskurve nach dem Typus Budin.

Merkwürdigerweise sind Wägungen der Neugeborenen erst spät in Gebrauch gekommen. Wohl hatte schon 1753 Röderer Studien über die Gewichtsverhältnisse Neugeborener veröffentlicht, dann Chaussier die physiologische Gewichtsabnahme entdeckt. Quetelet bestätigte das 1838 und stellte zum ersten Male die normale Gewichtskurve eines Brustkindes dar. Systematische Wägungen wurden bei Neugeborenen in größerem Umfange zuerst von E. v. Siebold (1838), später dann von Elsässer (1845), Hofmann und Breslau (1860) vorgenommen, jedoch erst durch v. Winckel zu allgemeiner Anerkennung gebracht.

Bekanntlich zeigt die Frucht — das gilt übrigens für alle Säuger — während der ganzen Zeit der intrauterinen Entwicklung einen kontinuierlichen Anstieg des Gewichtes. Unmittelbar nach der Geburt aber wird die Gewichtszunahme jäh unterbrochen durch eine 3—4 Tage dauernde Abnahme, welche bei allen Neugeborenen so ausnahmslos wiederkehrt, daß man sich seit langem gewöhnt hat, von einer „physiologischen Gewichtsabnahme" der Neugeborenen[1] zu sprechen.

Erst nach Ablauf dieser Zeit beginnt die Gewichtskurve in bald rascherem, bald langsamerem Tempo wieder anzusteigen, so daß am Ende der ersten bis zweiten Lebenswoche das Geburtsgewicht wieder erreicht wird. Je nachdem der Ausgleich des Gewichtsverlustes rascher oder langsamer, gleichmäßig oder ungleichmäßig erfolgt, erhält man verschiedene Typen von Gewichtskurven innerhalb physiologischer Grenzen.

---

[1] Dieselbe findet sich auch bei Tieren und wurde speziell bei Hunden, Katzen, Kaninchen, Meerschweinchen von F. A. Kehrer, Haußmann und Edlefsen, Sadoffsky nachgewiesen.

Als typische Kurve des gutgedeihenden Neugeborenen kann man die V-förmige bezeichnen; dem Abfall folgt ein mehr minder rascher kontinuierlicher Anstieg, wobei am 7.—10. Tage das Anfangsgewicht wieder erreicht wird. Nach dem Autor, der zuerst diesen Kurventypus als das normale Bild der Neugeborenenkurve beschrieben hat, spricht man auch von Kurven nach dem „Typus Budin" (vgl. Abb. 48, 51, 52). Dabei braucht man sich aber nicht darauf zu versteifen, daß auf- und absteigender Schenkel annähernd gleich steil sind. Das Wesentliche sehe ich vielmehr in dem verhältnismäßig raschen und kontinuierlichen Anstieg. An gut geleiteten Frauenkliniken gehört dieser Typus jedenfalls zur Regel in allen Fällen ausreichender Milchsekretion (Himmelheber, Jaschke, Heidemann u. a.) und findet sich

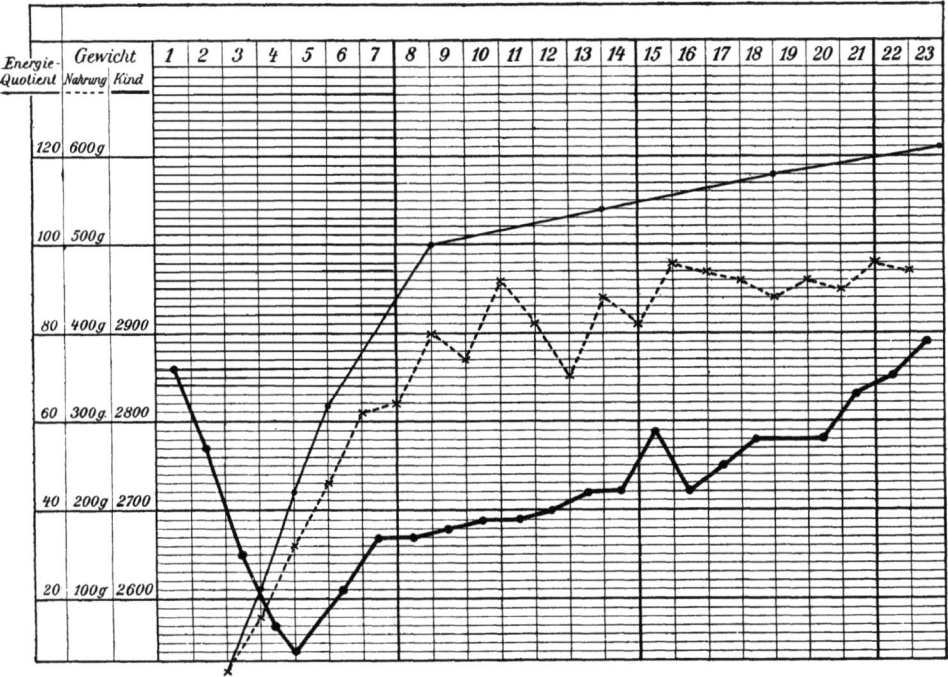

Abb. 53.
Normalkurve eines Neugeborenen nach Pies (physiologischer Typus II). Die Originalkurve von Pies wurde zwecks besserer Vergleichbarkeit auf unser Kurvenschema übertragen.

sowohl bei über- wie untergewichtigen Kindern, bei geringer wie starker Abnahme, während der Pädiater Pies geneigt scheint, solche Kurven unter die mehr minder seltenen „Idealfälle" zu rechnen.

Pies fand vielmehr als Regel einen zweiten Typus, den er ebenfalls für vollkommen physiologisch hält: auf die physiologische Abnahme folgt entweder sofort oder nach vorübergehender geringer, vereinzelt auch stärkerer Zunahme ein einmaliger oder wiederholter Stillstand des Gewichtes von ein bis zwei Tagen; ja vielfach zeigen seine Kurven im aufsteigenden Schenkel sogar vorübergehende Gewichtsabnahmen von 20—70 g (vgl. Abb. 53). Nach Pies handelt es sich dabei um kräftige, ausgetragene Kinder mit ausreichenden Nahrungsmengen, Kinder, die sich auch späterhin gut entwickelten. Allerdings führt Pies vielfach leichte infektiöse Prozesse, Konjunktivitis und verzögerte Nabelwundheilung bei diesen Kindern an und hält die Kurven

immerhin für den Ausdruck einer gewissen minderwertigen Anlage bei Kindern
sozial ungünstig gestellter Mütter. Verfasser möchte diese Kurven von
Pies nur bedingt als physiologisch anerkennen. Ich halte wohl einen langsameren Anstieg, selbst einen vorübergehenden Gewichtsstillstand für physiologisch, ich möchte auch bei sonst gut ansteigendem Gewicht einer ein-
maligen geringen Abnahme, namentlich nach Erreichung des Anfangsgewichtes
oder am Tag des Nabelabfalles keine große pathologische Bedeutung zuerkennen; dagegen scheinen mir wiederholte Abnahmen (wie in manchen
Normalfällen von Pies, Abb. 54 und 55) nicht mehr streng physiologisch, sondern
Ausdruck teils einer etwas knappen Nahrungsaufnahme, teils der von ihm

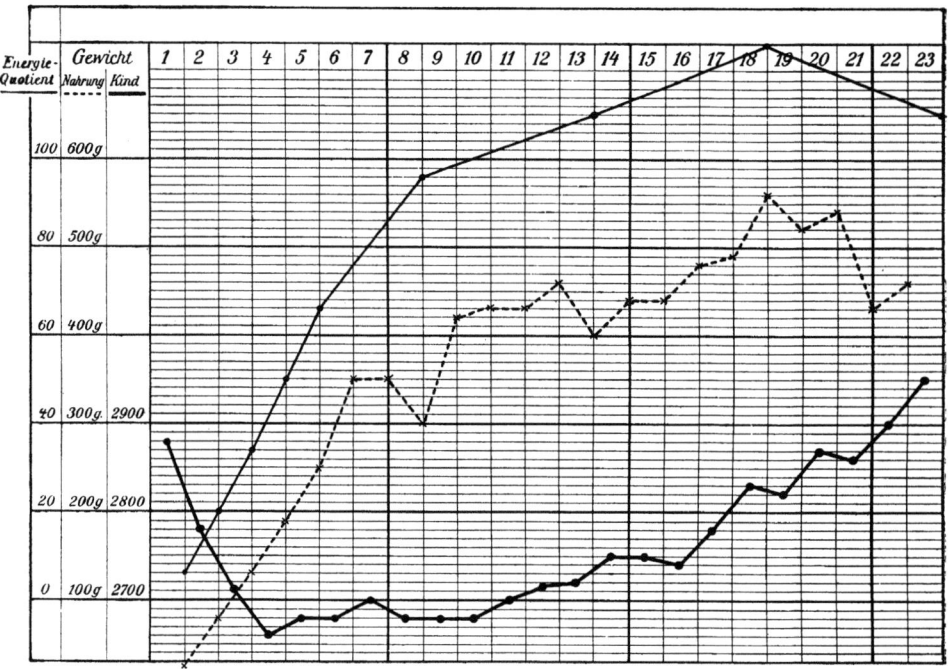

Abb. 54.
Beispiel einer physiologischen Gewichtskurve (Typus II) nach Pies, dessen Original auf
unser Kurvenschema übertragen wurde. Man beachte die knappe Nahrung. Wir würden
von einer deutlichen, wenn auch harmlosen Unterernährung sprechen. (Die Angabe des
Energiequotienten beruht auf Schätzung, nicht auf exakter Messung.)

selbst genannten leichten Störungen. Ich kenne allerdings vereinzelt Fälle,
in denen trotz reichlicher Ernährung und Fehlens jeder sonstigen Störung
Kurven vom Piesschen Normaltypus beobachtet werden, und denke dabei
mangels jeder anderen mir erfindlichen Ursache an eine individuelle Beschränkung des Assimilationsvermögens. Aber das sind eben, wie ich nochmals ausdrücklich betone, ganz vereinzelte Fälle. Überwiegend finde ich bei
solchen langsam ansteigenden Kurven die Ursache in einer ungleichmäßigen
oder quantitativ knappen Nahrungsaufnahme (Abb. 55), gleichgültig ob Somnolenz infolge des Geburtstraumas, Trinkschwäche, Ikterus, Hypogalaktie
oder ähnliches dafür anzuschuldigen ist. Sobald man die Nahrungsaufnahme steigert, wird auch der Gewichtsanstieg stärker und regelmäßiger.
Nur wenige Kinder verhalten sich gegen Steigerung der Nahrungs- bzw. Wasserzufuhr (Birk) refraktär und gehören in die oben erwähnte Kategorie. Jede

häufigere Unterbrechung des Gewichtsanstieges durch Abnahmen, wie sie z. B. Landois noch für normal hält, ist jedenfalls pathologisch, gleichviel ob die Ursache am Kind oder an der Mutter liegt. Wir werden noch Gelegenheit haben, darauf zurückzukommen.

Genauere Analyse der Gewichtskurve.

1. Absteigender Schenkel derselben.

Größe der Abnahme und Abhängigkeit derselben von verschiedenen Faktoren.

Die Größe der physiologischen Gewichtsabnahme wird sehr verschieden angegeben. Im Durchschnitt großer Reihen von mehreren Tausend Fällen beträgt dieselbe etwa 150—250 g. v. Reuß gibt 150—300 g an und innerhalb dieser Grenzen schwanken auch die von zahlreichen anderen Autoren angegebenen Durchschnittswerte, welche am häufigsten um 200 liegen. So wurde bei natürlich ernährten gesunden Kindern die mittlere Größe der Gewichtsabnahme gefunden von

	g
Budin	150—200
Mourlot	150—200
Schütz	178
Winckel	180
Stieda	185 ♀ —200 ♀
Haake	193
Faye	198
Bouchaud	200
Gregory	203
Trepper	205 = 6,4 % des Gesamtgewichtes
Héry	200—225 (Mehr- und Erstgebärende)
Dluski	212
Kesmarsky . . .	215
Isachsen	219 = 6,1 % des Geburtsgewichtes; Schwankungen 265—645.
Steiner	223
Ingerslev	223
Heidemann . . .	239—254 (Mp. — Ip.) = 7,7 %
Pies	270—300 (Mp. — Ip.) = 8—9 % des Geburtsgewichtes.
E. Bergmann . . . . 7,8 %

Der praktische Wert dieser Zahlen ist ein recht geringer; denn weder gestattet ein geringer Gewichtsverlust irgendwelche Schlüsse über Anlagen und späteres Gedeihen des Kindes, noch bedeutet ein wesentlich höherer Gewichtsverlust an sich schon etwas Abnormes. Ein vollständiges Wegfallen des Gewichtsverlustes, wie es außer von Laure noch von Budin, Biedert als vereinzeltes Vorkommnis angegeben wird, ist mir persönlich unbekannt. Andererseits möchte ich die als oberste Grenze normalen Gewichtsverlustes von Czerny-Keller angegebene Zahl von 700 g wohl für pathologisch halten, wenn man von den ganz seltenen Fällen abnorm schwerer Riesenkinder von 7000 g und mehr absieht. Es scheint überhaupt etwas verfehlt, die absolute Größe des Gewichtsverlustes als Kriterium für das, was normal oder abnormal ist, zu benutzen. Viel richtiger dürfte es sein, das Verhältnis der Abnahme zum Geburtsgewicht zu berücksichtigen. Danach würde man Abnahmen von 6—9 % (v. Reuß), höchstens 10 % (Rosenstern, Verfasser) des Geburtsgewichtes als physiologisch bezeichnen können. Noch weiter geht Kirstein, der bei einem durchschnittlichen Gewichtsverlust von 7,8% des Geburtsgewichtes auch noch weit über 10% hinausgehende Gewichtsverluste (bis zu 17%) anscheinend als physiologisch auffaßt. Ich gestehe zu, daß in einzelnen Fällen auch solche Gewichtsverluste ohne weitere Schädigung des Kindes vertragen werden. Es scheint mir aber nicht richtig, sie als Grenzwerte des Physiologischen aufzustellen.

Es handelt sich ja bei der physiologischen Abnahme nicht um eine einfache, sondern um eine sehr komplexe Größe. Ohne weitere Beweisführung leuchtet schon ein, daß neben bestimmten, schon bei der Geburt gegebenen Faktoren auch nach derselben die Größe der Zufuhr im Verhältnis zur Ausgabe

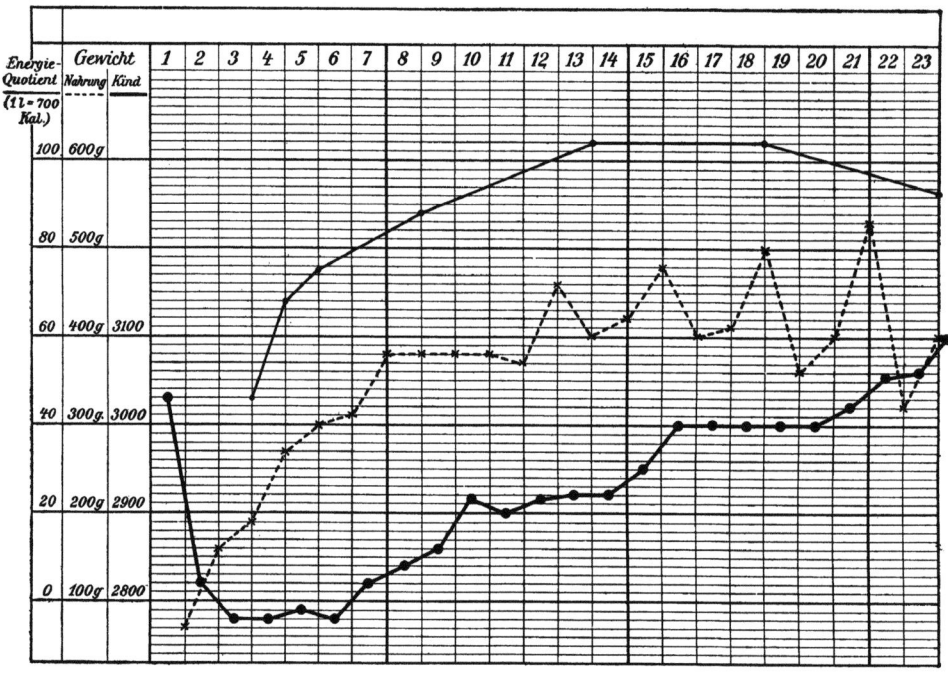

Abb. 55.
Normalgewichtskurve eines Neugeborenen nach Pies (Typus II), knappe Nahrung an der Brust.

(welch letztere wieder von verschiedenen Faktoren abhängig ist), sowie mannigfache Verschiedenheiten der Pflege und des individuellen Verhaltens der Kinder (Bewegung, Schreien, Somnolenz) für den Betrag des Gewichtsverlustes in Frage kommen. Sehen wir zu, was darüber bekannt ist.

1. Zunächst ist die Gewichtsabnahme absolut (nicht relativ) um so größer, je höher das Geburtsgewicht ist; jedoch besteht keine bestimmte Proportion zwischen beiden, insoferne die prozentuale Abnahme bei schwereren Kindern meist nicht höher ist. Das geht ziemlich übereinstimmend aus folgender Tabelle (S. 171) hervor.

Manche Differenzen in den vorstehenden Angaben erklären sich wohl aus der zum Teil geringen Zahl der der Berechnung zugrunde gelegten Fälle. Verfasser kann jedenfalls die auf das größte Material sich stützende Angabe von Frau Dluski bestätigen, soweit nicht Riesenkinder (über 4000 g) in Betracht kommen. Bei diesen fand sich in unserem, freilich auch nicht großen einschlägigen Material wieder eine prozentuale Steigerung der

	Geburtsgewicht g	Mme. Dluski, Paris (nach Czerny-Keller) absol. = relat. g / %	Heidemann, Heidelberger Frauenklinik 1907/08 absol. = relat. g / %	Trepper, Gießener Frauenklinik 1912/13 absol. = relat. g / %	Pies, Kaiserin Auguste-Victoriahaus Berlin 1910/11 Primiparae absol. = relat. g / %	Bergmann, Kaiserin Auguste-Victoriahaus 1909/15 absol. = relat. g / %	Héry, Paris (nach Czerny-Keller) Primiparae g / %	Héry Pluriparae g / %	Jaschke, Gießener Frauenklinik 1914/16 Primiparae absol. = relat. g / %	Jaschke Pluriparae absol. = relat. g / %
1	1500—1999	148 = 8,5	117,5 = 6,7	150 = 8,8	—	130 = 7,4	—	—	146 = 8,6	162 = 9,0
2	2000—2499	172 = 7,6	185,4 = 8,2	180 = 7,0	240 = 11,2	190 = 8,4	199 = 9,3	172 = 7,6	169 = 7,2	170 = 7,3
3	2500—2999	178 = 6,5	214,1 = 7,8	184 = 6,6	235 = 8,3	210 = 7,6	195 = 7,1	173 = 6,3	185 = 6,2	184 = 6,6
4	3000—3499	205 = 6,3	243,5 = 7,5	200 = 6,1	295 = 9,0	250 = 7,7	240 = 7,4	183 = 5,6	216 = 6,8	214 = 5,8
5	3500—3999	268 = 6,2	302,7 = 8,1	237 = 6,2	360 = 9,7	300 = 8,0	223 = 6,0	229 = 6,1	260 = 6,9	241 = 6,6
6	4000—4499	(268 = 6,2)	363,8 = 8,6	368 = 6,4	245 = 8,4	325 = 7,6	279 = 6,6	250 = 5,9	347 = 8,1	294 = 6,9
7	über 4500	—	—	377 = 7,7	—	—	—	—	336 = 7,0	333 = 7,1

Gewichtsabnahme. Die Ausnahme scheint sehr leicht erklärlich. Denn einmal pflegen
so schwere Kinder unter dem Geburtstrauma stärker zu leiden und sind infolgedessen
vielfach in den ersten Tagen somnolent, außerdem ist in vielen derartigen Fällen im Verhältnis zur Größe des Kindes die Nahrung im Anfang quantitativ unzureichend. Für beide
Momente habe ich beweisende Fälle. Bei nicht somnolenten Riesenkindern genügt eine
reichliche Nahrungszufuhr (Zufütterung von Ammenmilch oder Kolostrum anderer Mütter),
die Gewichtsabnahme sehr wesentlich herabzusetzen, andererseits scheitert bei vom Geburtstrauma stark mitgenommenen Riesenkindern dieses Bemühen öfters an ihrer Somnolenz.

Dieses Verhalten ist immerhin auffallend und deutet auf andere, vielleicht
gesetzmäßig auszudrückende Zusammenhänge. Da mit Steigen des Körpergewichtes und der Körpergröße die Oberfläche relativ etwas geringer wird,
könnte man hier Beziehungen vermuten. Diesen Gedanken hat meines Wissens
zuerst v. Pfaundler aufgegriffen und dabei entdeckt, daß tatsächlich die
mittlere Größe der Körperoberfläche der absoluten Größe der
Gewichtsabnahme „innerhalb recht enger Fehlergrenzen" proportional
ist [1]. Bei den engen Beziehungen, die zwischen Größe der Körperoberfläche
und Perspiration bestehen, ist natürlich auch eine Beziehung zwischen Körpergewichtsabnahme und Perspiration leicht herzustellen. Geburtsgewicht und
Körperoberfläche sind aber nicht die einzigen Faktoren, deren Wirkung in der
Größe der physiologischen Gewichtsabnahme zum Ausdruck kommt. Namentlich bei scheinbaren Ausnahmen oder stärkeren Abweichungen von der in
obigem Gesetz zum Ausdruck kommenden Relation sind noch andere Momente
zu berücksichtigen.

2. So spielt schon der Geburtsvorgang selbst bis zu einem gewissen,
manchmal recht auffällig in Erscheinung tretenden Grade eine Rolle für die
Größe des initialen Gewichtsverlustes. Je länger die Geburt dauert, je stärker
insbesondere in der Austreibunbsperiode die Weichteilschnürung ausfällt, je
größer die maßgebenden Fruchtquerschnitte im Verhältnis zu dem zur Verfügung stehenden Querschnitt des Geburtskanals sind, je größer der Widerstand, welchen das mütterliche Gewebe seiner Entfaltung entgegensetzt, desto
größer wird auch für das Kind das Geburtstrauma. Ich brauche vor Geburtshelfern Bedeutung und Gefahren all dessen, was man kurz unter dem Namen
„Weichteilschwierigkeiten" zusammenfaßt, nicht näher auseinanderzusetzen und
möchte nur beiläufig noch auf vor- und frühzeitigen Blasensprung, Zangenextraktion, Extraktion am Steiß usw. hinweisen. Die Bedeutung der Weichteilschwierigkeiten für die Entstehung der Geburtsgeschwulst, eines Kephal-
hämatoms, anderer Blutergüsse, der Asphyxie usw. ist bekannt. Es dürfte
Geburtshelfern geläufiger sein als den Pädiatern, daß alle diese Momente Einfluß haben oder wenigstens haben können auf die Größe der physiologischen
Gewichtsabnahme und zwar in verschiedenster Richtung. Derartige Kinder
brauchen oft mehrere Tage, ehe sie sich von dem Geburtstrauma erholen, sie
sind somnolent, kaum wach zu bekommen und trinken auch bei reichlich ge-
botener Nahrung schlecht. Die Folge ist eine starke Gewichtsabnahme, deren
Zusammenhang mit dem Geburtstrauma um so deutlicher ist, als es sich dabei
vielfach um relativ schwere Kinder handelt. Ich will dabei zunächst ganz absehen von den selteneren Fällen, in denen der Sitz der Geburtsgeschwulst an
Lippen und Mundboden (Gesichtslage) in den ersten Tagen schon an sich das
Saugen erschwert, ebenso von den zweifellos pathologischen Fällen, in denen
epidurale Hämatome zu Paresen im Bereiche des Saugapparates führen, oder
eine bei der Extraktion des nachfolgenden Kopfes gesetzte Verletzung des
Zungengrundes, des Mundbodens die Saugbewegungen stört. Gemeinsam
ist allen diesen Zuständen, daß sie direkt oder indirekt die

---

[1] v. Pfaundler in Döderleins Handb. d. Geburtsh. 1. Aufl. I, S. 599.

Nahrungsaufnahme erschweren und damit zur Vergrößerung der Gewichtsabnahme beitragen. Überdies mögen in manchen derartigen Fällen ohne äußerlich erkennbares Trauma Schädigungen der inneren Organe vorliegen, welche die Anpassung an die veränderten Lebensbedingungen mindestens verzögern und dadurch in demselben Sinne wirken. Natürlich ist das nicht mehr als eine Umschreibung der einfachen Tatsache, daß uns noch manche Zusammenhänge verborgen sind und wohl verborgen bleiben werden.

Aber auch in entgegengesetzter Richtung, im Sinne einer scheinbaren Verminderung der Gewichtsabnahme kann das Geburtstrauma wirken. Es ist bekannt, daß bei ganz normalen Geburten, fast regelmäßig aber bei Asphyxie die Kinder während oder unmittelbar nach dem Durchschneiden der unteren Fruchtquerschnitte Harn und Mekonium oder eines von beiden entleeren; bei Beckenendlagen gehört der reichliche Abgang von Mekonium ja zur Regel. Danach ist klar, daß in allen derartigen Fällen eine sonst erst später bei der physiologischen Abnahme in Erscheinung tretende Komponente wegfällt, überdies das Geburtsgewicht scheinbar niedriger ist. Differenzen von 50—100 g können auf diese Weise leicht zustande kommen. Es genügt, auf diese Zusammenhänge kurz hinzuweisen, ein weiteres Eingehen erübrigt sich wohl.

3. Mehrfach wurde auch dem Abnabelungstermin Einfluß auf die Größe der Gewichtsabnahme zugeschrieben. Spät abgenabelte Kinder sollen im allgemeinen weniger an Gewicht verlieren als früh abgenabelte (Schiff, Landois) und zwar würde der Unterschied etwa 1—$1\frac{1}{2}\%$ des Geburtsgewichtes betragen. Verfasser hat sich gleich Sadoffsky, Szendeffy u. a. von einem derartigen Zusammenhang bisher nicht einwandfrei überzeugen können; vielfach dürfte übrigens eine Täuschung vorliegen, insoferne als unter den sofort abgenabelten Kindern sich viele asphyktisch geborene befinden (vgl. oben).

4. Von vielen Seiten, z. B. Heidemann, Isachsen u. a. wird angegeben, daß Knaben eine größere physiologische Abnahme zeigen als Mädchen. Allerdings sind die angegebenen Differenzen oft sehr gering. Verfasser glaubt nicht, daß hier wirklich ein Geschlechtsunterschied zum Ausdruck kommt, sondern sieht die Ursache der gewöhnlich höheren Abnahme bei Knaben in ihrem größeren Geburtsgewicht und in dem Überwiegen der Knaben unter den Kindern Erstgebärender.

5. Landois, später Opitz, Heimann gaben an, daß ikterische Kinder die größte Gewichtsabnahme ($8,8\%$ gegenüber $7,2\%$ im Durchschnitt aller seiner Fälle) zeigten. Verfasser schließt sich dem an; der charakteristische Einfluß des Ikterus tritt aber noch mehr in dem aufsteigenden Schenkel der Gewichtskurve hervor (vgl. weiter unten).

6. Einer der bedeutendsten Faktoren, welcher die Größe der Gewichtsabnahme bestimmt, ist aber wohl die Ernährung. Sowohl Art wie Menge der Nahrung, das Verhältnis von Zufuhr und Abgabe spielen hier eine große Rolle.

Das ergibt sich schlagend aus der allgemeinen Beobachtung, daß ceteris paribus die Abnahme um so geringer ausfällt, je größer das zugeführte Nahrungsquantum ist. Natürlich darf dabei nie außer acht gelassen werden, daß es selten gelingt, Kinder unter ganz gleichen Bedingungen zu halten und daß alle derartigen Versuche mit wechselnden Fehlerquellen behaftet sind. Trotzdem dürfte der Satz im allgemeinen richtig sein. Die in obiger Tabelle stehenden Zahlen von Héry und Pies lassen in der absolut wie prozentual geringeren Gewichtsabnahme der Kinder Mehrgebärender, auf die auch Adair und Stewart neuerdings wieder besonders hinweisen, diesen Einfluß deutlich

erkennen. Diese Beobachtung besagt bloß, daß solche Kinder im Durchschnitt
der ersten 4 Tage gewöhnlich mehr Nahrung bekommen als die Kinder Erstgebärender. Zum Teil liegt das an einer rascheren Sekretionssteigerung der
Mammae, die bereits einmal laktiert haben, zum Teil an der besseren Stilltechnik Mehrgebärender[1], zum Teil auch daran, daß die Kinder namentlich
Vielgebärender vom Geburtsvorgang weniger mitgenommen werden und deshalb
früher und kräftiger zu saugen vermögen. Ebenso ergab eigene und anderer
Beobachtung (z. B. Sadoffsky, Schute), daß die Abnahme geringer ist,
wenn die Kinder bereits am ersten Tage regelmäßig angelegt
werden. Selbst für den Fall, daß die Nahrungsmenge des ersten Tages Null
oder nur wenige Gramm beträgt, gilt das, weil durch die Saugversuche am ersten
Tage die Brustsekretion angeregt wird sowie Mutter und Kind bereits einige
Übung im Still- und Sauggeschäft erlangen. Wir konnten das in allen unseren
Fällen deutlich nachweisen. Erzwingt man bei wenig sauggeschickten oder
schwachen Kindern die Entleerung der Brust am ersten Tage nötigenfalls zwei-
bis dreimal mit der Milchpumpe, so gelingt es durch die damit erzielte Besserung
der Sekretion und Nahrungsaufnahme meist, den durchschnittlichen Gewichtsverlust auf 100—150 g herabzusetzen, während wir bei dem älteren Regime
(erstes Anlegen nach 24 Stunden) einen durchschnittlichen Gewichtsverlust
von 200—250 g hatten. Sehr auffallend treten diese Unterschiede in Erscheinung
beim Vergleich unserer Ergebnisse wie der einer nach ähnlichen Prinzipien
vorgehenden Klinik mit den Ergebnissen am Kaiserin Auguste-Victoriahaus. Es
betrug die Gewichtsabnahme:

In der	unter 200 g	200—300 g	300—500 g	über 500 g
Gießener Frauenklinik	48,78 %	40,48 %	10,73 %	—
Osnabrücker Hebammenlehranstalt . (nach Schütz)	26 ,,	49 ,,	23 ,,	1 %
Kaiserin Auguste-Victoriahaus Berlin .	8,9 ,,	38,7 ,,	47,67 ,,	4,7 %

Während wir bei unbeeinflußten Fällen die physiologische Abnahme nie ganz vermißt haben, gelingt es durch ein derartiges Regime (namentlich wenn noch etwas Kolostrum
zugefüttert wird) nicht selten, die Gewichtsabnahme in so engen Grenzen zu halten, daß
am 3. oder 4. Tage das Anfangsgewicht schon wieder erreicht ist[2]. Ein völliges Vermeiden der Abnahme vom 1. zum 2. Tage habe ich auch bei derartigen Versuchen nie
gesehen. Ich betone, daß sich diese Angaben ausdrücklich nur auf natürliche, zunächst
also kolostrale Ernährung beziehen. Ältere Versuche dieser Art von Fleischmann,
Hoffmann, Lorch (1878) beweisen aber, daß dasselbe Resultat auch durch Zufütterung
von Kuhmilch erzielt werden kann. Ein empfehlenswertes Verfahren können derartige
Maßnahmen um so weniger genannt werden — darin stimme ich mit Budin, H. Cramer
völlig überein — als sie dem Kinde mindestens keinen bleibenden Gewinn bringen, ja
häufig genug schädlich wirken; gilt das besonders für Zufütterung von Kuhmilch, so ist
auch bei natürlicher Ernährung ein forcierter Versuch, die Gewichtsabnahme möglichst
zu unterdrücken, sicher ohne Vorteil. Ich habe derartige Versuche auch nur aus bestimmten
Gründen unternommen und nie zur allgemeinen Nachahmung empfohlen. Dagegen halte
ich das oben erwähnte Vorgehen allerdings für empfehlenswert, da eine am 1. Tage bereits

---

[1] Wenn man die Stilltechnik sorgfältig überwacht und bei sehr knapper Nahrungsaufnahme den Kindern Erstlaktierender etwas abgepumpte Milch (bzw. Kolostrum) nachfüttert, verschwinden diese Unterschiede, wie aus den von Héry abweichenden Angaben
des Verf. in obiger Tabelle hervorgeht.

[2] Dasselbe gibt neuerdings auch Schick an.

einsetzende geregelte Ernährung den Kindern in keinem Falle Schaden bringt. Ja die im Durchschnitt reichlichere Gesamtzufuhr von Kolostrum dürfte sogar bestimmte Vorteile haben, welche bei Befolgung der Czerny-Kellerschen Vorschrift, ganz abgesehen von dem größeren Gewichtsverlust, sich nicht erreichen lassen. Wir werden bei der Frage nach dem besten Zeitpunkt des ersten Anlegens noch genauer darauf eingehen.

7. Neben der Quantität spielt übrigens auch die Art der Nahrung eine große Rolle. Reichliche Erfahrung (Ingerslev, Verfasser) ergibt, daß bei gleicher Quantität der Nahrung die Gewichtsabnahme um so geringer ausfällt, je mehr Kolostrum die Kinder bekommen haben. Selbst reife Frauenmilch (Ammenmilch) scheint in dieser Hinsicht dem Kolostrum nicht gleichwertig; noch mehr gilt das natürlich von Tiermilch, weshalb auch künstlich ernährte Neugeborene größeren Gewichtsverlust zeigen (Winckel, Gregory, Altherr, Wolff, Camerer, Kjölseth).

8. Nur kurz zu erwähnen ist noch, daß neben den Einnahmen natürlich auch die Ausgaben der Kinder innerhalb der ersten Tage die Größe der Gewichtsabnahme bestimmen. Je nach der Menge des entleerten Mekoniums, des noch aus dem fetalen Leben mitgebrachten Harns, der Größe der Wärmeabgabe (abhängig von Umgebungstemperatur, Einhüllung, Lebhaftigkeit der Bewegungen, Schreien usw.) muß natürlich auch die Abnahme größer oder geringer werden. Genaueres darüber später.

Dauer der Abnahme.

Die Dauer der Gewichtsabnahme schwankt wie ihre Größe, ist aber etwa von denselben Faktoren abhängig. Am häufigsten erfolgt vom 4. zum 5. Tage die erste Zunahme, doch kann bei somnolenten, trinkfaulen oder trinkschwachen Kindern, bei Hypogalaktie, allgemein also bei spärlicher Nahrungszufuhr die Abnahme auch bis zum 5., ja selbst zum 6. Tage sich hinziehen, ohne daß das Kind dadurch Schaden erleidet. Umgekehrt ist bei frühzeitig einsetzender und ausreichender Ernährung die erste Zunahme oder ein Stillstand der Abnahme schon vom 3. zum 4. Tage zu bemerken. Die Erfahrungen der einzelnen Autoren sind zahlenmäßig in dieser Hinsicht sehr verschieden, was mit verschiedener Ernährungstechnik und nach Gegend und Menschenschlag wechselnder Stillfähigkeit zusammenhängt. So fand z. B. Heidemann in Heidelberg die durchschnittliche Dauer der Abnahme 3,03 Tage, neuestens Isachsen in Christiania 3,3 Tage, während nach Altherr und Wolff in mehr als drei Viertel aller Fälle am Ausgang des 3. Tages der Tiefpunkt erreicht ist.

Verlauf der Gewichtsabnahme.

Den Verlauf der Gewichtsabnahme darf man sich nicht etwa gleichmäßig vorstellen. Vielmehr ist derselbe ungleich auf die einzelnen Tage verteilt. Am häufigsten findet sich die stärkste Abnahme im Verlauf des ersten, die schwächste im Verlauf des dritten Tages. Verfasser fand im Mittel die Abnahme am

1. Tage	. . . . .	118,0 g
2. „	. . . . .	65,6 „
3. „	. . . . .	15,7 „

Demgegenüber scheint Budin die stärkere Abnahme am 2. Tage als Regel anzusehen, was ich nur dann fand, wenn die Kinder vor Bestimmung des Geburtsgewichtes viel Mekonium und Harn entleert hatten. Übrigens erfolgt nicht einmal innerhalb eines Tages die Abnahme fortlaufend. Die am Morgen jedes einzelnen Tages ermittelte Gewichtszahl ist vielmehr die Resultante aus zahlreichen Einzelschwankungen, die größer sind, als man gemeinhin annimmt (Abb. 56).

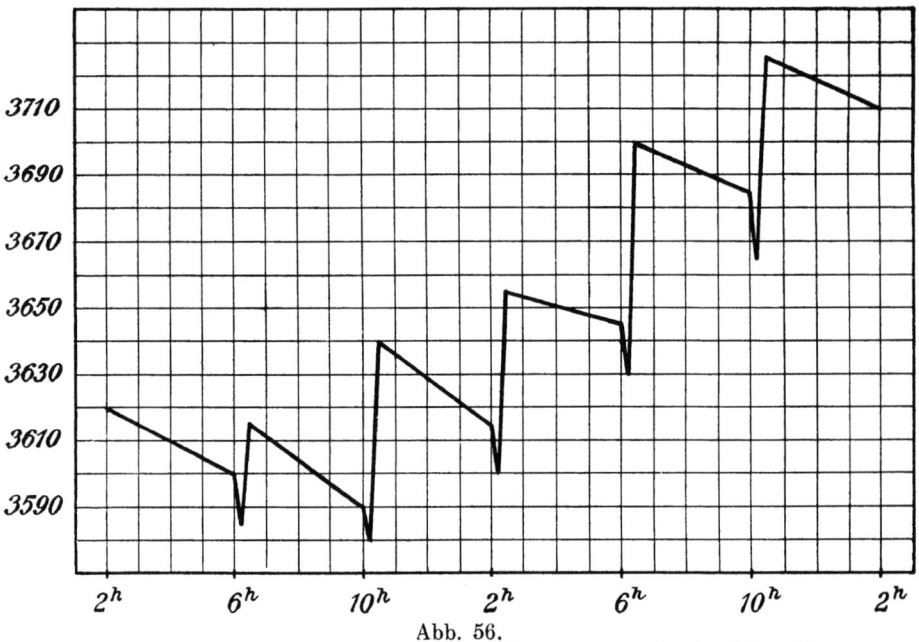

Abb. 56.
Detailgewichtskurve vom 4. Lebenstag. Dieselbe zeigt gerade den Umschlag von Abnahme und Zunahme.

Ursachen der physiologischen Gewichtsabnahme.

Die bisherigen Erörterungen haben uns schon eine ganze Reihe von Momenten kennen gelehrt, welche Größe und Dauer der physiologischen Gewichtsabnahme beeinflussen. Es bleibt uns aber noch übrig, die Tatsache der Abnahme an sich kausal zu deuten; man geht natürlich kaum fehl in der Annahme, daß die Abnahme nur aus einem Mißverhältnis zwischen Einnahmen und Ausgaben resultieren kann — eine Antwort, die in dieser Allgemeinheit völlig nichtssagend ist. Genaueren Aufschluß kann nur eine zahlenmäßige (soweit möglich genaue) Vergleichung der Einnahmen und Ausgaben geben. Wir analysieren also in die Fragen: was gibt das neugeborene Kind innerhalb der Periode der physiologischen Gewichtsabnahme aus, was nimmt es dagegen ein? Grob sinnlich können wir schon antworten: abgegeben wird Mekonium und eventuell anderer Magen-Darminhalt, dem sich bald Schlacken der zugeführten Nahrung beimischen, ferner Harn, Wasserdampf durch Haut, Lungen und aus dem Nabelstrangrest, während die Einnahmen der zugeführten Nahrungsmenge entsprechen. Größere Bedeutung wurde von jeher der Abgabe von Mekonium zugemessen, ja noch in neuester Zeit (1910) geht Hirsch so weit, fast den gesamten Gewichtsverlust auf die Entleerung von Harn und Mekonium zurückzuführen, (vgl. oben S. 82). Abgesehen von allem anderen ist die Angabe von Hirsch leicht dadurch zu widerlegen, daß schon am 1. und 2. Tage bei sorgfältigem, getrennten Auffangen von Harn und Mekonium sich ergibt, daß der tatsächliche Gewichtsverlust das Gewicht dieser Abgaben übersteigt. Ja bei Kindern, die relativ spät den ersten Harn und Stuhl entleeren, kann man

schon vorher Gewichtsverlust feststellen (Verfasser, Sadoffsky). v. Pfaundler berichtet über Gewichtsverluste von 120 bzw. 75 g in den ersten 24 Stunden
bei zwei Mißbildungen mit ganz undurchgängigem Mikrocolon congenitum
(ohne Mekoniumentleerung), und Verfasser hat dasselbe bei einem Neugeborenen mit Atresia ani vor der Eröffnung des Anus feststellen können. Danach
scheint es wohl erlaubt, die Annahme von Hirsch ad acta zu legen und der
Mekoniumentleerung nicht mehr als ein Drittel bis ein Viertel des
Gesamtgewichtsverlustes zuzuerkennen.

Ebenso entleeren die Kinder gewöhnlich schon vor der ersten Nahrungsaufnahme Harn in wechselnder Menge (vgl. Näheres S. 32 f). Wir würden also
etwa ein weiteres Zehntel bis ein Sechstel des Gewichtsverlustes
auf nicht aus der extrauterinen Nahrung stammendes Harnwasser
beziehen dürfen.

Ein nicht konstanter, überdies 10 g wohl selten übersteigender Verlust
betrifft erbrochene Massen während der Geburt verschluckten Fruchtwassers
und Sekretes bzw. Blutes der mütterlichen Geburtswege. Ebenso ist der bei
der Austrocknung des Nabelstrangrestes innerhalb der ersten 4 Tage erfolgende
Wasserverlust so gering, daß er vernachlässigt werden kann.

Die bisher erwähnten Ausgaben decken nur einen variablen Teil des
Gesamtgewichtsverlustes. Schon die grobe klinische Beobachtung zeigt aber,
daß offenbar noch andere Änderungen im Bestand der Körpersubstanz eintreten.
Welche Bausteine davon am meisten betroffen werden, ist natürlich nicht ohne
weiteres zu sagen. Wohl läßt sich eine Wasserabgabe durch Lungen und Haut
erschließen (letztere bei höherer Außentemperatur oder unzweckmäßiger
Kleidung übrigens direkt als Schweiß nachzuweisen) und ebenso deutet die
Abnahme des Hautturgors auf Wasserverlust. Welchem Körperbestandteil
jedoch der Hauptanteil an dem Verluste zukommt, darüber sind bis in die neuste
Zeit die Meinungen sehr geteilt, trotzdem uns eine einheitliche Beantwortung
der Frage wohl möglich erscheint, wenn man sich von alten, spekulativ gewonnenen Ansichten losmacht. Die in Frage kommenden Substanzen sind in
erster Linie Wasser, Körper- bzw. Bluteiweiß, schließlich Fett und Glykogen.
Die hohe Bedeutung des Wasserverlustes hat schon Camerer sen. erkannt,
welcher etwa die Hälfte des Gesamtgewichtsverlustes dadurch gedeckt erachtet,
während neuere Autoren (Rott u. a.) dem Wasserverlust noch größere Bedeutung beimessen. Hofmeier u. a. haben besonders an Eiweißeinschmelzung
gedacht, Czerny-Keller sprechen dagegen die Hauptbedeutung einer Fettverbrennung zu, welche geradezu einer Einsparung von Körpereiweiß dienen soll.

Ursächlich wird von allen Autoren eine qualitativ und quantitativ unzureichende Stoffzufuhr angeschuldigt. Der Schluß liegt ja um so näher, als
oben gezeigt wurde, daß reichliche Nahrungszufuhr den Gewichtsverlust zu
verringern vermag. Daß dieser Schluß jedoch nicht einwandfrei ist, hat gerade
neuestens v. Pfaundler mit Recht betont[1]; denn es ist klar, daß die Möglichkeit, durch besonders reichliche Ernährung den Gewichtsverlust einzu-
schränken, noch nicht beweist, daß normaliter nicht andere Momente für sein
Auftreten mindestens mitbestimmend sind.

Sehen wir aber zu, wie weit tatsächlich eine Unterernährung als bestim-
mende Ursache der Gewichtsabnahme in Betracht kommt. Sicher ist ja, daß
in dem Momente der Abnabelung die bis dahin kontinuierliche Zufuhr von
Nahrung plötzlich unterbrochen wird und zwar je nach dem angewandten
Ernährungsregime auf kürzere oder längere Zeit, kaum jemals wohl über
24 Stunden. Im Laufe des 2. Tages setzt aber regelmäßig eine Nahrungszufuhr

---

[1] Handb., 1. Aufl. l. c. S. 610.

ein, deren Menge an jedem folgenden Tage zunimmt. Wir haben es also mit keinem echten Hungerzustand zu tun, sondern können mit Chossat recht treffend von einer „inanition avec alimentation croissante" sprechen, wie sie in der Pädiatrie therapeutisch viel angewandt wird. Tatsächlich zeigen Säuglinge, welche diesem therapeutischen Regime unterworfen werden, eine Gewichtskurve, welche ganz der des Neugeborenen entspricht (Rosenstern). Gundobin glaubt, daß „auch die Assimilation der Nahrungsstoffe und die Funktion der Verdauungsorgane in den ersten Lebenstagen noch nicht vollkommen ausgebildet sind", wie er überhaupt eine „mangelhafte Funktionsfähigkeit aller Organe" annimmt. Wir haben schon in dem Kapitel Verdauung darauf hingewiesen, daß mindestens bei streng natürlicher Ernährung von einer solchen Rückständigkeit der Funktion keine Rede sein kann. Dürfen wir sonach die Unterernährungshypothese wohl als berechtigt anerkennen, so ist damit die Frage, ob und inwieweit Wasser-, Eiweiß-, Fettverlust des Körpers dabei eine Rolle spielt, noch nicht entschieden.

Auf einen Zerfall von Organeiweiß hat schon Hofmeier geschlossen. Neuestens haben Langstein-Niemann in ähnlicher Weise sich geäußert, wobei sie freilich noch insoferne ein besonderes Moment einführen, als sie den Eiweißzerfall als zum guten Teil von einem Hungerzustand unabhängig auffassen. Gegen die Beweiskraft ihrer Versuche sind aber wichtige Einwände gemacht worden (Birk-Edelstein, v. Pfaundler).

Daß nach der Geburt das Unterhautfettgewebe abnehme, ist zuerst von v. Winckel und Haake angegeben worden; auch L. Seitz hat im Anschluß an die Deduktion von Czerny-Keller mit diesen die Meinung vertreten, daß die physiologische Gewichtsabnahme als Folge mangelhafter Nahrungszufuhr einen Abbau von Körpermaterial anzunehmen erfordere, als welches in erster Linie das Fett (also N-freie Substanz) in Frage komme, an dem der kindliche Körper von Natur aus sehr reich sei. Czerny-Keller kamen zu dieser Erklärung hauptsächlich auf Grund der Beobachtungen über die N-Ausfuhr, welche — nachdem anfänglich wegen unzureichender Wasserzufuhr anscheinend sogar eine Retention stattfindet — auch später keine solchen Grade erreiche, daß auf einen Zerfall von Körpereiweiß geschlossen werden könne. Fettverbrennung würde also gleichzeitig als Schutz zur Erhaltung des lebenswichtigen Eiweißbestandes dienen, zudem sei Fettverlust überhaupt eine charakteristische Hungerfolge. v. Reuß scheint mir sogar geneigt, das reiche Fettpolster des Neugeborenen geradezu als ein von der Natur für die ersten Tage mitgegebenes Brennmaterial aufzufassen. Neuere, sehr mühsame Versuche und Berechnungen von Birk und Edelstein haben auch tatsächlich ergeben, daß die C-Bilanz in den ersten Tagen negativ ist, was auf verbranntes Fett zu beziehen wäre. Nach einer im Anschluß an diese Versuche von v. Pfaundler ausgeführten Berechnung würden etwa $15^0/_0$ des Gewichtsverlustes auf Fett entfallen. Gilt dieser Wert speziell auch nur für den berechneten Fall am zweiten Lebenstage, so wird man ihn als Annäherungswert für die gesamte Abnahmeperiode gelten lassen dürfen, wobei wahrscheinlich für den ersten Tag ein geringerer, für den dritten Tag ein etwas höherer Wert einzusetzen sein dürfte. Im ganzen scheint also diese so lang strittige Frage heute dahin geklärt, daß ein Fettabbau tatsächlich statthat, wenn er auch an dem Gesamtgewichtsverlust nur in relativ geringem Maße beteiligt ist.

Wir können nach den vorhergegangenen Erörterungen eigentlich schon rein rechnerisch und per exclusionem schließen, daß der Hauptanteil des Verlustes auf Wasserabgabe zu beziehen ist. Auch andere Erwägungen sprechen in diesem Sinne. Zweifellos ist der Wasserbedarf des Neugeborenen ein großer und setzt plötzlich ein. Denn mit Ingangkommen der Lungenatmung muß Wasser durch die Lungen abgeführt werden, ganz abgesehen von der Wasserabgabe durch Haut und Nieren, während die Wasserzufuhr zunächst jedenfalls eine geringe ist, ganz besonders bei Kindern, die erst nach 24 Stunden angelegt werden. Man kann also an eine Wasserunterbilanz denken. Ich sehe aber einen zwingenden Beweis für die Bedeutung des Wasserverlustes vor allem in den refraktometrischen Untersuchungen des Blutserums durch Rott und Rusz, welche ergaben, daß die Refraktionskurve des Blutserums ein fast genaues Spiegelbild der Gewichtskurve ist (vgl. Abb. 30). Anders ausgedrückt heißt das: die Konzentration des Blutserums nimmt in dem Maße zu als das Kind an Gewicht verliert. Wenn nun auch gewiß zuzugeben ist, daß nicht allein Schwankungen im Wassergehalt, sondern auch die Menge der gelösten Bestandteile für die Serumkonzentration maßgebend sind, so spielen erstere doch jedenfalls die ganz überwiegende Rolle. Das scheint mir besonders daraus hervorzugehen, daß mit Einsetzen der Gewichtszunahme die Refraktionskurve wieder als Spiegelbild abfällt, während doch nichts dafür spricht, daß in diesem Stadium die Menge der gelösten Stoffe im Serum zurückgehen sollte. Übrigens zeigen experimentelle Erfahrungen bei Wasserentziehung an jungen Tieren, daß im Wasserhunger auch Körpergewebe, vor allem das als Depotstoff dienende Fett angegriffen wird. Damit scheint mir die Kausalreihe geschlossen und, soweit ich sehe, darf man heute unter allgemeiner Zustimmung der Sachverständigen feststellen: die physiologische Gewichtsabnahme beruht in der Hauptsache (etwa 70—75%) auf Wasserverlust zu einem weitaus geringeren Teil (10—15%) auf Einschmelzung von Körperfett und nur zum kleinsten, übrigens stark schwankenden Teil auf der Abgabe der noch vom Fetalleben stammenden Exkrete (Mekonium, Harn).

2. Aufsteigender Schenkel der Gewichtskurve.

Nachdem am 3.—4., seltener am 5. Tage und nur bei ganz schlechten Stillverhältnissen noch später der tiefste Punkt der Gewichtskurve erreicht ist, beginnt dieselbe anzusteigen. Dieser aufsteigende Schenkel der Gewichtskurve zeigt aber bei ganz gesunden oder noch gesunden Kindern viel größere Variationen als der absteigende. Es ist bis heute nicht gelungen, eine Einigkeit darüber zu erzielen, was noch als physiologisch und was schon als pathologisch anzusehen sei.

Auf der einen Seite werden schroffe Anforderungen an ein rasches und regelmäßiges Ansteigen gestellt, auf der anderen Seite wird — und zwar gerade von pädiatrischer Seite (Pies) — so wenig verlangt, daß es meiner Erfahrung nach bei einiger Reinlichkeit dann überhaupt keine unbefriedigenden Kinderkurven mehr gäbe. Vorurteil und Doktrinarismus scheinen mir da wunderliche Blüten gezeitigt zu haben. Früher, als behauptet wurde (Czerny-Keller und viele andere), gesunde, richtig gepflegte Kinder müßten am 8.—10. Tage ihr Anfangsgewicht wieder erreicht haben, was im allgemeinen einen raschen und regelmäßigen Gewichtsanstieg voraussetzt, fühlten sich manche, besonders Geburtshelfer versucht, um vor den Pädiatern bestehen zu können, alles an die Erreichung ihres Zieles zu setzen, wobei gar manchmal andere Schäden wie Darmkatarrhe unterliefen und zum Allaitement mixte oder gar zur künstlichen Ernährung Zuflucht genommen wurde, wenn die Stillverhältnisse die Erreichung des gesetzten Zieles nicht zu gewährleisten schienen. Demgegenüber hat Verfasser schon vor 18 Jahren betont, daß ihm dieses Kriterium des Gedeihens Neugeborener nicht richtig gewählt erscheint. Als dann die Pädiater zum ersten Male anfingen, wirklich Neugeborene in größerer Menge nach ihren Vorschriften zu ernähren, da ergab sich auf einmal, daß den von ihnen selbst aufgestellten Forderungen die Resultate weder in der einen noch in der anderen Richtung entsprachen. So errreichten im Kaiserin Auguste-Victoria-Haus, der Musteranstalt für das deutsche Reich, statt 100% nicht einmal 11% ihr Anfangsgewicht bis zum 8.—10. Tage, wobei überhaupt nur in 81% aller Fälle die Brusternährung erreicht werden könnte. Auch nach einer späteren Mitteilung von E. Bergmann aus derselben Anstalt haben nur 11,4%

der Neugeborenen bis zum 10. Tage, 21,7 % bis zum 14. Tage, 37 % in der 3. Woche und 24 % erst nach der 3. Woche ihr Anfangsgewicht erreicht. Was das regelmäßige Ansteigen anbelangt (Typus Budin), so fand Pies dasselbe so selten, daß er geradezu von Idealfällen spricht. Anstatt nun aber den Schluß zu ziehen — entweder ist unsere Forderung „gesunde, gut gepflegte Brustkinder müssen am 8.—10. Tage ihr Anfangsgewicht erreichen" falsch oder „wir haben unsere Kinder nicht richtig gepflegt" — einen dritten Schluß gibt es gar nicht, führt Pies Ungunst des Materials (73,5 % illegitime Kinder, was an Gebäranstalten genau so ist) an und behauptet schließlich schlankweg, an Gebäranstalten würden die Kinder vielfach ganz willkürlich angelegt oder es kämen Fehler und Unregelmäßigkeiten der Pflegerinnen und ähnliches für die Erklärung der Differenzen in Betracht. Verfasser vermag einer derartigen Beweisführung nicht zu folgen [1]. Die von Pies publizierten Resultate sind seitdem durch neuere, viel bessere Erfahrungen derselben Anstalt überholt. Das drastische Beispiel zeigt aber, wie groß die Differenzen in solchen grundlegenden Fragen sind.

Es scheint jedoch wichtig, den sachlichen Gründen dieser Differenzen nachzugeben. Ich selbst bekam als Geburtshelfer bald Zweifel, ob dieses „Gesetz", gesunde Neugeborene müßten am 8.—10. Tage ihr Anfangsgewicht wieder erreichen, tatsächlich zu Recht bestände. Denn durchaus nicht immer waren die Kinder, welche den Anforderungen in Hinsicht auf Erreichung des Anfangsgewichtes genügten, wirklich die gesündesten oder hatten auch nur die gleichmäßigst ansteigenden Kurven, während andererseits zahlreiche Kinder, die dieser Forderung nicht genügten, bei langsamerem regelmäßigen Ansteigen der Gewichtskurve in jeder Hinsicht gediehen und weiterhin keinerlei Abnormität erkennen ließen.

Unter günstigen Stillverhältnissen erreichen viele Kinder schon am 6. Tage ihr Anfangsgewicht (bei Laure sogar mehr als die Hälfte). Ebenso entspricht die Angabe von Heidemann, daß gewöhnlich die leichteren Kinder ihr Anfangsgewicht früher erreichen als die mit höherem Anfangsgewicht, durchaus meiner Erfahrung. Das erklärt sich daraus, daß die schwereren Kinder meist diejenigen sind, welche stärkere Abnahme zeigen, daher mehr einzuholen haben, und zweitens daraus, daß bei den schwereren Kindern mit größerem Nahrungsbedürfnis eine knappe Brustsekretion viel stärker im Sinne der Verzögerung des Gewichtsanstieges wirken muß als bei leichteren.

Es gibt aber noch eine ganze Reihe anderer Momente, welche die Form des aufsteigenden Schenkels der Gewichtskurve, wesentlich abhängig von Größe und Gleichmäßigkeit der Zunahme, beeinflussen. Je größer die durchschnittliche Tageszunahme ist, desto rascher wird natürlich das Anfangsgewicht wieder erreicht (Abb. 48, 51, 52). Es liegt auf der Hand, daß das gleiche Resultat sowohl durch einen geringeren, aber gleichmäßigen Anstieg (Abb. 57), wie durch vereinzelte starke, von dazwischen liegenden Stillständen oder selbst Abnahme unterbrochene Zunahmen erreicht werden kann (Abb. 58).

Unseres Erachtens ist die erstere Form allein im strengsten Sinne physiologisch, letztere höchstens dann, wenn es sich um einen Stillstand oder eine

---

[1] Pies schreibt wörtlich (S. 519): „Es ist bekannt, daß geburtshilfliche Anstalten bei Feststellung des Geburtsgewichtes ein bestimmtes Gewicht (60—80 g) für Nabelverband und Nabelschnurrest in Abzug bringen. Es ist selbstverständlich, daß dies eine erhebliche Abkürzung der Gewichtsabnahme und dementsprechend eine sehr viel schnellere Ausgleichung des Gewichtsverlustes zur Folge haben muß." An den dem Verfasser bekannten Frauenkliniken werden derartige Fehler nicht gemacht. Pies verallgemeinert mindestens zu unrecht und hätte ihn ins Auge gefaßten Anstalten nennen müssen.

Weiter heißt es S. 520 zur Technik der Ernährung: „In vielen geburtshilflichen Anstalten ist diese Sorge den Hebammen überlassen. Die Kinder werden 5—10 mal täglich angelegt, oft nach Belieben." Verfasser erlaubt sich die Frage: In welchen Anstalten herrschen solche Zustände? Für die mir bekannten traf das mindestens 1910 schon nicht zu. Wenn übrigens das wissenschaftlich verfehlte Verfahren solcher von Pies herangezogener Anstalten so viel glänzendere Resultate ergäbe, wäre es dann so sehr verlockend, dieselben gegen die schlechten nach dem hochwissenschaftlichen Verfahren von Pies einzutauschen?

geringfügige Abnahme nach einem durch besonders reichliche Nahrungszufuhr bedingten starken Anstieg handelt. Derartige plötzliche Schwankungen der Milchmenge kommen zweifellos vor — manchmal vielleicht im Anschluß an zu starkes Abführen der Wöchnerin —, sind aber im ganzen bei aufmerksamer

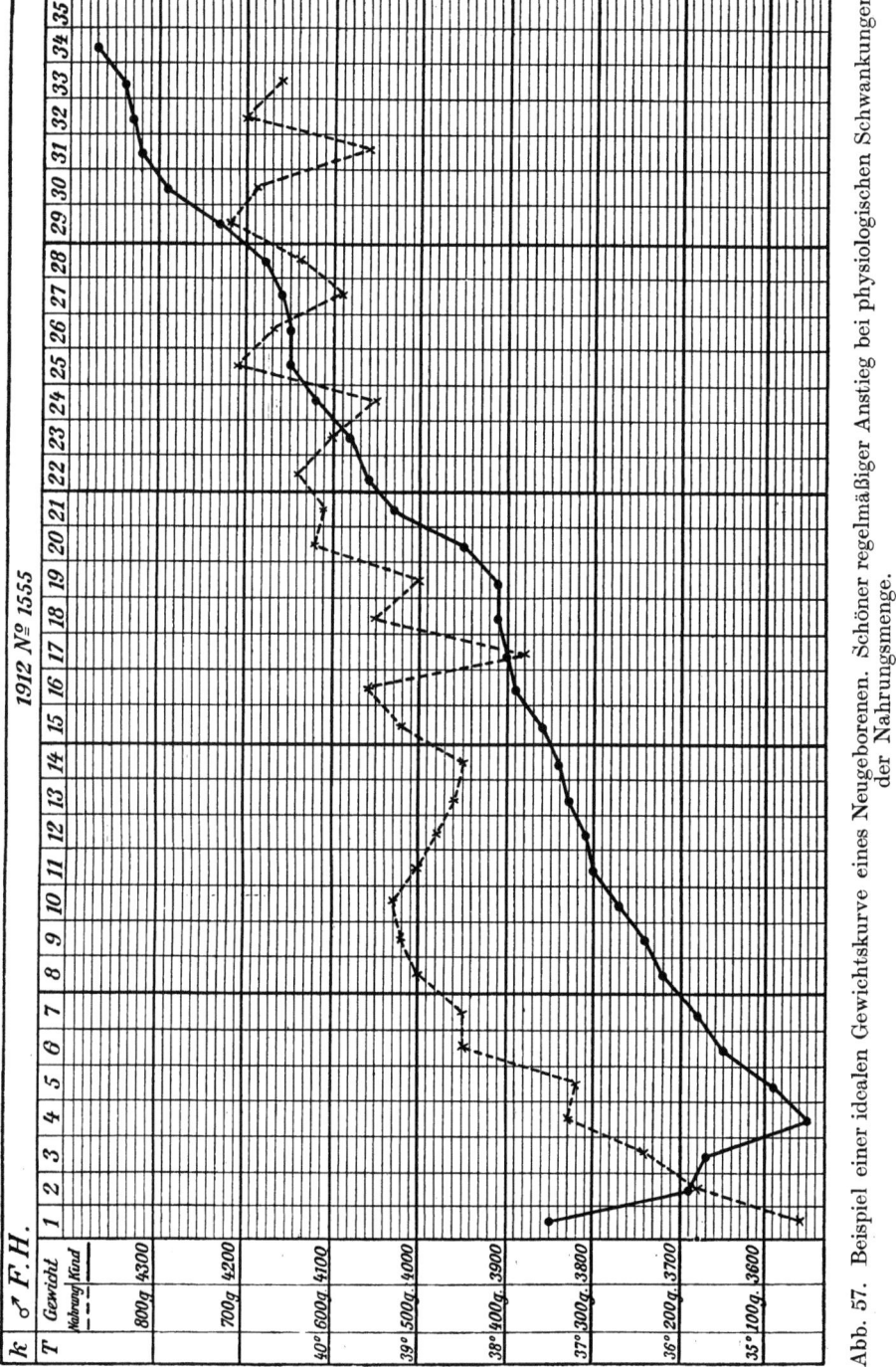

Abb. 57. Beispiel einer idealen Gewichtskurve eines Neugeborenen. Schöner regelmäßiger Anstieg bei physiologischen Schwankungen der Nahrungsmenge.

Kontrolle der Trinkmengen und sorgfältiger Überwachung des Stillens zu vermeiden. Mit die häufigste Ursache solcher ungleichmäßigen, von Stillstand oder Abnahme unterbrochenen Kurven sind wohl ungünstige Stillverhältnisse, seien sie nun bedingt durch Somnolenz der Kinder, Ungeschicklichkeit der Mütter oder mangelhafte Stillfähigkeit. Unter diesen Umständen ist ihnen sicherlich keine zu große Bedeutung zuzuerkennen, während dieselben Abnahmen, wenn sie als Folge einer Dyspepsie oder eines Darmkatarrhes auftreten, natürlich unbedingt als pathologisch zu bezeichnen sind.

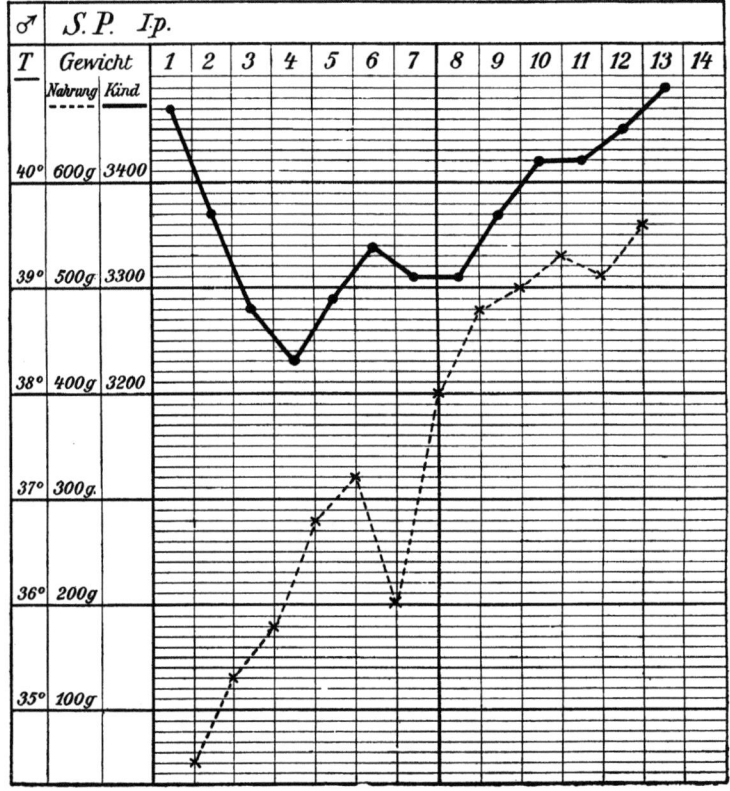

Abb. 58.
Verspätetes Einschießen der Milch. Trotz einmaliger Abnahme und zweimaligem Gewichtsstillstand wird das Anfangsgewicht am 13. Tag erreicht. Man vgl. dazu Abb. 57.

Die gleichmäßig und ziemlich rasch ansteigenden Kurven, wie sie Pies nur als Idealfälle kennt, sind die Regel bei kräftigen, an der gut funktionierenden Brust genährten Kindern. Ausreichende Milchmenge bei fehlerloser sonstiger Pflege der Kinder scheint die wichtigste Voraussetzung derselben zu sein.

Abgesehen von der Menge spielt aber auch die Art der Nahrung eine Rolle. Am günstigsten stellen sich die Verhältnisse für Brustnahrung, am ungünstigsten bei Kuhmilchfütterung. So berichtet Chavanne, daß unter sonst möglichst gleichen Verhältnissen bei Brustkindern die mittlere tägliche Zunahme 28—33 g betrug, während dieselbe beim Allaitement mixte auf 18 bis 24 g, bei künstlicher Ernährung sogar auf 14—18 g herabsank. Das schließt natürlich nicht aus, daß in Anstalten vielfach künstlich oder teilweise künstlich ernährte Kinder oftmals bessere Zunahmen zeigen als reine Brustkinder, deren

Nahrungsmengen knapp sind. Die Erfahrung von Chavanne besagt nur: der Nutzeffekt gleicher Mengen ist am größten bei reiner Muttermilchernährung und wir können noch hinzufügen, hier wieder dann, wenn streng physiologische Verhältnisse vorwalten, also die Ernährung mit Kolostrum eingeleitet wird. Auch die Ammenkinder, welche gleich reife Frauenmilch erhalten, scheinen in dieser Hinsicht etwas ungünstiger gestellt als die an der Brust der eigenen Mütter gesäugten.

Leicht einzusehen ist, daß irgendwelche Erkrankungen, vor allem des Darmes selbst die regelmäßige Zunahme unterbrechen, doch wollen wir diese Störungen nicht in den Kreis der Betrachtungen einbeziehen. Schließlich ist klar, daß ein sehr starker Gewichtsverlust in den ersten Lebenstagen auch bei nachfolgendem raschen und regelmäßigen Ansteigen das Erreichen des Geburtsgewichtes verzögern kann.

Wir sehen also, daß eine ganze Reihe von Momenten die Form des aufsteigenden Schenkels der Gewichtskurve beeinflußt. Einwandfreie Asepsis der gesamten Kinderpflege vorausgesetzt, ist weitaus das Wichtigste die streng natürliche Ernährung und die dem Kinde zugeführte Nahrungsmenge. Die seltenen Ausnahmen, in denen reine Brustkinder bei ausreichender Nahrung und sorgsamster Pflege nach langdauerndem Abnehmen einen langsamen, oft von Stillständen und Abnahmen unterbrochenen Gewichtsanstieg zeigen, Kurven, wie sie etwa dem 3. Typus nach Pies entsprechen, gehören nicht mehr ins Gebiet des Physiologischen. Soweit ich zu beurteilen vermag, ist ein derartiges Verhalten eines der frühesten Zeichen der exsudativen Diathese; die Kinder neigen zu Ekzem, Konjunktivitis, Paronychien, zeigen welke Haut schon in den ersten Wochen und zwar bei einwandfreister Pflege. Ich will aber damit nicht etwa ausdrücken, daß bei anderen Kindern späterhin eine exsudative Diathese nicht manifest werden könnte.

In dem günstigsten Falle, das ist also bei reichlicher Milchsekretion und tadelloser Asepsis (gelegentlich sogar ohne solche) beträgt die tägliche Zunahme etwa 30—40, ja bis 50 und 60 g. Danach kann man sich leicht ausrechnen, daß bei einer durchschnittlichen Abnahme von 180—250 g das Anfangsgewicht am 7.—9. Tage erreicht wird. Viel häufiger finden wir ähnliche Kurven, die sich von der eben beschriebenen nur durch ein etwas langsameres, aber ebenfalls ganz regelmäßiges Ansteigen unterscheiden, so daß das Geburtsgewicht etwas später erreicht wird. Weniger reiche Nahrung ist die Ursache dieser absolut normalen Kurve. Am lebhaftesten pflegt die Zunahme in den ersten 3—4 Tagen nach erreichtem Tiefpunkt zu sein (Benestad, Verfasser). Kurven, wie sie Pies als 2. Typus abbildet, bei denen etwa der Abnahme ein Gewichtsstillstand oder nach kleinem Anstieg bald eine zweite geringfügige Abnahme folgt und weiter der Anstieg unregelmäßig, treppenförmig erfolgt, finden wir in unserem Material in 10% der Fälle. Sofern es sich dabei um völlig gesunde Kinder handelt und die Schwankungen aus geringerer Milchmenge, Saugschwierigkeiten usw. sich erklären, halten wir dieses Verhalten noch durchaus für physiologisch, jedenfalls niemals für einen zureichenden Grund, deshalb etwa in der Neugeburtsperiode die natürliche Ernährung durch Zwiemilchnahrung zu ersetzen. Wir weichen aber, abgesehen von der verschiedenen Häufigkeit, von Pies in der Deutung dieser Kurven insoferne ab, als unserer Erfahrung nach häufig Fehler gegen die Asepsis und daraus resultierende leichte Darmstörungen der Kinder mit vorübergehendem Auftreten dünner oder schleimiger Stühle für das Zustandekommen dieser Kurven anzuschuldigen sind. Dieselbe Ursache scheint mir, so weit ich nach den Arbeiten der Autoren (C. Koch, Kirstein) beurteilen kann, für die auffallenden Gewichtskurven aus der Zangemeisterschen Klinik in Marburg zu gelten. Jedenfalls dürfte die Bedeutung des von

Kirstein besonders gewürdigten „Windelverlustes" in erster Linie auf solche
Störungen zurückzuführen sein; dafür scheint mir vor allem der von ihm so
häufig beobachtete „Knacks" in der Gewichtskurve zu sprechen. Jedenfalls
ist es uns bei einem strengen Ausbau der Asepsis der gesamten Pflege und des
Stillens sowie bei sorgfältiger Überwachung der Stilltechnik gelungen, solche
Kurven immer seltener zu machen. Wie im einzelnen Unterernährung, Überfütterung, Ikterus, Darmkatarrh usw. die Gewichtskurven verändern, soll später
noch erörtert werden.

Es zeigen also diese Auseinandersetzungen, daß der ursprünglich von
Czerny-Keller für die Erreichung des Geburtsgewichtes aufgestellte Termin
nur von einer Minderzahl von Kindern eingehalten wird. Wenn ich aus neueren
Arbeiten eine Tabelle zusammenstelle, so ergibt sich folgendes:

Es hatten ihr Anfangsgewicht erreicht in:

Heidelberg	unter	Kehrer	bis zum 7. Tag		14,5%,	bis zum 14. Tag	55,5%,
„	„	v. Rosthorn-Menge	„ 8. „		74,9%,	„ „ 12. „	90 %,
						(bei 4 stündlichem Anlegen),
Kristiana	„	Isachsen	„ „ 8. „		47,3%,	„ „ 10. „	61,5%,
„	„	Benestad	„ „ 8. „	fast	50 %,	„ „ 12. „	76,9%,
„	„	Kjölseth	„ „ 7. „		54,2%,	„ „ 10. „	77,8%,
„	„	Laure	„ „ 8. „		75 %,	„ „ 10. über 90%,
Gießen	„	v. Jaschke	„ „ 8. „		14 %,	„ „ 15. Tag	62%,

Der oben aufgestellte Satz darf also durch die allgemeine Erfahrung an
gesunden, gut gedeihenden Kindern wohl als widerlegt gelten. Übrigens hat
mindestens Keller selbst das bereits zugegeben, wenn er 1914 über die bis zur
Erreichung des Geburtsgewichtes vergehende Zeit schreibt[1]: „. . . . doch
dauert dies namentlich bei erstgeborenen Kindern nach unseren eigenen Erfahrungen länger (14—20 Tage), ohne daß irgendwelche Störungen in der Ernährung oder im Gesundheitszustand des Kindes eintreten." Das möchte
Verfasser vollständig unterschreiben. Fassen wir unsere Erfahrungen, welche
mit den neuesten der Pädiater in guter Übereinstimmung sich befinden, zusammen, so können wir uns etwa so ausdrücken:

Bei einem vollkommenen gedeihenden, weder unterernährten, noch überfütterten Neugeborenen beginnt nach einem 3—4 Tage dauernden, physiologischen Sinken die Gewichtskurve regelmäßig und bei genügender Nahrungszufuhr auch ziemlich rasch anzusteigen, so daß je nach der Größe der postnatalen Abnahme und der Ergiebigkeit der Brüste durchschnittlich am 10. bis
14. Tage das Anfangsgewicht erreicht wird. Dabei zeigen sich aber häufig
individuelle, nicht durch die Milchmenge als solche, sondern wohl auch durch
qualitative Unterschiede der Milch, öfter vielleicht auch durch individuelle
Verschiedenheit des Assimilationsvermögens der Kinder zu erklärende Unterschiede, so daß der Winkel, unter dem die V-förmige Kurve entsteht, bald
spitzer, bald stumpfer wird. Die Regelmäßigkeit des Anstieges — natürlich ohne strenge Gleichmäßigkeit der jeweiligen täglichen Zunahme — erscheint im allgemeinen als ein zuverlässigeres Kriterium für das
Gedeihen des Kindes als die absolute Größe der täglichen Zunahme.
Eine mehrfache Unterbrechung der Zunahme durch Stillstände und Abnahmen
bei ausreichender Ernährung deutet — abgesehen von selteneren Fällen exsudativer Diathese — meist auf Fehler in der Ernährungstechnik oder Asepsis und
ist am häufigsten durch vorübergehende Darmstörungen bedingt. Von der
zweiten Lebenswoche ab fällt überdies vielfach eine gewisse In-
kongruenz zwischen der Kurve der Nahrungsmenge und des Gewichtes in die Augen (vgl. Abb. 57). Der Gewichtsanstieg ist zunächst

---

[1] Kinderpflegelehrbuch, 2. Aufl. 1914, S. 15.

hauptsächlich auf Ersatz des verlorenen Wassers zurückzuführen. Schon gegen Ende der 1. Woche (nach Birk etwa von der 2. Woche an) ändern sich diese Verhältnisse aber insofern, als jetzt neben der Flüssigkeitszufuhr auch der Kaloriengehalt der Nahrung eine größere Rolle spielt. Man kann das leicht daraus ablesen, daß anfänglich auch durch bloße Flüssigkeitszufuhr ein vorübergehender Gewichtsanstieg zu erzielen ist, während etwa vom 6.—7. Tage ab derselbe auf bloße Flüssigkeitszufuhr ausbleibt und erst wieder eintritt, wenn Milch, id est Energie und plastische Substanz, zugeführt wird (genaueres darüber später).

D. Stoffwechsel des Neugeborenen.

Allgemeines über Stoffwechselversuche beim Neugeborenen.

Der Entwicklungsgang der Geburtshilfe und Gynäkologie hat es mit sich gebracht, daß Fragen des Stoffwechsels an Frauenkliniken nur selten bearbeitet wurden. Es mag daher nicht überflüssig erscheinen, wenn wir der Besprechung des Stoffwechsels als Ausdruck der gesamten Organfunktionen beim Neugeborenen einige allgemeine Bemerkungen voranschicken. Schon die in der natürlichen Nahrung zugeführten Nährstoffe können vom Neugeborenen nicht oder wenigstens nicht sämtlich in der dargebotenen Form verwertet werden. Nur Wasser und die gebotenen anorganischen Bestandteile der Milch werden ohne weiteres aufgenommen (resorbiert), die meisten organischen Bestandteile der Milch bedürfen erst einer Überführung in eine Form, in der sie resorbiert werden können. In erster Linie handelt es sich dabei darum, die unlöslichen oder schwer löslichen Eiweißstoffe und Fette (Kohlehydrate) in eine wasserlösliche Form überzuführen. Bei unnatürlicher Nahrung kommt dazu noch eine zweite Aufgabe, nämlich die Eiweißstoffe der Tiermilch durch einen bis zu indifferenten Bausteinen gehenden Abbau ihres Artcharakters zu entkleiden. Beide Aufgaben erfüllt der Verdauungsapparat teils mechanisch, teils auf chemischem Wege, unter Vermittlung von Fermenten und Bakterien (vgl. S. 74 ff).

Damit sind aber erst die Vorbedingungen zu dem gegeben, was wir unter dem Terminus „Stoffwechsel" zusammenfassen. Denn dabei wollen wir nicht allein erfahren, wie die aufgenommenen Nahrungsstoffe zerlegt werden, sondern wie der Körper diese zum Aufbau seiner eigenen Bestandteile verwendet und was er davon als unbrauchbare Schlacken abgeben muß. Durch Vergleich von aufgenommenen und ausgeschiedenen Stoffen hinsichtlich Art und Menge hoffen wir nicht allein tieferen Einblick in das Wie? und Was? der zum Aufbau notwendigen Stoffe zu erlangen, sondern in das Wesen der Lebensvorgänge selbst.

So einfach aber die Fragestellung in dieser allgemeinen Fassung erscheint, so kompliziert wird sie, sowie man an die Beantwortung im einzelnen herantritt. Vor allem gilt es, Einnahmen und Ausgaben sorgfältig quantitativ zu vergleichen, wobei natürlich zu berücksichtigen ist, daß die eingeführten Stoffe in ganz anderer Form in den Ausgaben erscheinen. Aber schon die Bestimmung der Einnahmen und Ausgaben ist nicht ganz einfach und erfordert einen größeren Apparat.

Einnahmen im Stoffwechsel.

Unter den **Einnahmen** des Neugeborenen fallen die festen Nahrungsstoffe fort; unter den flüssigen kommen auch nur bestimmte Arten von Eiweißkörpern, nur eine Fettart (Milchfett) und bei natürlicher Ernährung auch nur ein Repräsentant der Kohlehydrate, nämlich Milchzucker, in Frage. Neben diesen Nahrungsstoffen im engeren Sinne sind auch die akzessorischen Nährstoffe, die Vitamine, zu berücksichtigen. Nach allem, was wir wissen, sind in der Frauenmilch alle notwendigen Vitamine enthalten. Von gasförmigen Stoffen ist allein der Sauerstoff zu berücksichtigen, da die übrigen Bestandteile der eingeatmeten Luft in keine Beziehungen zum Zellstoffwechsel treten. Unter den anorganischen Stoffen ist neben den Salzen vor allem das Wasser zu nennen, welches als Vehikel und Lösungsmittel aller anderen Stoffe eine sehr große Rolle spielt, wenn es auch dynamisch an sich wertlos ist. Leider ist aber schon die quantitative Bestimmung der Einnahmen beim natürlich ernährten Neugeborenen recht schwierig. Es geht nicht an, aus der Quantität der aufgenommenen Nahrung einfach durch Rechnung die Menge der aufgenommenen Nahrungsstoffe zu bestimmen. Das würde zu ganz groben Fehlern führen, weil in gleichen Volumina Milch die einzelnen Nahrungsstoffe sehr verschieden verteilt sind, verschieden bei jeder Mahlzeit, verschieden bei jeder Frau. Man kann dieser Schwierigkeit gar nicht vollkommen Herr werden. Läßt man das Kind an der einen Brust trinken und entnimmt aus der anderen Brust eine gleiche Menge Nahrung zur Analyse, so ist damit noch nicht gesagt, daß aufgenommene und analysierte Milch ganz gleich zusammengesetzt sind, denn auch die Milch der beiden Brüste differiert manchmal recht beträchtlich. Besser, aber sehr mühsam ist ein anderer Weg: Von abgepumpter Frauenmilch wird ein Teil zur Analyse, ein anderer Teil zur Fütterung des Kindes verwendet, und dann in den gesammelten Mischportionen eines Tages die Analyse der Nahrung durchgeführt. Leider wurde dieser Weg bisher selten eingeschlagen. Er setzt vor allem eine gewisse Reichlichkeit der Milchsekretion schon voraus und bleibt daher gerade für die interessanteste Zeit der physiologischen Gewichtsabnahme wie überhaupt die Periode der kolostralen Ernährung nahezu ungangbar. Man hat sich in den meisten Fällen nicht anders helfen können, als indem man den Kindern entweder Ammenmilch gab oder gänzlich auf die natürliche Ernährung verzichtete. Andere Schwierigkeiten, wie die Berücksichtigung der im Darm unresorbiert liegengebliebenen Bestandteile der Nahrung u. ähnl. spielen glücklicherweise beim Neugeborenen keine besondere Rolle. Wir übergehen diese Frage daher hier ganz. Dagegen erfordert die Bestimmung der aufgenommenen Sauerstoffmenge wieder besondere Sorgfalt und einen besonderen Apparat, um einwandfrei durchgeführt zu werden.

Ausgaben.

Die Bestimmung der **Ausgaben** hat von vornherein mit der Schwierigkeit zu kämpfen, daß in den ausgeschiedenen Schlacken ganz andere Stoffe erscheinen als eingeführt wurden. Man muß also aus dem Endprodukt des ganzen Stoffwechselprozesses unter Berücksichtigung aller Erfahrungen der Chemie die Menge und Art des Ausgangsstoffes berechnen. Diese Schwierigkeit ist heute im großen ganzen überwunden, erfordert aber natürlich besonders geschulte Arbeiter. So wird z. B. aus der Menge des in verschiedenen Verbindungen ausgeschiedenen Stickstoffs auf den Eiweißstoffwechsel geschlossen, aus der Menge der abgegebenen Kohlensäure der Verbrauch des Sauerstoffs berechnet. Besondere Schwierigkeiten bestehen beim Wasser. Ein einfacher Abzug des ausgeschiedenen Wassers oder Wasserdampfes von dem eingeführten Wasser läßt unberücksichtigt, daß auch im Organismus selbst bei verschiedenen Umsetzungen Wasser gebildet wird. Wir werden später noch darauf zurückkommen. Sehen wir von der Wasserdampfabgabe durch Haut, Lungen, von der Kohlensäureabscheidung aus den Lungen ab, so können wir jedenfalls einmal alles, was im Harn erscheint, als Ausgabe von den Einnahmen abziehen, ebenso sind bestimmte anorganische Bestandteile des Kotes sicherlich als Ausgaben zu bezeichnen, weil der Darm ihre Hauptausscheidungsstätte ist, während z. B. die Stickstoffbestandteile des Stuhles nur in verschwindendem Maße zu den Ausgaben gehören, vielmehr größtenteils auf Bakterien-Stickstoff zu beziehen sind.

Die Feststellung der Ausgaben hat übrigens in der Neugeburtsperiode zunächst noch mit anderen Schwierigkeiten zu kämpfen; denn neben den Endprodukten der zugeführten Nahrung im weitesten Sinne kommen in den ersten Tagen sowohl im Harn wie namentlich mit den Darmentleerungen Stoffe zur Ausscheidung, die noch aus der Fetalzeit stammen. Schon in den Darmentleerungen ist niemals sicher festzustellen, wie viel auf solche Reststoffe kommt und wann deren Ausscheidung vollendet ist.

Schließlich ist zu berücksichtigen, daß aus Stoffwechselversuchen eigentlich nur dann brauchbare allgemeingültige Resultate abzulesen sind, wenn dieselben langfristig sind und unter Bedingungen stattfinden, unter denen man annehmen kann, daß der Organismus sich an das besondere Milieu des Stoffwechselapparates gewöhnt hat. Es ist klar, daß Stoffwechselversuche in der Neugeburtsperiode dieser Forderung überhaupt niemals genügen können und dadurch natürlich in ihrem Wert eingeschränkt werden.

Aufstellung der Bilanz.

Aus der Gegenüberstellung von Einnahmen und Ausgaben ergibt sich die Stoffwechselbilanz. Die Deutung der erhaltenen Zahlen erfordert aber manche Vorsicht, gerade in der Neugeburtsperiode. Eine positive Bilanz braucht nicht ohne weiteres Ansatz zu bedeuten, sondern kann auf einfacher Retention beruhen. Das gilt sowohl bei Berücksichtigung des Gesamtstoffwechsels wie auch für manche Bilanz einzelner Nahrungsstoffe. Vor allem muß man sich natürlich hüten, in der Neugeburtsperiode jeden Gewichtszuwachs ohne weiteres mit Ansatz gleich zu setzen. Denn wie in der physiologischen Gewichtsabnahme zum allergrößten Teil ein Wasserverlust zum Ausdruck kommt, so ist auch der Gewichtsanstieg bis zur Wiedereinholung des Anfangsgewichtes zu einem guten Teil auf Wiederersatz des verlorenen Wassers zu beziehen. Wir werden weiter unten auf die Gefahr solcher Trugschlüsse noch wiederholt aufmerksam zu machen haben. Hier genüge dieser Hinweis.

Technische Schwierigkeiten der Stoffwechselversuche beim Neugeborenen.

Gesamtstoffwechselbilanzen an Neugeborenen zu gewinnen ist aber noch aus anderen Gründen äußerst schwierig; ja wenn man ganz strenge Anforderungen an den Begriff „Exaktheit" und „physiologische Verhältnisse" stellt, überhaupt unmöglich. Selbst die zwei Versuche von Birk genügen dann nicht, obwohl sie sonst allen beim Neugeborenen erfüllbaren Forderungen entsprechen. Man mache sich nur einmal die technischen Schwierigkeiten solcher Stoffwechselversuche am Neugeborenen klar. Ganz abgesehen davon, daß es natürlich unmöglich ist, eine sogenannte Vorperiode einzuschalten, kommen dazu spezielle methodische Schwierigkeiten, die sich bei der Bestimmung des Gasstoffwechsels häufen. Man muß dazu die Kinder notwendigerweise in den Respirationsapparat bringen, dazu Vorbereitungen treffen, um Harn und Kot getrennt und gleichzeitig verlustfrei zu sammeln, vor allem aber ist es ganz unmöglich, das Kind 24 Stunden lang oder mehrere Tage ununterbrochen im Apparat zu lassen. Mindestens muß es zur Ernährung herausgenommen werden, so daß bei nur fünfmaligem Anlegen allermindestens 3—4 Stunden innerhalb 24 Stunden für die Beobachtung verloren gehen, ganz abgesehen davon, daß dieser fünfmalige jähe Wechsel zwischen Apparat und Außenwelt den Stoffwechsel an sich schon beeinflußt. Auf jeden Fall wird das Kind infolge der verschiedenen Unbequemlichkeiten seiner Lage, des erwähnten Wechsels zwischen Apparat und Außenwelt mehr schreien, sich mehr bewegen, wozu noch die hohe Lufttemperatur in dem Apparat kommt, so daß alle die Zahlen für den Gasstoffwechsel erstens jedesmal zu hoch ausfallen und zweitens für mehrere Stunden täglich nur schätzungsweise bestimmt werden können. Nun denke man sich dazu, daß solch ein Versuch mehrere Tage hintereinander durchgeführt werden muß, daß besonders geschulte Forscher dazu notwendig sind, daß neben dem Gaswechsel auch noch die Ausscheidung der Stickstoffkörper, Mineralsubstanzen usw. in Harn und Kot exakt zu bestimmen ist, dann wird man ermessen, warum bisher befriedigende Resultate so selten erzielt wurden. Über den Gaswechsel des Neugeborenen liegt überhaupt erst ein brauchbarer Versuch vor, und selbst bei diesem scheinen nach einer Kritik von v. Pfaundler gewisse Fehler bei der Funktion oder Bedienung des Apparates bei einem Teil des Versuches vorgekommen zu sein. Auf die Schwierigkeiten der Bestimmung der Einnahmen in der Neugeburtsperiode haben wir schon oben hingewiesen. Eine streng physiologische Nahrungszufuhr ist bei derartigen Stoffwechselversuchen in der Neugeburtsperiode überhaupt kaum möglich und die Zahl einschlägiger Versuche an kolostral ernährten Neugeborenen äußerst gering.

So kann es nicht verwundern, daß auch in der allerneuesten Zeit diese enormen Schwierigkeiten die Sammlung größerer Versuchsreihen verhindert haben. Besser steht es, wenn man einzelne Fragen aus dem Komplex der Stoffwechselvorgänge herausgreift und sich damit begnügt, den Stoffwechsel einzelner Nahrungsstoffe oder bestimmter Gruppen von solchen zu verfolgen. Man kann auch wohl annehmen, daß in der engeren Neugeburtszeit solche Einzelstoffwechselversuche brauchbarere Resultate ergeben als ceteris paribus beim Erwachsenen. Auch wir wollen in dieser Weise vorgehen und nacheinander Stickstoffwechsel, Wasserwechsel, Gasstoffwechsel, Mineralstoffwechsel besprechen. Hinsichtlich aller Einzelheiten der Methodik muß auf die entsprechenden Lehrbücher verwiesen werden. Wer etwa eigene Versuche anstellen will, muß notwendig für jede Frage auf die Originalarbeiten zurückgreifen, da jede Einzelheit der Methodik für die Bewertung der gewonnenen Resultate von großer Bedeutung ist.

Stickstoffwechsel.

Der Stickstoffwechsel soll uns Aufschluß geben über das Verhalten der Eiweißkörper im Organismus. Dazu wird der Stickstoff der aufgenommenen Nahrung in Form von Ammoniak (Kjeldahlmethode) bestimmt, der Eiweißgehalt ergibt sich durch Multiplikation mit 6,25. Die Stoffwechselprodukte N-haltiger Körper erscheinen vollständig im Harn. Es genügt also zur Aufstellung der Bilanz, einfach wieder den NH_3-Gehalt des Harns mittelst der Kjeldahlmethode zu bestimmen, wenngleich in vielen Fällen auch ein Überblick über die Verteilung der stickstoffhaltigen Endprodukte im Harn erwünscht ist. Die N-haltigen Substanzen des Kotes werden übereinkommengemäß ebenfalls als Ausgabe gebucht und abgezogen. So gestaltet sich die Verfolgung des N-Stoffwechsels noch relativ einfach. Es sei aber wenigstens kurz erwähnt, daß eine Identifizierung von Stickstoff- und Eiweißstoffwechsel nicht ganz richtig ist [1], wenn auch vermutlich gerade diese Schwierigkeiten beim Neugeborenen wegen der Eigenart seiner Nahrung eine sehr geringe Rolle spielen dürften.

N-Ausscheidung im Harn.

Als Durchschnittswerte der 24 stündigen Gesamtstickstoffausscheidung können etwa die Angaben von Gundobin-Kotscharowski dienen. Danach betrug die N-Menge im Harn

        am 1. Tag im Durchschnitt 131,17 mg = 7,83 % des Harns
        ,, 2. ,,   ,,   ,,   213,97 ,, = 6,85 ,,   ,,   ,,
        ,, 3. ,,   ,,   ,,   272,87 ,, = 3,26 ,,   ,,   ,,
        ,, 4. ,,   ,,   ,,   304,42 ,, = 1,91 ,,   ,,   ,,
        ,, 5. ,,   ,,   ,,   425,60 ,, = 2,08 ,,   ,,   ,,
        ,, 6. ,,   ,,   ,,   423,52 ,, = 1,72 ,,   ,,   ,,

---

[1] Näheres über diese Frage Abderhalden, Lehrbuch d. phys. Chemie, Bd. II.

Daraus ergibt sich, daß vom ersten Lebenstage an die N-Ausscheidung sehr rasch auf das Doppelte und mehr ansteigt, etwa von 50 auf 100 mg pro Kilogramm Körpergewicht. Trotz dieser absoluten Zunahme sinkt aber der prozentuale Stickstoffgehalt des Harns stark ab, weil die Harnmenge steigt. Ganz ähnliche Werte fand Birk bei streng natürlich ernährten Kindern für den Gesamtstickstoffgehalt des Harns: 148,1—307,2 mg in der 1. Lebenswoche. Sowohl aus Untersuchungen von Birk wie Langstein-Niemann geht aber hervor, daß in der 2. Hälfte der 1. Lebenswoche dem raschen Anstieg der N-Ausscheidung wieder ein Abfall (etwa um die Hälfte) folgt. In der 2. Lebenswoche gibt es einen neuerlichen Anstieg, der jetzt der Zunahme der Nahrungsmenge (damit des Nahrungsstickstoffes) parallel geht, so daß die absoluten Werte je nach der Größe der Nahrungszufuhr stark schwanken. Verschiedene Fälle der genannten Autoren zeigten allerdings auch ganz unabhängig von der Nahrungszufuhr starke Schwankungen der N-Ausscheidung, die vielleicht mit den individuell wechselnden Bedingungen der Harnausscheidung überhaupt zusammenhängen, (vgl. darüber Kapitel Harn). Eine Tatsache aber wird man aus den bisher genannten Beobachtungen herauslesen dürfen: die N-Ausscheidung des Neugeborenen ist sehr hoch.

Zu tieferem Einblick in das Wesen der Stoffwechselvorgänge ist auch die Verteilung der stickstoffhaltigen Körper im Harn zu berücksichtigen. Bleiben wir zunächst bei der Harnstoffgruppe.

Die Harnstoffausscheidung wächst gleich der Ausscheidung von Gesamtstickstoff vom 1. Tage an, wobei die stärkste Steigerung gewöhnlich auf den 3.—4. Tag kommt — entsprechend der kräftig einsetzenden Harnsekretion. Die absolute Größe der ausgeschiedenen Harnstoffmengen steigt auch weiter ziemlich gleichmäßig an (Tabelle α), der prozentuale Gehalt sinkt allerdings vom 3.—4. Tage ab entsprechend der steigenden Harnmenge (Tabelle β).

α) Absolute Menge (mg) des in 24 Stunden ausgeschiedenen Harnstoffs.

Autor	1. Tag	2.	3.	4.	5.	6.	7.	8.	9.	10.	11.	12.
Schiff [1]	114,6	420,0	458,2	590,7	596	638,6	664	715,6	872,5	783,4	844,6	823,2
Reusing [2] a . .	60	260	520	500	780	790	810	—	—	—	–	—
,, b .	330	400	670	550	650	619	880	—	—	—	—	—
Kotscharowski [3]	187	338	465	497	711	740	—	—	—	—	—	—

β) Harnstoffausscheidung im Verhältnis zu Harnmenge und Körpergewicht.

Autor	Harnstoffgehalt pro 1 Harn						Harnstoffausscheidung in mg pro kg Körpergewicht							
	Tage						Tage							
	1.	2.	3.	4.	5.	6.	1.	2.	3.	4.	5.	6.	40.	80.
Schiff	8,15	9,93	10,71	7,18	4,48	3,18	40,4	129,0	120,1	179,1	164,4	187,7	—	—
Reusing	6,96	8,77	11,4	8,94	7,53	6,36	18,9	85,5	173,0	165,0	257,0	288,0	—	—
Kotscharowski .	10,47	10,87	5,54	3,25	3,47	3,0	53,08	98,19	131,3	138,87	193,7	200,51	134,2	85,58

[1] Durchschnittswerte von 27 Kindern.
[2] Durchschnittswerte a) von 20 Brustkindern, b) von 9 künstlich ernährten Neugeborenen.
[3] Durchschnittswerte.

Allerdings schwanken im Einzelfall die absoluten Werte innerhalb ziemlich weiter Grenzen derart, daß die maximale Harnstoffausscheidung des 1. Lebenstages größer sein kann als die minimale vom 6. Lebenstag.

Wenn Hofmeier bei seinen Fällen die Harnstoffausfuhr am 4. Tage als etwa viermal so groß bezeichnet als am ersten Tage, so gilt das keinesfalls als allgemeines Gesetz (Schiff, Reusing). Hofmeier hat daraus den Schluß gezogen, daß die außerordentliche Steigerung der Harnstoffausfuhr in den ersten Lebenstagen als Ausdruck gesteigerter Oxydationsprozesse, namentlich der Eiweißstoffe der Nahrung, anzusehen sei und mit der physiologischen Abnahme in innigem Kausalzusammenhang stehe. Ganz ähnlich drücken sich Langstein-Niemann aus, wobei aber anzumerken ist, daß sie sich dabei auf Versuche an Neugeborenen stützen, die vom ersten Tage ab reife Frauenmilch bekamen, die nur den 5. Teil des Eiweißes enthält wie das Kolostrum. Übrigens hat schon Czerny darauf hingewiesen, daß durchaus nicht die Harnstoffausfuhr der Größe der Gewichtsabnahme entspreche. Ja bis zu einem gewissen Grad ist der Zusammenhang sogar ein entgegengesetzter, insofern als bei reichlicher, bald nach der Geburt einsetzender Nahrungszufuhr, demgemäß geringerer Gewichtsabnahme auch die Harnstoffausscheidung rascher ansteigt. So haben z. B. Cruse, Reusing bei Ammenkindern, die gleich am ersten Tage reichlich Milch bekamen, das prozentuale Harnstoffmaximum schon am ersten Lebenstage gefunden. Man darf auch hier nicht zu einfache Relationen annehmen, da tatsächlich noch andere Faktoren mit hineinspielen. Ich erinnere nur noch an die häufige Retention von Harnstoff in den Nieren innerhalb der ersten Lebenstage, welche mit Einsetzen ordentlicher Durchflutung der Nieren natürlich zu einer scheinbar besonders großen Harnstoffausfuhr Veranlassung gibt.

Daß eine Harnstoffretention, wenigstens beim natürlichen Gang der Ernährung, in den 1. Lebenstagen statthat, geht nicht allein aus der erwähnten, oft sprunghaft starken Steigerung der Harnstoffwerte hervor, sondern ist auch experimentell, z. B. in dem bekannten Methylenblauversuch von Reusing nachgewiesen. Spritzte er kurz vor der Geburt Methylenblau ein, so erfolgte die Ausscheidung beim Kinde in den ersten 3 Lebenstagen gleich dem Harnstoff in sowohl absolut wie prozentual steigender Menge, was natürlich anders als durch anfängliche Retention gar nicht zu erklären ist. Ein Gleiches beweisen die Experimente von Fehling und Porak mit gelbem Blutlaugensalz bzw. salizylsaurem Natrium und einigen anderen Stoffen. Immerhin bleibt auch dabei die Tatsache zu Recht bestehen, daß Größe und Dauer der Retention bzw. Ausfuhr auch von der Größe und vor allem dem Zeitpunkt der einsetzenden Nahrungsaufnahme sehr abhängig sind. Daher erklären sich zum guten Teil die starken Schwankungen der Harnstoffausscheidung bei verschiedenen Kindern.

Noch ist des Anteils zu gedenken, welchen der N des Harnstoffes an der Gesamt-N-Ausscheidung nimmt. Wie nachstehende Zusammenstellung [1] von Kotscharowski zeigt, steigt die Harnstoffausscheidung stärker an, so daß der Harnstoffkoeffizient (gleich Verhältnis des Harnstoff-N zum Gesamt-N) von rund 73% auf 81% steigt, was etwa den Werten beim älteren gesunden Säugling entspricht.

N	1. Tag	2. Tag	3. Tag	4. Tag	5. Tag	6. Tag
Gesamt-N.	131,17	213,97	272,87	304,42	425,60	423,52
N des Harnstoffs	87,44	157,70	216,35	232,13	331,60	345,37
Verh. des Gesamt-N zum	1	1	1	1	1	1
N des Harnstoffs . . .	0,736	0,736	0,793	0,762	0,779	0,817

Im ganzen genommen ist aber die Harnstoffausscheidung gegenüber der normalen 24stündigen Menge des Erwachsenen (35 g — Kühne) eine sehr

_____
[1] Zit. nach Gundobin, S. 368.

geringe und am geringsten beim gesunden, an der Brust ernährten Kinde, was gleicherweise für den Neugeborenen wie für den etwas älteren Säugling gilt.

Wenn auch der Harnstoff das hauptsächlichste Endprodukt des ganzen Stickstoffwechsels ist, so dürfen deshalb doch nicht die anderen N-haltigen Körper des Harns vernachlässigt werden.

Das gilt vor allem von der Ammoniakausscheidung. Wir wissen seit langem durch Sjöqvists Untersuchungen, daß dieselbe beim Neugeborenen ziemlich hoch ist. Seine Angaben konnten von Keller an fünf gesunden Neugeborenen bestätigt werden. Danach würde die Ammoniakausscheidung 9,5 bis 12,5% der Gesamt-N-Ausscheidung betragen. Dementjeff (1904) hat noch genauere Angaben gemacht, nach Untersuchungen von zehn Neugeborenen der 1. Lebenstage: danach würde der Ammoniakgehalt des Harn in den beiden 1. Lebenstagen rasch ansteigen, am 3. Tage ein Maximum erreichen, dann wieder fallen, so daß am 6. Tage der niedrige Anfangswert erreicht wäre. Nicht ganz in Übereinstimmung damit geben aber neuere und neueste Untersuchungen von Simon, v. Reuß, Vogt ein kontinuierliches Ansteigen der Ammoniakausscheidung bis zum Ende der 1. Lebenswoche an. Alle drei letztgenannten Autoren stellen übereinstimmend dasselbe fest. Am stärksten ist die Zunahme nach den Angaben von Simon. Danach betrug am Ende der 1. Woche der prozentuale Anteil des Ammoniaks am Gesamt-N-Gehalt nahezu dreimal so viel als in den drei ersten Tagen (17,1 gegen 6,3%). Auf jeden Fall ist also die Ammoniakausscheidung beim Neugeborenen hoch. Die anfängliche Steigerung dürfte wohl zum größten Teil mit dem Einsetzen starker Harnsekretion überhaupt zusammenhängen, wodurch zurückgehaltene Produkte des N-Stoffwechsels ausgeschwemmt werden. Weiterhin mag die Zufuhr des nukleinreichen Kolostrums eine Rolle spielen, vielleicht auch eine gewisse Unvollkommenheit des intermediären Stoffwechsels beim Neugeborenen überhaupt. Darauf weist namentlich der hohe NH_3-Gehalt im Harn unnatürlich ernährter Kinder und die auf das 4—5fache gesteigerte Ammoniakausscheidung bei magendarmkranken Säuglingen (Keller, Bendix) hin, was bekanntlich Czerny zur Aufstellung des Begriffs der Säurevergiftung bei solchen Kindern geführt hat.

Etwas geringer ist der Anteil des Aminosäurenstickstoffs an der Gesamt-N-Ausscheidung, wenn auch im Vergleich zu den Werten beim Erwachsenen relativ hoch. Das geht am besten aus der folgenden vergleichenden Zusammenstellung hervor, die v. Reuß auf Grund reichlicher Untersuchungen von Mischharnen gewann.

	NH_3-N in %	Aminosäuren-N des Gesamtstickstoffs
1. Tag	6,4	7,1
2. ,,	5,8	8,0
3. ,,	8,5	11,1
4. ,,	10,6	7,8
5. ,,	12,6	4,6
6. ,,	10,2	2,5
7. ,,	11,8	3,4
8. u. 9. Tag	9,3	2,1

Danach würde also zunächst ein ziemlich rascher Anstieg, in der zweiten Hälfte der 1. Lebenswoche ein allmählicher Abfall zu Werten erfolgen, wie sie auch für das ältere gesunde Brustkind normal sind (Hadlich und Grosser: 2—5% gegenüber 2% beim gesunden Erwachsenen (Falk und Hesky). Die Angaben von v. Reuß beziehen sich auf Bestimmung von Aminoessigsäure (Glykokoll); auch Samuely fand das Glykokoll in den 1. Lebenswochen regelmäßig. Simons Werte sind etwas höher.

Wir gehen aber auf abweichende Angaben, vor allem bei älteren Kindern nicht ein, da vielfach wohl Unterschiede und auch Fehler der Methodik daran Schuld tragen dürften. Die hierhergehörigen Fragen sind in ihrer Gesamtheit auch durchaus noch nicht spruchreif. Kennt man doch von einer ganzen Zahl von Aminosäuren noch nicht einmal die chemische Konstitution. Im normalen Harn scheint jedenfalls bloß das Glykokoll, manchmal als Benzoylglykokoll (= Hippursäure) vorzukommen (S. Simon, Amberg und Helmholz), gelegentlich vielleicht auch das Cystin. Das Vorkommen von Glykokoll im Harn schon der ersten Lebenstage, wo die Nahrungszufuhr noch minimal ist, wird als Beweis für die intermediäre Herkunft desselben aufgefaßt (Mayerhofer).

Damit hätten wir die Harnstoffgruppe erledigt und wenden uns zur Puringruppe, in der am meisten Interesse der Harnsäurestickstoff beansprucht. Im Gegensatz zum Harnstoff zeigt die Harnsäureausscheidung mit Ausnahme einer vorübergehenden starken Steigerung am 3. Tag keine Zunahme, sondern hält sich im ganzen auf ziemlich gleichen Werten, die allerdings an sich recht hoch sind. So fand Reusing als Durchschnittswerte (in mg) in der 1. Lebenswoche:

Kind Nr.	Tage						
	1.	2.	3.	4.	5.	6.	7.
1	—	—	—	9,7	51	73,6	—
2	43,5	—	27	24,3	18,9	22,8	15,3
3	34,5	85,5	60,7	53,2	94,0	54	—
4	30	32,2	73,1	48,7	54	26,1	45,5
5	20,6	56,6	163,8	40,3	—	31,1	51,2
6	76,5	31,1	96,7	60,7	65,3	70	—
Durchschnitt	41,0	41,1	83,1	39,5	56,6	46,3	37,3

Das absolute in 24 Stunden ausgeschiedene Harnsäurequantum steigt allerdings bereits gegen Ende der 2. Lebenswoche wieder stark an und zeigt dann eine progressive Zunahme je älter die Kinder werden. Gundobin fand:

bei Kindern im Alter von	durchschnittliche 24stündige Harnsäuremenge (mg)	durchschnittliche 24stündige Harnsäuremenge pro kg Körpergewicht
12—30 Tagen	78,4	17,1
1—3 Monaten	107,8	20,2
3—6 ,,	151,3	22,4
6—12 ,,	164,7	19,8
bei Erwachsenen	—	12,0

Die pro Kilogramm Körpergewicht ausgeschiedene Harnsäure zeigt viel geringere Schwankungen, ist aber immer dauernd höher als beim Erwachsenen. Bei künstlicher Ernährung geht die Harnsäureausscheidung aber auch schon beim Neugeborenen stark, bis um die Hälfte und mehr, in die Höhe (Orgler).

Am höchsten ist die Harnsäureausscheidung in der sogenannten Infarktperiode der ersten Lebenstage, was besonders dann auffällt, wenn man das Verhältnis von Harnsäure und Harnstoff berücksichtigt. So fand Reusing für das Verhältnis von Harnsäure zu Harnstoff folgende Zahlen [1]:

---

[1] l. c. S. 71.

$$\text{am 1. Tag} \; = 1 : \; 1,5$$
$$\text{\textquotedblright} \; 2. \; \text{\textquotedblright} \; = 1 : \; 6,5$$
$$\text{\textquotedblright} \; 3. \; \text{\textquotedblright} \; = 1 : \; 6,5$$
$$\text{\textquotedblright} \; 4. \; \text{\textquotedblright} \; = 1 : 12,8$$
$$\text{\textquotedblright} \; 5. \; \text{\textquotedblright} \; = 1 : 13,9$$
$$\text{\textquotedblright} \; 6. \; \text{\textquotedblright} \; = 1 : 17,1$$
$$\text{\textquotedblright} \; 7. \; \text{\textquotedblright} \; = 1 : 21,9$$

Beim Erwachsenen ist der Anteil der Harnsäure ein viel geringerer (Verhältnis — Ur: $+$ Ur $= 45$). Die neuesten Untersuchungen von Schloß und Crawford (1911) bestätigen im ganzen diese Angaben über die Harnsäureausscheidung. Ebenso fand Niemann bei seinen Untersuchungen[1], „daß die Harnsäureausscheidung am 3.—4. Tage einen höchsten Grad erreicht" und dann ein allmähliches Absinken auf einen um 30—40 mg, manchmal aber auch stärker schwankenden Mittelwert erfolgt. Bemerkenswert ist dabei nur noch die hohe Harnkonzentration am 3. Tage. Es fanden sich vom 1.—10. Tag folgende absolute und relative Harnsäurewerte:

Spuren —20,21—**79,67**—**99,07**—57,53—44,56—22,23—29,70—40,50—32,70 mg
      0,09— **0,15**— 0,08— 0,04— 0,04— 0,02— 0,03— 0,04— 0,03 $^0/_0$

Eine wichtige Abweichung ergaben dagegen die Untersuchungen von Birk, der bei 10 Kindern folgende Harnsäurewerte (mg) fand:

Kind Nr.	Lebenstag und Harnsäurewerte								
	1.	2.	3.	4.	5.	6.	7.	8.	9. Tag
1	—	—	17,37	9,4	11,9	16,1	—	—	—
2	15,3	16,9	20,3	18,2	35,4	—	—	—	—
3	7,7	—	—	5,2	7,7	—	—	11,9	—
4	10,5	28,7	—	47,7	22,4	22,4	18,4	—	—
5	23,25	15,7	64,0	14,8	14,0	—	—	—	—
6	—	—	12,0	—	—	—	25,4	14,9	55,6
7	6,0	8,0	39,2	36,3	36,7	37,1	—	—	—
8	106,0	43,4	25,8	26,9	35,4	21,1	—	—	—
9	74,9	20,7	45,5	27,5	11,5	—	—	—	—
10	22,0	—	11,0	40,0	23,3	16,1	—	—	—

Nach den Angaben dieser Tabelle schwankt der Harnsäuregehalt außerordentlich stark und unregelmäßig. Ein bestimmter Einfluß des Abnabelungstermins ließ sich nicht feststellen, während nach Schloß und Crawford bei spät Abgenabelten die Harnsäureausscheidung am 2.—3. Tag größer sein sollte. Auch Simon konnte keine Regelmäßigkeit der Harnsäureausscheidung feststellen, nur allgemein eine hohe Gesamtstickstoffausfuhr in den ersten Lebenstagen konstatieren, was schon vor ihm andere Autoren (Langstein-Niemann, Steinitz und Weigert) betont hatten. Das wichtigste Ergebnis der Birkschen Untersuchungen, gleichzeitig dasjenige, welches auch die stark differierenden Angaben verschiedener Autoren zum Teil erklären dürfte, scheint mir darin gelegen, daß bei natürlicher Ernährung nur

---

[1] Jahrb. f. Kinderheilk. Bd. 71, S. 189.

$^1/_6$—$^1/_7$ des eingeführten Stickstoffes im Harn ausgeschieden wird, während bei künstlicher Ernährung rund die Hälfte des Stickstoffes wieder im Harn erscheint. Dieser wichtige Unterschied, der auch für den älteren Säugling gilt, tritt also schon in der Neugeburtsperiode hervor.

Berücksichtigen wir schließlich noch den Anteil, den die Harnsäureausscheidung an der Gesamt-N-Ausscheidung hat, so ergibt sich, daß der Anteil am größten in den ersten 4 Tagen ist, dann aber ziemlich rasch abfällt (vgl. folgende Tabelle von Kotscharowski[1]).

| Tage | Verhältnis | | | Gesamt-N |
	des Gesamt-N zum N der Harnsäure	des N des Harnstoffs zum N der Harnsäure	der Harnsäure zum Harnstoff	
1.	1 : 0,060	1 : 0,090	1 : 7,9	219,39
2.	1 : 0,059	1 : 0,089	1 : 8,0	296,47
3.	1 : 0,043	1 : 0,058	1 : 12,2	279,66
4.	1 : 0,041	1 : 0,055	1 : 12,9	371,95
5.	1 : 0,029	1 : 0,038	1 : 18,8	478,98
6.	1 : 0,029	1 : 0,037	1 : 19,3	459,81
7.	1 : 0,012	1 : 0,014	1 : 50,2	344,96

Alles in allem geht aus den verschiedenen Untersuchungen trotz mancher Abweichungen im einzelnen übereinstimmend hervor, daß die Harnsäureausscheidung beim Neugeborenen absolut wie relativ eine reichliche ist. Allerdings beweisen die sehr sorgfältigen Untersuchungen von Birk, daß beim Vergleich verschiedener Kinder doch starke Schwankungen vorkommen und die von den meisten älteren Autoren betonte Gesetzmäßigkeit in Anstieg und Abfall der Harnsäureausscheidung beim Neugeborenen mindestens nicht allgemein zu Recht besteht. Birks Untersuchungen sind noch in anderer Richtung wichtig; sie zeigen nämlich keinerlei gesetzmäßige Abhängigkeit von der Art der eingeführten Nahrung. (Kolostrum, reife Frauenmilch, Kuhmilch), wenn auch die Harnsäureausscheidung bei mit Kolostrum ernährten Kindern etwas größer ist (19 mg gegenüber 17 mg bei Ernährung mit reifer Frauenmilch).

Danach ist auch die Annahme einer exogenen Entstehung der Harnsäure, etwa aus den Nukleinen des zellreichen Kolostrums, hinfällig und muß in der Hauptsache eine endogene Bildung der Harnsäure anerkannt werden. Ältere wie neuere Angaben stimmen darin überein, daß am ehesten an den Ursprung aus den Kernen zugrunde gegangener Leukozyten als Quelle dieser endogenen Harnsäurebildung gedacht werden muß (Horbaczewski, Reusing, Sjöqvist, Flensburg, Brugsch-Schittenhelm, v. Reuß u. a.), eine Annahme, welche durch die beim Neugeborenen stets nachweisbare Leukozytose gestützt wird (vgl. Kapitel Blut). Birk hat versucht, die Bedeutung der Leukozyten dadurch näher zu ergründen, daß er vergleichende Harnsäurebestimmungen bei früh und spät abgenabelten Kindern anstellte in der Annahme, daß bei letzteren, die mehr Blut und damit mehr Leukozyten mitbekommen, die Harnsäureausscheidung größer sein müßte. Daß er keine eindeutigen Resultate erhalten hat, möchte ich nicht zu hoch veranschlagen; denn einmal ist bei später Abnabelung die Menge des überströmenden Blutes und damit der Leukozyten eine sehr wechselnde, zudem aber durch nichts erwiesen, daß die ursprüngliche Leukozytenzahl die Höhe des Untergangs derselben bestimmt. Ich möchte aus Birks Untersuchungen nur das eine herauslesen, daß nämlich die Höhe des Leukozytenzerfalles offenbar stark schwankt und wohl selbst noch von verschiedenen anderen Momenten (Geburtsgewicht, Größe der Abnahme, Art und Größe der Nahrungszufuhr, Ikterus usw.) abhängig ist. Deshalb brauchen wir auf die sonst gut gestützte Annahme der Harnsäurebildung aus den Kernsubstanzen der Leukozyten nicht zu verzichten, wenn wir uns nur erinnern, daß der Vorgang nicht nach allen Richtungen klar gestellt ist. Jedenfalls kann

---

[1]) Zit. nach Gundobin S. 369.

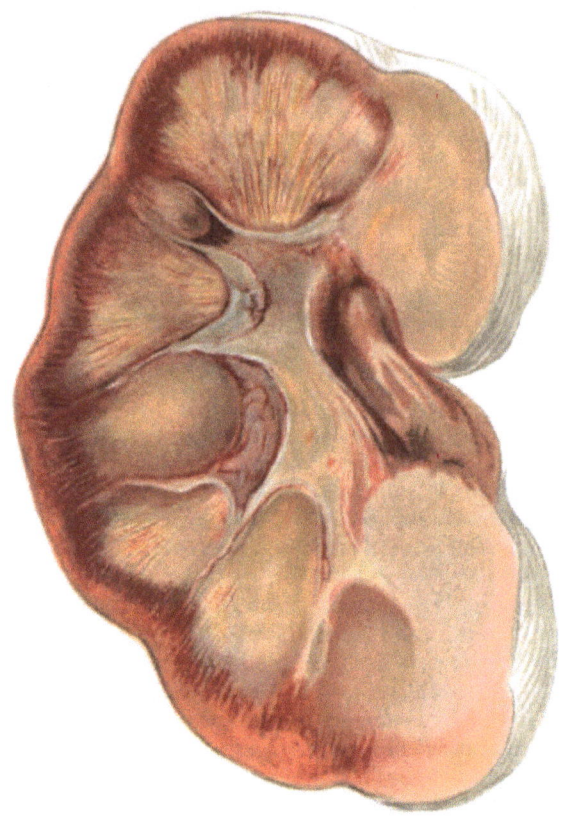

Abb. 59. Harnsäureinfarkt in der Niere eines Neugeborenen.
(bei Lupenvergrößerung gezeichnet.)

Abb. 60. Sammelröhrchen mit Kristallen von harnsaurem Ammonium und
körnigem Harnsäuredetritus (starke Vergrößerung).
Nach einem von Geh. Rat Bostroem überlassenen Präparate.

man sich gut vorstellen, daß die beim Leukozytenzerfall frei werdenden Nukleoproteide zu einer Überschwemmung des Blutes mit Purinbasen, der Muttersubstanz der Harnsäure, damit zu reichlicher Harnsäurebildung und schließlich auch zu reichlicher Harnsäureausscheidung führen. Daneben besteht freilich noch die Möglichkeit, daß auch bei der Neubildung von Leukozyten purinogene Stoffe frei werden, was wohl Czerny-Keller andeuten wollen, wenn ich recht verstehe. Doch wissen wir darüber nichts Näheres. Neuestens (1924) hat H. Rietschel noch darauf hingewiesen, daß auch das Mekonium als Quelle für die Harnsäure nebenbei in Frage kommen könnte. Er fand bei toten Kindern im Mekonium den Harnsäuregehalt höher als bei lebenden, woraus er schließt, daß wahrscheinlich Harnsäure aus dem Darm resorbiert werde. Nachuntersucher haben seine Angaben nicht bestätigen können.

Ist somit die erhöhte Harnsäurebildung — wenn auch nicht restlos erklärt, so doch mindestens — gut verständlich, so darf nicht übersehen werden, daß damit die gesteigerte Ausscheidung derselben nicht ohne weiteres ebenso klar erscheint. Das haben Czerny-Keller mit Recht betont. Denn das urikolytische Vermögen scheint beim Neugeborenen ebenso entwickelt als beim Erwachsenen (Schittenhelm). Man wird danach die bekannten, stets zitierten Versuche Spiegelbergs[1] auch nicht mehr als Beweis für mangelhaftes Harnsäurezerstörungsvermögen des Neugeborenen, sondern nur als mangelhaftes Harnsäurelösungsvermögen des Neugeborenenharns auffassen dürfen, wenigstens soweit der Mensch in Betracht kommt.

Die vermehrte Bildung und Ausscheidung von Harnsäure hat von jeher deshalb besonderes Interesse erregt, weil man sie mit dem bei etwa 50 % aller Neugeborenen zu findenden[2] „Harnsäureinfarkt" in Zusammenhang brachte. Man verstand darunter[3] zunächst das Auftreten eines rötlichen Niederschlages in den Nierenpyramiden, der auf einem Sektionsschnitt der Niere schon makroskopisch deutlichst in Form von gelbbraunen oder rötlichbraunen Streifen erkennbar ist, welche oft von der Spitze der Papillen bis nahe an die Marksubstanz sich hinziehen (Abb. 59 auf Tafel IV). Die einzelnen Papillen sind meist ungleich betroffen. Genauere Untersuchung ergibt, daß der Niederschlag in der Hauptsache in den großen Sammelröhren der Markkegel sitzt (Abb. 60 auf Tafel IV), zuweilen jedoch (Flensburg) auch noch die absteigenden Schenkel der Henleschen Schleifen erreicht. In der Hauptsache handelt es sich um Niederschläge von harnsaurem Ammonium (Flensburg, Sjöqvist), doch kommen daneben auch verschiedene Formen von Harnsäurekristallen, ferner harnsaures Natron und oxalsaurer Kalk vor (Gundobin-Ssumzoff).

Wodurch dieser Niereninfarkt zustande kommt, ist noch nicht vollkommen geklärt. Daß der Harnsäureüberschuß im Blute dafür eine große Rolle spielt, dürfte schon aus Spiegelbergs Versuchen hervorgehen, der bei Verabreichung großer Harnsäuredosen an junge Hunde typische Harnsäureinfarkte in der Niere erzeugen konnte. Außerdem dürfte die gesteigerte Harnkonzentration für das Ausfallen der Harnsäure eine wichtige Bedeutung haben, zumal wir neuestens wissen, daß unter ähnlichen Verhältnissen (z. B. Leukämie) auch beim Erwachsenen ein Harnsäureinfarkt auftreten kann (M. B. Schmidt). Also Harnsäureüberschuß im Blut und im Harn dürfte das Haupterfordernis sein. Unterstützend mag aber noch weiter das von Ribbert, später von Flensburg beschriebene Auftreten einer hyalinen eiweißartigen Substanz in den Tubuli contorti wirken, welche gewissermaßen das Gerüst für den Niederschlag der Harnsäure abgeben würde, wie ja ähnliches für die Entstehung der Gallen- und Nierensteine gilt. Das Auftreten von Harnsäure-

---

[1] Spiegelberg injizierte neugeborenen und erwachsenen Hunden harnsaures Natrium und fand dabei bei ausgewachsenen Tieren ein höheres Harnzerstörungsvermögen als bei jungen. Ebenso fand er bei Verfütterung schon kleiner Mengen (0,05 g pro Kilogramm) Harnsäure an neugeborene Hunde, daß die Harnsäure im Harn nicht mehr gelöst blieb, sondern ausfiel.

[2] Bei Leichenuntersuchungen findet man den Harnsäureinfarkt fast in 100 %.

[3] Ausführliches Referat der älteren Literatur bei Czerny-Keller, 1. Aufl. Bd. 1, 8. Kapitel.

Zylindern im Harn des Neugeborenen ist jedenfalls eine starke Stütze dieser
Meinung. Gröbere Läsionen der Harnkanälchenepithelien sind nie beobachtet
worden, doch konnte Wermel (1901) in polarisiertem Licht auch an sämtlichen
Epithelien der Tubuli contorti und im aufsteigenden Schenkel der Henleschen
Schleifen feinste Harnsäurekristalle nachweisen.

Daß der Harnsäureinfarkt ein untrügliches Zeichen stattgehabter Lungenatmung
sei, wie Virchow behauptete, trifft nicht zu, da er seitdem auch bei Totgeborenen in vielen
Fällen nachgewiesen werden konnte. Man findet ihn am häufigsten am 2.—5. Tage. In
den ersten zwei Lebenswochen erfolgt gewöhnlich die Ausscheidung, die sich nur vereinzelt
bis Ende des ersten oder selbst zweiten Monats verzögert.

Daß unter diesen Umständen auch im Harn selbst bald Niederschläge
von harnsauren Substanzen auftreten, der sog. Harninfarkt, kann nicht
wunder nehmen, ebensowenig die Erfahrung, daß dieselben meist als Niederschläge nachweisbar werden. Oft genug ist schon der frisch gelassene Harn
trüb und hinterläßt sehr bald in den Windeln mehr bräunliche oder rötliche
Streifen, die von dem ausfallenden Sediment herrühren und sich mikroskopisch
teils als amorphe Körner, teils als kristallinische Harnsäure erweisen.

Wie schon oben betont, ist in dieser sog. Infarktperiode die Harnsäureausscheidung am stärksten. Im Zentrifugat findet man außerdem noch häufig
die sog. Harnsäurezylinder, d. h. mit Niederschlägen von meist harnsaurem
Ammonium beladene hyaline und granulierte Zylinder.

Der Harnsäureinfarkt wird am häufigsten 18—48 Stunden nach der Geburt getroffen (Flensburg), vielfach noch am 3. und 4. Tag (Hofmeier),
vereinzelt noch später, im ganzen also zu einer Zeit, in der gewöhnlich der Höhepunkt des Niereninfarktes noch nicht erreicht ist. Das liegt daran, daß in den
allerersten Tagen die Ausschwemmung der Harnsäure zwar rasch in Gang
kommt, die vorhandene Harnmenge aber noch nicht ausreicht, die gesamten
in den Harnkanälchen und Sammelröhren angetroffenen Massen zu lösen und
abzuführen. Ob wirklich eine langdauernde Geburt das Auftreten des Harn-
wie Säureinfarktes besonders begünstigt (Hodann 1855), erscheint mir fraglich.
Sicherlich aber sind ikterische Kinder häufiger und stärker betroffen, wie ich
Hofmeier bestätigen kann.

Bei sehr reichlichem Untergang von Leukozyten scheint gelegentlich der Abbau der
Purine nicht völlig zu gelingen, so daß dann im Harn neben der Harnsäure auch Purinbasen auftreten. Die Menge derselben wird sehr verschieden angegeben. Niemann
gibt mit Ausnahme des Sprungs am 3. Tage auf fast 52 mg durchschnittlich 2—7 mg tägliche Ausscheidung an, während Birk viel geringere Werte fand (2 mg als Maximalwert).
Im allgemeinen wird man wohl nur von Spuren von Purinbasen sprechen können.

Ebenso kommt nach neueren Untersuchungen (Simon u. a.) das Allantoin (ein
der Harnsäure nahestehender Körper) nur vereinzelt und in Spuren im Harn der
Neugeborenen vor, während es im allgemeinen fehlt (Schittenhelm, Wiener, Simon).
Ältere Angaben positiven Allantoinbefundes (Prout), auf die sich Seitz bezieht, sind wegen
mangelhafter Verläßlichkeit der zum Nachweis verwendeten Methoden damit hinfällig
geworden.

Von sonstigen N-haltigen Körpern spielen noch eine gewisse Rolle das Kreatin
und Kreatinin. Nach neueren Untersuchungen mit Hilfe des Folinschen Verfahrens
werden beim Neugeborenen in der 2. Woche 2,56—3,6% des Gesamt-N als Kreatinin ausgeschieden (Amberg und W. P. Morell [1]).

Die bei älteren verdauungskranken Säuglingen eine gewisse Rolle spielenden Nitrate
und Nitrite können wir vernachlässigen. Sie fehlen im Neugeborenenharn, wie übrigens
auch im Harn älterer gesunder Brustkinder (Mayerhofer).

Damit haben wir das Wesentliche über die Stickstoffausscheidung im Harn
erörtert und es erübrigen sich nur noch ein paar Bemerkungen über einige andere
Substanzen der sog. Reststickstoffgruppe [2]. Der Reststickstoffanteil ist

---

[1] Zit. nach Gundobin, S. 368.

[2] Unter Reststickstoff versteht man den **nicht** durch Harnstoff und Ammoniak ge-
deckten Teil des Gesamtharnstickstoffs.

nach neueren Angaben (Vogt, Simon) beim Neugeborenen ziemlich hoch (22—26 $^0/_0$), während nach älteren Angaben (Sjöqvist) der Reststickstoff nur 17 $^0/_0$ des Gesamt-N ausmachen sollte. Ein relativ größerer Teil wird von der Oxyproteinsäure eingenommen, die anscheinend 6—10 $^0/_0$ des Gesamt-N ausmachen kann (Simon); das wäre 2—3 mal so viel als beim Erwachsenen. Ferner werden in den ersten Lebenstagen in großer Menge (etwa 10 $^0/_0$) verkettete Aminosäuren (Polypeptide) ungespalten ausgeschieden, während am Ende der ersten Woche ihre Menge auf etwa die Hälfte heruntergeht (Simon).

Stickstoffausscheidung im Kot.

Die Bestimmung des Stickstoffes in den Darmentleerungen ist zunächst deshalb mit großen Schwierigkeiten verbunden, weil man die im Mekonium enthaltenen, also noch aus der Fetalzeit stammenden N-Stoffe nicht in die Bilanz hineinbringen darf. Wie aber schon früher erwähnt, gelingt die Trennung von Mekonium und Stuhl niemals ganz exakt. Die N-Substanzen des Stuhles sind teils löslich, teils unlöslich vorhanden, ihr Stickstoff macht etwa 4—5 $^0/_0$ der Trockensubstanz des Stuhles aus. Im übrigen ist, wie schon erwähnt, zu berücksichtigen, daß der größte Teil der stickstoffhaltigen Körper des Stuhles nicht aus Nahrungsresten, sondern aus Darmsekreten und Bakterien stammt (Prausnitz u. a.). Von der Nahrung wird nur wenig Stickstoff im Kot ausgeschieden (etwa 5 $^0/_0$), bei unnatürlicher Ernährung anscheinend weniger, wenigstens erscheint bei unnatürlicher Ernährung, trotz größerer N-Zufuhr, weniger Nahrungs-N im Kot. Der Zusammenhang ist nicht ganz eindeutig. Möglicherweise bewirkt die Frauenmilch eine stärkere Darmsaftsekretion, so daß deshalb der Stickstoffgehalt des Kotes größer wird. Die absolute N-Ausscheidung im Kot ist allerdings bei unnatürlicher Ernährung gewöhnlich etwas größer (vgl. Kapitel Fäzes).

Über die N-Ausscheidung im Kot bei natürlicher Ernährung und die Quote der Resorption des Nahrungsstickstoffes geben folgende Daten von Michel[1] Auskunft.

Kind	Alter	Gewicht zu Beginn des Versuches	Tägliche Gewichts- zunahme	N der Nahrung in g	N des Kotes in g	Quote der Resorption	$^0/_0$ des Nahrungs- N
I	5 Tage	3730	27 g	1,52	0,066	1,454	95,9
II	11 ,,	4400	40 ,,	1,87	0,0903	1,78	95,3
III	5 ,,	2680	37,5 ,,	1,462	0,138	1,325	90,5
IV	7 ,,	3500	29 ,,	1,353	0,082	1,272	93,9
V	4 ,,	3550	38 ,,	1,808	0,061	1,746	96,6

Bezüglich weiterer Angaben sei auf den nächsten Abschnitt verwiesen.

Stickstoffbilanz.

Die in der Literatur vorliegenden Angaben[2] widersprechen sich zum Teil sehr stark. Orgler[3] gibt z. B. an, daß in den ersten zwei Lebenswochen

---

[1] Zit. nach Czerny-Keller, 1. Aufl., Bd. 1, S. 257. Das Original ist mir nicht zugänglich.

[2] Eine Zusammenstellung der älteren Stoffwechselversuche bei Czerny-Keller, 1. Aufl., Bd. 1, S. 288ff.

[3] L. c. S. 498; bei zweimonatlichen Kindern beträgt der Nutzungswert nur mehr 40,8, im Alter von 5 Monaten nur noch 23,1.

78,3 % des aufgenommenen Stickstoffes retiniert werden[1]. Langstein-Niemann, die als erste exakte Stickstoffwechselversuche beim Neugeborenen durchgeführt haben, fanden übereinstimmend in den ersten 3 Tagen eine negative Stickstoffbilanz. Birk dagegen konnte bei kolostraler Ernährung von Neugeborenen unter Ausscheidung des Mekoniums eine positive Stickstoffbilanz nachweisen, sobald überhaupt Nahrung zugeführt wurde. Die Versuche mit kolostraler Ernährung sind allerdings bisher noch zu spärlich, als daß man bereits sagen könnte, ob die positive Stickstoffbilanz nur auf Rechnung der Kolostrumzufuhr zu setzen ist oder nicht. Bei der großen Wichtigkeit der von Birk an zwei von ihrer eigenen Mutter ernährten Neugeborenen angestellten Stoffwechselversuche sei ihr Ergebnis hier näher mitgeteilt.

Kind I: 3980 g schwer; Abnahme bis zum 5. Tag: 220 g.

Lebenstag	Milchmenge g	Harnmenge g	N-Zufuhr mg	N im Harn mg	N im Kot mg	Bilanz
1.	—	43	—	70	Mekonium	—
2.	90	72	418,5	336	,,	+
3.	229,3	60	584,7	392	,,	+
4.	320	112	838,7	256,2	262,0	+
5.	390	212	1045,0	357,3	262,0	+-

Kind II: Schlecht trinkend, Abnahme während der ganzen Versuchsdauer.

Lebenstag	Milchmenge	Harnmenge g	N-Zufuhr mg	N im Harn mg	N im Kot mg	Bilanz
1.	—	—	—	—	—	—
2.	nicht wägbar	45	—	109,8	—	— 109
3.	15	9	204	102	0,42	+ 102
4.	50	25	231	174,4	29,1	+ 27
5.	185	70	758	592,3	10,2	+ 165
6.	160	85	536	255	108,56	+ 172
7.	220	62	580	222,7	169,24	+ 188
8.	200	50	752	315	56,4	+ 391

Die Tabellen zeigen übereinstimmend als überraschendes Ergebnis, daß die Stickstoffbilanz positiv war, sowie die Kinder überhaupt Nahrung bekamen. „Das war offenbar nur möglich dank dem hohen Eiweißgehalt des Kolostrums" (Birk), während andere Autoren bisher die eiweißarme, fertige Frauenmilch als Nahrung bei ihren Versuchen benutzt hatten. Das Ergebnis ist um so überraschender, als diese N-Retention sich schon in der Periode der physiologischen Gewichtsabnahme nachweisen ließ, welche bei dem einen Kinde 5 Tage, beim anderen sogar 8 Tage dauerte. Der zweite Fall ist freilich nicht mehr streng physiologisch, da hier ganz zweifellos eine gewisse Unterernährung bestand, die bei Ernährung mit eiweißarmer Frauenmilch wahrscheinlich noch stärker in Erscheinung getreten wäre. Daß natürlich auch in diesen Versuchen manche Fehler stecken, ist nach unseren eingangs gemachten Ausführungen ja klar. Jedenfalls aber scheint es richtig, die N-Ausfuhr im Mekonium nicht zu berücksichtigen, da es sich ja dabei um fetale Reststoffe handelt. Birk gibt an, daß in seinen Fällen die Trennung von Mekonium und

---

[1] Dazu ist freilich zu bemerken, daß diese Angabe Orglers wesentlich auf die ungewöhnlich reichlich ernährten Kinder Michels sich stützt.

Stuhl gut gelungen sei. Freilich ist durch dieses Weglassen der Mekoniumausgaben das Resultat in Hinsicht auf die Bilanz noch günstiger geworden und es ist wohl anzunehmen, daß bei gleichem Vorgehen auch durch Ernährung mit reifer Frauenmilch sich öfters positive Stickstoffbilanzen erzielen lassen, wie v. Pfaundler hervorhebt.

Trotzdem ist an der Grundtatsache, die sich aus Birks Ernährungsversuchen mit Kolostrum ergab, daß das N-reiche Kolostrum in Hinsicht auf die Bilanz viel günstigere Resultate gibt, nicht zu zweifeln. Das geht z. B. aus der Gegenüberstellung eines ganz ähnlichen Ernährungsversuches von Birk selbst hervor, bei dem aber reife Frauenmilch verabfolgt wurde.

Alter, Lebenstag	Nahrung	Urin	Kot	Retention	Nutzungswert[1]
1.	—	75,65	Mekonium	— 75,65	—
2.	135	125	,,	+ 20	(13,8
3.	301,25	355,4	75,5	— 129,65	—
4.	250,24	335,3	75,5	— 160,56	—

Danach ergab sich also bereits am 2. Tage eine geringe Retention, im übrigen aber eine negative Bilanz. Ist auch die Menge des in der Nahrung zugeführten Stickstoffes viel geringer als bei Ernährung mit Kolostrum, so darf nicht außer acht gelassen werden, daß der Versuch, mittelst reifer Frauenmilch dieselbe N-Menge wie mit Kolostrum zuzuführen, ein viel größeres Nahrungs-(Flüssigkeits-)Quantum erfordern würde.

Langstein-Niemann verfügen nur über zwei Fälle (R. und W.), in denen in der Zeit der physiologischen Abnahme die Stickstoffbilanz positiv war (vgl. dazu die nachstehenden Tabellen).

Diese Fälle zeigen also zum Teil selbst für die zweite Hälfte der ersten Lebenswoche eine negative Stickstoffbilanz oder wenigstens keine sehr große Retention; dabei muß allerdings berücksichtigt werden, daß die Kinder eine minimale Nahrung bekamen, noch dazu eine Frauenmilch, die ungewöhnlich wenig Stickstoff enthielt (0,06 %). Demgemäß entsprach auch ihre Gewichtskurve dem Typus einer leichten Unterernährung. Bei Frauenmilch höheren N-Gehaltes und Zufuhr reichlicherer Milchmenge ist auch die Retention größer, wie die Fälle von Michel lehren, die allerdings insofern nicht ganz als physiologisch zu betrachten sind, als die Kinder fast doppelt so viel an Milch bekamen und somit einem Überfütterungsschaden zusteuerten. Ihre Stickstoffretention war viermal so groß als bei den Kindern Langstein-Niemanns, ja vereinzelt sogar noch höher. Ich will daher die Fälle von Michel, deren Daten mir übrigens im Original nicht zugänglich sind, weiterhin lieber außer Betracht lassen.

Gehen wir auf die einzelnen Quoten der Stickstoffausscheidung näher ein, so bestätigen alle Versuche sowohl von Birk wie von Langstein-Niemann die bereits früher erörterte, rasche Zunahme des Harnstickstoffs, die in der zweiten Hälfte der ersten Woche ihr Maximum erreicht, um dann allmählich abzusinken. Auffällig bleibt aber, daß dieses Maximum in den einzelnen Fällen durchaus nicht ganz gleichmäßig erreicht wird, sondern zum Teil dazwischen

---

[1] Nutzungswert = diejenige Zahl, welche angibt, wieviel in % vom eingeführten N vom Körper retiniert wurde (Orgler).

Tabelle 1 nach Langstein-Niemann,

Kind Fr., ♂, geb. 2. Dezember 1908.

Lebens-tag	Nahrung		Urin				
	Menge	N mg	Menge		N	Cl	P_2O_5
			absolut	%			
1.	—	—	20	—	159	—	—
2.	190	114	22	11,5	104	12	26
3.	210	294	54	25,7	299	15	68
4.	260	364	122	46,9	446	24	138
5.	210	297	134	63,0	273	19	62
6.	280	392	112	40,0	218	16	37
7.	280	392	133	47,0	190	5	36
8.	280	392	108	38,6	166	7	47
9.	280	448	108	38,5	184	7	47
10.	310	496	112	56,1	163	22	26
11.	310	496	144	46,4	208	29	34
12.	310	496	103	33	139	21	35
13.	360	576	184	51	251	—	—
14.	350	576	166	47	187	—	—

Tabelle 2

Kind K., ♂, geb. 19. November 1908.

1.	—	—	11,5	—	69	24	9
2.	70	126	34	48,5	233	21	17
3.	100	180	24	24	156	8	14
4.	140	252	24	17	156	17	14
5.	290	464	88	30,3	331	70	61
6.	290	464	150	51,7	284	11	81
7.	350	560	260	74	263	18	120
8.	350	560	182	52	182	38	62
9.	320	448	150	46	135	35	60
10.	350	490	200	57	216	42	72

Tabelle 3 nach Langstein-

Kind W., ♀, geb. 27. Januar 1909.

1.	—	—	34	-	100	67	8
2.	90	142	20	22,2	123	48	10
3.	130	328	29	22,3	172	37	14
4.	150	420	51	34	336	42	25
5.	200	492	70	35	409	25	15
6.	220	493	70	31,8	445	25	16
7.	220	314	138	62,7	448	39	28
8.	250	350	160	64	299	39	32
9.	280	392	150	53	204	21	18
10.	300	399	131	43	146	23	13

Jahrb. f. Kinderheilk. Bd. 71.

Normales Kind.

Kot		Gesamt-N-Ausfuhr	N-Bilanz	Nutzungs-wert	Körpergewicht
Trocken-gewicht	N				
0,21	12	171	− 171	—	3000
0,21	12	116	− 2	—	—
0,21	12	311	− 17	—	—
0,21	12	458	− 94	—	—
1,279	54	327	− 36	—	2940
1,279	54	272	+ 120	31	—
1,279	54	244	+ 148	38	2925
1,279	54	220	+ 172	44	—
0,978	39	223	+ 225	50	2955
0,978	39	202	+ 294	59	—
0,978	39	247	+ 249	51	2960
0,978	39	178	+ 318	64	—
0,978	39	296	+ 286	50	—
0,978	39	226	+ 350	61	3000

nach Langstein-Niemann.

Normales Kind.

8,5	480	549	− 549	—	3700
8,3	480	713	− 587	—	—
1,669	75	231	− 51	—	—
1,669	75	231	+ 21	8	—
1,669	75	406	+ 58	13	3600
2,603	75	362	+ 102	22	—
2,603	143	406	+ 154	27	—
2,603	143	325	+ 235	42	—
2,603	143	278	+ 170	38	—
2,603	143	359	+ 131	27	3650

Niemann (gekürzt).

Normales Kind.

4,14	242	342	− 342	—	2820
4,14	242	365	− 223	—	—
0,959	58	230	+ 98	30	2720
0,959	58	394	+ 26	6	—
0,959	58	467	+ 25	5	2620
0,959	58	503	− 210	—	—
1,51	97	545	− 231	—	—
1,51	97	396	− 46	—	2620
1,51	97	301	+ 91	23	—
1,51	97	243	+ 156	39	2650

wieder starke Schwankungen nach unten vorkommen. Auch der Termin, in dem das Maximum der Harnstickstoffausscheidung erreicht wurde, schwankt. Bis zum Ende der ersten, manchmal auch erst im Verlaufe oder bis Ende der zweiten Lebenswoche sinkt die N-Ausscheidung im Harn langsam und etwas gleichmäßiger ab, um dann von neuem anzusteigen. Auffallend bleibt, daß zunächst die Stickstoffausscheidung im Harn von der Nahrungszufuhr (N-Zufuhr) in weiten Grenzen unabhängig erscheint, während sie beim zweiten Anstieg ziemlich parallel der Größe des in der Nahrung zugeführten Stickstoffes erfolgt (Birk). Das deutet wohl darauf hin, daß in der Zeit der physiologischen Abnahme noch Endprodukte des N-Wechsels aus der Fetalzeit hineinspielen, wodurch es auch unmöglich wird, diese Schwankungen im einzelnen ursächlich zu fassen. Daß auch die Größe der Nahrungszufuhr und Stickstoffzufuhr nicht ohne Belang ist, dafür sprechen ja schon die Kolostrum-Stoffwechselversuche von Birk, wie manche Angaben von Langstein-Niemann. Nicht von der Hand zu weisen ist endlich, daß nebenher eine gewisse Gewebseinschmelzung in der Zeit der physiologischen Abnahme in Betracht kommt, wie besonders Langstein-Niemann vermuten. Gerade hier aber machen sich meines Erachtens die nicht streng physiologischen Bedingungen der Ernährung der Versuchskinder von Langstein-Niemann störend bemerkbar, zumal die Nahrungszufuhr an sich sehr knapp war. Verfasser hält es jedenfalls nicht für möglich, diese Frage endgültig zu entscheiden, ehe nicht zahlreiche Stoffwechselversuche bei ausreichender Zufuhr von Kolostrum und Kolostralmilch vorliegen. Man sieht, es liegt noch eine Fülle von ungelösten Fragen vor, zu deren Beantwortung das bisherige Material nicht im entferntesten ausreicht. Man wird bei sorgfältiger Beobachtung der Stickstoffverteilung im Harn bei solchen Stoffwechselversuchen noch weitere Aufschlüsse erhalten können. Vermutlich dürfte sich dann aber erst recht ergeben, daß in der Zeit der physiologischen Abnahme, vielleicht noch darüber hinaus, Vorgänge der Fetalzeit mit den neuen Bedingungen interferieren, daß die Schwankungen von Kind zu Kind recht stark sein können, so daß die Festlegung allgemein gültiger Gesetze noch in weiter Ferne liegt.

Noch größer sind die Schwankungen der N-Ausscheidung im Kot bei den verschiedenen Kindern von Langstein-Niemann, bei denen das eine 40 mal so viel als das andere in den ersten zwei Lebenstagen ausschied; auch von Birks Kindern zeigt das zweite mit Kolostrum ernährte recht starke und von der Nahrung unabhängige Schwankungen der Ausscheidung von Kotstickstoff, so daß in dieser Hinsicht, mindestens bei natürlicher Ernährung, der Neugeborene sich recht ähnlich dem älteren Säugling verhält (Orgler).

Überblickt man alles in allem, so ergibt sich aus den verschiedenen bisher vorliegenden Stoffwechselversuchen hinsichtlich des N-Stoffwechsels der Neugeborenen bei natürlicher Ernährung doch das eine, daß — abgesehen von der Zeit der physiologischen Gewichtsabnahme — die Retention (der Nutzungswert) eine ziemlich hohe ist. Es werden bis $^3/_4$ und mehr des eingeführten Stickstoffes retiniert. Freilich läßt sich nach den in der Bilanz zum Ausdruck kommenden Werten nicht ablesen, wie viel von dem retinierten Stickstoff auch tatsächlich zum Aufbau der Zellen verwendet wird. Immerhin wird man unter Berücksichtigung der klinischen Beobachtung gut gedeihender Neugeborener doch berechtigt sein, auch die Assimilation als hoch zu veranschlagen.

Vermutungsweise darf man auch äußern, daß beim Neugeborenen das zugeführte Eiweiß ganz wesentlich zum Ansatz verwendet wird, die dynamogene Quote dagegen jedenfalls so gering ist, wie in keiner späteren Lebensperiode.

Wir würden dem praktischen Bedürfnis nicht genügen, wenn wir nicht wenigstens auch die Verhältnisse des N-Stoffwechsels bei unnatürlich ernährten Neugeborenen in Betracht ziehen würden, wobei wir hauptsächlich die Unterschiede gegenüber natürlich Ernährten hervorheben wollen. Birk kam in zwei Versuchen zu folgendem Ergebnis:

Kind IV: Ernährung mit Halbmilch + 5% Milchzucker.

Lebens-tag	Nahrungs-menge g	Harn-menge g	N-Zufuhr mg	N im Harn mg	N im Kot mg	Bilanz	Körper-gewicht g
1.	erst nach 24 Stunden angelegt				—	—	3750
2.	134,7	43	396,72	585,5	620 =	—	—
3.	171,8	18	437,24	170,96	pro die	+	—
4.	216,95	60	505,35	596,9	206	—	3490
5.	Aussetzen des Versuchs						—
6.	311,4	175	844,4	744,4		+	3530
7.	371,2	210	1086,3	716,5	91	+	—
8.	429	205	1270,3	656,0		+	3590

Kind V: Ernährung mit Halbmilch + 5% Milchzucker.

Lebens-tag	Nahrungs-menge g	Harn-menge g	N-Zufuhr mg	N im Harn mg	N im Kot mg	Bilanz	Körper-gewicht g
1.	—	14	—	68,6	Mekonium	—	3200
2.	57,18	13,1	130,37	104,3	„	+	—
3.	229,09	14,3	469,46	204,5	146,9	+	—
4.	216,38	64,5	415,9	193,3	391,1	+	—
5.	244,39	96,0	481,3	243,7		+	—

Daraus ergibt sich zunächst für die Zeit der physiologischen Gewichtsabnahme trotz der unnatürlichen Ernährung eine positive N-Bilanz, sobald Nahrung zugeführt wurde, wobei freilich am 2. Tage über $3/4$ des eingeführten Stickstoffes im Harn ausgeschieden wurde, am 3. Tage allerdings nicht einmal die Hälfte. Man muß aber in der Deutung sehr vorsichtig sein, da ja auch im Harn noch Fetalreststoffe ausgeschieden werden. Aus den Versuchen ergab sich weiter, daß über die Hälfte des eingeführten Stickstoffes im Harn ausgeschieden wurde. Birk selbst schließt aus diesem Ergebnis auf einen fundamentalen Unterschied gegenüber natürlicher Ernährung, da bei letzterem nur etwa $1/6$—$1/7$ des mit der Nahrung zugeführten Stickstoffes wieder im Harn erscheint. Dieser Schluß ist aber, wie neuestens v. Pfaundler betont, nur richtig in Hinsicht auf die von Birk zum Vergleich gestellten überfütterten Kinder von Michel, während bei den Langstein-Niemannschen, Simonschen und Birks eigenen Versuchskindern, die mit reifer Frauenmilch oder Kolostrum ernährt wurden, sich nicht mehr herauslesen läßt, als daß die Quote der Retention starken Schwankungen unterliegt. Diese Kritik v. Pfaundlers ist in der Tat notwendig, um einer voreiligen Verallgemeinerung des Birkschen Schlusses vorzubeugen. Denn in Wirklichkeit haben diese Kinder zwar an manchen Tagen (z. B. bei Simon am 6. Tage) sogar 60% des eingeführten Stickstoffes retiniert, ebenso ein Kind von Birk am 6. und 7. Tag kaum 40—50% des Nahrungsstickstoffes im Harn ausgeschieden. Auch ein

Fall von Langstein-Niemann retiniert am 7. Tage über die Hälfte des Nahrungsstickstoffes. Dafür zeigen sich aber an den übrigen Tagen und bei anderen Fällen noch ungünstigere Retentionswerte. Es ist durchaus nicht angängig, den Birkschen Schluß etwa als allgemeingültiges Gesetz aufzufassen.

Mit anderen Worten: aus der Stickstoffbilanz allein läßt sich, soweit die geringe Zahl vorliegender Versuche überhaupt allgemeine Schlüsse gestattet, eine besondere Überlegenheit der natürlichen Ernährung nicht ablesen. Direkte Schlüsse auf die Praxis der Ernährung sind aber nicht möglich. De facto wird ja auch die künstliche Ernährung in ihren verschiedensten Formen heute noch nicht auf Grund des Ausfalles der Bilanzversuche, sondern auf Grund gröberer klinischer Beobachtung über Zuwachs und Allgemeinbefinden beurteilt. Stoffwechselversuche für die verschiedensten Formen künstlicher Ernährung beim Neugeborenen liegen noch nicht vor. Ob die an älteren Säuglingen gewonnenen Daten auf den Neugeborenen übertragen werden dürfen, scheint aber sehr zweifelhaft, so daß wir von einer Wiedergabe dieser Versuche hier gänzlich absehen (vgl. auch Orgler).

Wasserstoffwechsel.

Einnahmen.

Die Einnahmen ergeben sich im wesentlichen aus der mit der Nahrung zugeführten Wassermenge, die relativ groß ist; enthalten doch 1000 g Frauenmilch 885 g Wasser gegenüber 874 g der Kuhmilch. Unter Berücksichtigung des physiologischen Ernährungsvorganges ergibt sich für den Neugeborenen, daß in den ersten Tagen die Wasserzufuhr eine recht spärliche ist, dann rasch auf etwa 500—600 g ansteigt und nach vorübergehenden Steigerungen in den nächsten Wochen sich jedenfalls dauernd um diese Werte bewegt. Auf das Kilogramm Körpergewicht berechnet, ergibt sich jedoch, daß beim Neugeborenen die Wasserzufuhr am größten ist und sich jenseits der Neugeburtsperiode allmählich vermindert. Rechnet man z. B. für ein Kind von 3150 g Geburtsgewicht die Nahrungszufuhr grob empirisch nach der Finkelsteinschen Regel, so würde sich am 4. Tage etwa eine Wasseraufnahme von 185 g oder bei einer physiologischen Gewichtsabnahme von 150 g eine Wasserzufuhr von 61 g pro Kilogramm Körpergewicht ergeben; am 8. Tage betrüge der Wert bei einem Gewicht von etwa 3100 g — 442 g oder 142 g pro Kilogramm Körpergewicht; am Ende der zweiten Woche bei einem Körpergewicht von 3200 g etwa 166 g Wasser pro Kilogramm Körpergewicht, um dann wieder allmählich abzusinken. So gibt L. F. Meyer für ein etwa 4 Wochen altes Kind die Wasseraufnahme auf 142 g pro Kilogramm Körpergewicht, für ein 6 wöchentliches Kind auf 122 g an, gegenüber etwa 35 g beim Erwachsenen. Bei unnatürlich ernährten Kindern sind die Nahrungsmengen, demnach auch die aufgenommene Wassermenge, etwas größer.

Außer diesem direkt eingeführten Wasser kommt noch das bei der Verbrennung von H-haltigen Nahrungsstoffen entstehende Wasser in Frage. Dieses Oxydationswasser und das bei der Dehydration von Nährstoffen freigemachte Wasser sind in den bisherigen Aufstellungen der Wasser-Bilanz unberücksichtigt geblieben, da sie einer exakten Bestimmung unzugänglich sind. Rechnerisch wird der Wert des Oxydationswassers auf etwa 12 g für 100 Kalorien Umsatz geschätzt. Nach Niemann gilt dieser für den Erwachsenen angegebene Wert auch annähernd für den Säugling. Spezielle Angaben für den Neugeborenen liegen nicht vor.

Da eine nennenswerte Resorption von Wasser im Magen nicht in Frage kommt, erfolgt die Aufsaugung hauptsächlich im Darm. Neben der Resorption kommt freilich auch eine Sekretion von Wasser in den Darm (mit den Darmsekreten) und eine teilweise Rückresorption desselben in Frage. Man sieht, exakte Werte sind nirgends erhältlich.

Ausgaben.

Die Ausgaben von H_2O erfolgen in erster Linie durch die Niere (etwa 60%), weiter durch die Lungen und Haut (Perspiratio insensibilis) und zum kleinsten Teil (etwa 6%) durch den Darm.

Wasserbilanz.

Die spärlichen Versuche über die Wasserbilanz ergeben folgendes Bild: Für die Zeit der physiologischen Abnahme liegt zwar kein speziell auf die Wasser-Bilanz angelegter Versuch vor, doch lassen sich aus dem später noch näher zu erörternden Respirationsstoffwechselversuche von Birk und Edelstein einige Anhaltspunkte gewinnen.

In den ersten 24 Stunden wurde keine Flüssigkeit zugeführt. Die Ausgabe betrug durch die Niere 14,00 g, für Perspiratio insensibilis 44,12 g, durch den Darm 6,72 g (= 8,96 g Mekonium, den Wassergehalt desselben zu rund 75% angenommen). Der Gewichtsverlust betrug 126 g.

Am 2. Tag wurden 57,18 g Halbmilch, also etwa 53,6 g Wasser zugeführt. Ausgegeben wurden durch Nieren 13,10 g, durch Haut und Lungen 98,57 g, durch Mekonium 2,43 g. Gewichtsverlust 70 g.

Am 3. Tag betrug die Einfuhr an Wasser 214,5 g, Ausfuhr durch die Nieren 14,3 g, durch Haut und Lungen 153,50 g, durch den Darm 29,88 g; Zunahme 30 g. In Form einer Tabelle:

Tage	H_2O-Zufuhr	Ausfuhr durch				Bilanz	Gewicht
		Nieren	Haut und Lungen	Darm	zusammen		
1.	—	14,00	44,12	6,72	64,84	— 64,84	— 126
2.	53,6	13,10	98,57	2,43	114,10	— 60,50	— 70
3.	214,50	14,30	153,50	29,88	197,68	+ 16,82	+ 30

Es ergibt sich also für die Zeit der physiologischen Gewichtsabnahme, wie vorauszusehen, eine negative Wasserbilanz, die auch dann bestehen bleibt, wenn man den Harn zum Teil und das Mekonium, weil aus fetalen Auswurfstoffen bestehend, ganz wegläßt. Sowie die Wasserbilanz positiv wird, erfolgt auch bereits eine Gewichtszunahme. Die negative Bilanz, besonders der ersten Tage, zeigt aber auch, selbst wenn man das Oxydationswasser in Rechnung setzt, daß sicher noch eine andere Wasserquelle vorhanden sein muß. Es liegt nahe, an Gewebswasser zu denken, zumal wir wissen, daß der physiologische Gewichtsverlust in der Hauptsache auf Wasserverlust beruht[1], ebenso wie der Anstieg bis zur Wiedererreichung des Anfangsgewichtes sicher zu einem guten Teile Wiederersatz des verlorenen Wassers ist. Solches Gewebswasser würde einmal dem Blut entzogen, vielleicht aber auch den

---

[1] Vgl. oben S. 179.

Muskeln, die ja 10% des gesamten Körperwassers enthalten. Die Berechnung gibt natürlich kein abschließendes Bild, außerdem dürften noch Fehler darin stecken, die auf die Daten des Originalversuches selbst zurückgehen. Vorläufig haben wir aber keine anderen Daten, um diese Lücke zu füllen.

Für die 2. Lebenswoche haben wir eine Schätzung von Camerer über die Wasserbilanz.

Einnahme	Ausgaben durch			Bilanz
	Nieren	Haut und Lungen	Darm	
444	347	74	5	+ 18
d. i. auf 100 H$_2$O	78	17	1	+ 4

Schließlich ergab sich aus einem viel zitierten Gesamtstoffwechselversuch von Heubner-Rubner an einem 9 Wochen alten Brustkinde von 5,22 kg Gewicht nach einer Berechnung von Camerer folgende Wasserbilanz, die bereits eine geringere Wassereinlagerung zeigt.

Einnahme	Ausgaben durch			Bilanz
	Nieren	Haut und Lungen	Darm	
543,3	322	179	35	+ 7,3
d. i. auf 100 H$_2$O	59	33	6	+ 2

Auch hier ist das Oxydationswasser unberücksichtigt geblieben, das bei Berechnung eines Kalorienwertes von 720 für den Liter Frauenmilch etwa auf rund $36-40$ g Wasser zu veranschlagen wäre. Gegenüber dem Neugeborenen fällt beim Säugling im 3. Monat vor allem die hohe Perspiratio insensibilis auf. Wenn dieselbe zum Teil auch von den Versuchsbedingungen selbst (Aufenthalt im Respirationskasten) abhängig ist und eine starke Steigerung beim Schreien des Kindes ausdrücklich erwähnt wird, so dürfte man doch vielleicht das Richtige treffen, wenn man überhaupt den Perspirationswert beim Neugeborenen, der viel weniger agil ist und fast durchweg schläft, als niedriger annimmt[1]. Auf das Kilogramm Körpergewicht würde nach diesem Versuch die Wasserdampfabgabe durch Haut und Lungen rund 34,3 g betragen. Nach den Berechnungen Heubner-Rubners ist diese starke Gesamtwasserdampfabgabe vor allem auf Ausscheidung durch die Lungen zu beziehen, die beim Säugling gut dreimal so groß ist als beim Erwachsenen. v. Pfaundler[2] hat nach den Daten von Heubner-Rubner auch noch die 24stündige kutane Wasserdampfabgabe auf die Oberflächeneinheit (qdm) berechnet und dabei 2,66 beim Säugling gegenüber 5,15 g beim Erwachsenen gefunden, woraus sich ganz überraschend ergab, „daß die Wasserdampfabgabe durch die Haut nicht der Körperoberfläche, sondern ungefähr dem Körpergewicht proportional sei". Ob das ein allgemeines Gesetz ist wie beim behaarten Tier (Rubner) oder ob die den Werten von Heubner-Rubner zugrunde liegenden Voraussetzungen beim Säugling nicht ganz stimmen, ist noch unentschieden.

[1] Vgl. auch weiter unten S. 210.
[2] L. c. Handbuch 1. Aufl., S. 590.

Alle diese Angaben über die Wasserbilanz haben zunächst nur ihren Sonder-
wert; ob sie im allgemeinen ein gesetzmäßiges Verhalten des Wasserwechsels
ausdrücken, läßt sich nach der spärlichen Zahl der Versuche, vor allem in der
Neugeburtsperiode, noch gar nicht entscheiden. Jedenfalls ist daran festzuhalten, daß der Körper des Neugeborenen um etwa 10% mehr Wasser enthält
als der des Erwachsenen. An der fortschreitenden Wasserverarmung ist auch
das Blutwasser beteiligt (Lust, Reiß, Lederer); allerdings steigt der Wassergehalt von der Geburt (75%) noch um etwa 6—10% bis zur Mitte des dritten
Monats, wahrscheinlich in direktem Zusammenhang mit der aufgenommenen
Menge Brustmilch (Langstein-Meyer). Dann erst beginnt die fortschreitende
Abnahme des Blutwassergehaltes.

Beziehungen zwischen Nahrungszusammensetzung und Wassergehalt des Organismus.

Bei natürlich ernährten Neugeborenen und Säuglingen ist wegen der ziem-
lichen Konstanz der Nahrung eine innigere Beziehung zwischen Nah-

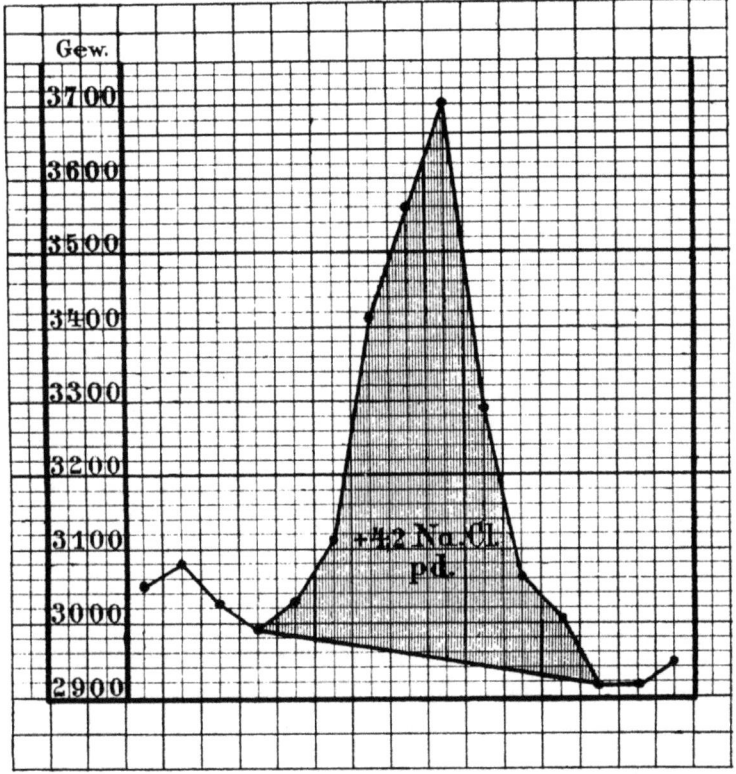

Abb. 61.
Gewichtszunahme um 700 g bei einem 4wöchigen Säugling nach Zulage von 4,2 g Kochsalz
pro die zur üblichen Nahrung. (5tägiger Versuch.) Sofortige Abnahme nach Weglassen
der Salzzulage.
(Aus Langstein-Meyer, Säuglingsernährung und Säuglingsstoffwechsel. 2. u. 3. Aufl.)

rungszusammensetzung und Wassergehalt des Organismus nicht
auffällig, um so auffallender dagegen bei unnatürlicher Ernährung. Das gilt
besonders bei Änderung der Kohlehydrat- oder Salzzufuhr, Stoffen, die

hydropigen (wasseraufspeichernd) wirken. Wie die Wasserspeicherung durch die Kohlehydrate zustande kommt, ist noch nicht geklärt.

Für die Salze wissen wir seit Voits grundlegenden Untersuchungen, daß die hydropigene Wirkung kleiner Salzdosen (große Dosen wirken diuretisch) um so stärker und leichter in Erscheinung tritt, je salzreicher die Nahrung bis dahin schon war, ferner abhängig ist von der Konzentration der zugeführten Salzlösung. Eine wasserspeichernde Wirkung kommt nur dünnen Salzlösungen zu. Diese Gesetze gelten auch für den künstlich ernährten Säugling (W. Freund), der gewöhnlich eine sehr wasserreiche, dabei salzarme Nahrung erhält. Natriumchlorid ist unter Salzen dasjenige, welches in Dosen von etwa 0,5 g die größte Wasserspeicherung bewirkt. Größere Dosen bewirken keinen größeren Wasseransatz, da dann gleichzeitig auch eine Mehrausscheidung von NaCl auftritt (Schloß). Wie stark und rasch die hydropigene Wirkung in Erscheinung tritt, zeigt folgende Darstellung, die ich dem Buche von Langstein-Meyer entnehme (Abb. 61). Bei Kaliumverbindungen tritt zuerst Wasserausschwemmung, dann erst deutliche Retention ein; die Ca-Verbindungen machen in großen Dosen ausnahmslos Wasserausschwemmung (Gewichtssturz); kleinere Dosen, unter 1,0 g, sind irrelevant (Schloß).

Fett und Eiweiß haben geringen Einfluß auf die Wasserspeicherung. Fett wirkt eher wasserentziehend.

Neue Erfahrungen (O. und H. Heubner u. a.) haben in letzter Zeit überhaupt dazu geführt, die Größe der Wasserzufuhr in der Nahrung für den Ablauf der Stoffwechselvorgänge mehr zu berücksichtigen. Es ergab sich vor allem auch aus Versuchen von L. F. Meyer, daß bei vollständiger Deckung des kalorischen Bedarfes der Anstieg des Körpergewichtes durch eine zu geringe Flüssigkeitsmenge in der Nahrung gehemmt wird (neben anderen Störungen des Stoffwechsels), während sich nach Wasserzulage sofort der Gewichtsansatz einstellt (Abb. 62). Bekannt ist ja, daß dabei unter Umständen auch Fieber auftreten kann (Durstfieber — Erich Müller), das nach Ansicht mehrerer Autoren auch beim Neugeborenen, besonders in der Periode der physiologischen Abnahme vorkommt, wenn die Quantität der Nahrung und damit der zugeführten Flüssigkeit zu gering ist (Esch u. a. Näheres in dem Kapitel Temperatur des Neugeborenen). Gelegentlich scheint auch nach Überwindung der physiologischen Gewichtsabnahme bei Brustkindern eine mangelhafte Gewichtszunahme auf eine zu wasserarme, dabei kalorienreiche oder mindestens kalorisch ausreichende Nahrung zurückzuführen zu sein. Allem Anschein nach leidet darunter besonders der Mineralstoffwechsel. Wasserzulage erzielt in solchen Fällen sofort eine positive Mineralbilanz und Gewichtsanstieg. Immerhin sind bei Brustkindern solche Erscheinungen selten; häufiger kommen sie bei unnatürlich Ernährten zur Beobachtung. Für die Praxis der unnatürlichen Ernährung ist daraus der

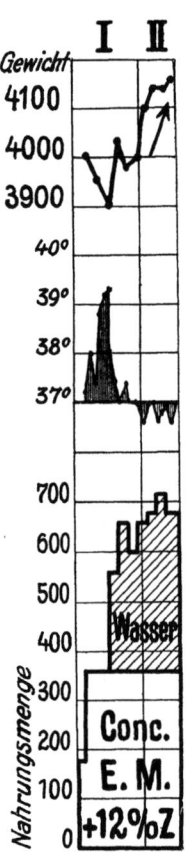

Abb. 62.
Fieber bei Verabreichung von konzentrierter Eiweißmilch ohne Wasser, sofortige Entfieberung und Zunahme bei Wasserzufuhr.
(Aus Langstein-Meyer, Säuglingsernährung und Säuglingsstoffwechsel. 2. u. 3. Aufl.)

Schluß zu ziehen, daß man nicht allein den Kalorienwert berücksichtigen darf, sondern auch für die nötige Flüssigkeitsmenge sorgen muß. Im allgemeinen sind bei jungen Säuglingen und Neugeborenen 140—150 g Wasser pro Kilogramm Körpergewicht zum Gedeihen erforderlich (Langstein-Meyer).

Überblickt man Vorstehendes, so drängt sich auch hier sofort der Eindruck auf, daß unsere Kenntnisse besonders für die Neugeburtsperiode erst in den Anfängen stecken. Viel fruchtbare Arbeit ist hier noch zu leisten.

Gaswechsel.

Der respiratorische Quotient.

Die Verfolgung des Stickstoff- bzw. Eiweißstoffwechsels gewährt natürlich nur Einblick in einen bestimmten, abgegrenzten Teil des Gesamtstoffwechsels. Es interessiert aber auch zu wissen, was aus den Kohlenstoffketten wird, die nach erfolgter Desaminierung der Aminosäuren zurückbleiben. Offenbar werden dieselben in der Hauptsache schließlich zu CO_2 verbrannt; für andere Möglichkeiten synthetischer Prozesse fehlen mindestens beim Neugeborenen vorläufig alle Anhaltspunkte. Die Kohlensäure stellt neben Wasser auch das Endprodukt des Kohlehydrat- und Fettstoffwechsels dar. Natürlich ist zu diesen Verbrennungsprozessen Sauerstoff notwendig, bald mehr, bald weniger, je nach dem zu verbrennenden Material; Kohlehydrat braucht dazu weniger als Fett. Denn die bei der hydrolytischen Spaltung des Milchzuckers im Darm entstehenden Monosaccharide, Glukose und Galaktose ($C_6H_{12}O_6$) enthalten schon genügend Sauerstoff zur Wasserbildung; nur für die Verbrennung der 6 Kohlenstoffatome zu Kohlensäure sind 6 Moleküle Sauerstoff notwendig. Anders ist es bei den Fetten bzw. den nach ihrer Spaltung verbleibenden Fettsäuren. Nehmen wir z. B. die Ölsäure ($C_{18}H_{34}O_2$), so zeigt deren Formel ohne weiteres, daß der vorhandene Sauerstoff nicht einmal zur Wasserbildung ausreicht. Es ist also zu dem vollständigen Abbau der Fette jedenfalls sehr viel Sauerstoff erforderlich. Diese Tatsache bringt in leicht erkennbare Form der respiratorische Quotient $= \dfrac{CO_2}{O_2}$ zum Ausdruck, d. h. das Verhältnis der gebildeten Kohlensäure zum verbrauchten Sauerstoff.

Aus den obigen Bemerkungen ist leicht ersichtlich, daß der respiratorische Quotient bei reiner Kohlehydratzufuhr gleich 1, bei der Verbrennung der Fette kleiner als 1 (nämlich 0,707) sein muß. Bei der Verbrennung der vom Eiweißabbau übrig bleibenden Kohlenstoffketten ist er ebenfalls kleiner als 1 (nämlich 0,801). Die Bestimmung des respiratorischen Quotienten gibt uns einen Einblick in den Ablauf des Gaswechsels, da als Einnahme nur Sauerstoff, als Ausgabe nur Kohlensäure in Betracht kommt, andere Gase keine Rolle spielen. Auf die Methode zur Bestimmung einer derartigen Gasbilanz gehen wir hier nicht ein. Es sei nur nochmals daran erinnert, daß die Schwierigkeiten derartiger Versuche beim Neugeborenen recht große sind, wenn man sich nicht mit ganz kurzfristigen Versuchen begnügen will.

So fand Scherer wie ähnlich schon 1877 Forster beim Neugeborenen den respiratorischen Quotienten 0,582—0,702, also einen wesentlich geringeren Wert als beim Erwachsenen (0,89), um so kleiner, je niedriger die Außentemperatur und je lebhafter deshalb die Sauerstoffaufnahme war. Im ganzen schließt Scherer daraus auf einen hohen Sauerstoffverbrauch beim Neugeborenen, wobei freilich nicht zu vergessen ist, daß diese Angaben sich nur auf zweistündige Versuche stützen und daher zu allgemein gültigen Schlüssen

eigentlich nicht berechtigen. Camerer und Söldner wie neuerdings Schloßmann und Murschhauser bei etwas älteren Säuglingen fanden denn auch
einen respiratorischen Quotienten, der fast gleich oder nicht wesentlich kleiner
war als beim Erwachsenen. Die neuesten Angaben stammen von Talbot[1],
der nach seinen Untersuchungen an 105 Neugeborenen den respiratorischen
Quotienten durchschnittlich am

1.	2.	3.	4.	5.	6.	7.	8.	Lebenstag
0,8	0,74	0,73	0,75	0,79	0,82	0,81	0,80	

fand. Talbot folgert aus diesen Feststellungen, wohl mit Recht, daß der
Neugeborene in der Übergangszeit nach Verbrauch des geringen Glykogen-
vorrates Fett als Brennmaterial benutzt, da anderenfalls, d. h. wenn nur
oder überwiegend Kohlehydrate als Brennmaterial herangezogen würden, der
respiratorische Quotient = 1 sein müßte.

Übrigens reicht die Bestimmung des respiratorischen Quotienten allein
zu einer vollständigen Kenntnis des Gaswechsels nicht aus. Dazu bedarf es
auch einer Kenntnis des gebildeten Wassers, des zweiten Verbrennungsproduktes,
wobei natürlich die Wassereinnahme mitberücksichtigt werden muß. Wird
gleichzeitig der Stickstoffwechsel verfolgt, dann liefert ein derartiger Versuch
die Grundlage dafür, den Anteil der einzelnen Nahrungsstoffe am Gesamtstoffwechsel zu berechnen.

Aus der ausgeschiedenen Gesamtstickstoffmenge läßt sich nämlich das
verbrauchte Eiweiß berechnen und aus der auf diese Weise bestimmten Eiweißmenge der Anteil eruieren, den der Eiweißkohlenstoff an dem gesamten ausgeschiedenen Kohlenstoff hat. Der nach Abzug des Eiweißkohlenstoffwertes
von der gesamten ausgeschiedenen Kohlenstoffmenge verbleibende Rest ist
dann auf die N-freien Fette und Kohlenhydrate zu beziehen. Den Kohlenstoff
kann man seinerseits aus der Menge der ausgeschiedenen Kohlensäure berechnen[2].

Ein Respirationsstoffwechselversuch beim Neugeborenen.

Beim Neugeborenen liegt bisher ein einziger derartiger Versuch vor. Birk
und Edelstein, welche sich der schwierigen Aufgabe unterzogen, bekamen
aus einem dreitägigen Versuch an einem mit Halbmilch ernährten Neugeborenen
im für Säuglinge modifizierten Voit-Pettenkoferschen Respirationsapparat
an dem 3200 g schweren, mit Halbmilch ernährten Kinde folgendes Bild
(siehe nebenstehende Tabelle):

Danach berechnen die Verfasser, daß der Hauptanteil der dem Organismus
verloren gegangenen Substanz auf das durch Haut und Lungen abgegebene
Wasser entfällt. Im übrigen würden etwa 0,22 g C aus Eiweiß, 7,87 g C aus
Fett und Kohlehydraten stammen. Es müßten in der Versuchszeit etwa 0,43 g
Eiweiß und 10,2 g Fett verbrannt worden sein.

Wesentlich höher sind die Werte von Camerer, der für die ersten drei
Lebenstage einen Kohlenstoffverlust von etwa 20 g annimmt, wofür etwa 25 g
Körperfett zersetzt werden müßten.

Die Perspiratio insensibilis steigt nach dem 4. Tag bei natürlich
ernährten Kindern allmählich bis auf 130 g an und beträgt im Mittel vom 1. zum
10. Tag 97—122 g (Camerer), nach Gaus dagegen nur 71 g. Das würde in
beiden Fällen also erheblich weniger sein, als in dem Versuch von Birk und

---

[1] Americ. journ. of dis. of childr. Vol. 13. 1917.
[2] Über die dafür zu benutzenden Formeln und Methoden vgl. man die Lehr- und
Handbücher der physiologischen Chemie und chemischen Arbeitsmethoden.

Edelstein. So wertvoll die Angaben der letztgenannten Autoren sind, so fehlt ihnen eben noch die Bestätigung durch größere Versuchsreihen, die allein imstande wäre, über die augenscheinlich starken Unterschiede befriedigenden

Versuchs-tag	Ver-suchs-zeit	Zahl der Pausen	Kohlensäure			Wasser					
						Wasser-dampf in toto (auf 24 Stun-den)	Gewichts-zunahme der Wäsche	Wasserdampf + Gewichts-zunahme der Wäsche			
			in toto	pro 24 Stun-den	pro 1 kg Körper-gewicht in 24 Stunden			in toto	pro 24 Stunden	pro 1 kg Körper-gewicht nach 24 Stunden
			g	g	g	g	g	g	g	g
I. 28.—29. Oktober 1910	12 Stunden	keine	28,74	57,48	18,32	34,8 (69,6)	9,32	44,12	88,24	28,12
II. 29.—30. Oktober 1910	Brutto 19,1 Netto 18,6	3 à 10 Min.	44,25	55,6	18,2	93,4 (120,6)	5,15	98,57	123,8	40,74
III. 30.—31. Oktober 1910	Brutto 22,75 Netto 22,15	4 à 10 Min.	45,12	47,59	15,76	139,71 (151,4)	13,79	153,5	161,93	53,6

Aufschluß zu geben[1]. Bis dahin können wir nur ganz allgemein schließen, daß der Respirationsstoffwechsel mit der Größe der Nahrungszufuhr, Außentemperatur, Lebhaftigkeit oder Somnolenz des Kindes, Bekleidung usw. ziemlich stark schwankt.

Mineralstoffwechsel.

Beziehungen der Salze zum Eiweiß-, Fett- und Kohlehydratumsatz.

Über den Salzstoffwechsel des Neugeborenen sind unsere Kenntnisse noch dürftiger als über den Respirationsstoffwechsel — aus denselben Gründen, welche exakte Stoffwechseluntersuchungen beim Neugeborenen überhaupt erschweren. Außer drei Versuchen von W. Birk ist darüber überhaupt nichts bekannt. Dieselben betreffen je ein mit Kolostrum, mit fertiger Frauenmilch und mit Kuhmilch ernährtes Neugeborene.

Die Einnahme an Mineralien gestaltet sich verschieden je nach der Ernährung. Bezüglich der genauen Aschenanalyse sei auf das Kapitel Nahrung des Neugeborenen verwiesen. Hier sei nur kurz erwähnt, daß im allgemeinen der Aschegehalt des Kolostrums reichlich ein Drittel größer ist, als der der fertigen Frauenmilch (0,3% gegenüber 0,19%), vorwiegend infolge höheren

---

[1] v. Pfaundler fand neuestens bei einer Kontrollberechnung, daß in der 1. und 3. Versuchsperiode Fehler in der Bedienung oder Funktion des Apparates vorgekommen sein müssen. Nach Czerny-Keller (2. Aufl., Bd. 1, p. 317) sind allerdings v. Pfaundler selbst einige Fehler bei seiner Kontrollrechnung unterlaufen. Wir verzichten aber hier, darauf näher einzugehen, da an dem Gesamtresultat durch diese kleinen Unstimmigkeiten nichts geändert wird und der Versuch von Birk-Edelstein immer noch der einzige ist, der darüber vorliegt.

Gehaltes an P_2O_5 und Na_2O. Der Aschegehalt der Kuhmilch ist dagegen gut dreimal so. groß $(0,75^0/_0)$, wobei besonders der Reichtum an CaO, Cl und P_2O_5 auffällt. Demgemäß fällt also schon die Einfuhr verschieden hoch aus, je nachdem eine streng natürliche (kolostrale) Ernährung oder Ammenernährung gewählt wird. Bei künstlicher Ernährung sind die Unterschiede deshalb nicht groß, weil Neugeborene kaum jemals Kuhmilch in anderer Form als ungefähr ein Drittel- bis Halb-Verdünnung erhalten, demgemäß der Gesamtaschegehalt ungefähr ebenso hoch ist als bei Frauenmilchernährung.

Die Ausfuhr der Mineralstoffe erfolgt sowohl durch die Nieren wie durch den Darm. Für einzelne Mineralstoffe wie Kalk, Magnesia, Eisen ist der Darm sogar die Hauptausscheidungsstätte. Bezüglich der Retention sind zunächst die mit reifer Frauenmilch ernährten Kinder am ungünstigsten gestellt.

Die Bilanz stellte sich in den oben genannten Versuchen Birks zunächst bei Ernährung mit Kolostrum folgendermaßen dar:

Ernährung mit Kolostrum.

| | Einfuhr in der Milch g | Ausfuhr | | | Bilanz |
		im Harn g	im Kot g	im ganzen g	
Asche	2,8990	0,9044	0,3580	1,2624	+ 1,6366
CaO	0,3711	0,022	0,080	0,1020	+ 0,2691
MgO	0,0955	0,0085	0,0276	0,02845	+ 0,067
K_2O	0,7911	0,2097	0,0841	0,2938	+ 0,4973
Na_2O	0,5599	0,2527	0,052	0,3057	+ 0,2542
P_2O_5	1,1700	0,223	0,019	0,242	+ 0,928

Bei einem mit reifer Frauenmilch ernährten Neugeborenen gestaltete sich die Mineralbilanz vom 1.—4. Tage folgendermaßen:

| | Einfuhr in der Milch g | Ausfuhr | | | Bilanz |
		im Harn g	im Kot g	im ganzen g	
Asche	0,6790	0,2220	0,2210	0,4430	+ 0,2360
CaO	0,2480	0,0144	0,0636	0,0780	+ 0,1700
MgO	0,0213	0,0668	0,0181	0,0249	— 0,0036
K_2O	0,1153	0,077	0,0610	0,1380	— 0,023
Na_2O	0,1124	0,0409	0,0169	0,0578	+ 0,0545
P_2O_5	0,2182	0,2410	0,1030	0,3440	— 0,1258

Bei dem mit Halbmilch und $5^0/_0$ Milchzucker ernährten Neugeborenen war die Mineralbilanz in derselben Zeit der physiologischen Gewichtsabnahme:

| | Einfuhr in der Milch g | Ausfuhr | | | Bilanz |
		im Harn g	im Kot g	im ganzen g	
Asche	2,1076	0,4096	0,5980	1,0076	+ 1,1
CaO	0,4370	0,0184	0,1528	0,1712	+ 0,2658
MgO	0,0677	0,0079	0,0161	0,0240	+ 0,0436
K_2O	0,2460	0,1113	0,1008	0,2121	+ 0,0339
Na_2O	0,5844	0,0843	0,0867	0,1710	+ 0,4134
P_2O_5	0,5697	0,2080	0,1110	0,3190	+ 0,2507

Überblickt man die Verhältnisse bezüglich der Gesamtasche, so ergibt sich, daß in der Abnahmeperiode das mit reifer Frauenmilch ernährte Kind am ungünstigsten gestellt ist, da es prozentual am wenigsten retiniert (34% und 56,57%). An der Ascheausscheidung sind bei bloßer Berücksichtigung der Gesamtasche in der ersten Woche Niere und Darm ziemlich gleichmäßig beteiligt. Jenseits der Neugeburtsperiode soll nach Langstein-Meyer die Retention immer größer werden, wohl bedingt durch den starken Wachstumsbedarf. Einige nähere Aufschlüsse ergibt die Berücksichtigung der Ausscheidung der einzelnen Aschebestandteile.

Am meisten Interesse beansprucht zunächst der P-Stoffwechsel, nicht allein in quantitativer Hinsicht, sondern auch wegen der nahen Beziehungen zum Harnsäurestoffwechsel. In den ersten Harnportionen ist der P-Gehalt ein niedriger, ja es soll sogar absoluter P_2O_5-Mangel vorkommen (Cruse, Fourcroy und Huenefeld). W. Heubner fand in einem Versuch 0,0018% P (= 0,004 P_2O_5) im Harn, das ist etwa gleich dem Phosphorgehalt des Fruchtwassers. Vom 2. Tage ab steigt aber der P-Gehalt des Harns allmählich an, um in der 2. Woche wieder allmählich abzufallen (Langstein-Niemann); trotzdem sind noch im Anfang der 3. Woche die Werte höher als beim gesunden[1] älteren Brustkinde. Michel fand bei Brustkindern vom 5.—11. Tage eine P-Ausscheidung von 22—29 mg, Langstein-Niemann am 12. Tage eine solche von 10—20 mg.

Etwas abweichend sind die Angaben von O. M. Schloß und Crawford, die nach anfänglicher hoher P-Ausscheidung vom 3. Tage ab einen starken Abfall konstatierten. Ebenso gibt völlig abweichend von allen anderen Autoren Kotscharowski an, daß die Menge des in 24 Stunden ausgeschiedenen Phosphors mit jedem Lebenstage steigt.

Trotz der großen Ausscheidung wird vom Neugeborenen viel P_2O_5 retiniert, und nur ein kleiner Teil (6—11%) gelangt im Kot zur Ausscheidung (Michel). Alle diese Angaben gelten aber nur für das natürlich ernährte Neugeborene. Bei unnatürlicher Ernährung scheint die Ausscheidung wesentlich höher zu sein, beim älteren Säugling besonders dann, wenn P-reiche Kuhmilch gegeben wird, — ja es ist dann die P-Ausscheidung im Harn größer als dem Gehalt der Nahrung an Phosphor entspricht. Der Nutzungswert ist also jedenfalls am größten bei natürlich ernährten Kindern, wenn auch bei unnatürlicher Ernährung infolge des 10 mal größeren Angebots (auf Vollmilch bezogen) die absolute Retention eine größere ist.

Über den Gehalt des Neugeborenenharns an anorganischem S liegen bloß Angaben von Kotscharowski vor, denen zufolge die täglich ausgeschiedene Schwefelsäuremenge innerhalb der ersten 6 Lebenstage von 7,14 auf 24,75 mg anstieg. Im ganzen ist also der Schwefelsäuregehalt des Harns ein sehr geringer, was auch für die ersten 2 Lebenswochen und über dieselben hinaus gilt (Cruse). Für ältere Kinder gilt ähnlich wie beim Phosphor, daß gesunde Brustkinder die kleinsten, ernährungsgestörte höhere und unnatürlich ernährte die höchsten S-Werte im Harn aufweisen (W. Freund).

Fast das gesamte in der Nahrung zugeführte Chlor wird aus dem Darm aufgenommen, die Ausscheidung erfolgt nahezu ausschließlich durch die Nieren.

---

[1] Bei kranken älteren Brustkindern steigt dagegen der P-Gehalt rasch an. Man hat neuestens sogar die quantitative Auswertung des P-Gehaltes dazu benutzen können, um die Stärke einer Verdauungsstörung und beim Verschwinden derselben den Fortschritt der Heilung konstatieren zu können (Kaminer und Mayerhofer). Ja, jede nachweisbare Phosphaturie beim Brustkinde bedeutet schon eine Verdauungsstörung (Moll). — Bei künstlich ernährten Kindern liegen die Verhältnisse anders; auch die Phosphattitration hat hier nur einen sehr beschränkten Wert, wie Mayerhofer selbst angibt.

Deshalb interessiert auch am meisten der NaCl-Gehalt des Harns. Derselbe ist im Harn natürlich ernährter Neugeborener (wie übrigens auch älterer Brustkinder — Pollak, Cruse) gering. Interessant ist dabei, daß in den ersten 4 Tagen die ausgeschiedenen Chlormengen ungefähr gleich bleiben, während entsprechend der wachsenden Nahrungsmenge die Menge des zugeführten Kochsalzes noch steigt (Schiff, Kotscharowski, Gein), so daß damit eine gewisse Ähnlichkeit mit der Chlorausscheidung beim hungernden Erwachsenen gegeben ist (Gundobin S. 366). Nach dem 4. Lebenstage — also ungefähr gleichzeitig mit dem Beginn der Gewichtszunahme — steigt der Chlornatriumgehalt des Harnes; nach dem 10. Tage wird die Kochsalzausscheidung wieder geringer. Schiff behauptet ferner, daß bei spät abgenabelten Kindern sowohl die absolute wie prozentuale Chloridmenge beinahe doppelt so hoch als bei sofort abgenabelten sei, was vielleicht mit einem Zerfall von roten Blutkörperchen zusammenhängt, der nach Kast die Chloridausscheidung steigert. Bei unnatürlich ernährten Kindern ist der prozentuale Retentionswert fast gleich, doch ist der nahezu dreimal so hohe Chlorgehalt der Kuhmilch in Rechnung zu ziehen. Genauere Untersuchungen über den Chlorstoffwechsel in Form einer Bilanz liegen noch nicht vor.

Auf dem geringen Chlorgehalt des Brustkinderharns beruht die Engel-Turnausche Reaktion (vgl. Kapitel Harn).

Nitrate kommen im Harn der Brustkinder nicht vor (Mayerhofer).

Der Kalkgehalt ist ebenfalls so gering, daß quantitative Untersuchungen nicht gemacht sind, wenn auch im Sediment phosphorsaurer und oxalsaurer Kalk vielfach nachweisbar ist. Kolostrum und reife Frauenmilch zeigen im CaO-Gehalt keinen sehr wesentlichen Unterschied: $0,036-0,037\,^0/_0$ bzw. $0,042\,^0/_0$: (die ersten Werte beziehen sich auf Analysen von Birk und Schloß, der letztgenannte ist ein von Langstein-Meyer angegebener Wert aus Analysen von Dibbelt, Schabad, Bahrdt, Edelstein u. a.). 0,03 scheint der Minimalwert zu sein, der Maximalwert beträgt $0,08\,^0/_0$; der Kalkgehalt der Kuhmilch ist 2—4mal so groß. Man hat aus der geringen Kalkeinfuhr bei natürlicher Ernährung gefolgert, daß vielleicht der Kalkbedarf auf die Dauer nicht gedeckt wird (Aron, Debbelt u. a.), wenigstens bei sehr lang fortgesetzter Stillung über den 7.—8. Monat hinaus. Bei Neugeborenen spielt diese Frage keine Rolle. Die Kalkausfuhr erfolgt, soweit Kalk über den Bedarf eingeführt wurde, hauptsächlich durch den Stuhl; im Harn sind nur Spuren nachweisbar. Bei künstlich ernährten Kindern ist die Ausfuhr am größten. Die Bilanz ergibt einen recht beträchtlichen Ansatz, der von Orgler für Brustkinder auf 0,13 bis 0,21 g pro die berechnet wird; über den Neugeborenen liegen spezielle Angaben nicht vor, doch scheint im ersten Lebensmonat die Retention, wohl auch wegen der geringen Zufuhr, am kleinsten zu sein, im Durchschnitt etwa 0,148 (Langstein-Meyer). Interessant ist die Erfahrung, daß die Retention bei unnatürlich ernährten Kindern nicht größer ist, trotz so viel reichlicheren Angebotes, aus dem eben auch nur der Bedarf gedeckt wird [1].

Magnesia (MgO) ist in der Frauenmilch und im Kolostrum in sehr geringen Mengen $(0,006\,^0/_0)$, in der Kuhmilch zu $0,02\,^0/_0$ enthalten. Genauere Angaben über die Bilanz beim Neugeborenen liegen nicht vor, außer in dem erstgenannten Versuch von Birk. Danach ergibt sich eine von der Nahrung unabhängige Retention, wenn dieselbe auch bei natürlicher Ernährung im Verhältnis zu dem so viel geringeren Angebot relativ am größten ist.

Natrium und Kali $(Na_2O + K_2O)$ werden hauptsächlich durch die Nieren ausgeschieden. Bezüglich der Retention vgl. obige Tabellen nach Birk.

---

[1] Vgl. auch die Tabellen von Birk, S. 212.

Eisenoxydul (Fe₂O₃) ist im Liter Frauenmilch zu 1—4 mg, im Liter Kuh-milch zu 0,4—0,7 mg enthalten. Aus den bisher vorliegenden Versuchen ergibt sich, daß Eisen nur in Spuren ausgeschieden, demnach der Eisengehalt der Nahrung gut ausgenutzt wird. Bei unnatürlicher Ernährung ist die Eisen-zufuhr um so weniger genügend, als sie durch die angewandte Verdünnung noch weiter vermindert wird. In der Neugeburtszeit dürfte allerdings die Nahrung in dieser Hinsicht kaum eine große Rolle spielen, da auf jeden Fall das bei der Geburt mitgebrachte Eisendepot längere Zeit vorhält. Gerade in den ersten Tagen wird aber dieses Depot mobilisiert (Schwartz, Baer und Weiser), während von der 11. Lebenswoche ab eine allmählich immer stärker werdende Verminderung des Eisenvorrates nachweisbar wird.

Damit sind unsere Kenntnisse über den Mineralstoffwechsel beim Neu-geborenen erschöpft. Sie stellen erst die Grundlage dar für weitere Forschungen von großer praktischer Wichtigkeit, wie die Beziehungen der Mineralien zum Stickstoff-, Fett- und Kohlehydratumsatz und der einzelnen Salze untereinander. Über alle diese so überdies wichtigen Dinge fehlen uns für die Neugeburtsperiode alle Untersuchungen.

Nur um die Richtung künftiger Forschungen auf diesem Gebiete anzudeuten sei wenigstens kurz erwähnt, was beim älteren Säugling in dieser Hinsicht bisher bekannt geworden ist.

Eiweiß- und Salzstoffwechsel. Völlige Salzentziehung in der Nahrung hebt den N-Ansatz auf. Die Stoffwechselversuche lehren vielmehr, daß für den normalen An-wuchs ein bestimmter Aschegehalt der Nahrung durchaus notwendig ist, wie umgekehrt der notwendige Mineralumsatz nur erfolgt, wenn der N-Gehalt der Nahrung ein genügend großer ist (Orgler). Das gilt nicht allein für die Asche als solche, sondern im besonderen für einzelne Bestandteile derselben, z. B. die Phosphorsäure. Überall finden sich, soweit bekannt, augenscheinlich gesetzmäßige Beziehungen zwischen Eiweiß- und Mineralumsatz. Freilich gilt das zunächst nur für Brustkinder (Orgler). Bei unnatürlich ernährten sind solche Beziehungen bisher nicht gefunden worden (Langstein-Meyer u. a.). Versuche am Neugeborenen würden mancherlei Aufklärungen, besonders in Hinsicht auf später in Erscheinung tretende Konstitutionsanomalien erwarten lassen.

Von der Fettzufuhr scheint beim gesunden Säugling der Mineralumsatz ziemlich unabhängig zu sein. Das ist für die Kalkausscheidung von Niemann, L. F. Meyer, für Phosphorsäure durch Keller, Freund erwiesen worden, und wird auch für die Alkalien von Langstein-Meyer S. 34 angegeben.

Um so größer ist dagegen der Einfluß der Kohlehydrate auf den Salzstoffwechsel. Kohlehydratzulage führt zu Wasserretention und damit eo ipso schon zu vermehrtem Um-satz von Salzen (vgl. Wasserstoffwechsel).

Über die Beziehungen der Salze untereinander ist heute nur bekannt, daß sehr innige Wechselbeziehungen bestehen, denen wahrscheinlich auch eine sehr erhebliche Bedeutung für die Praxis zukommen dürfte. Im einzelnen ist aber noch so wenig gesichertes Material vorhanden[1], daß wir von einem weiteren Eingehen auf die Frage absehen. Sicher wissen wir jedenfalls, daß auch für die Neugeborenen wie für jedes Lebewesen die Mineral-stoffe unentbehrlich sind. Die biologischen Forschungen des letzten Jahrzehntes, vor allem die klassischen Versuche von J. Loeb, machen es sogar wahrscheinlich, daß nicht nur dem Vorhandensein oder Fehlen bestimmter Salze, sondern auch der Ionen-konzentration eine außerordentlich bedeutsame Rolle für die ungestörte Entwicklung, namentlich rasch wachsender Organismen zukommt.

---

[1] Was beim älteren Säugling in dieser Hinsicht bekannt ist, siehe bei Rietschel, Stoffwechsel und Ernährung des gesunden Säuglings in v. Pfaundler-Schloßmann, Handb. d. Kinderheilk. 3. Aufl. Bd. 1. Leipzig. 1923.

Allgemeine Grundlagen der hinsichtlich der Pflege und Ernährung Neugeborener aufzustellenden Forderungen.

Wenn die bisherigen Erörterungen versucht haben, einen möglichst genauen, natürlich nach klinischen Bedürfnissen zugeschnittenen Überblick über die (anatomischen und) funktionellen Besonderheiten des Neugeborenen zu geben, so sollte damit nur der feste Grund gelegt werden, auf dem einzig und allein eine rationelle Pflege des Neugeborenen aufgebaut werden kann. Einen besonders wichtigen Teil derselben macht natürlich die Technik der Ernährung aus. Um Wiederholungen und Abschweifungen in den folgenden Kapiteln zu vermeiden, scheint es uns zweckmäßig, wieder die Erörterung der allgemeinen Prinzipien der Pflege und Ernährung, die sich aus der Physiologie des Neugeborenen zwanglos herauskristallisieren lassen, voranzustellen und die speziellen Vorschriften besonderen Kapiteln vorzubehalten. Wenn dadurch die Darstellung etwas weitläufiger wird, so scheint mir doch, als würde eine leichtere Lesbarkeit erreicht, wenn die speziellen Vorschriften nicht erst wieder begründet werden müssen.

I. Die Abhängigkeit der Säuglingssterblichkeit von Pflege und Ernährung.

Die überragende Bedeutung einer physiologisch begründeten Pflege des Neugeborenen mit besonderer Beachtung der Ernährung kann nicht besser und schlagender demonstriert werden als durch einen Hinweis auf die hohe Säuglingsmortalität in früheren Jahrzehnten und die in den letzten 20 Jahren bereits in dieser Hinsicht erzielten Fortschritte. Denn vor allen Dingen ist die hohe Säuglingssterblichkeit ein Mahnruf, daß hier etwas getan werden müsse. Der Natur der Sache nach kann es sich nur um Förderung der gesamten Pflege einschließlich der Ernährung gegenüber dem früher Üblichen handeln. Selbstverständlich sagen aber die nackten Zahlen über die Mortalität noch nichts darüber aus, wo der Hebel zur Besserung angesetzt werden muß, so daß es notwendig ist, möglichst viele Momente in einer derartigen Statistik zu berücksichtigen und danach die einzelnen Faktoren gegeneinander abzuwägen. Ergibt sich, daß tatsächlich Besserungsmöglichkeiten vorhanden sind — und nach den Erfahrungen der letzten 20 Jahre ist das ja unzweifelhaft erwiesen —, dann folgt daraus von selbst, daß die Geburtshelfer (und Hebammen) als die gegebenen Pfleger der Neugeborenen und ersten Berater der jungen Mütter zu ihrem Teil mitwirken müssen, wenn nicht die von Pädiatern, praktischen Ärzten und sozialen Vereinigungen aller Art in die Wege geleiteten, der Natur der Sache nach aber meist erst nach der Neugeburtszeit einsetzenden Bestrebungen der Säuglingsfürsorge um den vollen möglichen Erfolg gebracht werden sollen.

Insofern handelt es sich hier um eine auch für den Geburtshelfer eminent wichtige Frage. Ihre Erörterung ist nicht zu umgehen, wenn wir auch gerade in diesem Abschnitt uns große Beschränkungen auferlegen können und wollen. Denn hier handelt es sich nicht um eine möglichst erschöpfende Darstellung des gesamten, weit verstreuten Materials, sondern es kommt lediglich darauf an, eine Auswahl zu treffen, die ein eigenes Urteil über die Bedeutung der angeschnittenen Fragen zu fällen erlaubt. Auf die soziale, volkswirtschaftliche und sonstige Bedeutung der Erhebungen und Maßnahmen einzugehen, gehört nicht zu unserer Aufgabe.

1. Allgemeine Angaben über die die Säuglingssterblichkeit bestimmenden Faktoren.

Wenn wir z. B. erfahren, daß von 100 lebenden Geborenen in Deutschland 18 % innerhalb des 1. Lebensjahres wieder sterben, so heißt das: die Mortalität der Neugeborenen und Säuglinge ist größer als die der 80jährigen. 18 % ist eine Durchschnittszahl aus dem vorletzten Jahrzehnt. Im ganzen ist die Säuglingsmortalität seit 1900 (20,7 %) bis 1912 (14,7 %) bis 1923 (13,2 %) ziemlich konstant (Ausnahmen 1905 und 1911) heruntergegangen, wobei besonders das starke Absinken der Mortalität der Unehelichen von 33,9 % auf 23,6 % (1923) ein schöner Beweis für bisher auf dem Wege für Säuglingsfürsorge-Bestrebungen Erreichtes ist. 1913 war die Mortalität 15,1 % (14,2 % für die Ehelichen, 23,7 % für die Unehelichen[1]), 1923 ist die Mortalität der Ehelichen auf 12,0 % abgesunken, die der Unehelichen freilich unverändert geblieben (23,6 %). Diese Zahlen gewinnen um so größere Bedeutung, wenn man sie mit den Angaben vor 20—30 Jahren vergleicht. Es betrug damals im Deutschen Reich und ähnlich auch in anderen europäischen Ländern die Säuglingsmortalität 20—25 %. Diese Ziffer fällt noch mehr in die Augen, wenn man den Anteil der Säuglingsmortalität an der Gesamtsterblichkeit berücksichtigt. Von 100 Verstorbenen kommen in derselben Zeit 22—29 % auf die innerhalb des 1. Lebensjahres Verstorbenen (Prinzing[2]), 1923 knapp 20 %. Bekannt ist, daß die Mortalität der Knaben etwas höher ist. Sie übertrifft die der Mädchen auch schon im 1. Lebensjahre um $1/_2$—3 %. (1913 im Durchschnitt aller Kinder um 2,7 %, bei den unehelichen sogar um 4 %[3]), 1923 durchschnittlich 2,5 %, bei den unehelichen 3,8 %.

[1] Vgl. Stat. Jahrb. f. d. Deutsche Reich, 36. Jahrg. 1915 u. 44. Jahrg. 1924.
[2] Friedr. Prinzing, Handb. d. med. Statistik, Jena 1906. Auf dieses ausgezeichnete Werk sei zu weiterer Orientierung ausdrücklich verwiesen. Literatur.
[3] Statist. Jahrb. f. d. Deutsche Reich, 36. Jahrg. 1915 u. 44. Jahrg. 1924/25.

Für den Geburtshelfer besonders wichtig ist ein Vergleich der einzelnen
Tage der Neugeborenenzeit. Nach der neuesten Zusammenstellung von B. von
Schrenck [1] entfallen von der Gesamtzahl der Säuglingssterbefälle

auf den	1909	1910	1911
1. Lebenstag	9,75%	8,34%	7,36%
2. ,, ...	1,95%	1,53%	2,61%
3. ,, ...	1,67%	0,96%	1,04%
4. ,, ...	0,80%	0,91%	1,04%
5. ,, ...	0,80%	0,85%	0,81%
6. ,, ...	0,63%	1,08%	0,76%
7. ,, ...	1,21%	1,36%	1,10%
auf die 1. Lebenswoche .	16,81%	15,03%	14,72%
,, ,, 2. ,, .	5,62%	5,67%	7,01%
,, ,, 3. u. 4. ,, .	5,05%	4,37%	4,86%
auf den 1. Lebensmonat .	27,48%	15,07%	26,59%
,, ,, 2.—3. ,, .	17,27%	18,66%	18,77%
,, ,, 4.—6. ,, .	23,29%	23,60%	24,16%
auf das 1. Lebenshalbjahr	68,04%	67,33%	69,52%
,, ,, 2. ,,	31,96%	32,67%	30,48%
	100 %	100 %	100 %

Die hohe Sterblichkeit des ersten Lebenstages fällt teils mangelhaft lebensfähigen Kindern, teils Geburtsschäden sowohl nach spontaner als
nach künstlicher Geburt zur Last. Ich erinnere nur an eine Reihe von Geburtsverletzungen, unter denen augenscheinlich die intrakraniellen und intra-
zerebralen Hämatome die größte Rolle spielen, ferner an die verschiedensten
sonstigen Folgen der Weichteilschwierigkeiten, die auch nach der Geburt noch
ihre Opfer, vor allem unter den asphyktisch geborenen und da wieder besonders
unter den frühgeborenen Kindern fordern. Niemand wird bestreiten, daß
es sich bei Verhütung solcher Schäden um ganz spezielle Aufgabe des Geburtshelfers handelt. Ich verweise in dieser Hinsicht auf die große Arbeit von Seitz [2]
über die Bedeutung der Weichteilschwierigkeiten und auf die zahlreichen
wichtigen Arbeiten von Ph. Schwartz, aus denen klar hervorgeht, daß
das Schädeltrauma unter der Geburt mehr Opfer fordert als man bisher
angenommen hat Ebenso erwähne ich, welch großen Anteil die frühgeborenen
und lebensschwachen Kinder aller Art an der sehr hohen Mortalität des
1. Lebenstages nehmen, welche nur durch eine bereits im Moment der
vollendeten Geburt einsetzende sachgemäße Behandlung (Schutz vor Wärmeverlust usw.) bekämpft werden kann. Ganz besonders wird man aber
beachten müssen, daß für die Sterblichkeit der beiden 1. Lebenswochen
auch Erkrankungen der Mutter, namentlich Lues, Nephritis, Eklampsie und
ähnliches eine große Rolle spielen. Man wird also der Behandlung der
Schwangeren seine Aufmerksamkeit zuwenden müssen, wenn man die Sterblichkeit der ersten beiden Lebenswochen herabdrücken will. Das hat noch neuestens
Rott mit Recht betont.

Vom 1. Tage fällt dann die Mortalität bis zum 9. Tage ziemlich rasch
ab, mit einer kleinen — nach ihrer Regelmäßigkeit in den verschiedensten

---

[1] B. von Schrenck, Die Säuglingssterblichkeit in Riga in den Jahren 1881—1911.
Riga 1913, S. 434. Verarbeitet die gesamte neue Literatur.
[2] Arch. f. Gyn. Bd. 90, 1910.

Statistiken — nicht zufälligen Steigerung am 6. oder 7. Tage (vgl. auch obige Tabelle). Hier spielen neben den Folgen des Schädeltraumas bereits Infektionen aller Art (Darm, Nabel, Aspirationspneumonie bei asphyktisch geborenen Kindern) eine Rolle. Vom 10. Tage an steigt die Mortalität wieder und geht erst in der 4. Woche neuerlich zurück, um nun ziemlich konstant bis zum Ende des 1. Lebensjahres abzusinken (vgl. obige Tabelle).

Dasselbe Verhalten kehrt in allen Landes- und Städtestatistiken mit annähernder Regelmäßigkeit wieder (vgl. z. B. Prinzing, Lommatsch für Sachsen, Westergaard für Berlin usw.).

Dieser allmähliche Rückgang der Sterblichkeitsziffer von der 4. Woche ab findet sich bei Knaben und Mädchen, bei Ehelichen und Unehelichen, trotzdem die Knaben sowohl wie die Unehelichen absolut höhere Zahlen aufweisen.

Am größten ist die Beteiligung des ersten Monats an der hohen Kindersterblichkeit. $^1/_4 - {}^2/_5$ der im 1. Lebensjahre gestorbenen Kinder entfallen auf diese Zeit (Prinzing). Das tritt in allen Ländern deutlich hervor, wenn auch im einzelnen die Prozentzahlen bis zu $10-15\,^0/_0$ schwanken, was wesentlich auf die Verbreitung des Selbststillens zurückzuführen ist (vgl. weiter unten).

Die Ursache der hohen Knabensterblichkeit ist bis heute nicht aufgeklärt; wir halten es nicht für ausgeschlossen, daß die Erstgeburt dabei eine Rolle spielt. Die höhere Mortalität der Unehelichen beruht nach der Neugeburtszeit hauptsächlich auf den ungünstigen hygienischen und wirtschaftlichen Verhältnissen, unter denen diese Kinder stehen. Sowohl bei Haltekindern gilt das wie in Findelhäusern, wo oft der sog. „Hospitalismus" der übrigens vielfach krank eingelieferten Kinder Opfer fordert. Die Hauptschuld aber tragen Schäden der Ernährung, vor allem der Wegfall der natürlichen Ernährung. Wir gehen auf diese Dinge hier nicht näher ein, da sie über die Neugeburtszeit und die Einflußsphäre des Geburtshelfers weit hinausgehen. Immerhin ist auch hier eine helfende Tätigkeit der Geburtshelfer, bzw. Gebäranstalten in zweierlei Weise zu fordern: je exakter die Neugeborenenpflege, die natürliche Ernährung in diesen Anstalten durchgeführt wird, desto gesunder, mit desto größerer Widerstandsfähigkeit werden die Kinder dem Einfluß eines ungünstigen Milieus und einer falschen Ernährung ausgesetzt, desto mehr haben sie Aussicht, denselben nicht zu unterliegen. Viel tut auch hier der erzieherische Einfluß einer Klinik, in der den Kindern sichtbar viel Aufmerksamkeit geschenkt, das Selbststillen strikte durchgeführt wird, viel der persönliche Einfluß des Direktors, der Ärzte einer geburtshilflichen Abteilung. Meiner Erfahrung nach gelingt es gar oft, die unverheirateten Mütter zu veranlassen, wenigstens während der ganzen Wochenbettzeit die Kinder bei sich zu behalten und selbst zu stillen sowie in der erlernten Art weiter zu pflegen. Viel Segen ist hier von den neueren gesetzlichen Maßnahmen hinsichtlich des Mutterschutzes und der Wöchnerinnenfürsorge zu erwarten. Ebenso wichtig dürfte es sein, die Entlassung der Wöchnerinnen nicht gar zu schematisch am 9.—12. Tage durchzuführen, sondern zu Zeiten und in Kliniken, wo das durchführbar ist, sie möglichst lange in der Anstalt zu halten. Viele sind glücklich darüber: manche können zurückgehalten werden, um später, wenn die eigenen Kinder über die Hauptgefahr hinaus sind, als Amme verwandt zu werden. Ganz besonders legen wir Wert darauf, den Entlassungstag nicht von der Mutter allein, sondern auch von dem Kinde abhängig zu machen. Nicht nur sollen die Mütter schwächlicher oder irgendwie kranker Kinder zurückgehalten werden, sondern vor allem möchten wir niemals die Entlassung erlauben — natürlich soweit die Verhältnisse es gestatten, — ehe nicht die Nabelwunde vollständig geheilt ist. Wenn auch jede Klinik nur einen begrenzten Wirkungskreis hat,

ist doch leicht einzusehen, wie sehr derselbe sich vergrößert, wenn alle Frauenkliniken, Wöchnerinnenasyle, Hebammenlehranstalten u. dgl., die noch beträchtlich vermehrt werden müßten (v. Franqué), in dieser Weise vorgehen.
Bei energischem Wollen sind gar viele lokale Schwierigkeiten zu überwinden.
Ich bin überzeugt, daß in dieser Hinsicht noch viel Segensreiches geleistet
werden kann. Aber freilich, allgemeine Vorschriften und Grundsätze allein
genügen nicht; das Wichtigste dürfte immer der persönliche Einfluß der Ärzte,
vor allem der jeweiligen Stationsärzte auf die Frauen sein. Leider muß ich
bekennen, daß ich bisher in dieser Hinsicht keine sehr erfreulichen Erfahrungen
gemacht habe. Es sind nur wenige unter den jungen Ärzten, die genügendes
Interesse und Verständnis für diese Fragen haben, die geneigt sind, über die
dienstlichen Anforderungen hinaus sich persönlich für die gute Sache einzusetzen. Man darf damit natürlich keine Anklage erheben, denn ich verkenne
nicht, welch große Anforderungen sonst gestellt werden, wie viel Mühe und
Zeit nötig ist, um in der angegebenen Richtung persönlich zu wirken und wie
viel Überzeugungstreue dazu gehört, sich durch Mißerfolge nicht entmutigen
zu lassen. Eins aber wird unter dem Einfluß des Chefs wohl überall zu erreichen
sein: daß wenigstens der rein ärztliche Teil der Neugeborenenpflege streng
den modernen Anforderungen genügt.

Von allen Momenten, welche auf die Säuglingssterblichkeit von Einfluß
sind, ist gewiß eines der wichtigsten die Art der Ernährung. Soweit die Neugeborenen in Frage kommen, ist hier ein bedeutsames Feld für die Tätigkeit
der Geburtshelfer in Stadt und Land, in Praxis und Klinik. Wir gehen wegen
der überragenden Bedeutung dieses Faktors noch weiter unten ausführlich
auf diese Frage ein.

Andere die Kindersterblichkeit beeinflussende Momente, wie die Jahreszeit, sind
an sich unbeeinflußbar, erfordern aber indirekt unsere Aufmerksamkeit, da eine genauere
Analyse auch vermeidbaren Schaden aufdeckt. Bekannt ist ja, daß das Maximum der
Säuglingssterblichkeit auf den Sommer fällt, weniger bekannt, daß zwei Maxima, eines im
Sommer, eines im Winter nachweisbar sind, und die noch interessantere Tatsache, daß
in diesem Falle das Sommermaximum auf künstlich Ernährte, das Wintermaximum auf
Gegenden, wo die Kinder natürlich ernährt werden, fällt. In Gegenden und Ländern,
wo die Kinder fast ausschließlich an der Brust genährt werden, fällt der sommerliche Anstieg sehr unbedeutend aus; der daraus zu ziehende Schluß liegt auf der Hand. Daß klimatisch
kühlere Gegenden im Sommer weniger betroffen sind, ist erklärlich. Unter ungünstigen
materiellen Verhältnissen ist übrigens für die Neugeborenen die Winterkälte gefährlicher als die Sommerhitze (Lombard), worin, da die Neugeborenen noch in größerem
Prozentsatz als die älteren Säuglinge natürlich ernährt werden, wieder die größere Resistenz
der natürlich Ernährten, andererseits die allgemein geringere Fähigkeit der Neugeborenen
zur Wärmeregulierung bei starken Schwankungen der Außentemperatur zum Ausdruck
kommt. Damit ist gleichzeitig ein wichtiger Hinweis gegeben, wie die Pflege wirksam
diesen Schäden begegnen kann. Aber nicht allein gegen Abkühlung, auch gegen Überhitzung ist der Neugeborene und Säugling weniger abwehrfähig. Das lehrt nicht allein
die allgemeine Steigerung der Sommersterblichkeit, sondern auch die Erfahrung, daß
auch unter den unnatürlich ernährten Kindern diejenigen besonders gefährdet sind, welche
in überfüllten, engen, dunklen, schlecht lüftbaren Wohnungen, in Städten mit schlechter
nächtlicher Abkühlung leben. Die Gefahr der Überhitzung ist eben unter solchen Umständen besonders groß.

Berücksichtigt man die unmittelbar zum Tode führenden Erkrankungen, so ergibt
sich [1], daß im Winter besonders entzündliche Erkrankungen der Atmungswege, im Sommer
Darmkatarrhe mit Brechdurchfall oder die ihnen folgende Atrophie verantwortlich zu
machen sind, während die übrigen Todesursachen gleichmäßiger über das ganze Jahr sich
verteilen.

Über die besondere Bedeutung des Schädeltraumas unter der Geburt vgl. oben.

Schon seit Wappaeus (1861) ist bekannt, daß in kinderreichen Familien die Sterblichkeit größer ist als in kinderarmen, selbst bei gleichen äußeren Verhältnissen und bei
gleicher Art der Ernährung. Der wichtigste Grund dieser Erscheinung dürfte darin zu
suchen sein, daß bei großer Kinderzahl dem einzelnen Kinde, so namentlich den späteren

---

[1] Vgl. Prinzing, l. c. S. 298.

Neugeborenen, weniger Aufmerksamkeit und Sorgfalt gewidmet wird und werden kann, zum Teil wohl auch daran, daß bei schneller Aufeinanderfolge der Kinder nicht allein oft die Arbeitskraft der Mutter geschwächt wird, sondern vielleicht auch die Kinder selbst weniger widerstandsfähig sind (Ansell u. a.). Auch das sind für den Geburtshelfer um so eher zu beachtende Momente, als wir nach den wertvollen Untersuchungen Fetzers glauben annehmen zu dürfen, daß unter anderem gerade für die Kinder eine Verarmung des Eisenvorrates der Mutter dabei eine Rolle spielt, so daß die Pflege des Kindes durch den Geburtshelfer in solchen Fällen schon zweckmäßig auf die Schwangerschaft ausgedehnt werden muß (Eisenfütterung der Mutter, Kalkzufuhr). In ähnlicher Weise scheint oft eine Kalkverarmung der Mutter eine Rolle zu spielen, wie ich aus zahlreichen Beobachtungen glaube schließen zu dürfen.

Ganz abgesehen von der Unehelichkeit ergibt sich, daß auch sonst Stand, Beruf und wirtschaftliche Verhältnisse der Eltern von Einfluß auf die Säuglingssterblichkeit sind. Freilich spielen alle die bisher genannten Momente mit hinein. Die Tatsache aber ist klar festzustellen.

Je größer das Einkommen wird, desto mehr sinkt ceteris paribus die Säuglingssterblichkeit. Ein Einfluß des Berufes macht sich — abgesehen davon, daß er für die wirtschaftliche Stellung gewisse Anhaltspunkte gewährt — besonders dann bemerkbar, wenn die Mütter berufstätig sind. Wo der Beruf die Mutter am Stillen, an entsprechender Erholung im Wochenbett usw. nicht verhindert, ist kaum ein Einfluß zu bemerken; wo aber Erholung und Stillgeschäft leiden, da zeigt sich sofort ein Emporgehen der Säuglingssterblichkeit.

Bei alledem kommt es natürlich auf die gesamten hygienischen Verhältnisse an. So erleben wir ja jetzt, daß nicht nur die allgemeine, sondern auch die Säuglingssterblichkeit heute vielfach in den Städten geringer ist als auf dem Lande. Daran hat nicht zuletzt die rührige Säuglingsfürsorge, welche den Müttern der Städte natürlich in ausgedehnterem Maße zugute kommt, großen Anteil.

Auf örtliche Verschiedenheiten der Säuglingssterblichkeit möchten wir nicht eingehen. Denn neben allen bisher genannten Momenten, die natürlich auch örtlich schwanken, fällt der Hauptanteil auf die allgemeine Kulturhöhe und die Verbreitung des Stillens. Zudem haben wir als Geburtshelfer, die in ihrem gegebenen Kreise wirken müssen, darauf natürlich nicht den geringsten Einfluß.

2. Besondere Abhängigkeit der Säuglingssterblichkeit von der Art der Ernährung.

Von allen Faktoren, welche die Höhe der Säuglingssterblichkeit beeinflussen, ist zweifellos von allergrößter Bedeutung die Art der Ernährung. Schon vor 18 Jahren hat Verfasser in einer speziell an die Geburtshelfer gerichteten Arbeit[1] die Bedeutung der gesamten Frage und die Wichtigkeit der Mitarbeit der Geburtshelfer und Gebäranstalten eindringlich vor Augen geführt und seitdem fast Jahr für Jahr bei passender Gelegenheit demonstriert, welche Erfolge allein durch die Arbeit auf so begrenztem Gebiete und in der kurzen Neugeburtszeit sich erzielen lassen. Halten wir uns aber zunächst an die Unterlagen unserer Forderung: Alle Statistiken[2] ergeben übereinstimmend, daß reichlich $1/3$ der Todesfälle des 1. Lebensjahres (= 6—7 % der Lebendgeborenen) auf Magendarmkrankheiten entfallen, während Tuberkulose, Lungenentzündung und sonstige Erkrankungen der Atmungsorgane nur $1/10$ der Sterbefälle des 1. Jahres ausmachen[3].

---

[1] Monatsschr. f. Geburtsh. Bd. 28, 1909.

[2] Näheres in des Verf. eben zitierter Arbeit, ferner bei Prinzing l. c. und bei Husler in v. Pfaundler-Schloßmanns Handb. d. Kinderheilkunde. Bd. 1, 3. Aufl. u. a.

[3] Nach Keller (Säuglingssterblichkeit und Säuglingsfürsorge, Zentralbl. f. allg. Gesundheitspfl. 1903) ist dieser Prozentsatz viel größer. Nach ihm kommen von den Todesfällen im 1. Jahr 70—80 % auf Ernährungsstörungen. Damit stimmen auch Nachforschungen überein, die — allerdings an kleinem Material — an der Heidelberger Frauenklinik angestellt wurden (vgl. Schabort, Monatsschr. f. Geburtsh. u. Gynäkol. Bd. 24, S. 42ff.).

Auch die neuesten Angaben zeigen, daß im Jahre 1912 weitaus die größte Zahl der Todesfälle unter einem Jahre (36 939) auf Magendarmkatarrhe und Brechdurchfall kam.

Dabei gewinnt für den Geburtshelfer besondere Bedeutung die Erfahrung, daß 26% der an Magen-Darmerkrankungen im 1. Jahre sterbenden Kinder noch nicht einmal 4 Wochen alt geworden sind (Kermauner und Prausnitz u. a.), weitere 24% auf den 2. Lebensmonat entfallen, also die Hauptmortalität gerade auf die Zeit entfällt, die unter dem direkten Einfluß des Geburtshelfers steht oder unter der Nachwirkung seines Einflusses mindestens noch stehen kann. Hier gibt die Statistik klar umschriebene Forderungen. Ich hoffe, die Zeit ist vorüber, wo angeblich hochwissenschaftliche Köpfe über solche unbequeme Mahnungen einfach hinwegglitten mit einem billigen Schlagwort, wie „notwendige Zuchtwahl, Überleben der Stärkeren im Kampfe ums Dasein, Naturgesetz" und ähnliches. Von einer selektiven Wirkung hoher Säuglingssterblichkeit ist keine Rede, vielmehr gehen der höheren Säuglingsmortalität parallel auch Schädigungen der Überlebenden (Prinzing, Schloßmann, Zizek u. a.). Vielleicht hat gerade der Weltkrieg auch die Lauen aufgerüttelt und den Weg gewiesen, wo jeder, auch der Geburtshelfer im höchsten staatlichen Interesse seines Vaterlandes wirken muß, wenn wir unsere Stellung in der Welt — so mühsam einst errungen — wiedergewinnen wollen[1].

Wenn auch nach Prausnitz' u. a. Untersuchungen kein Zweifel besteht, daß neben der Art der Ernährung vor allem auch der Grad der Wohlhabenheit für die Zahl der Todesfälle an Magen-Darmerkrankungen von Einfluß ist, soziale Lage und Bildungsgrad der Eltern — man kann kurz sagen das allgemeine hygienische Niveau —, so scheint doch der von manchen Seiten hitzig geführte Streit um die Frage, ob die Art der Ernährung oder die sozialen Verhältnisse von größerem Einfluß auf die Höhe der Säuglingssterblichkeit seien, bei näherer Betrachtung recht müßig, wie Prinzing mit Recht betont hat (S. 304 l. c.). Denn die Fragestellung ist in dieser Form falsch. Den tatsächlichen Verhältnissen entspricht dagegen die Antwort, daß bei natürlicher Ernährung der Einfluß der sozialen Verhältnisse gering ausfällt, die Kinder der Armen nicht deutlich eine größere Sterblichkeit erkennen lassen, als die der Reichen. Wo dagegen die unnatürliche Ernährung in irgendeiner Form kultiviert wird, dort ist der Einfluß des Reichtums und des ganzen sozialen Milieus von sinnfälligster Deutlichkeit, weil die Schäden der unnatürlichen Ernährung an sich um so greller in Erscheinung treten, je mehr Gefahren das Kind sonst durch einen Tiefstand an Reinlichkeit, exakter Pflege, Ungunst der Wohnung und Unverstand der Eltern, schlechten Willen, Zeitmangel usw. ausgesetzt ist. Das durch unnatürliche Ernährung in seiner Widerstandsfähigkeit geschädigte Kind der Armen fällt den Folgen des Nährschadens oder irgendeines Infektes zum Opfer, während unter gleichen Voraussetzungen das Kind des Reichen durch ärztliche Kunst und vollendete Pflege, die gerade im Moment des Sichtbarwerdens seiner Gefährdung einsetzt, meist gerettet werden kann. Alle Säuglingsfürsorgebestrebungen können wohl lindern, einem begrenzten Teil von Säuglingen ein günstigeres Milieu schaffen, im allgemeinen wird man aber der Ungunst sozialer Verhältnisse nur so langsam und auf solchen Umwegen beikommen können, daß für die Bekämpfung der Säuglingsmortalität in kurzer Zeit nicht allzu sichtbare Erfolge zu erwarten sind. So bleibt wohl noch auf lange hinaus der Satz Escherichs[2] zu Recht bestehen, „daß die Brustnahrung gerade unter ungünstigen hygienischen Verhältnissen der

---

[1] Hier ist jedenfalls ein Punkt, wo die Geburtshelfer allesamt berufen sind, an den Bestrebungen der Gesellschaft für Bevölkerungspolitik tätigen und wichtigen Anteil zu nehmen.
[2] Escherich: Über Ursachen und Bekämpfung der Säuglingssterblichkeit. Das österreich. Sanitätswesen 1906, Nr. 37.

armen Bevölkerung wie ein Talisman das Kind schützt, und es Schädlichkeiten spielend überwinden läßt, denen künstlich Genährte nur zu leicht unterliegen".

Nicht dadurch werden wir die Säuglingsmortalität herabsetzen, daß wir den Reichen alle Errungenschaften auf dem Gebiete der Säuglingspflege und Ernährung zugute kommen lassen, sondern nur durch Beeinflussung der großen Massen der armen und ärmsten Bevölkerung. Hygieniker, Pädiater und Geburtshelfer müssen sich in die Arbeit teilen. Fast scheint es angebracht, die Notwendigkeit der Mitarbeit der Geburtshelfer besonders zu betonen. Denn nur zum geringsten Teile wenden dieselben bisher der Pflege und Ernährung der Neugeborenen genügende Aufmerksamkeit zu. Das hat bereits dazu geführt, daß einige Pädiater dem Geburtshelfer Pflege und Ernährung der Neugeborenen überhaupt nicht mehr überlassen wollen und die Anstellung besonderer Säuglingsärzte (Pädiater) an Gebäranstalten verlangen (vgl. z. B. Riether [1]). Demgegenüber sei auf die beherzigenswerte Mahnung Cramers hingewiesen: „Die Frage der Ernährung des Kindes ist eine geburtshilfliche, d. h. das Studium derselben ist Pflicht des Geburtshelfers"[2].

Wir verkennen natürlich nicht, daß überall dort, wo Zeitmangel oder ungenügendes Interesse der einzelnen Ärzte in Gebäranstalten eine sorfältige Neugeborenenpflege nicht zur Durchführung kommen lassen, die Anstellung besonderer Pädiater für die Neugeborenen von größtem Segen wäre[3]. Aber einmal besteht diese Möglichkeit nicht für die große Mehrheit der Geburtshelfer und ebenso zweifellos scheint mir, daß die Geburtshelfer sich damit ein Armutszeugnis ausstellen, wenn sie einen so wichtigen Teil ihrer Tätigkeit abgeben in einer Zeit, wo auf Grenzgebieten so viel geleistet wird. Außerdem liegen die Verhältnisse tatsächlich doch so, daß auch die Pädiater in die speziellen Erfordernisse der Neugeborenenpflege in Gebäranstalten sich erst einarbeiten müssen.

„Aseptischer Betrieb und Möglichkeit der Ernährung an der Frauenbrust" lauten die Grundforderungen, die Schloßmann[4] aufstellt, und dies vor allem muß an Gebäranstalten durchgeführt werden können. Freilich darf nicht verkannt werden, daß alle Forderungen ganz oder teilweise hinfällig werden, wenn nicht genügendes und gut geschultes Personal zur Verfügung steht. Das gilt besonders von der Asepsis; der zweite Teil von Schloßmanns Forderung kann aber immer erfüllt werden.

In der allgemeinen Praxis hat die Forderung der Brustnahrung doppelte Wichtigkeit. Denn Fehler in der Asepsis spielen hier — obwohl kaum ganz vermeidbar — eine ungleich geringere Rolle als im Anstaltsbetriebe, wo stets mit dem Vorhandensein zahlreicher gefährlicher Keime gerechnet werden muß.

Kaum auf einem anderen Gebiete als auf dem der Säuglingsernährung ist in den letzten 20 Jahren so viel von Pädiatern gearbeitet worden. Das Ergebnis ist die klare Erkenntnis: Muttermilch ist durch nichts ersetzbar. Das wird z. B. recht drastisch bewiesen durch die folgende Tabelle von Boeckh, der für Breslau feststellte, daß von 10 000 Kindern im 1. Monat gegenüber 201 Brustkindern 1120 künstlich Ernährte starben und auch in den folgenden Monaten die Sterblichkeit der künstlich Ernährten 8—12 mal so groß

[1] Riether, Das österreich. Sanitätswesen 1906, Nr. 37.
[2] H. Cramer, Verhandl. d. Ges. d. Naturf. u. Ärzte 1900 (Aachen), 2. Teil, 2. Hälfte, S. 138f.
[3] Ich denke hier z. B. an das vorbildliche Wirken von v. Reuß an der I. Univ.-Frauenklinik in Wien unter Schauta.
[4] Schloßmann, Münch. med. Wochenschr. 1907, Nr. 1.

war als die der Brustkinder. Erst im letzten Quartal des 1. Lebensjahres wird
diese Differenz immer kleiner. Jedoch beträgt auch da noch die Sterblichkeit
der künstlich Ernährten das 3—6fache der Sterblichkeit der Brustkinder.

Alter (Monate)	Brustmilch	Tiermilch
0	201	1120
1	74	588
2	46	497
3	37	465
4	26	370
5	26	311
6	26	277
7	24	241
8	20	213
9	30	191
10	31	168
11	39	147

Man weist vielfach darauf hin, daß besonders durch die Bemühungen der
deutschen Pädiatrie die künstliche Ernährung des Säuglings an Leistungsfähigkeit und Sicherheit so gewonnen hat, daß sie zu einer relativ ungefährlichen
Methode wurde. Das soll nicht geleugnet werden; aber es gilt bloß dann, wenn
die materiellen Verhältnisse eine peinliche Sorgfalt der Kindespflege und Beschaffung einwandfreier Milch gestatten. Für die große Masse des Volkes liegen die
Verhältnisse wesentlich anders.

Alle Statistiken, mögen sie an dem größten oder kleinsten Material
gewonnen sein, zeigen übereinstimmend die besseren Gesundheitsverhältnisse
und die geringere Mortalität der an der Brust ernährten Kinder[2]. Selbst unter
so ungünstigen Verhältnissen wie in Berlin ist noch neuestens festgestellt worden,
daß die Sterblichkeit der Brustkinder im 1. Jahre 7,9% gegenüber 21% bei
Flaschenkindern betrug (Tugendreich).

Auch die Dauer des Stillens ist von bedeutendem Einfluß auf die
Lebenswahrscheinlichkeit. Mit welcher mathematischen Genauigkeit das zu
erweisen ist, möge folgende Tabelle zeigen, die ich Groths verdienstvoller
Arbeit[3] entnehme.

1903	nicht gestillt	bis 1 Monat gestillt	1—3 Monate	3—6 Monate	6—9 Monate	9—12 Monate	12 Monate und länger	Summe
Gesamtzahld.Säug-linge	9812	1933	2013	1646	519	213	169	16305
Das 1. Jahr über-lebende Kinder .	7140 72,8%	1600 82,8%	1808 89,8%	1574 95,6%	507 97,7%	208 97,7%	169 100%	13066 79,8%
Innerhalb des ersten Jahres verstorbene Kinder	2672 27 2%	333 17,2%	205 10,2%	72 4,4%	12 2,3%	5 2,3%	—	3299 20,2%

---

[1] Zit. nach Husler in v. Pfaundler-Schloßmann, Handb. d. Kinderheilk. 3. Aufl.
Bd. 1, S. 56.
[2] Näheres darüber in des Verf. zitierten Arbeit und bei vielen anderen.
[3] Zeitschr. f. Hyg. 1905.

Seitdem hat man mit geradezu auffallender Regelmäßigkeit an den verschiedensten Orten feststellen können, daß die Sterblichkeit allein durch natürliche Ernährung sich immer rund um $7\,\%$ und bei Fernhaltung anderer Schädlichkeiten noch weiter herab setzen ließ[1]. Selbst wenn man den Einfluß der Geburtshelfer gering einschätzen will, wird man annehmen können, daß sie allein doch etwa $5-10\,\%$ der bisher verstorbenen Kinder zu retten imstande sind.

Endlich sei noch darauf hingewiesen, daß die Länder, in denen das Stillen am meisten verbreitet ist, auch die geringste Kindersterblichkeit haben.

Prinzing, gewiß ein erfahrener Statistiker, sagt (l. c. S. 575): „Die örtlichen Verschiedenheiten der Kindersterblichkeit werden vor allem durch Gebräuche und Mißbräuche bei der Ernährung der Säuglinge bedingt und nur zum geringen Teil durch die Wohlhabenheit der Bewohner".

II. Prinzipielle Unterschiede zwischen natürlicher und künstlicher Ernährung.

Es war lange Zeit ein Rätsel, warum die Muttermilch unersetzbar sein sollte. Und gerade darauf, daß man hier keine rechte Einsicht hatte, ist es wohl zurückzuführen, daß die ganze Stillpropaganda so jungen Datums ist.

Als man anfing, diese Frage zu studieren, war man zunächst geneigt, in Unterschieden der physikalisch-chemischen Beschaffenheit der verschiedenen Milcharten das entscheidende Merkmal zu suchen. Wichtige Unterschiede ergaben sich sofort. Nur tobte der Streit, um welchen Körper es sich handeln könnte. Bald sollte das Eiweiß (Biedert), bald das Fett (Czerny und Keller) den Hauptunterschied ausmachen, bald war es mehr das Mischungsverhältnis der verschiedenen Körper, worin man das punctum saliens sah. Demgemäß warf man sich darauf, Kuhmilch möglichst der Menschenmilch in chemisch-physikalischer Hinsicht ähnlich zu machen. Und da man die gewünschten Erfolge nicht erzielte, suchte die chemische Industrie die Frage zu lösen, mehr zum Schaden als zum Nutzen der Menschheit, wie noch gezeigt werden soll. Die Zahl der Präparate, die heute als „bester Ersatz der Muttermilch" empfohlen werden, ist Legion, trotzdem noch nicht einmal alle Möglichkeiten ausgeschöpft sind. Das Ergebnis aller dieser Studien ist, daß es bisher in keiner Weise gelungen ist, irgend eine Tiermilch der Frauenmilch chemisch gleichwertig zu machen. Ja ich glaube, daß man es bereits aufgegeben hat, hiervon noch wesentliches Heil zu erwarten. Hat man doch in neuerer Zeit Nährmischungen mit sehr hohem Gehalt an Kuhmilcheiweiß oder -Fett empfohlen und damit sogar bemerkenswerte Erfolge erzielt.

Fest steht aber, daß jede andere Nahrung als die Milch der Frau vom Säugling größere Arbeit verlangt[2]. Es gewinnt gerade nach neuesten Versuchen von Rubner und Thomas den Anschein, als hätte doch das arteigene Eiweiß der Frauenmilch für den Aufbau des kindlichen Körpers eine günstigere Zusammensetzung an den einzelnen Baustoffen, was vielleicht nur an der geringeren Beteiligung einzelner Aminosäuren am Aufbau des Frauenmilcheiweißmoleküls liegt (Langstein, Edelstein). Jedenfalls berührt sich hier die ältere Auffassung auf Grund neuester Forschung recht nahe mit der Hamburgerschen

---

[1] Vgl. Finkelstein, Schriften des deutschen Vereins für Armenpflege und Wohltätigkeit, H. 74, Leipzig 1905 und Tugendreich, Die Mutter- und Säuglingsfürsorge, Stuttgart 1910, S. 66ff.
[2] Baginsky, l. c., Heubner, Zeitschr. f. phys. u. diät. Therapie 1902.

Theorie (vgl. weiter unten). Das ist natürlich ein ausschlaggebendes Moment. Daran haben auch die neuesten Versuche mit „maternisierter, humanisierter, molkenadaptierter" usw. Milch (Friedenthal, Schloß u. a.) im allgemeinen nichts ändern können. Ja bei der wechselnden Zusammensetzung der Frauenmilch (vgl. später) scheinen diese Adaptierungsbestrebungen überhaupt nicht allzu glücklich.

Den einsichtigen und maßgebenden Faktoren wurde also bald klar, daß man auf diesem Wege nicht zum Ziele kam. Bei dem Aufblühen der Bakteriologie konnte es nicht ausbleiben, daß nunmehr von dieser Seite, bakterioskopisch, das Milchproblem in Angriff genommen wurde. Diese Idee war zweifellos eine gute und erfolgreiche. Man erkannte, daß der Würgengel der Säuglinge, die akute Gastroenteritis, vielfach auf mit der Nahrung eingeführte Bakterien zurückzuführen sei. Natürlich war es von dieser Erkenntnis nur ein Schritt zu der Einführung der sterilisierten Nahrung. Soxhlets Erfindung eines einfachen Verfahrens zu diesem Zwecke bedeutet einen Markstein und ist uns auch jetzt noch unentbehrlich für alle Fälle, in denen natürliche Ernährung teilweise oder ganz unmöglich ist, wenn auch für den Anstaltsbetrieb, Säuglingsküchen u. dgl. heute noch bessere Wege sich zu eröffnen scheinen (vgl. Schloßmanns Versuche der Milchsterilisierung durch Zerstäuben unter hohem Druck).

Die Bakteriologie hat uns aber noch weiter gezeigt, daß nicht bloß die in der Milch als solcher vorhandenen Keime gefährlich sind, sondern auch alle mit dem Mund des Säuglings in Kontakt kommenden Dinge (vor allem Sauger) frei sein müssen von irgend pathogenen Keimen. Damit hat sie auch für die Hygiene der Kinderpflege im allgemeinen so viel geleistet, daß heute die Forderung tadelloser Asepsis neben der der Brustnahrung allgemein aufgestellt wird.

Aber selbst bei völlig aseptischem Betrieb bleibt ein Unterschied zugunsten der Brustnahrung bestehen.

Hier den Kausalzusammenhang lückenlos zu erkennen, ist noch nicht gelungen. Doch haben die letzten 20 Jahre so viel Verheißungsvolles zutage gefördert, daß wir es nicht übergehen dürfen. 1902 hat Wassermann[1] mittelst der Tsistowitsch-Bordetschen Präzipitinreaktion die biologische Verschiedenheit von Eiweiß der Tier- und Menschenmilch gezeigt, und die jüngeren Pädiater, vor allem Hamburger und Moro, konnten bei der Nachprüfung von Wassermanns Ergebnissen nachweisen, daß dieser Unterschied durch nichts zu überbrücken und praktisch von größter Bedeutung ist.

Im Lichte dieser Anschauungen gewinnt die ganze Frage ein neues Ansehen und erschauen wir Zusammenhänge, die unser Verständnis wesentlich gefördert haben.

Nach Wassermann unterscheiden wir nun das Eiweiß der Frauenmilch als homologes von dem heterologen jeder Tiermilch. Wie bedeutsam dieser Unterschied ist, wird sofort klar, wenn wir uns der von Heubner erwiesenen Tatsache erinnern, daß Kinder, die mit Frauenmilch, d. h. also mit homologer Nahrung aufgezogen werden, im 1. Lebenshalbjahre eine größere Wachstumsintensität zeigen als unnatürlich (heterolog) ernährte Kinder. Dabei erfolgt die Gewichtsvermehrung gleichmäßiger und augenscheinlich ist auch die Art des Anwuchses eine andere, bessere, da die natürlich ernährten Kinder gewöhnlich früher die von Knochen und Muskeln abhängigen statischen Funktionen erwerben. Es scheinen manche Schwierigkeiten in der Ausnutzung der heterologen Nahrung vorhanden zu sein, die wohl hauptsächlich erst jenseits der Darmwand, im intermediären Stoffwechsel zu suchen sind (Escherich).

---

[1] Wassermann, Dtsch. med. Wochenschr. 1903, Nr. 1.

Jedenfalls ist hier ein bedeutsamer Unterschied der Ernährung mit Muttermilch gegenüber der mit Tiermilch gegeben. Die Ernährung an der Brust gibt dem Kinde gewissermaßen Gelegenheit, sich langsam an das veränderte Milieu zu gewöhnen. Die erste intravitale Ernährung des Kindes erscheint als eine Fortsetzung der intrauterinen, insofern als das Kind durch die Milch seiner Mutter auch nach der Geburt noch in den gleichen homologen Eiweißumsatz des mütterlichen Organismus eingeschaltet wird, wie in utero durch die Plazenta. Es hat sich gewissermaßen nur der Ort und die Art der Entnahme der notwendigen Nahrungsstoffe aus dem mütterlichen Körper geändert. Statt aus dem uteroplazentaren (mütterlichen) Blutraum vermittelst der Chorionzotten direkt entnimmt das Kind die seinem Bedarf aufs vollkommenste angepaßte Nahrung jetzt der Brust vermittelst eigener Sauganstrengung durch seinen Mund.

Wenn irgendwo kann hier von Teleologie in der Natur gesprochen werden. Schon der Umstand, daß der Darmkanal der Mutter in sinnreicher Weise für jenen des Kindes eintritt, „indem der mütterliche Organismus dem Säugling einen für seine physiologischen Verhältnisse passenden, aus der Nahrung bereiteten Extrakt als Muttermilch zuführt . . ., deutet in unverkennbarer Weise auf . . . . . die Unfähigkeit, auf andere Weise als durch Vermittlung des mütterlichen Organismus die notwendigen Nahrungsstoffe aufzunehmen" (Escherich, l. c. S. 8). Man kann sich unter solchen Umständen nicht wundern, daß nur eine Minderzahl von unnatürlich ernährten Kindern ebensogut gedeiht, wie die natürlich ernährten. Die Erfahrung zeigt aber weiter, daß unnatürlich ernährte Kinder besonders dann ungünstig gestellt sind, wenn die aphysiologische Ernährung schon in der Neugeborenenzeit, womöglich in den 1. Lebenstagen begonnen hat.

Es ist unter diesen Verhältnissen klar, daß für die Verminderung der Säuglingssterblichkeit, ja nach neueren Erfahrungen auch für die größere Widerstandsfähigkeit im späteren Leben, das Selbststillen von unermeßlicher Bedeutung ist. Ganz besonders gilt das bezüglich der Verhütung von Magendarmerkrankungen. Wir haben oben zahlenmäßig gezeigt, welche überragende Rolle dieselben unter den Ursachen der hohen Säuglingsmortalität spielen. Der Zusammenhang ist nunmehr leicht zu überblicken. Besonders im Sommer, wo die meisten Erkrankungen auftreten, ist die Milch leicht dem Verderben ausgesetzt, der Keimgehalt steigt. Andererseits ist die Empfindlichkeit der Kinder gegen derartige Nahrung bekannt. Es ist danach verständlich, daß überall dort, wo nicht die peinlichste Asepsis und Michhygiene durchführbar ist, an und für sich schwächliche Kinder (und im Sommer auch widerstandsfähigere) fast unfehlbar erkranken müssen und, da die Störungen meist schwere sind, zugrunde gehen.

Die Vorteile der Ernährung an der Mutterbrust leuchten ohne weitere Ausführung ein. Ganz abgesehen aber von schwerer Gastroenteritis sind wir nur bei reiner Brustnahrung imstande, die Kinder auch vor jenen leichteren Störungen, die wir als Dyspepsie zusammenfassen, zu bewahren.

Dazu kommt noch etwas anderes. Alle die Ernährungsstörungen, die bei Brustkindern auftreten, spielen in praxi „eine verschwindend kleine Rolle, weil sie nur recht selten schwere Formen annehmen und ernste Folgen zeigen" (Pfaundler[1]). Bei Flaschenkindern ist das ganz anders. Hier treten — und selbst unter relativ günstigen äußeren Verhältnissen — allzu leicht Störungen auf, die man geradezu als „Dyspepsie der Flaschenkinder" oder „Kuhmilchnährschaden" bezeichnet hat. Wer nur einmal ein solches Kind neben einem

---

[1] Pfaundler, Münch. med. Wochenschr. 1907, Nr. 1 u. 2.

am gleichen Tage geborenen, saftstrotzenden, prächtig gedeihenden und blühend aussehenden, wohlig sich dehnenden und streckenden, auf äußere Reize mit einer eigenartigen Verwunderung reagierenden Brustkind gesehen hat, dem wird dieses Bild unvergeßlich in Erinnerung bleiben als Darstellung von Gesundheit und Krankheit.

Es muß in diesem Zusammenhang wohl betont werden, daß es sich bei diesen leichten Erkrankungen der Flaschenkinder nicht um eine Infektion handelt. Es ist vielmehr heute ganz sicher, daß es sich tatsächlich um einen reinen Nährschaden handelt, der ebenso bei Verwendung keimfreier Milch, bei sorgsamster hygienischer Leitung der Kinderpflege auftritt als bei Ernährung mit Milch, die ohne solche Kautelen gegeben wird[1] und zwar um so leichter und ausgeprägter in Erscheinung tritt, wenn schon in der Neugeburtsperiode die Schädigung durch die unnatürliche Ernährung begonnen hat.

Nicht mehr nur die armen, sondern auch die Kinder in den besseren Ständen werden von diesem Milchnährschaden betroffen. Ja, hier ist geradezu das Hauptfeld zur Beobachtung desselben; denn in den Kreisen der Armen folgen auf den Nährschaden allzu leicht (infolge der durch denselben bedingten geringeren Widerstandsfähigkeit und mangels größerer Sorgfalt) Infektionen, die unter dem Bild der Gastroenteritis bald zum Tode führen. v. Pfaundler drückt in bewußter Schematisierung dieses Verhältnis so aus: „ex alimentatione erkranken die Kinder und ex infectione sterben sie".

Es scheint nicht unwichtig, auf die kausale Frage hier kurz einzugehen. Denn noch vor 15 Jahren war der Schwerpunkt in der Auffassung dieser „Dyspepsie der Flaschenkinder"[2] ein wesentlich anderer als heute.

Ich fasse mich mit möglichster Kürze: Alle Hypothesen vor dieser Zeit laufen darauf hinaus, daß irgendein von den gleichnamigen Molekülen der Frauenmilch chemisch differenter Bestandteil der Tiermilch als Schaden verantwortlich gemacht wird; durch seine schwere Verdaulichkeit bilde er einen Nahrungsrest, der in dem Maße, als er bei fortgesetzt gleicher (schädlicher) Nahrung im Darm sich anhäuft, irgendwelchen, ihrem Wesen nach unbekannten Dissimilationen unterliegt und dann vom Darm aus durch seine Zersetzungsprodukte nicht allein die Schleimhaut des Digestionstraktus, sondern den ganzen Stoffwechsel schädigt. Man sieht, es müßte sich nach diesen Erklärungen um eine Insuffizienz im intermediären Stoffwechsel des Säuglings handeln, die im einzelnen sich vorzustellen auch heute noch mehr der Phantasie als dem bestimmt umrissenen Eindruck von Tatsachen vorbehalten bleibt.

Auf das Für und Wider der einzelnen Hypothesen einzugehen, verbietet sich für mich schon aus dem einen Grunde, weil mir ausreichende Erfahrung hier fehlt. Für das Verständnis der Richtung dieser Forschungen — und nur darauf kommt es mir an — ist es von geringem Belang, ob man mit Biedert das Kasein oder mit Czerny und Keller das Fett oder mehrere Bestandteile bzw. die besondere Anordnung derselben in der Tiermilch verantwortlich macht. Soweit ich die Literatur überblicke, scheint es erlaubt, alle diese Annahmen als einseitig zu bezeichnen. Zudem haben ja die praktischen Versuche ergeben, daß auch die vollkommenste Angleichung der chemischen Zusammensetzung einer Tiermilch an die der Frauenmilch keine befriedigenden Erfolge bringt, während andererseits oft starke Schwankungen der einzelnen Komponenten in der Frauenmilch schadlos vertragen werden. Auch die physikalische Chemie (Ionentheorie) hat in dieser Richtung bisher keine weiteren Aufschlüsse geben können.

---

[1] Finkelstein, Kuhmilch als Ursache akuter Ernährungsstörungen bei Säuglingen. Monatsschr. f. Kinderheilk. 1905.

[2] Ich wähle absichtlich diesen nichts antezipierenden Ausdruck.

Unter solchen Umständen lag es eigentlich nahe, daran zu denken, ob nicht die Herkunft der Milch vom Tier an sich es sei, welche eine Schädigung involviert. Moro versuchte 1905 einmal, Hunde mit bester Frauenmilch zu ernähren und fand, daß dieselben trotz zureichender Nahrungszufuhr dabei herunterkamen. Nicht nur der Ernährungszustand, sondern das ganze Allgemeinbefinden wurde höchst nachteilig, selbst deletär beeinflußt. Meerschweinchen, Kaninchen gingen dabei überhaupt regelmäßig zugrunde[1]. Ähnliche Versuche wurden von Brüning[2] gemacht. Er versuchte verschiedene Tiere (Ziegen, Schweine, Meerschweinchen, Kaninchen) mit Kuhmilch zu ernähren — mit demselben ungünstigen Ergebnis wie Moro. — Das sind doch klare Antworten der Natur auf ein ad hoc angestelltes Experiment.

Kurz zusammengefaßt ist der Sinn dieser biologischen Hypothese: Nicht ein unverdaulicher Nahrungsrest ist das primär schädigende Moment bei der unnatürlichen Ernährung, sondern durch die Einverleibung der „artfremden" Milch (Hamburger[3]) an sich wird der Säugling geschädigt. Der dadurch geschaffene Zustand wird nach v. Pfaundler (l. c. S. 5) als Heterotrophie bezeichnet. Es bleibt dabei zunächst die Frage offen, ob es sich um eine direkte Schädigung handelt oder ob der Schaden nur in der stärkeren Inanspruchnahme des Organismus besteht, so daß der Nutzeffekt der Nahrung ein geringerer bleibt.

Selbstverständlich müssen wir uns hüten, das Hypothetische in den eben gegebenen Darlegungen zu verkennen. Fruchtbare Anregungen sind von den genannten Autoren auf alle Fälle gegeben worden, und manches hat sich praktisch als nutzbar erwiesen. Aber es gibt noch andere Möglichkeiten. So weist v. Pfaundler selbst darauf hin, daß der „Schaden" bei der künstlichen Ernährung auch ein negativer sein könnte „oder mit anderen Worten, es könnte sich um das Fehlen eines schwerentbehrlichen Nutzens" handeln. v. Pfaundler scheint mir auch neuestens geneigt, derartige Nutzstoffhypothesen für aussichtsreicher zu halten. Escherich (zitiert nach Neter) nimmt spezifische „Stoffwechselfermente" der Muttermilch an. Ebenso Marfan, der von derartigen Fermenten als „stimulateurs et régulateurs des actes nutritifs" spricht.

Ähnlich hat 1911 Czerny sich geäußert, der es für wahrscheinlich hält, daß bei der natürlichen Ernährung dem Kinde Katalysatoren oder Vorstufen derselben zugeführt werden. Selbstverständlich ist auch schon der Gedanke aufgetaucht, daß hormonale Wirkungen im Spiele sein könnten (Aron), doch fehlen dafür alle weiteren Anhaltspunkte. Weniger auf hypothetischem Boden bewegen sich einige andere Feststellungen. So wissen wir, daß mit der Milch bzw. dem Kolostrum eine ganze Reihe von Schutzstoffen, Immunkörpern übertragen werden, und tatsächlich hat Moro beim gestillten Säugling eine größere bakterizide Kraft des Blutes als beim künstlich Ernährten nachweisen können.

Ferner spricht manches dafür, daß der Nutzen arteigener bzw. der Schaden der artfremden Milch an Molkenbestandteile gebunden ist. L. F. Meyer hat gezeigt, daß Kuhmilchfett-Kasein bei Zusatz von Frauenmolke nicht allein schadlos vertragen werden, sondern glaubt sogar gefunden zu haben, daß in diesem Falle der Ernährungserfolg sich in nichts von dem bei natürlicher Ernährung unterscheidet. Trotz mancher Einwände (Koeppe, Stolte, Benjamin) gegen diesen berühmt gewordenen Molkeaustauschversuch dürfte der

---

[1] Moro, Münch. med. Wochenschr. 1907, Nr. 45.
[2] Brüning, Wien. klin. Rundschau 1904, Nr. 27; ferner Münch. med. Wochenschr. 1905, Nr. 8.
[3] Für Einzelheiten sei auf die höchst interessanten Ausführungen in Hamburger, Arteigenheit und Assimilation (Wien 1902) hingewiesen.

Grundgedanke richtig sein, wenn auch die Nachprüfung durch Moro ergab, daß wohl auch der Kaseinfettanteil nicht völlig indifferent ist.

Finkelstein und seine Schule glauben, daß die artfremde Molke ein die Funktion der Darmepithelien schädigendes „Milieu" darstellt und entfernen sich damit allerdings etwas vom Prinzip der Nutzstoffhypothesen. Die Ansicht hat durch Experimente von Moro eine wertvolle Stütze erhalten, da sich ganz allgemein gültig ergab, daß in artfremder Molke verschiedene Zellfunktionen wie die Wimperbewegung, Atembewegung wesentlich langsamer von statten gehen als in dem adäquaten Milieu der artgleichen Molke.

Ein sicheres Ergebnis haben wir also: Die Überlegenheit der natürlichen Ernährung des Säuglings gegenüber jeder, auch noch so sorgfältigen unnatürlichen ist eine Tatsache, die durch nichts hinweggeleugnet werden kann[1].

Alle bisher zugunsten der natürlichen Ernährung angeführten Momente gewinnen selbstverständlich noch größere Bedeutung, wenn es sich um frühgeborene oder sonst lebensschwache Kinder (z. B. Zwillinge) handelt. Es herrscht Übereinstimmung, daß in diesem Falle die Milch der eigenen Mutter das beste Mittel zur Erhaltung des Lebens sei. Nirgends tritt die „extrauterine Abhängigkeit" und die Notwendigkeit eines ganz allmählichen Überganges in das neue Milieu deutlicher hervor.

Ich möchte das Kapitel über die Bedeutung der Brustnahrung nicht verlassen, ohne wenigstens kurz darauf hingewiesen zu haben, daß auch im späteren Leben die Art der Ernährung im ersten Lebensjahr ihren Einfluß geltend macht. Von Rachitis und vielen anderen Erkrankungen ganz abgesehen, ist nachgewiesen, daß die als Kinder gestillten die andersartig aufgezogenen an Gewicht, Körpergröße, Leistungsfähigkeit in der Schule, sowie allgemein durch erhöhte Widerstandsfähigkeit gegen Krankheiten und geringere Mortalität übertreffen. Friedjung hat diesbezüglich interessante Untersuchungen an Turnern angestellt[2]. Besonders in der Militärtauglichkeit macht sich das geltend. So hat namentlich Graßl[3] nachgewiesen, daß in den schlechtesten Aushebebezirken mit dem minderwertigsten Rekrutenmaterial nur 5 % gestillt wurden. An Tieren hat Moro dasselbe gezeigt.

III. Die Kontraindikationen des Stillens.

a) Vom Standpunkte des Interesses der Mutter.

Erkennen wir so die Durchführung der natürlichen Ernährung an der Brust der eigenen Mutter als eines der allerwichtigsten Momente nicht allein zur Verminderung der immer noch großen Säuglingssterblichkeit, wissen wir, daß vor allem in der Neugeburtszeit die unnatürliche Ernährung mit großen unmittelbaren Gefahren verbunden ist, daß die Brustnahrung aber auch für die weitere Entwicklung der Kinder und für die Schaffung eines kräftigen widerstandsfähigen Geschlechtes — eine Frage auch von eminenter politischer und vaterländischer Bedeutung — durch nichts zu ersetzen ist, so dürfen wir gleichwohl die Frage nicht außer acht lassen, ob es nicht auch Gründe gibt, unter Umständen das Selbststillen zu verbieten.

Anscheinend ist ihre Zahl sehr groß. Diesen Eindruck gewinnt wenigstens jeder, der die Gründe für die Unterlassung des Stillens hören muß. Von der Legion von laienhaften Vorurteilen, von Eitelkeit und Bequemlichkeit ganz

---

[1] An der Gültigkeit des Gesetzes wird meines Erachtens dadurch nichts geändert, daß bei konstitutionell minderwertigen Kindern zuweilen das Gedeihen geradezu erst eintritt, wenn statt der Frauenmilch künstliche Nahrung gereicht wird; ebensowenig dadurch, daß nach der Kolostralperiode natürlich nicht in jedem Falle die Milch der eigenen Mutter gerade die beste Frauenmilch sein wird, die es gibt.

[2] Friedjung, Wien. klin. Wochenschr. 1907, Nr. 20.

[3] Graßl, Soz. Med. u. Hyg. 1907, Bd. 1, H. 11 u. 12.

abgesehen, fällt auf, wie vielfach selbst von Ärzten das Stillen als gesundheitsschädlich für das Kind oder häufiger noch für die Mutter abgeraten wird. Es würde zu weit führen, wollte ich hier alles aufzählen, was schon als absolute Kontraindikation oder mindestens als guter Grund für Unterlassung des Stillens angegeben wurde.

Und was bleibt davon übrig? Wir dürfen ruhig sagen: eine allgemeine absolute Kontraindikation gegen das Stillen gibt es nicht.

Das gilt sowohl vom Standpunkt des Kindes wie der Mutter.

Besonders in letzter Hinsicht herrscht heute noch eine laxe Nachgiebigkeit gegenüber mangelnder Stillust mancher verwöhnten Weltdame, daß man dieselbe nur als groben Unfug bezeichnen kann. Jeder Arzt müßte doch so viel Energie und Überredungskunst aufbringen, um nicht allein laienhaftes Vorurteil, sondern auch mangelhaftes Pflichtgefühl einer stillunwilligen Mutter zu beseitigen. Verfasser hat jedenfalls auch bei den verwöhntesten Damen bisher keinen Mißerfolg in dieser Hinsicht zu verzeichnen gehabt. Ich will aber gerne zugestehen, daß gelegentlich einmal einem jungen Arzte in noch nicht allseitig gesicherter Praxis der nötige Widerstandswille fehlen kann, ohne daß man deshalb ein Recht hätte, ihm mangelndes Pflichtgefühl vorzuwerfen. Man darf in der Aufstellung und Durchführung solcher Forderungen sicherlich nicht zu weit gehen. Ein allzu rücksichtsloser ärztlicher Stillfanatismus kann der guten Sache auch schaden, und es mag wohl angehen, bei mancher reizbaren nervösen Frau das Stillen wenigstens nicht zu lange zu erzwingen. Freilich werden solche Gründe kaum jemals in der Neugeburtsperiode in Frage kommen, so daß wir uns mit diesem kurzen Hinweis begnügen können. Jedenfalls sollten die beliebten Schwächezustände, Kreuzschmerzen, Schwindel ohne besondere Grundlagen, Nervosität, eine auf das bloße Besehen hin gestellte Diagnose der Anämie einer Wöchnerin nicht als Kontraindikation des Stillens in der Neugeburtszeit zugelassen werden.

Ich sehe natürlich von den akuten, schweren postpartalen Anämien, einer perniziösen Anämie, Leukämie und ähnlichem hier ab. Nicht zu unterschätzen sind auch die mannigfachen Schwierigkeiten, welche der Durchführung des Stillgeschäftes namentlich bei Erstlaktierenden so häufig sich entgegenstellen und die dem Stillwillen der Frau gefährlich werden können. Eine gute Stilltechnik und die Fähigkeit des Arztes, der Mutter auch einen gangbaren Weg zur Überwindung solcher Schwierigkeiten zu zeigen, sind hier die wichtigsten Mittel, die natürliche Ernährung dennoch durchzuführen.

Aber auch richtige Erkrankungen der Mutter werden nur selten die natürliche Ernährung verhindern. Wir besprechen der Reihe nach verschiedene Organerkrankungen.

Herz- und Gefäßerkrankungen geben äußerst selten eine Kontraindikation gegen das Stillen ab. Wenn man von der akuten Herzmuskelinsuffizienz, wie sie etwa nach der Geburt sich einstellen kann, von einer septischen Endokarditis im Wochenbett, von einer akuten Perikarditis, einer Embolie mit Lungeninfarkt, also unmittelbar lebensbedrohlichen Zuständen absieht, kann man ruhig sagen, daß diejenigen herzkranken Frauen, welche Schwangerschaft und Geburt ohne Schaden haben überstehen können, auch ruhig stillen dürfen. Das gilt sowohl von chronischen Erkrankungen des Herzmuskels und der Gefäße, einschließlich der Thrombose, wie auch von Herzklappenfehlern, bei welchen früher viele Autoren das Stillen verbieten wollten[1].

---

[1] Näheres darüber bei Jaschke, Erkrankungen des weiblichen Genitales in Beziehung zur inneren Medizin, Bd. 1.

Unter den Erkrankungen des Respirationstraktus ist kaum eine zu finden, welche das Stillen unmöglich machte. Höchstens wird eine ausgedehnte, mit schwerer Störung der Herztätigkeit einhergehende Pneumonie oder Pleuritis, ein ausgedehnterer Lungeninfarkt einmal in diesem Sinne zu werten sein. In allen diesen Fällen bildet aber nicht eigentlich die Grundkrankheit, sondern die augenblickliche Lebensgefährdung der Frau die Kontraindikation gegen das Anlegen des Kindes. Anders steht es mit der Tuberkulose der Lungen. Dieselbe stellt überhaupt die wichtigste Kontraindikation gegen das Stillen dar. Die Frage ist im letzten Jahrzehnt wieder lebhafter auf Für und Wider geprüft worden, ohne daß eine allgemeine Einigung erzielt worden wäre. Indessen ist eine sichere Stellungnahme zu der Frage: „Darf die tuberkulöse oder tuberkuloseverdächtige Mutter stillen?" praktisch so wichtig, daß wir darauf näher eingehen müssen.

Portal (1799) war wohl der erste, der das Stillen auch schwer kranker tuberkulöser Frauen nicht nur für erlaubt, sondern geradezu für ein Heilmittel ansah; freilich nur unter genauer ärztlicher Kontrolle. Aus kritikloser Verallgemeinerung seiner Lehre scheint manches Urteil entstanden zu sein. Erst Grisolle (1850) trat energisch gegen das Selbststillen tuberkulöser Mütter auf. Auf diesem Standpunkte stehen heute alle französischen Autoren (Sabourin, Marfan, Simon, Bouquet und viele andere), wie übrigens auch die meisten deutschen Ärzte. Zwar gab es auch hier in den 50er Jahren des vergangenen Jahrhunderts manche Autoren, die wie Röser und Ellinger „das Säugen als eines der wichtigsten Heilmittel zur wenn möglichen Heilung der Lungentuberkulose" erklärten, und ihre Meinung durch manche gut beobachteten Fälle stützen konnten[1], doch sind ihnen schon damals derselben Gegend (Hauff, Guttmann, Zeller) lebhaft entgegengetreten. Von größtem Einfluß scheint aber Virchows autoritative Äußerung (1870) gewesen zu sein: „daß das Säugen zu den gefährlichsten gelegentlichen Ursachen eines deletären Verlaufes der Phthise gehört".

Bleiben wir zunächst bei dem Problem, welche Bedeutung das Stillen für die tuberkulöse Mutter selbst hat, so scheint durch Beobachtungen eines so erfahrenen Arztes wie Portal, weiter durch einige instruktive Fälle von Röser und Ellinger, neuestens von Schloßmann (1903), Deutsch (1909), Noeggerath (1911), Menge (1925), Verfasser jedenfalls erwiesen, daß vereinzelt tuberkulöse und tuberkuloseverdächtige Frauen, namentlich solche mit längere Zeit inaktiven Prozessen das Stillen gut vertragen haben. Soweit aktive Tuberkulose in Frage kommt, handelt es sich aber jedenfalls um seltene Ausnahmen. Frauen mit geschlossenen Prozessen scheinen öfters das Stillen zu vertragen, wenn die einzelnen Graviditäten nicht zu rasch aufeinanderfolgen. Nach Verfassers Erfahrung wurde aber in dem erstgenannten Falle schon ein va banque gespielt, in der zweiten Gruppe der Fälle dürfte man bei der Unmöglichkeit der Ammenernährung unter sorgfältiger Beobachtung der Frau wohl berechtigt sein, mindestens in den allerersten Lebenswochen das Stillen zu gestatten, um dem Kinde die Gefahr der unnatürlichen Ernährung nicht von Anfang an zuzumuten. Doch bedarf jeder Fall in dieser Hinsicht sorgfältigster Überwachung und bei den geringsten Anzeichen einer Progredienz des Lungenprozesses sofortiger Absetzung. Wo die Möglichkeit einer sorgfältigen Überwachung der Frauen nicht gegeben ist, da sollte man das Risiko doch lieber nicht auf sich nehmen. In der allgemeinen Landpraxis dürften die Verhältnisse meist so liegen. Eine längere Stilldauer bis zu 6 Monaten kommt aber meines Erachtens nur in Frage bei ganz latenten, mindestens schon 1—2 Jahre völlig ruhenden Prozessen, und auch dann wohl nur unter der Voraussetzung, daß in Pausen von 2—3 Wochen eine sorgfältige Kontrolle des Gesundheitszustandes möglich ist. Im Zweifelsfalle, ob das Stillen gut vertragen wird oder nicht, ist es besser, das Kind abzusetzen. Der Hauptzweck, in den gefährlichen ersten Lebenswochen oder

---

[1] Dieselben sind bei Noeggerath (l. c.), S. 72 näher mitgeteilt.

-Monaten dem Kinde die natürliche Nahrung zu gewährleisten, dürfte sich damit immer erreichen lassen. Aber Verfasser gesteht gerne zu, daß die Voraussetzung — allgemein günstige soziale und hygienische Verhältnisse, die Möglichkeit einer sachverständigen Überwachung — erfüllt sein muß, wenn ein derartiger Versuch gemacht wird. Anderenfalls begnüge man sich lieber, auch bei sicherlich ganz latenten Prozessen das Stillen auf die 2—4 ersten Lebenswochen zu beschränken. Denn trotz der zweifellos zu Recht bestehenden günstigen Erfahrungen läßt sich andererseits nicht leugnen, daß in der Mehrzahl der Fälle (vgl. ein Fall Schloßmanns, 28 unter 30 Fällen von Deutsch) das Stillen, vor allem längeres Stillen den tuberkulösen Prozeß verschlimmert, nicht selten sogar zu rascher, zum Tode führender Propagation Veranlassung wird. Ja es sind auch ganz zweifellos Fälle beobachtet (Heubner, Noeggerath u. a.), wo bei klinisch nicht nachweisbarem Prozeß das Stillen zum Erwachen eines schlummernden Prozesses geführt hat.

Über Lues siehe weiter unten S. 235.

Ähnliches wie für die Herz- und Lungenkrankheiten gilt auch von akuten und chronischen Erkrankungen des uropoetischen Systems, des Magendarmtraktus, des Nervensystems, der Sinnesorgane, Stoffwechselerkrankungen, sowie von dem ganzen Heer von Infektionskrankheiten einschließlich der verschiedensten Formen des Puerperalfiebers. Im Interesse der Mutter wird nur selten eine derselben ein Stillverbot rechtfertigen. Man kann alles Notwendige mit Engel[1] in einen Satz zusammenfassen: „Maßgebend für die Entscheidung, ob eine Frau stillen kann oder nicht, ist ihr Gesamtbefinden, und nicht das Vorhandensein dieser oder jener Krankheit."

b) Vom Standpunkte des Interesses des Kindes.

Viel schärfer abzugrenzen ist die Stellungnahme vom Standpunkt des Interesses des Kindes.

Hier stehen an Bedeutung obenan die Infektionskrankheiten. Ich nenne vor allem die ganz gewöhnliche Coryza und die Angina. Gleichgültig zunächst, um welchen Erreger es sich dabei handelt, so muß das Kind gegen die Infektion geschützt werden. Dazu genügt es, die Mutter während des Stillens einen Mund- und Nasenöffnungen verhüllenden dichten Gesichtsschleier tragen zu lassen. Ein Aussetzen des Stillens ist niemals notwendig. Dasselbe gilt von der Grippe, von der Influenza, bei welcher wir allerdings auch noch für notwendig erachten, unmittelbar vor dem Anlegen und nach Vorbinden der Gesichtsmaske die Umgebung der Wöchnerin mit frischen reinen Tüchern abzudecken. Ganz anders liegen die Verhältnisse beim Keuchhusten. Neugeborene sind ebenso empfänglich wie ältere Kinder. Die Prognose des Keuchhustens beim Neugeborenen ist aber sehr schlecht. Es erscheint uns deshalb unbedingt notwendig in allen Fällen, in denen die Mutter zur Zeit ihrer Entbindung an Keuchhusten leidet, das Neugeborene sofort von der Mutter zu trennen und es durch eine Amme, im Notfall auch künstlich ernähren zu lassen. In einer Klinik ist diese Trennung von Mutter und Kind ja leicht durchzuführen. Ereignet sich ein solcher Fall in der Privatpraxis, dann wird man am besten das Kind einem entsprechend eingerichteten Kinderheim überweisen. — Auch bei Erkrankung der Mutter an Meningitis epidemica ist angesichts der großen Empfänglichkeit der Kinder und der trüben Prognose der Erkrankung das Stillen zu verbieten. Bezüglich der akuten Exantheme braucht man

---

[1] v. Pfaundler-Schloßmanns Handb. d. Kinderheilk. 2. Aufl. Bd. 1, S. 325.

nicht zu ängstlich zu sein, weil die Neugeborenen einen hohen Grad von
Immunität gegen dieselben besitzen. Das gilt vor allem vom Scharlach
(Salge, Buffet-Delmas, Lemarquand); jedenfalls sind zweifellose Fälle
von Übertragung des Scharlachs der Mutter auf das Neugeborene nicht beschrieben. Selbst der Fall Pospischills scheint mir nicht über jeden Zweifel
erhaben. Auch bei Masern sind Übertragungen von der Mutter auf das Neugeborene nur ganz vereinzelt (Steinschneider 1914, Maria Winter 1915)
berichtet worden, wogegen viele andere Beobachtungen (Klotz, Schramm,
Salus, Jardine, Campbell, Gautier) die hohe Immunität der Kinder
gegen Masern beweisen. Esch, der darüber die genauesten Nachuntersuchungen
angestellt hat, fand in der ganzen Literatur nur 32 Fälle von Masern bei Neugeborenen, von denen aber 23 = 72 % die Erkrankung schon mit zur Welt
brachten oder kurz nach der Geburt befallen wurden. Auch Esch kommt zu
dem Schluß, daß ein gesundes Neugeborenes bei der masernkranken Mutter
angelegt werden darf, denn Kinder, die im Exanthemstadium oder in der Rekon-
valeszenz der Mutter geboren werden, sind als passiv gegen Masern immunisiert
zu betrachten. Anders zu beurteilen sind die Fälle, in denen die Mutter erst
im Wochenbett erkrankt. In diesen Fällen besteht natürlich keine passive
Immunisierung des Neugeborenen. Trotzdem wird man das Anlegen gemeinhin
ruhig erlauben dürfen, da das Kind durchaus nicht zu erkranken braucht und
selbst im Falle der Erkrankung die Masern bei Neugeborenen außerordentlich leicht zu verlaufen pflegen. Beim Erysipel ist die Empfindlichkeit der
Kinder namentlich vor dem Nabelabfall vorhanden und deshalb das Stillen
lieber zu untersagen, wenn auch Versuche von Roger, Moussous und Leuret
ergaben, daß die Gefahr nicht allzu groß ist. Bei Diphtherie wird von Czerny-
Keller eine sofortige Trennung des Kindes von der Mutter als notwendig erachtet. Verfasser steht mit v. Pfaundler auf dem Standpunkt, daß es genügt,
die Kinder prophylaktisch zu immunsisieren, und läßt überdies beim Anlegen
einen Gesichtsschleier vorbinden. Bei Erkrankung der Wöchnerinnen an Variola
ist es auf jeden Fall richtiger, das Kind sofort von der Mutter zu trennen, da
die Empfänglichkeit und ebenso die Sterblichkeit der Neugeborenen sehr
groß ist[1]. — Auch für Varizellen besteht eine ziemliche Empfänglichkeit der
Neugeborenen. Sie verlaufen aber so leicht, daß es nicht notwendig wäre, das
Anlegen zu unterlassen, falls wirklich einmal eine Varizellenerkrankung bei
einer Gebärenden oder Wöchnerin vorkommen sollte. In der Literatur ist von
einem einzigen Fall berichtet (Pridham [2]), daß ein Kind mit Varizellen auf
die Welt kam. Typhus (Bamberg und Brugsch), Paratyphus, Dysenterie
und ähnliche Erkrankungen verbieten im Interesse des Kindes das Stillen nicht,
wenn nur die nötigen Vorsichtsmaßregeln gegen eine Übertragung der Keime
von den Händen auf die Brust der Mutter und von da an Mund und Hände
des Kindes getroffen werden, wozu Abdecken der Umgebung der Wöchnerin
mit reinen Tüchern, sorgfältige Händedesinfektion der Wöchnerin vor dem
Anlegen genügt. Beim Typhus wird vielleicht das Kind durch die mit der
Milch ausgeschiedenen Agglutinine immunisiert (Daddi, Lynch). Die Untersuchungen von Wichels sprechen allerdings gegen diese Meinung. Ein Übergang der Typhusbazillen durch das Drüsenepithel der Mamma in die Milch
scheint nicht möglich (Péhu). Beim Paratyphus B hat Löhr in einem Fall
in der Milch der erkrankten Mutter einen höheren Agglutiningehalt gefunden

---

[1] Die Kinder variolakranker Schwangerer erkranken oft schon in utero und werden
mit Narben oder mit einem frischen Ausschlag geboren. Bekannt ist, daß der Geburtshelfer Mauriceau pockennarbig zur Welt kam.
[2] Zit. nach Birk, Im Handbuch der inneren Medizin von Kraus-Brugsch Separat-
abdruck S. 382.

als in ihrem Serum. Bei allen diesen Erkrankungen ist die Milch selbst sicher ungefährlich, höchstens kann ihre Quantität und vielleicht wohl auch ihre qualitative Zusammensetzung unter dem Einfluß hohen Fiebers vorübergehend leiden.

Bei Cholera, Typhus exanthematicus, Tetanus, Anthrax verbietet schon der schwere Allgemeinzustand der Mutter das Stillen. Aber selbst da sind Ausnahmen möglich, wie jüngst E. Vogt in einem Fall von Milzbrandsepsis zeigen konnte.

Obenan an Bedeutung unter den Infektionskrankheiten stehen aber in der Neugeburtsperiode die septischen Puerperalerkrankungen. Eine Gefährdung der Kinder wäre in zweierlei Weise möglich: einmal durch Übergang von im Blute der Mutter kreisenden Bakterien und Toxinen in das Sekret der Brustdrüsen, zum anderen durch direkte Übertragung von mehr weniger hoch virulenten Keimen aus dem Genitalsekret, bzw. der Bettwäsche der Mutter durch deren Hände auf das Kind. Die erste Möglichkeit spielt praktisch keine Rolle. Die Erreger der schweren Puerperalfieberformen gehen in die Milch höchstens dann über, wenn schwere Läsionen des Mammagewebes — z. B. metastatischer Abszeß bei Pyämie — stattgefunden haben (Basch und Weleminsky). In solchen Fällen ist aber durch den schweren Allgemeinzustand der Mutter das Stillen ohnedies unmöglich. Andererseits hat Verfasser oftmals bei Pyämie, Septikämie mit hochgradiger Streptokokkenbakteriämie noch tagelang anlegen lassen, ohne die geringste Schädigung zu beobachten. Eine Kontraindikation gegen das Stillen wird also auch hier nur der Allgemeinzustand der Mutter, nicht das Interesse des Kindes darstellen. Von praktisch viel größerer Bedeutung ist eine zweite Möglichkeit. Schon Kermauner hatte vor Jahren darauf hingewiesen, daß Kinder fiebernder Wöchnerinnen etwas schlechter gediehen als die fieberfreier. Im wesentlichen handelte es sich dabei um Verdauungsstörungen und andere vorübergehende Infektionen, hervorgerufen offenbar durch die in der Umgebung fiebernder Wöchnerinnen stets massenhaft vorhandenen virulenten Bakterien. Verfasser hat schon mehrfach betont, daß ihm dieses schlechtere Gedeihen der Kinder fiebernder Wöchnerinnen nur Folge einer Insuffizienz der gewöhnlichen aseptischen Maßnahmen unter so erschwerten Bedingungen zu sein scheine. Es gelang uns aber weiter der Nachweis — Eunicke hat darüber berichtet —, daß durch eine verschärfte Asepsis sich diese Unterschiede völlig verwischen lassen.

Über die Mastitisfrage vgl. unter Stillschwierigkeiten.

Lues kann höchstens in dem seltenen Falle eine Gegenanzeige gegen das Stillen des eigenen Kindes bilden, wenn die Infektion erst in den allerletzten Wochen der Gravidität erfolgt ist und man deshalb Grund hat anzunehmen, daß das Kind vielleicht noch nicht von der Infektion betroffen sei. In allen anderen Fällen ist das Kind auch dann als luetisch zu betrachten, wenn manifeste Symptome der Lues fehlen.

Von größter Bedeutung ist aber auch vom Standpunkt des Kindes aus die Tuberkulose der Mutter. Bekanntlich hat v. Behring 1903 und 1905, strikte behauptet[1], daß bei tuberkulösen Frauen häufig Tuberkelbazillen durch die Brustdrüsen ausgeschieden würden. Daß das häufig der Fall sei, ist absolut zu bestreiten. Es trifft im Gegenteil sehr selten zu. Beim Menschen ist der Nachweis der Tuberkelbazillen überhaupt erst vereinzelt (Rogei, Garnier, Noeggerath) gelungen[2]. Aber selbst in diesen Fällen ist zweifelhaft, ob die

---

[1] Vgl. Diskussion zwischen v. Behring und Flügge, Beiträge zur Klinik der Tuberkulose, Bd. 3, 1905, S. 84—122.
[2] Ich verweise auf die exakten Untersuchungen von Noeggerath (l. c.) an 26 tuberkulösen Frauen.

Tuberkelbazillen aus der Brustdrüse sezerniert oder von außen in die Ausführungsgänge hineingelangt waren. Daß vollends auf diesem Wege die enterale Infektion der Kinder gelingen würde, ist nach allem bisher Bekannten (vgl. Ostertag[1]) ganz unwahrscheinlich. Auch die Meinung, daß nicht die Gefahr der Bazillenübertragung, sondern die Ausscheidung tuberkulotoxischer Stoffe mit der Milch zu einer Schädigung der Kinder führen könne (Marfan, Bouquet u. a.), ist mindestens ganz unbewiesen. Ebenso fehlen für die mehrfach ausgesprochene Meinung, die Milch tuberkulöser Mütter sei qualitativ, besonders hinsichtlich ihres kalorischen Wertes ungünstig verändert oder in quantitativer Hinsicht unzureichend, beweisende Unterlagen, wogegen ausgezeichnetes Gedeihen der Säuglinge an der Brust einer tuberkulösen Mutter vielfach und einwandfrei beobachtet ist. Wenn ein so ausgezeichneter klinischer Beobachter wie Epstein angibt, Fälle beobachtet zu haben, in denen sich die Kinder an der Brust ihrer tuberkulösen Mutter nicht recht entwickeln wollten, an der Brust einer gesunden Amme aber sofort aufs beste gediehen, so ist natürlich an der Richtigkeit der Beobachtung nicht zu zweifeln. Ob aber die Deutung, gerade die Tuberkulose sei für Unbekömmlichkeit dieser speziellen Brustmilch verantwortlich zu machen, richtig ist, bleibt dahingestellt, da solche Fälle auch ohne Tuberkulose der Mutter und zwar von Epstein selbst beobachtet sind[2]. Auf der anderen Seite muß man aber nach den Beobachtungen von Pollak, Zappert, Keller, Deutsch u. a. zugestehen, daß die natürliche Ernährung an sich nicht imstande ist, die Kinder vor der Tuberkuloseinfektion, zu der sie wohl vielfach besonders disponiert sind, zu schützen. Dem Verfasser will scheinen, als ob hier vor allem der Umstand mitspräche, daß die Kinder tuberkulöser Mütter trotz eventueller Brustnahrung eben der Infektion durch die eigene Mutter besonders ausgesetzt sind. Im Interesse des Kindes wäre also gegen die Brusternährung an sich, namentlich unter entsprechenden Kautelen (Händereinigung, Brustreinigung, Gesichtsschleier der Mutter beim Stillen), sicherlich nichts einzuwenden. Die Gefahr für das Kind liegt vielmehr in dem dauernden Zusammensein mit einer Tuberkelbazillen abgebenden Mutter, so daß in seinem Interesse vor allem die dauernde Trennung von der Mutter, solange dieselbe einen offenen Prozeß hat, das Wesentliche wäre. Auf diese Frage weiter einzugehen, gehört nicht zu unserer Aufgabe, doch sei wenigstens darauf hingewiesen, daß die der Durchführung solcher Pläne sich entgegenstellenden Schwierigkeiten sehr große sind und bisher nur in Ausnahmefäller überwindbar waren.

Von sonstigen Erkrankungen haben noch einige Bedeutung die Eklampsie bzw. die Folgezustände derselben. Es ist selbstverständlich, daß man bei der Wochenbetteklampsie während der akuten Krankheitserscheinungen nicht stillen lassen kann, ebenso aber scheuen wir uns, eine Mutter, welche eben einen Eklampsieanfall hatte, in den ersten Tagen gleich anlegen zu lassen. Einmal könnte möglicherweise wieder ein eklamptischer Anfall ausgelöst werden — ich habe solches selbst beobachtet — vor allem aber glauben wir, früher gelegentlich eine toxische Schädigung der Kinder durch die Milch der eklamptischen Mutter beobachtet zu haben. Frost hat sogar angegeben, daß die Milch einer eklamptischen Mutter toxinreicher sei als ihr Blut, wonach man annehmen müßte, daß das Eklampsiegift zum Teil durch die Brust ausgeschieden wird. Wir stehen gleich Goodall, v. Reuß auf dem Standpunkt, in den ersten Tagen nach Aufhören der Anfälle nicht nur nicht anzulegen, sondern lassen auch vor dem ersten Anlegen die Brüste einmal gründlich mit der Pumpe

---

[1] Zeitschr. f. Hyg. Bd. 37, S. 456, 1907.
[2] Vgl. darüber Kapitel Milchfehler.

entleeren, ohne das gewonnene Sekret zu verfüttern. Dagegen ist es sicherlich viel zu weit gegangen, wozu amerikanische Autoren jetzt vielfach geneigt sind, eine nach Abklingen der Eklampsie noch fortdauernde Albuminurie oder selbst eine chronisch sich entwickelnde Nephrose bzw. Nephritis als Kontraindikation gegen das Stillen zu betrachten. Wir haben jedenfalls niemals einen Schaden für die Kinder beobachtet.

Von sonstigen Erkrankungen der Mutter können gelegentlich Psychosen das Stillen verbieten, wenn die Gefahr besteht, daß die Mutter gegen ihr Kind aggressiv wird. Andere Organerkrankungen, wie wir sie oben besprochen haben, sind vom Standpunkt des Kindes kein Grund, das Stillen zu verbieten.

IV. Die Ausbreitung des Stillens und die Stillfähigkeit.

Hier herrscht leider ein empfindlicher Mangel. Aus keinem Lande besitzen wir eine umfassende, einwandfreie Statistik über die Häufigkeit des Stillens, sondern wir sind größtenteils auf Schätzungen angewiesen. Genauere Zusammenstellungen liegen nur aus kleinen Staaten, Städten, Kliniken vor und erstrecken sich zum Teil auf ein sehr kleines Material.

Dieser Mangel ist umso bedauerlicher, als eine große, gut angelegte Statistik über die Häufigkeit des Stillens in sich selbst die Hinweise enthalten würde, an welchem Punkte die Maßnahmen zur Förderung desselben anzusetzen hätten. Gleichzeitig würde durch authentische Angaben über die Gründe der Unterlassung des Stillens allen Behauptungen von einem Rückgang der Stillfähigkeit endgültig der Boden entzogen. Auf Vorschläge, wie eine derartige Statistik anzulegen wäre, kann ich hier nicht eingehen [1]. Immerhin ist es nach den vorliegenden Berichten wenigstens möglich, sich ein ungefähres Bild von der Häufigkeit des Stillens in verschiedenen Ländern und Bezirken zu machen. Über die Stillfähigkeit ist damit freilich nichts ausgesagt. Denn es ist ja bekannt, welch bedeutenden Einfluß hier Sitten und Gebräuche auf ganze Länder ausüben. Vor allem die schlechte Sitte frühzeitiger Beikost und in den besseren Ständen Bequemlichkeit oder Angst vor Schädigung der Mutter spielen keine geringe Rolle.

Für Gegenden mit ausgedehnter Industrie, für große Städte sind die Erwerbsverhältnisse der Frauen von bedeutendem Einfluß. Nach Neumann [2] besteht zwischen der Häufigkeit des Stillens und der Häufigkeit der Verwendung weiblicher Hilfskräfte in der Industrie ein ähnlicher Zusammenhang wie zwischen Frauenarbeit und Höhe der Kindersterblichkeit. Dagegen übt die Armut an sich keinen ungünstigen Einfluß auf die Stillziffer aus. Sparsamkeit, die Unmöglichkeit der Beschaffung teurer Nährpräparate und die Hoffnung, durch das Stillen eine neue Konzeption zu verhüten, spielen hier eine gute Rolle. Für die unehelichen Kinder gilt das allerdings nur im Falle des Konkubinats.

Andererseits muß hervorgehoben werden, daß die Hebammen, deren Rat bei einfachen Frauen oft viel mehr gilt als der des Arztes, häufig einen direkt nachteiligen Einfluß ausüben.

In den Kreisen der Gutsituierten ging nach allgemeiner Ansicht die Stillziffer immer mehr zurück. Hier spielten weniger die Hebammen eine Rolle, als vielmehr die ausgedehnte schwindelhafte Reklame mit allen möglichen

---

[1] Beherzigenswert scheinen mir besonders die Vorschläge von Sperk, Das österreich. Sanitätswesen 1906, Nr. 37.
[2] Neumann, Deutsche med. Wochenschr. 1902, Nr. 44.

Kindernährmitteln. Durch einen Schein von Wissenschaftlichkeit, den viele dieser Reklamen heute haben, betören sie die Frauen, die danach mit gutem Gewissen ihrer Stillpflicht enthoben zu sein glauben. Gerade hier aber hat sich im letzten Jahrzehnt ein sehr erfreulicher Umschwung vollzogen. Leider besitzen wir noch keine genügenden statistischen Grundlagen zur Illustration dieser Erfahrung.

Aus dem zwingenden äußeren Grunde der Raumersparnis muß ich auf eine detaillierte Anführung des vorhandenen Materials verzichten [1]. Allgemein läßt sich nur das eine ablesen, daß die Ausbreitung des Stillens im Deutschen Reiche (ebenso in Österreich, Frankreich, England und besonders Amerika) der vorhandenen Stillfähigkeit noch in keiner Weise entspricht. In ganzen Provinzen, Bezirken, Städten bewegen sich die Stillziffern, besonders wenn eine Stilldauer von mehr als drei Monaten berücksichtigt wird, um 50%. Eine wesentliche Steigerung der Stillziffer wie Stilldauer (um $10-20\%$ und mehr) zu erreichen, ist bisher immer nur in relativ kleinerem Umkreis gelungen, dank vor allem der regen Stillpropaganda und der Tätigkeit der Säuglingsfürsorgestellen und vieler Beratungsstellen der Mütter. Erfreuliche Erfolge haben vor allem die meisten Frauenkliniken zu verzeichnen, in denen heute die unnatürliche Ernährung zu den seltenen Ausnahmen gehört und ein wechselnder Prozentsatz von $60-80-90\%$ der Frauen die Kinder satt stillt. Einen Rekord hält augenblicklich wohl Ed. Martin, an dessen Anstalt in Elberfeld unter 1000 Wöchnerinnen nur $0,8\%$ nicht imstande waren, innerhalb der ersten 10 Tage ihre Kinder ausreichend zu ernähren. Für den ersten Lebensmonat wird man nach den übereinstimmenden Erfahrungen von Frauenkliniken etwa 90% der Frauen als voll stillfähig bezeichnen dürfen und in allen anderen Fällen — von seltenen Kontraindikationen wie Tod der Mutter abgesehen — mit dem Allaitement mixte auskommen. Über die Neugeburtszeit hinaus, bei einer verlangten Stilldauer von 6 Monaten, kann man nach dem Urteil sehr erfahrener Autoren verschiedenster Länder $60-75\%$ der Frauen als voll, weitere $15-25\%$ als teilweise stillfähig bezeichnen. Nur in einem geringen, aber nach Gegenden, Berufsklassen usw. wechselnden Prozentsatz von etwa $10-20\%$ wird man bereits im 3.—4. Lebensmonat mit einer so geringen Ergiebigkeit der Brüste rechnen müssen, daß dieselbe praktisch einer Stillunfähigkeit gleichkommt. Das bestätigen auch die neuesten sehr sorgfältigen Untersuchungen von W. Kahn. Sicherlich ist aber hierin noch vieles verbesserungsfähig. Denn eine absolute Stillunfähigkeit aus anatomischen Gründen existiert nicht und bleibt vor allem für die Neugeburtszeit völlig außer Betracht [2]. An der Richtigkeit dieses Satzes wird durch ganz seltene Ausnahmen von Agalaktie bei scheinbar gut entwickelter Brust, wie ein solcher kürzlich von Volkmann berichtet wurde, nichts geändert.

Es wäre verlockend, im Anschluß daran darzustellen, was bisher unternommen wurde, um praktisch die Forderung möglichster Ausbreitung des Stillens im großen Stil in die Tat umzusetzen — kurz das große Kapitel der Säuglingsfürsorge hier wenigstens kursorisch zu besprechen. Indessen habe ich mich nach reiflicher Überlegung dazu entschlossen, ganz davon abzusehen, um den Rahmen unseres Buches, das ja nur der Darstellung der Neugeburtsperiode dienen soll, nicht zu sprengen.

---

[1] Ich verweise dafür auf meine zitierte Abhandlung (Monatsschr. f. Geb. u. Gyn., Bd. 28) und auf Agnes Bluhm (l. c.).

[2] Jaschke, Monatsschr. f. Geb. u. Gyn. l. c. u. Zentralbl. 1911. Nr. 1.

Wie im Jahre 1908 die Frage stand, habe ich in einer Arbeit dargelegt. Seitdem ist eine große zusammenfassende Darstellung von Keller und Tugendreich, eine ausgezeichnete größere Abhandlung von v. Schrenck erschienen[1]. Weitere fortlaufende Aufschlüsse über die jüngsten Vorschläge und Erfahrungen gibt die Zeitschrift für Säuglingsschutz.

Was aber speziell für uns Geburtshelfer zu leisten ist, wie wir die aufgestellten Forderungen in die Praxis unseres Betriebes umzusetzen haben, um an unserem Teil wirksam tätig zu sein zur Bekämpfung der Säuglingssterblichkeit, das darzustellen wird noch Aufgabe der folgenden Abschnitte sein, welche die gesamte Technik der Pflege des Neugeborenen behandeln. Dabei soll besonderes Augenmerk darauf gerichtet sein, Schwierigkeiten und deren Bekämpfung namhaft zu machen.

---

[1] Cf. außerdem A. Keller, Ergebnisse der Säuglingsfürsorge. Fortlaufende Einzelhefte über alle einschlägigen Fragen. Leipzig und Wien. — A. Keller und Chr. J. Klumker, Säuglingsfürsorge und Kinderschutz in den europäischen Staaten. 2 Bde., Bd. 1 ist erschienen. Berlin 1912. — G. Tugendreich, Die Mutter- und Säuglingsfürsorge. Stuttgart 1910. (Reichliche Literaturangaben.) — Agnes Bluhm, Stillfähigkeit und Stilldauer in Grotjahn und Kaup, Handwörterbuch der sozialen Hygiene. Bd. 2, 1912, S. 570 ff. — v. Schrenck, l. c.

Pflege des Neugeborenen.

Wenn wir alle in den vorstehenden Abschnitten erörterten, die Säuglingsmortalität beeinflussenden Faktoren nochmals überblicken und die daraus
abzuleitenden Forderungen für eine rationelle Pflege und Ernährung des Neugeborenen auf eine knappe Formel bringen wollen, so dürfen wir mit Schloßmann sagen: „Asepsis und natürliche Ernährung sind das A und Ω
der gesamten Säuglingspflege". Danach gruppieren wir unseren Stoff
weiter. Unter den Begriff Asepsis subsummieren wir freilich nicht allein die
aseptischen Vorschriften der Pflege im engeren Sinne, sondern wir können
darunter im weiteren Sinne alle die allgemeine Reinlichkeit und das engere
Milieu des Neugeborenen betreffenden Vorschriften zusammenfassen.

I. Die erste Versorgung des Kindes nach der Geburt.

1. Provisorische Versorgung des Nabelstrangrestes.

Wir erörtern zunächst nur kurz die Frage: wann und wie soll unmittelbar am Kreißbett abgenabelt werden? Dabei sei von vornherein betont,
daß wir diese Abnabelung nur als eine vorläufige betrachten, der eine definitive
Versorgung des Nabelstrangrestes erst nach dem Bade des Kindes zu folgen hat.
Auf die Streitfrage, ob dieses zweizeitige Verfahren besser sei als andere, auf
die Methoden der definitiven Versorgung des Nabelschnurrestes wollen wir erst
in einem späteren Kapitel eingehen, um Wiederholungen zu vermeiden. Wer
die erste Ligatur als eine definitive betrachten will, der möge in dem späteren
Kapitel das Nötige nachlesen.

Zeitpunkt der Abnabelung.

Die erste Frage, über den besten Zeitpunkt der Abnabelung, wird
auch heute nicht ganz einheitlich beantwortet, wenn man auch der ganzen Frage
nicht mehr die große Bedeutung wie in früheren Zeiten beimißt. Es handelt
sich dabei wesentlich um die Frage der postnatalen Transfusion.
Durch späte Abnabelung erwächst dem Kinde keinesfalls Schaden, so daß
man an der alten Vorschrift Osianders, erst nach dem Aufhören der
Nabelschnurpulsation abzunabeln, unter allen Umständen festhalten
sollte, ausgenommen natürlich bei schwer asphyktischen Kindern, bei denen
für das Wiederbelebungsverfahren eine freie Beweglichkeit des Kindes erforderlich ist.

Die meisten Autoren sprechen sich für eine späte Abnabelung aus, andere wie Ahlfeld, Holzapfel halten es für unnötig, so lange zu warten und empfehlen abzunabeln, sobald das Kind kräftig geschrieen hat. Auch Runge, Czerny-Keller und viele andere betonen, daß das Reserveblut für das weitere Gedeihen der Kinder kaum von wesentlicher Bedeutung sein könne, da bisher keine einzige einwandfreie Beobachtung nach dieser Richtung hin vorliegt. Wir selbst möchten uns ganz der Meinung von L. Seitz anschließen und raten, in der Regel bis zum Aufhören der Pulsation zu warten; nur bei asphyktischen Kindern mag man sofort abbinden. Jedenfalls scheint festzustehen, daß spätes Abnabeln den Kindern niemals Schaden bringt, während andererseits manches dafür spricht, daß frühes Abnabeln dem Kinde einige, wenn auch unbedeutende Vorteile entzieht. Unter allen Umständen dürfte doch die Zufuhr von etwa 100 ccm mehr Blut manchem Kinde noch schätzungswerte Stoffe zuführen, umgekehrt die Elimination dieser Stoffe keinerlei Schwierigkeiten bereiten. Wir legen dabei den Hauptwert auf zwei Stoffe, Eisen und Flüssigkeit. Denn einmal ist das Eisendepot des Kindes dasjenige, mit welchem es bei dem geringen Eisengehalt der Muttermilch lange auskommen muß, zweitens scheint uns die doch überwiegend zu beobachtende geringere Gewichtsabnahme spät abgenabelter Kinder vor allem darauf zu beruhen, daß dieselben eben einen dankenswerten Überschuß an Flüssigkeit und Zirkulationseiweiß haben.

Art der Abnabelung.

Die zweite Frage: wie soll abgenabelt werden? beantwortet sich sehr einfach. Vor allem unter strengster Wahrung der Asepsis mit keimfreien Händen und sterilem Material. Man nimmt dazu ein frisch ausgekochtes weiches, aber kräftiges Bändchen von etwa 4—5 mm Breite und unterbindet die Nabelschnur ungefähr handbreit vom Nabel mit kräftig zugezogenem Doppelknoten. In eiligen Fällen wird statt dessen das raschere Verfahren der Klemmenanlegung vorzuziehen sein. Ein zweiter Knoten oder eine Klemme wird zwei Querfinger weiter nach der Mutter zu angelegt [1], dann zwischen den beiden Ligaturen mit steriler Schere durchgeschnitten. Damit ist das Kind von der Mutter getrennt und zur Weiterbehandlung frei.

2. Blennorrhöeprophylaxe.

Man sollte meinen, daß 40 Jahre, die seit Credés grundlegender Arbeit und Anregung vergangen sind, genügt hätten, um in einer ebenso einfachen als praktisch eine ungeheure Wichtigkeit besitzenden Frage einen Consensus omnium herbeizuführen. Mit nichten. Heute, wie in den 90er Jahren gibt es Eigenbrödler, die sich, aus an sich schätzenswerten, aber doch recht pedantischen Bedenken nicht entschließen können, ihre Einwände wenigstens in den Hauptpunkten beiseite zu lassen. Man könnte darüber achselzuckend hinweggehen, wären nicht auch angesehene Männer, zum Teil gerade Ophthalmologen darunter, deren Stimme eine endgültige gesetzliche Regelung verhindert. Auf der anderen Seite erweckt die vielgeschäftige Eitelkeit mancher Autoren, gerade eine bestimmte Methode oder ein bestimmtes Mittel als allein seligmachend anzupreisen

---

[1] Die Anlegung einer zweiten Unterbindung ist nicht allein notwendig bei Zwillingen, um die Möglichkeit einer Verblutung des zweiten Zwillings auszuschließen, sondern empfiehlt sich auch bei jeder anderen Geburt schon deshalb, weil bei noch festhaftender Plazenta die Mutter unter Umständen unnötig Blut verlieren würde, andererseits infolge der Unterbindung der Druck in dem uteroplazentaren Hämatom wahrscheinlich noch größer und so die Ablösung der Plazenta erleichtert und beschleunigt wird.

immer wieder den Fernerstehenden den Eindruck noch größerer Uneinigkeit als sie tatsächlich besteht und einer de facto nicht vorhandenen Unsicherheit der Erfolge. Das macht natürlich viele mißtrauisch, zumal bei Empfehlung neuer Mittel niemals unterlassen wird, auf die Größe der durch frühere Mittel angerichteten Schäden oder deren zweifelhafte Wirksamkeit hizuweisen, wobei nur vergessen wird, daß auch diese Mittel einst als mit ebensolchen Vorzügen ausgestattet empfohlen wurden.

Es schien mir wirklich am Platze, diese Bemerkungen vorher zu schicken, damit niemand sich durch die Fülle des Folgenden verwirren lasse. Es gehört zur Aufgabe dieses Werkes, ein Nachschlagebuch zu sein, in dem natürlich auch das Alte seinen Platz findet, sofern es nicht gänzlich wertlos ist, andererseits im Interesse eines vollständigen Überblickes vieles erörtert werden muß, was vom rein praktischen Gesichtspunkte aus solches Interesse gar nicht wert ist.

Die Augenblennorrhöe der Neugeborenen ist so alt wie die Gonorrhöe überhaupt. Schon in den überkommenen Schriften oder Aussprüchen des Aëtius, Galenus und Soranus im Altertum, wie Eucharius Rößlin im Mittelalter, Quellsalz im 18. Jahrhundert finden wir Hinweise auf die Gefahren, Gedanken über die Behandlung und Verhütung der Blennorrhöe. Seitdem, also seit rund 2000 Jahren ist das Thema spärlicher oder reichlicher, oberflächlicher oder gründlicher diskutiert worden. Soweit in der Geschichte menschlicher Erinnerungen zurückzugehen, ist aber nicht unsere Aufgabe. Für uns genügt es, auszugehen von der Arbeit Credés im Jahre 1884, die als unverrückbarer Markstein in der Geschichte der Neugeborenenfürsorge stehen bleiben wird.

Ohne auf Einzelheiten einzugehen, darf ich zunächst kurz auseinandersetzen, worum es sich handelt, weshalb die Blennorrhoea neonatorum so viel Interesse verdient. Nicht allein wegen ihrer besonders früher ganz enormen Häufigkeit, sondern vor allem wegen der großen Gefahr einer in ihrem Gefolge auftretenden Erblindung.

Es handelt sich um eine eiterige, in ihrer bösartigsten Form ausschließlich durch den Gonokokkus Neisser hervorgerufene Konjunktivitis (Gonoblennorrhöe); sie geht mit starker Eiterung einher, ist meist doppelseitig oder wenigstens leicht auf das andere Auge übergreifend und führt bei zu später oder fehlender Behandlung, seltener in regelrecht behandelten Fällen auch zur Affektion der Kornea und von hier aus entweder durch Perforation und allgemeine Ophthalmie oder durch lichtundurchlässige Narben von ausgebreiteten Kornealgeschwüren zur Erblindung.

Die Infektion erfolgt in der Regel im Verlaufe der Austreibungsperiode, während der Kopf die Scheide der an florider oder latenter Gonorrhöe leidenden Frau passiert. Natürlich kommt die Infektion am leichtesten bei florider Gonorrhöe zustande. Aber auch bei jahrelang zurückliegender akuter Erkrankung und völliger Symptomlosigkeit können noch Gonokokken, die eine außerordentlich hohe Tenazität besitzen, vorhanden sein und bei der Passage des Kopfes auf die Augenlider und von hier aus auf den Bindehautsack übertragen werden, wo sie alsbald eine Virulenzsteigerung erfahren und zur Erkrankung führen. In typischen Fällen werden die Symptome gewöhnlich am dritten Tage manifest, bei geringerer Virulenz der Bakterien können wohl auch 6—8 Tage vergehen, ehe die Erkrankung eine merkbare Höhe erreicht hat.

Es ist klar, daß die Gelegenheit zu massenhafter Gonokokkenübertragung um so größer ist, je frischer der Prozeß bei der Mutter ist, je länger der Kopf im Durchschnittsschlauch nach dem Blasensprung verweilt (protrahierte Geburt), je enger die Weichteile sind (Erstgebärende), je mehr eventuell noch durch ein sekundäres Trauma (Ödem bei Gesichtslagen, Zangendruck, der vielleicht sogar die Augen öffnete) die Widerstandsfähigkeit des kindlichen Gewebes herabsetzt und die Eintrittspforte für die Gonokokken vergrößert oder länger offen gehalten wird. Vielfach mag aber (gewöhnlich bei normalen Geburten) das Virus nur auf die Lider gelangen und erst unmittelbar post partum beim Öffnen der Augen oder bei ungeschickter Reinigung der Augenlider in den Bindehautsack inokuliert werden. Wenigstens beweisen die Erfolge einer einfachen Reinigung der Lider ohne sonstige Prophylaxe, daß dieser Weg sicher häufiger ist, als allgemein angenommen wird.

In seltenen Fällen kann die Infektion des Kindes schon intrauterin erfolgen; namentlich in Fällen von vorzeitigem Blasensprung, um so leichter natürlich, je mehr Zeit bis zur Geburt vergeht. Anders sind Fälle, in denen Kinder bereits mit Gonoblennorrhöe, ja sogar mit einem Ulcus corneae, also mit schwerster Erkrankung geboren wurden (Magnus, Sattler, Kruckenberg, Holzbach u. a.) oder noch vor Ablauf der Inkubationsperiode heftig erkrankten, gar nicht zu erklären (cf. auch Dorland, Hausmann, Feis, Hirschberg u. a.). Man muß da wohl annehmen, daß entlang dem Strom abtropfenden Fruchtwassers die Gonokokken aufwandern und bei der hohen intrauterinen Temperatur der Prozeß sehr rasch fortschreitet. Dagegen ist eine intraovuläre Infektion, wie sie von Nieden behauptet wurde, bis jetzt mit Sicherheit nicht nachgewiesen.

Nicht immer sicher zu deuten sind Fälle, in denen die Erkrankung erst nach dem vierten Tage manifest wird. Zweifellos ist es möglich und mit den bei der Urethralgonorrhöe der Männer gewonnenen Erfahrungen in Einklang zu bringen, daß daran eine herabgesetzte Virulenz der infizierenden Kokken Schuld trägt. Ebenso ist es nicht von der Hand zu weisen, daß einige bei der Geburt am Lidrand haftende Kokken in Meibomsche Drüsen eindringen, damit der Prophylaxe entgehen und sich dort einige Zeit halten, ehe es zu einer Infektion der Konjunktiva kommt. Credé-Hörder, ebenso Tassius haben auf diese Möglichkeit aufmerksam gemacht und sie auch experimentell gestützt. Schließlich kann es sich auch um eine extragenitale postpartale, sogenannte Spätinfektion handeln, die durch alle möglichen Umstände wie beschmutzte Sauger, Schwämme, Läppchen und dergleichen aus dem Lochialsekret der Mutter oder vom Auge eines anderen Kindes übertragen werden. Wenn Seitz diese Möglichkeit für sehr gering hält, so ist ihm für den Betrieb an Kliniken zweifellos recht zu geben. Für die Außenpraxis möchte ich aber diesen Weg für viel weniger selten halten. So zeigt z. B. die Zusammenstellung von Kujundjeff aus der Gießener Augenklinik (1914), daß von 55 innerhalb 11 Jahren behandelten, darunter 39 sicheren Gono-Blennorrhöen, 22 Fälle erst nach dem fünften Tage erkrankt waren. Unter diesen sind 19 Fälle erst nach dem 14. Tage, 9 erst nach der dritten Woche eingeliefert, so daß wohl zu einem ganz bedeutenden Prozentsatz richtige Spätinfektionen vorliegen.

Um Mißverständnissen zu entgehen, muß noch erwähnt werden, daß außer den Gonokokken auch andere Mikroorganismen als Erreger von blennorrhoischen Erkrankungen der Augen Neugeborener in Betracht kommen, so daß also die Diagnose erst auf Grund positiven Gonokokkenbefundes gestellt werden darf. An Kliniken sind meiner Erfahrung nach sogar die weitaus größte Zahl eiteriger Konjunktivitiden nicht gonorrhoischer Natur, sondern entweder überhaupt bakterienfrei oder durch andere Mikroorganismen hervorgerufen. Das wird um so weniger Wunder nehmen, als ja der Konjunktivalsack Neugeborener mindestens in 90% der Fälle keimhaltig befunden ist (Beruzen). Es sind eine ganze Reihe von Bakterien schon als Erreger nachgewiesen worden, so Pneumo-, Staphylo-, Streptokokken, Bakterien der Koligruppe, der Micrococcus catarrhalis, Koch Weeksche Bazillen, seltener Diphterie-, Pseudodiphtheriebazillen (zur Nadden), Xerosebazillen (Elschnig), Influenzabazillen (Druais-Morax), Pseudoinfluenzabazillen (Bietti u. a.), Friedländersche Pneumoniekokken (Ammon), Pyocyaneus (v. Herff in 2 Fällen) und noch einige andere. Ebenso kommen Mischinfektionen von Gonokokken besonders mit Staphylo- und Streptokokken nicht ganz selten zur Beobachtung. Natürlich gilt dieses Überwiegen anderer Bakterien über Gonokokken als Erreger eiteriger Konjunktivitiden der Neugeborenen nur für Kliniken mit sorgfältiger Prophylaxe; in der großen Allgemeinheit sind auch heute noch die Verhältnisse so, daß die gonorrhoischen Erkrankungen überwiegen. In Elschnigs Statistik allerdings sind gonorrhoische und nicht gonorrhoische Bindehautentzündungen gleich häufig, wogegen Axenfeld, Ammon 56%, Stephenson 66% der Blennorrhöen durch Gonokokken bedingt fanden. Andere Autoren geben allerdings viel niedrigere Werte an; so Chartres 30%, Groenouv 35% bzw. 6—8% mehr, wenn die Fälle von Mischinfektionen mitgezählt werden. Schließlich sind in den letzten 14 Jahren eine ganze Reihe von eiterigen, früher als steril angegebenen Blennorrhöen als durch Chlamydozoen — Zelleinschlüsse wie sie beim Trachom gefunden wurden — hervorgerufen festgestellt worden, die zwar langwierig, aber im ganzen doch gutartig scheinen. Die Beziehungen dieser Einschluß-Blennorrhöe (Halberstaedter-Prowazek, Stargardt, Lindner, Hofstaetter u. a.) zur Gonorrhoe sind noch nicht ganz klar gestellt. Jedenfalls gelang es Hofstaetter, auch aus der Scheide der Mütter derartiger Kinder die Einschlußkörper nach Übertragung auf das Affenauge zu züchten. Von anderer Seite ist diesem Befunde jede größere Bedeutung abgesprochen worden. Ein weiteres Eingehen auf die Frage gehört nicht zu unserer Aufgabe.

Die große Bedeutung der Gonoblennorrhöe wird sofort klar, wenn man ihren Anteil an Erblindungen berücksichtigt. Darüber mögen einige statistische Daten hier Platz finden.

So betrug z. B. 1876 die Zahl der an Gonoblennorrhöe Erblindeten fast ein Drittel aller Insassen von Blindenanstalten (31% in 43 Blindenanstalten nach H. Cohn), an einzelnen Anstalten ging der Prozentsatz sogar auf 50%, und in der Kärtner Blindenanstalt hatten 1904 (Chrobak) 57% der blinden Kinder infolge von Blennorrhöe ihr Augenlicht verloren. Schon rund 10 Jahre nach Einführung der Credéschen Prophylaxe war die Zahl auf 19% heruntergegangen und in neuerer Zeit (1913) bekam Credé-Hörder auf seine Anfrage an 29 Blindenanstalten die Auskunft, daß von 3309 Insassen 410 = 12,30% infolge von Blennorrhöe erblindet seien. Berücksichtigt man nur die Kinder unter 10 Jahren, dann beträgt der Prozentsatz der infolge von Blennorrhöe erblindeten wesentlich mehr (38—43% nach Schaidler).

Eine 1895 von H. Cohn angestellte Sammelforschung hatte folgendes Ergebnis: In 43 Blindenanstalten Deutschlands, Österreich-Ungarns, Hollands und der Schweiz waren 4—52% aller Erblindeten infolge von Blennorrhöe blind; im Mittel 19% gegenüber 31% im Jahre 1876. Wesentlich höhere Zahlen fand Elschnig[1], der 1912 noch angibt, daß 72% aller im ersten Jahre Erblindeten ihr Augenlicht durch Blennorrhöe verlieren und 23% aller Blinden unter 20 Jahren dieser Krankheit den Verlust ihres Augenlichtes verdanken. Von allen von Blennorrhöe befallenen Neugeborenen erblindeten etwa 8%, davon 1—2% doppelseitig (v. Herff). Allgemein bekannt ist ferner, daß die unehelichen häufiger erkranken, in Basel z. B. 25,9%oo gegenüber 5,4%oo der ehelichen Kinder (v. Herff).

Aus derartigen Angaben wird man unbefangen dreierlei ablesen können: einmal, daß die Bedeutung der Blennorrhöe gar nicht überschätzt werden kann, sowohl vom rein menschlichen wie hygienischen als auch vom volkswirtschaftlichen Standpunkte aus; zum zweiten, daß die Erfolge der Blennorrhoeprophylaxe unzweifelhaft in den Annalen der Blindenanstalten sich nachweisen lassen; drittens aber, daß diese Erfolge keineswegs so groß sind, wie man eigentlich erwarten dürfte[2].

Es läßt sich leicht zeigen, daß an diesem relativen Mißerfolge nicht die Methode, sondern ihre vielfache Unterlassung oder eine schlechte Handhabung derselben Schuld trägt. Darüber können natürlich solche allgemeinen Statistiken keinen Aufschluß geben, sondern man muß, um den Wert der Prophylaxe zu erkennen, die Erfahrungen ganz bestimmter Anstalten vor und nach Einführung der Prophylaxe heranziehen.

So fanden z. B.

	Vor Einführung der Prophylaxe		Nach Einführung der Prophylaxe	
	Zahl der Kinder	Zahl der Blennorrhoen	Zahl der Kinder	Zahl der Blennorrhöen[3]
Credé	2897	10,8%	1160	0,1—0,2%
Bayer	1106	12,3%	361	—
Bröse	—	13%	—	4% (1,09%)
Felsenreich . . .	1887	4,3%	3000	1,93%
„	—	—	2100	1,32%
Haab	42871	8,9%	10521	1%
Köstlin	—	—	24724	0,65%
Königstein	1092	4,8%	1250	0,7%
Mendes de Leon .	—	3—6%	870	0,8%
Runge	—	—	1917	0,15%
Scipiades	—	—	4106	0,36%
Seitz	—	—	1000	0,2% (0)
Uppenkamp . . .	—	14%	—	0,9% (0)

[1] Handb. d. Geschlechtskrankheiten. Bd. 2, S. 59.
[2] Das ist allein schon vom volkswirtschaftlichen Standpunkt aus bedauerlich. Credé-Hörder hat z. B. berechnet, daß uns seit Einführung der Prophylaxe die an Blennorrhöe Erblindeten allein ungefähr 10 Millionen Mark an Volkskapital entzogen haben — ganz abgesehen natürlich von dem Verlust, den jeder nicht an der Volkswirtschaft Mitarbeitende an sich schon bedeutet.
[3] Die in Klammern stehenden Prozentzahlen bedeuten: nach Abzug der Spätinfektionen.

Im ganzen genommen kann man wohl Credé-Hörder zustimmen, daß
die Morbidität an Gonoblennorrhöe, die vor Einführung der Prophylaxe selbst an gut geleiteten Kliniken 9—15% betrug, nach Einführung derselben auf 0—0,8% gesunken ist, wobei noch anzumerken
wäre, daß es sich unter diesen Fällen vielfach um Spätinfektionen handelt,
gegen welche die Credésche Prophylaxe natürlich machtlos ist.

Damit ist auch die Richtigkeit unserer obigen Behauptung erwiesen, daß
nicht in der Methode selbst die Ursache mangelhaften Erfolges in der
Allgemeinheit liege, sondern daß wir eine schlechte Handhabung bzw. ihre
noch nicht allgemeine Anwendung dafür verantwortlich zu machen haben.
Die Erfolge der Kliniken haben den Beweis erbracht, daß durch die Anwendung
der Credéschen Methode oder eines Ersatzverfahrens tatsächlich die Morbidität
an Gonoblennorrhöe sich so gut wie vollständig ausschalten läßt und damit auch
die Erblindungen natürlich ganz wegfallen müßten, zumal dieselben nicht die
notwendige Folge jeder Gonoblennorrhoe sind, vielmehr bei zeitgerechter und
sachgemäßer Behandlung in den meisten Fällen sich verhüten lassen. Es bleibt
uns also nur noch übrig, die korrekte Anwendung des Credéschen Verfahrens
zu schildern und — da dabei sich immerhin einige lästige Nachteile gezeigt
haben — zu erörtern, in welcher Hinsicht Verbesserungen des ursprünglichen
Verfahrens ohne Herabsatzung seiner Wirksamkeit versucht und erzielt wurden.
Schließlich wären im Anschluß daran die Konsequenzen zu ziehen, besonders
in der Frage einer obligatorischen Einführung der Prophylaxe und Anzeige-
pflicht der Erkrankungsfälle.

Es ist klar, daß die Prophylaxe an den Augen der Neugeborenen bei Abwesenheit von Gonorrhöe der Mutter entbehrt werden kann, ebenso wie sie
unnötig wäre, wenn es sicher gelänge, vor der Geburt die Mutter von Gonokokken frei zu machen. Ersteres ist aber von wenigen Ausnahmefällen abgesehen niemals sicher — ein negativer Gonokokkenbefund in Scheiden- oder
Zervixsekret beweist ja gar nichts — und letzteres bekanntlich auch so unsicher,
daß man sich darauf nicht verlassen kann.

Jedenfalls haben aber schon vor Credé in der Schwangerschaft und sub partu ausgeführte Scheidenspülungen (Versuche von Credé selbst, Biedert, Bischoff, Kaltenbach
u. a.) genügt, den Prozentsatz der Blennorrhöe herabzusetzen; so z. B. bei Credé von 13,6%
auf 9,2%. Es würde uns zu weit abführen, wollten wir hier die ganze Gonorrhöefrage erörtern. Für uns genügt zunächst die Feststellung, daß Scheidenspülungen und ebenso
andere Verfahren der Bekämpfung der Gonorrhoe bei der Mutter jedenfalls nicht imstande
sind, eine sehr wesentliche Herabsetzung der Zahl der Blennorrhöen zu bewirken, ganz abgesehen davon, daß eine allgemeine Durchführung von Scheidenspülungen in der Praxis
nicht allein unmöglich wäre, sondern auch manchen Nachteil für die Mutter im Gefolge
hätte (nur 5% aller Geburten gehen in Gebäranstalten vor sich).

Daß ein Bedürfnis zu einem prophylaktischen Verfahren vorlag und
vorliegt, wird man nach dem Vorangegangenen wohl allgemein zugestehen.
C. F. Credés unvergängliches Verdienst bleibt es, als erster ein solches angegeben zu haben.

Bei dem haarspalterigen Streit um manche geradezu lächerliche Einzelheiten hat es mehr als ein historisches Interesse, die Vorschrift von Credé
im Originaltext seiner grundlegenden Arbeit anzuführen: „Nachdem die Kinder
abgenabelt, gebadet und dabei die Augen mittels eines reinen Läppchens —
nicht mit dem Badewasser, sondern mit anderem reinen Wasser — äußerlich
gereinigt sind, namentlich von den Lidern aller anhaftende Hautschleim beseitigt ist, wird vor dem Ankleiden auf dem Wickeltisch zur Ausführung des
Einträufelns geschritten. Jedes Auge wird mittels zweier Finger ein wenig
geöffnet, ein winziges, an einem Glasstäbchen hängendes Tröpfchen einer
2%igen Lösung von salpetersaurem Silber der Hornhaut bis zur Berührung

genähert und mitten auf sie einfallen gelassen. Jede weitere Besichtigung der
Augen unterbleibt. Namentlich darf in den nächsten 24—36 Stunden, falls
eine leichte Rötung oder Schwellung der Lider mit Schleimabsonderung folgen
sollte, die Einträufelung nicht wiederholt werden. Das Glasstäbchen soll 3 mm
dick und an den Enden rund und glatt abgeschmolzen sein. Die salpetersaure
Silberlösung ist selbstverständlich in schwarzem Glase mit eingeriebenem
Glasstöpsel aufzubewahren. Der Vorrat soll möglichst klein sein und etwa
15,0 g enthalten".

Wer diese Vorschrift aufmerksam liest, wird sofort erkennen, daß viel
Gegnerschaft bei genauer Berücksichtigung dieser Angaben gar nicht entstanden wäre. Und wer daneben Gelegenheit gehabt hat, die Handhabung
der Prophylaxe durch viele Hebammen namentlich entlegener Dörfer zu beobachten, wird sich auch sofort klar werden, wo der Hauptfehler liegt. Das
Einträufeln wird oft Stunden hinausgezogen, nicht selten wohl ganz vergessen.
Die alte, vielfach zersetzte Lösung wird statt mit einem solchen Glasstab einfach
aus dem Tropfglas heraus, statt auf die Hornhaut des geöffneten Auges einfach
irgendwo auf die Lider aufgetropft. Ob ein paar Tropfen mehr oder weniger
heraus kommen, wird nicht beachtet und häufig dann sofort mit einem in Badewasser getauchten Wattebausch abgetupft, aus Angst, daß irgend etwas verätzt
werden könnte. Solche Fehler habe ich in den verschiedensten Gegenden des
Deutschen Reiches selbst zu beobachten Gelegenheit gehabt.

Die Nachprüfung des Credéschen Verfahrens an Kliniken hat seine Wirksamkeit über jeden Zweifel sicher gestellt. Wo Mißerfolge sich gelegentlich
häuften, konnte immer der Nachweis erbracht werden, daß eine alte, zersetzte
und daher unwirksam gewordene Lösung oder spezielle Fehler neu eingestellten
Personals die Schuld trugen. Man kann diesen Fehlern natürlich leicht entgehen.
Entweder benutzt man noch kleinere Mengen, als Credé angegeben hat, oder
was besonders für die allgemeine Praxis empfehlenswert wäre, eine auf wenig
Tropfen dosierte und in zugeschmolzenen Phiolen vorrätig gehaltene AgNO₃-
Lösung, wie Hellendal sie in praktischer, auch für ungeschickte Hebammen-
hände geeigneter Form wären, angegeben hat[1]. Überdies scheint nach Credé-
Hörders Untersuchungen die Gefahr einer Überdosierung nicht groß, da in
das kindliche Auge kaum mehr als zwei Tropfen hineingehen und der Überschuß
von selbst ausgeschieden würde, wie ich das übrigens auch wiederholt beobachtet
habe. Wenn einmal durch Zufall aus einem Tropfglas zu viel herauskam,
kniffen die Kinder sofort die Augen zu, und der Überschuß erschien in Gestalt
eines großen trüben Tropfens am inneren Lidwinkel.

Es sind aber von Kritikern und Kritikastern noch viele andere Einwände
gemacht worden.

Besonders empfindliche Seelen haben eingewandt, daß die Einträufelung
wegen ihrer Schmerzhaftigkeit zu unterlassen sei. Andere haben, zum Teil
auch heute noch, juristische Bedenken und verlangen mindestens die ausdrückliche Zustimmung der Eltern. Mangels ungenügender juristischer Bildung
kann ich auf diese Frage nicht weiter eingehen, zumal mir über ernstere Schwierigkeiten in rechtlicher Hinsicht nie etwas bekannt geworden ist. Der Haupteinwand und zweifellos der gewichtigste, der erhoben wurde und in milderer
Form auch heute noch von vielen mit einem gewissen Recht erhoben wird, ist
der, daß durch die prophylaktische Einträufelung die Augen geschädigt
würden. Es sollen durch die Höllensteinlösung auch bei richtiger Anwendung

---

[1] Hellendals Ampullen enthalten 0,5 ccm 1%ige AgNO₃-Lösung; dieselbe wird
mit einer Pipette aufgesaugt, die an ihrem unteren Ende ein feines Wattefilter trägt, an
dem 5—6 Tropfen hängen bleiben, so daß für jedes Auge nur zwei Tropfen zur Verfügung
stehen.

Anätzungen des Auges, vor allem der Kornea, entstehen, die ja meist gut ausgehen mögen; die Möglichkeit einer dauernden Schädigung sei aber nicht von
der Hand zu weisen. Von Zangemeister wurde besonders darauf hingewiesen, daß die Geburtshelfer diese Schädigungen gar nicht zu sehen bekämen,
sondern die Ophthalmologen. Dem ist aber entgegen zu halten, daß in neuester
Zeit 17 Direktoren von ophthalmologischen Kliniken selbst verneint haben,
jemals eine Schädigung durch eine mit unverdorbener Lösung ausgeführte In-
stillation gesehen zu haben. Diese Feststellung ist um so wichtiger, weil bis in
die neueste Zeit immer auf die abwartende Haltung mancher Ophthalmologen
hingewiesen wurde.

Von einer dauernden Schädigung des Auges kann also keine
Rede sein, und damit fällt zweifellos der wichtigste Einwand, den
man gegen die Credésche Methode machen kann, überhaupt weg.

So zogen sich denn viele auf die Unbequemlichkeiten und vorübergehenden Schädigungen des Auges durch die sog. Reizkatarrhe zurück.
Auch diese Frage müssen wir erörtern, da sie in allen Publikationen, namentlich
solchen über Ersatzverfahren eine große Rolle spielt. Tatsache ist, daß zuweilen schon wenige Stunden nach der Einträufelung 2%iger Höllensteinlösung
eine Konjunktivareizung nachweisbar wird, die manchmal eine beträchtliche
Intensität erreicht und mit starker Schwellung der Lider und Absonderung
eitrig getrübten Exsudates einhergeht. Ebenso sicher ist freilich, daß diese
Reizungen in der überwiegenden Zahl der Fälle geringfügig sind, nach 2—3
Tagen, seltener erst nach 4—5 Tagen verschwinden und nur ganz selten noch
darüber hinaus anhalten. Daß ein wirksames, durch Eiweißfällung wirkendes
Ätzmittel Reizerscheinungen macht, ist selbstverständlich. Mit den Gono-
kokken und sonstigen Bakterien werden natürlich auch die obersten Zellschichten
an Konjunktiva und Kornea angeätzt, eine sekundäre Hyperämie — kurz
eine mehr oder minder leichte Entzündung aseptischer Art erzeugt. Übrigens
ist von allen durch Eiweißfällung wirkenden Ätzmitteln bekannt, daß bei bloßer
Berührung die Ätzung niemals sehr tief geht, weil der Schorf selbst eine weitere
Tiefenwirkung verhindert. Neue sehr sorgfältige Untersuchungen von Credé-
Hörder haben überdies erwiesen, daß diese vorübergehenden Veränderungen
im wesentlichen mehr die Conjunctiva palpebrarum, hauptsächlich die Über-
gangsfalten betreffen, die Kornea selbst dagegen fast ausnahmslos unverändert
bleibt. Die hier haftenden Leukozyten und Fibrinmassen stellen reine Auf-
lagerungen dar, das Eigengewebe der Kornea zeigt dagegen keine Schädigung,
wenn auch gewisse Zellverschiebungen im Epithel und Auflockerung im Bindegewebe auftreten, die zum Teil Folgen der Prophylaxe sein mögen, jedoch auch
als einfache Folge des Geburtstraumas vorkommen. Es fragt sich bloß, woran
es liegt, daß in manchen Fällen die Reizerscheinungen so stark ausfallen, daß
sie eine starke Belästigung der Kinder bedeuten, während sie in anderen Fällen
geringfügig sind und kaum bemerkt werden, wenn nicht besonders darauf
geachtet wird. Zweifellos spielt dabei eine individuell verschiedene Widerstandsfähigkeit der Kinder eine Rolle. Frühgeborene und schwächliche Kinder
zeigen häufiger und stärkere Reizkatarrhe, weiter aber sind Fehler in
der Technik verantwortlich zu machen, wie etwa eine Berührung der Kornea
mit dem Glasstab, ein zu reichliches Auftropfen von Flüssigkeit, wodurch die
Lidränder stärker angeätzt werden und hernach sezernieren. Daß manche
derbe schwielige Hebammenhand ungeschickt ist und Fehler macht, läßt sich
eben nicht leugnen. Alles Drumherumreden nützt da nichts. Keine noch so
schönen Vorschriften über das, was eine approbierte Hebamme können muß,
werden in absehbarer Zeit etwas daran ändern. Man sehe sich doch unbefangen
die Hände verschiedener, namentlich älterer Dorfhebammen an, dann ist jedes

weitere Wort überflüssig. Ob dieser Mißstand freilich ein genügender Einwand sei, um überhaupt zu verwerfen, daß den Hebammen ein so stark wirkendes Mittel in die Hand gegeben wird, möchte ich dahingestellt sein lassen. Denn dann müßte man konsequenterweise ihnen auch das Sublimat und ähnliches entziehen. Immerhin bleibt wohl der Wunsch gerechtfertigt, nach einem Mittel zu suchen, welches bei möglichst gleicher Wirkung in der Handhabung weniger subtil wäre. Schließlich möchte ich nicht verhehlen, daß meiner Meinung nach **mancher starke Reizkatarrh nichts anderes ist, als eine absortive Form einer zur Zeit der Geburt bereits in Entwicklung begriffenen gonorrhoischen Konjunktivitis,** die nach der Zerstörung der Bakterien zwar noch unter starken Reizerscheinungen, aber ohne weitergehende Gewebszerstörungen verläuft. Deshalb werden auch Reizerscheinungen selbst stärksten Grades sich meiner Meinung nach bei keinem Verfahren jemals ganz vermeiden lassen.

Setzen wir aber einmal eine richtige Technik der Credéisierung voraus und sehen wir von diesen erwähnten abortiven Formen ab, — auch dann bleiben leichte Reizkatarrhe nicht aus. Man hat deshalb versucht, (Bumm, Gusserow, v. Rosthorn, Runge u. a.) statt der $2\,^0/_0$igen Lösung eine $1^1/_2\,^0/_0$- oder $1\,^0/_0$ige anzuwenden und gefunden, daß die Sicherheit der Prophylaxe dadurch nicht geringer würde, die Reizerscheinungen aber seltener und milder auftraten. Deshalb empfehlen auch heute die meisten Geburtshelfer die $1\,^0/_0$ige Höllensteinlösung, trotzdem von einigen Seiten angegeben wurde, daß die prophylaktische Wirkung von so schwachen Lösungen manchmal im Stich lasse. Es ist auch von manchen Autoren angegeben worden, daß trotz Verwendung der schwächeren Lösung die Reizkatarrhe nicht seltener und weniger intensiv geworden seien. Deshalb blieb die Meinung bestehen, daß das Silbernitrat an sich ein Präparat sei, welches stark reize und daher ist bei vielen der Wunsch nach einem weniger reizenden Ersatzpräparat entstanden. Ehe wir aber darauf eingehen, möchte ich die Bemerkung nicht unterdrücken, daß in neuester Zeit von Hellendal der Nachweis erbracht wurde, daß nicht dem Silbernitrat an sich die Reizkatarrhe zuzuschreiben seien; dieselben kommen vielmehr nur dann vor, wenn die verwendeten Lösungen freie Salpetersäure enthalten. Beim gewöhnlichen Gebrauch der Lösungen aus 10—15 ccm haltenden Fläschchen tritt eine solche Zersetzung leicht ein, ganz abgesehen davon, daß bei Undichtigkeit des Stöpsels durch Wasserverdunstung eine größere Konzentration der vermeintlich $1-1^1/_2\,^0/_0$igen Lösung erzeugt wird. Gerade um diesem Übelstande abzuhelfen, hat Hellendal die Anwendung der Silbernitratlösung aus dosierten Phiolen empfohlen. Wir haben seinerzeit im Wöchnerinnenasyl in Düsseldorf und seit 1 Jahr an unserer Klinik in Gießen größere Versuchsreihen angestellt und die Angaben Hellendals bestätigt gefunden (ebenso Mittweg). Freilich ist zu wünschen, daß auch bei Verzicht auf solche Ampullen die verwendeten Lösungen dicht abgeschlossen und vor Zersetzung durch braune, schwarze oder rubinrote Gläser geschützt werden. Die in den Hebammenlehrbüchern vorgeschriebenen blauen Gläser schützen nach Credé-Hörders Untersuchungen nicht gegen die Lichtzersetzung.

Gleichviel wie der einzelne sich heute zu der Frage des besten Mittels stellen will, jedenfalls sind die Hellendalschen Untersuchungen erst zu einer Zeit unternommen worden, da dem Silbernitrat eine größere Anzahl ernster Konkurrenten bereits erwachsen war. Da dieselben zum Teil sich sehr gut bewährt und eingeführt haben, vielfach noch im Streit der Meinungen stehen, ist es nicht zu umgehen, daß wir uns auch mit den Ersatzmitteln etwas näher beschäftigen. Wie die Frage heute steht, das hat Credé-Hörder[1] drastisch,

---

[1] l. c. S. 90f.

aber recht treffend geschildert: „Besonders verwickelt geworden ist die Lage durch die Unzahl von Mitteln, die — oft von Vielgeschäftigkeit geschaffen — auf den Markt kamen; hierdurch ist ein großer Wirrwarr angerichtet. Der eine hat sich dem essigsauren Silber zugeschworen, der andere erhofft nur vom Sophol Heil, der dritte hängt noch an der Höllensteinlösung, eifrig befehdet von der Protargolpartei — von den vielen Duodezmitteln, wie Argyrol, Ichthargan, Albargin, Kollargol, Blenolenizetsalbe u. a., die mit oft ungenügender Erprobung und ohne gehörige kritische Beurteilung empfohlen werden, gar nicht viel zu reden". Damit ist die politische Lage in der Prophylaxefrage gut charakterisiert, damit auch angedeutet, daß im wesentlichen nur drei (Argentum nitricum, Argentum aceticum und Sophol) etwa als einflußreiche Großmächte in Betracht kommen, Protargol schon am absteigenden Ast sich befindet, während alle die anderen genannten Mittel und noch viele weitere es mindestens in Deutschland nie zu einem größeren Einfluß gebracht haben. Wir wollen uns nun der Reihe nach mit der Wertung der Mittel beschäftigen, natürlich nur den ersteren mehr Aufmerksamkeit schenkend, die letzteren mit wenigen Worten abtuend.

P. Zweifel ist wohl derjenige, welcher bis in die allerletzte Zeit, in welcher er Sopholanhänger geworden ist, am wärmsten für das Argentum aceticum ($AgC_2H_4O_2$) mit $64,6\%$ Silbergehalt eingetreten ist, wenn auch vielleicht die Voraussetzung, die ihn dazu geführt hat, nicht nach jeder Richtung stichhaltig sein mag. Die interessiert uns aber hier nicht. Das Wesentliche ist folgendes. Das Silberazetat hat nach Untersuchungen von Raupenstrauch die für unseren Zweck wertvolle Eigenschaft, daß es sich bei gewöhnlicher Zimmertemperatur niemals in stärkerer Konzentration als 1% löst, was darüber hinaus geht, fällt von selbst aus, so daß eine gefährliche Konzentrationserhöhung gar nicht möglich ist. Zweifel hatte mit dem Mittel deshalb auch weniger Reizerscheinungen; ob die Reduktionsfähigkeit der Tränen und Anpassung des Mittels an dieselbe wirklich eine so große Rolle spielt, wie damals von Zweifel angenommen wurde, scheint von geringem Belang. Der Erfolg hinsichtlich der Verhütung der Gonoblenorrhöe war nicht allein gleich, sondern sogar besser ($0,23\%$ Erkrankungen unter 5222 Kindern gegenüber $0,62\%$ Erkrankungen bei Verwendung des Silbernitrats). Gleich Zweifel haben Krönig, Berend, Döderlein, Bischoff, Seefelder das Mittel empfohlen und unter den jüngeren ist namentlich Scipiades wiederholt als Kämpe für das Silberacetat vorgetreten. Derselbe hat schließlich über 4953 mit 1%iger Argentum aceticum-Lösung behandelte Neugeborenen berichten können, bei welchen nur in $0,1\%$ Gonoblenorrhöe vorkam und die Reizerscheinungen ($15-20\%$) viel milder waren als beim Argentum nitricum.

Ein Neutralisieren der Lösung mit Salz, worauf Zweifel Gewicht gelegt hatte, änderte nichts an diesem Verhalten der Reizungen, ja von anderer Seite (Leopolds Klinik in Dresden) wurde sogar bei der nachfolgenden Kochsalzspülung eine Zunahme der Reizkatarrhe beobachtet. Auch Credé-Hörder fand, daß die durch Argentum aceticum hervorgerufenen Reizungen eher stärker seien als die durch Argentum nitricum und auch die histologisch nachweisbaren Veränderungen an der Kornea (unregelmäßige Anordnung des Epithels, Vakuolenbildung in demselben, unscharfe Abgrenzung gegen die Unterlage, Unerkennbarkeit der Bowmanschen Membran) deutlicher hervortreten.

Ich glaube, daß es unnötig ist, noch weiter auf Einzelheiten einzugehen. Man wird heute etwa folgendes Urteil abgeben dürfen:

Das Argentum aceticum wirkt in $1-3\%$iger Lösung ebenso sicher als das Argentum nitricum und besitzt vielleicht insofern einen gewissen Vorzug, als Konzentrationsänderungen auch bei längerem Gebrauch ein und derselben Lösung praktisch kaum in Betracht kommen. Dadurch mag es für die allgemeine Hebammenpraxis (in Bayern ist es vorgeschrieben) einen gewissen Vorzug besitzen.

Wenden wir uns nun zum Protargol (Proteinsilber mit $8,3\,^0/_0$igem Silbergehalt), das in $10-15\,^0/_0$iger Lösung heute zwar wenig verwendet wird, vor zwanzig Jahren aber der Hauptkonkurrent des Silbernitrats war. Anlaß zu seiner Einführung war neben der Empfehlung von Darier vor allem die Versicherung von Neißer (1898), daß es unter allen Silberpräparaten am wenigsten reize. In der Folge haben namentlich Cramer, Fürst, Emmert, Engelmann, Leßhaft, Howe, Pietrowsky, v. Herff und Krönig für das Mittel sich eingesetzt und im Durchschnitt etwa eine Herabsetzung der Morbidität auf $0,2\,^0/_0$ erreicht — also etwa dasselbe, was auch sonst erreicht wurde. Demgegenüber würde freilich in die Wagschale fallen, daß nach Angaben der Krönigschen Klinik unter 1160 Fällen nur in $1,85\,^0/_0$ Reizerscheinungen aufgetreten sind. Andere freilich fanden entweder die Wirkung geringer (Pflüger, Belar, Prochaska, Ammon u. a.) oder beobachteten wie z. B. Zweifel so starke und häufige Reizerscheinungen, daß die Versuche mit dem Mittel geradezu wegen dieser unangenehmen Nebenwirkung abgebrochen wurden. In der Folge wurde dann wohl allgemein zugegeben, daß die guten Resultate im wesentlichen auf die sorgfältige Beobachtung anderer Nebenumstände beim Ausprobieren des Mittels zurückzuführen seien, im übrigen aber die Nachteile fast aller Silberpräparate — Zersetzlichkeit, Konzentrationsänderungen und damit Änderung der Wirksamkeit und Reizstärke — für das Protargol genau so zu Recht beständen. Nach den Untersuchungen von Credé-Hörder, die mikroskopisch belegt sind, sind die Reizerscheinungen sogar etwas stärker als bei Verwendung von Argentum nitricum oder Argentum aceticum. Auch aus den klinischen Publikationen, ja zum Teil sogar aus dem Fehlen von solchen, kann man herauslesen, daß das Protargol auf die Dauer augenscheinlich doch keine so absolut befriedigenden Resultate ergeben hat. Wie wäre es sonst möglich, daß ein so eifriger Verteidiger wie v. Herff es gänzlich verlassen hat und zum Sophol übergegangen ist.

Will man ein zusammenfassendes Urteil abgeben, so kann man sich etwa dahin äußern, daß Protargol bei tadelloser Lösung genau so gute Resultate hinsichtlich der Prophylaxe ergibt, wie Silbernitrat und -Acetat und dabei sogar weniger ausgesprochene Reizkatarrhe vorkommen. In der großen Allgemeinheit werden aber diese Vorzüge durch die schlechte Haltbarkeit des Mittels in ihr Gegenteil verkehrt. Die spärliche Verbreitung, der sich heute das Protargol in der Blennorrhöeprophylaxe erfreut, bestätigt am besten die Richtigkeit dieses Urteils.

Wesentlich bedeutsamer erscheint uns das Sophol (Formonukleinsilber) mit $20\,^0/_0$ Silbergehalt, das in $5\,^0/_0$iger Lösung zur Anwendung kommt. Das Sophol ist von v. Herff eingeführt und protegiert worden und gewann augenscheinlich immer mehr Anhänger, zu denen auch wir gehören. Sein fragloser Vorzug ist, daß es, wenn es nur erst richtig hergestellt ist, keine besondere Vorsicht bei der Anwendung erfordert und wegen seiner praktisch genügenden Unveränderlichkeit dauernd die gleichen Resultate liefert. Deshalb vor allem kommen weniger unangenehme Reizerscheinungen vor, während andererseits nicht zu leugnen ist, daß die durch Sophol erzeugten Reizkatarrhe oft länger anhalten. Sehr interessante Versuche über die Wirksamkeit und Nebenerscheinungen der Sopholprophylaxe wurden an der Heidelberger Frauenklinik von Unterstreuhöfer angestellt. Bei 975 Kindern wurde rechts Sophol, links Argentum nitricum eingeträufelt. Dabei kamen rechts 19, links 45 Erkrankungen vor und 6 bzw. 19 Silberkatarrhe. Unsere eigenen Erfahrungen mit dem Mittel bestätigen etwa die Angaben von v. Herff, der innerhalb von 10 Jahren unter 8000 Fällen keine einzige Gonoblennorrhöe als Frühinfektion erlebte, bei einem Materiale, von dem er Grund hatte zu vermuten, daß darunter 1000 Frauen gonorrhöisch infiziert waren.

Gerade den Vorwurf der schlechten Haltbarkeit hat man dem Sophol gemacht (A. Hörder), allerdings mit Unrecht, denn v. Herff konnte zeigen, daß dafür Fehler in der Zubereitung verantwortlich zu machen sind. Eine $5^0/_0$ige Sophollösung ohne Glyzerinzusatz frigide paratum ist unbegrenzt haltbar [1]. Demgegenüber kann der etwas höhere Preis (1 g = 35 Pfg. gegenüber 15 Pfg. für Silbernitrat) nicht in die Wagschale fallen, und natürlich ist für Hebammen die Handhabung des Tropfglases einfacher als die Auftragung mit dem Glasstab oder aus den Hellendalschen Phiolen.

Wir möchten unser Urteil dahin zusammenfassen, daß das Sophol bei ausgezeichneter Wirksamkeit vor allen Mitteln insoferne einen großen Vorzug hat, als die Haltbarkeit der Lösung und die Geringfügigkeit der Reizerscheinungen eine große Annehmlichkeit bedeuten, die namentlich für die obligatorische Einführung der Prophylaxe nicht zu unterschätzen wäre.

Leider sind alle diese Ausführungen und bis in die neueste Zeit berichteten günstigen Erfahrungen hinfällig geworden, da Sophol — aus mir unbekannten Gründen — nicht mehr hergestellt wird.

Über die anderen Mittel können wir uns kurz fassen, da sie größere Bedeutung nie erlangt haben, wenigstens nicht in Deutschland.

In Amerika viel gebraucht und gerühmt, in Deutschland nie in großem Umfang eingeführt ist das Argyrol, ein $30^0/_0$ Silber enthaltendes Präparat (= Silbervitellin), von Barnes und Hille empfohlen und in $20^0/_0$iger Lösung zur Blennorrhöe-Prophylaxe verwendet. Es wird besonders von H. W. Burns Gray, E. Martin (Pennsylvania), D. Webster, unter den Franzosen von Darier empfohlen. Swinburne erklärt es sogar für „eines der wertvollsten Präparate" der letzten Jahre überhaupt und gleich ihm rühmen alle anderen Autoren die Sicherheit der Wirkung bei fehlenden Reizerscheinungen, weil das Eiweiß nicht koaguliert und auch durch Chloride, wie sie in den Tränen vorhanden sind, nicht gefällt wird. Die Reizwirkung ist tatsächlich ebenso gering wie beim Sophol, geringer als bei essigsaurem Silber. Die Sicherheit der Wirkung dieser Mittel erreicht es aber nicht und ist ihnen also zweifellos unterlegen. Zudem soll es gegen durch Staphylo- und Streptokokken erregte Blennorrhöe unwirksam sein (Cragin). Wenn man die Originalmitteilungen der amerikanischen Autoren liest, findet man übrigens, daß ihre Ansprüche in Hinsicht auf Sicherheit der Wirkung eines Mittels vielfach wesentlich geringer sind als bei uns.

Von sonst empfohlenen Mitteln seien noch folgende kurz erwähnt: Kollargol $3^0/_0$, Itrol (Schatz), Ichthargan, Albargin, Largin, $2^0/_0$ Argonin (= Kaseinsilbernatrium), $2^0/_0$ Argentamin (= Äthylendiaminsilbernitrat) und als neuestes (1916) $25^0/_0$ Kresatin (C. Barnert). Ich selbst besitze über diese Mittel keinerlei Erfahrung, Credé-Hörder gibt aber an, daß die meisten derselben starke und lang anhaltende Reizkatarrhe erzeugen. Nur das Largin soll in dieser Hinsicht etwas besser sein. Jedenfalls liegt keine Veranlassung vor, sich näher mit diesen Mitteln zu beschäftigen.

Da wir es hier nur mit der Prophylaxe zu tun haben, sei nur nebenbei erwähnt, daß alle genannten Mittel sich auch mehr oder weniger zur Behandlung der ausgesprochenen Blennorrhöe eignen, worüber unter den Erkrankungen des Neugeborenen noch mehr nachzulesen sein wird.

Einige andere Verfahren wie die Ausspülung der Augen mit Salizylwasser (Horner), $1/_2^0/_0$ige Karbolsäurelösung, $1/_{10}^0/_0$ Thymol (Schieß-Gemuseus), ganz dünner Sublimatlösung oder Kali permanganicum, Zitronensäure (Reymond) oder Zitronensaft, $3^0/_0$ Alumnol (Akontz), haben heute nur noch historisches Interesse und seien lediglich der Vollständigkeit halber erwähnt. Auch alle Versuche, sich mit bloßer Ausspülung oder äußerlicher Reinigung der Augen mit sterilem Wasser (Abadie, Charpentier) Borwasser, Perhydrol 1 : 5000 (Riva-Rocci) und dergl. zu begnügen, sind fehlgeschlagen, genau wie Scheidenspülungen mit Sublimat (Kaltenbach, Ahlfeld) als alleinige Methode der Blennorrhöeprophylaxe nicht ausreichen, wenngleich sie bei als gonorrhöisch bekannten Frauen eine wertvolle Unterstützung und Sicherung der sonstigen prophylaktischen Maßnahmen darstellen.

---

[1] Bei Lösung in warmem Wasser über 39^0 kann allerdings eine Abspaltung von Formalin eintreten. Am besten ist es, sich die Lösung selbst mit Hilfe des von Bandekow in Berlin hergestellten Besteckes zu bereiten.

Eine Sonderfrage der Technik jeder Prophylaxe verdient aber noch eine kurze Erörterung. Nach der Vorschrift Credés (vgl. oben) vergeht immer eine gewisse, unter Umständen 1 Stunde betragende Zeit, ehe die Prophylaxe durchgeführt wird. Das dürfte man wohl besser dahin abändern, wie es übrigens in vielen Kliniken bereits geschieht, daß man der Blennorrhoeprophylaxe die erste Stelle anweist, und dieselbe entweder noch vor der primären Abnabelung, jedenfalls aber sehr bald nach derselben nach vorhergegangener Reinigung der Umgebung der Augen vornehmen läßt. Für die allgemeine Praxis würde sich nach wie vor mehr empfehlen, mit der Prophylaxe zu warten, bis das Kind gebadet ist, damit dieselbe in Ruhe und mit entsprechender Aufmerksamkeit vorgenommen werden kann. In der Klinik ist das nicht nötig. Der Einwand von v. Herff, daß beim Bad aus den Augen ein Teil des Prophylaktikums wieder ausgetupft werden könne, ist nicht stichhaltig, da bei korrektem Vorgehen eine Benetzung der Augen im Bad überhaupt nicht stattfinden darf. In der allgemeinen Praxis mag aber auch dieser Einwand zugunsten der Verschiebung der Einträufelung bis nach dem Bade sprechen. In der Klinik empfiehlt es sich sehr, die Hebamme bei der Mutter zu belassen und die Sorge für das Neugeborene (Prophylaxe, Bad, definitive Abnabelung, Bekleidung usw.) einer Kinderpflegerin zu übergeben oder sogar die Durchführung der Blenorrhöeprophylaxe dem diensttuenden Arzte selbst zu übertragen. Das hat für kleinere Kliniken bei einem vom Chef gepflegten strengen Verantwortlichkeitsgefühl der Ärzte sehr große Vorzüge für die Gleichmäßigkeit der Resultate. In größeren Betrieben, in denen die Zahl der im Geburtssaal diensttuenden Ärzte eine größere ist und rasch wechselt, bietet aber diese Belastung der Ärzte nicht nur keinen Vorteil, sondern erschwert außerdem die Kontrolle.

Man hat sich auch vielfach darüber unterhalten, ob und in welcher Weise die Augen vor der Einträufelung gereinigt werden sollen. Eine Übereinstimmung besteht nicht. Bald wird trockenes Abwischen der Lider, bald feuchtes mit sterilem Wasser, Borwasser oder ähnlichem empfohlen. Am empfehlenswertesten scheint es uns, nach dem Vorgang von Küstner die Augen des Kindes direkt nach dem Durchtritt des Kopfes in der Weise zu reinigen, daß noch vor Öffnung der Augenlider sorgfältig mit zarter Hand vom äußeren gegen den inneren Augenwinkel mit feuchtem Wattebäuschchen gewischt wird. Wir verwenden dazu am liebsten steriles Wasser, Küstner Jodtrichlorid (1 : 4000).

Schließlich hätten wir noch ein Wort über die Verbreitung der wahren Spätinfektionen zu sagen. Richtige Spätinfektionen können nur zustande kommen entweder durch Übertragung von einem Kinde auf ein anderes seitens einer Pflegerin oder durch Übertragung von den mit gonokokkenhaltigem Lochialsekret beschmierten Fingern der Mutter auf das Kind. Ein anderer Weg existiert nicht. Alle diese Wege sind aber leicht auszuschalten durch eine exakte Organisation der gesamten Kinderpflege, wie wir sie noch näher auseinandersetzen werden. Bei eigenem Pflegepersonal für die Kinder sowie Isolierung und besonderer Behandlung eines blennorrhöeverdächtigen oder -behafteten Kindes fällt die erste Möglichkeit von selbst weg. Auch die Übertragung der Blennorrhöe durch die Finger der Mutter läßt sich vollständig verhüten, wenn man die Kinder den Müttern nur zu den Anlegezeiten bringt und eine strenge Händereinigung vor dem Anlegen durchführen läßt.

Fassen wir das bisher Erörterte zusammen, so dürfen wir wohl behaupten: wegen der Häufigkeit und klinischen Besonderheiten der Gonorrhoe, die nach dem Ausweis aller Statistiken eine große Gefährdung des kindlichen Augenlichtes mit sich bringen, stellt die Blennorrhoeprophylaxe einen wichtigen Teil der ersten Fürsorge für das Neugeborene dar. An der Notwendigkeit der Blennorrhoeprophylaxe kann ebensowenig gezweifelt werden wie an ihrer Wirksamkeit und daran, daß das am einfachsten zu

handhabende Verfahren für die allgemeine Praxis den Vorzug vor
anderen gleichwertigen Methoden und Mitteln verdient.

Man darf danach eigentlich verwundert fragen, warum die obligatorische
Einführung der Prophylaxe bisher nicht allgemein als notwendig anerkannt
und erreicht wurde. Es würde zu weit führen, wenn ich von allen mir bekannten
Arbeiten die Ansichten der Verfasser über diesen Punkt anführen wollte. Es
genügt, statt dessen kurz das Ergebnis einer von Credé-Hörder bei Ophthalmologen und Gynäkologen angestellten Umfrage mitzuteilen. Von 17 Ophthalmologen waren 12 ganz entschieden für obligatorische Einführung der Prophylaxe
in irgend einer Form, während unter 51 befragten deutschen Geburtshelfern
etwa die Hälfte dagegen ist oder wenigstens bestimmte Einwände gegen einen
allgemeinen Zwang hat. Ich anerkenne natürlich, daß man gewichtige prinzipielle Bedenken gegen zu viel Reglementierung und gesetzlichen Zwang haben
kann, aber ich verstehe andererseits diesen Standpunkt gerade von Leitern
von Gebäranstalten um so weniger, als sie doch in ihren Anstalten die Prophylaxe
zwangsmäßig durchführen. Nur in Bayern und Ungarn ist bis jetzt
die Blennorrhoeprophylaxe obligatorisch, ohne daß besondere Beschwerden bekannt geworden wären. Nach diesem praktischen Versuch scheint
mir ein Widerstand gegen die obligatorische Einführung der Prophylaxe um so
weniger berechtigt, als es sich doch um eine zu bedeutsame Sache handelt, gleichviel ob sie vom rein menschlichen Mitleidsstandpunkt oder von dem der Hygiene
und Volkswirtschaft betrachtet wird — um so weniger berechtigt in unserer
Zeit, in der Zwangsversicherungen u. ähnl. nicht allein an der Tagesordnung
sind, sondern auch als außerordentlich segensreich sich erwiesen haben. An
eine Ausrottung der Blennorrhoe ist unter solchen Umständen natürlich nicht
zu denken.

So blieben als Kompromißauswege nur zwei übrig: einmal die Anzeige-
pflicht für Hebammen, wie sie z. B. in der hessischen Dienstanweisung
besteht, um auf diese Weise wenigstens die Zahl der Blennorrhoeblinden noch
weiter zu vermindern und zweitens die Aufklärung des Publikums durch
Wort und Schrift etwa im Rahmen anderer Gesundheitsvorträge und in Form
von Merkblättern, wie ein solches z. B. von Credé-Hörder ansgearbeitet
wurde.

3. Reinigung des Kindes, definitive Nabelversorgung.

Sobald das Kind provisorisch abgenabelt und die Credéisierung in irgend-
einer Form vorgenommen ist, besteht die nächste Aufgabe der Pflege in der
Reinigung der Haut von anhaftendem Schleim und Blut der mütterlichen
Geburtswege, sowie der mehr oder minder reichlich vorhandenen Käseschmiere.
Das Neugeborene wird zu diesem Zweck [1] am besten auf einen der üblichen
im Geburtszimmer oder in einem besonderen Nebenzimmer untergebrachten
Wickeltische gebracht und hier zunächst von den gröberen Verunreinigungen
befreit. Recht zweckmäßig erweist sich dazu die Verwendung von steriler,
weißer Vaseline, mit der das Kind besonders am Kopf und anderen Partien,
wo die Vernix stärker haftet, unter leichtem Druck abgerieben wird. Die an
sich etwas zähe Vaseline eignet sich besser als weichere Fette, weil sie beim
Verreiben die Käsemassen leicht mitreißt. Ein Nachwischen mit sterilem

---

[1] Es erscheint nicht überflüssig, in der folgenden Schilderung möglichst auf Einzelheiten und mancherlei Technizismen einzugehen, die natürlich für den Erfahrenen wertlos sind. Der weniger Erfahrene aber wird — so schließt Verfasser aus den Erinnerungen
seiner eigenen Lernzeit — empfänglich dafür sein, alles, was zur praktischen Pflege der
Neugeborenen notwendig ist, hier beisammen zu finden.

trockenem Wattebausch oder ein leichtes Abreiben mit einer dünnen sterilen Windel aus weichem Stoff entfernt dann die Vaseline mit anhaftenden Verunreinigungen. Wie zu jeder mechanischen Tätigkeit gehört auch dazu ein wenig Übung und eine nicht grobe und ungeschickte Hand. Hauptsache ist, daß die ganze Prozedur im warmen Zimmer und möglichst rasch vorgenommen wird, um das Kind vor unnötiger Abkühlung zu bewahren. Aus diesem Grunde ziehen wir es vor, diese Versorgung des Kindes sofort nach der Geburt durch eine Kinderpflegerin vornehmen zu lassen, während die Hebamme bei der Mutter bleibt. Auf diese Weise wird die unangenehme Zweiteilung der Aufmerksamkeit der Hebamme vermieden. Anderenfalls leidet entweder die Beobachtung der Mutter (Blutung!) oder das Kind muß, vielfach nur eingeschlagen in eine bald feuchte Windel, warten, bis die Hebamme frei wird, was natürlich größeren Wärmeverlust zur Folge hat. Im Privathause läßt sich das freilich nicht vermeiden. Jedenfalls empfiehlt es sich aber dann, das Kind nicht nur in eine vorgewärmte Windel einzuschlagen, sondern darüber noch ein ebenfalls vorgewärmtes Flanelltuch zu legen.

An die erste grobe Reinigung schließt sich sofort das erste Bad an, dessen Zweck sorgfältige Reinigung der Haut von noch anhaftenden, die Hautporen verlegenden Massen ist. Unseres Erachtens genügt dazu die einfache Waschung in Wasser unter Zuhilfenahme von Wattebauschen, doch ist sicherlich nichts dagegen einzuwenden, wenn zur Entfernung fester haftender Vernixreste eine milde Seife angewendet wird. Das Bad muß eine Temperatur von 35° C haben und innerhalb 2—3 Minuten erledigt sein.

Zweierlei ist dabei zu beachten: es ist streng zu vermeiden, daß Badewasser in Augen oder Mund des Kindes kommt. Die erste Reinigung der Augen nehmen wir bereits auf dem Gebärbett mit Borwasser oder abgekochtem Wasser vor, die Reinigung des Gesichtes schließen wir direkt an die eben erwähnte grobe Reinigung an, nehmen dazu aber in einer besonderen Schüssel bereit gehaltenes warmes Wasser. Viele Geburtshelfer ziehen mit Rücksicht darauf, daß bei ungeschicktem Vorgehen eine Benetzung der Augen mit Badewasser vorkommen kann, vor, die Blennorrhöeprophylaxe erst nach dem ersten Bade vornehmen zu lassen. Um das Verschlucken von Badewasser zu verhüten, ist eine richtige Haltung des Kindes im Bad erforderlich, derart, daß Unterarm und Hand den Rumpf des Kindes tragen, während der erhöhte Kopf an den Oberarm sich anlehnt[1].

Aus dem Bad kommt das Kind wieder auf den Wickeltisch und wird nun mit vorgewärmtem, möglichst weichem Frottiertuch abgetrocknet, wobei natürlich jedes grobe Reiben zu vermeiden, andererseits auf wirkliche Trocknung Wert zu legen ist.

Sobald das erledigt ist, wird das Kind mit warmem Hemdchen und Jäckchen bekleidet auf ein frisches trockenes Tuch gelegt und nunmehr der Nabel definitiv versorgt (vgl. Kap. Nabelpflege).

II. Die Kleidung des Neugeborenen.

Nachdem dem Kinde Hemd und Jäckchen angezogen sind, wird es in eine dreieckig gelegte Windel, darauf ein sog. Gerstenkorntuch und schließlich in ein etwas weicheres viereckiges Flanelltuch eingeschlagen, welches durch eine Binde oder mittels Sicherheitsnadeln fixiert wird.

---

[1] Bildliche Darstellungen aller wichtigeren Handgriffe findet man in der namentlich für Laien sehr empfehlenswerten Pflegefibel der Schwester Antonie Zerwer, 3. Aufl. Berlin 1916. Verlag Jul. Springer.

Die verwendete Wäsche muß natürlich stets ganz sauber sein. Sterile Wäsche zu verwenden, halten wir für überflüssig, wenn die verwendete Wäsche nur gründlich gekocht und heiß gebügelt ist. An Kliniken ist darauf zu achten, daß die Kinderwäsche getrennt von anderer, oft höchst infektiöser Wäsche gewaschen und natürlich auch getrennt weiter behandelt wird.

Welches Material zur Bekleidung des Neugeborenen verwendet wird, hängt natürlich vielfach von äußeren Verhältnissen ab, und namentlich in der ärmeren Praxis muß man oft mit recht fragwürdigen Stücken vorlieb nehmen. Die Wäsche soll möglichst weich und porös sein, um einerseits sich dem Körper gut anzuschmiegen, ohne zu reiben, andererseits die Nässe gut aufzunehmen und der Luft Zutritt zu gestatten. Gewöhnlich verwendet man einen weichen Schirting für das Hemdchen und gibt darüber ein locker gestricktes Jäckchen aus Baumwolle. Die besten heute von der Industrie hergestellten Windeln sind nahtlos und aus doppelt oder vierfach gelegtem Mull (Tetrastoff) hergestellt. Jedes Knoten der Windeln ist zu vermeiden, sie werden einfach zusammengelegt. Die äußere viereckige Hülle soll aus einem mitteldicken, weichen Flanell bestehen. Die früher vielfach verwendete Gummihülle zwischen äußerer und innerer Hülle ist prinzipiell zu verwerfen, da sie einerseits den Luftzutritt wie die Abdunstung von Feuchtigkeit verhindert und in dieser Dunstatmosphäre die Haut von vornherein geschädigt wird. Höchstens wird man eine kleine Gummieinlage (25 × 25 cm) konzedieren können.

Jede weitere Einwicklung des Kindes ist zu verwerfen. Gilt das schon von den vielfach noch üblichen mit Watte gefüllten Steckkissen, so ist vollends die auf dem Lande noch häufig zu treffende paketartige Verschnürung des Kindes unter Einbeziehung der Arme eine unnötige qualvolle Zwangsjacke. Ganz abgesehen davon, daß bei dieser Versorgung das Kind zu warm gehalten wird, sind plötzliche Todesfälle an Asphyxie dabei beobachtet worden (Waring). Die ursprünglichen Voraussetzungen dieser Einpackung sind hinfällig. Man wollte dem Kinde Halt gewähren und Verkrümmung der Wirbelsäule verhüten. Die Voraussetzung ist deshalb falsch, weil einmal die Wirbelsäule des Neugeborenen noch außerordentlich verbiegbar ist, ohne daß dadurch die Elastizität der Bänder Schaden litte, andererseits der für die spätere normale Krümmung der Wirbelsäule verantwortlich zu machende aktive Muskelapparat noch gar nicht genügend funktioniert. Eine passive Einschnürung könnte höchstens die Muskulatur in ihrer Entwicklung und späteren Funktion hemmen. Der vermeintliche künstliche Stützapparat verfehlt also diesen Zweck. Andererseits ist natürlich nicht zu übersehen, daß jedes unnötige und falsche Aufnehmen der Kinder zu vermeiden ist.

Die Farbe der Kleidung soll möglichst hell sein, damit jede Verunreinigung sofort erkennbar wird.

III. Die Wohnung des Neugeborenen.

Ein Faktor von nicht zu unterschätzender Bedeutung ist, wie die Sterblichkeitsstatistik gezeigt hat, die Wohnung des Neugeborenen. Luft und Licht sind die beiden Haupterfordernisse in einem als geeignet zu bezeichnenden Neugeborenenzimmer, wozu natürlich Reinlichkeit und leichte Reinhaltungsmöglichkeit der Lagerstatt des Kindes und die Vermeidung aller Staubansammlung begünstigenden Materialien kommt. Der Mangel an genügender unverbrauchter Luft ist eine der Hauptschädlichkeiten der Paupertät für das Brustkind. Eine Erörterung der sozialen Vorschläge zur Besserung dieser Verhältnisse gehört jedoch nicht hierher. Jedenfalls sollte

man für jeden Neugeborenen 20—30 cbm Luft zur Verfügung haben und überdies muß eine gute Ventilation für die Möglichkeit öfterer Lufterneuerung
sorgen. Zu verwerfen ist das Versprayen von Wohlgerüchen zum Zweck der
Luftverbesserung. Einmal wird dadurch die Luft nicht verbessert, zweitens
darf in einem gut gepflegten Kinderzimmer mit wohl gepflegtem Kinde kein
schlechter Geruch herrschen. Wo man in der Umgebung von Neugeborenen
und Säuglingen den bekannten urinösen Geruch findet, den viele direkt als
,,Kleinkindergeruch" scheuen, kann man sicher sein, daß in der Reinhaltung
des Kindes oder Erneuerung der Luft im Kinderzimmer etwas versäumt ist.
Am einfachsten ist es, die Zeit des Anlegens zu einer ausgiebigen Lüftung zu
benutzen, die nur nicht so weit gehen darf, daß eine wesentliche Abkühlung
des Zimmers die Folge ist.

Die Temperatur des Neugeborenenzimmers soll unseres Erachtens
20—21° C, nach Ablauf der ersten Lebenswochen 18—19° betragen. Starke
Temperaturschwankungen sind möglichst auszuschalten. Man wird deshalb
im Privathaus ohne Zentralheizung am besten einen gut regulierbaren Dauer-
brenner verwenden, bei Zentralheizungen darauf zu achten haben, daß die Luft
nicht zu trocken wird und nötigenfalls für die Zufuhr von Feuchtigkeit sorgen
müssen. Bei einer derartigen Zimmertemperatur kann man von jeder über-
triebenen Einpackung und Bedeckung des Kindes absehen und ihm schon in
der Neugeburtszeit die Bewegung im möglichst freien Luftmeer, der normalen
Wohnstätte des Menschen, erlauben. Die Gefahr einer Erkältung ist bei dieser
Zimmertemperatur, vielleicht von den allerersten Tagen abgesehen, nicht gegeben. Jedenfalls kann man bei einem in seinem Bettchen liegenden Kinde
darauf verzichten, die äußere Flanelldecke fest um die Beine zu schlagen, und
sich begnügen, dieselbe lose zusammenzulegen. Im Sommer lasse man die
Neugeborenen schon von den ersten Tagen ab ruhig ins Freie, natürlich an windgeschützte, nicht direkt in der Sonne gelegene Stellen. Veranden,
ein Garten eignen sich vortrefflich dazu. Im Winter muß man vorsichtiger
sein; doch kann man in unseren Breiten bei einer Temperatur von meist mehreren Grad über 0 bereits in der dritten Woche an windstillen Tagen das Aus-
fahren erlauben. Der beste Maßstab, wieweit man gehen kann, ergibt sich aus
der Beobachtung der Haut. Sobald die Gliedmaßen kalt werden, die Haut
blau wird, ist das ein Zeichen, daß zu viel Wärme dem Körper entzogen wird,
ein weiteres Verbleiben in dieser Temperatur also nicht erlaubt ist.

Neben Luft von nicht zu niedriger Temperatur ist Licht ein wichtiges
Erfordernis. Die alte Sitte, das Kinderzimmer zu verdunkeln oder das Gesicht
des Neugeborenen mit einem Tuch zu bedecken, um die Augen vor dem ver-
meintlichen schädlichen Einfluß des Lichtes zu bewahren, beruht auf irrtüm-
lichen Voraussetzungen und ist schon deshalb zu verwerfen, weil durch Bedeckung des Gesichtes der freie Luftzutritt gehemmt wird. Wohl zeigt der
Neugeborene gegen grelles Licht in den ersten Tagen eine gewisse Scheu, doch
schützt der reflektorische Lidschluß die Kinder auf jeden Fall vor Schädigungen.
Direktes Sonnen- oder Lampenlicht wird man aber als den Neugeborenen unangenehm vermeiden; diffuses Tageslicht (evtl. vorübergehend durch einen
dünnen, genügenden Luftzutritt erlaubenden Mullvorhang vor dem Bettchen
abgedämpft) schadet den Kindern aber sicherlich nicht. Zur künstlichen
Beleuchtung ist natürlich das elektrische Licht am empfehlenswertesten.

Bei freier Wahl ist die Lage des Kinderzimmers nach Ost oder Südost
am günstigsten.

Gleichgültig, ob Privathaus oder Klinik — ein helles, genügend geräumiges,
gut lüftbares Zimmer ist für den Neugeborenen zu verlangen, soweit natürlich
nicht materielle Hindernisse dem absolut entgegenstehen.

Bleiben wir zunächst beim Privathaus. Alle überflüssigen, als Staubablagerungsstätten dienenden Gegenstände im Kinderzimmer sind zu vermeiden. Daher gehören besonders Teppiche und schwere Portieren an Türen und Fenstern, es sei denn, daß ein Vakuum-Cleaner vorhanden ist. Im allgemeinen wird man einen abwaschbaren Boden, namentlich Linoleumbelag als die günstigste Fußbodenbekleidung ansehen dürfen. Helle, leicht waschbare Leinen- oder Mullvorhänge genügen, um grelles Sonnenlicht zu dämpfen. Wo man die Wahl hat, wird man natürlich auch die Wandbekleidung abwaschbar wählen. Am schönsten, wenn auch teuer sind die abwaschbaren Tapeten (Salubratapeten) in heller Farbe, doch leistet ein Ölanstrich der Wand dieselben Dienste.

Badewanne, Waschschüsselgestell, Wickeltisch, ein Gestell mit der Wage und die Lagerstatt für das Kind vervollständigen die Einrichtung einer Neugeborenenwohnung. Weitere überflüssige Möbelstücke sind zu vermeiden. Wo Wärterin oder Mutter in demselben Zimmer schlafen, ist natürlich die Ergänzung durch die hierfür nötigen Möbelstücke nicht zu umgehen.

Die Badewanne des Kindes soll nicht aus Holz oder einem veränderlichen Metall bestehen. Am besten werden Eisen- oder Zinkwannen, mit einem guten weißen Emaillelack, sog. Porzellanemaille, bestrichen, verwendet. Noch schöner sind natürlich die glatten Emaillewannen. Eine frei bewegliche Badewanne wird durch ein solides Gestell in passender Höhe gehalten. Wert zu legen ist darauf, daß dieselbe nach jedem Bad mit feinem Schwemmsand und Bürste gesäubert wird [1].

Eine Waschschüssel dient zur Reinigung des Kindes nach der Defäkation, weitere kleinere Schüsseln nehmen das zur Reinigung von Augen und Gesicht bestimmte Wasser auf. Die Trennung dieser Gefäße ist das einfachste Mittel, eine Keimübertragung zu verhüten. Daß stets frische Badetücher, frisch ausgekochte Waschläppchen zu verwenden sind, bedarf keiner weiteren Ausführung.

Als Wickeltisch eignet sich natürlich jeder beliebige Tisch. Recht praktisch sind die in den meisten Ausstattungsgeschäften heute fertig käuflichen, in Weiß oder sonst einer hellen Emaillefarbe gestrichenen Wickelschränke, die eine bequeme Höhe haben und in ihrem unteren Abteil in Fächern und Schiebladen die Wäsche und sonstigen Utensilien der Kinder leicht unterzubringen gestatten.

Als Lagerstatt des Kindes wird am häufigsten der Kinderwagen benutzt. Vielfach sind Wiegen noch üblich. Wo die äußeren Verhältnisse es gestatten, ziehen wir aber vor, dem Neugeborenen entweder einen feststehenden Korb oder ein Bett (vgl. weiter unten) zuzuweisen. Denn mit dem Kinderwagen wird häufig Schmutz der Straße ins Zimmer getragen, außerdem verleiten Wagen wie Wiege die Mutter oder Pflegerin leicht zu dem bekannten Schaukeln des Kindes. Das weiß emaillierte Kinderbett bedarf keiner weiteren Bekleidung, der Korb wird mit einem leicht waschbaren und auswechselbaren Stoff tapeziert. Als Unterlage dient dem Kinde eine nicht zu dicke Matratze, die mit Roßhaar, Kapok, Seegras oder einem ähnlichen Stoff gefüllt ist. Federunterbetten sind zu verwerfen. Die Matratze wird zum Schutz gegen ein Eindringen von durchsickerndem Harn mit einem Gummituch oder Billrothbattist teilweise bedeckt, darüber kommt das Leintuch. Dem Kopf dient ein dünnes Kissen als Unterlage, das mit weichem Roß- oder Kuhhaar gefüllt sein kann. Noch besser scheinen mir mit Federn gefüllte Kissen aus Hirschleder,

---

[1] Für Kliniken scheinen mir auch die von Friedinger angegebenen Brausebäder empfehlenswert (cf. Abbildung Fig. 3, Zeitschr. f. Kinderheilk., Bd. 8, S. 386, 1913).

die weder einsinken und eine Überhitzung des Kopfes erlauben noch zu hart
sind. Das Leder hält an sich kühl. Das Kissen selbst wird mit dem üblichen
Bezug versehen, an dem zu reiche Verzierungen besser vermieden werden.
Zur Bedeckung des Kindes genügt in einem Zimmer von normaler Temperatur
eine dünne Wolldecke; bei irgend unvorhergesehener oder unvermeidbarer
Abkühlung des Zimmers ein Federkissen, das aber Arme und Gesicht frei lassen
muß. Gegen einen dünnen Mullvorhang zum Schutze gegen zu grelles Licht,
wodurch namentlich bei älteren Säuglingen das Einschlafen erleichtert wird,
ist nichts einzuwenden, wenn er oft genug gewaschen wird.

An die Kinderwage sind zwei Anforderungen zu stellen. Sie soll eine
genügende Größe und zum Schutz gegen Herabgleiten eine passend geformte
Aufnahmeschale für das Kind haben, die leicht abwaschbar sein muß. Außerdem muß die Wage wenigstens so weit empfindlich sein, daß Gewichtsunter-
schiede von 5 g angezeigt werden. Die Industrie liefert heute passende Modelle
in genügender Auswahl.

Die hier geschilderte Einrichtung eines idealen Kinderzimmers ist natürlich nur unter günstigen Verhältnissen durchführbar. Die hauptsächlichsten
Forderungen in bezug auf Reinlichkeit und Reinhaltungsmöglichkeit werden
sich aber auch unter relativ einfachen äußeren Verhältnissen allermeist durchführen lassen.

Die Einrichtung des Kinderzimmers in der Gebäranstalt erfolgt
natürlich prinzipiell nach denselben Gesichtspunkten. Wer aber heute deutsche
und österreichische Kliniken besucht, wird in Frauenkliniken außer in Gießen
nur noch in Düsseldorf und wenigen anderen Orten ein besonderes Kinderzimmer vorfinden. In fast allen anderen Anstalten sind die Kinder in den
Wöchnerinnenzimmern untergebracht, in kleinen am Fußende des mütterlichen
Bettes stehenden Kästchen oder am Bett selbst angebrachten Metallgitter-
körben. Zweifellos lassen sich auch unter diesen Umständen sehr günstige
Erfolge erzielen, wie wir nach unseren Heidelberger und Wiener Erfahrungen
mitteilen können; ebenso sicher aber ist es, daß in größeren Anstalten,
namentlich wenn diese Körbe seitlich am Bett der Mutter angebracht sind,
die Überwachung der Kinder und ihr Schutz vor unzweckmäßigen Maßnahmen besorgter Mütter viel schwerer durchführbar ist. Der wichtigste
Grund jedoch, der für eine **räumliche Trennung der Neugeborenen von den
Müttern** spricht, ist neben der Möglichkeit besserer Überwachung die Erfahrung, daß nur durch diese Trennung eine strenge Asepsis der
Neugeborenenpflege möglich wird.

Wie ich schon vor Jahren betont habe, ist ein Wöchnerinnenzimmer
keinesfalls ein idealer Aufenthalt für den Neugeborenen. Von der durch den
Geruch der Lochien geschwängerten Luft ganz abgesehen, ist die Umgebung
des mütterlichen Bettes in dieser Zeit eine Brutstätte für alle möglichen Keime,
die durchaus nicht allgemein als harmlos zu bezeichnen sind. Je mehr Gelegenheit die Wöchnerin hat, hinter dem Rücken des Pflegepersonals mit dem Kinde
zu spielen, desto leichter findet eine Übertragung der Keime statt, die unter
Umständen zu schweren Störungen Veranlassung geben können. Auch die aller-
beste Wochenbettpflege kann nicht verhindern, daß aus dem Lochialsekret
auf die Bettücher der Wöchnerinnen Keime gelangen, darunter oft hochvirulente
hämolytische Streptokokken, neben zahllosen anderen (vgl. C. Kochs Untersuchungen) [1]; ebensowenig ist durch noch so strenge Vorschrift zu erreichen,
daß die Frauen immer ihre Hände über der Bettdecke halten und so jede Keimübertragung auf die Hände der Wöchnerin vermieden würde. Neben den

---

[1] Monatsschr. f. Geb. u. Gyn., 1911.

Lochialkeimen spielen eine große Rolle die Darmbakterien, vor allem das Bacterium coli. Klinische Beobachtungen wie verschiedentlich gemachte bakteriologische Nachprüfungen (Verfasser in Gemeinschaft mit dem verstorbenen O. Bondy) lassen es mir durchaus wahrscheinlich erscheinen, daß gerade durch Verstopfung der hier genannten Infektionsquelle bei einwandfreier sonstiger Pflege die Darmkatarrhe der Neugeborenen sich so gut wie vollständig ausschalten lassen.

Ich hatte daher in den letzten 17 Jahren an allen Orten meiner Tätigkeit das größte Bemühen darauf gerichtet, die Kinder von den Müttern zu trennen, und wir haben stets so augenscheinlich bessere Erfolge erzielt als vorher, daß für uns der große Wert einer derartigen Trennung über jeden Zweifel erhaben ist; denn diese Besserung wurde erreicht, trotzdem die sonstigen Bedingungen ganz gleich blieben. Wir raten deshalb unbedingt, an Gebäranstalten ein besonderes Kinderzimmer einzurichten, wozu ein möglichst heller, luftiger, entsprechend großer Raum gewählt werden muß. Selbst unter beschränkten Platzverhältnissen läßt sich bei energischem Wollen eine Trennung durchführen und belohnt sich reich. Die Kinder werden dann nur zu den Anlegezeiten fertig gewickelt von den Pflegerinnen den Müttern gebracht, das Stillgeschäft geht unter ständiger Aufsicht von einer Pflegerin für je ein Zimmer vor sich. Nach dem Trinken müssen die Kinder sofort wieder in ihr Zimmer zurückgebracht werden. Daß etwa durch den Transport über die übrigens geheizten Korridore einer Klinik den Kindern irgendein Schaden erwüchse, haben wir nie erfahren. Ebenso ist uns ein Widerstand von seiten der Mütter in der dritten Klasse nie vorgekommen und auch bei Privatpatientinnen stets überwindbar gewesen, seit bekannt war, daß unsere eigenen Kinder genau so behandelt wurden. Ja die Mütter empfinden sehr bald selbst die ungestörte Nachtruhe als etwas sehr Angenehmes und sind gewöhnlich mit dem Aufenthalt der Kinder während der Stillzeiten reichlich befriedigt.

Die Einrichtung eines derartigen Kinderzimmers ist, wie schon erwähnt, im Prinzip keine andere, als wir sie oben für das gut situierte Privathaus geschildert haben. Nur müssen natürlich verschiedene Möbelstücke und Gebrauchsgegenstände in der Mehrzahl vorhanden sein, Wickeltische, Wärmeschrank für die Wäsche, Wagen, Badewannen, und für jedes Kind ein eigenes Thermometer. Jedem Kinde auch eine eigene Gummibadewanne einzuräumen ist sicher nicht notwendig, doch muß dafür gesorgt sein, daß für Desinfektion der einzelnen Gegenstände und die Hände der Pflegerinnen ausreichend Gelegenheit vorhanden ist. Couveuse und Schreibgelegenheit für die Pflegerin, bequemes Ruhelager für die Nachtwache vervollständigen diese Einrichtung.

Wo es irgend möglich ist, sollte man bei großer Kinderzahl zwei Kinderzimmer einrichten, jedenfalls einen kleineren Raum für Kinder, die infolge irgendwelcher Affektionen besonderer Aufmerksamkeit bedürfen. Das gilt sowohl für infektiöse Fälle wie für alle Kinder, die aus irgendwelchen Gründen eine besondere Überwachung erheischen. Bei ausreichendem Personal und genügender Größe des Betriebes gehören auch die Couveusen unter Aufsicht besonderer Pflegerinnen. Leider wird heute kaum eine Frauenklinik in der Lage sein, eine Einrichtung zu treffen, welche den strengsten Anforderungen entspräche, Eine gewisse Abtrennung irgendwie kranker Kinder läßt sich aber immer erreichen. Schlimmstenfalls genügt es, ihnen im allgemeinen Kindersaal einen besonderen Platz anzuweisen und sie ganz getrennt von den übrigen Kindern zu versorgen.

Als Neugeborenenbett eignen sich am besten weiß emaillierte Metallstabbetten. Am Fußende hängt die Kurve, die über Temperatur, Nahrungsmenge,

Gewichtsverhältnisse, Zahl und Beschaffenheit der Stühle, Verhalten des Nabels, der Augen, Anlegezeiten, Art der Nahrung und natürlich sonstiger besonderer Erscheinungen am Kinde Aufschluß gibt. Ein bewährtes Formular für diesen Zweck zeigt die Beilage (Abb. 63). Wichtig erscheint es uns auch, für jedes Kind einen besonderen Windelbehälter anzubringen, in dem die beschmutzen Windeln bis zur Visite aufbewahrt werden. Die einzelnen Bettchen sind bei genügenden Platzverhältnissen zu so stellen, daß man bequem von allen Seiten zu kann.

IV. Haut- und Mundpflege.

Eine zweckmäßige poröse Kleidung kommt in erster Linie der Haut zugute. Sie verhütet am besten jene Dunstatmosphäre, in der die Haut leicht mazeriert und dann für Infektionserreger zugänglich wird. Die spezielle Prophylaxe verschiedener Hauterkrankungen, besonders des Ekzema intertrigo und der Mykosen der Haut erfordert aber noch weitere Pflegemaßnahmen. Man kann das Wesen derselben in zwei Schlagworten zusammenfassen: Trockenhaltung und peinliche Sauberkeit.

Mehr noch als gegen die zweite Forderung wird gegen die erste gesündigt, wobei Bequemlichkeit und Nachlässigkeit eine unheilvolle Rolle spielen. Daher ist in diesen Punkten eine besondere Überwachung des Pflegepersonals notwendig und auch in der Nacht für die Anwesenheit mindestens einer Pflegerin zu sorgen. Das Neugeborene soll nach jeder Nässung trocken gelegt werden. Freilich darf man das nicht so strictissime durchführen wollen, als es nach diesem Satz scheint. Denn häufig sind die Harnentleerungen so minimal, daß der poröse Stoff der Windel die Flüssigkeit leicht aufsaugt, und die Kinder in keiner Weise belästigt werden. Bei jeder größeren oder nach Wiederholung solcher kleinen Harnentleerung reicht aber die Aufsaugungsfähigkeit der Windeln nicht aus, das Kind fühlt sich bald unbehaglich und schreit; damit halten wir unbedingt das Zeichen zum Trockenlegen (oder überhaupt zur Feststellung der Ursache des Schreiens) gegeben. Das trifft bei verschiedenen Kindern sehr verschieden oft zu, doch sollte daran streng festgehalten werden, denn allein dadurch lassen sich die leicht entstehenden, schwer zu besiegenden Ekzeme in der Umgebung des Anus und Genitales vermeiden.

Ist das Kind bloß naß, dann genügt es einfach, etwas Puder aufzustreuen und frische trockene Windeln zu geben, worauf das Kind in der Regel sofort beruhigt weiter schläft.

Der Puder dient lediglich der Austrocknung, wird aber meist in einer mild antiseptischen Form verwandt. Jedes sterile, feine Pulver eignet sich, sei es Amylum oryzae oder das billigere Amylum tritici. Zweckmäßig setzt man etwas Zinkoxyd oder Salizylsäure zu. Recht bewährt hat sich uns der Vasenolkinderpuder, der als desinfizierendes Prinzip Formalin enthält, gut trocknet und in handlichen Streudosen abgegeben wird. Ebenso können wir unserer Erfahrung nach den Lenicetpuder, Pellidolpuder (wirksames Prinzip Alumen aceticum) und besonders auch die billige sterile Bolus alba empfehlen. Sonstige viel verwendete Kinderpuder sind Diachylon-, Dermatol-, Noviformpuder und einige andere. Zu verwerfen ist das verschwenderische Aufstreuen von jeder Art Puder, da derselbe bei nachfolgender Benässung zu an der Haut festklebenden und scheuernden Klumpen verbackt, bei deren Entfernung die Haut erst recht gereizt wird.

Ebenso wichtig ist es, das Kind nach jeder Darmentleerung zu reinigen. Dazu genügt aber nicht einfaches Abwischen mit der Windel, sondern

Name: ♀ E. Sch. geb. durch Laparohysterotomie   **Religion:** evg.   **Journ. Nr. 480**   e 1926

Tag	Einzel-Trinkmengen[1]						Bemerkungen[2]	Tag	Einzel-Trinkmengen						Bemerkungen
1.						()	1. Anlegen nach 9 Stunden schüttet viel Fruchtwasser aus	13.	100	70	70	80	120	70	Nabel im Grunde verheilt
2.	0	20 / 0	20 / 10	30 / 0	10 / 10	10 / 0	Zufüttern von Ammenmilch	14.	70	100	90	120	80		von heute ab nur noch 5 maliges Anlegen in 4 stündlichen Pausen
3.	0	10	10	30	40	40	deutlicher Ikterus	15.	160	110	160	90	100		Nahrungsmenge auch bei 5 maligem Anlegen vollkommen ausreichend
4.	50	60	70	100	80	80	Milcheinschuß	16.	160	110	120	100	100		Baden des Kindes
5.	60	30	60	40	60	60	starker Ikterus	17.	170	110	120	100	90		
6.	70	80	60	90	80	50		18.	150	120	120	110	120		
7.	70	100	100	70	50	60	Ikterus schwächer	19.	140	130	110	100	150		
8.	100	100	50	100	110	80	Nabel haftet noch, ist völlig reizlos	20.	160	100	120	100	100		Haut zeigt noch deutliche Abschilferung
9.	90	100	70	80	70	100	Ikterus fast verschwunden	21.	130	140	100	90	110		
10.	120	110	60	110	90	110		22.	80	150	100	130	140		
11.	120	100	180	170	60	60	Nabel ab, im Grunde noch etwas feucht	23.	90	130	110	100	110		
12.	100	140	60	60	90	70		24.	160	100	120	110	140		Entlassung. Befund umstehend.

[1] Ammenmilch: blau   Künstl. Nahrung: rot
[2] Über Augen, Nabel, Stillschwierigkeiten und Maßnahmen zu ihrer Überwindung, Haut (Ikterus, Ekzem usw.), Brüste, Harninfarkt, Uterusblutung usw.

Kind

♂ oder ♀	Gewicht	Länge	Kopfumfang			Kopfdurchmesser					Schulter-umfang 35	Hüft-umfang 27,5	Fingernägel reichen bis	Zehennägel reichen bis	Verbreitung der Lanugobehaarung
			m. o. 36	f. o. 34	s. b. 32	b. t. 8	b. p. 9,5	f. o. 12	m. o. 13,5	s. b. 9,5					
♀	3890	54	39	36	34	8	10	12	13,5	10	37	29	über Kuppe	zur Kuppe	Rücken, Schulter, Oberarme

Geburtsgeschwulst und Konfiguration: *keine Geburtsgeschwulst, aber bereits deutliche Konfiguration*

(r. Scheitelbein über das l., beide über Stirnbein und Hinterhauptsbein geschoben)

Besonderheiten (lebend oder totgeboren, Asphyxie u. Wiederbelebungsverfahren, Geburtsverletzungen, Mißbildungen usw.): *lebend geboren durch Schnittentbindung nach 5 stündiger Geburtsdauer. Schrei* *nach Entfernung von etwas Schleim nach 3′ kräftig.*

An der Stirn ¹/₂ cm großer Talgdrüsennävus

Blenorrhoeprophylaxe durch *Schw. Elisabeth* mit *5 % Sophol*

Abnabelung durch *Schw. Elisabeth* Art derselben (Begründung von Abweichungen) *nach v. Rosthorn*

Mekoniumleerung intra part. bzw. noch im Kreißzimmer? *intra partum* Harnentleerung? *∅*

Geburtszeit (Dat., Stunde): *23. VIII. 26 10,17ʰ a. m.* Ins Kinderzimmer verlegt: *10,50ʰ a. m.*

Besondere Ereignisse während des Aufenthalts in der Klinik (Erkrankungen und deren Behandlung, Stillschwierigkeiten und Art ihrer Überwindung):

Am 1. Tag reichliches Erbrechen von Fruchtwasser, am 2. Tag wegen zu geringer Nahrungsaufnahme aus der Brust Zufüttern von etwas Ammenmilch. Nach dem Milcheinschuß am 4. Tag *sehr rasch ansteigende Nahrungsmenge, glattes Gedeihen des kräftigen Kindes.*

Entlassungsbefund. Dat. *15. Sept. 26* Tag: *24.* Gewicht: *4150* g = *260* g $\frac{über}{unter}$ dem Geburtsgewicht

Nabel: *ab, Nabelgrund ganz verheilt. Nabelfalten bereits deutlich*

Augen: *reizlos*

Brüste: *beiderseits erbsengroß geschwollen*

Genitoanalgegend: *nicht gerötet*

Haut im allgemeinen: *von gutem Turgor, am ganzen Körper noch leichte Abschilferung*

Stillt die Mutter weiter? *ja* Wohin kommt das Kind? *zur Mutter*

Gegebenenfalls Nachuntersuchungen, sonstige Nachrichten über Stilldauer, Gedeihen usw., Obduktionsbefund mit Epikrise:

12. Dezember 26. Laut mündlicher Mitteilung der Mutter hat sich das Kind weiter tadellos entwickelt. Keinerlei Störungen. Mutter stillt ausreichend, ohne Beschwerden.

Abb. 63.
Muster eines für Frauenkliniken geeigneten Kurvenformulars über Ernährung und Gedeihen des Neugeborenen.

es ist erforderlich, die Haut wirklich exakt zu reinigen. Am schnellsten entfernt man irgendwie angetrocknete Kotpartikel durch Abwischen mit in Olivenöl getauchtem Wattebausch und wäscht dann mit lauwarmem Wasser nach. Das Abtrocknen ist vorsichtig und mit möglichst weichem Tuch vorzunehmen, danach erfolgt wieder Einstreuen mit Puder. Ganz besonderer Beaufsichtigung bedürfen in dieser Hinsicht die Kinder, die vermehrte oder dünne Stühle entleeren. In solchen Fällen ist streng darauf zu achten, daß die Kinder möglichst sofort von den Stuhlmassen befreit werden. Zweckmäßig legt man bei diesen Kindern ein kleines hydrophiles Wattekissen vor den Anus, welches die flüssigen Bestandteile des Stuhles gut aufsaugt und einer raschen Verschmierung der Fäkalmasse vorbeugt.

Besonderer Sorgfalt bedürfen diejenigen Stellen der Haut, an denen die Bänder des Nabelschürzchens oder die Ränder der Nabelbinde aufliegen, ferner die Kopfhaut. Oft tritt schon bei Neugeborenen Schuppenbildung auf. Die mit Schmutz beladenen Epidermisschuppen werden dann leicht Veranlassung der bekannten Kopfekzeme. Bei derartigen Kindern empfiehlt sich ein Abschäumen mit milder Seife und darauf folgendes leichtes Einölen der Kopfhaut.

Die Ausführungsgänge der verschiedenen Körperhöhlen (Nasenöffnung, Gehörgang, Scheide und Mundhöhle) bedürfen keiner besonderen Reinigung. Bei Sekretion aus dem Konjunktivalsack ist dagegen eine Reinigung mit dünner Borlösung oder Permanganatlösung notwendig. Viel umstritten war bis in neueste Zeit die Frage, ob die Mundhöhle von anhaftenden Milchresten gereinigt werden müsse oder nicht, wozu ein Auswischen mit in abgekochtem Wasser liegenden Leinwandläppchen empfohlen wurde. Fast alle Pädiater und Geburtshelfer sind sich heute darüber einig, daß ein derartiges Verfahren nicht allein überflüssig, sondern sogar zu verwerfen ist. Überflüssig deshalb, weil die reichliche Speichelsekretion selbst auf die beste und schnellste Weise für die Mundreinigung sorgt, wovon man sich durch Beobachtung der Kinder kurz nach der Mahlzeit und einige Stunden später leicht überzeugen kann; zu verwerfen vor allem aus Gründen der Asepsis. Bei einem noch so vorsichtigen Vorgehen werden Epithelläsionen gesetzt, die als Eingangspforte für Keime dienen können. Keime sind ja in der Mundhöhle immer reichlich vorhanden und werden bei dieser Reinigung eventuell noch mit dem Finger hineintransportiert, so daß vereinzelt sogar schwere Mundentzündungen mit schlimmem Ausgang als Folge der unzweckmäßigen Manipulation beobachtet wurden.

Für die möglichst vollkommene Funktion der Haut und ihrer Anhangsgebilde ist aber neben der hier beschriebenen Art der Behandlung einzelner besonderer Körperstellen auch eine allgemeine Reinigung im Bad erforderlich. Die Technik des Bades unterscheidet sich in nichts von der des ersten Bades nach der Geburt. Eindringen von Badewasser in Augen und Mundhöhle ist streng zu vermeiden. Die Analgegend wird am besten vor dem Bad von grobem Schmutz befreit, im Bad selbst mit einem ganz weichen Frottierläppchen gereinigt, nachdem der übrige Körper gewaschen ist. Die Temperatur des Bades bleibt während der ganzen Neugeburtszeit 35° C, die Dauer des Bades ist auf etwa 3 Minuten zu veranschlagen. Gegen die Verwendung einer milden Seife, namentlich zur Reinigung der unteren Körpergegend, der Hände und Füße, Achselhöhlen, Ellenbeuge, Knie- und Leistengegend, sowie besonders auch der Falten am Halse, wo leicht übergeschüttete Milchreste haften, ist nichts einzuwenden; dagegen ist eine allgemeine Abseifung des Körpers bei täglichem Bad überflüssig, bei zu häufiger Anwendung sogar insofern schädlich, als die Seife der Haut manchmal zu viel Fett entzieht und sie dadurch gegen den Angriff von Schädlichkeiten aller Art weniger widerstandsfähig macht (Hueppe[1], Spitzy[2]).

Es herrscht Einigkeit darüber, daß der Säugling jeden Tag oder mindestens jeden zweiten Tag gebadet werden soll. Zu welcher Tageszeit das Bad verabfolgt wird, ist an sich gleichgültig, doch soll das Bad vor dem Anlegen und jeden Tag annähernd zur gleichen Zeit gegeben werden. Umstritten — wie mir scheint über ihre Wichtigkeit hinaus — ist die Frage, ob denn das Neugeborene gleich von Anfang an täglich gebadet werden oder ob man sich bis zur Heilung der Nabelwunde mit Abwaschungen, welche eine Benetzung der Nabelwunde vermeiden, begnügen solle. Eine genauere Erörterung dieser Frage folgt noch in dem Kapitel Nabelpflege (S. 281 ff.). Ich selbst stehe auf dem Standpunkt, daß es besser sei, Bäder erst nach der Nabelabheilung zu verabfolgen, um so mehr als ich bei einer kurzen Versuchsreihe eine feuchte Gangrän des Nabelstranges erlebt habe, die mich jedenfalls von weiteren derartigen Experimenten Abstand nehmen ließ.

V. Nabelpflege.

Der Nabelstrangrest mit seinen drei Gefäßen, umgeben von Whartonscher Sulze, zeigt nach der Durchschneidung eine Wundfläche, die wie jede andere Wunde natürlich infiziert werden kann. Die eigenartigen Verhältnisse aber, unter denen diese Wunde gesetzt wird, die Schwierigkeit, sie vor jeder Verunreinigung sicher zu bewahren, vor allem aber die Tatsache, daß entlang den Gefäßen Infektionen rasch fortschreiten können, deuten schon darauf hin, wie wichtig eine richtige Versorgung des Nabelstrangrestes ist. Die Schwierigkeiten sind um so größer, als in dem absterbenden Gewebe des Nabelstrangrestes eine völlige Keimfreiheit ja überhaupt nicht zu erzielen ist. Jedoch wäre es ein Irrtum, diese Gefahr zu überschätzen. Viel größere Gefahr bietet die nach Abfall des Nabelstrangrestes zurückbleibende Nabelwunde, welche die Haupteingangspforte für die meisten tödlichen Nabelinfektionen darstellt, sofern der normaliter rasch zur Heilung führende Granulationsprozeß durch pathogene, virulente Keime gestört wird.

Es ist nicht unsere Aufgabe, auf diese pathologischen Verhältnisse hier einzugehen. Wir mußten jedoch darauf hinweisen, um Sinn und Zweck der Nabelpflege kurz zu umgrenzen. Wie bedeutsam dieses Kapitel der Neugeborenenpflege ist, geht am besten daraus hervor, daß in der vorantiseptischen Zeit die Nabelinfektion eine ganz unverhältnismäßig große Rolle unter den Ursachen der Säuglingssterblichkeit spielte. Fehlen uns darüber auch zuverlässige Angaben, so kann man sich einen Begriff von der Bedeutung der Nabelinfektion noch aus vielen Angaben der letzten 30—40 Jahre machen.

So fand Eröss noch 1891 in der Budapester Klinik unter 1000 Fällen 68% Abweichungen vom normalen Verlauf der Mumifikation des Nabelstrangrestes und der Heilung der Nabelwunde und stellte fest, daß in etwa 22% aller Fälle mit Fieber einhergehende Nabelinfektionen bestanden. 1894 berichtete Rösing (Hallenser Klinik), daß in 6% aller Fälle nachweisbar von Nabelinfektion ausgehende Temperatursteigerungen beobachtet wurden. Dazu halte man die Angaben, daß in der Prager Findelanstalt in den 70er Jahren des vorigen Jahrhunderts 30% der Kinder an pyogenen Nabelerkrankungen zugrunde gingen. Nichts kann schlagender die hohe Wichtigkeit einer entsprechenden Nabelpflege beweisen. Eine besondere Erwähnung verdient auch die Tatsache, daß in einzelnen Ländern und Gegenden eine ungeheure Mortalität durch Tetanusinfektion bestand. So berichtet

---

[1] Hueppe, Hyg. der Körperübungen, 1910.
[2] Spitzy, Körperliche Erziehung des Kindes. Wien 1913.

Miron[1] aus Rumänien, daß von 23400 Kindern, die in den ersten Lebensmonaten starben, 10257 infolge Tetanusinfektion der Nabelwunde zugrunde gegangen seien. Noch drastischer wird der Wert der Nabelpflege illustriert durch die Angabe von Turner[1] (1895), daß auf den Hebriden innerhalb von zwei Jahren nach Einführung eines aseptischen Verbandes kein einziges Kind mehr an Tetanusinfektion des Nabels gestorben sei, während vordem seit 200 Jahren 67 % (!) aller Kinder an Tetanus durch Nabelinfektion zugrunde gegangen waren. Ähnliche Angaben liegen von der Insel Madagaskar (Vioran) vor, wo die Erkrankung nur durch prophylaktische Antitoxinbehandlung aller Neugeborenen völlig ausgerottet werden konnte.

Allen diesen Angaben gegenüber dürfen wir heute mit großer Genugtuung feststellen, daß die Todesfälle an Nabelinfektionen mindestens in der klinischen Praxis so gut wie verschwunden sind. Ahlfeld berichtete schon vor vielen Jahren über 3264 Entbindungen, ohne daß auch nur ein Kind an Nabelinfektion zugrunde gegangen wäre. Ich selbst habe unter rund 17000 Fällen unter den in der Klinik selbst entbundenen reifen Kindern keinen einzigen Todesfall an Nabelinfektion erlebt. Zugegeben, daß da oder dort ein Kind doch an Nabelinfektion zugrunde gegangen wäre (es sind durchaus nicht alle verstorbenen Kinder obduziert worden), so wird man doch im allgemeinen behaupten dürfen, daß es uns durch moderne Verfahren der Nabelbehandlung gelungen ist, in der Klinik tödliche Nabelinfektionen sozusagen völlig auszuschalten. Ich bin nicht in der Lage, meine auf fünf Orte verstreuten Erfahrungen zahlenmäßig zu fixieren, und gebe daher als Beispiel dafür, wie die Verhältnisse in einer gut geleiteten modernen Klinik sich stellen, die Angaben der sorgfältigen Arbeit von Eicke aus der Küstnerschen Klinik, deren Erhebungen um so wertvoller sind, als sie sich auf einen Zeitraum von 12 Jahren und insgesamt auf 7300 Fälle beziehen. Nur in 2,4 % aller Fälle kamen überhaupt Störungen im Nabelwundverlauf vor, von denen jedoch ein Drittel ohne jede Temperaturerhöhung oder Störung des Allgemeinbefindens abliefen. Nur in 0,76 % sind fieberhafte Nabelerkrankungen zur Beobachtung gekommen und nur 6 Kinder (= 0,08 %) an Nabelsepsis zugrunde gegangen.

Außerhalb der klinischen Anstalten sind die Verhältnisse freilich auch heute noch keine idealen. So berechnet C. Keller noch 1911 die Zahl der jährlich an Nabelinfektionen zugrunde gehenden Kinder auf 7—8 % der Todesfälle = 1,4 %/₀₀ der Lebendgeborenen.

Über die Notwendigkeit einer aseptischen Behandlung des Nabelrestes bestand nach diesen Erfahrungen auch keinerlei Meinungsdifferenz. Dagegen ist über die beste Methode der definitiven Abnabelung wie der Versorgung des Nabelschnurrestes und über manche andere Detailfragen noch lange keine Einigkeit erzielt. Jedes Jahr bringt eine Reihe neuer Vorschläge, die meist nur geringfügige Modifikationen angeben, aber doch beweisen, daß man im Gegensatz zur Mortalität mit der Morbidität durchaus noch nicht allgemein zufrieden sein kann.

Es kann nicht unsere Aufgabe sein, eine vollständige Literaturübersicht zu geben, wir wollen vielmehr das prinzipiell Wichtige herausgreifen und uns um die allzu kleinlichen Streitfragen, welche so viel Druckerschwärze erfordert haben, nicht kümmern.

Vielleicht ist es zweckmäßig, zunächst einmal den völlig normalen Verlauf der Eintrocknung und des Abfalls des Nabelstrangrestes wie den der Heilung der Nabelwunde zu schildern. Daraus dürfte sich am besten ergeben, wo die wirklich wichtigen Angriffspunkte für eine rationelle Nabelpflege liegen. Wir gehen dabei aus von dem Bilde, wie es sich nach der primären Abnabelung ergibt. Der Nabel stellt sich zunächst dar als eine zylindrische, gelegentlich auch mehr kegelstumpfartige Erhöhung der Haut, deren Ausmaß

---

[1] Zit. nach Ahlfeld 1911.

individuellen Schwankungen unterliegt (zwischen $^1/_2$ und 2 cm), im Durchschnitt aber um 1 cm beträgt. Erst auf dem Gipfel dieser Hauterhöhung wächst
wie aus einem kleinen Blumentopf der sulzige Nabelschnurrest heraus (Abb. 64).
Ist der Stumpf zunächst mehrere Zentimeter lang gelassen worden, so unterscheidet er sich von der Nabelschnur des eben geborenen Kindes nur dadurch,
daß· er infolge der Entleerung der Gefäße viel schlaffer und blasser erscheint,
wenn auch meist noch das eine oder andere Gefäß bläulich durchschimmert.
Wird jedoch gleich kurz abgenabelt, dann ist die Farbe des Stumpfes mehr
eine blaßgelbe, manchmal ins Grau spielende, was wesentlich von der Beleuchtung
und der Menge der vorhandenen Sulze abhängt. Nabelschnurrest und die erwähnte Erhöhung der Haut sind durch einen scharfen hellroten Saum, den sog.
Hyrtlschen Gefäßring voneinander getrennt, der die Stelle bezeichnet, an
der die gefäßhaltige Haut in die gefäßlose Amnionscheide des Funiculus umbili-
calis übergeht. Die scharfe Abgrenzung in Form des hellroten Saumes kommt

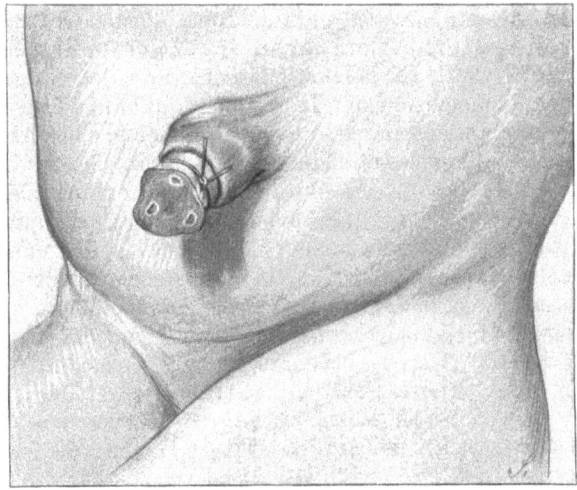

Abb. 64.

dadurch zustande, daß die zahlreichen feinsten Gefäßchen der Haut hier endigen
und nicht etwa in die Whartonsche Sulze eindringen, welche nach Entleerung
der Nabelgefäße der ernährenden Gefäße überhaupt entbehrt und deshalb der
Austrocknung verfallen muß, wenn sie nicht mehr von Fruchtwasser umspült
und vom Blut der Nabelschnurgefäße durchströmt wird. Die Whartonsche
Sulze wird innerhalb des Hautnabels bald schmächtiger und verbreitet sich im
Niveau der übrigen Bauchwand teils ins Unterhautzellgewebe, teils setzt sie
sich in das perivaskuläre Bindegewebe der Nabelgefäße fort und verliert sich
schließlich in dem sehnigen Gewebe der Linea alba bzw. der inneren Oberfläche
der Bauchwand (Doctor). Dabei ändert sich auch bald unter dem Niveau des
Nabelringes das mikroskopische Bild der Sulze, deren lange dreieckige Zellen
allmählich spindelförmig werden, während die gleichmäßige Zwischensubstanz
des embryonalen Gewebes eine immer deutlichere Faserung aufweist.

Die Nabelschnurgefäße selbst geben innerhalb des Hautnabels keine
Äste an die umgebende Sulze ab, sondern ziehen weiter, um allmählich von
Sulze ganz befreit an die innere Bauchwand zu gelangen und von dort ihren
Weg zum Herzen fortzusetzen. Der intraabdominelle Teil der Nabelgefäße

besitzt reichlich Vasa vasorum, die für die Arterien von den Aa. vesicales, für die Vene von der A. epigastrica inferior profunda abgegeben werden (Petroff).

Wichtiger als das ist für unsere Zwecke der feinere Bau der Nabelgefäße, der ein Verständnis ihres Verschlusses ermöglicht. Es liegen darüber sehr gute Untersuchungen von Bondi, Bucura, Frankl, Henneberg, Herzog, v. Hofmann, Strawinski vor, die übereinstimmend feststellen konnten, daß die Nabelarterien dicht unter dem Endothel eine ziemlich kräftige Schicht längsverlaufender Muskelfasern mit reichlichen elastischen Fasern besitzen. Zwischen Längs- und Ringmuskulatur findet sich eine zweite elastische Membran, weshalb auch Bondi die Längsmuskulatur der Intima zurechnet. In der Vene fehlt die innere Längsmuskelschicht, wenigstens als

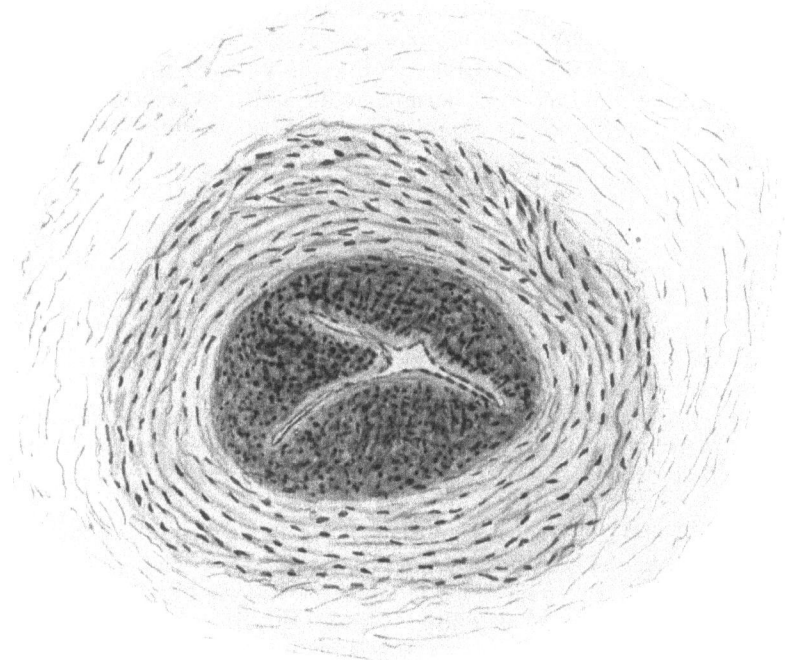

Abb. 65.
Durchschnitt durch eine Nabelarterie. Starke Einengung des Lumens durch kissenartige Bildungen unter der Intima. Halbschematisch, bei starker Vergrößerung bezeichnet.

zusammenhängende Lamelle, dagegen findet sich auch hier regelmäßig unter dem Endothel eine gut ausgebildete Grenzmembran (Bondi) Wie schon angedeutet, stimmen die Befunde der verschiedenen Autoren gut überein und Verfasser kann sie seinerseits bestätigen. Einzig in unwesentlichen Details bestehen Differenzen, so z. B. bezüglich der innerhalb der Ringmuskulatur gelegenen elastischen Fasern, die nach Frankl keine zusammenhängende Membran bilden sollen. Außerdem scheint die Entwicklung der Längsmuskulatur individuellen Schwankungen zu unterliegen; manchmal ist die ganze Lage mehr gleichmäßig, häufiger in einzelnen Bündeln angeordnet oder wenigstens von ungleichmäßiger Mächtigkeit.

Die Bedeutung dieser anatomischen Eigentümlichkeiten für die Funktion des Gefäßverschlusses ist leicht einzusehen. Sobald infolge der nach der Geburt des Kindes eintretenden Abkühlung, gesteigert vielleicht noch durch den Insult der Durchschneidung, der Reiz zur Kontraktion eintritt, ziehen sich die Muskelfasern beider Muskelschichten zusammen. Bei der Kontraktion der inneren Längsmuskelschicht müssen buckelartige Vorwölbungen in das Lumen entstehen (Abb. 65), da ja durch die gleichzeitige Kontraktion der Ringmuskulatur eine andere Möglichkeit zur Verkürzung der längsverlaufenden Fasern nicht vorliegt. Je stärker die Kontraktion ist, desto enger wird das Lumen, ja es kann zu völligem Verschluß desselben kommen. Gewöhnlich scheinen sich mehrere derartige Buckel zu bilden, doch geht aus Bucuras Untersuchungen hervor, daß gelegentlich auch die Muskulatur mehr an einer Wand angeordnet ist, so daß bei ihrer Kontraktion ein einziges polsterartiges Gebilde entsteht. Die Energie dieser Kontraktion ist gewöhnlich so groß, daß auch aus der ununterbundenen Nabelschnur kein Blut abfließt. Blutet es, dann handelt es sich fast regelmäßig um mangelhaften Verschluß der Vene, wie Verfasser wiederholt feststellen konnte. Übrigens liegen in solchen Fällen meist besondere Verhältnisse vor. Sind die Gefäßverschlußvorrichtungen in der Vene wesentlich schlechter ausgebildet, so sind sie hier auch weniger notwendig, da in der Vene mit dem Einsetzen der Atmung eine ganz bedeutende Blutdrucksenkung

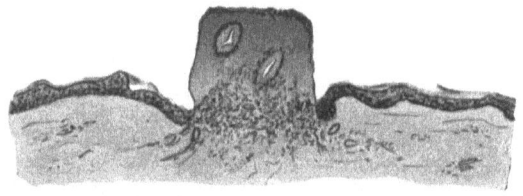

Abb. 66.
Schnitt durch den Nabelstumpf und Hautnabel eines am 3. Lebenstage verstorbenen Neugeborenen. Demarkation durch einen Leukozytenwall im Grunde des Hautnabels bereits deutlich. (Schwache Vergrößerung, halbschematisch.)

eintritt, die an sich schon zu beträchtlicher Verengerung des Lumens führt und unter gewöhnlichen Verhältnissen zur Blutstillung ausreicht. Nur wenn infolge Verlegung der Luftwege oder besonderer Abnormitäten am Herzen diese Aspiration nicht perfekt wird, kann es leicht zur Blutung aus der Nabelvene kommen. —

Bereits wenige Stunden nach der Geburt ist der Nabelschnurrest deutlich schlaffer geworden. Am zweiten Tage ist auch die Austrocknung deutlich erkennbar. Bei Stehenlassen eines längeren Stückes der Nabelschnur stellt dasselbe nur noch einen platten trockenen Strang vor, der bloß an einigen Stellen die blaßgelbliche Färbung und den feuchten Glanz erkennen läßt. Der endgültige Abfall des mumifizierten Gewebes erfolgt unter dem Bilde einer demarkierenden Entzündung, deren Beginn ebenfalls schon einige Stunden nach der Geburt nachweisbar ist. Man bemerkt zunächst, wie der erwähnte Gefäßkranz infolge starken Blutzuflusses breiter und deutlicher rot wird und entdeckt bei mikroskopischer Untersuchung in diesem Stadium die Ansammlung von Rundzellen, welche in den nächsten Tagen unter dem Niveau des Hautnabels immer weiter zentralwärts und in die Tiefe sich vorschieben (Abb. 66), bis schließlich unter dem zum Abfall bestimmten Rest der Nabelschnur ein durchgehender Wall von Leukozyten sich gebildet hat [1], welcher

---

[1] Dieses Rundzelleninfiltrat ist bereits nach wenigen Stunden so deutlich, daß es zum Nachweis extrauterinen Lebens verwendet wird (Kockel).

das Bett des Hautnabels darstellt. Unterdessen geht die Mumifikation des Nabelschnurrestes weiter. Zunächst verfällt der Amnionüberzug, dann schreitet die Austrocknung der Sulze rasch voran, und zuletzt werden die Gefäße ergriffen, die bereits am dritten oder vierten Tage noch die einzigen Verbindungsfäden zwischen Bauchwand und dem mumifizierten Rest der Nabelschnur darstellen. Auch diese werden immer dünner, um schließlich bei irgend einer Gelegenheit durchzureißen, entweder im Bad oder aus Anlaß

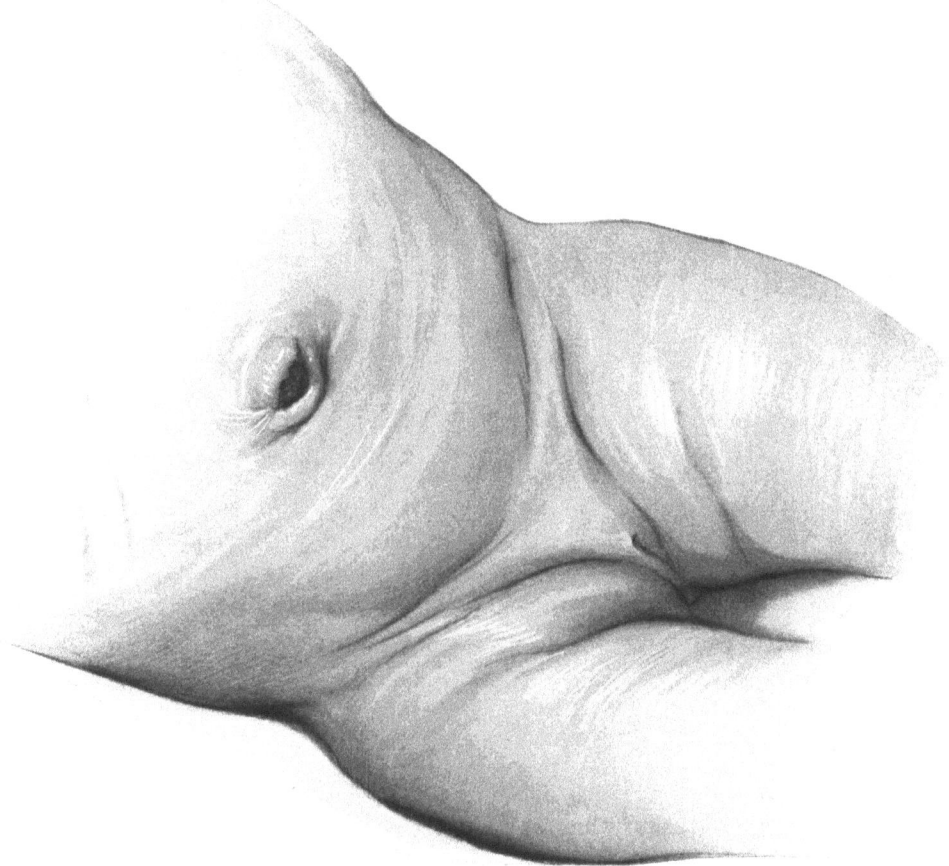

Abb. 67.
Beginnende Einkrempelung des Hautnabels; größere untere, kleinere obere Nabelfalte.

des Verbandwechsels. Gewöhnlich bleibt eines Tages, wenn man das den Nabelschnurrest bedeckende Läppchen abnimmt, der Rest daran haften. Zu welchem Zeitpunkt das eintritt, hängt einmal von der Dicke wie dem Sulzreichtum der Nabelschnur, weiter aber auch von der Art der Nabelbehandlung ab. Gewöhnlich erfolgt der Abfall zwischen fünftem und achtem Tag.

An Stelle der säulenförmigen Erhöhung findet sich nun eine blumentopfartige Vertiefung, in deren Grund eine kleine nässende Wundfläche erkennbar ist, die im Laufe von 1—2 Tagen, häufig auch erst nach mehreren Tagen, durch Epithelialisierung verschwindet. Die Angaben der Handbücher, die meist in die Lehrbücher und in die Arbeiten übernommen sind, wonach diese nässende

Wundfläche nach 1—2 Tagen regelmäßig verschwindet, kann ich nach meinen
Beobachtungen nicht bestätigen. Vielmehr dauert es ganz gewöhnlich mehrere
Tage, manchmal sogar bis gegen Ende der zweiten Woche, bis der Nabelgrund
vollständig trocken ist, ohne daß die geringsten Störungen auftreten. Man
kann sich, wenn man die Nabelfalten auseinanderzieht, überzeugen, daß diese
granulierende Wundfläche noch vorhanden ist. Das Nässen rührt daher, daß
beim Bade, Abtrocknen usw. die dünne Epithelschicht leicht wieder abgeschabt

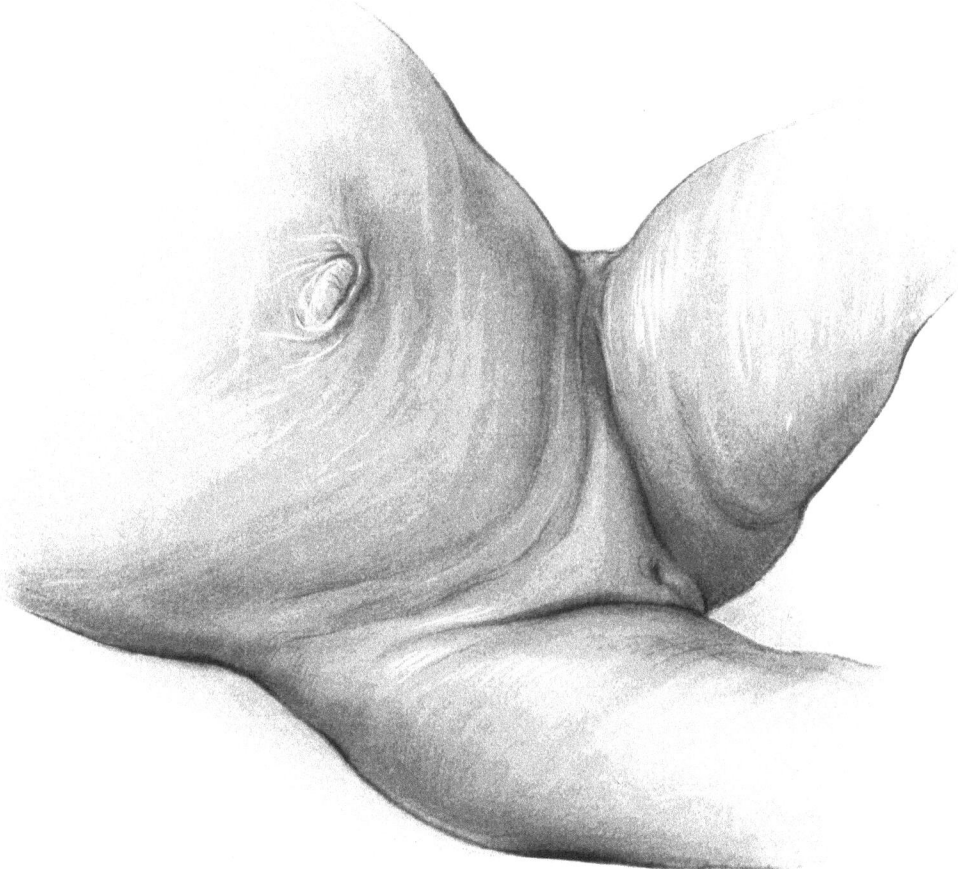

Abb. 68.
Nabelleitung vollendet, die kleine obere Nabelfalte stärker eingezogen.

wird. Gleichzeitig mit dem Abfall des Nabelschnurrestes sinkt der Hautring
des Nabels in das Niveau der Bauchdecken zurück und krempelt sich in den
folgenden Tagen ein, wobei gewöhnlich der untere Rand stärker getroffen wird
als der obere (M. Runge, Balanasjantz). Es entsteht auf diese Weise eine
„obere“ und „untere“ Nabelfalte (Abb. 67). Die Einkrempelung der Ränder
des Hautnabels wird durch den Zug der sich retrahierenden Gefäße hervorgerufen. Sobald die letzten Verbindungsfäden zwischen Gefäßen und Nabelstumpf zerrissen sind, federn infolge des Reichtums an elastischen Fasern und
der Kontraktion der Längsmuskulatur die im Nabelgrunde gelegenen Gefäßenden

zurück und ziehen dabei den Hautnabel mit, weil „an der Hautgrenze eine festere Verbindung der Adventitia mit der Kutis vorhanden ist" (Seitz). Noch genauer ausgedrückt wird diese Verbindung zwischen Gefäßadventitia und Haut durch die letzten Ausstrahlungen der bindegewebig sich umwandelnden Whartonschen Sulze hergestellt, die teils in das Corium, teils in die Gefäßscheide auslaufen. Die Einkrempelung der Ränder des Hautnabels in den dadurch zu einem Trichter umgewandelten Nabel hat für die Wundheilung insofern eine Bedeutung, weil dadurch an Stelle einer kleinen Wundfläche im Grunde des Nabels eine Wundhöhle entsteht (Abb. 68). Der Vorgang ist aus der nebenstehenden schematischen Zeichnung leicht ersichtlich (Abb. 69). Die Reste der im Nabelgrunde befindlichen Whartonschen Sulze bilden eine schmierige Masse, die mikroskopisch aus Gewebstrümmern, Leukozyten und Bakterien zusammengesetzt erscheint, und diese eigentümlichen Verhältnisse sind auch die Ursache, daß manche sonst ganz gesunde Näbel länger nässen. Erst wenn die letzten Reste des embryonalen Gewebes abgestoßen sind, hört jede Sekretion auf, die Hautränder verkleben und verwachsen schließlich miteinander, worauf die Reste der Wundhöhle rasch verschwinden. In den mir bekannten Abhandlungen wird dieser Vorgang immer übersehen, nur bei Doctor findet sich ein kurzer Hinweis. Damit ist der äußere sichtbare Teil des Vorganges der Nabelheilung abgeschlossen.

Die definitiven Verhältnisse weichen aber davon noch etwas ab. In der 2.—3. Lebenswoche beginnt als Abschluß der demarkierenden Entzündung im Nabelgrunde eine Lösung der oben genannten Verbindungen der Gefäße mit dem Corium, die sich darauf noch weiter an der hinteren Bauchwand retrahieren (Haberda, Herzog); aber nicht nur diese Verbindungen geben nach, sondern im Gefäßrohr selbst vollzieht sich eine

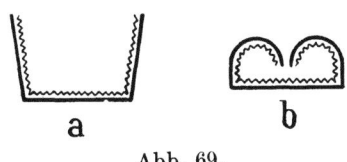

Abb. 69.

vollständige Kontinuitätstrennung, indem Intima und Media sich innerhalb der Adventitia zurückziehen, was allerdings von Kockel und Herzog bestritten wird. Der völlige Verschluß der Gefäße erfolgt durch endotheliale und Bindegewebswucherung in der Intima und Muskularis (Benecke); Thrombenbildung ist dazu nicht erforderlich, doch scheint der Prozeß durch Organisierung von Thromben beschleunigt zu werden (Virchow). An diesen Vorgang schließt sich eine hyaline Degeneration der Muskelfasern und elastischen Membran an (Gundobin, S. 67). In der Nähe des Nabelringes geht die Obliteration schneller vor sich als in den entfernteren intraabdominellen Partien. Der Obliterationsprozeß ist im allgemeinen nach 4—6 Wochen (Tamassia), manchmal aber erst nach 6—8 Wochen (Baumgarten) beendet; in der Nabelvene soll die endgültige Obliteration sogar oft erst nach 9—11 Wochen erreicht sein (Kautzsch, Petroff). Zeitliche Verschiedenheiten kommen jedenfalls in Abhängigkeit von der Thrombosierung, dem Kontraktionsgrad der Gefäße, der individuell verschiedenen Ausbildung der erwähnten kissenartigen Bildungen vor. Daß am 12. Tage das Gefäßlumen bereits völlig verschlossen ist (Petlin), gehört wohl zu den seltenen Ausnahmen. Gundobin sah den Gefäßverschluß frühestens am 21. Lebenstag, im Durchschnitt aber erst nach 3 Monaten vollendet. Damit werden die Arterien zu den Ligg. vesicoumbilicalia lateralia, die Vene zum Lig. teres hepatis. Bekanntlich tritt übrigens diese Obliteration nicht in jedem Falle vollständig ein, so daß gelegentlich selbst noch beim Erwachsenen ein geringfügiges Lumen auf kürzere oder längere Strecken nachweisbar ist (Baumgarten, Ercolani, Haberda u. a.).

Unsere bisherigen Erörterungen geben in Hinsicht auf die Nabelpflege schon den wichtigen Hinweis, daß es sich bei der Nabelwunde im Gegensatz zu einer glatten Schnittwunde um einen sehr langwierigen und komplizierten Heilungsvorgang handelt. Da die Möglichkeit zu Wundinfektionen reichlich gegeben ist, fällt die lange Dauer des Heilungsprozesses doppelt ins Gewicht, um so mehr, als die besondere Lage der Nabelwunde diese Ungunst der Verhältnisse noch steigert. Einmal ist Gelegenheit zur Beschmutzung mit Harn und Stuhl, den die Kinder beim Strampeln verschmieren, gegeben, dann aber bedeutet die Nachbarschaft des Peritoneums eine Erhöhung der Gefahr im

Falle einer Infektion. Ein weiterer Umstand, der die Infektion der Nabelwunde besonders gefährlich erscheinen läßt, ist die Anwesenheit von drei großen Gefäßstümpfen, die nicht allein frei liegen, sondern in denen entlang der Gefäßscheide wie im Lumen günstige Bedingungen zur Entstehung einer Allgemeininfektion gegeben sind, sofern nur die eingedrungenen Keime die nötige Virulenz und Penetrationskraft haben. Zu alledem kommt noch der Umstand, daß die Heilung der Nabelwunde gar nicht anders erfolgen kann als unter dem Bilde einer demarkierenden Entzündung, bei der totes Gewebe abgestoßen werden muß.

Alle diese Faktoren, die lange Dauer des Prozesses der Wundheilung, die Ungunst der Lage, die Anwesenheit großer Gefäßstümpfe und nekrotisierenden Gewebes vereinigen sich, die Gefahr einer Infektion nahe zu rücken; ganz abgesehen davon, daß die frische Sulze an sich ein guter Nährboden für Bakterien ist, das dünne Amnion dem Eindringen von Keimen nicht so viel Widerstand entgegensetzen kann als die Epidermis.

Nach Analogie mit anderen Erfahrungen wird man von vornherein zweifeln dürfen, ob eine völlig aseptische Wundheilung am Nabel überhaupt möglich ist. Denn überall, wo absterbendes Gewebe ist, siedeln sich auch bald Keime an. Tatsächlich ergaben die Beobachtungen, daß selbst bei bester Nabelpflege eine völlige Keimfreiheit nicht zu erzielen ist. Die Austrocknung erfolgt nicht rasch genug. Ein kurzes Stück des Nabelschnurrestes nahe dem Nabelring bleibt in den ersten Tagen immer noch feucht, und hier gerade siedeln sich regelmäßig Keime an. Man muß aber unterscheiden zwischen Keimen, die direkt bei der Abnabelung auf die frische Schnittfläche gebracht werden und solchen, die sich später an dem noch nicht mumifizierten Strangrest ansiedeln. Übrigens ist die Nabelschnur von vornherein nicht als keimfrei zu betrachten, denn schon bei der Passage des Kindes durch die Scheide, bei den Manipulationen unmittelbar nach der Geburt gelangen Keime auf die Oberfläche derselben. Adair fand in einem Fünftel aller Fälle direkt nach der Geburt sogar pathogene Keime, während man Bakterien so gut wie ausnahmslos nachweisen kann. Nur Ahlfeld und Glasko behaupten, daß an der Nabelschnur des eben geborenen Kindes keine Mikroorganismen haften. Einige Stunden nach der Geburt sind aber von allen Untersuchern ganz regelmäßig Keime an der Nabelschnur gefunden worden, Stäbchen und Kokken aller Art, die jedoch durchweg harmlose Keime darstellen. Erst vom vierten bis fünften Tage ab finden sich regelmäßig auch Staphylokokken und Streptokokken (K. Basch, Cholmogoroff, Glasko), so daß es eigentlich wundernehmen muß, daß schwere Erkrankungen nicht häufiger eintreten.

Unter Berücksichtigung dieser Ergebnisse versteht man wohl, warum in früherer Zeit so außerordentlich viele Kinder Nabelerkrankungen zum Opfer fielen. Erst die moderne Nabelpflege hat hier Wandel geschaffen. Trotzdem nun aber seit Kains Geburt abgenabelt wird, ist auch heute noch keine bestimmte Methode der Nabelversorgung allgemein anerkannt, und gerade die Literatur der letzten 30 Jahre ist überreich an einschlägigen Arbeiten. Ja es vergeht auch jetzt noch kein halbes Jahr, ohne daß neue Vorschläge gemacht werden. Altüberkommene Vorurteile, theoretische Streitfragen, vielfach wohl auch nur Erfindergeist oder Neuerungs- und Nörgelsucht lassen den Streit nicht zur Ruhe kommen. Wenn wir selbst dazu Stellung zu nehmen gezwungen sind, so wollen wir uns dabei auf die eben auseinandergesetzten Beobachtungen des Wundheilungsvorganges stützen und danach von vornherein die verschiedenen Verfahren gruppieren.

Prinzipielle Forderungen.

Ich glaube, drei prinzipielle Forderungen der Nabelpflege ergeben sich aus dem geschilderten Ablauf des physiologischen Prozesses der Nabelwundheilung:

    I. absolut aseptische Behandlung der Nabelschnur bei der Unterbindung und Durchtrennung;

    II. eine solche Weiterbehandlung des Nabelschnurrestes, daß der physiologische Mumifikationsprozeß nicht gestört wird, gleichzeitig das beste Mittel, die Keimzahl zu beschränken;

    III. möglichste Abkürzung des ganzen Prozesses.

Soweit ich die umfangreiche Literatur übersehe, dürften alle Autoren geneigt sein, diese Forderungen anzuerkennen. Nur die Wege, auf denen ihnen genügt werden soll, führen weit auseinander.

I. Absolut aseptische Unterbindung und Durchtrennung.

Die Forderung strengster Asepsis bei der Abnabelung wird allgemein erhoben. Sterile Hände, am besten mit sterilem trockenem Handschuh bekleidet, steriles Unterbindungsmaterial, sterile Instrumente beim Durchtrennen der Nabelschnur werden von allen Autoren verlangt. Wer aber nicht vom grünen Tisch aus urteilt, sondern die praktischen Verhältnisse berücksichtigt und insbesondere auch die Erfahrungen der allgemeinen Praxis unter ungünstigen äußeren Verhältnissen heranzieht, wird mir zugestehen, daß schon gegen diese Forderung allzu leicht verstoßen wird. Dieselben Hände, die eben den Dammschutz geleistet haben, dabei vielleicht mit Stuhl oder mindestens den Vulvakeimen der Mutter beschmutzt wurden, die das Kind auf dem durchaus nicht sterilen Bettlacken zurecht legen, nehmen die Unterbindung und Durchtrennung vor. Sind auch das zur Unterbindung dienende Bändchen und die den Nabelstrang durchtrennende Schere steril, so werden dabei doch mindestens auf den auf der Handfläche liegenden Teil der Nabelschnur Keime inokuliert, meist auch auf die Schnittfläche gebracht. Das nachfolgende Bad spült zwar eine Masse von Keimen wieder herunter, dafür werden in dem Badewasser andere Keime herangebracht, so daß die bakteriologische Kontrolle kaum jemals eine keimfreie Schnittfläche ergibt. In Kliniken sind bei scharfer Aufsicht die Verhältnisse gewiß etwas besser, doch bleiben auch hier genug Fälle übrig, wo bei eiligem Handeln Fehler gegen die Vorschriften der Asepsis gemacht werden. Das Endresultat ist jedenfalls auch hier, daß die Schnittfläche und die Oberfläche der Nabelschnur nicht ganz von Keimen frei gehalten werden können; so ist es eigentlich nur der Gunst des ganzen Milieus in einem modernen Geburtszimmer zu danken, daß dabei in der Regel keine gefährlichen Keime in Frage kommen und schwere Infektionen ausbleiben. Trotzdem wird niemand behaupten wollen, daß das ein Idealzustand sei. Eine Besserung ist schon dadurch erreichbar, daß man anstatt des Bändchens, bei dessen Knoten die Nabelschnur vielfach berührt und gequetscht werden muß, einfach zwei sterile Klemmen ansetzt und nun durchtrennt, ohne das zwischen den beiden Klemmen liegende Stück mit dem Finger zu berühren. Allzu viel wird damit freilich nicht erreicht, denn die Keiminokulation auf die Schnittfläche in der Zeit, die bis zum definitiven Nabelverband vergeht, bleibt dieselbe. Es gibt aber ein sehr einfaches Mittel, diese Nachteile zu vermeiden; man hat nur nötig, die Nabelschnur in dem definitiv gewünschten Abstand vom Bauche erst dann zu durchtrennen, wenn die äußeren Verhältnisse eine strengste

Durchführung der Asepsis gestatten und eine neuerliche Infektion der frischen
Schnittfläche dadurch verhindert werden kann, daß sofort ein steriler Nabelverband angelegt wird.   Das ist natürlich erst nach dem Bade des Kindes
möglich und läßt sich nicht anders erreichen als dadurch, daß man die erste
Unterbindung und Durchtrennung der Nabelschnur nur als eine provisorische
betrachtet und erst nach dem Bade den Nabelschnurrest definitiv versorgt,
indem man ihn näher am Kinde noch einmal ligiert und durchtrennt.

Dieses Verfahren der zweizeitigen Abnabelung wurde zuerst von
A. Martin und Pinard empfohlen, dann von v. Rosthorn aufgenommen und
wohl auch unbewußt von vielen Autoren geübt, welche für eine kurze Abnabelung eintraten.   Um ganz kurz zusammenzufassen: das beste Mittel,
die primäre Infektion der Schnittfläche zu verhindern, wie überhaupt die Zahl der Keime auf der Oberfläche der Nabelschnur auf
ein Minimum zu reduzieren, besteht darin, daß die definitive Versorgung des Nabelschnurrestes bis nach dem Bade aufgeschoben
und in unmittelbarem Anschluß daran erst vorgenommen wird, wenn die
Anlegung eines Verbandes auch jede weitere Infektion zu verhüten imstande
ist.   Es ist weiter klar, daß die Zahl der an der Oberfläche der Nabelschnur
haftenden Keime ceteris paribus um so geringer sein muß, je kürzer der definitiv
stehen gelassene Rest ist.

Hier gehen aber die Ansichten bereits weit auseinander. Der Streit dreht
sich um drei Fragen, die wir der Reihe nach behandeln müssen.

a) Wie lang soll der definitiv stehen gelassene Rest sein?

b) Wie soll die Durchtrennung, bzw. die Unterbindung vorgenommen
werden?

c) Ist überhaupt eine Unterbindung notwendig?

Wie lang soll der definitiv stehen gelassene Rest sein?

Ziemlich allgemein wurde bis Ende des 19. Jahrhunderts und wird vielfach
noch heute die Unterbindung 6—7 cm vom Hautnabel entfernt mit einem
Bändchen vorgenommen und darauf mit der Schere durchtrennt.

Ein triftiger Grund dafür ist eigentlich schwer zu finden. Wahrscheinlich
dürfte die größere Bequemlichkeit der Abnabelung, namentlich wenn sie von
wenig geschickten Händen vorgenommen werden soll, dafür bestimmend gewesen sein, daß man einen so langen Rest von Nabelschnur stehen ließ. Zweifellos dürfte auch die Länge des stehen gelassenen Restes von nicht sehr großer
Bedeutung sein, wenn nur die aseptische Behandlung eine ganz einwandfreie
ist.   Hier aber beginnen eben die Schwierigkeiten, die wir schon oben auseinandergesetzt haben.   Jedenfalls würden wir auch dann, wenn der stehen-
gebliebene Rest 6—7 cm lang sein soll, raten, eine zweizeitige Abnabelung vorzunehmen.   Es liegt aber nahe, daß man sich dann fragen muß, ob denn der
längere Stumpf einen Sinn hat.   Der erste, der die Frage durch Parallelversuche
zur Entscheidung brachte, war wohl Doktor, der 1894 zeigen konnte, daß bei
möglichster Kürzung des Nabelstrangrestes viel seltener Störungen der Wundheilung auftreten.

Da Doktors vergleichende Untersuchungen auch noch für einige weitere Fragen
von Bedeutung sind, setzen wir das Wichtigste derselben hierher.

Bei verschiedenen Behandlungsmethoden in Händen von Hebammen fieberten
45% aller Fälle, davon 22% infolge von Infektion. In den Händen von Ärzten bei nachfolgender Einwicklung des langen Restes in einen Leinwandlappen, täglichem Verband-
wechsel, täglichem Bad trat Fieber in 33,15% aller Fälle ein, darunter in 16% infolge
von Infektion der Nabelwunde.

Wurde der Rest am zweiten Tage kurz geschnitten, der Verband nur jeden zweiten Tag gewechselt und die Kinder nicht gebadet, so trat Fieber nur in 25,23%, Infektion nur in 10,12% auf.

Bei langem Nabelschnurrest unter Dauerverband fieberten 17,5%, darunter 6,04% infolge von Infektion.

Die neuste Methode endlich, die Doktor anwandte, nämlich sofortige Kürzung der Nabelschnur bis auf etwa 1 cm mit nachfolgendem Dauerverband und Weglassen des Bades ergab nur mehr 11,88% Fieber, darunter nur 3,46% infolge von Infektion der Nabelwunde.

Das zeigt absolut klar, daß die möglichste Kürzung der Nabelschnur sicherlich einer der wichtigsten Faktoren ist, um die Infektionsmöglichkeiten herabzusetzen. Wie weit der Dauerverband und das Weglassen des Bades dabei mitspielen, wird später noch zu erörtern sein.

Teils unabhängig von Doktor, teils angeregt durch seine Ergebnisse wurde in der Folge auch von sehr vielen anderen, darunter sehr namhaften Geburtshelfern vorgeschlagen, den Nabelstrangrest möglichst zu kürzen, um auf diese Weise die Keimzahl zu beschränken und die Mumifikation zu beschleunigen. Ich nenne von Autoren, die sich in diesem Sinne geäußert haben, Saenger, Pinard, Ahlfeld, Becker, A. Martin, v. Rosthorn, Leube, Berend, Pfannenstiel, Lüsebrink, Bauereisen, Keilmann, Eröß, Ehrendorfer, Eibel, Frank, Nadóry, Wirtz, Werkmeister, Pierson, Rieck, Sonnenschein, Weißwange, Verf., wozu noch die große Zahl derjenigen Autoren kommt, welche die Omphalotripsie üben.

Soweit ich sehe, haben die meisten Autoren zunächst auf die Beschleunigung des Mumifikationsprozesses und die dadurch herabgesetzte Infektionsgelegenheit das Hauptgewicht bei der kurzen Abnabelung gelegt. Ich selbst sehe mit einen Hauptvorzug der neueren Methode in der damit fast regelmäßig geübten Zweizeitigkeit der Abnabelung wie übrigens auch Martin, Burns, Sonnenschein u. a. ausdrücklich auf die Zweizeitigkeit Gewicht legen, die meines Wissens zuerst von Geßner vorgeschlagen wurde. Bei allen hier zitierten Autoren ist der stehenbleibende Rest etwa 1½—1 cm lang, je nach Sulzreichtum und verwendetem Unterbindungsmaterial.

Als Auswuchs muß es bezeichnet werden, wenn Flagg und Dickinson geradezu isolierte Ligatur der drei Nabelgefäße verlangen, indem sie den Nabel im Niveau der Haut umschneiden und alle Sulze entfernen. Da scheinen mir unsere Methoden doch besser, trotzdem sie Dickinson schon prähistorisch nennt. Neuestens hat noch Schell eine isolierte Gefäßligatur verlangt.

Wie soll die Unterbindung, bzw. Durchtrennung der Nabelschnur vorgenommen werden?

Bei den größeren Haustieren, die im Liegen gebären, erfolgt bekanntlich die Abnabelung dadurch, daß beim Erheben des Tieres die Nabelschnur abreißt; hat die Geburt im Stehen stattgefunden, so wird die Nabelschnur entweder durch die Schwere des fallenden Jungen gedehnt und zerrissen oder das Muttertier zertritt die Nabelschnur. Nur die fleischfressenden Tiere, welche gewöhnlich die Plazenta auffressen, beißen dabei die Nabelschnur nahe dem Hautnabel des Jungen ab.

Beim Menschen spielt auch im Naturzustande das spontane Zerreißen der Nabelschnur eine geringe Rolle, weil die menschliche Nabelschnur viel widerstandsfähiger und relativ viel dicker ist (F. A. Kehrer). Deshalb finden wir auch bei primitivsten Naturvölkern die künstliche Durchtrennung der Nabelschnur, wozu meist kantige Steine, Muschelschalen oder sonstige schneidende Instrumente primitiver Art verwendet werden. Manche zerreißen die Nabelschnur oder beißen sie ab. Bei einzelnen Völkern finden wir auch eine Unterbindung mit Pflanzenfasern in der Übung. Die meisten unterlassen jedoch die Unterbindung und können das auch, weil (wie Hartz richtig bemerkt) die zum Durchtrennen der Nabelschnur verwendeten Instrumente doch meist nur Quetschwunden setzen, bei denen es kaum jemals blutet [1]. Ähnlich beobachtet man ja auch nach Sturzgeburten aus der

---

[1] Einen historischen Überblick über die Abnabelungsverfahren in verschiedenen Jahrhunderten gibt Nyhoff. Cf. auch Pleß-Bartels, Das Weib in der Natur- und Völkerkunde, 5. Aufl. Leipzig 1897.

durchrissenen Nabelschnur kaum jemals eine Blutung, deren Gefahr wir wohl im allgemeinen überschätzen.

Bei kultivierten Völkern wird aber seit alters her die Nabelschnur vor der Durchtrennung unterbunden. Schon in den Lehrbüchern von Soranus und Muscio wird den älteren Römern das Abbinden empfohlen; ebenso in alten Hebammenlehrbüchern aus dem 16. Jahrhundert, z. B. Rößlin, Rueff. Auch heute ist die Unterbindung wohl das am meisten verwendete Verfahren. Am allgemeinsten dürfte dazu ein Bändchen aus Leinen oder Baumwolle verwendet werden, das entweder längere Zeit in einer Desinfektionsflüssigkeit gelegen hat — z. B. Lysol (Bauereisen), Alkohol (Frank), Sublimat — oder vor dem Gebrauch ausgekocht wurde.

Andere Autoren haben zur Unterbindung einen dicken Seidenfaden benutzt (Stolz, v. Rosthorn, Martin, Burns, Belt, Verfasser und viele andere), gegen den allerdings von verschiedener Seite Einwände erhoben wurden, vor allem die Gefahr des Durchschneidens bei zu festem Zuziehen oder der Entstehung von Hämatomen bei partieller Gefäßverletzung (Ahlfeld). Leube benutzt einen Catgutfaden, wieder andere empfehlen eine elastische Ligatur mittels eines Gummiringes (Kusmin, Petroff) oder eine besondere Gummischlinge (Rothschild), die Tuley und Gagey besonders bei sulzreichen Nabelschnüren angewendet wissen wollen. Ganz kompliziert ist das Verfahren von Budin, der den Nabelstumpf ähnlich wie einen Champagnerpfropfen umschnürt. So viel ich sehe, ist das komplizierte Verfahren nur von Schmal nachgeprüft und empfohlen worden. Es ist jedenfalls mehr originell als wertvoll und wohl nur aus einer Überschätzung der Nachblutungsgefahr ersonnen. Ebenso unnötig dürfte das Verfahren von Guillemin sein, der die Nabelschnur mit einem doppelten Faden durchsticht und dann nach beiden Seiten knüpft. Wir selbst verwenden immer noch die Unterbindung mittels dicken Seidenfadens. Ich erinnere mich nur etwa dreimal kleine, keine Gefahr bietende, keiner Behandlung bedürftige Hämatome und ein einziges Mal ein völliges Durchschneiden der Nabelschnur bei einem frühreifen Kinde gesehen zu haben — Fehler, die auf mangelnder Erfahrung beruhten. Ich will aber gerne zugestehen, daß für die derben ungeschickten Hände vieler Hebammen diese Gefahr höher angeschlagen werden muß. Das kann uns freilich nicht hindern, in der Klinik das Verfahren zu üben, welches uns das bessere scheint. Tatsächlich dürfte der dicke Seidenfaden doch einige Vorzüge vor dem allgemein verbreiteten Bändchen haben; er schnürt zweifellos fester und gewährt größeren Schutz gegen Nachblutung. Andererseits habe ich auch bei Verwendung des üblichen Bändchens ein Durchschneiden der Nabelschnur beobachtet. Der Hauptvorzug liegt aber meiner Erfahrung nach darin, daß die Seidenligatur sich näher an den Nabel anlegen läßt und somit der zurückbleibende Stumpf kürzer ist. Außerdem siedeln sich an dem dünnen Seidenfaden jedenfalls weniger Keime an als an dem breiteren Baumwollenbändchen. Eine Kardinalfrage der Nabelpflege erblicke ich aber in der Wahl des Unterbindungsmaterials überhaupt nicht. Ich empfehle die Seidenligatur hauptsächlich, weil sie sich eben mir bei reichem Material bewährt hat.

Vielfach ist auch empfohlen worden, zuerst die Nabelschnur mit einer Klemme zu quetschen und dann in der Klemmfurche zu unterbinden (Adair, Burns, Jägerroß, Müller, Sonnenschein), wozu die meisten beliebige Klemmen verwenden, manche Autoren aber auch besondere Instrumente angegeben haben.

Da es aus dem gequetschten Gewebe aber gewöhnlich überhaupt nicht mehr blutet, haben viele Autoren die nachfolgende Unterbindung ganz weggelassen und nur Wert darauf gelegt, die Quetschung des Gewebes recht kräftig durchzuführen. Dieses Verfahren der Omphalotripsie scheint in neuester Zeit immer mehr Anhänger zu gewinnen, woran wohl auch die Freude am Erfinden immer neuer Modelle von Omphalotriben ihren Anteil haben mag.

Ich nenne hier nur einige wenige neuere oder mehr bekannt gewordene ältere Modelle.

Adair gab 1913 ein Instrument an, das aus einem Streifen Aluminiumblech besteht, der erst beim Anlegen zurecht gebogen wird. Ich bezweifle nur, daß damit immer eine genügende Quetschung erreicht wird.

Gelles Klemme ist ein sicherheitsnadelähnliches Instrument.

Später (1914) gab Jägerroos eine Nabelklemme an, die für sulzreiche Nabelschnüre zweifellos gewisse Vorzüge hat, da sie vermöge sinnreicher Konstruktion die Sulze verdrängt und die Gefäße direkt quetscht. Jägerroos hat damit auch ganz ausgezeichnete Resultate namentlich in Hinsicht auf früheren Abfall des Nabels erzielt.

Sehr bekannt geworden ist infolge großer Reklame das Instrument von Porak, das Lovrich allerdings nicht sehr befriedigende Resultate ergab, wogegen er die „pince à demeure" von Bar empfiehlt, die auch Orlowsky, A. de Pasquéron rühmen. Recht gut scheinen auch die Modelle von Markus (Abb. 70) und die Nabelklemme nach Gauß (Abb. 71), die sehr stark quetscht und nach etwa 10 Minuten abgenommen wird. Die Gaußsche Klemme ist namentlich von Schlank sehr gerühmt worden.

Jedenfalls sind besondere Instrumente überhaupt nicht nötig. Jede aus gutem Stahl gearbeitete Klemme ist geeignet. Die dünnen Klemmen haben meiner Ansicht nach sogar einen gewissen Vorzug vor den breiten Quetschklemmen. Am einfachsten verwendet man eine Kochersche Klemme, die etwa 10 Minuten liegen bleiben muß und dann einen papierdünnen Stumpf hinterläßt, der nicht unterbunden zu werden braucht. So wird z. B. in der Freiburger Klinik, ähnlich an der ersten Frauenklinik in Wien mit gutem Erfolg verfahren (Hirsch, Osterloh, Schauta). Der Vorzug der Omphalotripsie liegt darin, daß dabei jede Ligatur als Fremdkörper und möglicher Infektionsträger ver-

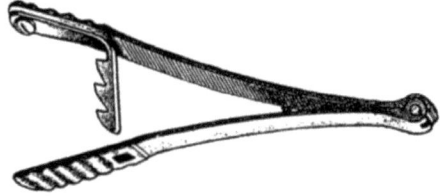

Abb. 70.
Nabelklemme nach Markus.

mieden werden kann und der Stumpf noch kürzer ausfällt, weil namentlich dünne Klemmen dicht am Nabelring angesetzt werden können. Der im Nabelnapf zurückbleibende Rest von Whartonscher Sulze kann dann rasch eintrocknen. Außerdem wird, wie namentlich Schlank gezeigt hat, durch das Quetschen der Wassergehalt der Nabelschnur stark vermindert und allein dadurch schon die Austrocknung beschleunigt. Allgemein wird der Omphalotripsie nachgerühmt, daß der Nabelabfall früher erfolgt (in etwa $90^0/_0$ aller Fälle bis zum sechsten Tag) und dadurch die Zahl der Infektionen vermindert werde. Demgegenüber ist freilich darauf hinzuweisen, daß auch andere Verfahren ebenso gute Resultate ergaben, wie darauf, daß die schwersten Infektionen des Nabels gar nicht vom Stumpfe, sondern nach dem Abfall desselben von der im Nabelgrund zurückbleibenden granulierenden Wunde ausgehen. Eine gewisse Unbequemlichkeit der Omphalotripsie liegt darin, daß manche Autoren die Klemme mehrere Stunden, ja bis zum zweiten Tage liegen lassen (A. W. Meyer, Marcus). Weiter findet man häufig in der Umgebung der Quetschfurche blutige Transsudation, die natürlich für die Ansiedelung von Keimen besonders günstige Verhältnisse schafft (Schmidthoff). Immerhin dürften diese Einwände die Vorzüge der Omphalotripsie nicht ganz aufwiegen und derselben in der Zukunft vielleicht noch größere Verbreitung zukommen. Wenn wir selbst bisher dazu nicht übergegangen sind, so liegt das an den so günstigen Resultaten unseres eigenen gewohnten Verfahrens. Ich habe übrigens vor einigen Jahren durch W. Lang

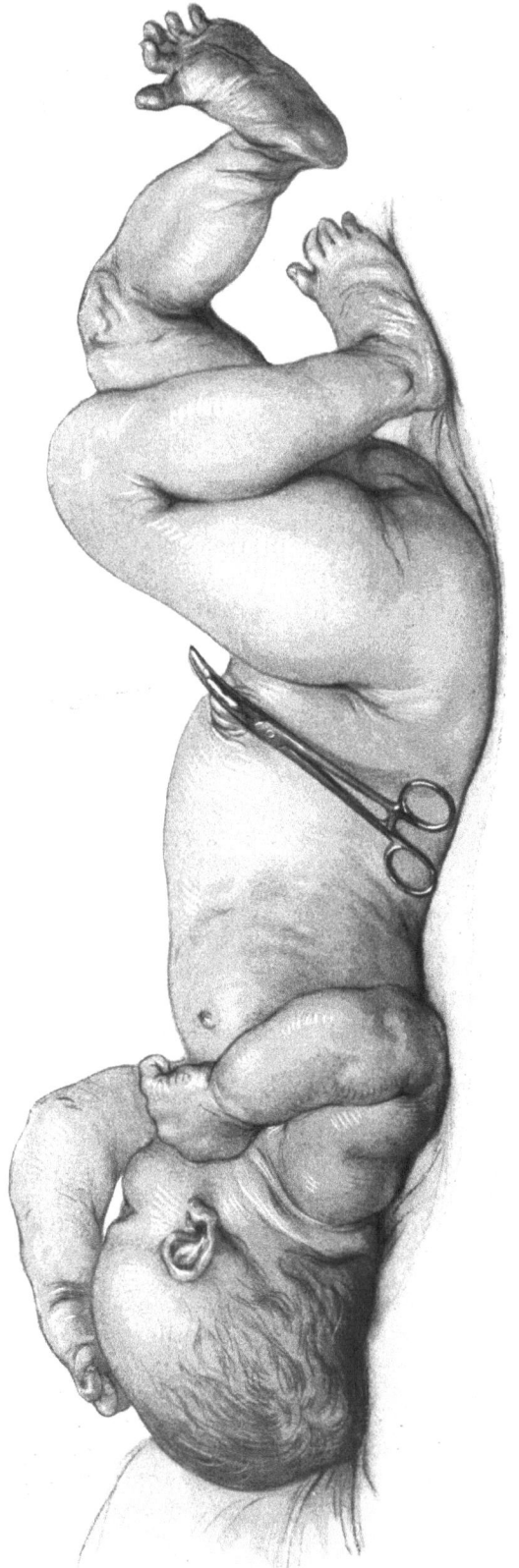

Abb. 71. Gaußsche Nabelklemme angelegt.

vergleichende Versuche anstellen lassen, die durchaus zugunsten des von uns geübten Verfahrens ausfielen, insofern als die durch Omphalotripsie mit dem Instrument von Jägerroos versorgten Näbel später abfielen und dementsprechend auch die Überhäutung der kleinen Wunde im Nabelgrund etwas später erfolgte.

Alle Autoren, welche die Omphalotripsie üben, sind natürlich auch Anhänger der zweizeitigen Abnabelung. Die erste Abnabelung ist immer nur eine provisorische, das Anlegen der Omphalotribe erfolgt erst sekundär. Die Nabelschnur wird gewöhnlich dicht an der Klemme abgeschnitten. Auf diese Zweizeitigkeit der Abnabelung dürfte ein gut Teil der besseren Resultate zurückzuführen sein, zumal die Omphalotripsie bisher nur in Kliniken geübt wurde.

Man sollte meinen, nichts wäre einfacher zu beantworten als die Frage, wie soll die Nabelschnur durchtrennt werden, gleichgültig welche Methode der Unterbindung sonst geübt wird? Aber auch darüber besteht keine absolute Einigkeit, ja die Frage hat sogar einmal zu einem brennenden Streit Veranlassung gegeben, als A. Martin auf Grund einer allerdings sehr kleinen Versuchsreihe vorschlug, die Durchtrennung der Nabelschnur über der Seidenligatur mit Glühbrenner, bzw. der in jedem Haushalt leicht erreichbaren Brennschere vorzunehmen.

Unmittelbare Veranlassung zu diesem Vorgehen waren für Martin drei Todesfälle an Tetanus gewesen. Das neue Verfahren sollte einmal eine sicher keimfreie Durchtrennungsfläche ergeben, weiter aber der Brandschorf eine neue Versicherung gegen Nachblutung wie gegen das sekundäre Eindringen von Keimen sein und eine raschere Mumifikation des kleinen zurückgebliebenen Restes gewährleisten.

Martins ursprüngliches Material war sicher zu klein, um diese Frage bindend zu entscheiden, so daß Ahlfeld mit gutem Recht schon damals auf die vortrefflichen Resultate seines Verfahrens bei über 1000 Fällen verweisen konnte. Vor allem aber erhob Ahlfeld den Einwand, daß die Brennschere in der Hand oft ungeschickter Hebammen kein harmloses Instrument sei und leicht zu Verbrennungen der Kinder führen könne, wie solche auch tatsächlich und zwar selbst Ärzten, z. B. Ballin, passierten. Auch Bauereisen, Bruchenski u. a. wiesen auf diese Gefahr hin.

Schon bei der ersten Mitteilung Martins hatte Geßner darauf hingewiesen, daß die Zweizeitigkeit der Abnabelung schon früher von ihm propagiert worden sei. Demgegenüber betonten aber Martin wie sein Schüler Rieck nachdrücklichst wiederholt, daß sie das Wesentliche der neuen Methode gerade in der Benutzung der Brennschere sehen. Der Brandschorf sei es gerade, der das Eindringen von Bakterien verhindere (Untersuchungen von P. Cohn in Halle). Dieser Punkt wurde namentlich von Rieck sozusagen als das Um und Auf aller Nabelpflege mit großer Hartnäckigkeit verteidigt, bis nicht lange darauf der Urheber des Verfahrens, Martin selbst, diesen angeblich wesentlichen Punkt fallen ließ und sich mit der Durchschneidung mittels einer gewöhnlichen Schere begnügte.

Dasselbe Verfahren, zweizeitige kurze Abnabelung mit Seidenligatur, Durchtrennung über derselben mit einer Schere hatten inzwischen schon Pinard, Charles, Stolz- v. Rosthorn unabhängig voneinander geübt, so daß es eigentlich mit Unrecht noch vielfach als Martinsches Verfahren bezeichnet wird. Ich erwähne speziell die mir als Schüler von v. Rosthorn am nächsten liegenden, damals (1900) an der Grazer Klinik von Stolz durchgeführten vergleichenden Untersuchungen über das Ahlfeldsche, ursprüngliche Martinsche und das eigene Verfahren, welches bei sonst ganz gleicher Weiterbehandlung an je 50 Fällen ergab, daß bei Behandlung nach Ahlfeld der Nabelstrangrest durchschnittlich nach 9,45, nach Martin nach 6,04, nach eigenem Verfahren nach 5,7 Tagen abfällt, wobei allerdings gleichzeitig festgestellt wurde, daß das Ahlfeldsche und Martinsche Verfahren scheinbar sicherer gegen Infektion schützen als das eigene Verfahren. Daß unser Verfahren, wie ich es kurz nennen will, an die Asepsis vielleicht größere Anforderungen stellt als Ahlfelds oder Martins ursprüngliches Verfahren — nicht größere freilich als irgendeine andere Form der Ligatur mit Durchschneidung —, ist zuzugeben. Aber diese 50 Versuchsfälle sind gleichzeitig die einzigen, bei denen vier leichte, übrigens gar nicht mit Fieber einhergehende Infektionen vorkamen. In 500 weiteren Fällen wurde nur eine Infektion des Nabelstumpfes beobachtet. Ebensogut waren unsere Resultate in der Heidelberger Zeit und haben sich seitdem nicht wesentlich geändert. Wir können zusammenfassend sagen: das ursprüngliche Martinsche Verfahren ist zwar gut, aber für die allgemeine Praxis nicht ganz ungefährlich, für die Klinik unnötig umständlich, zumal das Abbrennen keine wesentlichen Vorteile bringt. Ja der Brandschorf deckt wie eine Platte den in den Nabelnapf gesunkenen Nabelschnurrest und hindert dadurch sogar zuweilen die schnelle Austrocknung. Deshalb darf man heute wohl allgemein gültig sagen: über der Ligatur oder Quetschfurche ist der Nabelschnurrest mit einer Schere zu durchtrennen, wobei nur auf strengste Asepsis der ganzen Maßnahme zu achten ist.

Ist überhaupt eine Unterbindung notwendig?

Dem Ligaturfaden wurde von mancher Seite der Vorwurf gemacht, daß er als Fremdkörper reize und sich leicht mit Bakterien belade. So kann man verstehen, daß die Frage aufgeworfen wurde, ob denn die Unterbindung, bzw. die ihr gleichzusetzende Quetschung nicht unterlassen werden könne.

Meßmer [1] (zu Anfang des 19. Jahrhunderts) war wohl der erste, der sich gegen die Unterbindung der Nabelschnur ausgesprochen hat, augenscheinlich in der dunklen Überzeugung, daß sie der Urgrund der häufigsten und gefährlichsten Erkrankungen des Menschengeschlechtes sei. Soweit bekannt hat dieser spekulativ gewonnene Vorschlag zunächst keine Umsetzung in die Praxis erfahren. Auch von Ziermann [2] wurde ein derartiger fruchtloser Vorschlag gemacht.

Erst 1897 wurde der Gedanke von dem amerikanischen Arzte Keller in die Praxis umgesetzt und über 2000 Fälle berichtet, bei denen die Unterbindung der Nabelschnur unterlassen worden war, ohne daß Nachblutungen auftraten. Seitdem ist mehrfach über ähnliche praktische Versuche an kleinerem und größerem Material berichtet worden. Vielfach wurde dabei allerdings die Nabelschnur in einer Art durchtrennt, welche den Gefäßverschluß erleichterte.

So durchtrennt Krummacher die Nabelschnur dicht am Hauptnabel mit der Brennschere, verzichtet aber auf jede Ligatur. Neuestens (1914) hat Rachmanow auf Grund von 10000 Fällen empfohlen, die Nabelschnur nach Aufhören der Pulsation einfach glatt abzuschneiden und nicht zu unterbinden. Gerade die beachtenswerte Arbeit von Rachmanow zeigt aber gleich, worauf es bei der ganzen Frage ankommt. In $2^0/_0$ aller Fälle ist nachträglich wegen Nachblutung eine Unterbindung notwendig geworden, überdies wurde bei asphyktischen Kindern von vornherein unterbunden, so daß Rachmanow selbst sagt, daß man in $10^0/_0$ aller Fälle nicht ohne Unterbindung auskommen kann. Diese Angaben dürften durchaus zuverlässig sein. Daß es im allgemeinen aus der nach Aufhören der Pulsation durchschnittenen Nabelschnur nicht mehr blutet und meist auch keine Nachblutung eintritt, entspricht sicherlich den Tatsachen und ist nach dem, was wir oben über den Mechanismus des Verschlusses der Nabelschnurgefäße angeführt haben, auch gut verständlich. Aber wie selbst Rachmanow zugesteht, in pathologischen Fällen — hierher gehören asphyktische Kinder, eineiige Zwillinge, alle Fälle, die sonst aus irgendeinem Grunde vor Aufhören der Pulsation abgenabelt werden müssen, Kinder mit hämorrhagischer Diathese, Syphilis, endlich Abnormitäten der Nabelschnurgefäße nach Zahl und Art — darf die Unterbindung der Nabelschnur nicht unterlassen werden. Rachmanow schätzt diese Zahl in seinem Material auf $10^0/_0$, anderswo mögen die Zahlen etwas höher oder niedriger sein. Jedenfalls ist oftmals eine Entscheidung, ob es sich um pathologische Fälle handelt oder nicht, unmöglich. Daher erlebte auch Rachmanow selbst, der im Interesse seiner Beweisführung die Fälle sicher vorsichtig auswählte, trotzdem in $2^0/_0$ Nachblutungen. Genau die gleiche Zahl von Nachblutungen erlebten auch wir bei unserem Versuch mit der Omphylotripsie. Wie groß unter Umständen die Neigung zu Nachblutungen ist, selbst wenn keine hämorrhagische Diathese besteht, das beweisen mehrfach in der Literatur berichtete Fälle von schweren, selbst tödlichen Nachblutungen bei Kindern, bei denen die Unterbindung nachlässig ausgeführt worden war (Runge, Balin, Cohen, Baaren, Hintner, Schwailes u. a.), ferner zwei eigene Fälle aus der poliklinischen Praxis und zwei Fälle aus meiner klinischen Erfahrung, die allerdings nicht bedrohlich wurden. Man kann ruhig behaupten: derartige Versuche mit Nichtunterbindung der Nabelschnur dürften überhaupt nur in Kliniken, welche die Möglichkeit dauernder Überwachung der Neugeborenen haben und auch dann nur als Versuch berechtigt sein. In der allgemeinen Praxis, vor allem in der Hand der Hebammen, müßte man von vornherein darauf gefaßt sein, daß bis zu $10^0/_0$ aller Neugeborenen der Nichtunterbindung zum Opfer fielen. Daraus folgt klar und eindeutig, daß eine Unterlassung der Nabelschnurunterbindung zu verwerfen

---

[1] Zit. nach Seitz, l. c.
[2] Zit. nach Seitz, S. 330.

ist. Gerade in Hinsicht auf die neueste Mitteilung Rachmanows schien es mir zweckmäßig, etwas ausführlicher auf diese Frage einzugehen. Ich hoffe, daß damit weiteren derartigen Versuchen ein für allemal der Boden entzogen ist, zumal selbst ein wissenschaftliches, theoretisches Interesse dafür heute nicht mehr in Frage kommt.

Wir können also in Hinsicht auf die erste Kardinalforderung aller Nabelpflege, ein streng aseptisches Vorgehen bei der Abnabelung, zusammenfassend folgendes feststellen:

Eine absolute einwandfreie Asepsis bei der Abnabelung sowohl in Hinsicht auf die Durchtrennungsfläche wie die Oberfläche des Nabelschnurstumpfes kann nur durch die zweizeitige Abnabelung gewährleistet werden. Die definitive Abnabelung ist nach völliger Reinigung des Kindes mit sterilen Händen vorzunehmen. Welche Methode der Abnabelung dann gewählt wird, ist nicht von der großen Wichtigkeit, die derselben vielfach beigelegt wird, jedenfalls aber hat es sich als vorteilhafter erwiesen, einen möglichst kurzen Stumpf zurückzulassen; eine wesentlich stärkere Kürzung des Nabelschnurrestes als sie heute vorgeschrieben ist, würde auch für die allgemeine Praxis und für die Hand der Hebamme durchaus geeignet sein. Für die allgemeine Praxis wird man auch weiterhin an der Unterbindung mit sterilem Bändchen festhalten müssen. Für Kliniken bietet die Unterbindung mit einem Seidenfaden insoferne einen Vorzug, als sie erlaubt, den Nabelschnurrest stärker zu kürzen. Über dem Unterbindungsfaden ist die Nabelschnur mit scharfer steriler Schere zu durchtrennen. Statt dessen kann auch die Omphalotripsie mit oder ohne nachfolgende Seidenligatur angewendet werden, die ebenso gute Resultate erzielt.

Von einer Unterbindung der einfach durchschnittenen Nabelschnur ganz abzusehen ist dagegen nicht erlaubt.

II. Physiologischen Mumifikationsprozeß nicht störende Weiterbehandlung.

Es liegt auf der Hand, daß auch die einwandfreieste Asepsis bei der definitiven Abnabelung einen normalen Verlauf der Nabelheilung noch nicht gewährleistet, sondern daß auch der Weiterbehandlung des Nabels bis über den Abfall des Stumpfes hinaus ein wichtiger Anteil zukommt. Dieses Moment wird vielfach in vergleichenden Statistiken über die beste Methode der Abnabelung nicht genügend in Rechnung gestellt. Einmal gewinnt man nicht selten den Eindruck, daß die zur Erprobung einer neuen Methode verwendeten Fälle einer sorgfältigeren Überwachung teilhaftig werden als sie dem Durchschnitt der entsprechenden Anstalten entspricht — ein Fehler, der sich ganz natürlich einschleicht. Weiterhin ist aber zuzugeben, daß eine an sich schlechtere Methode der Abnabelung im großen Durchschnitt der allgemeinen Praxis bessere Resultate ergeben kann, wenn sie geringere Ansprüche in Hinsicht auf die Nachbehandlung stellt. Damit ist freilich kein absolutes Kriterium für den Wert einer Methode gegeben. Ja ich bin geneigt, auf dieses Moment manche Kontroverse und dauernde Uneinigkeit zurückzuführen. So scheint festzustehen, daß eine Methode, die in der Klinik ganz ausgezeichnete Resultate gibt, in der allgemeinen Praxis hinter einer absolut beträchtlich schlechteren Methode hinsichtlich ihres Durchschnittserfolges zurückstehen kann. Das muß natürlich berücksichtigt und auch hier unterschieden werden, was für Kliniken am besten scheint, und dem, was für die allgemeine Praxis am besten paßt.

Um nun aber die ganze Frage nicht zu verwirren, wollen wir zunächst versuchen, die verschiedensten Vorschläge absolut zu werten und erst später berücksichtigen, was für die allgemeine Praxis in Betracht kommt.

Aus unseren physiologischen Erörterungen ergibt sich jedenfalls zweierlei für die Weiterbehandlung des Nabelschnurrestes:

a) den trockenen Mumifikationsprozeß zu begünstigen oder mindestens durch keinerlei Maßnahmen zu stören;

b) jede Verunreinigung fernzuhalten.

ad a) Am raschesten erfolgt der Nabelabfall, wenn der Austrocknungsprozeß, als welcher die Mumifikation wesentlich anzusprechen ist, möglichst abgekürzt wird. Jedenfalls ist alles fernzuhalten, was die Austrocknung stört.

Vor allem sind also alle feuchten Verbände zu meiden, ebenso alles Einfetten des den Nabelstumpf bedeckenden Läppchens mit sterilem Öl oder Vaseline, 4%iger Karbolvaseline (Herms), wie das in den 90er Jahren des vorigen Jahrhunderts vielfach üblich war. Nur der von Ahlfeld, v. Budberg und Salge empfohlene 90%ige Alkohol macht eine Ausnahme, da er ja wasserentziehend wirkt. Gleichwohl verzögert auch er den Nabelabfall um 3—4 Tage, weil er gleichzeitig eine Härtung des Nabelschnurrestes hervorruft, worauf Stolz aufmerksam gemacht hat. Freilich wird man Ahlfeld zugestehen müssen, daß der spätere Abfall gleichgültig ist, wenn sonst die Ergebnisse besser sind, was ich in Hinsicht auf die Erfordernisse der allgemeinen Praxis hier erwähne. Derselbe Einwand der Härtung ist gegen die eventuell wiederholte Bepinselung des Nabelschnurrestes mit Jodtinktur zu erheben, die Ahlfeld und neuestens mehrere Amerikaner sowie Nádory und Leuers empfohlen haben. Auch das von Lwoff empfohlene Glyzerin wirkt wasserentziehend. Schliep schlägt zur Beschleunigung der Mumifikation vor, den Nabelschnurrest zweimal mit 20%iger Höllensteinlösung zu bepinseln. Geßner empfahl statt dessen tägliche Bepinselung mit Formalin wegen seiner härtenden und bakteriziden Eigenschaften.

Allgemein üblich ist es seit mehreren Jahrzehnten, die Austrocknung durch Aufstreuen irgendwelcher Pulver zu beschleunigen. Dazu werden am häufigsten solche verwendet, die gleichzeitig desinfizieren, also Keime vernichten oder fernhalten, wie z. B. Salizyl-Amylum (v. Winckel, Saenger, Gross, Czerwenka, Ballin), Zinkpuder, Dermatol (Keller, Kusminski, Schrader) oder eines seiner Ersatzpräparate Xeroform, Airol, Vioform, Diachylonpuder (Leube), Kalomel (Wentz). Gegen die meisten dieser Puder lassen sich allerdings Einwände machen. So gibt es bei Verwendung des Salizylpulvers den Abfall verzögernde Borkenbildung (Keller, Rieck); bei Verwendung von Dermatol sind gelegentlich Vergiftungen vorgekommen. Immerhin handelt es sich dabei um ganz vereinzelte Fälle. Zu verwerfen dürfte aber wegen seiner Giftigkeit das Kalomel sein.

Viele Autoren, darunter wir selbst sind dazu übergegangen, anstatt der antiseptischen aseptische (keimfreie) Pulver zu verwenden, möglichst solche, welche vermöge besonderer Eigenschaften die Austrocknung noch befördern. So empfahl schon 1899 Horn den Ton, Untiloff-Fagonski Gipsstaub, was von Kusmin und nach ihm von Petroff meines Erachtens übertrieben wurde, indem sie ein ganz kompliziertes Verfahren völliger Eingipsung des Nabelstumpfes beschrieben. Verfasser möchte vor allem den von Petermöller eingeführten Kieselgur (terra silicea calcinata praecipitata) wie die neuestens immer mehr in Aufnahme kommende Bolus alba empfehlen, die Galatti und Zweifel schon seit langem, wir selbst seit 10 Jahren mit bestem Erfolg verwenden. Die Austrocknung wird dadurch zweifellos beschleunigt. Man muß nur darauf achten, daß alle diese Pulver auch wirklich keimfrei sind, sonst kann man gelegentlich unangenehme Überraschungen erleben, wie z. B. Zweifel vier Tetanusfälle gesehen hat, bei denen Bolus alba als Übertrager nachgewiesen werden konnte.

Martin und Rieck haben ursprünglich alle derartigen Pulver streng verworfen und dem Brandschorf eine die Austrocknung beschleunigende und das Eindringen von Bakterien verhütende Wirkung zugeschrieben. Letzteres ist richtig, dagegen wird durch den Brandschorf, der wie eine Platte auf dem kurzen Stumpf sitzt, die Austrocknung sogar sehr verzögert (Stolz).

Alles in allem dürfte heute die Mehrzahl der Autoren irgend ein aseptisches oder antiseptisches Pulver zur Beförderung der Austrocknung verwenden; in der allgemeinen Praxis hat vielfach das Ahlfeldsche Verfahren berechtigterweise Eingang gefunden.

In diesem Zusammenhang können wir auch die viel umstrittene Frage erörtern: **Sollen die Kinder vor Abheilung der Nabelwunde gebadet werden oder nicht?**

Eine Einigung ist bis heute nicht erzielt. Ahlfeld, Bar, Bastard, Bernd-Rasz, Cipek, Doctor, Doléris, Eibel, Eicke, Glasko, Horn, Keilmann, Knopp, Küstner, Martin, Neumann, Opitz, Pinard, Poral, Raspini, v. Rosthorn und seine ganze Schule, Schlank, Schwan u. a. haben sich mehr oder weniger energisch gegen das Baden ausgesprochen. Anthes, Ballin, Bauereisen, Czerwenka, Fuchs, Galatti, Keller[1], Korwanski, Leube, Maurage, Saitzer-Schweitzer, Schrader, Weiß- wange, Wolde u. a. haben sich für Beibehaltung des Bades eingesetzt; wieder andere, darunter viele moderne Kinderärzte (Keller-Birk, Rietschel, v. Reuß u. a.) halten die Frage für ziemlich irrelevant. So äußert sich z. B. v. Reuß in seinem Lehrbuche: „Die Bedeutung dieser Frage darf nicht über- schätzt werden. Daß ein nach den Regeln der Kinderpflege vorgenommenes tägliches Reinigungsbad mit nachfolgender Erneuerung des Nabelverbandes für das Kind von Nachteil sein sollte, ist kaum anzunehmen. Auch die Heb- ammenlehrbücher geben keine einheitlichen Vorschriften. So verbietet das sächsische Lehrbuch das Bad bis zum Nabelabfall § 171, während das preußische § 257—258 das tägliche Bad vorschreibt.

Die Gegner des Bades geben ziemlich übereinstimmend an, daß namentlich bei sulzreicher Nabelschnur durch das tägliche Bad die Mumifikation verzögert und damit die Infektionsgefahr vergrößert würde. Demgegenüber meint freilich v. Reuß, daß dieser Einfluß des Bades durch das nachfolgende Aufstreuen eines Pulvers reichlich paralysiert werde, und Seitz gibt an, daß vom dritten Tage ab das Badewasser wegen der mit der Eintrocknung verbundenen fettigen Degeneration von dem Nabelschnurrest abrinnt. Saitzer und Schweitzer wie Kowarsky behaupten sogar, daß bei täglichem Bad der Nabelschnurrest früher abfällt. Ich persönlich habe über das Baden eine geringe Erfahrung, weil ich es nur vorübergehend geübt habe; danach muß ich Seitz recht geben für lang abgenabelte Kinder, glaube aber anderseits doch eine Verzögerung der Eintrocknung beobachtet zu haben. Für kurz abgenabelte Kinder trifft die Angabe von Seitz sicher nicht zu. Denn bei ihnen ziehen die Gefäße sehr bald den oberflächlich vertrockneten Rest in den Nabelnapf hinein, wo der Demarkationsbezirk noch mehrere Tage feucht bleibt. Das Badewasser dringt

---

[1] Keller gibt 1911 allerdings an, bei Weglassung des Bades eine Verminderung der Nabelinfektionen von 9,7% auf 4% beobachtet zu haben.

dann in die Rinne zwischen Hautnabelrand und vertrocknetem Ende des kurzen Stumpfes ein und kann hier leicht zur Infektion Veranlassung geben. Freilich ist es vielleicht weniger der Nabelschnurrest selbst als der Unterbindungsfaden, der sich mit Keimen imbibiert. Tatsächlich habe ich selbst bei mehreren versehentlich von Schülerinnen gebadeten Kindern eine Putreszenz des Nabelschnurrestes erlebt und Ballin berichtet dasselbe.

Bar fand häufig bei gebadeten Kindern Nabel-Erytheme.

Ich möchte weniger die Verzögerung der Mumifikation als Folge des täglichen Badens anführen, sondern mir erscheint als Hauptgefahr die Infektion. Selbst wenn wir von virulenteren Keimen ganz absehen, ist doch zweifellos immer die Gefahr einer Infektion mit Stuhlkeimen gegeben, die an dem Seidenfaden haften bleiben. In dieser Hinsicht hätte ein längerer Nabelschnurrest gewisse Vorzüge. Dieses Moment ist bisher in der Diskussion nirgends berücksichtigt worden. Für Gebäranstalten kommen aber noch weitere Überlegungen in Frage, die zuungunsten des Bades sprechen. Einmal kostet das Bad, wenn es einwandfrei verabfolgt werden soll, viel Zeit. Weiter ist es aber für die normale Heilung besser, wenn das Pflegepersonal den Nabel überhaupt möglichst in Ruhe läßt, was natürlich beim Baden nicht möglich ist. Also nicht eine Verzögerung der Mumifikation, die an sich gleichgültig wäre, fürchte ich, sondern die erhöhte Infektionsgefahr. Das scheint mir übrigens aus verschiedenen vergleichenden Untersuchungsreihen so deutlich hervorzugehen, daß ich niemals Veranlassung genommen habe, selbst derartige Versuche anzustellen. Ich erwähne z. B. die bekannten Versuche von Doktor und von Bérend-Rasz. Dieselben ergaben bei 1000 gebadeten und 1000 nichtgebadeten Kindern, daß der Nabelabfall annähernd gleichzeitig erfolgt; dagegen bei den gebadeten gut doppelt so häufig (19,7 $^{0}/_{0}$: 9,3 $^{0}/_{0}$) Nabelerkrankungen auftraten, die überdies bei den nicht gebadeten leichterer Art waren. Noch etwas größer ist die Differenz in ähnlichen Versuchen von Bastard an Pinards Klinik, der bei gebadeten 19,0 $^{0}/_{0}$, bei nichtgebadeten Kindern nur 6,3 $^{0}/_{0}$ Störungen hatte; bei letzteren erfolgte auch der Nabelabfall durchschnittlich um zwei Tage früher. Glasko fand bei speziell darauf gerichteten Untersuchungen, daß bei Weglassen des täglichen Bades die Bakterienmengen viel geringer waren. Dasselbe gibt Raspini an, der bei gebadeten Kindern auch häufiger leichte Entzündungen und verspätete Mumifikation beobachtete. In neuerer Zeit hat H. Küstner wieder bakteriologische Untersuchungen zu der Frage angestellt und ebenfalls gefunden, daß bei gebadeten Kindern pathogene Keime, vor allem gelbe und hämolytische weiße Staphylo- und Streptokokken am Nabelrest in einem viel größeren Prozentsatz nachzuweisen waren als bei nichtgebadeten Kindern, trotzdem im übrigen die Behandlung des Nabelrestes in den Vergleichsserien völlig identisch war.

Andere Autoren berichten freilich Gegenteiliges, wenigstens bezüglich des Nabelabfalles. So erzielte Galatti bei Bestreuen des Nabelschnurrestes mit Gips trotz täglichen Bades den Nabelabfall stets bis zum achten Tage, in 96,34 $^{0}/_{0}$ sogar am sechsten Tage. Auch Leube fand trotz täglichen Bades unter 1435 Fällen nur sechsmal den Nabelabfall nach dem sechsten Tage. Noch weiter geht Maurage (Klinik Baudelocque), der behauptet, bei gebadeten Kindern nicht allein rascheren Nabelabfall, sondern auch weniger Infektionen und eine bessere Vernarbung der Nabelwunde gesehen zu haben. Dasselbe wurde von Le Gendre beobachtet. Auch weitergehende Einflüsse wurden dem Verabfolgen oder Unterlassen des täglichen Bades zugeschrieben. So fanden Doktor und Keilmann, daß gebadete Kinder eine stärkere physiologische Gewichtsabnahme zeigten, was Schrader bestreitet, während Czerwenka behauptet, bei gebadeten Kindern eine stärkere Gewichtszunahme beobachtet zu haben.

Alles in allem wird man also den verschiedenen Angaben entnehmen dürfen, daß abgesehen von kurzer Abnabelung dem Bade in Hinsicht auf die Mumifikation keine wesentliche Bedeutung zukommt, dagegen dürfte doch eine größere Häufigkeit der Infektion bei Beibehaltung des täglichen Bades sicher sein. Meine eigene Erfahrung mit dem Bade ist, wie erwähnt, eine geringe, spricht aber eben in diesem Sinne. Abgesehen davon scheinen mir an Kliniken noch verwaltungstechnische Momente gegen das Bad zu sprechen und auch in der allgemeinen Praxis dürfte das Weglassen des Bades mit Rücksicht auf die seltenere Berührung des Nabels wohl das empfehlenswertere Verfahren darstellen.

Trockenbehandlung des Nabelschnurrestes scheint ein wichtiger, den Mumifikationsprozeß begünstigender Faktor zu sein. Das Weglassen des Bades und die Verwendung austrocknender Pulver dürfte diese Absicht unterstützen. Viel wesentlicher ist aber vielleicht noch ein anderes Moment: Luftzutritt. Denn der Mumifikationsprozeß gehört zu denjenigen Formen der Nekrose, die nur bei Luftzutritt ungestört verlaufen. Demzufolge sind alle luftdicht abschließenden Verbände zu vermeiden. So viel ich sehe, herrscht darüber auch im allgemeinen Einigkeit. Trotzdem wird freilich alle paar Jahre unter neuen Nabelverbänden auch irgendeiner angepriesen, dessen wesentlichster, vermeintlicher Vorzug ein wasser- und luftdichter Abschluß des Nabelschnurrestes sein soll. Auch die meisten wasserdichten Verbände leiden an dem Übelstand, daß sie den Luftzutritt verhindern. Auf der anderen Seite ist es freilich über das Ziel hinausgeschossen, wenn man, um genügenden Luftzutritt zu gewährleisten, auf jeden Verband verzichten will, wie z. B. Pierson. Neuestens hat Holste einen Verband angegeben, dessen besonders präparierter Stoff zwar wasserdicht ist, aber gleichzeitig genügend Luft durchlassen soll, um die Eintrocknung nicht zu verhindern. Den Erfinder leitete dabei der Gedanke, daß man dabei auf das tägliche Bad nicht zu verzichten brauche. Die Resultate an 250 Fällen sind gut.

Die in der allgemeinen Praxis verwendeten Nabelbinden scheinen mir übrigens doch den Luftzutritt mehr zu beschränken als notwendig und zweckmäßig ist, hauptsächlich weil zu viele Touren der Binde um das Kind angelegt werden. Dieser Nachteil läßt sich natürlich vermeiden, wenn man sich auf ein bis zwei Touren beschränkt. Dann aber haben diese Binden den großen Nachteil, daß der Verband sich leicht verschiebt. Auch Gaze- und Mullbinden, welche die Luft besser zulassen, haben diesen Nachteil, während bei Verwendung etwas elastischer Binden wieder die Gefahr besteht, daß die Binde zu fest geschnürt wird und dem Kinde Beschwerden macht. Der Nachteil des schlecht sitzenden Verbandes scheint mir vor allem nach meinen poliklinischen Erfahrungen, wie auch nach vielfachen gelegentlichen Beobachtungen an Kliniken, welche diese Binde noch verwenden, so groß, daß man meiner Meinung nach überhaupt besser ganz auf dieselbe verzichtet. Vielleicht würde für die allgemeine Anwendung in der Praxis auch in der Hand der ungeschicktesten Hebamme sich die Verwendung fertig präparierter steril verpackter und leicht anzubringender Verbände eignen. Ich denke dabei besonders an das an Walthards Klinik ausprobierte, von Vömel beschriebene Verfahren: der Verband besteht aus einer kreisrunden, vierfach gelegten Kompresse von nicht zu engmaschigem Mull, die mit antiseptischem Puder imprägniert ist und einen Durchmesser von 5,8 cm hat. Diese Kompresse wird einfach auf den Nabelring gelegt und mittels eines Pflasterringes von 3,5 cm innerem und 7 cm äußerem Durchmesser fixiert, so daß also der Nabelschnurrest in einem kleinen flachen Gazesäckchen sich befindet. Der Verband kann nach Angabe des Verfassers bis zur Entlassung liegen bleiben oder auch nach Bedarf gewechselt werden. Zwölf derartiger Verbände werden in einer Pappdose steril verpackt in den Handel gebracht.

Ganz praktisch ist auch das Verfahren von Brütt, der die Umgebung des Nabels mit Mastisol bestreicht und darauf die Gaze legt. Ich weiß nur nicht, ob dieser Verband ohne Binde genügend hält.

Wohl gilt das wieder von dem von Becker angewandten Pflasterverband, der wie ein schwach gewölbter Schutzschild für Vakzinepusteln aussieht und vermöge der im Schild angebrachten Löcher auch etwas Luft zuläßt. Allerdings möchte ich nach den gemachten Erfahrungen annehmen, daß der Luftzutritt oft nicht genügt.

Weitaus am empfehlenswertesten ist unseres Erachtens ganz zweifellos der von Flick angegebene Schürzenverband, der leider an Frauenkliniken noch viel zu wenig bekannt und eingeführt ist. Man kann den Verband leicht in folgender Weise herstellen: Eine etwa 9—10 cm breite und 40 cm lange Mullbinde mit gewebten Rändern wird der Länge nach dreimal derart gefaltet, daß nun eine Quadrat von vier Lagen Mull mit 10 cm Seitenlänge entstanden ist. Die Bänder werden aufeinandergenäht, dann steppt man auf die obere und untere Kante ein $1^1/_2$ cm breites, 110 cm langes Bändchen aus weichem glatten Battist so auf, daß rechts und links 50 cm freier Rand übrig bleibt. Senkrecht dazu wird auf der rechten Seite ein ebensolches Bändchen von etwa 70—75 cm Länge derartig aufgesteppt, daß in der oberen und unteren Hälfte des unteren Schürzenrandes je eine Schlaufe zurückbleibt. Ebenso wird das freie Ende des Bändchens noch mit zwei Schlaufen versehen, was den Vorteil hat, daß das Band auch für sehr verschieden große Kinder zu verwenden ist. Diese Schürzchen werden in Sterilisiertrommeln vorrätig gehalten und kommen nun direkt auf den eingestreuten Nabelschnurrest. Dann wird das von der rechten Seite ausgehende Band um den Nacken des Kindes geschlungen und nun die beiden horizontalen Bänder um den Körper herum nach vorn geführt, jederseits durch die Schlaufen des um den Nacken geführten Bändchens durchgeführt und dann gebunden (Abb. 72). Auf diese Weise ist das Schürzchen ausgezeichnet fixiert und belästigt trotzdem die Kinder auf keine Weise. Der Verband ist sehr gut luftdurchlässig, viel reinlicher als die Binden, da auch bei eventueller Beschmutzung und Durchnässung des über den Rücken laufenden Stückes der Battistbänder eine Drainage von Keimen nach vorn so gut wie ausgeschlossen ist. Außerdem ist er natürlich leicht zu wechseln, andererseits gestattet er eine Besichtigung des Nabels, ohne daß der ganze Verband entfernt zu werden braucht. Man muß nur das untere Bändchen lösen, dann kann man die ganze Schürze nach oben klappen. Wem das Vorrätighalten steriler Schürzen, die in der angegebenen Ausführung auch nicht sehr dauerhaft sind, zu kostspielig scheint, der kann sich helfen, indem er die Schürzen aus widerstandsfähigerem Material herstellt. Will man auch auf die Sterilisation der Schürzchen aus irgendeinem Grund verzichten, dann hat man nur nötig, zwischen Nabel und Schürzchen eine sterile Mullkompresse einzuschalten. Bei Knaben kann man, um eine Durchnässung sicher zu vermeiden, noch zwischen Verband und Genitalien einen Bausch hydrophiler Watte auflegen (Burns), eventuell noch vor Schluß des unteren Bändchens ein Schürzchen aus Billrothbattist (Flick, v. Reuß) oder Mosetig-Battist (10×12 cm) unterlegen.

Ich kann diesen Verband nach meiner reichen Erfahrung nur wärmstens empfehlen und würde seine allgemeine Einführung wenigstens an Kliniken für einen großen Vorzug halten. Denn zweifellos entspricht kein anderer Verband so vollkommen der doppelten Forderung, einerseits genügenden

Luftzutritt zu gestatten, andererseits einen sicheren Schutz gegen Infektion zu gewähren. Gerade auch die letztere Aufgabe erfüllt der Verband sehr vollkommen, da er unverschieblich sitzt und keine Keime aus Stuhl oder Harn nach vorn drainiert. Schließlich gewährt der Verband auch die Möglichkeit einer jederzeitigen bequemen Besichtigung des Nabels, was zwecks frühzeitiger Feststellung auch der geringsten Störung sowie zur Kontrolle des Personals recht wichtig ist.

Neuerdings hat Moll einen Hohlverband für den Nabel angegeben, der namentlich für die Außenpraxis gegenüber dem Flickschen Schürzenverband manche Vorzüge aufweisen dürfte, für den Gebrauch an Kliniken aber zu teuer ist. Unsere Versuche mit dem neuen Verband sind durchaus günstig ausgefallen.

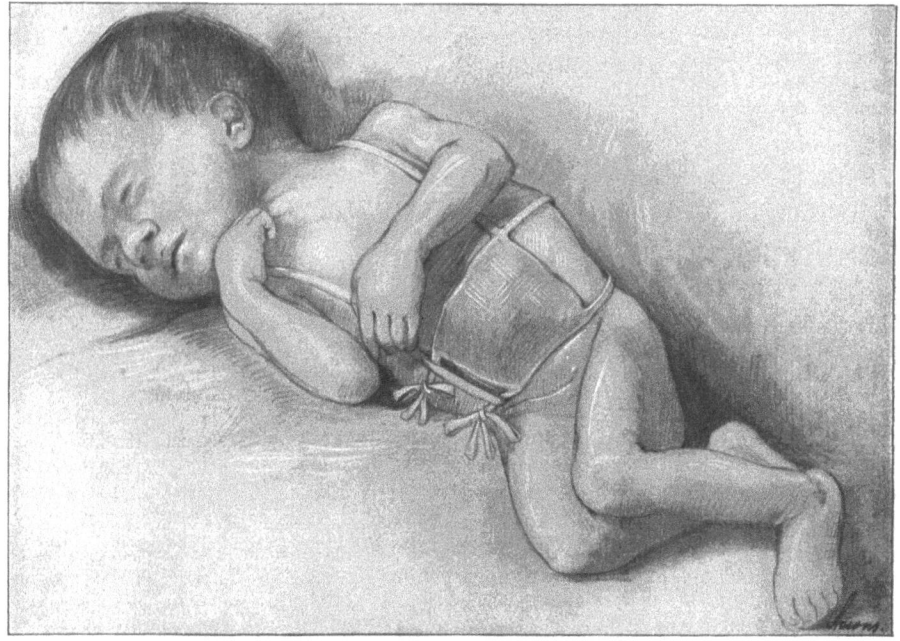

Abb. 72.
Neugeborenes in natürlicher Schlafhaltung mit Flickscher Nabelschürze.

ad b) In den vorstehenden Erörterungen haben wir schon die Frage: wie ist der Nabel weiterhin vor Verunreinigung zu schützen? vorweggenommen. Der Flicksche Schürzenverband erfüllt auch diesen Zweck in vollkommenster Weise. Nur ein Punkt ist in dieser Richtung noch hervorzuheben. Mit dem Nabelabfall ist die Infektionsgefahr noch nicht erloschen. Vielmehr dürfte ein gar nicht zu geringer Prozentsatz von Nabelinfektionen gerade in der Zeit zwischen Nabelabfall und Abheilung der im Nabelgrunde zurückbleibenden Wundfläche erfolgen. Infolgedessen ist es wichtig, auch in dieser Zeit (meist 3—4 Tage) den Nabel noch bedeckt zu halten und das Bad zu vermeiden. Letzteres scheint uns gerade deshalb jetzt wichtig, weil nach dem Abfall des Nabelschnurrestes ein Stehenbleiben von ein paar Tropfen infizierten Wassers im Nabelgrund gar nicht zu vermeiden ist. Auch das Baden in sterilem Wasser (Ansalom) dürfte dagegen nichts nützen.

III. Möglichste Abkürzung des ganzen Prozesses.

Vielfach ist es üblich geworden, die Güte irgendeiner Methode der Nabelschnurversorgung daran zu messen, ob dabei der Nabelabfall früher oder später erfolgt. Das hat bis zu einem gewissen Grade seine Berechtigung, insofern natürlich die Gelegenheit zur Infektion um so geringer wird, je früher der Nabel abfällt. Trotzdem geht man in dieser Richtung vielfach über das Ziel, denn es ist klar, daß der frühe Abfall des Nabels nur dann zugunsten einer Methode spricht, wenn gleichzeitig die Zahl der dabei beobachteten leichten und schweren Infektionen geringer ist als bei einer anderen Methode, mit der sie in Vergleich gestellt wird. In diesem Punkte lassen aber außerordentlich viele Arbeiten zuverlässige, zum Vergleich geeignete Angaben vermissen, ja man kann sich manchmal des Eindrucks nicht erwehren, als wäre es geradezu zum Sport geworden, den Nabelabfall möglichst zu beschleunigen. Das scheint mir ebenso zu weit gegangen, als wenn Ahlfeld sagt, es sei ganz gleichgültig, ob der Nabel früher oder später abfalle.

Ich glaube, man muß das Problem etwas schärfer fassen: es kommt nicht darauf an, ob bei einer bestimmten Methode der Nabelschnurstumpf früher oder später abfällt, sondern entscheidend ist vielmehr der Zeitpunkt, wann die im Nabelgrund nach dem Abfall des Restes zurückbleibende Wunde völlig verheilt ist. Darüber finden sich aber fast niemals genauere Angaben.

Der Abfall des Restes ist aber abgesehen von der Methode der Abnabelung auch von der Art der Aktivität der Nachbehandlung abhängig. So sah ich z. B. vielfach, daß bei längerem Nabelschnurrest aus Anlaß des Verbandswechsels teils willkürlich, teils unwillkürlich an dem Rest gezogen wurde. Damit wird zwar der Abfall um einige Tage beschleunigt, die im Nabelgrund zurückbleibende Wunde ist aber in solchem Falle größer, ja vielfach ist im Nabelnapf sogar noch eine größere Menge nicht mumifizierter Sulze vorhanden. Wie weit man sich da Selbsttäuschungen hingibt, kann ich aus eigener Erfahrung berichten. An der Klinik von Rosthorns in Heidelberg bestand die Vorschrift, vom 4. Tage ab den Nabel täglich zu revidieren. Dabei wurde der kurze Nabelrest zwischen zwei in Borlösung gelegene, vorher etwas ausgedrückte Watteröllchen gefaßt und leicht angehoben zu dem Zweck, um die Gegend des Nabelringes genau besichtigen zu können. Danach wurde allseitig Dermatol aufgeblasen. Wurde dieses Anheben nun einmal von etwas derberer Hand vorgenommen, so fielen die Näbel serienweise früher ab als bei sonst ganz gleicher Behandlung, sofern das Anheben zart durchgeführt wurde. Ich habe einmal sogar eine Nachblutung erlebt, da ein besonders eifriger junger Arzt bei diesem Anheben die Gefäße durchgerissen hatte. Was mich aber vollständig davon abgebracht hat, die Methode überhaupt beizubehalten, ist, daß in solchem Falle die Heilung der im Nabelgrunde zurückbleibenden Wunde durchaus nicht früher erfolgt und wegen der Gefahr des vorzeitigen Badens Infektionen leichter vorkommen. Freilich fällt nun der Nabel bei uns später ab. Ich habe aber davon nie die geringsten Nachteile gesehen, und fast stets innerhalb von 3—4 Tagen eine völlige Überhäutung der Wunde im Nabelgrund beobachtet. Der Nabelabfall erfolgt bei unserem jetzigen inaktiven Verfahren im Durchschnitt am 6.—8. Tage. Neben der Methode der Abnabelung und Nachbehandlung kommen aber auch noch andere Einflüsse in Frage, unter denen nach Weckerling Verdauungsstörungen, Ernährungszustand, Anfangsgewicht der Kinder, das Geschlecht derselben, die Zahl der Schwangerschaften, die Febrilität des Wochenbettes eine Rolle spielen. Allzu viel Wert ist freilich auf derartige, aus statistischer Berechnung gewonnenen Angaben nicht zu legen. Nur eins scheint aus der klinischen Beobachtung sicher hervorzugehen. Bei gut gedeihenden Kindern mit nicht übergroßer physiologischer Gewichtsabnahme und nicht zu großem Sulzreichtum der Nabelschnur erfolgt der Nabelabfall ceteris paribus zweifellos früher als bei frühgeborenen schwächeren, schlecht genährten Kindern und bei großem Sulzreichtum der Nabelschnur. Zum Vergleich seien nur noch einige Angaben über den Zeitpunkt des Nabelabfalles ganz wahllos gemacht. Nach Leubes Verfahren erfolgte trotz täglichen Bades unter 1435 Fällen der Abfall nur sechsmal nach dem 6. Tage. Lovrich erzielte mit Poraks Omphalotribe in 89% aller Fälle den Nabelabfall bis zum 6. Tage, Lwoff gibt als Termin den 4.—6. Tag an, Osterloh (Krönigs und Schautas Verfahren) 4.—8. Tag, ebenso Rieck (Martin). In Heidelberg unter v. Rosthorn war der Abfallstag der 6. (Weckerling). Hier in Gießen, wo ich dagegen jedes Berühren des Nabels vor dem Abfall verbiete, erfolgt der Nabelabfall

durchschnittlich viel später. Nach unserer letzten Zusammenstellung erfolgte der Nabelabfall bis zum 6. Tage bei 55% der Kinder, bei dem Rest zwischen 7. und 11. Tage. Zwischen
Nabelabfall und Überhäutung der kleinen Wunde im Nabelgrund vergehen aber noch mindestens 3, durchschnittlich 4—6 Tage, in einer Minderzahl von Fällen sogar bis zu 10 Tagen
(W. Lang).

Im allgemeinen also kann man sagen, daß noch eine ziemlich weitgehende
Unabhängigkeit des Zeitpunktes des Nabelabfalles von der angewendeten Methode besteht. Vor dem fünften Tage fällt der Nabel ganz allgemein selten
ab, ebenso ist der Abfall nach dem zehnten Tage selten. Meist erfolgt bei den verschiedensten Verfahren der Abfall des eingetrockneten Restes zwischen fünftem
und achtem Tag und es dürfte dabei ziemlich gleichgültig sein, ob innerhalb
dieser Zeit der Rest etwas länger oder kürzer haftet. Viel wichtiger ist es, daß
die Demarkation ohne stärkere entzündliche Reizerscheinung erfolgt, nach
dem Abfall eine wesentliche Sekretion aus dem Nabelgrunde nicht statthat
und diese Wundfläche im Nabelgrunde möglichst klein ausfällt und sich bald
schließt, was 2 Wochen post partum wohl fast regelmäßig der Fall sein dürfte.
Allen diesen Anforderungen genügen zweifellos verschiedene Verfahren. Es scheint mir weniger wichtig, irgend ein bestimmtes Verfahren als allein seligmachend zu bezeichnen, als vielmehr darauf
bedacht zu sein, ein und dasselbe Verfahren möglichst exakt durchzuführen.

VI. Spezielle Vorschriften für das Pflegepersonal und die Mutter zur Gewährleistung der Asepsis der Neugeborenenpflege.

Bereits in den vorstehenden Kapiteln, die der Erörterung verschiedener
Einzelfragen der Pflege und Hygiene des Neugeborenen dienten, haben wir
wiederholt auf die Bedeutung der Asepsis hinweisen müssen. Die Unterbringung
vieler Kinder in einer Anstalt erfordert aber zur Durchführung der Asepsis noch
eine Reihe besonderer Maßnahmen. Die Verhältnisse liegen hier viel schwieriger
als jemals im Privathause, wo überdies Fehler gegen die Asepsis viel harmloser
sind und immer nur ein Kind betreffen, während in der Anstalt Verstöße gegen
die Asepsis der Pflege leicht vervielfacht in Erscheinung treten und eine ganze
Reihe von Kindern zu gefährden imstande sind. Die folgenden Erörterungen
beziehen sich in erster Linie auf die Verhältnisse an Frauenkliniken. Sowohl
in Säuglingsheimen wie im Privathause sind die Bedingungen oft günstiger.
In unserem Anstaltsbetriebe würde eine Vernachlässigung der Asepsis auch bei
ausschließlicher Brustnahrung einem Verzicht auf nennenswerten Erfolg gleich-
kommen und eine neue Form des viel berufenen Hospitalismus der Kinder
zeitigen.

Eine der wichtigsten Forderungen haben wir schon oben erörtert, als wir
von der Einrichtung besonderer Kinderzimmer, also der Trennung der Kinder
von den Wöchnerinnen sprachen. Bietet der bereits erwähnte Erfolg dieser
Trennung schon an sich eine starke Stütze für die Richtigkeit unserer Forderung,
so haben wir einen Gegenbeweis in dem zuerst von Kermauner aufgezeigten
ungünstigen Einfluß des Fiebers der Wöchnerinnen auf das Gedeihen der Brustkinder. Wenn auch zuzugeben ist, daß die ungünstige Beeinflussung der Brustsekretion durch schweres Puerperalfieber daran Anteil hat, so zeigen doch die
Beobachtungen bei ausreichender Brustsekretion, daß ganz offenbar die erhöhte
Möglichkeit der Übertragung von hochvirulenten Keimen aus der Umgebung

der fiebernden Wöchnerin auf das Kind zur Entstehung dieser Darmkatarrhe, Staphylomykosen usw. die Hauptursache abgibt. Die Trennung der Kinder von den Müttern hat auch hier die Verhältnisse gebessert und in den letzten Jahren haben wir den Einfluß des Fiebers der Mutter fast ganz ausschalten können, indem wir neben den sonstigen Desinfektionsmaßnahmen vor dem Anlegen einfach die ganze Wöchnerin mit Ausnahme der Brüste mit einem frisch gewaschenen Leinentuch bedecken ließen. Anders ausgedrückt heißt das: diejenigen aseptischen Maßnahmen, welche unter normalen Verhältnissen genügen, erweisen sich als unzureichend für jene Fälle, in denen die Zahl und Virulenz pathogener Keime an der Oberfläche und in der unmittelbaren Umgebung der Wöchnerin steigt. Der Erfolg der erwähnten Bedeckung beruht zweifellos auf nichts anderem, als auf einer Ausschaltung dieser Keime. Es ist selbstverständlich, daß die Überwachung der Händedesinfektion vor dem Anlegen und der Schutz der Brust vor Berührung, wie ihre Reinigung vor dem Anlegen besonders scharf durchgeführt werden müssen.

Aber ganz abgesehen von diesen schwierigen Fällen genügt die in den meisten Lehrbüchern der Geburtshilfe zu findenden, ganz allgemein gefaßte Vorschrift der „Reinlichkeit" auch unter normalen Verhältnissen in keiner Weise. Das beweist die trotz Brusternährung noch große Morbidität besonders an Darmerkrankungen in der allgemeinen Praxis, trotz der Reinlichkeit wie der Laie sie versteht und ebenso der Arzt, dem nicht ausdrücklich die strengsten Vorschriften bei der Pflege der Neugeborenen bekannt ist. Das sind Tatsachen, welche die Insuffizienz allgemein gehaltener Vorschriften zur Genüge erweisen.

Es leuchtet ein, daß in Anstalten wegen der Besonderheiten des Milieus um so mehr strenge Vorschriften notwendig sind.

Die Trennung der Kinder von den Wöchnerinnen schafft von vornherein bessere Bedingungen zur Gewährleistung der Asepsis der Pflege. Damit fallen schon einmal all die Keime, welche ein Wöchnerinnenzimmer unvermeidlich bevölkern, weg und die Möglichkeit einer Keimübertragung wird auf die kurze Zeit des Anlegens beschränkt. Nabel, Haut und der ganze Darmtraktus sind es, welche eines besonderen Schutzes bedürfen. Dazu ist natürlich eine sachverständige Überwachung notwendig, die nur mit geschultem Personal durchzuführen ist. Alle Aufklärung und Ermahnung der Mutter allein nutzt nichts.

Noch größere Bedeutung — und von dieser Forderung sollte man an keiner Frauenklinik absehen — kommt einer rigorosen Trennung des Pflegepersonals in Mütter- und Kinderschwestern zu, die sowohl bei Tag wie bei Nacht durchzuführen ist[1]. Einzig durch diese Trennung kann erreicht werden, daß das Kinderpflegepersonal überhaupt nicht mit gefährlichen Keimen aus dem Lochialsekret und den Darmentleerungen der Mutter beladen wird. Noninfektion ist auch hier der Grundpfeiler aller Asepsis.

Bei der Mutter obliegt der Kinderschwester nur die Reinigung der Brust wie die Überwachung der Händereinigung vor dem Anlegen. Auch an der Brust ist die Verhütung der Infektion der Warzen, des Warzenhofes und ihrer Umgebung mit gefährlichen Keimen wichtiger als die Desinfektion. Wird darauf streng geachtet, dann genügt es vollständig, bei der

---

[1] Als Kinderschwestern suchen wir die besten Schwestern aus; denn die Anforderungen an ihre Gewissenhaftigkeit und Ausdauer sind ungleich größere als an irgendwelche anderen Schwestern, zumal an Frauenkliniken die Zahl des für die Kinder zur Verfügung stehenden Personals stets sehr knapp zu sein pflegt. Die Vorteile dieser Trennung des Personals an Frauenkliniken sind zuerst von F. Kermauner unter v. Rosthorn erkannt worden

Wöchnerin auch nur einmal, etwa unmittelbar nach der Geburt, die oft recht schmutzigen Brüste einer gründlichen Reinigung mit Wasser, Seife und Alkohol zu unterziehen, sofern nicht bereits in der Schwangerschaft eine Brustpflege eingesetzt hat. Im weiteren Verlauf kommt es dann eigentlich nur darauf an, Warze und Warzenhof durch Bedeckung mit sterilem Läppchen, eventuell noch durch einen schützenden Überzug mit Salbe vor Neuinfektiom zu schützen. Ob man daneben noch vor jedem Anlegen die Brüste besonders mit einem in Borwasser oder steriles Wasser getauchten Wattebausch reinigt oder nicht, ist von nebensächlicher Bedeutung. Um die Brust weiterhin vor Infektion zu schützen, wird von den Müttern verlangt und die Durchführung der Forderung durch strenge Überwachung gesichert, daß sie außerhalb der Trinkzeiten ihre Brüste überhaupt nicht mit den Fingern berühren. Den gleichen Zweck verfolgt die Ermahnung der Mütter, ihre Hände stets über der Bettdecke zu halten, niemals Vorlagen, Bettpfannen u. dgl. selbst anzufassen. Aber wer wüßte nicht, wie häufig trotz aller Ermahnung und Vorsicht gegen solche Vorschriften gesündigt wird. Damit muß man natürlich rechnen. Deshalb bauen wir in anderer Richtung vor. In unmittelbarem Anschluß an die erste Brustreinigung nach der Geburt werden den Müttern die Fingernägel gekürzt, danach die Hände mit Seife, Bürste, heißem Wasser und Alkohol gründlichst gereinigt. Vor jedem Anlegen wird unter Aufsicht der Kinderschwester diese Reinigung wiederholt; nur die Alkoholwaschung bleibt dann weg, wird aber sofort verlangt, wo wir eine Wöchnerin dabei erwischt haben, daß sie eine Vorlage oder Bettschüssel angefaßt hat. Auf diese Weise wird mit praktisch jedenfalls ausreichender Sicherheit erreicht, daß von seiten der Mutter eine Infektion des Kindes verhütet wird, wozu wir noch dadurch beitragen, daß wir innerhalb der Zeit des klinischen Aufenthaltes das Küssen der Kinder auf den Mund und noch mehr jede sonstige Berührung des kindlichen Mundes untersagen, ebenso niemals erlauben, daß die Kinder unter die Bettdecke genommen werden, sondern sie beim Trinken auf einem Leintuch auf die Bettdecke legen. Wo infolge Schnupfens, Angina usw. der Mutter besondere Gefahren auftauchen, lassen wir beim Stillen die Mütter einen Mund und Nasenöffnungen bedeckenden Gesichtsschleier anlegen. Nebenbei wirkt eine derartige strenge Handhabung der Prophylaxe auf die Mütter auch erzieherisch und kann den Säuglingsfürsorgestellen ihre Arbeit wesentlich erleichtern.

In derselben Weise muß natürlich auch eine Infektion des Neugeborenen durch die Pflegerin ausgeschaltet werden. Fallen auch durch die Trennung des Pflegepersonals für Mütter und Kinder viele Infektionsgelegenheiten schon weg, so ist natürlich die Kinderpflegerin in ihrem Bereich selbst der Zufuhr mancher durchaus nicht harmloser Keime ausgesetzt. Zudem besteht immer die Gefahr der Übertragung von einem Kinde auf das andere, eine Gefahr, die im Privathaus natürlich wegfällt. Die erste Sorge geht dahin, daß das Kind sich nicht mit den eigenen Darmkeimen, zu denen sich im entleerten Stuhl bald gefährlichere gesellen, infiziert. Das ist nur möglich, wenn die Pflegerin beim Umwickeln des Kindes sorgfältig darauf achtet, daß die Kinder nicht ihre Hände an die beschmutzten Windeln oder Körperstellen und von da an ihren Mund heranbringen. Dazu gehört vor allem eine gewisse Geschicklichkeit, die nur durch Übung erworben werden kann. Ein unruhiges, schreiendes Kind in dieser Hinsicht richtig zu behandeln, ist gar nicht so einfach und selbstverständlich, daß die Pflegerin beim Umwickeln eines beschmutzten Kindes sich nicht absolut sauber halten kann. Infolgedessen verlangen wir, daß die Pflegerin nach dem Umwickeln jedes Kindes sofort die Hände mit heißem Wasser, Bürste und Seife reinigt und hernach in Alkohol kurz abbürstet. Die Schnelligkeit, mit der auf die Beschmutzung der

Hände ihre Reinigung folgt, ist dabei das wichtigste. Nur auf diese Weise können wir vermeiden, daß die Pflegerin etwa beim Anlegen die Brust der Mutter oder ein anderes Kind infiziert, was sicherlich oft ohne besondere Folgen abginge, in zahlreichen anderen Fällen aber auch zu mehr oder minder schweren Darmkatarrhen führen könnte.

Selbstverständlich dürfen Milchpumpen, Milchflaschen, überhaupt alles, was mit der Nahrung in Berührung kommt, nur steril verwendet werden. Ebenso ist selbstverständlich, daß für jedes Kind ein besonderes Thermometer usw. vorhanden sein muß.

Wer an die Asepsis bei Operationen denkt, wird zugeben, daß es sich hier immer noch um ein Minimum handelt, ohne das wir aber im Anstaltsbetriebe nicht auskommen können, wenn wir nicht auf die besterreichbaren Resultate verzichten wollen. Zur exakten Durchführung der geschilderten Maßnahmen bedarf es natürlich ständiger Kontrolle durch die Ärzte.

Daß im Privathaus die Verhältnisse unendlich viel einfacher liegen, ist leicht einzusehen. Demgemäß brauchen die Vorschriften dort auch im einzelnen viel weniger streng zu sein; im Prinzip bleiben sie natürlich dieselben. So empfehlen wir vor allem im Frühwochenbett, daß die Pflegerin stets erst das Kind und danach die Mutter versorgt, im übrigen natürlich nach diesen Verrichtungen ihre Hände sorgfältig wäscht.

Überblicken wir das ganze große Kapitel der Pflege des Neugeborenen besonders im Hinblick auf allgemein aseptische Maßnahmen, so wird man zugestehen, daß bei einiger Übung und ausreichendem Personal ihre Durchführung eigentlich einfach ist. Das Schwierigste besteht in der Organisation des ganzen Betriebes. In der Beschreibung sehen alle diese Dinge viel komplizierter aus als sie in einem eingefahrenen Betriebe sich darstellen. Man darf schließlich auch den hohen erzieherischen Wert eines derart eingerichteten Betriebes für die Studenten und jungen Ärzte einer Klinik nicht übersehen.

Vierte Abteilung.

Die Ernährung des Neugeborenen.

A. Die natürliche Ernährung.

Voraussetzungen der natürlichen Ernährung.

I. Die weibliche Brust als Nahrungsspender.

Die Technik der Ernährung des Neugeborenen hat mit zwei Faktoren zu rechnen. Einmal mit dem Objekt der Ernährung, dem Kinde selbst, zweitens aber auch mit dem Subjekt derselben, der die Nahrung spendenden Brust der Mutter (bzw. in besonderen Fällen mit den Surrogaten derselben). Aus praktischen Gründen erscheint es förderlicher, wenn wir uns erst mit dem Subjekt beschäftigen. Die Kenntnis des Mechanismus der Brustfunktion, der Bedingungen und Größe wie Schwankungen ihrer Leistungsfähigkeit ist Voraussetzung jeder Stilltechnik. Nicht minder wichtig für den praktischen Erfolg ist es, die häufig genug vorkommenden, von der Mutterbrust abhängigen Stillschwierigkeiten zu kennen, ehe man versuchen kann, sie zu überwinden. Schließlich können wir einer Kenntnis des von der Brust gelieferten Sekretes in chemisch-physikalischer wie biologischer Hinsicht nicht entraten, wenn wir von einer rationellen Technik der Brusternährung sprechen wollen. Alle die genannten Fälle stellen Vorfragen der natürlichen Ernährung dar, deren vorherige Erledigung unerläßlich ist, um ständige Abschweifungen und Wiederholungen bei der Darstellung der eigentlichen Ernährungstechnik zu vermeiden. Wir beabsichtigen aber nicht, eine vollständige Physiologie und Pathologie der weiblichen Brust hier zu schreiben. Hier soll nur das herangezogen werden, was uns zu einem tieferen Verständnis der den Ernährungserfolg bedingenden Faktoren notwendig dünkt. Vollends übergehen wir entwicklungsgeschichtliche Einzelheiten [1] und betrachten die Mamma lactans in jedem einzelnen Falle als gegebene Größe, mit der wir eben, wie sie gerade ist, zu rechnen haben.

---

[1] Für tiefergreifendes Studium sei verwiesen auf: M. v. Pfaundler, Physiologie der Laktation in Sommerfelds Handbuch der Milchkunde, Wiesbaden 1909; S. Engel, Die weibliche Brust in v. Pfaundler - Schloßmann, Handb. der Kinderheilk. Bd. I, 2. Aufl. Leipzig 1900; v. Jaschke, Biologie und Pathologie der weiblichen Brust im Handb. d. Frauenheilkunde von Halban-Seitz, Bd. V, 2. Berlin-Wien 1926; v. Pfaundler, Milchdrüsen, Laktation, Saugen in Handb. der normalen u. pathol. Physiologie von Bethe-Bergmann - Embden - Ellinger, Bd. XIV, 1, Berlin 1926; ferner Fr. Keibel und F. P. Mall, Handb. d. Entwicklungsgesch. d. Menschen, Bd. I, Leipzig 1911 und Fraenkels Darstellung in L. Fraenkel und R. Th. Jaschke, Normale und pathologische Sexualphysiologie des Weibes, Leipzig 1915.

1. Ursachen der Laktation.

Bekanntlich wird die weibliche Brust erst während der ersten Schwangerschaft zu einem solchen Wachstum des eigentlichen Drüsengewebes gebracht, das die spätere Funktion gewährleistet. Erst nach der Ausstoßung des ganzen Eies beginnt jedoch eine geregelte Sekretion.

Es liegt danach nahe, die Ursache dieser Vorgänge in bestimmten ovogenen Stoffen zu suchen, welche wie so viele andere Schwangerschaftsreaktionen des mütterlichen Organismus das Parenchymwachstum der Mamma anregen und unterhalten. Jedenfalls dürfte es sich um bis dahin „blutfremde" Körper (Abderhalden) handeln, über deren Charakter und Wirkungsweise ein abschließendes Urteil heute noch nicht möglich ist [1].

Die älteren Hypothesen, welche in vom Genitalapparat ausgehenden Reizen das Primum movens erblickten, sind heute wohl allgemein und mit Recht verlassen. Auffallend bleibt aber zunächst, daß die fraglichen Reizstoffe gleichwohl niemals eine richtige Sekretion der Mamma zustande bringen, vielmehr augenscheinlich erst der Wegfall des Eies das sekretionsauslösende Moment darstellt. Da aber andererseits, wie oben erwähnt, die Ansiedlung des Eies die auslösende Ursache für das Wachstum des Parenchyms und die Überführung desselben in den Zustand der „Sekretionsbereitschaft" darstellt, so besteht hier eine Schwierigkeit der Deutung, die zunächst nur spekulativ zu überwinden ist. Man hat sich mit der Annahme geholfen, daß vom Ei nicht allein die Hyperplasie des Mammaparenchyms anregende, sondern auch gleichzeitig die Sekretion hemmende Stoffe in das Blut der Mutter abgegeben würden. Der Wegfall dieser Stoffe mit der Geburt des Eies würde dann genügend erklären, warum jetzt erst die Milchsekretion in Gang kommt. Freilich müßten dann auch gleichzeitig die die Parenchymhyperplasie fördernden Stoffe wegfallen, und darin erblicken viele Autoren eine Schwierigkeit, die Keiffer durch die Annahme umgehen will, daß erst durch die Wehentätigkeit die fraglichen Reizstoffe richtig in den Blutkreislauf der Mutter gepreßt werden. Mir persönlich will freilich diese Schwierigkeit nicht so groß erscheinen, denn die tägliche Beobachtung lehrt doch, daß Sekretion wie Hyperplasie des Drüsenparenchyms bald zurückgehen, wenn die Drüse nicht beansprucht wird; sonach käme es eben nur auf die Ingangsetzung des ganzen Apparates an, die Unterhaltung der Sekretion wie der Hyperplasie wäre dagegen nur die Antwort auf den adäquaten Reiz des regelmäßig wiederholten Saugaktes, den man sich ja nicht als rein mechanisch vorstellen darf. Daß aber Reizstoffe von hormonalem Charakter eine Rolle spielen, ist einwandfrei erwiesen nicht nur durch manche Parabioseversuche an Tieren, sondern vor allem durch das Naturexperiment an den pyopagen Schwestern Blazek, deren eine gebar, während die andere, 8 Tage post partum untersucht, ebenfalls eine deutliche Hyperplasie und Sekretabsonderung aus beiden Brustdrüsen zeigte, wie Basch mitteilte.

Trotzdem bestehen noch Unklarheiten in Einzelheiten, die wir bisher vorsichtig umschrieben haben, indem wir einfach von dem Ei als Lieferant dieser Stoffe sprachen. Es wäre aber auch aus praktischem Interesse wichtig, zu wissen, welcher Bestandteil des Eies diese Stoffe liefert, bzw. ob etwa Reiz- und Hemmungsstoffe von verschiedenen Bestandteilen desselben geliefert werden. Halban und ähnlich Hildebrandt verlegten die gemeinsame Bildungstätte in den Trophoblasten, also den fötalen Anteil der Plazenta, Starling und Claypon in den Fötus selbst, ebenso Biedl und Königstein, Basch. Biedl ist neuerdings aber geneigt, dem Fötus die Abgabe der sekretionsfördernden, der Plazenta die der hemmenden Hormone zuzuschreiben. Es ist heute noch nicht möglich, sich für die eine oder andere Meinung ganz bestimmt auszusprechen. Ein weiteres Eingehen auf die ganze Frage erübrigt sich im Rahmen unserer Aufgabe.

Man hat gegen die Auffassung, daß der Wegfall von irgendwelchen Hemmungsstoffen die Milchsekretion auslöse, darin ein wichtiges Gegenargument erblickt, daß Injektion von Plazentarextrakt (Lederer und Přibram u. a.) die Milchsekretion zu steigern vermag, also sekretionsfördernd wirkt. Der Einwand dürfte aber nicht zwingend sein, denn gleichzeitig mit den oben angenommenen sekretionshemmenden Stoffen würden ja vielleicht das Parenchym anregende Stoffe eingeführt. Zudem spielen sich diese Versuche ab an einem zur Sekretion bereits bereiten Organ, an dem alle möglichen hormonalen wie lymphagogen Stoffe als allgemeiner Reiz wirken können. Schließlich sind meines Wissens alle diese Steigerungen der Milchsekretion im Experiment von sehr kurzer Dauer und weder Verfasser noch anderen Autoren ist es bei Verwendung solcher hormonaler Körper gelungen, die Milchsekretion dauernd zu beeinflussen oder gar über den Mangel des adäquaten Reizes hinwegzuhelfen. Unser Einblick in das Gewirr von Wechselwirkungen der endokrinen

---

[1] Einzelheiten bei E. Abderhalden, Abwehrfermente. 4. Aufl. 1914.

Drüsen ist noch viel zu oberflächlich, als daß der Ausfall solcher Experimente eindeutige Schlüsse gestattete. Selbst die Untersuchungen von Aschner und Grigoriu, die durch Injektion von Plazenta- und Fötalbrei auch bei virginellen Tieren nicht bloß Hypertrophie der Mammae, sondern echte Milchsekretion hervorrufen konnten, scheinen mir aus denselben Gründen nicht eindeutig genug, ganz abgesehen davon, daß es ja immer gewagt ist, ein Organextrakt gleichzusetzen mit einem bestimmten wirksamen Stoff. Übrigens könnte man sich mit Halban wohl vorstellen, daß die sekretionshemmende Wirkung durchaus nicht an besondere Stoffe gebunden, sondern nur eine Folge des von dem fraglichen fördernden Reizstoff ausgelösten Wachstums ist. Solange das Organ wächst, würde gewissermaßen die Tätigkeit des Zellwachstums selbst den Ablauf der zur Sekretion führenden Umwandlung der Zellen hemmen. Fällt mit der Geburt der Reiz der wachstumfördernden Hormone weg, dann kann die Sekretion einsetzen, deren Unterhaltung ja des adäquaten Reizes der Saugtätigkeit bedarf.

Auch dem Ovarium wurde vereinzelt große Bedeutung für die Auslösung des starken Parenchymwachstums zugesprochen — in Analogie mit der Rolle, die dem Ovarium für die Pubertätsentwicklung der Brüste zukommt. Dabei ist aber nicht zu vergessen, daß das Drüsenwachstum in der Pubertätsentwicklung der Brüste eine verschwindende Rolle spielt, und es sich hauptsächlich um Bildung von Fettpolster und Corpus fibrosum der Mamma handelt. Fest steht jedenfalls, daß auch bei früh oder spät in der Gravidität vorgenommener Kastration die Laktation keinerlei Störung erfährt, ja bei Tieren wird direkt die Kastration zur Aufbesserung der Laktation benutzt. Man kann also eher annehmen, daß das Ovarium die Milchsekretion hemmt. Ebenso dürfte auch für die Schwangerschaftshypertrophie des Drüsenparenchyms eine protektive Wirkung der Keimdrüsen nicht in Betracht kommen (Halban), wenn freilich auch das Gegenteil von dem das Corpus luteum tragenden Ovarium behauptet wird. Der Natur der Sache nach könnte es sich wohl nur um eine Funktion des Corpus luteum graviditatis handeln, wogegen aber die Bedeutungslosigkeit der frühzeitig in der Gravidität vorgenommenen Kastration wie das negative Ergebnis der Injektion von Corpus luteum-Extrakt spricht (Grigoriu, Cristea und Aschner). Fast in allen Versuchen fällt übrigens auf, daß nicht genügend unterschieden wird zwischen der Hypertrophie der Mammae mit etwas kolostraler Absonderung und echter Laktation. Kolostrumproduktion kommt aber auch außerhalb der Schwangerschaft selbst bei Virgines gar nicht so selten vor (Lindig [1]).

Diese Auseinandersetzungen über die Ursachen der Laktation [2] haben für uns nur insofern praktische Bedeutung, als sie uns Anhaltspunkte zur Beurteilung verschiedener neuerer laktagoger Verfahren gewähren sollen. Wir kommen später darauf zurück.

2. Brustdrüsensekretion und Saugakt.

Zunächst bleibt es dabei, daß die Brust eine gegebene Größe ist, mit der wir zu rechnen haben. Unmittelbar nach der Geburt unterscheidet sich ihr Aussehen in nichts von dem in der letzten Zeit der Schwangerschaft. Was auf Druck oder Ansaugen entleert wird, sind wenige Tropfen Kolostrum, bald in Form einer gelben, klebrig-schleimigen Flüssigkeit, bald auch in Form trübwässerigen Sekretes, in dem gelbliche Fäden oder Klümpchen schwimmen. Mehr als ein paar Kubikzentimeter sind bei dem ersten Versuch aus den Brüsten nicht abzunehmen. Wenn das Kind mehrmals angelegt wird, produzieren die Brüste im Laufe des ersten Tages bereits 10—20 g und selbst etwas darüber von dieser trüben kolostralen Flüssigkeit. Aber auch unabhängig von dem Saugreiz nimmt in den ersten Wochenbetttagen die Kolostrumproduktion zu. Unter einem mehr oder minder starken subjektiven Spannungsgefühl schwellen in den nächsten Tagen die Brüste an und entleeren nun auch reichlicher Sekret. Dieses verändert dabei bereits vom zweiten Tage ab insofern seinen Charakter, als die Kolostrumkörperchen in zunehmendem Maße von den Milchkügelchen verdrängt werden. Am dritten bis vierten Tag (vereinzelt auch erst am fünften bis sechsten Tage, noch seltener am zweiten Tage) ist der Höhegrad der Spannung

---

[1] Cf. Lindigs Untersuchungen, Zeitschr. f. Geb. u. Gyn., Bd. 78, H. 1.
[2] Ausführliche kritische Erörterung der ganzen Frage bei v. Pfaundler im Handb. d. normalen u. pathol. Physiol., l. c. und v. Jaschke, Handb. v. Halban - Seitz, l. c.

erreicht, das von der Brust gelieferte Sekret zeigt immer mehr den Charakter der Frühmilch, seine Menge nimmt von Tag zu Tag unter dem Reiz des Saugens und der Entleerung rasch zu. Seltener bleiben — das gilt besonders für die erste Laktation — die Brüste in den ersten beiden Tagen in ihrem Aussehen und ihrer Konsistenz nahezu unverändert, bis am dritten bis vierten Tage ziemlich plötzlich eine pralle Schwellung der Brüste eintritt. Die Haut erscheint dann bis zum Platzen gespannt, glänzend, die subkutanen Venen treten stark gefüllt hervor. Die Frau klagt über Schmerzhaftigkeit der Brüste; jede Betastung vermehrt den Schmerz. Das geschwellte Parenchym ist in Form unregelmäßiger geschwulstähnlicher, schmerzhafter Knoten und Stränge oft bis an die vordere Axillarlinie und darüber hinaus zu verfolgen. Gleichzeitig mit diesem Umschwung im äußeren Anblick der Brust setzt auch die bis dahin spärliche Sekretion mehr mit einem Schlage ein, so daß man nicht mit Unrecht von einem „Einschießen der Milch" spricht. Nach 12 Stunden ist gewöhnlich der Höhepunkt der Schwellung erreicht, nach weiteren $1-1\frac{1}{2}$ Tagen schwindet bei regelmäßiger Entleerung die schmerzhafte Verhärtung und macht der normalen teigig-körnigen Konsistenz der laktierenden Mamma Platz [1]. In diesem Falle erfolgt auch die Veränderung des Sekretes viel plötzlicher. Bis zum Einschießen der Milch bleibt der kolostrale Charakter fast unverändert erhalten, mit dem Einschießen ändert er sich aber viel rascher und nimmt den Charakter der Frühmilch an [2]. Im ganzen scheint mir, als ob Erstlaktierende etwas mehr Kolostrum produzierten als Mehrgebärende.

Eine interessante, gelegentlich bei Mehrlaktierenden zu beobachtende Begleiterscheinung des Einschießens der Milch, die aber auch unabhängig davon noch in späteren Tagen zu beobachten sein kann, ist der sogenannte „physiologische Milchfluß" (F. A. Kehrer, v. Herff u. a.). Es handelt sich dabei um ein spontanes, oft unter einem deutlichen subjektiven Rieselgefühl und objektiver Turgorsteigerung in den Brüsten eintretendes Ausfließen von Milch. Dasselbe hält manchmal nur wenige Minuten, manchmal aber auch bis zu einer Viertelstunde und darüber an, tritt nur vereinzelt oder mehrmals am Tage auf, manchmal im Anschluß an das Anlegen, augenscheinlich durch den Saugreiz des Kindes ausgelöst, in anderen Fällen aber auch ganz unabhängig davon, besonders bei Verzögerung des Anlegens zur gewohnten Zeit, im Anschluß an die Mahlzeiten, an eine subjektive Erregung, bei stärkeren Nachwehen und dergleichen mehr.

Natürlich sind die hier geschilderten Typen nur zwei Extreme, von denen das erste der häufigste ist, während zum zweiten zahlreiche Übergänge bestehen. Die starke Schwellung der Parenchymknoten und Stränge tritt oft nur partiell ein, ebenso erfolgt das Weicherwerden oft teilweise. Ich habe wiederholt erlebt, daß unerfahrene Beobachter darin den Beweis einer mastitischen Abszedierung erblickten. Wird aus irgendeinem Grunde, z. B. wegen Tod des Kindes die Brust nicht beansprucht, so geht innerhalb weniger Tage die Schwellung und Sekretmenge zurück, das Sekret nimmt dabei wieder mehr und mehr kolostralen Charakter an, um nach einigen Wochen oder Monaten völlig zu versiegen. Ganz anders gestaltet sich der Verlauf, wenn die Brust

---

[1] Über den Termin des Einschießens der Milch hat Madame Dluski bei 326 Erstgebärenden folgende Erhebungen machen können. Es erfolgte das Einschießen der Milch

          9 mal nach   24—48 Stunden post partum,
   115   ,,   ,,   48—72   ,,   ,,   ,,
   159   ,,   ,,   72—96   ,,   ,,   ,,
    42   ,,   ,,   96—120   ,,   ,,   ,,
     1   ,,   ,,   120—144   ,,   ,,   ,,

Birk hat in einem Fall das Einschießen der Milch sogar erst am 9. Tage beobachtet.

[2] E. Opitz schließt aus der Tatsache, daß er auch bei nichtstillenden Frauen einen Einschuß der Milch mit Umwandlung des kolostralen Sekretes in Milch beobachtet hat, daß die Umwandlung des Sekretes unabhängig vom Saugreiz erfolge, wahrscheinlich bedingt durch das Erlöschen des Lebens des Eies. Wir können ihm darin nicht folgen, da wir gleichsinnige Beobachtungen nicht gemacht haben und die Sekretstauung bei Nichtstillenden dem Einschuß der Milch nicht gleich setzen.

beansprucht wird. Trotz Weicherwerden nimmt dann die Sekretmenge von Tag zu Tag zu, entsprechend dem Bedarf des Kindes und unter Änderung der Zusammensetzung des Sekretes.

Die Ausscheidung der Milch auf den Saugreiz hin ist nicht rein als passiver Akt zu betrachten, vielmehr kommt eine aktive Mitarbeit seitens der Brust mit in Betracht. Das in den Drüsenalveolen angesammelte Sekret wird, sobald der Druck eine gewisse Höhe erreicht hat, in die Ausführungsgänge getrieben und sammelt sich zunächst in der sogenannten Zisterne unterhalb des Warzenhofes an, die allerdings manchmal erst nach der ersten Geburt entsteht (A. Seitz). Hier wird in den Trinkpausen ein kleiner Vorrat Milch aufgespeichert, dessen Abfließen durch die in der Brustwarze gelegenen feinen ausführenden Kanälchen (bis zu 20 an einer Brust — Basch) ein im Warzenhof an der Basis der Papille gelegener ringförmiger Muskel (Musculus subareolaris — Sappey) verhindert. Basch stellt sich die Wirkung dieses Muskels nach Art eines Quetschhahns an dem Gummischlauch einer Bürette vor. Druck auf die Gegend des Warzenhofes würde den Quetschhahn öffnen und gleichzeitiger Druck auf die Sinus

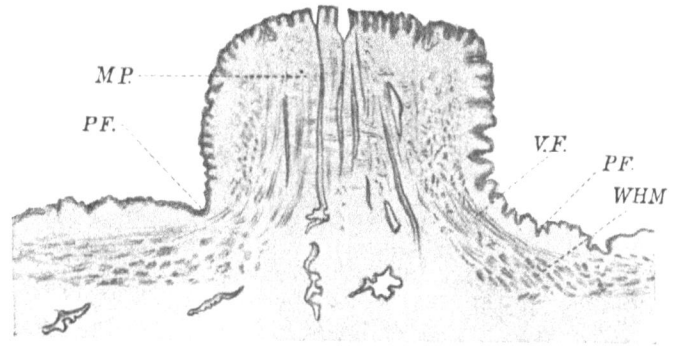

Abb. 73.
Normale Brustwarze von Zylinderform (nach Basch).
WHM Warzenhofmuskulatur. *VF* Verbindungsfasern. *MP* Innenmuskulatur der Papille.
PF Papillenfurche.

lactiferi, die kleinen Milchbehälter, die Milch in feinen Strahlen zum Austreten bringen. Verfasser muß gestehen, daß ihm nach Anordnung der Muskelfasern (Abb. 73) dieser Mechanismus nicht ganz klar erscheint. Ich habe deshalb A. Seitz veranlaßt, durch Studien an einem reichen Material diese Frage zu klären, wobei sich folgendes ergab:

Die Sinus lactiferi ragen mit ihrer peripheren Verjüngung in die Subareolarmuskulatur hinein (s. Abb. 74); eine Eigenmuskulatur fehlt ihnen, ebenso wie den Ductus lactiferi. Doch spalten sich von der Subareolarmuskulatur starke Bündel ab, die in die Papille einstrahlen und hier zwischen den Milchgängen parallel zu deren Achse verlaufen. In der Nähe der Papillenspitze biegen diese Bündel schleifenförmig um und durchflechten sich dabei vielfach mit einer in mehreren Lagen angeordneten zirkulären Muskulatur, die ihrerseits ihre größte Mächtigkeit nahe der Papillenbasis hat (vgl. Abb. 74). An der Papillenspitze umgeben diese zirkulären Fasern die Ductus zum Teil sehr innig. Diese Muskulatur steht wieder in engen Beziehungen mit einem Netz elastischer Fasern, das die einzelnen Ducti umscheidet, während um die Sinus meist nur eine einfache dünne Lage elastischer Fasern angeordnet ist.

Aus der eigenartigen Anordnung der beiden Systeme ergibt sich mit größter Wahrscheinlichkeit einmal, daß für die Fortbewegung des Sekretes in der Drüse

der „Füllungsdruck“ (v. Pfaundler) das Maßgebende ist, durch den auch erst
die Sinus lactiferi ihre volle Ausbildung erfahren, wie aus der Rarefizierung des
elastischen Gewebes um diese und aus dem Vergleich mit den nichtpuerperalen
Organen namentlich nulliparer Individuen sich ergibt. Dabei ist natürlich der
periphere Verschluß der Sinus durch den Musculus subareolaris Voraussetzung.
Dieser Muskel würde als Verschlußmuskel überhaupt die Hauptrolle spielen,
daneben aber auch an der Erektion der Warze beteiligt sein. Ein zweiter Verschluß besteht nahe der Papillenspitze. Angesichts der topographischen Beziehungen zwischen Muskulatur und elastischem Fasernetz darf angenommen
werden, daß die Entleerung im wesentlichen durch eine Expression seitens der
Kiefer des Kindes erfolgt, wobei allerdings die Warzenerektion und die Ansaugung
seitens des Kindes günstige Vorbedingungen schaffen. Wahrscheinlich wird auch
durch gleichzeitige Kontraktion oder Tonussteigerung der Längsmuskulatur
in der Umgebung der Ductus die Auspressung des Sekretes begünstigt. Dabei

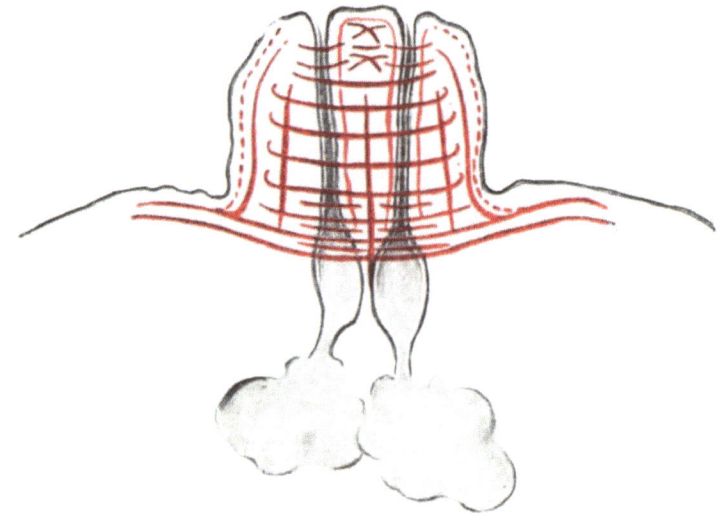

Abb. 74.
Schema der Warzen- und Warzenhofmuskulatur.

erscheint recht wesentlich, daß bei diesen Vorgängen der Musculus subareolaris
mehr nach der Warze zu verlagert wird.

Zudem dürfte mit der Erektion der Warzen der Tonus dieses Schließ-
muskels herabgesetzt werden und überdies reflektorisch unter den genannten
Reizen die Milchzufuhr aus den tieferen Drüsengängen zunehmen und so der
in den Sinus lactiferi herrschende Druck gesteigert werden. Ob daneben etwa
noch die Muskeln der Papille, welche sich mit dem erwähnten Schließmuskel
durchflechten, aktiv an der Entleerung mitwirken (v. Pfaundler), ist nicht
sichergestellt, aber wohl möglich.

Tatsache ist jedenfalls, daß durch Druck auf die Sinus lactiferi Milch
zum Austreten gebracht wird, ebenso aber Tatsache, daß auch ohne jeden
Druck durch Ansaugen (negativer Druck) diese Entleerung bedingt werden
kann. Freilich gelingt dann in beiden Fällen nichts anderes, als die Entleerung
der eben gefüllten Sinus lactiferi; zur weiteren Entleerung der Brust ist notwendig, daß Druck- und Saugwirkung abwechseln. Versucht man durch bloßes
Ansaugen (wie etwa mit einem älteren Milchpumpenmodell oder mit einer
Bierschen Saugglocke) die Brust zu entleeren, so wird man bald gewahr, daß

auch der kräftigste Saugdruck keine Milch mehr aus der Brust hervorlockt. Durch das dauernde Saugen werden die Sinus lactiferi und Ductus efferentes, nachdem sie entleert worden sind, bald ganz verschlossen, ihre Wände klappen zusammen [1]. Erst wenn man mit der Hand aus der Tiefe der Brust Milch nachdrückt, also durch Überdruck eine Füllung der Sinus bewirkt, gelingt es, durch weiteres Ansaugen wieder Milch zu gewinnen.

Auch beim natürlichen Saugakt, dessen einzelne Phasen wir schon früher beschrieben haben, wechseln Druck- und Saugwirkung ab. Abgesehen vielleicht vom ersten Moment des Anlegens gestaltet sich der Mechanismus der Brustentleerung durch den Neugeborenen so, daß in der ersten Phase durch Herstellung eines luftverdünnten Raumes um Warze und Warzenhof (wahrscheinlich unter aktiver Mitwirkung der Brustdrüse selbst) Milch in die Sinus lactiferi eingesaugt wird. Das eigentliche Übertreten der Milch in den Mund des Kindes findet aber statt durch kräftige Kompression der Zysterne im Warzenhof durch Kieferschluß des Kindes. Bei der folgenden Luftverdünnung wird wieder Milch aus der Tiefe angesaugt, darauf wieder durch Kompression entleert usw. Daß tatsächlich in der Phase des Kieferschlusses Milch in den kindlichen Mund gelangt, ist durch Beobachtungen im Saugspiegel (Basch, v. Pfaundler) festgestellt. Wahrscheinlich dürfte sogar die Druckwirkung von größerer Bedeutung für die Milchentleerung sein als die Saugwirkung, wenngleich gerade der Wechsel von Kompression und Aspiration die Voraussetzung zu einer raschen und gründlichen Entleerung der Brust ist. Ausgedehnte Versuche und Beobachtungen anläßlich der Konstruktion meiner Milchpumpe haben mich ebenso in dieser Meinung bestärkt, wie die rein klinischen Beobachtungen und Angaben der stillenden Mütter. Bei schwächlichen Kindern, die nicht genügend zufassen oder bei ungünstiger Form der Brust, wo der Warzenhof nicht miterfaßt werden kann, müssen die Mütter oft durch manuellen Druck nachhelfen. Umgekehrt klagen die Mütter kräftiger Kinder sehr oft, daß dieselben so furchtbar fest „zubeißen“, also komprimieren und nicht saugen; ja gleich den Tieren lernen viele Kinder bald mit den Händen auf die Brust zu drücken, um den Milchzufluß noch zu steigern. Saugbewegungen allein scheinen weniger Effekt zu haben. Das beweisen die schlechten Erfolge mit Milchpumpen, welche bloß eine Saugwirkung auszuüben vermögen, ebenso die mangelhafte Brustentleerung beim Stillen durch Saughütchen mit gläsernem Ansatz, der für die betreffende Brust zu weit ist. Wenn durch ein solches Saughütchen die Kinder trotzdem vielfach gut trinken können, so rührt das daher, daß bei einem im Verhältnis zur Brust engen Ansatz die Wand dieses Glasansatzes schließlich auf die fest eingesaugte Basis der Warze und den Rand des Warzenhofes, also auf die Sinus lactiferi, doch eine Kompression ausübt.

Man sieht, daß die Milchdrüsenentleerung kein einfacher Vorgang ist. Jedenfalls ist es nicht richtig, einfach von einem „Saugakt“ zu sprechen und auch der Name „Säugling“ ist in diesem Sinne nicht ganz zutreffend. Daneben kommt noch die aktive Leistung der Drüse selbst in Betracht, gleichgültig ob man eine solche bloß im Sinne der Sekretproduktion oder mit v. Pfaundler auch im Sinne einer aktiven Beteiligung an dem Entleerungsvorgang gelten lassen will.

Unterstützt wird die Entleerung der Brust beim Saugakt durch die als Saugansatz funktionierende Brustwarze, die gelegentlich schon auf den psychischen Reiz beim Anblick des Kindes, jedenfalls aber auf die ersten Saugversuche hin sich verlängert und dabei härter wird. Über den Mechanismus dieser Erektion

---

[1] Man kann sich durch den Versuch an einem mit Gummischlauch armierten Modell leicht von der Richtigkeit der hier angegebenen Tatsachen überzeugen.

waren die Meinungen vielfach geteilt, zumal ein Schwellkörper in der Mamille fehlt. Während die einen behaupten (Crasin, Mme. Brès) die Warze werde bei der Erektion kürzer und dicker, haben andere (Henle, Herrmann und Rüdiger) ein Länger- und Dünnerwerden der Mamille, z. T. auf Kosten der Areola behauptet; während Hoffmann stärkere Füllung der Blutgefäße als Ursache der Erektion annahm, wurde von anderen gegenteilig eine Anämisierung festgestellt. Ich habe deshalb den Mechanismus der Erektion durch meinen Assistenten Schumacher neuerlich studieren lassen, der dabei in Übereinstimmung mit Basch in allen Fällen eine Längenzunahme und Dickenabnahme der Warze fand. Der Längenzuwachs beträgt durchschnittlich 3—5 mm, während der Warzenhofdurchmesser sich verkleinert. Es wird also tatsächlich ein Teil des Warzenhofes zur Verlängerung der Papille herangezogen. Bewirkt wird die Erektion durch Kontraktion der Mamillenmuskulatur unter gleichzeitiger Zusammenziehung des Musculus subarealaris. Infolge der Kontraktion dieses letzteren runzelt sich die Haut des Warzenhofes und wird dadurch für die Oberflächenvergrößerung der Papille verfügbar.

Zur Unterhaltung der Sekretion der Brustdrüse ist ihre regelmäßige Inanspruchnahme erforderlich, der adäquate Reiz ist der geschilderte zusammengesetzte Saugakt des Kindes. Jede Brust paßt sich bis zu einem gewissen Grade den an sie gestellten Forderungen an und gibt mehr oder weniger ab, je nachdem mehr oder weniger verlangt wird. Erforderlich ist aber dazu eine mehrmals täglich stattfindende möglichst vollständige Entleerung. Bleibt dieselbe plötzlich aus, dann kommt es zunächst zur Milchstauung, äußerlich gekennzeichnet durch Spannung und Schmerzhaftigkeit der Brust, manchmal auch durch Galaktorrhoe. Bereits nach 1—2 Tagen völliger Stillegung treten infolge Wegfalls der normalen Reize und wohl auch unter dem das sezernierende Epithel schädigenden Druck des angestauten Sekretes Involutionserscheinungen im Parenchym auf, die zuerst durch das Auftreten von Kolostrumkörperchen sich manifestieren. Nach weiteren 2—3 Tagen ist die Sekretion erloschen, auf Druck entleert sich nur noch längere Zeit etwas Kolostrum. Eine jetzt einsetzende neuerliche gelegentliche Inanspruchnahme der Brust vermag die Sekretion bald wieder in Gang zu bringen, während nach längerer Stillpause ein solcher Erfolg zwar vereinzelt erzielt wurde (Friedjung, Engel, Marfan, Verfasser u. a.), jedoch durchaus nicht regelmäßig zu erwarten ist.

3. Leistungsfähigkeit der weiblichen Brust.

a) Beziehungen zwischen Bau und Funktion der Brust.

Daß solche Beziehungen bestehen, ist natürlich selbstverständlich. Das gilt aber bloß, wenn man den klinisch nicht feststellbaren feineren Bau der Brust berücksichtigt. Es ist klar, daß bei gleicher Behandlung eine parenchymreiche Brust (Abb. 75) mehr Milch geben wird als eine parenchymarme (Abb. 76), wenn auch die Menge des Parenchyms seiner Güte nicht streng proportional sein muß. Aber auch hier ergeben sich zahlreiche Einschränkungen, da eben die Behandlung der Brust manches auszugleichen vermag. Das äußere Aussehen wie die Betastung der Brust geben keinerlei sicheren Aufschluß über die Güte derselben, wobei wir zunächst nur die Ergiebigkeit, nicht die besondere mechanische Stillfähigkeit im Auge haben. Allerlei Hindernisse, die aus der Form und Entwicklung der Warze sich ergeben, können wohl das Stillen erschweren, ganz vereinzelt selbst unmöglich machen, gestatten aber auf Parenchymverbreitung und Ergiebigkeit keine bindenden Schlüsse. So dürfen wir also sagen, daß der äußere Anblick der Brust keinen sicheren Aufschluß über die Leistungsfähigkeit gewährt. Wohl wird man im allgemeinen von einer kräftig entwickelten Brust mit sichtbarem Hautvenennetz (Abb. 77), prominenten, leicht errigierbaren Warzen, leicht erhabenem Warzenhof und reichlich tastbaren Parenchymsträngen mehr erwarten dürfen als von einer schlaffen, fettreichen

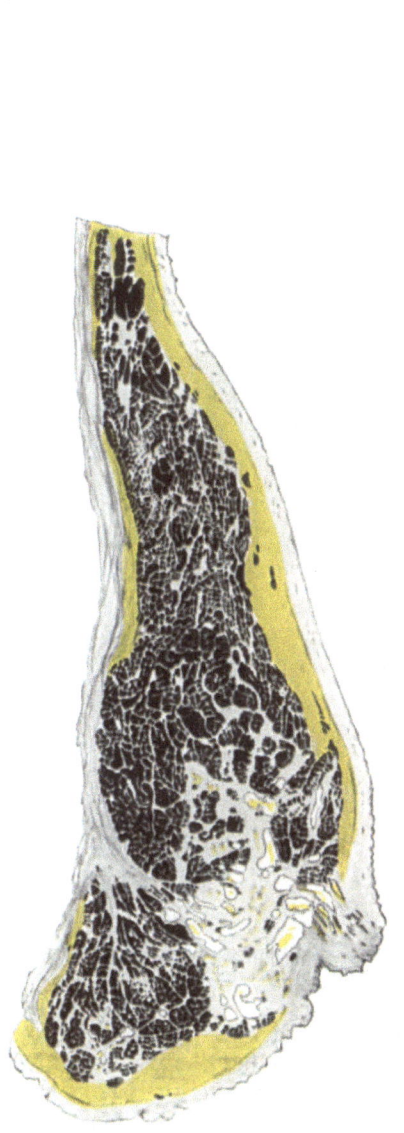

Abb. 75.
Medianer Sagittalschnitt durch eine parenchymreiche (gute) Brust

Abb. 76.
Medianer Sagittalschnitt durch eine sehr parenchymarme und bindegewebsreiche (schlechte) Mamma lactans.

(Parenchym schwarz, Bindegewebe weiß, Fett rot.)
Innerhalb des fibrösen Knotens hinter der Mamilla liegen die Sinus lactiferi, kenntlich an dem in ihnen liegenden (rotgefärbten) Milchfett. (Nach S. Engel).

Hängebrust oder einer in toto schlecht entwickelten Brust mit verkümmerter Warze und kaum abgesetzter Areola. Aber das gilt zunächst nur für Erstlaktierende und auch da nicht ausnahmslos. Jedenfalls ist nach unseren Erfahrungen auch die neueste Behauptung von Sfameni, daß die deutliche Anschwellung des Warzenhofes als Ausdruck guter Parenchymentwicklung eine günstige Stillprognose erlaube, in dieser Allgemeinheit nicht haltbar. Bei Mehrlaktierenden ist man oft überrascht, wie mit einem Male mit dem Einschießen der Milch die bis dahin als schlaffer Beutel herabhängende Mamma

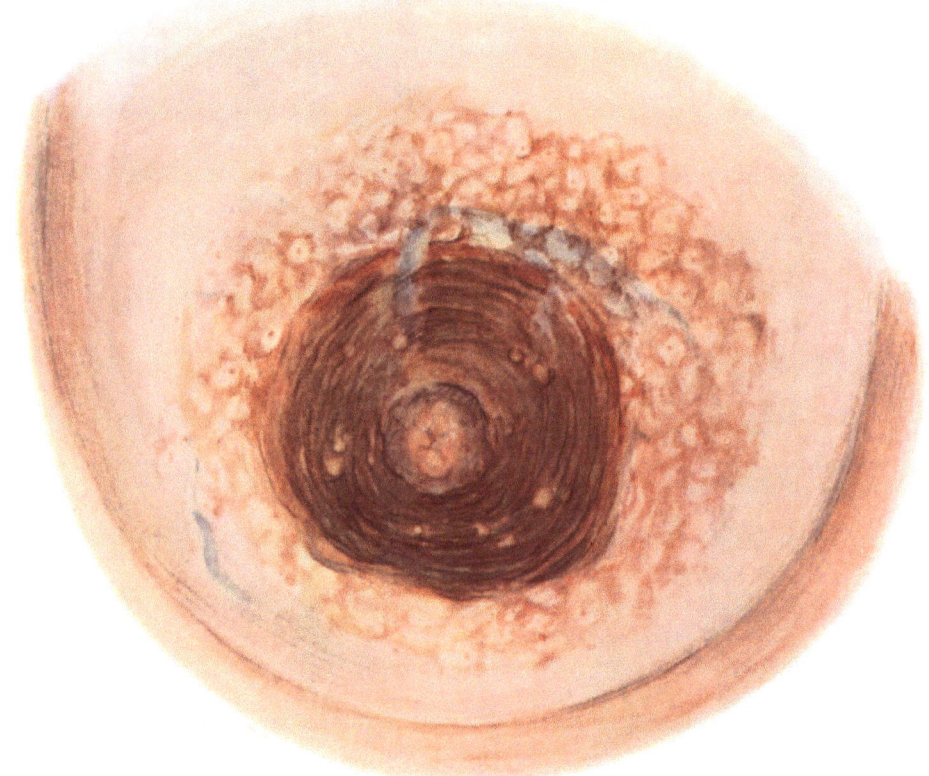

Abb. 77.
Gut entwickelte Brust einer Primigravida mit starker Pigmentierung des Warzenhofes, sekundärer Areola, deutlich sichtbarem Hautvenennetz.

sich zu einem kräftig funktionierenden Organ entwickelt. Ja Schlichter, der dieser Frage besondere Aufmerksamkeit gewidmet hat, betonte schon vor 30 Jahren, daß diese (nach dem Einschießen) walzenförmige Hängebrust (Abb. 78), die nur in $5^0/_0$ der Fälle sich findet, geradezu die milchergiebigste sei. Ebenso erleidet der genannte Erfahrungssatz auch bei Erstlaktierenden so viele Ausnahmen, daß sein Wert nur ein beschränkter ist. Ich habe Frauen mit kleinen, wenig prominenten Brüsten zu vorzüglichen Ammen sich entwickeln sehen [1], und scheinbar kräftige Brüste nach kurzer Zeit als mangelhaft

---

[1] Selbst bei exzessiver Mikromastie ist ausreichende Stillfähigkeit beobachtet worden (Variot, Peignaux).

stillfähig bezeichnen müssen. Das haben seit den ältesten Zeiten alle erfahrenen
Beobachter betont. Auch Schlichter rangiert die halbkugeligen fettreichen
Brüste an letzter Stelle, während die „Kegelbrüste" (Abb. 79 und 80) nach
allgemeiner Erfahrung meist gute Ergiebigkeit zeigen. Von ausnahmsloser
Gültigkeit sind aber auch diese Erfahrungen nicht. In letzter Zeit hat Heusler

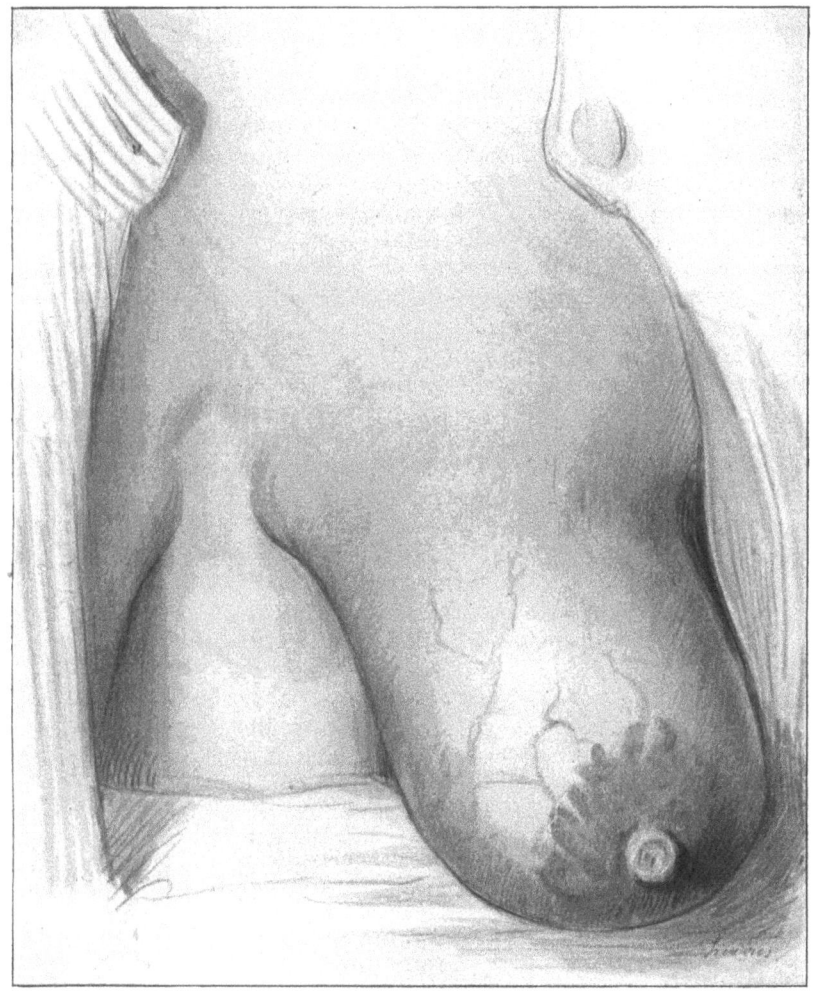

Abb. 78.
Walzenförmige, sehr ergiebige Hängebrust einer Vielgebärenden, nach dem Milcheinschuß
gezeichnet.

behauptet, daß die zwischen Haut und Mamma nachzuweisende, gegenüber der
Axillartemperatur um 0,1—0,4° höhere Temperatur eine günstige Stillprognose
erlaube. Auf diese Temperaturdifferenz, die gelegentlich bis zu 1° beträgt,
und erst mit dem Einschießen der Milch nachweisbar wird, hatte bereits 1921
Moll hingewiesen. Die von Heusler für die Stillprognose daraus gezogenen
Schlüsse sind aber nach unseren Nachprüfungen nicht zutreffend, das Phänomen
beruht vielmehr nur auf der höheren Temperatur des funktionierenden Organs
überhaupt. Auch Dyroff hat dieselbe Erfahrung gemacht wie wir.

Am ehesten kann man bei Brüsten infantiler Frauen eine verminderte Leistungsfähigkeit vorhersagen, wenn die Zeichen des Infantilismus sich auch an anderer Stelle des Körpers (Genitale, Gaumen, Gefäßapparat usw.) finden. Doch ist auch hier zu berücksichtigen, daß die Schwangerschaft manchmal gerade zur Heilung des Infantilismus führt und dann auch das Parenchym der Brust seine Entwicklung nachholen kann.

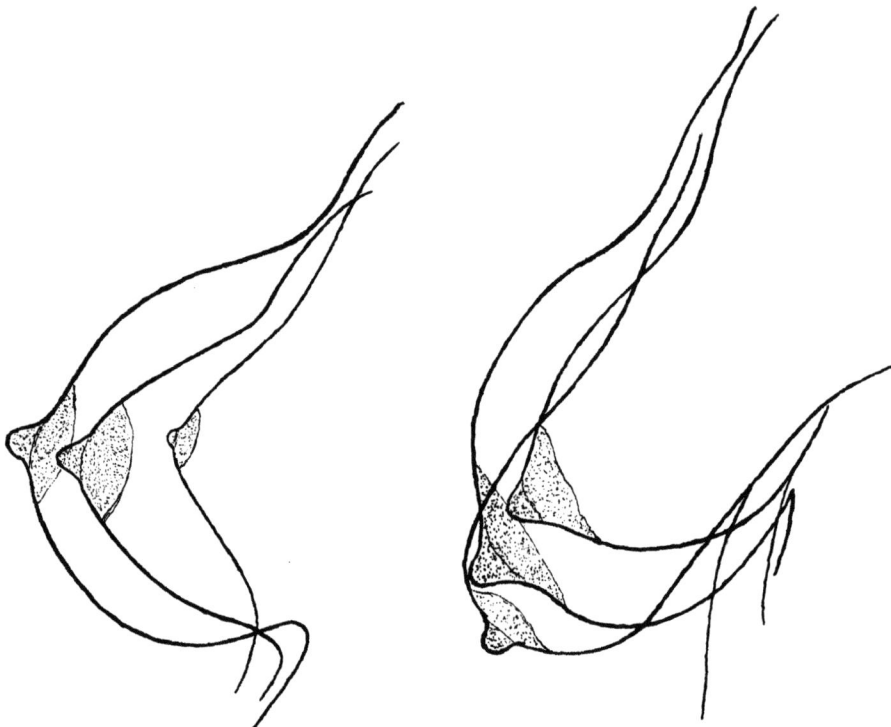

Abb. 79.
Profilskizzen der häufigsten Brustformen Erstlaktierender. Links: Halbkugelbrust. Mitte: Kegelbrust. Rechts: Infantile Brust mit schlecht abgesetzter Warze.

Abb. 80.
Profilskizzen der häufigsten Brustformen Mehrlaktierender. Zu unterst: Walzenförmige Hängebrust. Mitte: Große hängende Kugelbrust. Innen: Kegelbrust.

b) Bedingungen zur Erhaltung oder Steigerung der Leistungsfähigkeit der Brust.

Nicht allein für die Unterhaltung der Laktation überhaupt, sondern vor allem auch für die gesamte Leistungsfähigkeit der Brüste, ausgedrückt in der täglich gelieferten Milchmenge (wobei zunächst von Qualitätsunterschieden abgesehen wird) ist die täglich mindestens 3—4 mal erfolgende **völlige Entleerung** von ausschlaggebender Bedeutung. Wie bei stockender Entleerung die Sekretion bald völlig versiegt, so geht die Milchmenge auch der leistungsfähigsten Brust bald zurück, wenn dieser Forderung der völligen Entleerung nicht genügt wird. Das kann man bei den verschiedensten Gelegenheiten zahlenmäßig leicht feststellen.

Ein Beispiel dafür genügt. Schon wiederholt wurde uns eine als Amme empfohlene Spätwöchnerin, die bei uns 800—1000 g Milch lieferte, nach Ablauf von 8—10 Tagen zurückgeschickt mit der Angabe, sie hätte auf einmal zu wenig Milch, das Kind bekäme nachweisbar nur 4—500 g. Prüft man die Amme, so ergibt sich zunächst eine Bestätigung dieser

Angabe; nach wenigen Tagen aber geht unter klinischer Behandlung die Milchmenge wieder in die Höhe. Die Klienten beklagen sich über die unergiebige schlechte Amme. In Wirklichkeit ist die zu gute Amme durch das schwächliche Kind verdorben worden, welches die Brust zunächst nicht zu entleeren vermochte. Dadurch entstand Milchstauung und Rückgang der Sekretion, oftmals noch unter das Maß, welches das Kind braucht. Würden die betreffenden Eltern weniger ängstlich sein, dann würde unter dem Einfluß gesteigerten Nahrungsbedürfnisses die Milchmenge sich bald von selbst wieder heben. Vorübergehend kann tatsächlich bewirkt werden, daß die Milchmenge unter den Bedarf des Kindes sinkt.

Neben völliger Entleerung spielt die Größe des Anspruches eine wichtige Rolle für die Leistungsfähigkeit der Brust. Die ganze Ammentechnik beruht darauf. Trinkt ein bestimmtes Kind an der Brust seiner Mutter, so steigt zunächst in der Neugeburtszeit, namentlich in der ersten Lebenswoche der Bedarf rasch an; ja gegen Ende der zweiten Woche wird gewöhnlich ein Maximum erreicht, das nun oft wochenlang annähernd konstant bleibt. Steigert man künstlich die Ergiebigkeit der Brust, so stellt sie sich doch innerhalb weniger Tage wieder auf ein Maß ein, welches dem Nahrungsbedarf des betreffenden Kindes entspricht, weil die Entleerung der Brust dann nicht bei jedem Anlegen erfolgt. Würde die Brust mehrere Tage lang gar nicht leer getrunken, wie in dem obigen Beispiel eines schwächlichen, von einer Amme gesäugten Kindes, dann käme es sogar zu einer Unterergiebigkeit. Legt man umgekehrt der Mutter eines schwächlichen, relativ wenig Nahrung verlangenden Kindes statt dessen einen kräftig ziehenden, älteren Säugling an, der jedesmal die Brust sozusagen bis auf den letzten Tropfen entleert, dann steigt auch bald die gelieferte Tagesmenge. Bei einer guten Brust erreicht man auf diese Weise, daß nun nicht nur das kräftige fremde Kind genügend Nahrung erhält, sondern bald vermag die Mutter auch ihr eigenes schwächliches Kind mitzustillen. Ja bei vorsichtiger Steigerung gelingt es, eine an sich gute Brust durch Anlegen weiterer Kinder zu noch größerer Ergiebigkeit zu bringen, natürlich nicht ad infinitum, sondern bis zu einer Höchstgrenze, die nach einigen Wochen erreicht wird und die maximale Leistungsfähigkeit der Brust darstellt. Auf diese Weise werden ja Ammen gewonnen.

Diese Erfahrungen werden so regelmäßig gemacht, daß man geradezu das Gesetz aufstellen kann: bei täglich mehrmaliger völliger Entleerung der Brust steigert sich die Ergiebigkeit innerhalb bestimmter Grenzen nach der Größe der Inanspruchnahme. Die Einschränkung „innerhalb bestimmter Grenzen" ist notwendig; denn für jede Brust gibt es ceteris paribus, bei entsprechender Pflege und reichlicher Ernährung, eine obere Grenze, welche man als Maß der individuellen maximalen Leistungsfähigkeit ansehen kann.

Um einige Maße zu nennen, so kann man für eine durchschnittlich gute Brust rechnen, daß es im Laufe von 4—8 Wochen gelingt, die Ergiebigkeit auf 1000—1500 g zu steigern und monatelang auf dieser Höhe zu halten. Säuglingsheime und Kinderkliniken, welche ihre Ammen stark beanspruchen müssen, erreichen aber gewöhnlich noch größere Ergiebigkeit von 2—2$^1/_2$ l, gar nicht selten 3—4 l. Engel berichtet von einer Amme Schloßmanns, die bis zu 4900 g Milch täglich lieferte, und wir selbst haben vor kurzem eine Amme gehabt, die in einer Zeit, da sie durch Zusammentreffen äußerer Umstände besonders stark beansprucht wurde, täglich nahezu 4 l abgab.

Den Rekord hält zur Zeit wohl eine 25jährige Amme des Säuglingsheim in Zürich, die es bis zu 5400 g täglicher Milchproduktion brachte und in 339 Tagen 1139 Liter lieferte (Brodsky). Daß derartige Leistungen wie überhaupt die Laktation nicht von unbegrenzter Dauer sind, wie manche Fanatiker behauptet haben, bedarf kaum einer besonderen Betonung.

Da ein derartiges Resultat erst innerhalb längerer Zeit erreicht werden kann, ergibt sich aus diesen Erfahrungen zugleich das praktisch wichtigste Gesetz für die Behandlung schlechter Brüste.

Genau wie eine gute Brust durch eine starke Inanspruchnahme auf das Doppelte und Mehrfache ihrer mittleren, bei Ernährung eines einzigen Kindes

verlangten Leistungsfähigkeit gebracht werden kann, genau ebenso gelingt
es bei zunächst sehr sekretarmen Brüsten, durch systematisch
gesteigerte Anforderungen, wobei auf jedesmalige Entleerung besondere Rücksicht zu nehmen ist, die ursprüngliche Sekretmenge
in die Höhe zu treiben. So gelingt es, wenigstens die mittlere Ergiebigkeit
einer primär guten Brust zu erreichen. Da schlechte Brüste gleichzeitig langsamer auf Entleerung und Größe der Beanspruchung reagieren, so ist ersichtlich, daß Geduld, oft unermüdliche Geduld dazu gehört, gerade in solchen
Fällen · das mögliche Höchstmaß zu erreichen. Schon daraus folgt, daß
ein Urteil über die völlige oder teilweise Stillunfähigkeit einer
Frau niemals in der ersten Zeit des Wochenbetts abgegeben werden
kann.

c) Allgemeine Hygiene der stillenden Frau.

Nicht zu unterschätzen für die Erhaltung der Leistungsfähigkeit der
Brust ist ein entsprechendes Verhalten der stillenden Frau. Abgesehen davon,
daß die Brust selbst vor Infektion geschützt und auch im Interesse des Kindes
stets sauber gehalten werden muß, gelten aber keine anderen Vorschriften als
sonst für eine gesunde Wöchnerin. Solange das Wochenbett selbst noch andauert, verbieten sich stärkere Arbeit und Geschlechtsverkehr von selbst.
Nach Ablauf dieser Zeit ist gegen Ausführung der gewohnten Hausarbeit und
gewohnten Körperbewegung wie einen in mäßigen Grenzen gehaltenen Geschlechtsverkehr sicher nichts einzuwenden. Die Kleidung ist jetzt von keinem
besonderen Einfluß mehr, zumal die die Brust einengenden Kleidungsstücke
von der stillenden Frau wohl spontan vermieden werden. Vor jeder über-
triebenen Schonung der stillenden Frau möchten wir nur warnen. Sie wird
dabei nur reizbar und unzufrieden und vor allem, sie verliert den kräftigen
Appetit, der sonst die stillende Mutter auszeichnet. Auch die Gefahr von
psychischen Alterationen darf nicht überschätzt werden. Die Gemütsschwan-
kungen, wie sie im normalen täglichen Leben einer Frau unterlaufen, sind im
Gegensatz zu älteren, von den Ammen heute noch stark ausgebeuteten Anschauungen ohne jeden praktisch in Betracht kommenden Einfluß auf Menge
und Zusammensetzung der Milch. Wohl können plötzliche und heftige Störungen
des Gleichgewichts, wie Schreck u. dgl., vorübergehend die Milchsekretion fast
momentan zum Stocken bringen, doch handelt es sich dabei stets um eine rasch
vorübergehende Suppression, die selbst in den schwersten Fällen nach 2—3
Tagen wieder verschwindet, wenn trotzdem angelegt wird (näheres Kap. Stillschwierigkeiten).

Das wichtigste Erfordernis in der allgemeinen Diätetik der stillenden
Frau ist eine kräftige gemischte Nahrung, die nach den sonstigen Ge-
wohnheiten der betreffenden Frau zusammengestellt ist. Jede besondere
Diätform ist zum mindesten überflüssig. Die noch heute vielfach beliebte
Überschwemmung des Magens mit Mehlbreien, Kraftsuppen unter Verbot aller
möglichen Gemüse wie Kohl, Kraut, Linsen u. dgl. sowie der normalen Gewürze wirkt höchst schädlich, weil sie einmal die Kost zu einförmig macht
und den Appetit stört, andererseits durch die dauernde Überladung zu einer
Schädigung des Magens führen kann. Damit soll natürlich nicht jeder Einfluß
der Ernährung auf die Milchbildung geleugnet [1], sondern nur betont werden,
daß unter normalen Verhältnissen die gewohnte, kräftige, gemischte Kost am
besten einen normalen Verlauf der Laktation garantiert [2]. Eine gewisse Reichlichkeit der Ernährung ergibt sich von selbst durch den gesteigerten Appetit

---

[1] Cf. noch unter Laktagoga.
[2] Vgl. auch Temesvarys Ernährungsversuche.

und Durst der stillenden Frau, die sich aus dem täglichen Verlust von rund
1 l Flüssigkeit und 765 Kalorien Energie von selbst erklären. Der stillenden
Frau täglich etwa $^{1}/_{2}$—$^{3}/_{4}$ l Kuhmilch zuzuführen, ist darum sicher zweckmäßig, doch braucht die Kuhmilch nicht das einzige Getränk zu sein. Auch
der mäßige Genuß von Alkohol ist sicher auf die Leistungsfähigkeit der Brust
von keinem besonderen Einfluß, wenngleich bei Neigung zu reichlichem Alkohol-
genuß Bremsen oft not tut. Es sei in dieser Hinsicht namentlich an das beliebte
reichliche Trinken von Bier erinnert. Ernster zu beurteilen ist natürlich der
ausgesprochene Alkoholismus gewohnheitsmäßiger Schnaps- oder Absinth-
trinkerinnen. Daß dabei Schädigungen des Kindes vorkommen, darf nicht wundernehmen. In der französischen Literatur wird mehrfach von derartigen Fällen
berichtet (Charpentier, Toulouse, Combé, Meunier, Perier u. a.) [1].
Je weniger Aufhebens von der Stilltätigkeit einer gesunden Frau gemacht wird,
um so besser für den normalen Ablauf des Stillgeschäftes [2]. Das Verbot gewisser
Speisen und Gewürze in der Ernährung der stillenden Mutter gründet sich auf
die Befürchtung, es könnten bestimmte Bestandteile oder Abbauprodukte
derselben in die Milch übergehen, die beim Kinde Verdauungs- und andere
Störungen hervorrufen. Kritische Beobachtung hat aber gelehrt, daß diese Befürchtung grundlos war.

Etwas anders liegt die Frage hinsichtlich der Ausscheidung bestimmter
Arzneimittel, und es erscheint vielleicht angebracht, wenigstens das wichtigste
Tatsachenmaterial zu dieser Frage hier anzuführen [3].

Narkotika. Opium und Morphium in therapeutischen Dosen sind jedenfalls für
die Kinder ohne dauernden Schaden, wie neben zahlreichen ad hoc angestelltenVersuchen
die tägliche klinische Beobachtung lehrt. Einzelne abweichende Angaben (de Cerenville,
Evans, Fubini und Cantée) stützen sich auf nicht einwandfreie Beobachtungen bzw.
auf Fälle, in denen ganz abnorm hohe Dosen eingenommen wurden. Chloralhydrat in
normaler Dosis ist ohne Einfluß auf die Kinder, bei großen Dosen (bis 4 g) scheinen die
Kinder manchmal etwas schläfrig zu sein (Fehling). Auch das Atropin, wie die neuerlich viel gebrauchten Kombinationen von Morphium, Laudanon, Narkophin, Pantopon
mit Skopolamin sind in den üblichen Dosen ohne Schaden für die Kinder, während beim
Dämmerschlaf unter der Geburt — Übertragung durch den mütterlichen Kreislauf —
— oftmals ein deutlicher Einfluß auf die Kinder nicht abzuleugnen ist. Hinsichtlich der
Bromsalze ist eine Ausscheidung durch die Milch zwar nicht erwiesen, vereinzelte Gaben
sind jedenfalls ohne Einfluß auf die Kinder, chronischer Gebrauch von Bromsalzen, z. B.
bei Tetanie, Epilepsie der Mutter dürfte aber in Hinsicht auf eine Beobachtung von Löwy
und eine von Thiemich zitierte Angabe eines unbekannten Autors vielleicht besser zu
unterlassen sein. Das ganze Heer der heute üblichen und stets wechselnden Schlafmittel
(Sulfonal, Veronal, Luminal, Medinal, Dial, Codeonal, Bromural usw.) ist in den üblichen
Dosen und bei vereinzelter Anwendung jedenfalls ohne klinisch nachweisbaren Einfluß
auf die Kinder. Hinsichtlich der Inhalationsnarkotika liegen keine Angaben vor, welche
einen Übergang schädlicher Mengen in die Milch beweisen würden: wir haben jedenfalls
nach den verschiedensten im Wochenbett und bei stillenden Frauen ausgeführten, auch
größeren Operationen niemals uns veranlaßt gesehen, das Stillen zu unterbrechen — ohne
klinisch merkbaren Einfluß auf die Kinder.

Antipyretica. Von den meisten heute gebräuchlichen Antipyreticis ist nachgewiesen, daß sie teilweise auch in die Milch übergehen. Es handelt sich dabei aber immer
um ganz kleine, für die Kinder in allen bisher beobachteten und genau darauf kontrollierten
Fällen unschädliche Mengen von wenigen Zenti- oder Milligramm. Gegen eine therapeutische
Anwendung dieser Mittel ist daher vom Standpunkte des Stillens nichts einzuwenden.

Quecksilber geht in die Milch nicht über, wie durch Kahler in sorgfältigen Ver-
suchen erwiesen ist; gegen die Anwendung desselben zur antiluetischen Behandlung der
Mutter ist also nichts einzuwenden. Jod, ebenso Jodoform geht in die Milch über (Wöhler,
Hörberger, Stumpf, Fehling); beide sind in mäßigen Dosen ohne Schaden für die
Kinder verabfolgt worden. Ob auch große Jodgaben an die Mutter für das Kind ganz

---

[1] Zit. nach Marfan, Traité de l'allaitement. 2. Auflage. 1903. p. 299.
[2] Auf pathologische Fälle haben wir hier nicht einzugehen.
[3] Eine ausführlichere kritische Sammlung desselben findet sich bei Thiemich,
Monatsschrift für Geburtshilfe und Gynäkologie, Bd. X.

gleichgültig sind, steht noch dahin. Arsen-Übergang in die Milch ist erwiesen. Gegen therapeutische Verabreichung der üblichen Arsen-Eisenpräparate an die Mutter ist aber unserer klinischen Erfahrung nach keinerlei Einwand zu erheben. Auch für das Eisen selbst ist ein Übergang in die Milch nicht sicher nachgewiesen. Viel warnt allerdings vor dem Arsen, weil die Kinder für dasselbe besonders empfindlich seien.

Nach Salvarsaninjektionen ist ebenfalls Arsen in der Frauenmilch gefunden worden (de Villa, Caffarena, A. Bernstein[1].

Größere Bedeutung haben vielleicht noch die Abführmittel. Die Angaben hinsichtlich des Überganges wirksamer Dosen derselben in die Milch lauten sehr widersprechend (Näheres bei Thiemich); doch sind zweifelsfreie Fälle einer Schädigung des Kindes bisher von keiner Seite beobachtet worden. Auf die vielfach behauptete Wirkung derselben auf die Milchsekretion ist hier nicht einzugehen. Dasselbe wie von den Abführmitteln gilt von den Harnantisepticis und Diureticis.

Alles in allem wird man sagen dürfen, daß normale therapeutische Dosen fast aller gebräuchlichen Arzneimittel an die Mutter ruhig verabreicht werden dürfen und nur bei einzelnen derselben (vgl. oben), sofern eine längere Verabreichung und eventuell noch in großen Dosen in Frage kommt, Vorsicht am Platze ist, bis einwandfreie Untersuchungen über die Ausscheidungsverhältnisse derselben vorliegen.

II. Die Nahrung des Neugeborenen.

Die einzige natürliche Nahrung für den Neugeborenen ist das Sekret der Brustdrüsen seiner Mutter, im weiteren Sinne allenfalls noch das einer Amme. Das Sekret der Brustdrüsen ist aber nicht zu allen Zeiten gleich, weder in physikalischer noch chemischer noch biologischer Hinsicht. Entsprechend den hauptsächlichsten Unterschieden trennen wir vor allem das Sekret der ersten Tage (Kolostrum oder Kolostralmilch) von dem späteren, als Milch im engeren Sinne zu bezeichnenden Sekret.

1. Kolostrum.

Als Kolostrum im engeren Sinne wird das aus der Mamma einer hochschwangeren oder frisch entbundenen Frau ausdrückbare Sekret, im weiteren Sinne aber überhaupt das Sekret in den ersten Tagen des Wochenbetts bezeichnet; noch besser spricht man vom zweiten oder dritten Wochenbettstage an von Kolostralmilch, weil sich bereits in dieser Zeit dem Sekret immer mehr Bestandteile der späteren Milch beimengen. Im gewöhnlichen Sprachgebrauch kann man aber wohl dabei bleiben, die Ausdrücke Kolostrum und Kolostralmilch synonym zu verwenden.

a) Physikalische Beschaffenheit.

Das ausgedrückte Kolostrum stellt sich als ein trübwässeriges Sekret dar, welches auf Druck in dicken Tropfen austritt, in deren Zentrum man tief gelbe, bald runde, bald unregelmäßig strahlen- oder sternförmige Körper suspendiert sieht. Seltener ist diese gelbe Masse in dem Tropfen gleichmäßig verteilt. Sammelt man mehrere Kubikzentimeter dieser Flüssigkeit in ein Glas, so erscheint das ganze Produkt mehr minder gelb bis gelblichweiß, beim Berühren ausgesprochen klebrig, gelegentlich sogar fadenziehend, im ganzen jedenfalls viel dicker und zäher als Milch. Besonders das erste Kolostrum zeigt die gelbe Farbe meist sehr deutlich, während dieselbe vom zweiten Tage ab immer schwächer wird; sie rührt nach Untersuchungen von Palmer, die jüngst von Ryhimer[2] bestätigt wurden, von einem dem Fett anhaftenden Farbstoff her, welcher nach Cohn nur dem Kolostralfett, niemals dem Milchfett zukommt.

---

[1] Zit. nach Czerny-Keller, 2. Auflage. Band 1, S. 136.
[2] Jahrb. f. Kinderheilk., Bd. 94, 1921, S. 125.

Diesen grob sinnlich feststellbaren entsprechen die feineren physikalischen Eigentümlichkeiten des Kolostrums:

Das spezifische Gewicht beträgt 1,050—1,060, ist also sehr viel größer als das der reifen Frauenmilch (1,026—1,036).

Die Gefrierpunktserniedrigung fand Schnorf $\Delta = 0,549$—0,595, wobei die höheren Werte dem dritten und vierten Tage zukommen.

Die Viskosität übertrifft ebenfalls erheblich die der Milch (Koeppe), schwankt aber stark an den verschiedenen Tagen (4,433—1,936 — Allaria, nach Basch sogar noch stärker), wobei im allgemeinen der Höchstwert auf den ersten Tag entfällt und von da ein allmähliches Absinken statthat, während bei Milchstauung ein neuerliches Steigen der Werte sich einstellt.

Das Kolostrum gerinnt beim Kochen, anscheinend hauptsächlich wegen des höheren Gehalts an Globulin, das schon bei 22^0 koaguliert (Tiemann[1]). Kolostrum reagiert gegen Phenolphtalin etwa halb so stark sauer, gegen Lakmoid etwa doppelt so stark alkalisch als Frauenmilch. Die H-Ionenkonzentration $= 0,75 \times 10^{-7}$ (Szilli[2]) d. h. Kolostrum ist physikalisch-chemisch betrachtet neutral wie Blutplasma. Schwankungen sind in den ersten drei Tagen häufig nachweisbar, vom dritten Tage an gewöhnlich nicht mehr zu beobachten (Engel).

Für die gewöhnliche klinische Untersuchung am wertvollsten sind die mikroskopisch feststellbaren Unterschiede, die recht auffallend sind. Besonders charakteristisch sind die von ihrem Entdecker Donné (1837) als „corps granuleux", seit Henle gewöhnlich als Kolostrumkörperchen bezeichneten Gebilde, große runde oder auch mehr unregelmäßig geformte, mit zahlreichen feineren und gröberen Fetttröpfchen ausgefüllte Zellen mit schwach färbbaren Kernen. Arnold läßt nur diese Gebilde als Kolostrumkörperchen gelten. Andere rechnen dazu auch große mononukleäre Leukozyten, wenn sie mit Fetttröpfchen beladen sind und einen sehr schwach färbbaren Kern haben. Neben diesen Gebilden finden sich noch polynukleäre Leukozyten und Lymphozyten sowie die sogenannten „Halbmonde oder Schollen", welche durch Jodschwefelsäure braun oder rot gefärbt werden. (Vgl. Abb. 81.)

Außerdem findet man schon im Frühkolostrum die Bestandteile der Milch: Kappen, Kugeln und Fettkügelchen (näheres vgl. unter Milch). Je mehr die Sekretion der Brustdrüse in Gang kommt, um so mehr treten die zuletzt genannten Milchbestandteile hervor, während die kolostralen Zellelemente verschwinden.

Herkunft und Bedeutung der Kolostrumkörperchen waren lange Zeit ungeklärt oder mindestens viel umstritten. Ziemlich allein steht wohl Popper (1904), der auf die alte von Langer, Kölliker, Virchow vertretene Anschauung zurückgreifend die Kolostrumkörperchen als von dem Drüsenparenchym losgelöste, fettiger Degeneration verfallene Epithelzellen auffaßt. In neuerer Zeit (1916) haben nur noch Plantenga und Filippo sich dieser Meinung angeschlossen[3], sonst gesteht noch Arnold zu, daß solche Zellen unter den Kolostrumkörperchen vorkommen, die Hauptmasse aber ist identisch mit Leukozyten, die sich mit Fetttröpfchen beladen haben (Czerny und die meisten neueren Autoren). Auch die beträchtlichen phagozytären Eigenschaften der Kolostrumkörperchen sprechen durchaus in diesem Sinne (cf. E. Thomas) ebenso ihr Gehalt an proteolytischem Leukozytenferment (Jochmann und Müller).

Auch über die Bedeutung der Kolostrumzellen herrscht keine einheitliche Auffassung. Die meisten Autoren nehmen wohl mit Czerny an, daß dieselben gewissermaßen aus dem Blut herangezogene Hilfszellen darstellen, dazu bestimmt, das in der Drüse gebildete Fett wegzutransportieren, wenn eine genügende Abfuhr desselben auf dem natürlichen Ausführungswege nicht stattfindet. Für diese Ansicht spricht, daß bei Auftreten einer Milchstauung — z. B. bei der Ablaktation, nach Anlegen eines

---

[1] Zeitschr. f. physiol. Chemie, Bd. 25, 1898, p. 388.
[2] Biochem. Zeitschr., Bd. 84, 1917, p. 194.
[3] Zeitschr. f. Kinderheilk., Bd. 14, S. 166. 1916.

'wenig saugkräftigen Kindes an eine reichlich sezernierende Brust — sofort wieder reichlich
Kolostrumkörperchen auftreten, während sie in reifer Frauenmilch bei ungestörter Sekretion und Entleerung nur ganz ausnahmsweise und auch dann in geringerer Zahl sich finden.
Die Bedeutung dieser letzteren Erscheinung ist noch nicht aufgeklärt; vielleicht haben
in diesen Fällen die Leukozyten gar nicht die Aufgabe, irgend etwas abzutransportieren,
als vielmehr in das sezernierende Parenchym zu importieren (v. Pfaundler). Nicht von der
Hand zu weisen ist auch die Annahme, daß das in ihnen enthaltene Ferment für den Eiweißabbau eine gewisse Rolle spielt. Genauere Aufschlüsse fehlen aber noch. Daß am ersten
Tage des Wochenbetts der Zellreichtum des Kolostrums am größten ist, mag sich wohl damit
erklären (Cohn), daß mit Beginn der äußeren Sekretion auch eine Menge in der Schwangerschaft aufgestaute Zellen mit ausgeschwemmt werden. Tatsächlich fällt ja die Zahl dieser
Elemente rasch, wenn die Sekretmenge steigt. Brüste, deren Sekretion erst langsam in Gang
kommt, zeigen im Sekret auch länger und reichlicher kolostrale Zellen als andere, bei denen

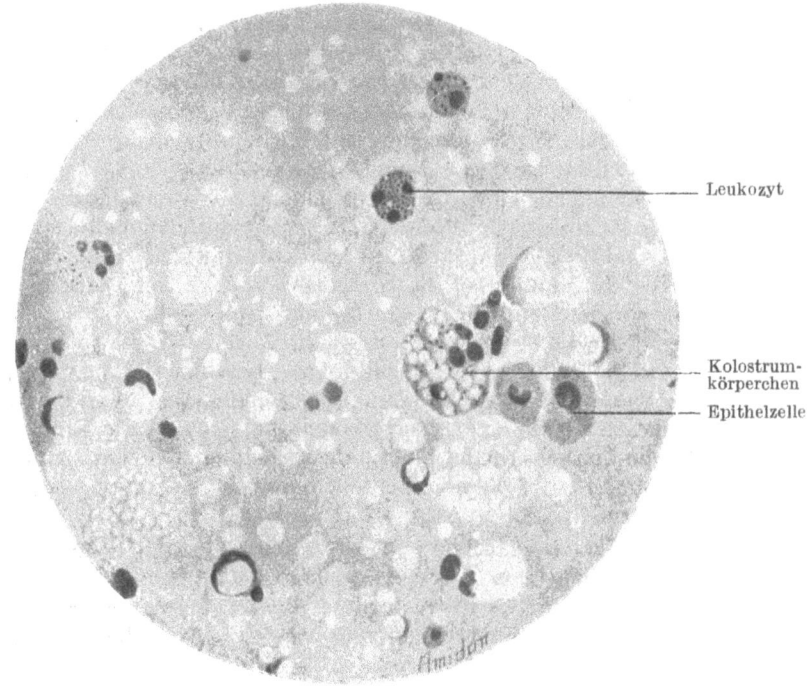

Abb. 81.
Kolostrum (nach de Lee).

kräftig ziehende Kinder die Sekretion rasch in die Höhe bringen. Aus demselben Grunde
behält bei Erstlaktierenden die Milch häufig länger ihren kolostralen Charakter als bei
stillgeübteren Mehrgebärenden mit kräftigen Kindern.

Schon Donné, in neuerer Zeit Weill, Thévenot, Lévy und Friedmann
haben versucht, aus der mikroskopischen Untersuchung des Kolostrums Schlüsse
auf die Stillprognose zu ziehen. Eine große Zahl von polynukleären Leukozyten
(über 70 % der Zellelemente) vor dem Einschießen der Milch sollte auch für
die Zukunft auf große Ergiebigkeit der Brust schließen lassen, reichliche Zahl
der Lymphozyten eine ungünstige Stillprognose erlauben. E. Zuckerkandl
hat 1905 diese Angaben ausgiebig nachgeprüft und gefunden, daß in extremen
Fällen zwar solche Schlüsse möglich sind, in der überwiegenden Mehrzahl der
Fälle die Stillprognose danach aber nicht zu stellen ist. Ich sehe deshalb auch
von einer genaueren Wiedergabe der Untersuchungstechnik ab, da der praktische
Wert dieser Zählung jedenfalls zu gering ist.

b) Chemische Zusammensetzung.

Ebenso wie physikalisch und morphologisch weicht das Kolostrum auch hinsichtlich seiner chemischen Zusammensetzung von der reifen Frauenmilch wesentlich ab, wobei aber zu berücksichtigen ist, daß die Analysen je nach dem Alter des Kolostrums sehr verschiedene Zahlen ergeben. Bei allmählichem Übergang zur Milchsekretion erfolgt die Änderung der Zusammensetzung mehr gleichmäßig, während in Fällen zunächst spärlicher Sekretion (Erstlaktierende, schlechtsaugende Kinder) und darauffolgenden plötzlichen Milcheinschusses auch die Veränderungen in der chemischen Zusammensetzung viel stärker und unvermittelter auftreten. Das geht übereinstimmend aus den Analysen verschiedenster Autoren hervor. Wir begnügen uns daher mit der Anführung eines Beispiels.

Zusammensetzung des Frauenkolostrums nach Camerer und Söldner.

Alter des Sekrets		100 Teile Kolostrum enthalten in g					
		Gesamt-stickstoff	Fett	Laktose-Anhydrid	Asche	Trocken-substanz	Eiweiß
Frühkolostrum . .	Frau G. 26—51 h. p. part.	**0,928**	4,08	**4,09**	**0,48**	16,04	**5,80**
	Frau R. 26—48 h. p. part.	0,336	1,67	5,20	0,36	10,32	—
Spätkolostrum . .	Frau G. 56—61 h. p. part.	0,508	3,92	5,48	0,41	14,12	3,17
	Frau R. 48—68 h. p. part.	0,266	2,02	5,08	0,40	10,12	—
Übergangsmilch vom 5. u. 6. Tag		0,327	2,89	5,75	0,34	11,69	2,04
Frühmilch . . .	8. u. 9. Tag	0,247	2,75	6,75	0,24	12,21	1,54
	11. Tag	0,279	3,80	6,35	0,25	13,00	1,74
Mittelmilch (3.—10. Woche)		0,180	2,66	7,31	0,18	11,59	1,13
Spätmilch (nach der 10. Woche		**0,141**	3,35	**7,28**	**0,18**	11,68	**0,88**

Die fettgedruckten Zahlen sollen die Hauptunterschiede zwischen Kolostrum und Milch hervorheben.

Die Tabelle zeigt also einmal **starke individuelle Schwankungen** der Zusammensetzung bei Kolostrum gleichen Alters, aber verschiedener Frauen, ferner eine **starke Erhöhung des N-Gehaltes** gegenüber der reifen Milch; ebenso ist der **Aschegehalt** des Kolostrums ein höherer, während im **Fett-gehalt keine charakteristischen Unterschiede** sich zeigen[1] und der Gehalt

---

[1] Birk (Samml. klin. Vortr. Nr. 654/55) gibt allerdings an, daß Kolostrum auch mehr Fett enthalte.

an Milchzucker niedriger ist als der der reifen Milch, was allgemein darauf
zurückgeführt wird, daß im Frühwochenbett der Zucker zum Teil in die Blutbahn zurückresorbiert wird (Laktosurie der Wöchnerinnen).

N-Substanzen: Die großen Schwankungen im N-Gehalt bei den beiden
annähernd gleich alten Kolostrumportionen verschiedener Frauen in der Tabelle
erklären sich zum Teil auch aus der für die Kuh schon lang bekannten, für die
Frau aber erst neuestens von Birk festgestellten Tatsache, daß jede folgende
Nahrungsportion weniger N enthält als die vorher entnommene. So fand sich
bei einem sehr schlecht trinkenden Kinde der

Stickstoffgehalt des Kolostrums.

2. Tag 1,9 −1,1 % in 5 Portionen bestimmt, Wert allmählich absinkend.
3.   „   1,0 −0,55% „ 5   „   „   allmählich absinkend mit einer
                                          Erhebung auf 0,95 in der 4.
                                          Portion.
4.   „   0,56−0,37% „ 5   „   „   allmählich absinkend.
5.   „   0,37−0,31% „ 5   „   „   3. Portion allerdings 0,03
                                          höher als die 2.; 5. Port. 0,42.
6.   „   0,34−0,21% „ 5   „   „   Werte unregelmäßig schwan-
                                          kend. 2. Portion 0,13, 4. Por-
                                          tion 0,16.

Bei einem gut trinkenden Kinde fanden sich dagegen am
2. Tag 0,63−0,35% N   gegenüber 0,11−0,18% N in der fertigen
3.   „   0,25%   im Durchschnitt   Frauenmilch.
4.   „   0,262%

Die Tabelle zeigt also wieder bedeutende individuelle Unterschiede, weiter
aber, daß bei saugkräftigen Kindern und demzufolge rascherer Entleerung
der Brust wie schnelleren Verlustes des rein kolostralen Charakters des Mamma-
sekretes der Stickstoffgehalt rascher absinkt[1]. Schon dieses Zusammentreffen
läßt darauf schließen, daß die hohen N-Werte zu einem guten Teile auf Beimengung der zelligen Elemente zum Kolostrum zurückzuführen sind. Es ist
aber bisher nicht gelungen, den Stickstoff der zelligen Bestandteile der Kolostral-
flüssigkeit getrennt (mit brauchbarer Genauigkeit) zu bestimmen. Aus genaueren Auswertungsversuchen in Gesamtstickstoff, Filtratstickstoff (nach
Gerbsäurefällung) und Harnstoffstickstoff, wie sie von Camerer und Söldner
vorgenommen wurden, ergibt sich, daß die wesentliche Schwankung sich auf
Gesamtstickstoff bezieht, während die beiden anderen Komponenten nur wenig
schwanken. Man darf daraus schließen, erstens daß der höhere N-Gehalt des
Kolostrums auf einen höheren Eiweißgehalt und nicht etwa auf einer Vermehrung N-haltiger Extraktivstoffe beruht, und zweitens kann man nach der
Art der verwendeten Methode den Schluß ziehen, daß nicht die löslichen Albumine, sondern die ungelösten Eiweißstoffe vermehrt sind. Man schätzt, daß
dieselben 10−30 mal so konzentriert vorhanden sind als in der fertigen Milch.
Indessen sind noch mannigfache Einzelheiten unklar. So sprechen manche
neuere Erfahrungen im Gegenteil dafür, daß das Kolostrum durch seinen hohen

---

[1] Praktisch darf man vielleicht daraus schließen, daß die Nachhilfe mit der Milchpumpe bei schwach saugenden Kindern oder schwergiebiger Brust, um dem Kinde von
Anfang an Nahrung zuzuführen, keine unphysiologischen Verhältnisse im Sekret hervorruft.

Gehalt an Globulin und Albumin dem Blutserum nahesteht, das Kasein das gegen relativ spärlicher vorhanden ist. Jedenfalls beweist die Gerinnbarkeit beim Kochen und bei Säurezusatz, daß reichlich koagulable Eiweißkörper vorhanden sind.

Der Gesamteiweißgehalt wird ziemlich übereinstimmend auf etwa 9% angegeben (Pfeiffer, Camerer-Söldner, Bauereisen); wie der Stickstoff zeigt die Eiweißkurve bereits in den ersten drei Tagen ein stärkeres, später ein langsameres Abfallen (vgl. Tabelle), wobei — genau wie beim Stickstoff — die individuellen Unterschiede recht beträchtlich sind. Neben in der Mutter selbst gelegenen Momenten spielt auch hier die Saugkraft des Kindes eine Rolle, insoferne als bei kräftig saugenden Kindern das Stadium der Frühmilch rascher erreicht wird.

Asche. Über den Mineralstoffgehalt des Kolostrums war bis in die neueste Zeit nichts bekannt. Jetzt liegen wertvolle Analysen von Schloß (1910) und Birk (1912) vor. Danach enthalten 100 g Kolostrum:

nach Birk		nach Schloß	fertige Frauenmilch zum Vergleich (nach Schloß)
Gesamtasche	0,2814	0,3048	0,1839
CaO	0,0360	0,0335	0.0375
MgO	0,0093	0,0069	0,0085
K_2O	0,077	0,0795	0,0529
Na_2O	0,0544	0,0532	0,0188
P_2O_5	0,1137	0,0621	0,0404

Am auffallendsten ist neben der starken Vermehrung der Gesamtasche im Kolostrum der große Gehalt an Phosphorsäure und Natrium. Über den Eisengehalt des Kolostrums im Vergleich zur reifen Frauenmilch liegen meines Wissen bestimmte Angaben nicht vor. Der höhere Eisengehalt der Menschenmilch gegenüber der Kuhmilch ist aber bekannt. Wahrscheinlich spielt auch in der kolostralen Ernährung der Eisengehalt eine geringe Rolle, da für die erste Zeit des extrauterinen Lebens ja auf jeden Fall das mitgebrachte Eisendepot reichlich genügt. Nach der Mineralanalyse steht das Kolostrum dem Blutserum viel näher als reife Milch.

Fett. Die erwähnte Differenz in den Angaben von Birk und Guiraud-Engel ist vielleicht dadurch zu erklären, daß letztere Autoren sehr früh gewonnene Proben verwendeten; denn nach Camerer und Söldner sowie Irtl erfolgt in den ersten Tagen ein allmählicher oder aber auch mehr sprunghafter Anstieg, bis dann normale Werte sich einstellen. Auch hier sind aber die individuellen Schwankungen stark. Im einzelnen ist bekannt[1], daß das Kolostralfett, welches den gelben Farbstoff trägt (vgl. oben), reicher an Ölsäure ist als das Milchfett (Eichelberg, Engel), wodurch die Jodzahl erheblich höher wird als in der fertigen Frauenmilch (61—65 gegen 32—48). Das Kolostralfett steht damit dem Fötalfett nahe und kommt dem Fett der Körperdepots in der Jodzahl fast gleich. Engel zieht daraus den Schluß, daß wahrscheinlich in der ersten Zeit nur Körperfett, später auch Nahrungsfett in das Sekret der Brustdrüse übergehe. Versuche, durch reichliche Fettnahrung (Speck, Butter usw.) den Fettgehalt der Milch zu steigern (Moll), dürften danach in der allerersten Zeit auf keinen besonderen Erfolg rechnen. Die Differenz

---

[1] Der Gehalt des Kolostrums an Lipoiden ist gering (Herrmann und Neumann). Da weitere Angaben fehlen, ist hier eine Lücke, die der Ausfüllung dringend bedarf.

erklärt sich wohl aus der verschiedenen, im einzelnen ja unkontrollierbaren Beimischung von Milch.

Die Kohlehydrate des Kolostrums sind in der Hauptsache durch den Milchzucker repräsentiert. Nur in geringer Menge fanden Camerer und Söldner daneben ein dextrinartiges Kohlehydrat. Der Zuckergehalt steigt in den ersten Tagen rasch an und erreicht gegen Ende der ersten Woche bereits Werte, welche denen der fertigen Milch nicht wesentlich nachstehen.

Im ganzen betrachtet zeigt also das Kolostrum bzw. die Kolostralmilch so bedeutsame Unterschiede gegenüber der späteren Frauenmilch, daß schon daraus hervorgeht, daß die Stillung an der Brust der eigenen Mutter dem Kinde quantitativ wie qualitativ eine anders zusammengesetzte Nahrung zuführt als die Ernährung an der Brust einer älteren Amme. Ja die starken individuellen Schwankungen der quantitativen Zusammensetzung zeigen sogar, daß auch die Milch einer gleichalterigen Wöchnerin der der eigenen Mutter nicht immer gleich ist, woraus man freilich nicht ohne weiteres ein Werturteil zugunsten der eigenen Mutter ableiten kann, denn sicherlich ist nicht jeder Mutter Kolostralmilch die beste, die überhaupt ihrem Kinde zur Verfügung stände. Neuere Untersuchungen von Langstein, Rott und Edelstein scheinen darzutun, daß in einer Minderzahl von Fällen das Kolostrum — ausgezeichnet durch dünnere wässerige Beschaffenheit, geringe Gelbfärbung und geringeren Trockenrückstand — augenscheinlich minderwertiger ist, als das dickere, stark gelb gefärbte mit höherem Trockenrückstand.

c) Energetischer Wert des Kolostrums.

Entsprechend dem vorwiegend für den Geburtshelfer bestimmten Grundton unserer Darstellung fassen wir uns hier ganz kurz, nur das praktisch Verwertbare heraushebend und verweisen bezüglich aller Einzelheiten der Methodik und für tiefergehende Spezialforschungen auf die Originalarbeiten von Gaus, Langsteim, Rott und Edelstein, sowie die zusammenfassende Darstellung bei Langstein-Meyer. Das wesentlichste Ergebnis ist auch hier, daß man mit starken individuellen Schwankungen des Brennwertes des Kolostrums zu rechnen hat. Gegenüber einem Brennwert der Frauenmilch von 614—724 Kalorien pro Liter (Rubner) hat sich aus direkten Brennwertbestimmungen des Kolostrums ergeben, daß derselbe in den ersten Tagen mehr als das Doppelte beträgt oder betragen kann, und jedenfalls bis gegen Ende der ersten Woche über dem Durchschnittsbrennwert der reifen Frauenmilch sich halten kann. So teilen Langstein, Rott und Edelstein als ein vorläufiges Durchschnittsergebnis mit einen Brennwert für den

1. Tag von etwa 1500 Kalorien pro Liter
2. ,,   ,,   ,,   1100   ,,   ,,   ,,
3. ,,   ,,   ,,   800   ,,   ,,   ,,
4. ,,   ,,   ,,   750   ,,   ,,   ,,
5. ,,   ,,   ,,   700   ,,   ,,   ,,
6. ,,   ,,   ,,   675   ,,   ,,   ,,
7. ,,   ,,   ,,   600   ,,   ,,   ,,

das heißt Werte, die zunächst wesentlich höher sind als die, welche man auf Grund von Analysen berechnet hatte, in der zweiten Hälfte der ersten Woche aber auch darunter stehend, jedenfalls rasch absinkend. Noch interessanter ist die Tatsache — und das ist praktisch jedenfalls sehr wichtig —, daß diese Werte nur für das dicke, stärker gelb gefärbte Kolostrum gelten, während das dünnere kaum gelblich gefärbte Kolostrum einen viel niedrigeren Brennwert zeigt (497—802 Kalorien pro Liter). Man hat also auch bei groben Schätzungen die Qualität des Kolostrums in Rechnung zu ziehen und darf keinesfalls vor Ende der ersten Woche die Werte der fertigen Frauenmilch einsetzen. Berücksichtigt man die geringe Menge der Nahrung besonders der ersten zwei Tage, dann springt die Bedeutung des hohen Kaloriengehaltes eines vollwertigen gelben Kolostrums noch mehr in die Augen. Die klinischen Beobachtungen über den Wert selbst einer quantitativ spärlichen Kolostralernährung vor jeder anderen erhalten damit eine neue interessante Stütze — für die bisher vielfach übliche Praxis der Geburtshelfer ein gar nicht zu unterschätzender Fingerzeig.

d) Biologischer Wert des Kolostrums.

Es ist eine ganze Reihe von Einzeltatsachen bekannt, unmittelbar in die Praxis der Neugeborenenernährung umsetzbare Ergebnisse liegen aber ganz spärlich vor. In der Hauptsache beziehen sich die meisten Untersuchungen auf Milch; soweit das Kolostrum mitberücksichtigt wurde, ergab sich fast ganz allgemein, daß alle biologischen Eigenschaften der Milch dem Kolostrum in noch stärkerem Grade zukommen als der Milch selbst; allerdings handelt es sich dabei vielfach um Schlüsse aus dem Tierreich (Kuh) auf den Menschen.

Das fand z. B. Langer für die Antigene des Kolostrums, welche nach ihm aus dem Darm ins Blut übergehen und nach Art von Katalysatoren die Darmepithelien und den zellulären Stoffwechsel anregen sollen, demnach Nutzstoffe bedeutsamer Art wären. Man darf wohl annehmen, daß die Kolostrumkörperchen oder überhaupt die kolostralen Zellelemente die Überträger dieser Antigene sind. Weiterhin ergaben Komplementablenkungsversuche zunächst für das Rind, dann auch für den Menschen die noch viel interessantere Tatsache, daß im Kolostrum Antigene vorkommen, welche wohl im Blutserum, aber nicht in der Milch derselben Tierart nachweisbar sind (J. Bauer). Das legt den Gedanken sehr nahe, daß die Eiweißstoffe des Kolostrums zum Teil dem Blute entstammen, die der Milch dagegen Produkte spezifischer Drüsentätigkeit der Mamma darstellen (vgl. auch weiter unten).

Daß Immunkörper von der Mutter durch Säugung auf Neugeborene übertragen werden, ist schon seit den berühmten Ammenaustauschversuchen Ehrlichs (Über Immunität durch Vererbung und Säugung, 1892) bekannt und seitdem immer wieder bestätigt worden. Bemerkenswert ist aber dabei die übereinstimmend gemachte Erfahrung, daß eine Übertragung der Immunität durch Säugung nur in den ersten Lebenstagen gelingt. Jedenfalls fand schon Ehrlich eine Abhängigkeit der Antitoxinübertragung von der Laktationsperiode und „dem dadurch gegebenen Unterschied im Gehalte an genuinem (antitoxischen) Milcheiweiß". Das wurde meist damit erklärt, daß bereits nach wenigen Tagen die Durchlässigkeit der Darmwand des Neugeborenen für diese enteral zugeführten Immunkörper aufhöre[1]. Man kann aber mit demselben, ja wie neuere Untersuchungen gezeigt haben, mit größerem Rechte den Schluß ziehen, daß gemeinhin nur das Kolostrum ausreichende Mengen von Antikörpern überträgt — vermöge seiner zelligen Elemente und der biologischen Eigenart seiner Eiweißkörper. Für Antitoxine, Agglutinine usw. gilt wahrscheinlich dasselbe. Jedenfalls ist der Antikörpergehalt des Kolostrums wesentlich höher, oft sogar dem des Blutserums gleich (Stäubli), während in der Milch ihre Konzentration viel geringer ist.

---

[1] Vgl. dazu S. 78 f.

Auch das Vorkommen von hämolytischen, bakteriolytischen Komplementen ist nach Versuchen von v. Pfaundler-Moro wie Bauer-Kopf, mindestens für das Kolostrum (der Kuh) sichergestellt. Nach ersteren Autoren gilt dasselbe auch für Milch einschließlich Frauenmilch, was Bauer-Kopf nicht bestätigen konnten, während Kolff und Noeggerath Spuren von häemolytischem Komplement mindestens im Frauenkolostrum nachwiesen.

Schon dieser die Milch augenscheinlich übertreffende Gehalt des Kolostrums an Haptinen verschiedenster Art deutet darauf hin, daß das Kolostrum für das neugeborene Kind oder Tier einen besonderen Wert habe. Das hatte schon Kopf betont. Bauer hat sich noch deutlicher dahin ausgedrückt, daß die erste Nahrung des Kindes eben augenscheinlich der bisherigen fetalen Nahrung viel näher stehe als die Milch. In derselben Richtung verwertbar ist der Gehalt des Kolostrums an aus dem Blute stammenden Fermenten, die teils in höherer Menge, teils (wie z. B. Peroxydase) überhaupt nur im Kolostrum, nicht in der reifen Milch sich finden.

Man hat schließlich auch biologische Unterschiede zwischen Kolostrumeiweiß und Milcheiweiß gefunden. Bauereisen gebührt in dieser Hinsicht das erste Verdienst. Es gelang ihm ebenso wie Grätz, mit einwandfreier Methodik nachzuweisen, daß die Proteine des Kolostrums mit dem Blutserumeiweiß der Mutter außerordentlich nahe verwandt sind. Ebenso stehen sich Kolostrum und mütterliches Blutserum hinsichtlich des Eiweißgehaltes fast gleich (8,15 : 8,41%), während Nabelschnurserum nur 5,5% (Zangemeister und Meißl) und die Milch kaum 1% Eiweiß enthält. Neuestens (1915) haben dann Verfasser und Lindig mittels des Abderhaldenschen Dialysirverfahrens den Nachweis erbringen können, daß das Kolostrumeiweiß im Gegensatz zum Milcheiweiß nicht als „blutfremd" zu betrachten sei, also dem während des intrauterinen Lebens parenteral zugeführten Eiweiß jedenfalls sehr nahe verwandt ist. Daraus ergab sich als zwingende Folge, daß Kolostrumeiweiß auch unabgebaut die Darmwand passieren muß, was übrigens schon von P. H. Römer, Ganghofner und Langer gezeigt worden war. Unbekannt blieb freilich noch, ob und wieweit diese Beziehungen auch für das kolostrale Kasein gelten (näheres darüber in der Originalarbeit). Später hat P. Lindig noch den Nachweis erbringen können, daß der Neugeborene bereits bei seinem Eintritt in das extrauterine Leben mit Blutproteasen ausgestattet ist, die jegliche Art von Kasein abbauen, wobei allerdings heterologes und homologes Kasein den Verlauf dieses Abbaues verschieden beeinflussen. Wir werden im nächsten Kapitel noch verschiedentlich Gelegenheit haben, an praktischen Beispielen die Umsetzung dieser Ergebnisse in die klinische Praxis zu zeigen. Auf jeden Fall zeigt schon die hier angeführte Tatsache, daß Kolostrum und Milch biologisch nicht als gleichwertig zu betrachten sind.

2. Übergang des Kolostrums in die Milch.

Die kolostrale Ernährung im engeren Sinne dauert etwa 3—4 Tage, in nicht seltenen Fällen aber länger, nach Verfassers Erfahrungen besonders bei Erstgebärenden mit straffen, schwer faßbaren Brüsten und noch trinkungeschickten Kindern. Jedenfalls erfolgt aber der Übergang zur Milchperiode niemals plötzlich, wenn auch in sehr verschiedenem Tempo. Es hat deshalb wenig Sinn, sich auf bestimmte Daten festzulegen. Weder der Beginn noch das Ende der Periode, in welcher Übergangsmilch produziert wird, sind bestimmt zu fixieren, sondern können nur von Individuum zu Individuum bestimmt werden. Und selbst dabei bleibt dem subjektiven Ermessen noch weiter Spielraum, je nachdem man mehr das mikroskpische Übersichtsbild oder mehr chemische Qualitäten in Rechnung setzt, je nachdem die prozentualen Schwankungen von Eiweiß, Fett, Kohlehydrat, Asche allein oder zusammen berücksichtigt werden. Schließlich darf nicht vergessen werden, daß bei den einzelnen Mahlzeiten in dieser Übergangsperiode sehr verschiedenes Sekret verabfolgt wird: am Morgen noch von mehr kolostralem Charakter als am Abend. Dazu kommen die individuellen Schwankungen in der Zusammensetzung auch dieser Frühmilch.

Kurz, man kann nur sagen, daß in der Mehrzahl der Fälle etwa vom vierten Tage ab das Brustdrüsensekret seinen kolostralen Charakter soweit einbüßt, daß man von „Übergangsmilch" sprechen kann. Gegen Ende der ersten Woche würde der Charakter des Sekretes der Milch schon näher stehen als dem Kolostrum (unreife Milch), im Laufe der zweiten bis dritten Woche bildet sich der Charakter der reifen Frauenmilch heraus. Es sei aber nochmals betont, daß jeder dieser Wendepunkte sich sehr häufig, namentlich bei schlecht sezernierenden Brüsten oder trinkschwachen Kindern um 2—3 Tage, auch um eine noch größere Periode verzögern kann, so daß dann 3 oder selbst nahezu 4 Wochen vergehen können, ehe der Charakter der reifen Frauenmilch ganz ausgebildet ist. Daß auch die Zusammensetzung dieser noch manche Änderungen erfährt, geht aus der Tabelle auf S. 316 hervor.

Bei einem Kinde, das in 8—10 Tagen sein Anfangsgewicht erreicht und damit die Neugeburtsperiode hinter sich hat, kommt sonach eine Ernährung mit reifer Frauenmilch kaum in Frage. Da aber andererseits viele Kinder ihr Anfangsgewicht erst nach Ablauf der zweiten, ja selbst der dritten Woche erreichen, so liegt es auf der Hand, daß auch für den Neugeborenen nicht selten reife Frauenmilch noch als physiologische Nahrung in Betracht kommt. Dasselbe gilt von den meisten an der Brust einer Amme ernährten Neugeborenen, so daß wir wohl Veranlassung haben, auch das reife Sekret der Brustdrüsen hier zu berücksichtigen.

3. Reife Frauenmilch [1].

a) Physikalisch-morphologische Eigenschaften.

Die mit der Milchpumpe entnommene oder manuell entleerte Frauenmilch stellt sich dar als eine undurchsichtige, geruchlose, weiße Flüssigkeit mit einem deutlichen Stich ins Gelbliche.

Der Geschmack wird als süßlich fade angegeben.

Das spezifische Gewicht beträgt 1,026—1,036, bleibt also im Durchschnitt hinter dem des Kolostrums weit zurück. Auch beim bloßen Vergleich größerer Mengen Milch und Kolostrum fällt die Dickflüssigkeit des letzteren im Vergleich zur Milch auf. Läßt man abgepumpte Milch in einer Flasche stehen, so scheidet sich in wenigen Stunden die gelbe Rahmschicht von der dünnen Magermilch, welche opaleszent, stärker durchsichtig als Kuhmagermilch ist und einen deutlichen Stich ins Bläuliche hat.

Die Gefrierpunktserniedrigung beträgt nach Koeppe 0,495—0,630, nach Grassi sogar bis 0,740. Andere Angaben lauten ähnlich. Übereinstimmend werden ferner die starken Schwankungen von Δ auch bei denselben Individuen zu verschiedenen Tagen und Tageszeiten hervorgehoben, die Koeppe auf den Einfluß der Nahrung, speziell der Salze derselben zurückführt.

---

[1] Wir stützen uns dabei vor allem auf die umfassende Darstellung von S. Engel im Handbuch der Milchkunde von Sommerfeld. Bezüglich aller ins Einzelne gehenden Literatur, sowie der Untersuchungsmethodik sei auf diese Zusammenstellung verwiesen.

Die Viskosität der reifen Frauenmilch zeigt gegenüber den Werten des Kolostrums ein bis zum zweiten bis dritten Monat noch zunehmendes Absinken (Kreidl und Lenk).

Die Reaktion ist amphoter, gegen Phenolphthalein sauer, gegen Lakmoid alkalisch. Die wahre Reaktion der Frauenmilch schwankt um den Neutralitätspunkt. Als Durchschnittswerte ergab sich bei den neuesten Untersuchungen von Davidsohn (1913) eine spurweise saure Reaktion[1], nämlich eine [H·] von $1,07 \times 10^{-7}$ und P_H von 6,97 an. Frauenmilch ist etwas saurer als Blut und nur ein wenig alkalischer als Kuhmilch.

Bekannt ist die Tatsache daß im Gegensatz zum Kolostrum Frauenmilch beim Kochen nicht gerinnt.

Die Ausflockung des Kaseins (= Gerinnung) gelang älteren Untersuchern bei Säurezusatz überhaupt nicht oder nur unvollkommen. Wahrscheinlich ist dafür ein besonderer kolloidaler Zustand des Frauenmilchkaseins verantwortlich zu machen (Kreidl, Neumann). Die Säurefällung des Kaseins ist an ein bestimmtes Aziditätsoptimum gebunden (Bienenfeld). Ebenso gelingt die Labgerinnung bei einem gewissen Säuregrad, der aber niedriger ist als der für die Säurefällung notwendige. Wir erwähnen diese Tatsachen hier nur, weil in neuerer Zeit sich manche Streitfragen über die Labgerinnung im Magen des Neugeborenen daran geknüpft haben.

Mikroskopische Beschaffenheit der Milch. Reife Frauenmilch enthält nur ganz spärliche Leukozyten, etwas reichlicher die sogenannten Kappen und Kugeln, kleine in Form von sichelförmigen Hauben oder von Knöpfchen den Fettkügelchen aufsitzende Gebilde, welche von Cohn als protoplasmatische Produkte der Drüsenepithelien aufgefaßt werden. Die Hauptmasse des Bildes nehmen aber die Milchkügelchen ein, welche von sehr verschiedener Größe sind = $0,9—22\ \mu$. (Vgl. Abb. 82).

b) Chemische Zusammensetzung.

Die Frauenmilchanalysen zeigen eine sowohl individuell wie bei derselben Frau zu verschiedenen Zeiten und besonders in verschiedenen Milchportionen recht schwankende Zusammensetzung. Nicht selten zeigt auch das Sekret der beiden Brüste erhebliche Differenzen in seiner Zusammensetzung (Zappert und Jolles, Bauer u. a.). Das gilt ganz besonders vom Fett. Nach den Angaben von Engel, Raudnitz und Bamberg ist die Zusammensetzung etwa folgende:

Wassergehalt 86—87% . . . davon Eiweiß { Gesamt-N 0,15—**0,22**—0,30
1,3—1,9 { Kasein 0,6—1,0

Trockensubstanz 13—14% . . Fett 2—**4**—7
Milchzucker 5,3—**6,5**—7,2
Salze 0,14—**0,21**—0,36.

1. N-Substanzen. Vor allem ist nicht zu vergessen, daß die Milch der Wöchnerin gegenüber der späteren Milch mannigfache Anweichungen zeigt, von denen immerhin einige eine gewisse Gesetzmäßigkeit erkennen lassen. Verschiedene Analysen, ich nenne nur Schloßmann, Engel, Camerer und

---

[1] [H·] = Wasserstoffionenkonzentration. Man hat sich in der physikal. Chemie daran gewöhnt, auch in alkalischen Flüssigkeiten die [H·] an Stelle der Hydroxylionenkonzentration ([OH·]) zu bestimmen. Als Einheit für [H·] gilt die Normalität an Wasserstoffionen. [H·] = 1 bedeutet also das Vorhandensein von 1,0 g H-Ionen im Liter. Eine wahre neutrale Lösung, d. h. eine Lösung, deren [H·] und [OH·] gleich groß sind, hat bei 18° C eine [H·] von 0,000 000 085 oder $0,85 \times 10^{-7}$.

P_H = Sörensenscher Wasserstoffexponent, entspricht dem Logarithmus der [H·] mit umgekehrten Vorzeichen; z. B. P_H zu einer [H] von $1,0 \times 10^{-7} = \lg (1,0 \times 10^{-7})$ $= \lg 1 + \lg 10^{-7} = 0 + (0—7) = —7$; P_H also = 7.

Söldner zeigen, daß sowohl der Gesamt-N wie der Eiweißgehalt abgesehen von einer manchmal nachweisbaren geringen Steigerung in der dritten Woche mit der Fortdauer der Laktation allmählich heruntergeht, sodaß die Milch in der zweiten Woche etwa den in obiger Tabelle stehenden Maximalwerten entspricht, die niedrigsten Werte mehr dem Ende der Laktationszeit zukommen. Vom Gesamt-N entfallen etwa $41\,\%$ auf Kasein (Schloßmann), $35\,\%$ auf Albumin (und Globulin); wozu noch gewisse Mengen eines weiteren Eiweißkörpers, des von Wroblewsky beschriebenen Opalisins, kommen. Der Rest-N[1], etwa $15-20\,\%$ des Gesamt-N, entfällt zu $80\,\%$ auf Harnstoff. Das Kasein ist jedenfalls der charakteristischste Milcheiweißkörper, der nur in der

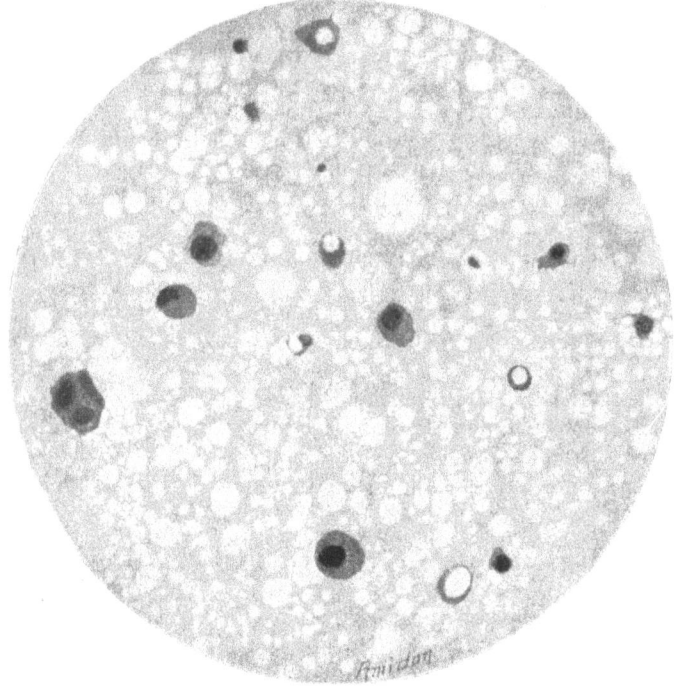

Abb. 82.
Frauenmilch (nach de Lee).

Brustdrüse der Frau bzw. des weibliche Tieres gebildet wird. Die einzelnen Milch-Eiweißkörper sind biologisch sicher nicht gleichwertig. Wir haben auf Einiges schon beim Kolostrum hingewiesen. Hier sei noch nachgetragen, daß auch in der reifen Frauenmilch solche biologische Unterschiede sich nachweisen lassen, insofern als das Lactalbumin für das Wachstum sich dem Kasein wesentlich überlegen zeigt, wie Osborne und Mendel bei Ratten, Langstein und Edelstein auch beim menschlichen Säugling nachgewiesen haben.

2. Asche. Die Gesamtasche der Frauenmilch wird im Mittel auf $0{,}21\,\%$ angegeben (Heubner-Hoffmann, Camerer-Söldner), d. h. also um etwa $1\,\%$ niedriger als im Kolostrum. Übergangsmilch weist noch etwas höhere Werte

---

[1] D. h. diejenige N-Menge, welche man im Filtrat nach der Eiweißausfällung noch findet und die aus Substanzen stammt, die keine Eiweißkörper sind (wie Harnstoff, Ammoniak, Aminosäuren und peptidartige Körper).

auf. Mit fortschreitender Laktation sinkt der Aschegehalt allmählich ab auf
$0,18\,^0/_0$ (Schloß) bis $0,14\,^0/_0$ (Pfeiffer) im 10. Monat der Laktation.

Die Aschenanalyse ergibt in 100 Teilen Gesamtasche

	Söldner	Schloß
mg K_2O	32,4	29,07
mg Na_2O	13,1	10,36
mg CaO	13,9	20,65
mg Mg_2O	1,9	4,71
mg Fe_2O_3	0,07	22,23
mg P_2O_5	11,40	16,79
mg Cl	21,7	

Schon dieses Beispiel zeigt, daß die Analysen verschiedener Autoren
nicht übereinstimmen; das gilt auch für Analysen eines und desselben Autors.

Man kann beim Vergleich mit Kolostrum nur sagen, daß die Alkalien
im Verhältnis zu den Erdalkalien stark zurücktreten (Schloß), Kalk und
Phosphor im Verhältnis zum N in der Frauenmilch aber reichlicher vorhanden
sind, was freilich für Birks Kolostrumanalyse für P_2O_5 nicht zutreffen würde.
Kalk ist jedenfalls in der reifen Frauenmilch im Verhältnis zu den anderen
Kationen K und Na viel reichlicher enthalten als im Kolostrum. Eisen fand
Friedjung 5,09 im Liter Frauenmilch als Mittelwert, etwas höheren Wert bei
gut genährten, einen niedrigeren bei heruntergekommenen Frauen. Neuere Untersuchungen von Bahrdt und Edelstein ergaben Werte von $1,215—2,93$ mg
Fe_2O_3 im Liter, die in den ersten Monaten der Laktation für jede Frau ziemlich
konstant sind, während ältere Autoren (z. B. Backhaus und Cronheim,
Bunge, Blauberg u. v. a.) enorme Differenzen, bis um das 30 fache bei verschiedenen Frauen, gefunden hatten. Eisenfütterung scheint nur bei sehr anämi-
schen Frauen auf den Fe-Gehalt der Milch Einfluß zu haben. Immerhin ist
der Eisengehalt der Frauenmilch dreimal so hoch als der der Kuhmilch (Langstein, Soxhlet.)

3. Fett. Angaben über den Fettgehalt, welche sich auf einzelne Stich-
proben stützen, sind ganz wertlos, weil — wie alle neueren Untersuchungen
lehren — der Fettgehalt der einzelnen Milchportionen stark schwankt.
Die Anfangsportionen der Mahlzeiten sind am fettärmsten, die letzten am fett-
reichsten (Reyher). Der Fettgehalt in der ersten Milchportion schwankt etwa
zwischen $1—3\,^0/_0$, der der letzten Milchportionen zwischen $6—10\,^0/_0$; nach sehr
zahlreichen Untersuchungen kann man den durchschnittlichen Fettgehalt der
Frauenmilch mit etwa $4,5\,^0/_0$ in Ansatz bringen Engel), doch hat eine derartige Fixierung bloß beschränkten Wert. Denn nicht allein schwankt bei
ein und derselben Frau der Fettgehalt der Milch je nach der Tageszeit sowie
in verschiedenen Laktationsperioden, sondern es finden sich auch große individuelle Schwankungen teils abhängig, teils unabhängig von der Ergiebigkeit
der Brust. Als gesetzmäßig ließ sich eigentlich nur eruieren (Engel), daß
ceteris paribus Milchmenge und Fettgenalt bei den einzelnen Mahlzeiten in einem gewissen umgekehrten Verhältnis zu einander
stehen [1]. Die Morgenmilch ist deshalb am fettärmsten. Trotzdem ist bei
ein und derselben Frau der aus zahlreichen Einzelanalysen und an verschiedenen
Tagen ermittelte Tagesdurchschnittswert eine ziemlich konstante Größe (Aurnhammer, Bamberg), so daß man danach wohl in der Lage ist, nach Feststellung dieses Durchschnittswertes verschiedene Frauenmilchen hinsichtlich
ihres energetischen Wertes zu vergleichen. Zur Fettbestimmung für klinische

---

[1] Auch das gilt freilich nicht ausnahmslos (Helbich).

Zwecke hat sich dabei das Gerbersche Acidbutyrometer als hinreichend genau erwiesen. Hinsichtlich der Qualität des Fettes der Frauenmilch ist im Vergleich zur Kuhmilch der höhere Gehalt an Ölsäure (etwa $50^0/_0$) hervorzuheben; demgemäß ist auch die Jodzahl höher (Eichelberg und Engel). Sie beträgt im Mittel 45, bleibt aber hinter der des Kolostralfettes (62) noch stark zurück. Frauenmilchfett ist feiner emulgiert als Kuhmilchfett. Es enthält etwa $1,4^0/_0$ flüchtige, $1,9^0/_0$ wasserlösliche und $49,4^0/_0$ ungesättigte Säuren (Lawes). Sein Schmetzpunkt liegt bei $30-31^0$ C, nach anderen Angaben (Ruppel) aber bei 34^0. Schließlich muß noch hervorgehoben werden, daß die Zusammensetzung des Frauenmilchfettes auch nach der Art der Ernährung etwas wechselt. So ist jedenfalls der Einfluß von Gänsefett, Leinöl, Palmin (Thiemich), Sesamöl, Olivenöl (Engel) nachgewiesen. Allerdings bestehen große individuelle Unterschiede in der Beeinflußbarkeit der Zusammensetzung des Milchfettes durch einzelne Fettzulagen. — Cholesterin ist in der Frauenmilch nur in geringen Mengen vorhanden[1].

4. **Kohlehydrate.** Der Gehalt der reifen Frauenmilch an Milchzucker beträgt durchschnittlich $6,5-7^0/_0$. Das ist ein gutes Drittel mehr als im Kolostrum oder in der Kuhmilch. Sobald eine Milchstauung eintritt, wird zu allererst Milchzucker ins Blut rückresorbiert und unverbrannt im Harn ausgeschieden. Diese Laktosurie geht dem Auftreten von Kolostrumkörperchen sogar regelmäßig voran.

c) Brennwert der Frauenmilch.

Der Energiewert der Frauenmilch wird sehr verschieden angegeben: 614—723 Kalorien pro Liter nach Rubner-Heubner, 565—877 Kalorien nach Schloßmann. Er schwankt stark je nach dem Fettgehalt der zur Untersuchung verwendeten Milchportion. Für eine Durchschnittsmilch von $4^1/_2^0/_0$ Fett würde sich ein Wert von 765 Kalorien rechnerisch ergeben (Engel). Es liegt aber auf der Hand, daß bei den erwähnten starken Schwankungen ein Standardwert nur für die gröbsten klinischen Berechnungen angenommen werden kann. In allen Fällen, in denen das Gewicht des Kindes Zweifeln Raum läßt, die sich aus ungenügender Nahrungsmenge nicht ohne weiteres erklären, bleibt nichts übrig, als den Brennwert der betreffenden Milch im Tagesdurchschnitt festzustellen, wofür im allgemeinen die Fettbestimmung ausreichen dürfte.

d) Bakteriologie und Biologie der Frauenmilch.

Die normaliter in der Frauenmilch sich findenden Keime (meist Staphylococcus pyogenes albus [Köstlin] oder auch Streptokokken usw.) sind harmlose oder wenigstens avirulente Bakterien, welche von der Haut der Brustdrüse durch die engen äußeren Milchgänge eingedrungen sind[2]. Ihre Bedeutung ist sowohl für das Kind wie für die Mutter eine geringe, solange eine normale Entleerung der Brustdrüse statthat. Erst wenn durch eintretende Milchstauung ihre Virulenz sich steigert, bekommen sie größere Bedeutung, gewöhnlich auch nur für die Mutter (näheres unter Mastitis). Im Blut der Mutter zirkulierende Bakterien gelangen nach Untersuchungen von Basch und Weleminski nicht durch die Brustdrüse zur Ausscheidung, solange nicht das Parenchym zerstört

---

[1] Kurz erwähnt sei noch, daß in der Frauenmilch auch C-Vitamine in ausreichender Menge vorhanden sind (F. Meyer und E. Nassau). Über die übrigen Vitamine fehlen noch einwandfreie Untersuchungen.

[2] Über die in der Frauenmilch nachweisbaren Bakterien existiert eine reiche, hier wenig interessierende Literatur; bis 1902 ist dieselbe bei Czerny-Keller, Bd. 1, S. 414, gewürdigt.

ist. Über den Zusammenhang zwischen Milchnahrung und Darmbakterien vgl.
das Kapitel Darmflora.

Für die biologischen Wirkungen der Frauenmilch ist vor allen Dingen
wichtig ihr Fermentgehalt. Allzu viel ist darüber nicht bekannt. Katalase
(Superoxydase) findet sich in jeder Frauenmilch um so reichlicher, je jünger
die Milch ist. Amylase ist von Moro und Hippius nachgewiesen; Lipase
nur in geringem Maße, wenn auch stärker als in der Kuhmilch vertreten. Außerdem ist sicher ein proteolytisches (und ein salolspaltendes) Ferment nachgewiesen. Die im Kolostrum von Hecht nachgewiesene Reduktase fehlt
in der Frauenmilch (Sommerfeld, Hecht), ebenso die Peroxydase.

Bezüglich der Immunkörper sei auf das beim Kolostrum Angeführte
verwiesen. Speziell auf Menschenmilch gerichtete Untersuchungen liegen verhältnismäßig spärlich vor. So wurde bei gegen Diphtherie immunisierten
Ammen von Salge Diphtherieantitoxin in der Milch nachgewiesen. In der
Milch typhöser Frauen fand man fast regelmäßig Typhusagglutinine (Achard
und Bensaude, Thiercelin und Lenoble, Mossé, Stäubli u. v. a.). Der
Agglutinationswert ist gewöhnlich in der Milch wesentlich geringer als im Blut
der Mutter. So fand z. B. Castaigne[1] bei der typhuskranken Stillenden im
Blutserum den Agglutinationstiter 1 : 2000, in der Milch nur 1 : 600. Ähnliche
Angaben machen Courmont und Cade[2]. Nur ausnahmsweise zeigen Milch
und mütterliches Blutserum fast den gleichen Agglutinationstiter. Ferner
ist mit Hilfe der Präzipitin-(Bordet) und Komplementablenkungsmethode
(Bauer) nachgewiesen, daß das Milcheiweiß beim Menschen wie beim Tier
artspezifisch ist.

Ganz allgemein kann man sonach auch das reife Brustdrüsensekret als
Träger von Haptinen bezeichnen. Darunter finden sich sowohl Substanzen
von Antigen-Charakter (Präzipitinogen vgl. oben und M. Sohma) und, nach
Analogie zu schließen, wahrscheinlich auch wohl noch andere, spezifische Ambo-
zeptorenbildung auslösende Antigene. Als Träger der präzipitinogenen Substanz kommen verschiedene Proteinkörper der Milch in Betracht. Die Herkunft der Antigene aus dem mütterlichen Blut dürfte durch die Untersuchungen
von Langer erwiesen sein. Ebenso scheint erwiesen, daß, sobald Antikörper
in gewisser Konzentration im Blute der Mutter kreisen, dieselben wohl auch in
die Milch übertragen werden. Das ist neben den obengenannten für Hämolysine, Präzipitine, Opsonine u. a. mindestens im Tierversuch erwiesen. Für
die Frauenmilch wird neuerdings von Zubrzycki und Wolfsgruber angegeben, daß in ihr normalerweise sich Hämagglutinine finden, die aber bis zum
14. Lebenstag im Serum der Kinder nicht nachzuweisen sind. Über natürliche
Antikörper der Frauenmilch liegen absolut klare und beweisende Angaben nicht
vor. Das gilt sowohl für manche Antitoxine wie Opsonine usw. Die Angaben
einzelner Autoren konnten einer Nachprüfung nicht standhalten. Jedenfalls
bestehen auch in biologischer Hinsicht Unterschiede zwischen der Milch verschiedener Frauen und Ammenmilch, die nicht ohne weiteres der Milch der
eigenen Mutter gleichgesetzt werden darf. Das schließt selbstverständlich
nicht aus, daß im Einzelfalle die Ammenmilch für ein bestimmtes Kind besser
sein kann als die der eigenen Mutter.

Von Komplementen scheint häufig ein hämolytisch wirkendes (v. Pfaundler
und Moro) sowie ein bakteriolytisches (Moro vorzukommen; freilich wird

---

[1] Transmission par l'allaitement du pouvoir agglutinant typhique de la mère à l'enfant.
Semaine méd. 1897, No. 54.
[2] Transmission de la substance agglutinante par l'allaitement. Compt. rend. de la soc.
de biol. 1899, S. 619.

das von Wolff und Noeggerath bestritten; auch J. Bauer hält den Komplementgehalt der Frauenmilch jedenfalls für äußerst gering[1].

Im übrigen entwickelt aber nach den neuesten Untersuchungen von Musselmann das Kind seine Antikörper in der Hauptsache selbständig, wobei dieser Autor der Ernährung mit Muttermilch im wesentlichen nur eine indirekte Bedeutung als einer die Widerstandsfähigkeit des Organismus steigernden Nahrung beimißt.

Nahrungsbedarf des Neugeborenen bei natürlicher Ernährung.

Unvollkommenheit der theoretischen Grundlagen.

Es gibt kaum eine Vorfrage der natürlichen Ernährung des Neugeborenen, deren wissenschaftliche Behandlung solche Schwierigkeiten machte, als die Bestimmung des Nahrungsbedarfes. Glücklicherweise sind die theoretisch-wissenschaftlichen Schwierigkeiten für die Praxis von geringer Bedeutung. Die wissenschaftlich ganz unvollkommene Methode der Vergleichung von Gewichtskurve und Trinkmenge im Verhältnis zu einer Reihe ermittelter Durchschnittszahlen der Nahrungsaufnahme gut gedeihender Brustkinder ist nicht allein außerordentlich einfach, sondern für die Neugeburtsperiode vollkommen ausreichend. Praktisch-klinische Erfahrung hilft auch hier am besten über die Lücken wissenschaftlicher Erkenntnis weg und befähigt, sich von einem sklavischen Festhalten an den Durchschnittszahlen frei zu machen.

Setzt man die von verschiedenen Autoren angegebenen Durchschnittswerte für die Nahrungsaufnahme nebeneinander (s. Tabelle), so ist freilich damit zunächst nicht viel anzufangen. Sie zeigen große Schwankungen und das liegt zum Teil in der Natur der Sache selbst, zum Teil aber auch daran, daß von den einzelnen Autoren bei der Sammlung ihres Materials sehr verschieden vorgegangen wurde. Man kann also die einzelnen Zahlen nicht ohne weiteres vergleichen. Daraus ergeben sich mancherlei Einwände, wie sie namentlich von Czerny-Keller, v. Pfaundler u. a. gemacht wurden. Soweit Kinder mit Dyspepsie, Erbrechen, schwache Frühgeborene, unterernährte, andererseits überfütterte, ja teilweise sogar künstlich ernährte Kinder bei der Ermittlung der Durchschnittszahlen mit herangezogen wurden, schließt sich Verfasser diesen Einwänden völlig an. Derartige Fehler lassen sich aber vermeiden, Trotzdem bleiben die starken Schwankungen der Nahrungsaufnahme auffallend genug. Das gilt nicht nur beim Vergleich der Durchschnittswerte verschiedener Autoren, sondern auch bei Berücksichtigung der Maximal- und Minimalwerte eines und desselben Autors. Zum Teil liegt das an verschiedener Technik der Ernährung. Autoren, welche die Kinder ganz sich selbst überlassen, müssen natürlich andere (gewöhnlich niedrigere) Werte bekommen, als solche, welche auf möglichste Steigerung der Brustsekretion bedacht sind. Der Termin des ersten Anlegens, die Zeit des Milcheinschusses, die Zahl der Mahlzeiten spielen hier eine Rolle; alle Arten von Stillschwierigkeiten, mögen sie von der Mutter oder dem Kinde ausgehen, beeinflussen natürlich die Größe der Nahrungsaufnahme in ungünstigem Sinne. Ähnlich wirkt stärkerer Ikterus, wenn er mit leichter Somnolenz verbunden ist, während umgekehrt agile Ikteruskinder aus einer ergiebigen Brust besonders reiche Nahrungsmengen aufnehmen. An einer leichtgiebigen und sekretreichen Brust wird die Nahrungsaufnahme

---

[1] Cf. Näheres über die bisher bekannten Versuche bei Pfaundler in Sommerfelds Handbuch der Milchkunde S. 125 ff. und J. Bauer, l. c. S. 201 ff.

Durchschnittszahlen über die Nahrungsaufnahme

Autor	Anfangsgewicht	Lebens-					
		1.	2.	3.	4.	5.	6.
Ahlfeld	—	5	145	245	410	405	510
Arnstamm	—	—	27,5	80	155	218	233
Aronstamm (1903) .	3403	—	22,5	79,9	175,5	217,6	242,49
Baumm und Illner	—	20	75	168	252	303	353
Beuthner (1902) . .	—	17	91	190	302	348	381
Camerer sen. . . . . {	3126 —	20 17	97 91	211 193	326 309	364 352	402 391
H. Cramer (1901) . .	—	2,5	10,89	89,49	192,66	226,66	246,66
Deneke (1880) . . .	—	44	135	192	266	352	365
Feer (1902)	3528	4	50	177	315	456	549
Gaus . . . . {	— —	0—20 0	10—100 20—110	60—230 40—390	75—280 100—390	125—315 190—580	130—320 180—475
Klemm (1907) . . .	3091	—	13	190	370	460	440
Krüger (1875) . . .	—	12—15	96	192	234	363	441
Nordheim	—	—	70	150	235	280	365
Opitz (1911)	3000—3500	56,7	197,8	296,8	371,5	431,8	462,8
Perret	—	fast 0	160	285	360	430	470
Reusing	2200—3650	38,3	120,8	176,6	220	271,5	296,6
v. Reuß	2800—4000	—	54	173	263	327	354
Trepper (1913) . . . {	unter 2000 2000—2500 2500—3000 3000—3500 3500—4000 4000—4500 über 4500 Mittel aller	43 33 31 52 54 50 57 45	113 93 112 131 133 135 137 123	126 160 205 224 232 282 183 216	161 215 248 316 321 315 347 289	198 287 346 376 383 380 390 364	259 312 381 427 432 415 483 408
1909	2700—3416	19	90	193,2	260,4	339,3	402
Verfasser 1912 . . . . {	2200—2500 2500—2900 2900—3300 3300—3700 3700—4000 Mittel	45 30,2 34,0 23,6 26,7 32	65 95,4 87,5 91,8 99,7 97	115 136,4 137,14 218,8 223,7 182	178 239,8 228,1 343,1 368 240	184 265,7 285,22 436,11 424,10 308	272,6 276,8 319,2 444,12 454,6 341
Bedarf (nach Finkelstein) . . . . . . {	um 3000 um 4000	— —	70 80	140 160	210 240	280 320	350 400

gut gedeihender Neugeborener an der Brust.

tag 7.	8.	9.	10.	11.	12.	Summe 1. Lebenswoche	Zahl der Mahlzeiten	Bemerkungen
560	680	560	600	—	—	2280	wechselnd	—
—	—	—	—	—	—	—	—	Durchschnitt von 10 Kindern
281,8	—	—	—	—	—	1020	—	Durchschnitt von 10 Kindern von 2980—4520 g Geburtsgewicht
367	472	—	—	—	—	1538	—	—
450	476	—	—	—	—	1779	—	Durchschnitt von 16 Fällen eigener und fremder Beobachtung
478	—	—	—	—	—	1898	—	Durchschnitt von 13 Fällen
467	—	—	—	—	—	1820	—	Durchschnitt von 11 Fällen
311,66	—	—	—	—	—	1080	—	Durchschnitt von 5 Fällen mit sehr differentem Geburtsgewicht (2050—4360!!)
383	411	—	—	—	—	2137	—	Durchschnitt von 10 Fällen
552	567	562	603	—	—	2103	—	Durchschnitt von 10 kräftigen Kindern Erst- und Mehrgebärender (Privat)
175—400	160—500	150—435	200—525	—	—	720—1395	—	Ausgesucht niedere Werte von 100 gut gedeihenden Kindern (Anstalt)
290—490	260—610	290—520	—	—	—	905—2300	—	Durchschnitt von 7 Fällen ohne Auswahl
483	—	—	—	—	—	1956	4—7	Durchschnitt von 3 Kindern (Privat)
501	518	621	648	705	—	1840	6—9	—
375	335	—	—	—	—	1475	—	1 Kind
455,3	485,1	467,6	—	—	—	2304	6	Durchschnitt von 75 Fällen (Klinik)
400	500	515	540	—	—	2105	10	Durchschnitt von 45 Fällen (Klinik Tarnier-Paris)
297	333	—	—	—	—	1421	—	Durchschnitt von 6 Fällen (Klinik)
362	390	—	—	—	—	1533	5—6	Durchschnitt von 25 Fällen (Klinik)
289	—	—	—	—	—	1189	5(—6)	Mittel von 6 Fällen
336	—	—	—	—	—	1436		„ „ 17 „
406	—	—	—	—	—	1729		„ „ 130 „
454	—	—	—	—	—	1980		„ „ 181 „ } Gießener Frauen-Klinik
468	—	—	—	—	—	2023		„ „ 94 „
443	—	—	—	—	—	2020		„ „ 22 „
540	—	—	—	—	—	2037		„ „ 3 „
436	—	—	—	—	—	1881		„ „ 453 „
415,6	470,5	—	—	—	—	1720	6	Mittel von 18 Fällen (Klinik Wien)
293,9	317,4	350,3	295,2	—	—	1154	5(—6)	
308,8	326,9	364,7	313,7	355,5	413,7	1353		
340,22	349,23	388,20	418,9	432,0	430,6	1432		100 Fälle (Klinik)
497,2	461,12	484,1	482,8	498,2	498,3	2045		
506,1	467,9	511,9	542,7	—	—	2103		
368	362	410	422	—	—	1658		Mittel aller Fälle
420	—	—	—	—	—	—	—	—
480	—	—	—	—	—	—	—	—

ceteris paribus größer ausfallen als an einer schwergiebigen. Schließlich ist
nicht zu vergessen, daß die Qualität der Nahrung selbst relativ starken Schwankungen unterworfen ist und gleiche Mengen weder kalorisch noch
chemisch gleichwertig zu sein brauchen, ja geradezu selten sein werden.
Kurz, wenn man die gewonnenen Zahlen unter die Lupe streng wissenschaftlicher Kritik nimmt, steht man schließlich vor einem Wald von Einwänden.

Nahrungsmengen gut gedeihender Brustkinder.

Und doch scheint dem Verfasser auf Grund reichster praktischer Er-
fahrung solche Hyperkritik nicht notwendig. Fetszuhalten ist nur unter allen
Umständen an der Forderung, daß die Maßzahlen für die durchschnittliche
Trinkmenge an gesunden, gut gedeihenden Brustkindern gewonnen sein müssen.
In dem speziellen Falle verlangen wird von einem gut gedeihenden Neugeborenen
eine mindestens bis zur Erreichung des Anfangsgewichtes regelmäßig ansteigende
Gewichtskurve bei Vorhandensein aller sonstigen Zeichen völliger Gesundheit [1].
Ob bei etwas knapper Nahrungslieferung oder -aufnahme der Gewichtsanstieg
ein wenig langsamer erfolgt, ob umgekehrt bei reichlich Nahrung produzieren-
den und abgebenden Brüsten die Zunahme rasch erfolgt, tut dabei wenig zur
Sache. Schwankungen um den Durchschnittswert nach oben und unten sind
im Einzelfalle natürlich und kommen überdies zum Ausdruck, wenn man die
zum Gedeihen durchschnittlich notwendigen Minimal- und Maximalwerte des
Nahrungskonsums nebeneinanderstellt. Die Maßzahlen verlieren noch weiter
von ihrer Vieldeutigkeit, wenn man sie in Beziehung zum Gewicht setzt (vgl.
Zahlen in der Tabelle).

Freilich zeigt kritische Beobachtung auch dann, daß gelegentlich bei sehr
gutem Anstieg der Gewichtskurve die für eine bestimmte Gruppe gewonnenen
Durchschnittzahlen niemals erreicht werden, in anderen Fällen trotz wesentlichen Überschreitens derselben die Gewichtszunahme langsam erfolgt. Solche
aus dem verschiedenen Energiewert der aufgenommenen Nahrung erklärbare
Abweichungen, wie sie besonders in den Fällen von Gaus in Erscheinung treten,
scheinen mir aber die Brauchbarkeit der Durchschnittzahlen als Anhaltspunkte im allgemeinen nicht zu berühren.

Selbstverständlich können auch im Kinde selbst liegende
Momente die Größe des Konsums bestimmen. Es scheint dem Verfasser über jeden Zweifel erhaben, daß es Kinder gleichen Körpergewichts gibt,
bei denen kalorisch wie volumetrisch ausgedrückt die zu gleichem Ansatz erforderliche Nahrungsmenge verschieden ist. Auch das muß berücksichtigt
werden und nichts wäre verkehrter, als sich darauf zu versteifen, jedem Kinde
eine möglichst dem Durchschnittswert angenäherte Nahrungsmenge zuzuführen. Man darf eben nicht vergessen, daß die in der Tabelle angeführten
Werte **keine Maßzahlen für den Nahrungsbedarf** sind, sondern nur volu-

---

[1] Die von Kirstein gegen diese Forderungen, namentlich hinsichtlieh der Gewichtskurve, geltend gemachten Einwände vermag ich um so weniger anzuerkennen, als ich einen
großen Teil der von ihm unter souveräner Verachtung des Gewichtsanstieges herangezogenen
Beispiele eben nicht ,,als einwandfrei gedeihende Brustkinder'' aufzufassen vermag. Ich
glaube, alle Pädiater werden mir Recht geben, daß man Kinder, die nach der physiologischen
Gewichtsabnahme keine oder kaum nennenswerte Gewichtszunahme zeigen — das waren
1918 an der Marburger Klinik 53, 7 %/₀ — nicht als Testobjekte für die Bestimmung von Nor-
malzahlen verwenden kann. Kirstein selbst muß ja zugestehen, daß die Kinder mit
schlechterer Gewichtskurve ,,entschieden weniger getrunken haben'' als die mit guter Gewichtszunahme. Die von Kirstein gebrachten Interpolationskurven scheinen mir nur ein
neuer Beweis dafür, daß man mit dieser Methode doch zu recht merkwürdigen Resultaten
kommen kann, die jedenfalls der klinischen Beobachtung erfahrenster Autoren widersprechen.

metrisch die durchschnittliche, tatsächliche Nahrungsaufnahme gut gedeihender, an der Brust ernährter Neugeborener verschiedener Gewichtsgruppen angeben.

Der Wert der Zahlen liegt aber meiner Erfahrung nach in folgendem: Einmal werden dadurch dem Unerfahrenen Anhaltspunkte gewährt, nach denen er bei Vergleich mit der Gewichtskurve beurteilen kann, ob das aufgenommene Nahrungsvolumen genügt. Zeigt die Nahrungsaufnahme ein wesentliches Zurückbleiben hinter der Durchschnittzahl und ist gleichzeitig die Gewichtszunahme stark verlangsamt, so ist in der Neugeburtszeit bei Abwesenheit von sonstigen Krankheitserscheinungen der Schluß auf ungenügende Nahrungszufuhr durchaus berechtigt. Bei der Ernährung an der Ammenbrust kann umgekehrt ein wesentliches Überschreiten der Durchschnittswerte im Zusammenhang mit rapider Gewichtszunahme frühzeitig auf eine Überfütterung hinweisen und zu einer Korrektur Veranlassung geben, noch ehe die geringste Schädigung des Kindes eingetreten ist. Wo das Kind bei Vorhandensein aller sonstigen Zeichen von Gesundheit eine regelmäßige, weder zu schnell noch zu langsam ansteigende Gewichtskurve zeigt, dort wird ein Bedürfnis nach Bestimmung der Nahrungsaufnahme oder gar nach einer Berechnung des Bedarfes sich überhaupt nicht ergeben.

Man kann aber aus den wissenschaftlich so anfechtbaren Zahlen noch eine ganze Reihe anderer Schlüsse ziehen. Schon geringe Erfahrung lehrt, daß nicht selten Kinder gut gedeihen, wenn die Durchschnittswerte der Nahrungsaufnahme nicht erreicht werden. Die Fälle von Gaus, das Kind von Reyher u. a. zeigen dasselbe. Hoher Kalorienwert der Nahrung dürfte meist die Ursache sein. Ergibt eine Bestimmung des Kaloriengehaltes der Nahrung, daß das de facto nicht zutrifft, dann bleibt natürlich nur der Schluß übrig, daß es sich um ein Kind handelt, welches zu gleichem Ansatz tatsächlich weniger Energie- und Stoffzufuhr braucht. Gerade solche Bestimmungen haben ja diese Tatsache erst aufgedeckt. Häufig zeigt schon die klinische Beobachtung die tiefere Ursache solch eines geringen Energie- und Stoffverbrauches in reichlicherem Schlaf und größerer Ruhe des Kindes. Umgekehrt kann Unruhe des Kindes einen Anhalt gewähren, warum dasselbe mehr Nahrung aufnimmt bzw. bei durchschnittlich ausreichender Nahrungsmenge nicht gehörig zunimmt. Verfasser hat z. B. durch derartige Beobachtungen gefunden, daß ikterische Kinder bei durchschnittlich ausreichender Nahrungsaufnahme einen verlangsamten Gewichtsanstieg zeigen, dagegen völlig normale Kurven bei gesteigerter Nahrungszufuhr aufweisen und daraus den Schluß gezogen, daß beim Icterus neonatorum der Stoffverbrauch ein höherer sei (vgl. näheres in dem Kapitel Ikterus). In ähnlicher Weise ließ sich eruieren, daß kleine Frühgeborene relativ größere Nahrungsmengen brauchen, ferner daß die durchschnittlich zu gleichem Gewichtszuwachs bzw. Beschränkung der Gewichtsabnahme erforderliche Nahrungsmenge um so geringer ist, je mehr Kolostrum die Kinder erhalten und ähnliches mehr. So möchte Verfasser trotz der wissenschaftlichen Anfechtbarkeit die Durchschnittszahlen der Nahrungsaufnahme als Schätzungswerte nicht entbehren — vor allem deshalb, weil sie in ihrer einfachen Handhabung zunächst durch keine andere Berechnung des Nahrungsbedarfes zu ersetzen sind.

Volumetrische und energetische Betrachtungsweise des Problems.

Diese klinische Brauchbarkeit darf uns aber natürlich nicht abhalten, der Frage nach dem Nahrungsbedarf weiter nachzuspüren. Schon mehrfach haben wir oben darauf hingewiesen, daß wesentliche Unter- und Überschreitungen der durchschnittlichen Nahrunggsmenge ohne Störung der Gewichtskurve vielfach in einem verschiedenen Energiewert der angebotenen Nahrung ihre Ursache haben. Es lag deshalb der Versuch nahe, den Nahrungsbedarf in Beziehung zu setzen mit dem Kraftwechesl und so vielleicht bestimmtere Beziehungen zwischen Nahrungsbedarf und Energiewert der Nahrung ausfindig zu machen. Indessen ergaben sich hier so bedeutende Schwierigkeiten, daß eine für praktisch-klinische Zwecke brauchbare Formel bisher nicht eruiert ist. Einmal ist es nicht angängig, den Energiegehalt der aufgenommenen Nahrung einfach nach bestimmten Standardwerten zu berechnen; denn, wie oben gezeigt, schwankt nicht allein der Energiewert der Milch verschiedener Frauen, sondern auch einer und derselben Frau von Tag zu Tag, ja selbst bei verschiedenen Mahlzeiten und verschiedenen Portionen einer und derselben Mahlzeit unter Umständen ganz erheblich. Noch größer sind diese Schwankungen beim Kolostrum und bei der Übergangsmilch, so daß gerade in der ersten Lebenswoche niemals ein brauchbarer Mittelwert für eine derartige Berechnung angegeben werden kann. Auch die Erfahrung, daß bei quantitativ spärlicher Sekretmenge der Kaloriengehalt derselben gewöhnlich höher ist (Reyher), läßt sich nicht in eine Formel fassen. Wollte man also mit einem Durchschnittswert operieren, wie das übrigens vielfach geschehen ist, so würden sich Fehler ergeben, die den Wert einer solchen Berechnung völlig illusorisch machen.

Ein Beispiel möge das erläutern. Nehmen wir einmal den Energiequotienten der Einfachheit der Berechnung wegen auf rund 50 an, so würden am zweiten Lebenstag bei einem 3000 g schweren Kinde diese 50 Kalorien pro Kilogramm des Körpergewichts gedeckt werden können durch eine Kolostrumzufuhr von 100—300 g, je nachdem ob es sich um ein energetisch hochwertiges Kolostrum von 1500 oder minderwertiges Kolostrum von 500 Kaloriengehalt handelt. Bei so starken Differenzen des Kaloriengehaltes des Kolostrums ist natürlich eine Berechnung ausgeschlossen.

In einer derartigen Rechnung stecken von vornherein mindestens dieselben Fehler wie in einer Schätzung des Bedarfes nach dem durchschnittlich von gesunden, gedeihenden Neugeborenen aufgenommenen Nahrungsvolumen. Denn wir haben zur Feststellung des Energiebedarfes ebensowenig eine exakte Grundlage, sondern sind wieder darauf angewiesen, Maßzahlen dadurch zu gewinnen, daß wir aus den tatsächlich von gut gedeihenden Brustkindern mit der Nahrung aufgenommenen Energiemengen Durchschnittswerte berechnen. So ging z. B. Gaus vor. Er entleerte 2—3 Stunden nach der letzten Mahlzeit aus der Brust der Mutter dasselbe Quantum Milch welches das Kind etwa getrunken hatte und bestimmte in der gewonnenen Milch exakt den Kaloriengehalt. Dabei ergab sich, daß im Gegensatz zum Säugling, der bei physiologischem Wachstum einen Energiequotienten von 80—100—120 aufweist, der vom Neugeborenen benötigte Energiequotient um 50 Kalorien sich hielt, nicht selten sogar darunter blieb. Ähnlich haben Heubner und Langstein den für Neugeborene erforderlichen Energiequotienten auf 50, Beuthner auf 59 angegeben. Solch umständliche Brennwertbestimmungen sind aber nur in Ausnahmefällen möglich, und übrigens selbst bei dem Vorgehen von Gaus nicht absolut exakt. Die Untersuchungen von Gaus, Heubner u. a. zeigen aber, daß weder ein Energiequotient von 50 noch von 60 eine Größe darstellt, die ein für allemal genügte, denn einesteils fanden sich Kinder, welche bei einem Energiequotienten weit unter 50 gut gediehen, andererseits sind Fälle bekannt, wo bei starkem Überschreiten dieses Wertes eine entsprechende Gewichtszunahme ausblieb.

Ein berühmt gewordener und in neuester Zeit vielfach zitierter Fall dieser Art ist folgender:
Das betreffende Kind, eine Enkelin O. Heubners, hatte bereits am vierten Tage post part. sein Anfangsgewicht wieder erreicht und nahm zunächst auch weiter gut zu. Dann aber wollte das Gewicht nicht recht weiter ansteigen, trotzdem die Analyse der Milch ergab, daß der Energiequotient der täglich aufgenommenen Nahrung 100—120 betrug — also nach Heubners eigener Lehre sicher ausreichen mußte. Auffallend war freilich, daß

das 3100 g schwere Kind in der Zeit des Gewichtsstillstandes (10.—20. Tag) trotz dieser reichen Energiezufuhr ein relativ geringes Nahrungsvolumen (durchschnittlich 443 g) aufnahm; nur durch den großen Fettreichtum der Milch (5% und mehr) wurde der hohe Energiequotient ermöglicht. Die Lösung des für die Verfechter der Energielehre zunächst unverständlichen Verhaltens wurde schließlich darin gefunden, daß das Nahrungs- (= Wasser) Volumen nicht ausreichte; das Kind bekam durchschnittlich nur 389 ccm H_2O in 24 Stunden und damit etwa 51 ccm täglich weniger als es mindestens (L. F. Meyer) haben mußte. Nach Wasserzulage trat sofort normale Gewichtszunahme ein.

Dieser Fall, und ähnliche Erfahrungen sind seitdem noch mehrfach gemacht worden (z. B. von L. F. Meyer), zeigt drastisch, daß das Arbeiten mit dem Energiequotienten nicht brauchbarer ist als das mit dem groben Durchschnittswert des Nahrungsvolumens. Ganz abgesehen davon, daß der Energiequotient in jedem einzelnen Fall, streng genommen bei jeder Mahlzeit besonders bestimmt werden müßte, lehren solche Fälle, daß mindestens in der Neugeburtszeit neben dem Kaloriengehalt auch der Wassergehalt der Nahrung eine recht große Rolle spielt. Beobachtungen von Cramer zeigen, daß regelmäßiger rascher Gewichtsanstieg in der Neugeburtszeit sogar bei einem Energiequotienten der Nahrung weit unter 50 (14—44 Kalorien) erfolgen kann, so daß also das absolute Nahrungsvolumen, d. h. in unserem Falle die zugeführte Wassermenge zunächst scheinbar größere Bedeutung hat als der Brennwert der Nahrung. Praktisch kommt man demnach mit der energetischen Betrachtungsweise nicht weiter als mit den volumetrischen Vergleichszahlen, die obendrein den Vorzug leichterer Bestimmbarkeit haben. Außerdem ist in Hinsicht auf den bei der Frage des Nahrungsbedarfes hauptsächlich interressierenden Anwuchs die bloße Berücksichtigung des Brennwertes der Nahrung mindestens sehr einseitig und in mancher Hinsicht lückenhaft. Denn wenn auch Fett und Kohlehydrate in erster Linie als Brennstoffe in Betracht kommen, so bleibt doch hinsichtlich der N-Substanzen, vor allem des Eiweißes, die Frage gänzlich unbeantwortet, ein wie großer Teil desselben für dynamische Zwecke und wie viel für plastische Verwendung in Ansatz zu bringen sind. In dieser Hinsicht bewegen wir uns durchaus auf hypothetischem Boden. Rechnet man den Eiweißbrennwert mit etwa 200 Kalorien pro Liter von dem Gesamtbrennwert der Nahrung ab, so blieben von 1 Liter Kolostrum noch 300—1300 Kalorien pro Liter übrig. Schätzt man weiter den Kalorienbedarf eines Neugeborenen von mittlerem Gewicht auf 350 Kalorien, so würde der Neugeborene von der gesamten Nahrung bei günstigsten Resorptionsbedingungen und einem physiologischen Nutzeffekt von 90% täglich etwa 270—1100 g brauchen, je nachdem hochwertiges oder minderwertiges Kolostrum zur Verfügung steht. Daß mit solchen, in so weiten Grenzen schwankenden Werten nichts anzufangen ist, liegt auf der Hand. Man müßte schon in jedem Fall den Brennwert der Nahrung besonders feststellen.

Nehmen wir für solch einen speziellen Fall die von Langstein, Rott und Edelstein für einen Fall mit dickflüssigem, zähem, gelben Kolostrum berechneten Schwankungen des Brennwertes innerhalb der ersten Lebenswoche, so würde sich der Nahrungsbedarf eines reifen Neugeborenen unter den oben genannten Voraussetzungen folgendermaßen darstellen:

1. Tag etwa 270 g
2. ,, ,, 450 ,,
3. ,, ,, 640 ,,
4. ,, ,, 700 ,,
5. ,, ,, 770 ,,
6. ,, ,, 835 ,,
7. ,, ,, 900 ,,

Das sind Volumina, welche nach allen klinischen Erfahrungen viel zu hoch sind. Der Fehler liegt darin, daß eben die aus den Kalorimeterversuchen von Langlois gefundene Wärmeabgabe und die danach berechnete, zu ihrer Deckung erforderliche Energiemenge der Nahrung zu hoch gegriffen ist; wahrscheinlich weil die Kinder unter unnatürlichen

Bedingungen sich befanden, was besonders bei kurzfristigen Versuchen stark in die Wag-schale fällt. Die Beobachtung an gut gedeihenden Brustkindern ergab denn auch, daß bei Kindern von 3000—3500 g ein Kaloriengehalt der Nahrung von 140—150 vollständig genügt, so daß die oben errechneten Werte etwa auf die Hälfte anzusetzen wären. Damit würde man auf Zahlen kommen, welche — von der Zeit der physiologischen Abnahme abgesehen — durchaus den aus Bestimmungen der Tagestrankmenge gut gedeihender Brustkinder ermittelten Durchschnittwerten entsprechen.

Man sieht aus den vorstehenden Darlegungen jedenfalls, daß die Voraus-setzungen für eine Lösung der Frage des Nahrungsbedarfes nach dem Heizwert der Nahrung noch nicht gegeben sind[1]. Wir werden außerdem noch Gelegenheit haben zu erfahren, daß neben Heizstoffen zur Er-haltung der Körpersubstanz sowie zum Ansatz noch andere Stoffe notwendig sind.

So bleibt uns schließlich doch nichts übrig, als den Nahrungsbedarf eben mit Hilfe der vielfach erwähnten Durchschnittswerte der Nahrungsaufnahme abzuschätzen. Für die ersten Lebenswochen liegt ja jetzt ein reichhaltiges Zahlenmaterial vor. Will man das Ergebnis auf eine einfache, leicht zu merkende Formel bringen, so empfiehlt sich dafür die sehr gut brauchbare Finkelsteinsche Regel: in der ersten Lebenswoche braucht ein Kind $(t-1) . 80-70$ g Nahrung, wobei t die Ordnungszahl des Lebenstages ist[2]. Für die zweite Woche wird das Nahrungsvolumen gut gedeihender Kinder bei reichlichem Angebot von Czerny-Keller, Langstein, Meyer, Variot u. a. auf $1/5$ des Körperge-wichts berechnet, der wirkliche Minimalbedarf auf $1/6-1/7$ des Körpergewichts.

v. Pfaundler gibt dafür eine Formel: $V = \dfrac{1{,}5 \times P}{10}$, wobei V das gesuchte Nahrungsvolumen in l ist und P das Körpergewicht in kg bedeutet. Das danach gefundene Nahrungsvolumen würde einem zugrunde gelegten Bedarf von 1/6,6 des Körpergewichts entsprechen.

Natürlich erlauben auch diese Formeln nicht etwa den Nahrungsbedarf exakt zu bestimmen, sie ersetzen vorläufig nur das fehlende Bessere. Schon gegen die Beziehung des Nahrungsbedarfes auf die Gewichtseinheit lassen sich Bedenken geltend machen. Noch mehr macht sich in jeder Formel störend bemerkbar das Fehlen jeder Rücksichtnahme auf die von Individuum zu In-dividuum wie bei einer und derselben Frau tageweise schwankende Zusammen-setzung der Nahrung. Deshalb schlug ja gerade zu seiner Zeit Heubner vor, den Brennwert der Nahrung als Grundlage zu nehmen, und zwar sollte der Nahrungsbedarf berechnet werden als „Energiequotient", d. h. die pro Kilo-gramm Körpergewicht notwendige Energiezufuhr. Das Nahrungsvolumen V würde dann betragen $\dfrac{P \cdot q}{c}$, worin P das Körpergewicht, q der Energie-quotient, c der Kaloriengehalt der Nahrung heißt. Welche praktische Schwie-rigkeiten sich bei Benutzung dieser Formel ergeben, haben wir schon in unserem obigen Beispiel auseinandergesetzt. Denn natürlich kann man praktisch mit dieser Formel nur arbeiten, wenn man einen Durchschnittsbrennwert der Nahrung annimmt, womit man sich aber unter Umständen sehr weit von der Wirklich-keit entfernt. Außerdem wurde mit Recht eingewandt, daß bei energetischer Berechnung nicht das Körpergewicht, sondern die Körperoberfläche als Maß

---

[1] Vollends unbrauchbar für die Neugeburtszeit ist die neuerdings von v. Pirquet angegebene Methode der Bestimmung des Nahrungsbedarfes, die im wesentlichen auch auf eine Kalorienrechnung hinausläuft. (Näheres zur Kritik dieser Mehtode in den Handbüchern der Kinderheilkunde.).

[2] Die Zahl 70 paßt für Kinder bis etwa 3200 g Geburtsgewicht, die Zahl 80 für Kinder mit einem solchen von über 3200—3300. Auch Marfan bestimmt den Nahrungsbedarf mehr nach dem Alter als dem Gewicht der Kinder.

herangezogen werden müsse. Damit scheitern wir in der Praxis schon wieder, da es eine brauchbare Formel zur Oberflächenberechnung beim Neugeborenen nicht gibt [1]. Verfasser kann sich für die Neugeburtsperiode durchaus nicht entschließen, sich auf die Kalorienrechnung festzulegen, deren Voraussetzungen mindestens einseitig und deren Ergebnisse bei größerer Kompliziertheit der Rechnung in nichts sicherer und brauchbarer sind als die groben Schätzungen nach Durchschnittwerten des Nahrungsvolumens. Diese Einwände würden selbst dann gelten, wenn man den Energiequotienten (q in obiger Formel), der zum Gedeihen des Neugeborenen notwendig ist, einwandfrei kennte. Das ist aber in Wirklichkeit gar nicht der Fall, vielmehr hat man den Energiequotienten in derselben anfechtbaren Weise wie die Durchschnittswerte des Nahrungsvolumens berechnet, indem man den Brennwert der spontan von gut gedeihenden Brustkindern aufgenommenen Nahrungsmengen bestimmte. Welche Fehler dabei unterlaufen und viele Jahre lang fortgeschleppt wurden, dafür genügt ein Beispiel.

Heubner und Rubner hatten aus Gesamtstoffwechselversuchen älterer Säuglinge den Schluß gezogen, daß augenscheinlich zur Erzielung eines befriedigenden Wachstums im ersten Lebenshalbjahr der Energiequotient bei natürlicher Ernährung nicht unter 100 sinken dürfe, und für die Neugeburtszeit auf eine theoretische Diskussion sich beschränkt, aus der man etwa den Schluß ziehen könnte, daß die angegebenen Werte wohl auch für die Neugeburtszeit gültig sein dürften [2]. Die erste speziell auf den Neugeborenen sich beziehende Bestimmung des Energiequotienten der tatsächlich aufgenommenen Nahrung an einem sehr gut gedeihenden Enkelkinde von Camerer ergab dann, daß abgesehen von der Periode der physiologischen Gewichtsabnahme der Energiequotient rasch ansteigende Werte zwischen 100 und 120 erreichte [3]. Dabei ist freilich anzumerken, daß die Brennwertbestimmung der Nahrung keine exakte war. Aber auch in einem Falle, in dem die Nahrung kalorimetriert wurde, fanden J. Engel und Samelson beim gedeihenden jungen Brustkind einen Energiequotienten von 100—120. Ähnlich fand Pies bei gut gedeihenden Neugeborenen einen raschen Anstieg des Energiequotienten bis zum siebenten Lebenstage auf 80—100, in der zweiten Woche regelmäßig Werte zwischen 80 und 120, in der dritten bis vierten Woche gelegentlich sogar ein Überschreiten des Wertes von 120. Wo der Energiequotient in der zweiten bis dritten Lebenswoche sich dauernd unter 80 hielt, kam das Bild der Unterernährung zustande. Freilich ist auch hier wieder anzumerken, daß Pies für die Berechnung des Energiequotienten einfach einen Brennwert von 700 Kalorien annahm.

Die unteren Werte von Pies sind schon etwas auffällig, da Heubner nach Tierversuchen selbst für einen hungernden Neugeborenen einen Energiequotienten von 88 für wahrscheinlich hält. Noch überraschender in dieser Hinsicht sind ältere Beobachtungen von Cramer (Energiequotient 45—70 bei einem angenommenen Nahrungsbrennwert von 750 Kalorien), ein von Czerny-Keller angeführter Fall [4], ferner ein von Heubner selbst beobachtetes Kind, das bei einem Energiequotienten von etwa 45 vom 6.—18. Lebenstag gut gedieh; besonders gilt dies aber von den Beobachtungen von Gaus, der bei prächtig

---

[1] Einen guten Überblick über den heutigen Stand der Frage und die noch zu überwindenden Schwierigkeiten gibt die neueste Arbeit von Kastner, Zeitschr. f. Kinderheilk. 1914; vgl. auch S. 4.

[2] Aus der kleineren Körperoberfläche Neugeborener hätte man eigentlich auf höheren Energiebedarf schließen können; doch sollte die Warmhaltung Neugeborener dafür einen Ausgleich geben.

[3] Dasselbe hat Verfasser bei seinen eigenen Kindern feststellen können.

[4] Kind Machill S. 385 der 1. Aufl.

gedeihenden Brustkindern Energiequotienten von 44—70, meist zwischen 50
und 60, stets aber unter 100 beobachtete. Die Angaben von Gaus wirkten
deshalb so aufsehenerregend, weil es sich hier nicht um Ausnahmefälle, sondern
um eine relativ große Beobachtungsreihe handelte, und vor allem auch weil
diese Angaben auf exakteren Grundlagen beruhten, da die Nahrung zum Teil
wirklich kalorimetriert wurde. Wenn auch gerade in den Fällen, die den
niedrigsten Energiequotienten aufweisen, die Kalorimetrierung nicht vorgenommen wurde, so bleiben doch die anderen Fälle so schwerwiegend, daß man
Gaus wohl zustimmen kann, wenn er annahm, daß die Heubnerschen Werte
tatsächlich zu hoch gegriffen seien und ein physiologisches Wachstum in den
ersten 10 Lebenstagen bei einem Energiequotienten von 50—70 erfolgt. Auch
Siegert fand, daß oft bei einem Energiequotienten von 70 im ersten Lebens-
vierteljahr sehr gute Zunahmen zu verzeichnen sind. Das dürfte am ehesten
dem Durchschnitt entsprechen. Auf die Fälle, welche bei einem exzessiv niedrigen Energiequotienten vorzüglich gediehen, wird man nicht zu viel Gewicht
legen dürfen, da in diesen Fällen wahrscheinlich eine besonders kalorienreiche
Nahrung verabfolgt wurde (vgl. Kapitel Nahrung die Angaben von Engel und
Reyher).

Gaus hat übrigens für seine auffälligen Befunde eine recht plausible Erklärung gegeben. Er weist darauf hin, daß in der Neugeburtsperiode hinsichtlich der Körpergewichtsbewegung insofern besondere Verhältnisse vorliegen,
als bis zur Wiedererreichung des Geburtsgewichtes die Zunahme zu einem
guten Teil nur auf Wiedereinlagerung des in der Periode der physiologischen
Gewichtsabnahme verloren gegangenen Wassers beruhe. Danach würde man
es wohl verstehen, daß die Neugeborenen zunächst ein normales Verhalten der
Körpergewichtskurve zeigen, bei Aufnahme einer Nahrung, die nur $^1/_2$—$^3/_4$ des
für den Säugling notwendigen Brennwertes aufweist. Daß diese Annahme
von Gaus das Richtige trifft, dafür haben wir meines Erachtens in neuerer
Zeit noch weiter wichtige Beweise erhalten. Man hat nämlich Fälle beobachtet,
die bei kalorisch durchaus hochwertiger, aber quantitativ knapper Nahrung
früher oder später ungenügende Gewichtszunahme, ja sogar Stillstände und
Abnahme zeigten, welche durch nichts anderes zu beheben waren, als durch
Zulage von Wasser, das bekanntlich als Brennstoff nicht in Frage kommt. Ein
Fall dieser Art ist die schon S. 326 besprochene Enkelin O. Heubners.

Der Fall ist von verschiedenen Seiten verschieden gedeutet worden und
hat wieder L. F. Meyer veranlaßt, die **Frage des Wasserbedürfnisses junger
Säuglinge** systematisch zu studieren. Dabei ergab sich, daß bei kalorisch ausreichender Nahrung die Toleranz gegen Einschränkung der Wasserzufuhr
individuell beträchtlich variiert. Manche Kinder können sogar starke Einschränkungen bis zu 50 $^0/_0$ schadlos vertragen, indem sie die Wasserausscheidung
stark herabsetzen, vor allem durch Beschränkung der Harnausscheidung auf
ein Drittel bis ein Viertel des gewöhnlichen; andere zeigen aber auch schon bei
geringer Einschränkung der Wasserzufuhr Verlangsamung des Gewichtsanstieges
oder Stillstand, selbst Abnahme, die nur durch Wasserzufuhr aufzuheben sind.
Im allgemeinen fand L. F. Meyer aber doch, daß der gesunde Säuglingsorganismus gegen Schwankungen der Wasserzufuhr eine recht große Regulations-
fähigkeit besitzt. Diese Ergebnisse werden um so weniger in Erstaunen setzen,
wenn man sich erinnert, daß auch im späteren Leben das individuelle Wasser-
bedürfnis ganz außerordentlich stark schwankt.

Jedenfalls wird man aus allen diesen Beobachtungen den Schluß ziehen
dürfen, daß die Kalorienrechnung allein die Frage des Nahrungsbedarfes, ganz
abgesehen von der schwankenden Grundlage, in praxi nicht befriedigend zu
lösen vermag. Ebenso falsch wäre es natürlich, die Bedeutung des Wasser-

gehaltes der Nahrung zu überschätzen und durch Zufuhr einer kalorisch ganz
unzureichenden, aber sehr wasserreichen Nahrung sich über das wahre Nahrungsbedürfnis hinwegzutäuschen. Denn wir wissen aus Erfahrung, daß bei quantitativ wie energetisch unzureichender Nahrungsaufnahme aus der Brust die
bloße Flüssigkeitszufuhr in der Neugeburtsperiode und zum Teil auch später
ein ausreichendes Wachstum vorzutäuschen vermag, weil der Anstieg der Gewichtskurve glatt erfolgt, bis eines schönen Tages in dem Auftreten von Ödemen
klar wird, daß man dem Organismus statt der plastischen Substanzen nur
Wasser aufgedrängt hat. Damit soll natürlich nichts dagegen eingewandt
werden, daß man in der Neugeburtsperiode lieber einmal Wasser zur Auffüllung
des unzureichenden Milchquantums geben soll, als voreilig die künstliche Ernährung einzuleiten. Ein weiteres Eingehen auf diese zum Teil recht komplexen
Fragen ist für die ärztlichen Bedürfnisse der Neugeborenenbehandlung nicht
notwendig.

Technik der natürlichen Ernährung.

1. Beginn der Ernährung.

Die Frage: Wann soll zum ersten Male angelegt werden? hat
bisher eine sehr verschiedene Beantwortung erfahren, wobei oftmals ein bestimmtes Vorgehen als allein richtig hingestellt wurde, ohne daß dazu Berechtigung vorliegt. Um zu einem objektiven Urteil zu gelangen, empfiehlt es sich,
die Frage von allen Seiten zu beleuchten.

Zunächst ist nicht zu vergessen, daß unter allen Umständen der Mutter
nach den Anstrengungen der Geburt eine angemessene Ruhepause zu
gewähren ist. Über die Länge dieser Erholungszeit bestimmte Angaben zu
machen, geht aber nicht an. Die Dauer der Geburt, der ganze sonstige Verlauf
derselben stellen sehr verschiedene Ansprüche an die Frau, die ceteris paribus
bei einer Erstgebärenden höher veranschlagt werden dürfen als bei einer Mehrgebärenden. Vor allem können mit höherem Blutverlust einhergehende Geburten die Frauen so mitnehmen, daß minsestens eine 24 stündige Ruhe erforderlich erscheint, die in solchen Fällen auch gegen den Willen der Frau einzuhalten wäre. Nicht zu übersehen ist aber, daß bei ganz gleicher Größe der
Geburtsanstrengung die individuelle Reaktion der Frau, ihre körperliche und
psychische Erschöpfung und damit ihr Ruhebedürfnis sehr verschieden ausfällt.
Diesem Ruhebedürfnis soll innerhalb vernünftiger und möglicher Grenzen
Rechnung getragen werden, gleichgültig ob dadurch dem Kinde eine etwas
kürzere oder längere Nahrungskarenz auferlegt wird. Eine besondere Stellung
nehmen operative, in Narkose beendete und die sogenannten Dämmerschlaf-
geburten ein. Ohne auf Einzelheiten einzugehen, befürwortet Verfasser in
derartigen Fällen schon deshalb eine 24 stündige Nahrungskarenz, weil ein
nicht genau kontrollierbarer Prozentsatz des Narkotikums durch die Brust
zur Ausscheidung gelangt, der zwar für ein fremdes Kind durchaus harmlos
wäre, nicht immer aber für das Kind, welches infolge der Narkose der Mutter
unter der Geburt bereits mehr oder weniger somnolent geworden ist. Denn
es besteht wohl kein Zweifel, daß die Kinder bei länger dauernden Narkosen
und beim Dämmerschlaf mit unter der Einwirkung dieser Narkotika stehen —
manchmal direkt narkotisiert zur Welt kommen. Da die Nahrungskarenz dem
Kinde nicht schadet, ist es jedenfalls besser, 24 Stunden vergehen zu lassen,
in denen Kind und Mutter von den Nachwirkungen der Narkose sich erholen
können. Von vielen Seiten ist auch zugunsten einer 24 stündigen Nahrungskarenz angeführt worden, daß innerhalb derselben die Brust doch keine nennenswerten Sekretmengen liefert. Das Tatsächliche zugebend, ist Verfasser doch

der Ansicht, daß diese Begründung nichts gegen ein früheres Anlegen besagt, weil seines Erachtens das Anlegen innerhalb der ersten 24 Stunden für Mutter und Kind mindestens eine gute Übung darstellt und überdies sekretionsfördernd wirkt (vgl. darüber näheres weiter unten).

Wie steht es aber mit dem Kinde?

Man hat behauptet, daß am ersten Tage noch häufig verschlucktes Fruchtwasser, Blut und Vaginalsekret im Magen sich befinden und deshalb eine 24 stündige Nahrungskarenz eher nützlich als schädlich sei (v. Reuß). Ich vermag einen Kausalzusammenhang dieser Art nicht einzusehen, ganz abgesehen davon, daß nach glatten Geburten Blut und Vaginalsekret doch kaum zum normalen Mageninhalt gehören und verschlucktes Fruchtwasser sicher unschädlich ist. Wichtiger scheint mir die Beobachtung, daß viele Kinder den ersten Lebenstag ruhig verschlafen, höchstens einmal nach Harn- oder Mekoniumentleerung unruhig werden, nach dem Umwickeln aber sofort wieder in Schlaf versinken. Sicherlich ist das ein Grund, in solchem Falle von einer Nahrungszufuhr abzusehen. Diese Beobachtung der scheinbaren Bedürfnislosigkeit vieler Kinder zusammen mit der größeren Bequemlichkeit hat wohl sehr viel dazu beigetragen, dem Vorschlag von Czerny-Keller, erst 24 Stunden post partum zum ersten Male anzulegen, zu einem so raschen und allgemeinen Siege zu verhelfen. Ob der Hinweis auf den Brauch vieler Naturvölker, erst nach 24—48 Stunden oder noch längerer Zeit Nahrung zu reichen[1], für unsere gegenüber den Naturvölkern geradezu raffinierte Neugeborenenpflege besonders stichhaltig ist, wagt Verfasser zu bezweifeln. Der Einwand, daß die Tiere meist gleich nach der Geburt trinken, wird von Czerny-Keller damit entkräftet, daß die Tiere weiter entwickelt als der Mensch zur Welt kommen und gegen Intoxikation und Infektion vom Darm aus nachweislich besser geschützt seien.

Alle Beobachtungen stimmen darin überein, daß niemals irgendeinem Kinde aus der 24 stündigen Nahrungsenthaltung nach der Geburt Schaden erwachsen ist, ja man kann sogar noch weiter gehen und zugestehen, daß vielleicht mancher Schaden vom Kinde fern gehalten wird, wenn diese Vorschrift in der allgemeinen Praxis überall durchgesetzt wird.

Freilich bleiben nicht alle Kinder 24 Stunden ruhig, und so haben denn Czerny-Keller auch erlaubt, etwas abgekochtes Brunnenwasser oder ganz dünnen Tee gesüßt mit Saccharin[2] zu geben, während einige französische Autoren (Budin, Hutinel, Laisne) in den ersten Stunden jede Flüssigkeitszufuhr direkt verpönen. Wieder andere geben Tee mit Zucker gesüßt mit der Begründung, daß sie leicht abführend wirken und so den Darm rascher von Mekonium befreien, bzw. eine Eindickung desselben verhindern. Die Forderung von Czerny-Keller, den Zucker lieber durch Saccharin, das keinesfalls irgendeine Reizwirkung haben kann, zu ersetzen, ist jedenfalls anzuerkennen. Warum aber Tee, der selbst in dünner Lösung kein indifferentes Mittel ist, statt Wasser gegeben werden soll, ist kaum einzusehen. Freilich dürften die paar Löffel, die die Kinder eventuell nehmen, nicht allzu sehr in die Wagschale fallen.

Wie steht es mit der tieferen Begründung dieser Maßnahmen? Nach früheren Abschnitten wissen wir schon, daß der Neugeborene zunächst in einem Hungerzustand sich befindet, ferner daß bei der physiologischen Gewichtsabnahme

---

[1] Vgl. näheres bei Ploß-Bartels, Das Kind in Brauch und Sitte der Völker. Bd. 2, S. 145. Leipzig 1884.

[2] Keller, Zentralbl. f. inn. Med. 1898, Nr. 31, begründet diesen Vorschlag damit, daß durch den Zucker gleich am ersten Lebenstage Gärungen ausgelöst werden und dadurch der normale Invasionsprozeß der Darmflora gestört werden könne. Die von Schick (Zeitschr. f. Kinderheilk. Bd. 17, 1917) dagegen geltend gemachten Einwände und seine Empfehlung des Rohrzuckers scheinen uns nicht stichhaltig.

der Wasserverlust eine bedeutende Rolle spielt. In Hinsicht darauf, wie auf die allgemeine Erfahrung, daß bei Hungerdiät Flüssigkeitszufuhr von großem Nutzen ist, könnte man die Wasserzufuhr wohl billigen. Zugunsten derselben wird auch angeführt, daß der Organismus von fötalen Stoffwechselprodukten rascher befreit wird.

Verfasser muß gleichwohl gestehen, daß alle diese Gründe nur dann stichhaltig erscheinen, wenn tatsächlich ein anderes Mittel zur Stillung des Hungers nicht vorhanden wäre. Aber warum verlangt man auf der einen Seite 24 Stunden Karenz, wenn man gleichzeitig zugesteht, daß es in vielen Fällen wünschenswert sei, den Folgen der Nahrungsentziehung durch Flüssigkeitszufuhr vorzubeugen? Ich kann nicht umhin, in solchen Fällen mich für den natürlichen Weg zu entscheiden und das Kind einfach anzulegen. Für unruhige Kinder gestehen übrigens auch Czerny-Keller[1] zu, daß das Anlegen „kaum nachteilig" sein dürfte. Auch W. Camerer hat schon einen vermittelnden Standpunkt eingenommen und erklärte bei Kindern, die trotz Geburtstrauma, Bad, Wärmeverlust schon nach kurzem Schlaf unruhig werden, ein Anlegen nach 10—12 Stunden als zweckmäßig. Jedenfalls gibt ein frühes Anlegen eine gute Übung für Kind und Mutter in der Saug- bzw. Stillfertigkeit. Vor allem aber wird durch den Saugversuch, selbst wenn er nur wenig Erfolg hat, die Brustsekretion ganz zweifellos angeregt, eine ausgiebigere Nahrungszufuhr mindestens für den folgenden Tag gewährleistet. Eventuell kann man dem Kinde einige Kubikzentimeter Kolostrum abpumpen und mit dem Löffel verfüttern. Wenn das auch nicht im strengsten Sinne als physiologisch anerkannt werden mag, so scheint es mir immer noch physiologischer als die Zufuhr von mit Saccharin gesüßtem Wasser oder gezuckertem Tee. Meiner Erfahrung nach steht es außer Zweifel, daß die Gesamtnahrungsmenge von Kindern, die am ersten Tag ein oder mehrmals angelegt werden, bereits am zweiten Tag durchschnittlich größer ist als bei solchen, denen die erste Mahlzeit erst 20 bis 24 Stunden post partum gereicht wird. Allerdings ist dabei vorausgesetzt, daß die ersten Anlegeversuche sorgfältig überwacht und die Stilltechnik richtig gehandhabt wird. Verfasser konnte ferner zeigen, daß bei Mißerfolg dieser Saugversuche eine Entleerung der Brust mit der Milchpumpe und Verfüttern dieses Kolostrums an die Kinder imstande ist, den physiologischen Gewichtsverlust beträchtlich herabzusetzen, gelegentlich sogar soweit, daß am vierten Tage das Anfangsgewicht schon wieder erreicht ist. Freilich gestehe ich freimütig zu, daß bei normal ergiebigen Brüsten aus solchem Vorgehen auf die Dauer dem Kinde keinerlei Vorteil erwächst. Auch ähnlich gedachte Versuche von v. Reuß und v. Pfaundler, durch Verabfolgung von $1/_2 \%$iger Salzlösung im Verhältnis der Ringerlösung[2] den Gewichtsverlust in sehr mäßigen Grenzen zu halten, haben jedenfalls keinerlei dauernde Vorteile ergeben, ja wie v. Pfaundler selbst betont, schien dadurch die Sauglust der Kinder oft herabgesetzt zu werden. Außerdem wurden gelegentlich jähe Temperaturschwankungen beobachtet. Ähnliche Bedenken hat allerneuestens Langstein geltend gemacht. Ganz abwegig und diktatisch verfehlt erscheint uns der neuestens von Schick[3] wieder ausgegrabene Vorschlag, in den ersten Tagen verdünnte Kuhmilch zuzufüttern.

Alles in allem stehe ich jetzt seit 16 Jahren auf dem Standpunkte, daß es **prinzipiell ziemlich irrelevant ist, ob und wie oft etwa am ersten Tage die Kinder angelegt werden.** Immerhin scheint uns, wenn nicht besondere Gründe dafür sprechen, die 24stündige Nahrungskarenz zum mindesten überflüssig und bei Kindern, welche Nahrungsbedürfnis durch Unruhe

---

[1] l. c. 2. Auflage, Bd. 1, p. 8.
[2] 100—200 ccm pro Tag, die ganz gern von den Kindern genommen werden.
[3] Zeitschr. f. Kinderheilk. Bd. 17, 1917, p. 1.

äußern, ein früheres Anlegen jedenfalls physiologischer als jede anderweitige Flüssigkeitszufuhr. Bei vielen 1000 Neugeborenen hat Verfasser noch niemals einen Schaden von diesem frühzeitigen Beginn der Ernährung gesehen und ähnlich haben sich in neuerer Zeit Franz und v. Reuß geäußert. Wenn Czerny-Keller sagen [1], daß dadurch „häufig genug bereits zu Erkrankungen Veranlassung" gegeben werden kann, so vermag ich das jedenfalls nicht zu bestätigen.

Wir gehen demnach in praxi so vor, daß wir Kinder, die vom Geburtstrauma stark mitgenommen sind und dauernd in Schlaf liegen, in Ruhe lassen, frischere Kinder aber beim Erwachen anlegen, sofern auch die Mutter genügend erholt ist. Um die Zeit, die seit der Geburt verstrichen ist, kümmern wir uns dabei gar nicht und halten auch ein geregeltes Anlegen am ersten Tage um so weniger für notwendig, als die aufgenommenen Nahrungsmengen jedenfalls sehr gering sind. Sie übersteigen im Durchschnitt wohl selten 20 g Tageskonsum. Die Milchpumpe wenden wir nur an, wenn es sich darum handelt, bei ungünstiger Form oder großer Straffheit der Gewebe die Warze dem Kinde leichter faßbar zu machen, sowie bei Mehrgebärenden, welche angeben, früher nicht haben stillen zu können oder unserer eigenen Beobachtung nach Hypogalaktie zeigten. In solchen Fällen scheint uns durch frühzeitige ausgiebige Inanspruchnahme der Brust die Sekretion wesentlich gehoben zu werden (näheres in dem Kapitel Stillschwierigkeiten). Endlich saugen wir das Kolostrum dann mit der Pumpe ab, wenn bei einem augenscheinlich Hunger äußernden Kinde der Anlegeversuch keine wägbare Nahrungsaufnahme ergab und das Kind noch weitere Unruhe zeigt. Dieses Vorgehen verdient vor der Flüssigkeitszufuhr in anderer Form in Hinsicht auf die Stickstoffbilanz einen gewissen Vorzug, während wir den physiologischen Wasserverlust in jedem Fall glauben vernachlässigen zu können.

2. Zahl und Ordnung der Mahlzeiten.

Am zweiten Tag halten wir in Übereinstimmung mit fast allen Pädiatern den Zeitpunkt gekommen zur Einleitung einer geregelten Ernährung. Was man darunter zu verstehen hat, darüber gehen jedoch die Ansichten schon wieder weit auseinander.

In früheren Zeiten — und ärztlich unberatene Mütter tun das aus Instinkt oder auf Rat einer alten Hebamme wohl noch heute — legte man die Kinder einfach an, so oft sie Hunger hatten. Wir würden heute prinzipiell nicht allzu viel gegen ein solches Vorgehen einzuwenden haben, wenn die praktische Durchführung das Prinzip nicht eben über den Haufen würfe. Denn de facto läuft ein derartiges Vorgehen darauf hinaus, daß die Kinder angelegt werden, so oft sie schreien, von ängstlichen Müttern in den ersten Tagen vielleicht noch öfter. Daß das Schreien der Kinder auch noch andere Ursachen haben kann wie Naßliegen, Stuhlentleerung, Schmerzen, darauf wird nicht geachtet, und so kann man sicher sein, daß die Kinder vielfach auch angelegt werden, wenn ihr Schreien gar nicht auf Hunger beruht. Ja, bald schreien die Kinder tatsächlich so oft, daß 8—10—12 und mehr Mahlzeiten am Tage mit Pausen von $1\frac{1}{2}$—$2\frac{1}{2}$ Stunden herauskommen. Ältere Beobachter wie Snitkin, Fleischmann geben auch 10—11 Mahlzeiten als Regel an. Die Erklärung dieser Irrtümer ist folgende: teils gewöhnen sich die Kinder sehr rasch daran, jedes Erwachen und Unbehagen mit gleichzeitigem wirklichem oder scheinbarem Verlangen nach der Brust zu beantworten, teils stellen sich infolge des verkehrten Regimes oft schon

---

[1] Handb. 1. Aufl. Bd. 1, S. 7.

nach wenigen Tagen „Übergangskatarrhe" usw. ein, welche die Kinder unruhig machen, auch wohl Schmerzen verursachen und so oft ganz fälschlich die Vermutung auf Hunger wecken. Bestärkt werden die Mütter in ihrem Irrtum noch dadurch, daß das Anlegen auch solche Kinder meistens beruhigt. Das also ist der Circulus vitiosus, den man durch ein streng geregeltes Anlegen in erster Linie vermeiden will.

In vielen Gebäranstalten verfuhr man früher nicht wesentlich anders und überließ das Anlegen mehr oder minder dem Gutdünken der Mütter, und selbst gegenteilige Anordnungen wurden wegen mangelnder Aufsicht einfach umgangen. So traf ich z. B. noch im Jahre 1908 in Wien die Verhältnisse, und es kostete schwere Mühe, Wärterinnen und Mütter von dem Falschen dieses Vorgehens zu überzeugen. Tag für Tag mußten wir einfach so und so viele Kinder von der ungehorsamen Mutter trennen, wenn wir unserer Vorschrift allmählich Achtung und Eingang verschaffen wollten.

Die Schäden eines derartig ungeregelten und viel zu häufigen Anlegens waren denn auch für kritische Beobachter so offenkundig (Darmkatarrhe, die natürlich nicht allein auf Konto zu häufigen Anlegens, sondern aller möglichen sonstigen Fehler gegen die Asepsis zu setzen sind), daß schon Anfang des 19. Jahrhunderts Fleisch [1] die Forderung aufstellte, die Zahl der Mahlzeiten zu beschränken. Aber wie manches andere mußte auch diese Forderung in unserer Zeit sozusagen neu entdeckt werden.

Aus dem grauen Mittelalter (1106) ist uns eine Vorschrift von Alsachavari erhalten geblieben, die nur 2—3 Brustmahlzeiten täglich konzedierte. Ebenso hat 1881 Page ganz allgemein eine Beschränkung auf 3 Mahlzeiten verlangt. Neuestens hat L. Wolf ein ganz unsinniges Schema aufgestellt, in dem er am 2. Tage 1—2, am 3. Tage 3, am 4. Tage 4 und erst am 5. Tage 5 Mahlzeiten erlaubt.

Die meisten älteren Autoren legten größeres Gewicht als auf die Zahl auf die Regelung der Mahlzeiten. So wurde von alten Ärzten (Natali, Guillot) geraten, die Kinder stündlich anzulegen und noch vor 10—20 Jahren empfahl man fast allgemein, alle 2 Stunden am Tag anzulegen, während für die Nacht ein zweimaliges Anlegen zu bestimmter Stunde oder je nach dem Wunsch des Kindes zugestanden wurde. In dieser Weise wurden wir unterrichtet, und so geht man in England, Frankreich und Amerika im ersten Vierteljahre überwiegend noch heute vor [2]. Das Kind bekam etwa 10 Mahlzeiten in 24 Stunden. Auch die geburtshilflichen Lehrbücher bestimmen bis in die neueste Zeit (Runge z. B. noch 1901) strenge Regelung der Mahlzeiten, die dreistündlich, bei schwächeren Kindern zweistündlich gegeben werden sollen, und in der 4. Auflage des Bummschen Lehrbuches (1907) findet sich noch die Angabe, die Kinder alle 2—3 Stunden anzulegen und den Versuch zu machen, sie von der zweiten Woche ab an eine größere Nachtpause zu gewöhnen. In praxi läuft das eben auf etwa 8—10 Mahlzeiten in 24 Stunden hinaus.

Seitdem haben sich die Ansichten über das beste Ernährungsregime radikal geändert. Auf Anregung von Czerny ist man dazu übergegangen, die Zahl der Mahlzeiten in 24 Stunden auf 5 zu beschränken. Besonders unter dem Einfluß des Handbuches von Czerny-Keller hat sich ziemlich allgemein die Ansicht durchgesetzt, daß eine solche Beschränkung in jedem Fall

---

[1] In seinem Lehrb. d. Kinderkrankheiten 1803.
[2] Marfan z. B., ebenso Deléarde, Térrien verlangen in den ersten Wochen 7—8 Mahlzeiten, Rothschild, Variot 8—9 Mahlzeiten,' Anderodias und Comby gar 10 Mahlzeiten. Von Amerikanern und Engländern verlangen heute noch Holt, Kerley, Dingwall-Fordyce 10, Concetti 8—10 Mahlzeiten (sämtlich zit. nach Czerny-Keller, Handbuch, 2. Aufl., Bd. 1, p. 365 f.). Jetzt scheint allerdings ein Umschwung einzutreten; Williamson (1913) fordert nur noch 5 Mahlzeiten.

durchführbar sei und dem Kinde ausreichende Nahrungsmengen sichere[1]. Das Punctum saliens der ganzen Anordnung ist dabei die Beschränkung auf die Zahl von 5 Mahlzeiten, deren Überschreiten Keller auch in der neuesten Auflage des Kinderpflegelehrbuchs ausdrücklich für schädlich erklärt [2].

Jedenfalls hat Keller keine prinzipiellen Bedenken, die Verteilung dieser 5 Mahlzeiten je nach Schlafbedürfnis und Hunger des Kindes zu bemessen und die Intervalle 3—6 Stunden schwanken zu lassen, gleichgültig ob Tag oder Nacht. Die Einrichtung mehr minder bestimmter Anlegezeiten wird mehr mit Rücksicht auf Haushalt und Gewöhnung des Kindes an Ordnung und regelmäßige Schlafzeiten begründet. Noch neuestens heißt es darüber im Kinderpflegelehrbuch [3]: „Beobachtet man ohne Vorurteil gesunde Brustkinder, die unbeeinträchtigt von jeder wissenschaftlichen Anschauung so oft und so viel Nahrung erhalten, als sie zu verlangen scheinen, so ergibt sich, daß die Kinder am zweiten oder dritten Tag nur 3—4 mal Nahrung verlangen. Diese Zahl der Mahlzeiten steigert sich in den folgenden Tagen je nach dem Milchreichtum der Brust auf 5, höchstens 6 Mahlzeiten in 24 Stunden". Und dann weiter: „daß diese Zahl 5 nicht extrem klein ist, zeigen uns vielfache Beobachtungen von Brustkindern, die wohl sich von selbst auf 4 Mahlzeiten einstellen und dabei glänzend gedeihen". Ich weiß nicht, ob Keller sich in diesen Sätzen auf seine eigenen Beobachtungen im Auguste-Viktoriahaus stützt oder einfach früher gehegte Anschauungen in die neue Auflage aufgenommen hat. Den Durchschnittserfahrungen dürfte die Angabe Denekes entsprechen, der abgesehen von den beiden ersten Lebenstagen fand, daß die Neugeborenen 6—7 Mahlzeiten verlangen.

Der Widerspruch in den verschiedenen Angaben dürfte, ganz abgesehen davon, daß natürlich vereinzelte Täuschungen der Beobachter über das Nahrungsverlangen der Kinder nicht ausgeschlossen sind, sich einfach lösen lassen. Czerny, auf den wohl obige Angabe Kellers sich stützt, hatte es in Prag mit Frauen zu tun, die im Durchschnitt sehr ergiebige Brüste haben, andere Autoren stellten ihre Beobachtungen unter in dieser Hinsicht weniger günstigen Bedingungen an. Verfasser hat ähnlich differente Erfahrungen in Heidelberg, Wien, Greifswald, Düsseldorf und Gießen machen können, mit dem Ergebnis, daß bei guter Stillfähigkeit (Heidelberg, Greifswald, zum Teil auch Düsseldorf) die Kinder seltener Nahrungsbedürfnis äußern und mit 5 Mahlzeiten im allgemeinen jedenfalls gut auskommen, während bei durchschnittlich schlechter Stillfähigkeit (Wien, Gießen, zum Teil Düsseldorf) viele Kinder nicht nur öfter Nahrungsverlangen zeigen, sondern auch bei 5 Mahlzeiten nicht so gut gedeihen als bei einer Vermehrung derselben auf 6, unter Umständen selbst auf 7. Darüber noch mehr weiter unten. Die Tschechinnen, welche auch in dem Wiener Material vielfach vertreten sind, zeichneten sich durch große Milchergiebigkeit aus, so daß wir für diese Czernys Prager Erfahrungen bestätigen können. Die Begründung der Lehre Czerny-Kellers als einer gewissermaßen den natürlichen Bedürfnissen des Kindes abgelauschten trifft nach Verfassers Beobachtungen nur für die Kinder milchreicher Mütter zu. Zudem kann man meiner Erfahrung nach in der Beurteilung des vom Neugeborenen in den ersten Tagen spontan geäußerten Nahrungsbedürfnisses recht leicht in die Irre gehen. Ich erinnere nur an die Tatsache, daß namentlich starke, kräftige Kinder Erstgebärender infolge der Weichteilschwierigkeiten von dem Geburtsakt oft recht stark mitgenommen werden und in den ersten Tagen in einem somnolenten Zustand sich befinden, so daß man sie auch zu den wenigen Mahlzeiten (nach Czerny-Kellers Regime) erst mühsam wecken muß.

Ist somit die ursprüngliche Begründung der Lehre Czerny-Kellers eine nicht allgemein stichhaltige, so ist damit natürlich über Wert oder Unwert derselben noch nichts entschieden. Darüber können nur praktische Versuche größten Stiles Aufschluß geben und glücklicherweise besitzen wir ja heute dazu reichlich Material. Verfasser selbst verfügt über ein Material von vielen

[1] Czerny-Keller 1. Aufl., Bd. 1, S. 471.
[2] Keller-Birk S. 30.
[3] Ebenda S. 48.

tausend ausreichend beobachteten Kindern, bei denen nicht mehr als 5 Mahlzeiten in 24 Stunden gegeben wurden. Mein Material erscheint mir dadurch, daß es sich auf Kliniken in sehr verschiedenen Gegenden mit sehr verschieden stillfähigen Müttern verteilt (Heidelberg, Wien, Greifswald, Düsseldorf, Gießen), zu einer vorurteilslosen Entscheidung der Frage recht geeignet. Es ergibt sich, daß unter günstigen Stillverhältnissen die Beschränkung auf 5 Mahlzeiten nicht allein ausreicht, sondern sogar ausgezeichnete Resultate ergibt, wenn man auch die schärfsten Kriterien anwendet, um zu bestimmen, ob ein Kind gut gedeiht. Die Kinder nehmen durchschnittlich vom dritten bis vierten Tage regelmäßig zu. Unterernährung wird unter der obigen Voraussetzung ergiebiger Brüste nicht beobachtet. Verfassers Erfahrungen zeigen aber auch, daß bei wenig ergiebiger Brust die Beschränkung auf 5 Mahlzeiten selbst bei vollendeter Stilltechnik und sorgfältiger Überwachung eine Verlangsamung des im ganzen noch regelmäßigen, hier und da einmal von einem Stillstand oder gar von einer geringfügigen Abnahme unterbrochenen Gewichtsanstieges zur Folge hat. Ja bei ganz starrem Festhalten an 5 Mahlzeiten sind auch Fälle von Unterernährung nicht ganz zu verhüten oder es wird mindestens eine Nachhilfe durch Leerpumpen der Brüste, eventuell Zufütterung von Ammenmilch notwendig, wenn trotzdem glänzende Resultate erreicht werden sollen. Wer die erwähnte Nachhilfe in derartigen Fällen verschmäht, erhält dann so schlechte Resultate wie Pies im Kaiserin Auguste-Viktoriahaus.

Es gibt aber — zum mindesten für die allgemeine Praxis — einen viel einfacheren Weg, auf den Rietschel in einer sehr verdienstvollen Arbeit nachdrücklich hingewiesen hat: mit der Beschränkung auf 5 Mahlzeiten in solchen Fällen einfach zu brechen und 6—7, ja vorübergehend selbst 8 Mahlzeiten in 24 Stunden zu geben. Rietschel hat an seinem Material, das Allgemeingültigkeit wohl beanspruchen kann, überzeugend nachgewiesen, daß durch diese einfache Maßnahme die Tagestrankmenge in jedem Fall in die Höhe geht und somit in den meisten Fällen einfach durch öfteres Anlegen eine ausreichende Nahrungszufuhr auch bei weniger ergiebigen Brüsten gewährleistet werden kann. Wohlgemerkt, Rietschel will nicht prinzipiell gegen die Beschränkung auf 5 Mahlzeiten Sturm laufen, sondern gibt auf Grund jahrelanger Beobachtung nur der Überzeugung Ausdruck, daß bei Frühgeburten und auch bei einem größeren „Teil gesunder Kinder an der Brust, besonders bei erststillenden Frauen, wenn es sich um schlechte Zieher oder um Hypogalaktie der Mütter handelt" und endlich „bei einem größeren Teil ernährungsgestörter Kinder (ebenso wie der Pylorospastiker) oft" das Czerny-Kellersche nicht nur nicht das beste, sondern sogar ein verfehltes Regime sei. Wenn auch Rietschels Beobachtungen zunächst nur für Frühgeborene, Kinder Erstgebärender, schlechte Zieher und Fälle von Hypogalaktie gelten sollen, so veranlaßt ihn doch die große Zahl derartiger Vorkommnisse zu der einer Forderung gleichkommenden Konstatierung, „daß eine feste Norm in der Anzahl der Mahlzeiten für die ersten Lebenstage und -Wochen nicht aufgestellt werden kann, sondern daß hier die Möglichkeit einer individuellen Anpassung für Arzt und Pflegerin gegeben sein muß". Damit stellte sich Rietschel in bewußten Gegensatz zu der heute in der Pädiatrie fast allgemein akzeptierten Auffassung.

Das Überraschende der ganzen Rietschelschen Arbeit liegt vor allem in dem Ergebnis, daß mit der Steigerung der Zahl der Mahlzeiten stets die Tagestrankmenge stieg, während Czerny-Keller[1] u. a. bis dahin überzeugt

---

[1] Bd. 1, S. 365.

waren, daß zwischen Zahl der Mahlzeiten und Größe des Tageskonsums kein
Reziprozitätsverhältnis bestehe, jedenfalls bedeutende Schwankungen durch
Vermehrung der Mahlzeiten nicht hervorgerufen würden. Verfasser glaubt
allerdings auch heute noch, daß bei an sich ergiebigen Brüsten die Tagestrankmenge durch eine Vermehrung der Mahlzeiten nicht wesentlich geändert wird.
Ja ich verfüge sogar über vereinzelte Beobachtungen, die zeigen, daß bei milchreichen Brüsten durch häufigeres Anlegen die Ergiebigkeit der Brust und damit
die Größe des Tageskonsums herabgesetzt wird. Der Zusammenhang ist einfach: die Kinder entleeren die Brüste nicht vollständig, weil sie noch nicht
genügend Hunger haben, dadurch kommt es zur Milchstauung und damit zur
Schädigung der Ergiebigkeit der Brust. Außerdem muß Verfasser betonen,
daß die Rietschelschen Angaben für die erste Woche post partum auch für
wenig ergiebige Brüste nicht ausnahmslos zutreffen. Im übrigen aber bestehen
die Angaben Rietschels von der zweiten Woche ab ganz zweifellos zu Recht,
wie Verfasser auf Grund neuer Erfahrungen bestätigen kann.

Ein paar Bemerkungen über den Begriff der Hypogalaktie kann Verfasser hier nicht
unterdrücken. Rietschel selbst beansprucht für seine Ausführungen keine Allgemeingültigkeit, sondern bezieht dieselben zunächst auf Fälle von Hypogalaktie. Dagegen
hat schon Rosenstern, der im übrigen das Tatsächliche der Rietschelschen Beobachtungen bestätigt, eingewendet, daß es sich in diesen Fällen nicht um genuine Hypogalaktie
handle. Ebenso betont neuestens v. Pfaundler, daß es ihm nicht richtig erscheine, von
Hypogalaktie zu sprechen, ,,wenn sich zeigt, daß die produzierte Milchmenge für das Kind
vollständig ausreicht, sofern man nur etwas häufiger anlegt, als Czerny-Keller es
seinerzeit gefordert haben. Minder gezwungen ist doch anzunehmen, daß in den ohne
Zweifel bei Erstlaktierenden sehr häufigen Fällen der zweiten Kategorie Rietschels das
,,Aphysiologische" nicht in der Drüse, sondern in der Anwendung einer auf
andere Verhältnisse zugeschnittenen Pflegeregel sitzt". Das ist zweifellos ein
bedeutungsvoller Schritt zur Begrenzung des Begriffes der Hypogalaktie. Die Fälle, auf
die Rietschel exemplifiziert, würden also nur eine vorgetäuschte Hypogalaktie sein.
Von echter Hypogalaktie sollte man am besten nur sprechen, wenn die Brust trotz maximaler
Beanspruchung doch nur Nahrungsmengen hergibt, die für ein mittelkräftiges Kind nicht
ausreichend sich erweisen. Aber es ist sehr schwer, festzustellen, wie viel das sein müßte.
Denn manche Kinder, z. B. solche mit starkem Ikterus, beanspruchen auch bei mittlerem
Gewicht oftmals wesentlich mehr als dem Durchschnitt entspricht.

Die Schwierigkeiten liegen darin, ein absolut sicheres Kriterium zu finden. Denn
dieselbe Nahrungsmenge, die für das Kind der betreffenden Mutter vielleicht nicht genügt,
würde für ein anderes Kind gleicher Größe vielleicht genügen. Die größte Schwierigkeit
erblickt Verfasser aber in einem anderen Umstand; es gibt Fälle von Hypogalaktie, die
auf eine Vermehrung der Mahlzeiten gar nicht reagieren, die aber sofort sich bessern, wenn
man nach jedem Anlegen noch mit einer guten Milchpumpe das Sekret möglichst vollständig zu entleeren sucht (vgl. näheres in dem Kapitel Stillschwierigkeiten).

Es ist aber noch eine Frage zu erörtern. Wie sollen die 5 oder mehr
Mahlzeiten innerhalb 24 Stunden angeordnet werden? Wie schon
oben angedeutet, erblickt Keller darin eine Frage mehr sekundärer Bedeutung
und wünschte vor allem aus Erziehungsgründen, Rücksicht auf den Haushalt
usw., daß eine gewisse Ordnung von Anfang an eingehalten werde. Er scheint
aber nichts dagegen einzuwenden haben, wenn dieselbe gelegentlich durchbrochen
wird. Der triftigste Grund dürfte immer der sein, daß die Kinder zu der vorgesehenen Anlegezeit gerade schlafen.

Wir wollen aber nicht vorgreifen und uns erst einmal weiter mit den
Vorschriften von Czerny-Keller auseinandersetzen. Bei Beschränkung auf
5 Mahlzeiten hat sich allgemein das Regime ausgebildet, 5 mal am Tage in
4 stündigen Pausen anzulegen und dann eine Nachtpause von 8 Stunden einzuschalten, etwa nach folgendem Schema:

Anlegen: 6 h am — 10 h am — 2 h pm — 6 h pm — 10 h pm,
Nachtpause: 10 h pm — 6 h am.

Zweierlei ist dabei zu beachten: 1. das 4stündige Intervall und 2. die lange Nachtpause. Ist beides berechtigt oder empfiehlt es sich, die Intervalle noch länger zu machen, die 5 Mahlzeiten aber gleichmäßig auf 24 Stunden zu verteilen, oder ist es etwa nur wichtig, die Zahl der Mahlzeiten ohne Rücksicht auf das Intervall lediglich nach den angenommenen Hungeräußerungen des Kindes zu wählen?

ad. 1. Zugunsten des langen Intervalls ist besonders angeführt worden, daß bei rasch aufeinander folgenden Mahlzeiten die sekretorische wie die motorische Funktion des Magens geschädigt werden kann. Czerny hat besonders eine Verlängerung der Verweildauer der Nahrung im Magen solcher Kinder gefunden. Nun dauert es aber beim natürlich ernährten Kinde $1^1/_2$—höchstens $2^1/_2$ Stunden, — ehe der Magen völlig leer ist, so daß also von diesem Gesichtspunkte, wenn man auch noch eine Ruhezeit für den Magen einschalten will, ein Intervall von 3 Stunden wohl genügen würde. Freilich ist nicht zu vergessen, daß bei der üblichen Bemessung der Intervalle die so sehr verschiedene Dauer der Einzelmahlzeiten beim Neugeborenen nicht genügend berücksichtigt erscheint. Ob das Intervall dann gerade 4 oder $3^1/_2$ oder gar 3 Stunden beträgt, dürfte gleichgültig sein. Den Schluß aber wird man ziehen dürfen: nach Einfuhr einer entsprechend reichlichen Mahlzeit sollte das Intervall nicht unter 3 Stunden betragen. (Bei künstlich ernährten Kindern sind längere Intervalle notwendig und auch leicht durchführbar, da ja die Nahrung auf jeden Fall reichlich genug bemessen werden kann). Das Intervall noch länger auszudehnen dürfte sich nur empfehlen, wenn das Kind zur vorgesehenen Trinkzeit gerade schläft. In solchen Fällen wird man dann von der strengen Ordnung ruhig abgehen dürfen, und das nächste oder übernächste Intervall entweder etwas kürzer bemessen oder die Nachtpause entsprechend beschneiden. In Wirklichkeit hat man mit derartigen Störungen verhältnismäßig wenig zu rechnen, da die Kinder fast regelmäßig zur festgesetzten Trinkzeit aufwachen.

ad 2. Die Einhaltung einer Nachtpause von 8 Stunden ergibt sich zwanglos bei 5 maligem Anlegen in 4 stündigen Intervallen, ebenso wie bei 3 stündlichem Anlegen eine Nachtpause von 9 bzw. 6 Stunden herauskommt, je nachdem man 6 oder 7 Mahlzeiten verabreicht. Ähnlich würde auf $3^1/_2$ stündliches Anlegen eine Nachtpause von 9 oder $5^1/_2$ Stunden sich ergeben, je nachdem 5 oder 6 Mahlzeiten gegeben werden. Auch wenn man die Intervalle am Tag aus irgendeinem Grunde ein- oder mehrmals zu verschieben veranlaßt ist, wird sich immer Gelegenheit zu einer größeren Nachtpause von 5—8 Stunden ergeben.

Eine Nachtpause überhaupt einzuschalten und diese so lang als möglich zu bemessen, halten wir für eins der wichtigsten Mittel, die Mutter stillfreudig und bei guten Kräften zu erhalten. Mütter, die Nacht für Nacht ein- oder mehrmals anlegen müssen und so überhaupt nicht mehr zu einem geregelten Schlafe kommen, verlieren nicht nur leicht die Lust am Stillen, sondern sie können — wenn sie nicht sehr widerstandsfähig sind, auch sonst mancherlei Schaden davontragen. Eine nervöse Reizbarkeit dürfte der geringste davon sein; andere verlieren aber überhaupt an körperlicher Spannkraft, an Gewicht, an Appetit, und dadurch leidet schließlich auch die Brustsekretion. Das zeigt uns, daß die Einschaltung einer Nachtpause schon im Interesse der Mutter ein dringliches Gebot ist, und auch für das Kind dürfte daraus unter normalen Stillverhältnissen nur Vorteil erwachsen. Die lange Ruhe ist für die tadellose Erhaltung der Funktionstüchtigkeit seiner Verdauungsorgane sicherlich nicht zu unterschätzen und besitzt überdies einen starken, noch später Früchte tragenden Erziehungswert.

Daran wird nichts geändert durch die Erfahrung, daß es vereinzelt Kinder gibt, welche zur Einhaltung längerer Nachtpausen schwer zu bringen sind. Eine Pause von 5—6 Stunden wird aber wohl immer zu erreichen sein, selbst in Fällen mangelhafter Ergiebigkeit der Brust, wenn die übrigen Mahlzeiten gut eingeteilt sind.

Das bringt uns noch einmal auf die Frage der Verteilung der Mahlzeiten. Eine bestimmte Ordnung einzuhalten ist zweifellos von großem Vorteil für alle Teile. Ja wir gehen so weit und stimmen Keller vollkommen zu, daß eine derartige Erziehung der Kinder zur Ordnung bereits am zweiten Tage einsetzen soll. Einigermaßen normale Stillverhältnisse vorausgesetzt — und das dürfte für mindestens 60% aller Fälle gelten — gelingt es auch sehr leicht, die Kinder innerhalb weniger Tage an die Einhaltung einer solchen Anordnung zu gewöhnen. Sie wachen dann zur bestimmten Stunde von selbst auf, auch Stuhl- und Harnentleerungen sind etwas weniger unregelmäßig und die Mutter bzw. das Pflegepersonal freier in der Verteilung ihrer übrigen Arbeit. Vor allem ist es nur dadurch möglich, die Kinder an eine längere Nachtpause zu gewöhnen.

Ausnahmen gibt es auch hier und können auch zugestanden werden. Genau wie unter den Erwachsenen gibt es zweifellos schon unter den Neugeborenen Kinder, welche zu bestimmten Tageszeiten stärkeren und geringeren Schlaf, stärkeres und geringeres Hungergefühl haben. In solchen Fällen die Kinder willkürlich aus dem Schlaf zu reißen, bloß um die Trinkzeit pünktlichst einzuhalten, wird mindestens unnötig sein. Starrem Festhalten an einem bestimmten Schema sind ebenso Grenzen zu setzen wie einem zu weit gehenden Individualisieren auf Grund einer niemals untrüglichen Beobachtung des Kindes. An Frauenkliniken mit ihrem beschränkten Personal ist freilich das Festhalten an einer möglichst bestimmten Ordnung meist ein Gebot der Not; Ausnahmen können nur bei nicht zu großer Gesamtzahl der Kinder in besonders wichtigen Fällen gemacht werden [1].

Wir haben versucht, die vorliegenden Fragen von allen Seiten zu beleuchten und dabei hat sich wohl ergeben, daß viele Wege nach Rom führen, jeder seinen Vorzug und seinen Nachteil hat. **Fassen wir kurz zusammen,** so können wir, ohne besonderen Widerspruch befürchten zu müssen, unsere Erfahrung dahin formulieren:

Physiologisch berechtigt ist in normalen Fällen einzig ein Anlegen in mindestens 3stündigen Intervallen. Ob das Intervall zu 3 oder 3½ oder 4 Stunden zu wählen ist, ob 5 oder mehr (6—7, nur ganz ausnahmsweise und vorübergehend 8) Mahlzeiten in 24 Stunden gegeben werden sollen, läßt sich am besten nach dem Verhalten des Kindes und der Ergiebigkeit der Brust entscheiden. Möglichste Einhaltung einer bestimmten Ordnung für die einzelnen Mahlzeiten ist zu empfehlen, besonders aber Rücksicht zu nehmen darauf, daß eine genügend lange Nachtpause (6—8 Stunden) eingeschaltet wird. Je mehr die Zahl der Mahlzeiten beschränkt, die Dauer der Intervalle und Nachtpause verlängert werden kann, ohne daß darunter das Gedeihen der Kindes leidet, desto besser und angenehmer für alle Teile. Deshalb soll man jedenfalls versuchen, mit 5 Mahlzeiten (Vorschrift von Czerny-Keller) auszukommen; zeigt sich, daß dabei das Kind nicht genügend Nahrung bekommt, dann kann man ruhig unter entsprechender Verkürzung des Intervalls die Zahl der Mahlzeiten auf 6 oder 7 schrittweise steigern. Sich damit zu übereilen ist aber nicht nötig. Denn einmal erwächst dem Kinde aus einer geringfügigen Unterernährung in den ersten beiden Lebenswochen keinerlei Schaden für seine weitere Entwicklung, vor allem aber ist

---

[1] Vgl. auch Diskussion zwischen Rietschel und Verfasser, Zeitschr. f. Geb. u. Gyn., Bd. 76, 1914.

vor Ende der ersten Woche niemals ein sicheres Urteil abzugeben, ob die Brust nicht doch noch eine genügende Sekretionsgröße erreicht, um bei dem Czerny-Kellerschen Regime bleiben zu können.

Namentlich für den Betrieb an Gebäranstalten ist die Beschränkung auf 5 Mahlzeiten eine große Erleichterung und wegen der Möglichkeit genauerer Überwachung der Kinder bei diesem Regime das Gesamtresultat meist besser als bei öfterem Anlegen. Nur wo besonders schlechte Stillverhältnisse herrschen, wird man besser 6 Mahlzeiten mit Pausen von $3-3^1/_2$ Stunden geben lassen. Auch hier paßt eine Vorschrift nicht für alle Plätze.

3. Dauer der Mahlzeiten.

Aus Untersuchungen von Feer und Süßwein ist bekannt, daß der Hauptteil der Mahlzeit in den ersten 5 Minuten eingenommen wird. Die nächsten 5 Minuten bringen nur die Hälfte oder ein Drittel der früheren Trinkmenge, und was nachher noch aus der Brust entnommen wird, das ist kaum der Rede wert. Verfasser kann nach eigenen Kontrollwägungen diese Angaben im allgemeinen bestätigen. Auch die neuesten Untersuchungen von Smith und Merritt[1] lauten ganz entsprechend; die Autoren fanden daß $60-70^0/_0$ der Nahrung in den ersten 4 Minuten, $75-85^0/_0$ in den ersten 6 Minuten der Mahlzeit aufgenommen wurden. Entsprechend diesen Tatsachen beobachtet man auch bei an ergiebiger Brust kräftig saugenden Neugeborenen, daß sie bereits nach $10-15$ Minuten augenscheinlich befriedigt die Brust loslassen, „abfallen" und einschlafen.

Man hat in ungerechtfertigter Verallgemeinerung solcher Beobachtungen die Vorschrift aufgestellt, die Kinder $15-20$ Minuten an der Brust zu lassen und dann abzunehmen. Ein längeres Trinken sollte gar keinen Sinn haben. Indes bedarf für die Neugeborenen diese Angabe doch einiger Einschränkung; denn bei einer weniger ergiebigen Brust genügen $10-15$, selbst 20 Minuten vielfach nicht zur Aufnahme genügender Nahrungsmengen. Bei schwergiebigeren Brüsten ermüdet auch die große Sauganstrengung, die Kinder lassen los, schlafen auch wohl ein, die Wage zeigt aber eine geringe Trankmenge, und die Brust erweist sich als durchaus noch nicht leer. Ganz ähnliche Beobachtungen kann man bei saugschwachen oder infolge des Geburtstraumas somnolenten Kindern, bei schwergiebigen straffen Brüsten machen. In solchen Fällen muß man die Kinder wieder wecken und längere Trinkzeiten von etwa 30 Minuten konzedieren. Die oben genannten Beobachtungen Feers gelten in diesem Falle mit der Einschränkung, daß auch nach Ablauf der 10 Minuten oftmals nach einer kurzen Pause dasselbe Spiel wieder anhebt. Die Kinder nehmen gewissermaßen 2 Mahlzeiten dicht hintereinander.

Davon zu unterscheiden sind wieder andere Kinder, welche ohne erkennbare Ursache die Neigung zeigen, immer nur in Absätzen rasch hintereinander ein paar tüchtige Saugbewegungen zu machen, zu schlucken und dann ohne die Brust los zu lassen ruhig zu liegen, wieder ein paar Züge zu nehmen und so fort. In solchen Fällen scheint es zweckmäßig, durch leichtes Klopfen die Kinder zu rascherem Trinken zu erziehen, jedenfalls einer unbegrenzten Ausdehnung der Trinkzeit auf drei Viertelstunden und mehr nicht nachzugeben[2].

Sobald die Sekretion ordentlich in Gang gekommen ist und die Kinder Schwäche, Geburtstrauma und ähnliches überwunden haben, kürzen sich die Trinkzeiten meist von selbst ab. In den oben erwähnten Fällen führt jedoch nur konsequente Gewöhnung an kurze Mahlzeiten zum Ziele.

---

[1] Am. journ. of dis. of childr. Vol. 24. 1922, p. 413.

[2] Wenngleich bei anthropoiden Affen und anderen Säugetieren ein ähnliches Verhalten geradezu als natürliches beobachtet wird, scheint es nicht notwendig, hier nachzugeben. Eine Nachahmung der Natur ist ja unsere ganze Säuglingspflege nicht.

4. Spezielle Stilltechnik.

Gleichgültig wann man zum ersten Male anlegen läßt, für welche Zahl und Einteilung der Mahlzeiten man sich entschließt, für den Erfolg der natürlichen Ernährung ist ein nicht zu unterschätzender Faktor eine richtige Technik des Anlegens.

Gewiß ist es richtig, daß Mutter und Kind wie die Tiere das Stillgeschäft auch instinktmäßig fertig bringen, wenn nicht sofort, so doch nach einiger Übung. Die Erfahrung lehrt aber, daß geradezu nur eine geringere Zahl von Erstlaktierenden sofort das Richtige trifft und eine rationelle Neugeborenenpflege, die keine Zeit mit fruchtlosen Versuchen verlieren will, ist daher gezwungen, sich mit dieser vielen so nebensächlichen Frage näher zu beschäftigen. Wir haben dabei zunächst nur normale Verhältnisse im Auge.

Der erste Fehler der jungen Mutter besteht gewöhnlich darin, daß sie vermeint, es genüge, dem Kinde die Warze zwischen die Lippen zu bringen. Dadurch wird aber der Saugakt des Kindes mindestens irrationell gestaltet. Das Kind saugt die Milch aus den eben gefüllten Sinus lactiferi, die unter dem Warzenhof liegen und eben noch in die Basis der Mamilla hineinreichen, aus und muß dann eine ganze Reihe von Leerbewegungen machen, ehe wieder Milch aus der Tiefe in die Sinus lactiferi nachströmt. Ein wichtiger Teil des natürlichen Saugaktes, das Zusammenpressen der Kiefer, verläuft bei dieser Art des Trinkens nutzlos, da in der Warze nichts auszupressen ist. Man kann sich an der Hand der Wage leicht davon überzeugen, daß die Nahrungsaufnahme bei dieser Form des Trinkens relativ sehr gering ist. Erst wenn der Warzenhof vom Kinde mitgefaßt wird, ergibt der normale Saugakt die größte Nutzung. Das Zusammenpressen der Kiefer trifft jetzt die hinteren Partien der strotzend gefüllten Sinus lactiferi und preßt die Milch unter positivem Druck in die Mundhöhle des Kindes. Der beim sofort folgenden Saugen erzeugte negative Druck zieht noch in den äußeren Milchgängen vorhandene Sekretpartikel nach, gleichzeitig aber wird Milch aus den tieferen Milchgängen in die Sinus lactiferi gehebt, die nun wieder strotzend gefüllt durch den nächsten Kieferschluß in der Richtung gegen den Mund des Kindes ausgepreßt werden. In Wirklichkeit ist der Vorgang wohl noch etwas komplizierter, da eine aktive Mitwirkung der Brust (v. Pfaundler) mitspielt, welche das Nachströmen der Milch schon an sich erleichtert und gewissermaßen als vis a tergo wirkt.

Die erste Regel heißt also: das Kind soll nicht allein die Warze, sondern einen möglichst großen Teil des Warzenhofes noch mitfassen. Kräftige geschickte Kinder treffen bei nicht zu straffer Brust oftmals von selbst sofort das Richtige, andere lernen es erst mühsam, besonders wenn das Mitfassen des Warzenhofes durch Straffheit der Brust erschwert ist.

Der zweite gewöhnlichste Fehler, den übrigens auch Mehrgebärende noch oft machen, liegt darin, daß die der Warze benachbarten Teile der Brust dem Kinde die Nasenöffnung verlegen und dadurch das Saugen behindern, weil das Kind infolge der abgeschnittenen Luftzufuhr gezwungen ist, durch den Mund zu atmen. Das passiert besonders leicht bei Brüsten Erstgebärender mit wenig abgesetzten Warzen, während bei den schlaffen und mit ausgezogenen Warzen versehenen Brüsten Mehrgebärender das gewöhnlich nur beim Stillen im Liegen sich ereignet. Der Fehler ist leicht zu vermeiden, wenn die Mutter die um den Warzenhof gelegenen Partien der Brust zwischen Zeige- und Mittelfinger der anderen Hand faßt. Dann genügt ein leichter Druck mit dem Zeigefinger, um die Nasenöffnung des Kindes freizuhalten. Manche Frauen nehmen übrigens lieber Daumen und Zeigefinger, weil sie auf diese Weise die Warze geschickter in den Mund des Kindes dirigieren können.

Ein dritter Fehler ist das starke Rückwärtsbeugen des kindlichen Kopfes, wodurch das Schlucken erschwert wird, wie jedermann durch den Versuch an sich selbst leicht feststellen kann. Am besten wird dieser Fehler durch Unterlegen eines kleinen Kissens unter den Kopf des Kindes oder durch Unterstützung desselben mit dem Unterarm vermieden.

Die bequemste Stellung beim Stillen ist für die Mutter die sitzende. Am besten eignet sich dazu ein niedriger Stillschemel (Ammenschemel), welcher der Mutter gestattet, den den Säugling stützenden Arm auf ihren Oberschenkel aufzustützen. Dasselbe läßt sich natürlich bei einem gewöhnlichen Stuhl durch Unterschieben einer Fußbank erreichen. Auch das Sitzen im Bett scheint den Wöchnerinnen oft ganz bequem. Die liegende Mutter dreht sich halb auf die Seite, auf der getrunken werden soll und reicht so dem flach neben ihr liegenden Kinde die Brust. Da wir heute gesunden Wöchnerinnen auch schon am Tage der Entbindung selbst eine freiere Bewegung erlauben, ist dadurch das Stillen sehr erleichtert.

Manche Kinder sind ungeschickt im Ergreifen der Warzen. In solchen Fällen ist es ganz zweckmäßig, was viele Mütter übrigens instinktiv tun, ihnen die Warze mit einigen Tropfen ausgepreßter Milch anzufeuchten. Sobald sie das Sekret auf die Lippen oder Zungenspitze bekommen, fangen sie gewöhnlich an zuzufassen und zu saugen. Streng zu verwerfen ist dagegen das Einspeicheln der Warzen.

Manchmal liegt aber die Schwierigkeit des Zufassens auch an der straffen, strotzend gefüllten Brust. Dann hilft man sich, indem man die erste Milchportion dem Kinde mehr in den Mund spritzt, schlimmstenfalls sie mit einer Milchpumpe absaugt. Einzelne Autoren haben sogar prinzipiell empfohlen, die erste Milchportion abzuspritzen, um mit ihr die in den äußeren Milchgängen fast regelmäßig vorhandenen Bakterien zu entfernen — sicherlich eine übertriebene Vorsicht. Aus demselben Grunde, eine Infektion des Kindes von der ja nie aseptischen Warze aus zu verhüten, wurde empfohlen, die Kinder nur durch Warzenhütchen trinken zu lassen. Diese Versuche, die namentlich auch in der Heidelberger Klinik unter v. Rosthorn gemacht wurden, ergaben sehr wenig befriedigende Resultate, so daß wir bald wieder davon abgekommen sind (vgl. Himmelheber). Ähnliche Erfahrungen machten Menge und Reinicke [1]. Wenn trotzdem fast allgemein eine Reinigung von Warze und Warzenhof mit abgekochtem Wasser oder einem ungefährlichen Desinfiziens kurz vor dem Anlegen fast allgemein geübt wird, so ist das wohl mehr eine das Gewissen beruhigende Zeremonie, denn eine Handlung von wirklich praktischem Wert. Verfasser glaubt jedenfalls sich überzeugt zu haben, daß sie ohne Schaden für die Kinder wegbleiben kann.

Wichtiger in dieser Hinsicht scheint es, auch hier Noninfektion zu treiben, id est nach dem Stillen die Brust mit sterilem Tuch zu bedecken, vor allem aber eine Berührung derselben mit unsauberer, womöglich gar mit Lochialkeimen infizierter Hand zu verhüten (vgl. darüber im allgemeinen Teil gegebene Vorschriften).

Um die Haut der Warze geschmeidig zu erhalten und Rhagadenbildung leichter zu verhüten, hat sich uns ein Bedecken mit einem sterilen, mit Borlanolin bestrichenen Läppchen recht zweckmäßig erwiesen. Allerdings ist es dann notwendig, vor dem Anlegen die haftenden Salbenreste mit einem in abgekochtes Wasser getauchten Wattebausch oder Gazetupfer abzuwischen.

Bei starker schmerzhafter Spannung der Brüste infolge plötzlichen Milcheinschusses dient zur Erleichterung der Frau wie des Saugens des Kindes fürs

---

[1] Hofmeier läßt noch 1908 mit Warzenhütchen anlegen (vgl. Dürig).

erste eine Entleerung der Brust durch die Milchpumpe, weiterhin ein Aufbinden derselben, evtl. auch eine starke Flüssigkeitsentziehung durch den Darm vermittelst Karlsbader Salz oder Phenolphthalein.

Einer besonderen Erörterung bedarf noch die Frage: **Soll bei jeder Mahlzeit nur an einer Brust angelegt werden?** Die meisten Pädiater schreiben streng vor, immer bloß eine Brust zu reichen, stützen sich aber dabei offenbar auf ihre Beobachtungen an älteren Säuglingen. Bei Neugeborenen würde man damit in vielen Fällen unbefriedigende Resultate erzielen. Die Entscheidung, wann zu dem Anlegen an **einer** Brust übergegangen werden soll, ist am besten nach der Nahrungsmenge zu treffen. Sobald das Kind genügend aus einer Brust bekommt, kann man das Anlegen auf beiden Seiten aufgeben, vorausgesetzt, daß beide Brüste genügend Sekret liefern. Die Befürchtung, daß bei Verabreichung beider Brüste die Sekretion der zuletzt gereichten Schaden leiden könnte, trifft nicht zu, wenn man die Vorsicht anwendet, einmal die linke und einmal die rechte Brust zuerst zu reichen.

5. Kontrolle des Erfolges der natürlichen Ernährung.

Wenn auch die natürliche Ernährung schon an sich und besonders in Verbindung mit möglichster Asepsis der gesamten Pflege die besten Aussichten auf volles Gedeihen des Neugeborenen und Säuglings gewährt, so zeigen doch schon die vorstehenden Ausführungen, daß immer noch mancherlei Schwierigkeiten zu überwinden sind. Es genügt deshalb nicht, sich ein für allemal auf ein bestimmtes Schema festzulegen und sich dabei zu beruhigen. Auch ohne daß besondere Schwierigkeiten sich ergeben, ist schon aus Gründen der Prophylaxe eine **fortlaufende Kontrolle des Kindes notwendig.** Dieselbe darf sich aber nicht auf das bloße Besehen oder auf eine Kontrolle von Gewicht und Stuhl oder gar nur eines derselben beschränken, sondern muß gleichmäßig eine ganze Reihe von Funktionen berücksichtigen.

1. Zunächst ist das **Allgemeinverhalten des Kindes** zu beobachten. Das gesunde Neugeborene verbringt etwa 18—20 Stunden im **Schlaf.** Das Wachen des Kindes beschränkt sich auf die Trinkzeiten, Bad bzw. Waschung, auf die mehr oder minder kurze Zeit des Umwickelns und die Anlegezeiten. Der Schlaf des gesunden Neugeborenen ist gewöhnlich recht tief; selbst starke äußere Reize pflegen ihn nicht zu stören. Das Geschrei anderer Kinder in demselben Zimmer, Sprechen, Lachen des Pflegepersonals, der Ärzte bei der Visite stört die Kleinen nicht, ja in der Zeit der größten Schlaftiefe, nach den Mahlzeiten, kann man die Kinder sogar aufnehmen, ihnen über das Gesicht streichen, ohne daß sie erwachen. Freilich machen sich hier bereits individuelle Unterschiede bemerkbar, selbst wenn man von den infolge des Geburtstraumas somnolenten Kindern und ebenso von abnorm sensiblen Kindern ganz absieht. Daneben spielt auch die Gewöhnung eine große Rolle. Wir erwähnten schon die große Unempfindlichkeit unserer in einem Saal zusammenliegenden Neugeborenen. Im Privathause beobachtet man größere Unterschiede. Wo vom ersten Tag ab die Anwesenheit eines Neugeborenen das ganze Haus dazu verurteilt, im Kinderzimmer, ja selbst in dessen Nähe nur auf den Fußspitzen herumzuschleichen und im Flüsterton zu sprechen, ein vom Straßenlärm möglichst abgelegenes Zimmer gewählt wird, da gewöhnt sich das Neugeborene bald an diese Grabesstille. Jede Unterbrechung derselben — der laute Schritt eines Besuchers, lautes Sprechen oder Singen, das Bellen eines Hundes auf der Straße — bringt das Kind bereits in der zweiten Lebenswoche zum Erwachen oder stört es mindestens vorübergehend in dem tiefen Schlaf, in den es dann wohl bald wieder verfällt. Andererseits kenne ich Neugeborene, die in den

unruhigsten Zimmern inmitten einer Schar spielender und lärmender Geschwister, neben einer im benachbarten Zimmer Klavier hackenden Mutter und ähnlichem vollständig tief und ruhig schlafen, wenn sie von Anfang an nicht verwöhnt worden sind. Natürlich möchte ich damit nicht empfehlen, die Kinder in solchem Milieu zu halten, sondern nur jede übertriebene Furcht, durch Geräusche das Kind aus dem Schlafe zu stören, als unnötig, ja verfehlt erklären.

Interessant ist die Haltung der Neugeborenen im Schlaf (Abb. 72, S. 285). Sofern sie nicht durch unzweckmäßige Kleidung und Wickelung daran verhindert werden, nehmen die meisten eine an die intrauterine erinnernde Haltung ein. Die Beine werden leicht angezogen, die Arme im Ellenbogen gebeugt etwas seitlich von der Brust gehalten, und wenn man die Kinder auf die Seite legt, tritt auch gewöhnlich die C-förmige Krümmung des Rückens noch deutlich hervor. Manche Kinder — nicht etwa nur schwächliche — behalten noch Wochen diese Haltung im Schlaf bei, wenn auch weniger ausgesprochen. Andere verlieren sie schon bald oder nehmen sie nur vorübergehend ein.

Im wachen Zustand liegen die Neugeborenen entweder ruhig mit geschlossenen, in der zweiten Woche wohl auch schon häufiger dem milden Licht zugewendeten und für kurze Zeit geöffneten Augen. Häufig beobachtet man leichte Saugbewegungen der Lippen, zuweilen ganz köstliches Grimassieren unter Mitbewegung des einen oder beider Arme, evtl. auch der Beine, die beim Umwickeln leichte Stoßbewegungen ausführen, welche aber nicht so scharf und kräftig wie bei älteren Säuglingen ausfallen. Es würde zu weit führen, hier alles, was man in dieser Hinsicht beobachten kann, anzuführen. Wer sich öfters inmitten der Arbeit eine köstliche Stunde bereiten will, dem sei eine darauf abzielende Beobachtung der Neugeborenen besonders empfohlen. Die große Agilität, die Czerny-Keller normalen Säuglingen, oft auch schon der ersten Lebenswochen zuschrieben, findet sich beim gesunden Neugeborenen nach Verfassers Erfahrungen jedenfalls nicht. Wo sie beobachtet wird, hält sie v. Pfaundler für ein auf neuropathische Veranlagung verdächtiges Zeichen.

Wesentliche Abweichungen von dem hier geschilderten Verhalten deuten darauf hin, daß irgend etwas nicht in Ordnung ist und sollen Veranlassung geben, aus der weiteren Beobachtung des Kindes in Hinsicht auf andere Funktionen die Ursache aufzudecken.

Meist ist eine auffallende Verkürzung der Schlafzeiten verbunden mit häufigerem Schreien. Der gesunde, gut gedeihende Neugeborene schreit dagegen im allgemeinen bloß, wenn er naß liegt oder Hunger hat. So herrscht z. B. in einem relativ großen Kindersaal im allgemeinen Ruhe; nur ab und zu unterbrochen vom Geschrei eines naßliegenden Kindes [1]. Dagegen gibt etwa eine halbe Stunde vor der allgemeinen Anlegezeit bald dieses, bald jenes Kind das Zeichen zu einem bald zu beträchtlicher Höhe anschwellenden vielstimmigen Schreikonzerte. Ganz ähnlich wird im Privathause die Mutter meist schon durch das Schreien des Weltbürgers auf das Herannahen der Trinkzeit aufmerksam gemacht, und besonders bei ungestörter Laktation pflegen die meisten Kinder sich recht pünktlich zu melden, bis dahin aber ruhig schlafen, Temperamentsunterschiede zeigen sich schon bei Neugeborenen. Neben gewissermaßen wohlwollendem Melden des Hungers findet sich Ungeduld, die aber unverkennbar dem Geschrei einen zornigen wütenden Beiklang aufprägen kann. Meist schon durch seinen Charakter von diesem physiologischen Schreien unterschieden ist das einer Schmerzempfindung oder mindestens starkem

---

[1] Kleine Harnportionen, die von den hydrophilen Mullwindeln aufgenommen werden, stören die meisten Neugeborenen nicht. Das Schreien ist daher ein Zeichen, daß die Grenze der Aufsaugungsfähigkeit der Windel überschritten ist.

körperlichen Unbehagen entspringende Geschrei. Wer einige Übung darin hat, kennt bald den wehklagenden Ton eines kranken schwächlichen oder eigentümlich heftigen, in kurzen Ansätzen an- und abschwellenden Schreiens eines kräftigen Kindes, das Leibschmerzen hat, die offenbar auch mehr anfallsweise kommen, während bei sonstigen schmerzhaften Affektionen, z. B. einer eitrigen Mastitis, neben dem Geschrei die allgemeine Unruhe des Kindes stärker auffällt.

Man hat also allen Grund, bei einem Neugeborenen die Ursache des Schreiens festzustellen, sich nicht mit der einfachen Annahme des Hungers als Ursache desselben zu begnügen.

Wohl gibt es vereinzelt geborene Schreier, die ohne irgend erkennbare Ursache, also auch ohne Hunger bei sicher genügender Nahrungszufuhr jede Nacht oder auch wohl am Tag gelegentlich einmal eine halbe Stunde und selbst länger in kurzen Absätzen ihre Stimme ertönen lassen. Abgesehen von den ersten Lebenstagen, in denen manche Kinder an die Trinkordnung sich noch nicht gewöhnt haben, handelt es sich dabei wohl nicht um ganz normale Kinder. Ich habe verschiedentlich Gelegenheit gehabt, zu erfahren, daß aus solchen Neugeborenen später nervöse Kinder wurden, wobei ich freilich nicht zu entscheiden vermag, wieweit dabei auch Erziehungsfehler mitgespielt haben. Man darf, sofern man einmal sicher ist, daß solchem Schreien keine Gesundheitsstörungen zugrunde liegen, demselben im allgemeinen keine besondere Beachtung schenken.

2. Einer besonderen Beobachtung bedarf die äußere Haut des Neugeborenen. Regelmäßig zeigt sich während des physiologischen Gewichtsverlustes eine gewisse Abnahme des Gewebsturgors, ja bei starker Abnahme kann die Haut sogar recht welk aussehen. Sobald aber der Gewichtsanstieg beginnt, zeigt auch die Haut von Tag zu Tag frischeres Aussehen, der Turgor nimmt zu, die unmittelbar nach der Geburt bestehende Röte [1] macht einer zarten rosigen Farbe Platz. Nicht krankhaft ist die auch in dieser Zeit noch fortbestehende Abschilferung der Haut sowie die Miliaria im Gesicht. Ebenso wird man die — namentlich in Anstalten — oft gar nicht zu vermeidende Rötung in der Gesäßfalte und um den Anus wohl nicht als krankhaft bezeichnen dürfen. Nässende Ekzeme der Anoglutäalgegend sind dagegen keinesfalls als normal anzusehen, können aber nicht ohne weiteres zur Beurteilung des Ernährungserfolges und der Gesundheit des Kindes herangezogen werden, wenn man über die Sorgfalt der Pflege nicht frei von jedem Zweifel sein kann.

Denn auch bei den gesündesten und bestgedeihenden Kindern entstehen solche Ekzeme leicht, wenn sie zu selten trockengelegt werden, andererseits treten sie besonders dann auf, wenn abnorme, wässerige oder schleimige Stühle entleert werden, so daß in der Praxis oftmals die bloße Tatsache eines Ekzems als Fingerzeig dienen kann, daß man auf der Besichtigung möglichst frischer Stühle besteht und sich nicht mit einer Beschreibung begnügt. — Ekzeme, mykotische Erytheme treten besonders gern bei länger unterernährten Kindern auf. — Kann man gar keine der genannten Ursachen ausfindig machen, zeigen die Kinder trotz sorgfältigster Pflege eine besondere Empfindlichkeit der Haut mit ungenügender Gewichtskurve bei quantitativ und qualitativ ausreichender Ernährung, dann kann man immer Verdacht haben, daß es sich um die ersten Äußerungen einer exsudativen Diathese (Czerny) handelt, bei deren Ausbruch freilich die Unterernährung an sich eine wichtige Rolle spielen kann. Das Durchscheuern der Haut an den Fersen ist durchaus kein ohne weiteres für diese Diagnose verwertbares Zeichen, findet sich vielmehr auch bei ganz kräftigen, gesunden, gut gedeihenden Kindern.

3. Über das Verhalten der Körpertemperatur beim gesunden Neugeborenen wurde schon das Nötige früher mitgeteilt. Ebenso über das transitorische Fieber, aus dem nicht ohne weiteres Schlüsse auf ungenügende Ernährung und noch weniger auf Gesundheitsstörungen gezogen werden dürfen.

---

[1] Über das physiologische Erythema neonatorum vgl. Kapitel Haut.

4. Für einen der wichtigsten Indizes, der über den Ernährungserfolg Aufschluß gibt, halten wir die Gewichtskurve. Wir haben ja über das physiologische Verhalten des Körpergewichts schon früher alles Wichtige angeführt und verweisen darauf. Hier soll nur das spezielle Vorgehen zum Zwecke der Ernährungskontrolle nachgetragen werden.

Von einem gut gedeihenden Kinde darf man erwarten, daß es, nachdem am dritten bis vierten Tage (nur in Ausnahmefällen später) der Tiefpunkt erreicht ist, von Tag zu Tag eine Zunahme aufweist. Zwar braucht auch ein vorübergehender Gewichtsstillstand, besonders nach einer vorhergegangenen starken Gewichtszunahme durchaus nichts Abnormes, vor allem kein Zeichen einer ungenügenden Ernährung zu sein; man kann das aber erst feststellen, wenn man die Größe der aufgenommenen Nahrung im Vergleich zu dem wahrscheinlichen Bedarf des betreffenden Kindes kennt. Wohl muß auch eine einmalige, am nächsten Tag wieder ausgeglichene Gewichtsabnahme keine Störung des Gedeihens bedeuten, es erscheint aber jedenfalls zweckmäßig, sich nicht einfach mit dieser Annahme zu beruhigen, sondern von vornherein Aufklärung zu erstreben. Es liegt auf der Hand, daß eine wöchentlich nur zweimal ausgeführte Wägung solchen vorübergehenden Gewichtsstillstand oder eine Abnahme vollständig verdecken wird und, von ganz besonderen Umständen abgesehen, bei solchem Vorgehen immer eine Zunahme verzeichnet werden kann. Bei der großen Wichtigkeit aber, welche der Neugeborenenzeit für das spätere Gedeihen der Kinder zukommt, vor allem aber auch wegen der ziemlich engen kausalen Beziehung zwischen Größe der Nahrungsaufnahme und Gewichtszunahme in der Neugeborenenzeit, scheint es dem Verfasser richtiger, die Neugeborenen täglich zu wiegen.

Es genügen zu diesen Wägungen durchaus die gewöhnlichen Laufwagen, welche bei guter Konstruktion und Pflege Gewichtsdifferenzen von 5 g mit brauchbarer Genauigkeit anzeigen und eine bequeme, zur Aufnahme des Kindes geeignete Schale tragen.

Um vergleichbare Werte zu erhalten, ist es natürlich notwendig, die Kinder nackt auf einer vorher austarierten reinen Windel zu wiegen. Wer die Neugeborenen schon vor dem Nabelabfall badet, kann ohne Nabelverband wiegen. Bei Verwendung der Flickschen Nabelschürzen und Verzicht auf das Bad werden die Kinder mit denselben gewogen, das bekannte Gewicht einer solchen in Abzug gebracht. Das Gewicht des kurzen Nabelschnurrestes kann getrost vernachlässigt werden. Es geht aber nicht an, die Kinder zu einer beliebigen Zeit zu wiegen, sondern es eignet sich zu einer derartigen Kontrolle nur die Wägung nach der langen Nachtpause, kurz vor der ersten Tagesmahlzeit[1].

Ergibt sich bei dieser Art der täglichen Wägung ein befriedigender Verlauf der Gewichtskurve, so kann man, wenn auch die sonstigen Zeichen der Gesundheit damit übereinstimmen, sich damit genügen lassen. Entstehen Zweifel, ob die dem Kinde zugeführte Nahrungsmenge genügend war, dann kann man sich wieder mit der Wage leicht über die Größe der einzelnen Mahlzeiten Aufschluß verschaffen (von Guillot 1852 zuerst empfohlen). Zu diesem Zweck wird das Kind in seiner normalen Bekleidung kurz vor und unmittelbar nach beendeter Mahlzeit gewogen. Die Gewichtsdifferenz gibt die Größe der Mahlzeit

---

[1] Wenn in manchen Anstalten der größeren Bequemlichkeit halber die Wägung später, etwa vor der zweiten Tagesmahlzeit, vorgenommen wird, ergeben sich unbrauchbare Kurven. Ich habe selbst einmal eine Zeitlang bei uns ganz merkwürdige Kinderkurven beobachtet, bis ich dahinter kam, daß gegen die ausdrückliche Vorschrift die verantwortliche Stationsschwester die Kinder erst in dem Intervall zwischen erster und zweiter Tagesmahlzeit gewogen hatte.

in Gramm an. Die Fehler, die dabei unterlaufen, sind im allgemeinen so
gering, daß sie vernachlässigt werden können. Da die Wage erst bei 5 g deutliche Ausschläge gibt, bleiben kleinere Trinkmengen natürlich unberücksichtigt.
Ein zweiter Fehler ist der auf die Perspiratio insensibilis entfallende Verlust;
aber auch der ist klein (2—3 g bei Ruhe, 10—15 g bei großer Unruhe und pro
Stunde — W. Camerer). Der Fehler würde also selbst bei einer sehr langdauernden, durch Schreien unterbrochenen Mahlzeit 10 g selten übersteigen,
bei normalem Ablauf der Brustmahlzeiten aber wohl unter 5 g bleiben. Übrigens
ist man ja nach den vorstehenden Bemerkungen im einzelnen Falle leicht in
der Lage, zu entscheiden, ob man etwa einen größeren Fehler rechnen muß.
Die Nahrungsmenge würde um diesen Fehler zu klein ermittelt werden.

Es wäre aber ganz falsch, wollte man sich einen Aufschluß über den Tageskonsum in der Weise verschaffen, daß man bei einer beliebigen Mahlzeit die
Trinkmenge bestimmt und den Tageskonsum durch Multiplikation mit der Zahl
der Mahlzeiten berechnet. Das würde zu ganz groben Fehlern Veranlassung
geben. Denn die Größe der einzelnen Mahlzeiten schwankt auch bei
ganz normalen Kindern innerhalb weiter Grenzen derart, daß die
größte Mahlzeit — das ist gewöhnlich die erste am Morgen — das Doppelte
und Dreifache der kleinsten betragen kann [Finkelstein, Verfasser (1908)
u. a.]. Niemann fand in einem Fall die Morgenmahlzeit fast konstant gleich
einem Drittel der Tagestrankmenge (bei 5 Mahlzeiten); so hohe Werte finden
sich nach Verfassers Erfahrungen nur bei sehr gut und gleichmäßig sezernierender
Mamma und bereits vollständig in Gang befindlicher Laktation. Sonst ist
häufiger die Größe der an verschiedenen Tagen getrunkenen Morgenmahlzeit
stärkeren Schwankungen unterworfen und beträgt auch gewöhnlich weniger als
ein Drittel der Tagestrankmenge.

Man kann also die Tagestrankmenge nur dadurch bestimmen, daß man
einen Tag lang bei jeder Mahlzeit die Trankmenge bestimmt und die Summe
gewinnt. Zu genauerem Aufschluß ist es sogar notwendig, solche fortlaufenden
Einzelwägungen mindestens an zwei Tagen hintereinander zu machen, denn
auch die Tagestrankmenge zeigt bei ganz ideal gedeihenden Kindern oft
recht große Schwankungen, die keine gleichsinnige Bewegung mit dem
Verhalten der Gewichtskurve erkennen lassen (vgl. Beispiel Abb. 57). Derartige Schwankungen der Nahrungsmenge ohne Beeinflussung der Gewichtskurve treten besonders von der zweiten Woche an häufiger und stärker hervor.
Sie fehlen aber auch in der ersten Woche nicht. In den in der Literatur jetzt
reichlich vorliegenden Durchschnittszahlen über die Tagestrankmenge kommen
diese Schwankungen freilich nicht oder nur ganz selten zum Ausdruck, weil sie
bei verschiedenen Kindern nicht auf denselben Tag fallen.

Will man nun aus der ermittelten Tagestrankmenge den weiteren Schluß
ziehen, ob dieselbe dem Nahrungsbedarf des Kindes genügt oder nicht, so muß
natürlich die Größe des Bedarfs bekannt sein. Dabei ist immer zu berücksichtigen, daß in den ersten Lebenstagen wie vielfach übrigens auch später die
Größe der Nahrungsaufnahme viel weniger vom Bedarf des Kindes als von der
Art, in der die Brustsekretion in Gang kommt, sich abhängig erweist[1]. Zur
Schätzung des Bedarfs muß man sich an eine der im Kapitel Nahrungsbedarf
angegebenen Formeln von Finkelstein oder v. Pfaundler halten, immer
jedoch berücksichtigen, daß es sich nicht um exakte Maßzahlen handelt, sondern
nur um grobe Annäherungswerte, die je nach dem Geburtsgewicht des Kindes,
der individuell schwankenden Größe des Nahrungsbedarfes und der ebenfalls
individuell schwankenden Wertigkeit der Nahrung einer Korrektur bedürftig

---

[1] Vgl. auch Czerny-Keller 1. Aufl. Bd. 1, S. 360.

sind. Wenn man alle die Fehlerquellen, die einer solchen Schätzung anhaften, in Rechnung zieht, könnte man verzweifeln, damit überhaupt zu einem brauchbaren Resultat zu kommen. Indessen lehrt die praktische Erfahrung und vor allem die jahrelange fortlaufende Beobachtung vieler Tausende von Neugeborenen, daß man allmählich auch lernt, diese Korrekturen in brauchbarer Richtigkeit vorzunehmen. Man bekommt aus der Beobachtung so vieler Kinder — natürlich Stuhl, Haut und sonstiges Verhalten des Kindes, Brustsekretion der Mutter mitberücksichtigt — allmählich gewissermaßen einen Blick dafür, welche Korrektur man an der aus der Formel berechneten Zahl des Nahrungsbedarfes im einzelnen Falle nach oben oder unten anzubringen hat. Ich weiß natürlich, daß die Berufung auf den praktischen Blick keine wissenschaftlich brauchbare Beweisführung darstellt. Darauf kommt es hier aber gar nicht an, sondern nur auf den Erfolg. Der scheint mir für die Brauchbarkeit solcher Schätzungen zu sprechen, zumal Besseres nicht zur Verfügung steht.

Wir haben also in der Bestimmung der Tagestrankmenge ein einfaches Mittel an der Hand, die Gewichtskurve in Hinsicht auf die Beziehung zwischen Nahrungsgröße und Nahrungsbedarf zu kontrollieren —, zusammen mit der übrigen Beobachtung des Kindes ein genügendes Mittel, den Ernährungserfolg zu beobachten. Wir schätzen dasselbe so hoch, daß wir seit Jahren bei allen Kindern die Wägung der Einzelmahlzeiten durchführen und uns dadurch viel Kopfzerbrechen ersparen. Die Belastung des Pflegepersonals ist zwar groß, aber auch für dieses ein wertvoller Anhalt, wo eingegriffen werden muß, wo eine besondere Überwachung des Stillens notwendig ist usw.

4. Schließlich ist bei der Kontrolle des Gedeihens eines Kindes das Verhalten der Stühle nicht außer acht zu lassen. Ich verweise in dieser Hinsicht auf das Kapitel über die Darmentleerungen des Neugeborenen.

Schwierigkeiten bei natürlicher Ernährung.

Unter günstigen Verhältnissen spielt sich die natürliche Ernährung außerordentlich glatt ab und für solche Fälle paßt am besten das Czernysche System der täglichen 5 Mahlzeiten mit vierstündlichen Intervallen und 8 Stunden Nachtpause. Unsere Erfahrung spricht durchaus in dem Sinne, daß mindestens bei der größeren Hälfte aller Neugeborenen dieses Regime sich glatt durchführen läßt. Andere Fälle aber, auf die wir andeutungsweise schon im vorigen Abschnitt hingewiesen haben, fordern ein Abweichen von diesem Vorgehen, wenn eine ausreichende Ernährung garantiert werden soll, wieder andere gestatten auch dann eine solche nur unter Aufwand großer Mühe. Es ergeben sich Schwierigkeiten für die Durchführung der natürlichen Ernährung, deren Ursache in der Mutter, im Kinde oder in beiden zu suchen sein kann. Was im einzelnen Falle zutrifft, kann nur sorgfältige Beobachtung des Stillaktes, dessen Erfolges, des Verhaltens des Kindes, der Ergiebigkeit und sonstiger funktioneller Eigentümlichkeiten bzw. Abnormitäten der weiblichen Brust feststellen. Gerade der Arzt, der für die Durchführung der natürlichen Ernährung sich einsetzt, muß auch die zahlreichen Schwierigkeiten kennen, welche sich in praxi so oft einer Durchführung derselben entgegenstellen. Anderenfalls bleibt er bestenfalls ein Theoretiker der Stillpropaganda. Zudem ist es gerade die Neugeborenenzeit, in welcher diese Schwierigkeiten nicht nur am häufigsten zu schaffen machen, sondern auch am schwersten zu besiegen sind. Wo eine genügende Kontrolle fehlt, wird man oft erst durch die am Kind bemerkbaren Folgen oder durch Klagen der Mutter auf die Ursache hingewiesen. Die bedeutsamste Folge aller hier zu besprechenden Schwierigkeiten, sofern sie nicht rechtzeitig überwunden werden, ist die Unterernährung des Kindes.

Wir gehen auf die Unterernährung später noch näher ein. Neben Pflegefehlern stellen die hier zu besprechenden Stillschwierigkeiten die häufigste Ursache derselben dar.

Ihrer größeren Häufigkeit wegen besprechen wir zuerst

A. Stillschwierigkeiten seitens der Mutter.

Unter allen Schwierigkeiten, welche sich der Durchführung der natürlichen Ernährung entgegenstellen können, sind am bedeutsamsten diejenigen, welche hervorgerufen werden durch

1. Hypogalaktie.

Man versteht darunter gemeinhin jede Unterergiebigkeit der Brust und unterscheidet eine primäre, vom Beginn der Laktation an sich bemerkbar machende Form, von einer sekundären Hypogalaktie, worunter das vorzeitige Versiegen der Milchsekretion gemeint ist. Von der letzteren Form sehen wir bei unserer Besprechung ganz ab, da sie in der Neugeburtsperiode natürlich nicht zur Beobachtung kommt. Die primäre (übrigens auch die sekundäre) Hypogalaktie kann genuin, das heißt in anatomischen oder funktionellen Eigentümlichkeiten der Brust selbst begründet oder infolge unrichtiger Technik der Laktation erworben sein. Allerdings ist zuzugestehen, daß die Grenze zwischen beiden Formen nicht immer eine scharfe ist und von Anfang an unterwertige Brüste auch diejenigen sind, die auf Fehler der Pflege am stärksten mit Unterfunktion reagieren [1].

Die Ätiologie der genuinen Hypogalaktie bleibt in den meisten Fällen unklar, und selbst mehr minder begründete Vermutungen über die jeweilige Ursache lassen sich kaum nachprüfen. Wenn auch eine absolute Stillunfähigkeit als anatomisch wie nach praktischen Erfahrungen unbegründet abgelehnt werden muß [2], so ist andererseits anzuerkennen, daß es eine anatomisch begründete Unterergiebigkeit der Brust gibt. Es finden sich (vgl. Abb. 75 und 76) neben parenchymreichen Brüsten solche, welche bei starker Ausbildung des bindegewebigen Corpus fibrosum sehr spärlich Drüsenparenchym aufweisen (Engel), und wir haben keine Berechtigung, anzunehmen, daß diese Hypotrophie des spezifischen Bestandteiles der Drüse für die Funktion ohne Belang wäre. Den zwingenden Beweis im Einzelfalle zu führen, dürfte freilich kaum jemals gelingen. Das gilt besonders auch für die weitere Frage, wie weit eine Heredität in diesem Falle eine Rolle spielt. Wenn auch Bunges Feststellungen längst als irrig erwiesen sind und immer wieder die Brüste der Töchter von angeblich absolut stillunfähigen Müttern sich als voll stillfähig erweisen, so gibt es doch auch Fälle, in denen der Einfluß einer von den Eltern überkommenen Minderwertigkeit der Brust nicht ohne weiteres von der Hand zu weisen ist. So sehr Verfasser die absolute Stillunfähigkeit leugnet, muß er doch zugestehen, daß die von ihm und anderen mit Aufwand aller Kunst und Mühe erzielte Stillfähigkeit so gut wie aller Mütter mindestens in den ersten Wochen eben nicht gleichbedeutend ist mit einer spontanen Vollwertigkeit der Brust. Die klinischen Verhältnisse und Erfahrungen lassen sich hier so wenig auf die allgemeine Praxis restlos übertragen wie etwa die Methoden der klinischen Geburtshilfe.

---

[1] Etwas abweichend bezeichnet Birk als sekundäre Hypogalaktie das, was wir als erworbene primäre Hypogalaktie abgrenzen.

[2] Vgl. Kapitel Stillfähigkeit.

Eine der wichtigsten Ursachen der primären genuinen Hypogalaktie scheint der allgemeine oder auch bloß sexuelle Infantilismus zu sein, an dem die Mammae gar nicht selten teilnehmen.

Rein als Hypothese berechtigt ist auch die Annahme, daß aus irgendeiner erdenkbaren Ursache entstandene Gleichgewichtsstörungen im System der endokrinen Drüsen für eine Hypogalaktie verantwortlich sein können. Wenn uns auch heute jede schärfere Formulierung in dieser Richtung verfrüht erscheint, möchten wir doch zur Bearbeitung dieser Frage einladen. Die Schwangerschaft bringt ja sehr bedeutende Veränderungen in dem System der innersekretorischen Drüsen hervor und ebenso sind mannigfache Störungen im plazentaren Stoffhaushalt denkbar, welche auf die spätere Funktion der Brustdrüsen Einfluß nehmen können. Eine derartige Genese scheint besonders in solchen Fällen nahegelegt, welche durch geeignete Behandlung zu ganz oder fast vollwertiger Leistung gebracht werden können. Auch das verspätete Einschießen der Milch dürfte hierher gehören.

Eine Hypogalaktie wird aber häufig erst erworben. Eine der häufigsten Formen dieser Art, die oft genug eine genuine Hypogalaktie vortäuscht, dürfte bei Schwergiebigkeit der Brust vorkommen. Es kann natürlich eine von Anfang an unterergiebige Brust gleichzeitig auch schwergiebig sein; Schwergiebigkeit einer zunächst gut funktionierenden oder wenigstens zu guter Funktion befähigten Brust kann aber ihrerseits leicht zu Hypogalaktie führen, wenn infolge der Schwierigkeit der Entleerung diese nicht vollständig erfolgt. Mangelhafte Entleerung und Inanspruchnahme der Brust ist ebenso eine Ursache für eine bald eintretende Unterergiebigkeit wie starke Inanspruchnahme und vollständige Entleerung der Brüste das wichtigste Verfahren zur Steigerung der Ergiebigkeit über das durchschnittliche Maß hinaus darstellen. Die Ursache der mangelhaften Entleerung kann — von der Schwergiebigkeit abgesehen — in einer falschen Still- oder Ernährungstechnik oder auch im Kinde selbst liegen (Saugschwäche verschiedenster Genese). Eine gar nicht zu unterschätzende Ursache erworbener Hypogalaktie sind die Unterernährung der Mutter im Verlauf der Laktation, Anämie höheren Grades und andere mit Konsumption der Kräfte oder Intoxikation einhergehenden Erkrankungen (z. B. langdauerndes Puerperalfieber und ähnliches). Über die Wirkung exogener Gifte ist nichts Zuverlässiges bekannt. Viel umstritten ist die Bedeutung psychischer Traumen (Schreck, Trauer usw.). Manche, wie z. B. Czerny-Keller, lehnen eine derartige Bedeutung der psychischen Traumen rundweg ab, andere verhalten sich vorsichtig abwartend. Wir alle kennen gewiß Fälle, in denen ein plötzlicher Trauerfall oder Schreck gar keinen Einfluß auf die Milchsekretion hat. Ich erinnere mich nur eines Falles, der aber doch die Möglichkeit eines Einflusses psychischer Traumen auf die Milchsekretion deutlich erweist.

Eine Frau, die im zweiten Wochenbett stillt; ihr erstes Kind hat sie völlig selbst gestillt. Ungefähr am 14. Wochenbettstag — die genaueren Daten sind mir in Verlust geraten und ich stütze mich auf mein Gedächtnis — tödlicher Unfall des Mannes bei sehr innigem Verhältnis der beiden Gatten. Die pflichttreue Mutter legt wenige Stunden nach Empfang der Trauerbotschaft zur bestimmten Zeit ihr Kind wieder an. Das Kind läßt aber die Brust bald fahren, schreit und zeigt sich sichtlich unbefriedigt. Auf Druck entleert sich aus der Brust kaum Sekret, die Wage zeigt, daß das Kind so gut wie nichts bekommen hat. Nächsten Tag dasselbe Bild bei allen Mahlzeiten. Von der Frau wird auf meinen Rat trotzdem weiter angelegt, das Kind bekommt etwas Tee. Trotzdem ziemlich beträchtlicher Gewichtssturz von mehr als 100 g in 2 Tagen. Am dritten Tage bekommt das Kind bei den ersten Mahlzeiten im Durchschnitt 10—30 g, bei einer Abendmahlzeit über 50 g. Die folgenden Tage weiteres langsames Ansteigen der Ergiebigkeit der Brust; nach ungefähr 10 Tagen ist die ursprüngliche Höhe der Brustleistung wieder erreicht. Ich erwähne diesen Fall wegen seiner prinzipiellen Wichtigkeit, trotzdem die angeführten

Zahlen nur ungefähr stimmen. Ich weiß auch Namen und Adresse der Frau nicht mehr und bin außerstande, dieselben zu kontrollieren. Ich habe damals auch in der Literatur gesucht und, so viel ich mich erinnere, einen recht ähnlichen beweisenden Fall gefunden. Leider weiß ich auch diese Literaturquelle nicht mehr und es ist mir auch nicht gelungen, den Fall wieder aufzufinden. Soviel ich aber weiß, liegen sonst in der Literatur keine Fälle vor, welche gegen die verschiedensten Einwände gefeit wären.

Meines Erachtens wird man zugeben dürfen, daß psychische Traumen im allgemeinen keinen oder nur einen sehr geringen, rasch vorübergehenden und deshalb meist unbemerkt bleibenden Einfluß auf die Ergiebigkeit der Brust haben; andererseits dürfte nach dem eben erwähnten Fall nicht zu leugnen sein, daß gelegentlich ein solcher Einfluß doch sehr deutlich in Erscheinung treten kann. Freilich zeigt auch diese Beobachtung, daß es nur darauf ankommt, den Stillwillen der Frau zu erhalten und die Brust konsequent weiter zu beanspruchen. Ein dauerndes Versiegen der Milchsekretion dürfte jedenfalls zu vermeiden sein. Wo es trotzdem eintritt, würde man mehr auf ein vorzeitiges Aussetzen des Anlegens als auf das psychische Trauma die Schuld zu schieben haben.

Die Diagnose der Hypogalaktie ist leicht zu stellen, wird aber trotzdem sicher viel zu häufig gestellt. Der gewöhnlichste Fehler besteht darin, daß eine Hypogalaktie schon in den ersten Tagen angenommen wird, wenn der Milcheinschuß sich verzögert; das ist um so irreführender und verhängnisvoller dann, wenn daraufhin gleich das Stillen aufgegeben wird. Denn infolge des mangelnden adäquaten Saugreizes tritt dann der Milcheinschuß überhaupt weniger deutlich auf oder wird auf die normale Stauung beim Absetzen bezogen, bis nach einigen Tagen die Sekretion tatsächlich versiegt. Ebenso falsch ist es, durch bloße Besichtigung oder Betastung der Brust eine Hypogalaktie diagnostizieren zu wollen. Auch das geschieht noch häufig genug. Wir haben schon weiter oben uns darüber geäußert, daß Form und Größe der Brust mindestens keine bindenden Schlüsse gestatten. Auch die Betastung kann in die Irre führen; denn bei großen schwammigen und ebenso bei kleinen, aber sehr straffen Brüsten ist es durchaus nicht immer möglich, Binde-, bzw. Fettgewebe und Drüsenparenchym sicher zu unterscheiden. Auch die Menge des durch Fingerdruck exprimierbaren Sekretes erlaubt keinen Schluß auf die Ergiebigkeit der Brust. Denn einerseits geben schwergiebige Brüste auf Fingerdruck nur wenig Sekret ab, andererseits können selbst unterergiebige Brüste nach einer längeren Ruhepause reichlich Sekret auf Druck abgeben.

In der ersten Woche läßt sich die Diagnose überhaupt nur vermutungsweise stellen, da ein verspätetes Einschießen der Milch eine echte Hypogalaktie vortäuschen kann. Sieht man davon ab, so gestattet die Beobachtung des saugenden Kindes gewisse Vermutungen. Sofern die Brust reichlich Sekret abgibt, beobachtet man immer nach einigen Saugzügen eine Schluckbewegung; bei Sekretarmut der Brust macht dagegen das Kind nicht allein oft hastigere Saugbewegungen, sondern es werden auch viel mehr Saugzüge (bis zu 10) gemacht, ehe eine Schluckbewegung erfolgt. Sind Saugschwäche und Schwergiebigkeit der Brust auszuschließen, dann handelt es sich um Hypogalaktie.

Das einzig sichere Mittel zur Diagnose besitzen wir in der Wage. Bleibt bei einem gut saugenden und richtig angelegten Kinde die tägliche Trankmenge auffällig und an mehreren Tagen hinter dem seinem Gewicht entsprechenden Durchschnitt zurück, läßt ferner die Gewichtskurve den normalen Anstieg vermissen, ohne durch irgendwelche Krankheitserscheinungen erklärt zu sein, dann ist die Diagnose Hypogalaktie gesichert. Die wahlweise Ermittelung der Nahrungsaufnahme bei 2 oder 3 Mahlzeiten reicht dazu niemals aus. Auch das Zurückbleiben der Tagestrankmenge hinter dem erwarteten Durchschnitt beweist nichts, wenn man die Menge vom vorhergehenden Tage nicht kennt, denn auch da kommen bei gesunden, gut gedeihenden Kindern bereits gegen Ende der ersten und in der zweiten Woche starke Schwankungen vor, welche die Gewichtskurve nicht deutlich beeinflussen, mindestens die Zunahme nicht aufzuheben brauchen. Erst aus dem Zusammentreffen von verminderter Tagestrankmenge und unbefriedigendem Verhalten der Gewichtskurve läßt sich beim gesunden Brustkinde eine Hypogalaktie als Ursache erkennen.

Hat man an der Saugkraft des Kindes Zweifel, dann läßt man mehrmals ein kräftiges Kind trinken und bestimmt bei diesem die Trinkmenge, oder man entleert die Brust mehrmals mit der Pumpe. Der Versuch, auf verschiedene Weise die Ergiebigkeit der Brust zu bestimmen, bewahrt gleichzeitig am besten vor einer Verwechslung von Schwergiebigkeit und Hypogalaktie.

Verfasser ist hauptsächlich deshalb mit der endgültigen Diagnose so zurückhaltend, weil dieselbe von praktischen Ärzten immer noch viel zu freigiebig gestellt und damit mancher Mutter Stillwille geknickt, bzw. übereilt zur Ammenernährung oder zum Allaitement mixte übergegangen wird.

Die Therapie der Hypogalaktie ist meist eine dankbare, immer aber soweit erfolgreich, daß mindestens in der Neugeborenenzeit die unnatürliche Ernährung vermieden werden kann. Vor jeder übereilten Zufütterung ist dringend abzuraten, denn mit der Diagnose Hypogalaktie ist noch gar nichts darüber gesagt, wie lange dieselbe anhalten wird, ob und wie weit dieselbe zu bessern oder gänzlich zu überwinden ist. Die anfänglich minimalen Milchmengen können von selbst oder infolge der angewandten laktagogen Verfahren allmählich ansteigen und schon manche von Geburtshelfern in den ersten 2—3 Wochen als mangelhaft stillfähig oder fast stilluntauglich bezeichnete Frau hat nachher ihr Kind $^1/_2$ Jahr und länger ausreichend stillen können. (Daß auch das Umgekehrte vorkommt, soll damit nicht geleugnet werden.) Bei den leichteren Graden von Hypogalaktie, bei denen 60—65$^0/_0$ des Bedarfs gedeckt werden, ist die einzige Folge derselben eine leichte Unterernährung des Kindes, bei der jeder weitere Eingriff unnötig ist. Aber selbst, wenn etwa nur die Hälfte des Bedarfs zugeführt werden kann, ist in vielen Fällen zunächst nichts nötig. Erst wenn an Stelle des Gewichtsstillstandes oder ganz langsamer Zunahme Gewichtsabnahme eintritt, ist es zweckmäßig, den Kindern das fehlende Quantum Flüssigkeit in Form von abgekochtem Brunnenwasser oder dünnem Tee mit Saccharin oder einer sehr verdünnten Ringerlösung zuzuführen (v. Reuß). Transitorisches Fieber ist an sich keine Indikation zur Flüssigkeitszufuhr oder sonstiger Beifütterung. Erst bei höheren Graden von Hypogalaktie bekämpft man in Gebäranstalten die Unterernährung durch Zugabe abgepumpter Frauenmilch oder durch wechselseitiges Anlegen (Achtung vor Lues!), schlimmstenfalls durch Allaitement mixte, wobei aber konsequent am Anlegen vor jeder Fütterung festzuhalten ist, da sonst das Trinken an der Brust bald ganz aufgegeben wird. Darauf ist jetzt nicht näher einzugehen [1], sondern es interessiert uns hier vor allem die Bekämpfung der Hypogalaktie selbst.

Das wichtigste Laktagogum ist die stärkste Inanspruchnahme der täglich mindestens 4—5mal vollständig zu entleerenden Brust.

Diese Entleerung und starke Beanspruchung wird am besten durch ein saugkräftiges Kind erreicht. Ist man sicher, daß beide Mütter und Kinder gesund sind, so nimmt man dazu an Anstalten am einfachsten ein als saugkräftig bereits bekanntes etwas älteres Kind und legt nun wechselseitig an. Ähnliches läßt sich unter günstigen Verhältnissen auch in der Privatpraxis durchführen durch den von v. Pfaundler schon 1903 vorgeschlagenen „temporären Ammentausch im Hause der Partei". Dazu ist nur erforderlich,

---

[1] Siehe die Kapitel Unterernährung und Zwiemilchernährung.

daß die Mutter sich entschließt, eine Amme mit ihrem Kind in ihr Haus
zu nehmen und mit dieser das wechselseitige Anlegen durchzuführen. Wo diese
Maßnahmen nicht durchführbar sind, wie in der Privatpraxis ganz gewöhnlich,
bleibt nichts übrig als das Ziel, vollständige Entleerung und starke Inanspruchnahme der Brust, auf künstlichem Wege zu erreichen [1]. Der billigste Weg
dazu ist das Melken der Frau, welches vom Arzt, der Wärterin oder der
Mutter selbst vorgenommen werden kann. Da Ärzte und Wärterinnen in den
wenigsten Fällen genügend vorgebildet sind, wird das Selbstmelken der Frau
meist die besten Resultate ergeben. Freilich gibt es Frauen, die das nie
erlernen, ebenso meiner Erfahrung nach auch Brüste, die sich zum Melken
schlecht eignen. Verfasser selbst, der früher eine ziemlich gute Übung im Melken
erlangt hatte, hat es in der Anstalt ganz aufgegeben und benutzt zur Entleerung
der Brust nur noch die Milchpumpe. Die Pädiater, z. B. neuestens (1926)
wieder Stolte, stehen dagegen meist dem Melken sympathischer gegenüber
und halten die Milchpumpe für einen Notbehelf bei Versagen des Melkens
oder bei Infektionsgefahr. Verfasser meint, daß diese Abneigung zum Teil

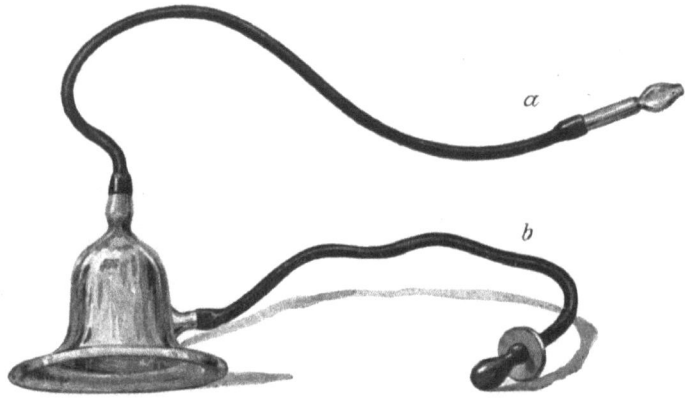

Abb. 83.
Biaspiratorisches Saughütchen ($^1/_2$: 1). *a* Saugansatz für die Mutter, *b* für das Kind.
(Nach Seitz in Winckels Handbuch der Geburtshilfe.)

auf Verwendung mangelhafter Milchpumpen beruht, zum Teil aber auch
auf der relativen Leichtigkeit des Melkens bei schon länger laktierenden Brüsten.
In der Neugeborenenzeit scheint mir dagegen eine gute Milchpumpe wesentlich
mehr zu leisten als das Melken; mindestens ist die Zahl der Frauen, die
sich zum Melken schlecht eignen, eine viel größere als später [2]. Wo eine Milchpumpe nicht beschafft werden kann, wird es natürlich auch in der Neugeborenenzeit immer im Rechte bleiben, weshalb ich die Technik des Melkens kurz
schildern will.

---

[1] Den Ehemann als den kräftigen gesunden Sauger zu benutzen (Zlocisti), dürfte
doch kaum empfehlenswert sein. Von sonstigen Bedenken ganz abgesehen, würden damit
Mastitiden und zwar der unangenehmsten Form geradezu gezüchtet werden.
    [2] Es ist mir interessant, daß der (bis vor kurzem) einzige Pädiater, der wirklich eine
große Erfahrung über Neugeborene gesammelt hat, und zwar in einer Anstalt, wo die Stillfähigkeit nicht gerade glänzend ist, v. Reuß, diese meine Erfahrung vollauf bestätigt. Er
schreibt S. 113 seines Lehrbuches, nachdem er betont hat, daß bei einiger Geschicklichkeit
das Melken „ebensoviel, vielleicht sogar mehr leistet als die gebräuchlichen Milchpumpen:
für die Initialperiode der Laktation gilt dies aber ganz entschieden nicht; die Brüste sind
um diese Zeit meist viel zu druckempfindlich. Hier ist die Milchpumpe ein geradezu un-
entbehrliches Instrument". Andere Pädiater, die Neugeborene sehen, bestätigen das.

Man faßt die Brust derart, daß der Daumen auf einer Seite des Warzenhofes, die anderen vier Finger leicht gespreizt auf der gegenüberliegenden Seite
der Brust liegen. Indem man nun unter sanftem, anschwellenden Druck von
der Basis der Brust gegen den Warzenhof streicht, wobei der kleine Finger
an den Ringfinger, dann dieser an den Mittelfinger, schließlich dieser wieder
an den Zeigefinger bis zu engem Fingerschluß heranrückt, massiert man gewissermaßen die Milch aus den tieferen Parenchymschichten in die Sinus lactiferi, die schließlich durch einen kräftigen Druck von Daumen und Zeigefinger
auf den Warzenhof nach außen entleert werden. Die austretende Milch wird
in einem sterilen Glastrichter aufgefangen und fließt durch diesen direkt in
eine Milchflasche. Von Zeit zu Zeit wird die Lage der Hand etwas geändert,
so daß der Reihe nach die verschiedenen Quadranten der Brust bearbeitet
werden. Starker Druck beim Melken ist zu vermeiden, vor allem darf während
des eigentlichen Melkaktes der Warzenhof nicht zwischen Daumen und Zeigefinger gepreßt werden, da sonst die
Füllung der Sinus lactiferi erschwert
wird.

Beim Selbstmelken wird von den
Frauen ganz ähnlich verfahren. Manche allerdings besorgen die Streich-
bewegung lieber mit dem Daumen
oder mit beiden Daumen an der oberen
Brustfläche und üben mit den vier
anderen Fingern einen Gegendruck
von unten aus, der aber auch von der
Kleinfingerseite gegen den Zeigefinger
fortgeleitet wird.

Die hier geschilderte Technik
hat sich Verfasser allmählich ausgebildet. Andere Autoren verfahren etwas
anders. Schließlich ist jede Technik
recht, die zum Erfolg führt, unter gleich
erfolgreichen diejenige, welche am
schonendsten für die Frau ist. —

Die Zahl der im Laufe der Zeit
angegebenen Instrumente zur Ent-
leerung der Brust ist eine recht große, was schon darauf hinweist, daß sie
nicht recht befriedigt haben. Eine vollständige Aufzählung und Beschreibung
derselben wäre ganz wertlos [1]); es sollen deshalb nur die heute noch mehr gebrauchten Modelle kurz aufgeführt werden, wozu Verfasser sich besonders verpflichtet fühlt, weil er durch Angabe eines eigenen Modells Partei geworden ist.

In Deutschland wohl kaum noch gebraucht sind die biaspiratorischen
Saughütchen (Auvard, Budin). Das Prinzip derselben ist leicht aus der
Abbildung ersichtlich. Durch den einen Schlauch saugt die Mutter mit ihrer
ganzen Lungenkraft die Milch aus der eigenen Brust, durch den anderen Schlauch
trinkt das Kind die auf diese Weise in den Rezipienten gelangte Milch. Verfasser hat mit diesem Instrument keine eigene Erfahrung. Das Saugen soll
die Mutter sehr ermüden, die Ausbeute gering sein. Nur Hunziker empfiehlt
sie wieder warm. Andere Nachteile, wie das Hineingelangen von Speichel
der Mutter in den Rezipienten ließen sich wohl durch Zwischenschaltung
geeigneter Apparate vermeiden. Auch bei der birnenförmigen Milchpumpe

Abb. 84.
Ibrahimsche Milchpumpe.

---

[1] Historische Angaben bei Czerny-Keller, Handbuch, 2. Aufl., S. 38f.

und bei der ähnlichen Reyherschen Konstruktion wird das Absaugen durch die Mutter oder Wärterin besorgt.

Aus den oben angedeuteten Gründen stellt darum die Absaugung mittelst Gummiballons einen Fortschritt dar, doch ist bei einem älteren Modell der Rezipient schwer zu entleeren und zu reinigen, außerdem kann leicht Milch in den Ballon selbst hineinspritzen. Beide Nachteile vermeidet die Ibrahimsche Pumpe (Abb. 84), von der wir hier das jetzt noch viel gebrauchte neuere Modell abbilden.

Forest und Kaupe haben Modifikationen der Ibrahimschen Pumpe

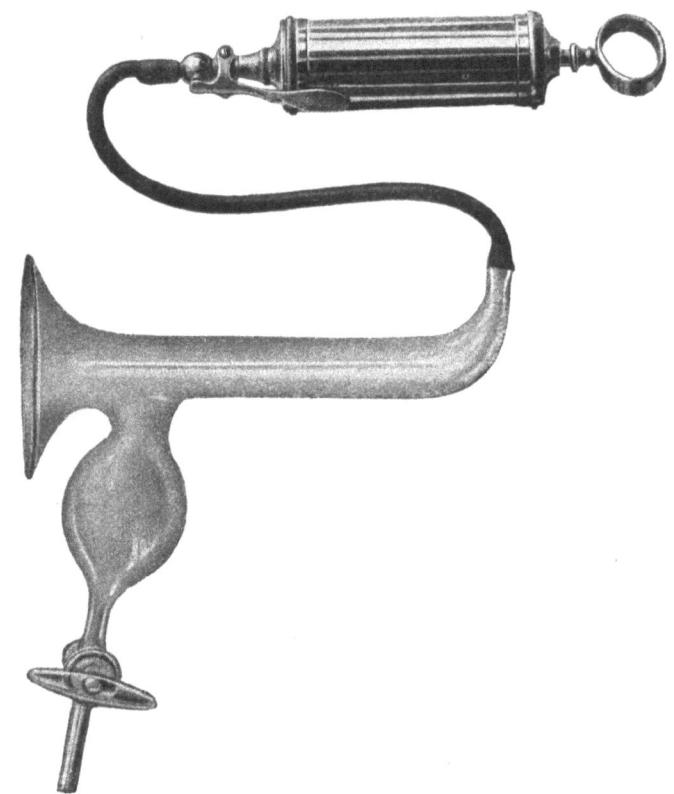

Abb. 85.
Milchpumpe des Verfassers.

angegeben, die indes wenig befriedigten. Auch das zweite Modell von Kaupe entwickelt keine große Saugkraft.

Die Modelle haben meiner Erfahrung nach alle den Nachteil, daß die Entleerung mittelst Saugballons nur gelingt, wenn man immer wieder den Glasteil von der Brust absetzt, zudem werden die Ballons bald unbrauchbar. Das Abpumpen wird dadurch zu einer sehr langwierigen und auch für die Mutter recht quälenden Beschäftigung, zudem gelingt eine einigermaßen vollständige Entleerung mit keinem derartigen Modell. Sehr einfach sind die Ziehflaschen von S. Weiß und Bock, welche die Saugkraft der abkühlenden heißen Luft in der Flasche an Stelle des Ballons setzen. Allerdings scheinen mir dieselben nur bei leichtgiebiger und reichlich spendender Brust verwendbar.

Über die älteren genannten und das mehrfach gerühmte Modell von Cou-velaire hat Verfasser keine größere Erfahrung, da ihn die unbefriedigenden Resultate der damals vorhandenen Modelle, besonders der Ibrahimschen Pumpe veranlaßten, selbst nach Abhilfe sich umzusehen. Nach längeren Vor-versuchen glaubt Verfasser ein Modell gefunden zu haben, welches den billigen Anforderungen an eine Milchpumpe (Abb. 85) entspricht: kräftige Saugwirkung, die eine völlige Entleerung der Brust gestattet, dabei Bequemlichkeit und Schnelligkeit, sowie eine absolute Asepsis.

Da ich noch heute fast allmonatlich Anfragen über Konstruktion und Gebrauch meiner Milchpumpe bekomme, die seit der Empfehlung durch Escherich, v. Reuß, v. Pfaundler und S. Engel die anderen Modelle überhaupt verdrängt zu haben scheint, mag es gestattet sein, das Wesent-liche der Konstruktion hier zu erörtern.

Das Prinzip ist eine Nachahmung des natür-lichen Saugaktes. Die Er-fahrung, daß aus einer mit dieser Milchpumpe entleerten Brust auch kräftig saugende Kinder nichts mehr heraus-bringen konnten, ist wohl der beste Beweis für ihre Leistungs-fähigkeit, da es ja bekannt ist, daß kein Verfahren bisher eine Brust so vollständig ent-leeren konnte, als der natürliche Saugakt.

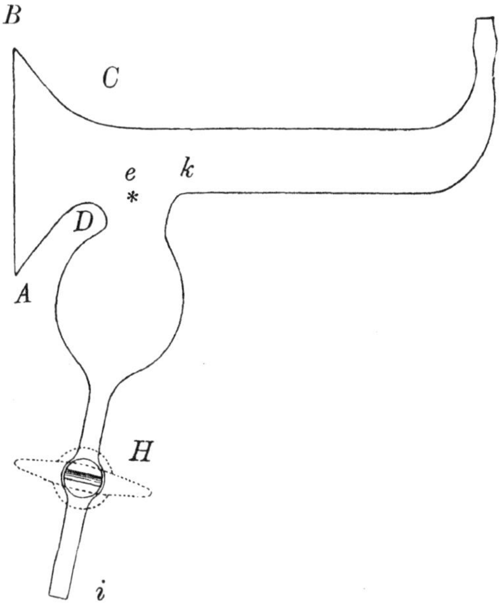

Beim Aufziehen des Pumpen-stempels einer Straußschen Pumpe (Abb. 87) (wie sie ja bei der Bier-schen Stauung allgemein verwendet wird) wird die Brustwarze samt Warzenhof in den Trichter A B C D eingesaugt, so zwar, daß die Basis der Warze und der Warzenhof luft-dicht von der Pumpe umschlossen werden. Der Ansatztrichter der Milch-pumpe ist empirisch auf eine diesem Zweck entsprechende Form gebracht

Abb. 86.
Konstruktionszeichnung zum Glasteil der Milch-pumpe des Verfassers.

worden. Die Spitze der erigierten Warze kommt dabei etwa bei e zu liegen, je nach der Form und Größe der Warze bald näher, bald ferner der Verbindungslinie C D. Dieser Vorgang entspricht ganz dem ersten Teil des natürlichen Saugaktes.

Auch der weitere Vorgang ist dem natürlichen Saugakt nachgebildet, indem durch stärkere Luftverdünnung bei weiteren Pumpenzügen die Warze samt Warzenhof so fest in den Glastrichter eingesogen wird, daß die Wand des letzteren ihn kräftig komprimiert und die Milchgänge auspreßt. Das entspricht dem Kieferschluß beim Saugen des Kindes, der erst das Einströmen der Milch in den Mund bewirkt.

Bis zu diesem Punkte war die Lösung des Problems keine schwierige. Jede genauere Beobachtung bei Verwendung der Bierschen Saugglocken mußte dazu führen. Auch die meisten bisher gebräuchlichen Milchpumpen erstrebten dasselbe und erreichten es in ver-schiedenem Maße. Man kann sich aber leicht überzeugen, daß durch weiteres Ansaugen eine Entleerung der Brust über 10 bis höchstens 20 ccm hinaus auch bei stärkster Luft-verdünnung unmöglich ist, während bei kurzem Absetzen des Apparates und neuerlichem Ansetzen sofort wieder Milch abzusaugen ist. In dieser Weise mußte man sich auch bei manchem Milchpumpenmodell behelfen, ohne freilich dabei zu praktisch brauchbaren Resultaten zu kommen.

Diese Schwierigkeit zu überwinden, ist mir durch Anbringung eines Kegelventils an der Straußschen Pumpe (Abb. 87) gelungen. Dasselbe ist in der Weise konstruiert, daß

bei Lüften desselben (durch Druck auf die Feder F) Luft in den durch die Wandung von
Milchpumpe, Warze und Warzenhof begrenzten und nach dem Ansaugen stark luftverdünnten Raum zutreten kann. Sowie das geschieht, zieht sich die Warze und der benachbarte Teil des Warzenhofes von der Wand des Glastrichters zurück, die Milchpumpe bleibt
aber trotzdem luftdicht auf der Brust. Dadurch hört die Kompression der äußeren Milchgänge auf, sie können bei neuerlicher Luftverdünnung[1] sich wieder füllen (= 1. Teil des
Saugaktes), werden bei weiterer Luftverdünnung wieder komprimiert, so daß neuerlich
Milch ausgepreßt wird (= 2. Teil des Saugaktes).

Die Milch ist nach leichtem Anwärmen sofort verwendbar, da die
ganze Milchpumpe durch einfaches Auskochen sterilisierbar ist
und bei Schutz des Ausflußrohres i während des Pumpens durch eine mit ausgekochte kleine Gummikappe die Milch auch steril in eine vorher ausgekochte
Milchflasche überbracht werden kann. Zu dem Zwecke ist nur der Glashahn H
zu öffnen, die Gummikappe von dem Ausflußrohr zu entfernen.

Anfänglich spritzt die Milch in mehreren Strahlen sehr lebhaft, bald aber
gestaltet sich das Abziehen der Milch so, daß die Bahn der Milchstrahlen den
Rand k nicht mehr überschreitet und direkt in das Aufnahmegefäß fällt. Dieses
Aufnahmegefäß faßt 60 ccm und kann für klinische Zwecke auch graduiert
geliefert werden[2].

Auf kleinere technische Details brauche ich nicht einzugehen. Ich erwähne
nur kurz, daß die Dimensionen der Milchpumpe nach vielfachen Versuchen in

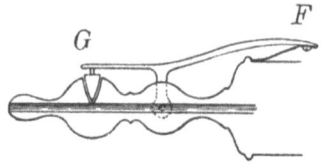

Abb. 87.
Kegelventil an der Straußschen Pumpe.

der jetzt vorliegenden Art fixiert wurden. Das Wesentlichste an dem Glasteil
der Milchpumpe ist der Ansatztrichter, dessen Konstruktion auch am meisten
Mühe machte.

Die Basis des Trichters hat einen Durchmesser von 9 cm; für ganz kleine,
flache Brüste verwende ich gelegentlich lieber eine Milchpumpe mit einem
entsprechenden Durchmesser von 7 und 8 cm, doch ist das von nebensächlicher
Bedeutung.

Das Kegelventil G kann an jeder Straußschen Pumpe angebracht werden.

Als ein gewisser Nachteil der Konstruktion hat sich herausgestellt, daß
der etwas voluminöse Glasteil bei unvorsichtigem Vorgehen namentlich in der
Gegend des Hahns leicht abbricht und damit die Pumpe im Gebrauch etwas
teuer wird. Diesem Nachteil ist auf Anregung Scherbacks dadurch abgeholfen
worden, daß ein billigerer kleiner Rezipient konstruiert wurde (vgl. Abb. 88),
der seitdem sich großer Beliebtheit zu erfreuen scheint. Kermauner hat in
letzter Zeit einen recht brauchbaren Halter für die Milchpumpe konstruiert,
der den Frauen das Selbstabpumpen ermöglicht. Dagegen kann ich die von
Kuliga versuchte Vereinfachung nicht für zweckmäßig halten. Ich selbst bin
in der Klinik beim ursprünglichen Glasrezipienten geblieben, weil der Ansatz-

---

[1] Das Kegelventil G muß dabei natürlich geschlossen sein.
[2] Fabrikanten der Milchpumpe Marconis Nachfolger, Bachheimer & Schreiner,
Fabrik chirurgischer Instrumente und Apparate, Wien IX/3, Lackierergasse 8. — In Deutschland hält die Firma Dröll in Heidelberg stets Milchpumpen vorrätig.

trichter sich auch großen Brüsten besser anpaßt und damit das Abpumpen für
die Frau angenehmer ist.

Von Skutsch wurde 1912 besonders die Succipompe von de Rohan-
Chabot empfohlen. Soweit aus dem Bericht ersichtlich ist, handelt es sich
um eine Konstruktion, welche dem Modell des Verfassers nachgebildet ist.
Allerneuestens (1926) hat Scheer eine elektrisch betriebene Milchpumpe empfohlen, die ich nicht kenne.

Die bequeme Art der Milchgewinnung mit Verfassers Pumpe würde es
auch ermöglichen, in großen Anstalten alle überschüssige Milch zu konservieren,
wozu Mayerhofer und Pribram ein Verfahren ausgearbeitet haben. Bestrebungen zu einer Organisation zur Gewinnung und Verteilung solcher
Frauenmilch waren im letzten Jahre meiner Wiener Tätigkeit unter der Ägide
von Escherich im Gange — ich weiß aber nicht, was seitdem daraus
geworden ist.

Sonstige Indikationen der Verwendung der Milchpumpen wären Vermeidung der Übertragung anstecken-
der Krankheiten, besonders der Lues,
von der Amme auf das Kind und
umgekehrt, Saugunfähigkeit und besonders Trinkschwäche des Kindes,
Gewinnung der Frauenmilch als Zusatz zu anderer Nahrung und vor
allem die Möglichkeit bequemer
Dosierung und Verteilung der verfügbaren Sekretmenge in Anstalten
auf die verschiedensten Kinder neben
einer ganzen Reihe von Anwendungen
zur Bekämpfung oder Verhütung
der Folgen von Stillschwierigkeiten
aller Art (vgl. diesbezüglich die
folgenden Kapitel).

Dem Verfasser scheint, ganz
gleichgültig, welche prinzipielle Stellung man in der Frage Melken oder
Abpumpen einnimmt, ein Haupt-
anwendungsgebiet der Milchpumpe

Abb. 88.
Rezipient nach Scherback zu Verfassers
Milchpumpe.

die Anregung der Sekretion in der kolostralen Periode der Laktation.
Systematische Versuche, vom ersten Wochenbettstag ab die Brüste 3—4 mal
nach dem Anlegen noch mit der Pumpe zu entleeren, wobei sich immer
noch ganz ansehnliche Sekretmengen gewinnen lassen, haben ergeben, daß es
auf diese Weise gelingt, die durchschnittliche Sekretmenge in der Neugeburtsperiode zu steigern und damit die völlige Durchführung der natürlichen Ernährung auch in vielen Fällen zu erreichen, in denen sonst eine teilweise Ammenernährung oder Allaitement mixte erforderlich gewesen wäre. Verfasser
möchte dieses Verfahren geradezu als die einzig verwertbare Prophylaxe
der Hypogalaktie bezeichnen. Denn alle übrigen Versuche, die durchschnittliche Qualität der Brüste zu steigern durch allgemein hygienische
Maßnahmen, liegen mindestens außerhalb der Einflußsphäre des Geburtshelfers oder kommen im gegebenen Falle immer zu spät, weil sie im Wochenbett oder in der Schwangerschaft nicht mehr wirksam sind oder angewendet
werden können. Die Milchpumpen erfüllen bis zu einem gewissen Grade den
doppelten Zweck einer Methode zur Entleerung der Brust wie zur Anregung
der Sekretion.

Andere mechanische Verfahren zur Anregung der Milchsekretion und Bekämpfung der Hypogalaktie sind **Massage** der Brust (von Rommel, de Lee, v. Pfaundler u. a. empfohlen, auch dem Verfasser früher in manchen Fällen bewährt), welche in Form von Effleurage der Brüste 1—2 mal täglich von weicher, geübter Hand vorgenommen werden muß.

Recht gut bewährt hat sich zu diesem Zwecke auch die **Biersche Stauung** der Brust (Moll, Verfasser). Man staut bis zu 3 mal täglich 10—15—20 [1], vereinzelt auch länger. Als Maß der Stauung kann das Hervorspritzen der Milch genommen werden. Hinsichtlich der theoretischen Begründung des Verfahrens und der praktischen Ergebnisse desselben sei auf die Originalarbeit des Verfassers verwiesen. Neuerdings haben A. Seitz und Vey an meiner Klinik ein Verfahren ausgearbeitet, das mittels Diathermiebehandlung der Brüste eine kräftige und vielleicht nachhaltigere Hyperämisierung erlaubt. Das Verfahren scheint nach den bisherigen, von Ornstein bestätigten Erfahrungen namentlich bei infantilen Brüsten und besonders zur prophylaktischen Behandlung

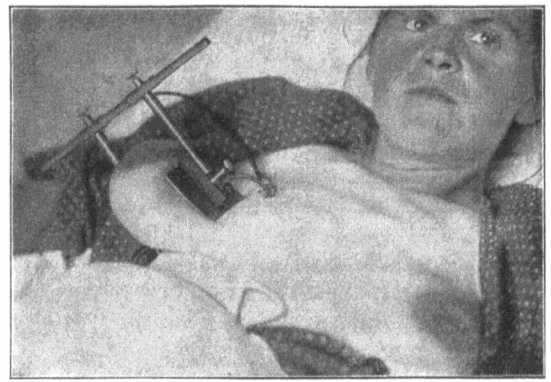

Abb. 89.   Abb. 90.
Die Vorrichtung und ihre Bestandteile.   Die Applikation der Vorrichtung.
Diathermiebehandlung der Brust.
(Nach A. Seitz.)

in der Schwangerschaft geeignet. Über die Apparatur und ihre Verwendung vgl. man obenstehende Abbildungen.

Diese Verfahren haben die früher viel gepriesenen und wohl auch viel verwendeten, als **spezifische Laktagoga** angepriesenen Präparate sehr in den Hintergrund gedrängt. Ihre Zahl ist Legion, die oft geradezu schamlose Reklame, die damit von Firmen getrieben wird, verwerflich. Besonders diejenigen Präparate wie das Laktagol (Baumwollsamenextrakt), die geradezu als spezifisch milchantreibende Mittel angepriesen werden, sollten niemals von Ärzten unterstützt werden, trotzdem von mehreren Autoren (Rosenhaupt, Fernandez, Micklos u. a., neuestens von J. A. White in Verbindung mit Pituitrin) behauptet wird, daß damit Erfolge erzielt worden wären. Dagegen scheint es mir zu weit gegangen, jede ärztliche Verwendung einschlägiger Nährpräparate mit Czerny-Keller geradezu als „Unfug" zu brandmarken. Verfasser hat mehrere derselben selbst versucht, über viele andere liegen zuverlässige Untersuchungen anderer Autoren vor — alle mit dem Ergebnis, daß **keinem derselben eine spezifische laktagoge Wirkung zukommt.** Auf der anderen Seite dürfte aber ein gewisser Wert solcher Präparate nicht ohne weiteres zu bestreiten sein. Viele, namentlich nervöse Frauen der besseren Kreise bringen auch beim Stillen den entsprechenden Appetit nicht auf oder vertragen die quantitativ reichlichere Ernährung, die wir einer Stillenden mit Hypogalaktie empfehlen müssen, schlecht. In solchen Fällen kann die Zulage eines Nährpräparates nach Verfassers Erfahrungen recht wohl am Platze sein. Nicht als ob damit eine besondere Anregung der Milchsekretion verbunden wäre. Tatsache aber ist, daß mit der damit erreichten reichen Nährstoffzufuhr die Milchsekretion in solchen Fällen sich günstig beeinflussen läßt, in denen auf andere Weise eine für das Stillgeschäft ausreichende Ernährung nicht zu erzielen ist.

Relativ wenig ist von den reinen Eiweißpräparaten (Somatose, Sanatogen, Tropon, Raborat und ähnlichem) zu erwarten, obwohl dieselben vielfach empfohlen und von einzelnen Autoren sogar als spezifische Laktagoga erklärt wurden; so Somatose von Drews, Joachim, Levai, welch letzterer sogar eine fettreichere Milch damit erzielen will, Roborat von Bauer usw. Viele andere Präparate wie das von Milbank empfohlene Nutrolaktis und das Polylaktol (Friedemann) haben es zu irgendwelcher allgemeinen Anerkennung nicht gebracht und sollen daher auch hier der verdienten Vergessenheit nicht entrissen werden. Am besten bewähren sich die Malzeiweißpräparate (ich nenne z. B. Ribamalz oder das gern genommene Malztropon, welch letzteres in neuerer Zeit von Finkler und Liepmann wieder besonders empfohlen wurde, ferner Biomalz). Ein spezifischer Einfluß kommt nach Verfassers Beobachtungen auch diesen Präparaten nicht zu. Es gilt auch für sie nur, was oben ganz allgemein über die Zulage von Nährpräparaten bei quantitativ nicht ausreichender Ernährung gesagt wurde. Ähnlich dürfte vermutlich die Wirkung von Injektionen von Glukose, Galaktose, Saccharose (Piantoni, Sammartino) zu deuten sein, über die mir allerdings jede Erfahrung fehlt. Auch die neuesten Präparate „Lacdat" und Sanokapseln (v. Keller) können höchstens als allgemeine Nährpräparate gewertet werden. Man darf freilich den suggestiven Effekt eines derartigen Präparates namentlich zur Hebung oder Erhaltung der Stillust nicht unterschätzen. Viele Frauen drängen geradezu, ihnen ein Präparat zu empfehlen, mit der Begründung, daß sie sonst das Stillen wohl nicht lange aushalten können. Wenn es sich dann nicht um eine sehr intelligente Frau handelt, welche einer vernünftigen Aufklärung leicht zugänglich ist, sehe ich eigentlich keinen Grund, ihnen die Freude an dem Ankauf der hübsch verpackten teuren Präparate zu verderben, Schaden wird durch diese Mittel ja nicht gestiftet. Der Arzt muß jedoch wissen, daß eine spezifische laktagoge Wirkung keinem einzigen dieser Mittel zukommt.

Eine Mittelstellung zwischen Nähr- und Organpräparaten nehmen die Versuche ein, durch subkutane Eigenmilchinjektionen (Becerro de Bengoa, Duncan, Lönne, C. Meyer) oder der steril aufgefangenen Milch normaler Wöchnerinnen (Nolf) in einer Menge bis zu 20 ccm die Milchsekretion anzuregen. Die Ergebnisse sind durchaus widersprechend. Während Duncan Eigenmilchinjektionen geradezu als mächtigstes Laktagogon preist, Lönne und C. Meyer einen günstigen Einfluß nach ihren Erfahrungen mindestens für wahrscheinlich erklären, haben andere wie Khoór, Spirito gar keinen Erfolg der Eigenmilchinjektionen gesehen oder wie della Porta und Kirstein wenigstens keine irgendwie beweisenden Resultate erzielt. Wir selbst haben wohl manchmal den subjektiven Eindruck eines Erfolges gehabt, in anderen Fällen ihn gänzlich vermißt, genau wie wir das auch bei Versuchen mit Caseosan beobachteten. Es handelt sich unseres Erachtens bei Milchinjektionen im wesentlichen nur um eine allgemeine Reizkörpertherapie, von der man einen so spezifischen Einfluß von vornherein nicht erwarten kann, wenn auch zweifellos gelegentlich damit eine Steigerung der Milchsekretion erzielt werden mag. Daß auch, noch dazu per os gegeben, Hammelblutserum spezifisch laktagog wirken soll (Paton), sei nur als ein Kuriosum der Kritiklosigkeit erwähnt.

Organpräparate. Eine andere Frage ist es, ob es nicht einmal gelingen wird, Organpräparate von hormonalem Charakter zu finden, welche wirklich spezifische Laktagoga sein werden. Vorläufig läßt sich nicht mehr darüber sagen, als daß manche interessanten Versuche in dieser Richtung vorliegen, praktisch verwertbare Ergebnisse aber noch nicht mit ausreichender Sicherheit erzielt wurden. Am interessantesten und nach theoretischen Gesichtspunkten vielleicht am aussichtsreichsten scheinen die Versuche, durch Verfütterung oder Injektion von Plazentarextrakten die Milchsekretion anzuregen. So fand Gorizontow bei Versuchen an 18 Ziegen 4—6 Minuten nach subkutaner Einspritzung von 5—12 ccm Plazentarextrakt die Sekretion 20—100 mal so stark. Am Menschen sind Fütterungsversuche mit Schafplazenta bisher nur von Bouchacourt angestellt worden, augenscheinlich mit befriedigendem Erfolge. Ob derselbe aber ein dauernder war, vermochte ich nicht festzustellen, da mir das Original nicht zugänglich ist. Niklas (1913) fand bei enteraler Einverleibung zwar wohl eine deutliche, aber im ganzen geringe Wirkung und stellte fest, daß die Frage der Verwendung von Plazentarsubstanzen als Laktagoga beim Menschen noch im Stadium des Versuches sich befinde. Seitdem ist durch die Nachuntersuchungen von Birk, Thiemich und A. Seitz wohl bewiesen, daß auch Plazentarextrakte einen spezifischen Einfluß auf die Milchsekretion jedenfalls nicht haben.

Außerdem sind eine ganze Reihe von Organpräparaten teils im Tierversuch, teils am Menschen ausprobiert worden. Besondere Erfolge wollen Hertoghen und Siegmund mit Thyreoidin-Darreichung (1—3mal täglich 0,1 g durch 4—5 Monate, schon in der Schwangerschaft verabreicht) erzielt haben. Die Erfolge sind keinesfalls eindeutig, auch gegen eine derartige monatelange Verwendung des Thyreoidin ernste Bedenken nicht zu unterdrücken.

Neuestens ist namentlich von England und Amerika aus das Pituitrin auf Grund von Tierversuchen auch für die Anwendung beim Menschen empfohlen worden (J. Ott und Scott, Hammond, B. P. Watson u. a.). Hammond glaubt auf Grund dieser Versuche an Ziegen, Schweinen, Kaninchen dem Pituitrin eine direkte Wirkung auf die Bildung der Vorstufe des Milcheiweißes und der Laktose in der Milchdrüse zuschreiben zu dürfen und nimmt eine direkte Wirkung auf die Epithelien der Drüse an. Abweichend haben Hill, Mackenzie und Simpson neben ansteigender Milchmenge vor allem eine Vermehrung des Fettgehaltes bis auf das Dreifache beobachtet, welche allerdings nur einige Stunden anhält, so daß der durchschnittliche Fettgehalt der gesamten Tagesmilch nicht vermehrt wird. Nur Houssay, Giusti und Maag behaupten, die Fettvermehrung allgemein, auch bei der Frau gefunden zu haben. Gavin dagegen leugnet jeden Einfluß auf den Fettgehalt. Verfasser hat bei einer allerdings nicht ausgedehnten Nachprüfung keine eindeutigen Ergebnisse erzielt. Vor allem scheint die Wirkung bloß eine rasch vorübergehende und nicht konstante zu sein. Auch E. A. Schäfer hat sich überzeugen müssen, daß die Milchmenge sich nicht dauernd steigern ließ, während nenestens (1915) Hughes wieder behauptet, man müsse die Injektionen 1—2 Wochen fortsetzen, um dann eine einige Monate anhaltende Wirkung zu erzielen. Verfasser konnte auch auf diesem Wege keine eindeutigen Erfolge erzielen.

Ähnliche Angaben finden sich vielfach über Corpus luteum, Ovarialopton (Weil), Extrakte der Zirbeldrüse (Schaefer und Mackenzie), des Thymus (Ott und Scott), des puerperalen Uterus, eine Dauerwirkung ist aber auch damit bisher nirgends erzielt worden (E. A. Schäfer).

Voraussetzung einer rationellen Anwendung aller hierher gehörenden Präparate ist erst eine genauere Kenntnis der pluriglandulären Symptomenkomplexe und der Bedeutung der einzelnen Hormone für die Milchsekretion. Solange die experimentellen Grundlagen noch so unvollkommen sind, kann man mit Organpräparaten bestenfalls Zufallstreffer erzielen. Keines dürfte sich für alle Fälle eignen.

2. Rhagaden, Warzenschrunden.

Man faßt unter diesem Sammelnamen die durch den Stillakt entstandenen Läsionen der Warzenhaut zusammen. Am häufigsten handelt es sich um lienare, leicht blutende Risse oder mehr flächenhafte, unregelmäßig zackig begrenzte, den Umfang eines Hanfkornes selten überschreitende Erosionen der Warzenepidermis. In Weiterentwicklung dieser Form, manchmal auch von Anfang an, bilden diese Risse aber tiefere, ins Corium vordringende Fissuren, aus welchen schließlich keilförmig klaffende Risse mit entzündlich verdickten speckigen Rändern oder flache Ulzera mit nässender, granulierender Basis werden. Alle Formen von Rhagaden bluten während des Trinkens. Nach der Mahlzeit trocknet das Blut zu einer die Rhagaden überdeckenden Borke ein, die aber beim nächsten Anlegen unter neuerlicher Blutung wieder losgerissen wird. Die Blutung aus den feinen Rissen ist gewöhnlich gering. Die tiefergehenden bluten aber oft ganz gehörig, wie schon daraus hervorgeht, daß die Blutbeimengung zur Nahrung eine Melaena des Kindes vortäuschen kann. Im allgemeinen ist freilich die Blutung nicht bedenklich. Ich erinnere mich eines einzigen Falles, in dem ich vorübergehend die Brust ganz in Ruhe lassen mußte, weil sich auf leisesten Zug reines Blut und kaum noch Milch entleerte.

Man kann ferner nach dem Sitz unterscheiden Rhagaden der Warzenkuppe und der Warzenbasis. Erstere sind harmloser und meist radiär

angeordnet, letztere verlaufen meist bogenförmig in einer Falte der Warzenhaut (häufiger an der oberen als an der unteren Zirkumferenz) und bilden jene
tiefen Risse mit verdickten Rändern, welche bei einem kräftig beißenden Kind
außerordentlich vertieft werden, so daß man die Warze schließlich wie in einem
Scharnier etwas herunterklappen kann. Marfan berichtet sogar von vollständiger Abtrennung der Warze. Verfasser hat solche Fälle nie selbst erlebt,
aber eine Frau gesehen, welche eine durch Narbenheilung ganz verunstaltete
Warze bekam.

Über die Häufigkeit der Rhagaden sind allgemeingültige Zahlenangaben nicht möglich, da dieselben je nach dem Grade der Brustpflege in der
Schwangerschaft und zum Teil auch im Wochenbett stark schwanken. Die
Angabe von Platzer (51,5%) scheint mir jedenfalls zu hoch gegriffen. Erstlaktierende sind viel häufiger betroffen, Mehrgebärende aber durchaus nicht
dagegen geschützt. Ja es gibt Frauen, welche erst bei der vierten oder fünften
Laktation einmal Rhagaden bekommen und solche, welche sie bei jeder Laktation
wiederbekommen. Im großen Durchschnitt kann man aber wohl behaupten,
daß bei jeder folgenden Laktation die Wahrscheinlichkeit der Rhagadenbildung
abnimmt. Unter den Erstlaktierenden sind gewöhnlich die Blondinen mit
zarter, wenig pigmentierter Warzenhaut zu Rhagaden disponiert, die straffen,
schwer faßbaren Warzen augenscheinlich mehr als die weicheren. Nach Marfan
sollen die Mütter soorkranker Kinder leicht Rhagaden bekommen.

Ätiologisch spielt zweifellos die mechanische Schädigung durch die
Kaubewegung des Kindes die Hauptrolle, mindestens als auslösendes Moment.
Je kräftiger das Kind „beißt", desto leichter entstehen ceteris paribus die
Schrunden; das zeigt am besten die Rhagadenentstehung im vierten bis sechsten
Monat nach Durchbruch der ersten Zähne. Doch sind das immerhin seltene
Fälle, denn gewöhnlich treten Rhagaden schon in der ersten Woche des Puer-
periums, am häufigsten zwischen dem dritten und fünften Tage auf. Neben
diesem mechanischen Insult, der nach der besonderen Saugtechnik des Kindes,
seiner Kraft usw. verschieden groß ausfällt, muß eine verringerte Widerstandsfähigkeit der Warzenhaut bei den betroffenen Frauen angenommen werden
oder es spielen vermeidbare Fehler in der Anlegetechnik, bzw. Brustpflege
dabei eine Rolle. Mit Recht hat Moll darauf hingewiesen, daß das Stillen
im Liegen häufiger zu einer Zerrung der Warze seitens des saugenden Kindes
Veranlassung gibt als das Anlegen bei der sitzenden Mutter. Als ganz seltene
Ursache für die Verwundung der Brustwarzen sind angeborene Zähne zu
nennen.

Verminderte Widerstandsfähigkeit wird man allgemein der zarten Warzenhaut Erstlaktierender gegenüber der schon abgehärteten und übrigens für die
bloße Besichtigung und Betastung schon sich derber anfühlenden Warzenhaut
Mehrgebärender, die schon wiederholt gestillt haben, zuerkennen dürfen. Ebenso
ist bekannt, daß Blondinen, besonders die Rothaarigen, eine zartere Haut als
die widerstandsfähigeren Brünetten haben. Ausnahmen kommen natürlich auch
hier vor. Unter den Fehlern in der Anlegetechnik dürfte dem bloßen Darreichen der Warze statt eines Teiles des Warzenhofes eine wichtige Rolle zukommen, wenn auch kaum in dem Maße, wie Czerny-Keller es annehmen.
Denn zum Teil ist dieser Fehler in Anstalten leicht vermeidbar, zum Teil begründet in einer ungünstigen Form der Brust, welche das Mitfassen des Warzenhofes erschwert. Das gilt besonders für straffe, breite Brüste, andererseits
aber auch für leichtgebende Brüste mit stark ausgezogenen Warzen, wenn ein
kleines Kind daran saugt. In jedem derartigen Fall wird die Warzenhaut mehr
maltraitiert als wenn der Warzenhof zum Teil mitgefaßt und dadurch die Warze
dem Kaudruck der Kinder entzogen ist.

Noch größere Bedeutung kommt aber meines Erachtens Fehlern in der Brustpflege zu. Das Fehlen jeder Pflege scheint mir in dieser Hinsicht oft weniger schlimm als ein Zuviel oder eine verkehrte Pflege. Eine richtige Brustpflege hat zunächst vor der Geburt nur die Aufgabe, die Widerstandsfähigkeit der Haut zu heben. Die verbreiteten Alkoholwaschungen sind meiner Erfahrung nach weniger günstig als das regelmäßige Waschen der Brustwarzen mit kaltem Wasser und Frottierlappen. Im Wochenbett ist vor jedem Übermaß von Waschen mit und ohne Antiseptika zu warnen, jedenfalls aber Wert darauf zu legen, daß die Warzen dann gut getrocknet werden. Auch überlange Mahlzeiten können eine Mazeration der Warzenhaut begünstigen. Wo sie nicht vermeidbar sind, ist deshalb in der Zwischenzeit auf Trockenhaltung Gewicht zu legen.

Ich habe nach früheren Erfahrungen den Eindruck, als ob sogar das Abwaschen der Warzen unmittelbar vor dem Anlegen in Hinsicht auf die Rhagadenbildung eher ungünstiger wäre als das Weglassen dieser Prozedur. Freilich darf man dabei nicht vergessen, daß es einen großen Unterschied macht, ob es sich um eine bereits in der Schwangerschaft vorbereitete Warze handelt oder eine der in den Kliniken so häufig zu treffenden mit ganzen Schmutzborken belegten Brustwarzen, bei denen schon die erste gründliche Reinigung ohne Schädigung der Warzenhaut gar nicht möglich ist.

Trotz aller Abhärtung in der Schwangerschaft und Sorgfalt einer rationellen Pflege im Wochenbett, trotz richtiger Stilltechnik lassen sich aber Rhagaden niemals sicher vermeiden.

Die Diagnose der Rhagaden bedarf keiner besonderen Erörterung.

Ihre Bedeutung als eine Erschwerung des Stillgeschäftes ist sehr verschieden. Neben der Art und Ausdehnung der Schrunden spielt in dieser Hinsicht die sehr wechselnde Reaktion der Mutter eine große Rolle. Für das Kind ist die Bedeutung im allgemeinen gering. Unterernährung und Dyspepsie als Folge von Schrunden, über die manche Autoren berichten, sind jedenfalls bei geeigneter Behandlung durchaus vermeidbare Folgen.

Für die Mutter sind Rhagaden unter allen Umständen eine recht unangenehme Zugabe zum Stillgeschäft. Wenn auch oberflächliche radiäre Schrunden oft kaum wesentliche Beschwerden machen, so verursachen andererseits tiefere Fissuren und Risse namentlich an der Warzenbasis die heftigsten Schmerzen, welche selbst bei einer sonst sehr tapferen Frau das Stillen zu einer unerträglichen Qual machen können, so daß die Frau jedem Anlegen nur mit Angst entgegensieht. Besonders die ersten Saugzüge lösen meist die heftigsten Schmerzen aus, während im weiteren Verlauf der Mahlzeit dieselben entweder ganz nachlassen oder nur bei besonders kräftigem Kieferschluß des Kindes sich wieder bemerkbar machen. (Bei älteren Kindern, die oft gehörig an der Warze reißen, namentlich gegen Ende der Mahlzeit, pflegen gerade dann die Schmerzen am heftigsten zu sein.) Immer aber fällt auf, wie sehr die verschiedene individuelle Empfindlichkeit der Mutter die Größe der Klagen beeinflußt. So können einmal selbst tiefe bogenförmige Schrunden an der Warzenbasis ohne wesentliche Klagen der Mutter bestehen, in anderen Fällen selbst unscheinbare Erosionen die heftigsten Klagen veranlassen und den Stillwillen der Frau ungünstig beeinflussen.

Trotzdem ist daran festzuhalten, daß Rhagaden unter keinen Umständen eine Kontraindikation gegen das Stillen darstellen und irgendwie immer die natürliche Ernährung gewährleistet werden kann, wenn nur

---

[1] Bei erst im weiteren Verlauf der Laktation auftretenden Rhagaden denke man immer auch an die Möglichkeit eines luetischen Primäraffektes.

der Stillwille aufrecht zu erhalten ist. Das wichtigste, die natürliche Ernährung gefährdende Moment bleibt immer die Schmerzhaftigkeit des Stillaktes. Trotzdem soll man mindestens bei der häufigsten Form, den oberflächlichen Erosionen und Fissuren, nicht auf das Anlegen verzichten, da ein Aussetzen der Ernährung die Heilung keineswegs begünstigt; im Gegenteil verstärkt die danach eintretende Milchstauung und Spannung der Haut einerseits die Schmerzen, andererseits wird dadurch die Heilung verzögert. Auf das Anlegen braucht um so weniger verzichtet zu werden, als durch Anwendung eines Warzenhütchens — gleichgültig welchen Modells, bei Basisschrunden am besten des „Infantibus" — die Schmerzen sich mindestens erträglich gestalten lassen. Daß diese Hilfsapparate nur in sterilem Zustand verwendet werden dürfen, versteht sich von selbst, sowohl im Interesse des Kindes wie der Mutter. Denn Asepsis ist hier um so notwendiger, als eine Vernachlässigung derselben die Rhagaden zu willkommenen Eintrittspforten für Infektionserreger machen würde. Bei sorgfältiger Überwachung läßt sich diese Gefahr wenigstens auf ein Minimum reduzieren und tatsächlich sehen wir in der Klinik Mastitisfälle sehr selten im Anschluß an Rhagaden.

Es gibt aber immerhin Rhagaden, vor allem tief aufgebissene Risse an der Warzenbasis, bei denen auch das Stillen mittels Warzenhütchens noch so schmerzhaft ist, daß mindestens für 24—36 Stunden eine Unterbrechung des Anlegens sich empfiehlt — weniger im Interesse der Heilung als um der Frau eine Erholungspause zu schaffen. Nur muß auch in dieser Zwischenzeit für Entleerung der Brust durch Melken oder Pumpen Sorge getragen werden. Das ist aber sicher unter 200 Fällen von Rhagaden kaum einmal nötig. Ich empfehle eine solche Unterbrechung besonders bei empfindlichen nervösen Frauen, deren Stillwille ohnehin nicht groß ist. Starres Beharren an dem Anlegen würde die Frau bald um den letzten Rest von Stillfreudigkeit bringen.

Therapie. Bei den oberflächlichen Fissuren und Erosionen ist die beste Therapie, nichts zu machen. Dieselben heilen am raschesten, wenn das Stillen mit oder ohne Warzenhütchen fortgesetzt wird. Das möchte ich gegenüber der Unzahl von Vorschlägen einer medikamentösen Behandlung der Schrunden ganz besonders betonen. Ja ich gehe soweit, die sonst bei uns übliche Bedeckung von Warzen und Warzenhof mit Borlanolin, sobald Rhagaden auftreten, auszusetzen und einzig ein steriles Tuch über die Brüste zu legen oder auch die Brust stundenweise ganz unbedeckt zu lassen, bzw. in der warmen Jahreszeit sogar der Sonne auszusetzen, weil ich mich überzeugt habe, daß diese Trockenhaltung am besten gegen das jedesmalige Wiederaufreißen der Rhagaden beim Anlegen schützt und damit die Heilung beschleunigt. Auch Bestrahlungen mit „künstlicher Höhensonne" leisten oft gute Dienste.

Wer sich zu dieser scheinbaren Nichtbehandlung nicht entschließen kann, möge wenigstens mit austrocknenden und adstringierenden Mitteln sich begnügen. Vieles ist empfohlen worden. Franz empfiehlt 70%ige Alkoholumschläge, Davis Benzoltinktur, v. Pfaundler 2% Formalinspiritus. In neuester Zeit ist mehrfach ein Bepinseln mit 3%iger Methylenblaulösung gerühmt worden (Dresch, Kerangal, Theuveny). Nach eigener Erfahrung kann ich das von mir früher viel verwendete 5—10%ige Tanninglyzerin empfehlen, etwa nach dem Rezept von Engel:

> Rp. Acid. tannic.   2—5
> Glyzerin   20,0
> Spir. vini rectificatiss. ad   100,0

Tiefergreifende keilförmige Risse an der Basis, deren Ränder entzündlich verdickt sind, lasse auch ich nicht unbehandelt. Am liebsten verwende ich dann die Jodtinktur oder eine 5—10%ige Argentum nitricum-Lösung, die vorsichtig aufgepinselt wird; bei sehr schlechter Heilungstendenz tiefer Risse oder flächenförmiger Geschwüre ist auch ein Bedecken mit Perubalsam recht zweckmäßig. Schiller empfiehlt für solche Fälle eine Salbe folgender Zusammensetzung:

Rp. Acid. borici	5,0
Zinc. oxydat.	10,0
Naphthalan.	
Adip. lanae aa	25,0

die auf die entfalteten Schrunden aufzutragen, vor dem Anlegen natürlich wieder mit Öl zu entfernen ist und in 2—3 Tagen zur Überhäutung führen soll. Ich besitze darüber keine eigenen Erfahrungen, da ich seit Jahren Salbe bei Rhagaden grundsätzlich vermeide. Empfohlen wurde sonst noch 2%ige Airolsalbe, Borvaselin, 1%ige Argentumsalbe, Kollargolsalben, von v. Reuß Bor-Lapis in der gut in die Gewebe eindringenden Salbengrundlage Ebaga und neuestens von Neubauer Euguformsalbe (ein Guajakol-Formaldehydpräparat). 10%ige Anästhesinsalbe wirkt nur schmerzstillend, ist aber sonst wertlos. In den seltenen Fällen, wo es zur Bildung tiefer Ulzera mit entzündlich infiltrierter Umgebung und so heftigen Schmerzen kommt, daß nicht nur das Stillen dadurch unmöglich gemacht wird, sondern auch Schlafstörungen u. dgl. auftreten, kann ein Versuch mit der Chininumspritzung der Warze ($\frac{1}{2}$%ige Lösung von Chinin. dyhydrochlor. carban. Merck) gemacht werden (Kritzler). Verwendung von antiseptischen Pulvern wie Orthoform, Noviform und Jodoform hat leicht Ekzembildung zur Folge.

Ganz bestimmt widerraten möchte ich gleich v. Pfaundler die noch viel angewendeten feuchten antiseptischen Verbände. Denn die dabei verwendbaren Antiseptika können sicherlich den ihnen zuerkannten Schutz gegen das Eindringen von Infektionserregern gewähren, andererseits stören sie aber direkt die Heilung der Rhagaden. Ich unterschreibe wörtlich, was v. Pfaundler darüber sagt: „sicher scheint . . . nur die mazerierende Wirkung feuchter Verbände." Ein weiteres Eingehen auf therapeutisch empfohlene Mittel dürfte sich erübrigen [1].

Nach ihrer Bedeutung unter den von der Mutter ausgehenden Stillschwierigkeiten wäre dann etwa an dritter Stelle zu nennen die

3. Mastitis.

Die Meinungsverschiedenheiten über die Frage, ob und bis zu welchem Grade die Mastitis ein vorübergehendes Stillhindernis abgebe, rühren nicht zuletzt davon her, daß die Diagnose Mastitis ein Sammelbegriff für recht verschieden zu bewertende entzündliche Prozesse im Bereich der Brustdrüse ist.

Die im Frühwochenbett, also vom Geburtshelfer am häufigsten zu beobachtende Form ist die am Ende der ersten, häufiger erst in der zweiten Woche auftretende Stauungsmastitis. Sie findet sich gewöhnlich bei recht ergiebigen Brüsten, wenn aus irgendeinem Grunde das Sekret nicht völlig entleert wird: Schwergiebigkeit der Brust auf der einen, Saugschwäche des Kindes auf der anderen Seite spielen dabei die größte Rolle; ob Rhagaden vorhanden sind oder nicht, ist an sich bedeutungslos, doch muß zugestanden werden, daß die Schmerzhaftigkeit des Stillens bei Schrunden auch bei wenig ergiebiger Brust zu einer Sekretstauung mittelbar Veranlassung geben kann. Deshalb gerade haben wir oben dringend empfohlen, das Stillen fortzusetzen, und selbst wenn es vorübergehend ausgesetzt werden muß, ja für eine regelmäßige Entleerung auf andere Weise Sorge zu tragen. Die Sekretstauung führt und kann zu Mastitis führen, weil in dem gestauten Sekret die gewöhnlichen

---

[1] In den oben erwähnten Ausnahmefällen, wo angeborene Zähne für die Verwundung der Brustwarzen verantwortlich zu machen sind, ist es natürlich richtiger, die Zähne auszuziehen, als etwa das Stillen aufzugeben.

Eitererreger zu wuchern beginnen, die ja in den äußeren Milchgängen oder auch an den Schrunden fast stets vorhanden sind und nur deshalb harmlos bleiben, weil die regelmäßige Entleerung sie wieder wegschwemmt, ehe in dem ihnen zusagenden Nährboden eine gefährliche Virulenzsteigerung eintritt. Es ist mutatis mutantis genau derselbe Vorgang, wie er bei der Retroflexio uteri gravidi incarcerata zur Blaseninfektion führt. Das Verdienst, diesen kausalen Zusammenhang zwischen Sekretstauung und Infektion für die Brust klar hervorgehoben zu haben, gebührt Schiller.

Ist die Stauung ätiologisch so bedeutsam, so ergibt sich die Therapie von selbst: Entleerung der Brust; in unserem Falle heißt das: wenn das Anlegen unterbrochen war, wieder

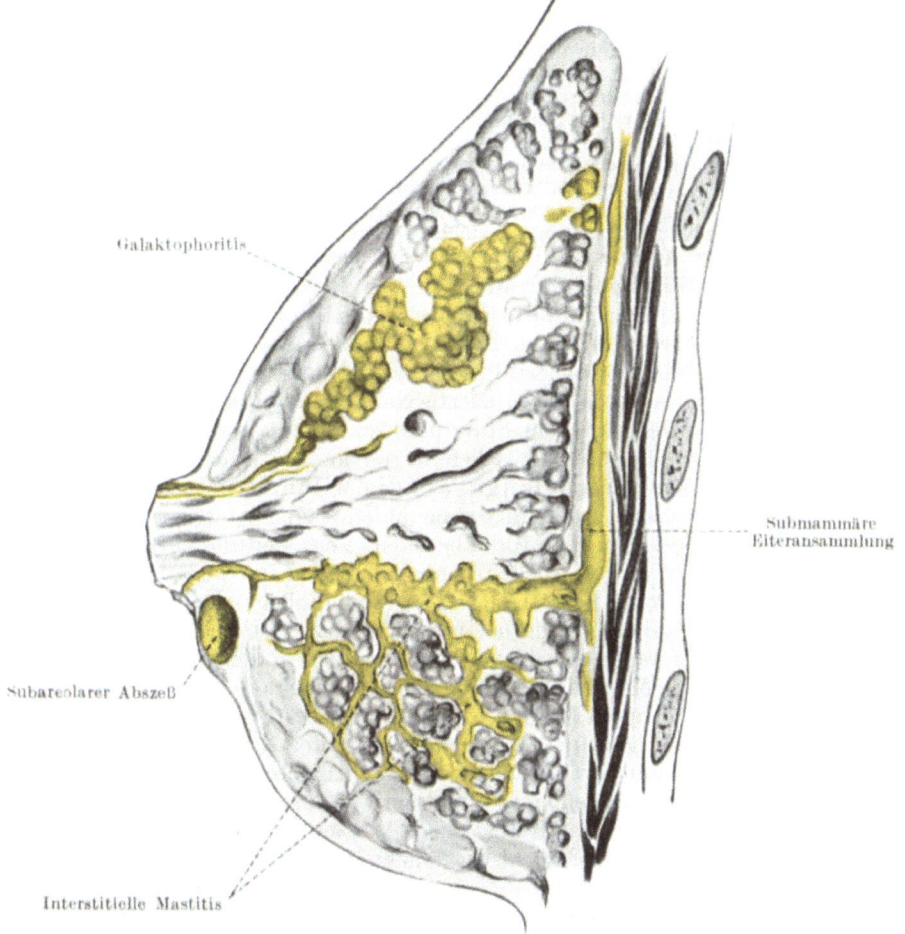

Galaktophoritis

Submammäre Eiteransammlung

Subareolarer Abszeß

Interstitielle Mastitis

Abb. 91.
Schema über die verschiedenen Formen der Mastitis.

regelmäßig anzulegen; wenn die Stauung Folge ungenügender Sekretentleerung seitens des Kindes ist, Vervollständigung derselben durch die Milchpumpe.

Diese Form der Mastitis geht zunächst auch nicht mit höheren Temperatursteigerungen einher. Beachtet man gleich die ersten Anfänge, so genügt diese Therapie vollständig. Zur Schmerzstillung ist ein festes Mammillare und ein Umschlag mit Alumen aceticum oder Alkohol sehr empfehlenswert. Auch die Bierschen Glocken leisten hier Gutes, sind aber völlig entbehrlich, wenn für ausgiebige Sekretentleerung Sorge getragen wird.

Zunächst ist nur das Sekret infiziert, doch kann von hier aus eine parenchymatöse Mastitis (Galaktophoritis) entstehen mit oder ohne folgender Einschmelzung des Drüsengewebes (vgl. Abb. 91). Zur Kupierung der Entzündung ist von verschiedenen Seiten (W. Schmidt. Nevermann u. a.) die Proteinkörpertherapie, sei es mit körperfremdem oder körpereigenem Eiweiß (Eigenblutinjektion) empfohlen worden —, mit wechselndem Erfolg.

Rhagaden führen, wenn es nicht zur Stauung kam, meist zu einer anderen Form, der interstitiellen Mastitis, die gewöhnlich als Lymphangitis mit Schüttelfrost beginnt und mit Schwellung der regionären Drüsen und deutlicher Lymphstrangzeichnung auf der geröteten Haut des betroffenen Bezirkes einhergeht. Diese Fälle werden im Beginn am besten mit absoluter Ruhigstellung, ganz straffem Festbinden der feucht eingepackten Brust behandelt. Die Biersche Saugbehandlung leistet im ersten Beginn manchmal gute Dienste, im allgemeinen habe ich eher den Eindruck, daß die eiterige Einschmelzung dadurch gefördert wird, wie überhaupt diese Form mehr zur Abszedierung neigt. Ist ein Abszeß da, dann muß er natürlich entleert werden. Hier bedeuten die Bierschen Saugglocken einen großen Vorteil, weil sie es ermöglichen, mit einer kleinen Stichinzision auszukommen. Große radiäre Schnitte sind niemals mehr nötig. In neuester Zeit sind sogar recht ermutigende Versuche gemacht worden, auch bei Abszedierung ohne Inzision auszukommen. Namentlich Rosenstein hat sehr erfreuliche Erfolge erzielt mit der Rivanolbehandlung, die in der Weise vorgenommen wird, daß nach Punktion des Abszesses und Aspiration des Eiters eine stets frisch bereitete Rivanollösung 1 : 500 unter ganz schwachem Druck bis zur Füllung der Abszeßhöhle injiziert wurde. Derselbe Autor hat auch mit Vuzin (0,2—0,5 %) ähnliche Erfolge erzielt. Ich selbst habe keine Erfahrung mit diesen neuen Methoden und empfehle, vor ihrer Anwendung sich jedenfalls genau mit der von Rosenstein ausgearbeiteten Technik vertraut zu machen. Vereinzelt vorliegende Nachprüfungen seitens anderer Autoren (Baecker, Steigle) sind weniger günstig ausgefallen.

Die ganze Mastitisfrage interessiert uns ja hier nur von dem Gesichtspunkte des Stillens [1]. Darf und soll bei Mastitis auch auf der erkrankten Seite gestillt werden? Die praktischen Ärzte halten es heute noch mit den Franzosen, die bei jeder Form der Mastitis das Stillen verbieten, weil sie eine Erkrankung des Kindes durch die infizierte Nahrung befürchten. Die jüngeren deutschen Autoren stehen auf dem Standpunkte, daß man eigentlich bei jeder Form der Mastitis zunächst ruhig stillen lassen kann. Manche wie Schloßmann gestatten das Anlegen solange, als die Milch eiterfrei ist. Andere wie Czerny-Keller lassen auch in diesen Fällen ruhig weiter trinken, ohne Schaden für das Kind, wie diese Autoren betonen. Verfasser und neuerdings auch v. Pfaundler hält es mit Schloßmann, kann aber insoweit die Erfahrung der letztgenannten Autoren bestätigen, als er wiederholt gesehen hat, daß auch Eiterbeimengung zur Milch, selbst bei reichlichem Streptokokkengehalt, ohne Darmstörung usw. vertragen wurde. Allzu ängstlich braucht man also sicher nicht zu sein. Gleichwohl scheint es mir im allgemeinen doch sicherer, bei Eiterbeimengung das Stillen von Neugeborenen lieber vorübergehend zu unterbrechen, da mir die Resistenz der Neugeborenen gegen solche eitervermengte und evtl. auch mit hochvirulenten Bakterien beladene Milch doch noch nicht als allgemeines Gesetz erwiesen scheint [2]. Mindestens bei der interstitiellen Form der Mastitis ist diese Vorsicht am Platze, während bei der einfachen Stauungsmastitis wohl die regelmäßige Entleerung die Virulenz der Bakterien bald herabsetzt.

Das Wichtigste ist jedenfalls auch hier die Prophylaxe. In dieser Hinsicht ist am wichtigsten die Sorge für regelmäßige ausgiebige Entleerung der Brüste von Anfang an. Besonders ist da auf die Schwergiebigkeit der Brüste beim Milcheinschuß Erstlaktierender zu achten. Mittels der Milchpumpe läßt sich jede Stauung verhüten, die gewonnene Milch kann immer nutzbringend verwendet werden. Wir haben deshalb auch bei den in der Klinik entbundenen Frauen seit Jahren keine zur Vereiterung führende Mastitis gesehen [3]; es ist

---

[1] Eine genauere Erörterung der Frage gehört nicht hierher. Man vgl. darüber v. Jaschke, Biologie und Pathologie der weiblichen Brust, in dem Handb. d. ges. Frauenheilkunde von Halban-Seitz, Bd. 5, 1926. — Ferner F. Weber im Döderleinschen Handb. d. Geburtsh., 2. Aufl., Bd. 3, 1925.

[2] Vgl. dazu die Fälle von Runge (l. c.) aus der Kieler Frauenklinik.

[3] Ich sehe dabei allerdings von der Kriegszeit ab, in der wir mit größten Schwierigkeiten des Betriebes zu kämpfen hatten.

uns stets gelungen, eine beginnende Stauungsmastitis innerhalb weniger Tage zu beseitigen. Unsere eitrigen Mastiden betreffen stets von außen eingelieferte Fälle.

Relativ geringe Bedeutung haben

4. Formfehler der Brustwarze,

besonders wenn sie nur einseitig auftreten. Die Einteilung dieser Difformitäten wird von verschiedenen Autoren etwas abweichend vorgenommen. F. A. Kehrer unterschied fünf Formen:

1. Mikrothelie, Kleinheit der Warze.
2. Papilla fissa, gespaltene Warze, die Teilung der Warze durch einen Querspalt in eine untere und obere Lippe.
3. Papilla verrucosa, die Höckerwarze.
4. Papilla circumvallata aperta. Die Warze liegt, an sich gut entwickelt, tiefer als die angrenzenden Teile des Warzenhofes.
5. Papilla circumvallata obtecta. Die Warze liegt im Grunde eines Kraters, dessen Ränder und Wand vom verdickten Warzenhof gebildet werden, wobei eine besonders ausgeprägte Mammartasche [1] vorhanden ist.

Basch unterscheidet nur drei Difformitäten: Papilla plana (Flachwarze), Papilla fissa und invertita, unter letzterer das verstehend, was Kehrer als Papilla circumvallata obtecta bezeichnet.

Basch hält alle drei Formen nur für Entwicklungshemmungen, die letztere, etwa dem Zustand beim Neugeborenen entsprechend, hervorgerufen durch eine Striktur der Warzenhofmuskulatur, welche eine Eversion des Warzenfeldes verhindert. Bei Fehlen dieser Striktur führt die gleiche Entwicklungshemmung zur Bildung von Flachwarzen. Diese von Basch gegebene Deutung entspricht jedoch kaum der Wirklichkeit, da eine richtige Eversion des Drüsenfeldes nicht stattfindet. Vollends die Striktur der Warzenhofmuskulatur ist rein hypothetisch, der wesentliche Unterschied dürfte vielmehr in einer abnormen Ausbildung der Mammartasche, der quantitative Unterschied der Entwicklungshemmung in der Persistenz der Mammartasche bei der echten Hohlwarze zu suchen sein.

Stuhl nennt neben der Flach- und Hohlwarze noch eine „Spitzwarze" als Zeichen eines Infantilismus, eine nach Verfassers Ansicht recht glückliche Bezeichnung für die konischen, etwas zarten, im ganzen kleinen Warzen bei Individuen, die auch sonst Zeichen von Infantilismus bieten, vor allem einen unscharf begrenzten und kaum prominierenden kleinen Warzenhof. Die nebenstehenden Bilder zeigen am besten die hier beschriebenen Warzenformen (Abb. 92—94).

Über die Frequenz der verschiedenen Warzendifformitäten gibt nachstehende Tabelle Auskunft, die sich natürlich nur auf Beobachtungen an Erstlaktierenden stützt, da ja durch das Stillen selbst häufig eine Verbesserung der Warzenform eintritt.

Autor	Zahl der Fälle	Wohlgeformte Warzen	Etwas kurze Warzen	Flache	Invertierte
Mme. Dluski...	302	66,4%	27,5%	1,3%	4,7%
Verfasser....	200	70,2%	21,7%	2,8%	5,3% 0,5%) [2]

[1] Vgl. die Entwicklungsgeschichte der Brustwarze: Keibel-Mall, Handb. d. Entwicklungsgeschichte des Menschen, ferner v. Jaschke im Handb. von Halban-Seitz, l. c.

[2] Die eingeklammerte Zahl betrifft Fälle von Papilla circumvallata obtecta.

Bedeutung für die Stillpraxis kommt nur der Papilla plana und invertita (= circumvallata obtecta) zu. Die Papilla fissa und verrucosa sind für das Stillen bedeutungslose Formanomalien; höchstens kann einmal durch eine hochgradige Papilla verrucosa einem schwachen Frühgeborenen das Fassen der Brust erschwert werden. Infantile Spitzwarzen und Mikrothelie sind an sich auch bedeutungslos, gewinnen vielmehr nur Bedeutung durch die mangelhafte Entwicklung des Gesamtdrüsenparenchyms. Hypogalaktie gehört fast regelmäßig zum höhergradigen Infantilismus, und bei ausgesprochener Mikrothelie (sehr selten) ist von einer die natürliche Ernährung ermöglichenden Milchsekretion überhaupt keine Rede. Selbst die Bedeutung der Flach- und Hohlwarzen ist nicht zu überschätzen.

Flachwarzen erschweren bei der ersten Laktation wohl das Fassen der Brust, doch überwinden kräftige Kinder dieses Hindernis gewöhnlich

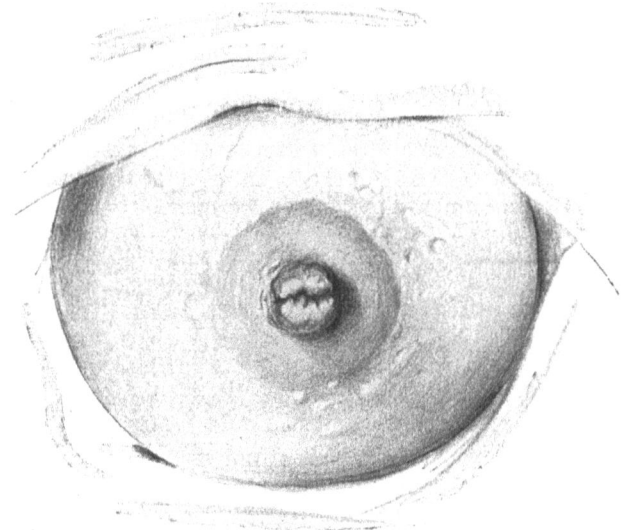

Abb. 92.
Papilla fissa

leicht und lernen bald, mit weitgeöffneten Lippen sich am Warzenhof festzusaugen. Saugschwache Kinder und Frühgeborene können dadurch allerdings im Anfang recht gehemmt werden, besonders wenn gleichzeitig die Brust sehr straff und schwergiebig ist. Ungünstig ist die Flachheit der Warzen besonders bei großen schwammigen Brüsten, weil in diesem Fall das Kind bei kräftigem Ansaugen sich gleichzeitig die Nasenöffnungen verlegt, bei Freihalten der Nasenöffnungen aber die Flachwarze das Anlegen des Kindes erschwert. Beobachtung der ersten Anlegeversuche lehrt aber leicht, ob das Kind durch eigene Kraft oder unter Nachhilfe der Mutter das Hindernis überwinden kann oder ob man ihm weitere Hilfe geben muß. Als solche empfiehlt sich besonders eine kleine Saugglocke mit Ballon, mittels welcher man dem Kinde knapp vor dem Anlegen die Warze zur Erektion bringt. Bei sehr straffer Brust kann es wohl auch einmal nötig werden, in den ersten Tagen nach fruchtlosen Anlegeversuchen dem Kinde das Sekret mit der Pumpe zu entleeren; doch darf man auf die Anlegeversuche zu den Stillzeiten nicht verzichten, da anderenfalls das Kind später die Brust zu nehmen einfach verweigern würde.

Auch das Stillen mit Warzenhütchen kommt bei straffer Brust mit flacher Warze in Frage. Wir empfehlen dazu besonders das „Infantibus" genannte Modell.

Unter den Hohlwarzen (Abb. 94) ist es praktisch, einen größeren Unterschied zu machen zwischen der Papilla circumvallata aperta, der häufigsten Warzendifformität überhaupt, und der seltenen Papilla circumvallata obtecta. Erstere stellt überhaupt kaum eine Entwicklungshemmung dar, sondern dürfte in erster Linie durch den Druck unzweckmäßiger Kleidung entstehen, freilich nur bei weichen Brüsten mit schlaffem Warzenhof. Das vielfach angezogene Vererbungsmoment bei dieser Warzenform dürfte sich nur auf die Vererbung von Kleidungsgewohnheiten beziehen. Diese Form der Hohlwarze stellt ein das Stillen erschwerendes Moment nur in den ersten Tagen dar. Sobald das Kind eine gewisse Übung im Fassen der Brust hat, ist diese Warzenform ganz gleichgültig. Denn nach den ersten Saugbewegungen treten die Warzen ganz

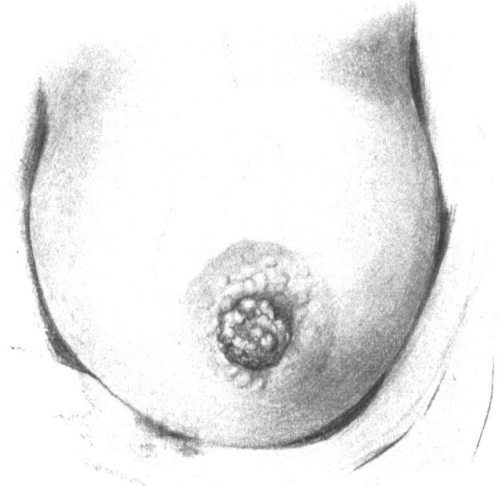

Abb. 93.
Papilla verrucosa.

gut aus ihrer Versenkung hervor, nach 1—2 Wochen bleiben sie gewöhnlich von selbst heraußen, das Stillen stellt geradezu das Heilmittel dar. Ergeben sich trotzdem in der ersten Zeit Schwierigkeiten, dann genügt es, durch ein Biersches Saugglas oder mit der Milchpumpe vor dem Anlegen die Warzen aus ihrem Bett herauszuheben und zur Erektion zu bringen. In leichteren Fällen gelingt es auch, sie mit dem Finger herauszuquetschen, was wir jedoch aus Gründen der Asepsis nur im Notfall empfehlen.

Wesentlich unangenehmer ist die Papilla circumvallata obtecta. Hier hilft kein Saugglas, keine Pumpe — die Warze ist und bleibt unsichtbar. Selbst wenn es gelänge, sie herauszuheben, würde sie wegen ihrer Kleinheit als Saugansatz keine große Rolle spielen. Trotzdem ist es viel zu weit gegangen, eine derartige Warzenform als absolutes Stillhindernis aufzufassen, was heute leider noch sehr oft zum Nachteil der Kinder geschieht, ganz abgesehen davon, daß mit der Diagnose der echten Schlupfwarze zu freigebig verfahren wird. Ich habe einige recht schwere Fälle dieser Art gesehen und trotzdem das Stillen erreicht. Ja diese Fälle lehren so recht, daß der Warzenform

24*

überhaupt lange nicht die große Bedeutung für das Stillgeschäft zukommt, die man ihr immer noch zuerkennt. Natürlich ergeben sich die oben beschriebenen Schwierigkeiten des Fassens der Brust hier in höherem Maße. Aber man mache bloß einmal den Versuch, an eine solche Brust ein geschicktes, kräftiges Kind zu legen — man wird von Schwierigkeiten kaum etwas merken, wenn nicht die Brust als solche ungünstig geformt ist. Das Kind faßt einfach die ganze Brustkuppe und trinkt vergnügt. Sehr große Schwierigkeiten ergeben sich nur dann, wenn die Brust straff und breit ist, so daß das Kind überhaupt nirgends recht zufassen kann. Eine schlaffe Brust ist in solchen Fällen günstiger, am günstigsten eine konische kleine Brust.

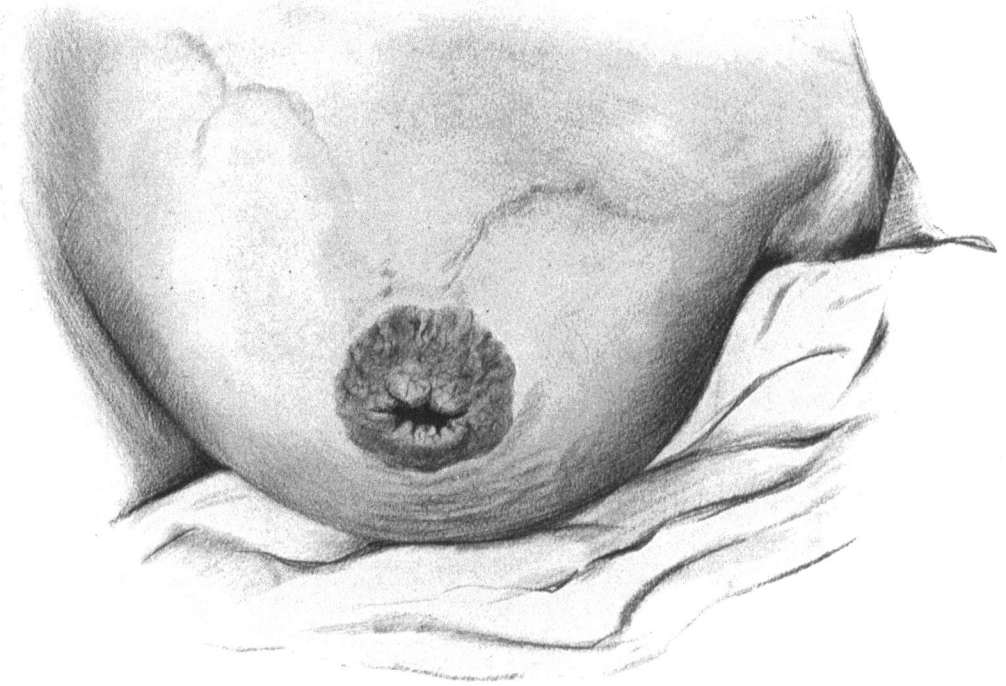

Abb. 94.
Papilla circumvallata obtecta.

Diese Fälle zeigen deutlich, daß neben der Warzenform die Form und Konsistenz der Brust selbst eine Rolle spielt. Eine ungünstige Brustform kann durch eine gute Warze in ihrer Bedeutung kompensiert werden und umgekehrt. Nur wenn beides, eine echte Hohlwarze und ungünstige Form der Brust zusammentreffen, kann es in seltenen Fällen wirklich einmal vorkommen, daß man in der eigentlichen Neugeborenenzeit auf das Anlegen verzichten muß — nicht aber auf die Zufuhr aller verfügbaren Muttermilch, die mit der Milchpumpe entnommen werden kann.

In allen derartigen Fällen leistet übrigens das von Stern angegebene Saughütchen „Infantibus" (Abb. 95) recht gute Dienste. Nur ist die dabei vom Kinde zu leistende Saugarbeit größer, weil ein größeres Vakuum hergestellt werden muß und die Kieferkompression nur mittelbar und schwach zur Wirkung kommen kann. Der Austritt der Milch erfolgt langsamer und in kleineren Portionen.

Die Dauer der Mahlzeit wird stark verlängert; die Kinder brauchen oft Dreiviertelstunden, um eine ausreichende Nahrungsmenge zu bekommen. Czerny-Keller gehen sicher zu weit, wenn sie die Saughütchen ganz verwerfen und behaupten, daß das Kind schon müde wäre, ehe es überhaupt zum Trinken käme. Dem widerspricht die einfache praktische Erfahrung. Ich gebe aber gerne zu, daß das neue Saughütchen, welches Czerny-Keller noch nicht kannten, gerade für diese Fälle eine große Erleichterung ist, da die alten gläsernen Saughütchen mit Gummisauger bei der Hohlwarze ziemlich unbrauchbar sind. Über das biaspiratorische Saughütchen fehlt mir eigene Erfahrung; ich halte dafür, daß es besser durch die Milchpumpe zu ersetzen ist.

Eine echte Hohlwarze nach Kehrers Verfahren operativ zu heilen, ist im Wochenbett natürlich zu spät. Ich halte übrigens nach den vorstehenden Ausführungen die Operation jedenfalls für entbehrlich. Die Baschsche subkutane Myotomie der Warzenhofmuskulatur dürfte nach dem eingangs Erwähnten eine prinzipiell unberechtigte Operation sein.

Das wichtigste Heilmittel für fast alle Warzenanomalien, soweit sie als Stillhindernis in Betracht kommen, ist der konsequent durchgeführte Stillversuch. Die meisten Schwierigkeiten machen sich nur bei der ersten

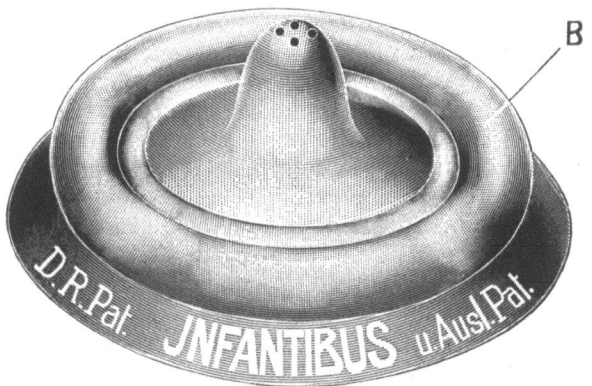

Abb. 95.

Laktation bemerkbar. Ich habe den Eindruck, als spielte neben der rein mechanischen Wirkung des Saugens auch der nutritive Einfluß der dauernden Hyperämie während der Laktation eine günstige Rolle.

Wenn man von der seltenen fixierten Hohlwarze absieht, so ergibt sich für die Neugeborenenzeit eine in mancher Hinsicht viel ernstere Erschwerung ausreichender natürlicher Ernährung bei der

5. Schwergiebigkeit [1] der Brust.

Es ist eine erfahrenen Geburtshelfern und Pädiatern längst bekannte Erscheinung, daß die Entleerung verschiedener Brüste ein sehr verschiedenes Maß von Arbeit verlangt, gleichgültig zunächst, ob die natürliche Saug- und Druckarbeit des angelegten Kindes, die Arbeit beim Melken mit der Hand oder mittels einer Pumpe in Betracht gezogen wird. Leichtgehende Brüste sprechen schon auf einen Saugdruck von 3,5—4 mm Hg an, schwergehende erst bei einem Saugdruck von 7—8 mm Hg (Barth). Bei weiterer Untersuchung ergeben sich freilich auch Unterschiede je nach der Art der Entleerung.

---

[1] Der Ausdruck stammt von Schloßmann und scheint besser als der Terminus „Schwergehen".

An der Tatsache, daß es schwer- und leichtgiebige Brüste gibt, wird von keiner Seite gezweifelt. In Einzelheiten gehen die Meinungen freilich auseinander. Es gibt Brüste, die einer Entleerung durch Zug und Druck großen Widerstand leisten (allgemeine Schwergiebigkeit), andere, die nur einer Entleerung durch Zug oder nur durch Druck größeren Widerstand leisten (partielle Schwergiebigkeit). Die letztere Tatsache ist durchaus nicht allgemein bekannt oder wird zum mindesten nicht ausdrücklich erwähnt. Nur Schloßmann und Finkelstein führen sie an. Verfasser kann sie auf Grund vielfacher Versuche vollauf bestätigen [1]. Es geht deshalb auch nicht an, von Schwergiebigkeit nur dann zu sprechen, wenn ein größerer Druck zur Entleerung notwendig ist (Basch), oder umgekehrt die Größe des negativen Saugdruckes, der zur Entleerung der Milch eben ausreicht (Cramer), als Maß der Schwer- oder Leichtgiebigkeit der Brust aufzustellen. Das ist unter allen Umständen eine einseitige Formulierung.

Die Schwergiebigkeit der Brust kann auf eine Seite beschränkt sein oder — häufiger — beide Seiten betreffen. Um verschiedene Brüste hinsichtlich ihrer Schwer- oder Leichtgiebigkeit vergleichen zu können, ist es notwendig, sie unter annähernd gleichen Funktionsbedingungen zu untersuchen; also z. B. am Morgen vor dem ersten Anlegen, dann aber nicht allein den Beginn, sondern auch den Schluß der Mahlzeiten in Rechnung zu ziehen, obwohl letzteres weniger wichtig ist. Daß eine Brust, welche eben leer getrunken ist, immer schwergiebiger erscheint als eine strotzend gefüllte, ist klar, weil bei ersterer die Sinus lactiferi leer sind. Es gibt aber auch Brüste, welche nur am Beginn der Mahlzeit schwergiebig sind, nach wenigen Minuten und Entleerung einer verschiedenen Menge Milch das weitere Sekret leicht abgeben. Andere wieder geben am Anfang das Sekret leicht ab, nach wenigen Minuten gelingt es kaum noch, Sekret auszudrücken oder -zusaugen, nach einer kleinen Pause wird das Sekret wieder leicht oder leichter abgegeben. Es gibt kaum eine denkbare Kombination, die man nicht gelegentlich trifft.

Worauf die Schwergiebigkeit beruht, ist unbekannt. Nervöse Reflexe, anatomische Eigentümlichkeiten des Drüsenparenchyms, besonders der Ausführungsgänge (kleine Sinus, enge Ductus efferentes), das Verhältnis von Bindegewebe und Drüsenkörper, Bindegewebe und Muskulatur können dafür in Betracht kommen. Alles das sind aber bloß Möglichkeiten; im einzelnen Fall ist die Ursache kaum jemals mit einiger Wahrscheinlichkeit zu vermuten. Immerhin scheint mir nach den Untersuchungen von A. Seitz auch die Schwergiebigkeit einer Erklärung nähergerückt. Es kann sich einmal um eine reflektorisch ausgelöste unzeitige Kontraktion der Verschlußmuskulatur vor den Sinus lactiferi handeln, zum anderen mag auch die erst allmählich erfolgende Ausbildung der Sinus lactiferi für die in den ersten Tagen geradezu physiologische Schwergiebigkeit Erstlaktierender von Bedeutung sein.

Warnen möchte ich davor, aus der Tatsache der Schwergiebigkeit Schlüsse auf die Produktionsgröße einer Brust zu ziehen, wozu mir Cramer geneigt scheint. Es gibt gewiß schwergiebige Brüste, die minderwertig sind, genau so wie leichtgiebige. Aber es besteht sicherlich kein kausaler Zusammenhang zwischen Schwer- bzw. Leichtgiebigkeit und Produktions-

---

[1] Eine besondere, übrigens äußerst seltene und meines Erachtens nach nicht sehr bedeutsame Form von Schwergiebigkeit der Brust ist die von H. Beer beschriebene „Hypogalactia paradoxa". Das angelegte Kind hört an der sonst ganz ergiebigen Brust alsbald unter Schreien auf zu trinken und hat nachweislich wenig oder nichts bekommen. Beer erklärt diese Schwergiebigkeit, die bei neurasthenischen Frauen gelegentlich während des Saugens auftritt, durch eine den Milchabfluß hindernde Kontraktion der Mamillarmuskulatur.

größe einer Brust. Darin stimme ich Schloßmann unbedingt zu. Man kann höchstens insofern einen Zusammenhang zugeben, als die sehr straffen bindegewebsreichen Brüste vielleicht häufiger als andere schwergiebig und minderwertig in ihrer Funktion sind.

Ob eine Brust schwer- oder leichtgiebig ist, kann man nie durch den Anblick, sondern immer erst nach dem Versuch entscheiden. Höchstens trifft es zu, daß Brüste mit straffer Kuppe häufiger schwergiebig sind als andere. Es genügt aber meines Erachtens durchaus nicht, durch einfachen Fingerdruck oder ein bißchen Saugen mit einem Bierschen Gläschen diese Entscheidung treffen zu wollen. Das ergibt sich ja aus dem oben Angeführten. Ferner ist zu beachten, daß eine beim flüchtigen Melkversuch festgestellte Schwergiebigkeit beim Anlegen des Kindes gar nicht in Erscheinung zu treten braucht. Offenbar fehlt doch bei allen künstlichen Entleerungsversuchen das feine Ineinandergreifen aller der Reize, welche beim natürlichen Saugakt zur Geltung kommen.

Die Schwergiebigkeit einer Brust kann sich ändern. Ja, glücklicherweise ist dieselbe meist nur ein vorübergehender Zustand. Soweit ich sehe, ist sie im allgemeinen bei Erstlaktierenden häufiger. Das ist deshalb von großer praktischer Bedeutung, weil Schwergiebigkeit und Minderleistung allzu leicht verwechselt werden und deshalb das Stillen schon aufgegeben wird, ehe noch eine Entscheidung über die Leistungsfähigkeit der Brust möglich ist; doppelt schwerwiegend, weil tatsächlich bei Erstlaktierenden die Schwergiebigkeit zunächst mit einer Minderleistung verknüpft sein kann. Wir haben schon früher erwähnt, daß im Gegensatz zu Pluriparen, bei welchen die Sekretion der Brust gewöhnlich allmählich in Gang kommt, bei Erstlaktierenden die Kolostrumperiode häufig mehr unvermittelt unter den Erscheinungen des „Milcheinschusses" in die Periode reichlicherer Sekretion übergeht.

Die bis dahin gegenüber der Schwangerschaft unveränderte Brust wird unter rasch zunehmendem Spannungsgefühl sozusagen über Nacht hart, prall, schmerzhaft, zeigt manchmal sogar etwas Rötung wie bei einer beginnenden Mastitis, und vor allem steigt mit einem Male die bis dahin spärliche Sekretion rasch an. Die Brust kann bei solchen Frauen schon in den ersten Tagen, in denen nur spärlich Kolostrum abgegeben wird, sich als schwergiebig erweisen, sie kann aber das spärliche Sekret auch leicht abgeben. Das Einschießen der Milch ist ganz gewöhnlich mit einer stärkeren oder geringeren Schwergiebigkeit verbunden, die man geradezu als physiologische Begleiterscheinung des plötzlichen Milcheinschusses ansehen kann. Glücklicherweise dauert diese Form der Schwergiebigkeit nur kurze Zeit. Nach 2, spätestens 3 Tagen läßt die Spannung nach, die Brust wird weicher und gibt nun ihr Sekret wieder leichter ab, sofern es sich nicht um dauernde Schwergiebigkeit handelt. Es ist wichtig, diese Erscheinung zu kennen.

Die beste Therapie der Schwergiebigkeit ist der konsequent fortgesetzte Stillversuch, evtl. unter Zuhilfenahme eines saugkräftigen Austauschkindes oder der Milchpumpe. Besonders die Schwergiebigkeit während des Milcheinschusses ist durch die Milchpumpe am einfachsten zu bekämpfen und dies um so mehr anzuraten, als dadurch den Frauen große subjektive Erleichterung gewährt wird. Man kann übrigens der Schwergiebigkeit während des Milcheinschusses direkt vorbeugen, wenn man bei spärlicher und schwieriger Kolostrumsekretion gleich vom ersten Tage an die Brüste mit der Milchpumpe bearbeitet. Die Sekretion steigt daraufhin nicht allein rascher, sondern auch gleichmäßiger an, die Erscheinungen des Milcheinschusses verlaufen milder.

Auch bei fortdauernder Schwergiebigkeit der Brust ist von der Milchpumpe mit Vorteil Gebrauch zu machen. Günstig wirkt ferner die zeitweilige Anwendung Bierscher Saugglocken.

Die Schwergiebigkeit der Brust ist jedenfalls niemals ein Grund zur Aufgabe des Stillens, ja für den Erfahrenen kaum eine besondere Erschwerung. Vorgetäuscht kann eine Schwergiebigkeit durch Saugschwäche des Kindes werden (vgl. darüber später).

Die geringste Bedeutung unter den von der Mutter ausgehenden Stillschwierigkeiten dürfte der

6. Hyperästhesie der Brustwarzen

zukommen, einem im ganzen übrigens recht seltenen und meist mit etwas gutem Willen der Mutter ohne weiteres zu ertragenden, gewöhnlich bald von selbst sich bessernden Übel. In der allgemeinen Anstaltspraxis hat man damit kaum ernstlich zu rechnen, in der Privatpraxis liegen die Verhältnisse offenbar ganz verschieden. v. Pfaundler trifft es da „nicht sehr selten". Ich kann das höchstens für leichte Grade zugeben, ernstere Störungen des Stillgeschäfts bei stillwilligen Frauen habe ich auch da sehr selten erlebt und erinnere mich selbst unter den im allgemeinen recht verwöhnten Frauen der Großindustrie des Rheinlandes keines einzigen Falles, in dem das Absetzen des Kindes dadurch notwendig geworden wäre. Freilich beziehen sich diese Erfahrungen nur auf Wöchnerinnen. — Über die späteren Monate ist meine Erfahrung zu gering, doch bezieht sich v. Pfaundlers Angabe a. a. O. wohl auch nur auf die ersten Wochen.

Es gibt ganz zweifellos Frauen mit sehr empfindlichen Brustwarzen, bei denen schon die Berührung derselben ganz unangenehme Sensationen auslöst, ein Druck auf dieselben und besonders die Kieferkompression des Kindes beim Trinken recht heftige, oft gegen die seitliche Thoraxwand und in den Rücken ausstrahlende Schmerzen erzeugt. Die Frauen zucken geradezu vor Schmerz zusammen oder stöhnen laut auf.

Von einer Hyperästhesie sui generis darf man natürlich nur sprechen, wenn nicht Rhagaden oder andere die Schmerzhaftigkeit erklärende Prozesse an den Warzen oder Brüsten nachweisbar sind. Man findet die Hyperästhesie am häufigsten bei hellen Blondinen und Rothaarigen mit an sich zarter Haut und wenig pigmentierten Warzen, vereinzelt wohl auch bei Brünetten. Gewöhnlich handelt es sich ferner um kleine straffe Brüste, sonst findet man die Hyperästhesie gelegentlich bei Frauen mit großen, fettreichen Hängebrüsten, bei denen oft auch am Abdomen und Rücken eine Hypersensibilität der Haut nachweisbar ist. Wenn auch das Wesen der Erscheinung unklar ist, so kann ich mich doch des Eindrucks nicht erwehren, als wenn ein Versäumen der Abhärtung der Warzen in der Schwangerschaft ätiologisch eine gewisse Rolle spielte [1]. Sofern nicht Rhagaden oder sonstige schmerzhafte Affektionen der Brust bestehen, habe ich doch stets noch im Verlauf der zweiten Woche wenigstens soweit eine Besserung gesehen, daß das Stillgeschäft nicht unterbrochen werden mußte. Ein Unikum stellt der von Zimmermann berichtete Fall von schmerzhaftem Brustwarzenkrampf dar, der immer einige Minuten nach dem Trinken des Kindes eintrat und durch Abkühlung willkürlich hervorgerufen werden konnte, ohne daß aber Wärmeapplikation regelmäßig imstande gewesen wäre, ihn zu kupieren.

Therapeutisch bewährt sich am besten das Stillen mit Warzenhütchen, und zwar scheint für diesen Zweck das alte Glastrichterchen mit Gummisauger das am meisten zu empfehlende Modell. In den allerschlimmsten Fällen kann man das Kind 1—2 Tage absetzen und die Brust mit der Milchpumpe entleeren, was bei Verwendung eines großen Ansatzes (Modell des Verfassers) weniger schmerzhaft empfunden wird als das Anlegen des Kindes. Manchmal habe ich von einer nachträglichen Abhärtung der Warzen Erfolg gesehen. Am einfachsten ist auch hier das Frottieren mit kaltem Wasser in vorsichtig gesteigerter Stärke oder eine täglich ein- bis zweimal vorgenommene Pinselung mit Jodtinktur, wonach man die Warze mit Anästhesinsalbe vorsichtig einreibt.

Ein unbefriedigender Erfolg des Stillaktes muß aber nicht immer in der Brust seine Ursache haben. Ebenso wichtig ist es,

B. Stillschwierigkeiten seitens des Kindes

zu beachten und nicht zu vergessen, daß diese sich oft mit von der Brust ausgehenden Schwierigkeiten kombinieren, ja geradezu eines das andere veranlassen

---

[1] Dabei bemerke ich gegenüber einem Mißverständnis Birks, daß ich unter Abhärtung nur Abwaschungen der Warze und Warzenhöfe mit kaltem Wasser verstehe, dagegen Alkoholwaschungen, ebenso wie Behandlung mit Desinfizientien anderer Art verwerfe. Alkohol macht die Haut nur spröde und begünstigt geradezu das Entstehen von Hyperästhesie, Rhagaden, Mastitis.

oder verschlimmern kann. Beispiele dafür haben wir schon mehrfach angeführt. Die häufigste Schwierigkeit dieser Art ist eine

1. Trinkschwäche.

Dieselbe ist dann zu diagnostizieren, wenn die Kinder, an die Brust gelegt, diese zwar fassen und lebhafte Saugbewegungen beginnen, bald aber unter Zeichen von Ermüdung sie wieder fahren lassen. Gewöhnlich werden nach wenigen Minuten die Saugbewegungen seltener, oberflächlicher, die Kinder scheinen im Halbschlaf, nuckeln noch etwas an der Warze; bald sinken sie aber ganz in Schlaf, wobei sie evtl. die Warze noch eine Zeitlang zwischen den leicht geschlossenen Lippen halten oder auch ganz von der Brust abfallen. Zeichen von Unbefriedigtsein fehlen vollständig.

Man findet sie nicht bloß bei debilen Kindern, sondern auch bei normalgewichtigen Neugeborenen, an denen selbst sorgfältigste Untersuchung keine anatomische Ursache für eine besondere Saugschwäche entdecken kann. Bei den schwachen Frühgeborenen ist der Zusammenhang ja klar: die Trinkschwäche ist nur eine der vielen Äußerungen der Lebensschwäche überhaupt, Ausdruck einer noch nicht für das extrauterine Leben genügenden Entwicklung. Manchmal ist allerdings scheinbar die Trinkschwäche der einzige Ausdruck der Lebensschwäche und dann nicht anders zu bekämpfen als durch eine weniger anstrengende Fütterung mit dem Löffel. Das klassische Bild der Trinkschwäche reifer Neugeborener findet man bei in Gesichtslage oder Beckenendlage zur Welt gekommenen Kindern (bei letzteren nur, wenn der Kopf unter Anwendung des Veit-Smellieschen Handgriffes entwickelt worden ist). In diesen Fällen ist die Genese der Trinkschwäche durchaus klar. Bei Gesichtslagen hindert die auf Lippen, Gewebe des Mundbodens und Zunge sich erstreckende Geburtsgeschwulst direkt ein kräftiges Saugen. Das herzustellende Vakuum ist an sich kleiner, dazu die Abwärtsbewegung der Kiefer, die Formierung der Zungenrinne und Senkung der Zungenspitze durch das Ödem erschwert oder fast unmöglich gemacht. Ähnlich liegen vielfach die Verhältnisse nach Entwicklung des nachfolgenden Kopfes. Ganz abgesehen von den seltenen Fällen, in denen durch Ungeschick oder besondere Verletzlichkeit blutige Verletzungen des Zungengrundes vorkommen, wird auch bei schonender Extraktion durch den in den Mund des Fötus eingeführten Finger der Zungengrund gequetscht, ja bei schwierigen Extraktionen können selbst die Kiefergelenke und die Kaumuskulatur geschädigt werden, ohne daß größere Erscheinungen äußerlich nachweisbar sind. Die wesentliche Folge aller dieser Traumen ist eine Erschwerung des Saugaktes, demzufolge ein frühes Ermüden der Kinder. In ähnlicher Weise wirkt Makroglossie bei angeborenem Myxödem, Mongolismus oder eine am Mundboden lokalisierte Geschwulstbildung.

Daß Masseterhämatome, Zangendruck im Bereich des Fazialis in demselben Sinne wirken, ist für Geburtshelfer ohne weiteres klar, von ausgesprochenen Fazialisparesen und ähnlichem ganz abgesehen. Auch intrakranielle und intrazerebrale Hämatome können bei entsprechendem Sitz eine Saugschwäche hervorrufen, die je nach Größe und weiterem Verhalten des Hämatomes rascher oder langsamer zurückgeht. Schließlich aber gibt es Fälle, in denen der Zusammenhang unklar bleibt. Vielfach spielt wieder eine gewisse Somnolenz des Kindes als Folge des Geburtraumas eine Rolle für die leichte Ermüdbarkeit.

Eine relative Trinkschwäche findet man oft bei einer schwergiebigen Brust. Die größere Anstrengung macht die Kinder rasch müde, wobei jedoch die anfänglichen Trinkbewegungen durchaus nicht den Eindruck von Schwäche, sondern eher von großer Kraft und Anstrengung machen.

Eine besondere Therapie ist bei der Trinkschwäche reifer, sonst kräftiger Neugeborener zunächst nicht erforderlich. Nur wo dieselbe über die ersten 4—5 Tage anhält, tut man gut, den Kindern nach der Mahlzeit an der Brust (ein- bis zweimal täglich wohl auch ohne solche) die Muttermilch abzupumpen und aus der Flasche oder mit dem Löffel zu geben.

Von der Trinkschwäche nicht immer scharf zu trennen ist die

2. Trinkfaulheit.

Das typische Bild derselben findet man bei den vom Geburtstrauma mehr oder minder stark benommenen Neugeborenen. Fast durchweg handelt es sich um sehr kräftige Kinder, die mit großen Weichteilschwierigkeiten zu kämpfen hatten oder um durch Kunsthilfe Geborene.

Die Kinder machen einen verschlafenen Eindruck, müssen zur Trinkzeit oft erst geweckt werden, fassen dann die Brust zwar an und ziehen ein paar Minuten kräftig, auch wohl mit gutem Erfolg, dann lassen sie im Halbschlaf die Brust fahren oder behalten die Warze im Mund, ohne weiter zu ziehen. Klopft man sie wach, so ziehen sie ein paarmal tüchtig, schlucken und dösen dann wieder weiter. So geht das fort. Wenn man eine genügende Nahrungsaufnahme erzielen will, dauert die Mahlzeit oft weit über $1/_2$ Stunde — für die Mutter eine aufreibende Beschäftigung, während das Kind wohl einmal auf kräftiges Klopfen recht unwillig zu schreien anfängt, im übrigen aber zu keiner Änderung seines Verhaltens zu bringen ist. Ich halte den Ausdruck „Faulheit" bei manchen Kindern dieser Art geradezu für schlagend, bei anderen herrscht der Ausdruck des Benommenseins vor. Die Unterscheidung der Trinkfaulheit von der Trinkschwäche kann nur dadurch ermöglicht werden, daß man das Kind beim Saugen genau beobachtet. Von Ermüdung ist jedenfalls bei reiner Faulheit keine Spur, da die Kinder die längste Mahlzeit aushalten. Im Gegensatz zur Trinkschwäche besteht ferner bei diesen Kindern die Neigung, wohl als Folge von Angewöhnung auch noch späterhin die Mahlzeiten auszudehnen und nur in Absätzen zu trinken. Übrigens hat neuestens H. Barth durch graphische Registrierung der Druckschwankungen direkt den Beweis erbracht, daß trinkfaule Kinder durchaus saugkräftig sind. Barth fand, daß dieselben in den ersten 5 Minuten reichlich trinken, dann aber der für eine ausreichende Entleerung notwendige „Prädilektionsdruck" dauernd zu niedrig ist. Als Ursache wird von ihm eine ungenügende Ausbildung oder Bahnung der Saugreflexmechanismen angenommen. Verfasser ist mehr geneigt, die Faulheit als eine Äußerung der Somnolenz infolge des Geburtstraumas aufzufassen, weil nicht einzusehen ist, warum gerade die kräftigsten Kinder die mangelhafte Ausbildung oder Bahnung der Reflexleitung zeigen sollten. Die durch die Untersuchungen von Ph. Schwartz aufgedeckten Gehirnschädigungen als Folge der Minderdruckwirkung, unter der der Schädel bei der Geburt steht, geben auch für die Trinkfaulheit eine anatomische Grundlage. Die beste Therapie der Trinkfaulheit besteht in Verlängerung der Trinkpausen, wobei man — um Unterernährung zu verhüten — evtl. einige Tage auf eine ausgedehnte Nachtpause verzichten muß. Eine Verringerung der Zahl der täglichen Mahlzeiten wird kaum jemals nötig sein.

Von der Trinkfaulheit möchte Verfasser schon wegen der verschiedenen Therapie unterschieden wissen das

3. Saugungeschick.

Zum Unterschied von den trinkfaulen Kindern zeigt sich bei den „ungeschickten", daß die anfänglich lebhaften Saugbewegungen (mit der Wage kontrolliert) keinen befriedigenden Erfolg ergeben. Ferner ist die Folge der vergeblichen Anstrengung Unruhe des Kindes, welches oft geradezu unter zornigem Schreien die Brust losläßt, um sie nach kurzer Pause wieder gierig zu fassen, erneut unter zornigem oder mehr kläglichem Schreien loszulassen usw. Daß es sich um Saugungeschick handelt, erkennt man oft schon an dem mangelhaften Anfassen der Brust; die Kinder saugen zwar lebhaft, lassen aber immer wieder den Warzenhof los, auch wenn er ihnen richtig gereicht wird. Gewöhnlich liegt die Schuld nicht am Kinde allein, sondern auch an der Mutter. Von Kindern Erstlaktierender mit mangelhafter Stilltechnik abgesehen handelt es sich meist um breite, schwer faßbare Brüste oder umgekehrt um sehr straffe Brüste mit wenig abgesetzter Warze. Das Ungeschick kommt dann nur darin zum Ausdruck, daß ein älteres geübtes Kind aus derselben Brust eine ausreichende Mahlzeit gewinnt, ebenso wie das ungeschickte Kind aus der Flasche leicht eine reichliche Mahlzeit zu sich nimmt. Man sieht, daß die Grenzen der Unterscheidung nicht immer ganz scharf sind. Freilich gibt es auch Kinder, die aus einer sehr gut faßbaren Brust sehr wenig herausbekommen, weil sie immer wieder den Warzenhof oder die Warze selbst verlieren.

Hier scheint es mir berechtigt, die Erklärung in einer mangelhaften Ausbildung oder Bahnung der für den Saugmechanismus in Betracht kommenden Reflexe zu suchen, was auch Cramer, Rosenstern und Finkelstein annehmen. v. Pfaundler schließt sich dieser Erklärung zwar an, nur subsumiert er darunter auch die Trinkfaulheit.

Verfasser möchte die Unterscheidung vor allem aber in Hinsicht auf die Therapie durchgeführt wissen, welche bei Saugungeschick gerade das Gegenteil der Therapie der Trinkfaulheit darstellt. Denn infolge des oft lange Zeit über die Neugeburtsperiode hinaus anhaltenden Ungeschicks und der infolgedessen dauernd geringeren Nahrungsaufnahme entsteht die Gefahr einer Unterernährung, die in diesem Falle um so mehr einer Vorbeugung bedarf, als die mangelhafte Entleerung leicht zu sekundärer Hypogalaktie führen kann. Beiden Gefahren läßt sich bereits in der Neugeburtsperiode vorbeugen, wenn man unmittelbar nach der Mahlzeit die Brust mit der Pumpe entleert und die so gewonnene Nahrung mit dem Löffel oder aus der Flasche nachfüttert. Dann ist nicht allein eine quantitativ ausreichende Nahrungszufuhr gewährleistet, sondern auch einem Versiegen der Laktation vorgebeugt. Ja die Sekretion wird sogar angeregt, schlecht faßbare Warzen werden besser faßbar. Mit der Lebhaftigkeit der Sekretion und unter dem Einfluß der beim Abpumpen erzeugten Hyperämie mildert sich oft auch die Straffheit der Brustkuppe, so daß das Trinken selbst einem wenig geschickten Kinde erleichtert wird. Gewöhnlich gelingt es auf diese Weise, schon in der zweiten Woche eine wesentlich befriedigendere Nahrungsaufnahme des Kindes an der Brust selbst zu erreichen. Von anderer Seite (Rosenstern, v. Pfaundler) wird eine Vermehrung der Mahlzeiten von 5 bis auf 8 als das souveräne Mittel gegen die Folgen des Saugungeschickes gerühmt und behauptet, daß 50 % aller Kinder bei nur 5 Brustmahlzeiten nicht zu gedeihen vermögen. Verfasser kann diesen Angaben leider nicht entnehmen, ob damit gemeint sein soll, daß in diesen 50 % wesentlich das Saugungeschick der Kinder an dem mangelhaften Gedeihen Schuld trage, da an anderer Stelle von Rosenstern die Vermehrung der Mahlzeiten zur Bekämpfung der sekundären Hypogalaktie empfohlen wurde. Nach einigen Wochen könne man wieder zu 5 Mahlzeiten zurückkehren. Verfasser glaubt, daß die Vermehrung der Mahlzeiten hauptsächlich deshalb so günstig wirkt, weil einmal damit die Übungsgelegenheiten für das Kind vermehrt werden, gleichzeitig aber die tägliche Nahrungsmenge sich steigert, da viele Brüste auf den häufigeren Reiz besser reagieren (vgl. Rietschels

Ausführungen). Handelt es sich wirklich bloß um Saugungeschick, dann wird man
aber in der ersten Woche trotz der häufigeren Mahlzeiten noch öfters zum Nach-
füttern abgepumpter Milch greifen müssen. Eine Vermehrung der Brustmahlzeiten wird zudem gerade in der Neugeburtsperiode oftmals durch Rhagaden
und die allgemein größere Empfindlichkeit der Brustwarzen Erstlaktierender
erschwert, so daß uns im allgemeinen das Beibehalten einer geringeren Anzahl
von Mahlzeiten mit Nachfütterung das empfehlenswertere Verfahren zu sein
scheint. Eine Vermehrung der Mahlzeiten empfiehlt sich bei solchen Kindern,
welche trotz ungenügender Mahlzeiten eine weitere Nahrungszufuhr ablehnen.
Indes scheinen mir das nicht mehr reine Fälle von Saugungeschick, sondern
Kombinationen mit Trinkschwäche, zum Teil wohl auch mit Trinkfaulheit.

Eine recht eigentümliche und seltene Komplikation bei der Durchführung der natürlichen Ernährung der Neugeborenen ist die

4. Brustscheu der Kinder.

Der von Schloßmann gewählte Ausdruck bezeichnet sehr treffend den
springenden Punkt der ganzen Schwierigkeit. Ergiebigkeit der Brust, guter
Aufbau derselben, Appetenz, genügende Saugkraft des Kindes sind offensichtlich vorhanden — die Kinder zeigen keinerlei Abnormität außer einer ganz
merkwürdigen Abneigung, an der Brust (gleichgültig ob Mutter- oder Ammenbrust) zu trinken. Sobald man sie anlegt oder nach wenigen Saugzügen an der
Brust fangen sie an zu schreien und wenden den Kopf weg; beim Versuch sie
wieder anzulegen wird das Schreien nur schlimmer, die Kinder zeigen alle Zeichen
zunehmender Unlust und bäumen sich ordentlich auf, wobei sie eine erstaun-
liche Kraft entwickeln. Vorübergehend bringt man sie dazu, vielleicht ein
paar Kau- oder Saugbewegungen an der Brust zu machen, dann geht das Geschrei wieder los. Kunst und Tücke der Mutter und Pflegerin sind so gut wie
machtlos. Mutter und Kind geraten in Schweiß — der Endeffekt ist eine minimale Nahrungsaufnahme, ja manchmal sogar ein Gewichtsdefizit. Das Verhalten wird noch merkwürdiger dadurch, daß die Kinder aus der Flasche gut
und widerspruchslos trinken (es gibt ebenso Kinder, die um keinen Preis der
Welt aus der Flasche trinken, eine unwiderstehliche Abneigung gegen den
Gummisauger haben). Nach v. Pfaundlers Erfahrungen gelingt es auch
durch Hunger nicht, solche brustscheuen Kinder zu einem anderen Verhalten
zu bringen. Darin weichen Verfassers Erfahrungen ab, die vielmehr gleich
denen von v. Reuß ergeben, daß derartige Kinder einzig durch gehörigen
Hunger, gelegentlich auch durch Einspritzen von etwas Milch bei Beginn der
Mahlzeit zum Saugen zu bringen sind. Bestätigen dagegen kann Verfasser
die Angabe von v. Pfaundler, daß das Verhalten der Kinder nicht bei allen
Mahlzeiten gleich zu sein braucht. Am besten trinken sie gewöhnlich am
Morgen bei der ersten Mahlzeit.

Diese reinen, von einer besonderen Beschaffenheit der Brust ganz un-
abhängigen Fälle von Brustscheu sind immerhin selten; häufiger findet man
nicht ganz reine Fälle, bei denen die Brustscheu mit schlechter Faßbarkeit
der Warze, Straffheit der Brustkuppe oder sonstigen Schwierigkeiten verbunden ist. Beseitigung dieser Hindernisse (Brustpumpe) beseitigt dann auch
die Brustscheu oder bessert sie wenigstens. In diesen Fällen tritt übrigens
die Brustscheu gewöhnlich erst nach wiederholtem Anlegen auf. Gemeinsam
ist aber allen Formen der Brustscheu — und die Erfahrungen anderer Autoren
stimmen damit ganz überein —, daß die Kinder aus der Flasche recht gerne
trinken, auch mit den gewöhnlichen alten Saughütchen recht gut zum
Trinken zu bringen sind. Das deutet vielleicht auch auf die Ursache

der Brustscheu, mangelhafte Auslösung des Saugreflexes von Lippen und Zungenspitze aus, während die weiter in den Mund eingeführten Saugansätze der Flaschen wie des Warzenhütchens den Reflex augenscheinlich besser auslösen. Man kann sich gelegentlich auch überzeugen, daß solche Kinder an dem an die Lippen gebrachten Fingerknöchel keine Saugbewegungen beginnen, was die meisten normalen Kinder sofort tun, wenn sie einigermaßen Hunger haben. Man müßte danach annehmen, daß die Saugreflexbahnen dieser Kinder noch nicht gleichmäßig entwickelt oder gebahnt sind, denn normaliter läßt sich der Saugreflex ja fast von der ganzen Mundhöhlenschleimhaut aus auslösen. v. Pfaundler ist nach diesen Beobachtungen und Nachforschungen in der Aszendenz solcher Kinder geneigt, das Verhalten als Ausdruck einer Neurophatie aufzufassen. Recht ähnlich dürfte der Zusammenhang in jenen Fällen von Brustscheu — manche imponieren auch mehr als Saugungeschick — sein, in denen scheinbar eine angeborene Kürze des Unterkiefers das Saugen erschwert. Czerny-Keller [1] wiesen mit Recht darauf hin, daß wohl weniger eine mechanische Erschwerung des Saugens als vielmehr zerebrale oder nervöse Hemmungen die ausschlaggebende Rolle spielen dürften. ,,Der kurze Unterkiefer ist nicht nur eine rein lokale Hemmungsbildung, sondern weist auf pathologische Veränderungen an der Schädelbasis hin. Er ist eines der prägnantesten Entartungszeichen, dem sich später . . . . . . andere Symptome zugesellen, welche den pathologischen Zustand des Nervensystems deutlich erkennen lassen.''

Etwas anders zu beurteilen sind die Fälle von Brustscheu bei Pylorusstenose, auf die Birk hinweist.

Von dieser idiopathischen Brustscheu zu unterscheiden ist eine Form, bei der das Saugen dem Kinde Schmerzen verursacht (Stomatitis, stärkerer Soor, Epitheldefekte oder traumatische Defekte nach Kunstgeburten). In solchen Fällen ist es natürlich notwendig, das Stillen an der Brust auszusetzen und mit einem Schnabellöffel per os oder durch die Nase zu füttern.

Mit der Brustscheu nicht ganz identisch ist das

5. freiwillige Hungern an der Brust.

So bezeichnet v. Pfaundler die eigentümliche Erscheinung, daß manche recht kräftigen, weder saugschwachen noch trinkfaulen Kinder von einem ausreichenden Nahrungsangebot nicht genügenden Gebrauch machen und zwar selbst dann noch nicht, wenn bereits Zeichen einer mäßigen Unterernährung sich geltend machen. Verfasser kennt solche Fälle auch, hat sie aber bisher in der Gruppe der trinkfaulen Kinder untergebracht. Die Kinder verhalten sich ganz gleich wie Erwachsene mit geringem Appetit. Sie trinken augenscheinlich gerne an der Brust, sind in angemessener Zeit fertig und scheinen vollauf befriedigt. Die Wage ergibt aber dem Gewicht nach ungenügende Tagestrankmengen und im weiteren Verlauf eine auf Unterernährung deutende Gewichtskurve. Zur Diagnose des Zustandes ist notwendig, das Verhalten des Kindes beim Stillakt und nachher genau zu beobachten, sowie eine mangelhafte Ergiebigkeit der Brust auszuschließen.

Was die Ursache der mangelhaften Appetenz ist, bleibt vorläufig unklar. Verfasser hat den Eindruck, als ob bei manchen dieser Kinder stärkerer Ikterus eine ursächliche Rolle spielte. v. Pfaundler meint, ,,es könnte die Anpassung der Assimilationsvorgänge an die extrauterinen Ernährungsbedingungen eine gestörte oder die Entwicklung ab ovo eine verlangsamte, der Zustand könnte in letzter Linie ein wachstumspathologischer sein''. Man sieht, jeder tiefere Einblick fehlt uns noch.

Therapeutisch ist wenig zu machen. Am besten bewährt sich meiner Erfahrung nach eine Verlängerung der Trinkpausen.

6. Mechanische Saughindernisse.

Gegenüber den bisher besprochenen vom Kinde ausgehenden Stillschwierigkeiten spielen die ,,klassischen'' Saughindernisse durch Wolfsrachen, Hasen-

---

[1] Handbuch. 2. Aufl., Bd. 1, S. 32.

scharte u. dgl. eine recht geringe praktische Rolle. Ganz abgesehen von ihrer
Seltenheit werden sie in ihrer Bedeutung gewöhnlich weit überschätzt.

Selbst der Wolfsrachen, den sogar Czerny-Keller als absolutes Hindernis der Brusternährung gelten lassen, ist es mindestens nicht in jedem Fall.
Verfasser hat jedenfalls schon mehrmals Gelegenheit gehabt, bei recht aus-
gedehntem Wolfsrachen einen klaglosen Ablauf des Stillgeschäftes zu beobachten
und dasselbe wird von v. Reuß und v. Pfaundler berichtet. Es ist eigentlich
verwunderlich, mit welcher Hartnäckigkeit solche Irrtümer — genau wie der
goldgelbe Stuhl der neugeborenen Brustkinder — in der Literatur sich fort-
schleppen. Man kann sich das nur so erklären, daß auf Grund theoretischer
Überlegungen auf den praktischen Stillversuch überhaupt verzichtet wird.
Daß Kinder mit großer Palatoschisis oder Uranokolobom an einer schwergiebigen Brust oft nicht genügend trinken können, und sich — übrigens auch
bei Ernährung mit der Flasche — leicht verschlucken, ist richtig. Der praktische
Stillversuch ist aber in jedem Fall zu machen. Nur bei völliger Gnathopalato-
schisis dürfte der natürliche Saugakt des Kindes meist unmöglich sein — ich
habe allerdings keinen derartigen Fall selbst beobachten können —, mindestens
kann man sich schwer vorstellen, wie in solchen Fällen der nötige negative
Druck im „vorderen oberen Saugraum" hergestellt werden könnte.

Bei Hasenscharten sind die Schwierigkeiten gewöhnlich gering; selbst
bei größeren und doppelseitiger Ausbildung derselben gelingt es den Kindern,
schlimmstenfalls unter Zuhilfenahme der Mamma selbst, die notwendige Abdichtung herzustellen. Eine weiche Brust ist dafür günstiger als eine harte.
Wo Schwierigkeiten sich ergeben, liegen sie oft nur in der Brust oder in einer
allgemeinen Saugschwäche des vielleicht frühgeborenen Kindes. Daß bei allen
diesen Spaltbildungen sonstige Stillhindernisse natürlich schwerer zu überwinden sind, bedarf keiner weiteren Ausführung.

Selbst bei ganz ausgedehnten Spaltbildungen ist eine Ernährung an der
Brust dann nicht ausgeschlossen, wenn es sich um eine Frau mit Galaktorrhoea
physiologica (v. Herff) handelt (vgl. darüber in dem Kapitel Physiologie der
Brustsekretion). Leider kann man auf ein solches Zusammentreffen von vornherein nicht rechnen. Meines Erachtens ist der Milchfluß in der Wochenbettszeit sehr viel seltener als das nach Angaben von Kehrer, Schloßmann u. a.
der Fall sein müßte.

Auch die Bedeutung der Rhinitis wird sehr verschieden taxiert. v. Reuß
erklärt sie als ein gar nicht zu unterschätzendes Saughindernis, das durch Be-
einträchtigung der Inspiration die Kinder zwänge, durch den Mund zu atmen,
wobei sie natürlich nicht saugen können. v. Pfaundler gesteht nur eine geringere Nahrungsaufnahme zu, welche er zudem mehr auf die Erkrankung
des Kindes als solche als auf die Behinderung des Saugens zurückführt. Verfasser möchte beiden Autoren recht geben. Im allgemeinen ist die Verstopfung
der Nase doch keine so vollständige, daß die Nahrungsaufnahme ganz behindert
wäre; die Kinder brauchen nur längere Zeit zur Mahlzeit. In manchen Fällen
ist die Behinderung aber doch so stark, daß die Kinder nach wenigen Saugbewegungen die Brust wieder aufgeben müssen und bald kläglich zu schreien
beginnen. Es ist natürlich klar, daß eine schwergiebige und sonst ungünstige
Brust die Behinderung stärker in Erscheinung treten läßt. In solchen Fällen
halte ich es für richtig, während des Verstopfungsstadiums den Kindern die
abgezogene Milch der eigenen Mutter mit einem Schnabellöffel zu verfüttern.
Wer das nicht wünscht, kann sich helfen, indem er unmittelbar vor dem Anlegen mit einem gewöhnlichen weichen Trachealkatheter das Sekret aus der
Nase absaugt. Ich halte aber das erstere Verfahren für das schonendere.

Nicht überflüssig ist vielleicht die Erwähnung, daß ein zu langes oder zu kurzes Zungenbändchen niemals ein Saughindernis darstellt und die unausrottbare Neigung mancher Ärzte, solche Bändchen mit der Schere zu durchtrennen, jeder Berechtigung entbehrt.

B. Ammenernährung.

Spezielle Indikationen der Ammenernährung.

Die Ammenernährung ist überall dort indiziert, wo eine Ernährung an der Brust der eigenen Mutter unmöglich oder nicht angängig ist. Unmöglichkeit der mütterlichen Ernährung ist natürlich durch den Tod der Mutter im Anschluß an die Geburt gegeben. Nicht angängig ist sie vor allem bei offener Tuberkulose, Karzinomen im letzten Stadium und sonstigen schweren Erkrankungen der Mutter. Wir brauchen darauf nicht weiter einzugehen, da wir die Frage der Kontraindikationen des Stillens schon früher erörtert haben. Es sei hier darauf verwiesen. Praktisch wird man auch die Stillverweigerung der Mutter noch als Indikation zur Ammenernährung in Ausnahmefällen anerkennen müssen, obwohl hier dem persönlichen Einfluß des Arztes eine dankbare Aufgabe erwächst. Selbst wenn die Ernährung an der Brust der eigenen Mutter nur in der kurzen Zeit, in welcher die stillunlustige Frau unter dem Einfluß des Geburtshelfers steht, durchgeführt wird, darf man das als einen Gewinn buchen, auch im Interesse der Mutter selbst. Wir brauchen auch das hier nicht weiter auszuführen.

Gleichgültig, wie man von sozial-ethischem oder sonstigen Standpunkte aus der Ammenfrage gegenübersteht [1], wird man heute und wohl auf absehbare Zeit hinaus daran festhalten müssen, daß die Ammenernährung zwar nicht der bequemste, aber weitaus der beste Ersatz der Mutterbrust ist. Gilt das schon allgemein, so gilt es ganz besonders für die Neugeburtsperiode und doppelt wieder für Frühgeborene. Ist man also vor die Wahl gestellt: künstliche Ernährung oder Amme, dann möge man sich auf jeden Fall für die Amme entscheiden. Denn die größte Sorgfalt und beste Technik der unnatürlichen Ernährung gibt niemals eine sichere Gewähr, daß ein Neugeborenes sie von Anfang an verträgt.

In den Frauenkliniken spielt die Ammenernährung in dieser Form — vom Tode der Mutter abgesehen — keine Rolle. Um so mehr kommt Ammenmilch als Beigabe bei nicht ausreichender mütterlicher Nahrung in Frage. Ob zu diesem Zweck wirklich an der Ammenbrust angelegt oder abgepumpte Ammenmilch zugefüttert wird, macht einen prinzipiellen Unterschied nicht aus. Demnach wäre die Unterernährung höheren Grades in den Frauenkliniken die häufigste und wichtigste Indikation zu dieser partiellen Ammenernährung, die allerdings kaum je vor der Mitte der zweiten Woche eingeleitet zu werden brauchte. Freilich wird man sich im Interesse guten Gedeihens und rascher Kräftigung der später vielleicht unter recht ungünstigen Bedingungen weiter lebenden Kinder vielfach schon früher zur Zugabe von Ammenmilch entschließen.

Eine ethische Bemerkung möchten wir indes hier nicht unterdrücken. Wo es möglich ist, sollte man wenigstens darauf hinwirken, daß für die ersten Monate das Ammenkind mit ins Haus genommen wird. Ganz abgesehen von der ethischen und sozial-hygienischen Bedeutung einer solchen Verbesserung der Lebensaussichten des Ammenkindes kommt

---

[1] Eine Erörterung dieser weitverzweigten Frage gehört nicht zu unserer Aufgabe. Wir verweisen auf die leicht zugängliche Literatur der letzten Jahre.

namentlich bei schwächlichen Kindern diese Maßnahme auch dem zu ernährenden Kind zugute, insoferne durch das Stillen beider Kinder die Fortdauer einer guten Sekretion der Ammenbrust gewährleistet wird, welche sonst durch frühgeborene oder saugschwache Kinder leicht ruiniert werden kann.

Auswahl einer Amme.

Mit Recht wird heute Schloßmanns Forderung anerkannt, daß die sozusagen gewerbliche Ammenvermittlung den Säuglingsheimen und ähnlichen Anstalten überlassen bleiben sollte. Denn nur eine längere Beobachtung der Amme hinsichtlich ihrer Laktation unter den verschiedensten Ansprüchen, ihrer persönlichen Verhältnisse, ihrer Gesundheit usw. kann eine Gewähr dafür bieten, daß eine Amme erhalten wird, welche allen billigen Ansprüchen genügt und für den speziellen Fall, für den sie gebraucht wird, auch geeignet ist. Denn die ammesuchende Mutter ist nicht imstande, wesentliche und unwesentliche Forderungen hinsichtlich der Qualität der Amme auseinanderzuhalten, ja man darf ruhig zugestehen, daß auch sehr viele Ärzte nicht imstande sind, eine einwandfreie Ammenauswahl und -Untersuchung vorzunehmen; andererseits ist nur durch eine solche Gewähr dafür geboten, daß die Klienten nicht groben Täuschungenversuchs der Amme bzw. eines gewerblichen Ammenvermittelungsbureaus zum Opfer fallen.

Die Ammenvermittlung seitens der Gebäranstalten kann mit dieser Ammenauswahl nach Schloßmanns System keinen Vergleich aushalten. Mit Recht wenden die Kinderärzte ein, was übrigens jeder sachverständige Geburtshelfer nur bestätigen wird, daß eine Frauenklinik tatsächlich meist gar nicht in der Lage ist, einer Frau die Eignung als Amme zuzuerkennen, weil bei der üblichen Entlassung nach 10—14 Tagen bestenfalls nur bescheinigt werden kann, daß die Amme körperlich gesund, von ansteckenden Krankheiten augenblicklich frei sei und für diese Wochenbettszeit ausreichende oder reichliche Brustsekretion zeige. Wie die Sekretion weiter sich verhalten wird, darüber kann unter solchen Umständen gar nichts ausgesagt werden, ganz abgesehen davon, daß diese frühzeitige Ammenverdingung das Ammenkind bereits in den gefährdeten ersten Lebenswochen der Mutterbrust beraubt. Verfasser steht ganz auf dem Standpunkte, daß die Ammenvermittlung durch Gebäranstalten nur ein jetzt noch nicht überall entbehrlicher Notbehelf ist, der gänzlich aufzugeben wäre, sobald genügend Säuglingsheime und ähnliche Anstalten für eine rationelle Ammenvermittlung vorhanden sind. Richtige Aufgabe der Gebäranstalten würde dann sein, solchen Anstalten voraussichtlich als Amme in Betracht kommende Personen zu überweisen. Das ist aber zunächst noch Zukunftsmusik. Namentlich die kleinen Gebäranstalten und Universitätsfrauenkliniken werden vorläufig im Interesse der Allgemeinheit eine gelegentliche Ammenvermittlung nicht prinzipiell ablehnen können. Verfasser würde aber empfehlen, eine Frühwöchnerin nur in einem akuten Notfall nach außen als Amme abzugeben. So z. B., um das debile Kind einer schwerkranken oder aus irgend einem anderen Grunde wirklich stillunfähigen Mutter vor dem Verderben zu bewahren. Die Gießener Frauenklinik pflegt im allgemeinen — von solchen Notfällen abgesehen — als Ammen nur solche Frauen abzugeben, welche mindestens 6 bis 8 Wochen, gewöhnlich aber noch länger als Amme in der Klinik sich bewährt haben. Damit erreichen wir gleichzeitig, daß diese Ammen in den wichtigsten Erfordernissen einer rationellen Kinderpflege praktisch ausgebildet werden. Wir gehen gewöhnlich so vor, daß wir zwei geeignete Wöchnerinnen als Amme uns heranziehen, so daß uns bei plötzlicher Abgabe der einen die andere noch bleibt, die wir so lange halten, bis wir uns wieder eine neue Amme herangezogen haben. Gegen diese Art des Vorgehens wird wohl kaum etwas einzuwenden sein, doch liegen meiner Erfahrung nach die Verhältnisse in dieser Hinsicht nur selten so günstig als hier in Gießen. Meist sind Frauenkliniken aus Verwaltungsgründen nicht in der Lage, Wöchnerinnen so lange zurückzubehalten, daß sie wirklich als brauchbare Ammen verwendet werden können.

Es kommt gar nicht selten vor, daß wir uns hinsichtlich der physischen Eignung einer Frau als Amme täuschen und sie nach 3—4 Wochen doch entlassen müssen, weil die Brust nicht das hält, was wir erwartet haben.

Nur nebenbei sei bemerkt, daß wir auf diese Weise in der glücklichen Lage sind, nicht allein die Ammenkinder länger beobachten und so Erfahrungen über junge Säuglinge sammeln zu können, sondern daß dieses Verfahren uns auch ermöglicht, Frühgeburten, Zwillingen, evtl. auch ohne Mutter, eine natürliche Ernährung so lange zu gewährleisten, bis sie kräftig genug sind, um unter ungünstigeren Bedingungen weiter leben zu können. In solchen Fällen leiten wir selbst noch vor der Entlassung der Kinder auf dem Umwege über das Allaitement mixte die künstliche Ernährung ein und entlassen die Kinder erst, wenn wir uns überzeugt haben, daß sie dieselbe in möglichst einfacher Form gut vertragen.

Ammenuntersuchung.

Da es unter heutigen Verhältnissen also nicht zu umgehen ist, daß an den Geburtshelfer die Anforderung herantritt, selbst eine Amme auszuwählen, müssen wir auch das Verfahren bei der Untersuchung einer Amme hier schildern.

Bei der auf ihre Tauglichkeit als Amme zu prüfenden Frau ist eine vollständige Körperuntersuchung vorzunehmen. Die Prüfung der Leistungsfähigkeit der Brust ist nur ein wenn auch sehr wichtiger Teil der Ammenuntersuchung.

Während in einer Anstalt die Anamnese ja bekannt zu sein pflegt, ist in der Außenpraxis auch eine solche zu erheben. Dabei dürfen Fragen über hereditäre Belastung namentlich hinsichtlich Tuberkulose, über überstandene Lues nicht unterbleiben. Die Angaben über das Datum der Geburt sind gegebenenfalls bei der Besichtigung oder Untersuchung des Genitalapparates der Frau und des Ammenkindes zu kontrollieren.

Die Besichtigung des Körpers hat neben allgemeinem Ernährungszustand, eventueller Anämie auf Ungeziefer (besonders Kopf- und Filzläuse), an der Haut oder den Knochen bzw. sonstwo nachweisbare Spuren von Lues und Tuberkulose, auf sonstige Hautaffektionen zu achten. Lungen und Herz sowie der Harn sind genau zu untersuchen, dann erst wird die Brust hinsichtlich ihrer Funktion geprüft und schließlich das Ammenkind untersucht wobei man sich gegen Unterschiebung eines fremden Kindes schützen muß.

Einige dieser Punkte erfordern noch eine besondere Erörterung.

Ungeziefer, Krätze, wie manche andere Hautkrankheiten, Psoriasis, Favus, sind natürlich mehr ein momentanes Hindernis, die betreffende Frau als Amme anzunehmen, da sie sich entweder leicht beseitigen lassen oder, wie Schönheitsfehler, für die Qualifikation als Amme vom ärztlichen Standpunkte aus nicht in Betracht kommen.

Lungenkranke Personen sind als Amme auszuschließen. Unter den Lungenaffektionen ist besonders auf Tuberkulose zu achten. Eine offene Tuberkulose schließt die Frau selbstverständlich als Amme aus; bei Verdacht auf einen latenten Prozeß oder einem auf überstandene Spitzenaffektion hindeutenden Befund wird man heute die Röntgenaufnahme der Lungen nicht unterlassen dürfen. Es ist ja bekannt, welche Überraschungen man dabei bei negativem Bazillenbefund und bei minimalem Auskultationsbefund erleben kann. Die genauere Beurteilung in zweifelhaften Fällen wird natürlich nur der internistisch Erfahrene vornehmen können. Eine geschlossene oder seit längerer Zeit inaktive Tuberkulose wäre an sich kein zwingender Grund, eine Frau als Amme auszuschließen, sofern man sie unter Kontrolle halten kann. Besser wird man aber jede derartige Frau als Amme ablehnen, schon im Interesse der Frau selbst, da natürlich durch die fortgesetzte Laktation der Prozeß unter Umständen wieder aufflackern kann. Die allergischen Reaktionen aller Art sind unbrauchbar. Zeichen überstandener Drüsen- oder Knochentuberkulose bei negativem Lungenbefund brauchen nicht als Grund zur Ablehnung einer Frau als Amme zu gelten. Bestehende tuberkulöse Prozesse irgendwelcher Art sind immer ein Ausschlußgrund.

Unter Herzleiden gelten natürlich alle akuten Erkrankungen als Grund, eine Frau als Amme abzulehnen. Kompensierte Vitien dagegen, bei denen die Schwangerschaft und Geburt ohne Schaden und Zeichen von Dekompensation überstanden wurde, würden wir nicht als Ausschlußgrund ansehen; dagegen scheint uns Herzmuskelinsuffizienz jeder Art ein Grund, die Ammentätigkeit zu widerraten.

Nierenerkrankungen sollten als Grund gelten, eine Frau als Amme auszuschließen.

Eine Frau, deren Kind an spezifischer Ophthalmoblennorrhöe leidet oder gelitten hat, sollte als Amme ausgeschlossen werden, auch dann, wenn sie keine Zeichen florider Gonorrhöe bietet. In diesem Punkte haben wir einen Irrtum zu berichtigen, der unter den Pädiatern weit verbreitet ist. Die Sekretuntersuchung (Zervix, Urethra) bietet keine Sicherheit, daß Gonokokken auch nachgewiesen werden. Vor allem ist die einmalige Untersuchung bei negativem Ausfall ganz wertlos. Wo klinisch der Verdacht auf Gonorrhöe besteht, würden wir auch bei negativem Ausfall der Gonokokkensuche die Frau als Amme ablehnen. Daß alte Gonorrhöen bei Ammen oft genug vorhanden sind, läßt sich trotz aller Vorsicht nicht verhindern.

Eine überragende Bedeutung kommt der Fahndung auf Lues zu. Sowohl Zeichen überstandener wie manifester Lues müssen eine Frau als Amme untauglich erscheinen lassen. In ersterer Hinsicht ist besonders auf indurierte Lymphdrüsen (inguinale, kubitale, axillare, zervikale), auf Perforation im Bereich des Gaumens und Rachens, sonstige Narben an Haut und Schleimhäuten zu achten, auf ein Leukoderma (man hüte sich aber vor der oft kaum vermeidbaren Verwechslung mit einem ungleichmäßig abblassenden Chloasma uterinum am Hals!). Sehr wertvoll in dieser Hinsicht ist auch die Wassermannsche Serumreaktion. Sie bei jeder als Amme in Betracht kommenden Frau anzustellen, erachten wir uns unbedingt verpflichtet. Bei positivem Ausfall derselben sollte eine Frau als Amme nicht genommen werden, auch wenn weder sie selbst noch das Kind nachweisbare Lueserscheinungen zeigt [1]. Denn es ist niemals ausgeschlossen, daß während der Laktation ein Rezidiv eintritt. Negativen Wassermann würde man dagegen wohl immer als genügende Sicherheit auffassen dürfen, daß die sonst taugliche Frau vom Ammendienst nicht auszuschließen ist. Man könnte wahrscheinlich sogar so weit gehen [2], wenn bei der als Amme in Aussicht genommenen Frau und bei ihrem Kinde die Wassermannsche Reaktion, evtl. noch Kontrollen nach Sachs-Georgi usw. negativ sind, die Ammenzulassung auch dann zu erteilen, wenn anamnestisch eine überstandene Lues sicher ist [3]. Da indessen diese Frage nicht nach allen Richtungen geklärt ist, wird man schon aus Haftpflichtsgründen heute lieber daran festhalten, mehrfache Zeichen latenter Lues auch bei negativem Wassermann als Ausschließungsgrund gelten zu lassen.

Für die Diagnose der manifesten Lues ist eine genauere Besichtigung des Genitales und seiner Umgebung, des Afters, der Haut (auch der Brustwarzenhaut), Schleimhäute usw. notwendig. (Näheres darüber in den Lehrbüchern der Syphilis.) Die Beobachtung bzw. die Untersuchung des Ammenkindes kann weitere Stützen für die Annahme einer latenten Lues bieten.

---

[1] Über die Wassermannsche Reaktion am Brustdrüsensekret scheinen mir die Erfahrungen noch nicht abgeschlossen.

[2] Richtige Technik vorausgesetzt; es ist immer Armvenenblut zu nehmen. Die am Blut des retroplazentaren Hämatoms angestellten Reaktionen sind nicht immer zuverlässig.

[3] Der von v. Pfaundler zitierte Fall Rietschels würde nicht gegen diese Auffassung sprechen. Eine Frau ohne Zeichen überstandener Lues und mit negativem Wassermann wurde als Amme vermietet. Das Kind erkrankte in der 10. Woche an manifester Lues; die von der Amme gestillten fremden Kinder sind nicht erkrankt. Die Amme war wohl noch imstande, ihr Kind plazentar zu infizieren, im Wochenbett dagegen war die Lues bereits abgeheilt.

Nicht unterlassen möchten wir hier den Hinweis, daß auch die Amme tunlichst vor Infektion durch ein luetisches Kind zu schützen ist. Die Beobachtung des Kindes, welches die Amme ernähren soll, wird ja dem die Amme vermittelnden Arzt meist nicht möglich sein; er kann aber wenigstens auf einer vorhergehenden ärztlichen Untersuchung des Kindes bestehen, wobei besonders auf Schnupfen, Exantheme, Pemphigus usw. zu achten ist. Am besten wäre es, auch beim Kinde, das die Amme ernähren soll, den Wassermann zu verlangen (1—2 ccm Blut genügen dazu). Freilich wird man dabei berücksichtigen müssen, daß die Wassermannsche Reaktion beim Neugeborenen stärkeren Schwankungen unterworfen ist als beim Erwachsenen (Bar, Daunay, E. Opitz u. a.), so daß ihr Wert vielfach angezweifelt wird. Ein Mißstand ist häufig der, daß Symptome beim Kinde erst nach 2 Monaten auftreten. Man wird daher gut tun, immer auch das Urteil des Hausarztes zu berücksichtigen, der ja schließlich am besten weiß, ob in der Familie eine luetische Infektion vorgekommen ist. Im Zweifelsfalle ist es am sichersten, zu warten, bis das Kind 2 Monate alt ist. Rietschel hat einen Fall mitgeteilt, wo durch Unterlassung dieser Vorsicht die Amme und durch diese wieder 3 Kinder infiziert wurden. Auf jeden Fall wird man, wo das nicht durchführbar ist, verlangen, daß auch bei der Mutter des Kindes, das die Amme ernähren soll, die Wassermannsche Reaktion angestellt wird.

Entgegen manchen anderen Anschauungen und Erfahrungen (cf. oben) hat Pankow bei genügender Sorgfalt der Untersuchungen in 94% aller latent Luetischen im Blut des retroplazentaren Hämatoms ein positives Resultat bekommen und weist darauf hin, daß in 37% aller latent luetischen Frauen nur durch die Untersuchung des retroplazentaren Hämatoms die Lues aufgedeckt wurde. Man würde also zu der weitergehenden Forderung kommen, mindestens bei allen Frauen, deren Stillfähigkeit nicht über jeden Zweifel erhaben ist, im Blut des retroplazentaren Hämatoms, also schon bei der Geburt die Wassermannsche Reaktion anstellen zu lassen [1].

Dieser Schutz der Amme vor Infektion ist namentlich auch in Anstalten einer größeren Beachtung wert. Wenn auch nicht die Wassermannsche Reaktion regelmäßig bei allen Neugeborenen durchgeführt werden kann, dann hat man in der Untersuchung der Mütter wohl eine Gewähr mehr, aber, wie der Rietschelsche Fall zeigt, keine absolute Sicherheit, zumal die Erscheinungen der Lues beim Kinde oft erst jenseits der Neugeburtsperiode auftreten. Insofern ist es sicher am zweckmäßigsten, die Kinder überhaupt nicht direkt an der Ammenbrust anzulegen, sondern entweder mit Warzenhütchen trinken zu lassen — auch nur an der sicher unverletzten Warze einer Amme — oder überhaupt nur abgepumpte Ammenmilch zu verfüttern. Mit wenigen Ausnahmen gehen wir seit Jahren in der Art vor. Das hat noch den Vorteil, daß im Notfall auch die Milch einer nicht nach Wassermann untersuchten Frau verwendet werden kann; denn durch die Milch wird die Lues nicht übertragen [2], sondern immer nur von einem Primäraffekt der Brust aus, bzw. durch Infektion oberflächlicher Schleimhaut- oder Hautverletzungen des Kindes mit Spirochäten, welche aus irgendeinem sekundären oder tertiären Krankheitsherd der Amme

---

[1] Näheres über die ganze Streitfrage der Zuverlässigkeit der Wassermannschen Reaktion bei Schwangeren, Gebärenden und Wöchnerinnen siehe bei Neugarten, Berichte über die ges. Gynäkol. u. Geburtsh. Bd. 4, S. 205.

[2] Uhlenhuth und Mulzer geben allerdings (1913) an, daß es ihnen in zwei Fällen durch Verimpfung mikroskopisch spirochätenfreier Milch syphilitischer Frauen gelungen sei, bei Kaninchen Hodensyphilis zu erzeugen. Man darf aber wohl begründeten Zweifel hegen, ob die Milch tatsächlich spirochätenfrei war. Schwartz, der neuestens wieder ausführliche Untersuchungen über diese Frage angestellt hat, ist es jedenfalls niemals gelungen, Spirochäten in der Milch luetischer Frauen nachzuweisen.

frei werden. Übrigens bedeutet in dieser Hinsicht eine luetische Pflegerin eine genau so große Gefahr als eine Amme.

Niemals darf man zugeben, daß eine gesunde Frau als Amme eines luetischen Kindes vermietet wird. Gegen das Stillen eines luetischen Kindes durch eine luetische Amme dürfte aber nichts einzuwenden sein. —

Erfüllt eine Frau alle im vorhergehenden genannten Bedingungen, so kommt nun natürlich die Prüfung der Laktationsfähigkeit in Frage. Darauf brauchen wir aber nicht näher einzugehen, da wir schon früher erörtert haben, inwieweit tast- und sichtbare Eigenschaften der Brust einen Schluß auf ihre Ergiebigkeit zulassen. Es sei nur Einiges nachgetragen, was bei der Auswahl einer Amme spezielle Bedeutung hat.

Man wird natürlich gut faßbare Warzen verlangen, man wird vor allem aber keine Frau als Amme annehmen, deren Brust nicht entsprechend ergiebig ist. Schon aus diesem Grunde, das sei nochmals betont, ist es verfehlt, eine Frau bereits 2 Wochen post partum als Amme abzugeben. Ebenso verfehlt ist es aber, unter mehreren verfügbaren Frauen sonst gleicher Qualität gerade die mit der ergiebigsten Brust herauszusuchen. Für Anstalten natürlich ist ceteris paribus immer die ergiebigste Brust die beste. Für eine Privatamme aber ist eine stark beanspruchte und deshalb hochergiebige Brust nicht das beste. Allzu leicht kommt es dann bei plötzlich um ein Vielfaches geringerer Beanspruchung zur Stauung und damit zu einem Rückgang der Sekretion vielleicht sogar unter das gewünschte Maß. Insoferne ist es zweckmäßig, bei der Ammenwahl möglichst darauf zu achten, daß die Brust zwar reichlich für den Nahrungsbedarf des zu versorgenden Kindes sezerniert, aber nicht ein Vielfaches des voraussichtlichen Nahrungsbedarfes produziert. Geringe Schwankungen zwischen Ergiebigkeit der Ammenbrust und Bedarf, bzw. Nahrungsaufnahme des Kindes gleichen sich von selbst ohne Störung der Sekretion aus.

Hat man nicht Gelegenheit, eine Amme, die bereits länger beobachtet ist, zu wählen, sondern ist man gezwungen, eine sich eben anbietende Person zu nehmen, so hüte man sich vor Täuschungsversuchen aller Art wie Unterschiebung eines fremden Kindes als Ammenkind, künstlich vorgetäuschter Ergiebigkeit der Brust durch Stauung. Die Amme hat ihr Kind vielleicht einen halben Tag nicht angelegt und deshalb auch bei mäßiger Ergiebigkeit eine strotzend gefüllte Brust. Der Abspritzversuch ist, wie schon erwähnt, ganz wertlos. Vor Täuschung bewahrt man sich einzig, indem man entweder die Tagesergiebigkeit der Brust unter Aufsicht nachprüft oder wenigstens zwei aufeinanderfolgende Mahlzeiten kontrolliert. Dann hat man ein objektiv zuverlässiges Bild von der Leistungsfähigkeit der Brust. Natürlich kann man nur über die augenblickliche, nicht über die künftige Leistungsfähigkeit derselben urteilen.

Alle anderen Proben auf die Güte der Milch — und es gab deren in alter Zeit sehr viele [1] — können als überflüssig beiseite gelassen werden. Das gilt auch von der chemischen und mikroskopischen Prüfung der Milch. Auch diese galt noch vor wenigen Jahrzehnten als erforderlich. Manche verlangen die mikroskopische Untersuchung noch heute, während fast alle modernen, in Milchuntersuchungen erfahrenen Autoren (Czerny-Keller, Engel, Finkelstein, v. Pfaundler, Schloßmann u. a.) sie als wertlos, ja als „Spielerei" erklären. Solche Untersuchungen sind vor allem dann völlig wertlos, wenn sie nicht an der Gesamtmilch eines Tages oder einer Tagesmischmilch vorgenommen werden, weil in den einzelnen Portionen einer Mahlzeit wie verschiedener Mahlzeiten die quantitative Zusammensetzung der Frauenmilch ja schon normaliter recht beträchtliche Schwankungen zeigt. (Näheres in dem Kapitel Milch.)

---

[1] Vgl. darüber Czerny-Keller, Handbuch, 2. Aufl., Bd. 1, S. 56ff.

Wir wissen heute überhaupt nicht, wie eine Frauenmilch zusammengesetzt sein müßte, die das Prädikat der besten Kindernahrung verdient. Man weiß wohl, daß es Kinder gibt, die an der Brust der einen Amme besser gedeihen als an der einer anderen. Man hat aber nie sicher herausfinden können, ob dabei wirklich ein spezifischer Milchfehler und nicht eine konstitutionelle Besonderheit des Kindes daran schuld trägt. Jedenfalls würde man nie voraussehen können, ob eine Ammenmilch dem Kinde bekömmlich sein wird oder nicht; das kann immer erst der praktische Versuch entscheiden. Zudem handelt es sich dabei doch um seltenere Ausnahmen. Im allgemeinen haben die gerade in der Ammenernährung weitaus erfahrenen Kinderärzte die Angaben von Deutsch (1876) und Schlichter (1894) bestätigt, daß nur die Quantität und nicht die Qualität der Ammenmilch von Bedeutung sei und die Kinder auch bei oftmaligem und unvermitteltem Ammenwechsel trotz aller nachgewiesenen Differenzen im Fett- und Eiweißgehalt der verschiedenen Ammenmilchen keine Störung ihres Gedeihens zeigten. Verfassers Erfahrungen reichen zu einem eigenen Urteil in dieser Frage nicht aus.

Ebenso hat man heute gelernt, daß das Laktationsalter der Amme für das Gedeihen der Kinder von keinem Einfluß ist. Die Bungeschen Befürchtungen, daß eine zu alte Ammenmilch bei wesentlich jüngerem Kinde Schaden oder wenigstens keinen Vollersatz der Muttermilch darstellen könne, die Montischen Behauptungen über schlechte Verdaulichkeit der Milch von Ammen jenseits des vierten Laktationsmonats haben sich in der Praxis nicht bestätigt. Das geben diejenigen Pädiater, welche in Säuglingsheimen große Erfahrungen sammeln konnten, übereinstimmend an. Hier werden oft die kleinsten Frühgeborenen an der leichtgebenden Brust einer älteren Amme genährt (z. B. Engel, Finkelstein, Fessenko, Sadoffsky), andererseits oft ältere Säuglinge einer Wöchnerin angelegt. Verfasser hat darüber keine zum Mitreden berechtigenden Erfahrungen. Einige Fälle von Unzuträglichkeiten bei Ernährung Neugeborener durch ältere Ammen, die er beobachten konnte, erklärten sich zwanglos daraus, daß die schwächlichen Kinder an der Ammenbrust überfüttert worden waren, also nicht aus einer Unbekömmlichkeit der älteren Ammenmilch, sondern vielmehr aus einer ungenügenden Technik der Ammenernährung.

In der Klinik gehen wir so vor, daß wir frühgeborenen wie reifen Kindern, denen die Mutter fehlt, in den ersten Tagen neben abgepumpter Milch verschiedener Frauen wenigstens etwas Kolostrum zuführen. Diese Zufuhr von Kolostrum ist mindestens dort, wo sie so leicht durchzuführen ist, wie in Frauenkliniken, insofern als Vorteil anzusehen, als damit die Überleitung zur extrauterinen enteralen Ernährung eine schonendere ist und auch die leichteste Störung von seiten des Verdauungstraktus auf diese Weise besser vermieden werden kann. Darüber hinaus haben wir aber bei unseren Neugeborenen Unterschiede zwischen junger und alter Ammenmilch nicht beobachten können.

Als das bevorzugte Lebensalter der Amme geben Temesváry und v. Pfaundler das dritte Dezennium an. Das bezieht sich wohl darauf, daß Ammen unter 20 Jahren meist Erstlaktierende sind, die einmal hinsichtlich der Ergiebigkeit der Brust weniger zuverlässig zu beurteilen und weiter auch als Pflegerin für die Kinder wegen ihrer Jugend weniger geeignet sind.

Fast in jedem Reich und Staat werden vom Publikum (vielfach auch von den Ärzten) Angehörige bestimmter Rassen und Nationen bevorzugt. So im Deutschen Reich die Spreewälderinnen, die Elsässerinnen, in Österreich die tschechischen Böhminnen, die Hanakinnen usw., in Frankreich die Ammen aus der Bretagne. Ganz abgesehen davon, daß beim Publikum oft Rücksicht auf die Nationaltracht der Ammen eine Rolle spielt, gründet sich diese Bevorzugung sachlich nur auf die im Durchschnitt größere Stillfähigkeit von Angehörigen dieser Länder oder Nationalitäten. Insofern ist natürlich nichts dagegen einzuwenden. Sachlich wird man aber jede andere Frau, welche die nötige Ergiebigkeit der Brust und Gesundheit aufweist, ebenso hoch bewerten, als eine in stolzer Tracht spazierende Hanakin oder Spreewälderin, deren Reize Soldaten und andere Männer besonders anziehen.

Daß der Wiedereintritt der Menstruation kein Hinderungsgrund zum Stillen ist, wurde schon erwähnt. Demgemäß kann dieselbe auch nicht als Ausschlußgrund der Wahl einer Frau als Amme gelten, zumal wir gar nicht selten schon im eigentlichen Wochenbett den Wiedereintritt der Menstruation beobachten können, worauf schon vor vielen Jahren Schatz hingewiesen hat.

Technik der Ammenernährung.

Man kann eine direkte und eine indirekte Ammenernährung unterscheiden. Jede hat ihre besonderen Indikationen, ihre Vorteile und Nachteile, die sich zum Teil überdecken, so daß man vielfach von einer Methode der Wahl sprechen kann.

Bei direkter Ammenernährung wird das Kind an die Ammenbrust statt an die der eigenen Mutter angelegt. In dieser Hinsicht ist die direkte Ammenernährung die vollkommenste Nachahmung der mütterlichen Ernährung. Gewisse Unterschiede aber bestehen auch hier und sind bei der Überwachung des Erfolges der Ammenernährung zu beachten. Gibt die Ammenbrust reichlich und leicht Milch ab, so besteht für Neugeborene immer eine gewisse Gefahr der Überfütterung (Symptome und Folgen derselben vgl. später); man soll sich daher durch Kontrolle der Mahlzeiten mit der Wage davon überzeugen, wieviel das Kind bekommt und nötigenfalls zeitgerecht bremsen, sei es durch Verlängerung der Nahrungspausen und Verringerung der Zahl der Mahlzeiten, sei es bloß oder außerdem durch Verkürzung der Dauer der Mahlzeiten. Letzteres empfiehlt sich am wenigsten, da die Kinder dabei ungehalten werden, außerdem die Zeitbestimmung zur Beschränkung der Nahrungsaufnahme sehr schwierig ist. Hat man die Wahl, so wird man ein kräftig saugendes Neugeborenes lieber nicht an eine zu ergiebige und leichtgiebige Ammenbrust legen, ist umgekehrt die Ammenbrust schwergiebig, dann besteht bei einem saugschwachen oder trinkfaulen Neugeborenen die Gefahr einer mäßigen Unterernährung; wählt man für denselben Neugeborenen eine sehr reichgiebige Brust, so ist umgekehrt eine Schädigung der Brustsekretion zu befürchten, wenn die Differenz zwischen Angebot und Bedarf ein gewisses Maß übersteigt. Kleinere Differenzen gleichen sich aus, die Brust stellt sich dann auf den Bedarf ein. Man kann diese Schwierigkeiten auf doppeltem Wege umgehen. Entweder läßt man an einer schwergiebigen Brust häufiger trinken oder man stellt eine leichtgiebige Brust zur Verfügung, legt aber noch andere Kinder an, welche die Brust entleeren oder sorgt durch Abpumpen für Entleerung und damit für Ergiebigkeit der Brust. Das wird im allgemeinen das Vorgehen in Anstalten sein, wo für saugschwache Neugeborene eine leichtgiebige Brust gewählt wird, für genügende Entleerung durch anderweitige Bedürfnisse reichlich gesorgt ist.

In der Praxis würde man alle diese bei direkter Ammenernährung sich häufig genug ergebenden Schwierigkeiten samt ihren eventuellen Folgen — Überfütterung und Unterernährung — am besten umgehen durch Aufnahme der Amme samt ihrem eigenen Kinde. Dieses Vorgehen würde zugleich mit einem Schlage die ethischen Bedenken gegen die Ammenernährung wegräumen; leider ist es in den wenigsten Fällen zu erreichen.

Vorteilhafter ist es natürlich, schwächliche Kinder, die einer Amme bedürfen, in einem Säuglingsheim aufzunehmen, die Kinder durch eine Anstaltsamme unter ärztlicher Kontrolle des Erfolges stillen zu lassen — ein Vorgehen, das sicher viel mehr Anwendung verdiente, mindestens in den ersten

Monaten, wenn später der Übergang zum Allaitement mixte in Aussicht genommen ist.

Auch die von Brüning empfohlene Verwendung von „Stillfrauen" (Stillmüttern nach Tugendreich) könnte bei entsprechender Organisation zu einer segensreichen und billigen Methode direkter Ammenernährung ausgebaut werden. Gemeint ist damit, daß Mütter mit ergiebiger Brust zu den Stillzeiten vor oder nach Stillung ihres eigenen Kindes gegen mäßiges Entgelt in das Haus ihrer Klientin gehen und dort deren Kind stillen. Wir haben wiederholt erlebt, daß in Dörfern aus reinem Mitleid mit dem Kinde einer kranken oder verstorbenen Frau stillende Mütter einer befreundeten Familie von selbst auf diese Idee kamen, und haben auch mehrfach Gelegenheit gehabt, diese Einrichtung mit Erfolg und zu allseitiger Zufriedenheit zu empfehlen. Natürlich muß die stillende Frau genau wie jede andere Amme auf ihre einwandfreie Gesundheit kontrolliert werden.

Die indirekte Ammenernährung, Verabreichung abgepumpter Ammenmilch aus der Flasche oder mit dem Löffel, hat demgegenüber ihre Vorzüge und Nachteile. Hauptvorzug ist unter Umständen, daß auch die Milch einer luetischen oder gonorrhöeverdächtigen Frau verwendet werden kann. Indiziert ist dieselbe ferner, wenn es sich um Frühgeborene handelt, die zum Saugen an der Brust überhaupt zu schwach sind und mit dem Löffel gefüttert werden müssen. In Anstalten hat die indirekte Methode ferner den Vorzug der leichten Verteilung der Ammenmilch. Das ist namentlich an kleinen Anstalten, die nur ein gewisses Quantum Frauenmilch erübrigen, ein nicht zu unterschätzender Vorzug. Ferner kann man auf diese Weise Ammenmilch nach außen abgeben, unter Umständen die einzige Rettung für ein krankes Kind, für das momentan keine Amme zu finden ist. Sind das auch Ausnahmefälle, so sollten sich doch Gebäranstalten derartigen gelegentlich an sie herantretenden Anforderungen niemals entziehen.

Eine so viel ich sehe wenig in Aufnahme gekommene Methode der indirekten Ammenernährung ist die mit konservierter Ammenmilch. Mayerhofer und Pribram haben 1908 das Konservierungsverfahren von Budde [1] dafür angewendet und bemerkenswerte Erfolge erzielt weniger in Hinsicht auf Neugeborene, als auf Darmkrankheiten älterer Säuglinge. Doch könnte nach diesem Verfahren konservierte Frauenmilch (haltbar etwa 3 Monate) für weiteren Versand in Betracht kommen. Bei entsprechender Organisation ließen sich jedenfalls recht bedeutende Mengen von Frauenmilch gewinnen (schätzungsweise in einer Stadt wie Wien täglich 15—20 Liter nach Abzug aller in den Anstalten selbst verbrauchten Ammenmilch). Bei Neugeborenen liegen meines Wissens Erfahrungen mit dieser Form indirekter Ammenernährung noch nicht vor, weil sie entbehrlich ist.

Bei jeder Form indirekter Ammenernährung ist natürlich die Kontrolle der Nahrungsmenge sehr leicht; bezüglich der Behandlung der Milch gelten hier dieselben Vorschriften wie bei der künstlichen Ernährung: Auffangen mittels steriler Pumpe in sterilem Gefäß. Tiefkühlung unter Verschluß bis zum Moment des Gebrauches.

---

[1] Das Prinzip der Methode ist die Sterilisierung der auf mittlere Temperatur erwärmten Milch mit H_2O_2 unter Zusatz von Kalkodat zur Haltbarmachung. Die pro Liter mit 1 g Perhydrol und 1 g Kalkodat versetzte Frauenmilch wird im Wasserbad eine halbe Stunde lang auf 50^0 C erwärmt, wobei durch die Katalase der Milch Sauerstoff aus dem Perhydrol und Kalkodat abgespalten wird, der entweicht. Die Milch wird dann im Eisschrank aufbewahrt.

C. Zwiemilchernährung.

Begriff, Indikationen.

Begriff. Die Erfahrung hat gelehrt, daß die Gefahren der unnatürlichen Ernährung zum größten Teil verhütet werden können, wenn man ein Kind wenigstens teilweise an der Mutter- oder Ammenbrust ernährt. Die Technik dieser Ernährungsform wurde besonders durch die Franzosen unter dem Namen "Allaitement mixte" bekannt, was man mit Escherich trefflich als „Zwiemilchernährung" übersetzen kann. Man darf annehmen, daß selbst die teilweise natürliche Ernährung dem Kinde eine Reihe von Schutzstoffen zuführt oder bestimmte Bestandteile der Frauenmilch (Molke?) eine entgiftende Wirkung auf die gereichte heterogene Nahrung haben. Diese Vorzüge der Zwiemilchernährung treten um so deutlicher hervor, je später sie eingeleitet wird. Auch das natürliche Abstillen des Säuglings vollzieht sich ja meist in Form des allmählichen Ersatzes der natürlichen Nahrung durch die artfremde.

Die Anzeige zur Zwiemilchernährung ist immer dann gegeben, wenn es sich herausstellt, daß die verfügbare natürliche Nahrung für das Kind nicht ausreicht. Nach den schon früher gemachten Ausführungen trifft das in der Neugeburtsperiode relativ selten zu, wohl niemals in der ersten Lebenswoche, es sei denn, daß die Mutter stirbt oder so schwer erkrankt, daß man vorübergehend darauf sich beschränken muß, 2—3 mal täglich eine gewisse Menge Milch zu entleeren, welche man dem Kinde vermischt mit Kuhmilch reicht. Ehe man sich zur Zwiemilchernährung entschließt, müssen alle anderen Mittel zur Bekämpfung der Hypogalaktie oder eines Nahrungsmangels aus anderer Ursache versucht sein; selbst eine mäßige Unterernährung des Neugeborenen ist in der ersten Woche noch keine zwingende Indikation zur Einleitung des Allaitement mixte, da sie dem Neugeborenen weniger schadet, als übereilte Beinahrung (vgl. Kapitel Unterernährung). Nur bei sehr hochgradiger Hypogalaktie kann schon im Beginn der zweiten Woche eine vorsichtige Beinahrung ausnahmsweise erwünscht sein. Man wird sie aber dann immer noch als ein ganz vorübergehendes Auskunftsmittel betrachten und unterdessen nichts unterlassen, was zur Besiegung der Hypogalaktie geschehen kann. Gerade die gleichzeitige Schwergiebigkeit mancher unterergiebigen Brüste wie überhaupt die größere Sauganstrengung beim Trinken an einer bald entleerten Brust, andererseits die leichte Mühe des Trinkens aus der Flasche verleiten die Kinder bald, auf jede Sauganstrengung an der Brust überhaupt zu verzichten, womit natürlich erst recht die Sekretion vernichtet wird. Denn bei Hypogalaktie ist der Verzicht auf völlige regelmäßige Entleerung fast gleichbedeutend mit raschem Versiegen der Sekretion. „So wird die Flasche zum Grabstein für die Brust" (v. Pfaundler). Man wird deshalb auf irgendeine Weise stets für genügende Inanspruchnahme und Entleerung der Brust sorgen müssen. Sonstige Indikationen für vorübergehende Zwiemilchernährung sind Abszedierung der einen Brust bei starker Unterergiebigkeit der anderen und ähnliches mehr. Schließlich muß zugestanden werden, daß es konstitutionell minderwertige Kinder gibt, die beim Allaitement mixte besser gedeihen, als bei reiner Brustnahrung. Namentlich die Buttermilch wird für derartige Kinder vielfach gerühmt. Indes möchten wir doch bemerken, daß in der engeren Neugeburtszeit diese Indikation kaum in Frage kommt.

Alle die oben angeführten Indikationen gelten aber eigentlich nur für die Außenpraxis. In einer Frauenklinik wird die Zwiemilchernährung in der Neugeburtsperiode fast stets durch eine partielle direkte oder indirekte Ammen-

ernährung zu ersetzen sein. Nur an einer sehr kleinen Anstalt kann vorübergehender Ammenmangel bei spärlichem Belag mit Wöchnerinnen zu einer
passageren Verwendung der Zwiemilchernährung Veranlassung geben. Die
wichtigste Indikation zur Zwiemilchernährung scheint uns jedoch die einer
schonenden Überleitung zur künstlichen Ernährung. Wann immer künstliche
Ernährung indiziert ist, stellt die Zwiemilchernährung eine die Chancen des
Ertragens der unnatürlichen Ernährung wesentlich erhöhende Überleitung dar.

Ein Beispiel möge das zeigen (Abb. 96).

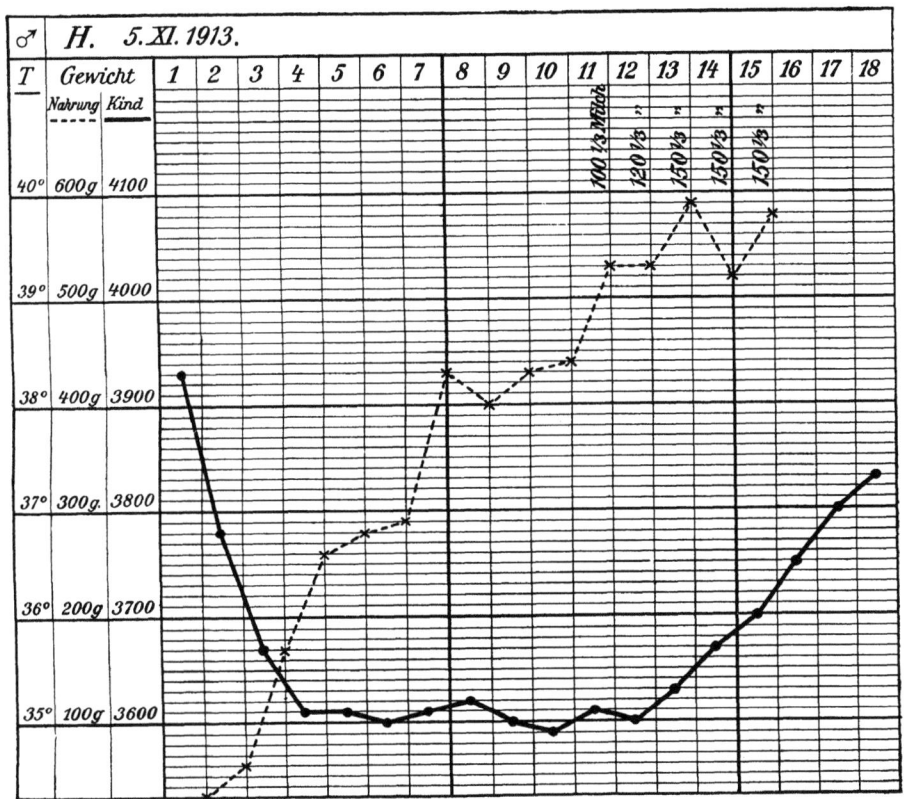

Abb. 96.
Wegen starker Unterernährung wird am 11. Tage zur Zwiemilchernährung übergegangen;
es wird nur so viel zugelegt, als zum wahrscheinlichen Minimalbedarf erforderlich ist. Der
Erfolg ist aus der Kurve ersichtlich.

Damit greifen wir freilich schon über die engen Grenzen der Neugeburtsperiode hinaus. Indes scheint uns hier eine gar nicht zu unterschätzende Aufgabe der Geburtshelfer vorzuliegen. Auch in der Außenpraxis sollte immer
versucht werden, die künstliche Ernährung nur auf dem Umwege über das
Allaitement mixte einzuleiten. Die Toleranzgrenze des Kindes läßt sich dabei
viel leichter bestimmen, bei Überschreiten derselben durch vorübergehende
Zufuhr von etwas mehr Frauenmilch Schaden noch rechtzeitig ausgleichen
oder verhüten.

Der Wert der Zwiemilchernährung ist gerade für den Übergang von der
Neugeburtsperiode zur Säuglingsperiode um so höher zu veranschlagen, als die

unvermittelt einsetzende künstliche Ernährung beim Neugeborenen ein noch
viel größeres Risiko bedeutet als beim älteren Säugling. Es wird auch übereinstimmend von allen Pädiatern der hohe Wert der Zwiemilchernährung gerühmt. Die überraschenden Erfolge derselben haben natürlich auch Gedanken
über die Ursache dieser auffälligen Überlegenheit der Zwiemilchernährung über
die künstliche Ernährung angeregt. Denn es liegt auf der Hand, daß nicht
etwa der plastische oder kalorische Wert der Frauenmilch allein das Maßgebende
ist, um so weniger als diese Überlegenheit der Zwiemilchernährung auch dann
bestehen bleibt, wenn die aufgenommene Menge Menschenmilch weit hinter
der Menge der Tiermilch zurückbleibt. Die Überlegenheit kann nur auf einer
höheren biologischen Valenz der Frauenmilch beruhen, sei es, daß die artgleichen
Bestandteile bestimmte notwendige Schutzstoffe liefern oder umgekehrt durch
dieselben eine „Entgiftung" schädlicher Bestandteile des heterogenen Nahrungs-
anteils stattfindet. Wir brauchen nicht ausführlich auf diese Frage einzugehen,
da die in Betracht kommenden Möglichkeiten bereits an anderer Stelle dieses
Buches[1] behandelt sind.

Spezielle Technik der Zwiemilchernährung.

Wenn auch das Wesentliche darin besteht, daß überhaupt neben der Tiermilch noch Frauenmilch gereicht wird, so scheinen mir doch — wenigstens in
der Neugeborenenzeit — gewisse Unterschiede der Methodik nicht ohne Belang. So empfiehlt es sich, die Zwiemilchernährung ganz allmählich einzuleiten,
indem man die Menge wie die Häufigkeit der Zufütterung unnatürlicher Nahrung
sachte steigert. Meinungsverschiedenheiten bestehen aber darüber, ob man
je nach Bedarf eine oder mehrere Brustmahlzeiten durch Flaschenmahlzeiten
ersetzen soll, woraus bald ein abwechselndes Darreichen von Brust und Flasche
wird, oder ob es besser sei, das Kind jedesmal zur bestimmten Zeit an die Brust
zu legen und nur die zum Bedarf noch fehlende Nahrungsmenge durch Zufütterung künstlicher Nahrung zu ersetzen. Die Pädiater scheinen, soweit ich
sehe, das erstere Verfahren häufiger anzuwenden. Auch v. Reuß empfiehlt
es mehr; ja Czerny-Keller wollen das zweite Verfahren überhaupt ablehnen,
weil das Kind dann das anstrengendere Saugen an der Brust bald ganz aufgeben
würde. Dagegen ist schon von Niemann, v. Pfaundler u. a. mit Recht eingewendet worden, daß diese Gefahr bei dem ersten Verfahren nicht kleiner sei.

Verfasser hält mindestens beim Neugeborenen das zweite Verfahren
für weitaus empfehlenswerter und zwar gerade in Hinsicht auf die Erhaltung der erreichbaren Ergiebigkeit der Brust. Einmal ist die häufigere Entleerung der Brust bei Hypogalaktie ein Vorzug; sollte wirklich das Kind das
Saugen an der Brust wegen der größeren Anstrengung einmal unterlassen, so
kann man es durch Hunger zwingen. Vor allem aber gestattet diese Methode
eine gleichmäßige Beanspruchung der kindlichen Verdauungsorgane. Der Beginn der Mahlzeit mit dem Saugen fördert die Magensaftsekretion; ferner
aber ist Verfasser von dem positiven Nutzen der jedesmaligen Zufuhr artgleicher
Nahrung fest überzeugt. Nicht allein auf Grund theoretischer Überlegung,
sondern auch der klinischen Beobachtung habe ich die Überzeugung gewonnen,
daß Störungen dabei sich so gut wie niemals ergeben. Ich wende daher das
Allaitement mixte seit Jahren ausschließlich in dieser Form an, zumal dieselbe
am ehesten eine Rückkehr zur reinen Brusternährung ermöglicht. Nur wenn
überhaupt zur künstlichen Ernährung übergegangen werden muß, ersetzen wir
allmählich eine Brustmahlzeit nach der anderen durch Flaschenmahlzeiten.

---

[1] Vgl. S. 225 ff.

Als Beinahrung eignet sich im Prinzip jede der im Kapitel „unnatürliche Ernährung" genannten Nahrungsformen. Es sei hier darauf verwiesen. Verfasser folgt auch hier möglichst dem Wunsch, die am einfachsten herzustellende Milchverdünnung zu verwenden, besonders bei den Kindern der ärmeren Bevölkerung. Auf der Privatstation wird auch gerne zu den bewährten Buttermilchkonserven nach Koeppe gegriffen. Besonders zu achten ist bei der gemischten Nahrung, daß die verwendeten Sauger kleine Öffnungen haben, die vom Kinde eine gehörige Arbeitsleistung verlangen.

Natürlich erfordert auch das Allaitement mixte eine sorgfältige Kontrolle des Kindes, wobei besonders die von der Mutterbrust gelieferte Milchmenge immer im Auge zu behalten ist, um evtl. eine Rückkehr zur reinen Brustnahrung zu ermöglichen. Die zur Bekämpfung der Hypogalaktie geeigneten Verfahren dürfen auch nach Einleitung der Zwiemilchernährung nicht unterbrochen werden.

D. Die unnatürliche Ernährung Neugeborener.

Allgemeines.

An Stelle des nicht ganz berechtigten Ausdruckes „künstlich" wählt man besser nach einem Vorschlage Schloßmanns die Bezeichnung „unnatürliche" Ernährung und versteht darunter übereinkommengemäß jede Form der Ernährung, bei der dem Kinde an Stelle der einzig den natürlichen Verhältnissen entsprechenden Frauenmilch irgendeine artfremde Tiermilch in unverändertem oder künstlich abgeändertem Zustand dargeboten wird. Im allerengsten Sinne natürlich wäre nur die Ernährung an der Brust der eigenen Mutter; selbst die Ernährung an der Ammenbrust hat in mancher Hinsicht schon etwas Unnatürliches an sich, insofern dem Neugeborenen an Stelle des Kolostrums gleich mehr oder minder reife Frauenmilch geboten wird. Darauf haben wir aber schon früher hingewiesen. Ebenso hat das wechselseitige Anlegen von Kindern in Kliniken, jede instrumentelle Maßnahme zur Förderung der Brustsekretion (Hyperämie, Milchpumpe) etwas Künstliches an sich; ja, die ganze rationelle Neugeborenenpflege, die heute gebräuchliche Feststellung von Mahlzeitenzahl, Intervall usw. ist nicht so unbedingt natürlich, wie wir es gewöhnlich betrachten. Trotzdem erscheint es durchaus berechtigt, von unnatürlicher oder künstlicher Ernährung nur im Sinne obiger Definition zu sprechen. Denn das wesentliche Moment, wodurch eben diese Art der Ernährung für den Neugeborenen (und Säugling) etwas den natürlichen Lebensbedingungen des Kindes geradezu Widersprechendes bekommt, woraus in erster Linie die Gefahren dieser Maßnahme sich ergeben, liegt in der Verabreichung einer „artfremden" Milch. Ob Kuh, Ziege, Stute, Esel oder Kamel als Milchlieferanten herangezogen werden, macht weniger aus, als die einfache Tatsache, daß eben keine artgleiche Menschenmilch gegeben wird.

Es hat mühsamer und zeitraubender Umwege bedurft, um zu dieser Erkenntnis zu gelangen, die in erster Linie Fr. Hamburger zu danken ist und seither noch weitere Stützen erhalten hat. Eine genaue Darstellung dieser Lehre gehört nicht hierher. Das Wichtigste darüber haben wir ja bereits früher erörtert [1] und gleichzeitig zeigen können, daß der unnatürlichen Ernährung die Hauptschuld an der immer noch hohen Säuglingsmortalität beizumessen ist.

Freilich darf man nicht über das Ziel hinausschießen und alles auf Konto der Heterotrophie, der Ernährung mit artfremder Milch schieben. Man

---

[1] cf. S. 226 f.

darf sogar ruhig behaupten, daß der allein durch die heterogene Nahrung als solche bedingte Nährschaden relativ selten ein Kind am Gedeihen verhindert. Größere Bedeutung kommt dem allgemeinen Schaden in Form einer Herabsetzung der allgemeinen Widerstandsfähigkeit gegen bakterielle und toxische Noxen aller Art zu. Die unmittelbaren Todesursachen unnatürlich ernährter Kinder sind weit überwiegend Magen-Darmerkrankungen, die infolge verdorbener (chemisch veränderter, toxisch wirkender) oder unreiner (bakteriell infizierter) artfremder Nahrung sich entwickeln.

Sicherlich ist der Schaden, den die unnatürliche Ernährung anrichtet, ceteris paribus um so größer, je früher sie einsetzt. Niemand ist dadurch mehr gefährdet als der Neugeborene. Man staunt immer wieder über die unglaubliche Leichtherzigkeit, mit der noch heute mancher Arzt und auch Geburtshelfer sich entschließt, schon in der Neugeburtszeit die künstliche Ernährung einzuleiten, sei es nach einem wegen unzureichender Technik mißglückten Stillversuch, sei es auch bloß wegen der Stillabneigung der Mutter oder einer sonstigen mehr oder minder fadenscheinigen Indikation. Denn darüber kann gar kein Zweifel bestehen, daß bei ernstlichem Bemühen auf beiden Seiten (Eltern und Arzt) in der eigentlichen Neugeburtszeit, also mindestens in den beiden ersten Lebenswochen eine strikte Indikation zur unnatürlichen Ernährung überhaupt zu den seltensten Ausnahmefällen gehört. Vollends in Gebäranstalten, also unter Verantwortung von Geburtshelfern sollte es überall möglich sein, die unnatürliche Ernährung in den beiden ersten Lebenswochen gänzlich abzulehnen. Selbst in den verzweifeltsten Fällen wirklicher Kontraindikation gegen das Stillen oder des Todes der eigenen Mutter eines Kindes läßt sich bei gutem Willen und entsprechender Technik für jedes Kind in der Neugeburtszeit die Ammenernährung oder mindestens das Allaitement mixte durchführen. Wir kennen nur eine einzige Anzeige zur unnatürlichen Ernährung, jenseits der zweiten Lebenswoche oder Ende der zweiten Lebenswoche beginnend: in Fällen, wo wir von vornherein wissen, daß die Entlassung aus der Klinik gleichbedeutend ist mit dem Übergang zur unnatürlichen Ernährung, sei es, daß die Mutter tot oder aus irgendwelchen Gründen gezwungen ist, ihr Kind sofort in Außenpflege abzugeben, leiten wir allmählich über die Zwiemilchernährung zur unnatürlichen Ernährung über. Uns leitet dabei die Absicht, gerade in diesem gefährlichen Stadium der Einleitung der unnatürlichen Ernährung das Kind unter Aufsicht zu haben und festzustellen, ob es überhaupt bzw. in welcher Form es die unnatürliche Ernährung am besten verträgt. Ergeben sich Schwierigkeiten, dann suchen wir das Kind jedenfalls solange zu halten, bis wir die Nahrung, die es verträgt, gefunden haben. Aus demselben Grunde, welcher uns hier zur Einleitung der unnatürlichen Ernährung überhaupt bestimmt, sind wir auch bestrebt, eine möglichst einfach und billig herzustellende Nahrungsform für das Kind ausfindig zu machen, weshalb Verfasser auch über eigene große Zahlen mit all den zahllosen Nährgemischen nicht verfügt und sich dabei wesentlich auf die Angaben erfahrener Pädiater stützen muß. Nach reiflicher Überlegung haben wir geglaubt, auch in der neuen Auflage auf alle die Zweifelsfragen der künstlichen Ernährung nicht eingehen zu sollen. Als Geburtshelfer verfüge ich über viel zu wenig Erfahrung, um eigene Stellung dazu nehmen zu können und habe das noch nie als Mangel empfunden. Wer sich theoretisch eine Übersicht über das im Vordergrunde des pädiatrischen Interesses Stehende verschaffen will, sei auf die neue Auflage des Czerny-Kellerschen Handbuches hingewiesen.

Vor dem Irrtum, den Geburtshelfer noch vielfach hegen, als gäbe es eine Normalmischung, mit der man ein für allemal auskommen könnte, sei ganz nachdrücklich gewarnt. Man übernimmt immer ein Risiko, das gar nicht richtig einzuschätzen ist, da man von vornherein nicht absehen kann, wie das einzelne Kind auf die heterogene Nahrung reagieren wird. Gleich Czerny-Keller und vielen anderen muß Verfasser anerkennen, daß die scheinbar kräftige Entwicklung eines Neugeborenen, sein größeres Geburtsgewicht usw. keine Gewähr dafür bieten, daß er etwa die unnatürliche Ernährung leichter vertragen wird als ein schwächliches Kind von geringerem Geburtsgewicht. Man hat wohl überhaupt in früherer Zeit den Fehler gemacht, bei dem ganzen Problem der unnatürlichen Ernährung einseitig nur die Nahrung zu berücksichtigen und das Kind unberücksichtigt zu lassen. Erst allmählich hat man gelernt, auch die individuell verschiedene Reaktion der Kinder zu beachten und höher zu werten. Ja es will dem Verfasser fast scheinen, als wäre man heute auf dem besten Wege, in das andere Extrem zu verfallen und Mißerfolge allzu leicht auf alle möglichen konstitutionellen Minderwertigkeiten wie Debilität, Neuropathie, exsudative Diathese und ähnliches zu beziehen. Jedenfalls findet man kräftige Kinder, welche die künstliche Ernährung gar nicht vertragen und mit mehr oder minder schweren Intoxikationserscheinungen, Fieber, Dyspepsie reagieren, umgekehrt oft sogar frühgeborene Kinder, welche die unnatürliche Ernährung ohne jede Schwierigkeit von Anfang an vertragen. Ja v. Pfaundler[1] hebt neuestens hervor, daß die Befähigung der Kinder zur Verwertung künstlicher Nahrung sogar ,,den einzelnen Bestandteilen'' derselben ,,gegenüber stark verschieden sein kann''. Das liegt zum Teil daran, daß die Nahrungsstoffe neben ihrem Brennwert noch einen sog. ,,Sondernährwert'' (Aron[2]) haben, der auch innerhalb einer bestimmten Nährstoffgruppe gewisse Unterschiede in der Wirkung auf das Gedeihen des Kindes bedingt. Oft scheint auch die Art der Herstellung oder Verarbeitung die Wirkung primär gleicher Nährstoffe zu verändern. Schließlich ist auch der Vitamingehalt einer Nährstoffmischung zu berücksichtigen. Darauf beruht ja die Berechtigung verschiedener Formen unnatürlicher Ernährung, gleicherweise aber auch die Schwierigkeit, in jedem Falle gerade die richtige Nahrungsform herauszufinden. Man kann ruhig sagen, die ganze Methodik der künstlichen Ernährung leidet unter der Unsicherheit der wissenschaftlichen Grundlagen.

Indikationen.

In diesem Punkte können wir uns sehr kurz fassen. Es gibt eigentlich nur eine Indikation zur unnatürlichen Ernährung und die heißt: Unmöglichkeit der natürlichen Ernährung. Hält man dazu, was wir über wahre und vermeintliche Kontraindikationen des Stillens, über die Bekämpfung der Stillschwierigkeiten bereits früher ausgeführt haben, dann wird man Verfassers Erfahrung bestätigen können, daß an Frauenkliniken innerhalb der eigentlichen Neugeburtszeit die unnatürliche Ernährung eigentlich stets umgangen werden kann. Was für die allgemeine Praxis gilt, ist aus unseren Ausführungen über die Kontraindikationen des Stillens leicht herauszulesen. Auch die bereits oben besprochene Anzeige, einer schweren Schädigung von Kindern, die in Außenpflege kommen, dadurch vorzubeugen, daß wir die sachgemäße Überführung zur unnatürlichen Ernährung lieber selbst übernehmen, gilt nur unter Berücksichtigung der sozialen Verhältnisse und darf keineswegs zu freigiebig angenommen werden.

---

[1] Döderleins Handb. Bd. 1, S. 707; man vgl. auch die äußerst lehrreichen Ausführungen desselben Verfassers in der 2. Aufl. des Döderleinschen Handbuches, Bd, 1. S. 779ff.
[2] Biochem. Zeitschr. Bd. 92, 1918.

Die Nahrung selbst (Kuhmilch), morphologische, chemische, physikalische Eigenschaften; Veränderungen durch Kochen, bei der Verdauung.

Die verschiedensten Tiermilchen haben schon in der Säuglingsernährung Verwendung gefunden [1]. In Mitteleuropa kommt dafür außer der Kuhmilch wohl einzig die Ziegenmilch öfters in Frage, die hauptsächlich durch größeren Fettgehalt, etwas größeren Eiweißgehalt und geringeren Zuckergehalt von der Kuhmilch sich unterscheidet. Die nachfolgende Tabelle von Raudnitz gibt darüber näheren Aufschluß.

Zusammensetzung und Eigenschaften der Kuh- und Ziegenmilch in Vergleich zu Frauenmilch nach Raudnitz (gekürzt).

	Frau	Kuh	Ziege
Wasser	87,0	88,0	87,0
Trockensubstanz	13,0	12,0	13,0
Verbrennungswärme pro 1	736—790	673	803
Fett			
Prozentgehalt eines ganzen Gemelkes	5,0	4,8	3,4—7,55
Schmelzpunkt	30—34⁰	30—35⁰	31—34,6⁰
Erstarrungspunkt	19—22,5⁰	31⁰	25—30⁰
Jodzahl	32—58	26—49 (33—36)	21—35
Prozentanteil der Ölsäure	50	34—38	30
Gesamtstickstoff	0,15—0,30	0,55	0,564
Eiweißstickstoff	0,12—0,17	0,5	0,43
Kaseinstickstoff	0,097	0,45	3,8
Extraktivstoff	0,03	0,05	—
Kasein	0,6—1,0	3	—
Laktalbumin und Laktoglobulin . .	0,5	0,3	1,2
Harnstoff	0,05	0,01	—
Milchzuckeranhydrid	6,4	4,4	2—5
Zitronensäure	0,005—0,07	0,12—0,2	0,1—0,15
Gesamtasche pro Mille	1,4—2,8	7,0	7,7—10
K_2O	0,8	1,7	0,3
Na_2O	0,2	0,5	0,6
CaO	0,3	2,0	1,9
MgO	0,06	0,2	0,15
Fe_2O_3	0,005	0,01	0,03
P_2O_5	0,46	2,4	2,8
Cl	0,43	1,0	1,0
Spezifisches Gewicht bei 15⁰	1,032	1,028—1,034 (1,032)	1,0267—1,038 (1,032)
Gefrierpunkt	—0,5 bis —0,63⁰	—0,54 bis—0,59⁰	—0,57⁰
Innere Reibung bei 15⁰	1,41—2,56	1,67—2,2	2,01—2,15
Reaktion auf Lackmuspapier	alkalisch	amphoter	amphoter

[1] Näheres über die Zusammensetzung verschiedenster Tiermilchen bei Abderhalden, Lehrb. d. physiol. Chem. 3. Aufl., 1914, ferner in v. Pfaundler-Schloßmann, Handb. d. Kinderheilk., 3. Aufl., Bd. 1.

Schon diese Angaben zeigen, daß bei jeder Tierart Schwankungen in der Zusammensetzung der Milch vorkommen. Das gilt ebenso wie bei der Frau nicht allein für das verschiedene Gemelk eines und desselben Tieres, sondern auch für das gesamte Tagesgemelk verschiedener Individuen; außerdem spielen noch Rasseneigentümlichkeiten, Fütterung der Tiere eine Rolle. Darauf haben wir indessen nicht einzugehen. Ebenso gehören alle Bestimmungen und Maßnahmen zur Milchkontrolle, Stallpolizei, besondere Einrichtungen zur Herstellung von Säuglingsmilch nicht hierher. Man findet eine sehr gründliche Darstellung aller einschlägigen Fragen in dem Handbuch der Milchkunde von Sommerfeld. Für unsere Zwecke soll nur versucht werden, einen kurzen Überblick über die chemisch-biologischen Unterschiede der Frauen- und Kuhmilch zu geben. Andere Milcharten bleiben hier außer Betracht. Wir folgen dabei im wesentlichen der Darstellung von Raudnitz, der ja mit die größte Erfahrung auf diesem Gebiete hat.

Das mikroskopische Bild der Kuhmilch ist recht einförmig. Das ganze Gesichtsfeld nehmen kleine und kleinste „Milchkügelchen" ein, das sind kleine kreisrunde, beim Erstarren etwas unregelmäßig werdende Scheiben aus Fett. Ihre Zahl ist sehr groß, 5—10 000 000 pro Kubikzentimeter, ihre Größe weit unter der eines roten Blutkörperchens ($1^1/_{\varepsilon}$—5 μ). Je fettreicher die Milch, desto mehr große, je fettärmer, desto mehr kleine und kleinste Kügelchen sind vorhanden. Bei guter Vollmilch ist die Verteilung folgende: 4—10$^0/_0$ mit einem Durchmesser über 4 μ, 25—30$^0/_0$ über 2 μ, 60—69$^0/_0$ unter 2 μ (Raudnitz).

Das Fett der Milch besteht aus verschiedenen Glyzeriden, unter denen die Verbindungen des Glyzerinrestes mit Buttersäure, Palmitin- und Oleinsäure überwiegen. Das Fett jeder Tierart ist spezifisch zusammengesetzt. Als Fettsäureester findet sich Cholesterin, ferner pro Liter 0,06 g Lezithin, wahrscheinlich an Eiweiß gebunden.

Von Eiweißkörpern sind bekannt Kaseine, Laktalbumine, Laktoglobuline. Kaseine (Phosphorproteine und -Globuline) sind durch ihren Phosphorsäuregehalt ausgezeichnet. Man hat bisher in ihnen bereits 16 Eiweißbausteine nachgewiesen (näheres darüber in dem Handbuch der Milchkunde). Kasein ist in Wasser unlöslich, löslich dagegen in Basen, Säuren und Salzlösungen, beim Kochen gerinnt es nicht. Kuhmilchkasein ist reicher an Phosphor als Frauenmilchkasein (Langstein und Edelstein), so daß auch dieser Eiweißkörper in den beiden Milcharten nicht völlig gleich erscheint. Die Laktalbumine stehen den Serumalbuminen der betreffenden Tierart sehr nahe. Die Laktoglobuline sind in der reifen Milch nur spärlich, im Kolostrum reichlich vorhanden. Von N-haltigen Extraktivstoffen finden sich hauptsächlich Harnstoff und Ammoniak.

Die Kohlehydrate sind in allen Milcharten durch Milchzucker repräsentiert.

Über den prozentualen Gehalt der Milch an den genannten Körpern und bisher nachgewiesenen Fermenten, Aschezusammensetzung gibt die obige Tabelle Auskunft.

Das spezifische Gewicht der Kuhmilch ist im Durchschnitt gleich dem der Frauenmilch (1032); bei großem Fettreichtum der Milch sinkt es auf 1028 bei Fettarmut steigt es bis 1034.

$\varDelta = -0{,}54^0 - 0{,}59^0$.

Die Reaktion ist amphoter; nach Davidsohn (1913) [H·] = 2,69 × 10^{-7} $P_H = 6{,}57$.

Praktisch wichtig ist es, die wesentlichsten Veränderungen der Milch durch Kochen zu kennen, die auch durch längeres Erwärmen auf 70—80^0 (Pasteurisieren) hervorgerufen werden. Die Labgerinnung gekochter Milch ist verzögert; Laktalbumine werden von 55^0 an koaguliert, vollständig jedoch erst durch längere Kochhitze. Die bei 50^0 beginnende Hautbildung beruht auf der Dissoziation des Käsestoffes in Kasein und seine Basis. Zwischen 60 und 80^0 werden die Fermente und Haptine mit wenigen Ausnahmen vernichtet. Beim

Überhitzen der Milch wird dieselbe durch Karamelisierung des Milchzuckers gebräunt, die Labgerinnung weiter stark verzögert. Die Milchkügelchen fließen bei längerem Erwärmen zusammen, das spezifische Gewicht der Milch sinkt minimal. Die Säure- und Labgerinnsel gekochter Milch sind feinflockiger als die ungekochter.

Milch ist ein vorzüglicher Nährboden für alle möglichen Bakterien. Praktisch besonders wichtig sind die stets vorhandenen Milchsäurebildner, Buttersäurebildner und die Eiweiß bis zu Aminosäuren spaltenden Bakterien. Durch das Kochen werden die Milchsäurebildner, nicht aber die Dauerzellen der Buttersäurebildner und der proteolytischen Bakterien vernichtet. Auch die Tiefkühlung der Milch schädigt in erster Linie das Wachstum der Milchsäure bildenden Arten.

Besonderes Interesse hat noch die Wirkung der Verdauungsenzyme des Menschen auf die Kuhmilch. Bereits wenige Minuten nach der Aufnahme kommt es zur Labgerinnung. Danach wird die Molke ins Duodenum abgegeben, der zurückbleibende Käse durch den Magensaft ganz allmählich verdaut und in kleinen verflüssigten Portionen in das Duodenum weiter befördert. Größerer Fettgehalt der Milch verzögert die Entleerung derselben aus dem Magen. Ein großer Teil des Milchfettes wird aber schon im Magen gespalten, die andere Hälfte wohl erst durch die Darmsäfte zerlegt und in der Darmschleimhaut neu aufgebaut. Ebenso werden die Eiweißkörper im Darm weiter gespalten, die gekochter Milch rascher als die ungekochter. Das Erepsin spaltet auch das Kasein, während es sonst native Eiweißkörper nicht angreift. Zucker, Salze, Wasser werden im oberen Dünndarm resorbiert, wobei der Zucker in Galaktose und Dextrose gespalten wird.

Die Ziegenmilch beansprucht insofern ein gewisses Interesse, als manchmal die Beschaffung einwandfreier Ziegenmilch leichter ist als die einwandfreier Kuhmilch. Auch ist die Tuberkulose bei Ziegen viel seltener als bei Kühen. Die wichtigsten Daten über die chemische Zusammensetzung vgl. Tabelle auf S. 398. Danach unterscheidet sich Ziegenmilch in der grobchemischen Zusammensetzung nur wenig von der Kuhmilch; ihr Eisengehalt ist höher, ebenso häufig ihr Fettgehalt, so daß durchschnittlich bei der Ziegenmilch mit einem größeren Brennwert der Nahrung gerechnet werden kann.

Gewinnung einwandfreier Tiermilch.

Eine sehr wesentliche Vorbedingung für den Erfolg der unnatürlichen Ernährung ist die einwandfreie Beschaffenheit der verwendeten Milch. Je reiner dieselbe gewonnen und bis zum Verbrauch behandelt wird, desto geringer sind die Gefahren. Die milchliefernden Tiere müssen aber außerdem gesund sein, gut gepflegt und gefüttert werden, die Milch selbst darf nur frisch und unverfälscht abgegeben werden. Eine Gewähr dafür, daß die Milch diese Eigenschaften auch wirklich hat, ist nur durch eine dauernde Kontrolle sowohl des Stalles wie der Tiere, der gesamten Melkwirtschaft und Weiterverarbeitung der Milch, schließlich durch Prüfung der Milch selbst auf Verunreinigung, Unverfälschtheit usw. zu schaffen. Das liegt natürlich ganz außerhalb des Rahmens der geburtshilflichen Tätigkeit. Immerhin kann es für den praktischen Arzt wichtig sein, über die Prinzipien einer derartigen rationellen hygienischen Milchwirtschaft sowie über die wichtigsten Prüfungsmethoden der Milch unterrichtet zu sein, um unter einfachen Verhältnissen sich nötigenfalls selbst von groben Veränderungen und Schädlichkeiten überzeugen zu können. Ich verweise solche Ärzte auf die ausführliche Darstellung aller einschlägigen Einrichtungen und

Prüfungsmethoden in Sommerfelds Handbuch der Milchkunde, sowie auf die kurze, aber für die praktischen Bedürfnisse der Ärzte vollkommen ausreichende Darstellung von Raudnitz in der 2., von Camerer in der 3. Auflage des Handbuches der Kinderheilkunde von v. Pfaundler-Schloßmann.

Darstellung verschiedener Formen von Tiermilchnahrung.

Die oben schon erwähnte Erfahrung, die man bei künstlicher Ernährung gemacht hat, daß manche Kinder augenscheinlich gerade bestimmte Stoffe der unnatürlichen Ernährung schlecht vertragen, hat dazu geführt, Nährgemische herzustellen, bei denen jeweils die einzelnen Nährstoffe variiert werden [1]. Danach kann man drei große Gruppen von Nährgemischen unterscheiden: Kohlehydrat-, Fett- und Eiweißmilchen. Daneben hat man namentlich in einer Zeit, als man die fast unaustilgbaren biologischen Unterschiede noch nicht kannte, geglaubt, durch möglichste Annäherung der Zusammensetzung der Kuhmilch an die der Frauenmilch (Humanisierung) die Schäden der unnatürlichen Ernährung vermeiden zu können, Bestrebungen, die mit modernen Mitteln noch in neuester Zeit, z. B. von Schloß wieder aufgenommen wurden. Freilich ist das Ziel niemals erreicht worden. Denn die Zusammensetzung der Frauenmilch ist ja gar nicht so konstant, wie wir der Einfachheit halber in unserer Berechnung immer annehmen (näheres in dem Kapitel Kolostrum und Milch). Demgegenüber bleibt eine humanisierte künstliche Nahrung unter Umständen viel gleichförmiger zusammengesetzt. Mit Recht scheint mir Niemann diese Monotonie der Nahrung für eine der Ursachen der unbefriedigenden Erfolge zu halten [2]. Dazu kommt dann noch die schon erwähnte verschiedene Reaktion verschiedener Kinder auf ein und dasselbe Nährgemisch. Es gibt auch heute noch keine Art und keine Methode der künstlichen Ernährung, die unter allen Umständen erfolgreich wäre.

Versuche, mit unverdünnter, ja roher Kuhmilch Neugeborene und jüngste Säuglinge zu ernähren, haben — von verschiedensten Seiten und zu verschiedensten Zeiten immer wieder unternommen — zu so ungünstigen Resultaten geführt, daß man sie heute wenigstens in Deutschland als ziemlich aufgegeben betrachten kann. Nur von Franzosen werden auch in jüngster Zeit noch warme Empfehlungen laut, wenngleich dieselben sich meist nicht mehr auf Neugeborene beziehen. Zugestanden muß ja werden, daß es Kinder gibt, die Vollmilch und sogar rohe Milch schon als Neugeborene ohne Schaden vertragen. Andererseits kann der Schaden auch längere Zeit latent bleiben (worauf besonders Marfan hinweist) bzw. für einen unerfahrenen Beobachter durch Gewichtszunahme verdeckt sein. Das sind aber immer Ausnahmefälle; in der Regel zeigen die mit Vollmilch ernährten Kinder sehr bald schwere Störungen (Erbrechen, Obstipation bei zunächst starkem Ansteigen der Gewichtskurve), weshalb man heute auch den bloßen Ernährungsversuch mit roher oder gekochter Vollmilch richtiger vermeiden wird. Die weitaus am meisten verwendete Nährmischung stellen die

---

[1] Ausführliche kritische Darstellung der hierhergehörigen Bestrebungen im Handbuch von Czerny-Keller, 2. Auflage, Bd. 1, S. 76ff. Dort findet sich auch eine Würdigung der neuesten amerikanischen Ernährungsmethode, der sog. „Prozentualmethode" nach Rotch und Gordon. Wir verzichten auf ihre genauere Wiedergabe, da sie unter deutschen Verhältnissen nicht durchführbar und mindestens für die Neugeburtszeit auch völlig entbehrlich ist. Man vgl. ferner Keller, Die Lehre von der Säuglingsernährung. Ergebn. d. Säuglingsfürsorge, Heft 6, 1910.

[2] Deutsche med. Wochenschr. 1915. Nr. 45.

1. Milchverdünnungen mit Kohlehydratanreicherung

dar. Die gewöhnlich gebrauchten Kuhmilchverdünnungen gehören
hierher. Neben der Verdünnung kommt nämlich regelmäßig eine Kohlehydratanreicherung durch Mehl- oder Milchzuckerzusatz in Anwendung. Was
durch die Verdünnung erreicht wird, geht aus folgender Tabelle hervor (nach
Engel-Baum).

	Frauenmilch	Kuhmilch	$\frac{1}{3}$ Milch	$\frac{1}{2}$ Milch	$\frac{2}{3}$ Milch
Eiweiß	1 0	3,5	1,2	1,75	2,4
Salze.	0,21	0,7	0,23	0,35	0,46
Fett	4,5	3,5	1,2	1,75	2,4
Zucker	7,0	4,5	1,5	2,25	3,0

Es ist ohne weiteres ersichtlich, daß die Drittelmilch hinsichtlich Eiweiß-
und Salzkonzentration der Frauenmilch am meisten sich nähert, bezüglich Fett-
und Kohlehydratgehalt jedoch weit hinter der Frauenmilch zurückbleibt.
Anders ausgedrückt: die Baustoffe, auf die man größeres Gewicht legt, finden
sich in annähernd derselben Verteilung wie bei der natürlichen Nahrung, an
Brennmaterial dagegen ist die Nahrung in dieser Zusammensetzung ganz unzureichend. Da nun Kohlehydrat und Fett sich leicht gegenseitig vertreten können,
hat man es in der Hand, durch einseitige Fett- oder Kohlehydratvermehrung
auch in dieser Hinsicht Abhilfe zu schaffen. In der Gruppe der Kohlehydrat-
milchen wird nun in bewußter Einseitigkeit, vor allem wegen der leichten Zu-
bereitungsart, auf die Fettvermehrung verzichtet und das Defizit an Brennstoff
lediglich durch Zusatz von Kohlehydrat ausgeglichen. Man nimmt dazu
entweder Zucker oder Pflanzenschleim bzw. Mehlabkochung oder beides. Das
ist das Prinzipielle. Im einzelnen wird sehr verschieden vorgegangen. Wir
geben eine Auswahl solcher Vorschriften.

Am weitesten verbreitet dürfte die Milchverdünnung mit Milchzucker-
zusatz sein. So empfehlen Czerny-Keller Drittelmilch mit einem Kaffee-
löffel Milchzucker auf 100 ccm der Mischung (also eine etwa $10^0/_0$ige Lösung)
und lassen davon täglich 5 Mahlzeiten à 100 g dem Kinde vorsetzen; die tatsächliche Größe der Nahrungsaufnahme bestimmt das Kind selbst. Auch
beim Neugeborenen, selbst in den allerersten Lebenstagen sind nach Czerny-
Keller noch stärkere Verdünnungen (1 : 3, 1 : 4, oder gar 1 : 5 — Biedert,
Döbeli, Jacobi —) entbehrlich.

Sehr verbreitet ist noch das Schema von Heubner-Ebert, das in der
für uns maximal in Betracht kommenden Zeit folgende Vorschriften gibt.

Milch	Wasser	Zuckerzusatz (gestrichene Kaffeelöffel)	Verhältnis Milch: Zusatz	Zuckergehalt in $^0/_0$	Nahrungspausen in Stunden	Zahl der Mahlzeiten	Größe der Einzelmahlzeit	Alter	Normalgewicht
10	30	$\frac{1}{2}$	1 : 3	8	$3\frac{1}{2}$	5	8	1. Tag	3300
40	80	$1\frac{1}{2}$	1 : 2	8	$2\frac{1}{2}$	8	15	2. ,,	
120	240	$4\frac{1}{2}$	1 : 2	8	$2\frac{1}{2}$	8	45	3. ,,	
140	280	$5\frac{1}{2}$	1 : 2	8	$2\frac{1}{2}$	8	50	4.—7. Tag	
200	400	9	1 : 2	9	$2\frac{1}{2}$	8	75	2.—3. Woche	3500
240	440	10	1 : 1,8	9	$2\frac{1}{2}$	8	85	4. Woche	3800

Verfasser besitzt damit keinerlei eigene Erfahrung, da ihm die Zahl von 8 oder gar 9 Mahlzeiten in $2^1/_2$ Stunden Pause beim Neugeborenen jedenfalls besser zu vermeiden scheint.

Langstein und L. F. Meyer geben folgendes Schema der Ernährung eines gesunden Neugeborenen bzw. Säuglings, das ich abgekürzt ihrem Buch entnehme.

Alter	Zahl und Größe der Einzelmahlzeiten	Gesamt-menge	Mischungs-verhältnis	Zusatz-flüssig-keit	Zucker zur Gesamt-menge
1 Tag	Tee (mit Saccharin)				
2 Tage	6×10 ccm (max.)	60	1 Milch 2 Wasser	Wasser	2 g
3 ,,	6×20 ,,	120	1 ,, 2 ,,	,,	2 ,,
4 .,	6×30 ,,	180	1 ,, 2 ,,	,,	5 .,
5 .,	6×40 .,	240	1 ,, 2 ,,	,,	5 ,,
6 .,	6×50 .,	300	1 ,, 2 ,,	,,	10 ,,
7 ,,	6×60 ,,	360	1 ,, 2 ,,	,,	10 .,
2 Wochen	5×100—120 ccm	600	1 ,, 2 ,,	,,	20 ,,
3 u. 4 Wochen	5×150 ccm	750	1 ,, 2 Schleim	Schleim	20 ,,

Die Tabelle soll aber nach ausdrücklichem Wunsche der Autoren nicht als bindendes Schema gelten, sondern nur als Anhaltspunkt für die praktische Durchführung der Ernährung nach Biederts Prinzip der Minimalnahrung. Wohl deshalb ergibt auch die Berechnung des Energiequotienten, daß derselbe hinter dem von den Autoren im Anschluß an Heubner angegebenen Bedarf von 100 Kalorien pro Kilogramm Körpergewicht recht weit zurückbleibt. Soweit zu entnehmen ist, scheint diese Unterernährung beabsichtigt, um durch ein vorsichtiges Tasten die Toleranz des Neugeborenen erst auszuprobieren. Darin liegt sicher etwas Berechtigtes, weil erfahrungsgemäß überfütterte oder sehr reichlich genährte Kinder auf Veränderungen der Nahrungszusammensetzung stärker reagieren als Kinder, bei denen ein größerer Bedarf besteht. Einblick in den tieferen Kausalzusammenhang fehlt uns. Jedenfalls scheint es uns danach, wenigstens für die Neugeburtszeit, nicht berechtigt, mit Moro [1] die Drittelmilch als Anfangsnahrung ganz zu verwerfen und gewissermaßen als antiquiertes Überbleibsel einer früheren Epoche der Pädiatrie zu bezeichnen.

Noch weiter in dieser Hinsicht geht mit vollem Bewußtsein Döbeli, der die Verdünnung sogar 1 auf 3 wählt und dazu noch die Milch durch leichte Abrahmung fettärmer macht, letzteres um auch den Folgen einer Fettintoleranz gleich vorzubeugen. Die Neugeborenen erhalten von dieser dünnen Nahrung nicht mehr als höchstens 300 g pro Tag — sie sollen gar nicht zunehmen, sondern nur soviel bekommen, daß sie eben noch auf ihrem Körpergewicht bleiben. Verfasser ist kein kompetenter Beurteiler derartiger Experimente schon mehr gekünstelter Ernährung und hat keinerlei praktische Erfahrung damit; theoretische Bedenken aber kann er beim besten Willen nicht unterdrücken und führt das Verfahren nur an als ein Extrem, an dessen anderem Ende die Vollmilchnahrung französischer Autoren steht.

Es ist übrigens nach den Mitteilungen von Budin, Marfan und Kassowitz, neuestens Dose, Schick und vielen anderen gar nicht zu bezweifeln, daß hohe Konzentrationen auch von Neugeborenen oft gut vertragen werden. v. Reuß meint übereinstimmend mit Cramer, daß es gerade in den ersten 8—10 Tagen wahrscheinlich gleichgültig ist, ob Halb- oder Drittelmilch verabfolgt wird, wenn die Kinder nur die nötige Flüssigkeitsmenge erhalten. Demgemäß kann man in der ersten Woche den Zuckerzusatz besser ganz weglassen

---

[1] Monatsschr. f. Kinderheilk. Bd. 19, 1921, p. 113.

und in der zweiten bis dritten Woche nicht mehr als $3-5\,^0/_0$ Milchzucker zusetzen. Praktisch geht v. Reuß allerdings so vor, daß er aus prophylaktischen Gründen mit Drittelmilch beginnt.

Verfasser hat über die unnatürliche Ernährung bei Neugeborenen der ersten Lebenswoche sozusagen fast keine eigenen Erfahrungen, da er sie für diese Zeit grundsätzlich selbst bei Tod der Mutter verwirft. Auch in der Praxis habe ich nur wenige Fälle künstlich ernährter Kinder von Anfang an beobachten können. Ich kann also darüber, was für den Neugeborenen der ersten Tage das beste sei, überhaupt nicht mitreden. In den Fällen, in denen wir überhaupt in der Neugeburtszeit ganz oder teilweise unnatürliche Ernährung zugeführt haben, begannen wir zunächst immer mit Drittelmilch und $5\,^0/_0$ Milchzucker-zusatz. Vor der dritten Woche sind wir auch nicht zu stärkeren Konzentrationen übergegangen.

Den Milchzucker hat man als Kohlehydrat deshalb gewählt, weil er das natürliche Kohlehydrat der Milch darstellt. Er wird in den genannten Dosen jedenfalls gut vertragen. Besonders Czerny und Keller haben sich sehr für den Milchzucker eingesetzt, da er von schädlichen Nebenwirkungen frei sei. Allerdings zeigen Versuche mit Rohrzucker, der in den geringen Mengen ebenfalls gut vertragen wird, daß die Wichtigkeit, die man gerade der Wahl des Milchzuckers beigemessen hat, vielleicht nicht ganz berechtigt ist. In den letzten Jahren macht sich übrigens ein Umschwung zugunsten der Malzzucker-Dextrin-Mischungen (Löflunds Nährmaltose, Soxhlets Nährzucker) geltend, welche dem Milchzucker insofern überlegen sind, als sie einen besseren Ansatz ergaben. Man muß nur sehr vorsichtig sein und nicht zu viel auf einmal zu-setzen. Bei zu Obstipation neigenden Neugeborenen dürfte der Milchzucker auch weiterhin vorzuziehen sein. Auch in der späteren Säuglingszeit habe ich wiederholt beobachtet, daß die letztgenannten Präparate bei manchen Kindern Obstipation hervorrufen. —

Sicherlich aber sind die Zucker nicht die einzigen Vertreter der Kohle-hydratgruppe, die man bei der unnatürlichen Ernährung der Neugeborenen verwenden kann. Ebensogut eignen sich Pflanzenschleim oder Mehlabkochungen als Zusatz.

Zur Bereitung des Pflanzenschleims wird ein gehäufter Teelöffel voll Hafer-flocken oder entsprechend Reis in $^3/_4$ Liter Wasser zunächst unter fleißigem Umrühren, dann bei geschlossenem Kochtopf eine Viertelstunde lang gekocht, eine Messerspitze Salz zugesetzt, dann durchgeseiht. Diese Schleimabkochung ist täglich frisch zu bereiten, kühl aufzubewahren und die Mischung mit Milch erst unmittelbar vor dem Gebrauch herzu-stellen, da erfahrungsgemäß Mischungen der bakteriellen Zersetzung leichter anheimfallen als die einzelnen Bestandteile (Bardack).

Diese Schleimabkochung wird mit gleichen Teilen Milch verabreicht. In der ersten Woche kann man auch noch weniger zusetzen.

Statt Pflanzenschleim werden in neuerer Zeit auch Mehlabkochungen wieder verabreicht, die zu Anfang des Jahrhunderts nahezu ganz verworfen wurden und auch heute noch bei der größeren Zahl der Pädiater nicht gerade beliebt sind. Auch die Franzosen verwerfen sie vollständig. Es scheint aber, als ob man auch hier zu weit gegangen wäre. Jeder Mißbrauch von Mehl unter Zurückdrängung der Milch hat allerdings schwere Schäden zur Folge, die ja als „Mehlnährschaden" besonders bekannt geworden sind. Czerny-Keller lehnen deshalb für den Neugeborenen Mehlzusatz unbedingt ab. Finkelstein dagegen hat sich wieder warm für die Milchmehlmischungen eingesetzt, die für den Anwuchs eine große Leistungsfähigkeit besitzen, Obstipation usw. ver-hüten. Nur darf man die Konzentration nicht zu hoch wählen, im ersten Lebens-monat nicht mehr als $^1/_2-1\,^0/_0$. Soweit ich sehe, scheint aber auch Finkelstein den Mehlzusatz nicht vor der zweiten oder dritten Woche anzuwenden, wenn auch ausnahmsweise schon Neugeborene der ersten Lebenswoche ihn vertragen können. Verfasser besitzt darüber keine eigenen Erfahrungen und verweist auf die kritische Darstellung von Klotz. Entscheidet man sich für Mehlzusatz, dann dürfte die Wahl des Präparates (Hohenlohe, Knorr, Kufecke, Nestle usw.) ziemlich gleichgültig sein.

2. Fettangereicherte Milch.

Das Prinzip der Fettanreicherung ist einfach, den geringen Brennwert verdünnter Kuhmilch anstatt durch Kohlehydrate neben denselben oder allein durch Fettzusatz zu steigern. Die einfachste Art, eine Fettmilch herzustellen, ist die Verdünnung von Sahne. Was damit erreicht wird, zeigt folgende Tabelle von Engel, die sich allerdings auf eine sehr gute Sahne mit 12 $^0/_0$ Fettgehalt bezieht.

	Frauenmilch	Sahne	$^1/_3$ Sahne
Eiweiß	1,0	3,5	1,2
Salze	0,21	0,7	0,23
Fett	5,4	12,0	4,0
Zucker	7,0	4,5	1,5

Man sieht, daß damit in verblüffend einfacher Weise ein Nahrungsmittel erzielt wird, das der Frauenmilch in der Verteilung der einzelnen Nährstoffe sehr nahe steht, nur an Kohlehydratgehalt unterlegen bleibt. Aus letzterem Grunde empfiehlt Schloßmann 6 $^0/_0$ Milchzucker zuzusetzen.

Ganz ähnlich sind die Vorschriften von Czerny. Natürlich ist es im Privathause nicht möglich, den Fettgehalt der verwendeten Sahne immer zu kennen, doch ist eine ängstlich genaue Dosierung kaum nötig, wenn das Kind die fettreiche Milch überhaupt verträgt. Biederts natürliches Rahmgemenge ist auf eine Sahne von 10 $^0/_0$ Fettgehalt berechnet. Das für Neugeborene gedachte Gemenge I wird hergestellt aus 1 Teil Sahne auf 3 Teile Wasser mit Zusatz von 5—6 $^0/_0$ Zucker. Der Fettgehalt beträgt 25 g in 100 ccm, der Brennwert 460—500 Kalorien. Bei Schwierigkeiten der Beschaffung einwandfreier Sahne empfiehlt sich zur Herstellung die Biedertsche Rahmkonserve (Ramogen), erhältlich in Büchsen von 260 g mit 15 $^0/_0$ Fettgehalt, 7 $^0/_0$ Eiweiß, 3,5 $^0/_0$ Zucker.

Ähnlich sind die Löflundschen Rahmkonserven nach Camerer mit 25 $^0/_0$ Fett, Allenburys milkfood mit 17 $^0/_0$ Fett zu verwenden. Unter Berücksichtigung ihrer bekannten Zusammensetzung, besonders des Fettgehaltes, läßt sich durch entsprechende Verdünnung mit Wasser und Milch die nach Wunsch zusammengesetzte fettreiche Nahrung herstellen. Die früher viel verwendete Gärtnersche Fettmilch übergehen wir, da sie beim Neugeborenen sich augenscheinlich nicht bewährt hat und heute kaum noch verwendet wird.

Von vielen Autoren, besonders der Czernyschen Schule, wird den Fettmilchen ein hervorragend günstiger Erfolg nachgerühmt, wobei man auch daran denken muß, daß das Fett wahrscheinlich ein hervorragender Überträger von Vitaminen ist. Nach Keilmanns Zusammenstellung ist der Erfolg, an der Gewichtskurve gemessen, dem der natürlichen Ernährung gleichzusetzen. Demgegenüber stehen aber zahlreiche andere Erfahrungen, die mit den gewöhnlichen Milchverdünnungen unter Kohlehydratzusatz mindestens ebenso gute

Resultate als mit der Fettmilch erreicht haben (z. B. Finkelstein, Popper u. a.). Andere, wie Freund, Camerer warnen jedenfalls vor einem längeren Gebrauch von Fettmilchen. „Neben zahlreichen Kindern, welche Fettpräparate gut vertragen, findet sich eine recht erhebliche Anzahl von Säuglingen, welche gegen vermehrte Fettzufuhr wenig tolerant ist und bälder oder später mit beträchtlichen Darmstörungen (Fettstühle, Fettseifenstühle) reagiert; dazu kommt, daß durch die erhöhte Fettzufuhr Steigerung der Azidose mit ihren Nachteilen für den Gesamtstoffwechsel hervorgerufen wird und selbst gelegentlich schwere Fettintoxikationen eintreten können". Was Camerer hier [1] für Säuglinge jenseits der Neugeburtszeit anführt, dürfte auch für den Neugeborenen gelten. Verfasser hat mehrfach Neugeborene, allerdings jenseits der zweiten Lebenswoche, bei Verwendung der Rahmgemenge ausgezeichnet gedeihen sehen, bei anderen wurde die Nahrung sofort mit Darmstörungen beantwortet. Ich würde den Geburtshelfern zur Verwendung von Fettmilch jedenfalls nur dann raten, wenn die gewöhnliche Milchverdünnung mit Kohlehydratzusatz und die Larosanmilch nicht vertragen werden oder bei sehr zu Obstipation neigenden Kindern. Etwas anders stehen wir zu der 1918 [2] von Czerny-Kleinschmidt empfohlenen Buttermehlnahrung. Hier wird zwar auch der Fettgehalt der Nahrung durch Butterzusatz erhöht, aber es wird nicht einfach die Butter der Milch zugesetzt, sondern diese in Form einer „Einbrenne" zurecht gemacht: Man erhitzt die Butter soweit, daß sie nicht mehr nach Buttersäure riecht und gebräunt erscheint, dann wird etwas feines Weizenmehl zugesetzt und mit der Butter weiter erhitzt, bis auch das Mehl braun geröstet ist. Diese „Buttermehlmischung" wird dann mit warmem Wasser verdünnt, fein verrührt und dann beim Aufkochen mit gewöhnlichem Rübenzucker versetzt. Für die ersten Monate empfehlen Czerny-Kleinschmidt eine Buttermehlwassermischung, die aus 100 g H_2O, 5—7 g Butter, 5—7 g Weizenmehl und 4—5 g Zucker hergestellt ist. Die dem Kinde zuzuführende Nahrung wird bei schwächlichen Kindern aus 1 Drittel Milch und 2 Drittel Buttermehlabkochung, bei kräftigeren evtl. auch aus $^2/_5$ Milch und $^3/_5$ Buttermehlabkochung hergestellt. Nach Stolte [3] enthält eine aus $^2/_5$ Milch und $^3/_5$ Buttermehlmischung hergestellte Buttermehlnahrung im Liter:

	Gramm		Gramm
N	2,546	Na	1,07
Fett	42,6—52,0	Ca	0,475
Kohlehydrate	etwa 100,0	Mg	0,039
Asche	5,13	P	0,364
K	0,78	Cl	1,9

Die Ansichten über den Wert der Buttermehlnahrung sind geteilt wie über jede derartige Nährmischung, doch scheinen uns die günstigen Erfahrungen (außer Czerny-Kleinschmidt noch Thiemich, Stolte, Rietschel u. a.) zu überwiegen. Auch wir selbst haben bereits in der Neugeburtszeit Versuche mit Buttermehlnahrung sowohl bei reifen wie frühgeborenen Kindern gemacht und möchten sie danach als recht wertvolles Nährgemisch bezeichnen, das sich namentlich beim Allaitement mixte ausgezeichnet bewährt. Allerdings halten wir es für zweckmäßig, die Buttermehlnahrung in reiner Form nicht allzulange zu geben und jedenfalls bei Auftreten von Seifenstühlen für einige Tage durch eine einfache Nährzuckermilchmischung zu ersetzen [4].

---

[1] v. Pfaundler-Schloßmanns Handb. d. Kinderheilk., 2. Aufl., Bd. 1, S. 225.
[2] Jahrbuch f. Kinderheilk. Bd. 87.
[3] Jahrb. f. Kinderheilk. Bd. 89, S. 179. 1919.
[4] Näheres über unsere Erfahrungen in der Arbeit von Schumacher. l. c.

3. Eiweißmilchen.

Die Verwendung der Eiweißmilchen in der Säuglingsernährung geht auf die außerordentlich günstigen Erfahrungen zurück, die von Finkelstein und L. F. Meyer bei Ernährungsstörungen älterer Säuglinge damit gemacht wurden. Obwohl ursprünglich Finkelstein-Meyer auf Grund schlechter Erfahrungen selbst von der Verwendung der Eiweißmilch bei Neugeborenen abgeraten haben, hat sich herausgestellt, daß diese schlechten Erfolge nicht der Eiweißmilch als solcher, als vielmehr einer unzureichenden Zufuhr von Kohlehydraten zur Last zu legen waren. Ja es sollen in der Eiweißmilch sogar größere Zuckermengen vertragen werden als in den gewöhnlichen Milchverdünnungen und dann ein sehr befriedigender Ansatz zu erzielen sein. Neuerdings (1912) hat besonders Benfey die Verwendung der Eiweißmilch bei Neugeborenen empfohlen, da damit günstigere Resultate als mit irgendeiner anderen Form künstlicher Nahrung zu erzielen seien. Allerdings waren Benfeys Kinder sämtlich bereits 8—14 Tage alt. Er empfiehlt 150—200 g pro Kilogramm Körpergewicht zu geben und $5^0/_0$ Malzzuckermischung zuzusetzen, die bei Ausbleiben von Gewichtsanstieg und Fehlen von Störungen auf $6—8^0/_0$ zu steigern wäre. Bei Neugeborenen der ersten Woche liegen größere Erfahrungen noch nicht vor. Wir selbst verwenden statt der Originaleiweißmilch die Stoeltzner-sche Larosanmilch in den letzten 8 Jahren gern zur Einleitung der unnatürlichen Ernährung oder bei Kindern, welche die gewöhnliche Drittelmilch nicht vertragen. Wir geben — ohne Rücksicht auf die Gesichtskurve — die Larosan-milch zunächst 2—3 Tage ohne Zusatz, dann wird allmählich steigend $2—5^0/_0$ Nährzucker zugesetzt. Im allgemeinen sind unsere Erfahrungen gute, vereinzelt wurden jedoch Ernährungsstörungen beobachtet.

Die Überlegungen, welche zur Herstellung der Eiweißmilch führten, lassen sich kurz folgendermaßen entwickeln. Durch Kaseinanreicherung der Milch wird Darmreizung hintangehalten; Kasein wirkt gärungswidrig. Die Gärungen aber sollen vor allem ausgeschaltet werden. Denn wie nach Finkelstein-Meyer eine Funktionsschwäche des Darmes Ausgangs- und Mittelpunkt des Milchnährschadens wie der Dyspepsie ist, so wird diese Schwäche durch dyspeptische Gärungen in erster Linie unterhalten. Die merkwürdige Erfahrung, daß bei Darreichung kaseinangereicherter Milch nun auch Kohlehydrate besser vertragen werden, erklärt sich aus demselben Grunde. Das Kasein wirkt nämlich der durch Zucker bzw. Fett angeregten Gärung entgegen, die beide ihrerseits abhängig scheinen von einer die Funktion der Darmepithelien schädigenden zu großen Konzentration der Kuhmilchmolke. Deshalb soll durch die Molkenreduktion in der Eiweißmilch überdies die Schädigung der Darmepithelien hintangehalten werden [1]. Die Eiweißmilch wirkt also gärungshemmend, dadurch antidiarrhöisch und damit antidyspeptisch.

Die Finkelstein-Meyersche Eiweißmilch ist im Getriebe einer Frauenklinik kaum einwandfrei herzustellen, was natürlich Voraussetzung zu ihrer Verwendung wäre. Dasselbe gilt für das Privathaus. Es empfiehlt sich daher statt dessen das Dauerpräparat, welches unter Kontrolle von Finkelstein-Meyer durch die Milchwerke Böhlen bei Röthe i. Sachsen hergestellt wird, zu verwenden. Beim Gebrauch dieser Konserve sind auf 1 Teil Eiweißmilch 2 Teile Wasser zuzusetzen. Da die Eiweißmilch sehr kohlehydratarm ist, empfiehlt es sich, außerdem noch $3^0/_0$ Zucker hinzuzufügen.

Neben der Molkereduktion ist die Eiweißmilch vor allem an Kohlehydraten wesentlich ärmer als die Kuhmilch, wie aus folgender Gegenüberstellung hervorgeht.

---

[1] Vgl. auch das S. 229 über die Bedeutung der Molke Angeführte.

Es enthalten	100 g Eiweißmilch	100 g Kuhmilch
Eiweiß	3,0	3,0
Fett	2,5	3,5
Zucker	1,5	4,5
Asche	0,5	0,7

Die Kaseinanreicherung wird erst auffällig, wenn man die Eiweißmilch in Vergleich setzt zur Drittel- oder Halbmilch, da ja Vollmilch beim Neugeborenen nicht zu verwenden ist. Der Energiewert der Eiweißmilch für 1 Liter ist 400 Kalorien.

Sonst käme sowohl wegen ihrer leichten Herstellbarkeit, wie wegen der damit erzielten außerordentlich günstigen Erfolge noch die Feersche Eiweiß- rahmmilch in Frage. Feer hat damit bei Neugeborenen (1—16 Tage alt), ja zum Teil bei Frühgeborenen ausgezeichnete Erfolge erzielt. Die Eiweiß- rahmmilch wird von Feer besonders dann empfohlen, wenn andere künstliche Nahrung bereits zu einem Nährschaden geführt hat. Die Gewichtszunahme zeigte sich hauptsächlich von der Zuckerzulage abhängig; gewöhnlich war dazu 5 % Nährzucker notwendig.

Die Milch wird von den Kindern auch gerne genommen. Die Stühle reagieren bald alkalisch, manchmal vorübergehend wieder sauer. Der Geruch derselben ist ähnlich wie bei Gebrauch von Eiweißmilch, käseartig. Im übrigen zeigen die Stühle meist gelbe Farbe, salbenartige Konsistenz untermischt mit Fett- seifenflocken. Man kann die Eiweißrahmmilch für die ersten 3—5 Monate auch als Dauernahrung verwenden.

Für die Verwendung beim Neugeborenen gibt Feer l. c. S. 35 folgende Herstellungs- vorschrift: Auf 300 g Milch nimmt man 600 g Wasser und setzt dazu 75 g eines guten Rahms, 50 g Nährzucker und 15 g Plasmon. Ein Liter dieses Nährgemisches entspricht 620 Kalorien und enthält

Eiweiß   2,5 % (davon 1,2% Plasmon)
Fett   2,5 %
Zucker   6,6 % (1,6% Milchzucker)
Salze   0,27%.

Von dieser Nahrung wird bei gesunden Kindern sofort diejenige Menge mit vollem Zuckerzusatz gegeben, die man für ausreichend erachtet; nur bei ernährungsgestörten Kindern ist mit kleineren Mengen und ohne Zusatz von Nährzucker zu beginnen.

Wir gehen absichtlich im Rahmen dieses für Nichtpädiater berechneten Werkes nicht auf die zahlreichen, sonst empfohlenen, praktisch mehr oder minder bewährten Mischungen und Präparate für künstliche Säuglingsernährung ein. Die Frage liegt zu sehr außerhalb unseres Wirkungskreises, da ja die unnatür- liche Ernährung in der Neugeburtszeit immer nur auf seltene Ausnahmefälle beschränkt bleiben soll[1]. Hier konnte es sich nur darum handeln, das Prinzip verschiedener Methoden unnatürlicher Ernährung darzustellen sowie in jeder Gruppe ein paar bewährte oder für die Zukunft aussichtreiche Verordnungen anzuführen. Der Geburtshelfer ist damit jedenfalls instand gesetzt, in Fällen, in denen er aus irgendeinem Grunde die unnatürliche Ernährung einleiten muß, Fehler zu vermeiden, um die Kinder unbeschädigt den Pädiatern zu überantworten.

---

[1] Eine ausführliche Besprechung der überhaupt in Frage kommenden Molkereierzeug- nisse und Milchpräparate findet sich in dem Handbuch von Czerny-Keller, 2. Aufl. Bd. 1, S. 161 ff.

Bedarf bei unnatürlicher Ernährung.

Indem wir hinsichtlich aller prinzipiellen Erörterungen auf das Kapitel „Nahrungsbedarf bei natürlicher Ernährung" verweisen, können wir uns hier mit wenigen praktischen Bemerkungen begnügen.

Man könnte ja versucht sein, den Bedarf bei natürlicher und unnatürlicher Ernährung gleich zu setzen, und in vielen Fällen würde man sich damit nicht allzu weit von der Wahrheit entfernen. Im allgemeinen nahm und nimmt man vielfach noch heute auf Grund der Rubner-Heubnerschen Gesamtstoffwechselversuche an, daß der Energiequotient bei unnatürlicher Ernährung etwas höher sein müßte. Heubner glaubte aus seinen Beobachtungen schließen zu müssen, daß die artfremde Nahrung an die Arbeit der Verdauungsorgane wesentlich höhere Ansprüche stelle und ihr Nutzungswert geringer sei: energetisch betrachtet müßte deshalb der Kaloriengehalt der unnatürlichen Nahrung höher bemessen werden als der der Muttermilch. Heubner fordert deshalb[1] für künstliche Ernährung im ersten Lebenshalbjahr einen Energiequotienten von 120. Die unnatürliche Ernährung wäre also danach mindestens „weniger wirtschaftlich" als die Ernährung an der Brust der Mutter. Immerhin hatte schon Heubner darauf hingewiesen, daß man wahrscheinlich gar manche Kinder treffen würde, welche mit unnatürlicher Nahrung genau so ökonomisch arbeiten könnten als mit ihrer Mutter Milch, so daß bei solchen der Energiequotient kaum höher als für den Durchschnitt natürlich ernährter Kinder zu bemessen sein würde. Bei welchen Kindern das zuträfe, bei welchen nicht, darüber könnte natürlich immer erst der Versuch im einzelnen Fall Aufschluß geben. Die ganze Überlegung ist der klinischen Beobachtung angepaßt, daß bei unnatürlicher Ernährung individuelle Verschiedenheiten und Anlagen der Kinder eine viel größere Rolle spielen als bei natürlicher Ernährung. Manche Kinder vertragen die Kuhmilch ausgezeichnet, andere nicht; erstere sind auch meist diejenigen, welche besser damit wirtschaften, mit einem den Bedarf bei natürlicher Ernährung nicht wesentlich übersteigenden Energiewert der Nahrung auskommen, letztere gewöhnlich auch diejenigen, welche mit ihnen weniger zusagenden Nährmischungen auch schlechter wirtschaften.

Die praktische Erfahrung hat aber genau so wie bei natürlicher Ernährung ergeben, daß die Annahme eines Energiequotienten von 120 als Minimalwert für den allgemeinen Durchschnitt zu hoch gegriffen sei. Bereits Czerny-Keller machten auf Grund praktischer Erfahrungen geltend, daß dieser Energiequotient das Gedeihen so wenig verbürge wie ein geringerer Energiequotient der zugeführten Nahrung es im Einzelfalle zu verhindern brauche. Auch andere Autoren haben zum Teil beträchtlich geringere Energiequotienten bei gedeihenden unnatürlich ernährten Kindern gefunden; so z. B. Schloßmann 110, Feer 95—121, Finkelstein 90—125, im Durchschnitt 103, wobei er ausdrücklich darauf hinweist, daß die knapper bemessene Nahrung jedenfalls bessere Aussichten auf Fernhalten von Störungen darbiete. Maurel erklärte ausdrücklich, daß bei unnatürlicher Ernährung ein Energiequotient von 75 ausreiche, Budin fand Werte von rund 90—100. In neuester Zeit haben J. Engel und Samelson bei einem Kinde der zweiten Lebenswoche Gedeihen bei einem Energiequotienten von 70—90 gesehen und Calvary bei vier künstlich ernährten Säuglingen bei einer Kalorienzufuhr von 55—82 pro Kilogramm Körpergewicht, vereinzelt sogar noch weniger, einen befriedigenden Anwuchs erzielt. Ähnliche Beobachtungen liegen noch mehrfach vor. Calvary selbst wie andere haben daraus direkt den Schluß gezogen, daß der von Heubner angegebene Wert zu hoch

---

[1] Zeitschr. f. physikal. u. diätet. Therapie. 5. H. 1.

gegriffen sei. Es ergab sich also in dieser Hinsicht genau dasselbe wie für die natürliche Ernährung; doch wird man immerhin auch nach diesen Ergebnissen die Energiezufuhr bei unnatürlicher Ernährung im Durchschnitt ein wenig höher bemessen dürfen als bei natürlicher Ernährung.

Freilich erhebt sich die Frage, ob die Kalorienwährung auf die Dauer mehr oder auch nur dasselbe leisten wird, wie die empirische, unter vorsichtiger Beobachtung des dem Kinde erträglichen Maßes aufgestellte Volumbemessung der verschieden zusammengesetzten Nahrung. Immerhin mag in Zweifelsfällen eine Energieauswertung der gereichten unnatürlichen Nahrung recht zweckmäßig sein.

Man hat schon vielfach die Erfahrung machen können, daß bei Wechsel des Nahrungsgemisches der vorher ausreichende Energiequotient sich als unzureichend erwies. Systematische Untersuchungen über diese Frage liegen von Rosenstern vor. Dieselben ergaben, daß bei Verabreichung fettreicher, aber zuckerarmer Nahrung erst bei einem Energiequotienten von 100—120 und mehr, bei fettarmer, dagegen eiweiß-, zucker- und salzreicher Nahrung schon bei einem Energiequotienten von etwa 80—90 Zunahmen erzielt wurden. Das Ergebnis ist um so interessanter, als es beweist, daß der Energiereichtum der Nahrung für den Anwuchs scheinbar viel gleichgültiger ist als der Gehalt an Nährsubstanz bei relativ geringerem Kalorienwert. Das ist an sich gewiß nicht verwunderlich, spricht aber gerade nicht für die einseitige Bemessung oder gar Auswahl der Nahrung nach ihrem Energiewert. Wir persönlich halten in der eigentlichen Neugeburtszeit an der volumetrischen Methode fest. Wir bemessen die Nahrungsmenge nach dem durchschnittlich wahrscheinlichen Volumen und machen eine Steigerung oder Verminderung der Nahrungsmenge abhängig von der beobachteten Reaktion des Kindes. Der Versuch, die Nahrungsmenge nach dem vermutlichen Energiebedarf zu wählen, hat uns niemals mehr Erfolg oder Mißerfolg ergeben als dieses rein empirische, vorsichtig tastende Vorgehen. Auch v. Pfaundler und Finkelstein haben übrigens gerade in den Neuauflagen ihrer Werke dieses empirische Verfahren empfohlen.

Spezielle Technik der unnatürlichen Ernährung.
Vorbereitung der Nahrung.

Oberste Voraussetzung für die Vermeidung von Schäden bei der unnatürlichen Ernährung ist die Verwendung einwandfreien Nährmaterials, vor allem also einwandfreier Milch. Im letzten Jahrzehnt ist auf diesem Gebiete viel geleistet worden. Wir verweisen in dieser Hinsicht auf die Darstellung in dem Handbuch von Pfaundler-Schloßmann Bd. 1 und die entsprechenden Kapitel in Sommerfelds Handbuch der Milchkunde. Hier möchten wir nur einige wenige Punkte anführen, die zur Orientierung dienen sollen, um eine Beurteilung zu ermöglichen, wie weit der milchliefernde Stall den Anforderungen genügt.

Ganz abgesehen von dem Einfluß der Rasse und der Fütterung, des Laktations- und Lebensalters der Kühe hat die ganze Tierhaltung, spezielle Form der Milchgewinnung einen wichtigen Einfluß auf die Qualität wie Reinheit der dem Konsumenten gelieferten Milch.

Natürlich wird man meist nicht in der Lage sein, auf Stallung, Wartung der Tiere und Art der Milchgewinnung irgendwelchen Einfluß zu nehmen. In solchen Fällen möchten wir vor der noch vielverbreiteten Gewohnheit warnen, sich nur Milch einer besonderen, trocken gefütterten Kuh als Kindermilch liefern zu lassen. Das bietet nicht allein keinen Vorteil, sondern eher Nachteil; denn die Milch gemischt und grün gefütterter Kühe ist im allgemeinen von besserer Qualität als die der trocken gefütterten. Die Auffassung, daß die Milch grün gefütterter Kühe Diarrhöen der Kinder erzeuge, gehört ins Reich der Fabel. Zudem ist bei einer latenten Erkrankung der Kuh die Gefahr einer Schädigung des Kindes viel größer, als wenn selbst die Milch einer kranken Kuh in der Mischmilch vieler Kühe mit auftritt. Einen gewissen Fortschritt bedeutet es schon, wenn auf einem größeren Hof mehrere unter tierärztlicher Kontrolle stehende Kühe als Kindermilchlieferanten benutzt werden; der sichere Ausschluß kranker Tiere von der Milchlieferung für Kinder ist schon ein großer Gewinn.

Die zweite Forderung betrifft die Sauberkeit der Milchgewinnung. Dazu sind reine und luftige Ställe erforderlich, die mit allen eine Sauberhaltung der Kühe leicht ermöglichenden Einrichtungen versehen sind (näheres bei Raudnitz [1] und Schloßmann [2]).

Besonders muß eine Beschmutzung der Euter durch den Kuhschweif beim Legen der Tiere möglichst vermieden werden, vor dem Melken müssen die Euter einer besonderen Reinigung unterzogen werden. Ebenso muß natürlich die melkende Person gesund, besonders von Tuberkulose und Syphilis frei sein und beim Melken saubere Hände und Kleider haben. Über einige neuere Verfahren, die aber praktisch kaum Bedeutung gewonnen haben, siehe Czerny-Keller, Handb. 2. Aufl. Bd. 1, S. 144. Die Milch selbst muß in reinen Gefäßen aufgefangen werden, welche mit einem Schmutzabscheider versehen sind. Nach dem Melken ist das Wichtigste sofort die Tiefkühlung der Milch, Abfüllung derselben in sterile Transportgefäße oder Flaschen. In großen Musterbetrieben wird die Milch gleich in Portionen abgeteilt und können unter sachverständiger Überwachung eine Reihe von Nährmischungen fertig an die Parteien geliefert werden. Die großen Städte sind heute hinsichtlich solcher Mustereinrichtungen viel besser daran als kleine Orte. Wo solche unter sachverständiger Kontrolle stehenden Molkereien und Musterstallungen nicht vorhanden sind, muß der Arzt versuchen, wenigstens einen Teil dieser Forderungen durchzusetzen und evtl. durch gelegentliche Kontrolle sich selbst von Schmutz-, Keimgehalt und Fettreichtum der Milch überzeugen. (Prüfungsmethoden bei Raudnitz in Pfaundler-Schloßmanns und Sommerfelds Handbuch).

Wo man nicht in der glücklichen Lage ist, eine trinkfertige einwandfreie Milch geliefert zu bekommen, ist besondere Sorgfalt auf die Weiterverarbeitung der Milch im Hause, sei es einer Gebäranstalt oder im Privathaus zu richten. Die Milch ist sofort nach ihrer Ankunft zu seihen (Wattefilter oder dichte Gaze), der Geschmack zu prüfen, dann am besten gleich in Portionen abgeteilt im Wasserbad durch kurz dauernde Erhitzung auf Siedetemperatur zu „sterilisieren". (Es handelt sich natürlich nicht um eine wirkliche Sterilisierung [3], die auch zu vermeiden wäre.)

Wo die Milch nicht gleich abgeteilt und sterilisiert wird, ist auf Kühlhaltung derselben das größte Gewicht zu legen. Die Kühlhaltung ist bei einer halbwegs reinen Milch vielleicht wichtiger als das sog. Sterilisieren. Am besten benutzt man dazu einen Soxhletapparat, der übrigens heute in Form der Rex- oder Weckapparate fast in jeder besseren Haushaltung vorhanden ist. Passende Flaschen sind zu diesen Apparaten zu haben. Auch eine genaue Gebrauchsanweisung liegt denselben stets bei. Unter ärmlichen Verhältnissen kann das Kochen im Wasserbad auch in einem gewöhnlichen Kochtopf vorgenommen und der Flaschenverschluß durch einen Wattebausch ersetzt werden. Jedenfalls steht fest, daß durch dieses einfache Abkochen alle praktisch in Betracht kommenden Mikroorganismen zerstört und auch die Gärungserreger unschädlich gemacht werden. Längeres Erhitzen ist namentlich für den Vitamingehalt der Milch schädlich.

---

[1] v. Pfaundler-Schloßmann I, l. c.
[2] Handb. d. Milchkunde von Sommerfeld.
[3] Vgl. Flügge u. a. In neuerer Zeit sind von Schloßmann Versuche aufgenommen worden, wirklich keimfreie Rohmilch zu gewinnen, ohne die Nachteile einer Sterilisierung durch langdauerndes Kochen. Zu diesem Zwecke wird die unter hohem Druck fein zerstäubte Milch rasch erhitzt, dann sofort wieder abgekühlt. Dabei werden auch Tuberkelbazillen u. ähnl. vernichtet.

Wichtig ist ferner die sofortige Abkühlung der gekochten Milch in kühlem Wasser. Sobald das geschehen ist, kommen die Flaschen in einen Eisschrank oder in eine improvisierte Kühlkiste (Abb. 97).

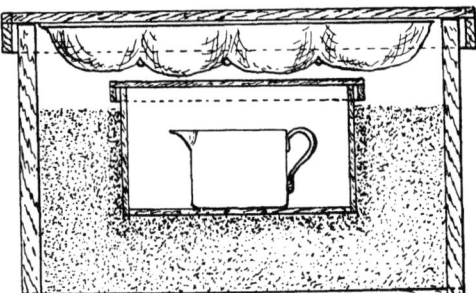

Abb. 97.
Engel-Baum, Grundriß der Säuglingskunde und Kleinkinderfürsorge. 13. Aufl. J. F. Bergmann.

Nicht zu vergessen ist, dafür Sorge zu tragen, daß auch im Haus alle Manipulationen an der Milch sauber vorgenommen werden. Die benutzten gläsernen Mensuren müssen sorgfältigst gereinigt werden, ebenso aber die Trinkflaschen. Am besten ist es, die leeren Flaschen mit Bürste und warmer Sodalösung sofort zu reinigen und dann einfach in einem sauberen Gefäß 10 Minuten lang zu kochen.

Auch den verwendeten Saugern (Abb. 98) ist große Aufmerksamkeit zu widmen. Denn ein schmutziger, mit Keimen beladener Sauger könnte alle Vorteile der bisher genannten doch immerhin schon viel Aufmerksamkeit erfordernden Manipulationen zunichte machen. Der Sauger muß also jedenfalls leicht zu reinigen sein; nach dem Trinken sind sofort mechanisch alle anhaftenden Milchreste zu entfernen und darauf derselbe auszukochen. Durch das Auskochen leiden zwar die Sauger, ihre Lebensdauer wird herabgesetzt, trotzdem sollte man meines Erachtens nur darauf verzichten, wenn die materiellen Verhältnisse es nötig machen[1]. Die sog. Kristallsauger sind übrigens wesentlich widerstandsfähiger.

Abb. 98.

Da die Sauger undurchbohrt in den Handel kommen, muß man mit einer glühenden Nadel ein Loch hineinbrennen. Die Öffnung ist aber möglichst, d. h. so klein zu machen, daß das Kind eben noch bei einiger Sauganstrengung genug Milch bekommt. Die großen Löcher, die ein Durchfließen der Milch ohne wesentliche Anstrengung erlauben, haben Nachteile für die Magenverdauung (vgl. nächstes Kapitel).

Technik der Nahrungsverabfolgung.

Die in Portionen abgeteilte, kühl gehaltene Nahrung wird unmittelbar vor dem Trinken auf Körpertemperatur angewärmt, wozu man die betreffende Flasche etwa 3—5 Minuten in warmes Wasser von etwa 50° stellt. Passende Gefäße dafür sind den oben genannten Apparaten meist beigegeben.

Die Flasche wird dem mit leicht erhöhtem Kopf auf dem Arm liegenden Kinde stets von der Hand der Mutter oder Pflegerin gereicht. Beim Trinken selbst ist das Kind dauernd im Auge zu halten und besonders darauf zu achten, daß die Milch auch nicht zu schnell ausfließt. Das Kind soll möglichst dieselbe Sauganstrengung machen wie beim Trinken an der Brust. Ein zu großes Loch

---

[1] Vor allem müssen neue Sauger vor der ersten Verwendung gründlich gekocht werden. Ganz abgesehen von der Bakterienvernichtung ist das deshalb notwendig, weil unter Umständen aus dem vulkanisierten Kautschuk der Sauger noch HCl frei werden kann (Lutz).

im Sauger schädigt nicht allein die Magensekretion, welche durch den kräftigen Saugakt ausgelöst werden soll, sondern bringt auch die Gefahr des Verschluckens und Erbrechens mit sich. Das Kind soll langsam trinken, so daß für die Mahlzeit etwa eine Viertelstunde notwendig ist. Kinder, die trotzdem zu gierig oder hastig trinken und dabei viel Luft schlucken, wird man durch mehrfaches Absetzen der Flasche zu langsamerem Trinken allmählich erziehen, evtl. durch Aufrichten während der Mahlzeiten das Entweichen der Luft aus dem Magen erleichtern. Zeigt das Kind, sofern es nicht zu den trinkfaulen gehört, Zeichen der Sättigung, so soll ihm weitere Nahrung nicht aufgedrängt werden, auch wenn die Flasche nicht leer ist. Wir wissen ja, daß auch bei Brustkindern die Größe der einzelnen Mahlzeiten sehr schwankt. Da aber die Flaschenmahlzeit so bemessen ist, daß sie unbedingt ausreicht, so ist andererseits einem gierigen Kinde auch nicht zu gestatten, etwa mehr als die vorgesehene Menge zu trinken. Übrigens spielt diese Gefahr beim Neugeborenen gewöhnlich keine Rolle.

Sofern es sich um ausgetragene, kräftige Kinder handelt, soll bei unnatürlicher Ernährung unbedingt an großen Pausen und einer geringen Zahl von Mahlzeiten (Czerny-Kellers Regime) festgehalten werden. Höchstens in den ersten Tagen, beim Übergang von der Brustnahrung zur unnatürlichen Ernährung kann man, falls das Kind bisher öfters getrunken hat, etwas nachgiebiger sein und es allmählich an die selteneren Mahlzeiten gewöhnen. Dann aber ist bei der unnatürlichen Ernährung kräftiger Kinder starr an dem Schema festzuhalten. Die Gefahr einer Unterernährung liegt nicht vor, die großen Nahrungspausen sind hier aber direkt erforderlich, um dem Magen, dessen Entleerung ja jetzt mehr Zeit in Anspruch nimmt, die erforderliche Ruhepause zu gönnen.

Noch mehr als bei der Ernährung an der Brust ist eine sorgfältige Kontrolle des Nahrungserfolges notwendig. Dieselbe hat sich auf die gleichen Punkte wie bei der natürlichen Ernährung zu erstrecken.

Besondere Beachtung erfordert die Haut; plötzlich — bei bisher natürlich ernährten Kindern — auftretende Neigung zu Ekzembildung deutet oft zuerst darauf hin, daß die verwendete Nährmischung dem Kinde nicht bekömmlich ist. Manchmal treten jetzt die ersten Zeichen einer exsudativen Diathese auf. In solchen Fällen ist Wechsel des Nährgemisches oder noch besser eine vorübergehende Rückkehr zur Zwiemilch- bzw. Ammenernährung stets in Erwägung zu ziehen, am einfachsten in der Form, daß der Flaschennahrung etwas Ammenmilch zugesetzt wird.

Auf Zeichen der Überfütterung oder Unterernährung ist besonders zu achten (näheres vgl. die betreffenden Kapitel).

Soorbildung bei sonst einwandfreier Technik der unnatürlichen Ernährung deutet darauf hin, daß die Nahrung dem Kinde nicht bekömmlich ist.

Bei der Kontrolle der Stühle ist die Art der verwendeten Nährmischung in Rechnung zu ziehen. Im allgemeinen zeigen die Darmentleerungen bei jeder Art künstlicher Ernährung eine größere Konsistenz. Bei bis dahin natürlich ernährten Kindern treten jetzt oft zum ersten Male die berühmten Goldgelbstühle von salbenartiger Konsistenz auf; das sieht man sowohl bei Verwendung der gewöhnlichen Kohlehydratmilchverdünnungen wie bei Fettmilchen.

Nimmt bei Verabreichung der gewöhnlichen Milchverdünnung mit Kohlehydratzusatz die Konsistenz der Stühle noch weiter zu, werden dieselben gleichzeitig trockener, von einem helleren, aber mehr schmutzigen Gelb, so deutet das darauf hin, daß die Nahrung für das Kind zu konzentriert oder zu reichlich ist. Einschränkung der Nahrung, vor allem durch Rückkehr zu stärkeren Verdünnungen kann einer Schädigung vorbeugen. Am konsistentesten sind die Stühle bei Mehlnahrung.

Die normalen Stühle bei Verabreichung von Fettmilch zeichnen sich
durch einen gewissen Glanz aus. Bei zu starker Fettkonzentration oder zu
reichlicher Nahrungszufuhr treten vermehrte Entleerungen dünner, stark saurer
Stühle auf, in denen größere und kleinere Fettlachen auftreten.

Es sei hier nochmals darauf hingewiesen, daß bei der leichtesten Störung
ein Wechsel der Nährmischung, ein Lavieren bezüglich der Menge und Konzentration, bei weiterem Mißerfolg eine Rückkehr zum Allaitement mixte oder
zur Ammenernährung notwendig ist. Es gibt eben Kinder, welche die unnatürliche Nahrung gar nicht oder nur in so geringer Menge vertragen, daß dabei
von einem Gedeihen keine Rede sein kann. Daß es auch andererseits Kinder
gibt, welche selbst große Mengen fast jeder Art von Nährmischungen schadlos
vertragen können, soll damit nicht geleugnet werden.

Das frühgeborene und lebensschwache Kind.

Begriffsbestimmungen.

Frühgeboren nennen wir nach Übereinkunft jedes Kind, welches vor Beendigung der normalen Tragzeit von 40 Wochen zur Welt kommt. Als lebensschwach werden diejenigen Kinder bezeichnet, welche den Anforderungen der extrauterinen Lebensbedingungen noch nicht gewachsen und demzufolge in ihrer Existenz mehr gefährdet sind als lebenskräftige reife Kinder. Frühgeburt ist also zunächst nur ein temporaler Begriff, Lebensschwäche dagegen ein funktioneller. Frühgeborene Kinder können Lebensschwäche vermissen lassen, rechtzeitig geborene Kinder sie zeigen. Es liegt indes auf der Hand, daß am häufigsten eine solche funktionelle Rückständigkeit bei Kindern auftreten wird, welche infolge vorzeitiger Geburt nicht den vollen Grad der Entwicklung des reifen Kindes erreicht haben. So decken sich allerdings in einem größeren Teil der Fälle die beiden Begriffe Frühgeburt (partus praematurus) und Lebensschwäche (debilitas vitae congenita). Das rechtfertigt die gemeinsame Darstellung in einem Kapitel, die vor allem zur Vermeidung zahlreicher Wiederholungen dienen soll. Trotzdem muß man sich der Trennung in wissenschaftlichem Interesse bewußt bleiben, um so mehr als alle Erfahrungen darauf hindeuten, daß die Prognose für die einzelnen Kategorien sehr verschieden ist. Die Begriffstrennung gibt erst die Grundlage für weitere Forschungen, aus denen sich künftig noch schärfer das Unterscheidende herausheben lassen wird. Unter die Frühgeburten wird man meist auch die Zwillinge rechnen können, selbst dann, wenn sie der Zeit nach ausgetragen sind. Denn sie bleiben ganz gewöhnlich an Länge und Körpergewicht hinter dem reifen Einzelkinde soweit zurück, daß sie den Frühgeburten gleich zu achten sind. Hinsichtlich der Debilität gilt von ihnen dasselbe wie von anderen Frühgeborenen auch.

Was man unter Frühgeburt versteht, braucht für Geburtshelfer nicht näher auseinandergesetzt zu werden. Doch sei auch hier schon der Hinweis erlaubt, daß die übliche Diagnose „frühgeboren" sich gewöhnlich auf das Fehlen bestimmter sog. Reifezeichen, oft sogar nur auf das Zurückbleiben von Länge, Gewicht, Schädelmassen hinter einem gewissen Durchschnitt stützt. Dabei wird freilich übersehen, daß ausgetragene Kinder Zeichen der Frühgeburt aufweisen können, wie andererseits ganz zweifellos zu früh geborene Kinder jedes Zeichen der Unreife vermissen lassen. Die Abgrenzung des Begriffes Unreife ist in vieler Hinsicht eine unscharfe. Die Begriffe Frühgeburt und Unreife decken sich ebensowenig, wie die Begriffe rechtzeitige Geburt und Reife des Kindes streng zusammenfallen (Lutz, Ahlfeld u. a.). Dabei ist

freilich nicht zu übersehen, daß der Begriff „Reife" in der geburtshilflichen
Literatur nur ein temporärer ist, während Lutz ihn auch funktionell gebraucht.
Vielleicht ist die Schwangerschaftsdauer als Kriterium für die Diagnose der
Reife in funktionellem Sinne überhaupt besser auszuschalten. Denn höchstwahrscheinlich dauert die Entwicklung eines Fetus bis zur Reife verschieden
lang und tritt die Geburt ganz unabhängig von der Vollendung oder Nicht-
vollendung der Tragzeit eben dann ein, wenn der Reifegrad der Frucht erreicht
ist (Sellheim, Verfasser). Man würde besser zwischen reifen und unreifen Frühgeborenen unterscheiden, ohne aber daraus den weiteren
Schluß ziehen zu dürfen, daß die unreifen Frühgeborenen auch debil sein müßten.
Freilich scheint nach neueren Nachforschungen mindestens ein gewisser Entwicklungsgrad erforderlich, wenn eine Unreife ohne Debilität möglich sein
soll. Die Grenze dürfte in der 28. Schwangerschaftswoche liegen (Reiche u. a.).

Auch die Definition des Begriffs „Debilität" ist nicht leicht befriedigend
zu geben. Anatomische Merkmale der Debilität gibt es nicht, außer bei Frühgeborenen das Hautsklerem. Auch die funktionelle Rückständigkeit kann
unter günstigen Bedingungen latent bleiben, namentlich bei ausgetragenen
Neugeborenen von normalem Gewicht. Trotzdem wird man daran festhalten
müssen, als Lebensschwäche eine angeborene funktionelle Minderwertigkeit zu bezeichnen, die sich hauptsächlich in einer mangelhaften Resistenz gegen die extrauterinen Lebensbedingungen oder in einer sehr geringen
Toleranz gegen Schwankungen derselben äußert. Die debilen Kinder reagieren
einerseits schon auf physiologische Reize mit Krankheitserscheinungen, andererseits wird ihr Gedeihen durch den kleinsten Überreiz oder Unterreiz schon
geschädigt. Sehr schwierig ist es, das konstitutionelle Moment in dem Begriff
der Lebensschwäche zu verwerten, denn es gibt zweifellos frühgeborene Kinder,
welche nur wegen ihrer mit der Frühgeburt verbundenen Unreife lebensschwach
sind, während bei reifen ausgetragenen Neugeborenen die Lebensschwäche
wohl in erster Linie in einer abnormen Anlage begründet sein muß. Steht so
die Lebensschwäche der Frühgeborenen gewissermaßen zwischen Gesundheit
und Krankheit (Billard), so trägt die Lebensschwäche der reifen ausgetragenen
Kinder den Stempel des Krankhaften an sich und soll deshalb hier außer
Betracht bleiben. Uns interessieren hier in erster Linie die Frühgeborenen
unter Einschluß der debilen Frühgeborenen.

Häufigkeit und Ursachen der Frühgeburt und Debilität.

Über die Häufigkeit der Lebensschwäche lassen sich Zahlenangaben
heute nicht machen. Auch die Angaben über die Häufigkeit der Frühgeburten
sind kaum verwertbar, weil die Grenze sehr verschieden angesetzt wird. Aber
selbst bei gleicher Festsetzung schwanken die Angaben außerordentlich stark
(zwischen 5 und 26%).

Die Ursachen der Frühgeburt wie der Debilität fallen vielfach zusammen.
Dagegen gibt nicht jede Ursache zur Frühgeburt auch Veranlassung zur Debi-
lität. Die künstliche Unterbrechung der Schwangerschaft z B. bei engem
Becken wird im allgemeinen zu einem Termin vorgenommen, in welchem die
Frühgeburt durchaus nicht mehr mit Lebensschwäche verbunden sein muß.
Natürlich spielen der Grad der Beckenverengung und der Termin der Schwanger-
schaftsunterbrechung eine Rolle. Höchstens könnte das enge Becken, z. B. ein
infantiles allgemein verengtes Becken, Ausdruck einer Minderwertigkeit der
Mutter sein, welche als solche auf das Kind vererbt wird und zur Debilität führt.
Auch die vorzeitige Beendigung der Schwangerschaft bei Mehrlingen braucht

trotz der häufigen Untermassigkeit von Zwillingen nicht mit einer Debilität verbunden zu sein. Höhere Grade von Untermassigkeit lassen aber auch Zeichen der Debilität weiterhin gewöhnlich nicht vermissen. Am häufigsten fallen bei chronischen Infektionen und Intoxikationen Ursachen der Frühgeburt und der Debilität zusammen. Obenan stehen hier Tuberkulose und Lues, sowie unter den Schwangerschaftstoxikosen die länger bestehende Nephropathie mit oder ohne folgende Eklampsie. Neuestens hat Reyher [1] als „avitaminotische Frühgeburt" eine Gruppe debiler Kinder herausgehoben, die seiner Meinung nach nur infolge eines angeborenen Mangels an Ergänzungsnährstoffen debil sind. Ursächlich wird zu vitaminarme Nahrung der Mutter angeschuldigt. Die von Reyher und zum Teil auch von Abels [2] beigebrachten Unterlagen scheinen uns noch zu gering, um heute schon ein eindeutiges Urteil zu erlauben.

Im Kaiserin-Auguste-Viktoria-Haus ist Ylppö besonders den Ursachen der Frühgeburt nachgegangen und fand dabei:

I. Krankheiten der Mutter
   Lues 3,9%
   Tuberkulose 1,8%
   andere Infektionskrankheiten (Influenza, Pneumonie, Grippe,
       Scharlach, Masern) 1,0%
   Eklampsie 3,1%
   Albuminurie (akut, chronisch) 2,4%
   allgemeine Schwächezustände und Konstitutionskrankheiten,
       Herzleiden, Diabetes usw. 1,9%
II. Habituelle, familiäre Frühgeburt ohne sonstige Krankheit . . . 0,6%
III. Frühgeburt wegen Anomalien oder Krankheiten der Geburtswege
   (enges Becken, Myoma uteri, Placenta praevia, Endometritis,
   Gonorrhöe und andere Krankheiten der Genitalien) 4,5%
IV. Frühgeburt wegen Trauma 4,5%
V. Zwillingsschwangerschaft 19,2%
VI. Drillingsschwangerschaft 1,7%
VII. Unbekannte Ursachen 55,2%

Diese Beispiele mögen genügen. Ein weiteres Eingehen auf die Ursachen der Frühgeburt erübrigt sich, da diese Frage ja ausführlich in den Handbüchern der Geburtshilfe behandelt wird.

Klinische Zeichen der Unreife und Lebensschwäche.

Klinische Zeichen der Unreife und Lebensschwäche. Da — wie schon erwähnt — die sichere Diagnose der Debilität erst aus dem klinischen Verhalten des Kindes sich ergibt, muß man sich zunächst immer mit der Diagnose der Unreife begnügen. Alle für die Debilität verwertbaren Zeichen, wie welke Haut, Trinkschwäche, die geringe allgemeine Reaktionsfähigkeit finden sich auch bei unreifen Frühgeborenen, die sich späterhin nicht als debil erweisen. Aber auch die Diagnose der Unreife in funktioneller Hinsicht ist immer nur mit Wahrscheinlichkeit zu stellen, weil die als Kriterium benutzten Maße schon normaliter stark schwanken. Diese Schwierigkeiten werden recht klar, wenn man die für das verschiedene Fetalalter angegebenen Grenzwerte nebeneinander stellt, wie in der folgenden Tabelle nach Oberwarth:

---

[1] Zeitschr. f. Kinderheilk. Bd. 36, 1923.
[2] Klin. Wochenschr. 1922. Nr. 36.

Fetalalter	Gewicht		Länge
6 Mon.	330 g (Arnold)	bis 1041 g (Francois)	28 bis 37 cm
6¹/₂ ,,	995 g (Hahn)	,, 1408 g (Potel)	36,3 ,, 37,5 ,,
7 ,,	797 g (Michaelis)	,, 1700 g (Potel)	33,1 ,, 41,3 ,,
7¹/₂ ,,	1868 g (Hecker)	,, 1964 g (Hahn)	42,0 ,, 42,7 ,,
8 ,,	1286 g (Michaelis)	,, 2213 g (Francois)	39,0 ,, 47 ,,
8¹/₂ ,,	2424 g (Ahlfeld)	,, 2700 g (Hahn)	46,1 ,, 48 ,,

Die Tabelle zeigt, daß besonders die Gewichtsdifferenz gleichalteriger Kinder enorm sein kann, ja Berthold behauptet sogar, sieben ausgetragene Kinder von weniger als 2000 g Geburtsgewicht und zwei sechsmonatliche Feten von mehr als 2000 g Geburtsgewicht beobachtet zu haben. Dem Verfasser ist das Original nicht zugänglich, doch wird man derartige Angaben mit einer gewissen Reserve aufnehmen müssen, selbst wenn man das geringere Geburtsgewicht französischer und speziell Pariser Kinder in Erwägung zieht. Praktisch bedeutsamer erscheint mir die von v. Pfaundler hervorgehobene Tatsache, daß unter den frühgeborenen Kindern die Körpermaße noch häufig unter dem Normalmaße gleichalteriger Feten zurückbleiben.

Körpermaße von Frühgeburten und normalen Feten.
Nach v. Pfaundler.

Alter Fetal-monate	Körpergewicht von		Körperlänge	Mortalität in den ersten beiden Lebenswochen
	normale Feten	Früh-geburten		
6	1300 g (1220)	1000 g	35 (37)	95⁰/₀
6¹/₂	—	1200 g	37	82⁰/₀
7	1800 g (2100)	1500 g	39 (42)	63⁰/₀
7¹/₂	—	1800 g	42	42⁰/₀
8	2500 g (2800)	2200 g	45 (47)	20⁰/₀

Im ganzen betrachtet wird man im allgemeinen der Länge — ihre exakte Bestimmung vorausgesetzt — größeren Wert zuerkennen müssen, wobei natürlich von extrahierten, besonders am Beckenende extrahierten Kindern abgesehen werden muß. Wie groß aber auch dabei die Schwankungen noch sind, geht aus folgender Tabelle von Ylppö hervor, die er auf Grund des Materials des Kaiserin-Auguste-Viktoria-Hauses für Kinder über 47 cm Länge auf Grund der Zangemeisterschen Zahlen aufgestellt hat.

Länge . . . . cm	25	31	32	33	34	35	36	37	38	39	40
Durchschnittsgewicht in g .	285	620	700	780	869	934	1003	1080	1148	1325	1400
Anzahl der Kinder	1	1	4	2	7	5	10	12	16	11	18
Grenzwerte { untere . .	—	—	600	760	750	750	900	690	700	1050	980
{ obere . . .	—	—	870	800	1010	1200	1140	1500	1670	1700	1840
Längengewichtsindex: Länge in cm/Gewicht . . .	54,8	48,0	46,8	45,7	45,2	45,9	46,5	46,9	47,7	44,7	45,7

Länge . . . . cm	41	42	43	44	45	46	47	48	49	50
Durchschnittsgewicht in g .	—	1570	1593	1678	1833	1927	2250	2500	2750	3000	3150
Anzahl der Kinder	—	15	16	21	16	18	—	—	—	—	—
Grenzwerte { untere . .	—	1350	1250	1440	1270	1100	—	—	—	—	—
obere . . .	—	2170	2200	2050	2300	2350	—	—	—	—	—
Längengewichtsindex: Länge in cm/Gewicht . . .	—	55,0	46,5	47,3	46,4	47,2	43,2	41,5	40,2	39,2	38,4

Weniger variabel scheinen mir nach eigenen Nachprüfungen gewisse Relationen zwischen Körpermaßen zu sein. Bei unreifen Kindern ist der fronto-okzipitale Kopfumfang stets größer als der Schulterumfang (Frank u. a.), bei reifen Kindern umgekehrt; auch die Proportion zwischen Kopf und Körperhöhe (Stratz) ist gestört, insofern als die Kopfhöhe mehr als ein Viertel der Körperlänge beträgt; das kommt namentlich auf Konto der relativ kürzeren Beine. Besonders different erweist sich nach den Feststellungen von Oberwarth der Quotient $\frac{\text{Körpergewicht}}{\text{Körperlänge}}$, der bei reifen Kindern 60—80, bei unreifen 30—50 beträgt, das heißt beim unreifen Frühgeborenen ist das Gewicht stärker zurückgeblieben als die Länge. Beträgt dieser Quotient unter 30, dann ist nach Oberwarth (S. 196) die Erhaltbarkeit der Kinder gering. Dieses Zeichen dürfte mit dem Frankschen in eine Linie zu stellen sein; beide basieren auf geringerer Ausbildung des subkutanen Fettpolsters, das ja wesentlich erst in den letzten 4—6 Wochen angesetzt wird. Auch die starke Rötung der Haut unreifer Frühgeborener beruht zum Teil auf diesem Mangel an subkutanem Fett. Freilich ist nicht zu vergessen, daß gelegentlich auch reife Kinder von kranken, unterernährten Müttern eine gewisse Magerkeit zeigen. Die Feststellung von Pinard, daß kleine Kinder kleiner gesunder Eltern ohne Debilität kleine Plazenten, debile Kinder kleiner luetischer Mütter dagegen auffallend große Plazenten haben, ist wohl nur in Hinsicht auf die Lues von einigem Wert. Übrigens sind durchaus nicht immer luetische Plazenten besonders groß. De Vicariis gibt an, daß bei Frühgeburten kernhaltige rote Blutkörperchen sich in größerer Zahl fänden.

Nimmt man alles in allem, so kann man, abgesehen von einigen Proportionen, dieselbe Kritik an die gesamten Zeichen der Frühreife anlegen wie an die Reifezeichen. Die Schwankungsbreite ist überall eine recht große. Auch die von A. Reiche versuchte Fixierung einer unteren Grenze der Lebensfähigkeit nach dem Brustumfang (Lebensunfähigkeit unter 21 cm Umfang, zweifelhafte Prognose bis 23 cm Umfang) ist nicht absolut zutreffend, wenn auch als ungefährer Anhaltspunkt brauchbar. Für praktische Bedürfnisse wird man daran festhalten dürfen, Kinder unter 2500 g und 47—48 cm Länge als unreif zu bezeichnen und sie mit einer gewissen Vorsicht zu behandeln. Vollends die Kinder von 2000—2500 g Geburtsgewicht und 45—47 cm Länge wird man als debile Unreife behandeln. Stellt sich heraus, daß von einer besonderen Debilität keine Rede ist und dieselben für die extrauterinen Lebensbedingungen resistent genug sind, um so besser. Denn die Debilität ist nach anatomischen Merkmalen mindestens niemals sicher auszuschließen und die funktionellen Zeichen derselben können naturgemäß erst im Laufe der Beobachtung sich herausstellen bzw. vermißt bleiben.

Eigentümlichkeiten der Organfunktionen.

Funktionelle Eigentümlichkeiten. Frühgeborenen wie Debilen gleich eigen ist der an Somnolenz erinnernde Zustand eines fast dauernden

Schlafes, der auch keine wesentlichen Änderungen der Tiefe erkennen läßt, welche unabhängig von der Schlafdauer zu sein scheint (Czerny). Die Reizschwelle, auf die eine Reaktion in Form von piepsendem Schreien oder einer Abwehrbewegung erfolgt, liegt wesentlich höher als beim reifen Neugeborenen. Spontanbewegungen pflegen in der ersten Zeit überhaupt zu fehlen, was mit der unvollkommenen Ausbildung der Pyramidenbahnen, wohl auch der motorischen Rindenregion (Ziehen) in Zusammenhang stehen dürfte. Während aber bei nicht debilen Frühgeborenen dieser Zustand bald vorübergeht und besonders Hunger sehr bald durch Unruhe und Schreien sich bemerkbar macht, der Kältereiz beim Umwickeln zu Spontanbewegungen Veranlassung gibt, verharren die debilen Frühgeborenen viel länger in diesem Zustande dauernder gleichmäßiger Ruhe und geringster Reaktion auf äußere Reize (Anergie nach v. Pfaundler). Die mangelhafte Ausbildung des Zentralnervensystems, vor allem der unvollkommene oder noch fehlende Markschutz motorischer Bahnen geht gleichzeitig mit einer erhöhten Vulnerabilität derselben einher, die sich z. B. in der Häufigkeit intrakranieller Hämorrhagien als Folge selbst von Spontangeburten bei einigermaßen bedeutenden Weichteilschwierigkeiten bemerkbar macht; vor allem aber wird der Frühgeburt eine bedeutende Rolle in der Ätiologie der Littleschen Krankheit zugeschrieben (Audebert und Brissaud), was allerdings von anderen, z. B. Wall, bestritten wird [1].

Eine besondere Gefahr der Debilität Frühgeborener liegt in der mangelhaften Funktion des Respirationsapparates, die ihrerseits wohl von einer noch unvollkommenen Ausbildung des Atemzentrums abhängig sein dürfte. Die Atembewegungen sind kraftlos, oberflächlich, ohne bestimmten Typus unregelmäßig, manchmal von vollständigen Atempausen bis zu einer Minute unterbrochen, wonach die Atmung etwa dem Biotschen, manchmal sogar dem Cheyne-Stokesschen Typus ähnlich wird. Man kann sich vorstellen, daß die Erregbarkeit des Atemzentrums eine so geringe ist, daß es erst auf eine starke Kohlensäureanhäufung reagiert. Sowie mit tieferer Atmung die Kohlensäurespannung sinkt, läßt infolge geringeren Reizes auf das Atemzentrum die Tiefe der Respiration wieder nach, schließlich ist ein Punkt der Arterialisation des Blutes erreicht, in welchem das Atemzentrum überhaupt nicht mehr anspricht — die Atempause setzt ein und dauert so lange, bis die Kohlesäureüberladung neuerlich tiefere Atemzüge wieder auslöst. Gewöhnlich tritt diese Cheyne-Stokessche Atmung ohne erfindliche äußere Veranlassung auf und geht mit Anfällen von Zyanose einher, die durchaus nicht etwa regelmäßig als Folge eines besonders starken, unter der Geburt erlittenen Gehirntraumas aufgefaßt werden darf.

Infolge der Kraftlosigkeit und Oberflächlichkeit der Atembewegungen bleibt auch die Entfaltung der Lungen zurück, in den unteren Lungenabschnitten gelangt meist überhaupt keine Luft mehr in die Alevolen, sie bleiben atelektatisch. In den atelektatischen Partien siedeln sich besonders leicht Infektionserreger an, es entstehen Pneumonien, die eine häufige Todesursache lebensschwacher Frühgeborener sind. Jedenfalls aber ist die Atelektase ein Moment, welches seinerseits wieder den Gaswechsel erschwert. So treten auch ohne richtige Atempause Anfälle von Zyanose und Asphyxie auf, die eine sorgfältige Überwachung der Frühgeborenen zur Pflicht machen, da nur rasches

---

[1] Manche Neurologen nehmen an, daß Frühgeborene auch zu Idiotie, Imbezillität, Epilepsie disponiert seien. Indessen scheint in solchen Fällen weniger die Frühgeburt als solche, denn eine gemeinsame Ursache für Debilität und Folgezustände verantwortlich zu sein. Die reine Frühgeburt jedenfalls hat mit den erwähnten Erkrankungen nichts zu tun.

Eingreifen den Exitus verhüten kann, was freilich oftmals auch nicht gelingt. Besonders leicht treten Zyanoseanfälle während oder unmittelbar nach dem Trinken auf. Verschiedene Ursachen können dafür in Betracht kommen. Einmal kann das die Einatmung verhindernde Schlucken gerade in einem Moment erfolgen, in dem der Kohlensäureüberschuß ohnehin schon groß ist; nach dem Trinken kann die Füllung des Magens die Zwerchfellatmung behindern (Birk), besonders wenn die Kinder ganz flach liegen. Andererseits besteht bei der mangelhaften Reflexerregbarkeit debiler Frühgeborener auch in erhöhtem Maße die Gefahr des Verschluckens, das hier gleichbedeutend ist mit einer Aspirationspneumonie, weil die den Kehldeckel passierende Flüssigkeit bei den Debilen keinen Hustenreflex auslöst oder derselbe infolge der Schwäche des motorischen Apparates zu schwach ausfällt. Einzelne leichtere Anfälle von Asphyxie und Zyanose werden meist überstanden; nach wenigen Tagen hören sie gewöhnlich von selbst auf. Wo aber solche Fälle trotz aller Maßnahmen immer wieder und immer häufiger und in kürzeren Pausen auftreten, muß man wohl fast stets damit rechnen, daß das Kind schließlich zum Exitus kommt.

Ein weiteres den Gaswechsel störendes Moment ist vielleicht auch in einer von v. Pfaundler aufgedeckten Besonderheit des Blutserums debiler Frühgeborener gegeben. Dasselbe zeigt nämlich eine Verminderung der OH-Ionen und eine entsprechend größere Konzentration an H-Ionen, womit die Kohlensäureabfuhr aus den Geweben erschwert wird. Das würde sich gut mit der Annahme von Finkelstein zusammenreimen, der die Zyanoseanfälle als Ausdruck einer chronischen Kohlensäureintoxikation auffaßt. Wenn Budin dieselben mit einer Unterernährung in Zusammenhang bringt, weil Steigerung der Nahrungszufuhr sie zum Verschwinden bringt, so dürfte damit wohl nur ausgedrückt sein, daß mit Ingangkommen des Stoffansatzes die Gefahr überhaupt überwunden ist. Verfasser möchte meinen, daß eine einheitliche Ursache überhaupt abzulehnen ist, wie ja schon die vorstehende Schilderung eine Vielheit von solchen zeigt, die in der verschiedensten Weise interferieren können.

Nur der Vollständigkeit halber sei erwähnt, daß von Billard, Parrot u. a. extremste Grade von Respirationsschwäche, vollständige Atemlosigkeit bei stark verlangsamter Herzaktion mit Fortbestehen der fötalen Zirkulation durch den Ductus Botalli beschrieben wurden, in welchem Zustande die Kinder 1—2 Tage leben konnten. Daß eine Fortdauer des Lebens unter solchen Umständen ausgeschlossen ist, bedarf keiner weiteren Erörterung.

Die Respirationsschwäche beeinflußt ihrerseits die Herztätigkeit. Die Herzaktion wird durch häufige Anfälle von Zyanose schließlich stark verlangsamt, die Herztöne verlieren ihre scharfe Begrenzung und werden ganz leise und dumpf. Eine der wichtigsten Veränderungen ist aber wohl, daß infolge ausgedehnter Atelektase der Lungen und der dadurch vermehrten Widerstände im kleinen Kreislauf ein Teil des Blutes weiter durch den Ductus Botalli und vielleicht durch das Foramen ovale strömt und so der Verschluß dieser fötalen Kommunikationswege erschwert werden kann. Natürlich wird auf diese Weise auch vom Herzen aus die Zyanose noch vermehrt. Möglicherweise kann gelegentlich allein infolge derartiger Störungen ein offener Ductus Botalli oder offenes Foramen ovale persistieren, wie eine Beobachtung von O. Rommel erweist. Ob das öfters der Fall ist, ist heute nicht zu entscheiden, könnte aber durch sorgfältige anamnestische Erhebungen bei manchen Fällen wohl wahrscheinlich gemacht werden.

Die bei debilen Frühgeborenen von vielen Autoren hervorgehobene leichte Zerreißlichkeit der Gefäße kann einfach auf einer Rückständigkeit der Entwicklung, vor allem dem Mangel elastischer Fasern beruhen; häufig findet sich auch die Erklärung in einer luetischen Wanderkrankung, in welchem Falle die Lues auch wohl Ursache der Debilität sein dürfte. Jedenfalls kann allgemein die Neigung der Debilen zu Hämorrhagien hervorgehoben werden.

Zum Teil kann diese freilich auch in einer Eigentümlichkeit des Blutes begründet sein. So wird angegeben eine Verzögerung der Gerinnungszeit (daher Neigung zu Nabelblutungen, Melaena), eine Herabsetzung der Alkaleszenz, Oligozythämie bei Vermehrung der Jugendformen (de Vicariis), hoher Hämoglobingehalt (Adriance) mit folgendem starken Zerfall, womit die längere Dauer des Ikterus bei Frühgeborenen in Zusammenhang gebracht wird (vgl. auch Kapitel Blut).

Der Harnapparat debiler Frühgeborener zeigt besonders häufig und ausgedehnte Harnsäureinfarkte, welche mit dem geringen Sauerstoffwechsel und der geringen Flüssigkeitsaufnahme in Zusammenhang stehen und ihrerseits wieder zu Harnverhaltung (selbst urämischen Zuständen mit Krämpfen) führen können. Mit dem Darniederliegen des Sauerstoffwechsels infolge der Zirkulations- und Atmungsschwäche, sowie mit der geringeren Nahrungsaufnahme dürften wohl auch die geringeren Harnmengen, das höhere spezifische Gewicht, die stärkere Azidität und Toxizität (Rückhaltung fötaler Stoffwechselprodukte) des Harnes Frühgeborener (Charrin) in Zusammenhang stehen. Die Gefrierpunktserniedrigung ist vermehrt (Nobécourt und Lemaire).

Verzögerter Abgang des Mekoniums, Entleerung seltener und meist ziemlich trockener Stühle sind für debile Frühgeborene recht charakteristisch und hängen zum Teil wohl einfach mit der geringen Nahrungsaufnahme, zum Teil aber auch mit einer gewissen Schwäche und Rückständigkeit der motorischen und sekretorischen Funktion des Verdauungstraktus zusammen. Die schwerere Auslösbarkeit und der langsamere Ablauf des Saugreflexes, bzw. Schluckaktes wurden schon oben erwähnt. So kann es auch nicht verwunderlich erscheinen, daß Frühgeborene gegen Schwankungen der Ernährung empfindlicher sind und leichter dyspeptisch erkranken.

Haut und Anhangsgebilde. Die Lanugobehaarung, die ausgedehnte Miliumbildung, die Schlaffheit der Ohrmuscheln und Nasenflügel, deren Knorpel noch nicht richtig ausgebildet ist, das Zurückstehen der Nagelbildung sind einfache Zeichen der Frühgeburt an sich, nicht der Debilität. Wichtiger in dieser Hinsicht ist die schon erwähnte Schlaffheit der Haut, die auf einer mangelhaften Ausbildung des subkutanen Fettpolsters beruht. Aus demselben Grunde schimmert das Blut der Kapillaren mehr durch und verleiht der Haut das eigentümliche krebsrote Aussehen. Bei den debilen Frühgeborenen nimmt nun aber die Haut in den nächsten Tagen ein eigentümlich welkes Aussehen an, wobei der Farbton in ein mattes Grau bis Graublau oder Graurot, auch wohl Graugrün übergeht; das hängt zusammen mit dem Wasserverlust während der physiologischen Abnahme, die gerade bei debilen Frühgeborenen infolge der mangelhaften Nahrungsaufnahme stärker zu sein pflegt als bei Nichtdebilen, die von Anfang an trinken, oft sogar viel mehr als reife Neugeborene aufnehmen und deshalb keinen so auffallenden Turgorverlust erleiden; auch deren Haut bleibt zwar schlaff; aber sie behält bei der kräftigen Durchblutung ihre Röte und sieht nicht schlaff aus. Freilich sind die Unterschiede nicht so scharf, daß man daraus allein bedingslos debile und nicht debile Frühgeborene unterscheiden könnte. Denn auch ein nicht debiles Frühgeborenes verhält sich ebenso, wenn aus einem beliebigen Grunde die Nahrungsaufnahme (Flüssigkeitszufuhr) abnorm gering ist. Wichtiger scheint bei debilen Frühgeborenen die Vulnerabilität der Haut. Schon die geringe Reibung an den Knöcheln, wie sie durch die Einpackung des Kindes in die Windel erzeugt wird, oder der Druck der Unterlage gegen die Fersenhöcker, seltener gegen das Kreuzbein und die Nates kann zu Substanzverlusten führen, auch ohne bestehende Unter-

ernährung. Ebenso sind derartige Kinder äußerst empfindlich gegen die mazerierende Wirkung feuchter beschmutzter Windeln und bekommen viel leichter
ausgedehnte Exzeme bzw. Mykosen der Haut. Ferner sind Frühgeborene und
besonders debile Frühgeborene geradezu disponiert zu einer eigentümlichen
Veränderung, die als Hautsklerem bezeichnet wird. Da das Unterhautfett
Neugeborener reicher ist an schwer schmelzenden Fettsäuren, liegt sein Erstarrungspunkt ziemlich tief (30—35°). Bei der Neigung zur Hypothermie,
welche besonders am debilen Frühgeborenen stärker hervortritt, besteht daher
immer die Gefahr einer teilweisen Erstarrung des Fettes; die vorher leicht
verschiebliche Haut wird härter, nicht oder nur schwer verschieblich. Man
fühlt direkt die härtere Konsistenz. Je geringer der Wassergehalt ist, desto
leichter tritt diese Erstarrung ein; daher die Bevorzugung gerade der Debilen.
Ein geringerer Grad von Sklerem, namentlich im Gesicht, läßt sich bei Mangel
von Couveusen oft gar nicht vermeiden, stärkere Grade sind jedenfalls sehr
gefährlich.

Hier greift immer eins ins andere; der geringe Gaswechsel, die
schlechtere Zirkulation, das Darniederliegen des Gesamtstoffwechsels und der
nervösen zentralen Regulationsapparate neben einigen anderen noch zu besprechenden Momenten sind auch Ursache für eine besonders charakteristische
Eigentümlichkeit frühgeborener und debiler Kinder, die

hochgradige Thermolabilität mit besonderer Neigung zur Hypothermie.

Der Wärmeregulationsmechanismus der Haut erweist sich als ungenügend.
Eine gewisse Thermolabilität in Form der Abhängigkeit von der Umgebungstemperatur ist ja überhaupt für Neugeborene charakteristisch. Sie erreicht aber
bei Frühgeborenen und besonders bei debilen Frühgeborenen sehr hohe Grade,
wobei vor allem die Neigung zu Untertemperaturen auffällig hervortritt. Der
Temperatursturz im Verlaufe des ersten Tages führt ganz gewöhnlich zu Temperaturen von 32—34°, ja selbst ein Absinken auf 30° und noch weniger ist keine
Seltenheit. Eine Temperatur von 35—36° läßt sich nur durch stärkere Wärmezufuhr erreichen. Das bei entsprechender Pflege eingenommene Durchschnittsniveau der Temperatur ist gewöhnlich um so geringer, je kleiner das Kind ist.
Die höhere Wärmeabgabe und Neigung zu Hypothermie hat wohl ihre
Hauptursache in der im Verhältnis zur Körpermasse (als Wärmeproduzent)
viel größeren Körperoberfläche (als Wärmeabgeber) der Frühgeborenen; dazu
kommt noch die mangelhafte Isolierung gegen die Außenwelt infolge des Mangels
eines ausgebildeten subkutanen Fettpolsters bei starker Hautdurchblutung.
Man sieht, daß diese Ungunst der Verhältnisse die physikalische Wärmeregulation
geradezu erschwert. Sollte dieselbe trotzdem auch bei starken Schwankungen
der Außentemperatur gelingen, so würde dazu eine besonders feine und kräftige
Anspruchsfähigkeit der dem Zentralnervensystem unterstehenden wärmeregulatorischen Apparate (im wesentlichen Vasomotoren) erforderlich sein.
Gerade daran fehlt es aber; die Anergie des Zentralnervensystems tritt auch
hier hervor. Unserer Erfahrung nach ist das tatsächlich der wichtigste Punkt;
daß das abnorme Verhalten der Körpertemperatur bei Frühgeborenen mit
geburtraumatischen Schädigungen des Gehirns zusammenhängt (Ylppö),
will ich wohl für bestimmte Ausnahmefälle gelten lassen; allgemein trifft es
sicherlich nicht zu. Diese Insuffizienz der physikalischen Wärmeregulation
zeigt sich übrigens auch gegen stärkere Wärmezufuhr, welche beim Frühgeborenen
leicht zur Wärmestauung (Hyperthermie) führt. Allerdings ist nach Untersuchungen von Schelble und Mendelsohn die Abwehrfähigkeit gegen Wärmestauung größer als gegen Wärmeabfuhr.

Die besondere Neigung zur Hypothermie mag freilich zum Teil auch noch in der Unvollkommenheit chemischer Regulationsmöglichkeiten ihre Ursache haben. Denn an sich ist beim Frühgeborenen gewöhnlich zunächst die Nahrungsaufnahme gering; das kann gewiß auch für eine Untertemperatur von Einfluß sein, wenn nicht wenigstens ein Minimum von Nahrung (Brennmaterial) zugeführt wird. Man darf aber daraus nicht den Schluß ziehen, daß durch Steigerung der Nahrungszufuhr die Oxydationsprozesse beliebig gesteigert werden können und etwa so eine Wärmeregulierung möglich wäre. Wenn auch Babák zeigen konnte, daß bei niedriger Temperatur der Sauerstoffverbrauch steigt, so geht doch aus seinen Versuchen gleichzeitig hervor, daß der reife Neugeborene die Oxydationen nicht so zu steigern vermag, daß damit ein Absinken der Temperatur bei starkem Abfall der Umgebungstemperatur aufgehalten werden könnte. Ein gewisses Minimum von Nahrungszufuhr dürfte vor allem notwendig sein, um zu verhindern, daß die Oxydationen auf Kosten des Körperbestandes erfolgen (v. Reuß). Immerhin mag Babák wohl recht haben, wenn er vor allem die physikalische Wärmeregulation für stärker insuffizient erklärt.

Lebens- und Wachstumspotential.

Die Angaben des vorangegangenen Kapitels zeigen, daß die Unterscheidung einer reinen Unreife infolge von Frühgeburt und einer Debilität immer nur mit Wahrscheinlichkeit gelingt, mit um so größerer, je länger die Beobachtung dauert. Trotzdem wird dieselbe immer mit großer Gewissenhaftigkeit versucht werden müssen, weil die Pflege und Ernährung auf Debilität verdächtiger Frühgeborener eben ganz besondere Vorsicht erfordert. Noch weiterhin machen sich Unterschiede in der Lebenskraft bemerkbar, so daß uns an der Klarstellung und reinlichen Scheidung der Begriffe gelegen sein muß. Aus diesem Grunde muß auch eine Erörterung der Lebenspotentialkurve frühgeborener Kinder hier Platz finden, wenn ihr zunächst auch nur rein wissenschaftliches Interesse zukommt und eine unmittelbare praktische Verwertung derselben zur Zeit noch nicht möglich ist.

Als „Lebenspotential" bezeichnete Escherich die jedem Lebewesen zukommende Fähigkeit, sich „mittels Assimilation und Energieumsatz in seiner Eigenart zu erhalten, zu wachsen und sich fortzupflanzen". Als brauchbarstes Maß für das Lebenspotential hat sich die Zunahme des Körpergewichts in einer gewissen Zeit, bezogen auf ein Kilogramm als Gewichtseinheit, erwiesen; man nimmt also das „Massenwachstumspotential" (v. Pfaundler) als Maß des Lebenspotentials.

Vergleicht man nun das Massenwachstumspotential von reifen und frühgeborenen Kindern, so ergibt sich, daß trotz des langsameren Gewichtsanstieges und des absolut geringeren Gewichtszuwachses der (auf die Einheit bezogene) „Gewichtszuwachskoeffizient" beim Frühgeborenen wesentlich höher ist als beim reifen normalen Kinde. Das von v. Pfaundler zu seiner Berechnung herangezogene Beispiel (Abb. 99) ist um so wertvoller, als es sich dabei um eine Frühgeburt von 860 g Geburtsgewicht handelte.

Die Erklärung dieses scheinbar paradoxen Verhaltens ergibt sich aus der Überlegung, daß nach Escherichs Ausführungen ja die normale Potentialkurve während des intra- und extrauterinen Lebens ein fortgesetztes Absinken aufweist. Je jünger deshalb ein Kind an Konzeptionsalter ist, desto höher liegt noch sein Lebenspotential. Das Wachstum der Frühgeburten erfolgt nach Regeln, die für die entsprechenden Monate nach der Befruchtung, nicht nach der Geburt gelten (Reiche). Gewissermaßen als Gegenprobe hat v. Pfaundler

in seinem Beispiel die Potentialkurve in der Weise verschoben, daß das Konzeptionsalter des Kindes als Ausgangspunkt der Potentialkurve angenommen
wurde. Da das Kind etwa 3 Monate zu früh geboren war, so war es also erst
nach 3 Monaten extrauterinen Lebens im Konzeptionsalter so weit als ein reifes
Neugeborenes. Wurde nun die Höhe der Potentialkurve des frühgeborenen
Kindes nach Ablauf von 3 Monaten extrauterinen Lebens als Ausgangspunkt
genommen (oder was dasselbe ist, die Potentialkurve entsprechend diesem
Zeitraum nach links verschoben), dann ergab sich, daß die Potentialkurve des
frühgeborenen und des reifen Kindes sich nahezu deckten. Anders ausgedrückt
heißt das: dieses enorm zu früh geborene Kind war nur frühgeboren, aber nicht
debil. Der Fall dürfte freilich an der unteren Grenze des Möglichen stehen;
denn nur wenn ein gewisser Entwicklungsgrad schon erreicht ist, bestehen

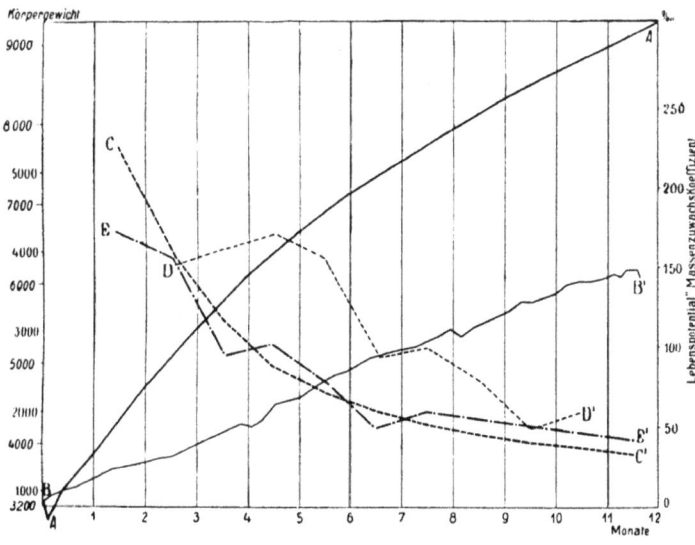

Abb. 99.
Körpergewicht und „Lebenspotential" im 1. Lebensjahr, vergleichend bei normalem und
frühgeborenem Kinde.
AA′ Körpergewichtskurve des normalen Kindes (Kursivziffern) ⎱ Maßstab links
BB′ Körpergewichtskurve des frühgeborenen Kindes (Normalziffern) ⎰
CC′ Potentialkurve des normalen Kindes ⎫
DD′ Potentialkurve des frühgeborenen Kindes ⎬ Maßstab rechts
EE′ Dieselbe um 3 Monate nach links verschoben ⎭
(Nach v. Pfaundler in Döderleins Handb. d. Geburtshilfe, I. Bd.)

keine Unterschiede zwischen intra- und extrauterinem Wachstum des frühgeborenen Kindes in den einzelnen Monaten (Reiche). Die Grenze dürfte
etwa in der 28. Lebenswoche, von der Konzeption an gerechnet, zu suchen
sein (Reiche).
    Noch interessanter wird das Ergebnis dadurch, daß zum Unterschied
von diesen und anderen reinen Frühgeburten bei debilen Frühgeborenen die
Potentialkurve viel tiefer liegt und unregelmäßig verläuft, sowie auch durch
eine dem Konzeptionsalter entsprechende Verschiebung nach links keine
Ähnlichkeit oder gar Deckung mit der Potentialkurve der reifen normalen
Neugeborenen zu erzielen ist (v. Pfaundler). Ähnliche Ergebnisse bekamen
Freund, Friedenthal, Reiche, Cadres und Wallich bei Berechnung des
Längenwachstumpotentials.

Kurz, wir haben in diesem Verhalten der Lebenspotentialkurve einen schlagenden Beweis dafür, das es tatsächlich richtig ist, Frühgeburt und Debilität voneinander auch praktisch zu trennen. Wir berücksichtigen die Debilität bei der Frühgeburt nur deshalb mit, weil nun einmal unter den frühgeborenen die debilen häufiger sind, als unter den reifen Neugeborenen (das liegt an den vielfach gleichen Ursachen für Debilität und Frühgeburt) und deshalb in praxi ein frühgeborenes Kind, das nicht gleich von Anfang an sich als sehr lebenskräftig entpuppt, auf Debilität verdächtig und danach zu behandeln ist. Das ist um so wichtiger, als eine scharfe Scheidung der einfachen Schwäche infolge Frühgeburt von der Debilität sensu strictorii erst nachträglich möglich ist und durch Fehldiagnosen die Mortalität der Frühgeborenen sehr gesteigert würde.

Es wäre nun interessant, den

Gesamtstoffwechsel reiner und debiler Frühgeburten

unter ständigem Vergleich mit dem reifen, normalen Kinde zu erörtern. Leider liegt dazu noch kein genügendes Material vor. Immerhin haben die letzten Jahre doch wenigstens einige gut durchgeführte Stoffwechselversuche gebracht, aus denen wichtige Einzelheiten entnommen werden können. So haben Rubner und Langstein[1] zwei nichtdebile Frühgeburten mit einem Geburtsgewicht von 2050 bzw. 1640 g während einer 10 tägigen Versuchsperiode bei Ernährung mit Ammen-Mischmilch untersucht. Die Zunahme betrug während der ganzen Dauer 45 bzw. 21 g pro Tag, trotzdem die kalorische Ausnützung der Nahrung eine schlechte war. Die folgende, der späteren Arbeit von Langstein und Edelstein[2] entnommene Tabelle gibt am besten über die Art des Anwuchses Auskunft.

Der gefundene 100 g-Ansatz.

	Wasser	Fett	Eiweiß	N	Asche	C
Frühgeburt I Alter 4—5 Wochen. Mittelgewicht . . 2600 g, Geburtsgewicht 2050 g	64	29	6,8	1,04	0,5	22,8
Frühgeburt II, Alter 4—5 Wochen Mittelgewicht 2180 g I. Periode . . .	55	30	15,0	2,3	1,0	30,0
Geburtsgewicht 1640 g II. Periode . .	72	7	21,0	3,2	0,5	16,0

Das wesentliche dürfte sein, daß die Fettausnutzung trotz des verhältnismäßig hohen Ansatzes eine schlechte ist, da die verwendete Ammen-Mischmilch mit 4,2% Fettgehalt sehr fettreich war. Der Stickstoffansatz ist dagegen hoch.

Wertvolle Untersuchungen über den Mineralstoffwechsel bei Frühgeburten verdanken wir Hamilton[3], sowie Lichtenstein[4]. Wir verweisen bezüglich aller Einzelheiten auf die Originalarbeiten, da die Beurteilung der umfangreichen Tabellen wohl außerhalb des Interesses und Könnens der Geburtshelfer liegt.

Es ergab sich dabei im wesentlichen, daß der Kalkansatz in den ersten Monaten bei Frühgeborenen sehr niedrig ist, dann aber dieselbe Höhe wie

---

[1] Arch. f. (Anatomie u.) Physiol. 1915, 39.
[2] Zeitschr. f. Kinderheilk. Bd. 15, S. 49. 1917.
[3] Americ. Journ. of dis. of childr. Vol. XX, p. 316. 1920 and Acta paed. Vol. 2. 1922.
[4] Acta paed. Vol. 1. 1921.

beim reifen Neugeborenen erreicht; da auch der bei der Geburt mitgebrachte Kalkvorrat relativ gering ist, besteht beim Frühgeborenen nach den Untersuchungen von Hamilton ein gewisser Kalkhunger. In der Phosphorretention verhielten sich die Frühgeborenen im wesentlichen gleich den reifen Neugeborenen. Recht wichtig erscheinen uns auch die Ergebnisse von Lichtenstein hinsichtlich des Eisenstoffwechsels. Dabei ergab sich ein im Verhältnis zur Zufuhr sehr großer Eisenverbrauch, den Lichtenstein mit der großen Zuwachsgeschwindigkeit nicht debiler Frühgeburten in Zusammenhang bringt. Die bei Frühgeburten so leicht entstehende Anämie dürfte wesentlich in diesem ungewöhnlich hohen Eisenverbrauch ihre Ursache haben, der etwa 0,25 mg Fe pro Tag beträgt.

Über den Grundstoffwechsel bei Frühgeborenen liegen aus neuester Zeit ebenfalls Untersuchungen, einerseits von Talbot[1] andererseits von Murlin[2] vor, die zu übereinstimmenden Ergebnissen kamen. Es fanden sich auffallend niedrige Zahlen, was Talbot damit erklärt, daß in dem Körper des Frühgeborenen eine sehr geringe Menge aktiv wärmebildender Gewebe vorhanden sei. Je kleiner das Kind, um so niedriger ist die Wärmeproduktion. Das Ergebnis scheint um so wichtiger, als es den Erwartungen, die man nach dem Rubnerschen Oberflächengesetz hegen mußte, durchaus widerspricht.

Nahrungsbedarf frühgeborener Kinder.

Eine exakte Berechnung des Nahrungsbedarfes ist beim Frühgeborenen noch weniger möglich als beim reifen Neugeborenen. Die Hauptschwierigkeit liegt natürlich darin, daß über den Stoff- und Energiewechsel des Frühgeborenen noch nichts ausreichendes bekannt ist. Ein Anhaltspunkt wird gewöhnlich als wichtig angeführt, das ist die im Verhältnis zum Körpergewicht beträchtlich größere Oberfläche, welche eine wesentlich höhere Ausgabe von Energie zur Folge hat. Es liegt danach der Schluß nahe, daß ein frühgeborenes Kind auch einen entsprechend höheren Kalorienbedarf haben wird als das reife Neugeborene, um so höher, je geringer sein Körpergewicht ist.

Das wird, so viel ich sehe, auch allgemein angenommen. Trotzdem ist eine allgemein anerkannte Formel, den Nahrungsbedarf frühgeborener Kinder zahlenmäßig zu bestimmen, bisher nicht gefunden. Man ist ganz auf die Beobachtung der tatsächlichen Nahrungsaufnahme von gedeihenden Frühgeborenen angewiesen, was hier natürlich um so weniger frei von Bedenken ist, weil an der Brust eine niedrige Nahrungsaufnahme durch Saugschwäche, eine große durch besondere Leichtgiebigkeit einer Ammenbrust z. B. bedingt sein kann, und bei Flaschenfütterung gerade beim Frühgeborenen recht zweifelhaft bleibt, wo die Sättigung bzw. Bedarfsgrenze liegt. Viele Frühgeborene ermüden selbst beim Trinken aus der Flasche so rasch, daß deshalb die Nahrungsaufnahme sistiert wird, andere wieder — namentlich bei Verabreichung der Nahrung mit dem Löffel — kann man sozusagen ohne Unterbrechung fortfüttern, ohne daß sie sich irgendwie weigern, Nahrung zu schlucken. So kann man bei derartigen Beobachtungen höchstens herausbringen, wie viel ein einzelnes Kind getrunken hat und wie es sich dabei seinem Gewicht und sonstigen Gesundheitszustand nach verhielt. Man hat weiter versucht, die Nahrungsmenge so zu beschränken, daß eben noch eine Gewichtszunahme erreicht wurde. Aber auch derartige

---

[1] F. B. Talbot und W. R. Sisson, Proced. of Soc. for exp. Biol. and Med. Vol. 9, 1922. 309. — F. B. Talbot und W. R. Sisson, Moriarty und Dalrymple, Americ. Journ. of Dis. of Childr. 24, 1922, 95.

[2] Murlin und Marsch, Proc. of soc. for exper. biol. and med. Vol. 19, p. 431. 1922. Zit. nach Czerny-Keller, 2. Aufl., p. 1014.

Beobachtungen sind recht anfechtbar. Vor allem können sie erst angestellt werden, wenn einmal der aufsteigende Schenkel der Gewichtskurve erreicht ist, was beim Frühgeborenen über eine Woche dauern kann, so daß über den Nahrungsbedarf oder gar Mindestbedarf der ersten Lebenswochen dabei nichts zu eruieren ist. Dazu kommt aber noch weiter der Umstand, daß die Gewichtsschwankungen Frühgeborener recht unabhängig von der Nahrungsaufnahme verlaufen können, so z. B. durch Schwankungen der Temperatur veranlaßt. v. Pfaundler erwähnt diese Schwierigkeit besonders; wenn er glaubte, aus dem Verhalten der Gewichtskurve schließen zu dürfen, daß der Nahrungsbedarf nicht gedeckt sei, begann das Kind plötzlich ohne Änderung der Nahrungsmenge und -Art steil zuzunehmen. Man sieht, daß die Schwierigkeiten von allen Seiten sich auftürmen. Nicht allein daß „innere Ursachen, temporäre Wachstums- und Entwicklungstendenz" (v. Pfaundler, Schloß) oder Konstitutionsanomalien im einzelnen Falle an solchem Verhalten schuld tragen können, kommen dazu noch Schwankungen in der Zusammensetzung der Nahrung, die gerade bei an der Ammenbrust ernährten Frühgeborenen eine größere Rolle spielen müssen als sonst, je nach der Milchportion, welche das betreffende Kind gerade bekommt.

Wir haben aber m. E. noch andere Anhaltspunkte für die Meinung, daß Frühgeborene einen höheren Kalorienbedarf haben. Denn wir wissen aus der Beobachtung normaler Säuglinge, daß mit zunehmendem Alter der Energiequotient der Nahrung allmählich kleiner wird, und können daraus wohl den Schluß ziehen, daß vermutlich das um so viel jüngere frühgeborene Kind größeren Bedarf hat, den man sich etwa umgekehrt proportional dem Konzeptionsalter denken kann. Auch die oben erwähnte Berechnung von v. Pfaundler über das hohe Massenwachstumspotential Frühgeborener läßt sich unter extrauterinen Lebensbedingungen doch kaum ohne die Annahme eines höheren Bedarfes deuten. Schließlich ist nicht zu übersehen, daß der fettarme und ascheärmere Körper des Frühgeborenen doch nicht mit dem des reifen Neugeborenen gleichgesetzt werden darf. „Die Gewichtseinheit des Frühgeborenen entspricht einer relativ bedeutenderen Menge an wachsender Körpermasse als die eines reifen Kindes" (v. Reuß).

Die tatsächlich beobachtete Nahrungsmenge gedeihender Frühgeborener ergab denn auch übereinstimmend einen Energiequotienten, der den beim reifen Neugeborenen meist bedeutend übertrifft, wobei die höheren Werte fast immer bei den kleinsten Kindern gefunden wurden. So verlangen Czerny-Keller für Frühgeborene pro Kilogramm 110—120 Kalorien, Langstein-Meyer, ebenso Oppenheimer 120—130, Budin etwa 140, Salge 130—150, Samelson 115—150, Birk bis 160 Kalorien, um so mehr, je kleiner das Kind ist. J. H. Heß gibt 115—170 an (bei kleinen Kindern unter 1500 g Geburtsgewicht). A. Reiche verlangt für Kinder über 2000 g 95—110, bei Kindern unter 2000 g 120—130 Kalorien pro Kilogramm Körpergewicht. Eine Mittelzahl nennt Oberwarth mit 140 Kalorien, mit Schwankungen um 20—30 nach oben und unten gleich einer Nahrungsaufnahme von 200 g pro Kilogramm Körpergewicht oder $^1/_5$ des Körpergewichts. Freilich betonen Birk wie Oberwarth und Rott, daß diese den tatsächlich aufgenommenen Nahrungsmengen entsprechenden Energiequotienten wohl in den meisten Fällen sehr wesentlich über den Bedarf hinausgehen, und jedenfalls nur für ganz kleine Kinder von 1000—1500 g Geburtsgewicht in Betracht kommen. Bei einem 2000 g schweren Kinde z. B. fand Birk, daß bei einem Energiequotienten von 100—113 der Gewichtsanstieg recht steil, bei einem solchen von etwas unter 100 noch befriedigend war und erst bei 86 zum Stillstand kam. Birk sagt wörtlich: „Die Körpergewichtskurve ist in den ersten Lebenswochen bei Frühgeborenen vollkommen abhängig von der Zahl der zugeführten Kalorien", und zwar sowohl bei künstlicher wie natürlicher Ernährung. Ähnlich fanden auch Rott und Oberwarth wie L. Hoffa Fälle, die noch bei einer Kalorienzufuhr von 100 bzw. etwas unter oder über 100 pro Kilogramm Körpergewicht zunahmen. Für den großen Durchschnitt aller Fälle dürften also die Zahlen von Czerny-Keller das Richtige treffen.

Die genannten Angaben beziehen sich aber nur auf die Zeit nach Überwindung der physiologischen Abnahme; in der ersten, häufig noch in der zweiten Woche werden sie de facto fast nie erreicht. Trotzdem ist auch in dieser Zeit im Verhältnis zum Geburtsgewicht die täglich getrunkene Nahrungsmenge relativ recht groß, wie folgende Zusammenstellung der Beobachtungen verschiedener Autoren durch Oberwarth (S. 211) zeigt:

		Es tranken Kinder						
	unter 1800 g Körpergewicht				von 1800—2000 g		von 2000—2500 g	
	Budin	Perret	Birk	Ober-warth	Budin	Perret	Budin	Perret
	g	g	g	g	g	g	g	g
Am 2. Tage . .	115	63	66	59	128	120	180	153
„ 3. „ . . .	160	127	96	108	175	173	236	266
„ 4. „ . . .	210	151	124	106	226	247	295	299
„ 5. „ . . .	225	200	161	129	308	281	335	341
„ 6. „ . . .	250	224	177	145	324	312	370	365
„ 7. „ . . .	280	230	191	193	335	347	375	390
„ 8. „ . . .	285	263	230	190	350	364	385	400
„ 9. „ . . .	310	281	243	240	380	393	415	413
„ 10. „ . . .	320	303	240	248	410	403	425	418

Zur Berechnung des Mindestbedarfs hat 1916 A. Reiche eine Formel angegeben: Bedarf = Streckengewicht = $\dfrac{\text{Körpergewicht}}{\text{Körperlänge}} \times 7$. Rommel gibt zur Verhütung von Unterernährung folgende Formel zur Berechnung des Nahrungsvolumens (V) pro 100 g Körpergewicht in den ersten Lebenstagen: $V = n + 10$ (in ccm; n = Anzahl der Lebenstage). Das würde z. B. für ein Kind von 1500 g am fünften Lebenstage $5 + 10 = 15\%$ des Körpergewichts = 225 g Frauenmilch sein. Planchu und Challier verlangen $^1/_6$ bis $^1/_5$ des Körpergewichtes als tägliche Nahrungsmenge für Kinder unter 2200 g, Oberwarth $^1/_5$ des Körpergewichtes. Nach der zweiten Woche rechnen Rommel wie Budin den Nahrungsbedarf auf $^1/_5$ des Körpergewichtes, nach Erreichung eines Konzeptionsalters von 10 Montaen auf $^1/_6$ des Körpergewichtes (wie beim reifen Neugeborenen).

Für kleine Kinder und die ersten Lebenswochen sind die nach der Formel von Rommel berechneten Werte wohl etwas zu hoch. Ein Kind von 1200 g würde nach derselben Formel am dritten Tage z. B. $3 + 10 = 13\% = 156$ g, ein Kind von 1000 g am zweiten Tage z. B. $2 + 10 = 12\% = 120$ g trinken. Tatsächlich wird man kaum so hoch kommen und meist schon recht zufrieden sein, wenn man bei derartigen Kindern in den ersten Lebenstagen eine Nahrungsaufnahme von 40—50 g in 24 Stunden erreicht hat. Die Einzelmahlzeit soll nach Cramer 40—50 g in den ersten Tagen nicht überschreiten und etwa 10 bis 35 g betragen. Auch das gelingt meiner Erfahrung nach bei kleinen Frühgeburten nicht, sondern man muß häufigere und kleinere Mahlzeiten von 5—10 g geben.

Der Bedarf Frühgeborener bei künstlicher Ernährung ist noch weniger sicher festzustellen, zumal reine künstliche Ernährung vom ersten Tage an bei Frühgeborenen ein recht großes Risiko bedeutet. Ein paar vorliegende Angaben von Oppenheimer, Heubner, Birk zeigen sehr widersprechende Resultate, aus denen höchstens zu entnehmen ist, daß man gut tut, die Kalorienzufuhr zunächst niedrig zu halten. Die Hauptschwierigkeit besteht darin, eine dem Kinde verträgliche Nahrung zu finden, welche gleichzeitig genügend Energie zuführt. Verfasser hat selbst niemals ein frühgeborenes Kind künstlich ernährt.

Spezielle Technik der Ernährung Frühgeborener.

Natürliche Ernährung.

Alles, was über die Gefahren der unnatürlichen Ernährung, die Vorzüge der Muttermilch und über die Bedeutung des Kolostrums in früheren Kapiteln angeführt wurde, hat seine potenzierte Bedeutung für die Ernährung Debiler und Frühgeborener. Keine Ernährungskunst wird daran jemals etwas zu ändern vermögen. Es fällt uns nicht ein, leugnen zu wollen, daß mit der künstlichen Ernährung und dem Allaitement mixte bei debilen und nichtdebilen Frühgeborenen in Anstalten und vereinzelt in der Praxis ausgezeichnete Resultate erzielt wurden. Aber schon die Tatsache, daß diese Erfolge bei ganz entgegengesetzt zusammengestellten Formen unnatürlicher Ernährung erreicht wurden, deutet darauf hin, daß in diesen Fällen eine vollendete Pflegekunst selbst über den Schaden der unnatürlichen Ernährung hinwegzuhelfen vermochte. Es dürfte nicht nötig sein, noch einmal auf die biologischen Unterschiede natürlicher und künstlicher Ernährung einzugehen; wer irgend von der Überlegenheit der natürlichen Ernährung überzeugt ist, wird ohne weiteres zugeben, daß für den unfertigen Organismus des Frühgeborenen die mütterliche Ernährung von doppelter Wichtigkeit ist. Ganz abgesehen von biologischen Unterschieden erfordert die natürliche Ernährung die geringste Verdauungsarbeit (Camerer, Heubner), was wieder doppelt wichtig ist bei einem Kinde, das vermöge seiner relativ größeren Körperoberfläche ohnehin stärkeren Energieverbrauch aufweist. Man wird sowohl vom biologischen wie vom energetischen Standpunkt aus beim Frühgeborenen auch für die strengste Form natürlicher Ernährung, den Beginn mit der Verabreichung von Kolostrum, eintreten müssen. Wir verweisen in dieser Hinsicht auf frühere Ausführungen. Für Frühgeborene haben wir unbedingt den Eindruck gewonnen, daß die kolostrale Ernährung eine Sicherheit mehr gewährt, über die Zeit der größten Gefährdung hinwegzukommen. Wenn wir natürlich nicht verkennen, daß subjektive Eindrücke keine objektiven Beweisführungen ersetzen können, so wird man in einer derartig schwerwiegenden, exakt noch nicht lösbaren Frage doch auch solchen Eindrücken nicht jede Berechtigung absprechen dürfen. Wie dem auch im einzelnen sein mag, die natürliche Ernährung beim frühgeborenen Kinde mit allen Mitteln zu erstreben, muß als oberstes Gesetz gelten. Wir unterschreiben vollständig den Satz von Czerny-Keller: „Es muß als Kunstfehler bezeichnet werden, wenn ein Arzt ohne zwingende Notwendigkeit das ihm anvertraute Kind diesen Gefahren aussetzt". Wir fügen hinzu, daß an einer Gebäranstalt diese zwingende Notwendigkeit überhaupt nie existiert.

Ein Ernährungsschema läßt sich beim Frühgeborenen von vornherein nicht aufstellen. Jeder Fall ist nach seinen eigenen Gesetzen zu behandeln.

Bei schwächlichen Frühgeborenen scheint es dem Verfasser wichtig, mit der Ernährung bald zu beginnen, womit am besten jedem unnötigen Energieverlust und damit auch den Anfällen von Zyanose und Asphyxie vorgebeugt wird. Verfasser glaubt zweifelsfrei beobachtet zu haben, daß das 24stündige Hungern für die Auslösung derartiger Anfälle nicht ohne Belang ist. Besonders am zweiten und dritten Tage treten diese Anfälle gerne auf und entscheiden oft über das Leben und den Tod der Kinder. Daher ist als erstes Gesetz zu beachten: frühzeitiger Beginn der Ernährung.

Die Zahl der Mahlzeiten muß ebenfalls ganz dem einzelnen Kinde angepaßt werden. Es gibt genug Frühgeborene (reine Frühgeburten ohne Debilität) mit einem Gewicht von 2400—2500 g, welche von Anfang an bei

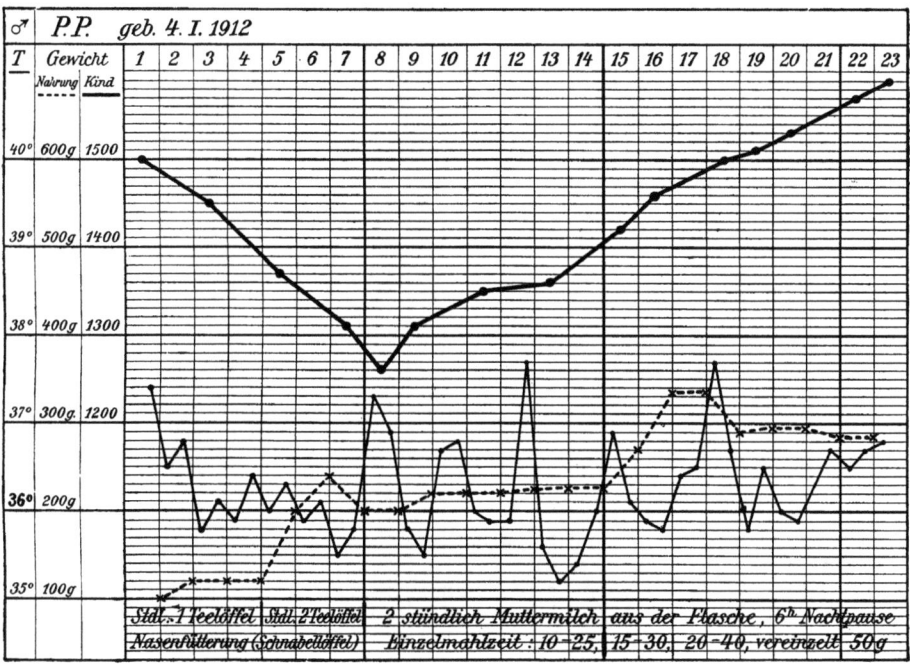

Abb. 100.
Vorgehen und Erfolg der Ernährung eines kleinen Frühgeborenen.

einem Regime von 5—6 Mahlzeiten prächtig gedeihen; andere Kinder desselben Gewichtes, noch häufiger Kinder von etwa 1800—2200 g brauchen aber 7—8 Mahlzeiten, um die zum Gedeihen notwendige Nahrungsmenge aufnehmen zu können. Es ist dem Verfasser unverständlich, warum Czerny-Keller wie Cramer für Frühgeborene ganz allgemein das Gesetz aufstellen, nicht mehr als 5—6 Mahlzeiten zu geben. Denn es gibt sogar Frühgeborene, die selbst bei 7—8 Mahlzeiten bald der schwersten Unterernährung verfallen würden, weil sie bei der Einzelmahlzeit so kleine Nahrungsmengen aufnehmen, daß die Tagestrankmenge nicht eine ausreichende Höhe erreicht. Andererseits glauben Finkelstein und v. Pfaundler bei älteren Debilen beobachtete Magenatonien (wohl mit Recht) auf die Verabfolgung zu seltener und darum zu voluminöser Mahlzeiten in der ersten Lebenszeit beziehen zu können. Diese Gefahr ist um so größer, weil der Nahrungsbedarf der Frühgeborenen groß ist, so daß bei einer geringen Zahl von Mahlzeiten zur Deckung des Tagesbedarfes bald

Einzelmahlzeiten von 80—100 ccm erforderlich sein würden. Man wird also bezüglich der Zahl der Mahlzeiten sich ganz nach der jeweiligen Nahrungsaufnahme richten. Verfasser geht so vor, daß er Zahl der Mahlzeiten und Intervalle von der Größe der aufgenommenen Nahrung abhängig macht. Bei kleinen Frühgeburten geben wir in den ersten Tagen fast stündlich einschließlich der Nacht etwas Kolostrum mit dem Löffel. Nach 2—3 Tagen, sobald die Nahrungsaufnahme sich bessert, wird eine 4stündliche Nachtpause eingeschaltet, dann allmählich zunächst am Tage die Pause auf $1^1/_2$—2 Stunden verlängert, weiter die Nachtpause auf 6 Stunden ausgedehnt usw., bis schließlich aus der Beobachtung der Gesichtskurve, des Tageskonsums und sonstigen Verhaltens des

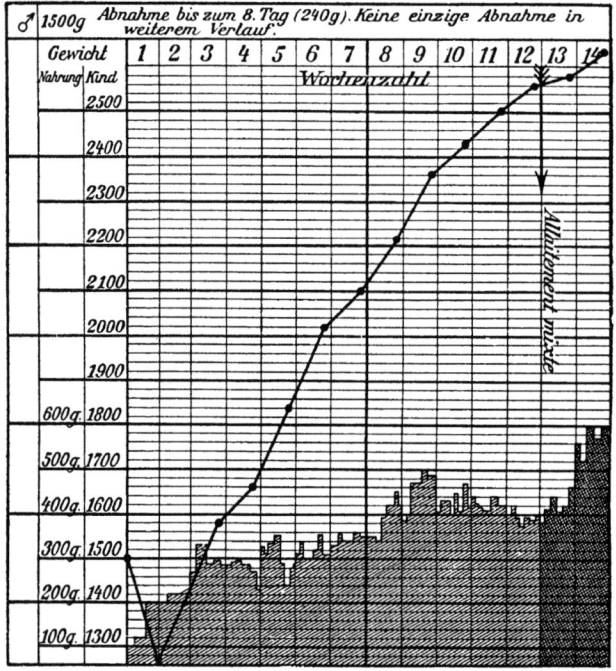

Abb. 101.
Derselbe Fall wie Abb. 100. Wochengewichtskurve des ersten Lebensvierteljahres.

Kindes sich ein bestimmtes Regime von 7—8 Mahlzeiten herausbildet, was bald früher, bald später der Fall sein kann.

Ein Beispiel einer Frühgeburt von 1500 g Geburtsgewicht, die schließlich mit 2700 g entlassen wurde, mag das Vorgehen erläutern (Abb. 100).

Die spezielle Technik der Nahrungsverabreichung richtet sich ebenfalls ganz nach den Fähigkeiten des Kindes. Es gibt Kinder von 1800 bis 2000 g und weniger, welche an einer leichtgiebigen Brust ganz gut saugen können und dabei von Anfang an gut gedeihen. Sofern also nicht wegen Gefahr des Wärmeverlustes Bedenken sich erheben, wird man immer einen Versuch machen können, die Kinder an der Brust der Mutter oder einer Amme saugen zu lassen. Verfasser verzichtet allerdings soweit möglich auf Versuche an der Ammenbrust und läßt die Saugversuche an der Mutterbrust machen, bei Mißerfolg derselben das abgepumpte Kolostrum aus der Flasche oder mit dem Löffel geben. Gelingt das Trinken an der Brust gleich oder nach einigen Tagen, dann ist kaum noch etwas zu fürchten; denn derartige Kinder sind auch viel weniger in Gefahr, Zyanose- oder Asphyxieanfälle zu bekommen.

Leider zeigen Frühgeborene aber oft Tage, je selbst mehrere Wochen lang sich so saugschwach oder anergisch im Sinne ungenügender Auslösbarkeit des Saug- und Schluckaktes von den Lippen aus, daß man zu einer indirekten natürlichen Ernährung seine Zuflucht nehmen muß. Dasselbe wird oft nötig infolge mütterlicher Stillschwierigkeiten. Diese indirekte natürliche Ernährung ist noch relativ einfach, wenn das Kind wenigstens genügend kräftig ist, aus der Flasche zu trinken. Man hat dann nur nötig, darauf zu achten, daß das Kind nicht zu viel auf einmal in die Mundhöhle bekommt und sich nicht verschluckt (Aspirationsgefahr!); das Loch des Saugers muß auch hier jedenfalls klein gewählt werden. Ist das Kind auch zum Saugen aus der Flasche zu schwach, dann gebe man ihm die Nahrung mit einem schmal zulaufenden Löffel, der natürlich ausgekocht sein muß. Bei schwachen Kindern bedarf aber auch das einer gewissen Vorsicht; man muß sehen, ob der Reiz der eingebrachten Flüssigkeit auch genügt, den Schluckakt auszulösen. Wo das nicht der Fall ist, darf man natürlich nicht einfach weiter Nahrung eingießen, weil dieselbe

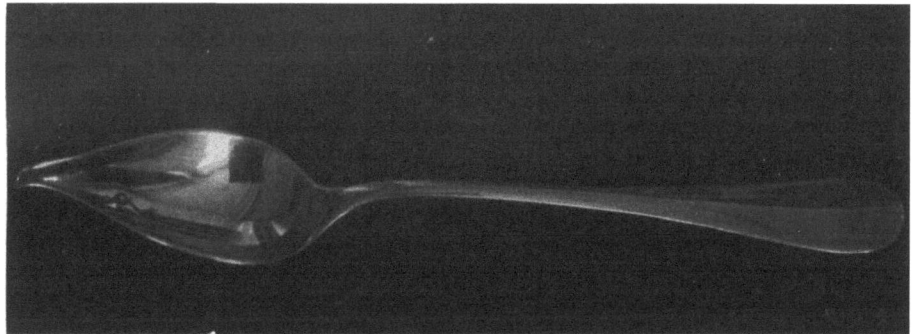

Abb. 102.
Schnabellöffel nach Kermauner.

sonst teilweise in die Luftwege gelangen könnte. In solchen Fällen bewährt sich Nasenfütterung mittelst eines schnabelförmigen Löffels, wie ihn Kermauner angegeben hat (vgl. Abb. 102), den wir einer Undine vorziehen. Es gelingt dann meist, von der empfindlicheren Nasenhöhle aus den Schluckreflex auszulösen. Sollte auch das versagen, dann bleibt nichts übrig, als zur passivsten Form der Nahrungseinverleibung, der Sondenfütterung (Gavage), überzugehen, die Verfasser allerdings sehr selten notwendig gefunden hat.

Die Sonde kann man von der Nase oder Mundhöhle aus einführen; man markiert sich an ihr vorher die Entfernung der Nase vom Nabel des Kindes. Wenn die Marke an den Lippen liegt, ist die Sondenspitze sicher im Magen. Der Schlauch wird mit einem kleinen Trichter armiert und vor dem Einführen gefüllt, damit die Luft entweicht, dann mit einem Quetschhahn abgeklemmt und bis zur Marke eingeführt. Darauf gießt man die Nahrung ein und zieht den vorher wieder abgeklemmten Katheter zurück. Eine solche Fütterung dauert bei einiger Geschicklichkeit 1—2 Minuten. Die verwendeten Katheter oder Sonden [1] müssen weich sein und werden gut geölt, natürlich mit sterilem Öl, bei etwas tiefer liegendem Kopf des schlafenden Kindes eingeführt. Grobe Verletzungen durch falschen Weg müssen natürlich vermieden werden können, kleine Schleimhautläsionen können aber doch vorkommen. Diese wie auch die Möglichkeit, Kollapszustände und Erstickungs-

---

[1] Jaques Patentkatheter Nr. 9—10, 15 cm lang (bei H. Windler, Berlin N, Friedrichstr. 133a).

anfälle auszulösen, lassen viele Autoren, denen sich Verfasser anschließt, recht zurückhaltend in der Anwendung dieses Verfahrens sein, während andere, wie Rott, v. Reuß, Langstein diese Gefahren gering schätzen und auf Grund ihrer Erfahrungen auch gegen 5—7, unter Umständen sogar 8—10 tägliche Sondenfütterungen nichts einzuwenden haben, diese sogar von geschulten Pflegerinnen vornehmen lassen.

Jedenfalls — darüber herrscht Übereinstimmung — ist es aber zu erstreben, die Sondenfütterung nicht öfter und nicht länger anzuwenden, als unbedingt nötig ist. Wer eine häufige Sondenanwendung nicht scheut, braucht natürlich jedesmal nur kleine Milchmengen einzugießen (in den ersten Tagen 10—20, bald 30—40 ccm). Bei den ersten Versuchen sind kleine Mengen zu wählen, um erst einmal festzustellen, wie viel das Kind vertragen kann, ohne zu erbrechen. Ist die Toleranz eine größere, dann kann man sofort die Zahl der Sondenmahlzeiten entsprechend beschränken. Damit darf man sich aber keinesfalls beruhigen, sondern muß Tag für Tag versuchen, ob nicht eine aktivere Nahrungsaufnahme, zunächst etwa von der Nase aus, gelingt. Ist dieser Fortschritt erreicht, dann gehe man weiter und versuche die Nahrungszufuhr per os mit dem Löffel, bald auch mit der Flasche. Saugt das Kind an dieser, dann gehe man zu Anlegeversuchen über, zu denen man jetzt wohl eine leichtgiebige Ammenbrust wählen muß, um von da allmählich an die mütterliche Brust zu kommen. Natürlich muß in der ganzen Zeit bis zur Erreichung dieses Zustandes durch ausgiebige Entleerung, evtl. durch Anlegen anderer Kinder dafür gesorgt werden, daß die Sekretion der mütterlichen Brust erhalten bleibt [1]. Jedenfalls sollen Anlegeversuche auch dann unermüdlich immer wieder unternommen werden, wenn das Kind zwar an der Brust saugt, aber bald ermüdet und deshalb die Brustnahrung nicht ausreichende Nahrungsmengen liefert. Das schadet nichts, das Defizit wird abgepumpt und mit der Flasche nachgefüttert.

Was erreicht wird, wie bald die einzelnen Erfolge erzielt werden, hängt ganz wesentlich von der Intelligenz und noch mehr der Geschicklichkeit und unermüdlichen Pflichttreue des Pflegepersonals ab. Glücklicherweise wirkt hier der Ehrgeiz, eine debiles Frühgeborenes durchzubringen, anspornend, so daß man bewundernswerte Beispiele von Opfermut selbst bei Pflegerinnen erlebt, die sonst leicht einmal zu einem Nachlassen geneigt sind. Wir gehen so vor, daß wir debile Frühgeborene in der kritischen Zeit, bis man zur Flaschenernährung übergehen kann, ausschließlich einer besonders erfahrenen Pflegerin anvertrauen, während wir ja sonst an Gebäranstalten gezwungen sind, den Dienst bei allen Kindern unter den Pflegerinnen gleichmäßig zu verteilen. Die Sondenfütterung darf natürlich nur vom Arzt selbst vorgenommen werden und auch nur von dem Arzt, der die Technik beherrscht. Frühgeborene scheinen mir kein geeignetes Objekt, die Sondierung erst zu erlernen.

Die ganze Schilderung dieses Vorgehens zeigt schon, daß die Anstaltspflege der Frühgeborenen einschließlich der debilen Frühgeborenen in Frauenkliniken mit entsprechend geschultem Personal (nicht jede Frauenklinik verfügt heute über solches) oder Säuglingsheimen, Kinderkliniken u. dgl. natürlich bessere Aussicht gibt als die Pflege im Privathaus, wo ärztliche Überwachung und zuverlässige Pflege nur unter besonders günstigen äußeren Verhältnissen

---

[1] Wenn vielfach noch behauptet wird, daß die Sekretion einer Brust ohne den natürlichen Saugreiz des Kindes nicht zu erhalten ist, so trifft das nach neueren Erfahrungen von Helbich, v. Reuß, Verfasser nicht zu. Das Wichtige ist nur die Entleerung der Brust. Wie dieselbe erreicht wird, ist gleichgültig. Melken wie instrumentelle Entleerung eignen sich dazu in gleicher Weise. Nach v. Reuß' und Verfassers Erfahrungen sind Entleerungen mit der Milchpumpe sogar besser als das Melken. Jedenfalls ist das Anlegen zur Unterhaltung einer reichlichen Sekretion nur dann ein geeignetes Mittel, wenn durch Verwendung eines saugkräftigen Kindes auch für Entleerung der Brust gesorgt wird, anderenfalls muß doch mit der Pumpe nachgeholfen werden.

in dem gegebenenfalls erforderlichen hohen Ausmaß sich erreichen lassen. Trinkt das Kind die Milch aus der Flasche oder nimmt es dieselbe mit dem Löffel, dann geht es noch. Man hat dann nur nötig, für eine gute Pflegerin zu sorgen oder was bei einer intelligenten und aufopfernden Mutter oft empfehlenswerter ist, diese in der Technik der Fütterung zu unterweisen. Auch für die Nahrungsgewinnung und Erhaltung der Laktation läßt sich durch die Milchpumpe sorgen, in deren Handhabung leicht jemand zu unterweisen ist.

Schlimmer wird die Sache, wenn eine höhergradige Hypogalaktie irgendwelcher Form und Genese bei der Mutter des frühgeborenen Kindes vorliegt und ihre Besiegung nicht in genügendem Maße oder nicht zeitgerecht gelingt; schlimm deshalb, weil man hier nicht so lange und so ruhig zuwarten kann als beim reifen kräftigen Neugeborenen. Frühgeborene und besonders debile Kinder vertragen die Unterernährung viel schlechter und ihre Lebensaussichten werden dadurch direkt vermindert. Das haben schon Cramer, Budin, neuerdings wieder v. Reuß und v. Pfaundler betont. Trotzdem würde Verfasser dem Rate Cramers, nicht zu lange auf die mütterliche Brustsekretion zu warten und lieber schon in den ersten Tagen kleine Mengen Kuhmilch zu geben, nur im alleräußersten Notfall, fern von aller erreichbaren Hilfe, folgen. Wo eine Hebammenlehranstalt, Frauenklinik, ein Wöchnerinnenasyl, Säuglingsheim oder eine Kinderklinik in erreichbarer Nähe sind, wird es bei gutem Willen und Entgegenkommen seitens dieser Anstalten wohl allermeistens möglich sein, wenigstens 100—200 g Ammenmilch für einige Tage zu bekommen, die neben dem Kolostrum der Mutter verfüttert werden kann. Gelingt das nicht, dann helfe man sich wenigstens in den ersten 2—3 Tagen damit, abgekochtes Brunnenwasser mit Saccharin per os oder verdünnte Ringerlösung als Wernitzscher Tropfeinlauf (3 mal täglich 50 ccm) neben den verfügbaren Kolostrummengen zu geben. Inzwischen gelingt vielleicht die Beschaffung von abgepumpter Frauenmilch oder einer Amme oder Stillfrau. Jeder dieser Auswege scheint mir jedenfalls in den ersten zwei Lebenswochen besser als die künstliche Ernährung. Wird eine Amme engagiert, dann dringe man möglichst auf Mitaufnahme des Ammenkindes, womit am besten für Erhaltung einer reichlichen Sekretion und damit bis zu einem gewissen Grade auch für Leichtgiebigkeit der Ammenbrust gesorgt wird. Außerdem kann das Ammenkind dazu verwendet werden, den temporären Ammentausch (Kindertausch), über den wir schon gesprochen haben, durchzuführen. Recht beachtenswert ist bei sehr saugschwachen Kindern auch der Vorschlag v. Pfaundlers, gleichzeitig mit dem Ammenkinde das Frühgeborene an die andere Brust anzulegen, ausgehend von der Erfahrung, daß viele Brüste spontan oder wenigstens leichter Milch abgeben, wenn ein kräftiges Kind an der anderen Seite zieht. Ob das im einzelnen Falle zutrifft, ist natürlich erst festzustellen.

Ein anderer Ausweg, den Verfasser gegebenenfalls jedem dieser Verfahren vorzieht, besteht darin, die betreffende Wöchnerin samt ihrem frühgeborenen Kinde in eine Frauenklinik aufzunehmen, womit alle Schwierigkeiten genau so wie bei anderen in der Anstalt untergebrachten Frühgeborenen gelöst werden. Jedenfalls ist das bei stillwilligen Müttern der richtigste Weg. Fehlt jeder Stillwille, stirbt die Mutter oder besteht sonst ein absolutes Stillhindernis, dann wird man natürlich das Kind in ein pädiatrisch geleitetes Säuglingsheim geben.

Nur wo bei besonderer Ungunst der Verhältnisse jeder der bisher genannten Wege verschlossen ist, muß man, nachdem man einige Tage sich fortgeholfen hat, schließlich zum Allaitement mixte übergehen. Über die Technik gilt nichts anderes als bei reifen Kindern, nur daß natürlich die einzelnen Nahrungsportionen entsprechend geringer, die Zahl der Mahlzeiten größer zu wählen ist.

Künstliche Ernährung.

Unsere und anderer Autoren prinzipielle Ansicht über künstliche Ernährung haben wir schon oben geäußert. Wir erörtern hier noch, welche Nahrungsformen für Frühgeborene in Betracht kommen und wie die sonstige Technik (Zahl der Mahlzeiten, Pausen usw.) zu handhaben ist.

Man wird bei künstlicher Ernährung natürlich die Pausen so groß wählen, als es irgend möglich ist, um noch eine genügende Nahrungsaufnahme zu erzielen; zu kleine Pausen empfehlen sich um so weniger, als die Überfüllung des kleinen Magens sicher noch schädlicher wirkt. Individualisieren heißt hier das oberste Gebot; nicht einmal für bestimmte Gewichtsklassen lassen sich Schemata aufstellen.

Die Wahl der künstlichen Nahrung muß, da eine anerkannte Methode, ja wie v. Pfaundler schon vor Jahren betont hat, selbst „die für eine rationelle Diätetik auf diesem Gebiete maßgebenden Leitgedanken fehlen", rein empirisch geschehen. Neigungen und Erfahrungen der einzelnen Ärzte spielen dabei sicher eine große Rolle, denn es sind die differentest zusammengesetzten Mischungen nicht allein empfohlen, sondern augenscheinlich auch mit Erfolg angewendet worden.

Verfasser bevorzugt auch hier die einfachen Kuhmilch-Milchzucker-Wasserverdünnungen. Da dieselben nie vor der dritten bis vierten Lebenswoche zur Anwendung kamen, wurden damit ganz gute Erfahrungen gemacht. Wir begannen stets mit $1/3$ Milch und gingen nach 8—14 Tagen auf $1/2$ Milch über. Bei früherem Beginn der unnatürlichen Ernährung mag es wohl angezeigt sein, mit noch stärkeren Verdünnungen (Viertel- bis Fünftel-Milch) zu beginnen (Döbeli, Oberwarth), doch kann man dann ebenfalls nach einigen Tagen auf $1/3$ Milch und im Laufe der vierten bis fünften Woche auf $1/2$ Milch übergehen. Wir persönlich möchten die Drittelmilch nur für den ersten Tastversuch empfehlen und im übrigen P. Grosser durchaus Recht geben, der angibt, daß die Drittelmilch mit 5% Zuckerzusatz für das frühgeborene Kind ungeeignet ist, da sie im Liter nur 400 Kalorien enthält und es unmöglich ist, dem Kinde so große Mengen zuzuführen, als danach zur Erzielung einer ausreichenden Kalorienzufuhr notwendig wäre. Eigenartigerweise ist auch unverdünnte Kuhmilch (Oppenheimer u. a., hauptsächlich französische Autoren), ja selbst rohe Kuhmilch gerühmt worden.

Von anderer Seite sind wieder Fettmilchen empfohlen; so z. B. von Neumann und Oberwarth Ramogengemenge oder eine natürliche Rahmmischung mit $1—2\%$ Fettgehalt, von v. Pfaundler fettreiche und kaseinarme Milchmischungen, von Heubner, Finkelstein die Gärtnersche Fettmilch. Andere Autoren legen im Gegenteil Wert auf möglichste Fettarmut der Nahrung. So wurde die Buttermilch gerühmt von Finkelstein, Birk Oberwarth u. a., wobei teils geringer, teils stärkerer Kohlehydratzusatz empfohlen wird. Beispielsweise hält Birk eine kohlehydratarme Buttermilch (10 g Mehl, 40 g Rohr- oder Nährzucker auf 1 Liter) für die beste Nährmischung für debile Frühgeborene. Auch Czerny-Keller verwarfen alle fettreichen Milchgemenge für Frühgeborene, haben aber später selbst mit Buttermehlnahrung gute Erfolge erzielt. Sie empfehlen dazu nur eine stärkere Verdünnung: 3 g Butter, 3 g Mehl, 3 g Zucker auf 100 g Wasser und 50 g Milch; später natürlich nach Bedarf mehr und in stärkerer Konzentration. Auch F. Weiß aus der Prager Findeanstalt rühmt die Buttermehlnahrung ganz besonders. Ylppö hat dagegen ausprobiert, daß durchschnittlich mit Halbmilch mit 5% Rohrzucker die besten und jedenfalls nicht schlechtere Erfolge zu erzielen waren als mit den verschiedensten sonst empfohlenen Nährmischungen.

Da viele Autoren in der Molke der Kuhmilch das eigentlich schädigende Agens sehen, die stärkeren Kuhmilchverdünnungen, welche die Molke reduzieren, aber einen sehr geringen Energiewert haben, wurde empfohlen(Erich Müller u. a.), zu diesen Verdünnungen wieder so viel Fett und Kohlehydrate in Form von Sahne und Fett zuzusetzen, daß etwa der Gehalt der Vollmilch an diesen Stoffen erreicht würde. Tatsächlich scheinen die hiermit erzielten Erfolge zu den besten zu gehören, die überhaupt vorliegen. Einwände sind freilich auch dagegen möglich und gemacht worden.

Über Eiweißmilchen bei Frühgeborenen liegen zu einem abschließenden Urteil wohl noch zu geringe Erfahrungen vor. Von Vogt z. B. sind schwere Schäden dabei beobachtet worden; auch wir selbst haben bei einem Versuch mit Larosanmilch dabei einen schweren Nährschaden erlebt.

Von anderen Gesichtspunkten aus wurde empfohlen, den in der Funktion rückständigen Organen des Frühgeborenen die Arbeit durch Vorverdauung zu erleichtern. So begründet sich die Empfehlung peptonisierter (mit Kalbspankreas vorverdauter) Milch durch Budin, Michel, Heubner, die eine Zeitlang gerade als „das" künstliche Nährmittel bei Frühgeborenen galt, während sie in den letzten Jahren (in Deutschland wenigstens) stark durch die Buttermilch verdrängt erscheint. Aus ähnlichen Überlegungen wurde die Backhaus-Milch, die pankreatinisierte Milch nach Volmer-Lahrmann empfohlen.

Man sieht, daß tatsächlich „die maßgebenden Leitgedanken" für die künstliche Ernährung des Frühgeborenen fehlen. Die differentest zusammengesetzten Mischungen werden gerühmt, mit allen sind Erfolge erzielt worden (Mißerfolge bei größerer Anwendung derselben in der allgemeinen Praxis wohl meist nicht mitgeteilt) und trotzdem hat kein einziges Gemisch allgemeine Anerkennung erlangt. Man wird v. Pfaundler unbedingt zustimmen müssen, daß die erzielten Erfolge vielleicht weniger auf die gerade gewählte Nahrung als auf die ganze Sorgfalt der Pflege solcher Frühgeburten in Anstalten zurückzuführen sind wobei nicht zu vergessen sei, daß in weniger günstigem Milieu wahrscheinlich viel mehr Fälle zu verzeichnen sein würden, in denen jede „Mischkunst" versagt.

Verfassers eigene Erfahrungen bei der künstlichen Ernährung Frühgeborener berechtigt vor allem deshalb nicht zu einer begründeten Empfehlung des einen oder des anderen Verfahrens, weil die betreffenden Kinder eben schon über die gefährlichste Zeit der ersten Lebenswochen weg waren, wenn auf dem Umwege über die Zwiemilchernährung allmählich zur künstlichen Ernährung übergegangen wurde. Dabei sind wir mit den gewöhnlichen Kuhmilchverdünnungen oder Buttermilch mit 1% Mehlzusatz und $4—6\%$ Kochzucker ausgekommen, von denen wir schon deshalb nicht abgehen wollen, weil wir den Müttern oder Ziehmüttern ein möglichst einfaches und billiges Verfahren angeben müssen. Der Geburtshelfer in einer Anstalt kommt überhaupt nicht in die Lage, ein Frühgeborenes von Anfang an künstlich ernähren zu müssen, so daß schon aus diesem Grunde die mehr kursorische Darstellung dieses Kapitels sich rechtfertigt. Vor weitergehenden Versuchen möchte Verfasser seine Fachgenossen nur warnen; solche gehören jedenfalls in die Hand von Pädiatern, welchen auch die weitere Beobachtung der Kinder unter günstigen Verhältnissen zufällt. Aufgabe der Geburtshelfer kann es nur sein, bis zu diesem Zeitpunkte die Kinder unbeschädigt zu erhalten, also mit allen Mitteln die natürliche Ernährung durchzusetzen, die künstliche Ernährung nur im alleräußersten Notfall einzuleiten.

Technik der Pflege Frühgeborener und Debiler.

a) Allgemeines. Asepsis. Die größere Empfindlichkeit Frühgeborener, besonders der weniger geschützten Haut erfordert eine noch peinlichere Beobachtung der für den Neugeborenen überhaupt gültigen Vorschriften. Alles, was dort über die Asepsis der Pflege gesagt wurde, hat hier doppelte Bedeutung, da diese Kinder Infektionen viel leichter zum Opfer fallen, als widerstandsfähigere reife Neugeborene. Außerdem ist bei der oft komplizierten Ernährungstechnik auch auf diesem Felde neben eigentlichen Nährschäden zu Infektionen der Verdauungswege reichlicher Gelegenheit gegeben, so daß bei jeder Form indirekter Ernährung besonders sorgfältig auf Aufrechterhaltung der Asepsis zu achten ist. Auch die Gefahr einer Infektion der Luftwege bei längerem Aufenthalt in einer Couveuse ist namentlich früher nicht gering zu veranschlagen gewesen.

b) Wärmepflege. Einer ganz besonderen Überwachung bedarf beim Frühgeborenen die Wärmepflege, welche beide Eigenheiten, die große Thermolabilität und die besondere Neigung zu Hypothermie, zu berücksichtigen hat. Die Aufgabe der Wärmepflege der Debilen ist vor allem eine Verhinderung zu großer Wärmeverluste, die an sich dem Kinde gefährlich werden können, weiterhin aber als sehr erwünschte Nebenwirkung durch Verminderung von Energieverlust eine Erleichterung der ,,energetischen Bilanzierung" (v. Pfaundler). Die verbreitete Vorstellung, man müsse dem debilen Frühgeborenen Wärme zuführen, trifft nur ganz ausnahmsweise das Wesen der zur Wärmepflege dienenden Maßnahmen. Denn wie v. Pfaundler betont hat, ist eine Wärmezufuhr in strengem Sinne nur möglich, wenn die Umgebungstemperatur höher ist als die Temperatur des kindlichen Körpers, also ein Temperaturgefälle von der Umgebung her besteht. Solche direkte Wärmezufuhr wird also nur dann in Frage kommen, wenn infolge irgendeines Pflegefehlers nach der Geburt ein stärkerer Temperatursturz eingetreten ist. Dann kann man durch ein heißes Bad oder die Luft einer Brutkammer tatsächlich Wärme im physikalischen Sinne zuführen.

So bleibt im allgemeinen die Hauptaufgabe der Wärmepflege die Einschränkung von Wärmeverlusten. Man kann das auf verschiedene Weise erreichen: entweder dadurch, daß man das Kind mit schlecht wärmeleitenden Geweben dicht umhüllt oder durch höhere Einstellung der Temperatur des umgebenden Mediums, evtl. auch durch eine Kombination beider Verfahren. Erstrebt und in vielen Fällen wohl auch erreicht wird durch beide Verfahren dasselbe: Verminderung der Wärmeabgabe durch Leitung und Strahlung. Im ersten Fall dient dazu die direkte Umhüllung mit schlechten Wärmeleitern, im zweiten Fall wird das Temperaturgefälle, welches zwischen kindlichem Körper und Umgebung besteht, vermindert. Die Folge davon ist, daß die unmittelbar dem kindlichen Körper als der Wärmequelle anliegende Luftschicht eine etwas höhere Temperatur behält, als wenn die Wärme gut abgeleitet wird, bzw. unter Wärmegefälle abströmen kann. Es liegt nahe, daran zu denken, daß man überhaupt jedes Wärmegefälle aufheben könnte, indem man die Umgebungstemperatur auf die Höhe der Körpertemperatur brächte. Indes hat sich längst ergeben, daß bei einem solchen Versuch und längerer Dauer desselben infolge der ungleichmäßigen Wärmeproduktion des kindlichen Körpers eine Wärmestauung eintritt und die Kinder unter dem Bilde des Hitzschlages zugrunde gehen. Man muß also, von vorübergehender direkter Wärmezufuhr abgesehen, jedenfalls die Umgebungstemperatur unter Körpertemperatur halten.

Die oben erwähnte erwünschte Nebenwirkung der Energiesparung läßt sich experimentell durch Herabsetzung des Gaswechsels bei Erhöhung der Umgebungstemperatur nachweisen (Babák). Trotzdem ist es bisher nicht gelungen, auf diesem Wege festzustellen, welches die optimale Umgebungstemperatur ist — offenbar wieder wegen der wechselnden Bedingungen der Wärmeproduktion (und Wärmeabgabe) einerseits, der bereits erwähnten Unvollkommenheit der physikalischen und chemischen Wärmeregulierung des frühgeborenen Kindes andererseits.

Die Wärmepflege hat sofort nach der Geburt des Kindes, noch am Gebärbett selbst zu beginnen. Zu warten, bis die Nabelschnurpulsation aufgehört hat, dann etwa gar das Kind lose in eine Windel gehüllt wegzulegen und die Mutter erst zu versorgen, kann bereits eine gefährliche Abkühlung hervorrufen. Die Größe des initialen Temperatursturzes ist aber für Frühgeborene durchaus nichts Gleichgültiges. Durch Verhütung bzw. Einschränkung desselben läßt sich die Mortalität schon herabdrücken (Budin). Es ist also mindestens erforderlich, ein derartiges Kind sofort abzunabeln, in warme Tücher einzuschlagen und unmittelbar in ein Bad von 38° zu stecken, sowie nach demselben die definitive Versorgung des Kindes möglichst zu beschleunigen. Wo das etwa wie in der Außenpraxis nicht so exakt durchführbar ist, muß das Kind wenigstens zwischen Wärmflaschen gelegt werden, bis es versorgt werden kann.

Der weitere Schutz vor Wärmeverlust folgt den oben erwähnten Grundsätzen. Wir machen bei allen kleinen Frühgeborenen (unter 1500—1000 g) von der altbewährten Watteeinpackung Gebrauch. Das Kind wird ganz mit einer fingerdicken Schicht steriler, angewärmter Watte umhüllt, derart, daß nur das Gesicht, die Hände und die Genito-Analgegend frei bleiben. Ein derartiges Kind sieht etwa wie ein kleiner Eskimo aus. In der Genitalgegend und vor dem Anus werden leicht wechselbare Vorlagen aus Watte, Zettstoff oder Torfmull angebracht. Das ganze Wattekleid wird durch einige lockere Bindetouren fixiert, am Rumpf durch ein Jäckchen festgehalten und auf diese Weise ein recht vollkommener Schutz vor Wärmeverlust erreicht. Zwischen Wattehülle und kindlicher Haut befindet sich nun eine warme Luftschicht, welche der kindliche Körper ohne große Anstrengung heizen kann, da ein rasches Abströmen derselben durch die Hülle verhindert wird. Auch bei Benässung oder Beschmutzung hat man nur nötig, die Vorlage zu wechseln, sowie etwa imbibierte benachbarte Wattestreifen abzunehmen und durch frische zu ersetzen, so daß auch bei diesen Maßnahmen jede stärkere Abkühlung leicht zu vermeiden ist. Der einzige Nachteil der Bewegungsbehinderung ist bei diesen kleinen debilen Frühgeborenen sehr gering und scheint mir gegenüber einigen Vorzügen der Couveusen reichlich dadurch aufgewogen, daß die Kinder freie Zimmerluft[1] atmen können.

Mit diesem Verfahren kombiniert man oder wendet bei etwas kräftigeren Kindern auch allein an die Erwärmung der körperumgebenden Luftschicht durch besondere Wärmeapparate.

Das einfachste, in jedem Haushalt zu schaffende Mittel hierzu sind tönerne Mineralwasserkruken, die mit heißem Wasser gefüllt, zuverlässig verschlossen und in dicke Windeln oder Flanelltücher gehüllt rechts und links neben das Kind und quer vor die Füße gelegt werden (Dreikrukenverfahren). Über Kind und Kruken kommt eine Flanelldecke. Jede Stunde wird abwechselnd eine der Flaschen erneut mit heißem Wasser gefüllt, wodurch es gelingt, die Umgebungstemperatur des Kindes (unter der Decke gemessen) auf 28—35° zu

---

[1] Über die Bedeutung dieses Faktors vgl. später.

halten. Soll eine höhere Temperatur erzielt werden, so braucht man nur die
Flaschen öfters zu wechseln oder die abschließende Decke ringsherum fester
einzustecken. Man muß bei diesem Verfahren den Leuten einschärfen, daß
die Dichtigkeit des Flaschenverschlusses sorgfältig kontrolliert wird, damit
keine Verbrühung des Kindes passiert. v. Reuß will deshalb die Kruken lieber
durch solche Wärmeflaschen ersetzt sehen, welche die Gestalt eines langgestreckten Daches haben und deren Öffnung an dem First angebracht ist.

Man kann auch die drei Flaschen in eine U-förmige Röhre aus Metall
oder Steingut vereinigen. Letzteres hat den Vorzug, daß es nur ein- bis zwei-
maliger Umfüllung mit heißem Wasser bedarf, weil es ein schlechter Wärme-
leiter von großer Kapazität ist, während die Metallröhren die Wärme recht
rasch abgeben und auch leicht undicht werden.

Die von Camerer empfohlenen elektrischen Wärmedecken, welche an

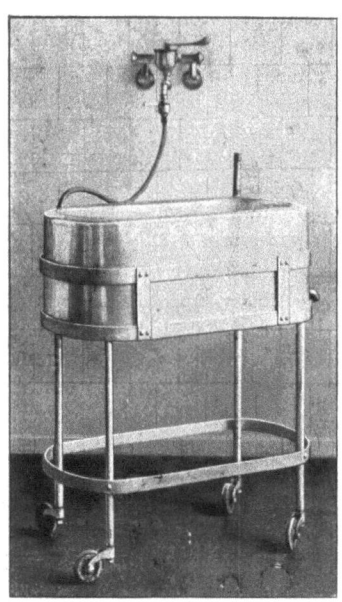

Abb. 103.
Wärmewanne.

die Lichtleitung angeschlossen und verschieden
temperiert sowie dann auf konstanter Temperatur erhalten werden können, schätzt Verfasser nicht. Durchbrennen der Sicherungen
und Heißwerden bis zur Verbrennung infolge
Nachlassen oder Fehlen der Regulierfähigkeit
kommen doch allzu leicht vor. Viel besser ist
dann die von L. Moll (1919) angegebene, leicht
zu improvisierende Vorrichtung, die in einer
mit einem Leinentuch bedeckten Reifenbahre
besteht, in der als Heizkörper zwei Glühlampen
von je 10—16 Kerzenstärken angebracht sind.
Das Kind wird derart unter diese Reifenbahre
gelegt, daß der Kopf außerhalb des Wärme-
schirms zu liegen kommt.

Auch der neustens von Nobel angegebene
Wärmekasten kann empfohlen werden. Gegen
die Einwicklung der Kinder in impermeablen
Stoff irgendwelcher Art (Dufour, S. W. Ran-
som) sind, auch wenn Löcher im Stoff als
Ventilation angebracht werden, doch wichtige
Bedenken zu erheben. Dieselben Bedenken gelten
bis zu einem gewissen Grade auch gegen die
sonst sehr praktischen und empfehlenswerten
Wärmewannen[1] (Abb. 103). Sie werden
warm empfohlen von Birk, Oberwarth, v. Reuß, Langstein u. a. Es
handelt sich um doppelwandige Wannen, die mit warmem Wasser gefüllt werden.
Wassertemperatur wie Temperatur des freien Innenraumes, in welchem das
Kind liegt, werden durch Thermometer kontrolliert, in modernen Anstalten
durch ständig zirkulierendes warmes Wasser auf konstanter Temperatur erhalten,
wobei die Umgebungstemperatur des Kindes nach Birk etwa 33—34° beträgt.
Das seinerzeit von Winckel empfohlene warme Dauerbad widerspricht allen
Prinzipien einer Asepsis der Säuglingspflege und ist deshalb zu verwerfen,
scheint übrigens auch niemals einige Verbreitung gewonnen zu haben.

Denkt man sich die durch Umgebung mit schlechten Wärmeleitern um
den kindlichen Körper entstandene erwärmte Luftschicht um ein Vielfaches

---

[1] Zuerst 1835 von Rühl im Petersburger Findelhause, 1857 von Dennée in Bordeaux, 1860 von Credé in Leipzig eingeführt. Credé konnte damit die Mortalität
1000—2500 g schwerer Frühgeburten um 18°/₀ verringern.

vergrößert, so hat man das Prinzip einer Couveuse. Seit ihrer Erfindung durch Tarnier (1878) sind eine große Zahl von Modellen entstanden (näheres über die Geschichte der Couveuse bei Bertin, Czerny-Keller und Oberwarth), von den einfachen, auch im Privathause leicht zu betreibenden Modellen bis zu den großen Couveusenkammern moderner Anstalten. Es wäre natürlich wertlos, hier etwa alle Modelle zu beschreiben. Wir beschränken uns auf einige Modelle, welche sich uns selbst bzw. Autoren von großer Erfahrung auf diesem Gebiete bewährt haben. Die prinzipiellen Anforderungen, welche an eine gute Couveuse gestellt werden müssen, sind nach v. Pfaundler folgende:

1. Die dem Kinde zugeführte Luft muß frisch, rein, entsprechend warm und feucht sein;
2. Temperatur und Wassergehalt der Luft müssen konstant und regulierbar sein;
3. die Couveuse muß den modernen Anforderungen der Asepsis im Säuglingspflegebetriebe entsprechen, das heißt waschbar, desinfizierbar und betreffs Reinlichkeit leicht kontrollierbar, frei von überflüssigen Staubfängern, toten Winkeln usw. sein;
4. die Couveuse darf die Pflege der Kinder nicht wesentlich mühsamer oder schwieriger gestalten und das Kind nicht den Augen des Pflegepersonals entziehen.

Verfasser möchte diesen als fünfte Forderung noch besonders Sicherheit und Einfachheit des Betriebes anschließen. Im Privathaus können unter sonst annähernd gleichwertigen Modellen oft auch die Betriebskosten wie die Betriebsart eine ausschlaggebende Rolle spielen. Die einfachsten Modelle stellten im wesentlichen nichts anderes als mit einem gerahmten Glasdeckel verschlossene Holzkisten dar. Alle neueren Modelle sind Glas-Eisenkonstruktionen, die emailliert, leicht abwaschbar, innen und außen gut zu reinigen sind. Als Wärmequelle dienen bei einfachen billigen Modellen (z. B. dem von Finkelstein) Heißwasserkannen, bei den meisten anderen, modernen regulierbare Gas- oder Petroleumbrenner oder der elektrische Strom. Das Problem der Thermostabilität ist jedenfalls längst in vollkommenster Weise auf verschiedensten Wegen gelöst.

Die Kontrolle der Temperatur erfordert immerhin Aufmerksamkeit. Dieselbe ist im allgemeinen auf 25—26⁰ einzustellen und nur bei besonders kleinen Kindern mit hochgradigem Initialtemperatursturz bis zu dessen Ausgleichung auf 28—30⁰ hinaufzusetzen. Von den früher empfohlenen hohen Temperaturen (30—34⁰) ist man vollständig abgekommen, einmal weil dabei sehr leicht Überhitzungen vorkommen und weiter weil etwas kühlere Luft einen stärkeren Inspirationsreiz abgibt und damit die Entfaltung der Lungen besser erfolgt. Jedenfalls hat man in den hochtemperierten Couveusen häufiger Asphyxieanfälle beobachtet. Davon abgesehen hat die Pflege die Aufgabe, vor Hyper- wie Hypothermien in gleicher Weise zu bewahren. Von den ersten beiden Lebenstagen abgesehen soll darauf geachtet werden, daß die Körpertemperatur des Kindes nicht wesentlich unter 36⁰ und nicht über 37⁰ steigt, die täglichen Schwankungen nicht mehr als $^1/_2$, höchstens 1⁰ betragen. — Sowie das durch einige Tage gelingt, kann man sofort versuchen, die Temperatur der Couveuse allmählich geringer zu wählen und wenn die Rektumtemperatur dabei konstant etwa auf 37⁰ bleibt, die Kinder ganz aus der Couveuse zu entfernen. Dieses Ziel wird manchmal schon nach einigen Tagen, gelegentlich aber erst nach 2—3 Wochen erreicht. Sobald es gelingt, das Kind bei einer Lufttemperatur von 22⁰ auf seinem Temperaturniveau zu erhalten, kann man

auch mit der Zimmertemperatur auf 20—21° heruntergehen. Jedenfalls
soll der Aufenthalt in der Couveuse niemals länger dauern, als
unbedingt erforderlich ist.

Viel schwieriger ist es, der Anforderung zu genügen, für eine genügende
Lufterneuerung in der Couveuse zu sorgen, und hier beginnen bereits recht
erhebliche Unterschiede der einzelnen Modelle sich bemerkbar zu machen.
Während in großen Couveusenkammern frische Luft vom Freien zugeführt
werden kann, ist man bei
kleineren Modellen natür-
lich auf Zufuhr von Zim-
merluft angewiesen. Dabei
soll durch Wattefilter zur
Abhaltung von Staub und
Bakterien gesorgt werden,
denn die Erfahrung hat
gelehrt, daß anderenfalls
die Gefahr einer Infek-
tion der Luftwege in der
Couveuse groß ist und
die Kinder leicht an Bron-
chopneumonien zugrunde
gehen. Für die rasche
Durchlüftung läßt sich
durch eine zweckmäßige
Anlage des Heizapparates
und eines Kamines sorgen
(vgl. z. B. Rommels
Modell). Freilich darf
man sich dabei nicht auf
die Angaben der Fabri-
kanten verlassen, da auch
Modelle mit Ventilations-
schacht in dieser Hinsicht
oft noch zu wünschen übrig
lassen. Auf die mangelnde
Ventilation wird die Blässe
und Schlaffheit mancher
Couveusenkinder zurück-
geführt.

Abb. 104.
Couveuse von Finkelstein.

Am schwierigsten ge-
staltet sich auch bei den
größten Modellen, ja selbst
in Couveusenkammern die
Regulierung des Was-
sergehaltes der Luft.
Namentlich die älteren Modelle leiden unter zu großer Trockenheit der dargebotenen Luft. Nach den grundlegenden Ausführungen von Rubner und
L. Pfaundler beträgt das Optimum des Wassergehaltes der Luft bei einer
Temperatur von 26—32°C als Sättigungsdefizit ausgedrückt 11—14 mm Hg,
was einer psychrometrischen Differenz von 5—6 Graden entspricht. Dem
Aufsichtspersonal ist nach L. Pfaundler die Direktive zu geben, daß der
Unterschied des trockenen und feuchten Thermometers 5—6°, höchstens 7°
betragen darf. Die Ablesung der relativen Feuchtigkeit eignet sich weniger,

weil der Grad derselben je nach der Temperatur stärker schwankt. Das Optimum derselben wäre z. B. bei 26⁰ Temperatur 46⁰/₀, bei einer Temperatur von 32⁰ schon 64⁰/₀.

Wir geben nun eine kurze Beschreibung einiger brauchbarer Modelle.

I. Einfach und billig im Betrieb ist Finkelsteins Couveuse[1]. Das Wesentliche der Einrichtung geht aus der Abbildung hervor. Die kreisförmig angeordneten Löcher an der Seitenwand des Aufnahmeraumes für die Heißwasserbehälter dienen dem Lufteintritt, die seitlich unter dem Deckel angeordneten Löcher stellen die Austrittsöffnungen der verbrauchten Luft dar.

II. Recht bewährt ist Rommels Apparat, dabei ebenso wie der erstgenannte leicht transportabel. Der Aufnahmeraum (A) ist 0,83 cbm groß, von drei Seiten mit Spiegelglas verschlossen und zwecks Erleichterung der Reinhaltung mit abgeschrägten Ecken versehen. Der Abzugsschacht (B) gewährleistet eine 100—120 malige Lufterneuerung pro Stunde. Der Feuchtigkeitsgehalt der Luft ist in einfacher Weise um 25—30 Hygrometergrade regulierbar. Der große Heißwasservorrat von 15—20 Liter gewährleistet eine ziemliche Konstanz der Temperatur, deren Schwankungen nach Rommels Angaben unter 1⁰ bleiben. Zur Heizung dienen elektrische Glühlampen, bei Fehlen elektrischen Anschlusses kann man statt dessen Spiritusgaslampen verwenden.

III. Polanos Couveuse ist dadurch ausgezeichnet, daß der Kopf des Kindes außerhalb des Wärmeschrankes bleibt und Zimmerluft geatmet wird, was für die Atmung debiler Kinder große Vorzüge hat, da infolge des kräftigeren Inspirationsreizes Asphyxieanfälle leichter verhütet werden.

IV. Den vollkommensten Typus einer Couveuse stellen die Brutkammern von Escherich und L. Pfaundler dar, wie sie m. W. außer der Grazer und Wiener Kinderklinik sowie dem Kaiserin Augusta-Viktoriahaus in Berlin nur noch die beiden Frauenkliniken in Wien besitzen[2].

Es handelt sich dabei um vollständig abgeschlossene, in Glas-Eisenkonstruktion ausgeführte Zellen, die reichlich Raum für zwei Säuglingsbetten liefern, Luft aus dem Freien zugeführt erhalten und mit automatisch regulierbarer Gasheizung, Ventilation und Anfeuchtungsvorrichtung ausgestattet sind. Zwischen Zelle und Saal ist noch ein kleiner Vorraum eingeschaltet, damit beim Öffnen der Brutkammer jede Abkühlung vermieden werden kann. Die Kinder können in den Zellen umgewickelt, gebadet und gefüttert werden.

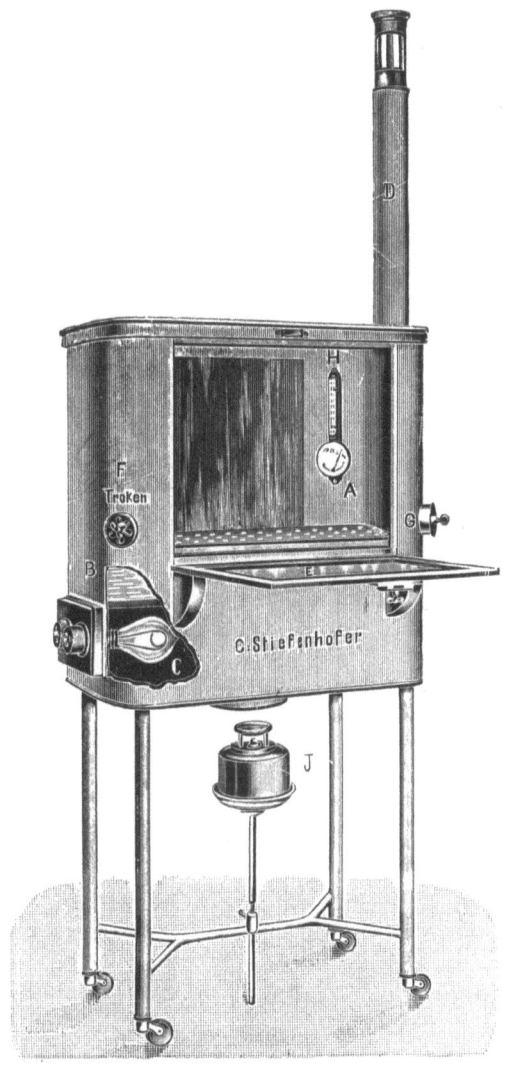

Abb. 105.
Couveuse nach Rommel.

---

[1] Fabrikant: E. Lentz, Berlin NW, Birkenstr.
[2] Derartige Brutzimmer wurden zuerst von Pajot 1885 an der Pariser Frauenklinik, 1895 von Bossi und Guidi in Florenz eingeführt.

Man ist sogar noch weiter gegangen und hat ganze Couveusenzimmer in ähnlicher Weise ausgestattet, wie z. B. in den Wiener Frauenkliniken, deren Couveusen erlauben, eine Wöchnerin samt Bett in den Brutraum zu bringen. In primitiver Form läßt sich ein Couveusenzimmer auch im Privathause durch Erwärmung auf 25—30° herstellen. wobei allerdings durch feuchte Tücher in der Umgebung des Ofens für genügende Befeuchtung der Luft gesorgt werden muß und natürlich die Konstanz der Temperatur nicht in demselben Maße zu erreichen ist, wie auch die Lüftung viel unvollkommener bleibt. Der Nachteil der großen Brutkammern und Couveusenzimmer liegt einmal daran, daß der Aufenthalt in ihnen für Ärzte und Pflegerin recht unangenehm ist, weiter in den großen Kosten des Betriebes. An der 2. Wiener Frauenklinik hat Verfasser es auch als großen Übelstand

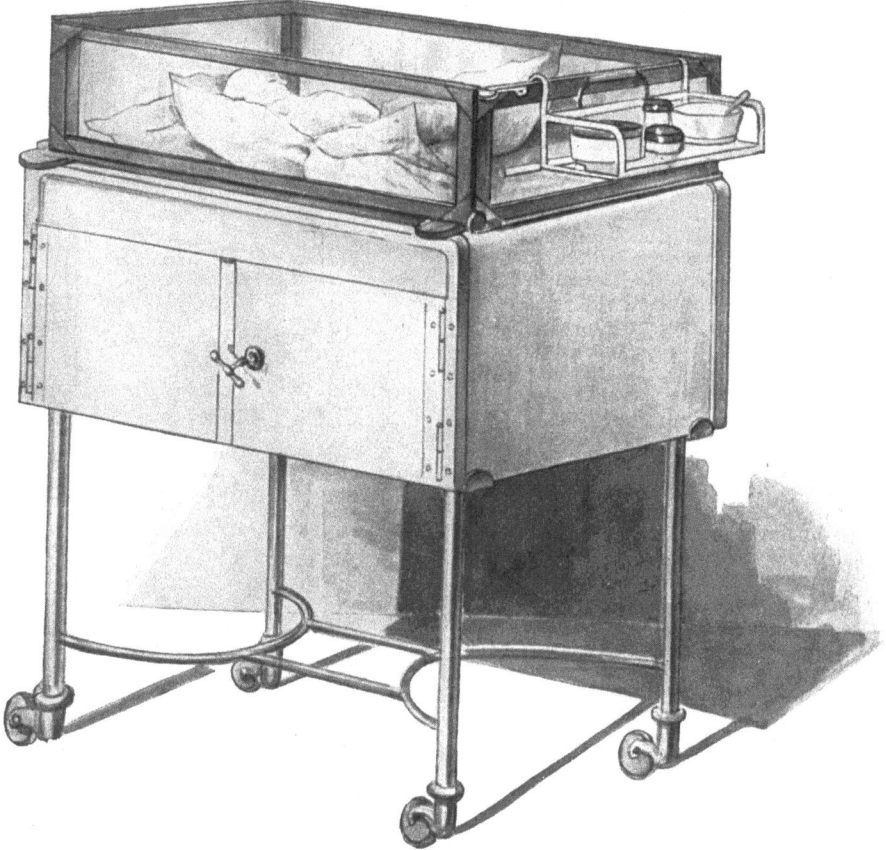

Abb. 106.
Reinachs Wärmebett für Debile, heizbar durch Einbringen kupferner Heißwasserwannen.
Durchlüftbar.

empfunden, daß sich die automatische Reguliervorrichtung nicht als genügend zuverlässig erwies und manche Kinder direkt geschädigt wurden, wenn der Fehler zu spät bemerkt wurde. Solches Übersehen läßt sich aber an Frauenkliniken mit ihrem beschränkten Personal niemals sicher vermeiden, so daß Verfasser die kleinen Couveusen vorzieht. v. Reuß scheint an der 1. Frauenklinik in Wien ähnliche Erfahrungen gemacht zu haben, so daß also Aufwand und Kosten einer derartigen Einrichtung mit dem zu erzielenden Erfolge nicht mehr recht in Einklang zu bringen sind. Auch im Kaiserin Augusta Viktoria-Haus sind anscheinend die Erfahrungen mit diesen Couveusenkammern keine sehr befriedigenden, da jetzt überwiegend Wärmewannen verwendet werden. Die große Begeisterung für die Couveusen scheint überhaupt in den letzten 15 Jahren merklich nachgelassen zu haben. Nach den neuesten Autoren versucht man den Aufenthalt in den Couveusen wenn irgendmöglich zu umgehen oder wenigstens sehr abzukürzen. So empfehlen verschiedene Berliner

Autoren die Wärmewanne und v. Pfaundler ein offenes Wärmebett, modifiziert
nach Reinach (Abb. 106 u. 107).

Immerhin sind die Couveusen für ganz kleine und debile Kinder nicht zu entbehren.
Besonders wichtig erscheint es dem Verfasser, bei der Verbringung von Kindern aus dem
Privathaus in eine Anstalt, namentlich in Fällen, wo dazu ein längerer Transport notwendig ist, die Kinder vor gefährlicher Abkühlung zu schützen. Dafür steht neuerdings
eine tragbare Couveuse von Welde zur Verfügung.

c) Weitere Maßnahmen. Abgesehen von der sorgfältigen Kontrolle, ob
die Couveuse in Hinsicht auf Temperaturkonstanz, Ventilation und Feuchtigkeit auch den jeweils gestellten Anforderungen genügt, bedarf die Ernährung

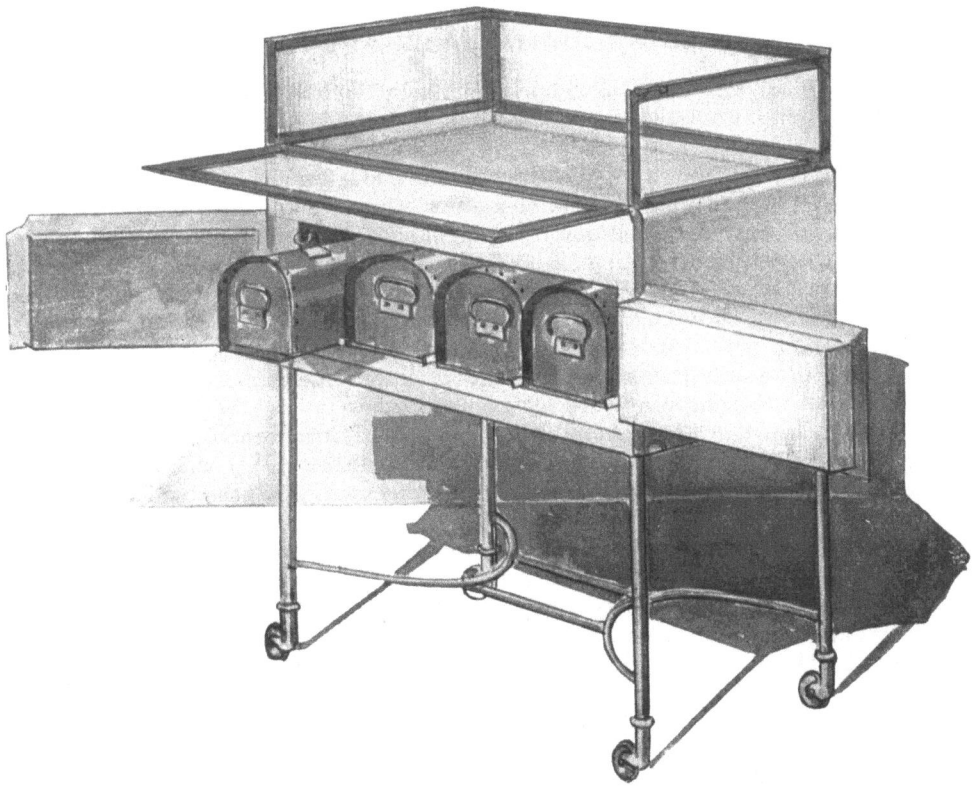

Abb. 107.
Reinachs Wärmebett. Offen.

(vgl. oben) und besonders die Respiration einer sorgfältigen Überwachung.
Werden Anfälle von Zyanose und Asphyxie nicht zeitig genug bemerkt, so sind
die Kinder verloren. Daher ist auch in der Nacht eine strenge Überwachung
der Kinder erforderlich.

Sobald sich zeigt, daß die Atmung nicht genügend ist oder gar Zyanose
auftritt, ist alles zu tun, um die Atmung anzuregen. Oft genügen die einfachsten
Hautreize, besonders ein leichtes Kneipen, um das Kind zum Schreien zu bringen;
bei höheren Graden derselben oder besonders schwachen Kindern sind die
altbewährten Senfmehlbäder (1—2mal täglich) immer noch ein schätzbares
Mittel; auch die von H. H. Schmid empfohlenen Ozetbäder sind gut, leisten
aber m. E. nicht mehr als die billigen Senfmehlbäder besonders unter Zuhilfenahme kleiner kühler Nackengüsse. Allzu heroische Mittel, wie kräftiges Prügeln,
worin manche junge Ärzte geradezu Unglaubliches leisten oder die gefährlichen

Schultzeschen Schwingungen sind zu verwerfen. Eine rhythmische Thorax-kompression, vorsichtig ausgeführt, ist von Wert. Von Birk werden besonders Sauerstoffinhalationen empfohlen. Wenn man dem Kinde im Momente drohender Asphyxie Sauerstoff zuführt, so kann man dadurch alle anderen Maßnahmen sich ersparen. v. Pfaundler rühmt auch den prophylaktischen Wert der Sauerstoffbehandlung. Man muß nach Verfassers Ansicht nur darauf achten, daß die Kinder nicht zu oft und vor allem nicht zu viel Sauerstoff auf einmal bekommen, da anderenfalls seröse Exsudationen in den Lungen auftreten können.

Prognose und späteres Schicksal Frühgeborener.

Die Prognose einer Frühgeburt hängt eimal von dem Grade der Unreife, vielleicht aber noch mehr von der Debilität im konstitutionellen Sinne ab. Es ist nach dem heutigen Stande unserer Erfahrung nicht mehr möglich, die Lebensfähigkeit von bestimmten Mindestzahlen an Gewicht, Länge, Brustumfang oder dem Vorhandensein bestimmter Proportionen abhängig zu machen. Alle derartigen Versuche werden durch jeden neuen Fall, in dem es gelingt, ein unter dieser Grenze bleibendes Kind am Leben zu erhalten, widerlegt; trotzdem werden sie immer wieder gemacht. So hat z. B. Fröbelius eine Formel angegeben, nach der die Lebensfähigkeit (V) = [Brustumfang (b) — $\frac{1}{2}$ Körperlänge (c)] — [Kopfumfang (a) — Brustumfang (b)], also V = (b—c) — (a—b) ist. Trotzdem A. Reiche die Richtigkeit dieser Formel im allgemeinen bestätigt, können wir ihr einen besonderen Wert nicht zuerkennen.

Die kleinsten Frühgeburten, welche bisher durchgebracht wurden, sind folgende: Ein Kind von 510 g Geburtsgewicht (Mansell[1]), das 1890 geboren wurde und, abgesehen von geringem Zurückbleiben im Wachstum, sich kräftig entwickelt haben soll. Ein zweiter Fall, der nur in der Tagespresse berichtet wurde, muß wegen Unsicherheit der Angaben außer Betracht bleiben, zumal über das weitere Schicksal nichts bekannt geworden ist. Dann kommt ein vor dem sechsten Monat geborenes, 650 g schweres Kind von Budin und Maygrier, das einen Monat lang lebte; Dervieux konnte ein ebenso altes Kind 2 Monate lang am Leben erhalten. Die übrigen Fälle konnten zum Teil durch längere Zeit verfolgt werden. Es sind das ein Kind von Rodmann von 719 g, mehrere Kinder von 750 g Geburtsgewicht von L. Meyer, d'Outre-pont, Oberwarth, 2 Fälle von 800 g von Heller, 840 g (Maygrier und Schwab), 860 g (Birk, v. Pfaundler), 900 g (Tissier), 910 g (Osmann und Sannes), 930 g (Budin), 940 g Rietschel), 950 g (Villemain), 960 g (Heubner), 980 g (Finkelstein).

Natürlich sind solche Fälle immer Ausnahmen. Ganz allgemein ist der Entwicklungsgrad von großer Bedeutung für die Lebensaussichten eines Früh-geborenen. Das zeigt auch die Mortalitätsstatistik.

So fand Potel[2] die Mortalität bei Frühgeburten im Alter von

$6\frac{1}{2}$ Fötalmonaten	...	80,4 %
7 ,,	...	58,1 %
$7\frac{1}{2}$,,	...	30,1 %
8 ,,	...	35,5 %

und v. Pfaundler[3] berechnete die Mortalität der ersten beiden Lebenswochen für Kinder von:

---

[1] Brit. med. journ. 1902. Vol. 1, p. 773.
[2] Zitiert nach O. Rommel, l. c.
[3] l. c. 1. Aufl. S. 757, aus einer größeren Zahl neuerer französischer Statistiken berechnet.

$$6 \quad \text{Fötalmonaten} \ldots \quad 95\,{}^0/_0$$
$$6^1/_2 \quad \text{,,} \qquad \ldots \quad 82\,{}^0/_0$$
$$7 \quad \text{,,} \qquad \ldots \quad 63\,{}^0/_0$$
$$7^1/_2 \quad \text{,,} \qquad \ldots \quad 42\,{}^0/_0$$
$$8 \quad \text{,,} \qquad \ldots \quad 20\,{}^0/_0$$

Die Angaben anderer Autoren ergeben ein ganz ähnliches Bild, wie aus folgender Tabelle ersichtlich ist:

Gewicht	Credé	Budin	Betke	Maygrier	Bakker [1]	Schmidt [2]
1000—1500	83 ${}^0/_0$	97 ${}^0/_0$	76 ${}^0/_0$	67,4 ${}^0/_0$	88 ${}^0/_0$	80 ${}^0/_0$
1500—2000	36 ${}^0/_0$	85,9 ${}^0/_0$	60 ${}^0/_0$	27 ${}^0/_0$	34 ${}^0/_0$	41 ${}^0/_0$
2000—2500	11 ${}^0/_0$	68,2 ${}^0/_0$	50 ${}^0/_0$	6 ${}^0/_0$	10,5 ${}^0/_0$	12 ${}^0/_0$

Innerhalb des ersten Lebensjahres starben nach Ostrčil um so mehr Kinder, je niedriger ihr Geburtsgewicht war, wie aus nachstehender Kurve deutlich wird (Abb. 108).

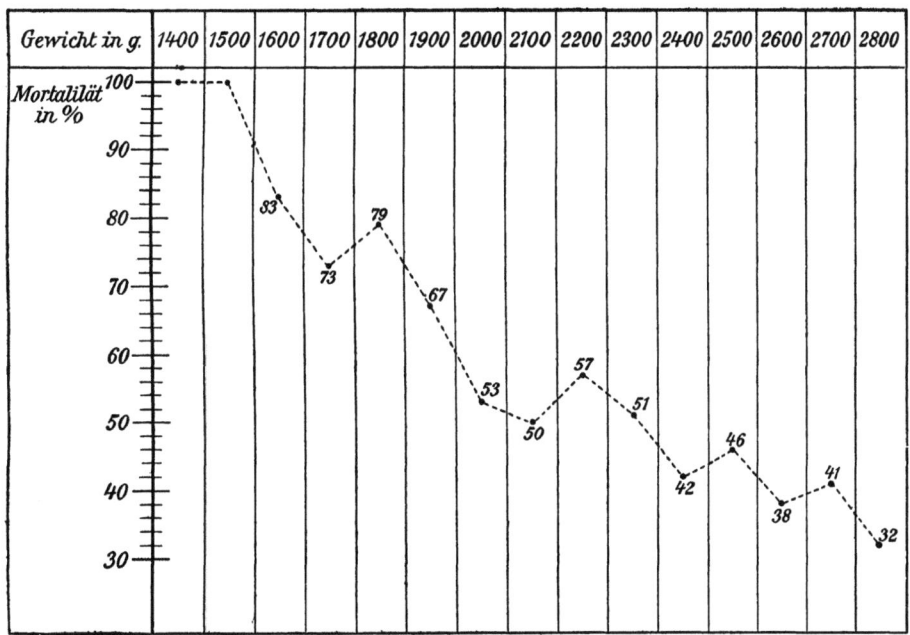

Abb. 108.
Abhängigkeit der Mortalität Frühgeborener vor dem Geburtsgewicht.

Sehr deutlich geht das auch aus einer neueren Tabelle Ylppös hervor, die wir hier deshalb hersetzen, weil Ylppö auch das spätere Schicksal der Kinder berücksichtigt hat.

[1] l. c. 1913. Unter Zugrundelegung von 1422 Fällen.
[2] Zeitschr. f. Geburtsh. u. Gynäkol. Bd. 81, 1919.

	An-zahl	1 Tag	5 Tage	1 Monat	6 Monate	nicht ermit-telt	1 Jahr
Sämtliche Kinder	668	62 = 9,28%	120 =17,96%	206 =30,84%	275 =41,17%	70	301 =50,33%
600—1000 g	37	14 =37,84 ,,	27 =72,9 ,,	31 =83,7 ,,	33 =89,2 ,,	1	34 =94,4 ,.
1001—1500 ,,	183	28 =15,3 ,,	57 =31,1 ,,	88 =48,1 ,,	111 =60,6 ,,	8	114 =65,1 ,,
1501—2000 ,,	240	16 = 6,6 ,,	26 =10,8 ,,	56 =23,3 ,,	83 =34,5 ,,	26	96 =44,8 ,,
2001—2500 ,,	208	4 = 1,9 ,,	10 = 4,8 ,,	31 =14,9 ,,	48 =23,1 ,,	35	58 =33,5 ,,

Als Durchschnittszahl für die Mortalität innerhalb des ersten Lebensjahres haben für Frühgeborene bis zu 2050 g neuerdings Hauch und Ruge 34%, A. Reiche 31,5% angegeben.

Vereinzelte Ausnahmen zeigen wohl nur an, daß das Material andersartig zusammengesetzt ist. Denn tatsächlich stellt sich die Mortalität der frühgeborenen Kinder sehr verschieden dar, wenn man versucht, debile und nicht debile Frühgeburten zu trennen. So fand Francois bei 81 frühgeborenen Kindern kranker Eltern (besonders Lues und Tuberkulose) eine Mortalität von 37% gegenüber 12,5% unter 386 Frühgeburten gesunder Eltern. Ähnliche Feststellungen haben v. Pfaundler und neuestens Ylppö machen können. Von verschiedenen Berechnungen dieses Autors ist von einiger praktischer Wichtigkeit das Ergebnis, daß bei künstlicher Einleitung der Frühgeburt die Mortalität der lebendgeborenen Kinder gesunder Mütter 10,5%, unter denselben Verhältnissen die kranker Mütter 82% betrug. Danach würden auch die Anhänger der künstlichen Frühgeburt wohl den Schluß ziehen müssen, daß dieselbe bestenfalls gerechtfertigt ist, wenn die Mutter als gesund und kräftig befunden wird. Mirabeau hat freilich den entgegengesetzten Schluß gezogen. Und Ylppö kam sogar zu dem Schluß, daß gerade die künstliche Frühgeburt es sei, welche die Lebensaussichten der kleingewichtigen Kinder besonders trübe, wobei allerdings dem Gehirntrauma hier besondere Wichtigkeit zukommen dürfte. Übrigens ist ja bekannt, daß bei Einleitung der Frühgeburt vor der 34. Lebenswoche die Dauerresultate an sich schlecht sind (Lorey u. a.). Weitere Feststellungen von Budin, Hahn, v. Pfaundler, Reiche u. a. ergaben ferner, daß die Prognose wesentlich besser ist bei Kindern, welche keine Untertemperatur zeigen. Gelingt es von Anfang an, die Kinder auf einer Temperatur von 36° zu halten, so sind die Lebensaussichten viel bessere als bei solchen Kindern, bei denen die Rektaltemperatur öfters unter 34° oder noch tiefer sinkt. In derselben Richtung bewegt sich auch die Feststellung von Groth, daß Frühgeborene die geringste Mortalität im August, die höchste im Winter aufweisen. Die Couveusenbehandlung ist natürlich imstande, derartige Unterschiede in weitem Ausmaße auszugleichen; doch spielt auch bei diesen Kindern die Einlieferungstemperatur für die Prognose ersichtlich eine große Rolle (Betke).

Alle erfahrenen Autoren stimmen ferner überein, daß die Lebensaussichten der frühgeborenen Kinder und besonders der debilen unter ihnen ganz wesentlich von der Güte der Pflege und dem rechtzeitigen Einsetzen derselben abhängt. Bemerkenswert sind in dieser Hinsicht die Erfahrungen des Kaiserin-Auguste-Viktoria-Hauses; deshalb scheint es uns auch nicht richtig, wie

H. Schmidt das getan, die Aufzucht von Kindern unter 1500 g Geburtsgewicht als eine „kaum lohnende" Aufgabe zu bezeichnen. Gelingt es, den initialen Temperatursturz in Schranken zu halten, das Kind auch weiter vor Untertemperatur zu bewahren, so ist schon viel gewonnen. Sehr wesentlich ist weiter die Nahrungsaufnahme. Wo dieselbe von Anfang an an der Brust oder aus der Flasche gelingt, ist die Prognose ganz günstig, zumal bei diesen Kindern auch die gefährlichen Respirationsstörungen seltener zur Beobachtung kommen. Je regsamer das Kind ist, je besser es auf Reize aller Art reagiert, desto günstiger ist ceteris paribus die Prognose zu stellen und umgekehrt. Ist dagegen die allgemeine Reaktionsfähigkeit eine schlechte, die Nahrungsaufnahme unvollkommen, treten Respirationsstörungen, Untertemperatur, Sklerem auf, so deutet das auf eine bedrohliche Debilität. Debile Kinder von höherem Geburtsgewicht und Konzeptionsalter sind prognostisch viel ungünstiger zu beurteilen als stärkere untermaßige Kinder ohne Debilität. Diese Ausführungen können hier genügen, zumal wir schon in den vorangegangenen Kapiteln die prognostisch bedeutsamen Faktoren immer berücksichtigt haben[1]).

---

[1] Weitere Einzelheiten über die spätere Entwicklung Frühgeborener in den Handbüchern der Pädiatrie, speziell bei Czerny-Keller, Handbuch, 2. Auflage, Bd. 1; ferner bei Ylppö, Zeitschr. f. Kinderheilk. Bd. 24, 1919 und Handb. d. Kinderheilk. von v. Pfaundler-Schloßmann, 3. Auflage, Bd. 1.

Ernährungsstörungen der Brustkinder in der Neugeburtszeit[1].

Unter diesem Namen wollen wir alle diejenigen Störungen zusammenfassen, bei denen der Erfolg der Ernährung ausbleibt. Welches die Ursache des Mißerfolges ist, soll erst weiterhin festgestellt werden. Nur eine Einschränkung ist zu machen. Wir sprechen hier nur von solchen Störungen, welche einzig und allein durch die Nahrung mittelbar oder unmittelbar hervorgerufen sind. Alle diejenigen gastrointestinalen Störungen, die bei parenteralen Infektionen verschiedenster Art auftreten, bleiben hier außer Betracht. Wir gruppieren im wesentlichen nach der Wichtigkeit und Häufigkeit der einzelnen Störungen, beschränken uns hier aber auf die Darstellung der Ernährungsstörungen bei Brustkindern; diejenigen der unnatürlich ernährten Kinder wie auch lokalisierten Magendarmerkrankungen der Neugeborenen werden ja in den Lehrbüchern der Säuglingskrankheiten genügend behandelt. Diese Abgrenzung des Stoffes ist wesentlich aus praktischen Gesichtspunkten erfolgt: Wie überhaupt in der eigentlichen Neugeburtszeit die unnatürliche Ernährung eine geringere Rolle spielt, so kommen mindestens in Anstalten Ernährungsstörungen bei den künstlich ernährten Kindern so wenig zur Beobachtung, daß dem Geburtshelfer größere Erfahrung auf diesem Gebiete versagt ist. Andererseits verfügt der Geburtshelfer über viel reicheres Erfahrungsmaterial hinsichtlich natürlich ernährter Neugeborener als der Pädiater, so daß eine Darstellung auch der Ernährungsstörungen des neugeborenen Brustkindes durch einen Geburtshelfer wohl berechtigt erscheint.

I. Ernährungsstörungen durch quantitative Veränderung der Nahrung.

Mißerfolge bzw. ungenügende Erfolge der Ernährung an der Brust sind in der weitaus überwiegenden Zahl aller Fälle auf unzureichende, seltener auf überreichliche Nahrung zurückzuführen. Sie sollen deshalb auch zuerst besprochen werden.

---

[1] Große zusammenfassende Darstellungen bei Czerny-Keller, l. c. Bd. 2, Finkelstein, Säuglingskrankheiten, 3. Aufl. Berlin 1925; Marfan-Fischl, Handb. d. Säuglingsernährung; Budin, Le nourisson u. A. Epstein, Verdauungsstörungen im Säuglingsalter; Schwalbes Handb. d. prakt. Medizin II.

1. Unterernährung bei Neugeborenen.

Ätiologie. Symptome. Ätiologisch kommen für die Unterernährung
Neugeborener und jüngster Säuglinge alle die in dem Kapitel „Stillschwierigkeiten" behandelten Zustände in Betracht, unter welchen die Hypogalaktie als
die wichtigste, weil am nachhaltendsten wirksame und vielfach am schwersten
zu bekämpfende Ursache anzusprechen ist.

Die Symptome der Unterernährung sind beim Neugeborenen ziemlich
vieldeutig und gestatten nur unter genauer Berücksichtigung der Nahrungsaufnahme im Verhältnis zum vermutlichen Nahrungsbedarf für die Diagnose
verwertbare Schlüsse.

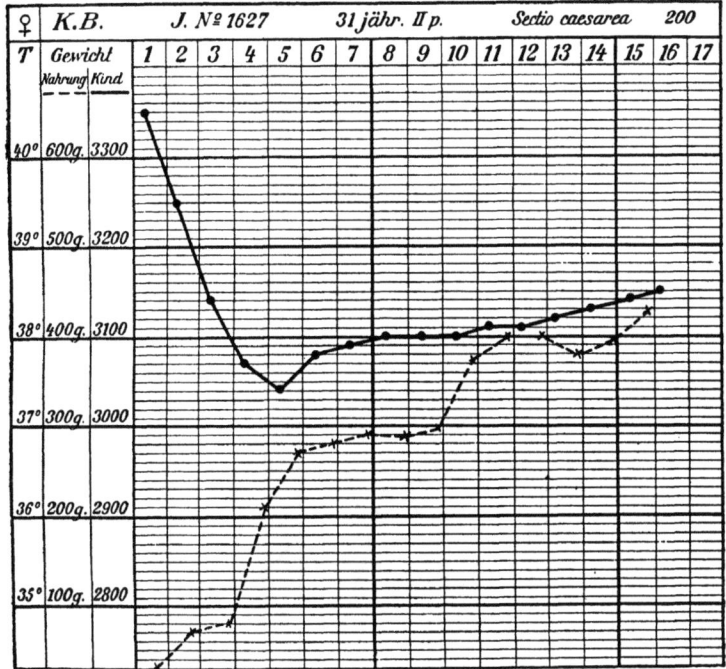

Abb. 109.
Leichte Unterernährung bei Hypogalaktie mittleren Grades.

In Fällen, in denen nicht täglich gewogen, die Nahrungsaufnahme nicht
bestimmt wird, kann man frühestens am vierten Tage Verdacht auf Unterernährung schöpfen (Abb. 109). Eine abnorm große physiologische Gewichtsabnahme wird zunächst dazu auffordern, sich nach den Ursachen derselben umzusehen [1]. Fehlen Somnolenz, besondere Stillschwierigkeiten seitens des Kindes,
dann sollte ein im Verhältnis zum Körpergewicht abnorm hoher Gewichtsverlust[1]
mindestens dazu führen, die Größe des Nahrungskonsums zu bestimmen. Liegt
eine erhebliche Differenz zwischen Nahrungszufuhr und geschätztem -Bedarf
vor, dann wird man mit der Diagnose „Unterernährung" kaum fehlgehen.
Erfolgt keine Abhilfe, dann zeigt der weitere Verlauf der Gewichtskurve ein
wechselndes Verhalten. Bei erheblich hinter dem individuellen Bedarf zurück-
bleibender Zufuhr wird oft erst am fünften bis achten Tage der Tiefpunkt der

---

[1] Vgl. Kapitel Körpergewichtsbewegung S. 170 f.

Kurve erreicht (Abb. 110). Bleibt auch dann die Zufuhr stark zurück, so findet man statt eines relativ raschen Anstieges eine flache Kurve, einen ein- bis zweitägigen Gewichtsstillstand, unterbrochen von geringen Zunahmen und Abnahmen mit dem Enderfolg (vgl. Abb. 111), daß etwa am Ende der zweiten Woche die Kurve wenig oder gar nicht über dem am vierten bis achten Tage erreichten Tiefpunkt, evtl. sogar etwas darunter liegt. (Steile Gewichtsstürze, wie sie bei kranken Kindern vorkommen, gehören nicht zum Bilde der reinen Unterernährung.) Solche Fälle sind äußerst selten zu beobachten, da wohl

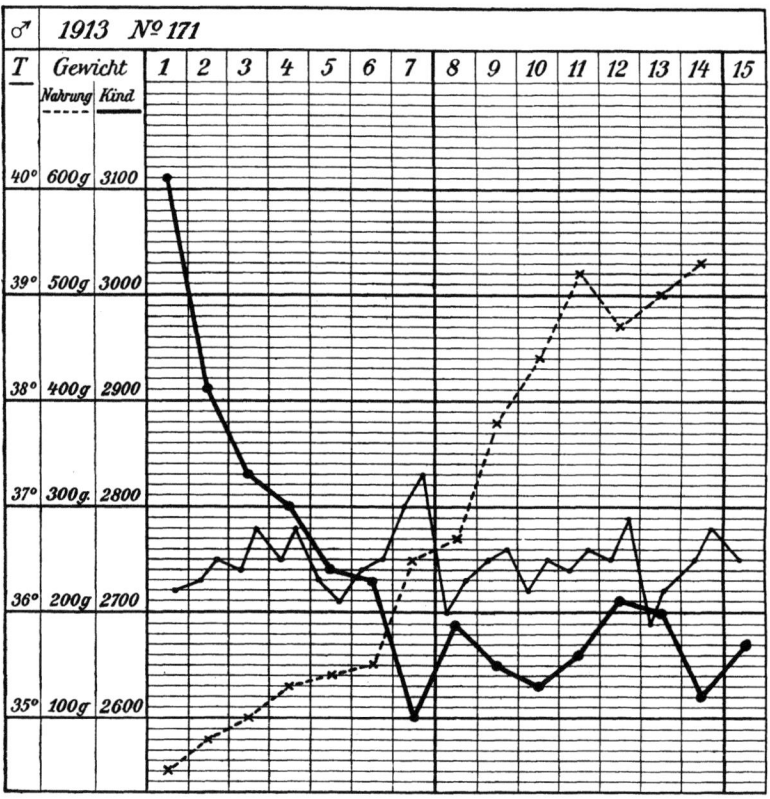

Abb. 110.
Starke Unterernährung infolge verspäteten Einschießens der Milch und Hypogalaktie, die schließlich mit der Milchpumpe erfolgreich bekämpft wurde.

meist die schon vorher einsetzende Therapie wenigstens teilweise Abhilfe schafft.

Bei diesen geringeren Graden von Unterernährung zeigt dann die Kurve wohl einen Anstieg des Gewichts von Woche zu Woche, bei täglicher Gewichts- registrierung aber findet man nach einer Zunahme von 1—2 Tagen den Anstieg wieder unterbrochen von Gewichtsstillstand oder -abnahme (Abb. 110).

Eine der häufigsten Formen von Unterernährung in der Neugeburts- periode ist folgende: Nach einer in normalen Grenzen sich haltenden physiolo- gischen Abnahme erfolgt mehrere Tage ein ganz schöner Anstieg, dann mit einem Male, gewöhnlich am sechsten bis achten Tage eine Abnahme von 30—60 g, und weiterhin wieder ein schleppender, von Stillstand und Abnahme unterbrochener

Anstieg. Das sind die Fälle, in denen die Brustsekretion rasch einen bestimmten Höhepunkt erreicht, dann aber nicht mehr entsprechend dem steigenden Bedarf des Kindes zunimmt. Nach den Kurven würde Verfasser auch einen Teil der Fälle des physiologischen Typus II nach Pies hierher rechnen, allerdings mit dem Unterschied, daß hier nicht die Brustsekretion, sondern nur die Nahrungsaufnahme mangelhaft war, also die Unterernährung im Kinde ihre Ursache hatte.

Die leichteste Form der Unterernährung, ein geringes Zurückbleiben der Nahrungsmenge hinter dem Bedarf, braucht überhaupt nicht zu Abnahme zu führen, sondern kann sich lediglich in einem verlangsamten, wenn auch kontinuierlichen Gewichtsanstieg äußern (vgl. Abb. 112 u. 113). Am häufigsten fand Verfasser diese Form der Unterernährung bei stark ikterischen Kindern, bei denen eine durchschnittliche normale Nahrungszufuhr augenscheinlich nicht imstande ist, den offenbar höheren Nahrungsbedarf zu decken. Näheres darüber in dem Kapitel Ikterus.

Das Verhalten der Gewichtskurve ist aber immer nur unter gleichzeitiger Registrierung des Konsums zu verwerten; auch dann erst nach Ausschluß aller sonstigen Ursachen einer Störung der regelmäßigen Gewichtszunahme, vor allem irgendwelcher Darmerkrankungen. Bei höheren Graden, ebenso auch bei längerer Dauer einer geringgradigen Unterernährung treten aber noch andere klinisch verwertbare Zeichen auf, die an sich ebenso vieldeutig sind, im Verein mit der eigenartigen Gewichtskurve aber die Diagnose auf Unterernährung mit Sicherheit zu stellen erlauben.

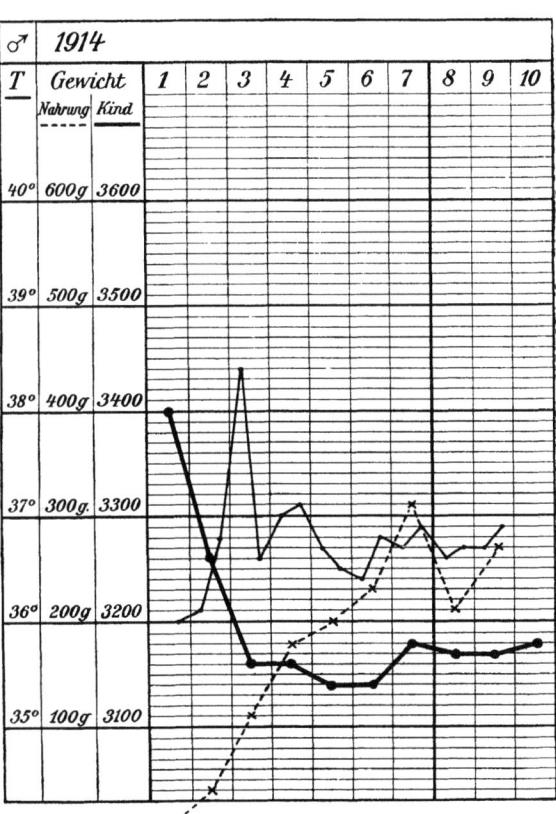

Abb. 111.
Beträchtliche Unterernährung bei Hypogalaktie.
Transitorisches Fieber am 3. Tag.

Dazu gehört zunächst eine länger anhaltende oder gar fortschreitende Abnahme des Hautturgors, ein welkes, schlaffes Aussehen der Kinder im ganzen, besonders das Fehlen der prallen Haut am Abdomen, welches anstatt leicht vorgewölbt zu sein bei hohen Graden von Unterernährung nicht nur im, sondern bald sogar unter dem Niveau des Thorax liegt, schließlich eine kahnförmige Einziehung erkennen läßt. Im Gegensatz zum ähnlichen Einsinken des Abdomens bei kranken Kindern bleiben aber die Bauchdecken bei hungernden, sonst gesunden Kindern zunächst straff. Czerny hält diese abweichenden Konturen für das am meisten charakteristische Zeichen der Unterernährung

Neugeborener. Nicht selten findet man an den Backen unterernährter Kinder kleine Stippchen von blaßroter Farbe, wie ich Oppenheimer bestätigen kann, späterhin oft ein trockenes Ekzem; Wundsein der Finger, Paronychien finden sich jedenfalls besonders häufig bei unterernährten Kindern. Intertriginöse Ekzeme circum anum, wie sie Pies hervorhebt, finden sich besonders bei Kindern mit dyspeptischen Stühlen.

Einigermaßen charakteristisch ist ferner das Verhalten der Stühle. Als Typus kann man etwa folgendes Verhalten ansehen: die Zahl der täglichen Stuhlentleerungen sinkt auf 2—1, bei stärkerer Unterernährung erfolgt gelegentlich erst jeden zweiten bis dritten Tag eine Stuhlentleerung, die dann den charakteristischen substanzarmen, schmutzigbraunen Hungerstuhl darstellt.

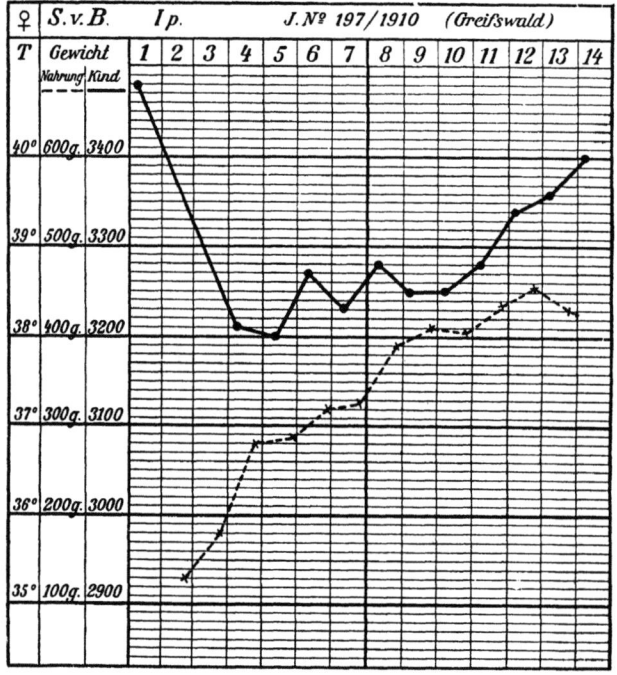

Abb. 112.
Leichte Hypogalaktie mit geringer Unterernährung des Kindes.

Das Aussehen des Stuhles ist hier maßgebend für die Unterscheidung von Obstipation. Aber auch bei leichteren Graden von Unterernährung werden die einzelnen Stühle substanzärmer, nehmen eine zwischen Braun und Grün schwankende, in verschiedenen Portionen wechselnde Farbe an und zeigen eine zähere Konsistenz. Bei höheren Graden von Unterernährung verlieren sie aber diese zähe Beschaffenheit und werden vielfach gehackt, schleimig, ja selbst ganz dünnbreiig, dyspeptisch. Es handelt sich aber dabei um eine ,,Pseudodyspepsie", die sofort durch Steigerung der Nahrung zu beheben ist. Man nimmt heute an (Rosenstern und v. Pfaundler), daß dieses dyspeptische Aussehen der Stühle durch eine relativ zu reichliche Sekretion von Verdauungssäften zustande kommt, welche von den spärlichen Nahrungsresten nicht völlig gebunden werden können. Man würde zweckmäßig von hyperpeptischen Stühlen bei Unterernährung sprechen (v. Pfaundler), während der Ausdruck Dyspepsie gewöhnlich im Sinne einer Hypopepsie gemeint ist. Einigermaßen charakteristisch zur klinischen Unterscheidung dieser pseudodyspeptischen Stühle von den richtigen dyspeptischen ist, daß die Entleerungen nicht so reichlich und gewöhnlich auch nicht so häufig erfolgen als bei der richtigen Dyspepsie. Verfasser findet dieselben meist nur vorübergehend, worauf nach 1—2 Tagen die oben genannten zäheren und selteneren Entleerungen sich einstellen, offenbar weil die Sekretion der Verdauungssäfte sich bald von selbst reguliert.

Alle anderen klinischen Zeichen von Hunger und Unterernährung sind noch vieldeutiger. Das gilt vor allem von dem Verhalten des Pulses, der

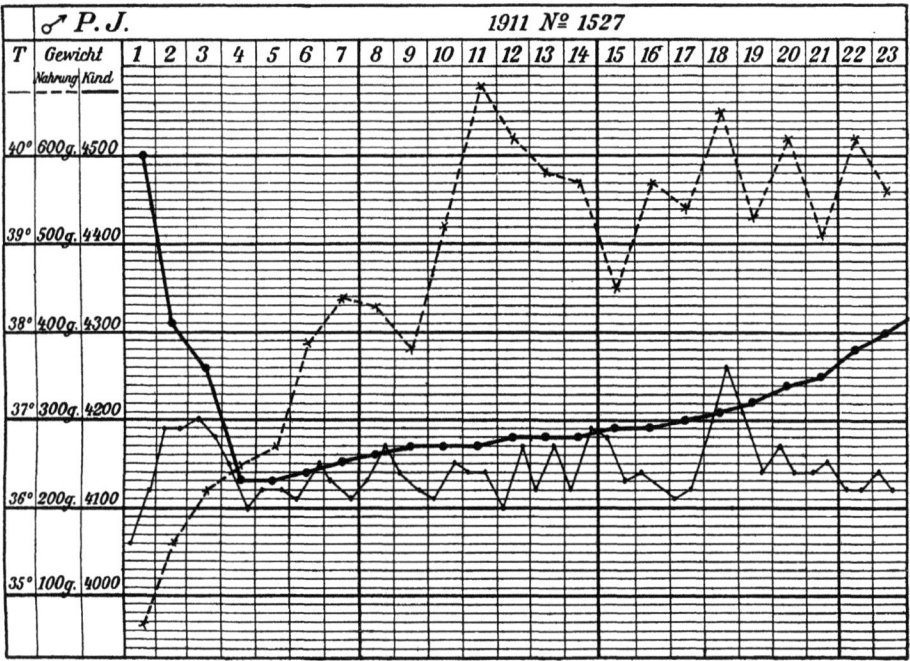

Abb. 113.
Leichteste Form der Unterernährung bei starkem Ikterus. Der starke Anfangsverlust war Folge des Geburtstraumas. Dann trotz rasch ansteigender, wenn auch in der ersten Woche etwas knapper Nahrungsmenge sehr verzögerter, von Stillstand unterbrochener Gewichtsanstieg. Verhalten der Stühle im allgemeinen normal. Nur am 9., 12. bis 14. Tag vereinzelt dyspeptische Entleerungen. Vom 11. Tage ab war bei dem ungewöhnlich lang dauernden Ikterus auch die Appetenz des Kindes gestört. Erst am Ende der 3. Lebenswoche erfolgt unter Verschwinden des Ikterus eine völlige Rückkehr zur Norm. Von da ab rasche Zunahmen trotz ungefähr gleichbleibender Nahrungsmenge.

übrigens nur am Herzen exakt zu kontrollieren ist und bei höheren Graden von Unterernährung verminderte Frequenz wie Arhythmie zeigen soll. Auch die Respiration unterernährter Kinder soll größere Unregelmäßigkeiten, in den stärksten Graden Ähnlichkeit mit dem Cheyne-Stokesschen Typus zeigen.

Das Verhalten der Temperatur ist diagnostisch für Unterernährung nicht verwertbar. Wenn auch zugegeben werden muß, daß das sog. transitorische Fieber bei starker Gewichtsabnahme häufiger auftritt als bei normales Gewichtsverhalten zeigenden Kindern, so ist doch dem Hunger dabei höchstens eine disponierende Rolle beizumessen. Hunger oder Durst als kausalen Faktor aufzufassen dürfte nach Verfassers Beobachtung kaum berechtigt sein. (Näheres darüber in dem Kapitel Verhalten der Temperatur.)

Sehr wechselnd ist das psychische Verhalten unterernährter Kinder, wechselnd übrigens auch die Angaben der Literatur in diesem Punkte. Während Czerny-Keller bezweifeln, daß Kinder wegen unzureichender Nahrungszufuhr unruhig werden, Finkelstein die unterernährten Kinder meist „freundlich" findet, geben andere Autoren im Gegenteil Unruhe der unterernährten Kinder an. Rosenstern, v. Pfaundler, wie neuestens auch Langstein-Meyer u a. geben zu, daß man neben schlafsüchtigen, ruhig daliegenden, ja sogar trinkfaulen Kindern, bei denen nichts auf unbefriedigtes Nahrungsbedürfnis hindeutet, fast ebenso oft unruhige, nach der Mahlzeit schreiende, im Schlaf gestörte Neugeborene beobachtet, die sich sogar die Fersen wund scheuern, das Gesicht zerkratzen und ähnliches mehr. Verfasser schließt sich

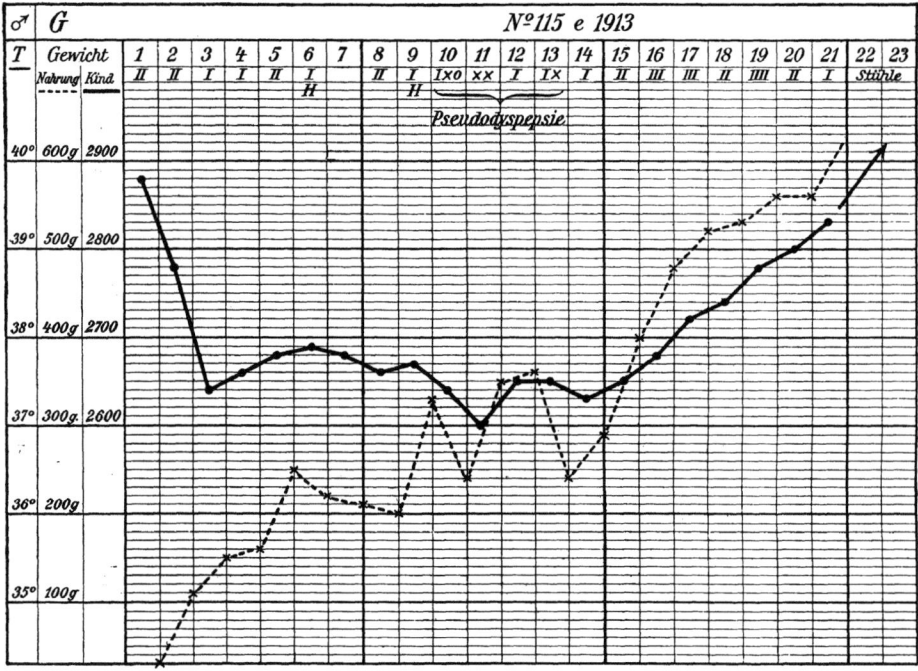

Abb. 114.
Starke Unterernährung in den beiden ersten Lebenswochen mit Pseudodyspepsie und vereinzelten Hungerstühlen.

nach seinen Beobachtungen den letztgenannten Autoren an. Seiner Erfahrung nach sind es die kleinen, schwächlichen und unter den kräftigen, schwereren Kindern diejenigen, die vom Geburtstrauma stark mitgenommen sind, welche sich durch Apathie und verminderte Agilität auszeichnen; die Fortdauer dieses Zustandes bei kräftigen Neugeborenen findet sich dann gewissermaßen als Zeichen einer ungenügenden und verzögerten Erholung vom Geburtstrauma infolge der unzureichenden Nahrung; die Trinkfaulheit in solchen Fällen dürfte nur eine scheinbare, vielmehr ein Zeichen bereits eingetretener Schwächung sein, während Czerny-Keller meinen, daß diese Kinder gewissermaßen das ausreichende Trinken verlernt hätten. Demgegenüber zeigen die kräftigen, von der Geburt nicht mitgenommenen Kinder bei unzureichender Nahrungszufuhr fast stets nach dem Trinken große Unruhe, oft wütendes Brüllen, sowie große Gier beim Beginn der Mahlzeit. Wachen sie nach kurzem Schlafe auf, so sind sie unruhig, scheuern sich evtl. die Fersen wund und kratzen sich im Gesicht. Am Ende der ersten Woche lernen sie wohl auch schon, die Faust zum Munde zu führen. Richtiges Fingerlutschen freilich kommt in der Neugeburtsperiode nur ganz vereinzelt und dann durchaus nicht gerade bei unterernährten Kinder zur Beobachtung.

Eine nach Verfassers Erfahrung äußerst seltene Erscheinung bei unterernährten, sonst gesunden Kindern ist das Erbrechen, während Variot, Concetti, Cheinisse geradezu von einem „vomissement par hypoalimentation" als einer häufigen Erscheinung sprechen. Jenseits der Neugeburtsperiode scheint das Erbrechen bei Inanition neuropathischer Kinder infolge der großen Unruhe vorzukommen (Rosenstern, Czerny). Wir erwähnen das Symptom hauptsächlich deshalb, weil nach diesen Beobachtungen Erbrechen der Kinder eine Unterernährung nicht ohne weiteres auszuschließen erlaubt und es verfehlt wäre, daraus wie aus der häufigeren Entleerung pseudodyspeptischer Stühle etwa gleich auf eine Erkrankung des Magendarmtraktus zu schließen. Verfasser hat den Eindruck, als ob Erbrechen bei unterernährten Kindern nicht anders vorkäme als bei reichlich trinkenden Kindern, nämlich im Anschluß an eine reichlichere Mahlzeit, gewissermaßen als Überlaufen des Magens bei geringem Kardiatonus. Denn auch bei ausgesprochener Unterernährung pflegt die eine oder andere Mahlzeit an der Brust reichlich zu sein und es scheint, als ob der an kleine Nahrungsmengen gewöhnte Magen dann viel leichter auf eine auch nur etwas stärkere Füllung mit Erbrechen reagiere. Eine neuropathische Konstitution beim Neugeborenen zu diagnostizieren hat m. E. etwas sehr Willkürliches.

Mit der Unterernährung in kausalem Zusammenhang steht die größere Häufigkeit und Ausdehnung sowie schwerere Beeinflußbarkeit von Intertrigo und ähnlichen Ekzemen sowie das Auftreten von anderen Hautläsionen im Gesicht und an den Fersen usw. Pies und Birk sind geneigt, diese Erscheinungen dahin zu deuten, daß im Gefolge der Unterernährung schon innerhalb der ersten Lebenswochen Erscheinungen einer exsudativen Diathese auftreten können. Die Unterernährung soll gewissermaßen den Agent provocateur spielen. Das scheint mir viel zu weit gegangen. Viel zwangloser kann man diese Erscheinungen auf eine größere Vulnerabilität der unterernährten Haut beziehen, um so mehr, als die Rötung und Defekte der Fersenhaut, Kratzeffekte im Gesicht, die natürlich infiziert werden können, sich leicht aus der Unruhe vieler unterernährter Kinder erklären lassen. Ausgedehnter Intertrigo tritt besonders leicht auf, wenn vermehrte pseudodyspeptische Stühle entleert werden. Auch hier scheint der Zusammenhang einfach und klar.

Wichtig scheint uns noch die Erwähnung, daß im Harn unterernährter Kinder oft recht reichlich Azeton ausgeschieden wird (v. Reuß, Rietschel), manchmal so reichlich, daß man schon durch den Obstgeruch der Exspirationsluft aufmerksam wird. Diese Azetonurie hat aber nicht die prognostisch ungünstige Bedeutung wie in späteren Lebensmonaten. Ferner soll im Harn unterernährter Brustkinder im Gegensatz zu jenem erkrankter kein oder fast kein Phosphor nachweisbar sein (Moll), während der normale Neugeborene eine höhere Phosphatzahl aufweist als das gesunde ältere Brustkind (Mayerhofer). Damit würde freilich nicht recht übereinstimmen die Meinung von Langstein-Niemann, welche gearde aus der höheren Phosphatzahl bei vielen Ernährungsstörungen auf abnormen Gewebszerfall schließen.

Die **Diagnose** der Unterernährung dürfte unter Berücksichtigung der angegebenen Symptome im allgemeinen keine Schwierigkeiten machen, besonders wenn Nahrungsaufnahme und Gewichtskurve zu vergleichender

Beobachtung vorliegen oder gar noch eine ausgesprochene Hypogalaktie bzw. sonstige Stillschwierigkeiten auch die Ursache der Unterernährung aufdecken. Handelt es sich um eine reine Unterernährung, dann müssen alsbald nach Zufuhr größerer Nahrungsmengen die Erscheinungen der Unterernährung schwinden, tritt das nicht ein, dann muß man freilich daran denken, daß irgendeine Erkrankung, z. B. eine Diathese zugrunde liegt. Andererseits darf man bei vorhandenen Symptomen eine Unterernährung auch nicht unbedingt ausschließen, wenn die Nahrungszufuhr dem durchschnittlichen Werte entspricht; denn es gibt Kinder mit besonders hohem Nahrungsbedürfnis, bei denen nur eine überdurchschnittliche Nahrungszufuhr ausreichend ist (vgl. Verfassers Beobachtungen beim Icterus neonatorum).

Die **Prognose** der Unterernährung ist bei Neugeborenen wie überhaupt in den ersten Lebenswochen selbst bei erheblichen Graden derselben eine günstige, insofern als bei genügender Nahrungszufuhr eine sofortige Reparation eintritt und derartige Kinder durchaus nicht dauernd hinter anderen, von Anfang an reichlich ernährten zurückbleiben. Das haben für den Neugeborenen besonders Verfasser, v. Reuß, für den Säugling Langstein-Meyer, Rosenstern betont. Freilich gilt das nur für tadellos gepflegte Neugeborene. Denn wie schon die Hauterscheinungen zeigen, ist die Resistenz unterernährter Gewebe gegen Insulte und Infekte aller Art doch herabgesetzt. Daraus wird man jedenfalls den Schluß zu ziehen haben, daß man eine Unterernährung nicht ohne Not bestehen läßt und nur für den Fall, als zunächst keine ausreichende natürliche Nahrung aufzutreiben ist, wird man bei der allgemein günstigen Prognose berechtigt sein, die Unterernährung als eine geringere Gefahr anzusehen als die künstliche Ernährung.

Therapie. Die Behandlung der Unterernährung muß und kann — theoretisch wenigstens — in jedem Falle eine kausale sein. Sie richtet sich also ganz nach der Ursache der Unterernährung und fällt zusammen mit dem, was wir schon früher zur Bekämpfung der Stillschwierigkeiten seitens der Mutter wie seitens des Kindes empfohlen haben.

Es sei lediglich nochmals betont, daß in der eigentlichen Neugeburtszeit eine Unterernährung nur sehr selten eine Indikation zur unnatürlichen Ernährung gibt. Wo keine Ammenmilch zur Verfügung steht, kann man selbst bei hochgradiger Unterernährung die erste Woche abwarten und nötigenfalls durch abgekochtes Brunnenwasser oder verdünnte Ringerlösung für Flüssigkeitszufuhr sorgen. Aus Rosensterns eingehenden Untersuchungen hat sich ja zweifellos ergeben, daß der gesunde Säugling gegen den Hunger eine sehr erhebliche Widerstandskraft besitzt und die Unterernährung nur jene Kinder leicht gefährdet, die sich im Zustande einer chronischen Ernährungsstörung befinden. Für den Neugeborenen gelten diese Erfahrungen noch mehr. Man darf auch nicht vergessen, daß ein gewisser Grad von Unterernährung ja eine physiologische Erscheinung der ersten Lebenstage ist. Zudem haben wir Grund zu der Annahme, daß bei geringer Milchsekretion vielfach der Energiewert der Nahrung ein höherer ist. Das war schon O. und W. Heubner in einem Falle sehr geringer Milchsekretion aufgefallen, in welchem die Milchanalyse einen Brennwert von 772—880 Kalorien ergab, gegenüber einem Durchschnitt von rund 700 Kalorien. Wahrscheinlich spielt dabei ein längeres Erhaltenbleiben des kolostralen Charakters der Milch eine große Rolle. Daraus erklärt es sich auch, daß bei diesen Kindern der ersten bis zweiten Lebenswoche häufig bloße Zufütterung von Wasser genügt, um einen normalen Ansatz zu erzielen (Birk). Ob es freilich angängig ist, in jedem Fall geringer Produktivität der Brustdrüsen eine kompensatorische Steigerung des Energiewertes anzunehmen, wie

Reyher will, scheint dem Verfasser noch zweifelhaft. Eine Steigerung der Milchsekretion, bzw. bei Stillschwierigkeiten seitens des Kindes eine Steigerung der Nahrungsaufnahme wird also jedenfalls anzustreben sein.

2. Überfütterung.

Vorkommen: Czerny - Keller, Fischl u. a., ja man kann ruhig sagen die meisten Pädiater haben bis in die letzten Jahre hinein die Überfütterung als die häufigste Ursache von Ernährungsstörungen bei Brustkindern bezeichnet. Es ist dem Verfasser nicht möglich, aus eigener Erfahrung zu entscheiden, wieweit eine derartige Behauptung für die spätere Säuglingszeit zu recht besteht. Für die Neugeburtsperiode trifft sie jedenfalls bei streng natürlich an der Brust der eigenen Mutter ernährten Kindern so gut wie niemals zu und kann höchstens bei Ammenkindern eine Rolle spielen. Das, was Czerny-Keller an Typen für die durch Überernährung erzeugten Nährschäden der Brustkinder anführen, dürfte m. E. nur bedingt in diesem Sinne verwertet werden. So findet Verfasser dyspeptische, zerfahrene, mehr weniger schleimige, saure Stühle unter Brustkindern mindestens ebenso häufig ohne jede Überernährung und selbst das habituelle Speien scheint ihm viel mehr von der Raschheit der Nahrungsaufnahme als von ihrer Größe abzuhängen. Außerdem hat neuestens v. Pfaundler wohl mit Recht hervorgehoben, daß Czerny-Keller mit der Diagnose „Überfütterung" etwas allzu freigiebig sein dürften, wenn sie behaupten, daß eine Vermehrung der Mahlzeiten auf mehr als fünf bei normal sezernierender Mamma eo ipso Überfütterung zur Folge haben müsse. Auch hier vermag Verfasser nicht über die späteren Verhältnisse mitzureden; bei Neugeborenen ist eine derartige Behauptung jedenfalls abzulehnen.

Ätiologie. Überfütterung kann zustande kommen entweder durch zu große Einzelmahlzeiten oder durch zu kurze Intervalle bei Vermehrung der Mahlzeiten oder durch beides. Im zweiten Falle ist von einer Überfütterung im strengen Sinne natürlich nur dann die Rede, wenn die Tagestrankmenge erheblich über den Bedarf hinausgeht. Aber auch unabhängig davon, ja selbst bei Fehlen einer eigentlichen Überernährung stellen sich im Gefolge zu häufiger, besonders in zu kurzen Pausen verabfolgter Mahlzeiten leicht Störungen ein, die mit denen der eigentlichen Überernährung sehr viel Ähnlichkeit haben und deshalb meist damit zusammengeworfen werden. Das schädigende Agens ist in beiden Fällen eine Überladung des Magens, die früher oder später zu einer Schädigung seiner motorischen und wohl auch sekretorischen Funktion führt. Wir haben ja schon im physiologischen Teil erörtert, daß bei Brustmahlzeiten etwa $1^1/_2-2^1/_2$ Stunden notwendig sind, ehe der Magen vollständig entleert ist und auseinandergesetzt, daß bei der Bemessung des Intervalles darauf jedenfalls Rücksicht zu nehmen ist. Es ist verständlich, daß eine neuerliche Füllung des Magens vor völliger Entleerung desselben, ja wahrscheinlich schon das Ausschalten jeglicher Erholungszeit (motorischer Ruhe) wohl geeignet ist, die Funktion zu schädigen und daß schließlich auch der Darm in Mitleidenschaft gezogen, vielleicht auch der die Entleerung des Magens regulierende Pawlowsche Reflex gestört wird. Genauer Einblick fehlt uns hier noch. Jedenfalls stehen Zeichen geschädigter motorischer und bald auch sekretorischer Funktion von Magen und Darm im Vordergrunde des als „Überfütterung" bezeichneten Krankheitsbildes. Man kann sich vorstellen, daß vielleicht auch die Menge der Sekrete für die große Menge der Nahrung nicht ausreicht und dadurch ihr Abbau wie ihre Ausnutzung Schaden leidet. Letzteres hat zur Folge das Auftreten größerer Nahrungsreste im Stuhl, ersteres führt wohl zu direkter toxischer Schädigung der Gewebe, zunächst wahrscheinlich der Darmepithelien selbst, im weiteren Verlauf aber auch verschiedener anderer Organe. Es entsteht das Bild einer richtigen hypopeptischen Dyspepsie, sofern der Ausdruck einmal erlaubt ist.

Freilich bleibt die Überernährung der Brustkinder meist ein an sich harmloser und gewöhnlich auch vorübergehender Zustand. Verfasser hat ihn in seiner reinsten Ausprägung als „Krankheitszustand" eigentlich nur bei besonders schwächlichen, an einer sehr ergiebigen Ammenbrust trinkenden Kindern

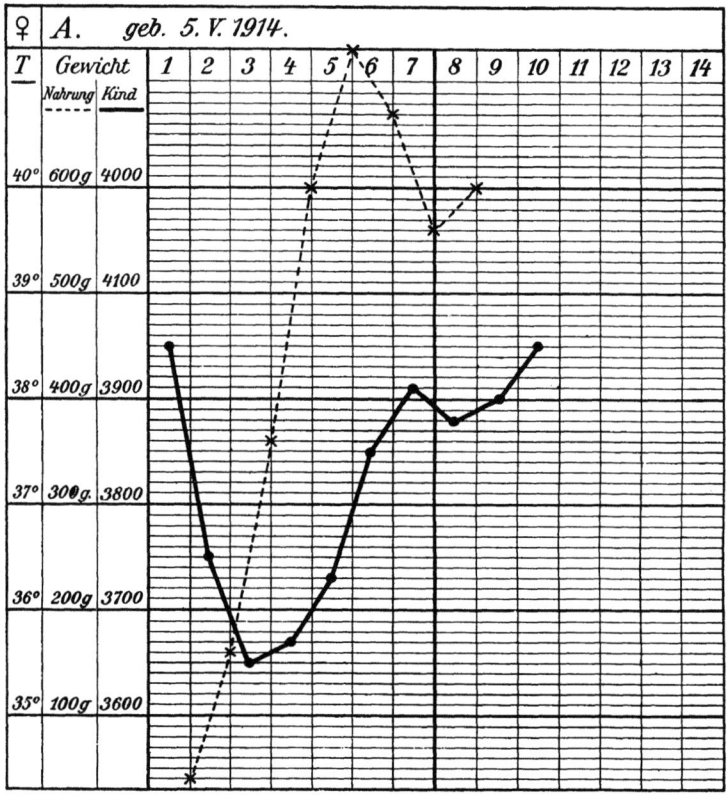

Abb. 115.
Überernährung eines Brustkindes bei sehr leichtgiebiger Brust. Vom Ende der ersten Woche stellten sich aber von selbst Brustsekretion und Nahrungsbedarf des Kindes aufeinander ein.

gesehen; bei streng natürlicher Ernährung an der Brust der eigenen Mutter findet man wohl auch in manchen Fällen eine sehr reichliche Nahrungsaufnahme, aber man vermißt die erwarteten krankhaften Folgen. Mutter und eigenes Kind stellen sich eben fast regelmäßig innerhalb kurzer Zeit aufeinander ein. Zudem darf man nicht vergessen, daß der Begriff Überfütterung ein durchaus schwankender ist und naturgemäß so lange bleiben muß, als wir über den Nahrungsbedarf nicht besser orientiert sind. Ebenso wie es Kinder gibt, welche bei quantitativ außerordentlich geringer Nahrungszufuhr ganz schönen Anwuchs zeigen, ebenso gibt es ganz zweifellos auch Kinder mit einem Nahrungsbedarf, der weit über dem durchschnittlichen Werte liegt. Wir haben schon wiederholt darauf hingewiesen, daß z. B. stärker ikterische Kinder einen solchen erhöhten Nahrungsbedarf zu besitzen scheinen (vgl. Abb. 57). Die Zahlen der Nahrungsaufnahme dieses Falles würden wahrscheinlich Czerny-Keller wie Finkelstein und ihre Schüler ohne weiteres veranlassen, eine Überfütterung zu diagnostizieren. Ich kann aber nicht allein versichern, daß alle klinischen Zeichen einer solchen in diesem wie in tausend anderen Fällen fehlten, sondern nach Abklingen des Ikterus von selbst eine Reduktion der Nahrungsmenge eintritt. Ebenso zeigen ja die Erfahrungen der alten Ärzte, wie zahlreiche Fälle aus der Praxis jedes heutigen Arztes, daß in vielen Fällen auch ein $2-2^1/_2$ stündiges Anlegen von den Kindern gut vertragen wird, und zwar nicht allein in Fällen, in denen die Tagestrankmengen nicht überdurchschnittlich sind, sondern auch in manchen Fällen, in denen die Nahrungsaufnahme zweifellos über den Bedarf hinausgeht. Freilich ist es eine offene Frage, ob ein solches Übermaß von Nahrung und ein abnorm rascher Anwuchs auf die Dauer gut vertragen werden. Die von den Pädiatern als „Überfütterungsschäden" bei Brustkindern beschriebenen Zustände dürften sich in der Hauptsache auf solche Fälle beziehen, in denen bei durchschnittlich reichlicher Nahrungsmenge die Intervalle zu kurz gewählt wurden. Anders wäre es völlig unverständlich, wie ein so erfahrener Beobachter wie Finkelstein dazu käme, eine Überfütterungsdyspepsie bei zu kurzen Intervallen auch dann zu diagnostizieren, wenn die für die Tagestrankmenge „gefundenen Werte die physiologischen nur wenig überhöhen", zumal es dem Verfasser eigentlich unmöglich erscheint, eine „geringfügige" Erhöhung der physiologischen Tagestrankmenge absolut einwandfrei festzustellen. Darum wohl auch betonen Czerny-Keller, daß die Überfütterung nicht dadurch zustande käme, daß die Einzelmahlzeiten zu groß würden, sondern dadurch, daß die Kinder zu oft angelegt würden. Man sieht, hier stoßen sich verschiedene Auffassungen und es wird offensichtlich viel graue Theorie mitverarbeitet. Vor allem scheint mir, als würden die Erfahrungen bei der Überfütterung unnatürlich ernährter Kinder auf die Brustkinder übertragen. Denn bei Kindern, welche auch bei fünf Mahlzeiten reichlich Nahrung bekommen, beobachtet man de facto als Regel, daß eine Vermehrung der Mahlzeiten höchstens während 1—2 Tagen die Tagestrankmenge steigert, dann aber wieder eine Einstellung auf das frühere Maß stattfindet. Ganz im Widerspruch zu Czerny- Keller ist Schloßmann überzeugt, daß die Kinder bei der einzelnen Mahlzeit leicht zu viel bekommen. Soweit sich die Angaben der Pädiater auf ältere Kinder beziehen, will Verfasser nicht mitreden. Für den Neugeborenen sind diese Angaben jedenfalls nur mit großer Vorsicht zu verwerten und bei der streng natürlichen Ernährung an der Brust der eigenen Mutter im allgemeinen unzutreffend. An der Ammenbrust freilich kann eine Überfütterung um so leichter vorkommen, je produktionstüchtiger und leichtgiebiger die Brust und je geringer im Verhältnis dazu der Nahrungsbedarf des angelegten Kindes ist. Allerdings gilt das überwiegend nur für Anstalten, in denen die Produktion an Ammenmilch hochgezüchtet wird. Im Privathaus ist auch an der Ammenbrust die Überernährung gewöhnlich nur eine ganz vorübergehende Erscheinung — wissen wir doch, wie häufig sehr sekretreiche Ammen schon nach 8 Tagen zurückgeschickt werden mit der Angabe, sie hätten zu wenig Milch.

Symptome. Wird dem Magen auf einmal eine zu große Nahrungsmenge zugeführt oder erneut die Brust gegeben, ehe die Magenentleerung genügend erfolgt ist, dann findet man noch während oder kurz nach dem Trinken, daß die aufgenommene Milch teilweise regurgitiert (die Kinder „schütten aus"), wobei die entleerte Milch noch ganz unverändert ist. Der Magen läuft gewissermaßen über. Dieses Ausschütten verursacht den Kindern sichtlich keinerlei Unbehagen, sie sehen gut aus, nehmen tüchtig an Gewicht zu, was wohl mit ein Grund ist, daß dieses erste Symptom einer Überfütterung so häufig nicht beachtet wird, zumal auch ohne eine Überfütterung ein derartiges Ausschütten gelegentlich vorkommt. Sind die Nahrungsintervalle groß, dann fällt der Schaden auch relativ geringer aus, weil dem Magen trotz der absolut größeren Arbeit doch noch Erholungszeiten übrig bleiben; schlimmer ist es, wenn die Intervalle zu kurz sind. Darin möchte ich Czerny-Keller unbedingt recht geben. Wenn neue Nahrung zugeführt wird, ehe die Gallen- und Pankreassaft-sekretion auslösende Produktion freier Salzsäure begonnen hat, oder die eben abgeschiedene freie Salzsäure durch neu zugeführte Nahrung gleich gebunden wird, so muß jetzt nicht allein die Darmdigestion Schaden leiden, sondern es wird bald auch — nach dem bekannten Pawlowschen Dünndarm-Magenreflex — die motorische Funktion des Magens geschädigt. Statt nach $1^1/_2$—2 Stunden einen leeren, findet man 3 Stunden nach der Mahlzeit einen noch Nahrungsreste enthaltenden Magen (Finkelstein, Fischl). In diesem Stadium finden sich aber schon andere Symptome, die man vielleicht zunächst noch als Abwehr-erscheinungen, als eine Art Selbsthilfe der Natur deuten kann, nämlich das Auftreten vermehrter (4—5—6), gleichzeitig hypopeptischer Stühle, Es handelt sich gewöhnlich um dünnbreiige, ziemlich reichliche und mit zahl-reichen unverdauten Nahrungresten durchsetzte Stühle. Dieses Aussehen dürfte mit der beschleunigten Darmpassage und geringeren Ausnutzung der Nahrung (Hypopepsie) zu erklären sein.

Das Wohlbefinden scheint auch jetzt noch nicht wesentlich gestört, die Gewichtszunahme ist bisher eine abnorm starke. Tritt nicht infolge spontaner Regulierung der Brusttätigkeit oder Abnahme der Appetenz des Kindes oder Verminderung der Mahlzeitenzahl bzw. Verlängerung der Intervalle ein Aus-gleich ein, so erfolgt nunmehr bald eine weitergehende Schädigung des Kindes, die man als „Überfütterungsschaden" $\varkappa \alpha \tau' \; \dot\varepsilon \xi o \chi \acute\eta \nu$ bezeichnen kann, weil nun ausgesprochen krankhafte Erscheinungen auftreten.

Daher gehören stärkere Gasbildung mit meteoristischer Auf-treibung der Därme, welche kolikartige Schmerzanfälle erzeugt. Die Kinder werden nun unruhig, schreien manchmal auch mitten im Schlaf auf, zeigen ein gespanntes Abdomen. Ab und zu erfolgt unter lautem Geräusch Flatusabgang, der kleine Stuhlpartikel mitreißt, wonach die Kinder plötzlich erleichtert scheinen. Diese Erleichterung hält aber nicht lange an. Die Kinder bleiben unruhig, schreien viel und sehen leidend aus. Öfters tritt auch in den Trinkpausen Erbrechen auf, das aber jetzt saure, zum Teil geronnene, manchmal mit etwas Schleim und Galle vermengte Massen herausbefördert. Die dyspeptischen Stühle bleiben zunächst bestehen, enthalten ziemlich viel Schleim, sind zerfahren, von stechend saurem Geruch und weisen außerdem reichlich Seifenflocken und kleine Fettlachen auf. Nicht selten tritt um diese Zeit eine Temperaturerhöhung über 38—39° auf, die sicherlich vielfach irrtümlich zur Diagnose eines Darmkatarrhes ex infectione Veranlassung gibt.

Damit ist das in der Neugeburtszeit zu beobachtende Krankheitsbild der Überfütterung wohl abgeschlossen — zumal in diesem Stadium selbst an An-stalten, welche den Neugeborenen im allgemeinen wenig Aufmerksamkeit widmen, die Therapie der Nahrungsentziehung einsetzen dürfte.

Es erscheint aber nicht uninteressant, wenigstens anhangsweise zu erwähnen, wie das Krankheitsbild der Überfütterung sich weiter entwickelt und dann bei älteren Brust-kindern sich darstellt. Wir folgen dabei im wesentlichen der Schilderung von Fischl, die mit unserer eigenen klinischen Erfahrung an Brustkindern des 2.—3. Monats übereinstimmt.

Im Mageninhalt fehlt fast regelmäßig freie Salzsäure, wogegen Gärungssäuren (Milch-, Butter-, Essigsäure) auftreten und die Flora des Magens reichlicher und mannigfaltiger wird. Infolge dieses Fehlens freier Salzsäure stellt sich jetzt allmählich an Stelle einer Beschleunigung eine Verlangsamung der Darmtätigkeit, Obstipation, ein. Wieder in einem späteren Stadium aber wird die Peristaltik, „wohl infolge der abnormen sauren Gärungsprodukte, welche auch die Vitalitätsbedingungen der Darmflora ändern", verstärkt. Gleichzeitig nimmt die Gasbildung zu. Die Defäkation erfolgt unter Schmerzen und lebhaftem Gasabgang explosionsartig, wobei ein ziemlich weiter Flüssigkeitssaum in den Windeln die zerfahrenen, stechend sauer riechenden Massen umgibt, reichlich Gallenfarbstoff und neben freien Fetttropfen auch Fettsäurekristalle auftreten. Die Stühle sind in allen Schattierungen von Gelb und Grün gesprenkelt, oft überwiegend grün. Sonst zeigen sich noch die oben genannten Seifen.

Die Kinder sind im ganzen unruhig, sehen matt und welk aus, ihre Appetenz sinkt stark, die Nahrungsaufnahme scheint die Schmerzen zu steigern, die Haut auch im Gesicht wird blaß und das Kind macht einen gedunsenen Eindruck. Intertriginöse Ekzeme treten auf, Rötung und Exkoriation an den Fersenhöckern infolge der Unruhe, stärkere Temperaturschwankungen, Neigung zu Soorbildung in der Mundhöhle — kurz das Bild wird in vieler Hinsicht sehr ähnlich dem bei unruhigen unterernährten Kindern, so daß ohne genaue Kontrolle der Nahrungsaufnahme leicht Verwechslungen mit Unterernährung vorkommen (Schloßmann).

Die Gewichtskurve, welche bei Überernährung immer durch ihren abnorm steilen Anstieg charakterisiert ist, zeigt schon bald nach dem Auftreten dyspeptischer Stühle eine Neigung zu Stillstand oder Flacherwerden, hie und da noch unterbrochen von einem steilen Anstieg, während in späteren Stadien der Anstieg sehr flach wird und sogar Abnahmen zwischenhinein vorkommen.

Die **Diagnose** der Überfütterung wird bei aufmerksamer Beobachtung und vor allem bei genauer Kontrolle des Ernährungsregimes sonach meist leicht gelingen. Schon aus unseren bisherigen Erörterungen geht hervor, daß unter der Diagnose Überfütterung eigentlich nicht ganz gleichwertige Zustände zusammengeworfen werden. Verfehlt scheint es uns, eine Überfütterung einfach anzunehmen, weil die Zahl der Mahlzeiten eine größere ist oder die Intervalle kürzer sind, auch dann, wenn die Nahrungsmengen nicht wesentlich die Norm übersteigen. Unerläßlich zur Diagnose ist vielmehr erstens der Nachweis, daß tatsächlich die Tagestrankmenge das durchschnittliche Maß bzw. den für das betreffende Kind wahrscheinlich anzunehmenden Nahrungsbedarf übersteigt und zwar nicht bloß vorübergehend an dem einen oder anderen Tag, sondern eine ganze Zeit lang; zweitens, daß tatsächlich Erscheinungen eintreten, welche darauf hinweisen, daß es sich nicht um ein individuell besonders großes Nahrungsbedürfnis oder mindestens besonders große Nahrungstoleranz handelt, sondern daß eine Überlastung des Organismus hervorgerufen wird. v. Pfaundler schlägt vor, die „reine Überfütterung", d. h. den Fall, daß sich der Organismus von dem Nahrungsüberschuß durch Erbrechen und vermehrte Darmentleerungen befreit, zu trennen von der „Überernährung im engeren Sinne", bei der nicht allein das Maß der aufgenommenen, sondern auch der resorbierten Nährstoffe wesentlich erhöht ist. Diese Unterscheidung dürfte namentlich für die spätere Säuglingszeit eine erhebliche praktische Bedeutung beanspruchen. In der Neugeburtszeit beobachtet man jedenfalls Überfütterung ohne und mit Überernährung, sofern man aus einem stark beschleunigten und erhöhten Ansatz auf eine solche schließen darf, was nur bedingungsweise möglich ist. Jedenfalls legen klinische Beobachtungen es mir sehr nahe, auch schon in der Neugeburtszeit eine Überernährung im engeren Sinne für möglich zu halten.

Die **Prognose** der Überfütterung bei Brustkindern in der Neugeburtszeit ist eine durchaus günstige; vor allem deshalb, weil infolge der kurzen Dauer der Schädigung in kürzester Zeit eine vollständige Reparation leicht erreichbar ist, vorausgesetzt, daß es sich wirklich um reine Überfütterung handelt und nicht etwa konstitutionelle Momente und Milchfehler mit im Spiele sind.

Die **Therapie** hat vor allem die Beseitigung der schädigenden Ursache zur Aufgabe, die im einzelnen Falle verschieden zu lösen ist.

Bei von der eigenen Mutter ernährten Kindern wird es sich meist darum
handeln, das Ernährungsregime zu regeln, vor allem eine überreichliche Zahl
von Mahlzeiten auf ein geringeres Maß zu beschränken. Dabei kann man ganz
schroff vorgehen und gleich auf fünf Mahlzeiten in 24 Stunden heruntergehen,
ohne fürchten zu müssen, daß dabei die Brustsekretion zu Schaden kommt.
Sollte sich wirklich herausstellen, daß bei fünf Mahlzeiten die Nahrungsaufnahme
zu gering wird, so ist es immer noch Zeit, korrigierend einzugreifen. Zunächst
schadet die Nahrungsbeschränkung auf keinen Fall. In der eigentlichen Neugeburtszeit wird man äußerst selten nötig haben, eine Nahrungskarenz für
24 Stunden und länger eintreten zu lassen.

Bleibt trotz Beschränkung der Zahl der Mahlzeiten die Tagestrankmenge
zu groß oder ist die Überfütterung überhaupt schon bei einem Fünfmahlzeit-
regime zustande gekommen (letzteres namentlich leicht bei kleinen Kindern
an der leichtgiebigen Brust einer Amme eintretend), dann muß man sich auf
andere Weise helfen. Entweder kann man vorübergehend noch eine Mahlzeit
ausschalten oder falls die Einzelmahlzeit wesentlich zu groß ist, die zu beschränken suchen. Am besten wählt man dazu die erste Morgenmahlzeit, die
man erst einnehmen läßt, nachdem man einen Teil der Milch bereits mit der
Pumpe entleert hat. Nicht dagegen gelingt es gewöhnlich, dieses Ziel zu erreichen durch eine Verkürzung der Trinkdauer, da ein gieriges Kind unter
Umständen in 2—3 Minuten zu viel trinken kann. Ähnlich kann man nötigenfalls auch bei anderen Mahlzeiten vorgehen. Doch ereignen sich solche Fälle,
wie gesagt, nur bei Ammenkindern, bei anderen Kindern finden sie sich sehr
selten. Verfasser hat jedenfalls bei Verabfolgung von fünf Mahlzeiten in
24 Stunden an der Brust der eigenen Mutter irgendwie bedenkliche Grade
von Überfütterung kaum jemals beobachtet und ist immer damit ausgekommen,
die Morgenmahlzeit zu beschränken und bei den übrigen Mahlzeiten die Trinkdauer abzukürzen.

Mit diesen einfachen Methoden kommt man bei den meisten Neugeborenen aus. Das gilt wenigstens für in Anstalten geborene Kinder, bei
denen ja Störungen im Gefolge von Überernährung frühzeitig erkannt werden.
Bekommt man freilich einen Neugeborenen erst im Verlaufe der zweiten Lebenswoche zu Gesicht, nachdem er bis dahin dauernd an der Brust überfüttert
worden ist, bestehen schon Erbrechen, Diarrhöe, Flatulenz und große Unruhe,
dann ist es am zweckmäßigsten, neben der Regelung der Ernährung zunächst
einmal überhaupt eine 12—16 stündige Nahrungsentziehung eintreten zu lassen,
z. B. indem man nach der Nachtpause die erste oder eventuell auch noch die
zweite Mahlzeit durch dünnen, saccharingesüßten Tee ersetzt. Gewöhnlich
gelingt es damit schon, die Heilung in die Wege zu leiten und es steht nichts
im Wege, nach Ablauf dieser Zeit zu fünf Mahlzeiten überzugehen, bzw. wenn
die Überfütterung schon bei diesem Regime eingetreten ist, in der oben genannten Weise für eine Nahrungsbeschränkung zu sorgen. Sistieren innerhalb
der angegebenen Zeit Erbrechen und Diarrhöen nicht, dann möge man ruhig
die Teefütterung oder die Nahrungskarenz auf 24 Stunden ausdehnen und auch
am folgenden Tag vielleicht nur vier Mahlzeiten nehmen lassen. Magenspülungen
vorzunehmen, wie sie bei vernachlässigten Fällen überfütterter älterer Brustkinder bei fortdauerndem Erbrechen indiziert sein können, dürfte beim Neugeborenen aus dieser Indikation wohl niemals nötig sein. Ebenso ist Verfasser
stets ohne Medikamente ausgekommen.

Auch eine besondere Behandlung des Darmes wird beim Neugeborenen
meist unnötig sein. Nur in Fällen stärkerer Darmauftreibung und quälender
Koliken kann man eventuell ein kleines Kamillenklysma (100—150 ccm) verabfolgen, auch wohl zur Erleichterung des Gasabganges ein dünnes Darmrohr

einlegen und danach die Kinder 5—10 Minuten auf den Bauch legen. Ist der Nabel bereits abgefallen, dann eignen sich auch feuchtwarme Überschläge oder trockenwarme Kompressen auf den Leib zur Beruhigung der Koliken. Von Epstein wie Czerny-Keller ist Chloralhydrat (0,5 auf 50 Wasser als Klysma) empfohlen worden, auch Opiumtinktur (1—2 Tropfen auf ein Klysma) ist von vielen Pädiatern, z. B. Escherich, Soltmann, Fenwick u. a. gegeben worden. Verfasser hat sich bisher noch nie genötigt gesehen, in der Neugeburtsperiode zu solchen differenten Mitteln zu greifen. Auch die Verabreichung von Acidum hydrochloricum dilutum (1 %, kaffeelöffelweise), Salzsäure + Pepsin (Soltmann) zur Anregung der Magenfunktion oder umgekehrt von Natrium benzoicum und Natrium bicarbonicum zur Bekämpfung starker saurer Gärung im Magen (stechender Geruch des Erbrochenen!), ferner des angeblich die Gallen- und Darmsaftsekretion fördernden Kalomels (dreimal täglich 0,01—0,02) sind in der Neugeburtsperiode mindestens entbehrlich. Ebenso scheint mir eine medikamentöse Beeinflussung der auf Überfütterung beruhenden Diarrhöe durch adstringierende Mittel überflüssig.

Ist Soor aufgetreten, dann erblicken wir in dem Borsäureschnuller[1] Escherichs (Gazesäckchen mit Borsäure gefüllt) das souveräne Mittel zur Bekämpfung desselben. Nur bei sehr dicken Rassen wischen wir zweimal täglich mit Wattepinsel, der in eine Lösung von 2,5 Natrium biboracicum in 10,0 Glyzerin (Heubner) getaucht ist, die Mund- und Zungenschleimhaut vorsichtig ab. Sublimatlösung widerraten wir selbst in der von Fischl angegebenen Verdünnung von 0,02 auf 100.

Große Sorgfalt erfordern oft die intertriginösen Ekzeme und Mykosen in der Anoglutaealgegend. Solange die Diarrhöe besteht, bestreichen wir in den letzten Jahren mit gutem Erfolg die ganzen ekzematösen Partien dick mit Pellidol- oder Azodolensalbe. Darüber wird Puder gestreut und der Stuhl in vorgelegten Wattebauschen aufgefangen. Sowie die Diarrhöen sistieren, empfiehlt sich neben häufigem Trockenlegen mehr die Trockenbehandlung mit steriler Bolus alba, Pellidol-, Lenicet- oder Vasenolpuder. Das Baden kann ausgesetzt werden; jedenfalls darf bei Beibehaltung desselben nicht gerieben werden, sondern die ekzematösen Stellen sind vorsichtig mit Watte trocken zu tupfen.

II. Ernährungsstörungen durch qualitativ veränderte Nahrung.

1. Ernährungsstörungen durch Milchfehler bei Brustkindern.

Während bei unnatürlicher Ernährung die qualitative Zusammensetzung der Nahrung besonderer Beachtung bedarf und Mißerfolge gar nicht selten auf der Unbekömmlichkeit eines speziellen Nahrungsbestandteiles beruhen, ist die Unbekömmlichkeit der Brustnahrung, besonders der Milch der eigenen Mutter, jedenfalls ein sehr seltenes Ereignis. Noch vor 20—30 Jahren war man geneigt, jede Störung bei Brustnahrung überwiegend auf

---

[1] Man taucht eine sterile Wattekugel von etwa Haselnußgröße in fein pulverisierte Borsäure und umwickelt sie dann mit sterilem feinsten Batist; der ganze Schnuller wird nun in $^1/_{10}$ %₀ Sacharinlösung getaucht. Durch den Speichel des bald lebhaft saugenden Kindes wird die Borsäure allmählich gelöst. Die meisten Kinder nehmen diesen Schnuller sehr gern.

„Milchfehler" zu beziehen, welche durch Diätfehler, psychische Aufregung, Menses, Genuß bestimmter Nahrungs- und Genußmittel seitens der Nährerin hervorgerufen sein sollten. Besonders die Ammen verstanden diesen Irrglauben trefflich für sich auszunutzen. Im Kreise alter Hebammen und der Laien wie auch unter manchen älteren Ärzten hat sich der erwähnte Glaube bis heute Anhänger erhalten und eine starke Stütze in Heubners Autorität, der 1894 das vorübergehende Auftreten dyspeptisch aussehender Stühle in derselben Weise erklärte, wenn er auch zugestand, daß über die Art des Milchfehlers nichts bekannt sei.

Ganz zweifellos ist unendlich viel Mißbrauch mit der Diagnose solcher Milchfehler getrieben worden. Viele Fälle von Unterernährung und Überfütterung, Folge von Pflegefehlern mögen hier unterlaufen sein. Jedenfalls haben neuere Beobachter sich äußerst kritisch gegen diese Annahme von Milchfehlern verhalten, für die ein zwingender Beweis kaum je erbracht wurde. Czerny-Keller haben ihre Existenz rundweg abgeleugnet. Das geht vielleicht zu weit. Neuerdings schenkt man den Milchfehlern wieder etwas mehr Aufmerksamkeit (Feer, Fischl und v. Pfaundler, zum Teil auch Langstein-Meyer); auch Verfasser hat im Laufe der Jahre Gelegenheit gehabt, einige wenige Fälle zu beobachten, in welchen teils ein Milchfehler direkt nachgewiesen werden konnte, teils per exclusionem keine andere Ursache einer vorübergehenden Ernährungsstörung übrig blieb. Doch möchte Verfasser nochmals betonen, daß es sich dabei um seltene Ausnahmen handelt. An einen Milchfehler als Ursache dyspeptischer Störungen bei Brustkindern (Auftreten vermehrter zerfahrener, schleimiger Stühle, Ausschütten, Erbrechen, Unruhe, eventuell Nahrungsverweigerung) darf man überhaupt nur denken, wenn das Ernährungsregime ein einwandfreies ist, Fehler gegen die Asepsis der gesamten Pflege auszuschließen sind und nachweisbar weder Unter- noch Überernährung besteht. Je vollkommener die gesamte Pflege und Überwachung der Ernährung gehandhabt wird, desto seltener wird man in die Lage kommen, solche Störungen zu beobachten. Die Entscheidung, ob ein Milchfehler oder ein konstitutioneller Fehler des Kindes vorliegt, dürfte aber auch dann oftmals nicht mit Sicherheit zu treffen sein oder muß mindestens in suspenso gelassen werden.

Ätiologie. In der älteren Literatur, namentlich reichlich vertreten sind dabei die Franzosen, spielen eine große Rolle Veränderungen der Zusammensetzung der Milch in der Form, daß ein oder mehrere Bestandteile der Milch abnorm reichlich oder spärlich vertreten seien. So finden sich Angaben über den Befund abnorm kaseinreicher Milch (Klemm); der Eiweißgehalt soll bis auf $3^1/_2\%$ ansteigen können, ebenso der Fettgehalt auf $6-8\%$ (Beobachtungen von Budin, Baczkiewicz, Michel, Jemma, Quintrie, Guiraud, de Rothschild, Planchon u. a.), der Aschegehalt auf 20% (Marfan u. a.). Andererseits wird von besonderer Zucker- und Fettarmut der Frauenmilch berichtet (Vernois, Becquerel, Samelson, Koeppe[1]) oder von Milchsorten, die beim Stehen sehr rasch verderben, bzw. einen abnorm hohen Azidotätsgrad haben (Monti u. a.). Alle diese Veränderungen sind mehr minder willkürlich in kausale Beziehung zu einer beobachteten Dyspepsie gesetzt worden. Demgegenüber ist freilich zu berücksichtigen, daß bei den älteren Angaben die Methodik der Untersuchung eine völlig ungenügende war, vor allem Fehler in der Richtung gemacht wurden, daß man ganz fälschlich aus der Beschaffenheit einer kleinen ausgedrückten Milchprobe auf das Gesamtsekret geschlossen hat,

---

[1] Koeppe hat auch eine in der Privatpraxis brauchbare, recht einfache Methode der Milchfettbestimmung angegeben. Jahrb. f. Kinderheilk. Bd. 106, S. 177. 1924.

während in Wirklichkeit nicht nur die Milch verschiedener Mahlzeiten, sondern auch bei einer und derselben Mahlzeit die einzelnen Milchportionen beträchtliche Schwankungen namentlich in Hinsicht auf den Fettgehalt erkennen lassen. Veränderungen in der Zusammensetzung der Milch können erst dann Beachtung beanspruchen, wenn sie sich auf Untersuchungen von Mischmilch verschiedener gesammelter Mahlzeiten oder mindestens verschiedener gemischter Portionen der einzelnen Mahlzeiten beziehen. Gerade in dieser Hinsicht lassen aber die Angaben der erwähnten Autoren völlig im Stich.

Im allgemeinen ist daher große Skepsis am Platze. Um so mehr als neuerdings festgestellt ist, daß bei starken Schwankungen im einzelnen die durchschnittliche Zusammensetzung der Milch einer und derselben Frau recht konstant zu sein pflegt (Hohlfeld u. a.). Einigermaßen sichergestellt scheint schon nach den oben genannten französischen Beobachtungen wie nach zahlreichen neueren Untersuchungen deutscher Ärzte, daß abnorm fettreiche und fettarme Milch vorkommt und besonders erstere zu Dyspepsie Veranlassung geben kann. Man beobachtet dann schon makroskopisch Fettlachen und Fetttröpfchen in dem Stuhl. Der Fettgehalt der Stühle ist auf das 2—3fache vermehrt, in anderen Fällen freilich (Beobachtungen von Gregor) können die Stühle ganz normal aussehen oder es wechseln normale mit dyspeptischen Entleerungen ab. Allerdings sind auch diese Fälle nicht immer gleichmäßig zu bewerten. Denn sowohl Gregor wie Moll, welche die exaktesten Beobachtungen auf diesem Gebiete mitgeteilt haben, berichten über Fälle, in denen trotz fettreicher Milch keine Dyspepsie auftrat, über andere, welche solche sehr deutlich zeigten, aber nach einer Reparationszeit auch große Fettmengen wieder vertrugen. Jedenfalls fanden beide Autoren ganz enorme Schwankungen des Fettgehaltes derart, daß das Maximum etwa viermal so groß war als das Minimum. Auf der anderen Seite liegen Beobachtungen vor, daß bei fettarmer Milch die Kinder nicht gediehen, bei Verabfolgung fettreicher Ammenmilch dagegen sofort glatt zunahmen — doch kann man in solchen Fällen meist nichts anderes als die Erscheinungen einer Unterernährung bei sonst ausreichender Milchmenge feststellen. Auch bei fettarmer Milch ist das Auftreten dyspeptischer Stühle beobachtet (Gregor, Moll u. a.). Freilich dürfen solche Fälle überhaupt nur dann größere Beachtung finden, wenn wirklich das Gedeihen der Kinder darunter leidet. Denn auch prachtvoll gedeihende Brustkinder zeigen nicht selten vorübergehend dyspeptische Darmentleerungen.

Über andere Fehler in der Zusammensetzung wie die oben genannten Fälle besonders kasein- oder aschereicher Milch und ihren Einfluß auf das Gedeihen der Kinder ist so wenig bekannt, daß man eine Darstellung eventueller Folgen derselben nicht geben kann.

Alles in allem scheint festzustehen, daß vereinzelt eine stark veränderte quantitative Zusammensetzung der Milch, besonders vermehrter Fettgehalt, bei manchen Kindern zu Verdauungsstörungen Veranlassung geben kann. Vorsicht in der Deutung des kausalen Zusammenhanges ist aber immer am Platze, denn Beobachtungen wie die von Moll scheinen mehr dafür zu sprechen, daß weniger der Fettgehalt an sich als ein besonderes, noch unbekanntes Agens den eigentlichen Milchfehler darstellt, womit wir uns wieder der älteren Ansicht von Heubner, Epstein u. a. nähern.

Es ist vor allem v. Pfaundler, der diesen Dingen neuestens wieder mehr Aufmerksamkeit geschenkt hat. Nach ihm sind zu unterscheiden die Fälle akzidenteller, passagerer Unbekömmlichkeit und habituelle Milchfehlerschäden.

In der ersten Gruppe faßt er die bei unverändertem rationellem Regime bei bis dahin tadellos gedeihenden Brustkindern auftretenden dyspeptischen

Störungen zusammen, für die man eine unmittelbare Krankheitsursache nicht eruieren kann, während gleichzeitig bei der Mutter bzw. Amme eine Indigestion, Diarrhöe, ein psychischer Insult, Menses, Wiedereintritt der Gravidität oder eine interkurrente Krankheit zu konstatieren ist. Veränderungen der Milchzusammensetzung können dabei nachweisbar sein oder fehlen, häufiger ist eine Verminderung des Sekretes zu beobachten, so daß die dyspeptischen Erscheinungen als Pseudodyspepsie bei Unterernährung zu deuten sind. Indes scheinen doch Fälle vorzukommen, in welchen diese Ausnahme nicht zutrifft. In der neuen Literatur haben diese Dinge kaum noch ernstere Beachtung gefunden, in der älteren Literatur finden sich reichlich Stimmen, welche einen kausalen Zusammenhang zwischen den genannten Zuständen der Mutter und einer damit koinzidierenden Dyspepsie des Kindes annehmen.

Leichte Indigestionen als Ursache von Milchfehlern und Dyspepsie des Kindes anzuschuldigen, ist man heute im allgemeinen nicht mehr geneigt. Verfasser muß allerdings zugestehen, daß insofern ein Zusammenhang bestehen kann, als bei mehrtägiger Dauer einer Magenverstimmung infolge der damit Hand in Hand gehenden geringen Nahrungsaufnahme der Mutter, ebenso bei Diarrhöen mit starkem Wasserverlust die Quantität und Qualität der Milch vorübergehend verändert sein kann und dadurch Abnahme oder Gewichtsstillstände hervorgerufen werden. Die verringerte Nahrungsmenge ist leicht festzustellen, die veränderte Qualität kann man klinisch daran erkennen, daß die Kinder nach kurzem Trinken, sowie der erste Hunger gestillt ist, die Brust verweigern. Man hat unbedingt den Eindruck, daß ihnen die Milch plötzlich „nicht schmeckt". Sowie die Mutter wieder in Ordnung ist, trinkt das Kind wieder mit Genuß und reichlich. Dyspeptische Stühle können fehlen oder vorhanden sein. Doch ließ sich in letzteren Fällen wiederholt nachweisen, daß auch Fehler gegen die Asepsis vorgekommen waren. Vielleicht sind auch die von Epstein und anderen beobachteten Erkrankungen aller von einer mit Darmkatarrh behafteten Amme gestillten Kinder in dem Sinne zu deuten, daß neben einer Nahrungsverminderung auch eine Infektion der Kinder durch die Amme vorgekommen war. Jedenfalls finden sich keine genaueren Angaben darüber, ob die Amme auch peinlich saubere Hände hatte und eine Übertragung von Darmkeimen auf die Brust und von da auf die Kinder auszuschließen war.

Etwas klarer scheint dem Verfasser der Einfluß psychischer Traumen zu sein. Wenigstens ist nach einigen Beobachtungen (Aschoff, Bercassi, Budin, Friedjung, Verfasser) sichergestellt, daß ein plötzliches psychisches Trauma momentan ein fast völliges Erlöschen der Milchsekretion zur Folge haben kann, wenn das auch wahrscheinlich viel seltener eklatant in Erscheinung tritt, als man früher angenommen hat. Das ist nach Analogie mit anderen Drüsen kaum verwunderlich und Czerny-Kellers völlige Ablehnung eines solchen Zusammenhanges wohl zu weitgehend. Daß freilich bei Fortdauer des Saugreizes dieses Versiegen der Brust ein dauerndes wäre, scheint mir durch keine einwandfreie Beobachtung erwiesen. Ältere Beobachtungen, die in diesem Sinne verwertet wurden, dürften wohl insofern fehlerhaft gedeutet sein, als nicht das psychische Trauma, sondern das fehlerhafte Absetzen des Kindes nach der plötzlichen Hemmung der Sekretion, also der Wegfall des adäquaten Reizes, die eigentliche Ursache für das dauernde Versiegen der Brüste darstellen dürfte (vgl. auch den auf S. 351 angeführten Fall).

Viel unsicherer ist die Frage zu beantworten, ob durch das psychische Trauma auch die Qualität der Milch verändert werden kann. Czerny-Keller lehnen auch hier schroff ab, allerdings mit dem Beifügen „wenn man von der betroffenen Frau gesunde Säuglinge stillen läßt". Ältere, erfahrene Beobachter,

wie z. B. Epstein, neuerdings Benassi, sind dagegen überzeugt, daß auch
eine Qualitätsänderung der Milch eintreten kann, die auf das Gedeihen
des Kindes von nachteiligem Einfluß sei. Verfasser kann eine eigene beweisende
Beobachtung in dieser Richtung nicht beibringen und ist gleich Finkelstein
geneigt, Schädigungen der Kinder im Gefolge eines psychischen Traumas der
Nährerin mehr als indirekte Folge, mehr als Folge falscher Behandlung anzusehen. Sicherlich kann in Fällen, wie dem oben erwähnten sehr rasch eine
kolostrale Umwandlung der Milchsekretion eintreten, ohne daß dadurch freilich
eine Schädigung des Kindes zustande käme. Ebenso ist wohl einzusehen, daß
im Gefolge eines psychischen Traumas die Pflege im ganzen vorübergehend
nachlässiger gehandhabt wird und daß das Kind z. B. durch Infektion mit
eigenen Stuhlkeimen oder Keimen der Mutter Schaden leidet. Auf jeden
Fall steht aber fest, daß solche Schäden selten zu beobachten sind und
meist überhaupt ausbleiben, so daß niemals ein Absetzen des Kindes
gerechtfertigt ist. Im Gegenteil, konsequentes Weiterstillen ist in all
den genannten Fällen das einzig richtige Mittel, den Einfluß eines psychischen Traumas auf die Milchsekretion nur zu einem vorübergehenden zu
gestalten.

Viel umstritten trotz ausgiebiger Literatur ist die Frage, ob die Menstruationsmilch verändert oder schädlich sei. Schlichter, welcher zuerst
(1889) ausgiebige und sorgfältige Untersuchungen der Menstruationsmilch im
Wochenbett und später angestellt hat, kam zu dem Ergebnis, daß die während
der Menstruationstage zu beobachtenden prozentischen Änderungen der Milchzusammensetzung erstens ganz ungleichsinnig und ungleichmäßig ausfallen
und zweitens innerhalb der Schwankungsbreite liegen, die man auch sonst bei
fortlaufenden Milchuntersuchungen findet. Demgemäß hält er auch während
der Menses auftretende Ernährungsstörungen für zufällig mit der Menstruation
zusammentreffend, nur will ihm nicht ganz unmöglich erscheinen, daß die in der
sechsten Woche post partum (also noch im Wochenbett) auftretenden Menses
oder andersartige Blutungen die Entwicklung des Kindes verlangsamen. Ganz
ähnlich äußerte sich 1898 Bendix, der einen Einfluß der Menses auf das Gedeihen der Kinder nur in einem geringen Prozentsatz der Fälle konstatieren
konnte. Czerny-Keller stehen auch hier auf ganz ablehnendem Standpunkte,
wogegen der ältere Beobachter desselben Materials, Epstein, nicht allein
quantitative Störungen der Milchsekretion im Gefolge der Menstruation sah,
sondern auch überzeugt schien, daß qualitative, zu Dyspepsie führende Milch-
veränderungen im Zusammenhang mit der Menstruation auftreten. Auch
Finkelstein (Lehrbuch) konnte bei vorübergehender Dyspepsie von Brustkindern in manchen Fällen sich des Verdachtes eines Zusammenhanges mit
der Menstruation nicht enthalten. v. Pfaundler beobachtete regelmäßig
bei einem Säugling bei Eintreten der Menses Urtikaria, an welcher das Kind
sonst nicht litt. Ebenso konnte ein so kritischer Beobachter wie Feer in Bestätigung der Beobachtung von Pfeiffer bei seinen eigenen Kindern nachweisen, daß alle 4 Wochen, mit den Menses zusammenfallend, Senkungen der
Gewichtskurve eintraten, doch sah Feer dabei keine dyspeptischen Erscheinungen, so daß er eine bloß quantitative Störung der Milchsekretion annimmt.
Solche periodische Gewichtssenkungen sollen auch bei Frauen ohne Menses, also
lediglich abhängig von einer periodischen Hyperämiewelle nach dem Genitale,
einer latenten Menstruation gewissermaßen, eintreten können (Klemm). Verfasser konnte vereinzelt — seine Beobachtungsmöglichkeiten auf diesem Gebiete
sind ja nicht sehr große — wohl anders unerklärbare Schwankungen der Gewichtskurve in Koinzidenz mit der Menstruation einer laktierenden Frau und
offensichtlich abhängig von einer verminderten Nahrungsaufnahme, also wohl

auch Nahrungsproduktion nachweisen, dagegen vermißte er gleich Feer dyspeptische Erscheinungen. In einem mir erinnerlichen Falle war dagegen sehr
auffällig, daß das betreffende Kind während der ersten 2 Tage der Menstruation
seiner Mutter fast regelmäßig trotz genügenden Sekretes größere Mahlzeiten
verweigerte, da offensichtlich die Milch ihm nicht zu schmecken schien. Diese
Erfahrungen sind natürlich zu gering an Zahl, um ein allgemein gültiges Urteil
zu erlauben, außer das eine, daß die Menstruation zwar mit einer vorübergehenden Herabsetzung der Milchproduktion verbunden sein kann,
aber nicht verbunden sein muß und dyspeptische Erscheinungen in der Mehrzahl
der Fälle fehlen. Im Anschluß an Schicks, übrigens längst widerlegte Beobachtung über die Ausscheidung eines Menotoxins im Schweiß hat Frank[1]
behauptet, daß auch in der Milch derartige Stoffe zur Ausscheidung kämen.
Beweiskraft vermögen wir seinen Behauptungen nicht zuzuerkennen. Genauere Beobachtungen darüber ließen sich an Säuglingsheimen doch zweifellos
anstellen; dabei wäre aber zu berücksichtigen der Grad des Blutverlustes,
das Bestehen einer Dysmenorrhöe, namentlich Migräne, ferner die erste Menstruation post partum besonders zu beurteilen; Pflegefehler und Infektion der
Kinder durch unsaubere Hände müßten sicher ausgeschaltet werden.

Qualitative Milchfehler als Folgeerscheinungen der Menses sind zwar durch
einzelne Beobachtungen als möglich erwiesen, dürften sich aber wohl weniger
auf die normalen Milchbestandteile, wie Bambergs neueste Untersuchungen
wieder zeigen, als auf das Auftreten bestimmter Fermente und hormonaler
Körper, bzw. die Entziehung solcher beziehen. Hier ist noch alles in völliges
Dunkel gehüllt. Daß vereinzelt vielleicht auch qualitative Veränderungen
der Milch vorkommen bis zu deutlicher Kolostrierung haben neuerdings
Platenga und Filippo gezeigt. Es wäre auch daran zu denken, daß gerade
bei Ausbleiben der Genitalblutung derartige Veränderungen des Brustdrüsensekretes am stärksten sein könnten, etwa nach dem Bilde einer vikariierenden
Menstruation verlaufend, bei dem man durchaus nicht in dem Auftreten blutiger
Milch das Wesentliche zu sehen hätte. Denn wir wissen ja heute, daß die Blutung
bei der Menstruation zwar das sinnfälligste, aber für den Gesamtorganismus
sicherlich am wenigsten bedeutsame Symptom ist. Vorläufig hat es keinen Sinn,
Spekulationen über Möglichkeiten anzustellen. Die klinische Erfahrung lehrt
jedenfalls, daß irgendein bedeutender oder dauernder Schaden für die Kinder
nicht entsteht und Aussetzen des Stillens durch die Menstruation
keinesfalls geboten ist.

Ähnlicher Einfluß wie der Menstruation wurde auch einer wiedereintretenden
Gravidität bei einer stillenden Frau zugeschrieben. Eine Besprechung
dieser Frage gehört aber nicht hierher, da in der Neugeburtszeit eine Schwänge-
rung ja höchstens bei einer Amme in Frage kommen könnte. Es darf als sichergestellt angesehen werden, daß die Gravidität in vielen Fällen zu einem beträchtlichen Rückgang der Sekretion führt und Kolostrierung der Milch eintritt
und sich längere Zeit als solche halten kann, so daß bei den Kindern Unterernährung mit pseudodyspeptischen Erscheinungen die Folge ist (Poirier,
Capart, Dluski)[2]. In anderen Fällen aber wird die Laktation durch die
Gravidität gar nicht gestört und es haben schon viele Frauen noch monatelang
in gravidem Zustand weiter gestillt, ohne daß das Kind oder die Mutter Schaden
gelitten hätte. Recht wenig geklärt ist noch die Frage, inwieweit interkurrente
Erkrankungen der Mutter neben der häufig zu beobachtenden Verminderung
der Milchsekretion bei länger dauerndem Fieber oder auch ohne solches

---

[1] Monatsschr. f. Kinderheilk. Bd. 21, S. 474. 1921.
[2] Sämtlich zit. nach v. Pfaundler, 1. Aufl. S. 695.

auch einen speziellen Milchfehler qualitativer Art herbeiführen können. Es gibt natürlich vielerlei Möglichkeiten. Es ist manches in der Literatur erwähnt, aber ein exakter Nachweis der Art des Milchfehlers steht noch aus (vgl. auch das Kapitel Kontraindikationen des Stillens; ferner v. Pfaundler S. 695 ff.).

Alle bisher genannten Milchfehler zeichnen sich dadurch aus, daß es sich um relativ rasch vorübergehende und schon deshalb das Gedeihen der Kinder nicht ernstlich bedrohende Zustände handelt. Sehr viel seltener, doch wegen ihrer Dauer praktisch von größerer Bedeutung sind habituelle Milchfehler, die aus unbekannter Ursache, gewöhnlich auch ohne nachweisbare Veränderungen in der Zusammensetzung der Milch das Gedeihen des Kindes an der Brust der eigenen Mutter oder einer bestimmten Amme völlig verhindern können, während dasselbe Kind an der Brust einer anderen Amme bei gleicher Nahrungsmenge tadellos gedeiht. Solche Fälle sind mitgeteilt von Epstein, Finkelstein, Nordmann, v. Pfaundler. Auch ein Fall von Opitz gehört in gewissem Sinne hierher.

Verfasser hat außer dieser von Opitz mitgeteilten Beobachtung keine andere eigene zur Verfügung und glaubt daher berechtigt zu sein, für die Neugeburtsperiode die Bedeutung dieser habituellen Milchfehler äußerst gering anzuschlagen.

2. Ernährungsstörungen durch Infektion der Nahrung.

Man könnte auch diese Gruppe von Ernährungsstörungen unter den Milchfehlern behandeln. Doch scheint uns eine Abtrennung derselben zweckmäßiger, weil es sich dabei meist um exogene, vermeidbare Fehler handelt. So groß die Bedeutung infizierter Nahrung bei unnatürlich ernährten Kindern wenigstens früher war, so gering ist ihre allgemeine Bedeutung bei Brustkindern.

Man muß zweierlei unterscheiden: erstens Schaden durch eine Infektion der Milch selbst, sei es durch Übergang von Bakterien aus dem Blut einer septischen Wöchnerin oder durch Beimengung von virulenten Keimen aus den Ausführungsgängen der Milchdrüsen, zweitens Schäden durch Verschleppung von Keimen an die Brustwarze und an den Mund eines Kindes, von wo sie sekundär in die Nahrung gelangen.

Die Frage nach dem Übergange von Bakterien und Toxinen bei Allgemeinerkrankungen der Mutter in die Milch ist noch nicht endgültig entschieden. Basch und Weleminsky sind bei ihren sorgfältigen Untersuchungen zu dem Ergebnis gekommen, daß nur solche Bakterien in die Milch gelangen, welche entweder Hämorrhagien oder lokale Erkrankungen in der Milchdrüse erzeugen. Danach würde also auch bei hoch infektiösen Prozessen wie Pyämie, Septikämie, bei einer ganzen Reihe anderer Infektionskrankheiten nicht eigentlich eine Ausscheidung von Bakterien durch die Milch stattfinden, sondern es würden nur in jenen Fällen Bakterien dem Sekret der Brustdrüse beigemengt, in denen entweder Blutungen ins Parenchym der Mamma auch die im Blut zirkulierenden Bakterien frei werden lassen oder durch metastatische Abszesse in der Mamma eine Deponierung von Bakterien im Bereich der abführenden Milchwege stattfindet. Die praktische Bedeutung derartiger Vorgänge ist aber nicht groß, weil bei Septikämien und anderen mit Blutungen einhergehenden Allgemein-Infektionen meist schon der Zustand der Mutter das Stillen unmöglich macht, und selbst bei Pyämien, bei denen metastatische Abszesse in der Mamma wie anderen Organen auftreten können, die lange Dauer der entkräftenden Krankheit mit dem Stillen im allgemeinen unverträglich sein dürfte. Verfasser hat jedenfalls in all den Jahren keine einschlägigen Fälle beobachtet.

Gleich wie bei derartigen metastatischen Abszessen können natürlich auch bei den verschiedensten Formen der Mastitis zahlreiche Eitererreger in die Ausführungsgänge der Brustdrüsen und damit in die Milch gelangen. Ihre Anwesenheit ist freilich nicht gleichbedeutend mit Erkrankung des Kindes (vgl. darüber, was wir bereits in dem Kapitel Mastitis angeführt haben). Jedenfalls ist es nicht richtig, Verdauungsstörungen leichter wie schwerster Art in dem Ausmaß auf den Genuß solcher Eitermilch zu beziehen, wie das z. B. Damourette[1] in seiner Monographie getan hat. Denn Erfahrunger von Schloßmann, v. Pfaundler, Verfasser u. a. zeigen, daß die Säuglinge sogar in vielen Fällen auch solche bakterienhaltige Milch ohne Verdauungsstörungen vertragen. Freilich wird man sich nicht in jedem Fall darauf verlassen dürfen und im allgemeinen bei Abszeßbildung in der Mamma das Anlegen an der betreffenden Brust lieber unterbrechen. Sicherlich ist das Entscheidende dabei neben der Art vor allem die Virulenz der Bakterien, wie 3 von Runge aus der Kieler Frauenklinik mitgeteilte Fälle beweisen.

Interessant in dieser Hinsicht sind die Beobachtungen von E. Moro über bei an der Brust vollkommen gesunder Ammen gesäugten Kindern auftretende Staphylokokken-Enteritis; dieselbe wird offenbar durch in den Milchgängen angesiedelte Staphylokokken ausgelöst, die zufällig einmal sich virulent erweisen können. Denn ganz keimfrei ist die Milch mindestens der ersten Portionen überhaupt nicht. Sie enthält fast regelmäßig Staphylococcus albus und aureus, seltener Streptokokken, Kolibakterien, Soor, Sarzine usw., Keime, welche aus der umgebenden Brust- und Warzenhaut in die äußeren Milchgänge hineingelangen. Es handelt sich aber dabei um nicht virulente Eigenkeime, an die offenbar auch der kindliche Organismus sehr rasch adaptiert ist. Die Beobachtung von Moro zeigt jedoch, daß gelegentlich auch diese Keime virulent sind. Wahrscheinlich handelt es sich dabei um Ausnahmefälle, in denen nicht die gewöhnlichen Oberflächenkeime eindringen, sondern aus irgendeinem Herd herangebrachte virulentere Keime. Ganz ähnliche Beobachtungen wurden an der Heidelberger Frauenklinik seinerzeit unter von Rosthorn gemacht, wobei es sich wahrscheinlich um von Hautaffektionen der betreffenden Wöchnerin stammende Staphylokokken handelte[2]. Analog dürften die von Hirsch und Escherich, Pinscherle beschriebenen Fälle von Streptokokkenenteritis und ähnliche, durch Bacterium coli hervorgerufene Epidemien (Heubner) zu deuten sein.

Diese letztgenannten Fälle leiten schon über zu denen, wo die Keime vielleicht gar nicht in die äußeren Milchgänge eintreten, sondern durch die Hände der stillenden Mutter oder einer Pflegerin Keime aus dem Lochialsekret, den Darmentleerungen, kurz die in der Umgebung der Wöchnerin sich stets findenden Keime an die Oberfläche der Warzen herangebracht werden. Untersuchungen von C. Koch haben uns gelehrt, daß es sich dabei gar nicht selten um recht virulente Keime, z. B. hämolytische Streptokokken handelt. Unsere ganzen Pflegevorschriften, die Trennung von Müttern und Kindern, die Vorschrift der Händereinigung vor dem Anlegen usw. haben ja gar keinen anderen Zweck, als gerade die Heranbringung dieser Keime und damit die Infektion der Nahrung, bzw. des Verdauungskanales der Kinder zu verhüten. Harmloser sind natürlich die Keime, die etwa aus dem eigenen Stuhl des Kindes beim Umwickeln an dessen Hände und von hier in die Mundhöhle gelangen,

---

[1] Zitiert nach Fischl, S. 119.
[2] Siehe auch näheres bei v. Rosthorn, Beobachtungen über eine bei Brustkindern epidemisch aufgetretene, wahrscheinlich durch Staphylomykose bedingte Darmerkrankung an der Heidelberger Frauenklinik. Vers. südwestdeutscher Pädiater zu Heidelberg 1904. — Ferner: Kermauner und Orth, l. c., Schabort, l. c.

schon weniger harmlos solche, welche von fremden Kindern stammen. Unveröffentlichte Untersuchungen des Verfassers gemeinsam mit O. Bondy ergaben, daß z. B. die Kolistämme fremder Kinder durchaus nicht harmlos sind, während offenbar zwischen den Kolibakterien der eigenen Mutter und des Kindes nahe verwandtschaftliche Beziehungen bestehen.

Die Bedeutung dieser Keimübertragungen erhellt auch daraus, daß es uns allein durch die strengen Pflegevorschriften gelungen ist, die früher so häufig beobachteten Dyspepsien, welche besonders leicht in der zweiten Hälfte der ersten Lebenswoche auftreten — in dieser Zeit ist offenbar der Organismus schon durch die Ansiedelung der normalen Stuhlflora sehr in Anspruch genommen — fast gänzlich auszuschalten, während bei Personalwechsel und damit sich ergebenden Pflegefehlern die Dyspepsie sofort wieder auftritt.

Ganz besondere Sorgfalt in dieser Hinsicht erfordern fiebernde Wöchnerinnen.

Die Erscheinungen der bei solchen Kindern aufgetretenen Dyspepsie bzw. Enteritis sind keine spezifischen. Wir übergehen daher die Symptomatologie. Die Therapie besteht bei Auftreten eines Darmkatarrhes in 12—24stündiger Wasserdiät unter strengster Überwachung der Pflegevorschriften, Kontrolle des Sekretes der Brustdrüsen, sorgfältiger Reinigung der Warzen und ihrer ganzen Umgebung mit Alkohol und Äther, nachdem die Drüsen entleert wurden. Sind die Keime auf keine Weise zu entfernen, erweisen sie sich als stark virulent wie in dem oben genannten Fall von Opitz, dann bleibt nichts übrig, als ein Ammenwechsel. bzw. Ammenernährung unter Ausschaltung der eigenen Mutter, falls diese die Trägerin solcher Keime ist.

III. Ernährungsstörungen auf konstitutioneller Basis.

Ätiologie. Wir haben schon in den vorstehenden Abschnitten, namentlich bei Besprechung der habituellen Milchfehlerschäden Gelegenheit gehabt, darauf hinzuweisen, daß offenbar konstitutionelle Eigentümlichkeiten des Kindes gar nicht selten mit eine Rolle spielen. Die Trennung der einzelnen Faktoren stößt in praxi auf nicht geringe Schwierigkeiten, zumal Stillschwierigkeiten seitens der Kinder oft mit in Betracht zu ziehen sind, die freilich ihrerseits manchmal Ausdruck solcher konstitutionellen Eigenheiten sein können. Ganz abgesehen von direkten Mißbildungen des Verdauungsapparates kann eine bloß funktionelle Insuffizienz desselben vorliegen, vor allem eine Rückständigkeit der chemischen Funktionen des Verdauungstraktus, der Fermentbildung usw. Bei Frühgeburten mag dazu eine mangelhafte Differenzierung der sekretorischen Elemente der Magendrüsen, die Kürze und Weite der Krypten des Darmes (Fischl) und ähnliches eine Rolle spielen. Es kann sein, daß derartige Kinder nur bei einem bestimmten Regime von fünf, dann naturgemäß größer ausfallenden Mahlzeiten nicht gedeihen, bei Verkleinerung der einzelnen Mahlzeiten unter gleichzeitiger Vermehrung der Zahl derselben jedoch die verlangte Verdauungsarbeit zu leisten imstande sind. Auf solche Möglichkeiten haben wir schon in früheren Abschnitten andeutungsweise hingewiesen (vgl. auch weiter unten). Vielleicht trifft Czernys geistvolle Annahme, die Ursache des Nichtgedeihens könnte in einem angeborenen stofflichen Defekt des Organismus, in unzulänglichen Depots an gewissen, zum Wachstum erforderlichen Stoffen liegen, das Richtige. Das scheint um so wahrscheinlicher, als zahlreiche Erfahrungen der Biochemie darauf hinweisen, daß schon äußerst geringe Verschiebungen im chemischen Milieu, namentlich in der relativen Aschenzusammensetzung die Organfunktion stark zu beeinflussen vermögen (Tobler-

Bessau). Man kennt heute schon eine ganze Reihe einschlägiger Tatsachen. So fand z. B. Wiemann Kinder, die auf Kohlehydratverfütterung starke, andere die nur eine geringe Glykämie zeigten; erstere gediehen bei kohlehydratreicher Nahrung gut, letztere schlecht, sprachen dagegen auf fettreiche Nahrung gut an. Die nächsten Jahre werden uns zweifellos auf dem hier angedeuteten Gebiete weiter bringen und versprechen noch manche interessanten Aufschlüsse.

Symptome und Diagnose. Weitaus das wichtigste Symptom ist das Ausbleiben einer entsprechenden Gewichtszunahme bei ausreichender Nahrungsmenge und völlig einwandfreier Pflege und Ernährungstechnik. Daneben treten in einem Teil der Fälle Magen-Darmerscheinungen auf, die aber ganz vieldeutig sind und am ehesten als Zeichen einer Überfütterungsdyspepsie angesprochen werden könnten: Vermehrung der Stühle, Flatulenz, Unruhe, Erbrechen, Trinkunlust. Nicht recht zu diesem Bilde paßt allerdings die Blässe und der schlechte Turgor der Haut wie die Feststellung, daß die Nahrungsmengen durchaus nicht übernormal sind und daß das Ernährungsregime einwandfrei ist.

Man würde danach geneigt sein können, an einen Milchfehler zu denken, überzeugt sich aber von der Unrichtigkeit der Annahme, wenn man ein solches Kind an die Brust einer oder sogar verschiedener guter Ammen legt: das Kind gedeiht auch da nicht. Damit wird man auf das konstitutionelle Moment hingelenkt. Erhebt man nun eine genauere Familienanamnese, so findet man oft Anhaltspunkte für Tuberkulose, Lues, Alkoholismus, neuropathische Belastung der Eltern, erfährt gelegentlich auch, daß schon früher geborene Kinder ebensowenig gediehen und noch lange im Wachstum zurückgeblieben waren, in der Schule schlecht vorankamen u. dgl. mehr. Ein sehr charakteristisches Zeichen ist auch, daß ganz im Gegensatz zur Überfütterung bei diesen Formen der Dyspepsie eine Beschränkung oder Verminderung der Nahrungsmengen nur verschlimmernd auf den ganzen Zustand wirkt. Wiederholt haben wir bei derartigen Kindern eine auffällige Verminderung des proportionalen Brustumfanges feststellen können (cf. A. Seitz, l. c.).

In der dritten bis vierten Lebenswoche treten bei manchen Fällen auch die für exsudative Diathese charakteristischen Hautsymptome dazu: hartnäckige Ekzeme, besonders auch die trockenen, mit Knötchenbildung einhergehenden Ekzeme an den Wangen, Neigung zu Hautmykosen aller Art, Milchschorf, Soorbildung, Paronychien u. dgl. mehr.

Vereinzelt sind bei derartigen Kindern während des Trinkens auftretende und die Mutter aufs äußerste erschreckende Anfälle beobachtet worden (Bar, Budin und andere Franzosen). Auch Finkelstein teilt zwei solcher Fälle aus seiner Erfahrung mit. Verfasser verfügt ebenfalls über eine einschlägige Beobachtung, allerdings die einzige, die er bisher machen konnte.

Da in meinem Falle die Symptome weniger auffällig waren, setze ich als Beispiel lieber Finkelsteins Schilderung her: „Ein neugeborenes Kind neuropathischer Eltern wird an die Brust einer guten Amme gelegt. Es zeigt sofort bei jeder Mahlzeit Anfälle von folgendem Typus: nach etwa 10 Schlucken hört es auf zu saugen, kneift die Warze zusammen: dann verdreht es die Augen, wird leichenblaß, später livide, sinkt lautlos schlaff zurück, während der Puls sehr schwach und klein wird. Nach etwa 10 Minuten einer tiefen reaktionslosen Ohnmacht kommt es allmählich wieder zu sich, und zeigt in der Zwischenzeit keine sichtlichen Störungen. Nach einigen Tagen wird das Kind auf Drittelmilch mit Nährzucker gesetzt, und von diesem Augenblick an bleiben die geschilderten Anfälle dauernd weg." Finkelstein läßt offen, ob in solchen Fällen die Anstrengung des Saugens oder die Milch als solche die Anfälle auslöst. Auch Aschenheim teilte jüngst einen instruktiven Fall mit: das neuropathisch stark belastete Kind bekam jedesmal, sobald es an die Brust gelegt wurde, stärkstes Erbrechen, während es bei unnatürlicher Ernährung glatt gedieh. Wiederholte Versuche ergaben immer wieder dasselbe Resultat. Ich glaube, daß der Fall hierher gehört und wohl kaum als Idiosynkrasie gegen Frauenmilch im Sinne eines Milchfehlers verwertet werden kann.

Die neuropathische Veranlassung ist in solch schweren Fällen offenkundig, in leichteren vielfach zweifelhaft. Man sei aber ja nicht zu freigebig mit der Diagnose einer konstitutionellen Minderwertigkeit als Ursache eines Mißerfolges der natürlichen Ernährung. Vor allem ist erforderlich, daß Pflegefehler aller Art, besonders Fehler gegen die Asepsis der Ernährung, fehlerhaftes Regime im ganzen, offenkundige Milchfehler oder Infektion der Nahrung ausgeschlossen werden können.

Handelt es sich im wesentlichen bloß um eine abnorm verlangsamte Gewichtszunahme, ohne daß weitere Symptome von seiten des Magen-Darmtraktus hinzutreten, dann kann man von einer einfachen Hypotrophie (Klotz) oder genuinen anlagemäßigen Hypoplasie (v. Pfaundler) sprechen. Wo daneben die oben genannten dyspeptischen Symptome hervortreten, wird man besser von einer Dystrophie sprechen.

Viele jüngere Pädiater, vor allem aus der Schule Czernys und Kellers, wie die letztgenannten Autoren selbst, sind geneigt, auch die Hypotrophie bereits als erstes Zeichen einer exsudativen Diathese aufzufassen, was v. Pfaundler für unrichtig hält. Verfasser schließt sich dem jedenfalls soweit an, als er bei vielen derartigen Kindern, die er auch weiter zu verfolgen Gelegenheit hatte, später keinerlei Symptome einer exsudativen Diathese beobachten konnte, vor allem aber in der eigentlichen Neugeburtsperiode die charakteristischen Hautsymptome der exsudativen Diathese äußerst selten zu sehen bekommt; vor Beginn der dritten Lebenswoche habe ich deren Manifestation niemals gesehen, auch nicht bei solchen Kindern, die später unzweifelhaft eine exsudative Diathese aufweisen.

In den Fällen schließlich, in denen große Unruhe, oberflächlicher Schlaf, Trinkunlust oder rasche Ermüdbarkeit an der Brust bei großer Gier im Beginn der Mahlzeit hervortreten oder gar Anfälle der oben geschilderten Art sich einstellen, wird man nicht fehlgehen, die Ursache des mangelnden Ernährungserfolges in einer Neuropathie zu suchen. Eine angeborene Kürze des Unterkiefers des Kindes kann als wertvolles Syndrom dienen.

So kann man ohne Zwang vier Formen oder vielleicht Grade von Ernährungsstörungen auf konstitutioneller Basis: die einfache Hypotrophie, Dystrophie, exsudative Diathese und Neuropathie unterscheiden. Gestützt wird die Diagnose noch weiter durch den therapeutischen Erfolg einer Vermehrung der Nahrungsmenge, der Zwiemilchernährung usw.

Therapie. Zu warnen ist vor allem vor jeder Art von Nahrungsbeschränkung oder gar Nahrungsentziehung, denn die Unterernährung wird von derartigen konstitutionell minderwertigen Kindern äußerst schlecht vertragen. Im Gegenteil ist es richtiger, die Zahl der Mahlzeiten zu steigern, weil man die Erfahrung gemacht hat, daß manche dieser Kinder, vor allem die einfachen Hypotrophiker, sowie auch manche Dystrophiker dabei ganz gut gedeihen. Anscheinend genügen bei dieser größeren Nahrungszufuhr eben die wirklich zur Ausnützung kommenden Nahrungsmengen, um einen genügenden Anwuchs zu erzielen. Eine medikamentöse Behandlung ist in jedem Falle überflüssig. Ist die Brust der Mutter schwergiebig oder in ihrer Sekretionsgröße beschränkt so ist es zweckmäßig, eine Amme mit leichtgiebiger und reichlich sezernierender Brust zu nehmen. Ist das Kind schon von vornherein durch eine Amme genährt worden, so kann man oft durch einen Ammenwechsel einen Erfolg erzielen, ohne daß der kausale Zusammenhang klar wäre. Jedenfalls scheint es mir richtig, bei der einfachen Hypotrophie, wie bei der größten Mehrzahl aller Fälle von Dystrophie wenigstens in den ersten Lebenswochen bei der natürlichen Ernährung zu bleiben. Stellt sich heraus, daß eine exsudative Diathese besteht, bleibt die Brustnahrung auch unter den geschilderten Veränderungen ohne Erfolg oder handelt es sich um ausgesprochene Neuropathen, dann ist wohl die Indikation gegeben, von vornherein zur Zwiemilchernährung überzugehen. Zur Zufütterung eignet sich zunächst die Drittelmilch mit Nährzuckerzusatz, in manchen Fällen sind mit Buttermilch, Larosanmilch gute Erfolge zu erzielen, während die Fettmilchen auf jeden Fall zu vermeiden sind. Oft hören damit mit einem Schlage Diarrhöen, Dyspepsien auf, die Kinder blühen auf und nehmen in normaler Weise zu. Der gleiche Erfolg wird nach Finkelstein fast immer erzielt durch Zugabe von einigen Kaffeelöffeln von Kaseinpräparaten (Nutrose, Plasmon) neben der Brustnahrung, wofür Finkelstein sehr instruktive Beispiele anführt. Die Nahrung ist auch beim Allaitement mixte reichlich zu bemessen, so daß etwa ein Energiequotient von 120 angesetzt wird. Zur rein unnatürlichen Ernährung überzugehen, scheint mir in der Neugeburtsperiode keine Veranlassung vorhanden zu sein, ganz abgesehen davon, daß gerade konstitutionell Minderwertige oft auch die unnatürliche Ernährung besonders schlecht vertragen.

Literaturverzeichnis.

Aus Gründen zwingender Raumbeschränkung mußte von einer vollen Titelaufführung der gesamten wichtigen Literatur abgesehen werden; doch wurden jeweils bei allen wichtigen Autornamen Hinweise gegeben, wo nähere Angaben zu finden sind. Die bei *Seitz, Sarwey*, zum Teil bei *Czerny-Keller* und vor allem bei *Gundobin* in ausführlichen Literaturverzeichnissen sich findenden Angaben wurden hier nicht noch einmal aufgenommen.

Abadie, De l'ophthalmie purulente des nouveau-nés, complications provoquées par le traitement intempestif, prophylaxie. Rev. mens. des mal. de l'enf. Tom. 14. p. 321. 1898. — *Abels*, Neues zur Klinik des Icterus neonat. Med. Klinik 1915. Nr. 48. — *Derselbe*, Ernährung der Mutter und Geburtsgewicht. Med. Klinik 1925. Nr. 7. — *Abramow* (cf. *Yllpö*). — *Abramowski*, Sollen tuberkulöse Mütter stillen? Fortschr. d. Med. 1910. Nr. 10. — *Abrams, S. E.*, The feeding of placental extract to mother; its effect on breast-fed infants. Americ. Journ. of Obstet. Vol. 6. Nr. 4. 1923. — *Achard*, Action agglutinante du lait de femmes atteintes de fièvre typhoide. Sem. méd. 1896. p. 303. — *Achard* et *Bensaude*, Fièvre typhoide . . et agglutinat. du bacille d'Eberth par le lait. Bull. et mém. . . des hôp. 1896. — *Adair*, Care of the umbilical stump. A bacteriological study. Journ. of the Americ. med. assoc. Vol. 61. p. 537. 1913. — *Derselbe*, Umbilical cord clamp. Surg., Gyn. a. Obst. Vol. 16. p. 1. 1913. — *Adair, F. L.*, The influence of diet on lactation. Americ. Journ. of Obst. Vol. 9. No. 1. 1925. — *Adair, F. L* und *R. E. Cammon*, Eine Studie über die Ossifikationszentren des Handgelenkes, Knies und Knöchels bei der Geburt, mit besonderer Beziehung auf die natürliche Entwicklung und Reife der Neugeborenen. Am. Journ. of Obst. 1921. Juli. — *Adair, L. F.* und *Ch. A. Stewart*, Milchaufnahme in Beziehung zur Schwankung des Körpergewichts Neugeborener. Journ. Am. Med. Ass. Vol. 78. No. 24. — *Adam*, Nahrungsmengen künstlich ernährter Kinder nebst einem Vorschlag zur Nahrungsmengenberechnung. Jahrb. f. Kinderheilk. Bd. 6. S. 19. 1902. — *Adams*, Systematic weighing of infants, a guide to normal growth. Washington obst. a. gyn. soc. April 1906. — *Addison* and *How*, Prenatal and neonatal lung. Am. Journ. of Anat. Vol. 15. p. 2. 1913. — *Adler*, Zur Kenntnis der stickstoffhaltigen Bestandteile der Säuglingsfäzes. Jahrb. f. Kinderheilk. 1906. — *Adriance*, Premature infants. Am. Journ. of Sciences. Vol. 121. p. 410. 1901. — *Adsersen*, Sermo de pondere et longitudine infantum recens natorum. Nordisk medicinsk Archiv. Bd. 10. S. 27. 1899. — *Derselbe*, Mitteilungen über Gewicht und Länge neugeborener Kinder. Bibliothek for Laeger. 1904. S. 248. — *Adsersen, H.*, Gewichtsperioden des Neugeborenen. Bibliothek for Laeger. Jahrg. 116. S. 615. 1924. — *Aeby* (cf. *Mettenheimer*). — *Afanassiew*, Über Ikterus und Hämoglobinurie usw. Zeitschr. f. klin. Med. Bd. 6. S. 281. 1883. — *Ahlfeld*, Die Versorgung des Nabelschnurrestes. Zentralbl. f. Kinderheilk. Bd. 1. 1904; ferner: Lehrbuch d. Geb. 1898. S. 188. — *Derselbe*, Abnabelung, Nabelverband und Behandlung des Nabelschnurrestes. Deutsche med. Wochenschr. 1908. Nr. 6. — *Derselbe*, Schutz des Nabels während der Abstoßung des Nabelschnurrestes. Zentralbl. f. Kinderheilk. Bd. 9. 1904. — *Derselbe*, Abnabelung und Nabelschnurversorgung. Zentralbl. f. Gyn. 1911. S. 1505. — *Derselbe*, Zukunft der nach künstlicher Einleitung der Geburt frühgeborenen Kinder. Zentralbl. f. Gyn. 1901. S. 903. — *Derselbe*, Über Ernährung des Säuglings an der Mutterbrust. Berichte u. Arbeiten a. d. geb.-gyn. Klinik Gießen. 1881/82. — Cf. ferner *Seitz.* — *Derselbe*, Der sog. „erste Atemzug". Zeitschr. f. Geb. u. Gyn. Bd. 79. Heft 2. — *Derselbe*, Die untere Grenze der Lebensfähigkeit unzeitig geborener menschlicher Früchte. Zeitschr. f. Geb. u. Gyn. Bd. 81. — *Aitken*, Bloodcounts in the newborn. Journ. of Obst. a. Gyn. Brit. Emp. 1902. April. — *Alamanni, R.*, Über den Cholesteringehalt in der Nebennierenrinde des Fötus. Riv. ital. di ginec. Vol. 1. p. 576. 1913. — *Albu* und *Calvo*, Über die Ausscheidung von gelösten Eiweißstoffen durch die Fäzes. Zeitschr. f. klin. Med. 1904.

S. 98. — *Alexander*, Reflexerregbarkeit des Ohrlabyrinths am menschlichen Nabel. Zeitschr. f. Sinnesphysiol. Bd. 45. S. 153. 1911. — *Alexander, H.*, Über die hormonale Beeinflussung der Milchsekretion. Zentralbl. f. Gyn. 1926. Nr. 11. — *Alexejeff* (cf. *Gundobin*). — *Alfieri*, A proposito delle emorragie genitali delle neonate. Rendiconti dell' assoc. med.-chir. di Parma. 1901. 3. — *Allaria*, Enthält der Speichel des Säuglings Maltase ? La Pediatria. 1909. Ref. Jahrb. f. Kinderheilk. Bd. 71. S. 503. — *Derselbe*, Untersuchungen und Aufzeichnungen über die Funktion des Magens beim Säugling. Riv. di Clin. Pediatr. 1908. Juli. — Ref. Jahrb. f. Kinderheilk. Bd. 68. S. 482. — *Derselbe*, Die chemische Reaktion des Säuglingsspeichels. Med. Klinik 1911. Nr. 10. — *Derselbe*, Untersuchungen über Lösungen im Säuglingsmagen. Jahrb. f. Kinderheilk. 1907. III. Folge. S. 259. — *Derselbe*, Le pouvoir plastéinogène du suc gastrique des nourrissons sains et atrophiques. Arch. de méd. des enf. 1907. p. 321. — *Allen*, Aseptic dressing of the umbilical stump. Am. Journ. of Obst. Vol. 29. p. 457. 1894. — *Alliot*, Capacité stomacale du nouv.-né. Thèse de Paris. 1906. — *Altherr*, Über regelmäßige tägliche Wägungen des Neugeborenen. Diss. Basel. 1874. (Literatur:) — *Alwens* und *Husler*, Röntgenuntersuchungen des kindlichen Magens. Fortschr. a. d. Geb. d. Röntgenstrahlen. Bd. 19. S. 183. — *Amberg* und *Helmholz*, Vorkommen von Hippursäure im Säuglingsharn. Zeitschr. f. Kinderheilk. Bd. 9. S. 6. 1913. — *Amberg* und *Morill*, Über die Kreatininausscheidung bei neugeborenem Kinde. Journ. Biol. Chemistry. Vol. 3. p. 311. 1907. — *Amerling*, Die Viskosität des Blutes beim Neugeborenen. Zeitschr. f. Kinderheilk. Bd. 14. S. 339. 1909. — *Ampt*, Parovarium beim Neugeborenen. Inaug.-Diss. Berlin 1895. — *Andre*, La tetée artificielle. Thèse de Paris 1909. — *Angelis, F. de*, Reflexes of the new-born. Am. Journ. of Dis. of Childr. Vol. 26. No. 3. — *Anlauff, A.*, Die Sopholprophylaxe beim Neugeborenen und ihre Leistungsfähigkeit. Diss. Greifswald 1913. — *Anthes*, Über die Behandlung der Mastitis. Diss. Heidelberg 1919. — *Apert*, La température centrale chez le nouv.-né et le prématuré. Nourrisson. Vol. 1. p. 29. 1913. — *Apt, V.*, Das transitorische Fieber an Neugeborenen. Diss. Breslau 1919. — *Arcelli*, L'azione galattofora dei principi attivi del latte. Chir. med. 1907. p. 33. — *Archansky*, Pèse-bébé portatif. L'obst. 1905. Mai. — *Armbruster*, Physiologische Bedeutung des Icterus neonat. Kinderarzt. 26. Jahrg. H. 1. — *Arneth*, Die Leukozytose in der Schwangerschaft, . . . und die Leukozytose des Neugeborenen. Arch. f. Gyn. Bd. 74. H. 1. 1904. — *Arnold*, Morphologie der Milch- und Kolostrumsekretion, sowie deren Beziehungen zur Fettsynthese, Fettphagozytose, Fettsekretion und Fettdegeneration. Zieglers Beitr. Bd. 38. S. 421. 1905. — *Aron*, Wachstum und Ernährung. Biochem. Zeitschr. 1910. — *Derselbe*, Biochemie des Wachstums der Menschen und der höheren Tiere. Handb. d. Biochemie. Jena 1913. — *Derselbe*, Kalkbedarf und Kalkaufnahme beim Säugling. Biochem. Zeitschr. Bd. 12. 1908. — *Aron, M.*, Conditions de la régulation glycémique chez l'embryon. Cpt. rend. des séances de la soc. de biol. Tom. 89. No. 21. p. 189. 1923. — *Derselbe*, La glycémie chez l'embryon. Cpt. rend. des séances de la soc. de biol. Tom. 89. No. 21. 1923. — *Aron, Hans*, Über den Nährwert. Biochem. Zeitschr. Bd. 92. S. 211. 1918. — *Aron* und *Franz*, Organische Säuren im Säuglingsharn. Med. Klinik Bd. 12. Nr. 11. 1914. — *Aronstamm*, Stoffwechselversuche an Neugeborenen. Arch. f. Kinderheilk. Bd. 37. S. 66. 1913. — *Aschenheim*, Beiträge zum Fett-, Kalk- und Stickstoffwechsel beim Säugling. Jahrb. f. Kinderheilk. Bd. 77. 1913. — *Aschenheim, E.*, Idiosynkrasie gegen Frauenmilch? Zeitschr. f. Kinderheilk. Bd. 34. S. 351. 1923. — *Aschner* und *Grigoriu*, Plazenta, Fötus und Keimdrüse in ihrer Wirkung auf die Milchsekretion. Arch. f. Gyn. Bd. 94. S. 766. 1911. — *Aschoff, L.*, Das Vorkommen chromaffiner Körperchen in der Paradidymis und Paroophoron Neugeborener und ihre Beziehungen zu den *Marchand*schen Nebennieren. Festschr. f. *Orth*, 1903. — *Derselbe*, Zur Histologie der Darmschleimhaut der Neugeborenen. Münch. med. Wochenschr. 1905. S. 483. — *Derselbe*, Färbung der Lungen Neugeborener. Deutsche med. Wochenschr. 1901. S. 246. Vereinsbeil. — *Aschoff*, Bemerkungen zur Säuglingsernährung. Jena 1911. — *Ascoli*, Passiert Eiweiß die plazentare Scheidewand ? Zeitschr. f. physiol. Chemie. Bd. 36. S. 498. 1902. — *Derselbe*, Über den Mechanismus der Albuminurie durch Eiereiweiß. Münch. med. Wochenschr. 1902/10. — *Auche, B.*, Le lait des femmes tuberculeuses. Compte rend. hebd. de la soc. de biol. Tom. 75. p. 594. 1913. — *Audion*, Contrib. à l'étude de l'ombilie . . . chez le nouv.-né. Thèse de Paris 1900. — *Derselbe*, Perméabilité de la veine ombilicale après la naissance. Gaz. hebd. méd.-chir., 5 avril 1900. — *Auerbach*, Über die Ernährung der Säuglinge mit Kuhmilch. Therapeut. Monatsh. Bd. 9. S. 21. 1895. — *Derselbe*, Zur Mechanik des Saugens und der Inspiration. Arch. f. Anat. u. Physiol. 1888. S. 59. — *Aurnhammer*, Über die Unterschiede der Magenverdauung bei natürlicher und unnatürlicher Ernährung. Arch. f. Kinderheilk. 1910. S. 51. — *Derselbe*, Über die Beziehungen zwischen Milchproduktion und Fettgehalt der Milch. Arch. f. Kinderheilk. Bd. 51. 1910. — *Auvard*, Le nouveau-né, physiologie, hygiène, allaitement, maladies les plus fréquentes et leur traitement. 2me édition. Paris 1894, O. Doin. — *Derselbe*, Nouvelle couveuse pour enfants. Arch. de tocol. Tom. 16. p. 578. 1889. — *Derselbe*, Behandlung von Schrunden. Verh. des 10. internat. Kongr. zu Berlin (Hirschwald). Bd. 3. S. 88.

Bab, Kolostrumbildung als physiologisches Analogon zu Entzündungsvorgängen. Berlin 1904. Hirschwald. (Literatur:) — *Babak* (cf. *Seitz*). — *Bachem, H.*, Über kindlichen Riesenwuchs und seine geburtshilfliche Bedeutung. Diss. Köln 1921. — *Backhaus*, Über Herstellung von Kindermilch. Berl. klin. Wochenschr. 1895. S. 561 u. S. 589. — *Derselbe*, Grundsätze und Erfahrungen auf dem Gebiete der Kindermilchbereitung. Münch. med. Wochenschr. 1905. S. 39. — *Bacon*, Prevention . . . of infection of the breast during lactation. New York Med. Journ. Vol. 12. I. 1901. — *Derselbe*, Massage of breasts during lactation. Amer. Journ. of Obst. 1902. June. — *Derselbe*, Management of the breast in the puerperium and during lactation. Journ. Am. Med. Ass. 1910. — *Derselbe*, Management of the umbilical cord. Ebenda. 26. IV. 1902. — *Baculo*, Sul valore dell' alimento sul migliorare l'allattamento. Arte ost., Milano. Vol. 26. p. 121. 1912. — *Bärensprung* (cf. *Seitz*). — *Baginsky*, Untersuchungen über den Darmkanal des menschlichen Kindes. Virchows Arch. Bd. 89. 1882. — *Derselbe*, Einige Bemerkungen zur Frage der Kuhmilchnahrung und Milchsterilisierung. Berl. klin. Wochenschr. 1895/18. — *Derselbe*, Säuglingsernährung und Säuglingskrankheiten. Ebenda. 1900/17. — *Bahrdt* und *Beifeld*, Über die Wirkung der Nahrungskomponenten der Frauenmilch auf die Darmflora des Säuglings. Jahrb. f. Kinderheilk. Bd. 72. 1910. — *Bahrdt* und *Edelstein*, Die Methodik der Untersuchungen des respiratorischen Stoffwechsels am Säugling. Jahrb. f. Kinderheilk. Bd. 72. Ergänzungsh. 1910. — *Dieselben*, Zur Kenntnis des Eisengehaltes der Frauenmilch usw. Zeitschr. f. Kinderheilk. Bd. 1. S. 182. 1911. — *Bahrdt* und *Langstein*, Verhalten des Stickstoffs im Magendarmkanal des neugeborenen Kalbes bei artgleicher Ernährung. Jahrb. f. Kinderheilk. Bd. 17. S. 1. III. Folge. 1908. — *Bailleul*, Ce qu'il faut penser des contraindications de l'allaitement maternel. Thèse de Paris 1909. — *Baimakoff* (cf. *Gundobin*). — *Bakitjko* (ebenso). — *Bakker*, Über die Lebensaussichten frühgeborener Kinder mit besonderer Berücksichtigung der spontan frühgeborenen Kinder. Mitteil. a. d. Hamburger Staatskrankenanst. Bd. 14, S. 93. 1913. — *Balard*, Le pouls et la tension artérielle de l'enfant et du nouv.-né. Gaz. des hôp. 1913/52.- -*Ballin* (nach *Seitz*). — *Balocchi* e *Guidi*, Sul valore del Plasmon nella alimentazione delle nutrici. Arte ost. Milano. Vol. 26. p. 294. 1912. — *Bamberg*, Zur Physiologie der Laktation usw. Jahrb. f. Kinderheilk. 1913. S. 424. — *Banal*, Recherches biolog. sur l'excrét. urinaire. Thèse de Montpellier 1890. — *Bang*, Icterus neonatorum. Hospitalstidende 1915/26. Münch. med. Wochenschr. 1915. S. 1649. — Cf. ferner *Thiemich*. — *Bang, Fritjof*, Icterus neonatorum. Hospitalstidende 1915. No. 26. — *Bar*, Comment empêcher la production d'une ophthalmie chez le nouv.-né. Journ. du practiciens. 6 aout 1898. — *Derselbe*, Les bains des nouv.-nés. Ebenda. Sept. 1898. — *Derselbe*, Intolérance d'un nourrisson pour le lait de femme etc. Bull. de la soc. d'obst. 1903/4. — *Derselbe*, L'hémolyse chez les nouv.-nés. Ann. de Gyn. 1908. — *Baratz* (cf. *Gundobin*). — *Barbier*, Gefahren nichtsterilisierter Wäsche in der Säuglingspflege. Ref. Zentralbl. f. Gyn. 1911. S. 1359. — *Barnert*, Treatment of gon-Ophthalmin. Med. Rec. Vol. 89. 1916/6. — *Barth*, Untersuchungen zur Physiologie des Saugens bei normalen und pathologischen Brustkindern. Zeitschr. f. Kinderheilk. Bd. 10. S. 129. 1914. — *Bartsch*, Beobachtungen über den Stoffwechsel Neugeborener. Diss. Marburg 1859. — *Basch*, Zur Anatomie und Physiologie der Brustwarze. Prager med. Wochenschr. 1892. S. 512. — *Derselbe*, Beiträge znr Kenntnis des menschlichen Milchapparates. Arch. f. Gyn. Bd. 44. S. 15. 1893. — *Derselbe*, Über experimentelle Milchauslösung und das Verhalten der Milchabsonderung bei den zusammengewachsenen Schwestern Blazek. Deutsche med. Wochenschr. 1910. S. 987. — *Derselbe*, Über Ammenwahl und Ammenwechsel. Prakt. Ergebn. d. Geb. u. Gyn. Bd. 4. S. 293. — *Derselbe*, Die Brustdrüsensekretion des Kindes als Maßstab der Stillfähigkeit der Mutter. Münch. med. Wochenschr. 1911. Nr. 43. — *Derselbe* und *Weleminsky*, Über die Ausscheidung von Krankheitserregern durch die Milch. Jahrb. f. Kinderheilk. Bd. 47. S. 115. 1898. — *Basenau*, Über die Ausscheidung von Bakterien durch die tätige Milchdrüse usw. Arch. f. Hyg. Bd. 23. S. 44. — *Bastard* (cf. *Seitz*). — *Batzewitsch*, Quand faut-il nettoyer la bouche du nouveau-né? Ann. chir. méd. int. juin 15. 1898. — *Bauer, J.*, Durchgängigkeit des Magendarmkanals für Eiweiß- und Immunkörper und deren Bedeutung für die Physiologie und Pathologie des Säuglings. Arch. f. Kinderheilk. Bd. 42. S. 399. 1905. — *Derselbe*, Biologie der Milch. Ergebn. d. inn. Med. u. Kinderheilk. Bd. 5. — *Derselbe*, Zur Biologie des Kolostrums. Deutsche med. Wochenschr. 1909. — *Derselbe*, Über den Befund von Kuhmilchkasein im Säuglingsmagen. Med. Klinik 1912. Nr. 10. S. 239. — *Derselbe*, Über biologische Milchdifferenzierung. Münch. med. Wochenschr. 1908. S. 16. — *Derselbe*, Über die Verschiedenheit der Brüste. Jahrb. f. Kinderheilk. 1909. — *Bauer* und *Deutsch*, Das Verhalten der Magensäure, Motilität und Resorption bei Säuglingen . . . unter physiologischen und pathologischen Verhältnissen. Jahrb. f. Kinderheilk. Bd. 48. 1898. — *Bauereisen*, Die Beziehungen zwischen dem Eiweiß der Frauenmilch und dem Serumeiweiß von Mutter und Kind. Arch. f. Gyn. Bd. 90. S. 349. 1910. — *Derselbe*, Zur Frage der biologischen Differenzierung der Milcheiweißkörper. Zeitschr. f. Immunitätsforsch. u. exp. Therapie Bd. 10. 1911. — Ferner cf. *Seitz*. — *Baum*,

Über Konservierung der Milch durch Wasserstoffsuperoxyd. Münch. med. Wochenschr. 1905. Nr. 23. — *Baumgarten*, Über die Nabelvene usw. Leipzig 1891. — *Baumm* und *Illner* (cf. *Seitz*). — *Baur*, Einfluß des Roborats auf die Milch stillender Mütter. Zentralbl. f. Gyn. 1901. Nr. 34. — *Becerro de Bengoa*, R., Anregung der Milchsekretion durch Eigenmilchinjektionen. Rev. méd. de Sevilla. Jahrg. 32. Nr. 730. S. 20. 1913 (spanisch). Ref. Zentralbl. f. d. ges. Gyn. u. Geb. Bd. 4. S. 281. — *Beck*, Vergleich einer Stillstatistik aus dem Jahre 1877 mit einer solchen aus dem Jahre 1922. Monatsschr. f. Kinderheilk. Bd. 27. H. 4. 1924. — *Becker, C.*, Die neueren Bestrebungen zur Sicherung einer aseptischen Losstoßung des Nabelschnurrestes. Diss. Marburg 1903. — *Becker, G.*, Antitrypsingehalt des mütterlichen und kindlichen Blutes. Berlin. klin. Wochenschr. 1909. Nr. 22. — *Bédier*, Recherches sur les causes de l'ictère idiopathique des nouveau-nés. Paris, Vigot frères, 1913. — *Bedö*, Über die Behandlung der Brüste säugender Mütter. Med. Klinik 1922. Nr. 29. — *Beer, H.*, Stillschwierigkeiten und deren Behandlung. Wien. klin. Wochenschr. 1912. S. 1876. — *Beeson*, Milk. Denver Med. Times Vol. 33. p. 127. 1913. — *Behrendt, H.*, Der Kraftwechsel von Säuglingen, Neu- und Frühgeburten. Klin. Wochenschr. 1924. Nr. 3. — *Derselbe*, Über das Zustandekommen der aktuellen Magenazidität beim natürlich ernährten Säugling. Jahrb. f. Kinderheilk. Bd. 106. 3. Folge. Bd. 56. S. 115. 1924. — *Behring, v.*, Tuberkuloseentstehung, Tuberkulosebekämpfung und Säuglingsernährung. Beitr. z. exp. Therapie. H. 8. 1904. — *Behrmann*, Prophylaxis and treatment of gonorrhoeal conjunctivitis. Lancet-Clin., Cincinnati, 23. may, 1908. — *Belgrado di Crossomini*, Trattamento del cordone ombilicale con la tintura di iodio. Arte ost. Milano Vol. 26. p. 49. — *Belt*, The umbilical cord. etc. Journ. Am. Med. Ass. Vol. 46. p. 1696. 1906. — *Benassi*, Influenza delle emozioni sulla secrezione lattea. Ann. di ost. Vol. 2. p. 460. 1909. — *Bendix*, Über die Verdaulichkeit der sterilisierten und nichtsterilisierten Milch. Jahrb. f. Kinderheilk. Bd. 38. S. 393. 1894. — *Derselbe*, Über den Übergang von Nahrungsfetten in der Frauenmilch. Deutsche med. Wochenschr. 1898. Nr. 14. — *Derselbe*, Über die Kriegsneugeborenen. Zeitschr. f. Säuglingsschutz 1916. H. 6. — *Benedikt* and *Talbot, T. B.*, The physiology of the new-born infant. Pediatrics. Vol. 28. p. 353. 1916. — *Beneke*, Über die Länge des Darmkanals bei Kindern sowie . . . Kapazität des Magens bei Neugeborenen. Deutsche med. Wochenschr. 1880. Nr. 32 u. 33. — *Derselbe*, Über den Ikterus des Neugeborenen. Münch. med. Wochenschr. 1907. S. 2023. — *Benestad*, Gewichtsverhältnisse reifer norwegischer Neugeborener in den ersten 12 Tagen nach der Geburt. Arch. f. Gyn. Bd. 101. S. 292. 1913. — *Derselbe*, Über die Ernährungsverhältnisse Neugeborener. Monatsschr. f. Geb. u. Gyn. Bd. 40. S. 674. 1914. — *Derselbe*, Wo liegt die Ursache der „physiologischen" Gewichtsabnahme neugeborener Kinder? Jahrb. f. Kinderheilk. Bd. 80. H. 1. 1914. — *Derselbe*, Ist Kolostrum das unreife Sekret einer insuffizienten Mamma ? Med. Klinik 1915. Nr. 41. — *Benjey*, Zur Ernährung Neugeborener mit Eiweißmilch. Jahrb. f. Kinderheilk. Bd. 75. S. 280. 1912. — *Derselbe*, Die *Finkelstein-Meyer*sche Eiweißmilch. **Sammelreferat**. Jahrb. f. Kinderheilk. Bd. 77. S. 475. 1913. — *Benjamin* und *Goett*, Der sog. Thymusschatten im Thoraxradiogramm des Säuglings. Zeitschr. f. Kinderheilk. Bd. 2. S. 697. 1911. — *Berend*, Lage des Neugeborenen in Gebärhäusern und geburtshilflichen Kliniken. Arch. f. Kinderheilk. Bd. 28. S. 338. 1901. — *Derselbe*, Über Darmfäulnis bei Neugeborenen. Orvosi Hetilap 1906. Nr. 1. Ref. Jahrb. f. Kinderheilk. Bd. 63. S. 510. — *Derselbe* und *Rácz*, Über Nabelbehandlung. Orvosi Hetilap 1903. Nr. 22—29. — *Derselbe* und *Tezner*, Die Wasserverteilung im Säuglingsorganismus bei akuten Gewichtsschwankungen. Med. Klinik Bd. 10. Nr. 4. 1914. — *Berger* (cf. *Gundobin*). — *Berger, H.*, Verwendung der Morgenmilch für Säuglinge. Münch. med. Wochenschr. 1909. Nr. 22. — *Bergmann, E.*, Die physiologische Gewichtsabnahme und die Beziehungen zwischen Ernährung und Gewichtsverlauf bei 1000 Neugeborenen. Zeitschr. f. Kinderheilk. Bd. 14. S. 149. 1916. — *Bernard*, La température chez le nouv.-né. Journ. de chir. et thérap. inf. Oct. 17. 1897. — *Bernheim-Karrer*, Über Stillen und Stillunfähigkeit. Korrespondenzbl. f. Schweiz. Ärzte 1912. Nr. 26. — *Berster, H.* (cf. *Seitz*). — *Bertarelli*, Über aktive und passive Immunisierung von Neugeborenen und Säuglingen auf dem Wege des Verdauungsorgans. Zentralbl. f. Bakt. Bd. 39. S. 285. 1905. — *Berthol*, La couveuse et le gavage à la maternité de Paris. Thèse de Paris 1887. — *Berthollet*, Influence de la teneur en beurre du lait de femme sur la santé du nourrisson. Thèse de Paris 1906. — *Berti*, Mastdarmverschluß bei einem Neugeborenen durch fibrinöse Konkretionen. Arch. f. Kinderheilk. Bd. 24. S. 463. 1897. — *Derselbe*, Zur Morphologie und Semiotik des Thorax in seiner Beziehung zur Herzspitze bei Neugeborenen. Arch. f. Kinderheilk. Bd. 51. S. 3. 1910. — *Bertin*, Infections des nouv.-nés dans la couveuse. Rev. prat. d'obst. et de péd. Tom. 4. 1899. — *Bertino*, Ricerche nell' epoca in cui compaiono alcuni fermenti solubili nel latte muliebre, e sul loro significato nell' alimentazione del bambino. Ann. di ost. e gin. Milano. Vol. 27. p. 180. 1905. — *Bertlich*, Poliklinische Erfahrungen mit Larosan. Zeitschr. f. Kinderheilk. Bd. 9. S. 338. 1913. — *Berutsen, A.*, Ist die Bindehaut der Neugeborenen steril? Ugeskrift for Laeger 1914. Nr. 35. — *Betke*, Couveusenbehandlung der Frühgeburten und Lebensschwachen. Diss.

Freiburg 1914. — *Beumer, H.*, Zur Charakteristik der Frauenmilchlipase. Zeitschr. f. Kinderheilk. Bd. 38. S. 593. 1924. — *Beuthner* (cf. *Seitz*). — *Biasotti*, Influenza di vari stati normali e patologici dell' organismo sulla composizione del latte, in rapporto con l' alimentazione del bambino. La clin. ost. Aprile 1902. — *Bickhoff, F.*, Über die Gewichtsverhältnisse der Neugeborenen in den Kriegsjahren. Diss. Bonn 1918. — *Bidone*, Formazione della cicatrice ombelicale etc. Ann. di ost. e gin. Milano 1898 p. 4. — *Biedert*, Über Kuhmilch, Milchsterilisierung und Kinderernährung. Berlin. klin. Wochenschr. 1895. S. 995. — *Derselbe*, Untersuchungen über die chemischen Unterschiede zwischen Menschen- und Kuhmilch. Stuttgart 1884. — *Derselbe*, Die weiteren Schicksale der von mir . . . unternommenen Untersuchungen über die chemischen Unterschiede der Menschen- und Kuhmilch. Arch. f. Geb. u. Gyn. Bd. 81. S. 1. 1907. — *Biedl*, Innere Sekretion. 3. Aufl. 2 Bde. Berlin u. Wien 1916. — *Biehler, de*, Contribution à l'étude du lait de f. comme service de tuberculose. Ann. de méd. des enf. 1908. p. 473. — *Bienenfeld*, Das Verhalten der Frauenmilch zu Lab und Säure. Biochem. Zeitschr. Bd. 7. S. 262. 1907. — *Bienstock*, Untersuchungen über . . . Eiweißfäulnis. Arch. f. Hyg. Bd. 36. S. 335. 1899. — *Biermer*, Beiträge zur Frage der natürlichen Ernährung. Arch. f. Kinderheilk. Bd. 47. 1908. — *Biffi, W.* und *Galli* (cf. *Ylppö*). — *Birch-Hirschfeld* (cf. *Seitz*). — *Birchenall*, Sanguinal discharge from the vagina of an infant. Brit. med. Journ. 1865. p. 550. — *Birk*, Zur Frage der Veränderung der Frauenmilch während des Stillens. Monatsschr. f. Kinderheilk. Bd. 25. S. 30. — *Derselbe*, Physiologie und Pathologie der natürlichen Ernährung des Säuglings. Sonderabdruck, *Kraus-Brugsch*, Spez. Pathol. u. Therapie. Berlin-Wien, Urban u. Schwarzenberg 1923. — *Birk, W.*, Über Ernährungsversuche mit homogenisierter Milch. Monatsschr. f. Kinderheilk. Bd. 7. S. 129. 1908. — *Derselbe*, Beiträge zur Physiologie des neugeborenen Kindes. I., III., IV. Mitteilung. Monatsschr. f. Kinderheilk. Bd. 9. S. 279 u. 595; Bd. 10. S. 1. 1909 u. 1910. — *Derselbe*, Unterernährung und Längenwachstum bei Neugeborenen. Berlin. klin. Wochenschr. 1911. S. 1227. — *Derselbe*, Untersuchungen über den Stoffwechsel des neugeborenen Kindes. Samml. klin. Vortr. Nr. 654/655. 1912. — *Derselbe*, Leitfaden der Säuglingskrankheiten. Bonn 1913. — *Birk* und *F. Edelstein*, Ein Respirationsstoffwechselversuch am neugeborenen Kinde. Monatsschr. f. Kinderheilk. Bd. 9. S. 505. 1910. — *Bischoff*, Über Körpergewichtsveränderungen des Neugeborenen in den ersten Lebenstagen. Zittau, Moritz Böhme 1898 (cf. auch *Seitz*). — *Bjelousoff* (cf. *Gundobin*). — *Blair*, Some notes on the care of the premature infants. Amer. Journ. of Obst. June 1904. — *Blasi, de*, Übergang der Antikörper in die Milch und ihre Resorbierung durch das Intestinum der Säuglinge. Rivista di clin. pediatr. 1905. — *Derselbe*, Studien über die Isoagglutination beim Blute Neugeborener. Journ. Amer. med. Assoc. Vol. 81. Nr. 21. 1923. — *Blauberg* (cf. *Seitz*). — *Blech*, Fissure of the nipple. Journ. of Phys. Ther. Chicago Vol 2. p. 22. 1906/7. — *Bloch, C. E.*, Anatomische Untersuchungen über den Magendarmkanal des Säuglings. Jahrb. f. Kinderheilk. Bd. 58. 1903. — *Bloch, H. T.*, Eine praktische Massmethode für die künstliche Ernährung des Säuglings. Ugeskrift for Laeger Jahrg. 85. Nr. 8. 1923. — *Blumenau* (cf. *Gundobin*). — *Bochenski* (cf. *Seitz*). — *Bock*, Einfaches Verfahren zum Absaugen der Muttermilch. Deutsche med. Wochenschr. 1908. S. 2225. — *Bode*, Beziehungen zwischen den Fetten der Milch und des Kolostrums zu den Fetten der Nahrung des mütterlichen und kindlichen Körpers. Diss. Bern 1911. — *Bodin*, Behandlung der Mastitis mit Opsonogen. Monatsschr. f. Geb. u. Gyn. Bd. 57. H. 2. — *Bohnen, P.*, Histologische Untersuchungen über die Gallenfarbstoffresorption im Säuglingsdarm. Klin. Wochenschr. 1924. Nr. 44. — *Boissard*, De l'allait. chez les femmes, qui ont eu de l'albuminurie de la grossesse. Rev. d'obst. internat. Paris, juin 11. Bd. 134. 1899. — *Derselbe et Deve, De* certaines difficultés dans l'aliment. des prématurés. Bull. de la soc. d'obst. 1903. p. 8. — *Boisonnas*, Contrib. à l'étude de l'all. maternel. Ann. de méd. des enf. Tom. 11. p. 312. 1908. — *Bondi*, Zur Anatomie und Physiologie der Nabelgefäße. Zeitschr. f. Geb. u. Gyn Bd. 54. S. 1. 1905; cf. auch *Seitz*. — *Bonnamour*, Le lait desséché dans l'alimentation du nourrisson bien portant etc. Ann. de méd. des enf. Tom. 16. p. 321 et 401. 1913. — *Borrie*, L'estomac du nourrisson. Thèse de Paris 1899. — *Borrien*, Vorkommen von Hämatoporphyrin im Mekonium. Compte rend. de la soc. de biol. Tom. 69. p. 24. 1910. — *Borrino, A.*, Solla diminuzione fisiologica del peso del neonato. La Pediatria. Fasc. 25. p. 413. 1917. — *Bosman, de Kat Angelino, en A. J. Margot Sannes-Sannes*, Onzoek naar het lot van 740 Kindern, die geboren werden met een gewicht van minder dan 3000 gramm. Nederl. Tijdsch. voor verlosk. en gyn. Jg. 23. p. 1. 1913. — *Bouchacourt, M. L.*, Nouvelles recherches sur l'opothérapie placentaire. Compt. rend. de soc. de biol. Tom. 2. p. 1. 1902. — *Derselbe*, Observation d'intolérance d'un enfant vis-à-vis du lait de sa mère. Bull. de la soc. d'obst. 1903/4. — *Bouchut*, De la numération des globules du lait pour l'analyse du lait de femme dans ses rapports avec le choix des nourrices et la direction de l'allaitement. Gaz. des hôp. 1878. p. 9 u. 10. — *Bouffe de Saint-Blaise* (cf. *Seitz*). — *Bourcart*, De la situation de l'S iliaque chez le nouveau-né. Thèse de Paris 1863. — *Bouquet, H.*, Les contraindications et les impossibilités de l'allaitement maternel. Bull. gén. de thérap.

1906. p. 3. — *Bourier*, Considérations sur la secrétion lactée chez la f. (augmentation, établissement tardif). Thèse de Paris 1901. — *Bouwie, de*, Couvense-Kindern. Nederl. Tijdsch. v. verlosk. en gyn. 19. Jg. 1903. — *Boy*, Untersuchungen über die molekulare Konzentration des mütterlichen und kindlichen Blutes. Diss. Würzburg 1904. — *Brandt, P.*, Das Schicksal der Frühgeburten. Monatsschr. f. Kinderheilk. Bd. 27. p. 209. 1923. — *Breslau*, Bericht über systematische Wägungen bei Neugeborenen. Denkschr. d. med.-chir. Ges. des Kantons Zürich 1860. — *Breton*, Du pansement alcoolisé du cordon ombilicale. Thèse de Lyon 1904. — *Briens*, Des causes qui empêchent l'allait. au sein. Thèse de Paris 1902. — *Brodsky*, Beobachtungen über Laktation der Ammen. Arch. f. Kinderheilk. Bd. 63. H. 3 u. 4. 1914. — *Bromwell*, Care of the breasts preceeding, during and following labour. Amer. Journ. of Obst. Vol. 33. p. 99. 1896. — *Brown, G. v. A.*, Observations with comments on a study of the urinary tract of eighty fetuses and young infants. Amer. Journ. of Obst. Vol. 5. No. 4. 1923. — *Brugsch* und *Schittenhelm*, Zur Frage des Harnsäureinfarkts des Neugeborenen. Zeitschr. f. exp. Pathol. u. Therapie 1908. — *Brüning*, Über die Verwertbarkeit des *Soxhlet*schen Nährzuckers in der Säuglingstherapie. Berlin. klin. Wochenschr. 1903. Nr. 39. — *Derselbe*, Rohe oder gekochte Milch ? Münch. med. Wochenschr. 1905. Nr. 3. — *Derselbe*, Stillfrauen. Zeitschr. f. Säuglingsschutz Bd. 2. — *Derselbe*, Zur Geschichte der Kindertrinkflasche. Verhandl. d. Ges. f. Kinderheilk. Dresden 1907. — *Derselbe*, Zur Frage der Kriegsneugeborenen. Deutsche med. Wochenschrift 1918. Nr. 21. — *Bruns*, Ophthalmia neonatorum; prophylaxis. New Orleans med. a. surg. J. May 1910. — *Brutt*, Demonstration eines neuen Nabelverbandes. Zentralbl. f. Gyn. 1913. S. 1077. — *Bublitschenko*, Zur Prophylaxe der Blennorrhöe des Neugeborenen. Wratsch Gaz. 1912. Nr. 12. Frommels Jahresber. Bd. 26. S. 858. — *Bucura*, Zur Physiologie der Nabelarterien usw. Festschr. f. *R. Chrobak*, Wien 1902. — *Derselbe*, Übergang von Arzneistoffen in die Frauenmilch. Zeitschr. f. exp. Pathol. u. Therapie Bd. 4. S. 398. 1907. (cf. ferner *Seitz*). — *Budberg, v.*, (cf. *Seitz*). — *Budin*, Allaitement. Progr. méd. Tom. 15. p. 433. 1892. — *Derselbe*, Sur l'allaitement. Progr. méd. Tom. 17. p. 177. 1893. — *Derselbe*, Prophylaxie du ophthalmia neonatorum. Progr. méd. 1895. No. 3. — *Derselbe*, Sur l'aliment. des nourrissons. L'obst. 1896. p. 385. — *Derselbe*, Allaitement mixte et allaitement artificiel. L'obst. 1897. p. 307. — *Derselbe*, Sur la quantité du lait produit par les nourrices. L'obst. 1897. p. 395. — *Derselbe*, Femmes en couches et nouveau-nés. 600 S. Paris, Doin 1897. — *Derselbe*, Sur l'aliment. des enfants débiles. L'obst. 1899, Sept. 15. — *Derselbe*, De l'abaissement de température chez les enfants débiles. L'obst. 1899. p. 157. — *Derselbe*, Service des enfants débiles à la maternité (années 1896—1897). L'obst. 1899. p. 2. — *Derselbe*, Le Nourrisson. Alimentation et hygiène. Enfants débiles, enfants nés à terme. Paris, Doin 1900. — *Derselbe*, Manuel pratique d'allaitement. Paris 1905. — *Derselbe*, Allaitement et hygiène du nourrisson. L'obst. 1906. p. 1. Cf. ferner *Seitz* und *Stolz*. — *Derselbe* und *Chavane*, De l'allait. chez les femmes, qui ont eu de l'albuminurie de la grossesse. Progr. méd. 1899. p. 30. — *Budin* et *Mace*, Cardiopathie et allaitement. Bull. de la soc. d'obst. 4. VII. 1901. — *Bue* et *Voron*, Les ictères de nouv.-né. Ann. de Gyn. 1908. — *Buecheler*, Über die Lebensaussichten kleinster Früchte. Zentralbl. f. Gyn. 1911. S. 1562. — *Bunge, G. v.*, Die zunehmende Unfähigkeit der Frauen, ihre Kinder zu stillen. 7. Aufl. München 1914; cf. auch *Seitz*. — *Burmemann, A.*, Kurze Zusammenfassung der Erfahrungen mit der konzentrierten Zuckermilchernährung an der Osnabrücker Hebammenschule in der Zeit von 1. IV. bis 1. VII. 1924. Münch. med. Wochenschr. 1924. Nr. 47. — *Burns*, Technic in caring for the umbil. cord. Surgery Gynaecol. and Obst. Aug. 1906. — *Burzagli*, Un mezzo semplice ed efficace per promovere ed aumentare nella donna la secrezione lattea mancante o insufficiente. Gazz. inter. di Med. Napoli Vol. 9. p. 37. 1906. — *Derselbe*, L'anis intus et extra comme galactagogue. Semaine méd. 7. II. 1906. — *Busey*, Blutiger Ausfluß aus der Vulva und Vagina bei Neugeborenen. Arch. f. Kinderheilk. 1894. S. 104. — *Busfield* (cf. *Ylppö*). — *Bychowski*, Reflexstudien. Zeitschr. f. Nervenheilk. Bd. 34. S. 116. 1908.

Caffarena, Über die Ausscheidung des Salvarsans durch die Frauenmilch. Pediatria S. 20. 1912. — *Cahen-Brach*, Zur Milchpumpenfrage. Münch. med. Wochenschrift 1922. Nr. 29. — *Caille*, The management of mother and infant in case of tardy or inadequate lactation. Postgraduate Vol. 28. p. 795. 1913. — *Calandra*, Del passaggio diretto di germi patogeni dall' organismo nella secrezione lattea. Pediatria 1898. p. 9. — *Calvary*, Energiebedarf bei künstlich genährten jungen Säuglingen. Zeitschr. f. Kinderheilk. Bd. 1. S. 99. 1911. — *Derselbe*, Die Bedeutung des Zuckers in der Säuglingsnahrung. Ergebn. d. inn. Med. u. Kinderheilk. Bd. 10, S. 699. 1913. — *Camerer, W.*, Beiträge zur Physiologie des Säuglings. Zeitschr. f. Biol. Bd. 33. S. 521. 1896. — *Derselbe*, Die chemische Zusammensetzung des Neugeborenen. Zeitschr. f. Biol. Bd. 39, 40, 43. — *Derselbe*, Stoffwechsel und Ernährung im ersten Lebensjahr. Pfaundler-Schloßmann, Handb. d. Kinderheilk. Bd. 1. 2. Aufl. Leipzig S. 19; cf. auch bei

Seitz. — *Derselbe,* Milch. In Pfaundler-Schloßmann, Handb. d. Kinderheilk. 3. Aufl. Bd. 1. 1923. — *Camerer* und *Söldner* (cf. *Seitz*). — *Cameron,* A lecture on the causes of the failure of women to nurse their infants at the breast. Lancet 1913. p. 911. — *Campo,* I microorganismi della bocca dei neonati etc. Pediatria Vol. 7. Jahrb. f. Kinderheilk. Bd. 51. S. 581. — *Candia, G. H. de,* Passaggio del solfato di chinina nel latte e la sua influenza sulla salute dei neonati. Clus. obstetr. 1925. H. 4. p. 153. — *Canestrini, S.,* Über das Sinnesleben des Neugeborenen. Berlin, Springer 1913. — *Carlini,* Terapia della prematuranza fetale. Ginecol. minore. Vol. 6. p. 9. 1913. — *Carpenter, Childs* and *J. Cl. Gittings,* The coagulation time of blood in infants and children. Am. Journ. of dis. of children Vol. 5. p. 1. 1913. — *Carpenter, Th. M.* und *J. R. Murlin,* Der Kraftwechsel von Mutter und Kind unmittelbar vor und unmittelbar nach der Geburt. Ann. of Intern. Med. Vol. 7. p. 184. 1911. — *Carstanjen* (cf. *Seitz*). — *Cartsburg,* Präventive Behandlung der Augeneiterung des Neugeborenen. Diss. Greifswald 1903. — *Cassel, J.,* Erfahrungen mit Eiweißmilch. Arch. f. Kinderheilk. Bd. 58. S. 241. — *Derselbe,* Diskussion zu *Franz Heubner,* Über die Stillfähigkeit usw. Berlin. klin. Wochenschr. 1911. S. 1301. — *Castaigne,* Transmiss. par l'all. du pouvoir agglutinant typhique etc. Semaine méd. 1897. — *Castillo,* Prophylaxie de l'ophthalmie des nouv.-nés. Rev. de thérap. 15. IV. 1899. — *Cathala* et *Daunay,* De l'hémolyse chez le nouv.-né. L'obst. 1908. p. 5. — *Dieselben,* Les hématies granuleuses, la résistance globulaire à la naissance et pendant les premiers jours. Compt. rend. de la soc. biol. 1908. p. 801 (cf. auch *Ylppö*). — *Cattaneo,* Über einige Reflexe im ersten Kindesalter. Jahrb. f. Kinderheilk. Bd. 55. S. 458. 1902. — *Cavazzani,* La composizione del sangue fetale. Gazz. degli ospedali. Roma, Oct. 1896. — *Centola,* Contributo clin. allo studio del „Buttermilch". Pediatria. Napoli 1906. p. 909. — *Chamberlain, A. F.,* The child. London, W. Scott 1900. — *Chapin,* The function of maternal milk in developing the stomach, a factor hitherto overlooked in artific. inf. feeding. Med. Rec. 12. XII. 1903. — *Charles,* L'allaitement des nouv.-nés. Journ. d'accouchem. de Liège. 12. V. 1900. — *Charpentier,* Prophyl. de l'ophthalm. des nouv.-nés. Gaz. des hôp. 1895. p. 340. — *Charrin,* Sur l'urine des nouv.-nés. Franc. méd. 1896, Sept. — *Chauliac,* Hygiène alimentaire du nourrisson pendant le séjour de la mère à la Maternité. Thèse de Lyon 1905. — *Chauffard,* Pathogénie de l'ictère cong. Sem. méd. 16. I. 1907. — *Chisholm, C.,* A lecture on breast-milk feeding. Lancet Vol. 206. No. 9. 1924. — *Cholmogoroff,* Meßapparat zur Bestimmung des Längenmaßes bei Neugeborenen. Zentralbl. f. Gyn. 1909. Nr. 24. — *Chossat,* Recherches expérimentales sur l'inanition. 1843. — *Christoff,* Contrib. de l'ictère du nouveau-né. Thèse de Lyon 1907. — *Chrobak,* Gutachten des k. k. obersten Sanitätsrates über die obligate Einführung des *Credé*schen Verfahrens. Das österr. Sanitätswesen 1904. — *Clauß, E.,* Zur Übertragung pathologischer Keime zwischen der Kreißenden und Wöchnerin und dem Neugeborenen. Zeitschr. f. Geb. u. Gyn. Bd. 84. H. 2. 1922. — *Cloque, R., M. Welti* und *M. Pichon,* Der Glykogengehalt der fötalen Leber und der Plazenta. Rev. mens. de gyn. et d'obst. 1924. No. 1. — *Clure, Mc* und *Chancellor,* Über die diastatische Wirkung des Kinderharns. Zeitschr. f. Kinderheilk. Bd. 11. S. 483. 1914. — *Cnopf* (cf. *Czerny-Keller*). — *Cobliner,* Blutzuckeruntersuchungen bei Säuglingen. Zeitschr. f. Kinderheilk. Bd. 1. S. 207. 1911. — *Cohn, H.* (cf. *Seitz*). — *Cohn, M.,* Zur Morphologie der Milch. Virchows Arch. Bd. 162. S. 187—406. 1900. — *Derselbe,* Das Stillen vor, in und nach dem Kriege. Berlin. klin. Wochenschr. 1921. Nr. 49. — *Cohn* und *Neumann,* Über den Keimgehalt der Frauenmilch. Virchows Arch. Bd. 126. — *Cohnheim* und *Soetbeer,* Magensaftsekretion des Neugeborenen. Zeitschrift f. physiol. Chem. Bd. 37. S. 467. 1903. — *Cohnstein* und *Zuntz* (cf. *Seitz*). — *Comby, J.,* Quels sont les meilleurs galactogènes (substances augmentant la sécretion du lait)? Journ. de méd. de Paris. 2e série. Tom. 20. p. 35. 1908. — *Commandeur,* Das Stillen albuminurischer Mütter. Lyon méd. 1900. Nov. — *Copasso,* Studien und Beobachtung über den Termin des Abfalles der Nabelschnur usw. Jahrb. f. Kinderheilk. Bd. 31. S. 216. 1890. — *Cordier,* Le rôle de la couveuse dans l'élevage artificiel des enfants débiles. Ann. Policlin. centr. de Bruxelles Tom. 7. 1907. — *Derselbe,* A propos des enfants qui ne savent prendre ni le sein ni le bibéron. Ebenda Tom. 8. p. 10. 1908. — *Derselbe,* La couveuse et le gavage. Rennes méd. Tom. 3. p. 358. 1908. — *Costa,* Esame del neonato-Arte ost. Vol. 26. p. 161. 1912. — *Cozzolino,* Se ed in quali condizioni debba interdirsi d' allattamento nelle donne albuminuriche. Med. ital. Vol. 10. fasc. 34. pag. 35. 1903. — *Derselbe,* Stillen bei Muttertuberkulose. Arch. f. Kinderheilk. Bd. 60/61. 1913. — *Cragin,* The prophylactic . . . treatment of Ophthalmia neonatorum; what silver salts should be used and what strength. Amer. Journ. of Obst. Vol. 56. p. 113. 1907. — *Cramer,* Über die Nahrungsaufnahme des Neugeborenen. Deutsche med. Wochenschr. 1900. Nr. 2. — *Derselbe,* Zur Energiebilanz des Neugeborenen. Münch. med. Wochenschr. 1903. Nr. 27. — *Derselbe,* Normalflasche für die Säuglingsernährung. Münch. med. Wochenschr. 1906. Nr. 19. — *Derselbe,* Einige Beobachtungen über die Funktion der weiblichen Brustdrüse. Monatsschr. f. Geb. u. Gyn. Bd. 27. S. 367. 1907. — *Derselbe,* Zur Diätetik der Frühgeburt. Monatsschr. f. Kinderheilk. Bd. 6. S. 6. 1908. — *Derselbe,* Zur Physiologie der Milchsekretion. Münch. med. Wochenschr. 1909. Nr. 30. — *Derselbe*, Hygiene und Ernährung der Frühgeburt. Jahrb. f. Kinderheilk. 1908. Nr. 68; ferner zahlreiche Angaben bei *Seitz*. — *Crandall*, Inanition fever. Arch. of Pediatr. 1899. p. 174. — *Credé, D.* (cf. *Seitz*). — *Credé-Hörder*, Die Augeneiterung des Neugeborenen. Berlin 1913. (Ausführl. Monographie. Literatur:) — *Cristea*, Beiträge zur Milchsekretion. Gyn. Rundschau 1910. S. 740. — *Cruchet*, Considérat. sur l'anat. du thymus chez l'enf. Rev. mens. des malad. de l'enf. Sept. 1901. — *Derselbe*, Quelques reflexions sur les ictères du nouveau-né. Journ. de Méd. de Bordeaux Tom. 40. p. 165. 1910. — *Cruse* (cf. *Seitz* und *Ylppö*). — *Cserna, St.* und *St. Liebmann*, Beiträge zur Lehre des Icterus neonatorum. Orvosi hetilap. 1923. No. 42. — *Cummings*, The baby's first week. Texas Med. Journ. Vol. 15. p. 364. 1900. *Curschmann*, Larosanmilch. Münch. med. Wochenschr. 1913. S. 2864. — *Cuzzi*, Per una migliore tutela degli occhi dei neonati e par la profilassi della oftalmoblenorrea. Folia gyn. Pavia Vol. 3. p. 3. 1910. — *Czerny, A.*, Über die Brustdrüsensekretion des Neugeborenen und über das Verhältnis der sog. Kolostrumkörperchen zur Milchsekretion. Festschrift f. *Henoch*. Berlin 1890. — *Derselbe*, Über Kinderernährung. Deutsche Klinik am Eingang des 20. Jahrhunderts. Berlin-Wien 1904. — *Derselbe*, Die exsudative Diathese. Jahrb. f. Kinderheilk. Bd. 61. S. 199. 1905. — *Derselbe*, Säugling, Arzt und Pflegerin. Festschr. z. Eröffnung d. Kaiserin Auguste-Viktoria-Hauses in Berlin. 1909. — *Derselbe* und *Keller*, Des Kindes Ernährung und Ernährungsstörungen und Ernährungstherapie. Leipzig u. Wien 1901—1912; 2. Aufl., Bd. 1, 1924. — *Czerwenka*, Das Baden des Neugeborenen in Beziehung zur Nabelpflege und zum Körpergewicht. Wien. klin. Wochenschr. 1898. S. 265 (cf. auch *Seitz*).

Dadaczyaski, Nabelanfall und Nabelheilung bei Fortfall des Bades. Diss. Breslau 1919. — *Daffner*, Das Wachstum des Menschen. Leipzig 1902. — *Danninger*, Zur Pflege des Nabels der Neugeborenen und Säuglinge. Frommel Bd. 2. S. 85. — *Dauber*, Zur Prophylaxe der Ophthalmoblennorrhoea neonatorum. Münch. med. Wochenschr. 1904. Nr. 7. — *David, M.*, Über Kriegsneugeborene. Zentralbl. f. Gyn. 1922. Nr. 20. — *Derselbe*, Über die Kriegsneugeborenen. Orvosképzés 1921. Ref. Zentralbl. f. Gyn. 1922. S. 124. — *Davidsohn*, Beiträge zum Chemismus des Säuglingsmagens. Zeitschr. f. Kinderheilk. Bd. 2. S. 420. 1911. — *Derselbe*, Die Pepsinverdauung im Säuglingsmagen unter Berücksichtigung der Azidität. Ebenda Bd. 4. S. 208. 1912. — *Derselbe*, Über die Reaktion der Frauenmilch. Ebenda Bd. 9. S. 11. 1913. — *Derselbe*, Beiträge zur Magenverdauung des Säuglings. Ebenda S. 470. — *Derselbe*, Über die Abhängigkeit der Lipase von der Wasserstoffionenkonzentration. Biochem. Zeitschr. Bd. 48. S. 249. 1913. — *Derselbe*, Über die Azidität im Mageninhalt der Säuglinge. Monatsschr. f. Kinderheilk. Bd. 13. S. 4. 1914. — *Derselbe*, Beitrag zur Magenverdauung des Säuglings. Jahrb. f. Kinderheilk. Bd. 9. H. 6. S. 470. — *Derselbe* and *O. S. Krebs*, The newborn service in an university hospital. Amer. Journ. of Obst. Vol. 7. No. 1. 1924. — *Davidsohn, H.* und *A. Hymanson*, Untersuchungen über den Säuglingsspeichel. Zeitschr. f. Kinderheilk. Bd. 35. S. 10. 1923. — *Dieselben*, Über die Reaktion der Frauenmilch. Zeitschr. f. Kinderheilk. 9. Jg. — *Davier*, Prophylaxe und Behandlung der Ophthalmoblennorrhöe. Bull. de la soc. d'obst. 1904. p. 4. — *Davis, E. P.*, Fissured nipples. The Times and Reg. 1890. p. 74. — *Derselbe*, Observations on breast feeding from an obstetrician point of view. Journ. Amer. med. Assoc. Vol. 20. VI. 1903. — *Derselbe*, The quantity and quality of breast-milk during the first two weeks of the puerperium. Ebenda 10. X. 1908. — *Dean, J. W.*, Ophthalmia neonatorum: cause, prevalance and prophylaxis. Ebenda Vol. 53. p. 3. 1909. — *Debele* (cf. *Gundobin*). — *Dedek*, Zur Frage der Entstehung der Atmungsbewegungen beim menschlichen Fötus. Lekarski rozhledy. 1913. H. 2. S. 82. Ref. Zentralbl. f. d. ges. Gyn. u. Geb. Bd. 1. S. 497. — *Delestre*, Étude sur les infections des prématurés. Thèse de Paris 1901. — *Derselbe*, Des soins à donner aux seins dans les débuts de l'allaitement. Rev. prat. d'obst. et de paed. Tom. 19. p. 140. 1906. — *Derselbe*, Rech. sur les ovaires du nouv.-né. Ann. de gyn. 1911. — *Deluca, F. A.*, Über den symptomatischen Icterus neonatorum. Münch. med. Wochenschr. 1922. Nr. 34. — *Derselbe*, La résistance globulaire de la mère et du nouveau-né. Compte rend. des séances de la soc. de. biol. Tom. 89. No. 34. 1913. — *Demelin*, Contre-indications de l'allaitement maternel. Rev. d'obst. internat. 1. VII. 1898. p. 145. — *Dementjeff* (cf. *Gundobin*). — *Demuth, F.*, Magenfunktionsprüfungen beim gesunden Säugling. Zeitschr. f. Kinderheilk. Bd. 35. S. 176. 1923. — *Dencke* (cf. *Seitz*). — *Dening*, Ein Beitrag zu den Temperaturverhältnissen in den ersten 24 Lebensstunden. Diss. Göttingen 1920. — *Dennery*, Le linge stérilisé, son emploi pour les nourrissons. Thèse de Lyon 1904. — *Depardieu*, De l'allait. chez les femmes atteintes des complications infectieuses et mammaires. Thèse de Paris 1906. — *Deresse*, Des causes qui empêchent les femmes d'allaiter. Rev. prat. d'obst. et de pédiatr. Jg. 27. 1914. p. 51 u. p. 7. — *Dervieux*, Sur la viabilité des nouveau-nés. Journ. de med. de Paris. Jg. 33. Nr. 18. 1913. — *Desjeux*, De l'aliment. par le lait cru chez l'enfant à l'état de santé etc. Thèse de Paris 1904. — *Destot*, Fonctionnement de l'estomac après les tétées. Lyon. Méd.

25. XII. 1898. — *Deutsch*, Beiträge zur mikroskopischen Untersuchung der Milch. Jahrb. f. Kinderheilk. Bd. 59. S. 309. — *Derselbe*, Die Lage der Frühgeburten an geburtshilflichen Kliniken. Ungar. med. Presse. 1900. Nr. 20. — *Derselbe*, Tuberkulose und Stillen. Münch. med. Wochenschr. 1910. Nr. 25. — *Derselbe*, Über die Pflege der Frühgeburt. Jahrb. f. Kinderheilk. Bd. 51. S. 481. 1900. — *Deville, G.*, Sur la disparition du colostrum chez les parturientes. Arch. internat. de méd., leg. Tom. 4. p. 60. 1913. — *Dickinson*, Dressing the umbilicus of the newly-born. Med. Rec. Vol. 86. p. 722. 1899. — *Derselbe*, Note on the obliteration of the umbilical vessels by electrohaemostasis with the skene forceps in lien of ligature. New York Med. Journ. Vol. 69. p. 9. 1899. — *Dietrich* (cf. *Seitz*). — *Dietrich, G.*, Vergleichende Untersuchungen über die Entwicklung des Kindes in den ersten Lebensmonaten. Arch. f. Gyn. Bd. 130. 1927. — *Diffre*, Nouveau système de couveuse pour les nouv.-nés. Ann. de Tocol. Tom. 17. p. 228. 1890. — *Dimmer, F.* (cf. *Credé-Hörder*). — *Discussion*, Doit-on continuer à recommander l'emploi du lait stérilisé dans l'allaitement mixte et lors du sevrage des nourrissons parisiens? Compt. rend. de la soc. d'obst. de Paris. Févr. 1902. — *Disney, H. D. Cran*, Breast feeding: Dr. *Variots* teaching. Lancet Vol. 184. p. 1659. 1913. — *Disque*, Die Milch in der ärztlichen Praxis. Med. Klinik 1915. Nr. 6. — *Disse*, Untersuchungen über die Durchgängigkeit der jugendlichen Darmwand für Tuberkelbazillen. Berlin. klin. Wochenschr. 1903. S. 4. — *Dluski, Mme.*, Contribution à l'étude de l'allaitement maternel. Thèse de Paris 1894. — *Dobatowkin* (cf. *Gundobin*). — *Dobrowoljski* (cf. *Gundobin*). — *Döbeli, E.*, Über große Pausen in der Säuglingsernährung. Korrespondenzbl. f. Schweiz. Ärzte. 1904. Nr. 17. — *Derselbe*, Beiträge zur künstlichen Ernährung Neugeborener. Ebenda 1910, Nr. 16. — *Doctor* (cf. *Seitz*). — *Dofeldt*, Unterschied zwischen dem Blut der Mutter und des Kindes auf Grund von gegenseitigen biologischen Reaktionen. Zentralbl. f. Geb. u. Gyn. 1910. S. 1662. — *Dohrn*, Über die Mechanik der Respiration des Neugeborenen. Verhandl. des 3. Kongr. d. deutsch. Ges. f. Gyn. Leipzig 1890. p. 102 (cf. auch *Seitz*). — *Dorlencourt, H.* et *T. Fraenkel*, Recherches sur les modifications des pigments biliaires dans l'intestin du nourrisson. Bull. de la soc. d. pédiatr. de Paris Tom. 21. No. 3/4. p. 162. — *Dorman, F. H.* and *J. K. Mißman*, Puerperal mastitis. Journ. Amer. med. Ass. Vol. 77. No. 7. — *Dose, A. P. J.*, Augenentzündungen der Neugeborenen, ihre Behandlung und ihre Verhütung. Leipzig 1915. — *Dresch*, Du bleu de methylène comme topique des bouts des seins. Frommel Bd. 21. S. 483. — *Drews*, Einfluß der Somatose auf die Sekretion der Brustdrüsen usw. Zentralbl. f. inn. Med. 1896. Nr. 23. u. 1898. Nr. 3. — *Dubrisay*, Allaitement au sein. Ann. de méd. et de chir. infant. 1. VII. 1902. — *Dudin*, Über Verdauungsfermente im Magen von Föten und nicht ausgetragenen Kindern. Diss. St. Petersburg 1904. — *Dürig*, Über den Einfluß des Selbststillens der Mutter auf die Neugeborenen in den ersten Lebenstagen. Zeitschr. f. Geb. u. Gyn. Bd. 62. S. 224. 1908. — *Dufour*, Warmhaltung von Frühgeburten durch Einwicklung in Gummistoff. Gaz. des hôp. 1909. No. 11. — *Duncan, Ch. H.*, Ein neues und mächtiges Galaktagogum. New York med. Journ. Vol. 105. No. 1. 1917. — *Duzar, J.*, Die Neugeborenenzeit in neuer Beleuchtung. Monatsschr. f. Kinderheilk. Bd. 27. S. 222. 1923. — *Derselbe*, Das Neugeborenenalter in neuer Beleuchtung. Orvosi Hetilap 1923. S. 32. — *Derselbe* und *St. Ruszuyak*, Die Bedeutung der Eiweißfraktionen des Blutplasmas im Säuglingsalter. Monatsschr. f. Kinderheilk. Bd. 28. S. 25. 1924. — *Dyroff, R.*, Das Milchfieber als falsch bezogene lokale Temperatursteigerung. Zentralbl. f. Gyn. 1925. Nr. 29.

Eckerlein (cf. *Seitz*). Literatur: — *Edgar, J. Cl.*, The prevention of foetalinfection by the eyes, mouth or umbilicus. Amer. Journ. of Obst. Vol. 58. p. 493. 1908. — *Eggeling, H. v.*, Über die Form des Milchdrüsenkörpers beim menschlichen Weibe. Anat. Anzeiger. Bd. 45. S. 33. 1913. — *Ehrlich, P.* (cf. *Seitz*). — *Ehrlich* nnd *Brieger*, Übertragung der Immunität durch Milch. Deutsche med. Wochenschrift 1892. S. 393. — *Eibel*, Versorgung des Nabelschnurrestes. Diss. Freiburg 1909. — *Eichelberg*, Über das Kolostralfett des Menschen. Arch. f. Kinderheilk. Bd. 43. S. 200. 1906. — *Eicke*, Nabelabfall und Nabelheilung bei Fortlassung des täglichen Bades usw. Zeitschr. f. Geb. u. Gyn. Bd. 63. S. 639. 1908. — *Eisler, v.* und *Sohma*, Untersuchungen über den Opsoningehalt des Blutes gesunder, immunisierter . . . Neugeborener. Wien. klin. Wochenschr. 1908. S. 684. — *Elsässer* (cf. *Czerny-Keller*). — *Elschnig* (cf. *Credé-Hörder*). — *Emmanuele, A.*, Ricordo sulla piastrine e sulla coagulabilita del sangue nel neonato. Pediatria Vol. 31. No. 8. 1923. — *Emmert* (cf. *Seitz*). — *Engel, St.*, Zur Sekretionsphysiologie des Milchfettes. Med. Klinik 1905. Nr. 24. — *Derselbe*, Über die Quellen des Milch- und Kolostralfettes usw. Arch. f. Kinderheilk. Bd. 43. S. 204. 1906. — *Derselbe*, Anatomische Untersuchungen über die Grundlagen für die Leistungsfähigkeit der weiblichen Brustdrüse. Monatsschr. f. Geb. u. Gyn. Bd. 23. S. 431. 1906. — *Derselbe*, Nahrungsfett und Milchfett. Arch. f. Kinderheilk. Bd. 43. 1906. — *Derselbe*, Die Frauenmilch. Sommerfelds Handb. d. Milchkunde. Wiesbaden 1909. (Literatur:) — *Derselbe*, Über einige Fragen der Frauenmilchsekretion, insbesonders über die Sekretion des Milchfettes. Arch. f. Kinderheilk. Bd. 53. S. 241. 1910. — *Derselbe*, Weibliche Brust. Pfaundler-Schloßmanns Handb. d. Kinderheilk. Bd. 1. 2. Aufl. Leipzig 1910. — *Derselbe*, Zur Technik der Ernährung und Ernährungstherapie im Säuglingsalter. Deutsche med. Wochenschr. 1913. Nr. 26. — *Derselbe*, Die Harnabscheidung des Säuglings. Ebenda 1914. Nr. 46. — *Derselbe*, Die Stillfähigkeit. Ergebn. d. inn. Med. u. Kinderheilk. Bd. 24. Berlin, Julius Springer 1926. — *Derselbe* und *J. Bauer*, Die Biochemie und Biologie des Kolostrums. Ergebn. d. Physiol. von *Asher* u. *Spiro* 1912. (Literatur:) — *Derselbe* und *Marie Baum*, Grundriß der Säuglingskunde und Säuglingsfürsorge. Wiesbaden 1912. (Beste populäre Schrift.) — *Engel* und *Bode*, Zur Kenntnis des Fötalfettes. Zeitschr. f. physiol. Chemie Bd. 74. S. 169. 1911. — *Engel* und *Friedheim*, Über Magenverdauung im Säuglingsalter. Münch. med. Wochenschr. 1910. Nr. 12. — *Engel* und *Plaut*, Art und Menge des Fettes in der Nahrung stillender Frauen und die Wirkung seiner Entziehung auf das Milchfett. Münch. med. Wochenschr. 1906. Nr. 24. — *Engel, J.* und *S. Samelson*, Der Energiequotient des natürlichen und künstlich genährten Säuglings. Zeitschr. f. Kinderheilk. Bd. 8. S. 425. 1913. — *Engel* und *Turnau*, Über eine Reaktion des Urins von Brustkindern. Berlin. klin. Wochenschr. 1911. Nr. 1. — *Engelhorn, E.*, Zur Frage der Kriegsneugeborenen. Zentralbl. f. Gyn. 1919. Nr. 43. — *Engelmann* (cf. *Seitz*). — *Derselbe* und *Kock*, Die osmotische Konzentration der Säuglingsmilchmischungen und ihre praktische Bedeutung. Med. Klinik 1910. Nr. 2. — *Engstler*, Über den Fußsohlenreflex und das *Babinski*sche Phänomen bei 1000 Kindern der ersten Lebensjahre. Wien. klin. Wochenschr. 1905. S. 567. — *Engström*, Genitalblutungen bei einem neugeborenen Mädchen. Ref. Jahrb. f. Kinderheilk. Bd. 38. S. 500. 1894 (cf. auch *Seitz*). — *Eppinger, H.* (cf. *Ylppö*). — *Derselbe*, Der Ikterus. Ergebn. d. inn. Med. u. Kinderheilk. Bd. 1. S. 107. 1908. — *Epstein*, Statistische und hygienische Erfahrungen aus der Kgl. bayerischen Findelanstalt usw. Arch. f. Kinderheilk. Bd. 7. S. 87. 1886. — *Derselbe*, Die Verdauungsstörungen im Säuglingsalter. Ebstein-Schwalbes Handb. d. prakt. Med. Stuttgart 1899. — *Epstein, A.*, Über Stillfähigkeit und Stillunfähigkeit. Zugleich eine Erwiderung an Herrn Prof. *v. Bunge* in Basel. Jahrb. f. Kinderheilk. Bd. 83. H. 6. 1916. — *Erdberg* (cf. *Crede-Hörder*). — *Erdheim*, Zur normalen und pathologischen Histologie der Glandula thyreoidea, parathyreoidea und Hypophysis. Zieglers Beitr. Bd. 35. S. 366. 1901. — *Ernst*, Zur Verhütung der Blennorrhoea neonatorum. Zentralbl. f. Gyn. 1904. S. 1215. — *Eröß*, Untersuchungen über die normalen Temperaturverhältnisse der Neugeborenen in den ersten 8 Lebenstagen. Jahrb. f. Kinderheilk. Bd. 24. S. 189. 1886. — *Derselbe*, Untersuchungen über die Temperaturverhältnisse frühzeitig geborener Säuglinge. Arch. f. Gyn. Bd. 27. S. 350. 1886. — *Derselbe*, Über den Einfluß der äußeren Temperatur auf die Körperwärme, Puls und Respiration junger Säuglinge. Zeitschr. f. Heilkunde Bd. 5. S. 317. 1884. — *Derselbe*, Beiträge zur Pathologie der genitalen Blutungen bei weiblichen Neugeborenen. Frommels Jahresber. Bd. 5. S. 465. — *Esch, P.*, I. Über Masern in der Gestationsperiode und II. Über Masern beim Neugeborenen. Zentralbl. f. Gyn. 1918. Nr. 17. — *Derselbe*, Über Serumuntersuchungen auf Ty bei Neugeborenen gesunder und luetischer Mütter usw. Zentralbl. f. Gyn. 1923. Nr. 18. — *Escherich, Th.*, Bakteriologische Untersuchungen über Frauenmilch. Fortschr. d. Med. 1885. S. 231. — *Derselbe*, Darmbakterien des Säuglings. Stuttgart 1886. — *Derselbe*, Über die Saugbewegungen bei Neugeborenen. Münch. med. Wochenschrift 1888. S. 687. — *Derselbe*, Die Einrichtungen der Säuglingsabteilung im Anna-Kinderspital nebst Beschreibung einer neuen Brutkammer für frühgeborene und lebensschwache Kinder. Mitteil. d. Ver. d. Ärzte in Steiermark 1900. Nr. 3. — *Derselbe*, Le lait de femme agissant comme ferment. Internat. Kongr. Paris 1900. Zit. nach *v. Pfaundler* (cf. auch *Seitz, Jaschke*). — *Esser*, Über neutrophile Blutzellen bei Neugeborenen. Vereinig. niederrhein.-westfäl. Kinderärzte. Köln, 5. VIII. 1906. — *Ettles, W. J. M.*, Prophylaxis, genesis and treatment of gonorrh. ophthalmia. Lancet 1906. p. 1445. — *Eustache*, Du mode d'allaitement des jumeaux. Bull. de la soc. d'obst. 1903. Nr. 9. — *Exchaquet, L.*, De l'emploi d'un lait albumino-crémenal dans la diététique des nourrissons. Paris méd. 1924. No. 57.

Fabris, S., Il quadro leucocitario qualitativo nel neonato secundo Arneth. Pediatria Vol. 31. No. 19. 1923. — *Derselbe*, La pressione arteriosa nel neonato. Pediatria Vol. 31. p. 198. 1923. — *Derselbe*, Il potere proteolitico del succe gastrico nel neonato. Pediatria Arch. Vol. 1. p. 435. 1926. — *Falk* (cf. *Gundobin*). — *Famulener*, Immunity transmission from mother to offspring. Journ. Amer. med. Ass. 1912. p. 143. — *Farago*, Über das Verhalten einiger Reflexe bei Neugeborenen. Arch. f. Kinderheilk. Bd. 8. S. 385. 1887. — *Favelier* (cf. *Czerny-Keller*). — *Fede e de Bouis*, Sulla trasmissibilità della tuberculosi per lattazione. Verhandl. d. II. ital. Kongr. f. Päd. 1892. — *Feer*, Beiträge zur Sterilisationsfrage der Kindermilch. Jahrb. f. Kinderheilk. Bd. 33. S. 88. 1892. — *Derselbe*, Fortschritte und Bestrebungen in der Säuglingsernährung. Korrespondenzbl. f. Schweiz. Ärzte 1900. Nr. 10. — *Derselbe*, Zur Ernährung des Säuglings. Monatsschr. f. Geb. u. Gyn. Bd. 17. H. 2. — *Derselbe*, Nahrungsmengen eines gesunden Brustkindes. Jahrb. f. Kinderheilk. Bd. 64. S. 355. 1906 (cf. auch *Seitz*). — *Fehling*, Die Form des Beckens bei Fötus und Neugeborenen. Arch. f. Gyn. Bd. 10. 1876. (cf. auch *Thiemich*). — *Fehrsen*, The haemoglobin and corpuscular content of the blood of the newborn. Journ. of physiol. Vol. 30. p. 322. 1903. — *Feilchenfeldt, L.*, Eine Infektionsquelle für stillende Frauen und die Prophylaxe der Mastitis. Berlin. klin. Wochenschrift 1920. Nr. 29. — *Feis* (cf. *Seitz*). — *Feitler*, Über Nabelversorgung. Wien. klin. Wochenschr. 1908. Nr. 18. — *Feldberg* (cf. *Gundobin*). — *Feldman*, The principles of antenatal and postnatal child physiology pure and applied. London 1920. — *Feldmann, W.*, Die Indikationsstellung für die Operationsmethoden der Retroflexio uteri. Monatsschr. f. Geb. u. Gyn. Bd. 73. S. 289. 1926. — *Fernández*, Über milchtreibende Mittel. Zentralbl. f. Kinderheilk. 1909. S. 396. — *Fernandez, U.*, Ein neuer elektrischer Brutschrank mit automatischem Thermoregulator. Rev. de la soc. Argentina Vol. 21. p. 121. 1913. Ref. Zentralbl. f. d. ges. Gyn. u. Geb. Bd. 4. S. 125. — *Ferraresi*, Sulle metrorragie delle neonate. Soc. ital. di ost. e gin. 1902. p. 116. Ref. Frommels Jahresber. Bd. 16. S. 1178. — *Ferroni, E.*, Elementi grafici per lo studio della funzione cardiaca del neonato. (Cardiogramm e ricerche affini). Ann. di Ost. e Gin. Anno 25. 1903. Nr. 9. p. 706. — *Derselbe*, Di alcune richerche sulle urine dei neonati nei primi giorni dalla nascita. Contributo allo studio della Funzione renale del neonata. Ebenda 1902. Nr. 1. p. 75. — *Feulner* (cf. *Credé-Hörder*). — *Fiedely*, Über prophylaktische Mundreinigung bei Säuglingen. Ned. Tydschr. v. Geneesk. 1897. Mai. Frommels Jahresber. Bd. 11. S. 604. — *Fieux* (cf. *Thimich*). — *Fingerling*, Einfluß organischer und anorganischer Phosphorverbindungen auf die Milchsekretion. Biochem. Zeitschr. Bd. 39. S. 239. — *Finicio*, Über milcherzeugendes Vermögen der Galega officinalis. Monatsschr. f. Kinderheilk. Bd. 4. S. 230. 1905. — *Finkelstein*, Kuhmilch als Ursache akuter Ernährungsstörungen bei Säuglingen. Monatsschr. f. Kinderheilk. Bd. 4. S. 65. 1905. — *Derselbe*, Über Idiosynkrasie gegen Kuhmilch. Jahrb. f. Kinderheilk. III. Folge. Bd. 15. S. 515. — *Derselbe*, Über die Pflege kleiner Frühgeburten. Therapie d. Gegenwart 1900. S. 109. — *Derselbe*, Lehrbuch der Säuglingskrankheiten, 2. Aufl. Berlin 1921. — *Finkelstein, H.*, Zur künstlichen Ernährung der Neugeborenen. Therapie d. Gegenwart 19. Juni. — *Derselbe* und *L. F. Meyer*, Über Eiweißmilch. Jahrb. f. Kinderheilk. 1910. S. 71. — *Dieselben*, Zur Technik und Indikation der Ernährung mit Eiweißmilch. Münch. med. Wochenschr. 1911. Nr. 7. — *Finkler*, Über den Einfluß der Ernährung auf die Milchsekretion. Zentralbl. f. allg. Gesundheitspflege 26. Jg. 1908. — *Fischer, A.*, Kuhmilch und vegetabile Milch und ihre Unterschiede in der Magenverdauung besonders mit Rücksicht auf das Problem der Kuhmilchintoleranz. Arch. f. Verdauungskrankh. Bd. 20. S. 13. 1914. — *Fischer* (cf. *Gundobin*). — *Fischl, R.*, Beiträge zur normalen und pathologischen Histologie des Säuglingsmagens. Zeitschr. f. Heilkunde Bd. 12. S. 395. 1891. — *Derselbe*, Über Schutzkörper im Blute Neugeborener. Ebenda Bd. 15. S. 1. 1894 (cf. auch *Seitz*). — *Flachs*, Vaginalblutung bei einem neugeborenen Kind. Deutsche med. Wochenschr. 1913. S. 1622. — *Fleischl*, Entwicklung eines frühgeborenen Kindes von 1100 g Geburtsgewicht. Zentralbl. f. Gyn. 1903. S. 757. — *Fleischmann*, Über Ernährung und Körperbewegungen der Neugeborenen und Säuglinge. Wien. Klinik 1877. H. 6 u. 7. — *Flemmer*, Über die peptische Wirkung des Magensaftes beim Neugeborenen und Fötus. Diss. Dorpat 1890. — *Flensburg* (cf. *Seitz*). — *Derselbe*, Studier öfver uriusyre-infarcten, urinsedimentet och albuminurin. Stockholm 1893. — *Flesch* und *Petéri*, Ergebnisse von Magenuntersuchungen mittelst Röntgenstrahlen im Säuglings- und späteren Kindesalter. Zeitschr. f. Kinderheilk. 1911. S. 293. — *Flick* (cf. *Seitz*). — *Flood, R. G.*, Rate of sugar absorption in the new-born. Journ. Amer. med. Ass. Vol. 82. No. 20. p. 410. 1924. — *Florentin, P.*, Formation des pigments biliaires en dépens du noyau de la cellule hépatique chez l'embryon humain. Compte rend. des séances de la soc. de biol. Tom. 88. No. 11. 1923. — *Flügge*, Erwiderung auf *Behrings* Arbeit über Tuberkulose. Beitr. z. Klinik d. Tuberkul. S. 101. 109. 121. — *Flüsser*, .. die Gerinnbarkeit des Blutes in den ersten Lebenswochen. Monatsschr. f. Kinderheilk. Bd. 12. S. 705. 1914. — *Fochier*, Couveuse électrique. L'Obstétrique 1902/3. — *Fock*, Zur Frage der Stillfähigkeit. Münch. med. Wochenschr. 1910. S. 1338. — *Forest*, Verbesserung der Milchpumpe. Münch. med. Wochenschr. 1905. S. 1149. — *Derselbe*, La ration alimentaire du nouveau-né. Bull. de la soc. d'obst. et de gyn. Jg. 12. Nr. 9. 1923. — *Forster*, Über die morphologische Bedeutung des Wangenfettpfropfes. Arch. f. Anat. u. Physiol., Anat. Abt. 1904. S. 197 u. 299. — *Forsyth*, Breast feeding. Lancet Vol. 184. p. 1656. 1913. — *Fowler*, The „energy-quotient" in infant feeding. Edinburgh med. Journ. Vol. 23. p. 28. 1908. — *François*, Caractères et élevage des prématurés. Thèse de Paris 1903. — *Frank*, Über den Wert der einzelnen Reifezeichen bei Neugeborenen. Arch. f. Gyn. Bd. 48. S. 163. 1895. — *Derselbe*, Behandlung des Nabels in der allgemeinen Praxis. Deutsche med. Wochenschr. 1905. S. 1863. — *Frankau*, Die Kuhmilch und ihre Produkte. Grundriß d. Milchwirtschaft f. Mediziner. Berlin, Speyer u. Kaerner 1913. — *Frankl, O.*, Über den Verschluß der Nabelarterien. Wien. med. Wochenschr. 1903. Nr. 35. — *Derselbe*, Relation between

the placenta and the secretion of milk. Transact. of the am. gyn. soc. Vol. 48. p. 90. 1923.
— *Franz*, Die Ernährung d es gesunden und kranken Säuglings. Wien. med. Wochenschr.
1920. Nr. 46—50. — *Franz, K.*, Über das Stillen der Wöchnerinnen. Berlin. klin. Wochenschrift 1911. Nr. 28. — *Franz, Th.* und *M. v. Reuß*, Beiträge zur Kenntnis des
Harnes der ersten Lebenstage. Zeitschr. f. Kinderheilk. Band 11. S. 193. 1914. —
Freudenberg, E., Der Verdauungsvorgang bei natürlicher und künstlicher Ernährung
des Säuglings. Würzburger Abhandl. a. d. Gesamtgeb. d. prakt. Med. Neue Folge Bd. 1.
H. 3. 1923. — *Freund, W.*, Zur Pathologie des Längenwachstums bei Säuglingen und über
das Wachstum debiler Kinder. Jahrb. f. Kinderheilk. Bd. 70. S. 752. 1909. — *Derselbe*,
Über den Hospitalismus der Säuglinge. Ergebn. d. inn. Med. u. Kinderheilk. Bd. 6. 1910.
— *Friedemann*, Über künstliche Steigerung der Frauenmilchsekretion. Wien. klin.
Rundschau 1913. Nr. 3. — *Friedenthal, H.*, Allgemeine und spezielle Physiologie des
Menschenwachstums. Berlin, Julius Springer 1914. — *Derselbe*, Über Wachstum. Ergebn.
d. inn. Med. u. Kinderheilk. Bd. 11. S. 685. 1913. — *Friedjung*, Beiträge zu den Schwan-
kungen der Laktation. Wien. med. Wochenschr. 1906. Nr. 13. — *Derselbe*, Über einen
Fall von plötzlichem Versiegen der Milchsekretion usw. Deutsche med. Wochenschr. 1906.
S. 1223. — *Friedmann*, Ernährungs- und Entwicklungsstörungen beim Brustsäugling.
Med. Klinik 1913. Nr. 16. — *Frölich, Th.*, Über die Behandlung zu früh geborener Kinder.
Norsk Magazin for Lagevidenskaben 1916. Nr. 1. Ref. Zentralbl. f. Gyn. 1917. S. 490.
— *Fromberg*, Experimentelle Studie über die Zirkulationsverhältnisse im Ductus arteriosus
post partum. Zentralbl. f. Herz- u. Gefäßkrankh. 1915. Nr. 5. — *Fromm, W.*, Beobach-
tungen bei Frühgeborenen. Zeitschr. f. Geb. u. Gyn. Bd. 88. S. 319. 1924. — *Frommholz*,
Beobachtungen aus der Praxis bei der prophylaktischen Einträufelung in den Augen Neugeborener. Med. Klinik 1912. Nr. 41. — *Frost, C. A.*, Is the milk of eclamptic mother
toxic? Arch. of Pediatr. Vol. 29. Nr. 1. 1912. — *Derselbe*, Nerves and the nursing mother.
Ebenda Vol. 30. Nr. 8. 1913. — *Frucht, Soxhlets* Nährzucker. Münch. med. Wochenschr.
1902. Nr. 2. — *Frühinsholz*, Présentat. d'un tire-lait bibéron. Bull. soc. d'obst. de Paris
1913. p. 395. — *Frumau*, Weights and measurements of infants and children in private
practice compared with institution children and school children. Amer. Journ. of dis.
of childr. Nov. 1914. — *Fubini* und *Bonanni* (cf. *Thiemich*). — *Fubini* und *Canteé*
(cf. *Thiemich*). — *Fuchs*, Zur Hygiene der ersten Lebenstage. Münch. med. Wochenschr.
1899. S. 697. — *Derselbe*, Warzenkappe. Monatsschr. f. Geb. u. Gyn. Bd. 37. S. 524.
1913. — *Fuerst, L.*, Zur Prophylaxe und Behandlung der Ophthalmia neonat. Fortschr.
d. Med. 1898. Nr. 4. — *Fuester*, Experimentelle Beiträge zur Frage des Vorkommens
von Tuberkelbazillen in Kolostrum und Muttermilch. Wien. klin. Wochenschr. 1906. S. 5. 88.
— *Fuhrmann*, Einiges über die Gewichtskurven der Neugeborenen. Med. Klinik 1907.
S. 510. — *Funaro*, L'elettrocardiogramma dell, adulto e del bambino. Riv. di Clin. Ped.
Vol. 8. No. 6. 1910. — *Derselbe* und *Nicolai*, Das Elektrokardiogramm der Säuglinge.
Ref. Zentralbl. f. Physiol. Bd. 22. S. 58. 1909. — *Furmann* (cf. *Gundobin*).

Gaertner, Über die Herstellung der Fettmilch. Wien. med. Wochenschr. 1894.
S. 1870. — *Gagey*, Du rechauffement des nouveau-nés débiles. Thèse de Paris 1900
(cf. auch *Sarwey*). — *Gaifami*, Ricerche sugli enzimi peptolitici del colostro. La gin.
Firenze Vol. 8. No. 10. p. 306. 1911. — *Galatti*, Behandlung des Nabelschnurrestes mit
Bolus alba. Verhandl. d. Ges. f. Kinderheilk. Bd. 25. S. 339. Köln 1908. — *Derselbe*, Über
Nabelversorgung. Gyn. Rundschau 1908. S. 818. — *Galewski*, Über Ammenuntersuchungen
im Säuglingsheim zu Dresden. Arch. f. Kinderheilk. Bd. 40. 1905. — *Galezowski*, Prophylaxis und Behandlung der Ophthalmia neonatorum. Rev. d'hyg. et de pol. sanitaire.
April 1898. — *Gallatia, E.*, Sophol als Vorbeugungsmittel bei Ophthalmoblennorrhoea
neonatorum. Wien. med. Wochenschr. 1908. S. 294. — *Gallo, C.*, Ricerche sul contenuto
in ferro nel sangue dei neonati. Pediatria fasc. 32. No. 10. 1924. — *Gallo, G.*, Ricerche
crioscopiche sul latte di donna. La Rassegna d'ost. e gin. Napoli. Vol. 14. No. 8. 1905.
— *Gamulin*, L'allaitement chez les albuminuriques. Arch. de gyn. et de tocol. Tom. 23.
p. 743. 1897. — *Ganghofner* und *Langer*, Über die Resorption genuiner Eiweißkörper
im Magendarmkanal neugeborener Tiere und Säuglinge. Münch. med. Wochenschr. 1904.
Nr. 34. — *Gardenghi*, I microorganismi del latte in rapporto al contenuto batterico del
tubo digerente nel poppante. Arch. per le scienze med. Vol. 23. p. 3. 313. Torino 1900.
— *Garmascheff* (cf. *Gundobin*). — *Gascynski*, Behandlung des Nabelschnurstumpfes
bei Neonaten. Med. 1896. p. 786 u. 809. — *Gatscher*, Über die typischen Kopfbewegungen
(rudimentärer Kopfnystagmus) des Säuglings als Teilerscheinung der vestibularen Dreh-
reaktion. Wien. med. Wochenschr. 1918. Nr. 12—14. — *Gaujoux* und *Lassablière*,
Température chez l'enfant normal. Etude expérimental. Annal. de méd. et chir. infant.
Tom. 15. p. 181. 1911. — *Gaulard*, Note relative au passage des microorganismes dans
le lait des nourrices. Arch. de tocol. et de gyn. Tom. 19. p. 215. 1892.— *Gaullier*,
L'Hardy A., Le pouvoir galactogène de l'anis. Gaz. des hôp. 1905. p. 141. — *Gaultier*,
L'examen des garderobes de nourrissons. Paris méd. Jg. 4. No. 6. p. 141. 1914. — Ref.

Zentralbl. f. d. ges. Gyn. u. Geb. Bd. 4. S. 283. — *Gaus, F.* (cf. *Seitz*). — *Gavin,* On the effects of administration of extracts of pituitary body and corpus luteum to milk cows. Quart. journ. of exp. physiol. Vol. 6. No. 1. 1913. — *Gedgowt* (cf. *Gundobin*). — *Geheve, W.,* De corpusculo quodam adiposo hominum genus obvio. Dorpat 1853. — *Gein* (cf. *Gundobin*). — *Geller,* Demonstration von Präparaten der menschlichen interstitiellen Eierstocksdrüse beim Neugeborenen usw. Gyn. Ges. in Breslau, 17. II. 1925. Ref. Monatsschr. f. Geb. u. Gyn. Bd. 70. S. 322. 1925. — *Gendre, le,* Nabelschnurklemme. Zentralbl. f. Gyn. 1902. S. 1231. — *Genersich,* Über den Einfluß der Wärme auf die Temperatur des Säuglings. Monatsschr. f. Kinderheilk. Bd. 9. S. 183. 1910. — *Genser, v.,* Untersuchungen des Sekrets der Blutdrüse eines neugeborenen Kindes. Jahrb. f. Kinderheilk. Bd. 9. S. 190. 1876. — *Geptner* (cf. *Gundobin*). — *Gerhardt,* Handb. d. Kinderkrankh. — *Geßner, W.,* Über die paraportale Resorption bei Neugeborenen während der ersten Lebenstage. Münch. med. Wochenschr. 1904. Nr. 44. (cf. auch *Sarwey* und *Seitz*). — *Gewin,* Erfolge der prophylaktischen Behandlung der Blennorrhöe des Neugeborenen. Gyn. Rundschau Bd. 4. S. 146. 1909. — *Gigli* (cf. *Seitz*). — *Gilbert-Barlerin,* Modificat. cliniques du lait de f. sous l'influence de l'extrait de graines du cotonnier. Acad. de méd. 20. III. 1906. — *Gillet,* Le ferment oxydant du lait. Rev. mens. des mal. de l'enfance. Aout 1902. — *Gillet, F.,* Le méconium. Thèse de Lyon 1903. — *Glaeser,* Über die Augeneiterung der Neugeborenen . . . und die Mittel zu ihrer Verhütung. Festschr. f. *H. Abegg.* Danzig 1898. — *Glasko,* Über die Mikroorganismen der abfallenden Nabelschnur. Frommels Jahresber. Bd. 16. S. 671. — *Glinski* und *Horoszkiewicz,* Über mikroskopische Veränderungen an der Basis der sich abstoßenden Nabelschnur usw. Przeglad lek. 1902. Nr. 32. — *Godlewski,* Einige Bemerkungen über den Verband des Nabelschnurrestes der Neugeborenen. Przeglad lek. 1891. p. 337. — *Gofferjé,* Die Tagesschwankungen der Körpertemperatur beim gesunden und kranken Säugling. Jahrb. f. Kinderheilk. Bd. 68. 1908. — *Gogitidze,* Physiologische Uterinblutungen bei Neugeborenen. Pediatria Vol. 1. p. 13. 1913. — *Goldfeld,* Abhängigkeit der körperlichen Entwicklung Neugeborener vom Beruf der Eltern. Zeitschr. f. Geb. u. Gyn. Bd. 72. 1912. — *Goldschmidt-Schulhoff, L.* und *A. Adler,* Über das Vorkommen von Urobilin im Stuhl und Harn von Kriegsgeborenen. Zentralbl. f. Gyn. 1924. Nr. 28. — *Goldzieher, M.,* Die Nebennieren. Wiesbaden 1911. — *Goodall, J. R.,* Should eclamptic mothers nurse their newborn? Americ. Journ. of Obst. 1911. No. 11. — *Gorizontow,* Beziehungen der Plazenta zur Funktion der Brustdrüse und der Einfluß der Plazentarextrakte auf die Milchsekretion. Frommels Jahresber. Bd. 26. S. 519. — *Goslar, Anna,* Das Verhalten der lymphozytären Zellen in den Gaumenmandeln vor und nach der Geburt. Zieglers Beitr. Bd. 56. S. 405. 1913. — *Gosselin* (cf. *Ylppö*). — *Derselbe,* Les ictères des nouveau-nés. Lille 1907. — *Götzky,* Der physiologische Blutzuckergehalt beim Kinde usw. Zeitschr. f. Kinderheilk. Bd. 9. S. 44. 1913. — *Götzl, M.,* Hängt der Abfall des Nabelschnurrestes mit der Gewichtszunahme des Kindes zusammen? Diss. München 1904. — *Graanboom,* Jets over melkverdunning en de toediening van onverdunde koemilk als zuigelingsvoedsel. Nederl. Tijdschr. v. Geneesk. n. R. Bd. 30. S. 529. 1894. — *Derselbe,* Gecondemeerde Karnemelk als kunstmatig voedsel voor den zuigeling. Ebenda 1904. No. 8. — *Grafe, E.,* Die pathologische Physiologie des Gesamtstoff- und Kraftwechsels bei der Ernährung des Menschen. München, J. F. Bergmann 1923. — *Grant,* Sull' allattamento artif. Clin. ost. Jg. 15. p. 297. 1913. — *Grassi,* Contr. allo stud. della crioscopia del latte muliebre. Ann. di ost. e gin. 1906. — *Derselbe,* Contribution allo stud. della crioscopia del latte muliebre. Annal. di ost. e gin. 1906. — *Gratkowski,* Vergleiche der Sopholprophylaxe gegen die Ophthalmoblennorrhöe der Neugeborenen mit anderen konkurrierenden Verfahren. Diss. Breslau 1909. — *Greco, C. M.,* Untersuchungen über die Funktionen des Säuglingsmagens. Pediatria März 1910. Ref. Jahrb. f. Kinderheilk. Bd. 71. S. 776. — *Greene, H. C.,* Ophthalmia neonatorum; progress in prevention. Journ. of publ. health assoc. Columbus, June 1911. — *Derselbe,* A rubber band for securing the umbilical cord. Med. Rec. Vol. 48. p. 790. 1895. — *Greff, J. H.,* Über Prophylaxe und Therapie der Augeneiterung der Neugeborenen. Therapie d. Gegenwart 1908. H. 1. — *Gregor* (cf. bei *Seitz*). — *Gregory,* Über die Gewichtsverhältnisse der Neugeborenen. Arch. f. Gyn. Bd. 2. 1871. — *Greiffenberg,* Über den Einfluß der Abnabelungszeit. Diss. Halle a. S. 1906. — *Grekoff* (cf. *Gundobin*). — *Griffith, W. S. A.,* The care of the baby. A manual for mothers and nurses etc. Philadelphia 1895. W. B. Saunders. — *Derselbe,* A case of galactorrhoea. Med. Rec. Vol. 61. p. 169. — *Derselbe,* The prevention of ophthalmia neonat. Brit. med. Journ. Vol. 1. p. 290. 1908. — *Griffith* and *Gittings,* Weight in the first two weeks of life. Med. Rec. Vol. 70. p. 515. 1906. — *Griniewitsch, Olga,* Des galactagogues. Arch. de tocol. et de gyn. Tom. 19. p. 462 et 498. 1892. — *Grjasnoff* (cf. *Gundobin*). — *Großer, Paul,* Über den Einfluß des Kochens auf das physikalisch-chemische Verhalten der Frauenmilch. Biochem. Zeitschr. Bd. 48. S. 427. 1913. — *Derselbe,* Die Aufzucht schwächlicher Säuglinge. Med. Klinik 1923. Nr. 15. — *Grosz, E. v.,* Obligatorische Prophylaxe gegen die Augeneiterung der Neugeborenen. Klin. Monatsbl. f. Augenheilk. Bd. 51. S. 695. 1913. — *Grosz, J.,* A csecsemöé szájmosásárol. (Über die Mundausscheidung des Säuglings.) Bába kalauz 1897. p. 344 (cf. auch *Sarwey*). — *Grove*, De tuenda valetudine recens natorum. Helmstadt 1731. — *Grshi-bowsky* (cf. *Gundobin*). — *Gruber, G.*, Brustdrüsenschwellung der Neugeborenen. Monats-schrift f. Geb. u. Gyn. Bd. 56. H. 6. — *Grumme*, Über die Möglichkeit, den Fettgehalt der Milch zu steigern. Zeitschr. f. exp. Path. u. Therapie Bd. 14. 1913. — *Grünbaum* (cf. *Credé-Hörder*). — *Gudden*, Verhalten der Pupillen bei Neugeborenen usw. Münch. med. Wochenschr. 1910. S. 405. — *Guidi, G.*, Igiene del bambino. 4a edizione. Milano 1913. — *Guillemin*, Ligature du cordon ombilical par transfixation. Bull. de la soc. d'obst. 1907. No. 2/3. — *Guinon, L.*, Aerophagie, eine Ursache des Erbrechens bei Neugeborenen. Rev. mens. des malad. de l'enf. Déc. 1904. — *Guiraud*, Le lait de femme à l'état physio-logique moyenne, principales causes, qui le font varier, quelques-unes de ses variations dans leur rapports avec l'état des nourrissons. Thèse de Bordeaux 1897. — *Gundling*, Über Gewichtsverhältnisse Neugeborener in den ersten Lebenstagen und die Ursachen der Gewichtsabnahme. Diss. Erlangen 1898. — *Gundobin, A. P.*, Die Besonderheiten des Kindesalters. Deutsche Ausgabe von *S. Rubinstein*. 592 S. Berlin 1912. — *Gundo-bin, N.*, Die Albuminurie der Neugeborenen. Arch. f. Kinderheilk. Bd. 45. 1907. — *Gusseff*, Über die Anwendung der Nabelklemme *Bars*. Monatsschr. f. Geb. u. Gyn. Bd. 39. S. 588. 1914. — *Gutbrod*, Erfahrungen mit *Polanos* Brutapparat. Münch. med. Wochenschr. 1905. — *Gutfeld, F. v.*, Über den Einfluß körperlicher und sozialer Verhältnisse der Mutter auf die Körpermaße ihrer Neugeborenen. Zeitschr. f. Geb. u. Gyn. Bd. 72. S. 266. 1913.· — *Guttmann, M. J.*, Über Augenbewegungen der Neugeborenen und ihre theoretische Bedeutung. Arch. f. exp. Physiol. Bd. 47. S. 108. 1924. — *György, P.*, Über die Senkungs-geschwindigkeit der roten Blutkörperchen im Säuglingsalter usw. Münch. med. Wochen-schrift 1921. Nr. 26.

Haake cf. *Seitz* — *Haberda, A.* (cf. bei *Seitz*). — *Haden, R. L.* und *Frank C. Neff*, The volume index of the red blood corpuscles in new-born infants. Americ. Journ. of dis. of childr. Vol. 28. No. 4. p. 458. 1923. — *Hadlich* und *Großer*, Über den Aminosäuregehalt des Kinder- und Säuglingsharnes. Jahrb. f. Kinderheilk. Bd. 73. S. 421. 1911. — *Häggström, P.*, Durch den Nervus trigeminus ausgelöste reflektorische Kopf-bewegung bei Neugeborenen. Hygica 1919. p. 396. 425. — *Hagner*, Schwankungen im Eiweißgehalt und in der Leitfähigkeit beim Säuglingsblute. Jahrb. f. Kinderheilk. Bd. 8. S. 50. 1913. — *Hahn, C.*, Des prématurés; caractères, pronostic, traitement. Paris 1901, Steinbeil. — *Hahn, M.*, Über ein neues Hilfsmittel der Stilltechnik. Berlin. klin. Wochen-schrift 1911. Nr. 51. — *Hainiß, G.*, Einige Worte zu dem Artikel von *Szema* und *Tötis*. Ovorsi. Hetilap. 1919. p. 31. — *Derselbe*, Über den Zusammenhang der Gewichtszunahme der Brustkinder mit der Reaktion ihrer Stühle. Med. Klinik 1923. Nr. 37. — *Derselbe* und *J. Heller*, Über die Verdauungsleukozytenveränderung beim Neugeborenen. Orvosi Hetilap 1923. Nr. 43. — *Dieselben*, Icterus neonatorum und hämoklasische Krise. Zentral-blatt f. Gyn. 1923. Nr. 48. — *Dieselben*, Erwiderung auf die *Stranskys* Bemerkungen usw. Monatsschr. f. Kinderheilk. Bd. 28. S. 555. 1924. — *Halban*, Die innere Sekretion von Ovarium und Plazenta und ihre Bedeutung für die Funktion der Milchdrüse. Arch. f. Gyn. Bd. 75. S. 331. 1905. — *Derselbe*, Über fötale Menstruation und ihre Bedeutung. Zentralbl. f. Gyn. 1904. S. 1270. — *Halban* und *Landsteiner*, Über Unterschiede des fötalen und mütterlichen Blutserums usw. Münch. med. Wochenschr. 1902. Nr. 12. — *Halberstadt*, Über Idiosynkrasie der Säuglinge gegen Kuhmilch. Jahrb. f. Kinderheilk. 1911. — *Halberstädter* und *v. Prowazek*, Über Chlamidozoenbefunde bei Blennorrhoea neonatorum non gonorrhoica. Berlin. klin. Wochenschr. 1909. S. 1839. — *Halleur*, Über den Keimgehalt der Frauenmilch. Diss. Leipzig 1893. — *Hamburger, C.*, Bemerkungen zu der Frage, ob Kinderzahl und Kindersterblichkeit zusammenhängen. Berlin. klin. Wochenschr. 1916. Nr. 47. — *Hamburger, Fr.*, Biologisches zur Säuglingsernährung. Deutsche med. Wochenschr. 1904. Nr. 29. Vereinsberichte. — *Derselbe*, Über passive Immunisierung durch Fütterung. Beitr. z. Klinik d. Tuberkul. Bd. 4. 1905. — *Derselbe*, Biologische Untersuchungen über Milchverdauung beim Säugling. Jahrb. f. Kinderheilk. Bd. 62. S. 479. 1905. — *Derselbe*, Über Eiweißresorption beim Säugling. Verhandl. d. Ges. f. Kinderheilk. Bd. 23. S. 103. Stuttgart 1906. — *Derselbe*, Arteigenheit und Assi-milation. Leipzig und Wien 1903. Deuticke (cf. auch bei *Seitz*). — *Hamburger* und *Sperk*, Magenverdauung bei neugeborenen Brustkindern. Jahrb. f. Kinderheilk. Bd. 62. S. 495. 1905. — *Hamm*, Die Prophylaxe der Ophthalmoblennorrhoea neonatorum usw. Diss. Kiel 1915. — *Hammar, J. A.* (cf. *Biedl*). — *Hammarsten*, Beobachtungen über die Eiweißverdauung bei Neugeborenen usw. Festschr. f. *Ludwig*. Leipzig 1874. — *Ham-mond, J.*, The effect of pituitary extract on the secretion of milk. Quart. journ. of exp. physiol. Vol. 6. p. 311. 1913. — *Hannes, W.*, Über den Ersatz des Argentum nitricum durch Sophol usw. Zentralbl. f. Gyn. 1911. S. 20. — *Derselbe*, Icterus neonatorum. Ber. üb. d. ges. Geb. u. Gyn. Bd. 5. S. 193. — *Hansen, H. J.*, Untersuchungen über das Gewicht der neugeborenen Kinder. Mitteil. vom anthropol. Komitee, Kopenhagen 1913. Ref.

Zentralbl. f. d. ges. Gyn. u. Geb. Bd. 2. S. 651. — *Harger, B.*, Transitorisches Fieber beim Neugeborenen. Diss. Göttingen 1921. — *Harkin*, Considérat. prat. sur l'argumentat. de la sécrétion lactée chez les mères, les nourrices et les animaux inférieurs producteurs de lait. Bull. gén. de thérap. etc. Tom. 123. p. 548. 1892. — *Harman, N. B.*, The prevention of ophthalmia neonat. Brit. med. Journ. Vol. 1. p. 114. 1908. — *Harnier* (cf. *Thiemich*). — *Harrar, J. A.*, Management of the umbilical stump. Bull. of the Lyring-in-Hosp. Sept. 1907. — *Harst, van d.*, Karnemelk als Kindervoedsel. (Buttermilch zur Kinderernährung.) Nederl. Tijdschr. v. Geneesk. 1899. Nr. 13. — *Hartge* (cf. *Gundobin*. — *Hartung*, Zusammensetzung und Nährwert der *Backhaus*milch. Jahrb. f. Kinderheilk. Bd. 55. S. 676. 1902. — *Hartz, A.*, Abnabelung und Nabelerkrankung. Monatsschr. f. Geb. u. Gyn. Bd. 22. S. 77. 1905. — *Harvey, J. O.*, The prevention of ophthalmia neonat. Brit. med. Journ. Vol. 1. p. 476. 1908. — *Haselhorst, G.* und *A. Papendieck*, Hämatin als physiologischer Bestandteil des Blutes in der Fötalperiode und bei Neugeborenen. Klin. Wochenschr. 1924. Nr. 22. — *Hasse, C.*, Der Icterus neonat. Jahrb. f. Kinderheilk. Bd. 69. S. 625. 1909. — *Hasselbach, K. A.*, Übersicht über neuere Untersuchungen von dem Stoffwechsel des Fötus. Bibliothek for Laeger 1904. S. 43. Ref. Frommels Jahresber. Bd. 18. S. 674. — *Derselbe*, Respirationsversuche bei neugeborenen Kindern. Ebenda S. 219. Ref. Frommels Jahresber. Bd. 18. S. 644. — *Derselbe*, Übersicht über neuere Untersuchungen von dem Stoffwechsel des Fötus. Bibliothek for Laeger 1904. S. 43. Ref. *Franz-Veit* Nr. 18. S. 674. — *Hauch, E.* und *E. Ruge*, Ergebnis der Behandlung sehr kleiner Neugeborener. Gyn. et obst. Tom. 2. H. 2. 1920. — *Hayashi*, Über die Durchlässigkeit des Säuglingsdarmes für artfremdes Eiweiß und Doppelzucker. Monatsschr. f. Kinderheilk. Bd. 12. 1914. — *Hecht, A. F.*, Die Reduktion als Lebensfunktion der Milch Arch. f. Kinderheilk. Bd. 38. S. 349. 1903. — *Derselbe*, Zur Erklärung des Auftretens grüner Stühle beim Säugling. Münch. med. Wochenschr. 1907. Nr. 24. — *Derselbe*, Die Fäzes des Säuglings und Kindes. Berlin u. Wien 1910. — *Derselbe*, Der Mechanismus der Herzaktion im Kindesalter usw. Ergebn. d. inn. Med. u. Kinderheilk. Bd. 11. S. 324. 1913. — *Hecker, E.* und *J. Vierhaus*, Über den Lipasegehalt im Serum des Säuglings und Kleinkindes. Zeitschr. f. Kinderheilk. Bd. 38. S. 466. 1924. — *Heidemann*, Über Gewichtsschwankungen Neugeborener. Monatsschr. f. Geb. u. Gyn. Bd. 33. S. 168. 1911. — *Heil, K.*, Laktation und Menstruation. Ebenda Bd. 23. S. 340. 1906. — *Heilmann*, Über künstliche Ernährung Neugeborener. Jahrb. f. Kinderheilk. Bd. 41. S. 312. — *Heim, P.* und *K. John*, Die kaseinangereicherte Kuhmilch (K. F. Milch) als Dauer- und Heilnahrung. Monatsschr. f. Kinderheilk. Bd. 11. Nr. 12. — *Derselbe*, Verwendbarkeit von kaseinangereicherter Kuhmilch. Zeitschr. f. Kinderheilk. Bd. 4. S. 1. 1912. — *Heimann*, A study of the stomach contents on motility in breast and bottle fed infants. Arch. of Ped. Vol. 27. p. 570. 1910. — *Heimann*, Physiologische Gewichtsabnahme und transitorisches Fieber beim Neugeborenen. Zeitschr. f. Geb. u. Gyn. Bd. 51. H. 1. — *Heimann, Fr.* (cf. *Ylppö*). — *Heini, P.*, Von der Diätetik der stillenden Mutter. Budapesti orvosi Ujsag 1919. Nr. 1. Ref. Zentralbl. f. Gyn. 1920. S. 1171. — *Heinricius*, Über die Bedeutung der Lungenvagi bei Neugeborenen. Zeitschr. f. Biol. Bd. 26. S. 186. 1889. — — *Derselbe*, Über das Herzvagi bei Föten und Neugeborenen. Ebenda S. 197. — *Derselbe*, Die Zählebigkeit des Herzens Neugeborener. Ebenda S. 190 (cf. auch *Seitz*). — *Helbich*, Die Bedeutung der Molkenreduktion für die Ernährung junger Säuglinge. Jahrb. f. Kinderheilk. Bd. 71. S. 655. 1910. — *Derselbe*, Zur Physiologie der Milchsekretion. Monatsschr. f. Kinderheilk. Bd. 10. S. 391. 1911. — *Hellendall* (cf. *Credé-Hörder*). — *Heller, Fritz*, Fieberhafte Temperaturen bei neugeborenen Kindern in den ersten Lebenstagen. Zeitschr. f. Kinderheilk. Bd. 4. S. 55. 1912. — *Derselbe*, Zur Physiologie des neugeborenen Kindes. Ebenda. Referate IV. — *Derselbe*, Über das Schicksal zweier Frühgeburten von 800 g. Ver. f. inn. Med. u. Kinderheilk. Berlin XI. 1912. — *Derselbe*, Die Albuminurie neugeborener Kinder. Zeitschr. f. Kinderheilk. Bd. 7. S. 303. 1913. — *Derselbe*, Der Blutzuckergehalt bei neugeborenen und frühgeborenen Kindern. Zeitschr. f. Kinderheilk. Bd. 13. Nr. 3. 1915. — *Derselbe*, Der Blutzuckergehalt beim Neugeborenen und frühgeborenen Kindern. Zeitschr. f. Kinderheilk. Bd. 13. S. 129. 1915. — *Heller, O.*, Über den normalen Frauenmilchstuhl. Münch. med. Wochenschr. 1921. Nr. 35. — *Hellmuth*, Untersuchungen über Bilirubinämie bei Neugeborenen zugleich ein Beitrag zur Genese des Icterus neonatorum. Monatsschr. f. Geb. u. Gyn. Bd. 54. H. 6. S. 341. — *Derselbe*, Variationsstatischer Beitrag zur Frage des Einflusses der Jahreszeit auf das Körpergewicht des Neugeborenen, zugleich ein Hinweis auf die Bedeutung der Variationsstatistik bei der kritischen Bewertung von Sammelstatistiken in der Medizin. Nordwestd. Ges. f. Gyn. 28. X. 1922. Ref. Zentralbl. f. Gyn. 1923. S. 133. — *Derselbe*, Beiträge zur Biologie des Neugeborenen. Arch. f. Gyn. Bd. 123. H. 1. 1925 und Bd. 127. 2. u. 3. H. 1926. — *Derselbe* und *Wuorowski*, Variationsstatistischer Beitrag zur Frage des Einflusses der Jahreszeit auf das Körpergewicht des Neugeborenen. Klin. Wochenschr. 1923. Nr. 2. — *Hellström* (cf. *Seitz*). — *Henke*, Anatomie des Kindesalters. Gerhardts Handb. d. Kinderkrankh. Bd. 1. S. 299. 2. Aufl. 1881. — *Henneberg, B.* (cf. *Seitz*). — *Hensch*,

Vorlesungen über Kinderkrankheiten. 11. Aufl. Berlin 1903. — *Herff, O. v.* (cf. *Credé-Hörder*). — *Hermann* und *Neumann*, Über den Lipoidgehalt des Blutes ... neugeborener Kinder. Biochem. Zeitschr. Bd. 43. 1912. — *Herrmann*, The postnatal loss of weight in infants and the compensatory overgrowth which succeeds it. New York med. Journ. 1915. Jan. — *Hery*, Sur l'allaitement des nouv.-nés. Thèse de Paris 1897. — *Herz, P.*, Klinische Untersuchungen an 100 Neugeborenen. Diss. Freiburg 1901. — *Herzberg*, Sind in der Mundhöhle mit Ammenmilch ernährter Säuglinge Streptokokken vorhanden? Deutsche med. Wochenschr. 1903. S. 1. — *Herzog* (cf. *Seitz*). — *Derselbe*, Das Gewicht unserer Kriegskinder. Kinderarzt 1916. Nov. — *Heß, A. F.*, Partiell abgerahmte Milch; die Verhütung der Bakterien in der Flaschenmilch und ihre Bedeutung für die Säuglingsernährung Zeitschr. f. Hyg. u. Infektionskrankh. Bd. 62. S. 1909. — *Derselbe*, The Gastric secretion of infants at birth. Americ. Journ. of Diseas. of Child. 1913. p. 264. — *Derselbe*, A study of the caloric needs of premature infants. Americ. Journ. of Diseas. of Children 1911. — *Derselbe*, The pathogenesis of casein curds in the sloves of infants. Ebenda. June 1913 (cf. auch *Ylppö*). — *Heß, R.* und *Seyderhelm*, Eine bisher unbekannte physiologische Leukozytose des Säuglings. Münch. med. Wochenschr. 1926. Nr. 26. — *Hesselberg*, Die menschliche Schilddrüse in der fötalen Periode und den ersten sechs Monaten. Frankfurter Zeitschr. f. Pathol. Bd. 5. S. 322. 1910. — *Heubner, O.*, Lehrb. d. Kinderheilk. Leipzig 1903. — *Derselbe*, Das Elektrokardiogramms des Säuglings und Kindes. Monatsschrift f. Kinderheilk. Bd. 7. S. 6. 1908. — *Derselbe*, Die künstliche Ernährung des Säuglings. Wien. med. Blätter 1900. Nr. 33. — *Derselbe*, Über Kuhmilch als Säuglingsnahrung. Berlin. klin. Wochenschr. 1894. S. 841. — *Derselbe*, Über Stoff- und Kraftbilanz eines jungen Brustkindes. Naturforscher-Vers. Braunschweig 1897. — *Derselbe*, Über das Verhalten der Säuren während der Magenverdauung des Säuglings. Jahrb. f. Kinderheilk. 1891. S. 27. — *Derselbe*, Zur Lehre von der energetischen Bestimmung des Nahrungsbedarfes beim Säugling. Jahrb. f. Kinderheilk. Bd. 72. 1910. — *Derselbe*, Ein weiterer Beitrag zur Energiebilanz des Säuglings. Naturforscher-Vers. Breslau 1904. — *Derselbe*, Über die Stillfähigkeit der Frau während der ersten Monate nach der Entbindung. Berlin. klin. Wochenschr. 1911. S. 1267. — *Derselbe*, Diskussionsbemerkungen zur Lehre vom Kraftbedarf des Säuglings. Zeitschr. f. Kinderheilk. Bd. 11. S. 81. 1914 (cf. auch *Seitz*). — *Derselbe, O.* und *W.*, Zur Lehre von der energetischen Bestimmung des Nahrungsbedarfes beim Säugling. Jahrb. f. Kinderheilk. Bd. 72. S. 121. 1911. — *Derselbe*, und *Rubner* (cf. *Seitz*). — *Heusler, K.*, Temperaturerhöhungen der laktierenden Mamma. Zentralbl. f. Gyn. 1925. Nr. 4. — *Heymann*, Somatose und Brustdrüse. Deutsche Medizinalzeitung 1898. Nr. 59—63. — *Derselbe*, Neuere Arbeiten über die Blutbeschaffenheit der Schwangeren und Neugeborenen. Fol. haematolog. Bd. 3. S. 7. 1906. — *Heynemann*, Die Entstehung des Icterus neonatorum. Zeitschr. f. Geb. u. Gyn. Bd. 76. 1915. — *Hill, R. L.* und *Sutherland Simpson*, The effect of pituitary extract on the secretion of milk in the cow. Proceed. of the royal soc. for exp. biol. and med. Vol. 11. p. 82. 1914. — *Hillejahn, A.*, Ist die Entwicklung des Neugeborenen abhängig von der mütterlichen Ernährung? Deutsche med. Wochenschr. 1924. Nr. 4. — *Himmelheber, K.*, Gedeihen der Brustkinder in Gebäranstalten und der Einfluß der Art des Anlegens. Med. Klinik 1906. Nr. 36. — *Hinderfeld*, Die Behandlung von Brustwarzenschrunden im Wochenbett und ihre Prophylaxe. Monatsschr. f. Geb. u. Gyn. Bd. 61. 1923. — *Hirsch, Ada*, Die physiologischen Ikterusbereitschaft des Neugeborenen. Zeitschr. f. Kinderheilk. Bd. 9. S. 196. 1913. — *Hirsch, C.*, Über die Behandlung des Nabelschnurrestes. Diss. Freiburg 1910. — *Hirsch, J.*, Die physiologische Gewichtsabnahme der Neugeborenen. Berlin. klin. Wochenschr. 1910. Nr. 11. — *Hirsch, L.* (cf. *Seitz*). — *Hirschl*, Bericht über die Gesundheitsverhältnisse von 1000 Neugeborenen in den ersten Lebenstagen. Arch. f. Gyn. Bd. 69. S. 702. 1903. — *Hishikawa, T.*, Die Regulation der Atemfrequenz beim Neugeborenen usw. Schweiz. med. Wochenschr. 1923. Nr. 13. — *Hochsinger, K.*, Eine neue Wärmekammer. Wien. med. Presse 1894. — *Derselbe*, Erkrankungen des Kreislaufsystems. Pfaundler-Schloßmanns Handb. d. Kinderheilk. Bd. 3. 2. Aufl. Leipzig 1924. — *Derselbe*, Über Sondenfütterung saugschwacher und dysphagischer Kinder. Allg. Wiener med. Ztg. 1893. — *Hock* und *Schlesinger* (cf. *Seitz*). — *Hoeniger*, Über die ephemere traumatische Glykosurie bei Neugeborenen. Deutsche med. Wochenschr. 1911. Nr. 11. — *Hoffa*, Über Pellidol und Azodolen in der Säuglingspraxis. Deutsche med. Wochenschr. 1913. Nr. 25. — *Hoffmann, A.*, Nahrungsmengen und Energiequotient von an der Mutterbrust genährten frühgeborenen Zwillingen und von einem weiteren ebenso genährten ausgetragenen Kinde derselben Mutter. Arch. f. Gyn. Bd. 106. H. 2. 1916. — *Derselbe*, Zur Frage der Fettbestimmung der von einem Säugling täglich getrunkenen Brustnahrung. Jahrb. f. Kinderheilk. Bd. 106. 3. Folge. Bd. 56. S. 310. 1924. — *Derselbe*, Einfluß der Kriegskost auf die Geburtsmasse der Kriegsneugeborenen. Arch. f. Gyn. 110. H. 2. — *Hofmeier, M.* (cf. *Seitz*). — *Hohlfeld, M.*, Der Thymus. Handb. d. allg. Pathol. d. Kindesalters. Wiesbaden 1913. — *Derselbe*, Über die Bedeutung des Kolostrums. Arch. f. Kinderheilk. Bd. 46. S. 161. 1907. — *Derselbe*, Über den Fettgehalt des Kolostrums. Verhandl. d.

Ges. f. Kinderheilk. Bd. 23. S. 141. Stuttgart 1906. — *Holste*, Ein wasserdichter Nabelverband für Neugeborene. Zentralbl. f. Gyn. 1914. Nr. 33. — *Holt, E.*, Inanition fever. Arch. of Ped. 1895. — *Holzapfel*, Abnabelungszeit. Münch. med. Wochenschr. 1907. S. 1751. — *Holzbach, E.*, Über den Wert der Merkmale zur Bestimmung der Reife der Neugeborenen. Monatsschr. f. Geb. u. Gyn. Bd. 24. S. 429. 1906. — *Derselbe*, Die intrauterin erworbene Ophthalmoblennorrhöe der Neugeborenen. Ebenda Bd. 27. S. 96. 1908. — *Honigmann*, Bakteriologische Untersuchungen über Frauenmilch. Diss. Breslau 1893. — *Honsell* (cf. *Gundobin*). — *Horn* (cf. *Seitz*). — *Hornung*, Erythrozytenresistenz und Cholesteringehalt des Neugeborenenblutes. 88. Vers. d. Naturf. u. Ärzte, Innsbruck 1924. Ref. Zentralbl. f. Gyn. 1924. S. 2335. — *Derselbe*, Über die osmotische Resistenz der Erythrozyten und den Cholesteringehalt des Blutes bei Neugeborenen. Ein Beitrag zur Frage des Icterus neonatorum. Zentralbl. f. Gyn. 1925. S. 38. — *Hougardy, A.*, Le régime alimentaire du nourrisson dans l'allaitement artificiel. Liège méd. Tom. 9. 1907. — *Houselot*, De la thérapeutique chez les nourrices dans ses rapports avec la sécrétion lactée. Thèse de Paris 1900. — *Houssay, S. A., L. Guisti* und *C. Maag*, Wirkung von Hypophysenextrakt auf die Milchsekretion (spanisch). Ref. Zentralbl. f. d. ges. Gyn. u. Geb. Bd. 3. S. 710. 1913. — *Houwieig, G.*, Onderzoekingen over de voeding van zuigelingen met karnemelk. Nederl. Tijdschr. v. Geneesk. Bd. 1. Nr. 16. 1900. — *Howe*, The prevention of ophthalm. neonat. Philadelphia med. Journ., Jan. 18, 1902. — *Howe, P. E.*, The relation between the ingestion of colostrum or blood-serum and the appearance of globulin and albumin in the blood and urin of the new-born calf. Journ. of exp. med. Vol. 39. p. 313. 1924. — *Hubbell, A. A.*, A plea for the general use of measures to prevent ophthalmia neonat. Med. Dec. Vol. 50. p. 604. 1896. — *Hubert*, Règles pour l'allaitement des nourrissons. Presse méd. 21. VI. 1902. — *Huenckens, J.*, Pflege des Neugeborenen in den ersten Wochen. Journ. Americ. med. Ass. Vol. 81. No. 8. 1923. — *Huet, G. L.*, Über die Wirkung der Laktagoga. Nederl. Tijdschr. v. Geneesk. 1914. Nr. 17. (Holländisch.) Ref. Zentralbl. f. d. ges. Gyn. u. Geb. Bd. 5. S. 280. — *Huet, J. G.*, Invloed van Malztropen op de sogafscheiding. Ebenda 1913. Nr. 18. Ref. Zentralbl. f. d. ges. Gyn. u. Geb. Bd. 1. S. 796. — *Hughes, R. C.*, Pituitary extract as a galactagogue. Therap. Gaz. Bd. 39. Nr. 5. 1915. — *Hugouneuq* (cf. *Seitz*). — *Hunziker*, Beiträge zur Stilltechnik. Ref. Deutsche med. Wochenschr. 1912. S. 48. — *Hürzeler*, Beitrag zur Ernährung und Pflege frühgeborener Kinder. Schweiz. med. Wochenschr. 1920. Nr. 44. — *Hüssy, A.*, Über die Verwendung von getrockneter Milch als Säuglingsnahrung während der heißen Jahreszeit. Arch. f. Kinderheilk. Bd. 46. — *Hüter* (cf. *Gundobin*). — *Hutinel* und *Delestre*, Les couveuses aux enfants-assistés. Ann. de Gyn. Tom. 13. p. 57. 1900.

Ibrahim, Über Milchpumpen und deren Anwendung (mit Angabe eines neuen Modells). Münch. med. Wochenschr. 1904. S. 24. — *Derselbe*, Neuere Forschungen über die Verdauungsphysiologie des Säuglingsalters. Verhandl. d. 25. Vers. d. Ges. f. Kinderheilk. Köln 1908. — *Derselbe*, Zur Verdauungsphysiologie des menschlichen Neugeborenen. Zeitschr. f. physiol. Chem. Bd. 64. S. 95. 1910. — *Derselbe*, Kaseinklumpen im Kinderstuhl im Zusammenhang mit Rohmilchernährung. Monatsschr. f. Kinderheilk. Bd. 10. Nr. 2. — *Derselbe*, Über Krankheiten der Neugeborenen. Döderleins Handb. d. Geb., 2. Aufl. Bd. 3. 1925. — *Derselbe* und *Groß*, Zur Verdauungsphysiologie des Neugeborenen. Deutsche med. Wochenschr. 1908. Nr. 25. — *Derselbe* und *Kaumheimer*, Die Doppelzuckerfermente beim menschlichen Neugeborenen und Fötus. Zeitschr. f. Biol. Bd. 66. S. 19. 1910. — *Dieselben*, Zur Frage der Pankreaslaktase. Zeitschr. f. physiol. Chem. Bd. 62. S. 287. 1909. — *Ibrahim* und *Kopec*, Die Magenlipase beim menschlichen Neugeborenen und Embryo. Zeitschr. f. Biol. Bd. 53. S. 201. — *Illroy, A. L. Mc.*, The relation loss of heat and weight in the newborn and the treatment of shock. Brit. med. Journ. 1925. p. 3341. — *Ilroy, Louise Mc.*, Über die Mammasekretion beeinflußende Faktoren. Ref. Zentralbl. f. Gyn. 1913. S. 1397. — *Inda, J.*, Des dangers de la suralimentation chez le nourrisson. Thèse de Paris 1905. — *Ingerslev* (cf. *Benestad*). — *Israel*, Beitrag zur Prophylaxe der Blennorrhoea neonatorum. Gyn. Ges. Breslau, 18. III. 1924. Ref. Zentralbl. f. Gyn. 1924. — *Ittalie, v.*, Übergang von Heilmitteln in der Milch (cf. *Reuß*).

Jacob, Rapports de la menstruation et de l'allaitement. Thèse de Paris 1898. — *Jacobi*, The treatment of the stump of the umbilical cord. Therapeutics of Infancy and childhood. Ref. New York med. Journ. Vol. 63. p. 131. 1896. — *Jacobius*, Beobachtungen an stillenden Frauen. Arch. f. Kinderheilk. Bd. 48. S. 67. 1908. — *Jacobs, P.*, Zur Statistik der puerperalen Mastitis. Diss. Leipzig 1902. — *Jacobsohn*, Über Maßregeln zur Verhütung der Augenbindehautentzündung der Neugeborenen. Ärztl. Sachverständigen-Ztg. 1897. Nr. 16. — *Jaeckle* (cf. *Seitz*). — *Jaeger*, Kongenitale gelenkige Verbindung von Exostosen der Rippen und *Ahlfelds* Lehre der intrauterinen Atembewegungen. Korrespondenzbl. f. Schweiz. Ärzte 1919. Nr. 39. — *Jägeroos*, Eine Methode, die Nabelabklemmung mit der Unterbindung zu kombinieren. Zentralbl. f. Gyn.

1911. Nr. 13. — *Jakubowski* (cf. *Gundobin*). — *Jameson*, P. C., Observat. on the prophyl. of ophthalmoblen. neonat. Med. Rec. Vol. 55. No. 9. 1899. — *Jantschewski* (cf. *Gundobin*). — *Jardine*, R., Survival of a premature child weighing two pounds. Brit. med. journ. Vol. 1. p. 654. 1912. — *Derselbe*, Menstruation in a newborn child. Brit. med. Journ. 1901. p. 340. — *Derselbe*, Survival of a premature child weighing two pounds. Brit. med. Journ. Vol. 1. p. 654. 1912. — *Jaschke*, Rud. Th., Stauungshyperämie als ein die Milchsekretion beförderndes Mittel. Med. Klinik 1908. S. 254. — *Derselbe*, Die Bedeutung des Selbststillens im Kampfe gegen die Säuglingssterblichkeit usw. Monatsschr. f. Geb. u. Gyn. Bd. 28. S. 172. 1908. — *Derselbe*, Eine neue Milchpumpe. Zentralbl. f. Gyn. 1909. Nr. 16. — *Derselbe*, Zur Physiologie und Technik der natürlichen Ernährung der Neugeborenen. Monatsschr. f. Geb. u. Gyn. Bd. 29. S. 677. 1909. — *Derselbe*, Zur Frage der anatomisch begründeten Stillunfähigkeit. Zentralbl. f. Gyn. 1911. Nr. 58. — *Derselbe*, Neue Erfahrungen in der Technik der Ernährung sowie zur Physiologie und Pflege des Neugeborenen. Monatsschr. f. Geb. u. Gyn. Bd. 35. S. 60. 1912. — *Derselbe*, Neuere Erfahrungen in der Pflege und Ernährung der Neugeborenen. Berlin. Klinik 1912. H. 292. — *Derselbe*, Neue Beiträge zur Physiologie der natürlichen Ernährung der Neugeborenen. Zeitschr. f. Geb. u. Gyn. Bd. 76. 1913. — *Derselbe*, Die Zahl der Mahlzeiten beim Neugeborenen. Ebenda Bd. 73. 1914. — *Derselbe*, Das transitorische Fieber der Neugeborenen. Ebenda Bd. 78. H. 1. 1915. — *Derselbe*, Über Schwierigkeiten beim Stillen und deren Überwindung. Med. Klinik 1917. Nr. 26. — *Derselbe*, Beitrag zur Frage nach dem Nahrungs- und Energiebedürfnis des vollkommen gedeihenden Brustkindes. Zeitschrift f. Kinderheilk. Bd. 16. H. 1. 1917. — *Derselbe*, Die weibliche Brust. Pfaundler-Schloßmanns Handb. d. Kinderheilk. Bd. 1. 3. Aufl. 1923. — *Derselbe*, Sobre la fisiologia y tecnica de alimentacion de los recien nacidos. Rev. Argentina de Obst. y Gin. No. 3 1923. — *Derselbe*, Biologie und Pathologie der weiblichen Brust im Handb. d. ges. Frauenheilk. von *Halban-Seitz* Bd. 5. S. 2. Berlin-Wien 1926. — *Derselbe*, Rückwirkung des Säugens auf den mütterlichen Organismus. Handb. d. normal. u. pathol. Physiol. Herausgeg. von *Bethe, v. Bergmann, Embden, Ellinger*. Bd. 14. T. 1. Berlin 1926. — *Jaume, Ch.*, De la perte de poids du nouveau-né. Thèse de Lyon 1904. — *Jaworski*, Einige Bemerkungen über uterine Blutungen bei neugeborenen Mädchen. Kronika Lekarska. 1899. p. 211. — *Jeannin, C.* et *Barlerin*, Des affections mammaires dans leur rapport avec l'allaitement maternel. L'obstetr. 1905. p. 319. — *Jensen, O.*, Bildet die Mastitis der Mutter eine Gefahr für den Säugling. Diss. Kiel 1924. — *Joachim* (cf. *Stolz*). — *Joerg* (cf. *Czerny-Keller*). — *Johannescu*, Behandlung atrophischer Kinder in der Couveuse. Jahrb. f. Kinderheilk. Bd. 41. S. 300. 1896. — *Johannessen, A.*, Studien über die Sekretionsphysiologie der Frauenmilch. Jahrb. f. Kinderheilk. Bd. 39 S. 380. 1895. — *Derselbe* und *Wang* (cf. *Seitz*). — *Johannson* und *Westermark*, Einige Beobachtungen über den Einfluß, welchen die körperliche Beschaffenheit der Mutter auf diejenige des reifen Kindes ausübt. Skandinav. Arch. f. Physiol. Bd. 7. 1897. — *Johansson*, Methodik des Energiestoffwechsels. Abderhaldens Handb. d. biochem. Arbeitsmethoden Bd. 3. 2. Hälfte. S. 1176. 1910. — *John, J.* und *P. Schick*, Über die Pulszahlen des Fötus, des Säuglings und Kleinkindesalters. Zeitschr. f. Kinderheilk. Bd. 38. S. 216. 1924. — *Joseph* und *Guskar*, Zur Frage des Icterus neonatorum und der *Widal*-schen Reaktion. Klin. Wochenschr. 1924. Nr. 49. — *Jötten, L. W.*, Vergleiche zwischen dem Vaginalbazillus *Döderleins* und dem Bacillus acidophilus des Säuglingsdarmes. Arch. f. Hygiene Bd. 91. S. 143. 1922. — *Jovane*, Störungen der Saugtätigkeit bei Neugeborenen. Arch. f. Kinderheilk. Bd. 40. S. 202. — *Juda*, Über Uterusblutungen Neugeborener. Med. Klinik 1913. S. 584. — *Jukovsky, V. P.*, Uterusblutungen bei Neugeborenen. Pediatria. St. Petersburg Bd. 4. H. 6. 1913. — *Jurasovsky, J.*, Au sujet des enfants nés avant terme. L'obst. 1908. p. 402. — *Jurewitsch*, Über den vererbten und intrauterinen Übergang der agglutinierenden Eigenschaften des Blutes. Zentralbl. f. Bakt. Bd. 33. S. 76. 1903. — *Jürgens* (cf. *Gundobin*).

Kahler (cf. *Thiemich*). — *Kahn, R.*, Die Innervation der Milchdrüse. Klin. Wochenschr. 1925. Nr. 47. — *Kahn, W.*, Die Verbreitung der Hypogalaktie. Deutsche med. Wochenschr. 1922. Nr. 43. — *Kalaschnikoff*, Zur Anatomie der Harnwege im Kindesalter. Diss. St. Petersburg 1899. (Zit. nach *Gundobin*). — *Kaminer, Gisa* und *E. Mayerhofer*, Über den klinischen Wert der Bestimmung der anorganischen Pepsine im Harne unnatürlich ernährter Säuglinge. Zeitschr. f. Kinderheilk. Bd. 8. 1913. — *Dieselben*, Über die klinische Wertung der Bestimmung des anorganischen Phosphors im Harne natürlich ernährter Säuglinge. Zeitschr. f. Kinderheilk. 1913. H. 1. S. 24. — *Kamnitzer*, Erfahrungen mit Larosan. Deutsche med. Wochenschrift 1914. Nr. 17. — *Kaplan*, Bemerkungen zur normalen und topographischen Anatomie des Thymus usw. Diss. Berlin 1903. — *Karnitzki*, Die Blutungen des gesunden Kindes. Übersetzt von *Scholtz*. Arch. f. Kinderheilk. Bd. 36. — *Karnitzky, A. O.*, Zur Physiologie und Pathologie der Säuglingsernährung. Arch. f. Kinderheilk. Bd. 56.

S. 387. 1911. — *Derselbe*, Zur Physiologie des Wachstums und die Entwicklung des kindlichen Organismus. Jahrb. f. Kinderheilk. Bd. 68. S. 462. 1908. — *Kasarinoff* (cf. *Gundobin*). — *Kassowitz, M.*, Praktische Kinderheilkunde. Berlin 1910. — *Derselbe*, Die Ursachen des größeren Stoffverbrauches im Kindesalter. Jahrb. f. Kinderheilk. Bd. 67. H. 5. — *Kastner, O.*, Körpervolumen und spezifisches Gewicht von Säuglingen. Zeitschr. f. Kinderheilk. Bd. 3. S. 391. 1912. — *Katz, D. H.* und *W. König*, Über die Abhängigkeit des Geburtsgewichtes der Neugeborenen vom Vitamingehalt der mütterlichen Nahrung. Klin. Wochenschr. 1925. Nr. 45. — *Katzenberger*, Puls und Blutdruck bei gesunden Kindern. Zeitschr. f. Kinderheilk. Bd. 9. S. 167. 1913. — *Katzenellenbogen*, Untersuchungen über den Blutgehalt bei Kindern usw. Zeitschr. f. Kinderheilk. Bd. 8. S. 187. 1913. — *Kaupe, W.*, Eine neue Milchpumpe. Münch. med. Wochenschr. 1907. S. 126. — *Derselbe*, Eine Milchpumpenverbesserung. Ebenda 1909. Nr. 7. — *Derselbe*, Schwierigkeiten beim Stillen. Zeitschr. f. Säuglingsschutz Bd. 5. S. 186. 1913. — *Keene, L.* und *E. Hewer*, Studien über fötale Entwicklung der Organgewichte. Journ. of Obst. and Gyn. of the Brit. Emp. Vol. 30. No. 3. — *Kehrer, F. A.*, Über die Ursachen der Gewichtsveränderungen Neugeborener. Arch. f. Gyn. Bd. 1. 1870. (cf. auch *Ylppö*). — *Keiffer*, La glande mammaire chez le foetus et chez le nourrisson. L'obst. 1902. No. 3. — *Keilmann*, Zur Diätetik der ersten Lebenswoche. Deutsche med. Wochenschr. 1895. Nr. 21. — *Derselbe*, Beiträge zu den Erfahrungen über die künstliche Ernährung gesunder Säuglinge. Jahrb. f. Kinderheilk. Bd. 41. S. 312. 1896. (cf. auch *Credé-Hörder*). — *Keller, A.*, Über den Einfluß der Ernährung der Stillenden auf die Laktation. Monatsschr. f. Kinderheilk. Bd. 9. S. 69. 1910. — *Keller, C.*, Versorgung des Nabelrestes beim Neugeborenen. Graefes Samml. Bd. 5. Nr. 1. 1904. — *Derselbe*, Die Nabelinfektion in der Säuglingssterblichkeit der Jahre 1904 und 1905 suw. Zeitschr. f. Geb. u. Gyn. Bd. 58. S. 454 u. S. 526. 1906 (cf. auch *Seitz*). — *Derselbe*, Über die Prophylaxe der puerperalen Mastitis. Therap. Monatsh. 31. Jg. 1917. Okt. — *Keller, D.*, Verwendung des Saccharins bei der Säuglingsernährung. Reichs-Med.-Anzeiger 1898. Nr. 26. — *Derselbe*, Neuere Arbeiten über die chemische Zusammensetzung des menschlichen Fötus und der Neugeborenen. Zentralbl. f. Stoffwechsel- u. Verdauungskrankh. 1900. Nr. 13 (cf. auch *Seitz*). — *Keller, v.*, Ein Versuch über die Einwirkung der Sanokapseln auf die Milchabsonderung usw. Allg. med. Zentralztg. 1915. Nr. 35. — *Kenyieres*, Die Lungen Neugeborener im Röntgenbild. Vierteljahrsschr. f. gerichtl. Med. Serie 3. Bd. 34. 1907. — *Kerangal, R.*, Du traitement des gerçures du sein par le bleu de methylène. Thèse de Bordeaux 1909. — *Kermauner*, Das Gedeihen der Brustkinder in Gebäranstalten und der Einfluß des Fiebers der Wöchnerinnen auf dieselben. Jahrb. f. Kinderheilk. Bd. 66. S. 16. 1907. — *Derselbe*, Zur Kenntnis der Verdauungsstörungen im ersten Lebensjahre. Arch. f. Gyn. Bd. 75. S. 212. 1905 — *Derselbe* und *Orth*, Beiträge zur Ätiologie epidemisch in Gebäranstalten auftretender Darmaffekte bei Brustkindern. Zeitschr. f. Heilkunde Bd. 26. S. 194. 1905. — *Kern, H.*, Über den Umbau der Nebenniere im extrauterinen Leben. Deutsche med. Wochenschr. 1911. Nr. 21. — *Derselbe* und *Erich Müller*, Über eine vereinfachte Herstellung der Eiweißmilch. Berlin. klin. Wochenschr. 1913. Nr. 48. — *Kettner, A. H.*, Über fehlerhafte Behandlung stillender Mütter. Med. Klinik 1916. Nr. 41. — *Khoor, Ö.*, Die Eigenmilchinjektion als Galaktagogum. Zentralbl. f. Gyn. 1920. Nr. 52. — *Kilmer*, The proper care of the infants nursing bottle, an apparatus for the perfect sterilisation of the same combined with a pasteurizer and steriliser for milk. New York med. Journ. Juli 1900. — *Kirstein*, Der Verschluß des Ductus arteriosus Botalli. Arch. f. Gyn. Bd. 90. S. 303. 1910. — *Derselbe*, Über die physiologische Gewichtsabnahme Neugeborener. Zeitschr. f. Geb. u. Gyn. Bd. 80. 1918. — *Derselbe*, Trinkmengen gesunder Brustkinder in den ersten 14 Lebenstagen. Zeitschr. f. Geb. u. Gyn. Bd. 82. H. 3. p. 650. 1920. — *Derselbe*, Eigenmilchinjektion und Brustsekretion bei Wöchnerinnen. Zentralbl. f. Gyn. 1920. Nr. 12. — *Kjölseth, Marie*, Untersuchungen über die Reifezeichen des neugeborenen Kindes. Monatsschr. f. Geb. u. Gyn. Bd. 38. Ergänzungsh. S. 216. 1913. — *Klaften, E*,. Zur Beurteilung und Beeinflußmöglichkeit der Brustdrüsensekretion. Wien. med. Wochenschr. 1925. Festschr. d. 19. Gyn.-Kongreß. — *Klehmet, W.*, Wohlstand und Säuglingssterblichkeit. Zeitschr. f. Säuglingsfürsorge Bd. 8. Nr. 10 u. 11. — *Kleinschmidt, H.*, Die Bakterizidine in Frauen- und Kuhmilch. Monatsschr. f. Kinderheilk. Bd. 10. S. 254. 1911. — *Derselbe*, Die biologische Differenzierung der Milcheiweißkörper. Monatsschr. f. Kinderheilk. Bd. 10. 1911. — *Derselbe*, Couveusen und Hypothermie. Zeitschr. f. Kinderheilk. 1912. — *Derselbe*, Über Milchanaphylaxie. Monatsschr. f. Kinderheilk. Bd. 11. S. 644. 1913. — *Klemm*, Zur Biologie des natürlich ernährten Säuglings. Arch. f. Gyn. Bd. 82. S. 28. 1907. — *Derselbe*, Zur Beurteilung der Frauenmilch. Petersburger med. Wochenschr. 1898. Nr. 47. — *Klimoff* (cf. *Gundobin*). — *Klotz*, Die Bedeutung der Konstitution für die Säuglingsernährung. Würzburger Abhandl. a. d. Gesamtgeb. d. prakt. Med. Bd. 9. H. 9. — *Klotz, R.*, Steriler Transport der Muttermilch aufs Neugeborene. Klin.-therap. Wochenschr. 1910. Nr. 1. — *Knape, W.*, Über Konservierung der Frauenmilch mit Perhydrol. Monatsschr. f. Kinderheilk. Bd. 10. S. 281. 1912. — *Knapp*, Zur Frage von dem Verhalten des Scheidensekretes in den ersten Lebenstagen. Monatsschr. f. Geb. u. Gyn. Bd. 5. S. 577. 1897. — *Kneise,* Bakterienflora der Mundhöhle des Neugeborenen vom Momente der Geburt an. Hegar. Bd. 4. S. 130. 1901. — *Knöpfelmacher, W.,* Untersuchungen über das Fett im Säuglingsalter usw. Jahrb. f. Kinderheilk. Bd. 45. S. 177. 1897. — *Derselbe,* Verdauungsrückstände bei Ernährung mit Kuhmilch. Wien 1900. — *Derselbe,* Erkrankungen der Neugeborenen. Pfaundler-Schloßmanns Handb. d. Kinderheilk. 2. Aufl. Bd. 1. S. 309. Leipzig 1910 (cf. auch *Ylppö*). — *Derselbe* und *Lehndorff,* Das Hautfett im Säuglingsalter. Zeitschr. f. exp. Pathol. u. Therapie Bd. 2. S. 133. 1905. — *Koblanck,* Verhütung der eitrigen Bindehautentzündung Neugeborener. Zeitschr. f. Geb. u. Gyn. Bd. 35. S. 474. 1896. — *Koch, A.,* Zur Frage der obligaten Ausführung der *Credé*schen Prophylaxe durch die Hebammen. Zeitschr. f. Medizinalbeamte. Oktober 1901. — *Koch, K.,* Zur Frage der Gewichtskurvenbildung bei Brustkindern. Zeitschr. f. Geb. u. Gyn. Bd. 83. H. 2. 1921. — *Koch, P. P. C.,* Karnemelk voeding. Nederl. Tijdschr. v. Geneesk. Bd. 1. Nr. 29. 1899. — *Kockel,* Über die Demarkation der Nabelschnur. Ärztl. Sachverständ.-Ztg. Bd. 10. S. 424 (cf. auch *Seitz*). — *Koeppe, H.,* Physikalische Verhältnisse (scil. der Milch). Sommerfelds Handb. d. Milchkunde. Wiesbaden 1909. — *Derselbe,* Einfaches Modell einer Milchpumpe. Münch. med. Wochenschr. 1904. Nr. 32. — *Derselbe,* Erfahrungen mit einer Buttermilchkonserve als Säuglingsnahrung. Deutsche med. Wochenschr. 1904. Nr. 25. — *Derselbe,* Die Ernährungen mit „holländischer Säuglingsnahrung"; ein Buttermilchgemisch-Dauerpräparat. II. Teil. Jahrb. f. Kinderheilk. Bd. 66. — *Derselbe,* Über die klinische Wertung der Fettbestimmung in der Frauenmilch. Jahrb. f. Kinderheilk. Bd. 106. 3. Folge. Bd. 56. S. 177. — *Köhler,* Schwangerenfürsorge als Teil des Säuglingsschutzes. Zeitschr. f. Säuglingsschutz Dez. 1916. — *Kohn, A.,* Die Paraganglien. Arch. f. mikroskop. Anat. Bd. 62. S. 263. 1903. — *Kolff* und *Noeggerath,* Über die Komplemente der Frauenmilch. Jahrb. f. Kinderheilk. Bd. 70. S. 701. 1901. — *König,* Anwendung des Alkohols bei der Prophylaxe der Ophthalmoblennorrhoea neonatorum. Diss. Marburg 1900. — *Derselbe,* Über Untersuchungen des Blutes Neugeborener. Zentralbl. f. Gyn. 1910. S. 540. — *Königstein,* Untersuchungen an den Augen neugeborener Kinder. Jahrb. d. Ges. d. Ärzte in Wien 1881. — *Korenchevsky, V.* und *M. Carr,* Der Einfluß der mütterlichen Diät während der Schwangerschaft auf Wachstum, allgemeine Ernährung und Skelett von jungen Ratten. Journ. of Pathol. and Bact. Vol. 26. 1923. Ref. Zentralbl. f. Gyn. 1924. p. 1565. — *Dieselben,* Der Einfluß der antenatalen Fütterung der Elterngeneration auf Zahl, Gewicht und Zusammensetzung der Jungen bei der Geburt. Proceedings of the XIth Internat. Physiol. Congress Edinb. 1923. Ref. Zentralbl. f. Gyn. 1924. S, 1564. — *Korsleff* (cf. *Gundobin*). — *Köstlin, R.,* Beiträge zur Frage des Keimgehaltes der Frauenmilch usw. Arch. f. Gyn. Bd. 53. S. 201. 1897 (cf. auch *Seitz*). — *Kotscharowski* (cf. *Gundobin*). — *Kowalski* (cf. *Gundobin*). — *Kowarsky* (cf. *Seitz*). — *Kraft, H.,* Entwicklung des Drehreflexes beim Neugeborenen. Zeitschr. f. Geb. u. Gyn. Bd. 74. S. 201. 1913. — *Kramsztyk,* Über den Bakteriengehalt der Säuglingsfäzes. Zeitschr. f. Kinderheilk. Bd. 1. S. 169. 1911. — *Kraus,* Sophol. Münch. med. Wochenschr. 1908. S. 2064. — *Kreutzkamp, A.,* Ergebnisse der *Credé*schen Prophylaxe in der Frauenklinik zu Halle a. S. 1894—1903. Diss. Halle 1903. — *Kritzler, H.,* Die prophylaktische und therapeutische Chininumspritzung der Brustwarzen. Zentralbl. f. Gyn. 1922. Nr. 20. — *Kroenig* und *Füth,* Vergleichende Untersuchungen über den osmotischen Druck im mütterlichen und kindlichen Blute. Monatsschr. f. Geb. u. Gyn. Bd. 13. S. 39. 1913. — *Kronenberg,* Azidität und Pepsinverdauung im Säuglingsmagen. Diss. Breslau 1915. — *Krüger,* Verdauungsfermente beim Embryo und Neugeborenen. Wiesbaden 1891. — *Derselbe,* Warzenpflege in der Schwangerschaft. Monatsschr. f. Geb. u Gyn. Bd. 37. S. 867. 1913. — *Krukowski,* Über die prophylaktische Einträufelung in die Bindehaut der Neugeborenen. Monatsschr. f. Geb. u. Gyn. Bd. 31. S. 499. 1910. — *Krummacher,* Zur Versorgung des Nabels beim Neugeborenen. Münch. med. Wochenschr. 1909. Nr. 25. — *Kuliga, P.,* Neues zur Milchpumpenfrage. Münch. med. Wochenschr. 1923. Nr. 10. — *Kurashige, Mayeyama* und *Yamada,* Ausscheidung der Tuberkelbazillen in der Milch tuberkulöser Frauen. Zeitschr. f. Tuberkulose Bd. 18. S. 433. 1912. — *Kuschoff* (cf. *Gundobin*). — *Kusmin,* Eine einfache Methode einer aseptischen Ligatur und Behandlung der Nabelschnur bei Neugeborenen. Diss. St. Petersburg 1899. — *Derselbe,* Zur Frage über die Ligierung der Nabelschnur mittelst eines Gummiringes usw. Frommels Jahresber. Bd. 14. S. 706. — *Kußmaul* (cf. *Seitz*). — *Küstner,* Die Bakteriologie des abfallenden Nabelstranges bei verschiedenen Behandlungsmethoden. Zeitschrift f. Geb. u. Gyn. Bd. 84. H. 3. 1921. — *Kütting, A.,* Über das Geburtsgewicht und Entwicklung des Kindes in den ersten Lebenstagen sowie über die Stillfähigkeit während des Krieges. Zentralbl. f. Gyn. 1921. Nr. 5. — *Derselbe* and *B. Rattner,* The importance of colostrum to the new-born. Americ. Journ. of dis. of childr. Vol. 25. No. 6. 1923. — *Kutvirt,* Über das Gehör Neugeborener und Säuglinge. Passows Beitr. Bd. 4. S. 166. 1911.

Labre, R., Le lait desséché ou poudre de lait; son emploi chez le nourrisson. Rev. mens. de gyn., d'obst. et de péd. 9. Jg. 1914. p. 186. — *Lachs, J.* (cf. *Seitz*). — *Ladd, M.*, Gastric motility in infants as shown by the Röntgen ray. Americ. Journ. of dis. of children. Vol. 5. p. 345. 1913. — *Ladico, E.*, Sull' importanza delle profilassi delle ragadi delle mammelle. Rassegna di ost. e gin. Vol. 12. No. 1. p. 66. Napoli 1902. — *Lafoy, L.*, Faiblesse congén. et ictère du nouv.-né. Thèse de Montpellier 1901. — *Lambinon*, Rech. exp. sur le traitement du pédicule ombilical. Journ. d'accouch. Liège. Tom. 15. p. 81. 1894. — *Landois*, Zur Physiologie des Neugeborenen. Monatsschr. f. Geb. u. Gyn. Bd. 22. S. 194. 1905. — *Landouzy* et *Griffon*, Transmission. par l'allaitement, du pouvoir agglutinatif typique de la mère à l'enfant. Soc. de biol. 1897. — *Lane-Claypon, J. E.*, On the presence of hemolytic factors in milk. Journ. of Pathol. a. Bact. Vol. 13. 1908. London. — *Landsberger*, Brüste und Stillen. Deutsche med. Wochenschr. 1896. Nr. 39. — *Lang, W.*, Vergleichende Untersuchungen über Nabelbehandlung mit besonderer Berücksichtigung des *Martin v. Rosthorn*schen Verfahrens und der Omphalotripsie nach *Jägerroos*. Monatsschrift f. Geb. u. Gyn. Bd. 51. H. 2. — *Lange, C. de*, Zur normalen und pathologischen Histologie des Magendarmkanals beim Kinde. Jahrb. f. Kinderheilk. Bd. 51. 1900. (cf. auch *Seitz*). — *Lange* und *Feldmann*, Herzgrößenverhältnisse gesunder und kranker Säuglinge bei Röntgendurchleuchtung. Monatsschr. f. Kinderheilk. 1921. H. 5. — *Langelez, A.*, Ration alimentaire des nourrissons dans l'allaitement au sein et dans l'all. artificiel. Ann. de méd. et chir. infant. Paris Tom. 11. 1907. — *Lange-Nielsen*, Von dem Gewicht und der Länge der Neugeborenen in Norwegen. Norsk Magazin für laegev. 79. Jg. S. 1134. 1918. Ref. Zentralbl. f. Gyn. 1920. S. 1361. — *Langer*, Zur Resorption des Kolostrums. Verhandl. d. Ges. f. Kinderheilk. Bd. 24. S. 70. Dresden 1907. — *Langer, H.*, Die Bedeutung der Zuckerausscheidung im Harn bei Neugeborenen. Zeitschr. f. Kinderheilk. Bd. 36. S. 332. 1923. — *Langlois*, Le mécanisme de la lactation. Presse méd. 1909. p. 92 (cf. auch *Seitz*). — *Langstein, Leo*, Ernährung gesunder und kranker Säuglinge mit gelabter Kuhmilch. Jahrb. f. Kinderheilk. Bd. 55. S. 91. 1905. — *Derselbe*, Die Energiebilanz des Säuglings. Ergebn. d. Physiol. v. Asher-Spiro Bd. 4. S. 851. 1905. — *Derselbe*, Die Eiweißverdauung im Magen des Säuglings. Jahrb. f. Kinderheilk. Bd. 64. S. 139. 1906. — *Derselbe*, Eiweißabbau und -Aufbau bei natürlicher Ernährung. Ebenda S. 154. — *Derselbe*, Betrachtungen über das Problem der künstlichen Ernährung und die durch sie bedingten Ernährungsstörungen. Festschr. d. Kaiserin Auguste Victoria-Hauses. Berlin. 1909. — *Derselbe*, Das Eisen bei der natürlichen und künstlichen Ernährung usw. Jahrb. f. Kinderheilk. Bd. 74. S. 536. 1911. — *Derselbe*, Kinderkrankheiten. Jahreskurse f. ärztl. Fortbildung. 3. Jg. 1912. — *Derselbe*, Stoffwechseluntersuchungen am Säuglings-Handb. d. biochem. Arbeitsmethoden 1910. — *Derselbe*, Ernährung und Wachstum Frühgeborener. Berlin. klin. Wochenschr. 1915. Nr. 24. — *Derselbe*, Physiologie der Neugeborenen. Jahreskurse f. ärztl. Fortbildung 1916. Juni. — *Derselbe*, Fieberhafte Temperaturen bei Neugeborenen usw. Zeitschr. f. Geb. u. Gyn. Bd. 78. 1916. — *Derselbe*, Ernährung und Pflege des Säuglings. 8. Aufl. Berlin. Julius Springer 1923. 88 S. — *Langstein* und *Edelstein*, Über den Eisengehalt der Frauen- und Kuhmilch. Münch. med. Wochenschr. 1912. S. 1717. — *Langstein* und *L. F. Meyer*, Säuglingsernährung und Säuglingsstoffwechsel. 2. Aufl. Wiesbaden 1914. — *Langstein* und *Niemann*, Beiträge zur Kenntnis der Stoffwechselvorgänge in den ersten 14 Lebenstagen normaler und frühgeborener Säuglinge. Jahrb. f. Kinderheilk. Bd. 71. S. 604. 1910. — *Dieselben*, Beitrag zur Kenntnis der Stoffwechselvorgänge in den ersten 14 Lebenstagen normaler und frühgeborener Säuglinge. Zeitschr. f. Kinderheilk. Bd. 71. S. 604. 1910. — *Langstein* und *Soldin*, Über die Anwesenheit von Erepsin im Darmkanal des Neugeborenen resp. Fötus. Jahrb. f. Kinderheilk. Bd. 68. S. 9. 1908. — *Langstein* und *Steinitz*, Laktase und Zuckerausscheidung bei magendarmkranken Säuglingen. Hofmeisters Beitr. Bd. 7. S. 575. 1906. — *Langstein* und *Zentner*, Das Verhalten der Milcheiweißkörper bei der enzymatischen Spaltung. Verhandl. d. Ges. f. Kinderheilk. Stuttgart 1906. — *Langstein, Rott* und *Edelstein*, Der Nährwert des Kolostrums. Jahrb. f. Kinderheilk. Bd. 7. S. 210. 1913. — *Lanzum-Brown*, Beobachtungen über ein neues Laktagogum. Brit. Journ. of dis. of children. Vol. 9. p. 214. 1912. (Empfehlung von Laktagol.) — *Lapsley*, The practical aspects of prevention of ophthalm. neonat. Americ. Journ. med. Assoc. Vol. 53. 1909. — *Larro*, Essai sur la ration alimentaire du nourrisson. Thèse de Toulouse 1908. — *Laseoux*, Etude sur l'accroissement du poid et de la taille des nourrissons. Thèse de Paris 1908. — *Lassablière, P.*, Hygiène du premier âge. Paris 1913. — *Lateiner-Mayerhofer, Mathilde*, Histologische und zytologische Untersuchungen am Knochenmark des Säuglings. Zeitschr. f. Kinderheilk. Bd. 10. S. 152. 1914. — *Laumonice*, Du choix des nourrices et de la digestibilité de leur lait. Bull. gén. de thérap. 15. V. 1902. — *Laure*, Des résultats fournis par la pésée quotidienne des enfants à la mamelle. Thèse de Paris 1889. — *Laurent, C.*, Prophyl. des conjonct. chez les nouv.-nés, en particulier par l'argyrol. Thèse de Toulouse 1906. — *Laurentius, J.*, Zur Leistungsfähigkeit der Brustdrüse der Ammen. Arch. f. Kinderheilk. Bd. 56. S. 275. 1911. — *Lauro de Franco*, Etudes historiques et recherches sur le poids et la loi de l'accroissement du nouveau-né. Thèse de Paris 1874. — *Lazard*, The prophylaxis of ophthalmia neonat. Southern Calif. Practit. Sept. 1909. — *Lebenstein, H.*, Geburtsgewichte der Kinder im Kriege. Diss. Heidelberg 1921. — *Lederer*, Die Bedeutung des Wassers für Konstitution und Ernährung. Zeitschr. f. Kinderheilk. Bd. 10. S. 365. 1914. — *Lederer* und *Pribram*, Experimentelle Beiträge zur Frage über die Beziehungen zwischen Plazenta und Brustdrüsenfunktion. Pflügers Arch. Bd. 134. S. 531. 1910. — *Lee*, Die Couveusen der Entbindungsanstalt in Chicago. Ref. Zentralbl. f. Gyn. 1903. S. 443. — *Lee, de*, Obstétrics, Philadelphia und London 1913. — *Leers, O.*, Über die Abstoßung der Nabelschnur. Ärztl. Sachverständigen-Ztg. Bd. 14. S. 332. 1908. — *Legal measures* for preventing the spread of ophthalmia. New York med. Journ. Vol. 63. p. 64. — *Lehle, A.*, Zur Prophylaxe der Ophthalmoblennorrhoea neonatorum. Münch. med. Wochenschr. 1912. Nr. 40. — *Lehmann, F.*, Über den gegenwärtigen Stand unserer Kenntnisse von der Bakteriologie der Fäzes beim Kind im ersten Lebensjahre. Diss. München 1903. — *Lehndorff*, Hämatologie der Neugeborenen. Sammelreferat. Gyn. Rundschau 1907. — *Derselbe*, Über das Wangenfettpolster der Säuglinge. Jahrb. f. Kinderheilk. Bd. 66. S. 286. 1907. — *Leiner*, Über Farbenreaktionen der Kaseinflocken. Jahrbuch f. Kinderheilk. Bd. 50. — *Leitner* (cf. *Seitz*). — *Leleu*, L'établ. tardif de la secrétion lactée. Thèse de Paris 1908. — *Lempp* und *Langstein*, Beiträge zur Kenntnis der Einwirkung des Magensaftes auf Frauen- und Kuhmilch. Jahrb. f. Kinderheilk. Bd. 70. S. 363. 1912. — *Lengfellner*, Der Fuß des Neugeborenen und seine Behandlung. Med. Klinik 1910. S. 218. — *Leo*, Über den gasförmigen Mageninhalt bei Kindern im Säuglingsalter. Zeitschr. f. klin. Med. Bd. 41. 1900. — *Derselbe*, Untersuchungen über Indikanurie in der ersten Kindheit. Verhandl. d. Ges. f. Kinderheilk. Bd. 23. S. 281 in Stuttgart 1906. — *Leopold*, Augenentzündung der Neugeborenen und 1% Höllensteinlösung. Münch. med. Wochenschr. 1906. Nr. 18 (cf. auch *Seitz*). — *Lepehne*, Zur Kenntnis des Icterus neonatorum. Monatsschr. f. Geb. u. Gyn. Bd. 60. S. 277. 1922. — *Lequeux*, Examen ophthalmoscopique chez le nouv.-né. Ann. de Gyn. et d'Obst. 2e série Tom. 8. p. 740. 1914. — *Lequeux-Marioton*, La crise génitale chez le nouv.-né etc. Bull. soc. d'obst. de Paris 1910. — *Lereboullet*, De l'état du sémin et des urines dans l'ictère simple du nouv.-né. Compte rend. hebdom. de la soc. de biol. 22. XI. 1901. — *Lesage* et *Demelin*, De l'ictère du nouveau-né. Rev. de méd. 1898. No. 1. — *Lesne* et *Merklen*, Les urines du nourrisson à l'état normal et dans les affections gastrointestinales. Bull. gén. de thérap. 15. IX. 1902. — *Leto, C.*, Ritorno allo stato colostrale del latte e citoprognosi dell' allattamento. Ricerche la Pédiatria. Napoli 1906. p. 584. — *Letourneau*, Quelques observations sur le coeur des nouveau-nés. Paris 1858. — *Leube*, Beiträge zum Verhalten des Milchflusses bei Stillenden. Arch. f. Gyn. Bd. 43. S. 10. 1912. (cf. auch *Sarwey*). — *Leuret, E.*, A propos de la pathogénie de l'ictère du nouveau-né. L'obst. Tom. 2. p. 2. — *Derselbe*, Sur l'ictère hémolytique du nouv.-né. Fol. haematolog. 1908. p. 86. — *Derselbe*, Etude anatomo-pathologique comparé de l'ictère hémolytique du nouv.-né et de l'hémolyse provoqué. Arch. de mal. du coem., des vaisseaux et du sang. 1910. p. 236 (cf. auch *Ylppö*). — *Levai*, Neue Beiträge zur Beurteilung der Wirkung der Somatose. Gyogyaszat 1902. S. 34. — *Leven* und *Barret*, Radioscopie gastrique. L'estomac du nourrisson. Forme, limite inférieure. Mode de remplissage et dévacuation. Presse méd. 1906. p. 63. — *Levy, G.*, Cytropronostic de la lactation. Thèse de Lyon 1903. — *Lewin, L.*, Spektrophotographische Untersuchungen des Mekoniums. Arch. f. d. ges. Physiol. Bd. 145. S. 393. 1912 (cf. auch *Gundobin*). — *Lewis, D. M.*, The cell content of milk. Americ. Journ. of dis. of children. Vol. 6. p. 225. 1913. — *Lewis, F. P.*, Practical legislation for the prevention of blindness from ophthalm. neonat. New York med. Journ. Vol. 85. p. 237. 1907. — *Derselbe, C. W. Harper* and *H. D. Pease*, Ophthalmia neonat. and its prevention. Report of the comittee on ophthalmia neonatorum of the Am. public health assoc. Americ. Journ. med. Assoc. Vol. 52. p. 876. 1909. — *Leyen, von der*, Über die Schleimzone des menschlichen Magen- und Darmepithels vor und nach der Geburt. Virchows Arch. Bd. 180. S. 99. 1905. — *Lichtenstein, A.*, Hämatologische Studien bei Frühgeburten in den ersten Lebensjahren mit besonderer Berücksichtigung anämischer Zustände. Svenska Läkaresällskapets Handling 1917. Bd. 43. H. 4. — *Liefmann, Elsa*, Die Azetonausscheidung im Urin gesunder und spasmophiler junger Kinder. Jahrb. f. Kinderheilk. Bd. 77. S. 125. 1913. — *Liepmann, W.*, Steigerung der Milchsekretion durch Steigerung der Eiweißernährung. Tierexp. Studie. Berlin. klin. Wochenschr. 1912. S. 1422. — *Lindemann* und *Noack*, Übergang mütterlicher Scheidenkeime auf das Neugeborene usw. Zentralbl. f. Gyn. 1912. S. 991. — *Lindig, P.*, Temperatursteigerungen beim Neugeborenen im Lichte serologischer Forschung. Monatsschr. f. Geb. u. Gyn. Bd. 49. H. 5. — *Derselbe*, Die biologische Einstellung des Neugeborenen auf die Eiweißkörper des Brustdrüsensekretes. Arch. f. Gyn. Bd. 110. H. 3. 1919. — *Derselbe*, Zur Glykosurie des Neugeborenen. Klin. Wochenschr. 1922. Nr. 20. — *Linhardt, A.*, Steigerung der Milchabsonderung mittels Plazentaextraktes. Magyar orvosi 1923. Nr. 12. — *Linzenmeier*, Der Verschluß des Ductus arteriosus Botalli usw. Zeitschr. f. Geb. u. Gyn. Bd. 76.

S. 217. 1914. — *Linzenmeier, G.* und *F. Ivanyi*, Icterus neonatorum und *Widal*sche Reaktion. Zentralbl. f. Gyn. 1923. Nr. 48. — *Linzenmeier* und Frl. *Lilienthal*, Zur Frage des Icterus neonatorum. Zentralbl. f. Gyn. 1922. Nr. 47. — *Lissauer*, Über Oberflächenmessungen an Säuglingen und ihre Bedeutung für den Nahrungsbedarf. Jahrb. f. Kinderheilk. Bd. 58. H. 2. — *Lissenko* (cf. *Gundobin*). — *Litinski* (cf. *Gundobin*). — *Litzenberg, J. C.*, Etiology and prophyl. of ophthalm. neonat. Journ. Americ. med. Assoc. Vol. 53. p. 1850. 1909. — *Liwschiz*, Biologische Untersuchungen zur Kaseinfrage. Diss. München 1913. — *Lobligeois*, Beeinflussung der Milchsekretion durch physikalische Heilmethoden. Deutsche Medizinalztg. 1912. S. 279. — *Löhr, H.*, Zur Agglutination der Muttermilch bei Paratyphus B. Med. Klinik 1921. Nr. 21. — *Lönne, F.*, Eigenmilchinjektion und Brustsekretion. Zentralbl. f. Gyn. 1919. Nr. 45. — *Derselbe*, Eigenmilchinjektion und Brustsekretion. Zentralbl. f. Gyn. 1920. Nr. 23. — *Lomer*, Gewichtsbestimmungen der einzelnen Organe Neugeborener. Zeitschr. f. Geb. u. Gyn. Bd. 16. S. 106. — *Looft, C.*, Icterus neonatorum. Med. revue Berg. 36. Jg. p. 373. 1919. — *Lorain* (cf. *Gundobin*). — *Lorch*, Über Kinderwägungen. Diss. Erlangen 1878. — *Loveth-Morse*, Icterus neonatorum. Boston med. and surg. Journ. 1910. No. 1. — *Lovrich*, Eine neue Behandlung des Nabelstumpfes. Zentralbl. f. Gyn. 1905. S. 390. — *Derselbe*, *Bar*sche Nabelbehandlung. Wien. med. Wochenschr. 1905. S. 1692. — *Löwenburg, H.*, A practical treatise on infant feeding and allied topics. Philadelphia 1916. 373 S. F. A. Davis. — *Derselbe*, Etiology of artificial feeding. A plea for the study of breastmilk-problems. Journ. Americ. med. Assoc. Vol. 61. p. 24. 1913. — *Loyer*, Les émotions morales chez les nourrices et leur retentissement chez les nourrissons. Thèse de Paris 1904. — *Lucien, M.* et *Parisot*, Étude physiol. et anat. du thymus. Compte rend. Soc. biol. Vol. 64. p. 747. 1908. — *Lurie, W. O.*, Collection of urine from female babies. Journ. Americ. med. Assoc. Vol. 60. p. 2045. 1913. — *Lüsebrink* (cf. *Seitz*). — *Lust, F.*, Die Durchlässigkeit des Magendarmkanals für heterologes Eiweiß bei ernährungsgestörten Säuglingen. Jahrb. f. Kinderheilk. Bd. 77. S. 243 u. 382. 1913. — *Derselbe*, Über den Wassergehalt des Blutes und sein Verhalten bei den Ernährungsstörungen der Säuglinge. Jahrb. f. Kinderheilk. Bd. 73. S. 85. 1911. — *Derselbe*, Über den Nachweis der Verdauungsfermente in den Organen des Magendarmkanals von Säuglingen. Monatsschr. f. Kinderheilk. Bd. 11. Nr. 8. — *Lutz*, Sur les inconvénients résultant pour l'hygiène des nouv.-nés de l'emploi de certaines tétines. Clin. ind. 1913. No. 20. — *Lwoff, N.*, Über die beste Behandlungsmethode des Nabelschnurrestes. Frommels Jahresber. Bd. 7. S. 463.

Macé, Le chauffage des couveuses par la baryte hydratée. Bull. de la soc. d'obst. 1905. No. 4. — *Mackenzie, R. C.*, On the prevent. of ophthalm. neonat. Boston Med. a. Surg. Journ. Vol. 166. p. 737. 1912. — *Macrycostas* (cf. *Czerny-Keller*. 200). — *Magnanimi*, Sulla composizione morfolog. del sangue del neonato. Clin. ost. 1902. Januar. — *Magnus, R.*, Körperstellungsreflexe bei neugeborenen Tieren. Skand. Arch. f. Physiol. Bd. 43. S. 39. 1923. — *Maillet, F.*, Die Unterhautzellgewebe und die Widerstandskraft des kindlichen Organismus. La Pathol. infant. Vol. 9. p. 85. 1912. — *Major*, Röntgenuntersuchungen am Säuglingsmagen. Zeitschrift f. Kinderheilkunde Bd. 8. S. 341. 1913. — *Malagodi*, Hat das Fett der Nahrung Einfluß auf das Fett der Frauenmilch? Ref. Jahrb. f. Kinderheilk. Bd. 71. S. 100. — *Malicoa* cf. *Ylppö*). — *Mangiagalli, L.*, Allattamento. Arte ostetr. Vol. 7. No. 20. 1913. — *Männels*, Über die prophylaktische Sopholbehandlung der Augen Neugeborener. Zentralbl. f. Gyn. 1911. S. 844. — *Marcus*, Über Nabelabklemmung. Deutsche med. Wochenschr. 1909. S. 803. — *Marcus, J. H.*, The premature infant. Americ. med. Vol. 29. No. 7. 1923. — *Marfan, A. B.*, L'allaitement arteficiel. Paris 1896 (Steinheil). 156 S. — *Derselbe*, Handbuch der Säuglingsernährung und der Ernährung im frühen Kindesalter. Übersetzt von R. *Fischl*. Leipzig u. Wien 1904. — *Derselbe*, La ration alimentaire de l'enfant au sein. Journ. de méd. interne 1913. p. 231. — *Marheincke, C.*, Über das Auftreten von Urobilin im Stuhl von Neugeborenen und Säuglingen. Jahrb. f. Kinderheilk. Bd. 108. 3. Folge. Bd. 58. S. 326. 1925. — *Marin, G.*, Contributo allo studio dell' influenza dell' alimentazione sul contenuto di grasso nel latte di donna. Pediatria. Napoli 1906. p. 594. — *Maron*, Einfluß der Ernährungsverhältnisse des Krieges auf den körperlichen Entwicklungszustand des Neugeborenen. Veröffentl. a. d. Gebiete d. Med. Verwaltung 8. H. 7. Berlin 1918. — *Marondis, G.*, Zur Frage des Icterus neonatorum und der *Widal*schen Reaktion. Zentralbl. f. Gyn. 1924. Nr. 50. — *Marre*, L'albumine dans l'urine des nourrissons. Rev. d'hyg. et de méd. inf. Tom. 1. p. 117. 1910. — *Martin, A.* (cf. *Sarwey*). — *Martin, Ed.*, Über Stillfähigkeit. Münch. med. Wochenschr. 1920. Nr. 53. — *Derselbe*, Wochenbett- und Säuglingspflege. Berlin, S. Karger 1920. — *Derselbe*, Abgekochte Mutter- und Frauenmilch. Klin. Wochenschr. 1923. Nr. 7. — *Derselbe*, Die Milch luetischer Wöchnerinnen. Münch. med. Wochenschr. 1925. Nr. 29. S. 1205. — *Martin, G.*, Stillvermögen. Arch. f. Gyn. Bd. 74. S. 513. 1905. — *Martin, A.* und *Ruge*, Über das Verhalten des Harnes der Neugeborenen. Zeitschr. f. Geb. u. Gyn. Bd. 1. S. 273. 1876. —

Marex, Care and treatment of the nipple in the gravid and puerperal state. Med. Rec. Vol. 43. p. 170. 1893. — *Masay, F.*, Beiträge zur Lehre von der Temperatur der Frühgeborenen. Jahrb. f. Kinderheilk. Bd. 75. S. 232. 1912. — *Maschtakoff* (cf. *Gundobin*). — *Mathes*, Gefrierpunktserniedrigung des mütterlichen und kindlichen Blutes. Zentralbl. f. Gyn. 1901. S. 866. — *Mathes, P.*, Eine typische Form der Brustdrüsenentzündung im Wochenbett. Münch. med. Wochenschr. 1921. Nr. 1. — *Matsuno*, Die interstitielle Eierstocksdrüse beim Neugeborenen. Zeitschr. f. Geb. u. Gyn. Bd. 80. H. 3. 1923. — *Maurage* (cf. *Seitz*). — *Maurel, E.*, Contrib. à l'étude du thorax chez le nouv.-né. Bull. de la soc. d'obst. et de gyn. de Paris. 3e année, Nr. 2. S. 127. 1914. — *Mayer, Aug.*, Über Entstehung und Bedeutung des sog. Hungerfiebers bei Neugeborenen. Med. Klinik 1915. Nr. 34. — *Derselbe*, Über die biologische Einheit zwischen Mutter und Kind. Monatsschr. f. Geb. u. Gyn. Bd. 64. H. 3 u 4 1923 u 1924 — *Mayer, Ernst*, Diastase im Säuglingsharn. Biochem. Zeitschr. Bd. 49. S. 165. 1913. — *Mayerhofer, E.*, Der Harn des Säuglings. Ergebn. d. inn. Med. u. Kinderheilk. Bd. 12. S. 553. 1913. — *Derselbe* und *E. Přibram*, Ernährungsversuche bei Neugeborenen mit konservierter Frauenmilch. Wien. klin. Wochenschrift 1909. Nr. 26. — *Dieselben*, Praktische Erfolge der Ernährung mit konservierter Frauenmilch. (Bericht über 100 Fälle.) Zeitschr. f. Kinderheilk. Bd. 3. S. 525. 1912. — *Mayerhofer, E.* und *Fr. Roth*, Klinische Beobachtungen über die kalorische Betrachtungsweise der Säuglingsernährung. Zeitschr. f. Kinderheilk. Bd. 11. S. 117. 1914. — *Maygrier*, Élevage et survie des prèmaturés à la maternité . . . 1898—1907. L'Obst. 1907. — *Derselbe* und *Schwab*, Geschichte eines 840 g schweren Frühgeborenen. Soc. d'obst. 20. VI. 1907. Ref. Zentralbl. f. Gyn. Bd. 32. S. 83. — *Medorikoff* (cf. *Gundobin*). — *Mehnert*, Über topographische Altersveränderungen der Atmungsorgane. Jena 1901. — *Meier*, Icterus neonatorum. Gyn. Ges. Breslau 15. I. 1924. Zentralbl. f. Gyn. 1924. S. 976. — *Derselbe*, Icterus neonatorum. Monatsschr. f. Geb. u. Gyn. Bd. 66. H. 6. 1924. — *Mendelsohn, A.*, Beobachtungen über Hauttemperaturen der Säuglinge. Zeitschr. f. Kinderheilk. Bd. 3. S. 291. 1912. — *Derselbe*, Über das Wärmeregulationsvermögen des Säuglings. Zeitschr. f. Kinderheilk. Bd. 5. 1913. — *Mensi*, Über die Resistenz der roten Blutkörperchen des normalen und ikterischen Neugeborenen. La Ped. 1909. Ref. Jahrb. f. Kinderheilk. Bd. 70. S. 109. — *Derselbe*, Über den arteriellen Blutdruck bei normalen und ikterischen Neugeborenen. Riv. di clin. ped. 1908. Ref. Jahrb. f. Kinderheilk. Bd. 69. S. 351. 1909. — *Derselbe*, Über eine neue Ätiologie und pathologische Auffassung des Ikterus des Neugeborenen. Riv. di clin. ped. 1910. Ref. Jahrb. f. Kinderheilk. Bd. 72. S. 505. — *Derselbe*, Il ricambio respiratorio nel neonat. umano. R. Acc. Med. di Torino. 27. IV. 1894. — *Derselbe*, La gestione degli amilacei nei primi mesi della vita. Reale Accad. di Med. di Torino. 8. V. 1900. — *Mercier, R.*, Chauffage de la couveuse au thermoriphore. Bull. de la soc. d'obst. 1906. Nr. 1. — *Merdner*, Der Mekoniumpfropf usw. Prager med. Wochenschr. 1909. S. 671. — *Meroz-Tydman*, Die Schilddrüse des Neugeborenen besonders in Genf. Rev. méd. de la Suisse romande 1910. Ref. Arch. f. Kinderheilk. Bd. 56. S. 229. — *Méry*, Du lait cru dans l'alimentation des nourrissons. Congr. nat. de gin., d'obst. et de péd. Rouen 1904. — *Méry, H.* et *L. Guillemot*, L'alimentation des nourrissons par le lait de vache cru. Les avantages et ses inconvénients. Ann. de gyn. 1907. p. 103. — *Mesnil*, Les mères, qui ne peuvent pas allaiter au sein leur enfant. Thèse de Paris 1903. — *Metschnikoff*, Note sur l'infl. des microbes dans le développement des tétards. Ann. de l'institut Pasteur 1901. No. 8. — *Mettenheimer*) Ein Beitrag zur topographischen Anatomie der Brust-, Bauch- und Beckenhöhle. Morphol. Arbeiten von Schwalbe Bd. 3. 1894. Jena. (Literatur.) — *Metz*, Über die Gewichtsveränderungen der Neugeborenen. Diss. Marburg 1873. — *Meurer* (cf. *Frommel*, Jahresber. Bd. 9. S. 885). — *Meyer, Ad.*, Über die Bedeutung der Verbrennungswärme der Nahrung bei der Ernährung von Kindern im 1. Lebensjahre. Bibliothek for Laeger 1904. S. 64. — *Meyer, A. W.*, Resultate der Nabelabklemmung. Wien. klin. Wochenschr. 1908. Nr. 19. — *Meyer, C.*, Eigenmilchinjektionen bei Wöchnerinnen mit Hypogalaktie. Zentralbl. f. Gyn. 1920. Nr. 23. — *Meyer, E.* und *Adler*, Über den Bilirubinstoffwechsel bei Neugeborenen. Zentralbl. f. Gyn. 1924. Nr. 28. — *Meyer, J.*, Détermination de certaines réactions tissulaires du nourrisson par la pesée horaire. Compte rend. des séances de la soc. de biol. Tom. 88. No. 14. S. 1097. — *Meyer, L. F.*, Beiträge zur Kenntnis der Unterschiede zwischen Frauen- und Kuhmilchernährung. Monatsschr. f. Kinderheilk. Bd. 5. S. 361. — *Derselbe*, Mineralstoffwechsel im Säuglingsalter. Ergebn. d. inn. Med. u. Kinderheilk. Bd. 1. — *Derselbe*, Über den Wasserbedarf des Säuglings. Zeitschr. f. Kinderheilk. Bd. 5. S. 1. — *Derselbe*, Zur Kenntnis der Magensekretion der Säuglinge. Arch. f. Kinderheilk. 1903. S. 79. — *Derselbe*, Idiosynkrasie gegen Kuhmilch. Berlin. klin. Wochenschr. 1907. Nr. 46. — *Derselbe* und *E. Nassau*, Über den Vitamingehalt der Frauenmilch. Klin. Wochenschr. 1925. Nr. 50. — *Meyer* und *Cohn*, Klinische Beobachtungen und Stoffwechselversuche über die Wirkung verschiedener Salze beim Säugling. Arbeiten z. 10jähr. Bestehen d. Kinderspitals d. Stadt Berlin. — *Meyer, L.* und *L. Jerome*, Über die sog. Kaseinmassen im Stuhl des Säuglings. Arch. of Ped. 1910. Febr. — *Meyer, P.*, Über die Ursachen, welche das Stillen verbieten, besonders . . . nach schweren Blutverlusten in der Geburt. Diss. Marburg 1901. — *Meyer* und *Leopold*, On the so-called Casein Masses in infants stools. Arch. of ped. Okt. 1909. — *Meysenburg, L. v.*, Sensitization of breast fed infants to food protensi in mothers milk. New Orleans med. surg. Journ. Vol. 176. No. 9. 1924. — *Michel*, Les selles du nourrisson au sein; utilisation des matériaux nutritifs du lait de femme. Journ. de clin. et thérap. infant. 5. I. 1899. — *Derselbe*, Compos. moyenne du lait de femme. Union pharmaceutique. 5. IX. 1898. — *Derselbe*, Digestion artif. du lait. Éude comparat. de l'action des ferments digestifs sur les matières albuminoides du lait cru et du lait stérilisé. L'obst. 1896. No. 1. — *Derselbe*, Rech. sur la nutrition normale du nouveau-né. Echanges nutritifs azotés et salins. L'obst. 1896. p. 140. — *Derselbe*, Sur le lait de femme et l'utilisation de ses matériaux nutritifs dans l'organisme du nouveau-né sain. L'obst. Nov. 1897 (cf. auch *Seitz*). — *Michel* et *Perret* (cf. *Seitz*). — *Millbank* (cf. *Stolz*). — *Miller* (cf. *Gundobin*). — *Minkowski*, Über frühzeitige Bewegungen, Reflexe und muskuläre Reaktionen beim menschlichen Fötus und ihre Beziehungen zum fötalen Nerven- und Muskelsystem. Schweiz. med. Wochenschr. 1922. Nr. 29. — *Misch*, Über die „Kriegsneugeborenen". Zeitschr. f. Säuglingsschutz 1916. H. 6. — *Mittweg*, Zur Frage der Credéisierung usw. Ann. f. d. ges. Hebammenwesen Bd. 5. 1914. — *Modica, O.* e *R. Ottolenghi*, L' analisi delle urine (docimasia urinaria) nella determinazione dell' età del neonato. Ref. Frommels Jahresber. Bd. 16. S. 1182. — *Mogwitz*, Über den Blutzucker des Säuglings. Monatsschr. f. Kinderheilk. Bd. 12. 1913. — *Derselbe*, Über den Blutzucker der Säuglinge. Zeitschr. f. Kinderheilk. Bd. 12. Nr. 9. S. 569. — *Mohr* (cf. *Seitz*). — *Derselbe*, Über Unterschiede des mütterlichen und kindlichen Serums in seiner antitryptischen Wirkung. Diss. Würzburg 1907. — *Moll, E.*, Zur Technik der *Bier*schen Hyperämie für die Behandlung der Mastitis nebst vorläufiger Bemerkung über die Anwendung derselben zur Anregung der Milchsekretion. Wien. klin. Wochenschr. 1906. Nr. 17. — *Moll, L.*, Über Fettvermehrung der Frauenmilch durch Fettzufuhr, nebst einem Beitrag über die Bedeutung der quantitativen Fettunterschiede für das Gedeihen des Brustkindes. Arch. f. Kinderheilk. Bd. 48. 1908. — *Derselbe*, Die klinische Bedeutung der Phosphorausscheidung im Harne beim Brustkind. Jahrb. f. Kinderheilk. Bd. 69. — *Moll, L.*, Zur Pflege und Ernährung frühgeborener Kinder. Wien. klin. Wochenschr. 1919. Nr. 3. — *Derselbe*, Zur Verhütung und Behandlung von Rhagaden an den Brustwarzen stillender Mütter. Med. Klinik 1922. Nr. 13. — *Derselbe*, Die erhöhte Temperatur der laktierenden Mamma als Gradmesser ihrer Funktion. Wien. med. Wochenschr. 1924. Nr. 21. — *Derselbe*, Über die Anwendung eines Hohlverbandes als Brustwarzenschutzverband, Nabelschutzverband usw. Med. Klinik 1925. Nr. 47. — *Derselbe*, Ein mit einem automatischen Temperaturregulierungsapparat verbundener Wärmeschirm für frühgeborene und kranke Säuglinge. Med. Klinik 1925. Nr. 46. — *Derselbe*, Stillfähigkeit und submammilläre Temperatur. Monatsschr. f. Kinderheilk. Bd. 31. Nov. 1925. — *Derselbe*, Stillschwierigkeiten und ihre Bekämpfung. Wien und Leipzig, Pert. hes 1925. — *Momm*, Die nach der Hungerblockade herabgesetzte Stillfähigkeit der deutschen Frau. Münch. med. Wochenschr. 1920. Nr. 27. — *Derselbe* und *Kraemer*, Hat der Krieg einen Einfluß auf die Zusammensetzung der Muttermilch? Münch. med. Wochenschr. 1917. Nr. 44. — *Mond, R.*, Über Laktagol usw. Deutsche med. Wochenschr. 1904. Nr. 10. — *Monrad*, Kaseinklumpen im Kinderstuhl im Zusammenhang mit Rohmilchernährung. Monatsschr. f. Kinderheilk. Bd. 10. S. 244. 1912. — *Montagnon*, Allaitement et mal de Bright. Bull. méd. 14. VIII. 1901. — *Monti* (cf. *Seitz*). — *Morau, J. F.* and *W. M. Spray*, The prevention treatment of ophth. neonat. Americ. Journ. of Obst. Vol. 61. p. 367. 1910. — *Morize, P.* (cf. *Ylppö*). — *Moro, E.*, Untersuchungen über diastatisches Enzym in den Stühlen von Säuglingen und in der Muttermilch. Jahrb. f. Kinderheilk. Bd. 47. S. 342. 1898. — *Derselbe*, Biologische Beziehungen zwischen Milch und Serum. Wien. klin. Wochenschr. 1901. Nr. 44. — *Derselbe*, Morphologie und biologische Untersuchungen über die Darmbakterien des Säuglings. Jahrb. f. Kinderheilk. Bd. 61 u. 62. S. 687 u. 870. 1905. — *Derselbe*, Der *Schottelius*sche Versuch am Kaltblüter. Jahrb. f. Kinderheil. Bd. 62. S. 467. 1905. — *Derselbe*, Natürliche Schutzkräfte des Säuglingsdarmes. Arch. f. Kinderheilk. Bd. 43. — *Derselbe*, Natürliche Darmdesinfektion. Verhandl. d. Ges. f. Kinderheilk. Stuttgart 1906. — *Derselbe*, Über Gesichtsreflexe bei Säuglingen. Wien. klin. Wochenschr. 1906. Nr. 21. — *Derselbe*, Endogene Infektion und Desinfektion des Säuglingsdarmes. 2. Congrès internat. de gouttes de lait. Brüssel 1907. — *Derselbe*, Experimentelle Beiträge zur Frage der künstlichen Säuglingsernährung. Verhandl. d. Ges. f. Kinderheilk. Dresden 1907. — *Derselbe*, Darmflora. Pfaundler-Schloßmanns Handb. d. Kinderheilk. Bd. 3. 2. Aufl. Leipzig 1910. — *Derselbe*, Molke und Zelle. Verhandl. d. Ges. f. Kinderheilk. Münster i. Westf. 1912 (cf. auch *Seitz*). — *Derselbe*, Bemerkungen zur Lehre der Säuglingsernährung. Jahrb. f. Kinderheilk. Bd. 83. 1916. — *Derselbe*, Bemerkungen zur Lehre der Säuglingsernährung. Jahrb. f. Kinderheilk. Bd. 84. H. 1. — *Moro* (gemeinsam mit *Hahn, Hayashi, Klocman*). Über den Einfluß der Molke auf das Darmepithel. I. bis IV. Mitteilung. Jahrb. f. Kinderheilk. Bd. 79. 1914. — *Morse, J. L.*, A study of the caloric needs of premature infants. Americ. Journ. of med. science.

March 1904. — *Derselbe*, The blood platelets in normal women, . . . and in the newborn. Boston med. and surg. Journ. Vol. 166. p. 448. 1912. — *Moser, J.*, Care of the new-born child. Internat. clin. Vol. 1. Ser. 34. p. 54. 1924. — *Moussu, G.*, Le lait des femmes tuberculeuses. Compte rend. de soc. de biol. Tom. 61. p. 17. 1901. — *Mühlheim, W. A.*, Drei wichtige Fragen bezüglich der Ernährung an der Mutterbrust. Journ. Americ. med. Assoc. Vol. 75. No. 13. 1920. — *Mühlmann* (cf. *Seitz*). — *Müller, E.*, Beiträge zur Frage der natürlichen Schutzstoffe in der Frauenmilch. Berlin. klin. Wochenschr. 1908. Nr. 22. — *Derselbe*, Über Ernährung debiler Kinder mit molkenreduzierter Milch. Verhandl. d. Ges. f. Kinderheilk. Königsberg 1910. — *Müller, J.*, Eine Nabelschnurklemme. Münch. med. Wochenschr. 1908. Nr. 15. — *Derselbe*, Über die Reaktion der normalen Säuglingsfäzes. Rostock 1907. — *Müller, P. Th.* (cf. *Seitz*). — *Müller, Erich* und *Ernst Schloß*, Die Versuche zur Anpassung der Kuhmilch an die Frauenmilch zu Zwecken der Säuglingsernährung. Jahrb. f. Kinderheilk. Bd. 80. H. 1. 1914. — *Munsi, E.*, Neue Ätiologie und Pathogenese des Icterus neonatorum. Frommels Jahresber. Bd. 24. S. 885. — *Musselman, L. K.*, Natural immunity of the newborn. Journ. Americ. med. Assoc. Vol. 8. p. 44 and 141. 1924. — *Mynlieff, A.*, De behandeling van den neonatus debilis et praematurus. Geneesk. Bladen. Ser. 8. 1901. No. 4.

Nadory, B., Eine einfache chirurgische Versorgung des Nabelschnurrestes. Zentralblatt f. Gyn. 1913. S. 765. — *Nahm*, Über das Stillen tuberkulöser Mütter. Münch. med. Wochenschr. 1912. S. 332. — *Naish, Lucy*, Breast feeding; its management and mismanagement. Lancet Vol. 184. p. 1657. 1913. — *Nance, W. O.*, Prevention of blindness. Ilinois Med. Journ. Vol. 21. No. 4. 1912. — *Nathan*, Ictères des nouv.-nés. Gaz. des hôp. 1904. p. 89. — *Natlan-Larrier*, Fett, Glykogen und Zellentätigkeit der Leber der Neugeborenen. Frommels Jahresber. Bd. 17. S. 1275. — *Neißer*, Verhütung der Blennorrhoea neonatorum. Frommels Jahresber. Bd. 9. S. 535. — *Neter, E.*, Über einige Schwierigkeiten beim Stillen. Zeitschr. f. Kinderpflege 1913. Nr. 12. — *Neubauer*, Rasche Heilung wunder Brustwarzen. Deutsche med. Wochenschr. 1913. Nr. 49. — *Neugarten*, Lues und Gravidität. Krit. Sammelref. Berichte über d. ges. Gyn. u. Geb. Bd. 4, S. 205. — *Neujeau, V.*, Bakterielle Untersuchungen des Genitalsekretes neugeborener Mädchen. Hegars Beitr. Bd. 10. S. 408. 1906. — *Neumann*, Bemerkungen zu dem Aufsatz von *Th. Schrader* in Nr. 8: Sollen Neugeborene gebadet werden? Berlin. klin. Wochenschr. 1898. Nr. 11. — *Derselbe* und *Oberwarth*, Einiges über die Pflege des Neugeborenen. Therapie d. Gegenwart 1901. S. 551. — *Neustätter*, Über den Lippensaum beim Menschen. Jenaische Zeitschr. f. Naturwiss. Bd. 29. S. 1895. — *Niemann*, Über den Purinstoffwechsel des Kindes. Jahrb. f. Kinderheilk. Bd. 71. S. 286. 1910. — *Derselbe*, Der respiratorische Gaswechsel im Säuglingsalter. Ergebn. d. inn. Med. u. Kinderheilk. Bd. 11. S. 32. 1913. — *Derselbe*, Der Gesamtstoffwechsel eines künstlich genährten Säuglings mit Einschluß des respiratorischen Stoffwechsels. Jahrb. f. Kinderheilk. Bd. 74. S. 1. 1911. — *Derselbe*, Das individuelle Moment in der Säuglingsernährung. Deutsche med. Wochenschr. 1915. Nr. 45. — *Nikitin* (cf. *Gundobin*). — *Niklas*, Zur Frage der Plazentarhormone und der Verwendung von Plazentarsubstanzen als Laktagoga. Monatsschr. f. Geb. u. Gyn. Bd. 38. Erg.-H. 60. 1913. — *Nishizuka, T.*, Beiträge zur Osteologie sehr fetter Neugeborener und Kinder nebst Erwachsenen (Japaner). Knochen der Extremitäten samt Schulter und Becken. Zeitschr. f. Morph. u. Anthrop. Bd. 25. S. 1. 1925. — *Nitzkewitsch* (cf. *Gundobin*). — *Noack*, Übergang von mütterlichen Scheidenkeimen auf das Kind während der Geburt. Zeitschr. f. Geb. u. Gyn. Bd. 72. 1912. — *Nobecourt* und *Vicaris*, Mundflora beim Neugeborenen usw. Ref. Monatsschr. f. Kinderheilk. Bd .4. S. 640. 1906. — *Nobel, E.*, Ein neuer Wärmekasten für Frühgeborene, lebensschwache und unterkühlte Säuglinge. Klin. Wochenschr. 1923. Nr. 3. — *Noeggerath, C.*, Das Stillverbot bei Tuberkulose und Tuberkuloseverdacht. Ergebn. d. inn. Med. u. Kinderheilk. Bd. 4. S. 17. 1912. — *Nolf*, De l'influence galactogène des injections sous-cutanés de lait. L'obst. 1911. p. 877. — *Nölle, H.*, Yohimbin als Galaktagogon. Zentralbl. f. Gyn. 1923. Nr. 45. — *Nonewitsch*, Über tuberkulöse Milch. Zentralbl. f. Bakteriol. Bd. 29. S. 955. — *Nordheim* (cf. *Seitz*). — *Nordmann*, Über einen positiven chemischen Befund bei Unverträglichkeit der Muttermilch. Monatsschr. f. Geb. u. Gyn. Bd. 15. Nr. 2. 1902. — *Notécourt* et *Merklen*, Sur la témpérat. des nourriss. Rev. mens. des malad. de l'enf. 1907. Aug. — *Nothmann*, Zur Pflege und Ernährung der Frühgeburten. Reichs-Med.-Anzeiger 1913. — *Derselbe*, Die Chemie der Frauenmilch. Sammelreferat. Jahrb. f. Kinderheilk. Bd. 75. 1912. — *Derselbe*, Zur Frage der psychischen Magensaftsekretion beim Säugling. Arch. f. Kinderheilk. Bd. 51. S. 86. — *Derselbe*, Laktase und Zuckerausscheidung bei Frühgeborenen. Monatsschr. f. Kinderheilk. Bd. 6. S. 377. 1909. — *Nothnagel, H.*, Doppelseitige Mastitis bei Grippe. Wien. klin. Wochenschr. 1919. Nr. 23. — *Nunsi, E.*, Ursache und Entwicklung des Ikterus der Neugeborenen. Riv. di clin. ped. April 1910. — *Nuttal* und *Thierfelder*, Tierisches Leben ohne Bakterien. Zeitschr. f. physiol. Chemie Bd. 21—23. 1895 u. 1896. — *Nyhoff, G. C.*, Het afbinden der navelstreng. Nederl. Tijdsch. v. Verlosk. en Gyn. 9. Jaarg. Afl. 3. Ref. Frommels Jahresber. Bd. 12. S. 636.

Oberg, Das Verhältnis der Temperaturkurve der Mutter zur Gewichtskurve des Neugeborenen und Säuglings. Diss. Göttingen 1920. — *Obermaier*, Über puerperale Mastitis. Diss. Göttingen 1920. — *Oberwarth, E.*, Pflege und Ernährung der Frühgeburt. Ergebn. d. inn. Med. u. Kinderheilk. Bd. 7. S. 191. 1911. — *Derselbe*, Über eine selten kleine, am Leben gebliebene Frühgeburt. Jahrb. f. Kinderheilk. Bd. 60. S. 317. 1904. — *Ockel, G.*, Über das normale qualitative Blutbild des Säuglings. Arch. f. Kinderheilk. Bd. 75, S. 40. 1924. — *Odier*, Rech. sur la loi d'accroissement des nouv.-nés. Thèse de Paris 1868. — *Oettingen, K. v.*, Eine neue Reaktion der Blutflüssigkeit des Neugeborenen. Münch. med. Wochenschri t 1923. Nr. 27. — *Offermann*, Über die Schwangerschaftsprophylaxe der puerperalen Mastitis. Monatsschr. f. Geb. u. Gyn. Bd. 62. H. 5 u. 6. 1923. — *Olshausen*, Zur Frage des ersten Atemzuges. Berlin. klin. Wochenschr. 1895. Nr. 6 (cf. auch *Seitz*). — *Opitz, Erich*, Zur Physiologie der Milchsekretion und der Ernährung des Neugeborenen in den ersten Lebenstagen. Med. Klinik 1911. S. 1483. — *Derselbe*, Kann die Milch der eigenen Mutter dem Säugling schädlich sein? Verhandl. d. Deutsch. Ges. f. Gyn. Halle 1913. — *Derselbe*, Über die Säuglingspflege in Frauenkliniken. Deutsche med. Wochenschrift 1918. Nr. 3. — *Derselbe*, Die Stillfähigkeit im Kriege. Deutsche med. Wochenschr. 1918. Nr. 16. — *Derselbe*, Über das „Einschießen" der Milch bei Wöchnerinnen. Klin. Wochenschr. 1924. Nr. 15. — *Opitz, Hans*, Über Wachstum und Entwicklung untergewichtiger, ausgetragener Neugeborener. Monatsschr. f. Kinderheilk. Bd. 13. 1914. Nr. 3. — *Oppenheimer, K.*, Über den Nahrungsbedarf debiler Kinder. Monatsschr. f. Kinderheilk. Bd. 6. S. 92. 1908. — *Derselbe*, Über eine Methode zur Bestimmung des Volumens bei Säuglingen. Zeitschr. f. Kinderheilk. Bd. 3. S. 236. 1912. — *Derselbe*, Über natürliche und künstliche Säuglingsernährung. Wiesbaden 1904. — *Derselbe*, Über Säuglingsernährung durch unverdünnte Kuhmilch. Arch. f. Kinderheilk. Bd. 31. H. 5 u. 6 (cf. auch *Seitz*). — *Orban*, Über das Vorkommen von Laktase im Dünndarm und in der Säuglingsfäzes. Prag. med. Wochenschr. 1899. Nr. 33 u. 34. — *Orgler, A.*, Über den Ansatz bei natürlicher und künstlicher Ernährung. Monatsschr. f. Kinderheilk. Bd. 8. S. 458. — *Derselbe*, Der Eiweißstoffwechsel des Säuglings. Ergebn. d. inn. Med. u. Kinderheilk. Bd. 2. — *Derselbe*, Beiträge zur Lehre vom Stickstoffwechsel im Säuglingsalter. Monatsschr. f. Kinderheilk. Bd. 7. S. 135. 1908. — *Orlowsky* (cf. Frommels Jahresber. Bd. 25. S. 473). — *Ornstein, F.*, Zur Behandlung der Hypogalaktie. Wien. klin. Wochenschr. 1925. Nr. 24. — *Orth* (cf. *Ylppö*). — *Osterloh*, Über Abnabelung. Münch. med. Wochenschr. 1909. S. 420. — *Ostreil*, Über die Vitalität frühgeborener Kinder. Monatsschr. f. Geb. u. Gyn. Bd. 22. S. 45. 1915. — *Ott, J.* und *J. C. Scott*, The galactagogue action of the thymus and corpus luteum. Proc. soc. for exp. Biol. and Med. Vol. 7. p. 49. 1910. — *Dieselben*, The action of animal extracts upon the secretion of the mammary gland. Therap. Gaz. Oct. 1911. — *Dieselben*, The action of infundibulum upon the mammary secretion. Proc. soc. for exp. Biol. and Med. Vol. 7. p. 48. 1910. — *Oui*, Difficultés de la suction chez un nouv.-né. Compt. rend. de la soc. d'obst. Juill. 1903. — *Derselbe*, Étude sur le passage du sulfate de chinine dans le lait etc. Rev. gén. de chir. et de thérap. Dec. 1892.

Pacchioni (cf. *Ylppö*). — *Palleske* (cf. *Köstlin*). — *Palm*, Zur Frage der Entstehung des Kernikterus bei Neugeborenen. Monatsschr. f. Geb. u. Gyn. Bd. 49. H. 4. — *Paneth* (cf. *Gundobin*). — *Pankow*, Ergebnis 10jähriger Luesuntersuchungen bei Mutter und Kind unter der Geburt und im Wochenbett. Kongreß Heidelberg. Ref. Zentralbl. f. Gyn. 1923. S. 1031. — *Parat, M.*, Contribution à histophysiologie des organes dégestifs de l'embryon. Présence de phosphor dans le meconium, son absorption par la muqueuse intestinale foetale. Compt. rend. des séances de la soc. de biol. Tom. 88. No. 9. 1923. — *Derselbe*, Contributions à l'histophysiologie des organes dégestifs de l'embryon. L'apparition corrélative de la cellule de Kultschitzky et de la sécrétion chez l'embryon. Compt. rend. des séances de la soc. de biol. Tom. 90. No. 14. 1924. — *Derselbe et M. Échaville*, Teneur du méconium en phosphore. Bull. de la soc. de chim.-biol. 1923. — *Parker, H. C.*, Prevention and treatment of ophth neonat. Indiana med. Journ. Ja. 1908. — *Parrot et Robin* (cf. *Ylppö*). — *Parski* (cf. *Gundobin*). — *Pasch, C.*, Einwirkung der Unterernährung auf den Fettgehalt der Frauenmilch. Zentralbl. f. Gyn. 1921. Nr. 21. — *Pasqueron de Frommernoult, E.*, Avantages de la forcipressure sur la ligature du cordon ombilical. Thèse de Paris 1908. — *Passini, F.*, Beiträge zur Ernährung frühgeborener Kinder. Jahrb. f. Kinderheilk. Bd. 19. — *Derselbe*, Über anaerobisch wachsende Darmbakterien. Jahrb. f. Kinderheilk. Bd. 73. S. 284. 1911 (cf. auch *Seitz*). — *Patellani-Rosa*, Emorragia genitale nella neonata. Bologna 1902. Ref. Frommels Jahresber. Bd. 16. S. 1183. — *Patrizi e Mensi*, La contrazione artif. dei muscoli volontarii nel neonato umano. Giorn. della Accad. di Med. di Torino. 1894. No. 1. — *Paul* (cf. *Seitz*). — *Pauli* (cf. *Thiemich*). — *Paulmann, O.*, Beiträge zur Frage der Abnabelung und der Versorgung des Nabelschnurrestes. Diss. Kiel 1914. — *Paulsen, V.*, Über Rohmilchgerinnsel im Säuglingsstuhl. Jahrb. f. Kinderheilk. Bd. 79. 1913. — *Peaudecerf* (cf. *Seitz*). — *Pechstein*, Über die Ausscheidung des Magenferments im Säuglingsharn. Zeitschr. f. Kinderheilk. Bd. 1. S. 856. 1911. — *Pehu, M.*, Stillen und Typhus. Frommels Jahresber. Bd. 22. S. 508. — *Peiper, A.*, Über die Reizbarkeit im Schlafe. Med. Klinik 1924. Nr. 45. — *Derselbe*, Die Sinnesempfindungen des Kindes vor seiner Geburt. Monatsschr. f. Kinderheilk. Bd. 29. S. 236. 1924. — *Peiser, A.*, Beiträge zur Kenntnis des Stoffwechsels, besonders der Mineralien im Säuglingsalter. Jahrb. f. Kinderheilk. Bd. 81. H. 5. — *Peiser, J.*, Eine Präzisionswage für die Säuglingsernährung Münch. med. Wochenschr. 1913. S. 475. — *Derselbe*, Über die Verwendung konservierter Ammenmilch. Deutsche med. Wochenschr. 1912. S. 1735. — *Pelka*, Eiweißmilchanalysen. Zeitschr. f. Kinderheilk. Bd. 2. S. 442. 1911. — *Peller, S.*, Einfluß sozialer Momente auf den körperlichen Entwicklungszustand der Neugeborenen. Österr. Sanitätswesen 1913. Nr. 38. Beiheft. — *Derselbe*, Anthropometrische Untersuchungsergebnisse bei Neugeborenen jüdischer und nichtjüdischer Abstammung. Ref. Zentralbl. f. d. ges. Gyn. u. Geb. Bd. 4. S. 556. — *Derselbe*, Die Maße der Neugeborenen und die Kriegsernährung der Schwangeren. Deutsche med. Wochenschr. 1917. Nr. 6. — *Derselbe*, Längengewichtsverhältnis der Neugeborenen und Einfluß der Schwangerenernährung auf die Entwicklung des Fötus. Deutsche med. Wochenschr. 1917. Nr. 27. — *Derselbe*, Rückgang der Geburtsmasse als Folge der Kriegsernährung. Wien. klin. Wochenschr. 1919. Nr. 29. — *Derselbe* und *F. Raß*, Die Bedeutung der Vitamine für das Wachstum des Fötus. Zeitschr. f. Geb. u. Gyn. Bd. 88. S. 27. 1924. — *Penn, B. S.*, A packet of aseptic materials for the care of the navel and the eyes of the newborn child. Journ. Americ. med. Assoc. Vol. 47. p. 1830. 1906. — *Perlin, A.*, Beiträge zur Kenntnis der physiologischen Grenzen des Hämoglobingehaltes und der Zahl der roten Blutkörperchen im Kindesalter. Jahrb. f. Kinderheilk. Bd. 58. S. 549. 1903. — *Perret*, Quantités du lait que doivent prendre au sein de leur mère les nouveau-nés à terme. L'obst. Sept. 1903. — *Derselbe*, Le nourrisson né avant terme. Son hygiène générale et alimentaire. Prophylaxie et traitement de la faibl. congénitale. Rev. d'hyg. et de méd. inf. 1903. Nr. 2. — *Pery, J.*, De la débilité cong. et acquise des nouv.-nés. Thèse de Bordeaux 1903. — *Pescatore*, Pflege und Ernährung des Säuglings. 5. Aufl. Bearbeitet von *L. Langstein*. Berlin 1912. — *Pestalozza, C.*, Il falbisogno alimentare nel bambino. Al. del. 11. congr. pediatr. p. 1 e 110. 1925. Ref. Berichte ü. d. ges. Geb. u. Gyn. Bd. 10. S. 509. — *Pétéri, J.*, Beiträge zum pathologischen Wesen und zur Therapie des transitorischen Fiebers bei Neugeborenen. Jahrb. f. Kinderheilk. Bd. 30. — *Petermüller, F.*, Neue Beiträge zur Behandlung des Nabelschnurrestes der Neugeborenen. Monatsschr. f. Geb. u. Gyn. Bd. 34. S. 207. 1911. — *Petersen, R.* und *N. F. Müller*, Der Thymus des Säuglings und seine Bedeutung für den Geburtshelfer. Journ. Americ. med. Assoc. Vol. 83. No. 4. — *Petroff*, Vereinfachte Methode der Unterbindung und Behandlung der Nabelschnur. Frommels Jahresber. Bd. 16. S. 1205(cf. auch *Gundobin*). *Pfaffenholz*, Beiträge zur Kenntnis der Nahrungsmengen natürlich ernährter Säuglinge. Arch. f. Kinderheilk. Bd. 37. S. 1. 1904. — *Pfaundler, M. v.*, Über Magenkapazität im Kindesalter. Wien. klin. Wochenschr. 1897. Nr. 44. — *Derselbe*, Über Saugen und Verdauen. Wien. klin. Wochenschr. 1899. Nr. 41. — *Derselbe*, Zur Lohnammenfrage. Wien. klin Wochenschr. 1903. — *Derselbe*, Physikalisch-chemische Untersuchungen am Kinderblut. Verhandl. d. Ges. f. Kinderheilk. Bd. 21. S. 24. Breslau 1904. — *Derselbe*, Über die Behandlung der Lebensschwäche. Münch. med. Wochenschr. 1907. Nr. 29 u. 31. — *Derselbe*, Über Dystrophie der Säuglinge. Verhandl. d. Ges. f. Kinderheilk. Dresden 1907. — *Derselbe*, Säuglingsernährung und Seitenkettentheorie. Ebenda. — *Derselbe*, Biologische Probleme zur Frage der Säuglingsernährung. Verhandl. d. Ges. f. Kinderhelkunde Köln 1908. — *Derselbe*, Die Antikörperübertragung von Mutter auf Kind. Arch. f. Kinderheilk. Bd. 47. S. 260 u. Bd. 48. S. 245. 1908. — *Derselbe*, Über natürliche und über rationelle Säuglingspflege. Süddeutsche Monatshefte 1909. — *Derselbe*, Physiologie der Laktation. Sommerfelds Handb. d. Milchkunde. Wiesbaden 1909. — *Derselbe*, Diathesen in der Kinderheilkunde. Verhandl. d. deutsch. Kongr. f. inn. Med. Bd. 28. Wiesbaden 1911. — *Derselbe*, Körpervolumen- und Körperdichtebestimmung am lebenden Säuglinge. Zeitschr. f. Kinderheilk. Bd. 3. S. 413. 1912. — *Derselbe*, Physiologie der Neugeborenen. Döderleins Handb. d. Geburtsh. Wiesbaden 1915. — *Dasselbe* in 2. Aufl. 1925. — *Derselbe*, Körpermaßstudien an Kindern. Berlin 1916. (Springer.) — *Derselbe*, Biologisches und allgemein Pathologisches über die frühen Entwicklungsstufen. In Pfaundler-Schloßmanns, Handb. d. Kinderheilk. 3. Aufl. Bd. 1. 1923. — *Derselbe*, Milchdrüsen, Laktation, Saugen, in Handb. d. normal. u. pathol. Physiol. von *Bethe, v. Bergmann*₃ *Embden, Ellinger* Bd. 14. S. 1. Berlin 1926. — *Pfaundler* und *Moro*, Über hämolytische Substanzen der Milch. Zeitschr. f. exp. Pathol. u. Therapie 1907. — *Pfeiffer*, Beiträge zur Physiologie der Muttermilch und ihre Beziehungen zur Kinderernährung. Jahrb. f. Kinderheilk. Bd. 20. 1883. — *Derselbe*, 100 Analysen von ausgebildeter menschlicher Milch aus allen Monaten des Stillens nebst zwei Analysen von Kolostrum. Verhandl. d. Ges. f. Kinderheilk. Bd. 11. S. 126. Wien. 1894. — *Pfuhl, W.*, Beitrag zur anthropologischen Beurteilung des Schädels von Neugeborenen, insbesondere der Schädelbasis usw. Anat. Anzeiger Bd. 59. S. 33. 1924. —

Pherson, Mc., The care of the breast during the puerperium. Med. Times Vol. 37. p. 239. 1909. — *Philippsen, P.*, Über den Kern der Leberzellen bei Neugeborenen und Kindern im 1. Lebensjahre. Diss. Breslau 1904. — *Philippson*, Über die Entwicklung junger Säuglinge bei künstlicher Ernährung. Monatsschr. f. Kinderheilk. Bd. 12. S. 157. 1913. — *Pick* (cf. *Ylppö*). — *Derselbe*, Der initiale Wärmeverlust bei Säuglingen. Deutsche med. Wochenschr. 1918. Nr. 32. — *Derselbe*, Ein weiterer Beitrag über den initialen Wärmeverlust des Neugeborenen. Deutsche med. Wochenschr. 1919. Nr. 21. — *Pierra, L.* et *R. de la Lande*, Note sur l'absorption, l'élimination et l'utilisation du chlore chez des nouveau-nés sains. Bull. de la soc. d'obst. 1905. No. 3. — *Dieselben*, Cryoscopie de l'urine chez les nouveau-nés. Bull. de la soc. d'obst. 1905. No. 4. — *Pierson, W.*, The umbilical cord. Med. Rec. Vol. 54. p. 99. — *Pies, W.*, Über die Dauer, Größe und den Verlauf der physiologischen Abnahme. Monatsschr. f. Kinderheilk. Bd. 9. S. 514. 1911. — *Pilpel, R.*, Über den Rückgang der quantitativen Leistung in der Stillung durch den Krieg. Wien. klin. Rundschau 1920. Nr. 1 u. 2. — *Pinard*, Des prématurés, caractères, pronostic, traitement. Thèse de Paris 1901. — *Derselbe*, Prophylaxie des ophthalmies etc. Ann. de gyn. et d'obst. Janv. 1902. — *Derselbe*, Préservation des nourrices et des nourriss. contre la syphilis. Rev. prat. d'obst. et de péd. Mai 1905. — *Derselbe*, Déscription d'une couveuse. Ann. de gyn. et d'obst. Tom. 41. 257. — *Derselbe*, Über Kinderpflege. Presse méd. 1924. — *Pini*, L'igiene della pelle e delle mucose nel neonato. Lucina 1. III. 1902. — *Pinzani, E.* (cf. *Thiemich*). — *Piotrowski* (cf. *Seitz*). — *Pittaluga*, Blutuntersuchungen bei Neugeborenen. Ref. Arch. f. Kinderheilk. Bd. 41. S. 289. — *Planchon*, Chez les femmes du peuple qui nourrissent leur enfant, le lait contient parfois un excès du beurre, ce qui peut en résulter. L'obst. 1905. — *Planchu, M.*, Influence des médicaments sur la sécrétion lactée. Ann. de Gyn. 1909. p. 763. — *Planchu* et *Chalier*, Le nourrisson prématuré non débile. L'obst. 1907. — *Planchu, M.* et *Ch. Pellanda*, Brülures du sein et allaitement. L'obst. 1904. No. 3. — *Plantenga, B. P. B.*, Rohe Milch als Säuglingsnahrung. Arch. f. Kinderheilk. Bd. 58. S. 155. 1912. — *Platenga, P.* und *Filippo, J.*, Anormale Zusammensetzung der Frauenmilch. Zeitschr. f. Kinderheilk. Bd. 14. S. 166. 1916. — *Platzer*, Beobachtungen über die Verletzungen der Brustwarzen bei Wächnerinnen. Arch. f. Gyn. Bd. 58. S. 2. 1900. — *Poeck, E.*, Über Durstfieber bei Neugeborenen. Zentralbl. f. Gyn. 1925. Nr. 24. — *Pokrowski* (cf. *Gundobin*). — *Polak*, Abbildung des Nabelstranges. Zentralbl. f. Gyn. 1899. S. 341. — *Polano*, Über Pflege und Ernährung frühgeborener und schwächlicher Säuglinge. Münch. med. Wochenschr. 1903. Nr. 35 u. 39. — *Pollitzer,R.*, Stato del sangue e degli organi ematopoetici nel neonato. Pediatria 1924. H. 19. S. 1144. — *Pollot, H.*, Histologischer Bau und Rückbildung des Ductus arteriosus Botalli. Diss. Heidelberg 1910. — *Pomino, F.*, La formula leucocitaria del feto in rapporto allo sviluppo endouterino. Fol. gyn. Vol. 18. H. 2. 1923. — *Popoff* (cf. *Gundobin*). — *Popper*, Die Formelemente des Kolostrums. Arch. f. d. ges. Physiol. Bd. 105. 1904. — *Porack, Ch.* (cf. *Ylppö* und *Seitz*). — *Port, M. H.*, Prevention of blindness. Missouri State med. ass. Journ. St. Louis Vol. 9. Nr. 7. 1913. — *Porta, della*, Über Eigenmilchinjektionen als Laktagogum. Rev. d'obst. e gin. Jg. 31. Nr. 7/9. 1922 Ref. Zentralbl. f. Gyn. 1924. Nr. 822. — *Porten, E. von der*, Erfolge der *Credé*schen Prophylaxe an der Heidelberger Frauenklinik. Diss. Heidelberg 1908. — *Posner*, Harnleiter Neugeborener. Arch. f. Chir. Bd. 106. S. 2. 1915. — *Potpeschnig*, Ernährungsversuche ... mit erwärmter Frauenmilch. Münch. med. Wochenschr. 1907. Nr. 27. — *Potterin*, Sur la présence des diastases digestives dans le méconium. Compte. rend. hebd. de la soc. de biol. Juin 1900. — *Pouliot, L.*, La poudre de lait dans l'alimentation des nourrissons. Journ. de méd. de Paris. 34e année, 1914. Nr. 149. S. 8. — *Poulsen*, Über Rohmilchgerinnsel im Säuglingsstuhl. Jahrb. f. Kinderheilk. Bd. 79. S. 77. 1914. — *Prag, S.*, Über Linksverschiebung des Blutbildes bei Brustkindern. Monatsschr. f. Kinderheilk. Bd. 29. S. 31. 1924. — *Prausnitz, W.*, Die Eiweißzersetzung beim Menschen während der ersten Hungertage. Zeitschr. f. Biol. Bd. 29. S. 151. 1892. — *Derselbe*, Physiologische und sozialhygienische Studien über Säuglingsernährung und Säuglingssterblichkeit. München 1902. — *Derselbe*, Die chemische Zusammensetzung des Kotes bei verschiedener Ernährung. Zeitschr. f. Biol. Bd. 35. S. 335. 1897. — *Preisich, K.*, Dyspepsie des mangelhaft ernährten Säuglings. Orvosi hetilap. 1919. Nr. 31. — *Preyer, W.* (cf. *Seitz*). — *Pribram-Rau, G.*, Über die Geburtsgewichte, die Entwicklung der Neugeborenen in den ersten Lebenstagen und die Stillfähigkeit der Mütter in der Nachkriegszeit. Zentralbl. f. Gyn. 1922. Nr. 47. — *Prym*, Die Entleerung des Magens, die Trennung des Festen und Flüssigen, das Verhalten des Fettes. Münch. med. Wochenschr. 1908. Nr. 2. — *Puteren, van* (cf. *Gundobin*).

Quaglio, C., L'alimentazione nelle nutrici. Pediatria. Napoli 1906. p. 855. — *Quarrie, J. Mc.*, Isoagglutination bei Neugeborenen und ihren Müttern. John Hopkins hosp. Vol. 34. Nr. 384. — *Queirel*, Syphilis et allaitement. Ann. de gyn. Nov. 1901. — *Derselbe*, Prophylaxie de l'ophthalmie des nouveau-nés. Bull. méd. 1905. No. 55. — *Quillier, F.*, Nécessité d'une direction médicale dans l'allaitement au sein. L'obst. 1905. — *Quincke, H.* (cf. *Seitz*). — *Quisling, N. A.* (cf. *Seitz*).

Rabnow, Entwicklung der Neugeborenen des zweiten Kriegsjahres. Deutsche med. Wochenschr. 1916. Nr. 45. — *Rachmanow, A. N.*, Methode der Nichtunterbindung der Nabelschnur. Zentralbl. f. Gyn. 1914. Nr. 16. — *Ranke*, Ein Saugpolster in der menschlichen Backe. Virchows Arch. Bd. 97. S. 527. 1889. — *Ransom, S. W.*, The cure of feeble and premature infants. Pedriateis. 15. IV. 1900. — *Rapin* et *Fortineau*, Sur les toxines du bacille tuberculeux dans le lait de femme tuberculeuse. Gaz. des hôp. 1908. No. 52. — *Raspini, M.*, Sul trattamento del funicolo ombilicale. La Ginecol. Firenze. Vol. 14. p. 434. 1911. — *Raudnitz, R. W.*, Über die mikroskopische Untersuchung der Entleerungen bei Kindern. Prager med. Wochenschr. 1892. Nr. 1. — *Derselbe*, Sammelreferate über die Arbeiten aus der Milchchemie im Jahre . . . nebst eigenen kleinen Beiträgen. Monatsschr. f. Kinderheilk. Bd. 1—17 u. f. — *Derselbe*, Milch. Pfaundler-Schloßmanns Handb. d. Kinderheilk. 2. Aufl. Bd. 1. Leipzig 1910. — *Derselbe*, Allgemeine Chemie der Milch. Sommerfelds Handb. d. Milchkunde. Wiesbaden 1909. (Literatur!) — *Rebaudi*, Blood-platelets . . . in the newborn. Americ. Journ. of Obst. 1907. Okt. — *Reber, M.*, Über sterilisierte Frauenmilch als Säuglingsnahrung. Schweiz. med. Wochenschr. 1924. Nr. 8. — *Rech, W.*, Über den physiologischen Verschluß der Nabelarterie. Zentralbl. f. Gyn. 1924. S. 2165. — *Recklinghausen, H. v.* (cf. *Seitz*). — *Reder, Fr.*, The breast of the expectant mother; its cure before and during the period of lactation. Surg., Gyn. a. Obst. Vol. 11. p. 525. — *Reeve-Ramsey, W.*, Über das Vorhandensein von Pepsin im Magen des Säuglings und die Abhängigkeit seiner verdauenden Kraft von der Anwesenheit von Salzsäure. Jahrb. f. Kinderheilk. Bd. 68. S. 191. 1908. — *Reiche, A.*, Fragen des Wachstums und der Lebensaussichten sowie der Pflege und natürlichen Ernährung frühgeborener Kinder. Samml. klin. Vortr. 1916. S. 723/24. — *Derselbe*, Das Wachstum der Frühgeburten in den ersten Lebensmonaten. Zeitschr. f. Kinderheilk. Bd. 12. S. 369. 1914. — *Derselbe*, Das Wachstum der Frühgeburten in den ersten Lebensmonaten. 1. bis 3. Mitt. Zeitschr. f. Kinderheilk. Bd. 12. H. 6. 1915. — *Derselbe*, Welches sind die Lebensaussichten der vorzeitig geborenen Kinder und durch welche Maßnahmen lassen sich dieselben günstiger gestalten? Therap. Monatsh. 1916. Nr. 8. — *Derselbe*, Das neugeborene Kind. Ergebn. d. inn. Med. u. Kinderheilk. Bd. 15. 1917. — *Derselbe*, Der initiale Wärmeverlust (Erstarrung) bei frühzeitig geborenen und lebensschwachen Kindern. Deutsche med. Wochenschr. 1918. Nr. 18. — *Derselbe*, Das Wachstum der Frühgeburten in den ersten Lebensmonaten. Zeitschr. f. Kinderheilk. Bd. 13. S. 332 u. 349. — *Reifferscheid*, Pflege frühgeborener Kinder. Deutsche med. Wochenschr. 1901. S. 258. — *Reis, R.* und *A. Chaloupke, A.*, Blutdruck bei Neugeborenen nach normaler und pathologischer Geburt. Surg. gyn. and obst. 1923. — *Reisch*, Über Nabelbehandlung bei Neugeborenen. Monatsschr. f. Geb. u. Gyn. Bd. 14. S. 884. 1904. — *Derselbe*, Über die Gewichtsverhältnisse der Neugeborenen. Monatsschr. f. Geb. u. Gyn. Bd. 17. S. 397. 1903. — *Reiß, E.*, Untersuchungen über Blutkonzentration. Jahrb. f. Kinderheilk. Bd. 70. S. 311. 1909. — *Rennebaum*, Die Atmungskurven des neugeborenen Kindes. Diss. Jena 1884. — *Renouf*, La crise génitale et les manifestations connexes chez le foetus et le nouv.-né. Thèse de Paris 1905. — *Resch, A.*, Über das Verhalten der Frauenmilchlipase. Jahrb. f. Kinderheilk. Neue Folge. Bd. 35. H. 5. 1917. — *Reusing*, Die Ausscheidung fremder von der Mutter auf den Fötus übergegangener Stoffe mit dem Urin der Neugeborenen. Zeitschr. f. Geb. u. Gyn. Bd. 34. S. 40. 1896 (cf. auch *Seitz*). — *Reuß, A. v.*, Über das Vorkommen von Glykokoll im Harn des Neugeborenen. Zeitschr. f. Kinderheilk. Bd. 3. S. 286. 1911. — *Derselbe*, Indikanurie bei Neugeborenen. Jahrb. f. Kinderheilk. Bd. 3. S. 12*j* — *Derselbe*, Zur Frage der Albuminurie des Neugeborenen. Verhandl. d. Ges. f. Kinderheilk. Bd. 29. S. 145. Münster 1912. — *Derselbe*, Über transitorisches Fieber bei Neugeborenen. Zeitschr. f. Kinderheilk. Bd. 4. S. 32. 1912. — *Derselbe*, Über die Bedeutung der Unterernährung in der ersten Lebenszeit. Ebenda S. 499. — *Derselbe*, Erhaltung und Steigerung der Milchsekretion, ausschließlich durch manuelle Entleerung der Brustdrüsen. Jahrb. f. Kinderheilk. Bd. 77. S. 89. — *Derselbe*, Ernährung mit ausgepreßter Muttermilch. Münch. med. Wochenschr. 1912. S. 1132. — *Derselbe*, Die Krankheiten des Neugeborenen. Berlin 1914. — *Derselbe*, Einige Bemerkungen über die Bedeutung der während der Geburt eintretenden Zirkulationsstörungen für das Kind. Gyn. Rundschau 1915. Nr. 3. — *Derselbe*, Zur Technik der Ernährung des Neugeborenen. Klin. Wochenschr. 1922. Nr. 49. — *Derselbe*, Die Indikation zum Allaitement mixte beim Säugling. Med. Klinik 1923. Nr. 16. — *Revelli, G.*, La durata della mestruzione e lo sviluppo fetale. Russ. d'ost. e gin. Jg. 32. No. 4/6. 1923. — *Reyher*, Über den Fettgehalt der Frauenmilch. Jahrb. f. Kinderheilk. Bd. 61. S. 601. 1905. — *Derselbe*, Über die Ausdehnung der Schleimbildung in den Magenepithelien des Menschen vor und nach der Geburt. Jahrb. f. Kinderheilk. Bd. 60, S. 16. 1904. — *Derselbe*, Beiträge zur Frage nach dem Nahrungs- und Energiebedürfnis des natürlich ernährten Säuglings. Jahrb. f. Kinderheilk. Bd. 61. S. 553. 1905. — *Reyher, P.*, Über die Wirkung der Hefe bei frühgeborenen und debilen Kindern. Zeitschr. f. Kinderheilk. Bd. 36. S. 134. 1923. — *Derselbe*, Zur Pathogenese der Ernährungsstörungen der Säuglinge. Klin. Wochenschr. 1924. Nr. 6. — *Richter*,

Über den Verschluß des Ductus venosus Arantii. Virchows Arch. Bd. 205. 1911. — *Ridella,* *A.*, Modificationi che avvengono nel polmone prima e dopo la nascita in relazione con la funzione respiratoria. Folia gin. Pavia. Vol. 7. p. 3. Ref. Deutsche med. Wochenschr. Jg. 38 S. 1816. — *Rieck* (cf. *Seitz*). — *Rieder,* Über die Ausscheidung von Urotropin in der Frauenmilch. Monatsschr. f. Frauenheilk. 1912. H. 2. (Polnisch). — *Rieländer,* Kohlensäuregehalt des Blutes in der Nabelschnurvene. Monatsschr. f. Geb. u. Gyn. Bd. 25. 1907. — *Riesenfeld, E. A.*, Der physiologische Gewichtsverlust der Neugeborenen und seine Kontrolle. Americ. Journ. of Obst. Vol. 6. 1923. — *Rietschel, H.*, Zur Technik der Ernährung der Brustkinder in den ersten Lebenswochen. Jahrb. f. Kinderheilk. Bd. 75. S. 4. 1912. — — *Derselbe,* Bemerkungen zu der Arbeit *Jaschkes.* Neue Beitr. z. Physiol. u. Technik der natürlichen Ernährung des Neugeborenen. Zeitschr. f. Geb. u. Gyn. Bd. 75. S. 732. 1914. — *Derselbe,* Über die Lipase im Magensaft des saugenden Tieres. Monatsschr. f. Kinderheilk. 1917. Nr. 7. — *Derselbe,* Ammenvermittlung, Säuglingsfürsorge und Syphilis. Zeitschr. f. Säuglingsfürsorge 1910. — *Derselbe,* Frühgeburt. Münch. med. Wochenschrift Bd. 59. S. 1012. — *Derselbe,* Stoffwechsel und Ernährung des gesunden Säuglings. Pfaundler-Schloßmanns Handb. d. Kinderheilk. 3. Aufl. Bd. 1. 1923. — *Derselbe,* Über die Entstehung des Harnsäureinfarkts beim Neugeborenen. Zeitschr. f. Geb. u. Gyn. Bd. 87. S. 309. 1924. — *Risel,* Zur Laktation der Frau. Münch. med. Wochenschr. 1913. S. 673. — *Rißmann,* Die Heilung der Hohlwarzen ohne Operation. Deutsche med Wochenschr 1918. Nr. 25. — *Derselbe,* Messen und Wägen der Neugeborenen für wissenschaftliche und forensische Zwecke. 19. Vers. d. Deutsch. Ges. f. Gyn. Wien 1925. — *Derselbe* und *Fritsche,* Zur Säuglingsernährung. Arch. f. Kinderheilk. Bd. 34. 1902. — *Ritter, Jul.,* Beobachtungen bei Frauenmilchernährung. Jahrb. f. Kinderheilk. Bd. 78. S. 613. 1913. — *Robertson* and *Mair,* On the bacteriology of socalled „sterilized milk". Brit. med. Journ. May 1904. — *Roederer,* Sermo de pondere et longitudine recens natorum. Comment. soc. sug. scient., Tom. 3. Gott. 1753. Zit. nach *Siebold.* — *Roehlmann, E.,* Physiologisch-psychologische Studien über die Entwicklung der Gesichtswahrnehmungen bei Kindern usw. Zeitschr. f. Physiol. u. Psychol. d. Sinnesorgane. Bd. 2. S. 53. 1891. — *Roger* et *Ganeder,* Passages des bacilles de *Koch* dans le lait d'une femme tuberculeuse. Compt. rend. de la soc. de biol. 1900. p. 175. — *Röhmann,* Über den Einfluß der Ernährung auf die Sekretion der Milchdrüse. Gyn. Ges. in Breslau 5. II. 1918. Bericht Zentralbl. f. Gyn. 1918. Nr. 29. — *Roi, G.,* Contributo allo studio della leucocitosi digestiva nei lattanti. Clin. pediatr. Jg. 5. H. 11. 1923. — *Römer, P. H.,* Über den Übergang von Toxinen und Antikörpern in die Milch und ihre Übertragung auf den Säugling durch die Verfütterung solcher Milch. Sommerfelds Handb. d. Milchkunde. Wiesbaden 1909. (Literatur!) — *Rommel, O.,* Die Leistungsfähigkeit der weiblichen Brustdrüse. Münch. med. Wochenschr. 1905. Nr. 10. — *Derselbe,* Beiträge zur Behandlung frühgeborener Kinder. Münch. med. Wochenschr. 1900. Nr. 11. — *Derselbe,* Frühgeburt und Lebensschwäche. Pfaundler-Schloßmanns Handb. d. Kinderheilk. 2. Aufl. Bd. 1. Leipzig 1910. — *Röscher,* Zur Pflege und Ernährung frühgeborener Kinder. Diss. Bonn 1908. — *Rosenfeld, W.,* Die Milchbeschaffung für die Ernährung lebensschwacher Neugeborener mit konservierter Frauenmilch nach *Mayerhofer* und *Pribram.* Wien. klin. Wochenschr. 1909. Nr. 29. — *Rosenhaupt, H.,* Diätetische und medikamentöse Beeinflussung der Milchsekretion der Stillenden, mit besonderer Berücksichtigung des Laktagols. Zentralbl. f. Kinderheilk. 1905. — *Rosemann,* Einfluß des Alkohols auf die Milchabsonderung. Arch. f. d. ges. Phys. Bd. 78. 1900. — *Rosenstein, P.,* Über die Behandlung der Mastitis mit Eukupin und Vuzin. Berlin. klin. Wochenschr. 1919. Nr. 28. — *Derselbe,* Zur Rivanolbehandlung der Mastitis. Zentralblatt f. Gyn. 1923. Nr. 2. — *Rosenstern, J.,* Untersuchungen über die Pepsinsekretion des gesunden und kranken Säuglings. Berlin. klin. Wochenschr. 1908. S. 542. — *Derselbe,* Über Inanition im Säuglingsalter. Ergebn. d. inn. Med. u. Kinderheilk. Bd. 7. S. 332. 1911. — *Rothschild, Ch.,* Neues Verfahren zur Nabelschnurunterbindung. Gyn. Rundschau 1910. S. 148. — *Rothschild, H. de,* Hygiène et pathologie de l'allaitement; l'allaitement au sein. — Le choix d'une nourrice. Progrès méd. 1901. No. 24. — *Derselbe,* L'allaitement mixte et l'allaitement maternel. Thèse de Paris 1898. — *Derselbe,* De l'utilité de l'allaitement artificiel temporaire dans les cas, ou la sécrétion lactée ne s'établit que tardivement chez la mère. L'obst. 1898. No. 6. — *Derselbe,* Syphilis et allaitement. Progrès méd. 1903. No. 27. — *Derselbe,* Troubles digestifs provoqués par l'excès en beurre du lait de la nourrice. Bull. de soc. d'obst. 1903. No. 4. — *Rott,* Die Sterblichkeit in den ersten zwei Lebenswochen. Münch. med. Wochenschr. 1925. Nr. 15. S. 617. — *Rott, F.,* Beiträge zur Wesenserklärung der physiologischen Gewichtsabnahme der Neugeborenen. Zeitschr. f. Kinderheilk. Bd. 1. S. 43. 1910. — *Derselbe,* Zur Ernährungstechnik frühgeborener Säuglinge. Zeitschr. f. Kinderheilk. Bd. 4. 1912. — *Rouzaud, M.,* Fréquence, prophylaxie et traitement des crevasses du mumelon. Thèse de Paris 1907. — *Royster, L. T.,* A Handbook of infant feeding. 142 S. St. Louis 1916 (C. v. Mosby). — *Rubner* und *Heubner,* Zur Kenntnis der natürlichen Ernährung des Säuglings. Zeitschr. f. exp. Pathol. u. Therapie Bd. 1. — *Dieselben,* Die künstliche Ernährung eines normalen und eines atrophischen

Säuglings. Zeitschr. f. Biol. 1899. — *Dieselben*, Die natürliche Ernährung eines Säuglings. Zeitschr. f. Biol. Bd. 36. H. 1. — *Rubner* und *Langstein*, Energie- und Stoffwechsel zweier frühgeborener Säuglinge. Arch. f. Anat. u. Physiol. Physiol. Abt. 1915. Nr. 1. S. 39. — *Rucker, P.*, Treatment of Mastitis. Journ. Americ. med. Assoc. Vol. 82. No. 11. 1924. — *Derselbe* and *J. F. Connell*, Bloodpressure in the new-born. Americ. Journ. of dis. of childr. Vol. 27. No. 1. 1924. — *Rudaux*, Des lésions du mamelon pendant l'allaitement. Clinique Tom. 2. p. 646. 1907. — *Rudder, B. de*, Natürliche Begrenzung der Laktation beim Menschen. Zeitschr. f. Kinderheilk. Bd. 39. S. 197. 1925. — *Runge, E.* (cf. *Seitz*). — *Runge, H.*, Über das Vorkommen von Infektionen des Brustkindes bei Mastitis der Mutter. Zentralbl. f. Gyn. 1923. Nr. 46. — *Derselbe*, Vergleichende Untersuchungen der Wasserbindung im Blutplasma von Mutter und Kind. Vers. d. Deutsch. Ges. f. Gyn. in Wien 1925. — *Runge, M.*, Anatomische Befunde bei Neugeborenen. Charité-Annalen Bd.7. S. 714. 1882. — *Derselbe*, Die sog. Hilfsursachen des ersten Atemzuges usw. Arch. f. Gyn. Bd. 50. S. 378. — *Derselbe*, Die Krankheiten der ersten Lebenstage. 3. Aufl. Stuttgart 1906. (Literatur!) cf. auch *Seitz*. — *Rusz, E.*, Die physiologischen Schwankungen der Refraktion und Viskosität des Säuglingsblutes. Monatsschr. f. Kinderheilk. Bd. 10, S. 360. 1911.

Sabrazés et *Fouquet*, L'urine des nouv.-néc. Soc. de histol. Paris. 30. III. 1901. Ref. Frommels Jahresber. Bd. 15. S. 667. — *Sabrazés* et *Leuret*, Hématies granuleuses et polychromatophilie dans l'ictère des nouv.-nés. Compt. rend. de la soc. de biol. 1908. p. 423. — *Sacerdotti*, Über die Entwicklung der Schleimzellen des Magendarmkanals. Internat. Monatsschr. f. Anat. u. Physiol. Bd. 11. S. 501. 1894. — *Sadoffsky* (cf. *Gundobin*). — *Saitzer* und *Schweitzer*, Zur Frage über das Baden der Neugeborenen. Med. Obosr. 1909. Nr. 1. — *Salge, B.*, Einführung in die moderne Kinderheilkunde. Berlin 1909. — *Derselbe*, Über den Durchtritt von Antitoxin durch die Darmwand des menschlichen Säuglings. Jahrb. f. Kinderheilkunde Bd. 60. S. 1. 1904. — *Derselbe*, Kann eine an Scharlach erkrankte Mutter stillen? Berlin. klin. Wochenschr. 1905. Nr. 36. — *Derselbe*, Versorgung des Nabelschnurrestes der Neugeborenen. Berlin. klin. Wochenschr. 1906. Nr. 10. — *Derselbe*, Die biologische Forschung in den Fragen der natürlichen und künstlichen Säuglingsernährung. Ergebn. d. inn. Med. u. Kinderheilk. Bd. 1. S. 484. — *Derselbe*, Einige Bemerkungen über die Bedeutung der Frauenmilch in den ersten Lebenstagen. Berlin. klin. Wochenschr. 1907. Nr. 8. — *Derselbe*, Salzsäure im Säuglingsmagen. Zeitschr. f. Kinderheilk. Bd. 4. S. 171. 1912. — *Salomon, R.*, Die entzündlichen Augenerkrankungen der Neugeborenen in der Nachkriegszeit. Klin. Wochenschr. 1922. Nr. 7. — *Derselbe*, Beiträge zur Entstehung der Mund- und Rektumkeime bei Neugeborenen. Zentralbl. f. Gyn. 1922. Nr. 15. — *Samelson, S.*, Beiträge zur Physiologie der Ernährung von frühgeborenen Kindern. Zeitschr. f. Kinderheilk. Bd. 2. S. 18. 1911. — *Derselbe*, Über die Nebennierenfunktionen im Säuglingsalter. Zeitschr. f. Kinderheilk. Bd. 3. S. 65. 1912. — *Derselbe*, Über gefäßverengernde Substanzen im Säuglingsblutserum. Zeitschr. f. Kinderheilk. Bd. 3. S. 568. 1912. — *Derselbe*, Über Fettspaltung im Säuglingsblut. Zeitschr. f. Kinderheilk. Bd. 4. S. 105. 1912. — *Derselbe*, Über den Energiebedarf des Säuglings in den ersten Lebensmonaten. Habilitationsschrift. Berlin 1913. — *Derselbe*, Über mangelnde Gewichtszunahme bei jungen Brustkindern. Zeitschr. f. Kinderheilk. Bd. 10. S. 1914. — *Derselbe*, Erwiderung an *O. Heubner*. Zeitschr. f. Kinderheilk. Bd. 11. S. 86. 1914. — *Derselbe*, Über mangelnde Gewichtszunahme bei jungen Brustkindern. Zeitschr. f. Kinderheilk. Bd. 10. S. 19. 1917. — *Sammartino*, La secretione lattea e gl' idrati di carbonio iniettati sotto cute. Fol. gyn. Vol. 8. p. 335. 1913. — *Sarwey*, Diätetik der Geburt. (Kap. Abnabelung.) Winckels Handb. d. Geb. Bd. 1. 2. Hälfte. Wiesbaden 1904. — *Saßenhagen*, Über die biologischen Eigenschaften der Kolostral- und Mastitismilch. Diss. Bern 1911. — *Sassuchin* (cf. *Gundobin*). — *Sauermann*, Zur Physiologie der Milchsekretion und der Ernährung des Neugeborenen. Med. Klinik 1912. — *Scaglione, S.*, Bemerkungen und Untersuchungen über die natürliche fötale Immunität. Fol. gyn. Vol.14. fasc. 4. 1921. — *Schabort*, Beiträge zur Kenntnis der Darmstörungen des Säuglings. Monatsschr. f. Geb. u. Gyn. Bd. 24. S. 29. 1906. — *Schackwitz*, Wasserstoff-Ionenkonzentrationen im Ausgeheberten des Säuglingsmagens. Monatsschr. f. Kinderheilk. Bd. 13. 1914. — *Schaefer, E. A.*, On the effect of pituitary and corpus luteum extracts on the mammary gland in the human subject. Quart. journ. of exp. physiol. Vol. 6. p. 17. 1913. — *Derselbe*, On the occasional existence of a galactagogue hormone in normal blood (with demonstration of method of investigating the effect of organ extracts upon milk secretion). Proceed. of the 17th int. Congr. Med. London, Section II, p. 622. 1913. — *Derselbe* and *Mackenzie, K.*, The action of animal extracts on milk secretion. Proc. Roy. Soc. Vol. 84. Ser. B. p. 16. 1911. — *Schaffer, J.* (cf. *Biedl*). — *Schäffer, O.* (cf. *Seitz*). — *Schallehn* (cf. *Seitz*). — *Scharfe, H.*, Beobachtungen an stillenden Müttern. Monatsschr. f. Geb. u. Gyn. Bd. 31. S. 228. 1910. (cf. auch *Künzenmeier*). — *Schauta, Fr.*, Zur Technik der Abnabelung. Zentralbl. f. Gyn. 1908. S. 747.

— *Scheer*, Demonstration einer elektrisch betriebenen Milchpumpe. Südwestdeutsche u. niederrhein.-westfäl. Kinderärztetagung. Wiesbaden 1926. Klin. Wochenschr. 1926. Nr. 26. — *Scheer, K.* und *F. Müller*, Zur Physiologie und Pathologie der Verdauung beim Säugling. I. Mitteilung. Azidität und Pufferungsvermögen der Fäzes. Jahrb. f. Kinderheilk. Bd. 101. 3. Folge. Bd. 51. H. 3/4. S. 143. 1923. — *Dieselben*, Zur Physiologie und Pathologie der Verdauung beim Säugling. II. Mitteilung. Über den Gärungsverlauf im Darm. Jahrb. f. Kinderheilk. 3. Folge. Bd. 52. H. 1. S. 93. 1923. — *Schelble, H.*, Einiges über künstliche Ernährung von Neugeborenen im Spital und im Privathaus. Monatsschrift f. Kinderheilk. Bd. 8. S. 611. 1909. — *Derselbe*, Über Stamm- und Hauttemperaturen bei Säuglingen. Zeitschr. f. Kinderheilk. Bd. 2. 1911. — *Schell, Th.*, Aseptic management of the umbilical cord. Ann. of Gyn. Nov. 1905. — *Schenk, F.*, Untersuchungen über das biologische Verhalten des mütterlichen und kindlichen Blutes und über Schutzstoffe der normalen Milch. Monatsschr. f. Geb. u. Gyn. Bd. 19. S. 159. 1904. — *Schepelmann*, Eine plastische Operation zur Beseitigung eingezogener Brustwarzen. Deutsche med. Wochenschr. 1924. Nr. 40. — *Scherbak*, Eine Vereinfachung der Milchpumpe nach *Jaschke*. Zentralbl. f. Gyn. 1910. Nr. 49. — *Scherer, F.* (cf. *Seitz*). — *Schick, B.*, Zur Frage der physiologischen Körpergewichtsabnahme der Neugeborenen. Zeitschr. f. Kinderheilk. Bd. 13. Nr. 5. 1915. — *Derselbe*, Ernährungsstudien beim Neugeborenen. Jahrb. f. Kinderheilk. Bd. 17. S. 1. 1917. — *Derselbe*, Zur Frage der physiologischen Körpergewichtsabnahme des Neugeborenen. Zeitschr. f. Kinderheilk. Bd. 13. S. 257. 1915. — *Derselbe* und *R. Wagner*, Azetonstudien beim Neugeborenen. Zeitschr. f. Kinderheilk. Bd. 37. S. 336. 1924. — *Schiff, E.*, Neuere Beiträge zur Hämatologie der Neugeborenen. Ungar. med. Presse 1900. Nr. 25 u. 26. (Literatur!) — *Derselbe*, Beiträge zur Chemie des Blutes der Neugeborenen. Jahrb. f. Kinderheilk. Bd. 64. S. 409. 1906. (cf. auch *Seitz*). — *Schiff* und *Färber*, Beitrag zur Kenntnis vom Icterus neonatorum. Jahrb. f. Kinderheilk. 1922. — *Schiller, A.*, Zur Pathologie und Therapie der laktierenden Mamma. Monatsschr. f. Kinderheilk. Bd. 9. S. 613. 1911. — *Schittenhelm, A.* und *J. Schmid*, Ablauf des Nukleinstoffwechsels in menschlichen Organen. Zeitschr. f. exp. Pathol. u. Therapie Bd. 4. S. 424. 1907. — *Schkarin* (cf. *Gundobin*). — *Schlank, J.*, Klinische und experimentelle Untersuchungen zur Behandlung der Nabelschnur. Jahrb. f. Kinderheilk. Bd. 73. S. 361. — *Schlesinger* (cf. *Seitz*). — *Schlichter, C.*, Anleitung zur Untersuchung und Wahl einer Amme. Wien. 1894. — *Derselbe*, Über den Einfluß der Menstruation auf die Laktation. Wien. klin. Wochenschr. 1889. Nr. 51. 1890. Nr. 1—5. — *Schliep* (cf. *Seitz*). — *Schlosman*, Différences au point de vue physiol. et pathol. entre l'allaitement maternel et l'all. artificiel des nourrissons. Amchi 1898. Nr. 17. — *Schloß, E.*, Die chemische Zusammensetzung der Frauenmilch. Monatsschr. f. Kinderheilk. Bd. 9. S. 636. 1910. — *Derselbe*, Über den Wert 4 stündlicher Wägungen für die Beurteilung des Zustandes junger Säuglinge. Monatsschr. f. Kinderheilk. Bd. 8. S. 674. — *Derselbe*, Einfluß der Salze auf den Säuglingsorganismus. Jahrb. f. Kinderheilk. Bd. 71. S. 296. 1910. — *Derselbe*, Über Säuglingsernährung. Berlin 1912. — *Derselbe*, Die Wirkung der Salze auf den Säuglingsorganismus usw. Zeitschr. f. Kinderheilk. Bd. 3. S. 441. 1912. — *Schloß-Crawford*, Der N-, P- und Purinstoffwechsel bei Neugeborenen. Americ. Journ. of dis. of childr. Vol. 1. p. 203. 1911. — *Schloßmann*, Über den Einfluß der A.-Vitamine auf das Geburtsgewicht. Klin. Wochenschr. 1923. Nr. 17. — *Schloßmann, A.*, Über den jetzigen Stand der künstlichen Säuglingsernährung mit Kuhmilch und Kuhmilchpräparaten. Therapeut. 1898. S. 121. — *Derselbe*, Über die mutmaßlichen Schicksale des Mehles im Darme junger Säuglinge. Jahrb. f. Kinderheilk. Bd. 47. S. 116. 1898. — *Derselbe*, Zur Frage der natürlichen Ernährung des Säuglings. Arch. f. Kinderheilk. Bd. 30. S. 288. 1900; ferner Bd. 33. 1902. — *Derselbe*, Über die Leistungsfähigkeit der weiblichen Milchdrüsen usw. Monatsschr. f. Geb. u. Gyn. Bd. 17. S. 1311. 1903. — *Derselbe*, Physiologische Pathologie und Hygiene des Säuglingsalters. Med. Klinik 1905. Nr. 8. — *Derselbe*, Die Reaktion des Säuglingsstuhles und ihre Bedeutung für die Praxis. Zentralbl. f. Kinderheilk. 1906. Nr. 7. — *Derselbe*, Der Philosoph Favorimis als Vorkämpfer für die natürliche Säuglingsernährung. Monatsschr. f. Kinderheilk. Bd. 9. S. 201. 1910. — *Derselbe*, Ammenvermittlung. Säuglingsfürsorge und Syphilis. Zeitschr. f. Säuglingsschutz 1911. — *Derselbe*, Die Ökonomie des Stoff- und Kraftwechsels des Säuglings. Münch. med. Wochenschr. 1913. S. 285. — *Derselbe*, Über keimfreie Rohmilch. Arch. f. Kinderheilk. Bd. 60. S. 676. 1913. — *Derselbe*, Die Grundlagen der Ernährungsphysiologie des Säuglings als Richtlinien für die praktische Diätetik. Zeitschr. f. ärztl. Fortbildung 12. Jg. Nr. 2. — *Schloßmann* und *Moro*, Zur Kenntnis der Arteigenheit der Eiweißkörper der Milch. Münch. med. Wochenschr. 1903. Nr. 14. — *Schmid, H. H.*, Ozetbäder bei frühgeborenen Kindern. Münch. med. Wochenschr. 1912. S. 1848. — *Schmid-Monnard* (cf. *Seitz*). — *Schmidgall, G.*, Bakteriologische Untersuchungen über die Scheidenflora neugeborener Mädchen. Hegars Beiträge Bd. 19. H. 2. — *Schmidlechner*, Übergang der Toxine von der Mutter auf die Frucht. Zeitschr. f. Geb. u. Gyn. Bd. 52. S. 377. 1904. — *Schmidt, Ad.*, Brustsaugen und Flaschensaugen. Münch. med. Wochenschr. 1904. Nr. 48.

— *Schmidt, Al.*, Über die Pflege kleiner Frühgeborener. Jahrb. f. Kinderheilk. Bd. 43. S. 301. 1896. — *Derselbe*, Über passive und aktive Bewegung des Kindes im ersten Lebensjahr. Jahrb. f. Kinderheilk. Bd. 49. 1899. — *Schmidt, F.* (cf. *Seitz*). — *Schmidt, J.*, Ein neues Brustwarzenhütchen. Deutsche med. Wochenschr. 1911. Nr. 44. — *Schmidt, R.*, Weitere Untersuchungen über Fermente im Darminhalte usw. Biochem. Zeitschr. Bd. 63. 1914. — *Schmidt-Rimpler*, Die Prophylaxe der Blennorrhoea neonatorum. Ref. Frommels Jahresber. Bd. 17. S. 674. — *Schmidt, W.*, Die Behandlung der beginnenden Mastitis mit lokalen Eigenmilchinjektionen. Zentralbl. f. Gyn. 1925. Nr. 34. — *Schmidthoff*, Angiotripsie des Nabelstrangs. Wratsch 1900. Nr. 14. — *Schmitt*, Über die Lebensaussichten unreifer und schwach entwickelter Neugeborener. Zeitschr. f. Geb. u. Gyn. Bd. 81. H. 2. — *Schmitz, E.*, Untersuchungen über den Kalkgehalt der wachsenden Frucht. Arch. f. Gyn. Bd. 121. S. 1. 1923. — *Schmitz, W.*, Untersuchungen zur Pathogenese und Klinik des Icterus neonatorum. Diss. Gießen 1913. — *Schoedel, J.*, Subjektive und objektive Beeinflussung der Laktation. Münch. med. Wochenschr. 1922. Nr. 4. — *Schoenberner*, Zur Kenntnis der Mekoniumfermente. Diss. München 1911. — *Schöneberg, E.*, Über Mastitis puerperale in der Marburger Entbindungsanstalt 1911—18. Diss. Marburg 1919. — *Schosulan*, Über die Schädlichkeit des Einwickelns des Kindes usw. Wien 1783. — *Schottelius* (cf. *Seitz*). — *Schrader* (cf. *Seitz*). — *Schreiner, R.*, Soll bei Mastitis das Kind angelegt werden? Zentralbl. f. Gyn. 1924. Nr. 19. — *Schridde, H.*, Die Bedeutung der eosinophil-gekörnten Blutzellen in dem menschlichen Thymus. Münch. med. Wochenschrift 1911. Nr. 49. — *Schult, A. H.*, Ein Apparat zur Messung Neugeborener. Bull. of the John Hopkins Hosp. Vol. 31. p. 350. — *Schultz, W.*, Zur Frage der Stillungsunfähigkeit. Berlin. klin. Wochenschr. 1909. — *Schulz*, Über die Gewichtsverhältnisse der Säuglinge am 10. Lebenstage gegenüber dem Gewicht bei der Geburt. Diss. Greifswald 1903. — *Schulz, H.*, Nachuntersuchungen über Gewichtsverhältnisse der Neugeborenen von der Geburt bis zur Wiedererlangung des Geburtsgewichtes bei normalen Verhältnissen der Mutter. Diss. Göttingen 1920. Ref. Zentralbl. f. Gyn. 1922. S. 123. — *Schumacher, P.*, Über den Mechanismus der Erigierbarkeit der weiblichen Mamille. Zentralbl. f. Gyn. 1923. Nr. 12. — *Derselbe*, Die Bedeutung der Buttermehlnahrung nach *Czerny-Kleinschmidt* für die Aufzucht von gesunden und debilen Neugeborenen. Arch. f. Gyn. Bd. 122. 1924. — *Schute*, Natürliche Ernährung und Gewichtsverhältnisse von 100 Säuglingen der Osnabrücker Hebammenlehranstalt. Deutsche med. Wochenschr. 1915. Nr. 21. — *Schütt, G.*, Über die Temperaturverhältnisse bei Neugeborenen. Diss. Gießen 1913. — *Schütz, A.*, Zur Kenntnis der natürlichen Immunität des Kindes im ersten Lebensjahr. Jahrb. f. Kinderheilk. Bd. 61. S. 122. 1905. — *Schütz, J.*, Über Gewicht und Temperatur der Neugeborenen. Festschr. f. *Credé*. Leipzig 1881. — *Schütz*, Die Diätetik der Neugeborenen. Gyn. Rundschau 1907. S. 472. — *Schwab*, Ligature et pansement du cordon ombilical. Arch. de gyn. et toc. Paris Tom. 23. p. 531. 1896. — *Schwan, A.*, Zur Prophylaxe der Nabelinfektion bei Neugeborenen. Diss. Freiburg 1909. — *Schwartz, Ph.* und *R. Baer* und *J. Weiser*, Histologische Untersuchungen über den Eisenstoffwechsel im frühen Säuglingsalter. Zeitschrift f. Kinderheilk. Bd. 37. S. 167. 1924. — *Schwarz*, Syphilis und Frauenmilch. Münch. med. Wochenschr. 1925. Nr. 45. — *Derselbe*, Die luetische Infektiosität der Frauenmilch. Verhandl. d. 19. Tag. d. Deutsch. Ges. f. Gyn. in Wien 1925. — *Schweitzer*, Zur Blennorrhöeprophylaxe. Arch. f. Gyn. Bd. 97. S. 101. 1912. — *Schweitzer, B.*, Über die Entstehung der Genitalflora. Zentralbl. f. Gyn. 1919. Nr. 32. — *Scipiades* (cf. *Credé-Hörder*). — *Scott, J.*, The effect of infundibulin on mammary secretion. New York med. Journ. Vol. 45. p. 1268. 1912. — *Sebastian, J.*, Die kindliche Schilddrüse in den letzten Fötalund in den ersten Lebensmonaten. Diss. Köln 1921. — *Sedgwick* and *Kingsbury*, Harnsäuregehalt des Blutes bei Neugeborenen. Americ. Journ. of dis. of cildr. Vol. 14. p. 98 and 19. 1917. 1920. p. 429. — *Seefelder*, Zur Prophylaxe der Blennorrhoe der Neugeborenen. Münch. med. Wochenschr. 1907. Nr. 10. — *Seiffert, H.*, Die physiologische Gewichtsabnahme Neugeborener usw. Diss. Kiel 1920. — *Seitz, A.*, Über einige Körperproportionen bei Neugeborenen. Zentralbl. f. Gyn. 1925. Nr. 33. — *Derselbe*, Über die Beziehungen zwischen Bau und Funktion der Mamma mit besonderer Berücksichtigung des Entleerungsmechanismus. Arch. f. Gyn. Bd. 123. H. 1. 1925. — *Derselbe* und *F. Becker*, Über den Blutdruck bei Neugeborenen. Zentralbl. f. Gyn. 1920. Nr. 47. — *Derselbe* und *E. Vey*, Die Diathermiebehandlung der weiblichen Brust. Zentralbl. f. Gyn. 1921. Nr. 48. — *Seitz, L.*, Physiologie und Diätetik der Neugeborenen. Winckels Handb. f. Geb. Bd. 2. Wiesbaden 1904. — *Seitz* und *Soxhlet*, Über die Ernährung im frühesten Kindesalter. Monatsschr. f. Geb. u. Gyn. Bd. 13. Nr. 4. 1901. — *Sellheim, H.*, Brustwarzenplastik bei Hohlwarzen. Zentralbl. f. Gyn. 1917. Nr. 13. — *Derselbe*, Physiologie der weiblichen Geschlechtsorgane. Nagels Handb. d. Physiol. Bd. 2. S. 86. Braunschweig 1907. — *Selter, P.*, Buttermilchkonserve, ein neues Säuglingspräparat. Deutsche med. Wochenschr. 1903. Nr. 27. — *Derselbe*, Die Gerüche der Säuglingsfäzes. Münch. med. Wochenschr. 1904. Nr. 30. — *Derselbe*, Die Verwertung der Fäzesuntersuchung. Stuttgart 1904. — *Derselbe*, Nahrungsreste in der Säuglingsfäzes. Zentralbl. f. d. ges. Physiol. u. Pathol. d. Stoffwechsels.

Neue Folge. — *Derselbe*, Nahrungsmengen und Stoffwechsel des normalen Brustkindes. Arch. f. Kinderheilk. Bd. 37. 1904. — *Sevray*, L'ophthalmie . . . des nouveau-nés, sa prophylaxie etc. Thèse de Paris 1901/02. — *Sfameni*, Legatura e recisione del funiculo ombilicale. Gaz. ital. d. levatrici. 1912. No. 17. — *Sfameni, P.*, Anschwellung und Ausdehnung des Warzenhofes während der Schwangerschaft, ihre Entstehung und ihr klinischer Wert. Zentralbl. f. Gyn. 1922. Nr. 19. — *Sherman*, Ophthalmia of the newborn infant, its . . . prevention and treatment. Med. Rec. Vol. 78. p. 211. — *Derselbe, de Witt* und *H. R. Lohnes*, Bleeding and coagulation in the first week of life. New York Journ. of med. Vol. 23. No. 4. p. 146. 1923. — *Shukowski*, Metrorrhagia neonatorum. Ref. Jahrb. f. Kinderheilk. Bd. 57. S. 105. (cf. *Gundobin*). — *Sicherer, v.*, Ophthalmoskopische Untersuchungen Neugeborener. Ophthalmol. Ges. Heidelberg 1907. — *Siebold, v.*, Über die Gewichts- und Längenverhältnisse der Neugeborenen, über die Veränderungen ihres Gewichts in den ersten Tagen und die Zunahme desselben in den ersten Wochen nach der Geburt. Monatsschr. f. Geburtskunde Bd. 15. 1860. — *Siegert*, Der Nahrungsbedarf der Kinder im ersten Lebensquartal. Naturf.-Vers. Stuttgart 1906 (cf. auch *Seitz*.) — *Siegfried*, Zur Kenntnis des Phosphors in der Frauen- und Kuhmilch. Zeitschr. f. physiol. Chemie Bd. 22. 1897. — *Siegmund, A.*, Der Milchmangel der Frauen, heilbar durch Thyreoidin. Zentralbl. f. Gyn. 1910. S. 1390. — *Silex*, Statistisches über die Blennorrhöe der Neugeborenen. Zeitschr. f. Geb. u. Gyn. Bd. 31. 1895. — *Silzer, O.* und *W. Meyer*, Zur Therapie der puerperalen Mastitis. Münch. med. Wochenschr. 1925. Nr. 40. — *Simon* und *Z. Welleda*, Icterus neonatorum und *Widal*sche Reaktion. Zentralbl. f. Gyn. 1924. Nr. 23. — *Simon, S.*, Zur Stickstoffverteilung im Urin bei Neugeborenen. Zeitschr. f. Kinderheilk. Bd. 2. S. 1. 1911. — *Simmel, H.* und *E. Simmel-Rapp*, Das Resistenzbild der Erythrozyten im Kindesalter. Med. Klinik 1924. Nr. 3. — *Simmonds*, Über Form und Lage des Magens unter normalen und abnormen Bedingungen. Jena 1907. — *Sinety, v.*, Rech. sur la mamelle des enfants nouveau-nés. Arch. de physiol. 1875. S. 291. — *Sior*, Einige Untersuchungen über den Bakteriengehalt der Milch bei Anwendung einiger in der Kinderernährung zur Verwendung kommender Sterilisationsverfahren. Jahrb. f. Kinderheilk. Bd. 34. S. 107. 1892. — *Sittler, P.*, Beiträge zur Bakteriologie des Säuglingsdarms. Zentralblatt f. Bakt. Bd. 47. S. 14. — *Derselbe*, Die wichtigsten Bakterientypen der Darmflora beim Säugling. Würzburg 1909. — *Siwerzeff*, Über den Gehalt an Lezithin bei menschlichen Früchten und kleinen Kindern. Diss. Petersburg 1904. — *Skutsch*, Demonstration einer Milchpumpe. Zentralbl. f. Geb. u. Gyn. 1912. S. 1118. — *Slawik, E.*, Die prophylaktische Magenspülung bei Neugeborenen. Med. Klinik 1925. Nr. 5. — *Slemons*, Verbessertes Warzenhütchen. Journ. Americ. med. Assoc. 1906. No. 6. — *Slingenberg* (cf. *Ylppö*). — *Smith, Edg.*, Parasitic invasion of the milk ducts in three nursing women, with results serious to the nursing children. Americ. Gyn. a. Obst. Journ. Vol. 14. p. 38. 1899. — *Snittkin* (cf. *Gundobin*). — *Snyder*, The breast-milk problem. Journ. Americ. med. Assoc. 10. X. 1908. — *Soergel, Klara*, Hat die Kriegsernährung einen Einfluß auf die Entwicklung der Neugeborenen? Münch. med. Wochenschr. 1918. Nr. 27. — *Sohma*, Über die Ausscheidung von Antitoxin und Präzipitinogen durch die Milchdrüse bei passiv immunisierten Müttern. Monatsschr. f. Geb. u. Gyn. Bd. 30. S. 475. 1909. — *Soldin*, Verzögerter Mekoniumabgang. Jahrb. f. Kinderheilk. Bd. 77. 1913. — *Söldner* (cf. *Seitz*). — *Derselbe* und *Camerer*, Die Aschenbestandteile der neugeborenen Menschen und der Frauenmilch. Zeitschr. f. Biol. Bd. 44. — *Solowjow*, Die Wirkung von Eierstocks- und Corpus luteums-Extrakten auf die Milchdrüse. Russki Wratsch Bd. 11. 1912. — *Soltmann* (cf. *Seitz*). — *Sommer, C.* (cf. *Seitz*). — *Sommerfeld*, Chemische und kalorimetrische Zusammensetzung des Säuglingsharns. Stuttgart 1902. — *Derselbe*, Handb. d. Milchkunde. Wiesbaden 1909 (cf. auch *Seitz*). — *Derselbe* und *Röder*, Zur osmotischen Analyse des Säuglingsharns bei verschiedenen Ernährungsformen. Berlin. klin. Wochenschr. 1902. Nr. 22. — *Sonnenschein, L.*, Über Nabelinfektion und eine neue Okklusionsmethode in der Nabelmundbehandlung zur Einleitung und Sicherung einer schnellen aseptischen Abheilung. Diss. Bonn 1910. — *Southworth*, The modification of breastmilk by maternal diet and hygiene. Med. Rec. 26. IV. 1902. — *Soxhlet*, Ein verbessertes Verfahren der Milchsterilisierung. Münch. med. Wochenschr. 1891. Nr. 19. — *Derselbe*, Die chemischen Unterschiede zwischen Kuh- und Frauenmilch und die Mittel zu ihrer Ausgleichung. Münch. med. Wochenschr. 1893. Nr. 4. — *Derselbe*, Über die künstliche Ernährung des Säuglings. Münch. med. Wochenschr. 1900. Nr. 48. — *Derselbe*, Kuhmilch als Säuglingsnahrung. Münch. med. Wochenschr. 1903. Nr. 47. — *Derselbe*, Über den Eisengehalt der Frauen- und Kuhmilch. Münch. med. Wochenschr. 1912. S. 1529. — *Spiegelberg, H.* (cf. *Seitz*). — *Spirito, F.*, Der Einfluß von subkutanen Milchinjektionen auf die Brustdrüsensekretion. Ann. di ost. e gin. serie 2 a Vol. 9. 1921. Ref. Zentralbl. f. Gyn. 1924. S. 813. — *Spolverini*, Albuminurie maternelle et allaitement. Rev. d'hyg. et de méd. inf. 1908. Nr. 2. — *Sprinkmeyer*, Versuche über die Einwirkung der Saugflaschen mit Rohr auf den Keimgehalt der daraus angesaugten Milch. Milchwirtschaftl. Zentralbl. Bd. 42. S. 174. 1913. — *Ssagaloff* (cf. *Gundobin*). — *Ssesenewski* (cf. *Gundobin*). — *Ssladkoff* (cf. *Gundobin*).

— *Ssokoloff* (cf. *Gundobin*). — *Ssumzoff* (cf. *Gundobin*). — *Ssytscheff* (cf. *Gundobin*). — *Staemmler, M.*, Über den Befund von Fettkörnchenzellen im Gehirn neugeborener Tiere. Münch. med. Wochenschr. 1923. Nr. 48. — *Starck, v.*, Ernährung mit abgezogener Muttermilch. Münch. med. Wochenschr. 1898. Nr. 25. — *Derselbe*, What is the best way of treating the umbilical stump? New York med. Journ. 1901. Nr. 25. — *Stauber*, Über das embryonale Auftreten diastatischer Fermente. Pflügers Arch. Bd. 114. S. 619. 1906. — *Stäubli, C.*, Eine physiologische Erklärung für die Eigenart des fötalen Blutkreislaufes. Münch. med. Wochenschr. 1917. Nr. 8. — *Steffen*, Zur Frage der Ernährung im Säuglingsalter. Jahrb. f. Kinderheilk. Bd. 40. S. 421. 1895. — *Steichele, H.*, Über die Behandlung der Mastitis mit Vuzin. Zentralbl. f. Gyn. 1922. Nr. 27. — *Steinen, P. v. d.*, Untertemperaturen bei gesunden Neugeborenen. Zentralbl. f. Gyn. 1924. Nr. 23. — *Steiner*, Über die Entwicklung der Sinnsphären, insbesondere der Sehsphäre auf die Großhirnrinde des Neugeborenen. Sitzungsber. d. Kgl. Akad. d. Wissensch. zu Berlin Bd. 16. 1896. — *Steinhardt*, Über Stillungshäufigkeit und -fähigkeit. Arch. f. Kinderheilk. Bd. 43. 1906. — *Steinhardt*, Vom Stillen in der Kriegszeit. Münch. med. Wochenschr. 1917. Nr.2 9. — *Steinhaus*, Die Morphologie der Milchabsonderung. Arch. f. Physiol. 1892. Suppl. — *Steinitz*, Über den Einfluß von Ernährungsstörungen auf die chemische Zusammensetzung des Säuglingskörpers. Jahrb. f. Kinderheilk. Bd. 59. 1904. — *Steinschneider*, Masern bei einem 9 Tage alten Säugling. Deutsche med. Wochenschr. 1914. Nr. 9. — *Stephenson, S.*, Ophthalm. neonatorum, with especial ref. to its . . . prevention. London 1907 (Pulman u. S.). Aufsührliche Monographie. — *Stern, A.*, Zur Behandlung verkümmerter, hohler und wunder Brustwarzen. Münch. med. Wochenschr. 1911. Nr. 25. — *Stern, E.*, Über die Versorgung des Nabelschnurrestes usw. Diss. Freiburg 1907. — *Stewart, D. H.*, The alpha and omega of the digestive tract in the newborn-child. Americ. Journ. of Obst. Vol. 67. p. 682. 1913. — *Stewart, W. B.*, The ductus venosus in the fetus and in the ashelt. Anat. record. Vol. 25. No. 4. 1923. — *Stiaßny, S.*, Zur Credéisierung. Gyn. Rundschau 1909. — *Stickel*, Untersuchungen von menschlichen Neugeborenen über das Verhalten des Darmepithels bei verschiedenen funktionellen Zuständen. Arch. f. Gyn. Bd. 92. S. 3. 1910. — *Stieda, C.*, Über die Bestimmung der Stillfähigkeit usw. Hegars Beitr. Bd. 16. S. 274. 1911. — *Stoeltzner*, Über Larosan, einen einfachen Ersatz der Eiweißmilch. Münch. med. Wochenschrift 1913. Nr. 6. — *Stoll, A.*, Neuere Methoden in der Behandlung des Nabelschnurrestes. Diss. Freiburg 1913. — *Stolz*, Beeinflussung der Laktation. Monatsschr. f. Geb. u. Gyn. Bd. 18. 1903 (cf. auch *Seitz*). — *Storrs, H. J.*, Checking in the secretion of lactating breast. Surg., Gyn., Obst. 1909. Okt. — *Stransky, E.*, Bemerkungen zu der Arbeit „Über das Verhalten der Leukozytenzahl während der Verdauung bei Neugeborenen von *Hainiß* und *Holler*. Monatsschr. f. Kinderheilk. Bd. 28. S. 463. 1924. — *Straub*, Die Prophylaxe der Ophthalmoblennorrhoea neonatorum. Festschr. f. *Treub*. Leiden 1912. — *Stricker, L.*, Work of Cincinnati Assoc. for welfar of blind and its attitude to ward prevention of blindness etc. Lancet. Clinic. Cincinnati. 17. VIII. 1912. — *Stritch*, The prevent. of ophthalm. neonat. Brit. med. Journ. Vol. 1. p. 416. 1908. — *Stucke, C.*, Die *Credé*sche Prophylaxe und ihr Einfluß auf das Vorkommen von Blennorrhoea neonatorum. Diss. Kiel 1894. — *Stuhl, C.*, Natürliche Schwierigkeiten beim Stillen. Deutsche med. Wochenschr. 1909. Nr. 24. — *Stühner, A.* und *K. Dreyer*, Die Unzuverlässigkeit der Serumuntersuchungen auf Sy bei Schwangeren und Gebärenden. Zeitschr. f. Geb. u.Gyn. Bd. 84. H. 2. 1922. — *Stumpf, R.* (cf. *Ylppö*). — *Stutz* (cf. *Seitz*). — *Sunder* (cf. *Seitz*). — *Suranyi, L.* und *E. Kramar*, Über das Vorkommen des *d'Herelle*schen Bakteriophagen in Stühlen von Neugeborenen. Monatsschr. f. Kinderheilk. Bd. 28. S. 330. 1924. — *Süßwein*, Zur Physiologie des Trinkens beim Säugling. Arch. f. Kinderheilk. Bd. 40. S. 68. 1905. — *Svehla*, Experimentelle Beiträge zur Kenntnis der inneren Sekretion des Thymus der Schilddrüse und der Nebennieren von Embryonen und Kindern. Arch. f. exp. Pathol. u. Pharmakol. Bd. 43. S. 321. 1900. — *Swahlen, P. H.*, Care of the breasts and nipples during pregnancy and after parturition. Weekly Bull. St. Louis Med Soc. Vol. 3. p. 222. — *Sym, W. G.*, Ophthalmia neonat., esp. in ref. to its prevention. Edinb. Med. Journ. Vol. 41. p. 1004. 1896. — *Symington* (cf. *Mettenheimer*). — *Szalardi*, Die künstliche Ernährung des Säuglings usw. Ungar. med. Presse 1900. Nr. 2 u. 3. — *Szana, A.* und *B. Totis*, Verdauungsstörungen des mangelhaft ernährten Säuglings. Orvosi Hetilap 1919. Nr. 26. Ref. Zentralbl. f. Gyn. 1920. S. 1239. — *Szawelski, J.*, Zitronensaft gegen Ophthalmia neonatorum. Gaz. lek. 1896. Nr. 38. — *Szekely, S.*, Über eine neue Säuglingsmilch. Wien. med. Wochenschr. 1905. Nr. 18. — *Szendeffy*, Über die Gewichtsverhältnisse des gesunden Neugeborenen. Ungar. Arch. f. Med. Bd. 2. S. 213. 1893. — *Szili*, Uj omphalotriptor. Orvosi Hetilap. 1913/4. — *Szydlowski*, Beiträge zur Kenntnis des Labenzyms nach Beobachtungen an Säuglingen. Jahrb. f. Kinderheilk. Bd. 34. S. 411. 1892.

     Takahasi, Beiträge zur Kenntnis der Lage der fötalen und kindlichen Harnblase. Arch. f. Anat. u. Physiol. 1888. S. 35. — *Takasu*, Blutuntersuchungen bei japanischen

Kindern. Arch. f. Kinderheilk. Bd. 39. S. 396. 1904. — *Talamon* et *Castaigne*, Transmiss. de la subst. agglutinante du bacille d'Eberth par l'all. Méd. mod. 13. XI. 1897. — *Talbot*, Composition of large courds in infants stools. Boston med. a. surg. Journ. 1908. — *Derselbe*, The composition of small curds in infants stools. Ebenda 1909. — *Derselbe*, Casein curds in infants stools. Arch. of Ped. Dez. 1909. — *Derselbe*, Clinical significance of curds in infants feces. Boston med. a. surg. Journ. 1910. — *Derselbe*, Methods of examining infants stools. Their. value. Arch. of Ped. 28. Febr. 1911. — *Derselbe*, Kaseingerinnsel im Kinderstuhl. Biologischer Beweis ihres Ursprungs aus Kasein. Jahrb. f. Kinderheilk. Bd. 73. 1911. — *Derselbe, F. B. Sisson, W. R.* and *A. J. Dalrymphe*, The basal metabolisme of prematurity. III. Metabolisme findings in 21 premature infants. Americ. Journ. of Dis. of Childr. Vol. 26. No. 1. p. 29. 1923. — *Tangl*, Allgemeine biochemische Grundlagen der Ernährung. Handb. d. Biochemie. Jena 1909. — *Tarchanoff* (cf. *Gundobin*). — *Tassius*, Über Ophthalmoblen. neonat., ihre Prophylaxe und Therapie. Frauenarzt 1914. S. 98. — *Tebetts*, The care of mammary glands before, during and after the puerperium. Med. Rec. Vol. 77. p. 1093. 1910. — *Teller*, Die Maße der Neugeborenen und die Kriegsernährung der Schwangeren. Deutsche med. Wochenschr. 1917. Nr. 6. — *Temesvary*, Zur Ammenfrage. Gyogyászat. 1896. S. 100. — *Derselbe*, Volksgebräuche und Aberglaube in der Geburt und Pflege der Neugeborenen in Ungarn. Leipzig 1900. — *Derselbe*, Einfluß der Ernährung auf die Milchabsonderung. Ref. Zentralbl. f. Gyn. 1900. Nr. 39. — *Teuffel*, Zur Entwicklung der elastischen Fasern in der Lunge des Fötus und Neugeborenen. Arch. f. Anat. u. Physiol. 1902. — *Theulet-Luzié*, Remarq. sur l'hyg. alimentaire dans l'all. artif. Thèse de Paris 1903. — *Theuveny*, De l'argent colloidal dans les crevasses du sein. Ann. de Gyn. 1909. p. 767. — *Thiede*, Über die elektrische Sicherheitscouveuse. Arch. f. Kinderheilk. Bd. 60. p. 713. — *Thiemich*, Über Veränderungen der Frauenmilch durch physiologische und pathologische Zustände. Monatsschr. f. Geb. u. Gyn. Bd. 8. S. 521. 1898. — *Derselbe*, Zur Kenntnis der Fette im Säuglingsalter. Zeitschr. f. physiol. Chemie Bd. 26. S. 189. 1898. — *Derselbe*, Über die Herkunft des fötalen Fettes. Zentralbl. f. Physiol. 1899. Nr. 26. — *Derselbe*, Über den Einfluß der Ernährung und Lebensweise auf die Zusammensetzung der Frauenmilch. Monatsschr. f. Geb. u. Gyn. Bd. 9. S. 504. 1899. — *Derselbe*, Über die Ausscheidung von Arzneimitteln durch die Milch bei stillenden Frauen. Monatsschr. f. Geb. u. Gyn. Bd. 10. S. 644. 1899. — *Derselbe*, Zur Stilltechnik. Monatsschr. f. Kinderheilk. 1912. S. 405. — *Derselbe*, Über die Entscheidung der Stillfähigkeit und die teilweise Muttermilchernährung. Breslau 1904. — *Derselbe*, Über die Leistungsfähigkeit der menschlichen Brustdrüse. Münch. med. Wochenschr. 1910. Nr. 26 (cf. auch *Seitz*). — *Derselbe* Über die motorische Innervation des Neugeborenen und jungen Säugling. Jahrb. f. Kinderheilk. Bd. 35. 1917. — *Thieß*, Prophylaxis der Blennorrhöe der Neugeborenen. Münch. med. Wochenschr. 1906. Nr. 33. — *Thoma* (cf. *Linzenmeier*). — *Thomas*, A plea for the conservation of breast milk etc. Med. Rec. 1901. No. 18. — *Thomas, E.*, Über die Nebenniere des Kindes und ihre Veränderungen bei Infektionskrankheit. Zieglers Beitr. Bd. 50. S. 283. 1911. — *Derselbe*, Zur Biologie der Kolostrumkörperchen. Zeitschr. f. Kinderheilk. Bd. 8. S. 291. 1913. — *Thomsen, O.*, Die Bedeutung des positiven *Wassermann*schen Reaktion mit Frauenmilch für das Wohl einer Amme. Berlin. klin. Wochenschr. 1910. Nr. 38. — *Toni, G. de* et *M. Montavini*, Recherches sur l'apparition de la préssure pendant la vie foetale et sur la spécifité de présures. Nourrisson Jg. 11. No. 1. 1923. — *Thoyer-Rozat*, Prophylaxie de l'ophthalm. des nouv.-nés. L'obst. 15. V. 1901. — *Tissier*, Rech. sur la flore intestinale du nourrisson. Thèse de Paris 1900. — *Derselbe*, Couveuse chauffée par un procedé nouveau. L'obst. 1902. Nr. 3. — *Derselbe*, Repartition des microbes dans l'intestin du nourrisson. Ann. de l'institut Pasteur. 1905. No. 2. — *Derselbe*, La viabilité des nouveau-nés. La méd. infant. Tom. 16. 1912. — *Tobler*, Über die Verdauung der Milch im Magen. Ergebn. d. inn. Med. u. Kinderheilk. Bd. 1. S. 495. 1908. — *Derselbe*, Zum Chemismus des Säuglingsmagens. Zeitschr. f. Kinderheilk. 1912. — *Derselbe* und *Bogen*, Über die Dauer der Magenverdauung der Milch und ihre Beeinflussung durch verschiedene Faktoren. Monatsschr. f. Kinderheilk. Bd. 7. S. 12. 1908. — *Toch*, Über Peptonbildung im Säuglingsmagen. Arch. f. Kinderheilk. Bd. 16. S. 1. 1893. — *Toldt, A.*, Zur Prophylaxe der Blennoarhöea neonatorum. Wien. klin. Wochenschr' 1911. S. 980. — *Toldt, C.*, Die Entwicklung und Ausbildung der Drüsen des Magens. Sitzungsber. d. Kgl. Akad. d. Wiss. in Wien, math.-naturw. Klasse Bd. 82. S. 57. 1880. — *Torday, v.*, Zur Physiologie des Nabels. Jahrb. f. Kinderheilk. Bd. 64. S. 743. — *Derselbe*, Über das Stillen. Pester med.-chir. Presse 1913. Nr. 46. — *Torday, F.*, A noi tej katalijsisérol. Orvosi uzság. 1907. No. 7. (Katal. Fähigkeit des Kolostrums.) — *Torre, F. la*, Come si deve nutrire una puerpera? Clin. ost. 1914. No. 7 u. 8. — *Treber*, Welchen Erfolg hat die *Credé*sche Prophylaxe in bezug auf die durch die Blennorrhöea neonatorum hervorgerufene Erblindung aufzuweisen? Diss. München 1910. — *Trelard*, Note sur la direction de la rate et du pancreas chez le foetus et l'enfant. Compt. rend. de la soc. de biol. Tom. 4. No. 10. 1892. — *Trepper, A.*, Über die Gewichtsabnahme des Neugeborenen. Diss. Gießen 1913. — *Trinci*, Batteri della secrezione lattea. Settimana med. 1896. No. 24. — *Trischitta*, I leucociti nella secrez. mammaria della donna e la citoprognosi nell' allattamento. Pediatr. Napoli. 1906. No. 39. — *Troitzky*, Bakterielle Untersuchungen über die sterilisierte Kuhmilch. Arch. f. Kinderheilk. Bd. 19. S. 97. — *Troschke*, Mitteilungen über Gynesan, Frauen-Nährsalz. Allg. med. Zentralztg. 1913. Nr. 189. — *Trousseau*, Prophyl. de la conjonct. purul. Presse méd. 26. III. 1902. — *Trumpp*, Viskosität, HC- und Eiweißgehalt des kindlichen Blutes. Verhandl. d. Ges. f. Kinderheilk. Salzburg 1909. S. 290. — *Derselbe*, Blutdruckmessungen am gesunden und kranken Säugling. Jahrb. f. Kinderheilk. Bd. 63. S. 43. 1906. — *Derselbe*, Röntgenologische Untersuchungen über den Ablauf der Verdauung beim Säugling. Verhandl. d. Ges. f. Kinderheilk. Dresden 1907. S. 490. — *Derselbe*, Rektaler Schleimpfropf und Darmstenosen beim Neugeborenen. Jahrb. f. Kinderheilk. Bd. 76. S. 678. 1912. — *Tschirch, A.*, Zur Frage der Kriegsneugeborenen. Münch. med. Wochenschr. 1916. Nr. 17. — *Tschitschurin* (cf. *Gundobin*). — *Tsukamato*, Das Kasein im Stuhl gesunder und kranker Säuglinge. Diss. München 1914. — *Tugendreich, G.*, Zur Kenntnis der Nierensekretion beim Säugling. Arch. f. Kinderheilk. Bd. 65. H. 5 u. 6. — *Derselbe*, Die Wirkung der Gewährung von Stillgeldern bei den Krankenkassen Groß-Berlins. Deutsche med. Wochenschr. 1918. Nr. 8. — *Turolt, M.* und *O. Tezner*, Beitrag zur Genese des Icterus neonatorum. Zentralbl. f. Gyn. 1923. Nr. 42.

Ubbels (cf. *Heymann*). — *Uffenheimer*, Physiologie des Magendarmkanals beim Säugling usw. Ergebn. d. inn. Med. u. Kinderheilk. Bd. 2. S. 271. 1908. — *Derselbe*, Experimentelle Studien über die Durchgängigkeit des Magendarmkanals neugeborener Tiere f. Bakterien und genuine Eiweißstoffe. Arch. f. Hyg. Bd. 55. S. 1. 1906. — *Derselbe*, Zur Frage der intestinalen Eiweißresorption. Jahrb f. Kinderheilkunde Bd. 64. S. 383. 1906. — *Derselbe*, Ergebnisse der biologischen Methode für die Lehre von der Säuglingsernährung. Therapie d. Gegenwart 1907. — *Uffenheimer* und *Takeno*, Nachweis des Kaseins in den sog. Kaseinbröckeln des Säuglingsstuhles usw. Zeitschr. f. Kinderheilk. Bd. 2. S. 39. 1911. — *Uffelmann* (cf. *Seitz*). — *Uhlenhuth* und *Mulzer*, Über die Infektiosität der Milch syphilitischer Frauen. Deutsche med. Wochenschrift 1913. Nr. 19. — *Uhtmöller*, Über Kolostrum. Wien. klin. Rundschau 1906. Nr. 22. — *Ulbrich*, Zur obligaten Credéisierung. Prager med. Wochenschr. Bd. 35. S. 103. — *Ulmann*, Étude de la nutrition chez le nourrisson. Thèse de Paris 1900. — *Unger, L.* (cf. *Ylppö*). — *Unterstreuhöfer*, Die Credéisierung mit Sophol und Argentum nitricum. Diss. Heidelberg 1911. — *Untiloff*, Versorgung des Nabels. Wratsch 1912. Ref. Zentralbl. f. Gyn. 1903. Nr. 4. — *Urata*, Experimentelle Untersuchungen über den Wert des Credéschen Tropfens. Zeitschr. f. Augenheilk. 1905. Nr. 4. — *Urbahn*, Zur Prophylaxe der Blennorrhoea neonatorum. Wochenschr. f. Therapie u. Hyg. d. Auges 1903. Nr. 43. — *Usener*, Über Luftschlucken, besonders beim Säugling. Zeitschr. f. Kinderheilk. Bd. 5. H. 5.

Vacke, R. Th. La, Ein möglicher Faktor für die Bestimmung des Gewichtes von Neugeborenen. Beziehung der Plazentaroberfläche zum Geburtsgewicht der Kinder nach Beobachtungen an 100 Fällen. Americ. Journ. of Obst. Vol. 8. p. 99. 1924. — *Vahle*, Das bakteriologische Verhalten des Scheidensekretes Neugeborener. Zeitschr. f. Geb. u. Gyn. Bd. 32. S. 368. 1895. — *Valdagni*, Nuovo letto a calore costante per i neonati etc. Riv. d'igiene pubbl. Torino 1900. — *Valenti*, Sur le contenu on nucleone du lait de femme durant l'all. Arch. ital. de biol. Pisa 1909. Vol. 51. p. 1. — *Vallois*, Le nouveau-né. 2. Aufl. 1908. Montpellier. — *Variot*, Die Größen- und Gewichtszunahme bei Neugeborenen. Ann. de méd. et chir. inf. 1908. — *Derselbe*, Les troubles causés par l'hypoalimentation des nourrissons. La clinique inf. 1911. No. 3. — *Derselbe*, Micromastie avec lactation abondante. Gaz. de gyn. Tom. 28. p. 65. 1913. — *Derselbe*, Note sur la dissoc. de la croissance (accroissem. pondéral et accr. statural) chez les débiles. Bull. de la soc. péd de Paris 1908. p. 193. — *Variot, G.*, Nécessité de l'emploi méthodique de la toise dans le premier âge, insuffissance de la balance pour le contrôle de la croissance des nourrissons. Journ. des pract. Jg. 37. No. 1. 1923. — *Vas*, Zur Physiologie des Sehnervreflexes im Säuglingsalter. Jahrb. f. Kinderheilk. Bd. 80. 1914. — *Veverka* (cf. *Seitz*). — *Vialle*, Le lait bouilli et le lait cru dans l'all. artif. Actualité méd. Tom. 9. p. 145. 1892. — *Vicariis, de*, Rech. sur le sang des enfants prémat. Rev. mens. de mal. de l'enf. 1906. p. 145. — *Viel*, L'élimination mammaire des médicaments minéraux et organiques. Thèse de Paris 1909. — *Viereck*, Beiträge zur Hämatologie des Neugeborenen. Diss. Rostock 1903. — *Vierordt, v.* (cf. *Seitz*). — *Villa*, Il latte umanizzato Gaertner nell' alimentazione artif. Giorn. per le levatr. 1898. p. 141. — *Vincent, R.*, The nutrition of infant. London 1904. — *Virchow* (cf. *Seitz*). — *Vogt, E.*, Das Arteriensystem Neugeborener im Röntgenbilde. Fortschr. a. d. Geb. d. Röntgenstrahlen Bd. 21. S. 32. 1913. — *Derselbe*, Über die Beziehungen der Milzbrandsepsis zur Laktation. Berlin. klin. Wochenschr. 1919. Nr. 30. — *Derselbe*, Radiologische Studien über die inneren Organe des Neugeborenen. Berlin. klin. Wochenschr. 1921. Nr. 20. — *Derselbe*, Neuere Untersuchungen zur Physiologie und Pathologie des Neugeborenen. Verhandl. d. Deutsch. Ges. f. Gyn. Innsbruck 1922. Zentralbl. f. Gyn. 1923. Nr. 46. — *Derselbe*, Über die fötale Entwicklung des Skelettsystems und der inneren Organe an Gefrierschnitten. Arch. f. Gyn. Bd. 119. H. 2. 1923. — *Derselbe*, Der Nabelschnurkreislauf im Röntgenbild, zugleich ein Beitrag zur Lehre vom Verschluß des Ductus art. Botalli. Fortschr. a. d. Gebiete d. Röntgenstrahlen Bd. 28. — *Derselbe*, Zur Kritik der Röntgendiagnostik des Herzens und des Thymus in der ersten Lebenszeit. Fortschr. a. d. Gebiete d. Röntgenstrahlen Bd. 32. H. 1. 1919. — *Derselbe*, Anatomische Physiologie und Biologie der Neugeborenen. Berichte über die ges. Gyn. u. Geb. Bd. 7. S. 225. 1925. — *Derselbe*, Über die Einwirkung des Insulins auf die physiologische Gewichtsabnahme des Neugeborenen und auf den Wasserstoffwechsel in der ersten Lebenszeit. Zentralbl. f. Gyn. 1925. Nr. 47. — *Vogt, H.*, Zur Kenntnis der Stickstoffverteilung im Säuglingsharn. Monatsschr. f. Kinderheilk. Bd. 8. S. 57. 1909. — *Voix*, L'allaitement mixte. Thèse de Paris 1903. — *Volkmann, K.*, Ererbter Milchmangel bei guter Ausbildung der Brust. Zentralbl. f. Gyn. 1924. Nr. 22. — *Vollmer, H.*, Der Chlorspiegel des Neugeborenenblutes in seinen Beziehungen zum transitorischen Fieber. Zeitschr. f. Kinderheilk. Bd. 37. S. 252. 1924. — *Vömel*, Ein neuer Nabelverband . . . Zentralbl. f. Gyn. 1910. Nr. 24. — *Voß, O.*, Geburtstrauma und Gehörorgan. Zeitschr. f. Hals-, Nasen- u. Ohrenheilk. Bd. 6. S. 182. 1923. — *Vries, de*, De couveuse in de gewom praktyk. Nederl. Tijdschr. v. Geneesk. Bd. 2. S. 592. 1908. — *Vyve, van*, Le fer dans le sang des nouveau-nés. Thèse de Paris 1902.

Wachsmuth, Über die Schwerverdaulichkeit der Kuhmilch usw. Jahrb. f. Kinderheilk. Bd. 41. S. 174. 1896. — *Wainstein*, Laktagol und seine milchtreibende Wirkung. Therap. Obosrenie. 1909. Nr. 8. — *Walcher*, Eine Abnahme der Stillfähigkeit aus anatomischen Gründen existiert nicht. Münch. med. Wochenschr. 1908. Nr. 47. — *Derselbe*, Ernährung der Wöchnerinnen und Stillvermögen. Naturforschervers. Stuttgart 1906. — *Derselbe*, Auf welche Weise vermögen wir den Frauen ihre Stillfähigkeit wieder zurückzuerobern? Ergebn. d. Geb. u. Gyn. Bd. 2. S. 2. 1910. — *Walker*, Prevention of ophth. neonat. etc. Journ. of Obst. and Gyn. of the Brit. Emp. 1910. p. 520. — *Walkhoff*, Das Gewebe des Ductus arteriosus und die Obliteration desselben. Zeitschr. f. rationelle Med. Bd. 36. S. 109. 1869. — *Wall*, Über die Weiterentwicklung frühgeborener Kinder usw. Monatsschr. f. Geb. u. Gyn. Bd. 37. S. 456. 1913. — *Wallich*, La tetée artificielle. Ann. de gyn. 1909. — *Walliczek*, Der Fettgehalt der Fäzes bei Icterus neonatorum. Diss. Würzburg 1894. — *Walther, H.*, Leitfaden zur Pflege der Wöchnerinnen und Neugeborenen. 7. Aufl. Wiesbaden 1926. — *Wang*, Über die Physiologie und Pathologie des Ventrikels im Kindesalter. Norsk Mag. f. Laeg. 1902. Nr. 46. Ref. Jahrb. f. Kinderheilk. Bd. 55. S. 595. — *Warfield* (cf. *Seitz*). — *Waring*, The dangers and evil effects of infant binding. Brit. med. Journ. 1908. p. 1410. — *Wassermann* (cf. *Jaschke*). — *Wasson*, Röntgenographische Untersuchungen der kindlichen Brust bei der Geburt. Journ. Americ. med. Assoc. Vol. 83. No. 16. 1924. — *Waskins*, Treatment of the newborn child. New Orleans med. a. surg. journ. June 1897. — *Webb, Ella*, Breast feeding of infants. Transact. roy. acad. of med. in Ireland Vol. 31. p. 376. 1913. — *Weber, F.*, Die Entzündungen der Brustdrüse. Döderleins Handb. II. Aufl. Bd. 3. 1925. — *Wechsler*, Umbilical clamp. Americ. Journ. of Obst. Vol. 66. p. 85. 1912. — *Weckerling*, Über die Abhängigkeit der Zeit des Abfalls des Nabelschnurrestes von der Art der Abnabelung der Behandlung der Nabelwunde und einigen anderen Momenten. Diss. Heidelberg 1908. — *Weckers*, La prophyl. de la conjonct. gonoc. des nouveau-nés. Journ. d'accouch. 1914. Nr. 19. — *Weeks* (cf. *Seitz*). — *Wegelius*, Untersuchungen über die Antikörperübertragung von Mutter auf Kind. Arch. f. Gyn. Bd. 94. S. 265. 1911. — *Wegscheider*, Über normale Verdauung beim Säugling. Diss. Straßburg 1875. — *Weidenbaum*, Zur Technik der *Credé*schen Blennorrhöeprophylaxe. Zentralbl. f. Gyn. 1912. S. 1507. — *Weil* (cf. *Seitz*). — *Derselbe*, De la témpérat. chez le nourrisson. Ann. de méd. et chir. inf. t. VIII. 1902. — *Weil, A.*, Die Wirkung der Ovarialoptone auf die Milchsekretion. Münch. med. Wochenschr. 1921. Nr. 17. — *Weinland*, Beiträge zur Frage nach dem Verhalten des Milchzuckers im Körper. Zeitschr. f. Biol. Bd. 38. S. 16. 1899. — *Weinstein*, Dauerverband und hygroskopisches Verbandsmaterial bei Behandlung des Nabelschnurrestes. Shurn. akush. i. shenskich bolesn. 1895. p. 10. — *Weiß, F.*, Beitrag zur Statistik und Klinik debiler Kinder. Med. Klinik 1925 Nr. 32. — *Weiß, L.*, Beiträge zur Technik des Stillens. Arch. f. Kinderheilk. Bd. 52. S. 301. 1910. — *Weißbein*, Zur Frage der künstlichen Säuglingsernährung mit besonderer Berücksichtigung von *Soxhlets* Nährzucker. Deutsche med. Wochenschr. 1902. Nr. 30. — *Weißenberg*, Die Körperproportion des Neugeborenen. Jahrb. f. Kinderheilk. Bd. 64. S. 839. 1906. — *Weißwange*, Über das Baden der Neugeborenen. Zentralbl. f. Gyn. 1913. Nr. 30. — *Weitz*, Die Wahl der Amme auf Grund von Milchmengenwägungen. Diss. München 1910. — *Welde*, Tragbare Couveuse usw. Jahrb. f. Kinderheilk. Bd. 76. S. 551. 1912. — *Wellewa, Z.*, Die *Widal*sche hämoklasische Krise beim Säugling. Diss. München 1924. — *Werber*, Beiträge zur pathologischen Anatomie

33*

. . . mit Bemerkungen zum normalen Bau des Darmes bei menschlichen Neugeborenen. Verhandl. d. naturf. Ges. in Freiburg Bd. 3. 1865. — *Werkmeister*, Der zeitliche Abfall des Nabelschnurrestes . . . Diss. Greifswald 1906. — *Wermel* (cf. *Seitz*, *Ylppö*). — *Wernstedt*, Zur Kenntnis der physiologischen Schwankungen des Leukozytengehaltes im Blute der Brustkinder. Monatsschr. f. Kinderheilk. Bd. 9. S. 343. 1910. — *Westphal, U.*, Ozenta, ein neues Laktagogon. Zentralbl. f. Gyn. 1925. Nr. 13. — *White, J. A. H.*, Cotton-seed extract and pituitary extract during lactation. Practitioner Vol. 91. p. 422. 1913. — *Wichels, P.*, Über den Übergang von Typhusagglutininen von der Mutter auf den Fötus. II. Mitteilung. III. Mitteilung. Zeitschr. d. ges. exp. Med. Bd. 41. S. 447. 452. — *Wiemann, A.*, Die alimentäre Glykämie des Säuglings. Jahrb. f. Kinderheilk. Bd. 83. H. 1. — *Williamson, H. C.*, Nutrition of the new-born from the obstetricians standpoint. Arch. of pediatr. Vol. 40. No. 4. 1923. — *Wilson, P.*, Die Indikationen zur Versorgung des Nabelstumpfes auf Grund physiologischer Studien des Neugeborenennabels. Americ. Journ. of Obst. 1922. Mai. Ref. Zentralbl. f. Gyn. 1923. S. 538. — *Wiesel, J.*, Chromaffines Gewebe im Herzen. Wien. klin. Wochenschr. 1906. — *Winckel*, (cf. *Seitz*). — *Winter, Maria*, Masern an 16 bzw. 18 tägigen Säuglingen. Jahrb. f. Kinderheilk. Bd. 81. Nr. 6. 1915. — *Winter*, Die Beurteilung der Qualität der Frauenmilch nach dem mikroskopischen Bilde. Deutsche med. Wochenschr. 1902. Nr. 26. — *Winterhager*, Einfluß der Abnabelungszeit auf die Gewichtszunahme. Diss. Gießen 1903. — *Winternitz*, Urobilin bei Neugeborenen. Klin. Wochenschr. 1926. Nr. 22. — *Winters*, Feeding in early infancy, home modification of milk. Med. Rec. 7. III. 1903. — *Wintersteiner*, Über die Häufigkeit und Verhütung der Blennorrhoea neonatorum. Wien. klin. Wochenschr. 1904. Nr. 37. — *Wirtz* (cf. *Seitz*). — *Wischnowitzer*, Über Lacdat. Therap. Neuheiten. Leipzig 1916. — *Wojno-Oranski*, Zur Frage der Morphologie des Blutes des Neonatorum. Journ. f. Geb. Petersburg 1892. S. 156. — *Wolde*, Über die Behandlung des Nabelschnurrestes nach *Ahlfeld*. Zentralbl. f. Gyn. 1911. S. 505. — *Wolf, G.*, Ammenwahl und Ammenbehandlung. Wien 1912. — *Wolf, L. C. G.*, Care of the newborn. Americ. Journ. of Obst. Vol. 67. p. 1266. 1913. — *Woljpin* (cf. *Gundobin*). — *Wormser*, Eine Gefahr der Brutapparate. Zentralbl. f. Gyn. 1899. Nr. 38. — *Woronow*, Zur Frage des Stillens mit einer oder beiden Brüsten. Arb. d. Ges. russ. Ärzte. Moskau 1891. (Russisch.)

Xalabarder, C. und *M. G., Roca*, Die Blutzirkulation in der Leber beim Föten am Ende der Schwangerschaft. Rev. exp. de obst. y gin. 1920. No. 70. Ref. Zentralbl. f. Gyn. 1923. S. 537.

Ylppö, A., Icterus neonatorum . . . . und Gallenfarbstoffsekretion beim Fötus und Neugeborenen. Zeitschr. f. Kinderheilk. Bd. 9. S. 208. 1913. — *Derselbe*, Neugeborenen-, Hunger- und Intoxikationsazidosis in ihren Beziehungen zueinander. Zeitschrift f. Kinderheilk. Bd. 14. S. 268. 1916. — *Derselbe*, Einige Kapitel aus der Pathologie des frühgeborenen Kindes. Klin. Wochenschr. 1922. Nr. 25. — *Derselbe*, Pathologie der frühgeborenen einschließlich der debilen und lebensschwachen Kinder. Pfaundler-Schloßmanns Handb. d. Kinderheilk. Bd. 1. 1923. — *Derselbe*, Beitrag zur Azidosis bei Neugeborenen. Über den Anteil der verschiedenen Blutbestandteile (Hämoglobin-Blutkörperchen, CO_2, Serumsalze) an der Regulation der Blutreaktion. Acta paediatr. Bd. 3. S. 235. 1924.

Zacharias, Genitalblutungen neugeborener Mädchen. Med. Klinik 1914. Nr. 44. — *Zangemeister*, Bemerkungen über die künstliche Ernährung von Säuglingen. Zentralblatt Gyn. 1903. Nr. 38. — *Derselbe*, Studien über die Schwangerschaftsdauer und Fruchtentwicklung. Arch. f. Gyn. Bd. 107. — *Derselbe* und *Meißl*, Vergleichende Untersuchungen über mütterliches und kindliches Blut usw. Münch. med. Wochenschr. 1903. Nr. 16. — *Zappert*, Über Genitalblutungen neugeborener Mädchen. Wien. med. Wochenschr. 1903. S. 1478. — *Derselbe*, Einige Befunde an Spinalganglien von Kindern. Mitt. d. Ges. f. inn. Med. u. Kinderheilk. in Wien Bd. 11. S. 35. 1912. — *Zappert* und *Jolles*, Untersuchungen der Milch beider Brüste. Wien. med. Wochenschr. 1903. Nr. 41. — *Zeltner*, Die Entwicklung des Thorax von der Geburt bis zur Vollendung des Wachstums usw. Jahrb. f. Kinderheilk. Bd. 78. Erg.-Heft 150. 1913. — *Zeman*, Sophol als Prophylakt. gegen Blennorrhoea neonatorum. Gyn. Rundschau 1911. S. 799. — *Zieler, K.*, Zur Frage der Syphilisverhütung des Säuglings bzw. Ammensyphilis. Deutsche med. Wochenschr. 1922. Nr. 13. — *Zimmermann, R.*, Brustwarzenkrampf. Zentralbl. f. Gyn. 1920. Nr. 20. — *Zlocisti*, Wer darf stillen? Med. Klinik 1906. S. 1090. — *Zoltowka*, Mode de l'all. des nouveau-nés à la Mat. de Genève. Thèse de Genève 1910. — *Zoterman, Y.* and *E. Wildner*, Isoagglutination in newborn infants and their mothers. Acta gyn. scand. Vol. 3. p. 122. 1924. — *Zubrzycki, v.* und *Wolfsgruber*, Normale Hämagglutinine in der Frauenmilch und ihr Übergang auf das Kind. Deutsche med. Wochenschr. 1913. Nr. 39.

— *Zuccarelli*, L'estomac de l'enfant. Thèse de Paris 1894. — *Zuckerkandl*, Über Cyto-diagnostik des Kolostrums. Wien. klin. Wochenschr. 1905. Nr. 33 (cf. auch *Biedl*). — *Zuckmayer*, Über die Frauenmilch der ersten Laktationszeit und der Einfluß einer Kalk- und Phosphorsäurezulage auf ihre Zusammensetzung. Pflügers Arch. Bd. 158. S. 209. 1914. — *Zudmunski*, Über Temperatur- und Gewichtsverhältnisse der Neugeborenen usw. Diss. Berlin 1910. — *Zumbusch, v.*, Analyse der Vernix caseosa. Zeitschr. f. physiol. Chem. Bd. 59. S. 506. 1909. — *Zuntz*, Stoffaustausch zwischen Mutter und Frucht. Oppenheims Handb. d. Biochemie. Jena 1912. — *Derselbe* (cf. *Seitz*). — *Zuntz, L.*, Experimentelle Untersuchungen über den Einfluß der Ernährung des Muttertieres auf die Frucht. Arch. f. Gyn. Bd. 110. S. 244. 1919. — *Zweifel*, Untersuchungen über den Verdauungsapparat der Neugeborenen. Berlin 1874. — *Derselbe*, Zur Verhütung der Augeneiterung der Neugeborenen. Zentralbl. f. Gyn. 1912. Nr. 27. — *Derselbe*, Bolus alba als Träger der Infektion. Münch. med. Wochenschr. 1910. S. 1787. — *Zwineff* (cf. *Gundobin*).

Sachregister.

Abnabelung 24, 240, 253, 271 ff.
Achillessehnenreflex 125.
Aërophagie, physiologische 56.
Affektleben 126.
Agglutinine, Übergang von Mutter auf Kind 78.
Albuminurie 37 ff.
Albumosen 77.
— im Kot 88.
Alkalichloride im Stuhl 87.
Alkapton(urie) 46.
Allaitement mixte 392 ff.
Allantoin 196.
Alveolarfortsätze der Kiefer 419.
Alveolen 12.
Ameisensäure 88.
Aminosäuren 77, 88, 191 f.
Amme, Leistungsfähigkeit der 303.
Ammenernährung 383 ff.
Ammentausch, temporärer 353.
Ammenwahl 384.
Ammoniakausscheidung 191 f.
Amylase 68.
Amylobakterium Gruber 72.
Anaerobier im Stuhl 71 f.
Angioblast 91.
Anlegen des Kindes 342.
Antigene. Übertragung der 78, 313.
Antikörper, Durchtritt durch die Darmwand 78 f.
— Übergang von Mutter auf Kind 79.
Antitoxinübertragung 79 f, 313.
Apnoe 13.
Arhythmie, physiologische 30.
Arterien 30.
Arzneimittel, Übergang in die Milch 305.
Aschenzusammensetzung des Neugeborenen und Fötus 6 f.
— des Stuhles 83, 87, 212.
— des Kolostrums 311.
— der Milch 311, 318.
Asphyxie 15.
— Anfälle bei Debilen 420.
Aspiration bei Frühgeborenen 433.

Atelektase 13.
Atembewegungen, intrauterine 13.
Atemfrequenz 17.
Atemzug, erster 13 f.
Atmung, Frühgeborener und Debiler 420.
— Irregularität der 15 f.
Atmungsapparat 11.
Atmungskurven 16.
Atmungsmuskulatur 13.
Atmungszentrum, Erregbarkeit des 15.
Auge, Anatomie und Physiologie des 127.
Ausstrichpräparate von Darmentleerungen 71 f.
Auswischen des Mundes 261.
Azetessigsäure im Harn 45.
Azetonurie 45.
— bei Unterernährung 457.

Babinskischer Reflex 125.
Bac. acidophilus 72.
— bifidus 71.
— emphysematosus 70.
— lactis aerogenes 72.
— perfringens 70.
— putrificus 72.
Bacterium coli commune 69.
Baden der Neugeborenen 281.
Bakterien des Mekoniums 68 f.
— des Stuhles 68 ff.
Bauchdeckenreflex 125.
Becken, Geschlechtsunterschiede des knöchernen 116.
Bewegungsapparat 134 f.
Bilanz, s. Stoffwechsel.
Bilirubin 83, 89.
Biliverdin 83.
Blase 32.
Blennorrhöeprophylaxe 241 ff.
Blut 91 f.
— Alkaleszenz 98.
— Chemie des 97.
— Gerinnungszeit 99.
— Kohlensäuregehalt 98.
— Morphologie des 93.
— osmotische Verhältnisse 99.
— Refraktionskurve des 101.
— spez. Gewicht 101.

Blut, Viskosität des 101.
Blutbahnen, Ausbildung der 30, 91.
Blutdruck 31.
Blutfarbstoff 97, 98.
Blutgefäße 30.
— Frühgeborener 421.
Blutkreislauf 18 ff.
Blutplättchen 97.
Blutschatten 94.
Blutzucker 100.
Bohnsche Knötchen 53.
Bronchien 11.
Brust, Form der 298 f.
— Leistungsfähigkeit 298 f.
Brustdrüsen 139 ff., 293.
Brustdrüsenschwellung der Kinder 139.
Brustentleerung, instrumentelle 354 f.
Brustformen 298.
Brustscheu 380.
Brustumfang 2, 13.
Brustwarzen, Formfehler 369.
— Hyperästhesie der 376.
— Reinigung 288, 289.
— Rhagaden 362 f.
Brustwarzenhütchen 365 ff.
Buttermilch 437, 476.
Buttersäurebazillus 72.

Caput succedaneum 137.
Chlorausscheidung 213 f.
Cholesterin 83, 89, 100.
Chondroitinschwefelsäure 38.
Chorioidea 128.
Chromaffines Gewebe 106.
Chymus 77.
Comedones neonatorum 136.
Conjunctiva 127.
Cornea 128 f.
Corps granuleux 307.
Couveusen 440 ff.
Crédésches Verfahren 245.
Cyanoseanfälle bei Frühgeborenen 420.

Darm 63 ff.
Darmbakterien 68.
Darmdrüsen 63.
Darmentleerungen 81 ff.
Darmwand, Durchlässigkeit der 78 ff.

Dauerbad, v. Winckelsches 440.
Debilität 416ff.
Desquamation, physiologische 136.
Dextrose 77.
Diastase 57, 88.
Diathese, exsudative 474f.
Ductus arteriosus Botalli 19, 23f.
— venosus Arantii 19, 23f.
Durstfieber 162.
Dyspepsie der Flaschenkinder 227.
— bei Überfütterung 461f.
— bei Milchfehlern 465.
— bei Infektion der Nahrung 471.

Einschlußblennorrhoe 243.
Einziehung, respiratorische der Interkostalräume 16.
Eisenbedarf des Fötus 9.
Eiweiß im Blut 98f.
— im Harn 37ff.
— im Stuhl 87f.
Eiweißabbau 76.
Eiweißmilch 407.
Eklampsie und Stillen 236.
Ekzem bei Unterernährung 454, 457.
Elektrokardiogramm 28f.
Energiebedarf 325ff.
Energiequotient 328.
Enterokinase 67.
Enterokokken 69.
Eosinophile Leukozyten 97.
Epithelkörperchen 113f.
Erbrechen bei Unterernährung 457.
— bei Überfütterung 462.
Erepsin 77.
Ernährung, Frühgeborener 430ff.
— natürliche 291ff.
— unnatürliche 395ff.
— und Säuglingssterblichkeit 217ff.
— der Stillenden 304ff.
Ernährungsstörungen der Brustkinder 450ff.
Ernährungstechnik 331ff.
Erythema neonatorum 135.
Erythrozyten 93ff.

Fäzes 83ff.
Fäulnis im Darm 73, 83.
Falte, Robin-Magitotsche 51.
Farbenempfindung 129.
Fazialisphänomen 125.
Fermente im Blut 99.
— im Darm 67f.
— im Harn 48f.
— im Kolostrum 314.

Fermente im Magen 62f.
— im Mekonium 83.
— der Milch 320.
— im Speichel 57.
— im Stuhl 88, 91.
Fett des Neugeborenen 7.
— im Kolostrum 311.
— der Milch 318f.
Fettabbau im Darm 68, 75.
Fettmilch 405.
Fettpolster der Wange 50.
Fettsäuren, flüchtige 7, 48, 88.
Fettsklerem 423.
Fieber, alimentäres 161.
— transitorisches 161ff.
Fixationsvermögen des Neugeborenen 129.
Flachwarzen 370.
Flora des Magens 63.
— des Darmtraktus 68ff.
— der Scheide 119f.
— des Stuhles 68f.
Flüssigkeit, Zufütterung indifferenter 333, 458.
Flüssigkeitsbedarf 330.
Foramen ovale 20, 23.
Frauenmilch 315ff.
— Antikörper 320.
— Beschaffung von abgezogener 353ff.
— Energiewert 319.
— Gefrierpunkt 315.
— Gewicht, spez. 315.
— Nachfütterung von abgepumpter 353ff.
— Stoffwechsel bei Ernährung mit 198ff.
— Viskosität 316.
Freßreflex Oppenheims 125.
Frühgeburt 415ff.
— und Atelektasen 420.
— künstliche 448.
— und Laktosurie 438.
— Nahrungsbedarf 427.
— Prognose der 446.
— Ursachen der 416.
Frühmilch, Zusammensetzung der 309.

Galaktorrhöe 294.
Galaktose 77.
Galaktosurie 45.
Galle 68.
Gallenblase 66.
Gallenfarbstoff im Blut 151.
— im Harn 45.
— im Mekonium 83.
— im Stuhl 142.
Gallenkapillaren bei Ikterus 146.
Gallensäuren 38, 68, 83.
Ganglien 123.
Gärung 73.
Gasabsorption in der Lunge 18.

Gasphlegmonebazillus 70.
Gaswechsel 209.
Gaumen 49.
Gaumenspalte und Saugen 382.
Gavage 433.
Geburtsgeschwulst 137.
Geburtsgewicht 3f.
— Wiedererreichung desselben 179ff.
Geburtsverletzung und Saugtätigkeit 377.
Gefäße 30.
Gefäßzerreißlichkeit bei Frühgeborenen 421.
Gehirn 122f.
Gehörsinn 130f.
Genitalapparat 116f.
Genitalblutung Neugeborener 120f.
Genitalflora 119f.
Geruchsinn 133f.
Geschmacksinn 132f.
Gesichtssinn 128ff.
Gewicht und Ikterus 143.
— Frühgeborener 418.
Gewichtsabnahme, physiologische 166ff.
Gewichtskurve, normale 166ff.
— bei Unterernährung 451f.
— bei Überfütterung 460.
Gewichtszuwachskoeffizient 424.
Glissonsche Kapsel, Ödem der 145.
Glykocholsäure 142.
Glykogen im Blut 100.
Glykokoll 191.
Glykosurie 45.
Gonoblennorrhöe 242f.

Haare 137.
Hämatom, intrakranielles 377.
— des M. masseter 377.
Hämoglobin 97f.
Hämolysine, Übergang von Mutter auf Kind 78.
Hämophilie und Nabelblutung 278.
Halbmonde im Kolostrum 307.
Haltung im Schlaf 345.
Haptine des Kolostrums 314.
— der Milch 320.
Harn 31ff.
— Allantoin 196.
— Alkapton 46.
— Aminosäuren 191f.
— Ammoniak 191.
— Azetonkörper 45.
— Chloride 213.
— Eiweiß 37ff.
— eiweißfällende Substanzen 37.
— Farbe 32.
— Gallenfarbstoff 45.

Harn, Gefrierpunkt 36, 422.
— spez. Gewicht 36.
— Glykokoll 191.
— Glykuronsäure 47.
— Harnsäure 192f.
— Harnstoff 189f.
— Indikan 46.
— bei Ikterus neonatorum142.
— Konzentration 36.
— Kreatinin 196.
— Leitungswiderstand 36.
— Leuzin 47.
— Menge 34, 422.
— Milchzucker 45.
— Oxyproteinsäure 197.
— Phosphate 213.
— Polypeptide 197.
— Purinbasen 196.
— Reaktion 33.
— Reststickstoff 196.
— Sediment 48.
— Stickstoffverteilung 188f.
— Sulfate 213.
— Toxizität 48, 422.
— Tyrosin 47.
— Urobilin 46.
— Zahl der Entleerungen 33.
Harnblase 32.
Harninfarkt 32, 43, 196.
Harnröhre 32.
Harnsäureinfarkt 44, 195, 422.
Harnsäurestoffwechsel 192ff.
Harnverhaltung 33.
Hasenscharte 382.
Haut 125ff., 346.
— bei Frühgeborenen 422.
— Anhangsgebilde der 137.
Hautpflege 260f.
Hemmungszentren 122.
Herz 25ff.
— Arhythmie 30.
— Auskultation des 28.
— Lage 25.
— Masse 26.
— Vitalität 27.
— Volumen 27, 30.
Herzmuskel 26f.
Herzschlagfrequenz 28.
Heterotrophie 395.
Hexenmilch 140.
Hirnrinde, Erregbarkeit der 122.
Hoden 116.
Höckerwarzen 368.
Hohlwarzen 371.
Hungern, freiwilliges an der Brust 381.
Hungerstuhl 454.
Hygiene der Stillenden 304.
Hypogalaktie 350ff.
Hypolipogalaktie 86, 466.
Hypophyse 108f.
Hypoplasie, genuine, anlagemäßige 475.
Hypothermie 423.
Hypotrophie 475.

Icterus neonatorum 141ff.
— bei Frühgeborenen 422.
Immunität gegen Masern 234.
— gegen Scharlach 234.
Immunkörper des Kolostrums 313.
— der Milch 320.
Inanition 178.
Inanitionsfieber 164.
Indikanurie 46.
Indol 83, 88.
Infektion, erste des Darmes 69.
— intra partum 68.
— intrauterine 101.
Infektionskrankheiten, Stillen bei 233.
Invertin 67, 88.
Iris 128.

Jodzahl 7, 311.

Kalk im Harn 214.
— im Stuhl 87, 89, 214.
Kalkbedarf des Fötus 8.
Kaloriengehalt des Kolostrums 312.
— der Milch 319.
Kardia 58.
Kaseinbröckel im Stuhl 87, 90.
Kehlkopf 11.
Keimdrüsen 114.
Kephalhämatom 137.
Kinderzimmer 255ff.
Kleidung des Neugeborenen 254.
— Frühgeborener 254.
Knochen 124.
Knochenmark 91.
Koeffizient, Haeserscher 36.
Körperfett 5f.
Körpergewicht 3, 166.
Körpermasse 2.
Körperoberfläche 5.
Körperproportionen 1.
Körpertemperatur 157ff.
Kohlehydrate, Abbau im Darm 67.
Kohlehydratmilch 402.
Koliken 462.
Kolostrum 306ff.
— Bedeutung des 80.
— Beziehungen zum Blutserum 314.
— biologische Eigenschaften 313.
— Fermente 314.
— Immunsubstanzen 313.
— Nährwert 312.
— Stoffwechsel bei Ernährung mit 198.
— Zellen 307.
Konjunktivitis, s. Gonblennorrhöe.

Konstitution, Bedeutung der 425.
Konstitutionelle Ernährungsstörungen 473.
Konstitutionsschwäche 416.
Kontraindikationen des Stillens 230ff.
Kopfgeschwulst 137.
Koprosterin 83.
Kornea 127f.
Kreislauf, fötaler 19.
— nach der Geburt 20.
Kremasterreflex 125.
Kuhmilch 398ff.
Kühlkiste 412.

Labferment 62.
Labungsprozeß 74.
Längenwachstumspotential 424.
Laktagoga 360ff.
Laktase 67, 77, 88.
Laktation, Ursachen der 292.
Laktationsfähigkeit der Ammen 388.
Laktosurie 45.
Lanugo 137.
— im Mekonium 82.
Larosanmilch 407.
Laryngotrachealrohr, normale Krümmung des 11.
Lebenspotential 424.
Lebensschwäche 417ff.
Leber 64.
Leukopenie 95.
Leukozyten 92, 95.
Leukozytose 95.
Leuzin 83.
Lezithin (im Stuhl) 89.
Lichtreflex 128.
Lichtscheu 128.
Lidspalte 127.
Linse 128.
Lipase 62, 68, 75.
Lippenphänomen 125.
Lippenpolsterformation 51.
Littlesche Krankheit 420.
Luftschlucken 56.
Luftwechsel in der Lunge 18.
Lungen 11ff.
Lungenatelektasen bei Frühgeborenen 420.
Lymphozyten 92, 97f.
Lysin 77.

Magen 58f.
Magensaft 60f.
Magenverdauung 74f.
Magitotsche Falte 51.
Magnesia 214.
Mahlzeiten, Dauer der 341.
— Größe der 348.
— Regelung der 334ff.
Maltase 57, 67.

Masern und Stillen 234.
Massage der Brust 360.
Masses jaunes im Harnsediment 142.
Mastitis 366ff.
Mastzellen 97.
Mekonium 69, 81ff.
— Bakterien 69f.
— Menge 82.
Mekoniumabgang, verzögerter 422.
Mekoniumpfropf 69, 81.
Mekonkörper 82.
Melaena, vorgetäuschte 362.
Melken 354f.
Mellituria 45.
Membrana gingivalis 51.
Menstruation und Stillen 469.
Meteorismus bei Überfütterung 462.
Micrococcus ovalis Escherich 69.
Mikrothelie 369.
Milch, artfremde 229.
— Einschießen der 293.
— der Frau 315ff.
Milchbröckel im Stuhl 85, 90.
Milchfehler 465.
— und Ernährungsstörungen 465.
Milchflasche, richtige 412.
Milchfluß, physiologischer 294.
Milchmangel, siehe Hypogalaktie.
Milchnährschaden 228.
Milchpumpen 356ff.
Milchsäure im Stuhl 88.
Milchziehflasche 356.
Milchzucker im Harn 45.
— im Stuhl 88, 91.
Milien 136.
Milz 92.
Mineralstoffwechsel 211ff.
Molke 75.
Morphium, Übergang in die Milch 305.
Mortalität, Frühgeborener 446ff.
— der Neugeborenen 217f.
— der Säuglinge 217ff.
Mumifikation des Nabelstranges 280.
Mundhöhle 49ff.
— Verletzungen als Stillhindernis 377.
Mundhöhlenflüssigkeit 56, 74.
Mundpflege 261.
Muskelapparat 125.
Muttermilch, Unzersetzlichkeit der 223.
Myelozyten 92, 97.

Nabelabfall 266ff.
Nabelfalten 268.
Nabelheilung, normale 266ff.

Nabelpflege 262ff.
Nabelschnurgefäße 264ff.
Nabelverbände 280ff.
Nägel 137.
Nährmaltose, Löfflunds 404.
Nährzucker, Soxhlets 404.
Nahrung, Infektion der 471.
— Vorbereitung der unnatürlichen 410.
Nahrungsbedarf 321, 409, 427.
Nahrungsmengen 324ff.
Nasengerüst 11.
Nasenhöhle 11.
Nasenöffnungen 11.
Nebenhöhlen der Nase 11.
Nebennieren 106f.
Nebenorgane des Sympathikus 106.
Nephritis und Stillen 233.
Nerven, periphere 124.
Netzhaut 128.
Neuropathie, Ernährungsstörungen bei 475.
Neugeburtszeit, Begriff und Abgrenzung 9.
Nieren 31.

Ödem nach Wasserdarreichung 331.
Ölsäure im Körperfett 7.
Ösophagus 57.
Ohr 130.
Omphalotripsie 275.
Ophthalmoblennorrhöe, s. Gonoblennorrhöe.
Opsonine, Übergang auf das Kind 78ff.
Optikus 128.
Orbita 127.
Ovarien 118.
Oxydationswasser 204.
Oxyproteinsäure im Harn 197.
Ozetbäder 445.

Pankreas 114f.
Papilla circumvallata 369, 371.
— fissa 368.
— invertita 368.
— plana 368.
— verrucosa 368.
Paracholie 146.
Paraganglien 106.
Parakasein 77, 90.
Patellarreflexe 125.
Pediculosis bei Ammen 385.
Pepsin 62.
Peptone 77, 88.
Perspiration insensibilis 205, 210.
Pflege des Neugeborenen 240ff.
Pflegepersonal, Vorschriften für das 287ff.

Phänomen von Hochsinger 28.
— von Straßmann 23.
Phenole im Harn 48.
— im Mekonium 83.
Plasmochrom 148.
Plazentarextrakt und Milchauslösung 293.
Pleiochromie der Galle 147.
Pleuragrenzen 13.
Pocken und Stillen 234.
Polycholie 147.
Polypeptide im Harn 197.
Prädilektionsdruck 55, 378.
Präzipitine, Übergang mütterlicher auf das Kind 79.
Promontorium 116.
Prophylaxe, Crédésche 245.
Pseudodyspepsie 87.
— bei Unterernährung 454.
Psychophysisches Verhalten Neugeborener 125f.
Ptyalin 57.
Puerperalfieber und Stillen 235.
Pulsfrequenz 28f.
Pupillen 128.
Purinkörperausscheidung 192.

Rachen 49.
Rachenreflex 125.
Rahmverdünnungen 405.
Ramogenkonserve 405.
Reaktion, Engel-Turnausche 49.
Reflexe 124f.
Reflexerregbarkeit bei Frühgeborenen 124.
Reife 1.
Refraktionskurve des Blutes 102.
Reserveblut 24.
Respiration s. Atmung.
Respirationsluft 17.
Respirationsstoffwechsel 209ff.
Reststickstoff im Harn 196.
Rhagaden und Stillen 362ff.
Rhinitis und Stillen 382.
Rhodankalium 57.
Riesenkinder 3, 170.
Ringknorpel 11.
Rippen 13.
Rückenmark 124.

Sacharase 67.
Sacharosurie 45.
Salzsäure im Magen 61.
Salzstoffwechsel 215.
Sauerstoffinhalation bei Debilen 446.
Saugakt 53f., 293.
Saugarbeit 55.
Sauger, richtiger 412.

Saughütchen, biaspiratorisches 355.
Saughindernisse, mechanische 381.
Saugmuskulatur 53.
Saugpolsterformation 51.
Saugreflex 53.
Saugschwäche 377.
Saugungeschick 378f.
Saugzentrum 53.
Säuglingssterblichkeit 216ff.
Schädelmasse 2.
Schamlippen, Schwellung der nach der Geburt 120.
Scharlach, Immunität gegen 234.
Scheide 119.
Schilddrüse 110f.
Schildknorpel 11.
Schlaf 126, 344.
Schlafhaltung 345.
Schlucken 55.
Schmerzsinn 133.
Schnabellöffel 433.
Schrei, erster 15.
Schreien, Ursachen des 126, 345.
Schreikurve 16.
Schutzstoffe des Brustdrüsensekretes 314, 320.
Schwangerschaftsreaktionen 120, 139.
Schwefel im Harn 213.
Schweißdrüsen 137.
Schwergiebigkeit der Brust 351, 373ff.
Seifenbröckel im Stuhl 89.
Sekretin 67.
Senfmehlbäder 445.
Sinnesorgane 127ff.
Sklerem bei Frühgeborenen 423.
Somnolenz als Stillschwierigkeiten 378.
Sondenfütterung 433.
Soor 465.
Speicheldrüsen 57.
Speichelsekretion 57.
Speiseröhre 57.
Spirochäten in der Milch 387.
Spitzwarzen 368.
Sphygmogramm 30.
Staphylokokkenenteritis 472.
Stauungshyperämie als Laktagogum 360, 367.
Steapsin 68, 75.
Stickstoffverteilung im Harn 188ff.
Stickstoffwechsel 188ff.
Stillen, Ausbreitung des 237.
— Dauer des 224.

Stillen, Fehler beim 342.
— Kontraindikationen 230f.
— Schwierigkeiten beim 350ff.
Stilllähigkeit 237.
Stilltechnik 342f.
Stirnhöhle 11.
Stoffwechsel der Frühgeborenen 426.
— des Neugeborenen 185ff.
Stoffwechselbilanz 187.
Stoffwechselversuche, allgemeines über 185.
Strabismus 129.
Streptococcus acid. lact. 69.
— Hirsch-Libmann 72.
Streptokokkenenteritis 472.
Stuhl der Brustkinder 84ff.
— der Flaschenkinder 413.
Stuhlentleerung, fraktionierte 87.
Stuhlflora 70.
Stützapparat 134f.
Syphilis und Stillen 235.

Talgdrüsen 137.
Tastsinn 132.
Taubheit der Neugeborenen 130.
Temperaturabfall, initialer 157.
— bei Frühgeborenen 423.
Temperatur, Verhalten der 157.
Temperatursinn 132.
Thermolabilität Frühgeborener 423.
— Neugeborener 159f.
Thorax 13.
Thymus 104f.
Toxine 78.
Trachea 11.
Tränenabsonderung 128.
Transfusion, postnatale 24.
Trinkfaulheit 378.
Trinkmengen 325.
Trinkschwäche 377.
Trinkungsgeschick 378f.
Trypsin 67, 77, 88.
Tuben 118.
Tuberkulose und Stillen 232.
Typhus und Stillen 234.

Überernährung 463.
Überfütterung 459.
Übergangskatarrh 71, 86, 335.
Übergangsmilch 314.
Übergangsstuhl 84.
Überhitzung 161.

Unterergiebigkeit der Brust 350.
Unterernährung 450ff.
Untertemperaturen bei Frühgeborenen 423.
Uranokolobom 381.
Uratausscheidung 32.
Ureteren 32.
Urethra 32.
Uterus 118.
Uterusblutung 120.

Vagina 116.
Vaginalblutung 120.
Vakzination 234.
Valeriansäure im Stuhl 88.
Venen 30.
Verdauung 66, 74.
Vernix caseosa 135.
Vitalkapazität des Magens 59.
Vulva 116, 119.
Vulvovaginitis desquamativa 120.

Wachsein 126.
Wachstumspotential 424.
Wangenfettpolster 50.
Wärmeapparate 439ff.
Wärmepflege Frühgeborener und Debiler 438.
Wärmeregulation 158.
— bei Frühgeborenen 423.
Warzenhütchen 343, 365, 372.
Warzenschrunden 362ff.
Wasserbilanz 206ff.
Wassergehalt des Körpers 6.
Wasser-Stoffwechsel 204ff.
Wasserstoffexponent, Sörensenscher 316.
Wasserstoffionenkonzentration 316.
Wasserverlust während der Abnahme 177.
Watteeinpackung Debiler 439.
Weinen 128.
Wirbelsäule 13.
Wohnung des Neugeborenen 255ff.
Wolfsrachen und Stillen 382.

Zentralnervensystem 122.
Ziegenmilch 398.
Zirbeldrüse 114.
Zirkulationsapparat 18.
Zunge 49.
Zungenbein 11.
Zwerchfell 13.
Zwiemilchernährung 392ff.